LEXIKON DER ALGEBRA

von GÜNTHER EISENREICH

AKADEMIE-VERLAG BERLIN

1989

Autor:

Prof. Dr. GÜNTHER EISENREICH
Karl-Marx-Universität Leipzig
Sektion Mathematik

ISBN 3-05-500231-8

Erschienen im Akademie-Verlag Berlin, Leipziger Str. 3—4, Berlin, DDR-1086

Lizenznummer: 202 · 100/422/88
Printed in the German Democratic Republic
Gesamtherstellung: VEB Druckhaus „Maxim Gorki", Altenburg, DDR-7400
Lektor: Dr. Reinhard Höppner
LSV 1027
Bestellnummer: 763 661 2 (9042)

06000

Vorwort

Das Lexikon Algebra setzt die Reihe der bereits erschienenen Lexika zur Stochastik und zur Optimierung fort. Es will Leser verschiedener algebraischer Vorbildung in verständlicher Weise mit den wichtigsten Grundbegriffen und Sätzen der Algebra bekanntmachen, Hinweise auf Querverbindungen geben und weiterführende Literatur angeben. Dabei wurde nicht unbedingt die größte Allgemeinheit angestrebt, die leicht auf Kosten der Verständlichkeit geht und aus der sich erfahrungsgemäß der Spezialfall häufig nur unter großen Mühen herausholen läßt. Wenn auch aus Platzgründen der möglichen Redundanz Grenzen gesetzt waren, so sollte doch möglichst vermieden werden, daß zum Verständnis eines Artikels erst die Lektüre einer Reihe weiterer Artikel notwendig ist. Eine zu weitgehende Formalisierung wurde tunlichst vermieden. Bei der Angabe von Synonymen wurden auch ältere, heute nicht mehr gebräuchliche Bezeichnungen berücksichtigt, um den Zugang zu älterer Literatur zu erleichtern.

Die erste Grundlage für die aufzunehmenden Stichworte bildeten die im Mathematischen Wörterbuch von J. Naas und H. L. Schmid (Akademie-Verlag Berlin, Teubner Leipzig 1961) bereits vorliegenden Artikel, von denen einige, bei denen es sich anbot, übernommen, weitere mehr oder minder überarbeitet wurden. Dazu wurden zahlreiche neue Stichworte aufgenommen. Insbesondere wurden Gebiete wie homologische Algebra, Kategorientheorie und universale Algebra, die in der Zwischenzeit erheblich an Bedeutung gewonnen haben, in starkem Maße berücksichtigt. Bei einigen der Allgemeinheit vielleicht nicht so geläufigen Gebieten bot es sich an, die Grundbegriffe in einer Art Übersichtsartikel zu behandeln und nur für speziellere Stichworte gesonderte kurze Darstellungen zu geben.

Die häufiger zitierte Literatur wird am Ende des Bandes, lose nach Gebieten geordnet, zusammengestellt; sie wird jeweils in kodierter Form, etwa [U 5], angegeben. Zusätzliche Literaturhinweise befinden sich am Schluß der einzelnen Artikel.

Obgleich das ursprünglich vom Verlag vorgegebene Seitenlimit weit überschritten wurde, mußte leider bei der Aufnahme von Stichwörtern ein strenger Maßstab angelegt werden, wobei naturgemäß subjektive Momente nicht auszuschließen sind. Eine maßgebliche Rolle spielte hierbei, was gegebenenfalls auch der Nutzer, der nicht algebraischer Spezialist ist, in einem derartigen Lexikon sucht. Dementsprechend variieren die Artikel auch von detaillierten

Ausführungen bis hin zu mehr skizzenhaften Andeutungen mit Literaturverweisen. Es ist auch zu beachten, daß ein Lexikon kein Lehrbuch ersetzen kann und andererseits keine Enzyklopädie darstellt. Grundsätzlich wurden der klassische Bestand der Algebra sowie neuere Gebiete wie homologische Algebra, Kategorientheorie, universale Algebra, K-Theorie, Syzygientheorie, Garbentheorie berücksichtigt; einen (wenn auch unvollständigen) Eindruck davon vermittelt die Gliederung des Literaturverzeichnisses auf S. 665–677. Aus Platzgründen konnten Grenzgebiete wie Zahlentheorie, mathematische Logik, algebraische Geometrie, algebraische Topologie und numerische Algebra höchstens andeutungsweise berücksichtigt werden.

Begriffe aus anderen Gebieten der Mathematik (insbesondere der Mengenlehre, Topologie und Analysis) werden in der Regel ohne besondere Erklärung verwendet, hier muß gegebenenfalls die einschlägige Literatur zu Rate gezogen werden. Gewisse Hinweise hierzu gibt auch das Symbolverzeichnis auf den Seiten 6–7.

Ich danke Herrn Dr. R. Höppner als Verlagslektor für seine umfangreiche Arbeit und zahlreiche fruchtbare Diskussionen sowie den Gutachtern, insbesondere Herrn Dr. H.-J. Hoehnke, für wertvolle Hinweise.

Verbesserungsvorschläge werden jederzeit gern entgegengenommen.

Leipzig, Juli 1986 G. Eisenreich

Hinweise für den Benutzer

Die Artikel sind streng alphabetisch geordnet, wobei die aufeinanderfolgenden Worte in zusammengesetzten Begriffen in der Regel in ihrer natürlichen Reihenfolge auftreten. Dabei wird der Zwischenraum wie ein (nullter) Buchstabe behandelt, es kommen also beispielsweise alle Zusammensetzungen mit *algebraische* vor denen mit *algebraischer* und diese vor denen mit *algebraisches*. Eine Ausnahme bilden lediglich Zusammensetzungen mit Namen wie *Satz von* ... usw., die umgestellt nach dem Namen eingeordnet worden sind. Griechische Buchstaben rangieren nach den entsprechenden lateinischen Buchstaben, also beispielsweise Ω nach O, φ, ψ und π nach P.

Jeder Artikel beginnt mit dem halbfett gesetzten Stichwort in der üblichen (Groß- oder Klein-) Schreibung, dem sich Synonyme in der Regel in Klammern in Kursivschrift, gewöhnlich durch Gleichheitszeichen getrennt, anschließen. In eckige Klammern gesetzte Worte oder Wortteile können dabei auch weggelassen werden. Das Stichwort selbst wird im Text gewöhnlich mit dem Anfangsbuchstaben abgekürzt, auch wenn es in grammatikalisch anderer Form auftritt. Verschiedene Bedeutungen desselben Stichworts bzw. Anwendungen in verschiedenen Gebieten wurden dort, wo es sich anbot, durch **1**, **2**, ... aneinandergereiht. In einem Artikel auftretende zusätzliche Begriffe werden in der Regel durch Kursivschrift hervorgehoben.

Verweise auf andere Stichwörter erfolgen durch das Zeichen ›, wobei das Verweisstichwort nicht notwendig in derselben grammatikalischen Form auftreten muß; ein zusätzliches Gleichheitszeichen deutet an, daß es sich dabei um ein Synonym handelt. Weiter ins Einzelne gehende Ausführungen sowie die Literaturangaben wurden in Kleindruck gesetzt; dabei verweisen in eckigen Klammern stehende Buchstaben und Zahlen auf das Literaturverzeichnis.

Aus Platzersparnisgründen wurden zusammengesetzte Verweisstichwörter, *die unter dem Grundwort behandelt werden*, gewöhnlich nicht extra aufgenommen; so findet man beispielsweise *Linksideal* und *zweiseitiges Ideal* unter dem Stichwort *Ideal*. Analoges gilt für Zusammensetzungen mit Semi-, Quasi- usw., sofern man die nötige Information unter dem Grundwort findet. Ebenso wurden gegebenenfalls auch in unmittelbarer alphabetischer Nachbarschaft neben dem Hauptstichwort einzuordnende Synonyme sowie sich nur geringfügig in der Schreibung unterscheidende Stichwörter nicht gesondert aufgeführt.

Man beachte, daß Stichwörter, die sowohl mit *k* als auch mit *c* geschrieben werden können, nur einmal aufgeführt sind (in der Regel unter *k*).

Bezeichnungen

$\in, \ni$	$a \in A$, $A \ni a$ bedeutet: a ist Element der Menge A (Elementbeziehung).
$\notin, \not\ni$	Negation von $\in$ bzw. $\ni$
$\subset, \supset$	$A \subset B$, $B \supset A$ bedeutet: A ist Untermenge von B (Enthaltensein), wobei die Gleichheit nicht ausgeschlossen werden soll. (Viele Autoren schreiben statt dessen $\subseteqq$ bzw. $\supseteqq$ und benutzen $A \subset B$ bzw. $B \supset A$ nur im Falle $A \neq B$.)
$\subsetneqq, \supsetneqq$	$A \subsetneqq B$ bzw. $B \supsetneqq A$ bedeutet $A \subset B$ und $A \neq B$
$\not\subset, \not\supset$	Negation von $\subset$ bzw. $\supset$
$\cap, \cup, \bigcap, \bigcup$	Durchschnitt bzw. Vereinigung von Mengen, auch in >Verbänden verwendet.
$\wedge, \bigwedge$	verbandstheoretischer Durchschnitt oder äußeres Produkt
$\vee, \bigvee$	verbandstheoretische Vereinigung
$\setminus$	($A \setminus B$) Menge der Elemente von A, die nicht zu B gehören (mengentheoretische Differenz); auch Quotientenbildung in nichtkommutativen Strukturen (>Ordnung eines Rings).
$/$	(A / B) Restklassenstrukturen, z. B. >Faktorgruppe, Restklassenring; auch Quotientenbildung (>Ordnung eines Rings).
$.\dot{}\,, \dot{}\,.$	Quotientenbildung in nichtkommutativen Strukturen
$\triangle, \varDelta$	($A \triangle B, A \varDelta B$) symmetrische Differenz (der Mengen A und B).
$\emptyset$	leere Menge
$\rightarrow, \longrightarrow$	$A \rightarrow B$ >Abbildungen der Menge A in die Menge B. Das Zeichen wird sinngemäß auch in anderer Richtung gebraucht.
$\mapsto$	$a \mapsto b$ Abbildung des Elements a auf das Element b. Das Zeichen wird sinngemäß auch in anderer Richtung gebraucht.
$\twoheadrightarrow$	surjektive >Abbildung bzw. >Epimorphismus
$\rightarrowtail$	injektive >Abbildung bzw. >Monomorphismus
$\times, \bigtimes$	($A \times B$, $\bigtimes_{i \in I} A_i$) >direktes Produkt, insbesondere auch kartesisches Produkt der Mengen A und B (Menge der geordneten Paare (a, b) mit $a \in A$, $b \in B$) bzw. der Familie von Mengen A_i (Menge der Elementkomplexe $(a_i)_{i \in I}$ mit $a_i \in A_i$). Spezialfall:
A^α	mit einer Kardinalzahl α: kartesische Potenz, kartesisches Produkt von α Exemplaren A; es besteht aus der Menge aller Abbildungen $I \ni i \mapsto a_i \in A$ einer Indexmenge I der Mächtig-

keit α (für die man in ausgezeichneter Weise die Menge der Kardinalzahlen $< \alpha$ nehmen kann). Im Falle $n \in \mathbb{N}$ kann A^n mit der Menge der n-Tupel $(a_1, \ldots, a_n)$ identifiziert werden.

$\sum$	Summenzeichen, disjunkte Vereinigung
$\prod$	Produktzeichen, Produkt in der >Kategorientheorie
$\coprod$	Koprodukt in der >Kategorientheorie
$\oplus$, $\bigoplus$	>direkte Summe, >Koprodukt in der >Kategorientheorie
$+$, $\dotplus$	direkte Summe (etwa von >R-Moduln)
$\otimes$, $\bigotimes$	>Tensorprodukt
$\varinjlim$, $\varprojlim$	direkter bzw. inverser Limes
$\cong$, $\simeq$	Isomorphie
$\lrcorner$, $\llcorner$	linkes bzw. rechtes inneres Produkt (>äußere Potenz)
δ_{ij}, δ^i_j	Kronecker-Symbol ($= 1$ für $i = j$, $= 0$ sonst)
A^{T}	transponierte Matrix der >Matrix A
$<$, $\leqq$, $>$, $\geqq$	Halb- oder Vorordnung (irreflexiv bzw. reflexiv) bzw. gewöhnliches Kleiner- bzw. Kleiner-oder-gleich-Zeichen oder Größer- bzw. Größer-oder-gleich-Zeichen.
$\equiv$	Kongruenz[relation] (>Algebra (universelle), >Restklasse) oder >Äquivalenzrelation.
char	>Charakteristik, insbesondere von Körpern
μ	>Möbiussche Funktion
φ	insbesondere Zeichen für die Eulersche Funktion
$\mid$	$(a \mid b)$ a teilt b (Teilbarkeit). Negation: $\nmid$
$\langle\cdot,\cdot\rangle$, $(\cdot,\cdot)$	Skalarprodukt
det, $\lvert\cdot\rvert$	Determinante
Sp, Tr; $\mathrm{Tr}_{K/k}$, $\mathrm{Sp}_{K/k}$	Spur einer >Matrix oder eines Elements, insbesondere für eine Körpererweiterung K/k.
$[\cdot]$	$[a]$ größte ganze Zahl, die kleiner oder gleich a ist.
N, $N_{K/k}$	Norm, insbesondere für eine Körpererweiterung K/k.
$\mathbb{N}$	natürliche Zahlen $1, 2, 3, \ldots$
$\mathbb{Z}$	ganze Zahlen
$\mathbb{Q}$	rationale Zahlen
$\mathbb{R}$	reelle Zahlen
$\mathbb{C}$	komplexe Zahlen
K^*, $K^\times$	Einheitengruppe eines Rings, insbesondere eines Körpers K.
R^+	>Additivgruppe eines Rings R
$n!$	$= 1 \cdot 2 \cdot \ldots \cdot n$ Fakultät (n Fakultät)
$\binom{n}{m}$	Binomialkoeffizient

Hinweis: Man beachte, daß das Produkt (die Hintereinanderausführung) von >Abbildungen im Text durchweg von links nach rechts zu lesen ist, wenn nicht aus dem Kontext etwas anderes hervorgeht. Aus drucktechnischen Gründen kommen die Pfeile $\rightarrow$ und $\longrightarrow$ in gleicher Bedeutung nebeneinander vor.

A

Abbildung φ einer Menge M in eine Menge N, in Zeichen $\varphi: M \to N$ oder $M \xrightarrow{\varphi} N$, heißt eine Zuordnung, vermöge der jedem Element $x \in M$ ein Element $y \in N$, das *Bild* von x, entspricht, das mit $\varphi(x)$, φx, x^φ oder $x\varphi$ bezeichnet wird (*eindeutige A.*). Man schreibt auch $x \overset{\varphi}{\mapsto} y$ oder kurz $x \mapsto y$. Statt A. sagt man auch — besonders in der Analysis, namentlich im Bereich der reellen oder komplexen Zahlen — *Funktion*. Die A. φ wird eindeutig durch die Untermenge der Paare (x, y) aus dem kartesischen Produkt $M \times N$ mit $y = \varphi(x)$ charakterisiert, den sog. *Graphen* von φ, mit dem daher die A. φ identifiziert werden kann.

Bild einer Untermenge X von M bei φ, bezeichnet mit $\varphi(X)$ (bzw. X^φ usw.), heißt die Menge aller Bilder von Elementen aus X; *Urbild* einer Untermenge Y von N, bezeichnet mit $\varphi^{-1}(Y)$, die Menge aller $x \in M$, deren Bilder in Y liegen. Statt $\varphi^{-1}(\{y\})$ für $y \in N$ schreibt man kurz $\varphi^{-1}(y)$ und nennt es das (*volle*) *Urbild* von y. Das Urbild von N (hier M) heißt auch *Definitions-*, *Argument-* oder *Vorbereich* der A. φ, das Bild $\varphi(M)$ *Wertevorrat* oder *-bereich, Bild-* oder *Nachbereich*; die Menge N, in die abgebildet wird, auch *Zielbereich*. Zum Begriff einer A. gehören ihr Vor- und Zielbereich. Zwei A. von M in N heißen genau dann *gleich*, wenn sie jedem $x \in M$ jeweils dasselbe Bild zuordnen. Eine *A.* von M *in sich* (d. h. Vorbereich = Zielbereich) heißt auch *Transformation* von M, letztere Bezeichnung wird aber auch als synonym zu A. gebraucht.

Eine A. φ heißt *injektiv, umkehrbar eindeutig, eineindeutig* oder eine *Injektion*, wenn mit $x_1 \neq x_2$ stets auch $\varphi(x_1) \neq \varphi(x_2)$ gilt; sie heißt *surjektiv, A. auf, Surjektion* oder *epimorphe A.*, wenn ihr Wertevorrat ganz N ist; und sie heißt *bijektiv, Bijektion, eineindeutige A. auf*, auch *Korrespondenz, Isomorphismus* oder *isomorphe A.*, wenn sie gleichzeitig injektiv und surjektiv ist. Um hervorzuheben, daß eine A. nicht (notwendig) surjektiv ist, spricht man auch von einer *A. in*. Die A. φ, die jedes Element festläßt (d. h. $\varphi(x) = x$) für alle x), heißt *identische A.* oder *Identität*; sie wird häufig mit id bezeichnet, gegebenenfalls mit Angabe des Definitionsbereiches als Index.

Im Falle zweier A. $\varphi_1: M_1 \to M_2$ und $\varphi_2: M_2 \to M_3$ ist ihre *Zusammensetzung* (*Produkt*) φ erklärt gemäß $\varphi(x) = \varphi_2(\varphi_1(x))$ (bzw. $x^\varphi = (x^{\varphi_1})^{\varphi_2}$) für $x \in M_1$; man schreibt dann $\varphi = \varphi_2 \circ \varphi_1$ oder kürzer $\varphi_2\varphi_1$ bzw. (insbesondere bei exponentieller Schreibweise, die wir weitgehend bevorzugen wollen) $\varphi = \varphi_1 \circ \varphi_2$ oder $\varphi_1\varphi_2$. Letztere Reihenfolge ist der Diagrammschreibweise angepaßt:

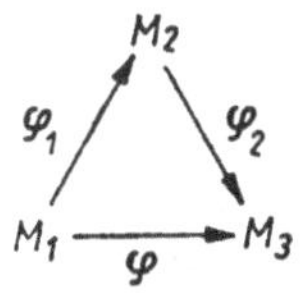

(›Diagramm). Diese Multiplikation ist assoziativ.

Im Falle einer bijektiven A. φ von M auf N existiert die *inverse A.* (*Umkehrabbildung*) φ^{-1} von N auf M, die jedem $y \in N$ gerade sein Urbild aus M zuordnet und (bei der Multiplikation von links nach rechts) den Gleichungen $\varphi\varphi^{-1} = \mathrm{id}_M$ und $\varphi^{-1}\varphi = \mathrm{id}_N$ genügt, durch die sie eindeutig charakterisiert wird.

Eine A. einer Teilmenge von M in N (sog. *partielle A.* von M) heißt auch *A. aus M in N*. Gelegentlich betrachtet man auch *mehrdeutige A.* von M in N, die jedem $x \in M$ eine (nicht notwendig einelementige) Untermenge von N zuordnen, und allgemeiner *mehrdeutige A. aus M in N*. Diese können am besten durch ihre Graphen beschrieben werden (›Relation).

Lit.: [A 16], [U 2], [U 3], [U 11]

Abel, Satz von (= *Abelscher Unmöglichkeitssatz* = *Abelscher Satz* = *Satz von Ruffini-Abel*): Die allgemeine ›algebraische Gleichung vom Grade $n \geqq 5$ läßt sich nicht durch Radikale (›Radikal über einem Körper) lösen; es gibt sogar stets algebraische Gleichungen n-ten Grades mit ganzzahligen Koeffizienten, deren Wurzeln sich nicht durch Radikale aus rationalen Zahlen ausdrücken lassen. Das folgt daraus, daß ihre Gruppe (›Galois-Gruppe) die nichtauflösbare ›symmetrische Gruppe $\mathfrak{S}_n$ ist.

Lit.: [A 15 III], [A 16], [A 17 I]

abelsch gemachte Gruppe = Faktorkommutatorgruppe ›Abelschmachen einer Gruppe

abelsche Algebra ›galoissche Algebra

abelsche Aufspaltung ›Erweiterung von Gruppen

abelsche Durchkreuzung ›Erweiterung von Gruppen

abelsche Erweiterung (von Körpern) ›Galois-Gruppe

abelsche ›Erweiterung von Gruppen

abelsche Gleichung ›Galois-Gruppe

abelsche Gruppe (= *kommutative Gruppe*): ›Gruppe G mit kommutativer Multiplikation, d. h., für beliebige $a, b \in G$ ist $ab = ba$ (bei multiplikativer Schreibweise). Häufig wird additive Schreibweise angewendet. Beispiele:

›zyklische Gruppen, ›direkte Produkte und ›direkte Summen a. G., ›Gruppen vom Typ p^∞. Die Elemente endlicher Ordnung einer a. G. bilden eine Untergruppe, die *Torsionsuntergruppe* (›periodische Gruppe), die zugehörige ›Faktorgruppe ist eine ›torsionsfreie Gruppe. Eine endlich erzeugte a. G. ist nach dem Basissatz (›Basis) für a. G. direktes Produkt zyklischer Gruppen. Die a. G. bilden eine ›Varietät von Gruppen, das ›freie Produkt hierin (Coprodukt in der ›Kategorientheorie) ist die ›direkte Summe.
›divisionsvollständige Gruppe

Lit.: [G 13], [G 14], [G 26]
Kaplansky, I.: Infinite abelian groups. University of Michigan Press, Ann Arbor 1956.

abelsche ›Halbgruppe

abelsche Kategorie heißt eine ›exakte ›additive Kategorie mit endlichen Produkten. Eine additive Kategorie, die endlich vollständig und endlich kovollständig ist (d. h., endliche Limites und Kolimites besitzt), heißt auch *präabelsch*. Eine Kategorie $\mathcal{A}$ ist genau dann a. K., wenn eine der folgenden äquivalenten Bedingungen gilt: (i) $\mathcal{A}$ besitzt Kerne, Kokerne, endliche Produkte, endliche Koprodukte, ist normal und konormal; (ii) $\mathcal{A}$ besitzt Pullbacks und Pushouts, ist normal und konormal. Die duale Kategorie einer a. K. ist eine a. K. Beispiele für a. K.: Kategorie der ›abelschen Gruppen; Kategorie der ›R-Moduln (etwa Linksmoduln) über einem festen Ring R. Zu jeder kleinen a. K. $\mathcal{A}$ gibt es einen vollen treuen exakten kovarianten Funktor in eine Kategorie von R-Moduln (*Einbettungssatz von Mitchell*).

Lit.: [C 2], [C 10], [C 6], [C 11], [C 12], [C 13], [R 11 I]
Gabriel, P.: Des catégories abéliennes. Bull. Soc. Math. France **90** (1962), 323–448.

Abelsche lineare Gruppe = ›symplektische Gruppe

abelsche Mannigfaltigkeit = vollständige zusammenhängende ›algebraische Gruppe

Abelsche Matrix ›unendliche ›Matrix

abelscher Körper ›Galois-Gruppe

Abelscher Satz =

Abelscher Unmöglichkeitssatz = ›Satz von ›Abel

abelsches Faktorensystem ›Erweiterung von Gruppen

abelsches Polynom ›Galois-Gruppe

Abelschmachen einer Gruppe: der Übergang von einer Gruppe G zu ihrer *Faktorkommutatorgruppe* (*abelsch gemachten Gruppe*) G/G' (>Kommutatorgruppe). Jeder Homomorphismus σ von G in eine >abelsche Gruppe G_1 läßt sich über die Gruppe G/G' faktorisieren, d. h., es gibt einen (und zwar eindeutig bestimmten) Homomorphismus τ von G/G' in G_1, so daß das >Diagramm

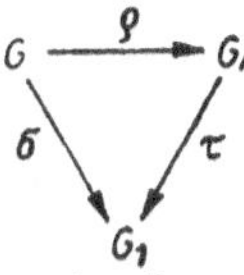

, in dem ϱ der natürliche Homomorphismus auf die Faktorgruppe ist, kommutativ wird, und durch diese Eigenschaft ist die abelsch gemachte Gruppe G bis auf Isomorphie eindeutig bestimmt. A. läuft darauf hinaus, mit den alten Gruppenelementen von G zu rechnen, aber mit einem neuen Gleichheitszeichen $\equiv$ (Kongruenz), indem man die Relationen $ab \equiv ba$ hinzunimmt. A. ist ein Funktor von der Kategorie der Gruppen auf die Kategorie der abelschen Gruppen (>Kategorientheorie).

abgeleitete Gruppe (bzw. **Kette**) >Kommutatorgruppe

abgeleitete Matrix: r-te *a. M.* (auch: *assoziierte Matrix*) oder r-te *Ableitung* einer (m, n)-Matrix $A = (a_{ij})$ ist die von den r-reihigen Unterdeterminanten $a^{i_1 \cdots i_r}_{j_1 \cdots j_r}$ von A ($i_1 < \cdots < i_r$ Nummern der beteiligten Zeilen, $j_1 < \cdots < j_r$ Nummern der beteiligten Spalten) in lexikographischer Anordnung gebildete $\left(\binom{m}{r}, \binom{n}{r}\right)$-Matrix $A^{(r)}$. In den nichtdefinierten Grenzfällen ($r > m$ oder $> n$) ist $A^{(r)} = 0$ zu setzen. Für die a. M. gelten die Rechenregeln: $A^{(1)} = A$, $(AB)^{(r)} = A^{(r)}B^{(r)}$, also auch $(A^{-1})^{(r)} = (A^{(r)})^{-1}$. Transponieren und Ableiten sind vertauschbar. Aus der Definition folgt unmittelbar, daß der Rang von A gleich der Ordnung der höchsten nicht verschwindenden Ableitung von A ist.

Die mit der r-ten a. M. der Koeffizientenmatrix A einer >quadratischen Form Q in n Variablen über einem Körper der Charakteristik $\neq 2$, deren allgemeines Element noch mit dem Vorzeichenfaktor $(-1)^{i_1 + \cdots + i_r + j_1 + \cdots + j_r}$ versehen wurde, gebildete quadratische Form heißt die r-te *Begleitform* (= *begleitende Form*) von Q. Zu >äquivalenten quadratischen Formen gehören äquivalente Begleitformen. Die $(n - 1)$-te Begleitform ist die >*adjungierte quadratische Form*. >höhere adjungierte Matrizen.

Lit.: [M 8], [M 17], [Q 8I]

abgeleitete Operation >Klon

abgeleitete Reihe >Kommutatorgruppe

abgeleiteter Funktor: Die im folgenden betrachteten Funktoren (>Kategorientheorie) sollen stets additive Funktoren auf der Kategorie der unitären R-

Moduln (etwa Linksmoduln) sein; Verallgemeinerung auf allgemeinere ›abelsche Kategorien ist möglich.

(i) T sei rechtsexakter kovarianter Funktor. Dann gibt es eine Folge von (kovarianten) Funktoren $T_0 = T$, $T_1, T_2, \ldots$, den sog. (*links-*) *a. F.* von T, mit der Eigenschaft, daß a) zu jeder kurzen ›exakten Sequenz von Moduln

$$0 \to A \to B \to C \to 0 \qquad (*)$$

sog. *Verbindungshomomorphismen* $T_n(C) \to T_{n-1}(A)$ existieren, mit denen die entsprechende Sequenz

$$\cdots \to T_n(A) \to T_n(B) \to T_n(C) \to T_{n-1}(A) \to \cdots \to T_0(A)$$
$$\to T_0(B) \to T_0(C) \to 0$$

exakt ist und für die sich aus einem kommutativen ›Diagramm kurzer exakter Sequenzen

$$\begin{array}{ccccccccc} 0 & \to & A & \to & B & \to & C & \to & 0 \\ \| & & \downarrow & & \downarrow & & \downarrow & & \| \\ 0 & \to & A' & \to & B' & \to & C' & \to & 0 \end{array} \qquad (**)$$

ein kommutatives Diagramm langer exakter Sequenzen

$$\begin{array}{ccccccccc} \cdots & \to & T_n(A) & \to & T_n(B) & \to & T_n(C) & \to & T_{n-1}(A) & \to \cdots \\ & & \downarrow & & \downarrow & & \downarrow & & \downarrow & \\ \cdots & \to & T_n(A') & \to & T_n(B') & \to & T_n(C') & \to & T_{n-1}(A') & \to \cdots \end{array}$$

ergibt, und daß b) diese Zuordnung *kouniversell* ist in dem Sinne, daß es zu jeder weiteren derartigen Folge von Funktoren T_i' und einer natürlichen Transformation (›Kategorientheorie) $\eta = \eta_0 : T' \to T$ eindeutig bestimmte natürliche Transformationen $\eta_i : T_i' \to T_i$ gibt, so daß das Diagramm

$$\begin{array}{ccc} T_n'(C) & \to & T_{n-1}'(A) \\ \downarrow{\scriptstyle \eta_{nC}} & & \downarrow{\scriptstyle \eta_{nA}} \\ T_n(C) & \to & T_{n-1}(A) \end{array}$$

kommutativ wird.

Zur Konstruktion der a. F. von T wähle man für jeden Modul M eine ›projektive Auflösung

$$\cdots \to M_n \to M_{n-1} \to \cdots \to M_1 \to M_0 \to M \to 0;$$

durch Anwendung von T hierauf erhält man eine nicht mehr notwendig exakte Sequenz, einen Komplex (= ›Kettenkomplex)

$$\mathfrak{K}: \cdots \to T(M_n) \to T(M_{n-1}) \to \cdots \to T(M_1) \to T(M_0) \to T(M) \to 0,$$

dessen n-te Homologiegruppe gerade den Wert von T_n an der Stelle M ergibt:

$$T_n(M) = H_n(\mathfrak{K}) = \operatorname{Ker}\big(T(M_n) \to T(M_{n-1})\big)/\operatorname{Im}\big(T(M_{n+1})\big).$$

Im Falle des Funktors $T = G \otimes ?$ (Tensorprodukt mit dem Modul G) erhält man als n-ten a. F. $\mathrm{Tor}_n(G, ?)$. $\mathrm{Tor}_n(G, A)$ ist auch der Wert des n-ten a. F. von $? \otimes A$ an der Stelle G. Tor ist vertauschbar mit ›direkten Summen:

$$\mathrm{Tor}_n\Big(\bigoplus_i M_i, \bigoplus_j N_j\Big) \cong \bigoplus_i \bigoplus_j \mathrm{Tor}_n(M_i, N_j).$$

(ii) Ist T ein linksexakter kovarianter Funktor, so gibt es eine Folge von (kovarianten) (*rechts-*) *a. F.* $T^0 = T, T^1, T^2, \ldots$ mit der Eigenschaft, daß a) zu jeder kurzen exakten Sequenz (*) sog. *Verbindungshomomorphismen* $T^n(C) \to T^{n+1}(A)$ existieren, mit denen die Sequenz

$$0 \to T^0(A) \to T^0(B) \to T^0(C) \to T^1(A) \to \cdots \to T^n(C) \to T^{n+1}(A) \to \cdots$$

exakt ist und für die sich aus einem kommutativen Diagramm (**) kurzer exakter Sequenzen ein kommutatives Diagramm langer exakter Sequenzen

$$\begin{array}{ccccccccc} \cdots \to & T^n(A) & \to & T^n(B) & \to & T^n(C) & \to & T^{n+1}(A) & \to \cdots \\ & \downarrow & & \downarrow & & \downarrow & & \downarrow & \\ \cdots \to & T^n(A') & \to & T^n(B') & \to & T^n(C') & \to & T^{n+1}(A') & \to \cdots \end{array}$$

ergibt, und daß b) diese Zuordnung *universell* ist in dem Sinne, daß es zu jeder weiteren derartigen Folge von Funktoren T'^i und einer natürlichen Transformation $\eta = \eta^0 : T \to T'$ eindeutig bestimmte natürliche Transformationen $\eta^i : T^i \to T'^i$ gibt, so daß das Diagramm

$$\begin{array}{ccc} T^n(C) & \to & T^{n+1}(A) \\ {\scriptstyle \eta^n_C}\downarrow & & \downarrow{\scriptstyle \eta^{n+1}_A} \\ T'^n(C) & \to & T'^{n+1}(A) \end{array}$$

kommutativ wird.

Zur Konstruktion der a. F. von T wähle man für jeden Modul M eine ›injektive Auflösung

$$0 \to M \to M^0 \to M^1 \to \cdots \to M^{n-1} \to M^n \to \cdots;$$

durch Anwendung von T hierauf erhält man einen Komplex $\mathfrak{K}$:

$$0 \to T(M) \to T(M^0) \to T(M^1) \to \cdots \to T(M^{n-1}) \to T(M^n) \to \cdots,$$

dessen n-te Kohomologiegruppe gerade den Wert von T^n an der Stelle M ergibt: $T^n(M) = H^n(\mathfrak{K}) = \mathrm{Ker}\big(T(M^n) \to T(M^{n+1})\big)/\mathrm{Im}\big(T(M^{n-1})\big)$.

Im Falle des kovarianten Hom-Funktors $\mathrm{Hom}(G, ?)$ heißt der n-te a. F. $\mathrm{Ext}^n(G, ?)$. Für direkte Summe und Produkte gilt

$$\mathrm{Ext}^n\Big(\bigoplus_i M_i, \prod_j N_j\Big) \cong \prod_i \prod_j \mathrm{Ext}^n(M_i, N_j).$$

(iii) Im Falle eines rechtsexakten kontravarianten Funktors erhält man analog zu (i) (links-) a. F. mit der kouniversellen Eigenschaft, muß jedoch bedenken, daß sich bei Anwendung eines kontravarianten Funktors die Pfeile umkehren. Zur Berechnung kann man von einer injektiven Auflösung ausgehen.

(iv) Im Falle eines linksexakten kontravarianten Funktors erhält man die (rechts-) a. F. mit der universellen Eigenschaft analog zu (ii), muß jedoch die Umkehrung der Pfeile bei Anwendung eines kontravarianten Funktors beachten. Zur Berechnung kann man analog von einer projektiven Auflösung ausgehen. Als n-ten a. F. des kontravarianten Hom-Funktors Hom $(?, G)$ erhält man gerade $\mathrm{Ext}^n\,(?, G)$.

Zu einer kurzen exakten Sequenz (*) ergeben sich damit die langen Tor- und Ext-Sequenzen:

$$\cdots \to \mathrm{Tor}_2\,(C, G) \to \mathrm{Tor}_1\,(A, G) \to \mathrm{Tor}_1\,(B, G) \to \mathrm{Tor}_1\,(C, G)$$
$$\to A \otimes G \to B \otimes G \to C \otimes G \to 0$$

und analog mit Vertauschung der Argumente,

$$0 \to \mathrm{Hom}\,(G, A) \to \mathrm{Hom}\,(G, B) \to \mathrm{Hom}\,(G, C) \to \mathrm{Ext}^1\,(G, A)$$
$$\to \mathrm{Ext}^1\,(G, B) \to \mathrm{Ext}^1\,(G, C) \to \mathrm{Ext}^2\,(G, A) \to \cdots,$$
$$0 \to \mathrm{Hom}\,(C, G) \to \mathrm{Hom}\,(B, G) \to \mathrm{Hom}\,(A, G) \to \mathrm{Ext}^1\,(C, G)$$
$$\to \mathrm{Ext}^1\,(B, G) \to \mathrm{Ext}^1\,(A, G) \to \mathrm{Ext}^2\,(C, G) \to \cdots.$$

Der zugrunde liegende Ring (hier R) wird gegebenenfalls durch einen unteren Index an $\otimes$, Hom und Ext bzw. einen oberen Index an Tor ausgedrückt.

Im Falle abelscher Gruppen bricht die Folge der Ext^n und Tor_n mit dem ersten Glied ab: $\mathrm{Ext}^n = 0$ und $\mathrm{Tor}_n = 0$ für $n > 1$. Statt Ext^1 und Tor_1 schreibt man dann kurz Ext und Tor. Ext hängt mit der Theorie der ›*Erweiterungen von Gruppen* zusammen, Tor (A, G) ist das ›*Torsionsprodukt* von A und G.

Lit.: [C 10], [G 14 I], [H 1], [H 3], [H 4]
EKLOF, P. C., A. MEKLER: The structure of Hom and Ext. North-Holland, Amsterdam 1988.

abgeleiteter normaler Ring ›Ganz-Abhängigkeit

abgeschlossen ›Operation

abgeschlossene Gruppe = ›vollständige Gruppe

abgeschlossene Gruppe (Darstellungsgruppe) ›Multiplikator einer Gruppe

abgeschlossene Kategorie ›monoidale Kategorie

abgeschlossene Menge von Identitäten >Varietät

abgeschlossener Modul >fastperiodische Funktionen

abgeschlossenes Element >Galois-Verbindung

abhängig bezüglich eines Ideals >Primbasis

Abhängigkeit[saxiome] >Abhängigkeitsbeziehung

Abhängigkeitsbeziehung: Für Elemente einer gegebenen Menge ist eine A. erklärt, wenn die Aussage, ein Element x sei von Elementen $y_1, \ldots, y_n$ (d. h. von der Menge $\{y_1, \ldots, y_n\}$) *abhängig*, so definiert ist, daß dieser Abhängigkeitsbegriff folgende Eigenschaften besitzt (*Abhängigkeitsaxiome*):

(i) Jedes x ist abhängig von x und beliebigen weiteren Elementen $y_1, \ldots, y_n$.

(ii) Wenn x von $y, z_1, \ldots, z_h$ abhängig, aber nicht von $z_1, \ldots, z_h$ allein abhängig ist, so ist y von x und $z_1, \ldots, z_h$ abhängig (*Austauscheigenschaft*).

(iii) Wenn x von $y_1, \ldots, y_k$ und jedes dieser y_i von $z_1, \ldots, z_l$ abhängig ist, so ist auch x von $z_1, \ldots, z_l$ abhängig (*Transitivität*).

Hieraus folgt: Wenn x von $y_1, \ldots, y_h$ abhängig ist, so ist x auch von $y_1, \ldots, y_h$, $z_1, \ldots, z_k$ abhängig, wobei die z_j beliebige Elemente sind.

x heißt von einer nicht notwendig endlichen Menge abhängig, wenn es bereits von einer gewissen endlichen Teilmenge davon abhängig ist. Allgemeiner heißt eine Menge M von einer Menge N abhängig, wenn jedes Element aus M von N abhängig ist. Gegebene Elemente (d. h. eine gegebene Menge von Elementen) heißen *abhängig*, wenn eines davon von den übrigen abhängig ist, anderenfalls *unabhängig*. Dann gilt: Wenn $x, x_1, \ldots, x_m$ abhängig, $x_1, \ldots, x_m$ aber unabhängig sind, so ist x von $x_1, \ldots, x_m$ abhängig.

Eine Untermenge B heißt *Erzeugendensystem* oder *Basis* (der betrachteten Menge bez. der betrachteten A.), wenn jedes Element von der Menge B abhängig ist. Je nachdem, ob diese Menge B abhängig oder unabhängig ist, spricht man von einer *abhängigen* oder *unabhängigen Basis*. (Häufig reserviert man den Begriff der Basis für unabhängige Erzeugendensysteme und bezeichnet eine möglicherweise abhängige Basis nur als Erzeugendensystem.) Dann gilt: Hat eine Menge eine endliche Basis, so hat sie stets auch eine unabhängige Basis. Jede unabhängige endliche Basis einer Menge besteht aus der gleichen Anzahl d von Elementen; d heißt *Basiszahl* der betreffenden Menge bezüglich der betrachteten A. Der Beweis erfolgt durch ein Austauschverfahren zwischen den Elementen zweier Basen, man spricht in diesem Zusammenhang von dem [*Steinitzschen*] *Austauschsatz* (von STEINITZ in der Körpertheorie für die algebraische Abhängigkeit angewendet [K 6]). Hat die betrachtete Menge eine endliche Basis, so kann ein unabhängiges System von Elementen stets zu einer unabhängigen Basis ergänzt werden (*Basisergänzungssatz*). Daher gilt: Ist die Basiszahl gleich n, so sind $n + 1$ Elemente stets abhängig. Die Basiszahl ist also die Maximalzahl unabhängiger Elemente. Hat die Menge M eine endliche Basis, so auch jede Untermenge M' von M, und zwar ist die Basiszahl von M' höchstens gleich der Basiszahl von M.

Wichtige Beispiele für A. sind die ›lineare Abhängigkeit, die algebraische Abhängigkeit (›algebraisch abhängig) und die ›p-Abhängigkeit. Die Basiszahl heißt im Falle der linearen Abhängigkeit für ›Vektorräume auch *Dimension*, im Falle der algebraischen Abhängigkeit für Körper auch *Transzendenzgrad*.

Die abstrakte Fassung des Abhängigkeitsbegriffs führt auf den Begriff des ›Matroids.

Lit.: [A 17], [Enz 1,6], [M 4]

Ableitung (einer Gruppe) = ›Kommutatorgruppe

Ableitung (einer Matrix) = ›abgeleitete Matrix

abnormale Untergruppe heißt eine Untergruppe H einer Gruppe G, für die jedes Element g aus G in der von H und der konjugierten Untergruppe $H^g = g^{-1}Hg$ erzeugten Gruppe liegt. Das ist genau dann der Fall, wenn für jede Zwischengruppe K ($H \subset K \subset G$) mit $H \subset K \cap K^g$ stets $g \in K$ folgt. Der ›Normalisator einer beliebigen ›Sylowschen Untergruppe einer endlichen Gruppe ist a. U. Eine Untergruppe H einer ›auflösbaren Gruppe G ist a. U., wenn jede Zwischengruppe zwischen H und G ihr eigener Normalisator ist. *Subabnormale Untergruppe* von G heißt eine Untergruppe H von G, zu der eine Kette $H = H_0 \subset H_1 \subset \cdots \subset H_n = G$ von Untergruppen existiert, für die H_i a. U. von H_{i+1} ist.

Lit.: [G 23], [G 33]

Abschließung von Untergruppen: Sind K und H Untergruppen der Gruppe G mit $K \subset H \subset G$, so heißt das Erzeugnis K_1 aller zu K in G konjugierten Untergruppen von H die *schwache A.*, das Erzeugnis K_2 der Durchschnitte mit H der in G konjugierten Untergruppen von K die *starke A.* von K in H bez. G. Ist $K = K_1$ oder $K = K_2$, so heißt K *schwach* bzw. *stark abgeschlossen* in H in bezug auf G. Diese Begriffe sind vor allem für den Fall interessant, daß H ›Sylowsche p-Untergruppe von G ist. Allgemeiner heißt eine nichtleere Untermenge A von H schwach abgeschlossen, wenn aus $A^g = g^{-1}Ag \subset H$ für $g \in G$ stets $A^g = A$ folgt.

Lit.: [G 24 III]
WIELANDT, H.: p-Sylow-Gruppen und p-Faktorgruppen. J. reine angew. Math. **182** (1940), 180–193.

abschnittskomplementärer Verband = relativ komplementärer ›Verband

absolut galoissch ›galoisscher Körper

Absolutbetrag = archimedische ›Bewertung

absolute Dimension ›Transzendenzgrad

absolutes Primideal ist ein ›Primideal $\mathfrak{p}$ eines ›Polynomrings über einem Körper K, dessen Erweiterungsideal $\mathfrak{p} \cdot \bar{K}$ beim Übergang zur ›algebraischen Hülle $\bar{K}$ von K prim ist, d. h., das bei jeder ›algebraischen Erweiterung des Grundkörpers L prim bleibt.

Lit.: [R 19]
NOETHER, E.: Eliminationstheorie und allgemeine Idealtheorie. Math. Ann. 90 (1923), 229–261, insbesondere S. 258.

Absolutglied ›Polynom

Absorptionsgesetz ›Verband

Abspaltungskörper einer ›Algebra A mit Einselement über dem Körper K ist jeder Oberkörper L von K, für den wenigstens eine der in L irreduziblen ›Darstellungen von A absolut irreduzibel ist. Entsprechend heißt A. einer irreduziblen Darstellung D von A ein Oberkörper L, in dem sich von D eine absolut irreduzible Darstellung D' abspaltet. Die Zahl m, die angibt, wie oft D' in D vorkommt, heißt der *Schursche Index* von D' oder D in bezug auf den Körper K. Insbesondere heißt L *Zerfällungskörper* von A, wenn alle in K irreduziblen Darstellungen von A schon absolut irreduzibel sind. Für zentrale einfache Algebren sind dies die Erweiterungskörper L, für die die erweiterte Algebra A_L (›Grundringerweiterung) ›voller Matrixring ist. L ist dann zugleich Zerfällungskörper der ganzen Algebrenklasse. Entsprechend ist ein Oberkörper, in dem eine irreduzible Darstellung D ganz in absolut irreduzible zerfällt, ein Zerfällungskörper von D.

Diese Begriffe lassen sich insbesondere auf ›Körpererweiterungen A/K anwenden, aufgefaßt als Algebren über K. Damit ergibt sich als A. der Erweiterung A/K ein Oberkörper L von K, der einen zu A über K isomorphen Teilkörper enthält, und als Zerfällungskörper ein solcher, der zum von A erzeugten galoisschen Körper isomorph ist.

Lit.: [D 20], [R 9]

abstrakte Gruppe ›Isomorphismus (von Gruppen)

abstrakte Gruppeneigenschaft ist eine Eigenschaft von Gruppen, die mit einer Gruppe G stets auch alle zu G isomorphen Gruppen (›Isomorphismus) besitzen. Es kommt also nicht auf die konkrete Realisierung der betreffenden Gruppe an, etwa als Transformationsgruppe. Beispiele: Endlichkeit, Einfachheit, Auflösbarkeit, Zerlegbarkeit in ein direktes Produkt.

abstrakte Kategorie ›Kategorientheorie

abstrakte Klasse von Gruppen heißt eine Klasse von ›Gruppen, die mit jeder Gruppe auch alle zu ihr isomorphen enthält.

Lit.: [G 26 II]

abstrakte Nebengruppe = ›Prüfersche Schar

Abstraktionsklasse ›Äquivalenzrelation

abzählbar erzeugter Modul heißt ein ›R-Modul, der von abzählbar vielen Elementen erzeugt werden kann, also Faktormodul eines freien Moduls von abzählbarem Rang ist.

Abzählprinzip ›p-Gruppe

Achse einer Quaternion ›Quaternionenalgebra

Addend[us] ›Addition

Addition heißt eine binäre ›Operation auf einer Menge M, die jedem geordneten Paar (a, b) aus dem kartesischen Produkt $M \times M$ ein mit $a + b$ bezeichnetes Element aus M als *Summe* von a und b zuordnet. $+$ heißt in diesem Zusammenhang *Additionszeichen, Pluszeichen* oder auch *Summenzeichen*. Die A. wird in der Regel als *assoziativ* ($(a + b) + c = a + (b + c)$ für alle $a, b, c \in M$), meist auch als *kommutativ* ($a + b = b + a$ für alle a, b) vorausgesetzt. Die zu addierenden Größen a, b der Summe $a + b$ heißen *Summanden* oder *Glieder der Summe*, der erste Summand gelegentlich auch *Augend*[*us*], insbesondere der zweite auch *Addend*[*us*]. Summen aus endlich vielen (mehr als 2) Gliedern kann man bei vorausgesetzter Assoziativität rekursiv definieren und darf auf Klammern verzichten. Statt $a_1 + a_2 + \cdots + a_n$ schreibt man mit dem *Summenzeichen* $\sum$ auch $\sum_{i=1}^{n} a_i$. Beispiele: A. in $\mathbb{R}$ oder $\mathbb{C}$; Verknüpfung bei einer additiv geschriebenen ›Gruppe. Die A. in $\mathbb{N}$ kann axiomatisch mittels der Peanoschen Axiome eingeführt werden.

Additionsgruppe ›Ring

Additionskomplement eines Untermoduls A eines ›R-Moduls M in M heißt ein minimaler Untermodul A' von M mit der Eigenschaft $A + A' = M$. Dieser Begriff stellt eine Abschwächung des Begriffs des direkten Komplements (›direkte Summe) dar. Eine andere Abschwächung liefert der Begriff des *Durchschnittskomplements* von A in M, das ist ein maximaler Untermodul A' von M mit der Eigenschaft $A \cap A' = 0$. Es besteht genau dann eine direkte Zerlegung $A \oplus B = M$, wenn B A. und Durchschnittskomplement von A in

M ist. Während Durchschnittskomplemente stets existieren, trifft dies für A. nicht zu.

Lit.: [R 17]

Additionsmatrix ›elementare Transformation

Additions[- und Subtraktions]methode ›lineares Gleichungssystem

additiv abgeschlossen heißt eine Menge M, für die mit $a, b \in M$ stets auch die Summe (›Addition) $a + b$ in M liegt.

additiv direkt unzerlegbare Gruppe ›direktes Produkt

Additivcharakter eines Rings oder Körpers R heißt eine ›Abbildung $e: R \to \mathbb{C}$ mit $e[x_1 + x_2] = e[x_1]\, e[x_2]$ für alle $x_1, x_2 \in R$. Ist R insbesondere endlicher Ring, so ist e ein abelscher Gruppencharakter der Additivgruppe von R. Das maximale zweiseitige ›Ideal m_e von R mit $e[x] = 1$ für alle $x \in m_e$ heißt *Erklärungsmodul* von e; ist R kommutativ und m_e das Nullideal, so heißt e *echter A.* (ein solcher braucht nicht zu existieren). Ist R ein ›Galois-Feld aus p^f Elementen (p Primzahl) und $S(x)$ die absolute Spur von x, so heißt e^* mit $e^*[x] = \exp\left[\frac{2\pi i}{p} S(x)\right]$ der *normierte A.* von R.

additive Funktion auf einer ›additiven Gruppe oder einem ›Vektorraum ist eine Funktion f mit Werten in einer zweiten additiven Gruppe oder einem Vektorraum mit der Eigenschaft $f(x + y) = f(x) + f(y)$ für alle x, y. Im Falle additiver Gruppen bedeutet das gerade, daß f ein Homomorphismus ist.

additive Gruppe: ›Gruppe mit additiver Verknüpfung (+), vor allem bei ›abelschen Gruppen üblich; im letzteren Falle heißt eine solche Gruppe auch *Modul* und eine Untergruppe von ihr *Untermodul* oder *Teilmodul.* Das neutrale Element einer a. G. wird in der Regel mit 0 bezeichnet, das zu a inverse Element (*entgegengesetztes Element*) mit $-a$. Die ›Faktorgruppe eines Moduls nach einer Untergruppe (die ja stets ›Normalteiler ist) heißt auch *Faktormodul.* Spezialfall: a. G. eines ›Rings. ›R-Modul.

additive Kategorie: Eine Kategorie $\mathcal{A}$ (›Kategorientheorie) heißt *semiadditiv*, wenn jede Morphismenmenge $[A, B]$ gleichzeitig eine additive kommutative ›Halbgruppe mit neutralem Element 0 bildet, die Komposition von Morphismen hiermit distributiv ist:

$$(\alpha_1 + \alpha_2)\, \beta = \alpha_1\beta + \alpha_2\beta, \qquad \alpha(\beta_1 + \beta_2) = \alpha\beta_1 + \alpha\beta_2,$$

und $\alpha 0 = 0$, $0\beta = 0$ gilt (die Nullmorphismen 0 sind aus den entsprechenden Morphismenmengen zu wählen). Aus der Definition folgt nicht, daß die Kategorie ein Nullobjekt besitzt; man kann aber stets ein solches adjungieren, ohne die sonstigen Verhältnisse zu stören, so daß die Nullelemente gerade die Nullmorphismen (über das Nullobjekt faktorisierbare Morphismen) werden.

Sind die Morphismenmengen sogar abelsche Gruppen, so heißt $\mathcal{A}$ a. K. (gelegentlich auch ***präadditive Kategorie***; dann wird von a. K. noch zusätzlich die Existenz eines Nullobjekts und von endlichen Koprodukten, z. T. auch noch von endlichen Produkten gefordert). Spezialfall: ›abelsche Kategorie.

Eine a. K. R mit nur einem Objekt ist ein ›Ring, die duale Kategorie R^* ist der Gegenring. Wenn $R = R^*$ ist, so ist der Ring kommutativ. Ein kommutativer Ring, in dem jeder Morphismus $\neq 0$ ein Monomorphismus (und daher auch Epimorphismus) ist, ist ein ›Integritätsbereich. Ein Ring, in dem jeder Morphismus $\neq 0$ ein Isomorphismus ist, ist ein Schiefkörper.

Ein *Funktor* T von einer a. K. $\mathcal{A}$ in eine a. K. $\mathcal{B}$ heißt *additiv*, wenn $T(\alpha + \beta) = T(\alpha) + T(\beta)$ ist, wenn T also einen Homomorphismus abelscher Gruppen $[A, B]_{\mathcal{A}} \to [T(A), T(B)]_{\mathcal{B}}$ vermittelt. Durch einen additiven Funktor werden Nullmorphismen in Nullmorphismen abgebildet. Eine Unterkategorie $\mathcal{A}'$ einer a. K. $\mathcal{A}$ heißt *additive Unterkategorie*, wenn sie a. K. und der Inklusionsfunktor additiv ist.

Lit.: [C 2], [C 10], [C 11], [C 13], [C 15]

additive Ordnung ›Charakteristik eines Rings

additive Relation $r: A \to B$ zwischen ›R-Moduln A, B heißt ein Untermodul der ›direkten Summe $A \oplus B$. Der Begriff dient zur Erfassung mehrdeutiger ›Homomorphismen, ebenso wie mehrdeutige ›Abbildungen durch ›Relationen erfaßt werden können. Die Zusammensetzung (*Produkt von a. R*) wird wie das Produkt von Relationen erklärt. Zu jeder a. R. gehört der *Definitionsbereich* $\mathrm{Def}\, r = \{a \in A \mid \exists\, b: (a, b) \in r\}$, der *Kern* $\mathrm{Ker}\, r = \{a \mid (a, 0) \in r\}$, das *Bild* $\mathrm{Im}\, r = \mathrm{Def}\, r^{-1}$ und die „*Unbestimmtheit*" $\mathrm{Ind}\, r = \mathrm{Ker}\, r^{-1}$, wo r^{-1} die konverse Relation ist, die aus allen (b, a) mit $(a, b) \in r$ besteht. Durch eine a. R. r wird in natürlicher Weise ein Homomorphismus $r^0: \mathrm{Def}\, r \to B/\mathrm{Ind}\, r$ bestimmt. A. R. lassen sich auch in ›abelschen Kategorien bilden.

Lit.: [H 3]

additive Zerlegung eines Rings oder einer Algebra $\mathfrak{A}$ heißt die Darstellung von $\mathfrak{A}$ als Summe von Teilmoduln (z. B. Idealen oder Teilalgebren) $\mathfrak{m}_i$ ($i = 1, \ldots, n$), in Zeichen: $\mathfrak{A} = \mathfrak{m}_1 + \cdots + \mathfrak{m}_n$ oder $\mathfrak{A} = (\mathfrak{m}_1, \ldots, \mathfrak{m}_n)$; d. h., jedes Element $a \in \mathfrak{A}$ läßt sich in der Form $a = a_1 + \cdots + a_n$ in *Komponenten* a_j aus $\mathfrak{m}_j$ zerlegen. Wenn die a_j durch a eindeutig bestimmt sind, heißt die Zerlegung ***direkt*** ($\mathfrak{A}$ ist dann als Modul die ›direkte Summe der $\mathfrak{m}_j$); das ist gleichbedeutend damit, daß für alle j gilt $\mathfrak{m}_j \cap \sum_{i \neq j} \mathfrak{m}_i = 0$; die obige Summenschreibweise wird häufig nur in diesem Fall verwendet, oder man schreibt dafür $\mathfrak{m} = \mathfrak{m}_1 \oplus \cdots \oplus \mathfrak{m}_n$. Auf direkte a. Z. beziehen sich die Struktursätze der ›R-Algebren.

Lit.: [R 9]

additiver Funktor ›additive Kategorie

additives Gewebe ›Inzidenzstruktur

Additivgruppe eines ›**Rings**

𝔪-adisch ›Filtrierung, ›𝔪-Topologie

Adjungierte = ›begleitende Matrix

adjungierte Abbildung = ›adjungierte lineare Transformation

adjungierte Determinante ›adjungierte Matrix

adjungierte Gruppe ›Darstellung einer Lieschen Gruppe

adjungierte lineare Abbildung ›Derivation; = ›adjungierte lineare Transformation

adjungierte lineare Transformation A^* zu einer linearen Transformation (= linearen Abbildung in sich) eines euklidischen oder unitären Raumes L wird durch die Gleichheit der Skalarprodukte $(Ax, y) = (x, A^*y)$ definiert. Bezüglich einer Orthonormalbasis wird die a. l. T. durch die ›*adjungierte Matrix* der zu A gehörigen Matrix vermittelt.

Lit.: [M 9], [M 14]

adjungierte Matrix: 1. (= *Adjunktenmatrix*) A_{ad} einer quadratischen Matrix A ist die Transponierte der von den algebraischen Komplementen (›Determinante) A_{ij} der Elemente a_{ij} von A gebildeten Matrix

$$A_{ad} = (A'_{ij}) \quad \text{mit} \quad A'_{ij} = A_{ji}.$$

Es gilt

$$AA_{ad} = A_{ad}A = (\det A) \cdot E \quad (E \text{ Einheitsmatrix}),$$

für reguläre Matrizen ist also die Inverse $A^{-1} = (\det A)^{-1} A_{ad}$. Die ›Determinante der a. M. heißt auch (logisch nicht ganz korrekt) *adjungierte* oder *reziproke Determinante* oder *Determinante des adjungierten Systems.*

2. = ›begleitende Matrix

Lit.: Zu 1.: [M 8]

adjungierte quadratische Form (= *adjungierte Form*) zu einer ›quadratischen Form $Q(x) = \sum a_{ij}x_ix_j$ in n Variablen über einem Körper der Charakteristik $\neq 2$ ist die mit der ›adjungierten Matrix $A_{ad} = (A_{ij})$ zur Matrix A der a_{ij} gebildete Form $Q^*(x) = \sum A_{ij}x_ix_j$ (beachte, daß A und damit auch A_{ad}

symmetrisch ist); sie ist die $(n-1)$-te Begleitform von Q (›abgeleitete Matrix). Falls die Koeffizienten von $Q(x)$ ganzrational sind, dividiert man zuweilen noch $Q^*(x)$ durch den größten gemeinsamen ›Teiler seiner Koeffizienten und nennt die so entstehende Form $Q'(x)$ die ***primitive Adjungierte*** zu $Q(x)$ (›primitive quadratische Form). Ihre Koeffizientenmatrix hat die Form $(q/4)\,A^{-1}$, wobei q die *Stufe* von Q ist. ›Diskriminante einer quadratischen Form.

Lit.: [Q 1], [Q 8I]

adjungierte Untermatrix ›Determinante

adjungiertes [Funktor]paar ›Kategorientheorie

Adjunkte ›Determinante

Adjunktenmatrix = ›adjungierte Matrix

Adjunktion einer Menge M von Elementen zu einer (universellen) ›Algebra A heißt die Bestimmung einer gleichartigen Algebra B, die von A und B erzeugt wird, also unter allen A und M enthaltenden Oberalgebren minimal ist. Diese Sprechweise wird vornehmlich dann angewendet, wenn A ein ›Ring oder ein ›Körper ist; im ersten Falle spricht man auch von einer ***Ring-A.***, im zweiten Falle von ***Körper-A.*** (›Körpererweiterung). Statt A. eines ›algebraischen Elements sagt man dann auch ***algebraische A.*** Die Konstruktion einer einfachen algebraischen ›Körpererweiterung $K = k(x)$ von k, in der x Nullstelle eines im ›Polynomring $R = k[X]$ irreduziblen vorgegebenen Polynoms $f(X)$ ist und die dadurch erfolgt, daß man als K den Restklassenring von R nach dem Primideal $f(X) \cdot R$ wählt und x gleich der Restklasse $X + f(X) \cdot R$ setzt, bezeichnet man auch als ***symbolische A.***, weil hierbei im Gegensatz zur oben betrachteten ***unsymbolischen A.*** die Wurzel x nicht von vornherein als Element einer Oberstruktur gegeben wird, sondern als Symbol einer Restklasse eingeführt wird.

Lit.: [A 17I]

Adjunktionssatz für algebraische Invarianten: Ist $\mathfrak{F}$ ein gegebenes System von n-ären Grundformen $F_1, \ldots, F_s$ und T_r eine r-gliedrige ›kontinuierliche Gruppe aller linearen Transformationen, die die n-ären Formen $G_1, \ldots, G_h$ invariant lassen, so erhält man alle Invarianten von $\mathfrak{F}$ bez. T_r, indem man die Formen G_i zum System $\mathfrak{F}$ hinzunimmt und alle Invarianten dieses erweiterten Systems bez. der allgemeinen ›linearen Gruppe ermittelt.

Lit.: [I 12]

Adosches Theorem: Jede endlichdimensionale ›Liesche Algebra L über einem Körper der Charakteristik 0 besitzt eine treue Matrixdarstellung (›Darstellung) ϱ. Das bedeutet, daß sich jede solche Algebra aus einer assoziativen Matrixalgebra gewinnen läßt, d. h., zu einer Unteralgebra der Algebra aller n-reihigen Matrizen mit der Kommutatorbildung als Verknüpfung isomorph ist. Von der Darstellung ϱ kann vorausgesetzt werden, daß alle Elemente von $\varrho(\mathfrak{n})$, wo $\mathfrak{n}$ das größte nilpotente Ideal von L ist, nilpotent sind.

Lit.: [EL 1], [L 4 III]
Ado, I. D.: Über die Darstellung von Lieschen Gruppen durch lineare Substitutionen. Bull. Soc. Phys. Math. Kazan 7 (1934–35), 3–43 (russisch mit deutscher Zusammenfassung).

Affekt >Galois-Gruppe

affektfrei = affektlos >Galois-Gruppe

affin >affine Gruppe

affine Algebra heißt jede >Algebra über einem kommutativen Körper k, die sich als Restklassenalgebra $k[x_1, \ldots, x_n]/\mathfrak{a}$ eines >Polynomrings über k nach einem Ideal $\mathfrak{a}$ schreiben läßt.

affine Ebene>Inzidenzstruktur, >Ternärkörper

affine Gruppe: [*Lineare*] *affine Abbildung* eines affinen Raums E in einen affinen Raum E' (V und V' zugehörige >Vektorräume über dem Körper K) heißt eine >Abbildung u: $E \to E'$ mit $u\left(\sum_i \alpha_i P_i\right) = \sum_i \alpha_i u(P_i)$ für $\alpha_i \in K$, $P_i \in E$ mit $\sum_i \alpha_i = 1$; in Koordinatenschreibweise (P habe die Koordinaten x^i, $P' = u(P)$ die Koordinaten x'^i) wird sie durch lineare Gleichungen

$$x'^i = \sum_j a^i{}_j x^j + a^i \quad \text{mit} \quad a^i{}_j, a^i \in K \tag{*}$$

gegeben. Wenn $E' = E$ ist, spricht man von einer [*linearen*] *affinen* Funktion, *affin-linearen Funktion*, auch *linearen Funktion*. Zu jeder affinen Abbildung u gehört genau eine >*lineare Abbildung* v des Vektorraums V in V' mit $u(P + \mathfrak{t}) = u(P) + v(\mathfrak{t})$ für alle $P \in E$, $\mathfrak{t} \in V$, wobei die Summe aus einem Punkt und einem Vektor den durch Abtragen des Vektors an dem Punkt bestimmten Punkt bezeichnet. Die a. G. des n-dimensionalen affinen Raumes besteht aus den *affinen Transformationen* von E, d. h. den bijektiven affinen Abbildungen von E auf sich; diese werden durch die Gleichungen (*) mit $\det(a^i{}_j) \neq 0$ gegeben, wobei i und j von 1 bis n laufen. Im Falle $K = \mathbb{R}$ ist sie eine $(n^2 + n)$-parametrige >kontinuierliche Gruppe mit den infinitesimalen Transformationen $\frac{\partial}{\partial x^i}$, $x^i \frac{\partial}{\partial x^j}$. Die a. G. kann als die Untergruppe der >projektiven Gruppe aus denjenigen projektiven Transformationen des projektiven Raumes aufgefaßt werden, die eine feste Hyperebene invariant lassen.

Jede Untergruppe von ihr, die einen Punkt festläßt, heißt *zentro-affine Gruppe* (= *zentrierte a. G.*), insbesondere die *lineare homogene Gruppe*, wenn der Ursprung fest bleibt. Alle diese Untergruppen sind konjugierte Untergruppen der a. G. und sind isomorph zur >linearen Gruppe GL (n, K) der durch die a. G. induzierten Gruppe von linearen Transformationen des zu E gehörigen Vektorraums V. Die durch die Bedingung $\det (a^i{}_j) = 1$ erklärte $(n^2 + n - 1)$-parametrige Untergruppe heißt *affine unimodulare Gruppe, äquiaffine, speziell-affine* oder *spezielle a. G.*; ihre infinitesimalen Transformationen sind $\frac{\partial}{\partial x^i}$, $x^i \frac{\partial}{\partial x^j}$ mit $i \neq j$ und $x^i \frac{\partial}{\partial x^i} - x^k \frac{\partial}{\partial x^k}$; sie induziert auf dem zugehörigen Vektorraum die *spezielle >lineare Gruppe* oder *unimodulare Gruppe*, die formal durch die Transformationsgleichungen (*) mit $a^i = 0$ und $\det (a^i{}_j) = 1$ gegeben wird.

Die a. G. wird von der affinen unimodularen Gruppe und der >Dehnungsgruppe erzeugt.

Lit.: [EA 2], [M 4]

affiner Ring = endlicher >Integritätsbereich

ähnlich unitäre Kollineation >unitäre Gruppe

ähnliche [einfache] Algebren >Algebrenklassen

ähnliche Komplexe = >konjugierte Komplexe

ähnliche Matrizen: Zwei quadratische Matrizen A und B mit Elementen aus einem kommutativen >Ring R mit Einselement heißen *ähnlich*, wenn es eine nichtsinguläre Matrix T über R mit $B = T^{-1}AT$ gibt. Der Übergang von einer Matrix zu einer ä. M. heißt *Ähnlichkeitstransformation*, und zwar Transformation mittels der Matrix T. Beschreibt man eine >lineare Abbildung eines >Vektorraums in sich bez. einer gegebenen Basis durch eine Matrix, so gehört zu einer neuen Basis, die sich durch Koordinatentransformation mittels der Matrix T ergibt, gerade die mit T transformierte Matrix. Ä. M. besitzen dasselbe >charakteristische Polynom, dasselbe >Minimalpolynom und dieselben Eigenwerte, diese sind also *Ähnlichkeitsinvarianten*. Zwei Matrizen über einem Körper K sind genau dann ähnlich, wenn sie dieselben primären >Elementarteiler über K oder, was gleichbedeutend damit ist, dieselben Invariantenteiler besitzen. Im Falle eines algebraisch abgeschlossenen Körpers K ist das gleichbedeutend damit, daß zu beiden Matrizen dieselbe >Jordansche Normalform gehört. Jede Matrix über einem algebraisch abgeschlossenen Körper ist *zu einer Dreiecksmatrix ähnlich* (*trigonalisierbar*).

Die Ähnlichkeit von Matrizen stellt eine >Äquivalenzrelation dar; ä. M. sind zugleich äquivalente Matrizen. Die Äquivalenzklassen ä. M. heißen auch *Ähnlichkeitsklassen*. Die Ähnlichkeit der Matrizen A und B läßt sich auf die

(unimodulare) Äquivalenz der Polynommatrizen $E - xA$ und $E - xB$ und damit auf die *Äquivalenz der Matrizenpaare* (E, A) und (E, B) zurückführen (›Matrizenschar). Diese unimodulare Äquivalenz entspricht gerade der Äquivalenz im engeren Sinne der zugehörigen quadratischen Formen (›äquivalente quadratische Formen).
›diagonalisierbare Matrix

Lit.: [Enz 1,7], [EA 7], [M 8], [M 5], [M 17]

ähnliche Mengen ›Relation

ähnliche [quadratische] Formen (im weiteren oder engeren Sinne) heißen zwei bis auf einen von Null verschiedenen Faktor (im weiteren oder engeren Sinne) ›äquivalente quadratische Formen. Die Ähnlichkeit quadratischer Formen stellt eine Äquivalenzrelation dar, die Äquivalenzklassen der im weiteren Sinne ä. q. F. heißen *Formensippen.*

Lit.: BRANDT, H.: Über quadratische Kern- und Stammformen. Festschrift zum 60. Geburtstag von Prof. Dr. Andreas Speiser, Zürich 1945, 87–104.

ähnlicher Endomorphismus ›lineare Abbildung

ähnlich-isomorph oder *ordnungsisomorph* heißen ›geordnete oder ›angeordnete Gruppen, Moduln, Ringe, Körper usw. G und G', wenn es einen Isomorphismus von G auf G' gibt, der die positiven Elemente von G auf die von G' abbildet, also die Ordnung erhält. Eine solche Abbildung heißt *ordnungstreu* (bzw. *anordnungstreu*), *ä.-i.* oder *Ordnungsisomorphismus.*

Lit.: [O 1], [O 3]

Ähnlichkeitsinvariante ›ähnliche Matrizen

Ähnlichkeitsklasse bei Gruppen ›konjugierte Komplexe

Ähnlichkeitsklasse von Matrizen ›ähnliche Matrizen

Ähnlichkeitstransformation ›ähnliche Matrizen

a-Ideal ›′-Operation der Idealtheorie

AI-, AI*-, $\overline{\text{AI}}$-Gruppe ›auflösbare Gruppe

akzessorische Irrationalität: N sei galoisscher Körper über K. Dann heißt a. I. bez. N über K jedes über K ›algebraische, aber nicht zu N gehörige Element.

Lit.: [A 8II]

Albert, Satz von, ›Isotopie von Gruppoiden

Alexander-Kolmogorowsches ›**Cup-Produkt**

Algebra 1. als Disziplin der Mathematik ursprünglich entstanden als Lehre vom Rechnen mit Buchstabenausdrücken und insbesondere durch das Problem der Auflösung ›algebraischer Gleichungen, woraus sich dann die allgemeine Theorie der linearen A. (›lineare Gleichungen, ›Matrizen und ›Determinanten) und die Theorie der ›Gruppen, ›Ringe und ›Körper entwickelt hat, kann sie heutzutage weitgehend als Lehre von den (finitären) ›Operationen und ›Relationen aufgefaßt werden (universelle ›Algebra). Dazu kommen algebraische Gebiete, in die auch andere Gebiete der Mathematik hineinspielen (vornehmlich Topologie und Analysis), wie ›topologische und ›Liesche Gruppen, topologische Algebren, oder solche, die durch Methoden anderer Gebiete angeregt worden sind, wie die ›homologische Algebra, und schließlich die Erfassung nicht nur algebraischer Disziplinen mit algebraischen Methoden wie die ›Kategorientheorie.
Über das Gesamtgebiet der A. siehe Literatur zu 1.

2. [*universelle*] *A.* (= *algebraische Struktur* = *abstrakte A.* = [*algebraischer*] *Bereich* = *Menge mit algebraischer Struktur* = *algebraisches System*) heißt ein Paar $\mathfrak{A} = \langle A; F \rangle$, bestehend aus einer nichtleeren Menge A, der *Trägermenge* der $A.$, und einer Familie F (häufig auch mit Ω bezeichnet, was nicht mit den im folgenden eingeführten Bezeichnungen Ω verwechselt werden darf) von finitären ›Operationen, dem *Operatorenbereich*. Ist F endlich und besteht etwa aus den Operationen $f_1, \ldots, f_n$, so schreibt man auch $\langle A; f_1, \ldots, f_n \rangle$. Die A. $\mathfrak{A}$ heißt *endlich*, wenn ihre Trägermenge A endlich ist.

Um verschiedene A. miteinander vergleichen zu können, denkt man sich die Operationen aus F mittels Ordnungszahlen γ durchnumeriert (im Falle nur endlich vieler Operationen genügen selbstverständlich natürliche Zahlen); indem man dann allgemein der γ-ten Operation die Stelligkeit n_γ dieser Operation zuordnet, gelangt man zu einer Folge $\Omega = (n_1, n_2, \ldots, n_\gamma, \ldots)$ nichtnegativer ganzer Zahlen, dem sog. *Typ*[*us*] oder der *Signatur* der A. $\mathfrak{A}$. A. vom Typ Ω heißen auch *Ω-A.*, solche vom gleichen Typ heißen *gleichartige A.*, gelegentlich auch *homologe algebraische Strukturen.* Beispiele: Ein ›Verband $\langle A; \vee, \wedge \rangle$ ist vom Typ (2, 2), eine ›Boolesche Algebra $\langle B; \vee, \wedge, ', 0, 1 \rangle$ vom Typ (2, 2, 1, 0, 0), ein Ring $\langle R; +, \cdot, 0 \rangle$ vom Typ (2, 2, 0).

Unteralgebra, Teilalgebra bzw. *algebraisches Untersystem* der Ω-A. $\mathfrak{A}$ heißt jede Ω-A. $\mathfrak{B}$, deren Trägermenge B Untermenge von A ist und deren Operationen sich aus denen von $\mathfrak{A}$ durch Einschränkung der entsprechenden Operationen von $\mathfrak{A}$ auf B ergeben. Zu jeder Untermenge B von A, die gegenüber den ›Operationen von $\mathfrak{A}$ *abgeschlossen* ist, gehört eine Unteralgebra; wir sagen der Einfachheit halber auch leger kurz, B sei eine Unteralgebra. (Auch sonst wird häufig nicht in der Bezeichnung zwischen A. und Trägermenge unterschieden.) Der (mengentheoretische) Durchschnitt von Unteralgebren ist in diesem Sinne wieder Unteralgebra. Zu jeder nichtleeren Untermenge M von A gehört als die von M *erzeugte Unteralgebra* die kleinste M enthaltende Unteralgebra $\mathfrak{B}$ von $\mathfrak{A}$, und zwar besteht ihre Trägermenge aus allen Elementen von A, die sich durch endlichmalige Anwendung der Operationen von $\mathfrak{A}$ aus den Elementen von M gewinnen lassen; M heißt dann auch *Erzeugendensystem* von $\mathfrak{B}$. Insbesondere heißt $\mathfrak{B}$ *endlich erzeugt* oder *endlich erzeugbar*, wenn $\mathfrak{B}$ ein endliches Erzeugendensystem besitzt.

Das *direkte Produkt* $\bigtimes_{i \in I} \mathfrak{A}_i$ einer Familie gleichartiger A. $\mathfrak{A}_i$ ist diejenige A. $\mathfrak{A}$, deren Trägermenge A das kartesische Produkt $\bigtimes_{i \in I} A_i$ der Trägermengen A_i der A. $\mathfrak{A}_i$ ist und deren Operationen komponentenweise erklärt sind: ist $a(i) = a_i$ die i-te Komponente des Elements $a \in A$, f_γ die γ-te Operation von $\mathfrak{A}$ und $f_\gamma^{(i)}$ die γ-te Operation von $\mathfrak{A}_i$, so sei

$$\left(f_\gamma(a^1, \ldots, a^{n_\gamma})\right)(i) = f_\gamma^{(i)}(a_i^1, \ldots, a_i^{n_\gamma}).$$

Im Falle endlicher Familien schreibt man auch beispielsweise $\mathfrak{A}_1 \times \mathfrak{A}_2$, $\mathfrak{A}_1 \times \mathfrak{A}_2 \times \mathfrak{A}_3$ usw.

Ein *Homomorphismus* σ einer Ω-A. $\mathfrak{A}$ (mit den Operationen f_γ) in eine Ω-A. $\mathfrak{B}$ (mit den Operationen g_γ) ist eine Mengenabbildung (›Abbildung) σ von A in B, die mit den Operationen verträglich ist, d. h., es gilt

$$g_\gamma(a_1^\sigma, \ldots, a_{n_\gamma}^\sigma) = \left(f_\gamma(a_1, \ldots, a_{n_\gamma})\right)^\sigma \quad \text{für alle} \quad a_i \in A.$$

Man kann einen Homomorphismus σ in natürlicher Weise (in Analogie zum Graphen einer ›Abbildung) durch eine Unteralgebra des direkten Produkts $\mathfrak{A} \times \mathfrak{B}$ beschreiben, deren Trägermenge aus den Paaren (a, a^σ) mit $a \in A$ besteht; auf diese Weise kann man auch *mehrdeutige Homomorphismen* und *partielle Homomorphismen* (die ›Abbildungen aus entsprechen) erfassen. Das *Bild* von $\mathfrak{A}$ bei σ (in Zeichen: Im σ) ist die Unteralgebra von $\mathfrak{B}$ mit dem Bild der Trägermenge von $\mathfrak{A}$ bei σ als Trägermenge. Ein (als Mengenabbildung) *injektiver* (= *eineindeutiger*) *Homomorphismus* heißt auch *Monomorphismus*, *Injektion*, *monomorpher Homomorphismus* oder *Einbettung*, ein *surjektiver Homomorphismus Epimorphismus*, ein *bijektiver* (d. h. injektiver und surjektiver) *Homomorphismus Isomorphismus*, ein Homomorphismus von $\mathfrak{A}$ in sich *Endomorphismus*. A. $\mathfrak{A}$ und $\mathfrak{B}$, zwischen denen ein Isomorphismus besteht, heißen *isomorph*, in Zeichen: $\mathfrak{A} \cong \mathfrak{B}$.

Kongruenzrelation (kurz: *Kongruenz*) π auf einer A. heißt eine *relationentreue* ›*Äquivalenzrelation* auf der Trägermenge A von $\mathfrak{A}$, d. h. eine Äquivalenzrelation mit der folgenden *Substitutionseigenschaft*: Schreibt man die Kongruenz der Elemente a und b bei π in der Form $a \equiv b \bmod \pi$ oder kurz $a \equiv b(\pi)$ (a kongruent b modulo π), so soll bei $a_i \equiv a_i'(\pi)$ stets auch gelten $f_\gamma(a_1, \ldots, a_{n_\gamma}) \equiv f_\gamma(a_1', \ldots, a_{n_\gamma}')\,(\pi)$ für alle Operationen f_γ. Eine Kongruenzrelation π gibt zur Bildung einer *Restklassenstruktur* Anlaß, der *Faktoralgebra, Faktorstruktur* oder *Quotientenstruktur* $\mathfrak{A}/\pi$, d. i. eine zu $\mathfrak{A}$ gleichartige A., deren Trägermenge aus den Äquivalenzklassen $[a]\,\pi$ (oder kurz mit $[a]$ oder a^π bezeichnet) der Elemente a bei π besteht und deren Operationen $\bar{f}_\gamma$ repräsentantenweise erklärt sind:

$$\bar{f}_\gamma([a_1], \ldots, [a_{n_\gamma}]) = [f_\gamma(a_1, \ldots, a_{n_\gamma})].$$

Beispielsweise heißt eine Restklassenstruktur einer >Gruppe >*Faktorgruppe*, die eines >Gruppoids auch *Faktoroid*, die eines >Ringes *Restklassenring*. Durch die Abbildung $a \mapsto [a]$, die jedem Element a die a enthaltende Restklasse $[a]$ zuordnet, wird ein Homomorphismus von $\mathfrak{A}$ auf $\mathfrak{A}/\pi$ erklärt, der *kanonische* oder *natürliche Homomorphismus*. Die durch einen beliebigen Homomorphismus $\sigma\colon \mathfrak{A} \to \mathfrak{B}$ *induzierte Äquivalenzrelation*, bei der a und a' genau dann äquivalent sind, wenn sie dasselbe Bild bei σ haben, ist eine Kongruenzrelation und heißt der *Kern* von σ (in Zeichen: Ker σ); es gilt $\mathfrak{A}/\mathrm{Ker}\,\sigma \cong \mathrm{Im}\,\sigma$ (*Homomorphiesatz*).

Ist $\mathfrak{B}$ Unteralgebra von $\mathfrak{A}$, π Kongruenzrelation auf $\mathfrak{A}$ und bezeichnet man mit π_B die Einschränkung der Kongruenzrelation π auf $B \times B$ (kurz: auf B) und mit $\mathfrak{B}^\pi$ die durch π aus $\mathfrak{B}$ erzeugte Unteralgebra von $\mathfrak{A}$ (deren Trägermenge aus allen Elementen von A besteht, die bez. π zu Elementen von B kongruent sind), so gilt $\mathfrak{B}^\pi/\pi \cong \mathfrak{B}/\pi_B$ (*1. Isomorphiesatz*).

Die Kongruenzen auf $\mathfrak{A}$ sind (als >Relationen) durch Inklusion halbgeordnet und bilden einen vollständigen >Verband, den *Kongruenzenverband* (= *Kongruenzrelationenverband*) der A. $\mathfrak{A}$, der Teilverband des >Zerlegungsverbandes von $\mathfrak{A}$ ist. Der Durchschnitt von Kongruenzrelationen θ_i hierin ist der mengentheoretische Durchschnitt $\bigwedge_i \theta_i$ und die verbandstheoretische Vereinigung $\bigvee_i \theta_i$ die von der mengentheoretischen Vereinigung erzeugte Äquivalenzrelation. Die beiden stets vorhandenen trivialen Kongruenzrelationen, die *identische Relation* (= *Einsrelation* [>Relation]) **0**, bei der jedes Element nur zu sich selbst kongruent ist, und die *Allrelation* (>Relation) **1**, bei der alle Elemente untereinander kongruent sind, sind Null- bzw. Einselement des Kongruenzenverbandes. Ist N ein >normaler Komplex von $\mathfrak{A}$, so ist die Menge aller Kongruenzrelationen von $\mathfrak{A}$, für welche N eine (volle) Klasse ist, ein vollständiger Teilverband des Kongruenzenverbands von $\mathfrak{A}$.

Sind π und φ Kongruenzen auf $\mathfrak{A}$ mit $\varphi \geqq \pi$, so ist auf der Faktoralgebra $\mathfrak{A}/\pi$ eine Kongruenzrelation φ/π erklärt, indem man $a^\pi \equiv b^\pi(\varphi/\pi)$ genau dann setzt, wenn $a \equiv b(\varphi)$ ist. Die Faktoralgebren $\mathfrak{A}/\varphi$ und $(\mathfrak{A}/\pi)/(\varphi/\pi)$ sind dann (in natürlicher Weise) isomorph (*2. Isomorphiesatz*).

Zwei *Kongruenzrelationen* θ, θ' heißen *vertauschbar* (*permutierbar*), wenn für ihre Produkte (im Sinne der Multiplikation binärer >Relationen) $\theta\theta' = \theta'\theta$ gilt. Eine A. $\mathfrak{A}$ ist genau dann zu einem direkten Produkt $\mathfrak{A}_0 \times \mathfrak{A}_1$ von A. $\mathfrak{A}_i$ isomorph, wenn es vertauschbare Kongruenzrelationen θ_0, θ_1 auf $\mathfrak{A}$ gibt, so daß $\mathfrak{A}/\theta_i \cong \mathfrak{A}_i$ $(i = 0, 1)$, $\theta_0 \vee \theta_1 = \mathbf{1}$ und $\theta_0 \wedge \theta_1 = \mathbf{0}$ gilt.

Verallgemeinerungen: Auf einer A. können zusätzlich noch ein oder mehrere *äußere* ›*Operatorenbereiche* (etwa Ω) gegeben sein; man spricht dann von einer *A. mit Operatorenbereichen* oder *mit Operatoren* oder von *Ω-Algebren* (nicht zu verwechseln mit der oben eingeführten Bezeichnung!). (Der der obigen Definition zugrunde liegende Operatorenbereich ist ein innerer Operatorenbereich.) Dann kann man als *zulässig* diejenigen Unteralgebren hervorheben, die auch noch durch die Operatoren dieser Operatorenbereiche in sich abgebildet werden. Ebenso übertragen sich sinngemäß die übrigen Begriffe.

Insbesondere heißt eine *Kongruenz[relation]* $\equiv$ *zulässig*, wenn sie mit diesen äußeren Operatoren σ verträglich ist, wenn also aus $a \equiv b$ stets $a^\sigma \equiv b^\sigma$ folgt. Nimmt man speziell den äußeren Operatorenbereich aller Endomorphismen, so gelangt man zu den *vollinvarianten Kongruenzen*.

Man betrachtet auch algebraische Strukturen mit lediglich partiellen ›Operationen, sog. *partielle A.* (= *unvollständige A.*) oder *partielle* oder *unvollständige algebraische Strukturen* oder *Halbalgebren* genannt, von J. v. NEUMANN auch als A. schlechthin bezeichnet. Hierzu gehören die ›Körper, da die Division eine partielle Operation ist, denn der Divisor muß $\neq 0$ sein. Im Gegensatz dazu heißen die bisher betrachteten A. auch *vollständige* oder *volle A.*

Statt A. mit einer Trägermenge kann man auch solche mit einer ganzen Familie von Trägermengen betrachten, sog. *$\sum$-A.* oder *heterogene A.* (›[U 5], [U 12], MATTHIESEN).

Bei *Relationalsystemen* (oder *Modellen*) treten an die Stelle der Operationen finitäre ›Relationen; die Begriffe übertragen sich hierauf sinngemäß. So wird bei einem Homomorphismus σ verlangt, daß für jedes n_γ-Tupel, das in der γ-ten Relation r_γ von $\mathfrak{A}$ steht, auch das Bildtupel in der entsprechenden γ-ten Relation r'_γ des Bildsystems steht: aus $r_\gamma(a_1, \ldots, a_{n_\gamma})$ folgt $r'_\gamma(a_1^\sigma, \ldots, a_{n_\gamma}^\sigma)$.

Sind auf einer Menge sowohl algebraische Operationen als auch Relationen erklärt, so spricht man von einem *algebraischen System* oder einer *Struktur*; hierauf übertragen sich die obigen Begriffe sinngemäß (›[U 6]).
›Varietät, ›Klon, ›funktional vollständig.

3. [partielle] A. siehe 2.

4. A. über einem Ring = ›R-Algebra

Lit.: Zu 1.: [A 1]–[A 27]

Zur Geschichte der A. siehe:

BOURBAKI, N.: Éléments d'histoire des mathématiques: Hermann, Paris 1974 (dt. Übers.: Vandenhoeck & Ruprecht, Göttingen 1971).
CANTOR, M.: Vorlesungen über Geschichte der Mathematik I–IV. Teubner, Leipzig 1880, 1900, 1898, 1908.
DIEUDONNÉ, J.: Geschichte der Mathematik. DVW, Berlin 1985.
NOVÝ, L.: Origins of modern algebra. Academia, Prag, Noordhoff, Leyden 1973.
STRUIK, D. J.: Abriß der Geschichte der Mathematik. DVW, Berlin 1976.
WAERDEN, B. L. VAN DER: Geometry and Algebra in Ancient Civilizations. Springer, Berlin 1983.

WAERDEN, B. L. VAN DER: A History of Algebra. From Al-Khawarizmi to Emmy Noether. Springer, Berlin 1985.
WUSSING, H.: Vorlesungen zur Geschichte der Mathematik. DVW, Berlin 1979.

Zu 2.:

[A 4], [A 13], [B 4], [C 7], [C 14], [U 1]–[U 13], [V 10]
BIRKHOFF, G.: On the structure of abstract algebras. Proc. Cambridge Phil. Soc. 29 (1933), 441–464.
KLEIN-BARMEN, F.: Zur Theorie der Strukturen und Algebren. Mathematica Japonica 4 (1956), 83–94.
MATTHIESEN, G.: Theorie der heterogenen Algebren. Diss. Bremen 1976.
NEUMANN, B. H.: An embedding theorem for algebraic systems. Proc. London Math. Soc. (3) 4 (1954), 138–153.

Algebra der Multiplikationen ›nichtassoziativer Ring

Algebra endlichen Ranges ›R-Algebra

Algebra gleichen Typs = gleichartige (universelle) ›Algebra

Algebra mit Involution = ›symmetrische Algebra

Algebra mit Polynomidentität = ›PI-Algebra

Algebra ohne Zentrum heißt eine ›R-Algebra, deren Zentrum (0) ist.

Algebra über [einem Körper] k = k-Algebra ›R-Algebra

Algebra über R = ›R-Algebra

algebraisch abgeschlossene Gruppe = ›divisionsvollständige Gruppe

algebraisch abgeschlossene Hülle ›algebraische Hülle

algebraisch abgeschlossener Körper heißt ein kommutativer Körper K, der sich nicht algebraisch echt erweitern läßt, d. h., der schon jedes über K ›algebraische Element enthält. Das ist gleichbedeutend damit, daß im ›Polynomring $K[X]$ jedes Polynom in Linearfaktoren zerfällt. Nach dem ›Fundamentalsatz der Algebra ist $\mathbb{C}$ ein a. a. K. Zur Existenz eines kleinsten a. a. Oberkörpers ›algebraische Hülle.

Ein Körper K heißt a. a. K. in einem Oberkörper L oder auch *relativ-algebraisch-abgeschlossener Teilkörper* in L, wenn er alle über K algebraischen Elemente enthält, die in L liegen, wenn er also mit der relativen ›algebraischen Hülle von K in L zusammenfällt. K heißt *quasi-algebraisch abgeschlossen* in L, wenn er mit seiner separablen Hülle in L zusammenfällt, also alle über K separablen algebraischen Elemente von L enthält.

Lit.: [A 17 I], [A 18 I]

algebraisch abhängig: Ein Element α eines Oberkörpers L eines (kommutativen) >Körpers k heißt von einer Teilmenge M von L über k a. a., wenn es algebraisch über dem von M und k erzeugten Unterkörper $K = (k, M)$ von L ist (>algebraisches Element), d. h., einer >algebraischen Gleichung $f(\alpha) = 0$ mit Koeffizienten aus K genügt: $f(X) \in K[X]$. Das bedeutet, daß α der >algebraischen Hülle von K in L angehört. α ist genau dann a. a. von M über k, wenn es bereits von einer endlichen Teilmenge von M über k a. a. ist. Wenn M die leere Menge ist, spricht man kurz von algebraischer Abhängigkeit über k und nennt α *algebraisch* über k. Statt „nicht a. a." sagt man „*algebraisch unabhängig*"; für algebraisch unabhängige Menge sagt man auch *algebraisch freie Menge*. *Transzendent* über k heißen genau die einem Oberkörper von k angehörenden Elemente, die algebraisch unabhängig über k sind. Eine Teilmenge M' von L heißt a. a. von M über k, wenn jedes Element von M' a. a. von M über k ist; M und M' heißen *algebraisch gleichwertig* über k, wenn M von M' und M' von M über k a. a. ist. Eine Teilmenge M von L heißt algebraisch unabhängig über k oder *irreduzibles System* über k, wenn kein Element aus M von der Menge der übrigen Elemente aus M über k a. a. ist (anderenfalls a. a.); das ist gleichbedeutend damit, daß zwischen endlich vielen Elementen $\alpha_1, \ldots, \alpha_r \in M$ nie eine Relation der Form $f(\alpha_1, \ldots, \alpha_r) = 0$ mit einem von 0 verschiedenen >Polynom f mit Koeffizienten aus k bestehen kann. Die Elemente von M heißen dann *unabhängige Transzendente* (über k), und der Körper $k(M)$ ist ein rationaler Funktionenkörper über k, dessen Transzendenzgrad über k gleich der Kardinalzahl von M ist. Die algebraische Abhängigkeit erfüllt die Abhängigkeitsaxiome (>Abhängigkeitsbeziehung). >p-Abhängigkeit.

Lit.: [A 16], [A 17 I], [EA 5]

algebraisch freie Menge >algebraisch abhängig

algebraisch gleichwertig >algebraisch abhängig

algebraisch kompakte Gruppe heißt jede >abelsche Gruppe G, die direkter Summand jeder abelschen Gruppe H ist, die G als >Servanzuntergruppe enthält. Äquivalent dazu ist jede der folgenden Bedingungen: (i) G ist direkter Summand jeder abelschen Gruppe H, die G als Servanzuntergruppe enthält und für die H/G zur Gruppe der rationalen Zahlen oder zu einer >quasizyklischen Gruppe isomorph ist; (ii) jedes System linearer Gleichungen über G ist genau dann in G lösbar, wenn jedes endliche Teilsystem eine Lösung besitzt; (iii) G ist isomorph zu einem direkten Summanden einer uneingeschränkten >direkten Summe von >zyklischen (bzw. >quasizyklischen) Gruppen der Ordnung p^k $(1 \leqq k \leqq \infty)$.

Lit.: [G 13], [G 14 I]

algebraisch komplementär >Vektorraum

algebraisch kongruent >identische Kongruenz

algebraisch konjugierter Raum = ›algebraischer Dual

algebraisch über k ›algebraisches Element

algebraisch unabhängig ›algebraisch abhängig

algebraische Adjungierte ›Determinante

algebraische › **Adjunktion**

algebraische Algebra heißt eine (assoziative, allgemeiner ›potenzassoziative) Algebra (›R-Algebra) über einem Körper k, von der jedes Element a ›algebraisch ist, d. h., eine endlichdimensionale Unteralgebra $k[a]$ über k erzeugt.

Lit.: [R 12], [R 13]

algebraische Basis = ›lineare Basis

algebraische Erweiterung (= *algebraische Körpererweiterung*) heißt eine ›Körpererweiterung K/k, bei der jedes Element von K ›algebraisch über k ist. Man sagt dann auch, der Körper K ist *algebraisch* über k, *algebraischer Oberkörper* oder *algebraischer Erweiterungskörper* von k. Gleichbedeutend damit ist, daß der ›Transzendenzgrad von K über k gleich 0 ist. Wenn k der Primkörper ist, so heißt K auch *absolut algebraisch* oder *algebraisch* schlechthin.

Eine Körpererweiterung (= Erweiterung) K/k heißt *endlich-algebraisch* oder kurz *endlich* und K ein *endlich-algebraischer Oberkörper* oder *endlicher Erweiterungskörper* von k, wenn sie a. E. ist und K über k von endlich vielen (notwendig ›algebraischen) Elementen erzeugt wird, und umgekehrt ist jede durch ›Adjunktion endlich vieler algebraischer Elemente zu erhaltende Erweiterung K/k endlich.

Jeder Oberkörper K eines Körpers k kann als k-Modul (s. ›R-Modul) aufgefaßt werden, also als ›Vektorraum über k. K ist genau dann endlich-algebraisch über k, wenn dieser Vektorraum endlichdimensional ist, also eine endliche Basis besitzt. Die Dimension dieses Vektorraums heißt (*Relativ-*) *Grad* oder *linearer Rang* von K über k, in Zeichen: Grad $\frac{K}{k}$ oder $[K:k]$, und insbesondere *absoluter Grad* oder *Grad* schlechthin von K, wenn k der Primkörper von K ist. Wenn Grad $\frac{K}{k} = n$ und $\{x_1, \ldots, x_n\}$ eine (linear unabhängige) Basis von K über k ist, so kann man also $K = kx_1 + \cdots + kx_n$ schreiben. Diese Basis (die zugleich Basis von K als k-Algebra ist), heißt *Körperbasis* der Erweiterung K/k; ist K endlich über seinem Primkörper, so heißt eine zugehörige Körperbasis von K auch *absolute Körperbasis* oder *Körperbasis* schlechthin von K.

Ist L algebraisch über K und K algebraisch über k, so ist auch L über k algebraisch; ist L über k algebraisch und K ein Zwischenkörper, so sind auch L über K und K über k algebraisch; sind K_1 und K_2 algebraisch über k und in einem gemeinsamen Oberkörper enthalten, so ist auch ihr ›Kompositum (K_1, K_2) algebraisch über k. Die entsprechenden Aussagen gelten für endlich-a. E. In diesem Falle gilt dann der Reihe nach

$$[L:k] = [L:K]\,[K:k]; \quad [L:K] \leqq [L:k] \quad \text{und}$$

$$[K:k] \leqq [L:k]; \quad [(K_1, K_2):k] \leqq [K_1:k]\,[K_2:k].$$

Ist R nullteilerfreier Ring, der den Körper k enthält, und zugleich endlicher k-Modul, so ist R (über k endlich-algebraischer) Körper.

Eine a. E. heißt *einfach*, wenn sie von einem (sog. ›primitiven) Element erzeugt werden kann.

›definierende Gleichung

Lit.: [A 14], [A 15II], [A 16], [A 17I], [A 18I]

algebraische Gleichung (auch: *Polynomgleichung*) über einem Körper K (allgemeiner über einem kommutativen Ring mit Einselement) heißt in der Regel eine Bestimmungsgleichung $f(x) = 0$, wo $f(X) = a_0X^n + a_1X^{n-1} + \cdots + a_n$ ein ›Polynom in der Unbestimmten X über K mit nicht sämtlich verschwindenden Koeffizienten a_i ist. Die Koeffizienten a_i und der Grad von f (der *formale Grad* n, wenn nichts über a_0 vorausgesetzt wird; der *echte Grad* n, wenn man o. B. d. A. $a_0 \neq 0$ annimmt) heißen *Koeffizienten* und *Grad* der a. G. *Wurzel* der a. G. heißt jedes Element α (das einem Erweiterungskörper bzw. -ring von K angehören kann), das Nullstelle (= Wurzel) des Polynoms $f(X)$ ist, d. h., dieses Polynom annulliert, wenn man hierin X durch α ersetzt. Die Schreibweise $f(x) = 0$ drückt abkürzend die Aufgabe aus, die (zunächst unbekannten) Wurzeln des Polynoms $f(X)$ über K zu bestimmen; man bezeichnet daher x auch als *Unbekannte* und nennt jede durch Ersetzen von x durch α erhaltene Gleichung $f(\alpha) = 0$ auch eine a. G. Die Vielfachheit (Multiplizität) von α als Nullstelle des Polynoms $f(X)$ heißt *Vielfachheit* oder *Multiplizität* der Wurzel α. Wenn K ›Körper oder ›Integritätsbereich und $a_0 \neq 0$ ist, so besitzt die a. G. $f(x) = 0$ in jedem Erweiterungskörper von K höchstens n Wurzeln (jede so oft gezählt, wie ihre Vielfachheit angibt), und es gibt einen (bis auf ›Isomorphie über K eindeutig bestimmten) kleinsten Erweiterungskörper von K, in dem sie genau n (ihren Vielfachheiten entsprechend gezählte) Wurzeln besitzt, nämlich den ›*Zerfällungskörper* von $f(X)$, der auch *Wurzelkörper* der a. G. $f(x) = 0$ heißt und durch ›Adjunktion der Wurzeln von $f(X)$ zu K entsteht. Dagegen kann es im Falle eines Rings mit Nullteilern mehr Wurzeln geben, als der Grad von f angibt. Die a. G. $f(x) = 0$ heißt *irreduzibel*, wenn das Polynom f irreduzibel ist, anderenfalls *reduzibel*.

Ist allgemeiner $f(X_1, \ldots, X_r)$ ein Polynom in r Unbestimmten über K, so heißt die Bestimmungsgleichung $f(x_1, \ldots, x_r) = 0$ eine a. G. für die r Unbekannten $x_1, \ldots, x_r$ (aus einem Erweiterungsring von K). Ist $x_1 = \alpha_1, \ldots, x_r = \alpha_r$ eine Lösung, so heißt auch $f(\alpha_1, \ldots, \alpha_r) = 0$ a. G.

Zur Berechnung der Wurzeln einer a. G. $f(x) = 0$ über dem Körper $\mathbb{R}$ oder $\mathbb{C}$ gibt es sowohl exakte als auch Näherungsmethoden. Während die Näherungsmethoden stets eine beliebig genaue Approximation der Wurzeln gestatten, haben die exakten Methoden nur bei Gleichungen niedrigen Grades oder bei speziellen Gleichungstypen (›Galoissche Theorie) praktische Bedeutung. Gleichungen vom Grade $\geqq 5$ lassen sich nach dem Satz von ›Abel ohnehin im allgemeinen nicht durch Wurzelausdrücke lösen. Bei einer beliebig gegebenen a. G. $f(x) = 0$ kann man zunächst durch Division von $f(X)$ durch den größten gemeinsamen ›Teiler $d(X)$ (›euklidischer Algorithmus) von $f(X)$ und der Ableitung $f'(X)$ genau die mehrfachen Wurzeln von $f(x) = 0$ (falls vorhanden) abspalten, so daß nur noch die Gleichungen $f(x)/d(x) = 0$ und $d(x) = 0$ zu lösen sind. Außerdem läßt sich bei Kenntnis einer Wurzel α der Grad der Gleichung $f(x) = 0$ um 1 erniedrigen, da dann

$$f(X) = f(X) - f(\alpha) = (X - \alpha)\left[a_0 \frac{X^n - \alpha^n}{X - \alpha} + \cdots + a_{n-1} \frac{X - \alpha}{X - \alpha}\right]$$

ist und jeder Summand wegen

$$\frac{X^j - \alpha^j}{X - \alpha} = X^{j-1} + \alpha X^{j-2} + \cdots + \alpha^{j-1}$$

ein Polynom höchstens $(n - 1)$-ten Grades ist.
›Tschirnhausen-Transformation.

Sind die Koeffizienten einer a. G. unabhängige Unbestimmte, so spricht man von der *allgemeinen a. G.*; genauer: Ist $R = K[u_1, \ldots, u_n]$ der ›Polynomring in n unabhängigen Unbestimmten $u_1, \ldots, u_n$ über dem Körper K, so heißt das Polynom $f(X) = X^n + u_1 X^{n-1} + \cdots + u_n$ über R das *allgemeine Polynom* n-ten Grades über K und $f(x) = 0$ die *allgemeine [algebraische] Gleichung* n-ten Grades über K. (Da es offensichtlich nur auf die Verhältnisse der Koeffizienten ankommt, kann man den höchsten Koeffizienten stets zu 1 annehmen.) Diese ist ›separabel, ihre ›Galois-Gruppe bez. des Koeffizientenkörpers $L = K(u_1, \ldots, u_n)$ von R ist die ›symmetrische Gruppe $\mathfrak{S}_n$ der Permutationen ihrer n Wurzeln $x_1, \ldots, x_n$ und der Grad ihres (von den x_i erzeugten) Zerfällungskörpers über L folglich gleich $n!$. Dieser hat über dem durch ›Adjunktion des Differenzenprodukts $\prod_{i<j} (x_i - x_j) = \sqrt{D}$ (D ›Diskriminante von f) aus L entstehenden Oberkörper im Falle char $K \neq 2$ die alternierende Gruppe der geraden Permutationen der x_i als Galois-Gruppe (Satz von ›Abel).

Die Gleichung 2. Grades (= *quadratische Gleichung*)

$$a_0 x^2 + a_1 x + a_2 \equiv a_0(x - x_1)(x - x_2) = 0$$

hat die Lösungen $x_{1,2} = \dfrac{1}{2a_0}\left(-a_1 \pm \sqrt{a_1^2 - 4a_0 a_2}\right)$.

Die Gleichung 3. Grades (= *kubische Gleichung*) läßt sich mit den ›Cardanoschen Formeln lösen.

Die Gleichung 4. Grades (= *biquadratische Gleichung*) läßt sich auf kubische Gleichungen zurückführen (›Resolvente, ›Ferrarische Methode).

Die allgemeine Gleichung 5. Grades hat nach Adjunktion von $\sqrt{D}$ die zur ›Ikosaedergruppe G_{60} isomorphe alternierende Gruppe $\mathfrak{A}_5$ als Galois-Gruppe. Nach der Umwandlung dieser Gleichung in eine allgemeine Hauptgleichung (›Tschirnhausen-Transformation) $x^5 + 5ax^2 + 5bx + x = 0$ läßt sie sich als eine Hauptresolvente der Ikosaedergleichung auffassen.

Die allgemeine Gleichung 6. Grades hängt nach Adjunktion von $\sqrt{D}$ und $\sqrt{5}$ und der dritten Einheitswurzeln mit dem Kleinschen Formenproblem zur Valentiner-Gruppe zusammen.

Lit.: [A 3], [A 7II], [A 8I], [A 11], [A 12], [A 15III], [A 17I], [K 2]

BRAUER, R.: Über die Kleinsche Theorie der algebraischen Gleichungen. Math. Ann. **110** (1934), 473—500.

BRAUER, R.: On algebraic equations of the fifth and sixth degrees. Bull. Amer. Math. Soc. **42** (1936), 625.

BURGSTHALER, S.: An algorithm solving polynomial equations. Amer. Math. Monthly **93** (1986), 421—430.

DÖRRIE, H.: Kubische und biquadratische Gleichungen. München 1948.

FRICKE, R.: Lehrbuch der Algebra I, II, III. Vieweg, Braunschweig 1924, 1926, 1928.

LOEWY, A.: Algebraische Gleichungen. In: E. Pascal's Repertorium der höheren Mathematik I_1, Kap. III, IV. Teubner, Leipzig 1910.

PERRON, O.: Algebra, 2. Theorie der algebraischen Gleichungen. De Gruyter, Berlin 1932.

RABINOWITZ, PH. (ed.): Numerical Methods for Nonlinear Algebraic Equations. Gordon and Breach, London 1970.

WEBER, H.: Lehrbuch der Algebra I, II, III. Vieweg, Braunschweig 1912, 1899, 1908.

ZASSENHAUS, H.: On the fundamental theorem of algebra. American Math. Monthly **74** (1967), 485—497.

algebraische Gruppe (auch: = *Gruppenmannigfaltigkeit*) heißt eine ›Gruppe G, die zugleich (nicht notwendig irreduzible) *algebraische Mannigfaltigkeit* (= *algebraische Menge*), d. h. Nullstellengebilde endlich vieler ›Polynome in endlich vielen Unbestimmten, ist, so daß die Gruppenoperationen $G \times G \ni (x,y) \mapsto xy \in G$ und $G \ni x \mapsto x^{-1} \in G$ rationale Abbildungen (d. h., die Bildkoordinaten rationale Funktionen der Urbildkoordinaten) sind. Topologisiert man G mittels der Zariski-Topologie (›Spektrum eines Rings), in der die abgeschlossenen Mengen gerade durch die algebraischen Untermannigfaltigkeiten gegeben werden, so kann man G als ›topologische Gruppe auffassen. Es ist jedoch zu beachten, daß die Produkttopologie auf $G \times G$ nicht mit der Zariski-Topologie auf der Produktmannigfaltigkeit $G \times G$ zusammenfällt. Ist G nicht zusammenhängend (d. h. nicht irreduzibel), so zerfällt G in endlich viele irreduzible algebraische Mannigfaltigkeiten G_α, die gerade die Zusammenhangskomponenten von G darstellen, und für irgendzwei Komponenten G_α, G_β liefert die Abbildung $(x, y) \mapsto xy^{-1}$ auf $G_\alpha \times G_\beta$ eine rationale Abbildung in eine Komponente G_γ. *Algebraische Untergruppe* einer a. G. ist eine abgeschlossene Untergruppe.

Ein (*regulärer, algebraischer* oder *rationaler*) *Homomorphismus* σ einer a. G. G in eine a. G. G' ist ein gruppentheoretischer Homomorphismus, der zugleich rationale Abbildung ist. Kern und Bild von σ sind algebraische Untergruppen von G bzw. G'. Die >Faktorgruppe G/N von G nach einem algebraischen Normalteiler N kann in natürlicher Weise als a. G. aufgefaßt werden, und die natürliche Abbildung $G \to G/N$ ist ein Homomorphismus a. G.

Ist σ ein Homomorphismus von G auf G' mit endlichem Kern, so ist der zu G' als algebraischer Mannigfaltigkeit gehörige >*Funktionenkörper* (der Körper der auf der a. G. rationalen Funktionen) K' in natürlicher Weise Unterkörper des Funktionenkörpers K von G; σ heißt *separabel* oder *inseparabel*, je nachdem K über K' >separabel bzw. inseparabel ist. Ein rein inseparabler Homomorphismus ist ein Gruppenisomorphismus.

Isogenie heißt ein Epimorphismus a. G. mit endlichem Kern. Die bez. der hierdurch erzeugten >Äquivalenzrelation unter den zusammenhängenden a. G. äquivalenten a. G. heißen *isogen*, und zwar sind zwei a. G. G und H genau dann isogen, wenn sie Bild einer dritten a. G. mit endlichem Kern sind. (Im kommutativen Fall kann man statt dessen auch fordern, daß H und G Homomorphismen in eine dritte a. G. mit endlichem Kokern zulassen.) Die >Verbände der zusammenhängenden Untergruppen zweier zusammenhängender isogener a. G. sind in der Weise isomorph, daß dabei einander zugeordnete Untergruppen isogen sind. Beschränkt man sich bei der Definition der Isogenie a. G. auf separable bzw. inseparable Homomorphismen, so gelangt man zum Begriff der >*separablen* bzw. *inseparablen Isogenie*, für die dieselben Aussagen wie oben gelten, bei der inseparablen Isogenie sogar ohne die Voraussetzung des Zusammenhangs. Der >*Jordan-Höldersche Satz* sagt für a. G. aus, daß jede a. G. eine *Kompositionsreihe* besitzt und deren Kompositionsfaktoren bis auf die Reihenfolge und bis auf inseparable Isogenie eindeutig durch G bestimmt sind.

Eine a. G. heißt *auflösbar*, wenn als Kompositionsfaktoren außer endlichen kommutativen Gruppen nur folgende Gruppentypen auftreten: G_a, die additive Gruppe des Konstantenkörpers, und G_m, die multiplikative Gruppe des Konstantenkörpers. Jede auflösbare a. G. ist >lineare Gruppe, und ihr Funktionenkörper ist rational. Jede kommutative lineare Gruppe ist auflösbar, und zwar ist sie direktes Produkt von Gruppen vom Typ G_m mit einer Gruppe N, die birational zu einem direkten Produkt von Gruppen vom Typ G_a isomorph ist.

Als Beispiel kann man eine ebene Kurve dritten Grades (*kubische Kurve*) C folgendermaßen zu einer a. G. machen: Man legt auf ihr einen Punkt P_0 fest, und um die Summe zweier Punkte P_1 und P_2 auf C zu bestimmen, sei P' der dritte Schnittpunkt der Geraden durch P_1 und P_2 mit C; dann soll $P_1 + P_2$ der dritte Schnittpunkt P_3 von C mit der Geraden durch P' und P_0 sein. Diese a. G. ist also kommutativ.

Es gibt zwei Haupttypen a. G.: a) abelsche Mannigfaltigkeiten, das sind

vollständige (d. h. projektive) zusammenhängende (d. h. irreduzible) a. G.; die Multiplikation ist hier kommutativ.
Beispiel: ebene kubische Kurven.

b) algebraische >lineare Gruppen, d. h. zu a. G. von Matrizen birational isomorphe a. G., z. B. volle >lineare Gruppe GL(n, K), Gruppe von Dreiecksmatrizen. Nach einem *Struktursatz von C. Chevalley* enthält jede zusammenhängende a. G. G einen linearen Normalteiler (*affine a. G.*) L, so daß G/L abelsche Mannigfaltigkeit ist; dabei ist L die maximale zusammenhängende lineare Untergruppe von G.

Eine a. G. G, die regulär auf einer algebraischen Mannigfaltigkeit V operiert, d. h. ein Tripel (G, V, τ) mit einem Morphismus τ algebraischer Mannigfaltigkeiten $G \times V \to V$ mit $\tau(g, x) = gx$, für den

$$ex = x, \quad g(hx) = (gh)\,x \quad \text{für alle} \quad x \in V, g, h \in G$$

gilt (e Einselement von G), heißt *algebraische >Transformationsgruppe.*

Lit.: [G 3], [G 9], [G 20], [G 22], [G 34], [G 37], [I 8], [L 4II]
Borel, A., R. Carter, C. W. Curtis, N. Iwahori, T. A. Springer, R. Steinberg: Seminar on algebraic groups and related finite groups. LNM 131. Springer, Berlin 1970.
Hochschild, G. H.: Basic theory of algebraic groups and Lie algebras. Springer, New York 1981.
Kolchin, E. R.: Differential algebra and algebraic groups. Academic Press, New York 1973.
Kolchin, E. R.: Differential Algebraic Groups. Academic Press, New York 1984.
Mersljakow, Ju. I. (Мерзляков, Ю. И.): Рациональные группы. Nauka, Moskau 1987.
Mumford, D.: Abelian varieties. Lectures in Tata Institute of Fundamental Research, Bombay 1968.
Rosenlicht, R.: Some basic theorems on algebraic groups. Amer. J. Math. 78 (1956), 401–443.

algebraische Hülle: Ist K Oberkörper des Körpers k, so bildet die Menge der über k >algebraischen Elemente von K, d. h. der über k >algebraisch abhängigen Elemente von K, einen Zwischenkörper, die ***relative a. H.*** (= ***relativ-algebraisch-abgeschlossene Erweiterung*** = ***relativ algebraisch abgeschlossene Hülle*** = ***relativer algebraischer Abschluß***) von k in K. Die Menge der über k >separablen Elemente von K bildet gleichfalls einen (kleineren) Zwischenkörper, die ***relative separable Hülle*** von k in K. Der kleinste, bis auf Isomorphie über k eindeutig bestimmte, über k algebraische und >algebraisch abgeschlossene Oberkörper $\bar{k}$ von k heißt ***absolute a. H.*** von k, ***a. H.*** von k schlechthin, ***algebraisch-abgeschlossene Hülle*** oder ***algebraischer Abschluß*** von k; seine Existenz ist von Steinitz mit Wohlordnungsschlüssen bewiesen worden. Die über k separablen Elemente bilden einen Zwischenkörper, die ***absolute separable Hülle*** oder ***separabel-abgeschlossene Hülle*** von k.

Lit.: [A 17I], [A 18I], [K 6]

algebraische Irrationalität = irrationale ›algebraische Zahl

algebraische Kongruenz heißt eine Kongruenz der Form $F(x_1, \ldots, x_n) \equiv 0 \bmod m$, wo F ein ›Polynom in $x_1, \ldots, x_n$ mit Koeffizienten aus $\mathbb{Z}$ und $m \in \mathbb{Z}$ ist; sie kann als eine ›algebraische Gleichung (Bestimmungsgleichung!) über dem Restklassenring $\mathbb{Z}/m \cdot \mathbb{Z}$ aufgefaßt werden. *Grad* der a. K. heißt der Grad des Polynoms F. Die Lösbarkeit der a. K. für den zusammengesetzten Modul m ist gleichbedeutend mit der Lösbarkeit für die in m aufgehenden Primzahlpotenzmoduln. Ist F eine Form vom Grade $< n$, so hat die a. K. $F(x_1, \ldots, x_n) \equiv 0 \bmod p$ (p Primzahl) wenigstens eine nichttriviale Lösung (*Satz von Chevalley*), und die Anzahl der Lösungen ist durch p teilbar (*Warningscher Satz*).

Zu unterscheiden ist der obige Begriff von der *a. K.* (= [*identischen*] *Kongruenz*) von Polynomen $F(x_1, \ldots, x_n) \equiv G(x_1, \ldots, x_n) \bmod m$, die bedeutet, daß die Koeffizienten einander entsprechender Glieder in F und G kongruent mod m sind.

Lit.: [Z 1], [Z 3], [Z 18]

algebraische Liesche Algebra heißt eine Unteralgebra der ›Lieschen Algebra gl (V) aller ›Endomorphismen eines ›Vektorraums V über einem Körper K der Charakteristik 0 mit dem Lieschen Produkt $[X, Y] = XY - YX$, die Liesche Algebra einer ›algebraischen Gruppe von Automorphismen von V ist. Der Durchschnitt einer Familie algebraischer Unteralgebren g_i (zu je einer algebraischen Gruppe G_i von Automorphismen von V) von gl (V) ist *algebraische Unteralgebra,* und zwar Liesche Algebra des Durchschnitts G der G_i. Das *Kommutatorideal* einer beliebigen Unteralgebra von gl (V) ist stets a. L. A.

Ist X Element des ›Endomorphismenrings End V und $g(X)$ die kleinste X enthaltende algebraische Unteralgebra von gl (V), so heißt jedes Element von $g(X)$ *Replik* von X. Äquivalente Definition: Ist V^* der duale Vektorraum zu V und $X \in$ End V, so sei $X^* \in$ End V^* definiert durch

$$X^*(u)(x) = (X^*u, x) = (u, Xx) = u(Xx) \quad \text{für alle} \quad x \in V, u \in V^*.$$

Auf dem ›Tensorprodukt von s Exemplaren V und r Exemplaren V^* definiere man einen linearen Operator X_s^r durch seine Wirkung auf die Monome gemäß

$$\begin{aligned} &X_s^r(x_1 \otimes \cdots \otimes x_s \otimes u_1 \otimes \cdots \otimes u_r) \\ &= \sum_{i=1}^{s} x_1 \otimes \cdots \otimes Xx_i \otimes \cdots \otimes x_s \otimes u_1 \otimes \cdots \otimes u_r \\ &\quad - \sum_{j=1}^{r} x_1 \otimes \cdots \otimes x_s \otimes u_1 \otimes \cdots \otimes X^*u_j \otimes \cdots \otimes u_r; \end{aligned}$$

dann ist jedes $Y \in$ End V Replik von X, für das für jedes Paar r, s der Nullraum von X_s^r Teilraum des Nullraums von Y_s^r ist. Eine Liesche Unteralgebra von gl (V) ist genau dann a. L. A., wenn sie mit jedem Element auch alle Repliken enthält.

Lit.: [L 4II]

algebraische lineare Gruppe >algebraische Gruppe

algebraische Mannigfaltigkeit bzw. **Menge** >algebraische Gruppe

algebraische Operation = abgeleitete Operation >Klon

algebraische Primform = Polyederform >endliche Drehgruppen

algebraische Struktur = universelle >Algebra

algebraische Unteralgebra >algebraische Liesche Algebra

algebraische Vielfachheit >charakteristisches Polynom 2.

algebraische Zahl ist eine Zahl α, die einer >algebraischen Gleichung

$$a_0\alpha^n + a_1\alpha^{n-1} + \cdots + a_n = 0$$

mit ganzen rationalen Koeffizienten a_j genügt, die also algebraisch (>algebraisches Element) über dem Körper $\mathbb{Q}$ der rationalen Zahlen ist. Der kleinste derartige Exponent n heißt der *Grad* von α. Die *Höhe* von α ist unter der Voraussetzung, daß der größte gemeinsame >Teiler der a_j gleich 1 ist, das Maximum der Beträge $|a_j|$. Die Menge aller a. Z. bildet einen Körper, den *Körper der a. Z.* Die a. Z. α heißt *ganz* oder *ganz-algebraisch*, wenn der höchste Koeffizient $a_0 = 1$ wählbar ist, und umgekehrt sind in der irreduziblen Gleichung mit höchstem Koeffizienten 1, der eine ganze a. Z. genügt, stets alle Koeffizienten ganz. Die ganzen a. Z. bilden einen >Integritätsbereich.

A. Z. ist auch eine veraltete Bezeichnung für *Zahl mit Vorzeichen* (= >*relative Zahl*).

Lit.: [Z 5], [Z 6], [Z 7], [Z 14]

algebraischer Abschluß >algebraische Hülle

algebraischer Bereich: 1. (= *Bereich*) im Deutschen selten gebrauchte Bezeichnung für >Ring, >Integritätsbereich oder >Körper.

2. = universelle >Algebra

algebraischer Dual (= *algebraischer Dualraum* = *dualer Raum* = *algebraisch dualer Raum* = *algebraisch konjugierter Raum*): der lineare Raum aller >Linearformen auf einem linearen Raum (= ›Vektorraum) ohne irgendwelche Stetigkeitsforderungen.

Lit.: [M 9], [M 14]

algebraischer Erweiterungskörper ›algebraische Erweiterung

algebraischer Funktionenkörper: Ist K endlich erzeugbarer Erweiterungskörper vom ›Transzendenzgrad $n \geqq 1$ über dem Körper k, so heißt K a. F. oder (vornehmlich im Falle des Körpers k der komplexen Zahlen) auch *Körper algebraischer Funktionen* von n Unbestimmten (oder Veränderlichen) über k; K ist dann ›endlich-algebraischer Erweiterungskörper eines rationalen Funktionenkörpers in n Unbestimmten über k. Die Elemente von K heißen auch (namentlich im Falle $k = \mathbb{C}$) *algebraische Funktionen.* k heißt *Konstantenkörper* von K, und die relative ›algebraische Hülle k^* von k in K der *genaue Konstantenkörper* von K in bezug auf k; K läßt sich dann als a. F. von n Veränderlichen über k^* auffassen. Ist insbesondere K einfache Erweiterung eines rationalen Funktionenkörpers $k(x_1, \ldots, x_n)$ von n Unbestimmten über k, d. h. $K = k(x_1, \ldots, x_n, y)$, so ist die absolute Irreduzibilität (›irreduzibles Polynom) der ›definierenden Gleichung (in y) für die Erweiterung $K/k(x_1, \ldots, x_n)$ notwendig und hinreichend dafür, daß k der genaue Konstantenkörper ist.

Stellt man einen a. F. in einer Unbestimmten als algebraischen Oberkörper von $k(t)$ dar, wo t ein über k transzendentes Element ist, so spricht man im Falle eines separierenden t von einer *separablen Erzeugung* von K, anderenfalls von einer *inseparablen Erzeugung*. Ist char $k = p \neq 0$ und k ›vollkommen, so kann K über k stets separabel erzeugt werden; als t braucht man dann nur ein Element von K zu wählen, das in K keine p-te Potenz ist.

Lit.: [A 17 I], [A 18 I], [Enc II C 5], [K 3], [Z 1]

Brill, A., M. Noether: Die Entwicklung der Theorie der algebraischen Funktionen in älterer und neuerer Zeit. Jahresber. Deutsch. Math.-Verein. **3** (1894), 107–566.

Deuring, M.: Lectures on the Theory of Algebraic Functions of One Variable. LNM 314. Springer, Berlin 1973.

Hensel, K., G. Landsberg: Theorie der algebraischen Funktionen einer Variablen und ihre Anwendung auf algebraische Kurven und Abelsche Integrale. Teubner, Leipzig 1902.

Jung, C. G.: Einführung in die Theorie der algebraischen Funktionen einer Veränderlichen. De Gruyter, Berlin 1923.

Jung, C. G.: Einführung in die Theorie der algebraischen Funktionen zweier Veränderlicher. Akademie-Verl., Berlin 1951.

Lang, S.: Algebraic Functions. Benjamin, New York 1965.

Tschebotarew, N. G. (Н. Г. Чеботарев): Теория алгебраических функций. Moskau 1948.

algebraischer Hauptsatz der komplexen Zahlen = ›Fundamentalsatz der Algebra

algebraischer Homomorphismus ›algebraische Gruppe

algebraischer Komplementärraum ›Vektorraum

algebraischer Körper ›algebraische Erweiterung, = ›rein algebraischer Körper

algebraischer Verband (= *kompakt erzeugter Verband*) heißt ein vollständiger ›Verband V, in dem jedes Element Vereinigung von *kompakten Elementen* ist, d. h. von Elementen a mit der Eigenschaft, daß aus $a \leqq \bigvee X$ mit $X \subset V$ bereits für eine endliche Teilmenge $X_1 \subset X$ folgt $a \leqq \bigvee X_1$. Ein Verband ist genau dann a. V., wenn er zum Verband aller Ideale eines Vereinigungshalbverbands mit 0 isomorph ist. Ein Verband ist genau dann zum Verband der Unteralgebren einer (universellen) ›Algebra isomorph, wenn er vollständiger a. V. ist; genau dann ist er zum Kongruenzenverband einer universellen Algebra isomorph.

Lit.: [U 10], [V 6], [V 10]

algebraischer Zahlkörper oder *endlich-a. Z.* heißt jeder endlich-algebraische Erweiterungskörper des Körpers $\mathbb{Q}$; seine Elemente sind ›algebraische Zahlen. Die ganzen algebraischen Zahlen bilden hierin einen ›Integritätsbereich.

Lit.: [Z 2], [Z 5], [Z 6], [Z 7], [Z 9], [Z 14], [Z 15], [Z 16]
Herbrand, J.: Le développement moderne de la théorie des corps algébriques. Gauthier-Villars, Paris 1936.

algebraisches Element: Ein Element α eines Oberkörpers des (kommutativen) Körpers k heißt *algebraisch* über k, wenn es einer ›algebraischen Gleichung mit Koeffizienten aus k genügt, d. h., wenn ein ›Polynom $f(X) \in k[X]$ vom Grade $\geqq 1$ mit $f(\alpha) = 0$ existiert, d. h., daß α ›algebraisch abhängig über k ist. Das bedeutet gerade, daß α einen endlich-algebraischen Oberkörper von k erzeugt, daß also der von α über k erzeugte (Polynom-) Ring $[k, \alpha]$ endlichdimensionaler ›Vektorraum über k ist. Es gibt dann auch eine irreduzible Gleichung, der α genügt und die nach geeigneter Normierung (etwa durch die Forderung, daß ihr höchster Koeffizient gleich 1 ist) eindeutig bestimmt ist; ihr Grad heißt der *Grad* von α über k; er ist zugleich der Grad der ›Körpererweiterung $k(\alpha)/k$.

Die obige Definition läßt sich auf Elemente eines Oberrings zu einem gegebenen Ring verallgemeinern.

Lit.: [A 16], [A 17 I], [A 18 I]

algebraisches Komplement ›Determinante

algebraisches System ›Algebra (universelle)

Algebrenklassen: Zwei ›einfache Algebren A und A' über demselben Körper k heißen *ähnlich* ($A \sim A'$), wenn sie isomorph zu vollständigen Matrixalgebren über demselben (k enthaltenden) Schiefkörper D sind. Damit wird eine ›Äquivalenzrelation begründet, deren Äquivalenzklassen die A. sind. Eine A. $\mathfrak{A}$ wird durch den zugrunde liegenden Schiefkörper D repräsentiert, der ja auch eine Algebra (eine ›Divisionsalgebra) über k darstellt. Die A. normaler einfacher Algebren über k bilden bei repräsentantenweiser Verknüpfung mittels des ›Tensorprodukts von Algebren eine ›abelsche Gruppe, die ***Algebrenklassengruppe*** oder ***Brauersche*** *[Algebrenklassen-]* ***Gruppe***. Als ***Einheitsklasse*** fungiert die Klasse, der k selbst angehört; als *inverse Klasse* der durch A repräsentierten A. die A., die von der zu A *invers-isomorphen* (*antiisomorphen*) Algebra A^{-1} repräsentiert wird. Ein Zerfällungskörper einer Algebra A ist stets zugleich Zerfällungskörper aller Algebren aus der durch A bestimmten A.

Sei K endlicher galoisscher separabler Oberkörper von k mit der Galois-Gruppe G. Jede A. $\mathfrak{A}$ aus der Untergruppe $\mathfrak{U}_K$ der von K zerfällten A. läßt sich durch eine Algebra A repräsentieren, die über K eine linear unabhängige Basis von Elementen $u_\sigma, u_\tau, \ldots, (\sigma, \tau, \ldots \in G)$ besitzt mit den Rechenregeln

$$\beta u_\sigma = u_\sigma \beta^\sigma \quad \text{für} \quad \beta \in K, \quad u_\sigma u_\tau = u_{\sigma\tau} f(\sigma, \tau);$$

dabei sind die $f(\sigma, \tau)$ aus der multiplikativen Gruppe K^* von K und geben die Abweichung der Abbildung $\sigma \mapsto u_\sigma$ von einem Homomorphismus an. Die $f(\sigma, \tau)$ bilden die Komponenten eines 2-Kozyklus $f \in Z^2(G, K^*)$ (›Kettenkomplex), d. h.

$$f(\sigma, \tau)\, f(\varrho\sigma, \tau)^{-1}\, f(\varrho, \sigma\tau)\, f(\varrho, \sigma)^{-\tau} = 1 .$$

f heißt das (***Noethersche***) ***Faktorensystem*** der Algebra A, in homogener Schreibweise auch ***Brauersches Faktorensystem***. Ist die Algebra A' ähnlich zu A und gehört zu ihr das Faktorensystem f' (oder wählt man einfach eine andere Basis von A), so gilt $f' = f\delta g$ mit einer 1-Kokette g mit Werten in K^*, ausgeschrieben

$$f'(\sigma, \tau) = f(\sigma, \tau)\, g(\tau)\, g(\sigma\tau)^{-1}\, g(\sigma)^\tau;$$

zwei derartige (in der Sprache der Kohomologietheorie von Gruppen kohomologe) Faktorensysteme f, f' heißen *assoziiert* oder *äquivalent* und die Größen $g(\tau)\, g(\sigma\tau)^{-1}\, g(\sigma)^\tau$ aus K^* *Transformationsgrößen*. Umgekehrt definiert jedes Faktorensystem $f \in Z^2(G, K^*)$ auf obige Weise eine Algebra aus $\mathfrak{U}_K$, die das *verschränkte Produkt* von K mit G zum Faktorensystem f heißt; assoziierten Faktorensystemen entsprechen dabei ähnliche Algebren, dem Produkt zweier Faktorensysteme das ›Tensorprodukt der zugeordneten Algebren. Damit erhält man: Die zweite Kohomologiegruppe $H^2(G, K^*)$ ist isomorph zur Gruppe $\mathfrak{U}_K$ der durch K zerfällten A. Die Isomorphie wird mittels der Darstellung der Algebren aus $\mathfrak{U}_K$ als verschränkte Produkte von K mit G hergestellt (*Multiplikationssatz für Faktorensysteme*).

Ist insbesondere K zyklischer Erweiterungskörper n-ten Grades über k und σ Erzeugende der Galoisschen Gruppe G von K über k, so wird durch $f(\sigma^i, \sigma^j) = 1$ für $i + j < n$ und $= \gamma \in k^*$ für $i + j \geq n$ ein Faktorensystem

$f \in Z^2(G, K^*)$ definiert; hierzu gehört eine sog. *zyklische Algebra* A, die durch γ, K und σ bestimmt ist und daher auch mit (γ, K, σ) bezeichnet wird. Explizit läßt sich A als Gesamtheit formaler Linearkombinationen

$$1 \cdot z_0 + u \cdot z_1 + \cdots + u^{n-1} \cdot z_{n-1} \quad \text{mit} \quad z_i \in K$$

und den Rechenregeln

$$u^i u^j = u^{i+j}, \quad u^n = \gamma \in k, \quad zu = uz^\sigma$$

beschreiben. Zwei derartige zyklische Algebren (γ, K, σ) und (γ', K, σ) sind genau dann isomorph, wenn γ/γ' *Norm* $N_{K/k}c$ eines Elements $c \in K$ ist. Die Faktorgruppe $k^*/N_{K/k}K^*$ heißt *Normfaktorgruppe* von K/k, sie ist isomorph zur Gruppe der Klassen der zyklischen Algebren (γ, K, σ) über k. Jede zentrale ›Divisionsalgebra über einem ›algebraischen oder $\mathfrak{p}$-adischen Zahlkörper ist zyklisch (Brauer, Hasse, Noether).

Eine Verallgemeinerung der Brauerschen Algebrenklassengruppe stellt die *Brauer-Grothendiecksche Gruppe* dar, die statt mit zentralen einfachen Algebren mit ›Azumayaschen Algebren gebildet ist.

›Index einer zentralen einfachen Algebra.

Lit.: [A 17 II], [R 1], [R 9], [R 32], [Z 17]
Grothendieck, A.: Le groupe de Brauer I, II, III. Aus: Séminaire Bourbaki, reproduziert in: J. Giraud et al.: Dix exposés sur la cohomologie des schémas. North-Holland, Amsterdam, Masson, Paris 1968.
Hasse, H.: Die Struktur der R. Brauerschen Algebrenklassengruppe über einem algebraischen Zahlkörper. Math. Ann. **107** (1933), 731–760.
Karpilovsky, G.: The Algebraic Structure of Crossed Products. North-Holland, Amsterdam 1987.
Kervaire, M., M. Ojanguren (ed.): Groupe de Brauer. LNM 844. Springer, Berlin 1980, 1981.
Serre, J.-P.: Cohomologie Galoisienne. LNM 5. Springer, Berlin 1968.

allgemeine Algebra (= *generelle Algebra*) heißt die Verallgemeinerung des Begriffs der universellen ›Algebra oder partiellen Algebra mit der Trägermenge A, die man erhält, indem man als ›Operationen auch mehrdeutige ›Abbildungen zuläßt, d. h. Abbildungen in die Potenzmenge von A. Beispiel: ›Multigruppoid.

Lit.: Shoda, K.: General algebra. Kyôritsu-shuppan, Tokyo 1947 (japanisch).
Shoda, K.: Allgemeine Algebra. Osaka math. J. **1** (1949), 182–225.

allgemeine [algebraische] Gleichung ›algebraische Gleichung

allgemeine Lösung ›lineares Gleichungssystem

allgemeine Nullstelle eines Polynomideals $\mathfrak{a}$ im ›Polynomring $R = k[x_1, \ldots, x_n]$ über einem (kommutativen) Körper k heißt jede Nullstelle $(\xi) = (\xi_1, \ldots, \xi_n)$

von $\mathfrak{a}$ (d. h. $f(\xi_1, \ldots, \xi_n) = 0$ für alle $f \in \mathfrak{a}$) mit den ξ_i in einem passenden Oberkörper K von k, für die umgekehrt jedes an der Stelle (ξ) verschwindende Polynom aus R zu $\mathfrak{a}$ gehört. In der Sprache der durch die Gleichungen $f = 0$ für $f \in \mathfrak{a}$ definierten algebraischen Mannigfaltigkeit V stellt eine a. N. von $\mathfrak{a}$ einen sog. *allgemeinen Punkt* von V dar. Ein Ideal, das eine a. N. besitzt, ist notwendig ›Primideal. (ξ) ist genau dann a. N. von $\mathfrak{a}$, wenn (ξ) Nullstelle und der ›Transzendenzgrad von $k(\xi_1, \ldots, \xi_n)$ über k gleich der Dimension von $\mathfrak{a}$ ist. (Bei der von KELLER vorgenommenen Erweiterung des Begriffs a. N., nach der ein Punkt ξ genau dann a. N. des Ideals $\mathfrak{a}$ ist, wenn alle Nullstellen von $\mathfrak{a}$ Spezialisierungen von ξ sind, hat ein Ideal $\mathfrak{a}$ genau dann eine a. N., wenn sein ›Radikal ein Primideal ist.) Eine Nullstelle, die nicht a. N. ist, heißt *spezielle Nullstelle*.

Beispiel: $\left(\frac{s^2 - t^2}{s^2 + t^2}, \frac{2st}{s^2 + t^2}\right)$ mit zwei Unbestimmten s, t oder auch $\left(\frac{1 - u^2}{1 + u^2}, \frac{2u}{1 + u^2}\right)$ mit einer Unbestimmten u über $k = \mathbb{R}$ ist a. N. des von $x_1^2 + x_2^2 - 1$ erzeugten Hauptideals in $k[x_1, x_2]$ („rationale Parameterdarstellung des Einheitskreises“).

Lit.: [A 6II]

KELLER, O.-H.: Vorlesungen über algebraische Geometrie. Akad. Verlagsges. Geest & Portig, Leipzig 1974.

WAERDEN, B. L. VAN DER: Einführung in die algebraische Geometrie. Springer, Berlin 1939, 1973.

allgemeiner Punkt ›allgemeine Nullstelle

allgemeines Element einer ›*R*-Algebra

allgemeines Polynom ›algebraische Gleichung

allgemeines Produkt ihrer Untergruppen A und X heißt nach B. H. NEUMANN eine Gruppe G, für die $G = AX$ und $A \cap X$ die Einsuntergruppe ist. Dann ist auch $G = XA$, und jedes $g \in G$ läßt sich eindeutig in der Form ax und yb mit $a, b \in A$ und $x, y \in X$ darstellen.

Lit.: [G 26II]

allgemeines Tensorprodukt ›Tensor

allgemeingültige ›Gleichung = Identität

Allrelation ›Relation

allseitig-homogen ›Form

Alphabet ›freie Halbgruppe

Alternante: 1. = ›Vandermondesche Determinante

2. in der ›Invariantentheorie

3. bei ›Lieschen Algebren ›[EL 2]

4. = (quaternäre) *alternierende Bilinearform*: $\sum_{i,j=1}^{4} a_{ij}x_i x_j$ mit $a_{ij} = -a_{ji}$ (über $\mathbb{R}$ oder $\mathbb{C}$) bei STUDY.

5. *schiefsymmetrisches Polynom* $f(x_1, \ldots, x_n)$ in n Unbestimmten $x_1, \ldots, x_n$ über einem Körper (der Charakteristik 0), d. h. ein Polynom, das sich bei Ausübung einer Permutation π der Indizes:

$$(\pi f)(x_1, \ldots, x_n) = f(x_{\pi(1)}, \ldots, x_{\pi(n)})$$

gemäß $\pi f = \chi(\pi) f$ transformiert, wo χ der Charakter der ›Permutation π ist. Jedes zur ›alternierenden Gruppe $\mathfrak{A}_n$ gehörende (d. h. bei den Permutationen von $\mathfrak{A}_n$ invariante) Polynom f läßt sich gemäß

$$f = \frac{1}{2}(f + \pi f) + \frac{1}{2}(f - \pi f),$$

wo π eine beliebige ungerade Permutation ist, in ein ›symmetrisches Polynom und eine A. zerlegen. Allgemeiner erhält man bei einem beliebigen Polynom f in

$$\sum_{\pi} \pi f = \sum_{\pi \text{ ger.}} \pi f + \sum_{\pi \text{ unger.}} \pi f$$

ein symmetrisches Polynom und in

$$\sum_{\pi} \chi(\pi) f = \sum_{\pi \text{ ger.}} \pi f - \sum_{\pi \text{ unger.}} \pi f$$

eine A.; insbesondere entsteht auf diese Weise aus einem Monom f eine *monomiale symmetrische Funktion* (= *Potenzproduktsumme*) und eine *monomiale A*. Wie jede symmetrische Funktion Linearkombination monomialer symmetrischer Funktionen ist, so ist jede A. Linearkombination monomialer A. Jede monomiale A. hat bis auf einen konstanten Faktor die Form

$$\sum_{\pi} \chi(\pi)\, x_1^{\lambda_1+n-1} x_2^{\lambda_2+n-2} \cdots x_n^{\lambda_n}$$

$$= \det(x_s^{\lambda_t+n-t}) = \begin{vmatrix} x_1^{\lambda_1+n-1} & \ldots & x_1^{\lambda_n} \\ \cdots & \cdots & \cdots \\ x_n^{\lambda_1+n-1} & \ldots & x_n^{\lambda_n} \end{vmatrix} \quad \text{mit } \lambda_1 \geqq \lambda_2 \geqq \cdots \geqq \lambda_n$$

und ist durch das Differenzenprodukt

$$\Delta(x) = \prod_{i<j} (x_i - x_j) = \det (x_s^{n-t})$$

teilbar. Der Quotient $\det (x_s^{\lambda_t+n-t})/\det (x_s^{n-t})$ heißt *Bialternante* und wird mit $\{\lambda\} \equiv \{\lambda_1, \ldots, \lambda_n\}$ (im Falle $\lambda_{p+1} = \cdots = \lambda_n = 0$ auch mit $\{\lambda_1, \ldots, \lambda_p\}$) bezeichnet; das ist eine symmetrische Funktion vom Gewicht $m = \lambda_1 + \cdots + \lambda_p$. Die zu allen derartigen Partitionen (λ) von m (d. h. additiven Zerlegungen von m als Summe fallender ganzer nichtnegativer Zahlen) gehörenden Bialternanten bilden eine Basis für die symmetrischen Funktionen vom Gewicht m.

Homogene Produktsumme h_r heißt die Summe aller monomialen symmetrischen Funktionen vom Grade r in den x_i, z. B.

$$h_1 = \sum x_i, \quad h_2 = \sum x_i^2 + \sum_{i<j} x_i x_j, \quad h_3 = \sum x_i^3 + \sum_{i \neq j} x_i^2 x_j + \sum_{i<j<k} x_i x_j x_k.$$

Setzt man noch $h_0 = 1$, so wird $\{\lambda_1, \ldots, \lambda_p\} = \det (h_{\lambda_s - s + t})$, insbesondere $\{r\} = h_r$ und für $\lambda_1 = \lambda_2 = \cdots = \lambda_r = 1$

$$\{1^r\} = \begin{vmatrix} h_1 & h_2 & \ldots & & h_{r-1} \\ 1 & h_1 & \ldots & & h_{r-2} \\ 0 & 1 & h_1 & \ldots & h_{r-3} \\ \multicolumn{5}{c}{\dotfill} \\ 0 & \ldots\ldots & 0 & 1 & h_1 \end{vmatrix}$$

die r-te *elementarsymmetrische Funktion* s_r der x_i. Bezeichnet man mit $\varrho = (1^a 2^b 3^c \ldots)$ diejenige Partition $(\lambda) = (\lambda_1, \ldots, \lambda_p)$ von m, bei der a Werte der λ gleich 1, b Werte gleich 2, c Werte gleich 3, ... sind, mit C_ϱ die Klasse konjugierter Elemente der ›symmetrischen Gruppe $\mathfrak{S}_m$, die aus allen Produkten von je p elementfremden Zyklen der Ordnungen $\lambda_1, \ldots, \lambda_p$ besteht, und mit H_ϱ ihre Elementezahl, so gilt $m! h_m = \sum H_\varrho S_\varrho$, wo ϱ alle Partitionen von m durchläuft, $S_\varrho = s_1^a s_2^b s_3^c \ldots$ und s_i die i-te Potenzsumme der x_j ist. Ein ›primitives Idempotent ε aus der Gruppenalgebra von $\mathfrak{S}_m$ ist Summe von Elementen aus $\mathfrak{S}_m$, und zwar ist die Klasse C_ϱ durch $\frac{H_\varrho}{m!} \chi_\varrho$ Elemente vertreten, wo χ_ϱ einen gewissen irreduziblen ›Charakter von $\mathfrak{S}_m$ bezeichnet. Ersetzt man in den Gruppenelementen von ε jeden Zyklus der Ordnung λ_i durch s_i, also ein Element der Klasse C_ϱ durch S_ϱ, so geht ε in die symmetrische Funktion $\sum \frac{H_\varrho}{m!} \chi_\varrho S_\varrho$ über. Derartige Funktionen heißen *charakteristische Funktionen von Schur* (= *Schur[sche] Funktionen*), kurz *S-Funktionen*. Sie stimmen gemäß $\{\lambda\} = \sum \frac{H_\varrho}{m!} \chi_\varrho^{(\lambda)} S_\varrho$, wo $\chi_\varrho^{(\lambda)}$ zur Partition (λ) gehörige irreduzible Charaktere sind, mit den Bialternanten überein.

Lit.: Zu 4.: STUDY, E.: Geometrie der Dynamen. Teubner, Leipzig 1903.
Zu 5.: [D 10], [D 12]
LITTLEWOOD, D. E.: A university algebra. Heinemann, Melbourne 1950.
MACDONALD, I. G.: Symmetric Functions and Hall Polynomials. Clarendon Press, Oxford 1979.

Alternanz = Zeichenwechsel ›kartesische Zeichenregel

Alternativalgebra = **alternative Algebra** ›Alternativring

Alternativgesetz (= *alternatives Gesetz*): setzt sich in einem nichtassoziativen binären System zusammen aus dem *Rechtsalternativgesetz* (= *rechtsalternativen Gesetz*) $(ba)\,a = b(aa)$ und dem *Linksalternativgesetz* (= *linksalternativen Gesetz*) $(aa)\,b = a(ab)$. Die Benennung rührt davon her, daß sich in einem ›nichtassoziativen Ring die beiden A. unter Benutzung des ›Assoziators gerade in der Form $[b, a, a] = 0$ und $[a, a, b] = 0$ schreiben lassen, der Assoziator also eine alternierende Funktion seiner Argumente bildet.

Lit.: [B 5], [R 29]

Alternativkörper ›Alternativring, für angeordneter A. ›Ternärkörper

Alternativring: Ein ›nichtassoziativer Ring, in dem das Rechtsalternativgesetz bzw. Linksalternativgesetz bzw. ›Alternativgesetz gilt, heißt *Rechtsalternativring* bzw. *Linksalternativring* bzw. *A.* Entsprechend heißt eine ›Algebra *Rechts-* bzw. *Linksalternativalgebra* bzw. *Alternativalgebra* (= *alternative Algebra*), wenn der zugrunde liegende Ring A. von der entsprechenden Art ist, und ein Ring mit wenigstens zwei Elementen mit eindeutiger links- und rechtsseitiger Division durch die Elemente $\neq 0$ *Rechts-* bzw. *Linksalternativkörper* bzw. *Alternativkörper*. Nach einem Satz von E. ARTIN ist ein Ring genau dann A., wenn je zwei seiner Elemente einen assoziativen Unterring erzeugen. Insbesondere ist ein kommutativer Alternativkörper stets assoziativ. Alternativkörper sind genau die distributiven ›Quasikörper mit Links- und Rechtskürzungsregel. Ein endlicher Alternativkörper ist ein ›Galois-Feld (ARTIN, ZORN). Jeder Rechtsalternativkörper und jeder Linksalternativkörper der Charakteristik $\neq 2$ ist automatisch Alternativkörper (SKORNJAKOW); bei Charakteristik 2 gilt dies nur unter zusätzlichen Bedingungen, insbesondere im Falle der Gültigkeit von $(ba)\,a^{-1} = b$ bzw. $a^{-1}(ab) = b$ (SAN SOUCI). Jeder Alternativkörper ist entweder assoziativ und damit ein Schiefkörper oder eine (verallgemeinerte) Cayleysche Algebra (›Cayley-Dickson-Algebra) über seinem Zentrum. In jedem Alternativkörper gelten die ›Moufang-Identitäten.

Ein A. R heißt *auflösbar vom Index m*, wenn $R_m = 0$ mit $R_1 = R$, $R_{i+1} = R_i R_i$ ist; *rechtsseitig nilpotent*, wenn $R^{(n)} = 0$ für ein n ist ($R^{(1)} = R$, $R^{(i+1)} = R^{(i)} R^{(1)}$), und *nilpotent*, wenn es ein k gibt, so daß das Produkt aus k Elementen bei beliebiger Beklammerung stets 0 ist. Der Begriff des ›Jacobson-Radikals überträgt sich auf A. Im A. R unterscheidet man ein *assoziatives Zentrum*

$$N(R) = \{n \in R \mid [n, a, b] = 0 \text{ für alle } a, b \in R\}$$

([, ,] ›Assoziator), *kommutatives Zentrum* $C(R) = \{c \in R \mid [c, a] = ca - ac = 0$ für alle $a \in R\}$ und ein *Zentrum* $Z(R) = N(R) \cap C(R)$.

Die A. bilden eine ›Varietät.

Lit.: [A 13], [B 5], [B 7], [G 19], [R 8], [R 29], [U 6]

Moufang, R.: Zur Struktur von Alternativkörpern. Math. Ann. **110** (1935), 416–430.

San Souci, R. L.: Right alternative division rings of characteristic two. Proc. Amer. Math. Soc. **6** (1955), 291–296.

Skornjakow, L. A. (Л. А. Скорняков): Право-альтернативные тела. Izv. Akad. Nauk SSSR, Ser. mat. **15** (1951), 177–184.

Alternativsatz ›lineares Gleichungssystem

alternierende Abbildung ›bilineare Abbildung, ›Tensor

alternierende Algebra ›antikommutative Algebra

alternierende Form ›bilineare Abbildung

alternierende Funktion = ›Vandermondesche Determinante

alternierende Größe ›symbolische Methode

alternierende Gruppe ›symmetrische Gruppe

alternierende Linearform ›Form

alternierende Matrix: ›schiefsymmetrische Matrix mit verschwindenden Hauptdiagonalelementen, also eine quadratische Matrix (a_{ij}) mit $a_{ij} = -a_{ji}$ und $a_{ii} = 0$. Über einem Körper der Charakteristik $\neq 2$ ist jede schiefsymmetrische Matrix a. M.

alternierende multilineare Abbildung ›bilineare Abbildung

alternierende Multilinearform ›bilineare Abbildung

alternierende Permutationsgruppe ›symmetrische Gruppe

alternierendes Produkt ›äußere Potenz

Alternionen n-ter Ordnung vom *Index* l heißen die Elemente einer assoziativen Algebra (›R-Algebra) ${}^lA_n$ vom Range 2^{n-1} über dem Körper der reellen Zahlen mit Einselement 1 und Erzeugenden $e_1, \ldots, e_{n-1}$, für die $e_ie_j = -e_je_i$ $(i \neq j)$ und $e_i^2 = \varepsilon_i$ gilt, wo ε_i für l Indizes gleich -1 und für $n - l - 1$ Indizes i gleich $+1$ ist. Jede A. a läßt sich eindeutig in der Form

$$a = \alpha + \sum \alpha^i e_i + \sum \alpha^{ij} e_{ij} + \cdots + \alpha^{12\ldots(n-1)} e_{12\ldots(n-1)}$$

als Linearkombination der Basiselemente 1 und $e_{i_1\ldots i_k} = e_{i_1} \ldots e_{i_k}$ mit $i_1 < \cdots < i_k$ mit reellen Koeffizienten schreiben. *Konjugierte A.* zu a heißt $\bar{a} = \sum (-1)^{k(k+1)/2} \alpha^{i_1\ldots i_k} e_{i_1\ldots i_k}$ (die leere Indexmenge an e — entsprechend $k = 0$ — kennzeichne das Einselement 1). Es gilt $\overline{a + b} = \bar{a} + \bar{b}$, $\bar{\bar{a}} = a$, $\overline{ab} = \bar{a}\bar{b}$. $\bar{a}a$ ist stets eine nichtnegative reelle Zahl, die Quadratwurzel daraus heißt *Betrag* $|a|$ von a; hierdurch kann ein euklidischer (bei $l = 0$) bzw. pseudoeuklidischer Abstandsbegriff eingeführt werden. ${}^0A_1$ ist isomorph zum Körper der reellen Zahlen, ${}^1A_2$ zum Körper der komplexen Zahlen, ${}^1A_2$ zur Algebra der ›dualen Zahlen, ${}^0A_3$ zur ›Quaternionenalgebra. ${}^1A_3$ und ${}^2A_3$ sind bis auf Isomorphie sog. Algebren von *Antiquaternionen.*

${}^lA_n$ ist gerade die ›Cliffordsche Algebra zu einer nichtausgearteten ›quadratischen Form Q über dem Körper der reellen Zahlen in $n - 1$ Variablen, die sich auf l Quadrate mit -1 und $n - 1 - l$ Quadrate mit $+1$ als Koeffizienten reduziert.

Lit.: Rosenfeld, B. A. (Б. А. Розенфельд): Неевклидовы геометрии. Gostechisdat. Moskau 1955.

Amalgam heißt eine (universelle) ›Algebra, die mengentheoretische Vereinigung einer Familie von Algebren (allgemeiner: algebraischen Systemen) A_i ist, so daß die Durchschnitte $A_i \cap A_j$ nichtleere Untersysteme von A_i und A_j sind. Allgemeiner betrachtet man gleichartige Algebren A_i und in jeder davon eine ausgezeichnete Unteralgebra C_i, zwischen denen Isomorphismen $\gamma_{ij}: C_i \to C_j$ mit den sog. *Amalgamierungen* $\gamma_{ij}\gamma_{jk} = \gamma_{ik}$, $\gamma_{ii} = \varepsilon_i$ (Einbettungsabbildung von C_i in A_i) existieren. Gesucht ist (in einer festen Klasse gleichartiger Algebren) als A. eine Algebra H mit Homomorphismen $\alpha_i: A_i \to H$, so daß (i) $\gamma_{ij}\alpha_j = \varepsilon_i\alpha_i$ für alle i, j gilt, (ii) H von den $A_i^{\alpha_i}$ erzeugt wird und (iii) die universelle Eigenschaft besitzt, daß für eine analoge Algebra H' und Homomorphismen $\alpha_i': A_i \to H$ ein Homomorphismus $\eta: H \to H'$ mit $\alpha_i' = \alpha_i\eta$ existiert.

Für das A. von Gruppen ›freies Produkt.

Lit.: [S 1 II], [U 6]

amalgamierte Summe = Pushout ›Kategorientheorie

Amalgamierung ›Amalgam

Amenabilität (= *Mittelbarkeit*): Eine ›Halbgruppe G heißt *links-* bzw. *rechtsamenabel* (= *links-* bzw. *rechtsmittelbar*), wenn auf dem Raum $B(G)$ aller beschränkten komplexwertigen Funktionen auf G mit der Supremumnorm ein *Mittel* m existiert, d. h. ein lineares Funktional mit $m(\bar{f}) = \overline{m(f)}$ für alle $f \in B(G)$ und $m(f) \geqq 0$ für $f \geqq 0$ und $m(1) = 1$, das *links-* bzw. *rechtsinvariant* ist: $m({}_xf) = m(f)$ bzw. $m(f_x) = m(f)$ mit ${}_xf(t) = f(x^{-1}t)$ und $f_x(t) = f(tx)$. Für Gruppen fallen rechts- und linksseitige A. zusammen. Für eine abelsche Halbgruppe G existiert auf $B(G)$ ein invariantes Maß.

Lit.: [S 2]
Greenleaf, F. P.: Invariant Means on Topological Groups and Their Applications. van Nostrand, Reinhold, New York 1969.
Keller, G.: Amenable groups and varieties of groups. Illinois J. of Math. 16 (1972), 257–269.
Pier, J.-P.: Amenable Locally Compact Groups. Wiley, New York 1984.

analytisch irreduzibel heißt ein ›semilokaler ›Integritätsbereich R, wenn seine Vervollständigung Integritätsbereich ist (›$\mathfrak{m}$-Topologie). Ein Primideal $\mathfrak{p}$ eines ›semilokalen Rings R heißt a. i., wenn $R/\mathfrak{p}$ a. i. ist.

Lit.: [R 25]

analytisch isomorphe Körper ›Bewertung

analytisch nilpotentes Element ist ein Element $\neq 0$ eines ›topologischen Ringes, dessen Potenzen bez. der Ringtopologie eine Nullfolge bilden. Ein reguläres Element $x \neq 0$ heißt bei der Ringtopologie *neutral*, wenn weder x noch x^{-1} a. n. ist.

analytisch normal heißt ein ›semilokaler ›Integritätsbereich, wenn seine Vervollständigung (›$\mathfrak{m}$-Topologie) ›normal (und er daher auch ›normaler Ring) ist.

Lit.: [A 18II], [R 25]

analytisch unverzweigt heißt ein ›semilokaler Ring R, wenn seine perfekte Hülle R^* keine nilpotenten Elemente außer 0 enthält; ein Ideal $\mathfrak{a}$ von R, wenn der Restklassenring $R/\mathfrak{a}$ a. u. ist. Wenn ein semilokaler ›Integritätsbereich R a. u. ist, so ist sein abgeleiteter normaler Ring R' ein endlicher R-Modul.

Lit.: [A 18II], [R 25]

analytische Gruppe ›Liesche Gruppe

Anfang = initiales Objekt ›Kategorientheorie

Anfangsform ›Formenring

Anfangsgrad ›Polynom

Anfangsobjekt ›Kategorientheorie

angeordnet auch ›geordnet

angeordneter Körper ›angeordneter Ring

angeordneter Ring: Ein Ring oder Körper R heißt *geordnet* (= *partiell geordnet* = *teilweise geordnet*), wenn er als Menge durch die reflexive Relation $\leqq$ *halbgeordnet* ist, die den folgenden Verträglichkeitsbedingungen genügt: Aus $a \leqq b$ folgt stets $a + c \leqq b + c$ (*Monotoniegesetz der Addition*) und für alle $c \geqq 0$ stets $ac \leqq bc$ und $ca \leqq cb$ (*Monotoniegesetz der Multiplikation*). Für nullteilerfreie Ringe wird gewöhnlich das *verschärfte Monotoniegesetz* gefordert, nach dem bei $c > 0$ aus $a < b$ stets $ac < bc$ und $ca < cb$ folgt. Die Elemente $a \geqq 0$ (*positiven Elemente*) bilden einen ›Halbring $\mathfrak{P}$, der außer dem Nullelement kein Element a zugleich mit $-a$ enthält, und umgekehrt wird durch jeden Halbring $\mathfrak{P}$ mit dieser Eigenschaft gemäß der Festsetzung $a \leqq b$ genau dann, wenn $b - a \in \mathfrak{P}$, ein geordneter Ring definiert. Man spricht daher auch kurz von der Ordnung $\mathfrak{P}$. $P = \mathfrak{P} \setminus \{0\}$ heißt *strenger Positivbereich*, seine Elemente *streng positiv*, gelegentlich auch nur *positiv*. P ist additiv abgeschlossen und im Falle eines nullteilerfreien Rings R gleichfalls Halbring. R heißt *verbandsgeordnet*, wenn die Halbordnung $\leqq$ einen ›Verband definiert, und ein konvexes Ideal hierin ein *L-Ideal* oder *verbandsgeordnetes Ideal*. R heißt *angeordnet* (= *einfach geordnet* = *linear geordnet* = *vollständig geordnet*), wenn die Halbordnung eine lineare Ordnung ist. Ein Ring heißt *anordnungsfähig*, wenn er auf wenigstens eine Weise durch Einführung einer Ordnung zu einem a. R. gemacht werden kann; das ist genau dann möglich, wenn der Ring ›formal-reell ist. Äquivalent dazu ist, daß man seinen Elementen a_i Elemente $\varepsilon_i a_i = a_i'$ mit $\varepsilon_i = +1$ oder -1 so zuordnen kann, daß eine Summe von Produkten der a_i' genau dann verschwindet, wenn alle Produkte Null sind. Allgemeiner läßt sich eine Ordnung (mit dem *Positivbereich* $\mathfrak{P}$) eines nullteilerfreien Ringes R genau dann zu einer linearen Ordnung (mit dem $\mathfrak{P}$ enthaltenden Positivbereich $\mathfrak{Q}$) erweitern, wenn keine Summe von Produkten verschwindet, in denen jeder Faktor in gerader Anzahl und außerdem eventuell noch Elemente $\neq 0$ von $\mathfrak{P}$ als Faktoren vorkommen. Insbesondere läßt sich eine Ordnung $\mathfrak{P}$ eines Schiefkörpers K genau dann zu einer linearen Ordnung erweitern, wenn keine Summe von Gliedern der Form $b_1^2 \ldots b_n^2$ oder $pb_1^2 \ldots b_n^2$ ($p \in \mathfrak{P}$, $0 \neq b_i \in K$) verschwindet; ein Schiefkörper ist also genau dann anordnungsfähig, wenn sich -1 nicht als Summe von Produkten von Quadraten schreiben läßt. (Folgerung: Satz von ›Artin-Schreier.) Jede nullteilerfreie ›Everettsche Erweiterung eines formal-reellen Ringes ist wieder formalreell. Eine Ordnung $\mathfrak{P}$ eines nullteilerfreien Ringes R ist genau dann Durchschnitt linearer Ordnungen, wenn jedes $a \in R \setminus \mathfrak{P}$ die Eigenschaft hat, daß keine Summe von Produkten verschwindet, deren Faktoren $-a$, Elemente

$\neq 0$ von $\mathfrak{P}$ und in gerader Anzahl Elemente $\neq 0$ von K sind. Eine Ordnung $\mathfrak{P}$ eines Schiefkörpers K ist genau dann als Durchschnitt linearer Ordnungen darstellbar, wenn die nichtverschwindenden Elemente von $\mathfrak{P}$ eine multiplikative Gruppe bilden und $\mathfrak{P}$ alle Summen von Produkten aus lauter Quadraten enthält. Eine Anordnung eines Ringes R mit mindestens einem Zentrumselement $\neq 0$ läßt sich auf eine einzige Art zu einer Anordnung des Quotientenrings von R fortsetzen.

Der Ring $\mathbb{Z}$ besitzt nur die durch die Menge $\mathbb{N}$ als strengem Positivbereich gegebene Anordnung. $\mathbb{Z}$ läßt sich in einen beliebigen a. R. mit Einselement ›ähnlich-isomorph einbetten. Jede Anordnung eines (zweiseitigen) Ideals eines nullteilerfreien Ringes R läßt sich auf genau eine Weise zu einer Anordnung von R fortsetzen (*Satz von Grätzer-Schmidt*). Daher läßt sich ein a. R. stets in einen a. R. mit Einselement einbetten. Jeder angeordnete Schiefkörper von endlicher Dimension über seinem Zentrum ist kommutativ (*Satz von Albert*). Der strenge Positivbereich eines angeordneten Körpers K ist eine durch die Menge der Elemente > 1 als strengem Positivbereich angeordnete ›abelsche Gruppe mit der Multiplikation von K als Verknüpfung.

Spezialfall: ›archimedisch a. R.

Lit.: [A 15a], [A 16], [EA 6], [O 1], [O 3], [O 9]
Albert, A. A.: On ordered algebras. Bull. Amer. Math. Soc. **46** (1940), 521–522.
Fuchs, L.: Note on ordered groups and rings. Fund. Math. **46** (1958), 167–174.
Grätzer, G., E. T. Schmidt: Über die Anordnung von Ringen. Acta Math. Acad. Sci. Hungar. 8 (1957), 259–260.
Zassenhaus, H.: On the fundamental theorem of algebra. American Math. Monthly **74** (1967), 485–497.

AN-, AN*-, $\overline{\text{AN}}$-Gruppe ›auflösbare Gruppe

anisotrope [reflexive] Form ›isotroper Vektor

anisotroper Teilraum ›isotroper Vektor

annäherungsunabhängige ›**Bewertungen**

Annihilator heißt in der ›Invariantentheorie ein Differentiationsprozeß, der, auf eine Komitante ausgeübt, Null ergibt. Im Falle binärer Formen r-ter Ordnung

$$f = a_0 x_1^r + \binom{r}{1} a_1 x_1^{r-1} x_2 + \cdots + a_r x_2^r$$

sind A.

$$r a_1 \frac{\partial}{\partial a_0} + (r-1)\, a_2 \frac{\partial}{\partial a_1} + \cdots + 2 a_{r-1} \frac{\partial}{\partial a_{r-2}} + 1 \cdot a_r \frac{\partial}{\partial a_{r-1}}$$

und

$$1 \cdot a_0 \frac{\partial}{\partial a_1} + \cdots + (r-1)\, a_{r-2} \frac{\partial}{\partial a_{r-1}} + r a_{r-1} \frac{\partial}{\partial a_r}.$$

Lit.: [I 12]

Annullator: 1. Wenn M Untermenge eines ›Rings, R-Links- bzw. R-Rechtsmoduls, einer ›Halbgruppe oder eines ›Gruppoids R mit 0 ist, so heißt *linker A.* von M die Menge $Z_l(M)$ der $y \in R$ mit $y \cdot x = 0$ für alle $x \in M$, *rechter A.* von M die Menge $Z_r(M)$ aller $z \in R$ mit $Mz = 0$, *zweiseitiger A.* $Z(M) = Z_l(M) \cap Z_r(M)$. Im Falle eines assoziativen Rings oder einer Halbgruppe R ist Z_l stets ein Linksideal (›Ideal) (*annullierendes Linksideal*), und zwar sogar zweiseitiges Ideal, wenn M Linksideal oder R-Linksmodul ist; Analoges gilt für den rechten A. Im Falle eines Elements x eines Moduls über einem kommutativen Ring heißt der A. von x das *Ordnungsideal* von x.

2. ›Gruppenmultiplikation von topologischen Gruppen

Lit.: Zu **1.**: [A 16], [S 1 II]

annullierendes Element ›Gruppenmultiplikation von topologischen Gruppen

annullierendes Linksideal ›Annullator

Anordnung = ›Permutation 2.

anordnungsfähig ›angeordneter Ring, ›geordnete Gruppe

anordnungstreue Abbildung ›ähnlich-isomorph

Antiatom ›Atom

Antiautomorphismus ›Antihomomorphismus

Antidarstellung ›Darstellung

Antiendomorphismus ›Antihomomorphismus

Antihomomorphismus: 1. A. eines binären Systems (Gruppoid, insbesondere Gruppe) R in ein zweites R' ist eine Abbildung σ von R in R' mit $(ab)^\sigma = b^\sigma a^\sigma$ für alle $a, b \in R$ (links ist die Verknüpfung [Multiplikation] in R, rechts die in R' gemeint). Im Falle kommutativer Systeme bedeutet A. dasselbe wie ›Homomorphismus. A. eines ›Ringes R ist eine Abbildung σ, die bezüglich der Addition und der Multiplikation einen A. darstellt, für die also (wegen der Kommutativität der Addition) $(a + b)^\sigma = a^\sigma + b^\sigma$, $(ab)^\sigma = b^\sigma a^\sigma$ gilt. Ein A. kann stets als Homomorphismus in das zu R' *entgegengesetzte System* (*Gegen-*

gruppoid, Gegengruppe, Gegenring) aufgefaßt werden, das aus denselben Elementen wie R' besteht, für dessen Verknüpfung $\circ$ aber $a \circ b = ba$ gilt (›entgegengesetzte Struktur).

Die Hintereinanderausführung zweier A. ergibt einen gewöhnlichen Homomorphismus, die eines Homomorphismus und eines A. einen A. Ein A. von R in sich heißt auch ***Antiendomorphismus***, ein bijektiver A. ist ein ***Antiisomorphismus***, ein ***Antiautomorphismus*** ist ein Antiisomorphismus von R auf sich. Besteht zwischen R und R' ein Antiisomorphismus, so heißen R und R' auch ***antiisomorph***. In einer Gruppe stellt die Abbildung $x \mapsto x^{-1}$ einen Antiautomorphismus dar, im ›vollen Matrizenring über einem Körper z. B. der Übergang zur transponierten Matrix. Der volle Matrizenring über einem Ring R wird durch Transponieren antiisomorph auf den vollen Matrizenring über dem Gegenring von R abgebildet.

2. A. eines ›Verbands

Lit.: Zu 1.: [A 16]

Antiisomorphismus ›Antihomomorphismus, von ›Verbänden

antikommutative Algebra heißt eine ›Algebra über einem Körper k mit $x^2 = 0$ für alle x. Hieraus folgt $xy = -yx$ für alle x, y; im Falle char $k \neq 2$ ist das eine äquivalente Bedingung. Die a. A. bilden eine ›Varietät. Beispiele: ›Liesche Algebren, ›binär Liesche Algebren, ›Mal'cev-Algebren.

Eine graduierte ›R-Algebra A (R kommutativer Ring) heißt a. A., wenn

$$xy = (-1)^{\mathrm{grad}(x)\cdot\mathrm{grad}(y)}\, yx \quad \text{für alle homogenen } x, y \in A$$

ist; sie heißt *alternierend*, wenn außerdem $x^2 = 0$ für jedes homogene Element $x \in A$ ungeraden Grades gilt.

Lit.: [EA 3]

antikommutatives Symbol ›symbolische Methode

antilineare Abbildung ›lineare Abbildung

antimetrische Matrix = ›schiefsymmetrische Matrix

Antipode ›Koalgebra

Antiquaternionen ›Alternionen

Antiradikal ›halbeinfacher Ring

antistrophe Darstellung einer Algebra = ›reguläre Antidarstellung einer Algebra

antisymmetrisch auch ›symmetrisch

antisymmetrische Abbildung ›bilineare Abbildung, von ›Tensoren

antisymmetrische Bilinearform (= *schiefsymmetrische Bilinearform*) heißt eine ›Bilinearform f auf einem unitären ›R-Modul V (R kommutativer Ring) mit $f(v_1, v_2) = -f(v_2, v_1)$ für alle $v_i \in V$. Wenn R Körper der Charakteristik $\neq 2$ ist, so ist eine a. B. automatisch auch ›*alternierend*. Die Matrix einer a. B. ist ›schiefsymmetrisch. Für eine allgemeinere Auffassung ›Semibilinearform, ›bilineare Abbildung.

antisymmetrische Relation heißt eine binäre ›Relation R, bei der aus dem gleichzeitigen Bestehen von xRy und yRx folgt, daß $x = y$ ist. Beispiel: reflexive Halbordnung.

Antisymmetrisierte ›Tensor

Antitensor ›Tensor

Anzahlsätze für ›p-Gruppen

a-Operation ›′-Operation der Idealtheorie

Apolare: Zu zwei binären Formen $f(a, x)$, $g(b, x)$ (›Invariantentheorie) der Grade k bzw. k' gibt es genau dann bilineare projektive Simultaninvarianten, wenn $k = k'$ ist, und dann nur die einzige $\sum_{j=0}^{k} (-1)^j \binom{k}{j} a_j b_{k-j}$, die sog. *apolare Bildung* oder *A*. $A(f, g)$ zu f und g. Wenn diese verschwindet, heißen die *Formen apolar*.

›symbolische Methode

Lit.: [I 3], [I 10]

apolare Bildung = ›Apolare

apolare [binäre] Formen ›Apolare

approximierbar: Gibt es in einer Gruppe G ein System von ›Normalteilern N_α mit dem Durchschnitt E (Einsuntergruppe), so heißt G durch die Faktorgruppen G/N_α a. G läßt sich nämlich dann in natürlicher Weise als ›inverser Limes des Systems der G/N_α auffassen, wenn man die durch die N_α durch Inklusion gegebene Halbordnung zugrunde legt. Kann man die G/N_α als endliche Gruppen wählen, so heißt G *endlich a.* oder *residual endlich.* Solcherart sind genau die ›subdirekten Produkte endlicher Gruppen.

Lit.: [G 26II]

äquiaffine Gruppe ›affine Gruppe

äquidimensionaler Ring = ›katenärer Ring

äquivalente alternierende Formen ›äquivalente Semibilinearformen

äquivalente Elemente ›Äquivalenzrelation

äquivalente Endomorphismen ›lineare Abbildung

äquivalente Faktorensysteme ›Algebrenklassen

äquivalente Grundformensysteme heißen in der ›Invariantentheorie zwei Systeme n-ärer Grundformen f_i bzw. n-ärer Grundformen g_j, wenn die f_i dieselben Komitanten haben wie die g_j, d. h., daß jedes f_i Kovariante des Systems der g_j und jedes g_j Kovariante des Systems der f_i ist. Die f_i heißen auch *systemäquivalent* zu den g_j. Nach einem Satz von Clebsch ist jedes System von Grundformen in beliebig vielen Reihen von Punktkoordinaten, Linienkoordinaten, Ebenenkoordinaten usw. einem System systemäquivalent, dessen Formen höchstens je eine dieser Reihen enthalten, einem sog. *reduzierten System.*

Lit.: [I 12]

äquivalente Matrizen heißen ›Matrizen A und B gleichen Formats über einem kommutativen Ring R mit Einselement, wenn es invertierbare quadratische Matrizen S und T über R gibt, so daß $B = SAT$ ist. Ohne die Voraussetzung der Invertierbarkeit von S und T heißen unter diesen Voraussetzungen A *Teiler* von B und B *Vielfaches* von A. Faßt man A und B als Koeffizientenmatrizen zweier Bilinearformen auf, so ist die Äquivalenz von A und B gleichbedeutend damit, daß sich diese Bilinearformen durch eine Koordinatentransformation ineinander überführen lassen. Die Äquivalenz von Matrizen stellt eine ›Äquivalenzrelation dar. Zwei Matrizen über einem Körper sind genau dann ä. M., wenn sie denselben Rang haben; zwei Matrizen über einem ›Hauptidealring sind genau dann ä. M., wenn ihre (zusammengesetzten) ›Elementarteiler gleich sind. ›Normalformen von Matrizen, ›ähnliche Matrizen, ›hermitesche Kongruenz, ›Unitärkongruenz.

Lit.: [Enz 1,7], [M 5 I], [M 8], [M 17], [M 25]

äquivalente Punkte ›endliche Drehgruppen

äquivalente quadratische Formen: Zwei ›q. F. Q und Q_1 über zwei n-dimensionalen ›Vektorräumen E und E_1 über dem kommutativen Körper K heißen ä., wenn es einen Isomorphismus σ von E auf E_1 gibt, der Q in Q_1 transformiert: $Q_1(x^\sigma) = Q(x)$. Im Falle char $K \neq 2$ ist die Äquivalenz quadratischer Formen mit der Äquivalenz der zugehörigen symmetrischen Bilinearformen gleichbedeutend. Ist in K ein Ganzheitsbegriff erklärt und verlangt man zusätzlich, daß die den Übergang von Q zu Q_1 beschreibende invertierbare Matrix U ganze Elemente von K als Elemente hat, so spricht man von *Äquivalenz im engeren Sinne*, sonst von *Äquivalenz im weiteren Sinne*. Insbesondere heißen quadratische Formen mit reellen Koeffizienten (im engeren Sinne) äquivalent, wenn sie sich durch eine lineare Substitution mit ganzen rationalen Koeffizienten ineinander transformieren lassen; diese bilden eine *Klasse ä. q. F.* Die Anzahl solcher Klassen ä. q. F. mit ganzen rationalen Koeffizienten und gegebener Determinante ist endlich, auch wenn man statt $\mathbb{Q}$ einen endlich-algebraischen ›Zahlkörper wählt. Die Anzahl der Klassen indefiniter quadratischer Form bekommt man nach dem *Satz von A. Meyer*, nach dem zwei ›spinorverwandte quadratische Formen in mehr als zwei Veränderlichen mit Koeffizienten in einem algebraischen Zahlkörper äquivalent sind. Andere Bedingungen stammen von Jones und Marsh. Die Anzahl der Klassen definiter quadratischer Formen läßt sich mittels der Formel für das Maß eines Geschlechts abschätzen. Auch die Reduktionstheorie quadratischer Formen liefert Aussagen über die *Klassenzahl*. Ist $Q(x) = \sum_{i,j=1}^{n} \alpha_{ij} X^i X^j$ $(\alpha_{ij} = \alpha_{ji})$ die Darstellung von Q mittels der Koordinaten X^i von x bezüglich einer festen Basis in E, so kann man gemäß $(X^i)\,(Y^i) = \sum_{i,j=1}^{n} \alpha_{ij} X^i Y^j$ im n-dimensionalen Vektorraum der n-Tupel (X^i) über K ein Skalarprodukt einführen („*metrischer Raum einer quadratischen Form*"); zu im weiteren Sinne äquivalenten Formen gehört dann derselbe Raum, zu im engeren Sinne äquivalenten dagegen dasselbe Gitter aller Vektoren mit ganzzahligen Komponenten.

Sei jetzt char $K = 2$. Dann haben zwei ä. q. F. gleichen Rang und gleichen Index ν sowie gleichen Rang $2p$ und Index der zugehörigen alternierenden Formen. Wenn Q eine nichtentartete q. F. mit dem Defekt $d = n - 2p$ und K algebraisch abgeschlossen ist, so ist $p = \nu$ und $d = 0$ oder $d = 1$, und bez. einer geeigneten Basis von E wird

$$Q(x) = X^1 X^{p+1} + \cdots + X^p X^{2p}$$

bei $n = 2p$ (bei $n = 2p + 1$ kommt noch das Glied $(X^{2p+1})^2$ dazu). Wenn K ›Galois-Feld ist, so gilt mit einer geeigneten Basis von E

$$Q(x) = X^1 X^{p+1} + \cdots + X^p X^{2p} + (X^{2p+1})^2 \quad (n = 2p + 1),$$

$$Q(x) = X^1 X^{p+1} + \cdots + X^{p-1} X^{2p-2} + \left(\alpha (X^p)^2 + X^p X^{2p} + \alpha (X^{2p})^2\right) \quad (n = 2p),$$

wobei im zweiten Fall $\alpha = 0$ oder ein Element aus K ist, für das das Polynom $\alpha X^2 + X + \alpha$ irreduzibel über K ist. Im ersten Fall ist $d = 1$, im zweiten $d = 0$ und entweder $\nu = p$ $(\alpha = 0)$ oder $\nu = p - 1$ $(\alpha \neq 0)$. Weitere Resultate hierfür bei Arf.

Vollständige Systeme von Klasseninvarianten für die Äquivalenz im engeren Sinne (wo die Koeffizienten der quadratischen Formen und der Variablentransformationen ganze Elemente aus K sein müssen) kennt man in dem Fall, daß K die $\mathfrak{p}$-adisch perfekte Hülle eines ›algebraischen Zahl- oder Funktionenkörpers (mit endlichem Konstantenkörper) ist. Ein solches entnimmt man der sog. *kanonischen Normalform* $Q(x) = \sum Q_i(X_j)$, wobei die $Q_i(X_j)$ variablenfremde Formen in einer oder zwei Variablen sind. Den Fall, daß das Primideal $\mathfrak{p}$ gerade ist, behandelt O'MEARA, für ein ungerades $\mathfrak{p}$ vgl. die Lehrbücher zu ›q. F.

Lit.: [Q 1], [Q 5]
ARF, C.: Untersuchungen über quadratische Formen in Körpern der Charakteristik 2, I. J. reine angew. Math. **183** (1941), 148—167; II (Über arithmetische Äquivalenz quadratischer Formen in Potenzreihenkörpern über einem vollkommenen Körper der Charakteristik 2). Univ. Istanbul. Fac. Sci., Rec. Mém. sommém. la pose de la première pierre des Nouv. Inst., Ser. A, **7** (1943), 297—327.
DICKSON, L. E.: History of the theory of numbers III. Carnegie Institution, Washington 1923, Chelsea, New York 1974.
EICHLER, M.: Die Ähnlichkeitsklassen indefiniter Gitter. Math. Z. **55** (1952), 216—252.
JONES, B. W., D. MARSH: A proof of a theorem of Meyer on indefinite ternary quadratic forms. Amer. J. Math. **77** (1955), 513—525.
KNESER, M.: Klassenzahlen indefiniter quadratischer Formen in drei oder mehr Veränderlichen. Arch. Math. **7** (1956), 323—332.
KNESER, M.: Klassenzahlen quadratischer Formen. Jahresber. Deutsch. Math.-Verein. **61** (1958), 76—88.
O'MEARA, O. T.: Quadratic forms over local fields. Amer. J. Math. **77** (1955), 87—116.

äquivalente reflexive Formen ›äquivalente Semibilinearformen

äquivalente Semibilinearformen: Zwei ›Semibilinearformen $f(x, y)$ und $f_1(x_1, y_1)$ auf $E \times E$ bzw. $E_1 \times E_1$, wobei E und E_1 n-dimensionale ›Vektorräume über dem Körper K sind, heißen *äquivalent*, wenn es einen Isomorphismus σ von E auf E_1 gibt, der f in f_1 transformiert: $f_1(x^\sigma, y^\sigma) = f(x, y)$. Für die f und f_1 beschreibenden Matrizen A bzw. A_1 und die zugehörigen Involutionen J und J_1 von K bedeutet das (bei $A \neq 0$) $J = J_1$ und $A = (U^{\mathrm{T}})^J A_1 U$ mit einer umkehrbaren Matrix U. Setzt man über U nur voraus, daß seine Elemente zu K gehören, so spricht man von *Äquivalenz im weiteren Sinne*; verlangt man, daß die Elemente von U und U^{-1} ganze Größen aus K (im Sinne eines gewissen Ganzheitsbegriffs) sind, von *Äquivalenz im engeren Sinne*. Im Falle $K = \mathbb{Q}$ unterscheidet man noch zwischen *eigentlicher Äquivalenz* bei det $U = 1$ und *uneigentlicher Äquivalenz* bei det $U = -1$. Die Gesamtheiten äquivalenter Formen heißen *Klassen*. Notwendig für die Äquivalenz zweier Formen ist, daß sie gleichen Rang haben, und bei nichtentarteten Formen und kommutativen Körpern K, daß ihre ›Diskriminanten zur selben Restklasse der multiplikativen Gruppe von K modulo der Untergruppe der Normen $\lambda\lambda^J$ gehören. Bei reflexiven Formen ist ihr Index eine Klasseninvariante. Zwei entartete reflexive Formen sind genau dann äquivalent, wenn die zugehörigen nichtentarteten reflexiven Formen es sind. Alternierende Formen sind stets äquivalent, wenn sie denselben Rang besitzen.

f ist nur dann nicht entartet, wenn $n = 2m$ gerade ist; f besitzt dann eine ›symplektische Basis. Wenn f reflexiv und nicht schiefsymmetrisch ist, so existiert in E eine *orthogonale Basis* (e_i) für f, d. h., mit $x = \sum X^i e_i$ gilt

$$f(x, y) = \sum (X^i)^J \gamma_i Y^i, \qquad \gamma_i = f(e_i, e_i),$$

$\gamma_i^J = \gamma_i$ (f hermitesch), $\gamma_i^J = -\gamma_i$ (f schiefhermitesch).

Wenn f schiefsymmetrisch, aber nicht alternierend (K also notwendig kommutativer Körper der Charakteristik 2) ist, so gibt es nach Albert auch eine orthogonale Basis für f.

Die Existenz einer orthogonalen Basis gestattet es, das Äquivalenzproblem in bestimmten Fällen zu lösen. Ist z. B. K ein ›algebraisch abgeschlossener Körper und f eine nichtentartete symmetrische Form, so existiert eine orthogonale Basis mit $f(e_i, e_i) = 1$ (*Orthonormalbasis*). Zwei symmetrische Formen vom gleichen Rang sind dann stets äquivalent. Ist K kommutativer ›euklidischer Körper und f nichtentartete symmetrische Form, so gibt es eine orthogonale Basis mit $f(e_i, e_i) = 1$ für $i = 1, \ldots, p$ und $f(e_i, e_i) = -1$ sonst. Da die Signatur $(p, n - p)$ eine Klasseninvariante ist (›Sylvestersches Trägheitsgesetz), sind zwei symmetrische Formen genau dann äquivalent, wenn sie gleichen Rang und ihre zugehörigen nichtentarteten Formen gleiche Signatur besitzen. Ist K Galois-Feld der Charakteristik $\neq 2$, so existiert für eine symmetrische nicht entartete Form f stets eine orthogonale Basis mit $f(e_i, e_i) = 1$ für $1 \leqq i \leqq n - 1$ und $f(e_n, e_n) = \varrho \in K$, wobei ϱ entweder 1 oder kein Quadrat eines Elements aus K ist. Die Quadrate der Elemente der multiplikativen Gruppe $K^\times$ bilden eine Untergruppe vom Index 2 in $K^\times$; für die erste Klasse ist die Diskriminante von f ein Quadrat, für die zweite nicht. Es gibt daher genau zwei Formenklassen.

Ein *vollständiges Invariantensystem* für die Äquivalenz symmetrischer Formen f wird im Falle eines ›algebraischen Zahlkörpers K gebildet aus: (i) der Diskriminante von f; (ii) den Signaturen der quadratischen Formen $f_\mu(x)$, deren Koeffizienten zu denen von $f(x)$ algebraisch konjugiert und reell sind; (iii) wenn f auf die Orthogonalform $f = \sum \alpha_i X^i Y^i$ transformiert ist, der ›Algebrenklasse der zu der quadratischen Form in $2n$ Variablen $f(x, x) - \sum_{i=1}^{n} (X^{n+i})^2$ gehörigen ›Cliffordschen Algebra. Die unter (i) und (iii) genannten Invarianten bilden ein vollständiges System a) für $n = 1, 2, 3$ bei beliebigem kommutativem Grundkörper der Charakteristik $\neq 2$, b) für beliebiges n, wenn K ein algebraischer Zahl- oder Funktionenkörper mit endlichem Konstantenkörper der Charakteristik $\neq 2$ ist.

Wenn K_0 ein angeordneter euklidischer kommutativer Körper und K ein quadratischer Erweiterungskörper von K_0 oder ein verallgemeinerter Quaternionenkörper mit dem Zentrum K_0 ist, so ist für die Äquivalenz zweier nichtentarteter hermitescher Formen, deren Involutionen von K genau die Elemente aus K_0 fest lassen, die Gleichheit der Signaturen notwendig und hinreichend. Ist K_0 euklidisch und K ein verallgemeinerter Quaternionenkörper über K_0, so existiert für jede nichtentartete schiefhermitesche Form f eine orthogonale Basis mit $f(e_i, e_i) = j$ für $i = 1, \ldots, n$, wo j eine feste Quaternion vom Quadrat -1 ist. Zwei schiefhermitesche Formen vom gleichen Rang sind also in diesem Fall stets äquivalent.

Wenn K_0 ein Galois-Feld aus q Elementen, K ein quadratischer Erweiterungskörper von K und $J: \xi \mapsto \xi^q$ der einzige nichtidentische K_0-Automorphismus von K ist, so besitzt jede nichtentartete hermitesche Form eine orthogonale Basis, zwei hermitesche Formen vom gleichen Rang sind also äquivalent.

Das Äquivalenzproblem für hermitesche Formen in algebraischen Zahlkörpern ist von LANDHERR gelöst worden.

Lit.: [G 11]
LANDHERR, W.: Äquivalenz Hermitescher Formen über einem beliebigen algebraischen Zahlkörper. Abh. math. Sem. Univ. Hamburg **11** (1935), 245–248.
WITT, E.: Theorie der quadratischen Formen in beliebigen Körpern. J. reine angew. Math. **176** (1937), 31–44.

äquivalente Vektorsysteme ›Vektorraum

Äquivalenz ›Kategorien

Äquivalenzklasse ›Äquivalenzrelation

Äquivalenzrelation ist eine reflexive, symmetrische und transitive (binäre) ›Relation R auf einer (nichtleeren) Menge M. *Äquivalenzklasse* (= *Abstraktionsklasse* = *Restklasse* = *Klasse*) *modulo* (oder *nach*) R heißt jede Teilmenge von M, die mit jedem ihrer Elemente x genau alle die Elemente y enthält, die zu x *äquivalent* sind (d. h. xRy). R stiftet damit eine *Klasseneinteilung* von M, d. h. eine *Zerlegung* $M = \bigcup_K K$ in die (paarweise disjunkten) Äquivalenzklassen K von M. Umgekehrt wird durch jede Zerlegung von M in Klassen K eine Äquivalenzrelation R bestimmt, indem zwei Elemente genau dann als äquivalent gelten, wenn sie derselben Klasse angehören. Jede Äquivalenzklasse wird durch ein beliebiges ihrer Elemente, das dann auch *Vertreter* oder *Repräsentant* heißt, eindeutig bestimmt. Die (mit M/R bezeichnete) Menge der Restklassen heißt *Restklassenmenge* oder *Quotientenmenge* von M *nach* (oder *modulo*) R und eine Teilmenge von M, die aus jeder Klasse genau ein Element enthält, ein (*vollständiges* oder *volles*) *Vertretersystem* (= *Repräsentantensystem*) von M/R. Durch die sog. *kanonische* oder *natürliche Abbildung* ϱ von M auf M/R wird jedem Element $x \in M$ gerade die x enthaltende Äquivalenzklasse $K \in M/R$ zugeordnet.

Zu jeder ›Abbildung σ von M in eine Menge N gehört eine Zerlegung von M in die vollständigen Urbilder der Elemente von N (zwei Elemente $x, y \in M$ gehören genau dann derselben Klasse an, wenn sie dasselbe Bild bei σ haben) und damit eine (*induzierte*) *Ä*. *R*, so daß sich σ über M/R faktorisieren läßt, d. h., es gibt eine (eindeutig bestimmte) Abbildung τ, so daß das >Diagramm

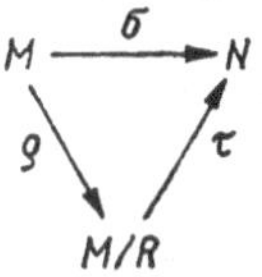

kommutativ wird, und dabei ist τ injektiv, im Falle der Surjektivität von σ sogar bijektiv (*Homomorphiesatz für Mengen*).

Jede auf einer Menge M definierte binäre Relation S bestimmt eine Ä. R, indem man zwei Elemente $x, y \in M$ genau dann als äquivalent modulo R ansieht, wenn es in M endlich viele Elemente $z_1, \ldots, z_n$ gibt, so daß in der Folge $x, z_1, \ldots, z_n, y$ für je zwei aufeinanderfolgende Glieder a, b wenigstens eine der Aussagen aSb, $a = b$ oder bSa gilt. R heißt dann die durch S *induzierte Ä*.

Ä. werden gern durch Zeichen bezeichnet, die an ein Gleichheitszeichen erinnern, wie $=$, $\equiv$, $\sim$.

Eine Ä., die mit den bestehenden algebraischen >Operationen verträglich ist, heißt eine *Kongruenzrelation* (s. (universelle) >Algebra). Eine spezielle Ä. (und Kongruenzrelation) ist die Gleichheit.

Die Ä. auf einer Menge sind bez. der mengentheoretischen Inklusion halbgeordnet, sie bilden in diesem Sinne einen vollständigen >Verband. Der verbandstheoretische Durchschnitt einer Familie von Ä. ist hierin der mengentheoretische Durchschnitt, die verbandstheoretische Vereinigung die von der mengentheoretischen Vereinigung V *erzeugte Ä*. (d. h. die kleinste V enthaltende Ä.). Das Relationenprodukt $R = R_1R_2$ zweier Ä. R_1, R_2 (d. h. $(a, b) \in R$ genau dann, wenn $(a, c) \in R_1$ und $(c, b) \in R_2$ für ein gewisses c gilt) ist genau dann wieder Ä., wenn R_1 und R_2 *vertauschbar* [V 8] sind, d. h., $R_1R_2 = R_2R_1$ gilt.

Lit.: [A 16], [G 4], [U 3]

Äquivalenzring heißt ein >Ring R, in dem für beliebige Elemente a, b stets eine Gleichung $a = pbq$ oder $b = p'aq'$ mit $p, q, p', q' \in R$ gilt; er heißt *1-Ä*., wenn stets sogar beide Gleichungen erfüllbar sind, falls $a \neq 0$, $b \neq 0$ ist. Ein 1-Ä. ist genau dann ein >Schiefkörper, wenn er nullteilerfrei ist und ein von 0 verschiedenes >Idempotent enthält.

Lit.: Johnson, R. E.: Equivalence rings. Duke Math. J. **15** (1948), 787–793.

Äquivariante >Invariantentheorie

archimedisch angeordneter Ring: Ein >angeordneter Ring oder Körper R heißt genau dann *a. a.* (kurz *archimedisch*), wenn seine Additivgruppe eine >archimedische Gruppe ist, d. h., daß er dem *Archimedischen Axiom* genügt: zu Elementen $a > 0$, $b > 0$ gibt es stets ein $n \in \mathbb{N}$ mit $na > b$; anderenfalls heißt R *nichtarchimedisch angeordnet*. Bezeichnet man ein Element c eines angeordneten Rings R mit Einselement als *unendlich groß*, wenn es größer als alle $n \in \mathbb{N}$ ist, und als *unendlich klein*, wenn $0 < nc < 1$ für alle $n \in \mathbb{N}$ ist, so gilt: R ist genau dann archimedisch, wenn es in R weder unendlich große noch unendlich kleine Elemente gibt. Hieraus folgt, daß die Fortsetzung einer Anordnung eines Körpers K, die archimedisch ist, auf einen algebraischen Oberkörper notwendig auch archimedisch ist, daß also insbesondere ein absolut algebraischer Körper nur archimedisch angeordnet werden kann.

Ein angeordneter Ring R mit Einselement ist genau dann archimedisch, wenn er nur R und 0 als konvexen Unterring besitzt. Nach einem *Satz von Hölder* ist ein a. a. R. stets kommutativ; enthält er ein Einselement, so besitzt er keinen nichtidentischen ordnungserhaltenden Automorphismus. Ein a. a. ›nichtassoziativer Ring ist stets assoziativ; er ergibt sich entweder aus einer additiven Untergruppe von $\mathbb{R}$, indem man alle Produkte gleich 0 setzt, oder er ist zu einem eindeutig bestimmten Unterring des Körpers $\mathbb{R}$ mit der natürlichen Ordnungsrelation isomorph (Pickert, Hion, Tallini). (Legt man das verschärfte Monotoniegesetz der Multiplikation zugrunde, so kann natürlich nur der letztere Fall eintreten.) Ein archimedisch angeordneter Körper läßt sich also ›ähnlich-isomorph in den Körper $\mathbb{R}$ einbetten. Weitere äquivalente Charakterisierungen der Archimedizität eines angeordneten Körpers K: (i) Der Primkörper von K ist dicht in K; (ii) die multiplikative Gruppe der positiven Elemente von K ist archimedisch; (iii) jeder Unterkörper von K besitzt nur den identischen Automorphismus als ordnungstreuen Automorphismus.

Allgemeiner heißt ein (halb-) ›geordneter Ring archimedisch, wenn seine Additivgruppe eine ›archimedische Gruppe ist.

Lit.: [A 13], [A 16], [O 1], [O 3]

archimedisch äquivalent ›geordnete Gruppe

archimedisch geordnete Gruppe (= *archimedische Gruppe*) heißt eine (halb-) ›geordnete Gruppe G, in der (bei multiplikativer Schreibweise) aus $a^n < b$ für beliebige $n \in \mathbb{N}$ stets $a = e$ folgt. (Von Birkhoff wird diese Eigenschaft als *schwache Archimedizität* bezeichnet.) In ›Verbandsgruppen, insbesondere also in linear geordneten Gruppen ist diese Bedingung äquivalent zu der folgenden: Aus $a > e$, $b > e$ folgt die Existenz eines $n \in \mathbb{N}$ mit $a^n > b$. Eine *archimedisch angeordnete Gruppe* (= *archimedische totalgeordnete Gruppe*) ist stets kommutativ; sie ist zu einer Untergruppe der angeordneten Gruppe $\mathbb{R}$ ordnungsisomorph (*Satz von Hölder*, auch nach H. Cartan benannt).

Spezialfall: archimedische ›Verbandsgruppe.

Lit.: [O 1], [O 2], [O 3], [V 2]

archimedisch ›geordnete Halbgruppe

archimedisch halbgeordneter Ring ›archimedisch angeordneter Ring

archimedische Gruppe = ›archimedisch geordnete Gruppe

archimedische Halbgruppe: **1.** eine ›Halbgruppe S, für die zu $a, b \in S$ stets ein $n \in \mathbb{N}$ mit $a^n \in SbS$ existiert (im Falle $a^n \in Sb$ bzw. $a^n \in bS$ heißt sie *links-seitig* bzw. *rechtsseitig a.*). Jede kommutative H. läßt sich eindeutig in ein ›Band a. H. zerlegen.

2. = archimedisch ›geordnete Halbgruppe

Lit.: Zu 1.: [S 1 I]
PUTCHA, M. S.: Band of t-archimedean semigroups. Semigroup Forum **6** (1973), 232–239.
TAMURA, T.: Construction of Trees and Commutative Archimedian Semigroups. Math. Nachr. **36** (1968), 255–287.

archimedische Klasse ›geordnete Gruppe, ›konvexe Untergruppe

archimedische totalgeordnete Gruppe ›archimedisch geordnete Gruppe

archimedischer Körper bzw. **Ring** ›archimedisch angeordneter Ring

archimedischer Verband = ›längenendlicher Verband

Archimedisches Axiom ›archimedisch angeordneter Ring

Arfsche Invariante: Ist $\{e_1, e_1', \ldots, e_m, e_m'\}$ symplektische Basis einer schiefsymmetrischen ›Bilinearform $f(x, y)$, d. h.

$$f(e_i, e_j') = -f(e_j', e_i) = \delta_{ij},$$

und f_0 eine Abbildung eines $2m$-dimensionalen ganzzahligen Gitters in $\mathbb{Z}/2\mathbb{Z}$ lmit

$$f_0(x, y) = f_0(x) + f_0(y) + f(x, y) \bmod 2$$

(„›*quadratische Form modulo 2*"), so heißt $\sum f_0(e_i) f_0(e_i')$ A. I. der quadratischen Form. Wenn sie gleich 0 ist, so existiert eine symplektische Basis, auf der f_0 verschwindet; ist sie gleich 1, so gibt es eine symplektische Basis mit

$$f_0(e_1) = f_0(e_1') = 1, \quad f_0(e_i) = f_0(e_i') = 0 \quad \text{für} \quad i > 1.$$

Lit.: [Q 10]
ARF, C.: Untersuchungen über quadratische Formen in Körpern der Charakteristik 2. J. reine angew. Math. **183** (1941), 148–167.

Arfscher Raum: ein ›Vektorraum E über einem kommutativen Körper K der Charakteristik 2, für dessen Vektoren x durch eine ›quadratische Form Q gemäß $|x|^2 = Q(x)$ ein Betrag $|x|$ in $\sqrt{K}$ (von den Quadratwurzeln der Elemente aus K erzeugter Oberkörper von K) erklärt ist, wodurch E zu einem metrischen Raum wird. Das Skalarprodukt xy zweier Vektoren $x, y \in E$ wird durch die symmetrische Bilinearform $|x + y|^2 + |x|^2 + |y|^2$ erklärt.

Lit.: Arf, C.: Untersuchungen über quadratische Formen in Körpern der Charakteristik 2. J. reine angew. Math. **183** (1941), 148–167.

Argumentbereich einer >Abbildung, >Relation

arithmetische Dimension = >Stufe

arithmetischer Funktionenkörper heißt ein >algebraischer Funktionenkörper in einer Unbestimmten, dessen genauer Konstantenkörper ein endlich-algebraischer >Zahlkörper ist.

Aronholdscher Prozeß (= *Deltaprozeß*): spezieller Fall des Polarenprozesses (>Invariantentheorie). Ist I eine Invariante (oder allgemeiner eine Komitante) der Grundform f (und evtl. noch weiterer Grundformen), also insbesondere eine Funktion der Koeffizienten $a_{ijk\ldots}$ von f, und g eine Grundform gleichen Grades p wie f mit den Koeffizienten $b_{ijk\ldots}$, so ist

$$I_1 = \sum_{(ijk\ldots)} \frac{\partial I}{\partial a_{ijk\ldots}} b_{ijk\ldots}$$

wieder eine Invariante (Komitante), die auch erste *Emanente* von I heißt (manchmal wird noch durch den Homogenitätsgrad von I in den $a_{ijk\ldots}$ dividiert). Der Übergang von I zu I_1 heißt A. P. Ersetzt man die $b_{ijk\ldots}$ durch die Potenzprodukte $b_i b_j b_k \ldots$ einer Linearform $L = (bx)$ mit den Koeffizienten b_i, so wird I_1 Simultaninvariante (Kovariante) in f und L^p und heißt auch *Evektante* von I, der zugehörige Prozeß *Evektantenprozeß*.

Lit.: [I 9], [I 12]

Artin-Reessches Lemma: Ist M ein endlicher Modul über einem noetherschen Ring R, sind N und N' R-Untermoduln von M und $\mathfrak{a}$ ein Ideal von R, so gibt es ein $r \in \mathbf{N}$, das nur von R, N, N' und $\mathfrak{a}$ abhängt, so daß gilt: $\mathfrak{a}^n N \cap N' = \mathfrak{a}^{n-r}(\mathfrak{a}^r N \cap N')$ für alle natürlichen Zahlen $n \geqq r$. Es genügt, $M = N$ als noetherschen R-Modul vorauszusetzen (R braucht dann nicht noethersch zu sein). Beschränkt man sich auf Ideale $\mathfrak{a}$, die von Zentrumselementen erzeugt werden, so gilt die Aussage auch für nichtkommutative Ringe.

Lit.: [R 25], [R 27]

artinsche Algebra >artinscher Ring

artinsche Gruppe heißt eine Gruppe mit Minimalbedingung für Untergruppen.

artinscher Gorenstein-Ring = >Quasi-Frobenius-Ring

artinscher Modul >artinscher Ring

artinscher Ring: Ist R ein >Ring, so heißt ein >*R-Modul M artinsch,* wenn er der Minimalbedingung für Untermoduln genügt (d. h., jede absteigende Kette von R-Untermoduln nach endlich vielen Schritten abbricht). Ist H Untermodul von M, so ist M genau dann a., wenn H und M/H es sind. Ein von endlich vielen a. Untermoduln erzeugter R-Modul, insbesondere die >direkte Summe endlich vieler a. R-Moduln ist a. Jeder a. R-Modul ist direkte Summe endlich vieler (direkt) unzerlegbarer Untermoduln.

Ein Ring R heißt a. (genauer *links-a.*), wenn er als linksseitiger R-Modul a. ist, also der Minimalbedingung für Linksideale genügt. Analog sind *rechts-a. R.* definiert. Im Falle eines radikalfreien oder nilpotenten Rings fallen beide Begriffe zusammen, im allgemeinen jedoch nicht. Ein links-a. R. mit Eins ist linksnoethersch. Das (>Jacobsonsche) Radikal eines a. R. ist nilpotent, sein Nilpotenzgrad heißt der *Exponent* des a. R.

Jeder a. R. R ist direkte Summe $R = Re_1 \oplus \cdots \oplus Re_n \oplus N$ endlich vieler nichtnilpotenter unzerlegbarer Linksideale Re_i und eines nilpotenten Linksideals N mit orthogonalen Idempotenten e_i. Besitzt R ein Einselement, so ist $N = (0)$. Ein assoziativer Ring ist genau dann (rechts-) a. R. ohne nilpotente Ideale, wenn er direkte Summe endlich vieler Ideale ist, von denen jedes zu einem >vollen Matrizenring endlichen Ranges über einem Schiefkörper isomorph ist, und diese Zerlegung ist bis auf die Reihenfolge eindeutig (*Satz von Wedderburn-Artin*).

Die additive Gruppe R^+ eines a. R. R besitzt eine direkte Zerlegung

$$R^+ = \bigoplus \mathbb{Q}^+ \oplus \bigoplus_{\text{endl.}} Z(p_i^\infty) \oplus \bigoplus_{p^k|m} Z_{p^k} \quad (m \text{ fest}),$$

wobei $\mathbb{Q}^+$ die additive Gruppe von $\mathbb{Q}$, $Z(p_i^\infty)$ eine Gruppe vom Typ p_i^∞ und Z_{p^k} die zyklische Gruppe der Ordnung p^k ist und die erste und dritte Summe beliebig viele, die zweite nur endlich viele Summanden enthalten kann (Fuchs, Szele). Umgekehrt ist jede derartige direkte Summe Additivgruppe eines a. R. Die Additivgruppe eines nilpotenten a. R. genügt der Minimalbedingung für Untergruppen. Eine >abelsche Gruppe G ist genau dann die additive Gruppe eines nilpotenten a. R., wenn sie eine direkte Zerlegung

$$G = Z_{p_1^{n_1}} \oplus \cdots \oplus Z_{p_k^{n_k}} \quad (1 \leqq n_i < \infty)$$

mit nicht notwendig verschiedenen Primzahlen p_i besitzt; das ist insbesondere die Bedingung dafür, daß das Radikal r eines a. R. selbst a. R. ist. Für eine Klassifikation der nilpotenten a. R. s. [R 18].

Ein a. R. R ohne Untergruppen vom Typ p^∞ ist die ringtheoretische direkte Summe eines >torsionsfreien a. R. und endlich vieler a. R., deren Additivgruppen zu verschiedenen Primzahlen gehörige p-Gruppen sind; die Komponenten sind durch R eindeutig bestimmt. Dieudonné hat eine Theorie ausgearbeitet, die das Konstruktionsproblem solcher Ringe (mit vorgegebenen

Eigenschaften) fördert, die sowohl rechts- als auch links-a. sind (*MRLI-Ringe*). *Artinsche Algebren* sind analog definiert.

Lit.: [EA 8], [R 5], [R 13], [R 18]
ARTIN, E.: The influence of J. H. M. Wedderburn on the development of modern algebra. Bull. Amer. Math. Soc. **56** (1950), 65–72.
DIEUDONNÉ, J.: Sur les systèmes hypercomplexes. J. reine angew. Math. 184 (1942), 178–192.
HOEHNKE, H.-J.: Lösung eines Problems von Ch. Hopkins. J. reine angew. Math. **198** (1957), 112–120.
REITEN, I.: Skew group rings and the computation of Grothendieck groups in the representation theory of Artin algebras, in: S. MONTGOMERY (ed.), Group actions on rings, Contemporary Math. **43**, Amer. Math. Soc., Providence 1985, 245–252.
SZELE, T., L. FUCHS: On Artinian rings. Acta Sci. Math. **17** (1956), 30–40.

Artin-Schreier, Satz von, ›formal-reell

Artin-Schreiersche Erzeugung ›*p*-Erweiterung

Asano-Ordnung ›Ordnung

assosymmetrisch heißt ein ›nichtassoziativer Ring R, in dem der ›Assoziator gegenüber beliebigen Permutationen π seiner Argumente invariant ist:

$$[a_1, a_2, a_3] = [a_{\pi(1)}, a_{\pi(2)}, a_{\pi(3)}] \quad \text{für} \quad a_i \in R.$$

Die a. Ringe bilden eine ›Varietät.

Lit.: BOERS, A. H.: Quelques remarques par rapport à l'anneau assosymétrique. Indagationes Math. **22** (1960), 192–195.
KLEINFELD, E.: Assosymmetric rings. Proc. Amer. Math. Soc. **8** (1957), 983–986.

Assoziativ = ›Halbgruppe

assoziative Operation ›Assoziativgesetz

assoziativer Verband = verbandsgeordnete Halbgruppe ›geordnete Halbgruppe

assoziatives Gruppoid (bzw. **System**) = ›Halbgruppe

assoziatives Zentrum ›Alternativring

Assoziativgesetz: Eine binäre ›Operation $\circ$ auf einer Menge M genügt dem A. (= ist *assoziativ*), wenn für alle $a, b, c \in M$ gilt $(a \circ b) \circ c = a \circ (b \circ c)$, wobei durch die Beklammerung ausgedrückt wird, welche Operation zuerst auszuführen ist (›Halbgruppe). Im Falle einer assoziativen Operation kann man daher auf die Angabe einer Beklammerung verzichten. Durch Induktion folgt sofort, daß dann jede sinnvolle Beklammerung von Produkten aus mehr als drei Faktoren zum selben Ergebnis führt (*allgemeines A.*); die Reihenfolge der Faktoren darf dabei natürlich nicht verändert werden.

Allgemeiner spricht man auch beim Zusammentreffen mehrerer Operationen von Assoziativität, wenn die verschiedenen sinnvollen Beklammerungen zum gleichen Ergebnis führen, z. B. *durchlaufendes A.* (>Bimodul). Vgl. A. bei >Multigruppoiden.
>Assoziator.

Lit.: [A 16]

Assoziator heißt in einem >nichtassoziativen Ring die ternäre Funktion $[x, y, z] = (xy)\,z - x(yz)$. Der A. ist in >Alternativringen schiefsymmetrisch in allen Argumenten und stellt ein Maß für die Abweichung vom >**Assoziativgesetz** der Multiplikation dar.

Lit.: [B 4], [B 5], [R 29]

assoziiert, Assoziierte >Teiler

assoziierte Matrix = >abgeleitete Matrix

assoziierte Primideale: Ist R kommutativer noetherscher Ring mit Einselement und M endlich erzeugter (unitärer) >R-Modul, so heißt ein >Primideal $\mathfrak{p}$ von R a. P. von M, wenn eine der beiden äquivalenten Bedingungen erfüllt ist: (i) Es gibt ein $x \in M$, dessen >Annullator $\operatorname{Ann} xR = \{a \in R \mid ax = 0\}$ gleich $\mathfrak{p}$ ist. (ii) M enthält einen zu $R/\mathfrak{p}$ isomorphen Untermodul. Die Menge der a. P. von M wird mit $\operatorname{Ass}_R M$ oder kurz $\operatorname{Ass} M$ bezeichnet; sie ist für noethersche R-Moduln M endlich. Der *Träger* von M, in Zeichen $\operatorname{supp}_R M$ oder $\operatorname{supp} M$, ist die Menge der Primideale $\mathfrak{p}$ von R, so daß die Lokalisierung $M_{\mathfrak{p}}$ von M an der Stelle $\mathfrak{p}$ ungleich 0 ist. Die *Krullsche Dimension* $\dim_R M$ oder $\dim M$ von M ist das Supremum der >Dimensionen der $\mathfrak{p} \in \operatorname{supp} M$. Es gilt $\operatorname{Ass} M \subseteq \operatorname{supp} M$, und die minimalen Elemente von $\operatorname{supp} M$ liegen in $\operatorname{Ass} Y$.

M heißt *koprimär*, wenn M nur ein a. P. besitzt. Ein Untermodul N von M heißt *primär*, wenn M/N koprimär ist; ist insbesondere $\operatorname{Ass} M/N = \{\mathfrak{p}\}$, so heißt N *$\mathfrak{p}$-primär* (*N gehört zu $\mathfrak{p}$*). Für eine unverkürzbare >Primärkomponentenzerlegung $M = \mathfrak{Q}_1 \cap \cdots \cap \mathfrak{Q}_r$ mit primärem (in M) $\mathfrak{Q}_i$, das zu $\mathfrak{p}_i$ gehört, ist $\operatorname{Ass} M/N = \{\mathfrak{p}_1, \ldots, \mathfrak{p}_r\}$.

Die Begriffsbildungen übertragen sich auf >Ideale $\mathfrak{a}$ in R, indem man $R/\mathfrak{a}$, als R-Modul aufgefaßt, betrachtet.

Lit.: [A 14], [A 18 I], [EC 4]

asymmetrische Relation heißt eine binäre >Relation R, bei der niemals gleichzeitig xRy und yRx gelten kann. Jede irreflexive transitive Relation, insbesondere also eine irreflexive Halbordnung, ist a.

as[y]zygetische Formen = ›azygetische Formen

Atom (Verband) ›Nachbar, (Ring) ›atomarer Ring

atomare Boolesche Algebra ›atomarer Verband

atomarer Ring heißt ein ›Integritätsbereich mit Einselement, der der Maximalbedingung für Hauptideale genügt. Ein Integritätsbereich ist genau dann a. R., wenn jede Nichteinheit $\neq 0$ Produkt von *Atomen* (d. h. nicht in Nichteinheiten zerlegbaren Elementen) ist. Beispiel: ZPE-Ring (›ZPE-Satz).

Lit.: [R 10]

atomarer Verband heißt ein ›Verband V mit Nullelement 0, in dem jedes Element $\neq 0$ wenigstens ein Atom (›Nachbar) umfaßt. Ist V ›Boolesche Algebra, so spricht man dann von einer *atomaren Booleschen Algebra.* V heißt *atomistisch* (gelegentlich auch *atomarer Verband, Punktverband* oder — bei Maeda — *relativ a. V.*), wenn jedes Element von V sogar Vereinigung von Atomen ist. Ein a. V. mit (Null- und) Einselement, in dem jedes Element genau ein Komplement besitzt, ist eine ›Boolesche Algebra. Eine (als Verband) vollständige Boolesche Algebra ist stets atomistisch. Eine Boolesche Algebra ohne Atome heißt *atomlos.*

Lit.: [V 6], [V 8], [V 9], [V 17]

atomistisch ›atomarer Verband

atomlose Boolesche Algebra ›atomarer Verband

aufgespannter Unterraum ›Vektorraum

auflösbar ›algebraische Gruppe

auflösbare Gleichung ›Radikal über einem Körper

auflösbare Gruppe heißt eine Gruppe G, die folgende äquivalente Bedingungen erfüllt: (i) Die Folge der höheren ›Kommutatorgruppen $G^{(\nu)}$ bricht nach endlich vielen Schritten mit der Einheitsuntergruppe E ab; (ii) G besitzt eine endliche Normalreihe mit abelschen Faktoren (sog. *auflösbare Normalreihe*); (iii) G besitzt eine endliche Hauptreihe mit abelschen Faktoren (sog. *auflösbare Hauptreihe*). Ist $G^{(n)} = E$, aber $G^{(n-1)} \neq E$, so heißt n die *Stufe* von G und G *n-stufig metabelsch*; 2stufig metabelsche Gruppen heißen kurz ›metabelsch. Untergruppen, Faktorgruppen, endliche direkte Produkt a. G., ›Erweiterungen a. G. durch a. G. und endliche ›p-Gruppen sind a. G., ferner jede Gruppe ungerader Ordnung (Feit, Thompson); mit der letzten Aussage ist eine ›Burnsidesche Vermutung bewiesen worden. Ist die Ordnung des i-ten *Hauptfaktors*

(= Faktor einer Hauptreihe) der a. G. G gleich $p_i^{n_i}$ (p_i Primzahl), so heißt $n(G) = \max_i n_i$ der *Rang* von G.

Eine endliche Gruppe, in der alle maximalen Untergruppen den Index p oder p^2 haben (p Primzahl), ist a. G. (HALL).

Die Terminologie ist nicht einheitlich; Specht sagt ***stark a.*** statt a. und nennt eine *Gruppe G a.*, wenn sie eine absteigende Normalfolge $\{U_\nu\}$ mit $U_0 = G$, $U_\sigma = E$, $U_{\nu+1}$ >Normalteiler in U_ν für jeden Ordnungszahlindex $\nu < \sigma$, $U_\lambda = \bigcap_{\nu<\lambda} U_\nu$ für jeden Limesindex $\lambda \leqq \sigma$ mit abelschen Faktoren $U_\nu/U_{\nu+1}$ besitzt. Eine Gruppe G ist danach genau dann a., wenn die maximale >perfekte Untergruppe von G (die zugleich Durchschnitt aller iterierten Kommutatorgruppen $G^{(\nu)}$ und Durchschnitt aller Normalteiler in G mit auflösbarer Faktorgruppe ist) gleich E ist. Nach BAER heißt eine Gruppe a., wenn jedes nichttriviale homomorphe Bild von ihr einen von E verschiedenen abelschen Normalteiler besitzt.

Verallgemeinerungen (s. KUROSCH): Eine Gruppe G heißt *AN-Gruppe*, wenn sie ein auflösbares >*normales*, und *AI-Gruppe*, wenn sie ein *auflösbares* >*invariantes System* besitzt (d. h. ein normales bzw. invariantes System mit abelschen Faktoren). *AK-Gruppe* heißt eine Gruppe, deren absteigende Kommutatorkette, möglicherweise transfinit fortgesetzt, mit E endet. $\overline{AN}$*-Gruppen* sind Gruppen mit lauter auflösbaren Kompositionssystemen, $\overline{AI}$*-Gruppen* solche mit lauter auflösbaren Hauptsystemen. *AN*-Gruppen* sind Gruppen mit einer auflösbaren aufsteigenden Normalreihe, *AI*-Gruppen* solche mit einer auflösbaren aufsteigenden invarianten Reihe.

Zum Zusammenhang mit der Auflösbarkeit >algebraischer Gleichungen >Galoissche Theorie.

Eine zusammenhängende >Liesche Gruppe ist genau dann a. G., wenn die zugehörige >Liesche Algebra >auflösbar ist.

Lit.: [G 19], [G 23], [G 26], [G 32I], [G 35], [G 42]
BAER, R.: Auflösbare Gruppen mit Maximalbedingung. Math. Ann. **129** (1955), 139—173.
FEIT, W., J. THOMPSON: Solvability of groups of odd order. Pacific J. Math. **13** (1963), 775—1029.

auflösbare Liesche Algebra heißt eine >Liesche Algebra L, für die die induktiv durch $L_0 = L$, $L_{i+1} = [L_i, L_i]$ definierten Ideale, die die Glieder der ***Kommutatorreihe*** von L bilden, fast alle Null sind. Jede abelsche Liesche Algebra ist a. Unteralgebren, homomorphe Bilder und endliche Summen a. L. A. sind a. Wenn L ein auflösbares Ideal B mit auflösbarer Faktoralgebra L/B enthält, so ist L auflösbar. Eine endlichdimensionale Liesche Algebra besitzt ein auflösbares Ideal maximaler Dimension (das jedes auflösbare Ideal enthält), das ***Radikal*** S von L; L heißt ***halbeinfach***, wenn $S = 0$ ist.
>Levische Unteralgebra.

Lit.: [L 13]

aufspalten ›exakte Sequenz

aufspaltende ›**gemischte Gruppe**

Aufspaltung einer Gruppe = ›Erweiterung von Gruppen

Augend[us] ›Addition

Augmentierung ›Koalgebra

ausgeglichene Kategorie ›Kategorientheorie

ausgeglichener Modul heißt ein ›R-Modul M, für den der kanonische Homomorphismus φ von R in den *Biendomorphismenring* von M — den Ring der Endomorphismen von M, betrachtet als Modul über dem ›Endomorphismenring von M — ›surjektiv ist (bei einem ›treuen Modul muß dieser injektiv sein). Im Falle eines R-Rechtsmoduls M wird φ gegeben durch $R \ni a \overset{\varphi}{\longmapsto} a_d(M)$: $m \mapsto ma$ für $m \in M$ (bei einem Linksmodul tritt $a_s: m \mapsto am$ an die Stelle von a_d). Ein R-Modul M ist genau dann ›Generator in der Kategorie der R-Moduln, wenn er a. M. und als Modul über dem Endomorphismenring von M ›projektiv und endlich erzeugt ist. Ein Ring ist *rechts-* bzw. *links-a. Ring*, wenn er als Rechts- bzw. Linksmodul über sich a. M. ist Das ist genau dann der Fall, wenn jeder Restklassenring *R/I QF-1-Ring* ist, d. h., alle treuen Rechts- und Linksmoduln darüber a. M. sind, was z. B. der Fall ist, wenn diese ›Quasi-Frobenius-Ringe sind. A. R. sind ›semiperfekt, noethersche a. Ringe sind ›artinsch.

Lit.: [R 11]

Camillo, V. P.: Balanced rings and a problem of Thrall. Trans. Amer. Math. Soc. **149** (1970), 143—153.

Camillo, V. P., Fuller, K. R.: Balanced and QF-1 algebras. Proc. Amer. Math. Soc. **23** (1972), 373—378.

ausgeglichener Ring ›ausgeglichener Modul

ausgeglichener Verband ›Jordan-Dedekindsche Kettenbedingung

ausgezeichnete Untergruppe (bzw. **Teiler**) = ›Normalteiler

ausgezeichnetes Idempotent = ›Hauptidempotent

Ausnahmealgebren ›Killing-Cartansche Klassen

Ausreduzieren ›Darstellung einer Gruppe

äußere Algebra ›äußere Potenz

äußere Multiplikation ›äußere Potenz

äußere Potenz: V sei unitärer (Links-) ›Modul über dem kommutativen Ring R. Der Faktormodul $\left(\overset{m}{\otimes} V\right)/A_m$ der m-ten tensoriellen Potenz $\overset{m}{\otimes} V$ von V (d. h. des ›Tensorprodukts von m Exemplaren V) nach dem von den ›Tensoren $x_1 \otimes \cdots \otimes x_m$ ($x_i \in V$) mit wenigstens zwei gleichen Faktoren erzeugten Untermodul A_m (der gleich dem Durchschnitt aller Kerne alternierender linearer Abbildungen von $\overset{m}{\otimes} V$ ist) heißt die m-te ä. P. von V und wird mit $\overset{m}{\bigwedge} V$ bezeichnet; insbesondere ist $\overset{1}{\bigwedge} V = V$, $\overset{0}{\bigwedge} V = R$ (als R-Linksmodul aufgefaßt). Wenn V von n Elementen erzeugt werden kann, ist $\overset{m}{\bigwedge} V = 0$ für $m > n$. Die Restklasse von $x_1 \otimes \cdots \otimes x_m$ mit $x_i \in V$ wird auch mit $x_1 \wedge \cdots \wedge x_m$ (*äußeres* oder *alternierendes Produkt* der x_i) bezeichnet (*äußere Multiplikation*); $\overset{m}{\bigwedge} V$ wird von diesen sog. *zerlegbaren Elementen* erzeugt. Eine ›lineare Abbildung von $\overset{m}{\bigwedge} V$ ist daher durch ihre Wirkung auf diese zerlegbaren Elemente bereits festgelegt. Diese Multiplikation überträgt sich linear auf beliebige Elemente der ä. P. von V. Für $x \in \overset{r}{\bigwedge} V$, $y \in \overset{s}{\bigwedge} V$ ist $y \wedge x = (-1)^{rs}\, x \wedge y \in \overset{r+s}{\bigwedge} V$.

Restklassenbildung in der als direkte Summe der $\overset{m}{\otimes} V$ für $m = 0, 1, 2, \ldots$ aufgefaßten ›Tensoralgebra $\otimes V$ nach der direkten Summe der A_m ergibt die *äußere* oder *Graßmannsche Algebra* $\bigwedge V$, die auch als direkte Summe der $\overset{m}{\bigwedge} V$ verstanden werden kann.

Vermöge der Festsetzung $\sigma\left(\bigwedge_{i=1}^{m} x_i\right) = f(x_1, \ldots, x_m)$ mit $x_i \in V$ wird eine eineindeutige Zuordnung zwischen den ›linearen Abbildungen σ von $\overset{m}{\bigwedge} V$ und den alternierenden multilinearen Abbildungen f (›bilineare Abbildung) von V^m hergestellt. Da für eine lineare Abbildung σ von V in einen unitären Linksmodul V' die Abbildung

$$(x_1, \ldots, x_m) \mapsto \sigma(x_1) \wedge \cdots \wedge \sigma(x_m)$$

alternierend und multilinear ist, wird durch

$$\left(\overset{m}{\bigwedge} \sigma\right)(x_1 \wedge \cdots \wedge x_m) = \sigma(x_1) \wedge \cdots \wedge \sigma(x_m)$$

eine lineare Abbildung $\overset{m}{\bigwedge} \sigma$ von $\overset{m}{\bigwedge} V$ in $\overset{m}{\bigwedge} V'$ bestimmt, die *m-te ä. P.* von σ heißt; ihre lineare Fortsetzung auf $\bigwedge V$ wird mit $\bigwedge \sigma$ bezeichnet. Für die Hintereinanderausführung derartiger Abbildungen gilt

$$\overset{m}{\bigwedge} \tau\sigma = \left(\overset{m}{\bigwedge} \tau\right)\left(\overset{m}{\bigwedge} \sigma\right) \quad \text{und} \quad \bigwedge \tau\sigma = \left(\bigwedge \tau\right)\left(\bigwedge \sigma\right).$$

Ist σ surjektiv bzw. bijektiv, so auch $\overset{m}{\bigwedge}\sigma$, und es gilt $\left(\overset{m}{\bigwedge}\sigma\right)^{-1} = \overset{m}{\bigwedge}\sigma^{-1}$; ist σ nur injektiv, so braucht es $\overset{m}{\bigwedge}\sigma$ nicht zu sein.

Im folgenden sei V ein ›Vektorraum über dem Körper K mit der Basis E. Dann ist jede ä. P. $\overset{m}{\bigwedge} V$ und damit auch die äußere Algebra $\bigwedge V$ wieder Vektorraum über K. Die Elemente von $\overset{m}{\bigwedge} V$ heißen auch *m-Vektoren* (*Multivektoren der Stufe m*). Eine Basis von $\overset{m}{\bigwedge} V$ wird von jedem System von ›Tensoren $t = e_{t_1} \wedge \cdots \wedge e_{t_m}$ mit $e_{t_j} \in E$ gebildet, das für jede m-elementige Teilmenge von E genau einmal das äußere Produkt t ihrer Elemente in einer gewissen Reihenfolge enthält. Das äußere Produkt von Multivektoren wird von Graßmann auch als *progressives Produkt* bezeichnet. Besteht E aus $e_1, \ldots, e_n$ ($\dim V = n$), so bilden die $\binom{n}{m}$ Elemente $e_H = e_{i_1} \wedge \cdots \wedge e_{i_m}$ mit $H = \{i_1, \ldots, i_m\}$, $1 \leqq i_1 < \cdots < i_m \leqq m$ eine Basis von $\overset{m}{\bigwedge} V$ und die jeweils aus den restlichen Elementen gebildeten Produkte eine Basis von $\overset{n-m}{\bigwedge} V$, diese beiden Vektorräume sind also gleichdimensional und daher isomorph; das ist jedoch kein natürlicher Isomorphismus im Sinne der ›Kategorientheorie. Im Falle eines endlichdimensionalen Vektorraums V bilden für einen m-Vektor z die $x \in V$ mit $z \wedge x = 0$ einen Unterraum V_z von V mit $\dim V_z \leqq m$, und es ist genau dann $\dim V_z = m$, wenn z zerlegbar ist (V_z wird dann gerade von den Faktoren von z erzeugt). Durch $z \mapsto V_z$ werden die eindimensionalen Unterräume zerlegbarer m-Vektoren eineindeutig den m-dimensionalen Unterräumen von V zugeordnet.

V sei jetzt wieder n-dimensionaler Vektorraum mit der Basis $E = \{e_1, \ldots, e_n\}$, und * bezeichne den Übergang zum dualen Vektorraum. Vermöge der Zuordnung

$$\overset{m}{\bigwedge} V^* \ni u_1 \wedge \cdots \wedge u_m \mapsto u \in \left(\overset{m}{\bigwedge} V\right)^* \quad \text{mit} \quad u_i \in V^*,$$

$$u(x_1 \wedge \cdots \wedge x_m) = \det\left(u_i(x_j)\right) \quad \text{für} \quad x_j \in V_m$$

wird ein kanonischer Isomorphismus von $\overset{m}{\bigwedge} V^*$ auf $\left(\overset{m}{\bigwedge} V\right)^*$ bestimmt, den man zur Identifizierung dieser beiden Vektorräume benutzt. Die Elemente von $\overset{m}{\bigwedge} V^*$ heißen auch *m-Formen*. Mit der durch $e_i^*(e_j) = \delta_{ij}$ definierten *dualen Basis* $E^* = \{e_1^*, \ldots, e_m^*\}$ von V^* bilden dann die $e_H^* = e_{i_1}^* \wedge \cdots \wedge e_{i_m}^*$ mit $H = \{i_1, \ldots, i_m\}$ eine Basis von $\overset{m}{\bigwedge} V^*$, für die $\langle e_H^*, e_J\rangle = e_H^*(e_J) = \delta_{HJ}$ ist. Fortsetzung des obigen Isomorphismus auf die direkte Summe führt zur Isomorphie und damit zur Gleichsetzung von $\bigwedge V^*$ und $(\bigwedge V)^*$; hierbei gilt mit $z_i \in \overset{i}{\bigwedge} V$, $z_i' \in \overset{i}{\bigwedge} V^*$

$$\left\langle \sum_{i=0}^{m} z_i', \sum_{i=0}^{m} z_i \right\rangle = \sum_{i=0}^{m} \langle z_i', z_i\rangle.$$

Das Bild von $x' \in \bigwedge V^*$ bei der zum Endomorphismus $y \mapsto y \wedge x$ des Moduls $\bigwedge V$ transponierten Abbildung heißt das *linke innere Produkt* $x \lrcorner x'$ von $x \in \bigwedge V$ mit x'; es ist also $\langle x \lrcorner x', y \rangle = \langle x', y \wedge x \rangle$ für alle $y \in \bigwedge V$. Dabei gilt neben den ›Distributivgesetzen

$$1 \lrcorner x' = x', \quad (x \wedge y) \lrcorner x' = x \lrcorner (y \lrcorner x'),$$
$$(x \lrcorner x') \cdot a = x \cdot a \lrcorner x' = x \lrcorner x' \cdot a \quad \text{für} \quad a \in K,$$

$\bigwedge V^*$ wird also durch diese Multiplikation zu einem unitären $\bigwedge V$-Linksmodul. Hierbei ist $x \lrcorner x'$ für einen r-Vektor x und eine s-Form x' bei $r \leqq s$ eine $(s - r)$-Form und sonst gleich 0, insbesondere bei $r = s$ der Skalar $\langle x', x \rangle$.

Entsprechend heißt das Bild von $x \in \bigwedge V$ bei der zum Endomorphismus $y' \mapsto x' \wedge y'$ von $\bigwedge V^*$ transponierten Abbildung das *rechte innere Produkt* $x \llcorner x'$ von x mit $x' \in \bigwedge V^*$; hierbei ist also

$$\langle y', x \llcorner x' \rangle = \langle x' \wedge y', x \rangle,$$

und $\bigwedge V$ wird durch diese Multiplikation zu einem unitären $\bigwedge V^*$ -Rechtsmodul.

Lit.: [EA 3], [Enz 1,6], [M 16]

äußeres Produkt ›äußere Potenz, ›bilineare Abbildung

Austauscheigenschaft bzw. **-satz** ›Abhängigkeitsbeziehung

Austauschverband heißt ein relativ komplementärer und semimodularer ›Verband.

Auswertungsfunktor ›Kategorientheorie

autojuger Teiler = ›Normalteiler

automorphe Abbildung = ›Automorphismus einer Gruppe

Automorphismengruppe ›Automorphismus

Automorphismenklassen[gruppe] ›Automorphismus einer Gruppe

Automorphismus: 1. A. einer algebraischen Struktur (einer universellen ›Algebra oder eines algebraischen Systems) A ist ein Isomorphismus σ von A auf sich. Für die Operationen f von A gilt also $\big(f(x_1, \ldots, x_n)\big)^\sigma = f(x_1^\sigma, \ldots, x_n^\sigma)$, für die Relationen P: $P(x_1, \ldots, x_n) \Leftrightarrow P(x_1^\sigma, \ldots, x_n^\sigma)$. Die Automorphismen von A bilden mit der Hintereinanderausführung als Verknüpfung eine Gruppe, die *Automorphismengruppe* von A.

Gemäß $(x, y) \in \theta_\sigma \Leftrightarrow (x^{\sigma^{-1}}, y^{\sigma^{-1}}) \in \theta$ geht durch einen A. σ jede Kongruenzrelation θ in eine θ_σ über. Der A. σ heißt *IC-A.*, wenn $\theta_\sigma = \theta$ für jede Kongruenzrelation θ ist. Die Menge IC(A) der IC-A. von A bildet einen Normalteiler in der Automorphismengruppe Aut A, und die zugehörige Faktorgruppe Aut $(A)/\mathrm{IC}\,(\mathrm{A})$ ist zu einer Gruppe von A. des Kongruenzenverbands von A isomorph.

Als Spezialfälle ergeben sich **2.**—**5.**:

2. A. einer k-Algebra (›R-Algebra) A heißt ein A. (d. h. Isomorphismus auf sich) von A, der k elementweise festläßt. Diese A. bilden die *Automorphismengruppe* der k-Algebra A. Als Spezialfall hiervon ergibt sich

3. Ist K Oberkörper des Körpers k, so heißt *A. von K über k* (= *k-Automorphismus* = *Automorphismus der Erweiterung K/k*) jeder Isomorphismus von K auf sich, der k elementweise festläßt (Isomorphismus über k); man spricht daher auch von *Relativautomorphismen*. Diese bilden die *Automorphismengruppe von K über k*. Ist K galoissch (und separabel) über k, so ist diese gerade die ›Galoissche Gruppe von K über k. Ist K ›algebraischer Funktionenkörper und hat das Geschlecht $\geqq 2$, so ist die Automorphismengruppe von K über k bis auf Ausnahmefälle, in denen sich das Geschlecht bei Konstantenerweiterung erniedrigt (nämlich bei speziellen p-Erweiterungen) eine endliche Gruppe.

4. A. (= *automorphe Abbildung*) einer Gruppe G (früher auch als *Isomorphismus* bezeichnet) ist ein Isomorphismus von G auf sich. Die Menge $\mathfrak{A}_G$ (oder Aut G) der A. von G mit der Hintereinanderausführung als Verknüpfung bildet eine Gruppe, die *Automorphismengruppe* von G; ihr Einselement ist die identische ›Abbildung (*identischer A.* = *Einheitsautomorphismus*), das Inverse σ^{-1} des A. $\sigma \in \mathfrak{A}_G$ die Umkehrabbildung (der *inverse A.*). Im Falle einer Gruppe mit ›Operatorenbereich Ω bilden die für Ω zulässigen A. eine Untergruppe $(\mathfrak{A}_G)_\Omega$ hiervon.

Jedes Element $x \in G$ bestimmt gemäß $\sigma_x\colon a \mapsto x^{-1}ax$ (manchmal auch mit vertauschten Rollen von x und x^{-1}) einen sog. *inneren A.* oder *kogredienten Isomorphismus* σ_x („*Transformation mit x*"); die übrigen A. heißen *äußere A.* Durch die Abbildung $x \mapsto \sigma_x$ erhält man wegen $\sigma_{xy} = \sigma_x\sigma_y$ einen Homomorphismus von G auf die Gruppe $\mathfrak{J}_G$ der inneren A., dessen Kern das ›Zentrum $Z(G)$ von G ist, es besteht also die Isomorphie $\mathfrak{J}_G \cong G/Z(G)$. $\mathfrak{J}_G$ ist ›Normalteiler in $\mathfrak{A}_G$; die Faktorgruppe $\mathfrak{A}_G/\mathfrak{J}_G$ heißt die *äußere Automorphismengruppe* oder *Automorphismenklassengruppe* von G, ihre Elemente sind die *Automorphismenklassen* von G. Die inneren A. bilden jede Klasse konjugierter Elemente von G auf sich ab; ein A. mit dieser Eigenschaft braucht aber nicht innerer A. zu sein (Burnside 1912, G. E. Wall 1947). Alle A. von G lassen sich als innere A. einer ›Erweiterung von G, des sog. ›*Holomorphs* von G, deuten, auf G eingeschränkt. ›vollständige (= abgeschlossene) Gruppe

Ein A. einer ›zyklischen Gruppe muß eine Erzeugende wieder in eine Erzeugende übergehen lassen. Daher ist die Automorphismengruppe einer zyklischen Gruppe der Ordnung n bei $n = \infty$ isomorph zur zyklischen Gruppe von zwei Elementen, bei endlichem n zur multiplikativen Gruppe der $\varphi(n)$ primen Restklassen mod n.

Wenn G eingeschränktes >direktes Produkt der >charakteristischen Untergruppen G_i ist, so ist Aut G uneingeschränktes direktes Produkt der Gruppen Aut G_i.

Da im Falle einer >topologischen Gruppe zum Begriff des Isomorphismus die Forderung der Stetigkeit gehört, ist jeder A. einer topologischen Gruppe zugleich eine topologische Abbildung. Ein innerer A. der unterliegenden abstrakten Gruppe ist automatisch eine topologische Abbildung, also auch A. der topologischen Gruppe.

Auf >Liesche Gruppen übertragen sich die Begriffe sinngemäß.

5. A. eines >R-Moduls >lineare Abbildung

6. A. einer >quadratischen Form

7. veraltete Bezeichnung für >Endomorphismus einer Gruppe

8. A. einer [Bilinear-] Form >bilineare Abbildung

Lit.: Zu 1. [U 8]
Plotkin, B. I. (Б. И. Плоткин): Группы автоморфизмов алгебраических систем. Nauka, Moskau 1966
Zu 4.: [G 13], [G 19], [G 26I], [G 31], [G 35], [G 42], [G 36]

Automorphismus der Erweiterung K/k = k-Automorphismus = >Automorphismus 3.

Autoprojektivität >Untergruppenverband

Azumayasche Algebra heißt eine Algebra über einem topologischen Raum X, der mit einer Garbe $\mathfrak{O}_X$ von Ringen stetiger komplexwertiger Funktionen versehen ist, die lokal zu einer Algebra n-reihiger Matrizen $M_n(\mathfrak{O}_X)$ isomorph ist.

>Algebrenklassen

Lit.: Azumaya, G.: On maximally central algebras. Nagoya math. J. 2 (1951), 119 to 150.
Grothendieck, A.: Le groupe de Brauer. In: J. Giraud et al.: Dix exposés sur la cohomologie des schémas. North-Holland, Amsterdam, Masson, Paris 1968, 46–66.
Knus, M. A., M. Ojanguren: Théorie de la Descente et Algèbres d'Azumaya. LNM 389. Springer, Berlin 1974.
Knus, M. A., M. Ojaguren, R. Sridharan: Quadratic forms and Azumaya algebras. Forschungsinstitut für Math. ETH Zürich 1977.
Manin, Yu. I.: Cubic Forms. Algebra, Geometry, Arithmetic. North-Holland, Amsterdam, American Elsevier, New York 1974.

azygetische Formen (= *asyzygetische Formen* = *aszygetische Formen*) heißen in der >Invariantentheorie linear unabhängige >Komitanten gleichen Grades.

B

Baersche Multiplikation bzw. **Summe** ›Erweiterung von Gruppen

Baerscher Ring, *-Ring ›Rickartscher Ring

Baersches oberes bzw. **unteres** ›**Nilradikal**

Baersches Radikal einer Lie-Algebra ›[L 24]

Banach-Algebra ›topologische Algebra

Band = ›Halbgruppe mit lauter idempotenten Elementen

Basis bezüglich einer ›**Abhängigkeitsbeziehung**

Basis [der Invarianten] ›Invariantentheorie

Basis einer ›**abelschen Gruppe** G heißt ein Erzeugendensystem $\{a_i\}_{i \in I}$, mit dem sich jedes vom Einselement verschiedene $g \in G$ in genau einer Weise als endliches Produkt $g = a_{i_1}^{\mu_1} \ldots a_{i_r}^{\mu_r}$ $(i_j \in I)$ mit Exponenten $\mu_i \neq 0$ aus $\mathbb{Z}$ schreiben läßt, wobei $0 < \mu_j < n_j$ = Ordnung von a_{i_j} gilt, wenn diese Ordnung endlich ist. Nach dem *Hauptsatz für abelsche Gruppen* (= *Basissatz*) besitzt jede endlich erzeugbare abelsche Gruppe eine endliche B. und ist ›direktes Produkt der von den Basiselementen erzeugten ›zyklischen Gruppen. Die Anzahl der Elemente unendlicher Ordnung hierin (die sog. *Bettische Zahl* = *Rang* von G) und die Ordnungen der Elemente endlicher Ordnung in einer B. bilden ein *vollständiges Invariantensystem* von G. Man kann die Elemente endlicher Ordnung nach dem Elementarteilersatz so wählen, daß ihre Ordnungen einander teilen: $n_i \mid n_{i+1}$ für alle i; die n_i heißen dann die *Torsionskoeffizienten* von G. Man kann die B. auch so normieren, daß die Ordnungen n_i Primzahlpotenzen sind: $n_i = p_i^{\alpha_i}$; im Falle einer endlichen abelschen Gruppe G heißen dann die n_i $(i = 1, \ldots, l)$ die *Invarianten* und das l-Tupel $(p_1^{\alpha_1}, \ldots, p_l^{\alpha_l})$ der *Typus* von G.

Lit.: [A 1], [G 13], [G 19], [G 26I], [G 36]
Schenkmann, E.: The basis theorem for finitely generated abelian groups. Amer. Math. Monthly **67** (1960), 770–771.

Basis einer ›**Potenz**

Basis einer ›***R*-Algebra**

Basis eines ›**Ideals**

Basis eines Körpers = Körperbasis ›algebraische Erweiterung

Basis eines Rings ›beherrscht

Basis eines ›***R*-Moduls**

Basis[änderung] ›Vektorraum

Basisbedingung = ›Basissatz

basische Untergruppe heißt eine Untergruppe B einer abelschen ›p-Gruppe G, die direkte Summe zyklischer Gruppen und ›Servanzuntergruppe in G ist und für die G/B ›divisionsvollständig ist. Jede p-Gruppe besitzt eine b. U. B (Kulikow), es gibt dann einen Homomorphismus von G auf B (Szele).

Lit.: [G 13]

Basisdiskriminante ›Diskriminante, ›Darstellung von Ringen und Algebren

Basisergänzungssatz ›Abhängigkeitsbeziehung

Basisgruppe ›monomiale Gruppe

Basissatz: 1. B. für Gruppen ›Basis einer abelschen Gruppe.

2. B. (= *Basisbedingung*): In einem kommutativen ›Ring R gilt der B., wenn jedes Ideal in R eine endliche *Basis* (Erzeugendensystem) besitzt. Ein derartiger Ring heißt *noethersch*. Gilt in R der B., so auch in einem beliebigen ›Polynomring $R[X_1, \ldots, X_n]$ in endlich vielen Unbestimmten X_i, falls R ein Einselement besitzt (*Hilbertscher B.*), in jedem Restklassenring und Quotientenring (›Lokalisierung) von R, im Falle eines Rings mit Einselement auch in formalen Potenzreihenringen über R in endlich vielen Unbestimmten. Äquivalent zum B. ist der *Teilerkettensatz*: In einer unendlichen Teilerkette von Idealen $\mathfrak{a}_1, \mathfrak{a}_2, \ldots$ von R, d. h. $\mathfrak{a}_1 \subseteq \mathfrak{a}_2 \subseteq \cdots$, müssen von einer gewissen Stelle ab alle Glieder gleich sein (eine Kette echter Teiler bricht notwendig nach endlich vielen Schritten ab). Äquivalente Fassungen: ›*Maximalbedingung*: In jeder nichtleeren Menge von Idealen gibt es ein maximales (d. h. eines, das in keinem größeren Ideal der Menge enthalten ist). *Prinzip der Teilerinduktion*: Kommt eine Eigenschaft E jedem Ideal $\mathfrak{a}$ von R unter der Voraussetzung zu, daß sie für alle echten Teiler (= Oberideale) von $\mathfrak{a}$ erfüllt ist, so besitzen alle Ideale von R die Eigenschaft E.

Allgemeiner gilt für Moduln (etwa Linksmoduln) M über einem (nicht notwendig kommutativen) Ring R genau dann der B. für Linksmoduln (d. h., jeder R-Untermodul von M besitzt eine endliche R-Modulbasis), wenn in M der Teilerkettensatz für R-Linksmoduln gilt, d. h., jede aufsteigende echte Kette von Untermoduln $M_1 \subset M_2 \subset \cdots$ notwendig nach endlich vielen Schritten abbricht. Der Satz gilt sinngemäß auch für die (zulässigen) Untergruppen von (Operator-) Gruppen. Wenn R linksnoethersch ist, d. h., der Teilerkettensatz für Linksideale und äquivalent dazu der B. für Linksideale gilt, so gilt in jedem endlich erzeugten Linksmodul M der B. für Linksmoduln, d. h., M ist ›noetherscher Modul. Sinngemäß lassen sich auch Maximalbedingung und Teilerinduktion auf R-Moduln übertragen. Ein Polynomring in endlich vielen Unbestimmten über einem linksnoetherschen Ring ist wieder linksnoethersch.

Gilt im Modul M gleichzeitig der Teilerkettensatz und der Vielfachkettensatz für R-Moduln, so sagt man, in M gelte der *Doppelkettensatz* für R-Moduln.

Lit.: [A 14], [A 17 I]

Basistransformation = Basiswechsel ›Vektorraum

Basiszahl ›Abhängigkeitsbeziehung

Bauersche Kongruenz: U sei Untergruppe (von der Ordnung n) der Gruppe G der primen Restklassen mod m (von der Ordnung $\varphi(m)$). Die B. K. dient zur Bestimmung der Restklasse mod m des (nur mod m bestimmten) Polynoms $f(x, U) = \prod_a (x - a)$, wo a ein Repräsentantensystem der in U enthaltenen Restklassen durchläuft.

(i) $m = p$ Primzahl, U beliebig. Da G ›zyklisch ist, besteht die ›identische Kongruenz $f(x, U) \equiv x^n - 1 \bmod p$. Für $U = G$ ergibt sich der *Satz von Lagrange*

$$(x - 1)(x - 2) \cdots (x - p + 1) \equiv x^{p-1} - 1 \bmod p.$$

(ii) $U = G$, m beliebig. Die Lösung wird durch die B. K. geliefert: Für jeden maximalen Primzahlpotenzfaktor p^μ von m ist

$$f(x, U) \equiv (x^{\sigma(p-1)} - 1)^{\varphi(m)/\sigma(p-1)} \bmod p^\mu$$

mit $\sigma = 2$ für $p = 2 < m$ und $\sigma = 1$ sonst.

(iii) Das allgemeine Problem läßt sich auf den Fall einer Primzahlpotenz $m = p^\mu$ (> 1) reduzieren, der von Hoehnke vollständig behandelt wurde. Ist $m = p^\mu$, $p \neq 2$, so ist U zyklisch und daher eindeutig durch n bestimmt, und

$$f(x, U) \equiv (x^{(p-1,n)} - 1)^{n/(p-1,n)} \bmod p^\mu.$$

Im Falle $m = 2^\mu$ sind $\mu = 1, 2$ trivial; es sei $\mu \geqq 3$. Je nachdem, ob U zyklisch ist und die in U enthaltenen Restklassen aus lauter Zahlen $\equiv 1 \bmod 4$ bzw. die Hälfte der in U enthaltenen Restklassen aus Zahlen $\equiv -1 \bmod 4$ bestehen bzw. U nicht zyklisch ist, gilt

$$f(x, U) \equiv (x - 1)^n + 2^{\mu-1}(x^n - 1)/(x - 1)$$

bzw.

$$(x^2 - 1)^{n/2} + 2^{\mu-1}(x^n - 1)(x - 1) \quad \text{bzw.} \quad (x^2 - 1)^{n/2} \bmod 2^\mu.$$

Lit.: [Z 3]

Bauer, M.: Sur les congruences identiques. Nouv. Ann. Math. (4) 2 (1902), 256–264.

HOEHNKE, H.-J.: Identische Kongruenzen für Polynome nach zusammengesetzten Moduln. Math. Nachr. **15** (1956), 141–154.

bedingte Identität = ›Quasiidentität

begleitende Form ›abgeleitete Matrix

begleitende Matrix (= *hermitesch konjugierte Matrix* = *konjugiert transponierte Matrix* = *transponiert-konjugierte Matrix* = *transjugierte Matrix* = *adjungierte Matrix* = *Adjungierte*) zu der komplexen ›Matrix A ist die Matrix $A^\dagger = A^* = \bar{A}^\top$, die aus A durch Übergang zur transponierten Matrix der konjugiert-komplexen Matrix entsteht.

Lit.: [M 16]

begleitender Homomorphismus ›Erweiterung von Gruppen

Begleitform ›abgeleitete Matrix

Begleitmatrix eines Polynoms

$$g(\lambda) = \lambda^m + a_1\lambda^{m-1} + \cdots + a_m$$

heißt die (m, m)-Matrix (gelegentlich auch ihre Transponierte)

$$L = \begin{pmatrix} 0 & 0 & 0 & \dots & -a_m \\ 1 & 0 & 0 & \dots & -a_{m-1} \\ 0 & 1 & 0 & \dots & -a_{m-2} \\ \dots & \dots & \dots & \dots & \dots \\ 0 & \dots & 0 & 1 & -a_1 \end{pmatrix},$$

die $g(\lambda)$ als ›charakteristisches Polynom und zugleich einzigen Invariantenteiler $\neq 1$ hat. ›Jordansche Normalform

Lit.: [A 17 II]

beherrscht: Ist R_1 lokaler Oberring des ›lokalen Rings R_2 und sind $\mathfrak{m}_1$ und $\mathfrak{m}_2$ die zugehörigen maximalen Ideale, so b. (*dominates*) R_1 den Ring R_2 (oder R_1 hat das *Zentrum* $\mathfrak{m}_2$ in R_2, oder R_1 hat R_2 als *Basis*), wenn $\mathfrak{m}_1 \cap R_2 = \mathfrak{m}_2$ ist. Allgemeiner wird ein Ring R_2 von einem Ring R_1 b., wenn $R_2 \subset R_1$, jedes von R_2 verschiedene Ideal in R_1 ein Ideal $\neq R_1$ erzeugt und jedes maximale Ideal von R_1 über einem maximalen Ideal von R_2 liegt.

Lit.: [R 25]

benachbart ›Nachbar

Bereich 1. = ›algebraischer Bereich, **2.** = (universelle) ›Algebra

Bergmann, Satz von, ›freie assoziative R-Algebra

Bestandteile einer › **Darstellung einer Gruppe**

Bestimmungsgleichung ›Gleichung

Bestimmungskongruenz = ›höhere Kongruenz

Bestimmungszahl ›Tensor

Betrag ›Alternion, ›Bewertung, ›geordnete Gruppe, ›Quaternionenalgebra, ›Verbandsgruppe

Betragsbewertung ›Bewertung

Bettische Zahlen ›Basis einer abelschen Gruppe

Bewegung ›Bewegungsgruppe

Bewegungsgruppe des n-dimensionalen Euklidischen Raums $\mathbb{R}^n$ heißt die Gruppe der ›Abbildungen von $\mathbb{R}^n$ auf sich, die die Abstände und die Orientierung invariant lassen. Bezeichnet $\boldsymbol{x}$ den Spaltenvektor der Koordinaten eines Punktes P in einem Orthonormalsystem, $\boldsymbol{x}'$ den des Bildpunktes P', so stellt diese Abbildung genau dann eine *Bewegung* dar, wenn $\boldsymbol{x}' = \boldsymbol{A}\boldsymbol{x} + \boldsymbol{b}$ mit einer eigentlich›orthogonalen n-reihigen Matrix A und einem konstanten Spaltenvektor $\boldsymbol{b}$ gilt. Die B. wird von der Translationsgruppe und der ›Drehungsgruppe erzeugt und stellt eine $n(n+1)/2$-parametrige ›Liesche Gruppe dar.

bewerteter Körper[typus] ›Bewertung

Bewertung eines Körpers K heißt eine Funktion φ auf K in die Menge der nichtnegativen reellen Zahlen mit

(i) $\varphi(a) = 0$ genau dann, wenn $a = 0$,

(ii) $\varphi(ab) = \varphi(a)\,\varphi(b)$,

(iii) $\varphi(a + b) \leqq \varphi(a) + \varphi(b)$ (*Dreiecksungleichung*).

Hieraus folgt

$$|\varphi(a) - \varphi(b)| \leqq \varphi(a - b) \leqq \varphi(a) + \varphi(b), \quad \varphi(a) = \varphi(-a).$$

Der Körper heißt dann *bewertet*. Jeder Körper besitzt die ***triviale*** oder ***identische** B.* φ, für die $\varphi(a) = 1$ für alle $a \neq 0$ ist; ›Galois-Felder und algebraische

Erweiterungskörper von diesen besitzen nur die triviale B., alle anderen Körper dagegen unendlich viele wesentlich verschiedene nichttriviale B.

Jede B. φ definiert vermöge $d_\varphi(x, y) = \varphi(x - y)$ eine *Metrik* auf K. Hierdurch wird eine *hausdorffsche Topologie* T_φ auf K erklärt, die dann und nur dann diskret ist, wenn φ trivial ist. Damit wird K ein topologischer Körper. Zwei B. φ_1 und φ_2 von K heißen *äquivalent*, wenn $\varphi_1(a) < \varphi_1(b)$ stets gleichbedeutend mit $\varphi_2(a) < \varphi_2(b)$ ist, d. h., wenn die zugehörigen Topologien T_{φ_1} und T_{φ_2} gleich sind. Jede zu φ_1 äquivalente B. φ_2 hat die Form $\varphi_2 = \varphi_1^s$ mit reellem $s > 0$, d. h. $\varphi_2(a) = \varphi_1(a)^s$. Endlich viele paarweise nichtäquivalente und nichttriviale B. $\varphi_1, \ldots, \varphi_n$ von K sind *annäherungsunabhängig*, d. h., zu jedem System von Elementen a_i und jeder Zahl $\varepsilon > 0$ aus K gibt es ein $a \in K$ mit $\varphi_i(a - a_i) < \varepsilon$. In ›algebraischen Zahlkörpern folgt hieraus die Lösbarkeit *simultaner Kongruenzen* $a \equiv a_i \bmod p_i^{\mu_i}$ $(i = 1, \ldots, n)$ (›Dedekindscher Ring).

Eine B. φ heißt *archimedisch*, wenn $\varphi(n \cdot 1) > 1$ für mindestens ein (und damit für jedes) $n \in \mathbb{N}$ gilt; anderenfalls *nichtarchimedisch*. Jede zu einer archimedischen bzw. nichtarchimedischen B. äquivalente B. ist gleichfalls archimedisch bzw. nichtarchimedisch. Der gewöhnliche *Absolutbetrag* auf dem Körper $\mathbb{R}$ bzw. $\mathbb{C}$, im Falle von B. von Schiefkörpern noch der Betrag auf dem Quaternionenkörper ist eine archimedische B. Die einzigen archimedischen B. sind die Einschränkungen dieses Betrags auf Unterkörper von $\mathbb{C}$ bzw. des Quaternionenkörpers. Nach einem Satz von Ostrowski gibt es nämlich zu jeder archimedischen B. φ auf einem (nicht notwendig kommutativen) Körper K einen Isomorphismus von K auf einen überall dichten Unterkörper von $\mathbb{R}$, $\mathbb{C}$ oder dem Quaternionenkörper, so daß φ äquivalent der hierauf durch den Absolutbetrag induzierten B. ist. Dementsprechend heißen archimedische B. häufig (z. B. bei Bourbaki) *Absolutbetrag*, während das Wort B. auf nichtarchimedische B. eingeschränkt wird. Körper von Primzahlcharakteristik besitzen keine archimedische B.

Mit φ ist auch jede Potenz φ^σ mit reellem σ, $0 < \sigma \leqq 1$, eine archimedische B. Für nichtarchimedische B. φ gilt in Verschärfung von (iii): (iii') $\varphi(a + b) \leqq \max\big(\varphi(a), \varphi(b)\big)$, daher ist mit φ auch φ^σ mit beliebigem reellem positivem σ eine nichtarchimedische B.

Jede Primzahl p gibt Anlaß zu einer nichtarchimedischen B., der sog. *p-adischen B.* φ_p des Körpers $\mathbb{Q}$, die durch die Forderung $\varphi_p(p) = p^{-1}$, $\varphi(q) = 1$ für alle Primzahlen $q \neq p$ eindeutig bestimmt ist, für die also $\varphi(a) = p^{-n}$ gilt, wenn sich a in der Form $a_0 p^n$ mit einer ganzen Zahl n schreiben läßt, so daß in der Darstellung von a_0 als Quotient teilerfremder ganzer Zahlen weder Zähler noch Nenner durch q teilbar sind. Zusammen mit der Betragsbewertung φ_∞ sind das die einzigen B. von $\mathbb{Q}$. Für jede Zahl $a \neq 0$ aus $\mathbb{Q}$ ist $\varphi_p(a) \neq 1$ nur für endlich viele p, und es gilt die *Produktformel der Bewertungstheorie* $\prod\limits_p \varphi_p(a) = 1$, wobei das Produkt alle Primzahlen p und φ_∞ durchläuft. Dies ist die einzige multiplikative Relation zwischen den B. von $\mathbb{Q}$. Eine analoge Aussage gilt für rationale Funktionenkörper in einer Unbestimmten über einem

Galois-Feld und läßt sich auf endlich-algebraische Körpererweiterungen derartiger Körper übertragen; nach ARTIN und WHAPLES lassen sich ›algebraische Zahlkörper und ›algebraische Funktionenkörper in einer Unbestimmten über einem Galois-Feld durch diese Eigenschaft charakterisieren.

Die nichtarchimedischen B. φ werden oft durch $w(a) = -\log \varphi(a)$ beschrieben, wo log den Logarithmus zu einer beliebigen reellen Basis > 1 bezeichnet; w heißt dann auch *Ordnungszahl-B.* oder *Exponentenbewertung* (= *Exponentialbewertung*). Die Eigenschaften von φ übersetzen sich für w wie folgt:

(i) $w(a)$ reell, $w(0) = \infty$, $w(a) < \infty$ für $a \neq 0$,

(ii) $w(ab) = w(a) + w(b)$,

(iii') $w(a + b) \geqq \min\big(w(a), w(b)\big)$ (im Falle $w(a) \neq w(b)$ gilt Gleichheit). (Daher heißt w auch *additive B.*, φ *multiplikative B.*)

(iv) $w(a) \neq 0$ für wenigstens ein $a \neq 0$.

φ ist genau dann zu φ' äquivalent, wenn für die zugehörigen additiven B. gilt $w(a) = sw'(a)$ mit reellem $s > 0$; Archimedizität bedeutet $w(n \cdot 1) \leqq 0$ für alle $n \in \mathbb{N}$.

Die *Wertmenge* W ($= W_K$) von w bildet eine additive Untergruppe von $\mathbb{R}$. Die B. w (und φ) heißt *diskret*, wenn W eine diskrete Menge ist, d. h., keinen Häufungspunkt besitzt; das ist gleichbedeutend damit, daß es in W eine kleinste positive Zahl ϱ gibt und daher $W = \varrho\mathbb{Z}$ ist. Anderenfalls heißt die B. *dicht*; in diesem Falle ist 0 und damit jedes Element von $\mathbb{R}$ Häufungspunkt von W. Diskrete B. werden gewöhnlich so normiert, daß der kleinste positive Wert gleich 1 und damit $W = \mathbb{Z}$ ist. Die Wertmenge W_k des Primkörpers k von K bei der diskreten B. w von K ist nur dann $\neq 0$, wenn $k = \mathbb{Q}$ (d. h. char $K = 0$) ist und w auf k eine p-adische B. induziert. In diesem Falle heißt der (endliche) Gruppenindex $e = [W_K : W_k]$ die *Verzweigungsordnung* von w oder auch von k; bei $e = 1$ heißt w bzw. k *unverzweigt* (in K). Ist w auf kleinsten positiven Wert 1 normiert, so ist $e = w(p)$ und W_k die Gesamtheit der Vielfachen von e.

Ist w eine nichtarchimedische Exponentenbewertung, so bildet die Menge der Elemente $a \in K$ mit $w(a) \geqq 0$ einen Ring, den zu w (bzw. φ) gehörigen ›*Bewertungsring* A_w (d. h., für beliebige $x \neq 0$ aus K ist stets $x \in A_w$ oder $x^{-1} \in A_w$), und die Menge der a mit $w(a) > 0$ hierin ein (maximales) Ideal $\mathfrak{m}_w$. Der Restklassenring $A_w/\mathfrak{m}_w$ ist ein Körper, der zu w gehörige *Restklassenkörper* K_w. Je nachdem, ob char K = char K_w ist oder nicht, spricht man vom *charakteristikgleichen* oder *charakteristikungleichen Fall*.

Eine Folge von Elementen a_i aus K *konvergiert* bez. der B. φ gegen den (eindeutig bestimmten) *φ-Grenzwert* $a \in K$, wenn $\lim\limits_{n\to\infty} \varphi(a - a_n) = 0$ ist; hierfür gelten die aus der Analysis bekannten Rechenregeln sinngemäß. Eine Folge $\{a_n\}$ konvergiert schlechthin bez. φ (ist *φ-konvergent*, d. h. eine Cauchy-Folge bezüglich φ), wenn $\lim\limits_{m,n\to\infty} \varphi(a_m - a_n) = 0$ ist, d. h., zu jedem $\varepsilon > 0$ ein $n_0 \in \mathbb{N}$ existiert mit $\varphi(a_m - a_n) < \varepsilon$ für $n, m \geqq n_0$ (die Existenz eines φ-Grenzwerts wird nicht gefordert). Aus der Konvergenz gegen einen φ-Grenzwert folgt die φ-Konvergenz schlechthin, aber nicht umgekehrt. Im Falle einer nichtarchimedischen B. φ reicht für die φ-Konvergenz von a_n bereits $\lim_{n\to\infty}(a_{n+1}-a_n) = 0$ aus.

Der Körper K heißt *perfekt, vollständig* oder *komplett* bezüglich der B. φ, wenn jede φ-konvergente Folge aus K gegen einen φ-Grenzwert aus K konvergiert. Jeder Körper K läßt sich in bis auf Isomorphie eindeutiger Weise zu einem perfekten Körper $\bar{K}$ erweitern, der sog. *perfekten Hülle* (= *Komplettierung* = *Vervollständigung* = *vollständige Hülle*) von K, der durch folgende Eigenschaften gekennzeichnet ist: $\bar{K}$ ist bez. der durch φ eindeutig bestimmten fortgesetzten B. $\bar{\varphi}$ perfekter Oberkörper von K; $\bar{\varphi}$ stimmt auf K mit φ überein; $\bar{K}$ ist minimal. Man kann $\bar{K}$ als Menge der Klassen äquivalenter φ-konvergenter Folgen aus K mit gliedweise repräsentantenweiser Verknüpfung konstruieren, indem man zwei φ-konvergente Folgen als äquivalent ansieht, wenn ihre Differenzfolge Nullfolge ist. Für $\mathbb{Q}$ mit dem Absolutbetrag als B. erhält man als perfekte Hülle $\mathbb{R}$. Im Falle einer nichtarchimedischen B. bleibt beim Übergang zur perfekten Hülle die Wertmenge erhalten (ebenso — bis auf Isomorphie — der Restklassenkörper). Als perfekte Hülle von $\mathbb{Q}$ bez. der p-adischen B. ergibt sich der Körper der p-adischen Zahlen. Diese können eindeutig als nach unten abbrechende Reihen $\sum_{-\infty<\nu} a_\nu p^\nu$ dargestellt werden, wo die a_ν die kleinsten Reste modulo p sind ($0 \leqq a_\nu < p$); beim Rechnen sind Stellenübertragungen zu beachten. Als endlich-algebraische Erweiterungen dieser sog. *p-adischen Zahlkörper* ergeben sich die *$\mathfrak{p}$-adischen Zahlkörper*. Als perfekte Hülle für die analog durch ein Primpolynom $p(t)$ auf dem rationalen Funktionenkörper $k(t)$ über dem endlichen Körper k bestimmte B. erhält man den Körper der nach unten abbrechenden Potenzreihen in $p(t)$ mit Koeffizienten aus $k(\alpha)$, wo α eine Wurzel von $p(t)$ ist. >lokaler Körper

Ist K perfekt bez. der diskreten B. w und liegt der charakteristikgleiche Fall vor mit dem Restklassenkörper K_w, so ist K bis auf Isomorphie gleich dem Körper der nach unten abbrechenden Potenzreihen $\sum_{-\infty<\nu} r_\nu t^\nu$ in einer Unbestimmten t über K_w mit Koeffizienten r_ν aus einem zu K_w isomorphen Unterkörper R von K und wird bewertet durch den niedrigsten in dieser Potenzreihe echt vorkommenden Exponenten von t. Im Falle einer Primzahlcharakteristik ist R als Unterkörper von K eindeutig bestimmt; im Falle der Charakteristik 0 trifft dies nur zu, wenn K über $\mathbb{Q}$ algebraisch ist, anderenfalls können die Vertreter für eine >Transzendenzbasis von $K/\mathbb{Q}$ innerhalb R beliebig genommen werden.

B. von K über k (kurz: *von K/k*) heißt eine B. von K, bei der der Unterkörper k von K identisch bewertet wird; die algebraisch abgeschlossene Hülle von k in K wird dann automatisch auch trivial bewertet. Der Restklassenkörper einer B. von K/k enthält einen zu k isomorphen Teilkörper, kann also als Oberkörper von k angesehen werden. Ein volles System inäquivalenter B. der rein transzendenten Körpererweiterung $k(t)/k$ erhält man durch die zu den Primpolynomen $p = p(t)$ in $k[t]$ gehörigen B. w_p und die *t-Gradbewertung* w_∞. Ist $a = \varepsilon \prod_p p^{a_p}$ (ε Einheit) die Primfaktorzerlegung von w, so wird $w_p(a)$

$= \alpha_p$ gesetzt; $w_\infty(a)$ ist gleich Zählergrad minus Nennergrad von a. Ist insbesondere k endlicher Körper, so sind das auch alle B. von $k(t)$.

Im Falle eines rationalen Funktionenkörpers $K = k(t_1, t_2, \ldots)$ in beliebig vielen algebraisch unabhängigen Unbestimmten t_i über dem durch w diskret bewerteten Körper k erhält man eine sog. *Funktionalbewertung* von K, indem man für Polynome $g = \sum a_\nu T_\nu$ mit $a_\nu \in k$, wo die T_ν lauter verschiedene Potenzprodukte der t_i sind, $w(g) = \min_\nu w(a_\nu)$ setzt und diese B. auf den Quotientenkörper fortsetzt.

Fortsetzung einer B. φ_0 des Körpers k auf einen Oberkörper K von k heißt eine B. φ von k, deren Einschränkung auf k mit φ_0 zusammenfällt. Hierfür gilt:

(i) Die identische B. kann auf algebraische Oberkörper nur durch die identische B. fortgesetzt werden.

(ii) Eine diskrete B. besitzt in einer rein transzendenten Erweiterung unendlich viele nichtäquivalente Fortsetzungen.

(iii) Ist k perfekter Körper bzw. der B. φ_0 und K/k algebraischer Erweiterungskörper vom Grade n, so erhält man durch $\varphi(a) = \varphi_0\big(N(a)\big)^{1/n}$ ($N = N_{K/k}$ Norm) die einzig mögliche Fortsetzung von φ_0 auf K, und K ist bez. φ perfekt.

(iv) Ist k beliebiger Körper mit der B. φ_0 und K/k endlich-algebraische Erweiterung n-ten Grades, k_{φ_0} die perfekte Hülle von k bez. φ_0 und $J_1, \ldots, J_m$ ein volles System nichtäquivalenter ›Darstellungen der Körpererweiterung K/k über k_{φ_0} und sind K_i bzw. a_i die den Darstellungen von J_i entsprechenden Komponenten von K bzw. a aus K, so hat φ_0 in K m nichtäquivalente Fortsetzungen, die eineindeutig den Darstellungen J_i entsprechen, und zwar ist

$$\varphi_i(a) = \varphi_0\big(N_{K_ik_{\varphi_0}/k_{\varphi_0}}(a_i)\big)^{1/n_i},$$

wobei n_i der Körpergrad des ›Kompositums $K_ik_{\varphi_0}$ über k_{φ_0} ist.

Allgemeine B. oder *Krull-B.* (*Krullsche B.*) eines Schiefkörpers K heißt eine surjektive ›Abbildung w von K auf $\Gamma \cup \{\infty\}$, wo Γ eine (additiv geschriebene) total ›geordnete (nicht notwendig abelsche) Gruppe ist, die sog. *Wertegruppe*, so daß gilt:

(i) $w(a) = \infty$ genau dann, wenn $a = 0$
(mit den üblichen Rechenregeln für ∞),

(ii) $w(ab) = w(a) + w(b)$, $w(a + b) \geqq \min\big(w(a), w(b)\big)$.

Eine allgemeine B. heißt *kommutativ*, wenn Γ kommutativ ist, sonst nichtkommutativ. Eine allgemeine B. eines kommutativen Körpers ist stets kommutativ. Die B. heißt *diskret*, wenn die Wertegruppe eine diskrete einfach ›geordnete Gruppe ist. Eine allgemeine B. heißt *speziell* oder *einstufig*, wenn Γ den Rang 1 hat, d. h., ›archimedisch geordnet ist, anderenfalls *mehrstufig*. Allgemein heißt *Rang* von Γ der Ordnungstyp von $\mathfrak{G}(\Gamma) \setminus \{\Gamma\}$, wo $\mathfrak{G}(\Gamma)$ die durch Inklusion totalgeordnete Menge aller ›konvexen Untergruppen von Γ ist. Die oben betrachteten gewöhnlichen B. sind einstufig. Zwei allgemeine B. w_1 und w_2 von K mit den Wertegruppen Γ_1, Γ_2 heißen *äquivalent*, wenn es einen Ordnungsisomorphismus σ von Γ_1 auf Γ_2 gibt, so daß $w_1\sigma = w_2$ ist; das entspricht dem früher eingeführten Äquivalenzbegriff. Wie bei den oben betrachteten nichtarchimedischen B. bildet die Menge der $a \in K$ mit $w(a) \geqq 0$ einen Ring R_w, der auch im nichtkommutativen Fall *Bewertungsring* heißt. Von zwei Elementen $a, b \in R_w$ ist a genau dann Links- (und Rechts-) *Vielfaches* (>Teiler) von b, wenn $w(a) \geqq w(b)$ ist. Jedes >Ideal $\mathfrak{a}$ von R_w ist zweiseitig. Durch die Abbildung $\mathfrak{a} \mapsto \{w(a)$ mit $a \in \mathfrak{a}\}$ erhält man einen Isomorphismus des multiplikativen Systems der Ideale in R_w auf das additive System der *Oberklassen* der positiven Elemente von Γ (d. h. solcher Untermengen, die mit jedem Element auch alle größeren enthalten). Die Ideale bilden ein total geordnetes System; die Hauptideale entsprechen denjenigen Oberklassen, die ein kleinstes Element besitzen. Insbesondere ist jedes Ideal mit endlicher Basis Hauptideal. Ist Δ eine >konvexe Untergruppe von Γ und Γ^+ bzw. Δ^+ das System der positiven Elemente von Γ bzw. Δ, so ist das Komplement $\Omega(\Delta) = \Gamma^+ \setminus \Delta^+$ eine Oberklasse von Γ. Die Primideale $\mathfrak{p} \neq 0$ von R_w entsprechen bei dem Isomorphismus $\mathfrak{a} \mapsto w(\mathfrak{a})$ eineindeutig den konvexen Untergruppen Δ als die Ideale $\mathfrak{p}$ mit $w(\mathfrak{p}) = \{w(a)$ in $\Omega(\Delta)$, a in $\mathfrak{p}\}$. Dabei entsprechen die konvexen Normalteiler genau denjenigen Primidealen von R_w, die gegenüber allen inneren Automorphismen von K invariant sind. Jedes invariante Primideal $\mathfrak{p} \neq 0$ von R_w bestimmt mit der Gesamtheit aller Quotienten ab^{-1} mit $a, b \in R_w$, $b \notin \mathfrak{p}$ einen Quotientenring $R_{w\mathfrak{p}}$ von K. Das Ideal $\mathfrak{p}R_{w\mathfrak{p}}$ ist Primideal hierin und $R_{w\mathfrak{p}}/\mathfrak{p}R_{w\mathfrak{p}}$ Schiefkörper. Es gibt genau ein maximales Primideal $\mathfrak{p}_0$ in R_w, das aus allen Nichteinheiten von R_w besteht; der Schiefkörper $R_w/\mathfrak{p}_0$ heißt der zu w gehörige *Restklassenkörper*. Ist Δ ein konvexer Normalteiler von Γ, so läßt sich die allgemeine B. w von K mit der Wertegruppe Γ in eine allgemeine B. von K mit der Wertegruppe Γ/Δ und eine allgemeine B. von $R_{w\mathfrak{p}}/\mathfrak{p}R_{w\mathfrak{p}}$ mit der Wertegruppe Δ aufspalten, wo $\mathfrak{p}$ das Δ entsprechende Primideal mit dem Quotientenring $R_{w\mathfrak{p}}$ ist. Auf diese Weise lassen sich z. B. alle allgemeinen B. mit kommutativer n-rangiger Wertegruppe in n B. mit einrangiger Wertegruppe aufspalten.

Die Zuordnung $w \mapsto R_w$ bewirkt eine Bijektion zwischen den Äquivalenzklassen allgemeiner B. des Körpers K und den >Bewertungsringen von K; einem Bewertungsring R von K wird dabei die Faktorgruppe $\Gamma = K^\times/E$ der Multiplikativgruppe $K^\times$ von K nach der Gruppe E der Einheiten von R als geordneter Wertegruppe mit der Menge der Restklassen xE mit $x \in R$ als Positivbereich zugeordnet, während die zugehörige *kanonische B.* w durch $w(a) = xE$ für $w \in K^\times$ definiert ist.

Eine allgemeine B. w definiert auf dem Körper K eine *hausdorffsche Topologie*, bez. der K *total unzusammenhängend* ist. Die Mengen

$$U_\gamma(x) = \{y \in K \mid w(y - x) > \gamma\} \quad (\gamma \in \Gamma)$$

bilden ein Fundamentalsystem von (gleichzeitig offenen und abgeschlossenen) Umgebungen von x. Eine wohlgeordnete Folge (a_ϱ) von Elementen aus K heißt *pseudokonvergent*, wenn die Folge kein letztes Element besitzt und $w(a_\sigma - a_\varrho) < w(a_\tau - a_\sigma)$ für alle $\varrho < \sigma < \tau$ ist. Dann gilt $w(a_\sigma - a_\varrho) = w(a_{\varrho+1} - a_\varrho)$ für alle $\varrho < \sigma$, und die Menge aller $b \in K$ mit $w(b) > w(a_{\varrho+1} - a_\varrho)$ für alle ϱ bildet in R_w ein Ideal, die sog. *Breite* von (a_ϱ). Die pseudokonvergente Folge (a_ϱ) heißt *ausgezeichnet*, wenn jedes a_ϱ in R_w liegt und die Breite von (a_ϱ) ein vom maximalen Primideal verschiedenes Primideal von R_w ist. Ein Element a heißt *Pseudolimes* der pseudokonvergenten Folge (a_ϱ), wenn $w(a - a_\varrho) = w(a_{\varrho+1} - a_\varrho)$ für jedes ϱ gilt. a ist dann eindeutig bis auf Kongruenz modulo der Breite von (a_ϱ) bestimmt. K ist genau dann *perfekt* bez. der allgemeinen B. w, wenn jede bezüglich w ausgezeichnete pseudokonvergente Folge von Elementen aus R_w (mindestens) einen Pseudolimes in K besitzt. Die Perfektheit von K ist gleichbedeutend mit folgenden beiden Bedingungen: a) Sind $\mathfrak{p}_1$ und $\mathfrak{p}_2$ verschiedene Primideale von R_w mit $\mathfrak{p}_1 \supset \mathfrak{p}_2$ ohne echtes Zwischenideal, so ist der Restklassenkörper

$R_{w\mathfrak{p}_2}/\mathfrak{p}_2$ perfekt bez. der zugehörigen reellen B. mit der Wertegruppe Γ_2/Γ_1 (Γ_i zu $\mathfrak{p}_i$ gehörige isolierte Werteuntergruppe). b) Jedes verträgliche Kongruenzensystem

$$x \equiv a_\sigma \bmod \mathfrak{p}_\sigma, \; a_\tau \equiv a_\sigma \bmod \mathfrak{p}_\sigma \quad \text{für} \quad \sigma < \tau$$

ist in R_w für jede wohlgeordnete Folge von Primidealen $\mathfrak{p}_\sigma$ mit $\mathfrak{p}_\sigma \subset \mathfrak{p}_\tau$ für $\sigma < \tau$ lösbar.

Ist K allgemein bewertet durch w mit der Wertegruppe Γ und dem Restklassenkörper k, so heißt eine bewertete Erweiterung K' von K mit der B. w', der Wertegruppe Γ' und dem Restklassenkörper k' *unmittelbare Erweiterung* von K, wenn w' auf K mit w übereinstimmt und $\Gamma' = \Gamma$, $k' = k$ ist. K heißt *maximal perfekt*, wenn k keine unmittelbare Erweiterung besitzt; das ist genau dann der Fall, wenn jede pseudokonvergente Folge von Elementen aus K mindestens einen Pseudolimes in K besitzt. Zu jedem maximal bewerteten Körper K gibt es mindestens eine maximal perfekte Erweiterung.

Zwei Körper K_1 und K_2 mit den allgemeinen B. w_1 bzw. w_2 heißen *wertisomorph* oder *analytisch isomorph*, wenn es einen Isomorphismus σ von K_1 auf K_2 gibt, so daß $w_1(a) < 1$ gleichbedeutend mit $w_2(a^\sigma) < 1$ ist. Im Falle gewöhnlicher (reeller) B. ist das gleichbedeutend mit dem Bestehen einer Gleichung $w_2(a^\sigma) = w_1(a)^s$ mit reellem $s > 0$. Alle zueinander wertisomorphen bewerteten Körper rechnet man zu demselben *bewerteten Körpertypus* oder *Bewertungstypus*.

Mit Hilfe von Cauchy-Filtern kann man einen (allgemein) bewerteten Körper zur perfekten Hülle komplettieren.

Allgemeiner betrachtet man auch B. von (nicht notwendig kommutativen) Ringen.

Lit.: [A 9III], [A 14], [A 16], [A 17I], [A 18II], [EC 6], [K 4], [K 5], [O 3], [O 8], [Q 5], [Z 1], [Z 5], [Z 7]

ARTIN, E.: Algebraic numbers and algebraic functions I. Princeton University Press, Princeton 1951.

ARTIN, E., G. WHAPLES: Axiomatic characterization of fields by the product formula for valuations. Bull. Amer. Math. Soc. **51** (1945), 469–492.

CARRUTH, P. W.: Generalized power series fields, Trans. Amer. Math. Soc. **63** (1948), 548–559.

KAPLANSKY, I.: Topological methods in valuation theory. Duke Math. J. **14** (1947), 527–541.

KOWALSKY, H.-J., H. DÜRRBAUM: Arithmetische Kennzeichnung von Körpertopologien. J. reine angew. Math. **191** (1953), 135–152.

KRULL, W.: Allgemeine Bewertungstheorie. J. reine angew. Math. **167** (1932), 160–196.

MORIYA, M.: Über die Restklassenkörper bewerteter perfekter Körper. Nagoya math. J. **4** (1952), 15–27.

OSTROWSKI, A.: Untersuchungen zur arithmetischen Theorie der Körper. Math. Z. **39** (1934), 269–404.

RIBENBOIM, P.: Corps maximaux et complets par des valuations de Krull. Math. Z. **69** (1958), 466–479.

SCHILLING, O. F. G.: Noncommutative valuations. Bull. Amer. Math. Soc. **51** (1945), 297–304.

ZELINSKY, D.: Topological characterization of fields with valuation. Bull. Amer. Math. Soc. **54** (1948), 1145–1150.

Bewertung eines Verbands V ist eine reellwertige Funktion φ auf V mit

$$\varphi(a \wedge b) + \varphi(a \vee b) = \varphi(a) + \varphi(b) \quad \text{für alle} \quad a, b \in V.$$

Beispiel: Dimension in endlichen (längenendlichen) >modularen Verbänden. Eine B. heißt *monoton* (= *isoton*), wenn aus $a \leqq b$ folgt $\varphi(a) \leqq \varphi(b)$. Ein Verband mit einer isotonen B. heißt *quasimetrisch*; in ihm läßt sich durch $\partial(x, y) = \varphi(x \vee y) - \varphi(x \wedge y)$ eine Entfernung einführen. Die hierdurch definierte *Quasimetrik* unterscheidet sich von einer gewöhnlichen Metrik nur dadurch, daß $\partial(x, y) = 0$ sein kann, ohne daß $x = y$ ist; $\partial(x, y) = 0$ definiert eine Kongruenzrelation zwischen x und y. Durchschnitt und Vereinigung sind hierin gleichmäßig stetig.

Wenn aus $a < b$ sogar $\varphi(a) < \varphi(b)$ folgt, heißt die B. φ *positiv* und der Verband *metrisch*; ein solcher Verband ist stets modular. Eine B. heißt *von beschränkter Variation*, wenn für alle Ketten $a_0 < a_1 < \cdots < a_n$ aus V stets $\sum |\varphi(a_{i+1}) - \varphi(a_i)|$ beschränkt ist.

>Maß einer Booleschen Algebra

Lit.: [V 2], [V 3]

BIRKHOFF, G.: Partially ordered linear spaces (Abstract). Bull. Amer. Math. Soc. 44 (1938), 186.

GLIVENKO, V.: Théorie générale des structures. Hermann, Paris 1938.

Bewertung von beschränkter Variation >Bewertung eines Verbands

Bewertungsfortsetzung >Bewertung

Bewertungsring eines Körpers K heißt ein nullteilerfreier kommutativer Ring R mit dem Quotientenkörper K, für den gilt: für jedes $x \neq 0$ aus K ist stets $x \in R$ oder $x^{-1} \in K$; ein B. enthält daher stets ein Einselement. Ein B. ist ein quasi>lokaler Ring (quasi, da nicht notwendig noethersch), dessen maximales Ideal $\mathfrak{p}$ aus den Nichteinheiten von R besteht; der Restklassenring $R/\mathfrak{p}$ ist der sog. *Restklassenkörper* des B. Jedes endlich erzeugte Ideal eines B. ist Hauptideal.

Die B. des Körpers K entsprechen eineindeutig den Äquivalenzklassen von (allgemeinen) >Bewertungen von K. Die Zuordnung, die jedem $x \in R$ seine Restklasse mod $\mathfrak{p}$ und jedem $x \in K$ mit $x \notin R$ das Symbol ∞ zuordnet, ist eine >*Stelle* von K, die sog. zu R gehörige *kanonische Stelle*; auf diese Weise entsprechen die B. von K den Klassen äquivalenter Stellen von K.

R heißt *spezieller* bzw. *diskreter* bzw. *n-rangiger* bzw. *allgemeiner B.*, wenn die Wertgruppe seiner kanonischen >Bewertung speziell (d. h. Untergruppe der additiven Gruppe $\mathbb{R}$) bzw. diskret bzw. vom Rang n bzw. allgemein ist. *Spezielle diskrete* (d. h. 1rangig diskrete) B. R sind noethersch, also >lokale Ringe, und besitzen folgende Maximaleigenschaft in K: Ist $x \notin R$, so ist $R[x] = K$.

Jeder algebraische Oberkörper K eines >Galois-Felds besitzt nur K als B., jeder andere Körper besitzt unendlich viele B.

B. sind >ganz-abgeschlossen; nichtspezielle B. sind jedoch niemals vollständig ganz-abgeschlossen.

Für eine nichtkommutative Verallgemeinerung >katenärer Ring.

Lit.: [A 18II], [EC 6], [K 4]

Bewertungstypus ›Bewertung

Beziehung = ›Relation

Bézoutiante: $F(x)$ und $G(y)$ seien ›Polynome über dem Körper K vom formalen Grad n, von denen eines den echten Grad n hat. Dann ist $F(x)\,G(y) - F(y)\,G(x)$ in $K[x, y]$ durch $x - y$ teilbar, der Quotient also in der Form $\sum_{\sigma=0}^{n-1} \sum_{\tau=0}^{n-1} A_{\sigma\tau} x^\sigma y^\tau$ mit $A_{\sigma\tau} = A_{\tau\sigma} \in K$ schreibbar. Ersetzt man hierin die Potenzen x^σ, y^τ durch lauter Unbestimmte x_σ bzw. y_τ, so erhält man eine symmetrische ›Bilinearform $B_n(F, x; G, y) = \sum A_{\sigma\tau} x_\sigma y_\tau$. Die durch die Substitution $y_\tau = x_\tau$ hieraus entstehende ›quadratische Form in den x_σ heißt nach Sylvester auch die B. von F und G. Ihre Koeffizientenmatrix $(A_{\sigma\tau})$, die sog. ***Resultantenmatrix*** von F und G, hat dann und nur dann den Rang $n - k$, wenn der größte gemeinsame ›Teiler von F und G den Grad k besitzt.

Lit.: [A 8I], [Enc B 1a], [Enc B 2], [Enc B 3a]

Bézoutsche Identität ›Bézoutscher Ring

Bézoutscher Ring heißt ein ›Integritätsbereich mit Eins, in dem jedes endlich erzeugte Ideal Hauptideal ist. Beispiele: ›Hauptidealringe, ›Bewertungsringe. In einem B. R. besitzen endlich viele Elemente stets einen größten gemeinsamen ›Teiler und ein kleinstes gemeinsames ›Vielfaches. Zwei *relativ prime Elemente* (d. h. Elemente ohne gemeinsamen Faktor) a, b eines kommutativen B. R. genügen daher einer Relation der Form $au - bv = 1$ („*Bézoutsche Identität*"). Ein B. R. ist ›ganz abgeschlossen; jede ›Lokalisierung eines B. R. ist B. R. Noethersche und ›atomare B. R. sind Hauptidealringe. Jeder endlich erzeugte ›R-Modul über einem B. R. R ist ›direkte Summe aus einem Torsionsmodul und einem freien Modul.

Lit.: [A 2I], [EC 7], [R 14]

Bézoutscher Satz ›Lösungsstrahl

Bialgebra ›Koalgebra

Bialternante ›Alternante

Bidual, bidual ›Linearform

Biendomorphismenring ›ausgeglichener Modul

Bifunktor ›Kategorientheorie

bigraduierter Modul ›Spektralsequenz

biinvariantes Maß >invariantes Maß

Bijektion = **bijektive** >**Abbildung**

Bikomplex (= *Doppelkomplex*) heißt ein System von >R-Moduln $A^{m,n}$ mit Homomorphismen $d_1: A^{m,n} \to A^{m+1,n}$, $d_2: A^{m,n} \to A^{m,n+1}$ (oder analog mit absteigenden Indizes, die dann gewöhnlich unten geschrieben werden) mit $d_1d_1 = 0$, $d_2d_2 = 0$, $d_2d_1 + d_1d_2 = 0$. Man kann einen B. mit der direkten Summe $\bigoplus A^{m,n}$ identifizieren, aufgefaßt als *zweifach graduierten Modul.*

Lit.: [H 1]

Bild >Abbildung, >additive Relation, >Kategorientheorie

Bildbereich >Abbildung, >Relation

bilineare Abbildung heißt ganz allgemein eine >Abbildung in zwei Variablenreihen, die in jeder der Reihen für sich >linear ist. Speziell versteht man darunter eine Abbildung f des kartesischen Produkts $M_1 \times M_2$ zweier (unitärer) >R-Moduln (etwa Linksmoduln) M_i über einem kommutativen Ring R mit Einselement in einen Linksmodul M, für die

$$f(x_1 + x_1', x_2) = f(x_1, x_2) + f(x_1', x_2), \tag{1}$$

$$f(x_1, x_2 + x_2') = f(x_1, x_2) + f(x_1, x_2'), \tag{2}$$

$$f(\gamma x_1, x_2) = f(x_1, \gamma x_2) = \gamma f(x_1, x_2) \tag{3}$$

für $x_i, x_i' \in M_i$, $\gamma \in R$ gilt, für die also die Abbildungen $x_1 \mapsto f(x_1, x_2)$ bei festem x_2 und $x_2 \mapsto f(x_1, x_2)$ bei festem x_1 >lineare Abbildungen (= R-Homomorphismen) von M_1 bzw. M_2 in M sind. Entsprechend sind für m Moduln $M_1, \ldots, M_m$ *multilineare Abbildungen* als Abbildungen f von $M_1 \times \cdots \times M_m$ in M definiert, die in jedem ihrer m Argumente linear sind. (Analoge Definitionen gelten im Falle von Rechtsmoduln.)

Indem man in jedem der Moduln M_i und M eine (nicht notwendig unabhängige) Basis (= Erzeugendensystem) aus Elementen $e_j^{(i)}$ bzw. e_j wählt, kann man

$$f(e_{j_1}^{(1)}, \ldots, e_{j_m}^{(m)}) = a_{j_1 \ldots j_m} = \sum_k a_{j_1 \ldots j_m}^k e_k$$

mit Elementen $a_{j_1 \ldots j_m}^k \in R$ schreiben; sind dann X_i^j die „Koordinaten" von x_i bez. dieser Basen, d. h., $x_i = \sum_j X_i^j e_j^{(i)}$, so hat $f(x_1, \ldots, x_m)$ die *Koordinaten* $\sum_{j_1, \ldots, j_m} a_{j_1 \ldots j_m}^k X_1^{j_1} \ldots X_m^{j_m}$ bez. der e_k. Im Falle >freier Moduln M_i und M und freier Basen sind diese Koordinaten eindeutig bestimmt.

Sind alle Moduln M_i gleich einem festen Modul E, so heißt die multilineare Abbildung f *symmetrisch*, wenn

$$f(x_{\pi(1)}, \ldots, x_{\pi(m)}) = f(x_1, \ldots, x_m)$$

für alle Permutationen π der Menge $\{1, \ldots, m\}$ ist, *antisymmetrisch* oder *schiefsymmetrisch* im Falle

$$f(x_{\pi(1)}, \ldots, x_{\pi(m)}) = \chi(\pi)\, f(x_1, \ldots, x_m)$$

($\chi(\pi)$ Charakter von π) und *alternierend*, falls f verschwindet, sobald zwei Argumente übereinstimmen. Alternierende Abbildungen sind auch antisymmetrisch; die Umkehrung gilt bei char $R = 2$ nicht, wohl aber im Falle von Körpern der Charakteristik $\neq 2$. Im Falle eines freien Moduls E und einer freien Basis (insbesondere also im Falle eines >Vektorraums über einem Körper) ist die multilineare Abbildung f genau dann symmetrisch, antisymmetrisch bzw. alternierend, wenn das System der $a_{j_1 \ldots j_m}$ bez. sämtlicher Indizes diese Eigenschaft hat. Ist auch M frei und wählt man in M eine freie Basis, so gelten die entsprechenden Aussagen auch für die Systeme der $a^k_{j_1 \ldots j_m}$ bez. der unteren Indizes für jedes einzelne k. Für alternierende multineare Abbildungen besteht die Entwicklung

$$f(x_1, \ldots, x_m) = \sum_{j_1 < \cdots < j_m} a_{j_1 \ldots j_m} \begin{vmatrix} X_1^{j_1} & \cdots & X_m^{j_1} \\ \cdots & \cdots & \cdots \\ X_1^{j_m} & \cdots & X_m^{j_m} \end{vmatrix}.$$

Wenn m größer als der Rang des freien R-Moduls E (insbesondere also größer als die Dimension des Vektorraums E) ist, gibt es nur $f = 0$ als alternierende multilineare Abbildung.

Eine b. A. bzw. multilineare Abbildung f auf $M_1 \times M_2$ bzw. $M_1 \times \cdots \times M_m$ in R selbst, als R-Modul M aufgefaßt, heißt auch *Bilinearform* bzw. *Multilinearform*; wenn alle M_i gleich dem festen Modul E sind, spricht man auch kurz von einer Bi- bzw. Multilinearform auf E. Diese heißt *symmetrisch, antisymmetrisch* (= *schiefsymmetrisch*) bzw. *alternierend*, wenn die Abbildung die oben genannten Eigenschaften hat. Da R als R-Modul das eine Basiselement 1 besitzt, kann man in der obigen Darstellung der Koordinaten von $f(x_1, \ldots, x_n)$ auf den Index k verzichten, und da im Falle freier Moduln M_i die Koordinaten nach Fixierung freier Basen eindeutig bestimmt sind, kann man dann durch Übergang zu den Koordinaten eine Multilinearform einfach als einen Ausdruck der Form $\sum a_{j_1 \ldots j_m} X_1^{j_1} \ldots X_m^{j_m}$ mit Elementen $a_{j_1 \ldots j_m} \in R$, den *Koeffizienten der Multilinearform*, und Unbestimmten oder Variablen X_i^j deuten. Damit gewinnt man den Übergang zur Auffassung einer Multilinearform als einer speziellen >Form. Die obige Aussage über alternierende multilineare Abbildungen überträgt sich auf alternierende Multilinearformen.

Ein Paar (E, f) aus einem Vektorraum E und einer Bilinearform f heißt ein *bilinearer Raum*. Für diese bilinearen Räume läßt sich über die direkte Summe eine Addition („orthogonale Summe") und über das Tensorprodukt eine Multiplikation einführen und analog wie für quadratische Formen ein Wittring definieren. Vgl. [Q 3].

Insbesondere im Falle von Vektorräumen definiert man für zwei alternierende Formen $f(x_1, \ldots, x_p)$ und $g(x_{p+1}, \ldots, x_{p+q})$ durch

$$(f \wedge g)(x_1, \ldots, x_{p+q}) = \sum_{\pi} \chi(\pi) f(x_{\pi(1)}, \ldots, x_{\pi(p)}) g(x_{\pi(p+1)}, \ldots, x_{\pi(p+q)})$$

ihr *äußeres Produkt,* wobei nur über solche Permutationen π von $\{1, \ldots, p+q\}$ zu summieren ist, für die $\pi(1) < \cdots < \pi(p)$ und $\pi(p+1) < \cdots < \pi(p+q)$ ist.

Da R sowohl R-Links- als auch R-Rechtsmodul ist, kann man bei der Definition der Bilinearformen auf die Kommutativität von R verzichten, wenn man M_1 als Linksmodul und M_2 als Rechtsmodul voraussetzt und (3) durch

$$f(\gamma x_1, x_2) = \gamma(x_1, x_2), \quad f(x_1, x_2\gamma) = f(x_1, x_2)\gamma$$

ersetzt. Ist dann M_1 freier R-Linksmodul mit der freien Basis $(e_i^{(1)})$ und M_2 freier R-Rechtsmodul mit der freien Basis $(e_j^{(2)})$ und sind X_1^i bzw. X_2^j entsprechende Koordinaten der Elemente x_1, x_2, d. h. $x_1 = \sum_i X_1^i e_i^{(1)}$ und $x_2 = \sum_j e_j^{(2)} X_2^j$, so läßt sich

$$f(x_1, x_2) = \sum_{i,j} X_1^i a_{ij} X_2^j \quad \text{mit} \quad a_{ij} = f(e_i^{(1)}, e_j^{(2)})$$

als Matrizenprodukt schreiben, und (a_{ij}) heißt die *Matrix der Bilinearform.* Eine Bilinearform ist genau dann symmetrisch, antisymmetrisch bzw. alternierend, wenn ihre Matrix eine ›symmetrische, ›antisymmetrische bzw. ›alternierende Matrix ist. Über den Zusammenhang von Bilinearformen und ›quadratischen Formen s. dort.

Die Bilinearformen f auf $M_1 \times M_2$ sind vermöge

$$x \overset{\sigma}{\longmapsto} f(x, ?) \tag{*}$$

eineindeutig den ›linearen Abbildungen σ von M_1 in den *dualen Modul* (›Linearform) M_2^* von M_2, d. h. den Modul der linearen Abbildungen von M_2 in R, zugeordnet. Ist allgemeiner M_1 ein R'-Linksmodul und σ eine ›*halblineare Abbildung* von M_1 in M_2^* bezüglich des Isomorphismus φ von R' auf R, so wird durch (*) eine ›*Semibilinearform* f bez. φ erklärt, die umgekehrt wieder σ bestimmt. Wählt man $M_1 = M_2$ und als R' den zu R entgegengesetzten Ring, so wird f eine Semibilinearform bezüglich eines Antiautomorphismus φ von R.

Elemente $x_1 \in M_1$, $x_2 \in M_2$ heißen *orthogonal* bez. der Bilinearform (oder allgemeiner der b. A.) f, wenn $f(x_1, x_2) = 0$ ist. Die zu allen Elementen eines Untermoduls V_1 von M_1 orthogonalen Elemente bilden einen Untermodul $V_1^\perp$ von M_2, die zu allen Elementen eines Untermoduls V_2 von M_2 orthogonalen Elemente einen Untermodul $V_2^\perp$ von M_1. Insbesondere heißt $M_1^\perp$ bez. f *rechts-*

konjugierter Modul von M_1 und $M_2^\perp$ *linkskonjugierter Modul* von M_2. Die Bilinearform f heißt *nichtausgeartet*, wenn $M_1^\perp = 0$ und $M_2^\perp = 0$ ist.

Sind insbesondere R Schiefkörper, V und W Vektorräume über R, f Bilinearform auf $V \times W$ und $V/W^\perp$ und $W/V^\perp$ endlichdimensional über R, so ist $\dim V/W^\perp = \dim W/V^\perp$ und heißt *Rang* von f. Wenn V endlichdimensional und f nichtausgeartet ist, so existiert zu jeder Basis $v_1, \ldots, v_n$ von V eine durch die Bedingung $f(v_i, w_j) = \delta_{ij}$ bestimmte *duale Basis* $w_1, \ldots, w_n$ von W bezüglich f.

Eine Bilinearform f auf E heißt zu einer Bilinearform g auf F *isometrisch*, wenn es einen R-Modulisomorphismus σ: $E \to F$ mit $g(x^\sigma, y^\sigma) = f(x, y)$ für $x, y \in E$ gibt. σ heißt dann *Isometrie* der Formen und im Falle $E = F$ und $f = g$ *metrischer Automorphismus* des Moduls E oder *Automorphismus der Form* f. Die metrischen Automorphismen bilden eine Gruppe, die *Automorphismengruppe* der Form f.

Über *projektive Invarianten* einer Bilinearform und ihren Zusammenhang mit der Theorie der ›Elementarteiler einer Koeffizientenmatrix von f vgl. TURNBULL.

Allgemeiner versteht man unter einer b. A. des Produkts $M_1 \times M_2$ eines R-Linksmoduls M_1 und S-Rechtsmoduls M_2 in einen (R, S)-›Bimodul M eine Abbildung f mit den Eigenschaften (1), (2), die den Bedingungen

$$f(rx_1, x_2) = rf(x_1, x_2), \quad f(x_1, x_2s) = f(x_1, x_2)\, s \quad \text{für} \quad r \in R, \quad s \in S$$

genügt. Ist J Antiautomorphismus von M_2, M_2 auch S-Linksmodul und ersetzt man die letzte obige Forderung durch $f(rx_1, sx_2) = rf(x_1, x_2)\, s^J$, so erhält man eine *(rechtsseitige) semibilineare Abbildung*; ist dagegen auch M_1 R-Rechtsmodul, J Antiautomorphismus von R und ersetzt man die erste Bedingung durch $f(x_1r, x_2s) = r^J f(x_1, x_2)\, s$, so erhält man eine *linksseitig semibilineare Abbildung*. Im Falle $M = R = S$ ergeben sich ›*Semibilinearformen*.

Lit.: [A 14], [EA 3], [EA 9], [G 1], [M 7], [Q 3]
TURNBULL, H. W.: The critical concomitant of bilinear forms. Proc. London Math. Soc. (2) 49 (1946), 99–127.

bilineare Abbildung von Gruppen = ›Gruppenmultiplikation

bilineare Fundamentalform = ›Killingsche Form

bilineare Invariante: Sind f und φ zwei n-äre ›Grundformen m-ten Grades in zueinander ›dualen Reihen von Variablen x_i bzw. u_i', symbolisch (›symbolische Methode) als Linearformenpotenzen $(a'x)^m$ bzw. $(\alpha u')^m$ geschrieben, so ist der mit der Determinante der Koeffizienten (›Klammerfaktoren 1. und 2. Art) gebildete Ausdruck $J = (a'\alpha)^m$ eine lineare simultane Invariante von f und φ (b. I.). Ist $n = 2$ und gilt nichtsymbolisch

$$f = a_0x_1^m + \binom{m}{1} a_1x_1^{m-1}x_2 + \cdots + a_mx_2^m,$$

$$\varphi = \alpha_0u_1^m + \binom{m}{1} \alpha_1u_1^{m-1}u_2 + \cdots + \alpha_mu_2^m,$$

so wird

$$J = a_0\alpha_0 - \binom{m}{1} a_1\alpha_1 + \cdots + (-1)^m a_m\alpha_m.$$

Ersetzt man, um die Binomialkoeffizienten in J zu vermeiden, die a_i durch $a_i \binom{m}{i}^{-1/2}$ (und analog für φ), so heißen f und φ *präpariert*.
›Apolare.

Lit.: [Enc Ib 2]

bilineare Kovariante ›Größe für eine Gruppe

bilinearer Raum ›bilineare Abbildung

Bilinearform ›bilineare Abbildung, ›Form

Bimodul (= *Doppelmodul*): Sind R_1 und R_2 Ringe und ist M gleichzeitig R_1- und R_2-Linksmodul mit $r_1(r_2m) = r_2(r_1m)$ für $r_i \in R_i$, $m \in M$ (*Vertauschbarkeit der Operatorwirkungen* = *Operatorvertauschungsregel*), so heißt M *Doppellinksmodul* oder *Bilinksmodul*; analog ist der Begriff des *Doppelrechtsmoduls* oder *Birechtsmoduls* erklärt. Ist M gleichzeitig R_1-Linksmodul und R_2-Rechtsmodul mit $r_1(mr_2) = (r_1m)\,r_2$ für $r_i \in R_i$, $m \in M$ (*durchlaufendes* ›*Assoziativgesetz* = *gemischte Assoziativität*), so heißt M B., Doppelmodul oder (R_1, R_2)-Modul. R selbst kann in natürlicher Weise als (R, R)-B. aufgefaßt werden. B. und Doppelmodul sind auch Sammelbegriffe für alle hier betrachteten Moduln. Die sinngemäße Übertragung der hier gegebenen Definitionen auf den Fall von mehr als zwei (nicht notwendig verschiedenen) Ringen führt auf den Begriff des *Multimoduls*.

Lit.: [R 17], [R 22]

bimorpher Morphismus = **Bimorphismus** ›Kategorientheorie

binär Liesche Algebra heißt eine ›Algebra A über einem Körper k, in der je zwei Elemente eine Liesche Unteralgebra erzeugen. Bei char $k \neq 2$ wird die ›Varietät aller b. L. A. über k durch die Identität

$$x^2 = J(xy, x, y) = 0 \quad \text{mit} \quad J(x, y, z) = (xy)\,z + (yz)\,x + (zx)\,y$$

gegeben, bei char $k = 2$ muß zusätzlich noch $J\big([(xy)\,y]\,x, x, y\big) = 0$ gelten, wenn A mindestens vierelementig ist.

binäre p-adische Gruppe heißt die unendliche Gruppe der zweireihigen quadratischen Matrizen $\begin{pmatrix} a & b \\ c & d \end{pmatrix}$ mit ganzen ›p-adischen Zahlen als Elementen und $ad - bc = 1$, $c \equiv 0$, $d \equiv 1 \bmod p$.

binäre quadratische Form >Binärform

binäres Relativ = binäre >Relation

binäres System = >Gruppoid

Binärform (= *binäre Form* = *2-äre Form*) heißt eine >Form in zwei Variablen $\sum_{i=0}^{n} a_i x^i y^{n-i}$ mit Koeffizienten a_i aus einem (kommutativen) Ring mit Einselement. Wenn der Grad n gleich 2 ist, spricht man von einer binären >quadratischen Form.

Kanonische Darstellung von B. heißt die Darstellung als Summe von Potenzen von Linearformen. Hat die B. f den Grad $2p$, so ist für die Darstellbarkeit von f als Summe von p Potenzen $(a_1x_1 + a_2x_2)^{2p}$ das Verschwinden einer Invariante, der sog. *Katalektikante*, notwendig und hinreichend. Eine B. $(2p + 1)$-ten Grades kann stets als Summe von p Potenzen $(x_1 - \alpha_i x_2)^{2p+1}$ dargestellt werden. Die α_i sind dabei Wurzeln einer Kovariante, der sog. *Kanonizante*. Spezialfall für quadratische Formen: Sylvestersches Trägheitsgesetz.

Lit.: [I 3], [I 9], [K 2], [Q 5], [Q 8], [Z 1]
Jones, B. W.: The arithmetic theory of quadratic forms. Wiley, New York 1950.
Landau, E., A. Walfisz: Diophantische Gleichungen mit endlich vielen Lösungen. DVW, Berlin 1959.
Lekkerkerker, C. G.: Geometry of numbers. wolters-noordhoff, North-Holland, Amsterdam 1969; 2. Aufl. mit P. M. Gruber, 1987.
Mordell, L. J.: Diophantine equations. Academic Press, London 1969.
Sylvester, J. J.: On a remarkable discovery in the theory of canonical forms and of hyperdeterminants. Phil. Mag. (2) (1851), 391–410.

Binom (= *binomischer Ausdruck* = *zweigliedriger Ausdruck*) heißt ein formal als Summe zweier Glieder geschriebener Ausdruck.
>Polynom

Binomialformel bzw. **-koeffizient** bzw. **-zahl** >binomischer **Lehrsatz**

binomische Formel >binomischer **Lehrsatz**

binomische Gleichung heißt eine >algebraische Gleichung der Form $ax^n + b = 0$; ihre Wurzeln gehen durch Multiplikation mit n-ten >Einheitswurzeln auseinander hervor. Eine b. G. heißt auch (namentlich in der nicht wesentlich verschiedenen Form mit $a = 1$) *reine Gleichung*. Wenn n nicht durch die Charakteristik des Grundkörpers K teilbar ist und dieser die n-ten Einheitswurzeln enthält, ist also die Gruppe der b. G. (>Galoissche Theorie) zyklisch.

Lit.: [A 17 I]

binomische Kongruenz heißt eine ›algebraische Kongruenz der Form $ax^n \equiv b \bmod m$, in der Regel mit $a = 1$ und teilerfremden $b, m \in \mathbb{Z}$. Ist diese lösbar, so heißt b n-ter *Potenzrest* modulo m, anderenfalls *Nichtrest*.

Lit.: [Z 5]

binomischer Lehrsatz (= *binomischer Satz* = *Binomialsatz*): Sind a und $b \in \mathbb{C}$ beliebig und $n \in \mathbb{N}$, so ist

$$(a + b)^n = \sum_{\nu=0}^{n} \binom{n}{\nu} a^{n-\nu} b^\nu$$

(*binomische Formel* = [*Newtonsche*] *Binomialformel*). Die Zahlenkoeffizienten $\binom{n}{\nu}$ heißen *Binomialkoeffizienten* oder *Binomialzahlen*, und zwar ist für beliebige $\alpha \in \mathbb{C}$ und ganze $k \geqq 0$ $\binom{\alpha}{k}$ (gelesen: α über k) definiert durch

$$\binom{\alpha}{k} = \begin{cases} \dfrac{\alpha(\alpha - 1) \ldots (\alpha - k + 1)}{1 \cdot 2 \cdot \ldots \cdot k} & \text{für } k \neq 0, \\ 1 \quad \text{für} \quad k = 0. \end{cases}$$

Für die Binomialkoeffizienten bestehen zahlreiche Identitäten, die man häufig am zweckmäßigsten durch geeignete Interpretation (z. B. Rechnen mit Potenzreihen mit Binomialkoeffizienten als Koeffizienten) beweist. Insbesondere gilt:

$$\binom{\alpha}{k} + \binom{\alpha}{k+1} = \binom{\alpha+1}{k+1},$$

$$\sum_{k=0}^{n} \binom{\alpha+k}{k} = \binom{\alpha+1+n}{n},$$

$$\sum_{k=0}^{n} \binom{\alpha}{k}\binom{\beta}{n-k} = \binom{\alpha+\beta}{n} \text{ (\textit{Additionstheorem der Binomialkoeffizienten}).}$$

Für ganze Zahlen $n \geqq 0$ gilt darüber hinaus: $\binom{n}{k} = 0$ für $n < k$,

$$\binom{n}{k} = \frac{n!}{k!\,(n-k)!} = \binom{n}{n-k} \quad \text{für} \quad k \leqq n;$$

$$\sum_{k=0}^{n} \binom{k}{n} = 2^n \quad \text{und} \quad \sum_{k=0}^{n} (-1)^k \binom{n}{k} = 0 \text{ für } n \geqq 1,$$

$$\sum_{k=1}^{n} k(-1)^k \binom{n}{k} = 0 \quad \text{für} \quad n \geqq 1, \text{ allgemeiner}$$

$$\sum_{k=r}^{n} k(k-1) \ldots (k-r+1)\,(-1)^k \binom{n}{k} = 0 \quad \text{für} \quad n \geqq r,$$

$$\sum_{k=0}^{2n} (-1)^k \binom{2n}{k}^3 = \frac{(-1)^n\,(3n)!}{(n!)^3}.$$

Für $k, n \in \mathbb{N}$ ist der Binomialkoeffizient $\binom{n}{k}$ auch ganz und $\geqq 0$; das folgt insbesondere sofort aus der Deutung der Binomialkoeffizienten als Anzahl der Kombinationen von n unterscheidbaren Objekten zur k-ten Klasse. Deutet man die Multiplikation mit Binomialkoeffizienten als Vielfachenbildung, so kann man daher den b. L. auch auf den Fall anwenden, daß a und b Elemente aus einem beliebigen kommutativen Ring sind.

Zur Verallgemeinerung auf mehr als zwei Summanden >polynomischer Lehrsatz.

Lit.: CLARK, D. S.: On some abstract properties of binomial coefficients. Amer. Math. Monthly **89** (1982), 433–443.
LEHMER, D. H.: Interesting series involving the central binomial coefficient. Amer. Math. Monthly **92** (1985), 449–457.
LUNDGREN, W.: An elementary proof of a formula of A. C. Dixon. Norsk Mat. Tidskr. **29** (1947), 35–38.
RIORDAN, J.: Combinatorial Identities. Wiley, New York 1968.
ROY, R.: Binomial Identities and Hypergeometric Series. Amer. Math. Monthly **94** (1987), 36–40.

biorthogonal >Linearform

biquadratische >Form

biquadratische Gleichung: 1. = >algebraische Gleichung 4. Grades.

2. algebraische Gleichung 4. Grades der speziellen Gestalt $x^4 + px^2 + q = 0$, die sich durch die Substitution $x^2 = y$ auf zwei quadratische Gleichungen zurückführen läßt, die sukzessive lösbar sind.

biquadratisches >**Polynom**

Biquaternionen sind Quaternionen (>Quaternionenalgebra) der Form $\xi = a_0 + a_1e_1 + a_2e_2 + a_3e_3$, deren Koeffizienten a_i Elemente einer >ℝ-Algebra vom Rang 2 mit den Basiselementen 1 und ε sind mit $1^2 = 1$, $1\varepsilon = \varepsilon 1 = \varepsilon$ und $\varepsilon^2 \in \mathbb{R}$. Die B. bilden eine ℝ-Algebra mit den 8 Basiseinheiten 1, e_1, e_2, e_3, ε, εe_1, εe_2, εe_3, die zugehörige *Biquaternionenalgebra*. Wenn $\varepsilon^2 = 1$ ist, heißt ξ *elliptische B.*, bei $\varepsilon^2 = 0$ (die a_i sind dann >duale Zahlen) *parabolische B.* und bei $\varepsilon^2 = -1$ (dann ist $a_i \in \mathbb{C}$) *hyperbolische B.*

Lit.: STUDY, E.: Geometrie der Dynamen. Teubner, Leipzig 1903.

Biquaternionenalgebra >Biquaternionen

biregulärer Ring [im Sinne von Arens und Kaplansky] heißt ein >Ring, in dem jedes zweiseitige Hauptideal von einem *zentralen* (d. h. dem Zentrum angehörenden) *Idempotent* erzeugt wird. Ein b. R. ist stets halbeinfach im Sinne von Jacobson (›Jacobsonsches Radikal) und subdirekte Summe einfacher Ringe mit Einselement. Ein *stark regulärer Ring* (Ring, in dem zu jedem a ein x mit $a^2x = a$ existiert) ist b. R. und ›regulär im Sinne von von Neumann, und jede Lokalisierung von ihm nach einem maximalen Ideal ist Schiefkörper. Im Falle kommutativer Ringe fallen b. R. und ›reguläre Ringe im Sinne von von Neumann zusammen. Ein b. R. mit ›Maximalbedingung für die ›Annullatoren seiner Hauptideale ist eingeschränkte ›direkte Summe einfacher Ringe mit Einselement. Die Hauptideale eines biregulären Ringes bilden einen distributiven, relativ komplementären ›Verband.

Lit.: [V 12]
Andrunakijewitsch, W. A. (В. А. Андрунакиевич): Бирегулярные кольцьа, Mat. Sbornik **39** (**81**) (1956), **447–464.**
Arens, R. F., I. Kaplansky: Topological representation of algebras. Trans. Amer. Math. Soc. **63** (1948), 457–481.

Birkhoff, Satz von, über ›Varietäten

Birkhoffscher Verband (z. T. auch als *semimodularer, halbmodularer* oder *halbdedekindscher Verband* bezeichnet) heißt ein Verband endlicher Länge, der der Nachbarbedingung genügt. Ein ›modularer Verband endlicher Länge ist ein B. V.; ein B. V. ist genau dann modular, wenn der zu ihm duale auch B. V. ist. Beispiele für B. V. sind die Teilraumverbände endlichdimensionaler affiner Räume.

Ein Verband V endlicher Länge ist genau dann B. V., wenn folgende äquivalente Bedingungen gelten:

(i) Sind $a, u, v \in V$, $u \neq v$ und a unterer ›Nachbar von u und v, so sind u und v untere Nachbarn von $u \vee v$.

(ii) Auf V kann man wenigstens eine Dimensionsfunktion (›Dimension (ordnungstheoretische)) definieren, und für jede Dimensionsfunktion d gilt

$$d(a) + d(b) \geqq d(a \wedge b) + d(a \vee b) \quad \text{für} \quad a, b \in V.$$

Lit.: [V 14]

Birkhoff-Witt, Satz von, ›Liesche Algebra

bisymmetrische ›Quasigruppe

bizyklische Halbgruppe heißt eine ›Halbgruppe mit Einselement und zwei Erzeugenden a, b mit der definierenden Relation $ab = 1$.

Lit.: [S 1 I], [S 3]

Block ›Permutationsgruppe

Blockmatrix ›Matrix

Boolesche Algebra (= *Boolescher Verband*) heißt ein ›distributiver und komplementärer ›Verband V. Faßt man V als halbgeordnete Menge auf, so bevorzugt man die Bezeichnung Boolescher Verband; als universelle ›Algebra mit den binären ›Operationen $\wedge$ (verbandstheoretischer Durchschnitt), $\vee$ (verbandstheoretische Vereinigung), der unären Komplementbildung $^-$ oder $'$ und den nullären Operationen 0 (Nullelement) und 1 (Einselement) aufgefaßt, spricht man von B. A. Es gelten die *de-Morganschen Formeln* (*Regeln* oder *Gesetze*) $\overline{x \vee y} = \bar{x} \wedge \bar{y}$, $\overline{x \wedge y} = \bar{x} \vee \bar{y}$, $\bar{0} = 1$, $\bar{1} = 0$. Die Begriffsbildungen der Verbandstheorie übertragen sich auf die B. A. Insbesondere heißt *Ideal* einer B. A. V ein $\cup$-Ideal, d. h. eine Menge I, die mit $a, b \in I$ und $V \ni c \leqq a$ stets auch c und $a \vee b$ enthält. Der Begriff des *Primideals* (›Ideal, verbandstheoretisches) deckt sich in der B. A. mit dem eines *maximalen Ideals*, d. h. eines Ideals, das in keinem von V verschiedenen Ideal echt enthalten ist.

Beispiele für B. A. sind *Mengenalgebren* (Mengen von Teilmengen einer festen Menge, die gegenüber Durchschnitts-, Vereinigungsmengen- und Komplementbildung abgeschlossen sind), insbesondere die *Potenzmenge* (Menge aller Untermengen) einer festen Menge.

Definiert man in einer B. A. V gemäß $a + b = (a \wedge \bar{b}) \vee (\bar{a} \wedge b)$ („*symmetrische Differenz*") und $ab = a \wedge b$ eine Addition und eine Multiplikation, so erhält man einen *Booleschen Ring* B, d. h. einen ›Ring mit Einselement e (gleich dem Einselement der B. A.) und nur idempotenten Elementen. Umgekehrt ergibt sich aus jedem Booleschen Ring B gemäß

$$a \vee b = a + b + ab, \qquad a \wedge b = ab, \qquad \bar{a} = e + a$$

eine B. A. Die Begriffe Ideal und Primideal in einer B. A. und dem zugehörigen Booleschen Ring decken sich.

Jede B. A. V ist isomorph zu einer Mengenalgebra (*Stonescher Darstellungssatz* = *Stonescher Isomorphiesatz* = *Satz von Stone*), und zwar wird der Isomorphismus dadurch gegeben, daß man jedem $x \in V$ die Menge $G_{\bar{x}}$ der $\bar{x}$ enthaltenden (d. h. x nicht enthaltenden) Primideale zuordnet. Wählt man in der Menge der Primideale von V als Umgebungen die Mengen der jeweils ein festes Ideal nicht umfassenden Primideale, so erhält man einen sog. *Booleschen Raum*, d. h. einen total zusammenhanglosen kompakten Raum. Umgekehrt bilden die kompakten offenen Teilmengen eines Booleschen Raums eine B. A.

Jede (als halbgeordnete Menge, ›Dimension 3.) endlichdimensionale B. A. ist endlich und isomorph zur Menge aller Teilmengen einer n-elementigen Menge, besteht also aus 2^n Elementen; ihr ›Hasse-Diagramm wird von den Ecken und Kanten eines auf der Spitze stehenden n-dimensionalen Würfels gebildet.

Axiomatisierungen stammen von HUNTINGTON, Anwendungen in der Logik (Klassen- und Relationentheorie, Aussagenkalkül) und Schaltalgebra.

Boolesche Unteralgebra einer B. A. V heißt eine Untermenge von V, die bez. der algebraischen Operationen in V selbst B. A. ist.

Homomorphismus einer B. A. in eine B. A. V' ist eine mit den *Booleschen Operationen* $\wedge$, $\vee$ und $^-$ vertauschbare Abbildung. Der *Kern* eines Homomorphismus σ, d. h. die Menge der durch σ auf das Nullelement abgebildeten Elemente, bildet ein Ideal. Umgekehrt definiert jedes Ideal I der B. A. V auf V eine ›Äquivalenzrelation $\sim$, indem man $x \sim y$ setzt, wenn $x + y \in I$ ist. Diese Äquivalenzrelation ist mit den algebraischen Operationen verträglich, also *Kongruenzrelation*, und die Menge der Äquivalenzklassen bildet bei repräsentantenweiser Verknüpfung eine B. A., die *Faktoralgebra* V/I.

Homomorphismen von B. A. stellen zugleich Homomorphismen der zugehörigen Booleschen Ringe dar und umgekehrt; die Zuordnung zwischen B. A. und Booleschen Ringen bewirkt einen *natürlichen Isomorphismus* zwischen der Kategorie der B. A. und der der Booleschen Ringe (›Kategorientheorie).

Eine Abbildung einer V erzeugenden Menge E in die B. A. V' läßt sich genau dann stets zu einem Homomorphismus von V fortsetzen, wenn E eine *unabhängige Menge* ist, d. h., daß alle Elemente der Form

$$x_1 \wedge x_2 \wedge \cdots \wedge x_p \wedge \bar{x}_{p+1} \wedge \cdots \wedge \bar{x}_m \quad (x_i \in E,\ x_i \neq x_k \text{ für } i \neq k)$$

ungleich 0 sind. Eine B. A. heißt *frei*, wenn sie von einer unabhängigen Menge erzeugt wird, wenn sie also frei im Sinne der universellen Algebra ist (›Varietät). Jede B. A. ist zu einer Faktoralgebra einer freien B. A. isomorph. Zu jeder Kardinalzahl $\mathfrak{m}$ gibt es bis auf Isomorphie eine freie B. A. mit $\mathfrak{m}$ freien Erzeugenden. Eine endliche freie B. A. besteht aus genau 2^{2^n} Elementen (n Zahl der Erzeugenden) und läßt sich als Algebra aller ›Booleschen Funktionen in n Variablen realisieren.

Eine B. A. heißt *vollständig*, wenn sie als ›Verband vollständig ist, d. h., jede Untermenge hierin eine untere und eine obere Grenze besitzt. Eine unendliche freie B. A. ist niemals vollständig. Eine Unteralgebra einer vollständigen B. A. V heißt *regulär*, wenn sie alle in V berechneten oberen und unteren Grenzen enthält. *Gewicht* einer B. A. V heißt die kleinste Mächtigkeit einer Untermenge von V, die in V dicht ist. Wenn alle Hauptideale $\neq 0$ von V dasselbe Gewicht haben, heißt die B. A. V *homogen*. Eine vollständige B. A. heißt *normiert*, wenn auf ihr eine reelle Funktion μ (*Maß*) definiert ist mit $\mu(x) > 0$ für $x \neq 0$, $\mu(\sup E) = \sum_{x \in E} \mu(x)$ für eine Untermenge E von V aus lauter disjunkten Elementen (d. h. Elementen x, y mit $x \wedge y = 0$ für $x \neq y$).

Eine *verallgemeinerte B. A.* (= *verallgemeinerter Boolescher Verband*) ist ein distributiver Verband mit Nullelement und relativen Komplementen.

Lit.: [V 2], [V 4], [V 5], [V 6], [V 8], [V 15], [V 17]

Boole, G.: The Mathematical Analysis of Logic, Being an Essay Towards a Calculus of Deductive Reasoning. Macmillan, Cambridge; Bell, London 1847. Reprint Basil Blackwell, Oxford 1948, 1951.

Boole, G.: An Investigation of the Laws of Thought, On Which are Founded the Mathematical Theories of Logic and Probabilities. Macmillan, Cambridge; Walton and Maberly, London 1854. Reprint Dover, New York 1960.

HUNTINGTON, E. V.: New set of independent postulates for the algebra of logic, with special reference to Whitehead and Russel's Principia Mathematica. Trans. Amer. Math. Soc. **35** (1933), 274–304.
KOLMOGOROV, A. N.: Algèbres de Booles métriques complètes. In: VI Zjazd Mathematików Polskich, Kraków 1950.
STONE, M. H.: The theory of representation of Boolean algebras. Trans. Amer. Math. Soc. **40** (1936), 37–111.
STONE, M. H.: Application of the theory of Boolean rings to general topology. Trans. Amer. Math. Soc. **41** (1937), 375–481.

Boolesche Funktion (= *Boolesches Polynom*) heißt eine Funktion von einer oder mehreren Variablen mit Argumenten und Werten in einer ›Booleschen Algebra B, die sich aus den ***konstanten Funktionen*** $B^n \to B$ und den *Projektionsfunktionen* $\varepsilon_i: B^n \to B$ mit $\varepsilon_i(x_1, \ldots, x_n) = x_i$ durch endlichmalige Anwendung der Booleschen Operationen $\vee$, $\wedge$ und $'$ erhalten läßt (›Polynomfunktionen, ›Varietät). Sie bilden eine Boolesche Algebra. Ohne die Zulassung konstanter Funktionen spricht man auch von *einfachen B. F.* oder *B. F. im engeren Sinne*; Spezialfall: Abbildung $B_2^n \to B_2$ (*Wahrheitsfunktion*), wo B_2 die zweielementige Boolesche Algebra ist. Die B. F. einer Booleschen Algebra lassen sich gerade als die Polynome des zugehörigen Booleschen Rings auffassen.

Die Boolesche Algebra der einfachen B. F. $B^n \to B$ ist freie ›Boolesche Algebra, die von den n Projektionsfunktionen frei erzeugt wird. Sie ist zur Algebra der Wahrheitsfunktionen von n Variablen auf B_2 isomorph. Daher wird gelegentlich eine B. F. auch als Funktion von einer oder mehreren Variablen mit Argumenten und Werten aus einer zweielementigen Menge (gewöhnlich aus 0 und 1) mit Addition modulo 2 definiert.

Eine Gleichung der Form $f(x_1, \ldots, x_n) = 0$, wo f eine B. F. ist, heißt eine *Boolesche Gleichung*.

Lit.: RUDEANU, S.: Boolean functions and equations. North-Holland Amsterdam, American Elsevier, New York 1970.

Boolesche Gleichung ›Boolesche Funktion

Boolesche Operation ›Boolesche Algebra

Boolescher Raum bzw. **Ring** bzw. **Verband** ›Boolesche Algebra

Borelsche Unteralgebra einer halbeinfachen ›Lieschen Algebra L über einem algebraisch abgeschlossenen Körper k heißt eine maximale auflösbare Unteralgebra, die eine ›Cartansche Unteralgebra enthält. Im Falle eines nicht algebraisch abgeschlossenen Körpers k heißt eine Unteralgebra $\mathfrak{m}$ B. A., wenn das ›Tensorprodukt $\mathfrak{m} \otimes_k \bar{k}$, wo $\bar{k}$ die algebraisch abeschlossene Hülle von k ist, B. U. der Lieschen Algebra $L \otimes_k \bar{k}$ ist.

Lit.: [EL 8]

Borelsche Untergruppe einer >algebraischen Gruppe G heißt eine maximale zusammenhängende abgeschlossene auflösbare algebraische Untergruppe B. G/B ist dann eine projektive Mannigfaltigkeit (algebraische Untergruppen B mit dieser Eigenschaft heißen *parabolisch*), und alle B. U. von G sind konjugiert. Eine abgeschlossene Untergruppe von G ist genau dann parabolisch, wenn sie eine B. U. enthält.

Lit.: [G 22]

Brandtsche Halbgruppe >Brandtsches Gruppoid

Brandtsches Gruppoid heißt eine Menge G mit einer (multiplikativ geschriebenen) partiellen binären >Operation (d. h. ein >Halbgruppoid), so daß gilt:

(i) Zu jedem $a \in G$ gibt es eindeutig bestimmte Elemente (*Links-* bzw. *Rechtseinheit*) $e, f \in G$ mit $ea = af = y$.

(ii) Wenn $ea = a$ oder $ae = a$ für $a, e \in G$, so $ee = e$.

(iii) Die Elemente $a, b \in G$ sind genau dann miteinander *multiplizierbar*, d. h., es existiert das Produkt ab, wenn $ae = a$, $eb = b$ für ein $e \in G$ gilt.

(iv) Wenn $a, b, c \in G$ und ab und bc in G definiert sind, so auch $(ab)\,c$ und $a(bc)$, und $(ab)\,c = a(bc)$; man kann also auf Klammern verzichten.

(v) Wenn $ea = a$, $af = a$ für $a, e, f \in G$, so gibt es ein $b \in G$ (*inverses Element*) mit $ab = e$ und $ba = f$.

(vi) Aus $ee = e$ und $ff = f$ in G folgt die Existenz eines sog. *Verbindungselements* $a \in G$ mit $ea = a$ und $af = f$.

Hieraus folgt insbesondere, daß im Falle einer Gleichheit $ab = c$ in G jedes der drei Elemente a, b, c durch die anderen beiden eindeutig bestimmt ist.

Nimmt man zu einem B. G. ein zusätzliches *Nullelement* 0 hinzu und definiert alle bisher nicht erklärten Produkte zu 0, so erhält man eine >Halbgruppe, eine sog. *Brandtsche Halbgruppe* (*B. G. mit Null*); es kann als reguläre >Matrizenhalbgruppe dargestellt werden.

Zwei Elemente aus G heißen einander *doppelt zugehörig*, wenn sie dieselbe Rechtseinheit und dieselbe Linkseinheit besitzen. Dadurch wird eine Kongruenzrelation definiert. Die einer Einheit doppelt zugehörigen Elemente bilden eine Gruppe. Die Kongruenzklassen einander doppelt zugehöriger Elemente bilden ein B. G., dessen Einheiten durch die eben genannten Gruppen gebildet werden. Sind alle diese Kongruenzklassen einelementig, so heißt das B. G. *schlicht*.

Die >normalen Ideale einer Algebra bilden ein B. G. bez. der Idealmultiplikation, die Matrizeneinheiten E_{ij} (die an der Stelle i, j eine Eins und sonst lauter Nullen enthalten) bilden ein schlichtes B. G. bez. der Matrizenmultiplikation.

Der Begriff des B. G. wurde von BRANDT in Zusammenhang mit der >Komposition quadratischer Formen eingeführt. Das B. G. ist ein Spezialfall des ›Ehresmannschen Gruppoids.

Lit.: [EA 1], [G 4], [S 1 I]
BRANDT, H.: Über eine Verallgemeinerung des Gruppenbegriffs. Math. Ann. **96** (1926), 360–366.
HOEHNKE, H.-J.: 66 Jahre Brandtsches Gruppoid, in: Heinrich Brandt 1886 bis 1986. Martin-Luther-Univ. Halle–Wittenberg, Wiss. Beiträge 1986/47, Halle 1986, 15–79.
STOLT, B.: Zur Axiomatik des Brandtschen Gruppoids. Math. Z. **70** (1958), 156–164.

Brauer-Grothendiecksche Gruppe ›Algebrenklassen

Brauersche [Algebrenklassen]gruppe ›Algebrenklassen

Brauerscher Charakter = modularer Charakter ›modulare Darstellung

Brauersches Faktorensystem ›Algebrenklassen

Breite ›Bewertung

Bring-Jerrardsche Gleichung = **Bring-Jerrardsche Normalform** ›Tschirnhaus[en]-Transformation

Brioschische Normalform ›Ikosaedergruppe

Brouwersche Algebra (= *Brouwerscher Verband* = *subjunktiver Verband*) ist ein ›Verband mit Einselement, in dem es eine weitere zweistellige ›Operation (*Pseudodifferenz*) $\dot{-}$ gibt, so daß für alle $x, y, z \in V$ die Bedingungen $x \dot{-} y \leqq z$ und $x \leqq y \vee z$ gleichwertig sind. $x \dot{-} y$ ist das kleinste Element z mit $x \leqq y \vee z$. Dieser Begriff entsteht aus dem Problem, diejenigen normalen aussagenlogischen Matrizen mit einem ausgezeichneten Wahrheitswert algebraisch zu charakterisieren, über denen sämtliche Axiome des intuitionistischen Aussagenkalküls allgemeingültig sind. Auf B. A. führt auch das Studium der algebraischen Struktur der Menge aller abgeschlossenen Elemente einer beliebigen Hüllenalgebra. Beispiel für eine B. A. ist der Verband aller abgeschlossenen Mengen eines topologischen Raums R, falls die Operation $\dot{-}$ durch $M \dot{-} N = C(M \cap \overline{N})$ definiert wird (C Hüllenbildung, $^{-}$ Komplementärmengenbildung).

Durch Dualisierung erhält man den Begriff der ›*pseudobooleschen Algebra,* die z. T. (z. B. von BIRKHOFF) als B. A. bezeichnet wird.

Lit.: HEYTING, A.: Die formalen Regeln der intuitionistischen Logik. Sitzungsber. Preuss. Akad. Wiss. 1930, 42–56.
MCKINSEY, J. C. C., A. TARSKI: The algebra of topology. Ann. of Math. (2) **45** (1944), 141–191; On closed elements in closure algebras. Ann. of Math. (2)

47 (1946), 122–162; Some theorems about the sentential calculi of Lewis and Heyting. J. symbolic Logic **13** (1948), 1–15.

Brouwerscher Verband = ›Brouwersche Algebra

Brown-McCoysches Radikal $G(R)$ oder $\mathfrak{r}^{(BM)}$ eines ›Ringes R heißt der Durchschnitt derjenigen Ideale $\mathfrak{a}$ von R, für die $R/\mathfrak{a}$ ein einfacher Ring mit Einselement ist; es ist ein Radikal im Sinne der Radikaltheorie von Amitsur und Kurosch (›Radikale in Ringen). Es ordnet sich in folgende allgemeinere Begriffsbildungen ein, die sich auf ›nichtassoziative Ringe und Gruppen verallgemeinern lassen. Zu jedem Ring R gehöre eine Abbildung F von R in die Menge der zweiseitigen Ideale von R, die mit Ringhomomorphismen vertauschbar ist. Ein Element $a \in R$ heißt *F-regulär*, wenn $a \in F(a)$ gilt. Ein zweiseitiges Ideal heißt F-regulär, wenn alle seine Elemente F-regulär sind. *F-Radikal* von R heißt das größte F-reguläre zweiseitige Ideal von R; es besteht aus allen Elementen von R, die F-reguläre zweiseitige Ideale erzeugen. Es ist der Durchschnitt aller zweiseitigen Ideale $\mathfrak{m}$ von R, für die $R/\mathfrak{m}$ ein subdirekt irreduzibler Ring mit dem Nullideal als F-Radikal ist; es ist genau dann Null, wenn R isomorph zu einer subdirekten Summe von subdirekt irreduziblen Ringen mit verschwindenden F-Radikalen ist, und der zugehörige Restklassenring hat das F-Radikal Null. Nimmt man für F die Abbildung G, die jedem $a \in R$ das von dem Rechtsideal aller $ax - x$ mit $x \in R$ erzeugte zweiseitige Ideal zuordnet, so ist das zugehörige G-Radikal gerade das B.-M. R. von R. Es umfaßt das ›Jacobsonsche Radikal von R, und zwar im allgemeinen echt.

Lit.: [R 3], [R 30]
Brown, B., N. H. McCoy: Radicals and subdirect sums. Amer. J. Math. **69** (1947), 46–58.
Brown, B., N. H. McCoy: The radical of a ring. Duke Math. J. **15** (1948), 495 to 499.

Bruch heißt in der elementaren Zahlentheorie der in der Form $\frac{a}{b}$ oder a/b dargestellte *Quotient* zweier ganzer Zahlen, des *Zählers* a und des *Nenners* b ($\neq 0$), also eine *rationale Zahl*. Zwei B. sind genau dann gleich, wenn sie sich durch *Erweitern* (Multiplikation von Zähler und Nenner mit derselben ganzen Zahl $\neq 0$) auf dieselbe Gestalt bringen lassen; die zum Erweitern inverse Operation (Division von Zähler und Nenner durch einen gemeinsamen ganzzahligen Faktor) heißt *Kürzen*. Man kann daher den Nenner stets als natürliche Zahl voraussetzen, und indem man gegebenenfalls einen Vorzeichenfaktor vor den B. zieht, auch – wie meist in der Schulmathematik – den Zähler als nichtnegativ voraussetzen. Durch Kürzen kann man stets erreichen, daß ein B. *reduziert* ist, d. h., Zähler und Nenner teilerfremd sind.

Ein B., dessen Nenner Potenz von 10 ist, heißt *Dezimalbruch*. Der B. $\frac{a}{b}$

heißt *echter B.*, wenn $|a| < |b|$ ist, anderenfalls *unecht*. B. mit gleichem Nenner heißen auch *gleichnamig* oder *ähnlich*, andere *ungleichnamig*. Durch Erweitern kann man mehrere gegebene B. gleichnamig machen, insbesondere kann man sie stets in die Form von B. bringen, deren gemeinsamer Nenner gleich dem *Hauptnenner* (= *Generalnenner*) der B. ist, d. h. dem kleinsten gemeinsamen Vielfachen der Nenner. Man nennt diesen Prozeß „*auf den Hauptnenner bringen*". Wenn die ursprünglichen B. unkürzbar sind, erhält man aus der Darstellung mittels der Hauptnenner jede weitere Darstellung mit gemeinsamem Nenner durch Erweitern mit einer ganzen Zahl. Das läßt sich alles sinngemäß auf ZPE-Ringe verallgemeinern, der Hauptnenner ist dann natürlich nur bis auf eine Einheit bestimmt.

Brüche werden *addiert* oder *subtrahiert*, indem man sie gleichnamig macht und unter Beibehaltung des Nenners die Zähler addiert bzw. subtrahiert, und sie werden gemäß den Regeln $\frac{a}{b} \cdot \frac{a'}{b'} = \frac{aa'}{bb'}$ und $\frac{a}{b} : \frac{a'}{b'} = \frac{ab'}{ba'}$ *multipliziert* bzw. *dividiert* (im letzteren Falle muß natürlich $a' \neq 0$ sein).

Die obigen Begriffsbildungen übertragen sich sinngemäß auf B., deren Zähler und Nenner ›Polynome in einer Unbestimmten über einem Körper sind, die also rationale Funktionen darstellen. Anstelle des Betrags ist dann der Grad zu setzen.

Der Begriff des B. wird in den ›Quotientenringen verallgemeinert.

Buchberger-Algorithmus ›Gröbnerbasis

Buchsbaum-Modul heißt ein endlich erzeugter ›Modul M über einem ›lokalen Ring R, wenn eine der folgenden äquivalenten Bedingungen erfüllt ist:

(i) Die Differenz $I(M)$ aus der Länge $l_R(M/\mathfrak{q} \cdot M)$ und der Multiplizität $e_0(\mathfrak{q}, M)$ von M bez. eines Parameterideals $\mathfrak{q}$ von R ist unabhängig von $\mathfrak{q}$.

(ii) Jedes Parametersystem für M ist eine ›schwache M-Sequenz. R heißt *Buchsbaum-Ring*, wenn R B. über sich selbst ist.

Ein endlich erzeugter Modul M über R ist genau dann ›Cohen-Macaulay-Modul (›M-Sequenz), wenn er B. ist mit $I(M) = 0$. M ist genau dann B. über dem lokalen Ring R mit dem maximalen Ideal $\mathfrak{m}$, wenn die $\mathfrak{m}$-adische Vervollständigung (›$\mathfrak{m}$-Topologie) von M B. über der $\mathfrak{m}$-adischen Vervollständigung $\hat{R}$ ist.

Lit.: STÜCKRAD, J., W. VOGEL: Buchsbaum rings and applications. An interaction between algebra, geometry and topology. DVW, Berlin 1986.

Buchsbaum-Ring ›Buchsbaum-Modul

Budan-Fouriersche Regel (= *Theorem von [Budan-] Fourier* = *Budan-Fouriers Satz* = *Zeichenregel von Budan-Fourier*): Sei $f(x)$ ein Polynom n-ten Grades mit reellen Koeffizienten, $W(\xi)$ die Anzahl der Zeichenwechsel in der Folge der

Ableitungen $f(x), f'(x), \ldots, f^{(n)}(x)$ an der Stelle $x = \xi$, wobei verschwindende Glieder der Kette bei der Abzählung nicht berücksichtigt werden. Sind $a, b \in \mathbb{R}$ mit $a < b$, $f(a) \neq 0$, $f(b) \neq 0$, so ist die Anzahl $N(a, b)$ der mit ihren Vielfachheiten gezählten reellen Nullstellen von f zwischen a und b gleich $W(a) - W(b)$ oder um eine gerade Zahl kleiner. Da $W(-\infty) = n$, $W(\infty) = 0$ ist, wird $N(a, b) = W(a) - W(b)$, falls $N(-\infty, \infty) = n$ ist, d. h., alle Nullstellen von $f(x)$ reell sind.

Lit.: [A 8II]

Budan-Fouriers Satz = >Budan-Fouriersche Regel

Burnsidesche Sätze: (i) Liegt die p->Sylow-Gruppe P einer endlichen Gruppe G im Zentrum ihres Normalisators, so enthält G einen Normalisator N mit $PN = G$ und $G/N \cong P$.

(ii) Eine endliche Gruppe, deren Ordnung nur durch zwei verschiedene Primzahlen teilbar ist, ist >auflösbar.

(iii) Eine >Darstellung einer Gruppe durch Matrizen vom Grad f ist genau dann absolut irreduzibel, wenn unter den darstellenden Matrizen f^2 linear unabhängige vorkommen [A 17II]. Verallgemeinerungen von Wiegmann.

Lit.: [A 17II], [G 5], [G 42]
Wiegmann, N. A.: Some generalizations of Burnside's theorem. Canad. J. Math. 9 (1957), 336–346.

Burnsidesche Vermutungen: 1.) Jede endliche Gruppe ungerader Ordnung ist >auflösbar (bewiesen von Feit und Thompson).

2.) *uneingeschränkte B. V.* (*Burnsidesches Problem* [*für periodische Gruppen*] = *verallgemeinertes Burnsidesches Problem*): Eine endliche periodische Gruppe ist endlich; wurde von Golod falsifiziert. Ein einfacher konstruktiver Beweis dafür, daß es zu jeder ungeraden Primzahl p eine unendliche >p-Gruppe mit 2 Erzeugenden (der Ordnung p) gibt, stammt von Gupta und Sidki.

3.) *beschränkte B. V.* (*eingeschränktes Burnsidesches Problem*): Eine endlich erzeugbare Gruppe von endlichem Exponenten ist endlich; von Novikov und Adjan falsifiziert. Es gibt sogar für beliebiges ungerades $n \geqq 665$ und beliebiges $m > 1$ unendliche Gruppen mit m Erzeugenden und der Relation $X^n = 1$.

4.) *abgeschwächtes Burnsidesches Problem*: Die Ordnungen aller endlichen Gruppen vom Exponenten n, die von m Elementen erzeugbar sind, liegen unter einer Schranke $S(n, m)$. Für Primzahlen n bewiesen von Kostrikin.

Lit.: [G 19], [G 24II]
Adjan, S. I. (С. И. Адян): Проблема Бернсайда и тождества в группах, Наука, Москва 1975; The Burnside Problem and Identities in Groups. Springer, Berlin 1979.

Feit, W., J. Thompson, Solvability of groups of odd order, Pacific J. Math. **13** (1963), 775–1029.

Golod, E. S. (Е. С. Голод): О ниль-алгебрах и финитно-аппроксимируемых p-группах, Изв. Акад. Наук СССР, сер. мат. **28** (1964), 273–276.

Gupta, N., S. Sidki: On the Burnside Problem for Periodic Groups, Math. Z. **182** (1983), 385–388.

Hall, M.: Solution of the Burnside Problem for Exponent 6. Proc. Nat. Acad. Sci. USA **43** (1957), 751–753.

Higman, G.: On finite groups of exponent 5. Proc. Cambridge Phil. Soc. **52** (1956), 381–390.

Kostrikin, A. I. (А. И. Кострикин): Решение ослабленной проблемы Бернсайда для показателя 5. Izv. Akad. Nauk SSSR, Ser. mat. **19** (1955), 233 bis 244.

Kostrikin, A. I. (А. И. Кострикин): О кольцах Ли, удовлетворяющих условию Энгеля. Dokl. Akad. Nauk SSSR **108** (1956), 580–582.

Nowikow, S. P. (С. П. Новиков): О периодических группах. Dokl. Akad. Nauk SSSR **127** (1959), 749–752.

Vaughan-Lee, M. R.: The restricted Burnside problem. Bull. London Math. Soc. **17** (1985), 113–133.

Burnsidescher Abzählungssatz: Die Gruppe G operiere auf der Menge Ω. Für $g \in G$ sei $\chi(g)$ die Anzahl der Fixpunkte von Ω bei g. Dann ist die Anzahl der verschiedenen Orbits von Ω unter G gleich $(\operatorname{ord} G)^{-1} \sum_{g \in G} \chi(g)$. Der B. A. hängt mit der Theorie der Gruppencharaktere (›Charakter einer Gruppe) zusammen.

Lit.: [D 9]

Burnsidescher Basissatz: Die Faktorgruppe $P/D = A$ der ›p-Gruppe P nach dem Durchschnitt D der maximalen Untergruppen ist eine elementare abelsche Gruppe. Wenn ihre Ordnung gleich p^r ist, so enthält eine beliebige Menge von erzeugenden Elementen $z_1, \ldots, z_s$ von P eine Untermenge aus r Elementen $x_1, \ldots, x_r$, die auch P erzeugen. Bei der natürlichen Abbildung $P \to A$ gehen die Elemente $x_1, \ldots, x_r$ in eine *Basis* $a_1, \ldots, a_r$ der Gruppe A über. Umgekehrt ist eine beliebige Menge aus r Elementen von P, die bei $P \to A$ auf eine Basis von A abgebildet wird, ein Erzeugendensystem von P.

Lit.: [G 1], [G 39], [G 42]

C

Campbell-Hausdorffsche Formel (= *symbolische Exponentialformel*): Für die durch formale Potenzreihen definierte *Exponentialfunktion* $\exp: z \mapsto e^z = \sum_{n=0}^{\infty} \frac{z^n}{n!}$ läßt sich im Falle nichtkommutierender assoziativer x, y schreiben

$e^x e^y = e^{\varphi(x,y)}$, wobei sich $\varphi(x, y)$ als Reihe in den Kommutatoren von x und y gebildeter homogener Glieder darstellen läßt, die folgendermaßen beginnt:

$$\varphi(x, y) = x + y + \frac{1}{2}[x, y] + \frac{1}{12}[[x, y], x] + \frac{1}{12}[[x, y], y]$$

$$- \frac{1}{24}[[[x, y], y], x] - \frac{1}{720}[[[[x, y], y], y], y]$$

$$- \frac{1}{720}[[[[y, x], x], x], x] + \frac{1}{180}[[[[x, y], x], x], y]$$

$$- \frac{1}{180}[[[[x, y], x], y], y]$$

$$- \frac{1}{120}[[[x, y], x], [x, y]] - \frac{1}{360}[[[x, y], y], [x, y]] + \cdots.$$

Zur Präzisierung sei A freie (assoziative) Algebra mit Einselement über $\mathbb{Q}$ (›R-Algebra) mit freien Erzeugenden u, v. Dann wird durch die Abbildung exp eine stetige Bijektion der Vervollständigung $\hat{A}$ der Algebra A durch Potenzreihen auf die multiplikative Gruppe $1 + \hat{A}_1$ hergestellt, wo $\hat{A}_1$ aus der Menge der Reihen ohne Absolutglied besteht. Die inverse Abbildung hierzu wird durch $\ln : y \mapsto \ln y = \sum_{n=1}^{\infty} \frac{(-1)^{n-1}}{n} (y - 1)^n$ gegeben.

Wenn L die von den Elementen u, v bez. der Kommutatorbildung $[x, y] = xy - yx$ erzeugte Liesche Unteralgebra von A ist, so stellt die Einschränkung von exp auf die Vervollständigung $\hat{L}$ von L durch Potenzreihen eine Bijektion auf die Gruppe $1 + \hat{L}_1$ dar. Man kann daher auf der Trägermenge der Lieschen Algebra $\hat{L}$ eine Gruppenoperation $x \circ y = \ln (e^x e^y)$ einführen, wobei in der auf diese Weise erhaltenen Gruppe die von u und v erzeugte Untergruppe frei ist. Der explizite Ausdruck für $u \circ v$ als Potenzreihe von u und v wird gerade durch die C.-H. F. gegeben.

Für eine Schreibweise der C.-H. F. in der Sprache der adjungierten Darstellung ›[EL 2] und [L 17].

Lit.: [EL 2], [G 28], [L 9], [L 11], [L 13], [L 17]

Campbell, J. E.: On a Law of Combination of Operators bearing on the Theory of Continuous Transformation Groups. Proc. London Math. Soc. **28** (1897), 381–390.

Campbell, J. E.: On a Law of Combination of Operators. Proc. London Math. Soc. **29** (1898), 14–32.

Hausdorff, F.: Die symbolische Exponentialformel in der Gruppentheorie. Berichte d. Sächs. Akad. Wiss., Math.-Phys. Kl. 58 (1906), 19–48.

Séminaire Sophus Lie, Théorie des algèbres de Lie — Topologie des groupes de Lie, Secr. Math., Paris 1955.

Capellische Identität ›PI-Algebra

Capellische Operation ›H-Prozeß

Cardanosche Formel[n] (= *Cardanosche Auflösungsformeln* = *Cardanische Formel[n]*). Ist die Charakteristik des Körpers K nicht 2 oder 3, so läßt sich die *kubische Gleichung*

$$x^3 + a_1x^2 + a_2x + a_3 = 0 \quad \text{mit} \quad a_i \in K$$

durch die Substitution $x = z - \frac{1}{3}a_1$ auf die Gestalt $z^3 + pz + q = 0$ bringen. Die C. F. geben die Wurzeln dieser Gleichung in der Form

$$z_1 = w + w', \quad z_2 = \varrho w + \varrho^2 w', \quad z_3 = \varrho^2 w + \varrho w',$$

wobei ϱ eine primitive dritte ›Einheitswurzel bedeutet und die Radikale

$$w = \sqrt[3]{-\frac{q}{2} + \sqrt{\left(\frac{q}{2}\right)^2 + \left(\frac{p}{3}\right)^3}}, \quad w' = \sqrt[3]{-\frac{q}{2} - \sqrt{\left(\frac{q}{2}\right)^2 + \left(\frac{p}{3}\right)^3}}$$

so zu wählen sind, daß $ww' = -\frac{p}{3}$ ist.

Ist K ein reeller Körper und sind die z_j reell und voneinander verschieden, so werden w und w' komplex. Dieser sog. *casus irreducibilis* (= *irreduzibler Fall*) liegt vor, wenn die Diskriminante $D = -4p^3 - 27q^2$ positiv ist. Wie HÖLDER gezeigt hat, ist es in diesem Fall unmöglich, die Wurzeln durch reelle Radikale auszudrücken, es sei denn, daß eine von ihnen schon in K liegt. Zu einer reellen Darstellung der Wurzeln führt im Falle $D > 0$ die trigonometrische Auflösung

$$z_1 = 2\sqrt{-\frac{p}{3}}\cos\frac{\varphi}{3}, \quad z_2 = 2\sqrt{-\frac{p}{3}}\cos\frac{\varphi + 2\pi}{3},$$

$$z_3 = 2\sqrt{-\frac{p}{3}}\cos\frac{\varphi + 4\pi}{3}$$

mit $-\frac{q}{2} = \varrho\cos\varphi$, $\sqrt{D/108} = \varrho\sin\varphi$, $\varrho = \sqrt{-(p/3)^3} > 0$ $(p < 0)$, und φ liegt im ersten oder zweiten Quadranten, je nachdem, ob $q < 0$ oder > 0 ist.

Lit.: [A 8I], [A 12I], [A 17I]
HÖLDER, O.: Über den Casus Irreducibilis bei der Gleichung dritten Grades. Math. Ann. 38 (1891), 307–312.

Cartan, Satz von É.: (i) Eine ›Liesche Algebra L über einem Körper der Charakteristik 0 ist genau dann halbeinfach, wenn L kein abelsches Ideal $\neq 0$ besitzt; in diesem Falle ist die adjungierte ›Darstellung von L halbeinfach.

(ii) Sind e_i, f_i, h_i $(i = 1, \ldots, r)$ ***kanonische Erzeugende*** einer komplexen halbeinfachen ›Lieschen Algebra L, d. h. linear unabhängige Erzeugende mit

$$[e_i, f_j] = \delta_{ij} h_i, \quad [h_i, e_j] = a_{ij} e_j, \quad [h_i, f_j] = -a_{ij} f_j, \quad [h_i, h_j] = 0$$

mit $a_{ii} = 2$, a_{ij} für $i \neq j$ nichtpositiv ganz und mit $a_{ij} = 0$ auch $a_{ji} = 0$ (sie sind bestimmt durch die Cartansche Matrix), ist die ›Cartansche Unteralgebra $\mathfrak{t}$ von L lineare Hülle von $h_1 \ldots h_r$ und ϱ lineare ›Darstellung von L in einem komplexen endlichdimensionalen ›Vektorraum V, so existiert ein Vektor v $(\neq 0) \in V$ mit

$$\varrho(e_i)\, v = 0, \quad \varrho(h_i)\, v = k_i v \qquad (i = 1, \ldots, r)$$

mit ganzen Zahlen k_i. v heißt ***höchster Vektor*** der Darstellung ϱ, die lineare Funktion Λ auf $\mathfrak{t}$ mit $\Lambda(h_i) = k_i$ zu v gehöriges ***höchstes*** ›*Gewicht* der Darstellung ϱ.

Lit.: [L 4III], [L 13]
Cartan, É.: Les tenseurs irréductibles et les groupes linéaires simples et semi-simples. Bull. Sci. math. 49 (1925), 130—152.

Cartan, Satz von H. ›Hölderscher Satz

Cartansche Invarianten ›modulare Darstellung

Cartansche Matrix ›Gewicht

Cartansche Unteralgebra (auch: *Cartanscher Teilring*) einer endlichdimensionalen ›Lieschen Algebra L über einem Körper K heißt eine nilpotente Unteralgebra H, deren *Normalisator* (d. h. die Menge der $x \in L$ mit $[x, H] \subset H$) gleich H ist (d. h., aus $[x, H] \subset H$ folgt $x \in H$). In der Lieschen Algebra der n-reihigen komplexen ›Matrizen ist die Unteralgebra der Diagonalmatrizen C. U. Wenn char $K = 0$ ist, so ist zu einem beliebigen regulären Element x die Menge der Elemente von L, die von einer Potenz von ad x (›adjungierte Darstellung) annulliert werden, C. U., und jede C. U. kann auf diese Weise gewonnen werden. Jedes reguläre Element gehört zu genau einer C. U. Alle C. U. von L haben dieselbe Dimension, die gleich dem ***Rang*** von L ist, das ist Dimension von L minus Vielfachheit der Wurzel 0 des ›charakteristischen Polynoms der durch ad x für ein reguläres Element x gegebenen linearen Transformation. Wenn außerdem L halbeinfach ist, so ist jede C. U. abelsch.

C. U. einer halbeinfachen Lieschen Algebra L über dem Körper der komplexen Zahlen ist eine maximale abelsche Unteralgebra H von L, so daß für jedes $h \in H$ der Endomorphismus ad h halbeinfach ist.

Lit.: [L 4III], [L 12], [L 13], [L 24]

CARTAN, É.: Sur la structure des groupes de transformations finis et continus. Thèse, Librairie Nony, Paris 1894.

Cartansche Untergruppe einer beliebigen Gruppe G heißt nach Chevalley eine maximale nilpotente Untergruppe C in G, so daß jeder Normalteiler von endlichem Index in C Untergruppe von endlichem Index in seinem Normalisator in G ist.

Im Falle einer zusammenhängenden linearen ›algebraischen Gruppe G über einem Körper der Charakteristik 0 sind die C. U. von G genau die abgeschlossenen zusammenhängenden Untergruppen, deren ›Liesche Algebren ›Cartansche Unteralgebren der Lieschen Algebra von G sind (Beispiel: Gruppe der Diagonalmatrizen in der allgemeinen ›linearen Gruppe $GL_n(k)$). Wenn der Grundkörper algebraisch abgeschlossen ist, sind die C. U. einer irreduziblen algebraischen Gruppe alle konjugiert in G, bei halbeinfachem G sind sie abelsch.

C. U. einer zusammenhängenden ›Lieschen Gruppe G sind abgeschlossene Untergruppen, deren Liesche Algebren Cartansche Algebren von G sind; wenn G kompakt ist, sind seine C. U. die maximalen zusammenhängenden abelschen Untergruppen von G, sie sind untereinander konjugiert. Sonst sind die C. U. im allgemeinen nicht abgeschlossen.

›Gaußsche Zerlegung.

Lit.: [G 3], [L 4III], [L 21]

Cartansche Zerlegung einer reellen halbeinfachen ›Lieschen Algebra g_0 mit der ›Komplexifizierung g heißt eine direkte Vektorraumzerlegung $g_0 = k_0 + p_0$ in eine Unteralgebra k_0 und einen Vektorraum p_0, für die es eine kompakte reelle Form g_k von g mit

$$\sigma g_k \subset g_k, \quad k_0 = g_0 \cap g_k, \quad p_0 = g_0 \cap (ig_k)$$

gibt, wo σ die Konjugation von g bez. g_0 bezeichnet. Zwei beliebige C. Z. sind unter einem inneren Automorphismus konjugiert.

Lit.: [L 9], [L 12], [L 24]

Cartanscher Teilring = ›Cartansche Unteralgebra

Cartansches Kriterium für die Halbeinfachheit ›Killingsche Form

Carter, Satz von, ›Cartersche Untergruppe

Cartersche Untergruppe (= *Carter-Gruppe*) heißt eine maximale ›nilpotente Untergruppe, die *selbstnormalisierend*, d. h., gleich ihrem Normalisator ist. Endliche ›auflösbare Gruppen besitzen C. U., diese sind alle konjugiert (*Satz von Carter*).

Lit.: [G 23]

CARTER, R. W.: Nilpotent self-normalizing subgroups of soluble groups. Math. Z. 75 (1961), 136—139.

Casimir-Operator: L sei halbeinfache endlichdimensionale ›Liesche Algebra über einem Körper der Charakteristik 0, B eine symmetrische Bilinearform auf L, die invariant ist (d. h. $B([x, y], z) = B(x, [y, z])$ für alle $x, y, z \in L$), z. B. die ›Killingsche Form, die auf einem Ideal L_0 in L nicht ausgeartet ist. C. von L bez. der Form B heißt ein Element $b = \sum e_i e^i$ der ›universellen Hüllalgebra $U(L)$, wo die e_i und e^i ($i = 1, \ldots, l$) *duale Basen* von L_0 bez. B sind (›bilineare Abbildung), d. h. $B(e_i, e^j) = \delta_i^j$, $l = \dim L_0$. b ist unabhängig von der Basiswahl und liegt im Zentrum von $U(L)$. Jede lineare ›Darstellung φ von L in einem endlichdimensionalen Raum definiert eine solche invariante Bilinearform $B_\varphi(x, y) = \mathrm{Tr}\left(\varphi(x), \varphi(y)\right)$ auf L, die auf dem zum Kern von φ komplementären Ideal L_0 nicht ausgeartet ist, und damit einen C. Im Falle einer einfachen Algebra L ist der durch die ›Killing-Form bestimmte C. bis auf einen Zahlenfaktor eindeutig bestimmt.

Lit.: [L 6], [L 7]
BERDJIS, F.: Die Casimir-Operatoren der einfachen Lie-Algebren. Diss. München 1977.

Casus irreducibilis ›Cardanosche Formeln

Cauchy, Satz von: Zu jedem Primteiler p der Ordnung einer endlichen Gruppe gibt es Elemente der Ordnung p. Der Satz folgt aus der allgemeineren Aussage, daß jede endliche Gruppe zu jeder solchen Primzahl p eine p-›Sylow-Gruppe enthält.

Lit.: [G 42]

Cauchy-Folge ›Filtrierung, ›Bewertung, ›p-Gruppe

Cauchysche charakteristische Gleichung ›Matrizenschar

Cauchysche Determinante = ›Vandermondesche Determinante

Cayley, Satz von, ›Permutationsdarstellung

Cayley-Aronholdsche Differentialgleichungen ›Invariantentheorie

Cayley-Dickson-Algebra ›Cayleysche Algebra

Cayley-Hamilton, Satz von, ›charakteristisches Polynom 2.

Cayley-Hamiltonsche Gleichung ›charakteristisches Polynom 2.

Cayleysche Algebra heißt eine achtdimensionale nichtassoziative ›$\mathbb{R}$-Algebra mit eindeutiger Division und mit Einselement, deren Elemente, die sog. *Cayley-Zahlen* oder [*Cayleyschen*] *Oktaven*, sich in der Form $q + Q\varepsilon$ mit gewöhnlichen Hamiltonschen Quaternionen q und Q und den Rechenregeln

$$(q + Q\varepsilon) + (q' + Q'\varepsilon) = (q + q') + (Q + Q')\,\varepsilon,$$

$$(q + Q\varepsilon) \cdot (q' + Q'\varepsilon) = (qq' + \varepsilon^2\bar{Q}'Q) + (Q'q + Q\bar{q}')\,\varepsilon \quad \text{und} \quad \varepsilon^2 = -1$$

schreiben lassen; dabei ist der Übergang zur konjugierten Quaternion durch Überstreichen bezeichnet. $1 = 1 + 0\varepsilon$ ist das Einselement. Als Basis über $\mathbb{R}$ erhält man die Elemente $1, i, j, k, \varepsilon, i\varepsilon, j\varepsilon, k\varepsilon$. Als zu $\xi = q + Q\varepsilon$ *konjugiertes Element* definiert man $\bar{\xi} = \bar{q} - Q\varepsilon$, als *Spur*

$$S(\xi) = \xi + \bar{\xi} = q + \bar{q}$$

und als *Norm*

$$N(\xi) = \xi\bar{\xi} = q\bar{q} - \varepsilon^2 Q\bar{Q} = \bar{\xi}\xi.$$

Dann ist die Norm eines Produkts gleich dem Produkt der Normen, und aus der Forderung $\varepsilon^2 = -1$ folgt, daß sie eine reelle nichtnegative Zahl darstellt, die nur für $\xi = 0$ verschwindet; daraus ergibt sich die Nullteilerfreiheit der C. A.

Läßt man in der obigen Definition für q und Q verallgemeinerte Quaternionen über einem Körper K zu und ersetzt die Multiplikationsvorschrift $\varepsilon^2 = -1$ durch die Forderung $\varepsilon^2 = \gamma \in K$, so erhält man analog eine nichtassoziative K-Algebra mit acht Basiselementen, die *verallgemeinerte C. A.* oder *Cayley-Dickson-Algebra*, auf die sich die obigen Definitionen verallgemeinern. Sind dabei q, Q Elemente eines Quaternionenschiefkörpers, so stimmen diese Algebren mit den eigentlichen Alternativkörpern überein.

Lit.: [A 13], [R 29]
FREUDENTHAL, H.: Oktaven, Ausnahmegruppen und Oktavengeometrie. Rijksuniv. Utrecht 1951.

Cayleysche „colour-group“ = >Cayleysches Diagramm

Cayleysche Formeln stellen eine eineindeutige Zuordnung zwischen den >hermiteschen Matrizen H und den >unitären Matrizen U mit sämtlichen Eigenwerten $\neq -1$ her:

$$U = (E + iH)\,(E - iH)^{-1}, \quad H = i(E - U)\,(E + U)^{-1}.$$

Hieraus folgt insbesondere eine eineindeutige Zuordnung zwischen allen schiefsymmetrischen Matrizen T und allen >orthogonalen Matrizen O mit Eigenwerten $\neq -1$:

$$O = (E - T)\,(E + T)^{-1}, \quad T = (E - O)\,(E + O)^{-1}.$$

Lit.: [M 5I]

Cayleysche [Gruppen]tafel >Gruppentafel

Cayleysche Oktaven bzw. **Zahlen** >Cayleysche Algebra

Cayleyscher Ω-Prozeß: ein Differentiationsprozeß in der >Invariantentheorie. Ist f eine Form in den Variablenreihen $x_1, \ldots, x_n$; $y_1, \ldots, y_n$; ..., so erhält man in

$$(\Omega_x)_i = \frac{\partial}{\partial x_i}, \quad (\Omega_{xy})_{ij} = \begin{vmatrix} \dfrac{\partial}{\partial x_i} & \dfrac{\partial}{\partial x_j} \\ \dfrac{\partial}{\partial y_i} & \dfrac{\partial}{\partial y_j} \end{vmatrix} \quad \text{usw.}$$

eine Reihe von Differentiationsprozessen. Bei n Reihen $x, y, \ldots, t$ erhält man so den C. Ω-P.

$$\Omega(f) = \Omega_{xy\ldots t}(f) = \begin{vmatrix} \dfrac{\partial}{\partial x_1} & \cdots & \dfrac{\partial}{\partial x_n} \\ \cdots & \cdots & \cdots \\ \dfrac{\partial}{\partial t_1} & \cdots & \dfrac{\partial}{\partial t_n} \end{vmatrix} f.$$

Ω ist mit allen Polaroperationen $D_{\xi\eta}$ mit $\xi \neq \eta$ und $\xi, \eta = x, y, \ldots, t$ vertauschbar (Polarenprozeß >Invariantentheorie). $\Omega(f)$ ist eine Komitante von f. Ist f symbolisch dargestellt (>symbolische Methode): $f = (a'x)^p \ldots (m't)^h$, so wird

$$\Omega(f) = p \ldots h \cdot [a' \ldots m'] \, (a'x)^{p-1} \ldots (m't)^{h-1}$$

(>Klammerfaktoren 1. und 2. Art).

Lit.: [I 12]

STEIN, P.: An extension of a formula of Cayley. Proc. Edinburgh Math. Soc. (2) 9 (1954), 91–99.

Cayleyscher Satz >Permutationsdarstellung

Cayleysches [Gruppen]diagramm (= *Dehnsches Gruppenbild* = *Cayleysche „colour-group"*): von Cayley gegebene Veranschaulichung einer durch >Erzeugende und Relationen definierten Gruppe durch einen gerichteten Graphen, der folgendermaßen erhalten wird. Den Gruppenelementen V werden eineindeutig die Knotenpunkte $\overline{V}$ des Graphen zugeordnet, und die zu den Elementen V, W gehörigen Punkte werden genau dann durch einen von $\overline{V}$ nach $\overline{W}$ laufenden und mit S_i bezeichneten Bogen verbunden, wenn $W = S_i V$ mit einer Erzeugenden S_i ist. Dann ist jeder Knotenpunkt $\overline{V}$ für jede Erzeugende S_i Anfangspunkt eines S_i-Bogens (mit dem Endpunkt $\overline{W}$) und Endpunkt eines S_i-Bogens (der zum Punkt $\overline{S_i^{-1}V}$ gehört). Den in den Erzeugenden gebildeten Wörtern entsprechen dann die (nicht notwendig im Sinne der Orientierung der Bögen durchlaufenen) Wege des Graphen, dem Wort $S_1S_3^{-1}S_2$ beispielsweise der Weg längs einem S_2-Bogen vorwärts, dann längs dem entsprechenden S_3-Bogen rückwärts und schließlich längs einem S_1-Bogen vorwärts. Den geschlossenen Wegen entsprechen dabei eineindeutig die Relationen zwischen den Erzeugenden. Die Permutationen der Eckpunkte, die die Bezeichnung der Bögen invariant lassen, sind gerade die durch die rechte reguläre ›Darstellung der Gruppe gegebenen. Das C. D. dient insbesondere zur Bestimmung vollständiger Relationensysteme gegebener Gruppen.

Lit.: [G 68]

Cayley-Sylvesterscher Fundamentalsatz der ›Invariantentheorie besagt, daß die Anzahl $N(k, r, p)$ der linear unabhängigen Semiinvarianten einer binären Form k-ten Grades vom Grade r und Gewicht p im Falle $kr - 2p \geqq 0$ gleich $A(k, r, p) - A(k, r, p - 1)$ ist, wobei $A(k, r, p)$ die Anzahl der Lösungssysteme der ›diophantischen Gleichungen

$$\lambda_0 + \lambda_1 + \cdots + \lambda_k = r, \quad \lambda_1 + 2\lambda_2 + \cdots + k\lambda_k = p$$

in nichtnegativen ganzen Zahlen ist. Es ist $N(k, r, p) = N(r, k, p)$ (*Hermitesches Reziprozitätsgesetz*). Die Anzahlen lassen sich mittels der Gaußschen Polynome bestimmen.

Lit.: [I 10]

Cayley-Zahlen ›Cayleysche Algebra

Charakter (Dualitätstheorie) ›Charaktergruppe

Charakter einer ›Darstellung von Ringen und Algebren

Charakter einer Gruppe (= *Gruppencharakter* = *klassischer Charakter*): Ist T (endlichdimensionale) ›Darstellung der Gruppe G über dem Körper K, so heißt C. $\chi = \chi_T$ von T diejenige Abbildung von G in K, die jedem $g \in G$ die Spur der ›linearen Abbildung $T(g)$, d. h. die Spur der Darstellungsmatrix, zuordnet. Der Grad der Darstellung heißt auch *Grad* des C., der C. einer Darstellung vom Grad 1 heißt *eindimensional* oder auch *linear*. Der C. einer irreduziblen Darstellung heißt *einfach*, der einer reduziblen *zusammengesetzt*. Unter *irreduziblen C.* werden häufig *absolut irreduzible C.* verstanden, d. h. C. absolut irreduzibler Darstellungen. Für den C. der Einsdarstellung gilt $\chi(g) = 1$ für alle $g \in G$; er heißt auch *trivialer C.* oder *Einheitscharakter*. Der C. einer *direkten Summe* von Darstellungen ist die Summe, der eines *Kronecker-Produkts* von Darstellungen das Produkt der C. der einzelnen Darstellungen:

$$\chi_{T_1 \oplus T_2} = \chi_{T_1} + \chi_{T_2}, \quad \chi_{T_1 \otimes T_2} = \chi_{T_1}\chi_{T_2}.$$

Ein C. hat für konjugierte Gruppenelemente denselben Wert, er ist also eine *Klassenfunktion* oder sog. *zentrale Funktion* auf der Gruppe.

Äquivalente Darstellungen haben denselben C. Die Umkehrung gilt auch, falls die Gruppe endlich und ihre Ordnung zur Charakteristik teilerfremd ist. Für den C. der *regulären Darstellung* gilt $\chi(1) = \text{ord } G$ (wie allgemein) und $\chi(s) = 0$ sonst. $\chi(g)$ ist Summe von γ-ten Einheitswurzeln, wenn g die Ordnung γ hat.

Für den C. der zu T adjungierten ›Darstellung T^*, den sog. *konjugierten C.*, gilt $\chi_{T^*}(g) = \chi_T(g^{-1})$. Er wird auch mit $\bar{\chi}$ bezeichnet. In $\mathbb{C}$ bedeutet das gerade komplexe Konjugation.

Für Gruppen mit zur Charakteristik von K teilerfremder Ordnung gilt: Die Anzahl der irreduziblen Darstellungen (bis auf Äquivalenz) ist gleich der Anzahl der Klassen konjugierter Elemente von G. Die Anzahl der eindimensionalen Darstellungen ist gleich dem Index der Kommutatorgruppe von G. Der Grad eines irreduziblen C. ist Teiler der Gruppenordnung.

Orthogonalitätsrelationen für C.: Definiert man für C. ein Skalarprodukt durch

$$\langle \varphi, \varphi \rangle = \frac{1}{\text{ord } G} \sum_{t \in G} \bar{\varphi}(t)\, \psi(t),$$

so gilt für irreduzible C.: $\langle \chi, \chi' \rangle = 1$, wenn χ und χ' zu äquivalenten Darstellungen gehören, $= 0$ sonst. Dieses Skalarprodukt läßt sich bilinear auf den linearen Raum der *Zentrumsfunktionen* (= *zentralen Funktionen*) auf G mit Werten in K ausdehnen, d. h. derjenigen Funktionen, die auf den Klassen konjugierter Elemente denselben Wert haben; die irreduziblen C. bilden hierin eine Orthonormalbasis.

Hiermit kann man zeigen: Jede irreduzible Darstellung von G kommt in der regulären Darstellung so oft vor, wie ihr Grad n_i angibt. Es ist $\sum n_i^2 = \text{ord } G$.

Lit.: [D 2], [D 19]
LEDERMANN, W.: Introduction to Group Characters. Cambridge University Press, Cambridge 1987.
MACDONALD, I. G.: Symmetric Functions and Hall Polynomials. Clarendon Press, Oxford 1979.
SRINIVASAN, B.: Characters of finite groups: Some uses and mathematical application. Amer. Math. Monthly **88** (1981), 639–646.

Charakter einer kommutativen Halbgruppe S mit Einselement heißt ein Homomorphismus χ in die multiplikative ›Halbgruppe der komplexen Zahlen, der vom Nullhomomorphismus verschieden ist. Man kann sich auf den Fall beschränken, daß $|\chi(a)| = 1$ oder 0 für alle $a \in S$ gilt. Gelegentlich fordert man auch $|\chi(a)| \leqq 1$ für alle $a \in S$. Die C. von S bilden bei punktweiser Multiplikation eine Halbgruppe S^*, die *Charakterhalbgruppe* von S; ihr Einselement ist der *Eins-C.* 1^* mit $1^*(a) = 1$ für alle a.

Primideal von S heißt ein Ideal P, für das $S \setminus P$ Unterhalbgruppe ist; bezüglich der Operation der Vereinigung bilden diese einen ›Halbverband, der zum Halbverband der idempotenten C. von S isomorph ist. Dieser Isomorphismus wird gerade dadurch hergestellt, daß man jedem C. das Ideal P zuordnet, auf dem er verschwindet.

Durch die Zuordnung $S \ni a \mapsto \varphi_a \in S^{**}$ mit $\varphi_a(\chi) = \chi(a)$ für $\chi \in S^*$ wird ein Homomorphismus von S in S^{**} definiert. Dieser Homomorphismus ist genau dann Isomorphismus („*Dualitätssatz*"), wenn S eine ›inverse Halbgruppe ist.

›separative Halbgruppe.

Lit.: [S 1I]

Austin, C.: Duality theorems for some commutative semigroups. Trans. Amer. Math. Soc. 109 (1963), 245–256.

Charakter einer Matrix = Spur der ›Matrix

Charaktergruppe (= *duale Gruppe* = *Dualgruppe*): G sei lokalkompakte kommutative ›topologische Gruppe. *Charakter* von G heißt jeder Homomorphismus von G in die additive topologische Gruppe der reellen Zahlen modulo den ganzen Zahlen $K = \mathbb{R}/\mathbb{Z}$. Die Gesamtheit G^* der Charaktere von G wird zu einer topologischen Gruppe, der C. von G, indem man (bei additiver Schreibweise von G) die Addition von Charakteren α, β durch $(\alpha + \beta)(x) = \alpha(x) + \beta(x)$ für $x \in G$ definiert und als vollständiges Umgebungssystem des neutralen Elements in G^* (des Charakters, der ganz G auf das Nullelement von K abbildet) die Mengen $W(C, U)$ aller Charaktere α von G mit $\alpha(C) \subset U$ nimmt, wobei C alle kompakten Teilmengen von G und U alle Umgebungen des neutralen Elements in K durchläuft. (Bei multiplikativer Schreibweise wähle man statt K die multiplikative Gruppe der komplexen Zahlen vom Betrag 1, die als Gruppe der Kreisdrehungen gedeutet werden kann; Charakter bedeutet dann dasselbe wie irreduzible unitäre ›Darstellung von G, denn jede solche Darstellung einer abelschen Gruppe ist eindimensional [und fällt daher mit ihrem ›Charakter im Sinne der ›Darstellungstheorie zusammen]). G^* ist wieder lokal kompakt und kommutativ.

Die Abbildung von $G \times G^*$ in K, die jedem Paar (x, x^*) den Wert $\langle x, x^* \rangle$ des Charakters x^* an der Stelle x zuordnet, ist dann stetig und stellt eine ›*Gruppenmultiplikation* (auch *natürliche Multiplikation* genannt) von G und G^* bez. K dar.

Für festes $x \in G$ ist $x^{**} = \langle x, ? \rangle$ ein Charakter von G^*, und die Abbildung $x \mapsto \varphi(x) = x^{**}$ definiert einen stetigen Homomorphismus von G in G^{**} mit $\langle x, x^* \rangle = \langle x^*, \varphi(x) \rangle$. Nach der von Pontrjagin und van Kampen entwickelten *Dualitätstheorie* topologischer Gruppen ist φ eine stetiger offener Isomorphismus von G auf G^{**}; es gilt also der *Dualitätssatz*: Jede kommutative lokalkompakte Gruppe G ist zu G^{**}, der C. ihrer C., isomorph (*Dualität*). Besitzt G eine abzählbare Basis, so auch G^*. Sind in dieser Weise G und H gegenseitig C. voneinander, so entsprechen die abgeschlossenen Untergruppen G' von G und H' von H einander eineindeutig, indem jede gerade der ›*Annullator* der anderen ist. Entsprechen sich die abgeschlossenen Untergruppen G_i von G

und H_i von H, so ist $H_1 \supset H_2$ gleichbedeutend mit $G_1 \subset G_2$, und von den Faktorgruppen G_2/G_1, H_1/H_2 ist jede C. der anderen; insbesondere ist H_1 bzw. G_1 die C. von G/G_1 bzw. H/H_1.

Hinsichtlich der topologischen Eigenschaften gilt insbesondere: Die C. einer *kompakten* Gruppe ist *diskret* und umgekehrt. G ist genau dann *zusammenhängend*, wenn G^* kein Element $\neq 0$ endlicher Ordnung enthält; G ist genau dann *vollständig unzusammenhängend*, wenn G nur aus Elementen endlicher Ordnung besteht. Die *Dimension* des Gruppenraums einer kompakten Gruppe G ist gleich dem *Rang* von G^*. Insbesondere ist jede endliche abelsche Gruppe zu ihrer C. isomorph (das ist aber kein natürlicher Isomorphismus im Sinne der ›Kategorientheorie), ebenso die additive Gruppe der reellen Zahlen.

Für Untersuchungen über C. ohne Topologie vgl. [G 14].

Lit.: [G 14 I], [G 31 II], [H 5]
Bourbaki, N.: Éléments de mathématique, Théorie spectrales, chap. (1 et) 2, Groupes localement compacts commutatifs. Hermann, Paris 1967.
Hewitt, E., K. A. Ross: Abstract harmonic analysis I, II. Springer, Berlin 1963 (2nd ed. 1987), 1970.
Kampen, E. R. van: Locally bicompact Abelian groups and their character groups. Ann. of Math. (2) 36 (1935), 448–463.
Morris, S. A.: Pontryagin duality and the structure of locally compact abelian groups. Cambridge University Press, Cambridge 1977.
Pontrjagin, L.: The theory of topological commutative groups, Ann. of Math. (2) 35 (1934), 361–388.

Charakterhalbgruppe ›Charakter einer Halbgruppe

Charakteristik einer Gruppe = ›Exponent

Charakteristik eines ›**Fastrings**

Charakteristik eines Körpers: Ist e das Einselement des Körpers K und n die kleinste natürliche Zahl, so daß ne (als Abkürzung für die n-fache Summe $e + e + \cdots + e$) gleich 0 wird, so ist n notwendig Primzahl (gewöhnlich mit p bezeichnet) und heißt die C. von K: $\operatorname{char} K = p$; verschwindet ne niemals, so sagt man, K habe die C. 0: $\operatorname{char} K = 0$ (gelegentlich spricht man dann auch von der C. ∞ oder 1). Im Falle der C. 0 ist der Primkörper von K isomorph zum Körper $\mathbb{Q}$, K kann dann also als Oberkörper von $\mathbb{Q}$ aufgefaßt werden. Im Falle der C. $p \neq 0$ ist der Primkörper von K isomorph zum Restklassenkörper mod p des Rings $\mathbb{Z}$; es gilt dann für beliebige $a \in K$ stets $pa = 0$, und die Gleichung $ne = 0$ ist gleichbedeutend mit $n \equiv 0 \bmod p$. Da dann stets $(a + b)^p = a^p + b^p$ gilt, bewirkt Potenzieren mit p einen Homomorphismus, der K auf einen zu K isomorphen Unterkörper K^p von K abbildet. Vgl. Mac Lane.

Lit.: [A 17 I]
MacLane, S.: Modular fields. Amer. Math. Monthly 47 (1940), 259–274.

Charakteristik eines Moduls ›Charakteristik eines Rings

Charakteristik eines Quasikörpers: Die Ordnungen aller von 0 verschiedenen Elemente eines ›Quasikörpers Q hinsichtlich der in Q definierten Addition sind gleich, entweder eine Primzahl p oder ∞. Im ersten Fall heißt p, im zweiten 0 die C. von Q. Die C. eines Quasikörpers ist gleich der C. seines Kerns.

Charakteristik eines Rings: Ist R ein ›Ring mit Einselement 1, so ist die Ordnung von 1 in der Additivgruppe von R entweder eine natürliche Zahl m oder ∞. Im ersten Fall heißt m (= Elementeanzahl des Primrings), im zweiten 0 die C. des Rings. Bei C. m ist die Ordnung jedes Ringelements in der Additivgruppe (sog. *additive Ordnung*) Teiler von m; ist R nullteilerfrei, so ist m notwendig Primzahl. Hat R kein Einselement, so wird die C. des ›Endomorphismenrings der Additivgruppe von R, der stets ein Einselement besitzt, als C. von R bezeichnet. Manchmal reserviert man die C. 0 auf den Fall, daß alle von 0 verschiedenen Elemente die additive Ordnung ∞ haben, und nennt sonst das Maximum der additiven Ordnungen der Elemente von R, das möglicherweise ∞ ist, die C. von R. Die Definitionen übertragen sich sinngemäß auf den Fall eines Moduls.

Lit.: [A 1], [A 16]

charakteristik[un]gleich ›Bewertung, ›lokaler Ring

charakteristisch [-] einfache Gruppe (= *elementare Gruppe*) heißt eine Gruppe, die keine eigentliche ›charakteristische Untergruppe enthält. Eine c. e. G., in der der ›Doppelkettensatz für Normalteiler gilt, insbesondere eine endliche c. e. G., ist ›direktes Produkt isomorpher einfacher Gruppen. Besitzt eine c. e. G. einen nichttrivialen minimalen ›Normalteiler A, so ist sie direktes Produkt von zu A isomorphen Gruppen. Eine Gruppe G ist genau dann c. e. G., wenn ihre ›Automorphismengruppe maximale Untergruppe des ›Holomorphs von G ist. Vgl. insbesondere ›elementare abelsche Gruppe.

Lit.: [G 26], [G 42]

charakteristische Folge ›Ketten und Reihen

charakteristische Funktion = ›charakteristisches Polynom 2., ›R-Algebra, ›Matrizenschar

charakteristische Funktion von Schur ›Alternante

charakteristische Gleichung ›charakteristisches Polynom 2. + 4. ›R-Algebra, ›Matrizenschar

charakteristische Gleichung = Killingsche Gleichung einer ›Lieschen Gruppe

charakteristische Matrix ›charakteristisches Polynom 2.

charakteristische Reihe >Ketten und Reihen

charakteristische Untergruppe (auch = *charakteristischer Teiler* oder *invariante Untergruppe*) heißt eine Untergruppe einer Gruppe G, die bei allen >Automorphismen von G in sich abgebildet wird; sie fällt mit allen >isotypen Untergruppen zusammen und ist >Normalteiler. Beispiele: G und die Einsuntergruppe, das Zentrum, die Glieder der >Zentrenreihen, >Kommutatorgruppen, die >Frattini-Gruppe, der >Kern einer Gruppe, der maximale auflösbare, der maximale nilpotente, der maximale perfekte Normalteiler, der Sockel, jede vollinvariante Untergruppe.
>Operatorenbereich.

Lit.: [G 26I], [G 35], [G 42]

charakteristische Wurzel bzw. **Zahl** >charakteristisches Polynom 2.

charakteristischer Teiler = >charakteristische Untergruppe

charakteristisches Polynom 1. C. P. einer linearen Transformation (d. h. eines Endomorphismus) σ eines (endlichdimensionalen) >Vektorraums V über einem Körper K heißt das c. P. der zu σ gehörigen Matrix. Die dortigen Begriffsbildungen übertragen sich auf den vorliegenden Fall. Bilden $x_1, \ldots, x_n$ eine Basis von V, so gelten Gleichungen $x_i^\sigma = \sum_j a_{ij}x_j$ mit eindeutig bestimmten Elementen $a_{ij} \in K$, und das c. P. von σ ist also das Polynom $\det(a_{ij} - \lambda\delta_{ij})$ in λ.

2. C. P. einer Matrix (= *charakteristische Funktion*): R sei kommutativer >Ring mit Einselement und A eine (n, n)->Matrix über R. Die Polynommatrix $\lambda E - A$ (häufig wird auch $A - \lambda E$ betrachtet) heißt die *charakteristische Matrix*, ihre >Determinante

$$\det(\lambda E - A) = \lambda^n - c_1\lambda^{n-1} + c_2\lambda^{n-2} - + \cdots + (-1)^n c_n$$

das c. P. von A. Hierin ist der Koeffizient c_j gleich der Summe der j-reihigen Hauptunterdeterminanten von A, insbesondere c_1 die *Spur* (Tr oder Sp) und c_n die *Determinante* von A. Seine Nullstellen, d. h. die Lösungen λ der sog. *charakteristischen Gleichung* (= *Säkulargleichung* = *säkulare Gleichung*) $\det(\lambda E - A) = 0$ von A, sind genau diejenigen Elemente aus R, für die es nichttriviale Lösungen (d. h. als Spaltenvektoren geschriebene n-Tupel $x = (x_1, \ldots, x_n)^{\mathrm{T}} \neq 0$ mit $x_i \in R$) von

$$Ax = \lambda x \qquad (*)$$

gibt. Jedes solche λ heißt *Eigenwert*, *charakteristische Zahl* oder *charakteristische Wurzel* der Matrix A und die Gesamtheit aller Eigenwerte von A das *Spektrum* von A. (Gelegentlich versteht man unter den Eigenwerten auch die

Zahlen $1/\lambda$ für $\lambda \neq 0$, d. h. die Lösungen der Gleichung $\det(E - \lambda A) = 0$.) Nach dem Vietàschen Wurzelsatz ist im Falle eines Körpers R insbesondere $\operatorname{Tr} A = \sum \lambda_i$ und $\det A = \prod \lambda_i$, wobei jede Nullstelle so oft auftritt, wie ihre Vielfachheit angibt. Das n-Tupel $(x_1, \ldots, x_n)^T$ heißt ***Eigenvektor*** von A zum Eigenwert λ. Ist R nullteilerfrei, so wird die Vielfachheit der Nullstelle λ als ***Ordnung***, ***algebraische Vielfachheit*** oder ***Rang*** des Eigenwerts λ bezeichnet.

Ist R ein Körper, so bilden die zum Eigenwert λ gehörigen Lösungen von (*) (einschließlich des Nullvektors) einen Vektorraum über R, dessen Dimension auch die (*geometrische*) *Vielfachheit* des Eigenwerts λ heißt; diese ist stets höchstens gleich der Ordnung des Eigenwerts. Im Falle eines algebraisch abgeschlossenen Körpers R ist A genau dann zu einer Diagonalmatrix ›ähnlich, wenn für jeden Eigenwert die geometrische Vielfachheit gleich der algebraischen Vielfachheit ist. Vgl. ›Jordansche Normalform.

Ist

$$f(x) = \alpha_0 + \alpha_1 x + \cdots + \alpha_m x^m$$

ein Polynom und A eine quadratische Matrix mit den Eigenwerten λ_i, so hat das Matrizenpolynom

$$f(A) = \alpha_0 E + \alpha_1 A + \cdots + \alpha_m A^m$$

die Eigenwerte $f(\lambda_i)$, zu denen insbesondere die alten Eigenvektoren gehören.

Jede quadratische Matrix A genügt ihrer eigenen charakteristischen Gleichung, d. h., es gilt mit den obigen Bezeichnungen die *Cayley-Hamiltonsche Gleichung*

$$A^n - c_1 A^{n-1} + c_2 A^{n-2} - + \cdots + (-1)^n E = 0$$

(*Satz von Cayley-Hamilton* = *Cayley-Hamiltonsches Theorem*). Das ergibt sich aus der allgemeineren Aussage, daß eine Matrix A, die einer Gleichung

$$p(\lambda) = C_0 \lambda^k + C_1 \lambda^{k-1} + \cdots + C_k = 0$$

mit n-reihigen quadratischen Matrizen C_j genügt, auch die Gleichung $\det\big(p(\lambda)\big) = 0$ erfüllt.

Ist $R = \mathbb{C}$, so gilt für die Eigenwerte insbesondere: Symmetrisierbare, insbesondere hermitesche und reell-symmetrische Matrizen haben nur reelle Eigenwerte; ist r der Rang der hermiteschen Matrix A und q der Trägheitsindex der zugehörigen hermiteschen Form (›Sylvestersches Trägheitsgesetz), so hat A genau $r - q$ positive und q negative Eigenwerte. Schiefsymmetrisierbare, insbesondere schiefhermitesche und reell-schiefsymmetrische Matrizen haben nur reelle Eigenwerte. Unitäre und reell-orthogonale Matrizen haben nur Eigenwerte vom Betrag 1. ›Minimalpolynom einer Matrix.

3. C. P. eines Elements einer Algebra: Ist $\mathfrak{A}$ eine K-›Algebra vom Rang n mit Einselement über dem kommutativen Körper K und ist dem Element

$a \in \mathfrak{A}$ bei der (ersten) regulären ›Darstellung von $\mathfrak{A}$ die Matrix A zugeordnet (d. h., für den Zeilenvektor $\boldsymbol{u}$ der Basiselemente $u_1, \ldots, u_n$ gilt $a\boldsymbol{u} = \boldsymbol{u}A$), so heißt das ›c. P. der Matrix A das (erste) c. P. $F(x, a)$ von a: $F(x, a) = \det(xE - A) = x^n + \alpha_1 x^{n-1} + \cdots + \alpha_n$. (Mit der zweiten regulären Darstellung kann analog ein zweites c. P. gebildet werden, das nicht notwendig dem ersten gleich ist.) Die Spur der Matrix A: $\operatorname{Tr} A = -\alpha_1$ heißt die *reguläre Spur* des Elements a, die Determinante $\det A = (-1)^n \alpha_n$ die *reguläre Norm* von a. $F(x, a) = 0$ heißt *charakteristische Gleichung* von a; sie wird von a erfüllt. *Minimalpolynom* $f(x, a)$ ist das (eindeutig bestimmte) Polynom niedrigsten Grades aus $K[x]$ mit höchstem Koeffizienten 1, das von a annulliert wird; es braucht nicht irreduzibel zu sein, teilt aber jedes Polynom $g(x) \in K[x]$ mit $g(a) = 0$, insbesondere also das c. P. $F(x, a)$. Umgekehrt ist $F(x, a)$ Teiler von $f(x, a)^n$. Wenn $f(x, a)$ irreduzibel ist, so ist $F(x, a)$ gleich einer Potenz von $f(x, a)$.

Wenn $\mathfrak{A}$ kein Einselement besitzt, so genügt jedes Element a von $\mathfrak{A}$ einer Gleichung $\alpha_0 a^{n+1} + \alpha_1 a^n + \cdots + \alpha_n a = 0$.

4. C. P. eines Elements einer endlich-algebraischen Körpererweiterung (= *Körperpolynom* = *Hauptpolynom*): K sei endlich-algebraischer Oberkörper n-ten Grades des Körpers k und $x_1, \ldots, x_n$ eine Basis der Körpererweiterung K/k. Für $a \in K$ gelten Gleichungen $ax_i = \sum_j a_{ij} x_j$ mit $a_{ij} \in k$. Ist $A = (a_{ij})$, so heißt das Polynom n-ten Grades $f_{K/k}(X; a) = \det(XA - E)$ in der Unbestimmten X c. P. von a bez. der Erweiterung K/k; das ist dasselbe wie das c. P. des Elements a des als k-Algebra aufgefaßten Oberkörpers K von k und von der Wahl der Körperbasis unabhängig. $\det A$ und $\operatorname{Tr} A$ sind die *Norm* (*Relativnorm*) von a: $N_{K/k} a = \det A$, bzw. *Spur* (*Relativspur*) $\operatorname{Tr}_{K/k} a = \operatorname{Tr} A$ (oder $T_{K/k}\, a$); beide sind Elemente des Grundkörpers k, denen in der Auffassung von K als Algebra die reguläre Norm und die reguläre Spur entsprechen. (Die Angabe der Körpererweiterung wird weggelassen, wenn sie aus dem Zusammenhang hervorgeht.) Ist insbesondere k der Primkörper von K, so spricht man auch von *Absolutnorm* bzw. *Absolutspur* (*absoluter Norm* bzw. *Spur*).

Für Norm und Spur gelten folgende Rechenregeln:

$$N(ab) = N(a) \cdot N(b); \quad N(a) = a^n \quad \text{für} \quad a \in k;$$

$$\operatorname{Tr}(a + b) = \operatorname{Tr}(a) + \operatorname{Tr}(b);$$

$$\operatorname{Tr}(\alpha a) = \alpha \operatorname{Tr} a \quad \text{und} \quad \operatorname{Tr} \alpha = n\alpha \quad \text{für} \quad \alpha \in k.$$

Für sukzessive endlich-algebraische Erweiterungen $k \subset K \subset L$ und beliebige Elemente $a \in L$ gilt die *Normschachtelungsformel* (= *Transitivitätsformel für die Norm* = *Schachtelungsformel für die Norm*)

$$N_{L/k}(a) = N_{K/k}\big(N_{L/K}(a)\big)$$

und die *Spurschachtelungsformel* (= *Transitivitätsformel für die Spur* = *Schachtelungsformel für die Spur*)

$$\mathrm{Tr}_{L/k}(a) = \mathrm{Tr}_{K/k}\left(\mathrm{Tr}_{L/K}(a)\right);$$

insbesondere gilt für $a \in K$, wenn r der Grad von L über K ist, $f_{L/k}(X; a) = f_{K/k}(X; a)^r$, $N_{L/k}(a) = N_{K/k}(a)^r$, $\mathrm{Tr}_{L/k}(a) = r\,\mathrm{Tr}_{K/k}(a)$.

Minimalpolynom von $a \in K$ heißt das eindeutig bestimmte Polynom $f(X)$ niedrigsten Grades über k mit höchstem Koeffizienten 1, das von a annulliert wird; es ist stets >irreduzibel. $f(X)$ heißt auch das *zu a über k gehörige irreduzible Polynom*, $f(x) = 0$ die *Minimalgleichung* für a über k oder die zu a über k gehörige *irreduzible Gleichung*. Insbesondere gilt (setze $K = k(a)$): Wenn $g(X)$ das Minimalpolynom des Elements $a \in L$ über k ist, so ist $f_{L/k}(X; a)$ eine Potenz von $g(X)$, und es ist genau dann $f_{L/k}(X; a) = g(X)$, wenn a >primitives Element von L über k ist, d. h. $L = k(a)$.

Das c. P. $f_{K/k}(X; a)$ läßt sich auch als das über alle Konjugierten $a^{(i)}$ von a für K/k erstreckte Produkt $\prod_i (X - a^{(i)})$ schreiben, wobei im Falle einer inseparablen Erweiterung K/k die Konjugierten mehrfach, nämlich p^f-fach, zu zählen sind, wo p^f der Inseparabilitätsgrad von K/k ist. Das bedeutet: Sind σ_i ($i = 1, \ldots, n_0$ = Separabilitätsgrad von K über k) die verschiedenen k-Isomorphismen von K (in einem geeigneten Normalkörper), so ist

$$f_{K/k}(X; a) = \prod_{i=1}^{n_0} (X - a^{\sigma_i})^{p^f}.$$

Damit ergibt sich die Norm zu

$$N_{K/k}(a) = \prod_{i=1}^{n_0} (a^{\sigma_i})^{p^f}$$

als Produkt der (mit Vielfachheiten gezählten) Konjugierten, die Spur zu

$$\mathrm{Tr}_{K/k}(a) = p^f \sum_{i=1}^{n_0} a^{\sigma_i}$$

als deren Summe.

Für ein über k inseparables Element a ist insbesondere $\mathrm{Tr}_{K/k}(a) = 0$, und eine endlich-algebraische Körpererweiterung K/k ist genau dann inseparabel, wenn stets $\mathrm{Tr}_{K/k}(a) = 0$ für $a \in K$ ist. Die a^{σ_i} durchlaufen dabei die Konjugierten von a, und zwar tritt jedes genau n_0/m_0-mal auf, wobei m_0 der Separabilitätsgrad der Körpererweiterung $k(a)/k$ ist.

5. C. P. eines Ideals bzw. eines Ringes >Hilbert-Samuel-Funktion

Lit.: Zu 1.: [A 14], [EA 3]
Zu 2.: [EA 3], [M 4], [M 8], [M 17], [M 26]

PARODI, M.: La localisation des valeurs caractéristiques des matrices et ses applications. Gauthier-Villars, Paris 1959.
ILJIN, W. P., JU. I. KUSNEZOW (В. П. Ильин, Ю. И. Кузнецов): Трехдиагональные матрицы и их приложения. Nauka, Moskau 1985.
Zu 3.: [R 9]
Zu 4.: [A 16], [A 17], [A 18I]

charakteristisches ›**transformables System**

Chevalley, Satz von, ›algebraische Kongruenz

Chevalley-Gruppe ›Liesche Gruppe

Chevalleysche Dimension ›lokaler Ring

Chevalleyscher Struktursatz ›algebraische Gruppe

chinesischer Rest[e]satz ›Dedekindscher Ring

Clebsch-Gordanscher symbolischer Kalkül = ›symbolische Methode

Cliffordsche Algebra (= *Clifford-Algebra*) einer ›quadratischen Form Q auf einem n-dimensionalen ›Vektorraum E über einem Körper K (allgemeiner auf einem freien K-Modul über einem kommutativen Ring K) heißt die Faktoralgebra $C(Q) = \otimes E/\mathfrak{a}$ der ›Tensoralgebra $\otimes E$ von E nach dem zweiseitigen Ideal $\mathfrak{a}$, das von allen Elementen der Form $x \otimes x - Q(x) \cdot 1$ erzeugt wird. $\mathfrak{a}$ enthält auch alle Elemente der Form $x \otimes y + y \otimes x - g(x, y) \cdot 1$, wo g mit

$$g(x, y) = Q(x + y) - Q(x) - Q(y)$$

im Falle char $K \neq 2$ das Doppelte der zu Q gehörigen Polarform, im Falle char $K = 2$ die zu Q gehörige alternierende Form f ist. Die Elemente von E werden mit den entsprechenden Restklassen in $C(Q)$ identifiziert, entsprechend wird die tensorielle Multiplikation von Elementen aus E modulo $\mathfrak{a}$, d. h. die Multiplikation der Elemente aus $C(Q)$, als gewöhnliche Multiplikation der entsprechenden Elemente in E geschrieben.

Wenn $e_1, \ldots, e_n$ eine Basis von E ist, so gibt es einen Vektorraumisomorphismus von $C(Q)$ auf die äußere Algebra $\bigwedge E$ (›äußere Potenz), bei dem $e_{i_1} e_{i_2} \ldots e_{i_p}$ mit $i_1 < i_2 < \cdots < i_p$ $(1 \leqq p \leqq n)$ gerade in $e_{i_1} \wedge \cdots \wedge e_{i_p}$ übergeht [EA 9]; diese 2^n Elemente bilden demnach eine Basis von $C(Q)$, $C(Q)$ ist also ein freier K-Modul vom Rang 2^n. Da jedes der obigen Produkte durch die Menge H der hieran beteiligten Indizes i_ν eindeutig bestimmt ist, können wir es kurz mit e_H bezeichnen, wo H eine Untermenge von $\{1, 2, \ldots, n\}$ ist; zu der leeren Untermenge H gehöre das Element 1. Da $e_i^2 = Q(e_i)$ und $e_i e_j + e_j e_i = g(e_i, e_j)$ für $i \neq j$ gilt, erhält man die Multiplikationsvorschrift $e_A e_B = \prod_{\substack{i \in A \\ j \in B}} (i, j) \prod_{k \in A \cap B} Q(e_k) e_C$

+ Zusatzglieder der Form $* \cdot e_D$, wobei D Untermengen von $A \cup B$ sind und die nicht näher spezifizierten Koeffizienten bis auf Vorzeichenfaktoren Produkte aus gewissen $g(e_i, e_j)$ mit $i \in A$, $j \in B$ und $j < i$ sowie gewissen $Q(e_k)$ mit $k \in A \cap B$ sind, während (i, j) gleich 1 für $i \leqq j$ und -1 für $i > j$ ist und C die symmetrische Differenz $A \vartriangle B$ bezeichnet. Wählt man, was im Falle char $K \neq 2$ stets möglich ist, für die e_i insbesondere eine orthogonale Basis bez. Q, d. h.

$$Q(e_i, e_j) = 0 \quad \text{für} \quad i \neq j, \quad e_i e_j = -e_j e_i \quad \text{für} \quad i \neq j,$$

so wird einfach

$$e_A e_B = (-1)^{\varrho(A,B)} \prod_{k \in A \cap B} Q(e_k)\, e_{A \vartriangle B},$$

wo $\varrho(A, B)$ die Anzahl der $i \in A$ und $j \in B$ mit $i > j$ ist. Ist $K = \mathbb{R}$ und Q eine nichtausgeartete quadratische Form vom Trägheitsindex l, so fällt $C(Q)$ mit der Algebra ${}^{l}A_{n+1}$ der ›Alternionen zusammen.

Im Falle char $K = 2$ ist, wenn Q eine nichtentartete quadratische Form vom Defekt Null ist, n notwendig gerade: $n = 2m$; wählt man dann für die e_i eine symplektische Basis bez. f, d. h.

$$f(e_i, e_j) = f(e_{m+i}, e_{m+j}) = 0$$

und

$$f(e_i, e_{m+j}) = \delta_{ij} \quad \text{für} \quad 1 \leqq i, j \leqq m,$$

so wird

$$e_i^2 = Q(e_i) = \alpha_i \in K,$$

$$e_{m+i}^2 = Q(e_{m+i}) = \beta_i \in K,$$

$$e_i e_j = e_j e_i, \quad e_{m+i} e_{m+j} = e_{m+j} e_{m+i}, \quad e_i e_{m+j} + e_{m+j} e_i = \delta_{ij}.$$

Das *Zentrum* von $C(Q)$ ist bei geradem n (bei char $K = 2$ also stets) gleich K, $C(Q)$ somit eine zentrale einfache Algebra, wenn Q nicht entartet ist, und für ungerades n gleich $K + K e_1 e_2 \ldots e_n$. Die e_H, die zu einer Indexmenge H gerader Elementezahl gehören, spannen in $C(Q)$ einen 2^{n-1}-dimensionalen Vektorraum auf, der zugleich eine Teilalgebra $C^+(Q)$ von $C(Q)$ bildet, die von 1 und den Produkten $e_i e_j$ mit $i < j$ erzeugt wird; ihre Elemente heißen *gerade*. Der zu $C^+(Q)$ komplementäre Teilraum $C^-(Q)$ wird von den e_H mit einer Indexmenge H ungerader Elementezahl aufgespannt; seine Elemente heißen *ungerade*. Diese Zerlegung ist unabhängig von der Basiswahl. Bei ungeradem n ist das Zentrum von $C^+(Q)$ gleich K, bei geradem n ist es eine Algebra vom Rang 2 über K, und zwar kann man als Basiselemente im Falle char $K \neq 2$ die Elemente 1 und $e_1 e_2 \ldots e_n$, im Falle char $K = 2$ (bei der obigen Wahl einer symplektischen Basis) die Elemente 1 und $\zeta = \sum_{i=1}^{m} e_i e_{m+i}$ wählen. ζ genügt der Gleichung

$$\zeta^2 + \zeta = \Delta(Q), \quad \text{wobei} \quad \Delta(Q) = \sum_{i=1}^{m} Q(e_i)\, Q(e_{m+i})$$

die sog. ***Pseudodiskriminante*** von Q bez. der obigen symplektischen Basis ist. Ist u eine ***symplektische Basistransformation*** (die also eine symplektische Basis wieder in eine solche überführt) und setzt man

$$u(e_i) = \sum_{j=1}^{m} a_{ij} e_j + \sum_{j=1}^{m} b_{ij} e_{m+j},$$

$$u(e_{m+i}) = \sum_{j=1}^{m} c_{ij} e_j + \sum_{j=1}^{m} d_{ij} e_{m+j},$$

so besteht zwischen den Pseudodiskriminanten $\Delta(Q)$ und $\Delta(Q_1)$ der Formen Q und Q_1 mit $Q_1(x) = Q(u(x))$ bez. der gleichen Basis (e_i) die Beziehung

$$\Delta(Q_1) = \Delta(Q) + \wp(D(u)), \quad \text{wo} \quad \wp(\xi) = \xi + \xi^2$$

gesetzt ist und

$$D(u) = \sum_{i,j} (\alpha_j a_{ij} c_{ij} + \beta_j b_{ij} d_{ij} + b_{ij} c_{ij})$$

die sog. *Dicksonsche Invariante* von u ist.

Im Falle char $K \neq 2$ wird durch die Abbildung $u + v \mapsto u - v$ $(u \in C^+(Q), v \in C^-(Q))$ ein Automorphismus von $C(Q)$ definiert, der ***Hauptinvolution*** heißt. Die Abbildung

$$\alpha\colon e_{i_1} e_{i_2} \dots e_{i_p} \mapsto e_{i_p} \dots e_{i_2} e_{i_1} \quad (i_1 < i_2 < \dots < i_p)$$

definiert einen involutorischen Antiautomorphismus von $C(Q)$, der die Elemente von $K \cdot 1 + E$ fest läßt, den sog. ***Haupt-Antiautomorphismus*** von $C(Q)$. Ist K algebraisch abgeschlossen, n gerade und hat Q den Index r, so ist $C(Q)$ zum vollen Matrixring der 2^r-reihigen Matrizen über K isomorph, und $C^+(Q)$ ist direkte Summe zweier einfacher Algebren; bei ungeradem n ist dagegen C^+ zentrale einfache Algebra und $C(Q)$ direkte Summe zweier einfacher Ideale.

Die ***umkehrbaren Elemente*** s der C. A. $C(Q)$ bzw. von $C^+(Q)$, die gemäß $x \mapsto sxs^{-1}$ $(x \in E)$ Automorphismen des Vektorraums E bewirken, bilden jeweils eine Gruppe, die sog. ***Cliffordsche Gruppe*** $G(Q)$ bzw. die ***spezielle Cliffordsche Gruppe*** $G^+(Q)$ der quadratischen Form Q. Ordnet man jedem $s \in G(Q)$ diesen Automorphismus $x \mapsto sxs^{-1}$ zu, so erhält man einen Homomorphismus $\varphi\colon s \mapsto \varphi(s)$ von $G(Q)$ in die ›*orthogonale Gruppe* $O(Q)$ der quadratischen Form Q, der somit eine lineare ›Darstellung von $G(Q)$ repräsentiert, die im Gegensatz zu der Spindarstellung die *Vektordarstellung* von $G(Q)$ heißt.

Wenn n gerade ist, so ist φ surjektiv: $\varphi(G(Q)) = O(Q)$ und $\varphi(G^+(Q)) = O^+(Q)$ eine Untergruppe vom Index 2 in $O(Q)$, die (bei char $K \neq 2$) mit der *speziellen orthogonalen Gruppe* $SO(Q)$ zusammenfällt. Bei ungeradem n (und daher char $K \neq 2$) ist $\varphi(G(Q)) = \varphi(G^+(Q)) = O^+(Q)$ die *spezielle* (*engere*) *orthogonale Gruppe* $SO(Q)$. Der *Kern* von φ ist die multiplikative Gruppe Z^* der umkehrbaren Elemente des Zentrums Z von $C(Q)$.

Der Hauptantiautomorphismus α von $C(Q)$ bildet $G(Q)$ auf sich ab; für jedes $s \in G(Q)$ gehört $\alpha(s)\, s$ zum Zentrum Z von $C(Q)$, im Falle $s \in G^+(Q)$ gilt sogar $\alpha(s)\, s \in K$. Die Abbildung $G(Q) \ni s \mapsto \alpha(s)\, s$ ist ein Homomorphismus von $G(Q)$ in Z^*. Falls $\alpha(s)\, s \in K$ gilt, werde $\alpha(s)\, s = \lambda(s)$ gesetzt; $\lambda(s)$ heißt die *Spinornorm* von s, λ Normenhomomorphismus. $\lambda(s)$ ist bei geradem n für alle $s \in G(Q)$ erklärt, da dann das Zentrum von $G(Q)$ gleich K ist. Es ist

$$\lambda(c) = c^2 \quad \text{für} \quad 0 \neq c \in K, \quad \lambda(s) = Q(x) \quad \text{für} \quad x \in E, \;\; Q(x) \neq 0.$$

Die Untergruppe Spin $(Q) = G_0(Q)$ aller $s \in G(Q)$ mit $\lambda(s) = 1$, d. h. $\alpha(s) = s^{-1}$, heißt *Spinorgruppe* der quadratischen Form Q oder der C. A. $C(Q)$. Der Homomorphismus φ bildet Spin (Q) in $O^+(Q)$ ab und hat die Gruppe der Elemente ± 1 als Kern. Wenn $K = \mathbb{C}$ oder $\mathbb{R}$ und Q positiv definit ist, so ist das Bild von φ gleich $O^+(Q) = SO(Q)$, und Spin (Q) fällt mit der klassischen Spinorgruppe zusammen.

Der Durchschnitt $G_0^+(Q) = G^+(Q) \cap G_0(Q)$ heißt die *reduzierte Cliffordsche Gruppe* von $G(Q)$ und ihr Bild $\varphi(G_0^+(Q)) = O_0^+(Q)$ die *reduzierte orthogonale Gruppe*.

>Cliffordsche Zahlen.

Lit.: [A 14], [D 2], [D 4], [D 11], [EA 9], [G 1], [G 11], [L 4 I], [L 7], [L 18], [Q 1], [Q 10]

ARF, C.: Untersuchungen über quadratische Formen in Körpern der Charakteristik 2, I. J. reine angew. Math. **183** (1941), 148—167.

CHEVALLEY, C. C.: The Algebraic Theory of Spinors. Columbia University Press, New York 1954, 1955.

DIEUDONNÉ, J.: Pseudodiscriminant and Dickson invariant. Pacific J. Math. **5** (1955), 907—910.

HESTENES, D., G. SOBCZYK: Clifford Algebra to Geometric Calculus. Reidel, Dordrecht 1984.

KNESER, M.: Bestimmung des Zentrums der Cliffordschen Algebra einer quadratischen Form über einem Körper der Charakteristik 2. J. reine angew. Math. **193** (1954), 123—125.

Cliffordsche Gruppe >Cliffordsche Algebra

Cliffordsche Zahlen: Ist $K = \mathbb{R}$ oder $\mathbb{C}$, so heißt eine K->Algebra vom Rang $16 = 2^4$ die (assoziative) *Algebra der C. Z.*, wenn es eine Basis folgenden Typs gibt: $1, \alpha_1, \alpha_2, \alpha_3, \alpha_4, \alpha_{ij} = -\alpha_{ji}$ $(i \neq j;\ i, j = 1, 2, 3, 4)$, α_{ijk} (i, j, k verschieden; 4 Elemente), α_{1234} mit den Rechenregeln $\alpha_i^2 = -1$, $\alpha_i\alpha_j = \alpha_{ij} = -\alpha_j\alpha_i$, $\alpha_i\alpha_j\alpha_k = \alpha_{ijk}$ (geht bei geraden Permutationen der Indizes in sich, bei ungeraden

Permutationen in das entgegengesetzte Element über), $\alpha_1\alpha_2\alpha_3\alpha_4 = \alpha_{1234}$ (geht bei geraden Permutationen der Indizes in sich, bei ungeraden in das entgegengesetzte Element über). Die entsprechenden Bildungen der niederen Ränge 2^r über $\mathbb{R}$ sind bei 2^1 die komplexen Zahlen, bei 2^2 die Hamiltonschen Quaternionen und bei 2^3 die >Biquaternionen.

Die oben betrachtete Algebra der C. Z. ist gerade die >Cliffordsche Algebra zu der quadratischen Form $-(x_1^2 + x_2^2 + x_3^2 + x_4^2)$, also dem Negativen der Einheitsform. (Häufig, vor allem in der physikalischen Literatur, fordert man entsprechend der Einheitsform selbst $\alpha_i^2 = +1$.) Entsprechend erhält man zu der Form $-(x_1^2 + \cdots + x_n^2)$ eine K-Algebra von C. Z. vom Rang 2^n, die auch bereits Clifford betrachtet hat. >Alternionen

Lit.: [D 2], [Enc I A 5], [L 4 I]
Sommerfeld, A.: Atombau und Spektrallinien, II. Bd. Vieweg, Braunschweig 1953.

co ... >ko — ...

coequalizer = Differenzkokern >Kategorientheorie

Cohen-Macaulay-Modul bzw. **-Ring** >M-Sequenz

Cohen-Seidenberg, Satz von, >going-up-Theorem

Coxeter-Gruppe heißt eine Gruppe mit einem System von >Erzeugenden r_i $(i \in I)$ der Ordnung 2 und definierenden Relationen der Form $(r_i r_j)^{n_{ij}} = 1$, wobei $n_{ii} = 1$ und $n_{ij} = n_{ji} \geqq 2$ die Ordnung von $r_i r_j$ ist (∞ zugelassen). Die Matrix der n_{ij} heißt *Coxetersche Matrix* der C., sie kann durch einen *Coxeterschen Graphen* veranschaulicht werden, der für jeden Index $i \in I$ eine Ecke hat, wobei die zu i und j gehörenden Eckpunkte durch $n_{ij} - 2$ Kanten oder eine Kante mit darüber geschriebenem n_{ij} und im Falle $n_{ij} = \infty$ durch eine besonders hervorgehobene (fette) Kante verbunden werden. So ist jede von zwei Elementen der Ordnung 2 erzeugte Gruppe eine C. mit dem Graphen $\circ\overset{m}{—}\circ$ und die >symmetrische Gruppe eine C. bez. der erzeugenden Transpositionen $r_i = (i, i+1)$ $(i = 1, \ldots, n-1)$ mit dem Graphen $\circ—\circ—\cdots—\circ$.

Die Begriffsbildungen sind angepaßt an die Beschreibung der Reflexionsgruppen. Das Produkt aller Erzeugenden einer endlichen C. hängt bis auf Konjugation nicht von der Reihenfolge der Faktoren ab und heißt *Killing-Coxetersches Element.*

Lit.: [EL 4], [G 8]
Coxeter, H. S. M.: Discrete groups generated by reflections. Ann. of Math. 35 (1934), 588–621.
Grove, L. C., C. T. Benson: Finite Reflection Groups. Springer, Berlin 1985.
Tits, J.: Le problème des mots dans les groupes de Coxeter. Symposia Mathematica 1 (1969), 175–185.

Coxetersche Matrix ›Coxeter-Gruppe

Coxeterscher Graph ›Coxeter-Gruppe

Cramersche Regel: Das mit der regulären n-reihigen quadratischen Matrix $A = (a_{ij})$, dem Spaltenvektor $\boldsymbol{x}$ der Unbekannten $x_1, \ldots, x_n$ und dem Spaltenvektor $\boldsymbol{b}$ mit den Elementen $b_1, \ldots, b_n$ (alle Elemente aus einem kommutativen Körper) gebildete ›lineare Gleichungssystem $A\boldsymbol{x} = \boldsymbol{b}$, ausgeschrieben:

$$\sum_{j=1}^{n} a_{ij} x_j = b_i \quad (i = 1, \ldots, n),$$

läßt sich im **Falle** $\det A \neq 0$ (*Cramerscher Fall*) in der Form $x_i = \dfrac{\det A_i}{\det A}$ lösen, wobei die Matrix A_i dadurch aus A hervorgeht, daß man hierin die i-te Spalte durch den Spaltenvektor $\boldsymbol{b}$ ersetzt. Entwickelt man die rechte Seite der Auflösungsformel nach den Elementen von $\boldsymbol{b}$, so erhält man gerade

$$x_i = \sum_{j=1}^{n} \frac{A_{ji}}{\det A} b_j,$$

worin A_{ij} die Adjunkte von a_{ij} bedeutet (›Determinante). Ein lineares Gleichungssystem, das den obigen Bedingungen genügt, heißt auch *Cramersches Gleichungssystem* oder *reguläres System.*

Lit.: [M 4], [M 8], [M 13]

Cramersches Gleichungssystem ›Cramersche Regel

Cross-Varietät heißt eine von einer einzelnen endlichen Gruppe erzeugte ›Varietät von Gruppen.

Lit.: Cates, Sheila, M. B. Powell: Identical relations in finite groups. J. Algebra 1 (1964), 11–39.

Cup-Produkt (= [*Alexander-Kolmogorowsches*] *cup-Produkt*) heißt eine ursprünglich aus der algebraischen Topologie stammende Produktbildung, die einer p-dimensionalen Kohomologieklasse c^p und einer q-dimensionalen Kohomologieklasse c^q von Moduln C bzw. C' eine $(p + q)$-dimensionale Kohomologieklasse $c^p \cup c^q$ des ›Tensorprodukts $C \otimes C'$ zuordnet. Es wird durch die Familie für alle $p \geqq 0$, $q \geqq 0$ und alle Π-Moduln (Π Gruppe) C und C' definierter Gruppenhomomorphismen

$$f^{p,q}: H^p(C) \otimes H^q(C') \to H^{p+q}(C \otimes C')$$

eindeutig bestimmt, für die gilt:

(i) $f^{0,0}$ ist die durch die Identität induzierte Abbildung;

(ii) $f^{p,q}$ ist natürlich in C und C' (›Kategorientheorie);
(iii) $f^{p+1,q}(E_* \otimes 1) = (E \otimes C')_* f^{p,q}$;
(iv) $f^{p,q+1}(1 \otimes E'_*) = (C \otimes E')_* f^{p,q}$.

Hierbei sind E und E' über $\mathbb{Z}$ aufspaltende kurze ›exakte Sequenzen, und der Stern bezeichnet den Verbindungshomomorphismus.

Lit.: [H 1], [H 3]

D

d'Alemberts Theorem = ›Fundamentalsatz der Algebra

darstellbarer Funktor ›Kategorientheorie

Darstellung bez. eines Rings ›Darstellung von Ringen und Algebren

Darstellung durch projektive Transformationen ›Darstellung einer Gruppe

Darstellung einer Gruppe (= *Gruppendarstellung*) G mit dem Einselement 1 heißt allgemein ein Homomorphismus von G in die Gruppe der Transformationen einer Menge X; nach dem Satz von ›Cayley gibt es stets sogar einen Isomorphismus von G auf eine ›Transformationsgruppe, z. B. nämlich auf die Gruppe der durch Multiplikation mit den Gruppenelementen bewirkten Permutationen der G unterliegenden Menge selbst. Speziell versteht man unter D. gewöhnlich eine sog. *lineare D.*, d. h. einen Homomorphismus T von G in die Gruppe der ›linearen Abbildungen eines linearen Raums (›R-Moduls) X über einem Körper K, der meist (so in den physikalischen Anwendungen) der Körper $\mathbb{C}$ (*gewöhnliche D.*) oder zumindest algebraisch abgeschlossen ist; hat K die ›Charakteristik $p \neq 0$, so spricht man von ›*modularen D.* (Für nichtlineare D. ›[D 6].) Es wird also gefordert, daß $T(g)$ für $g \in G$ stets ein linearer Operator auf X und

$$T(g_1 g_2) = T(g_1)\, T(g_2), \quad T(1) = \mathrm{id}$$

gilt (die letzte Bedingung schließt aus, daß ganz G auf den Nulloperator abgebildet wird). Die D. heißt *treu*, wenn T injektive ›Abbildung ist. Der lineare Raum (Vektorraum) X heißt der ›*Darstellungsraum* oder *Darstellungsmodul*, seine Dimension n der *Grad* der D. D. vom Grade 1 heißen gelegentlich auch *linear*.

Bei endlichem Grad n kann man daher T als einen Homomorphismus in die allgemeine ›lineare Gruppe GL (n, K) auffassen und die Elemente $T(g)$ mit regulären n-reihigen Matrizen (*Darstellungsmatrizen*) identifizieren, man spricht dann auch von einer *Matrizendarstellung*. Die D. T heißt *unitär* bzw. *orthogonal*, wenn T eine Abbildung in die unitäre oder orthogonale Gruppe vermittelt. Im Falle einer ›topologischen Gruppe setzt man diese Bildgruppe gewöhnlich als topologisch voraus und verlangt in der Regel, daß die Abbildung T stetig ist (›*D.* einer topologischen Gruppe). Ein Antihomomorphismus von G in die Gruppe der linearen Abbildungen von X heißt eine *Anti-D.*; hierauf übertragen sich die Begriffe sinngemäß.

Im Falle einer *projektiven D.* (= *Strahldarstellung* = *D. durch projektive Transformationen*) T ist X ein projektiver Raum, der durch die durch 0 gehenden Geraden eines linearen Raums L gegeben wird, und $T(g)$ hierin eine *projektive Transformation*; man kann daher T als Abbildung von G in die lineare Gruppe von L deuten, so daß *gilt*:

$$T(g_1g_2) = c(g_1, g_2)\, T(g_1)\, T(g_2) \quad \text{mit} \quad 0 \neq c(g_1, g_2) \in K.$$

Die Forderung der Assoziativität führt auf die Gleichung

$$c(g_2, g_3)\, c(g_1g_2, g_3)^{-1}\, c(g_1, g_2g_3)\, c(g_1, g_2)^{-1} = 1,$$

man kann also c als einen *Kozyklus* aus $Z^2(G, K^*)$ auffassen (›Kettenkomplex). Aus einer normalen D. T' entsteht durch Multiplikation mit einem Faktor eine projektive D.

$$T\colon T(g) = d(g)\, T'(g) \quad \text{mit} \quad T(g_1g_2) = d(g_1g_2)\, d(g_1)^{-1}\, d(g_2)^{-1}\, T(g_1)\, T(g_2);$$

aus einer projektiven D. läßt sich also genau dann durch Multiplikation mit einem Faktor eine normale D. gewinnen, wenn c ein *Korand* ist: $c = \delta(d^{-1})$, d. h.

$$c(g_1, g_2) = d(g_1)^{-1}\, d(g_1g_2)\, d(g_2)^{-1}.$$

(Vgl. [D 11], Karpilovsky.)

Beispiele: (i) *Einsdarstellung* (= *identische D.* = *triviale D.*): $T(g) = \mathrm{id}$ für alle $g \in G$.

(ii) Eine Gruppe linearer Transformationen wird durch die identische Abbildung durch sich selbst dargestellt.

(iii) Im Falle einer ›linearen Gruppe G ergibt die Zuordnung $g \mapsto \det g$ eine eindimensionale D.

(iv) Wenn der Darstellungsraum der Lösungsraum einer homogenen linearen Differentialgleichung im Komplexen in der Umgebung einer singulären Stelle ist, erhält man durch analytische Fortsetzung eines Fundamentalsystems von Lösungen eine D. der Homotopiegruppe durch lineare Transformationen. Analoge Aussagen gelten für den Fall, daß die Differentialgleichung gewisse Symmetrien aufweist, z. B. periodische Koeffizienten besitzt.

(v) *reguläre D.*: Darstellungsraum ist der ›Gruppenring $K[G]$, $T(g)\, f = fg$ (bei der Multiplikation von links nach rechts); bei umgekehrter Reihenfolge der Multiplikation erhält man die *reguläre Antidarstellung.* >Permutationsdarstellung.

(vi) (Verallgemeinerung von (v)): X sei G-Raum (Menge von Punkten, auf der G von links bzw. rechts >operiert, insbesondere G selbst), dann wird eine lineare D. T von G im linearen Raum $L(X)$ der Funktionen auf X mit Werten in K gegeben durch

$$[T(g)\, f]\,(x) = \begin{cases} f(xg) & \text{für einen rechten } G\text{-Raum,} \\ f(g^{-1}x) & \text{für einen linken } G\text{-Raum.} \end{cases}$$

Zu jeder D. T gehört als *Kern* ein >Normalteiler N, und T kann als treue D. der Faktorgruppe G/N aufgefaßt werden.

Eine D. vom Grad 1 kann als Homomorphismus $G \to K^*$ (multiplikative Gruppe von K) aufgefaßt werden; im Falle einer endlichen Gruppe G ist daher jedes $T(g)$ dann >Einheitswurzel.

Äquivalenz: Zwei D. T und T' von G mit Darstellungsräumen V bzw. V' heißen *äquivalent, ähnlich* oder *isomorph,* in Zeichen: $T \sim T'$, wenn es einen linearen Isomorphismus $\tau\colon V \to V'$ gibt, so daß $T(g)\,\tau = \tau T'(g)$ für alle g ist. In Matrizenschreibweise bedeutet das gerade die simultane Ähnlichkeit der Darstellungsmatrizen, d. h. die Existenz einer Matrix $S \in \mathrm{GL}\,(n, K)$ mit $S^{-1}T(g)\,S = T'(g)$ für alle $g \in G$ (wenn Grad $T = n$).

Adjungierte, konjugierte oder *kontragrediente D.* T^* zu einer D. T von G in V heißt die mit den adjungierten Operatoren $T^*(g) = T(g^{-1})^*$ im dualen Raum V^* gebildete D. Zu ihr gehören gerade die kontragredienten Darstellungsmatrizen.

Ist ein (echter) Unterraum W von V *invariant* bei der D. T (d. h., wird er durch alle $T(g)$ mit $g \in G$ in sich abgebildet), so erhält man durch Einschränkung der $T(g)$ auf W eine *Teildarstellung* $T|_W = T_1$ von T. Die zu T gehörigen Darstellungsmatrizen bezüglich einer angepaßten Basis haben dann die Form $\begin{pmatrix} T_1(g) & * \\ 0 & T_2(g) \end{pmatrix}$. Die Matrizen $T_2(g)$ können hierbei in natürlicher Weise als Darstellungsmatrizen des Faktorraums V/W aufgefaßt werden, der sog. *Faktordarstellung.* Die D. T heißt in diesem Falle *reduzibel* (auch *halbreduzibel*), T_1 und T_2 die *Bestandteile* oder *Konstituenten* von T. Eine D., die nicht reduzibel ist, heißt *irreduzibel.* Die Bestimmung aller irreduziblen Konstituenten einer D. heißt *Ausreduzieren* der D.

Sind T_1, T_2 D. von G in den Darstellungsräumen V_1, V_2, so ist die durch

$$(T_1 \oplus T_2)\,(g) = T_1(g) \oplus T_2(g)$$

definierte [>*direkte*] *Summe* von D. $T_1 \oplus T_2$ D. von G in der >direkten Summe $V_1 \oplus V_2$, deren Darstellungsmatrizen sich durch diagonales Aneinanderreihen der Darstellungsmatrizen von T_1 und T_2 ergeben; entsprechend für mehrere Summanden. $T_1 \oplus T_2$ ist äquivalent zu $T_2 \oplus T_1$. Demgemäß heißt eine D. T *zerlegbar, zerfällbar, vollreduzibel, vollständig reduzibel,* auch *ganz reduzibel* über K, wenn sie in eine direkte Summe von D. zerfällt; anderenfalls *unzerlegbar*. Das bedeutet, daß es einen bez. T invarianten Teilraum und invarianten Supplementärraum gibt und sich daher die Darstellungsmatrizen von T bez. einer geeigneten Basis von V in der Form $\begin{pmatrix} S_1(g) & 0 \\ 0 & S_2(g) \end{pmatrix}$ schreiben lassen. Insbesondere heißt eine D. *vollständig reduzibel* über K, wenn sie direkte Summe irreduzibler D. ist. (D. von Gruppen endlicher Ordnung mit char $K = 0$ sind nach dem Satz von ›Maschke stets vollständig reduzibel.) Die Zerlegung einer D. in irreduzible ist bis auf die Reihenfolge und bis auf Äquivalenz eindeutig.

Eine D. heißt *absolut irreduzibel*, wenn sie in einem algebraisch abgeschlossenen Oberkörper von K irreduzibel bleibt. Die absolut irreduziblen D. einer abelschen Gruppe haben den Grad 1.

Durch Spurbildung der Darstellungsmatrizen gelangt man zum ›*Charakter* der D.

Das *Kronecker-Produkt* (auch *direktes Produkt*, *Tensorprodukt*, *Produkt* oder *Komposition*) $T_1 \otimes T_2$ zweier D. T_1, T_2 von G wird gegeben durch das ›Tensorprodukt der zugehörigen linearen Abbildungen:

$$(T_1 \otimes T_2)(g) = T_1(g) \otimes T_2(g);$$

die zugehörigen Darstellungsmatrizen sind das ›Kronecker-Produkt der Darstellungsmatrizen von T_1 und T_2. Hat T_i den Grad n_i, so hat $T_1 \otimes T_2$ den Grad $n_1 n_2$. Die D. $T_1 \otimes T_2$ ist äquivalent zu $T_2 \otimes T_1$.

Allgemeiner erhält man durch Tensorproduktbildung auch D. des *direkten Produkts* $G = G_1 \times G_2$ zweier Gruppen gemäß

$$(T_1 \otimes T_2)(g_1, g_2) = T_1(g_1) \otimes T_2(g_2),$$

und jede irreduzible D. von $G_1 \times G_2$ kann auf diese Weise bis auf Äquivalenz aus irreduziblen D. von G_1 und G_2 gewonnen werden.

D. unendlicher Gruppen lassen sich ohne topologische Hilfsmittel mit ›fastperiodischen Funktionen behandeln; mit Topologie ›D. einer topologischen Gruppe.

Durch Betrachtung des Gruppenrings über G erhält man den Zusammenhang zu den ›D. von Ringen und Algebren.

Lit.: ›Darstellungstheorie

Darstellung (= *lineare Darstellung*) **einer Lieschen Algebra** L über einem Körper K ist ein Homomorphismus φ von L in den vollen ›Endomorphismenring $E(V)$ eines Vektorraums V über K (oder über einem Oberkörper K' von K), d. h. in die Algebra der n-reihigen quadratischen Matrizen über K (bzw. K'), aufgefaßt als ›Liesche Algebra. Das heißt, für φ soll gelten:

$$\varphi(aX + bY) = a\varphi(X) + b\varphi(Y),$$

$$\varphi([X, Y]) = [\varphi(X), \varphi(Y)] = \varphi(X)\,\varphi(Y) - \varphi(Y)\,\varphi(X) \quad \text{für alle } X, Y \in L,$$

$a, b \in K$. Die D. heißt *treu*, wenn φ ein Monomorphismus ist. Wählt man insbesondere $V = L$ und definiert ad $X \in E(V)$ für jedes $X \in L$ durch (ad X) $(Y) = [X, Y]$, so erhält man einen Homomorphismus von L in die Liesche Algebra aller ›Derivationen von L, die sog. *adjungierte D.* der Lieschen Algebra L. Ihr Kern ist das *Zentrum* der Lieschen Algebra. Im übrigen übertragen sich die Begriffe der ›D. einer Gruppe und der ›D. von Ringen und Algebren.

Lit.: [D 15], [L 10], [L 13]

Darstellung (= *lineare Darstellung*) **einer Lieschen Gruppe** G in einem Vektorraum V ist ein stetiger Homomorphismus φ von G in die ›lineare Gruppe GL (V) der linearen Automorphismen von V. φ heißt *treu*, wenn φ ein Monomorphismus ist. Wählt man als V die zu G gehörige ›Liesche Algebra L, so wird durch den Homomorphismus ad von G in GL (L) mit ad a für $a \in G$ als die umkehrbare lineare Transformation $X \mapsto Xa^{-1}$ von L in L eine D. von G definiert, die sog. *adjungierte D.* der Lieschen Gruppe G. Das Bild ad G von G bei ad heißt *adjungierte Gruppe* und ist bei zusammenhängendem G als abstrakte Gruppe isomorph zur Gruppe der inneren ›Automorphismen von G. Die kontragrediente ›D. zur adjungierten D. von G heißt *koadjungierte D.*, sie wirkt im Dualraum L^* der Lieschen Algebra L.

Eine *differenzierbare D.* φ einer Lieschen Gruppe G ist stets unendlich oft differenzierbar; vermöge der infinitesimalen Operatoren erhält man eine D. der zugehörigen ›Lieschen Algebra L: $\varphi(a) = \frac{\mathrm{d}}{\mathrm{d}t} \varphi(\exp ta)_{t=0}$ $(a \in L)$; die Operatoren $\varphi(a)$ heißen *Differential* der D. φ von G. Eine D. einer Lieschen Algebra L heißt *integrierbar*, wenn sie mit dem Differential einer D. von G in einem im Darstellungsraum dichten Unterraum zusammenfällt.

Zur Orbitmethode zur Untersuchung unitärer D. e. L. G. vgl. Kirillow, [D 26].

›Darstellung einer Gruppe.

Lit.: [D 11], [D 15], [EL 3], [L 4I], [L 19], [L 21]
Borel, A.: Représentations de groupes localement compacts. LNM 276, Springer, Berlin 1972.
Kirillow, A. A. (А. А. Кириллов): Метод орбит в теории унитарных представлений групп Ли. Funkc. analiz 1, 4 (1967), 84—85.
Kirillow, A. A. (А. А. Кириллов): Унитарные представления нильпотентных групп Ли. Uspechi matem. nauk 17, H. 4 (1962), 57—110.
Mackey, G. W.: Induced Representations of Groups and Quantum Mechanics. Addison-Wesley, Reading 1968.

Darstellung einer symmetrischen Gruppe $\mathfrak{S}_n$: *Youngsches Tableau* heißt ein Schema umstehender Form („*Rahmen des Tableaus*") mit m_i Feldern in der i-ten Zeile und $m_1 \geqq m_2 \geqq \cdots \geqq m_r$ und $\sum m_i = n$, in das jede der Zahlen $1, 2, \ldots, n$ genau einmal eingetragen ist. *Horizontalpermutationen* (mit p bezeichnet) heißen diejenigen Permutationen von $(1, \ldots, n)$, bei denen die Zahlen in der-

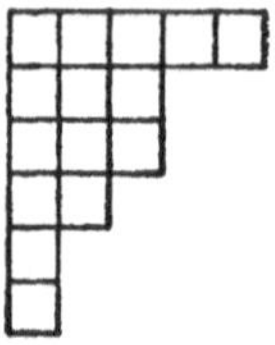

selben Zeile bleiben; entsprechend sind *Vertikalpermutationen* (mit q bezeichnet) definiert. Im ›Gruppenring $R = K[\mathfrak{S}_n]$ über einem algebraisch abgeschlossenen Körper K der Charakteristik 0 bilde man $P = \sum p$, $Q = \sum \chi(q)\, q$, wo $\chi(q) = +1$ oder -1 ist je nachdem, ob q gerade oder ungerade ist. Dann ist $e = PQ$ *im wesentlichen idempotent,* d. h., $e^2 = ke$ mit $0 \neq k \in K$. e erzeugt ein minimales Linksideal, das ein minimaler invarianter Teilraum bei der regulären ›Darstellung (›Permutationsdarstellung) ist, also zu einer irreduziblen Darstellung (als Teildarstellung der regulären D.) gehört. Zu verschiedenen Rahmen gehören inäquivalente, zu verschiedenen Tableaux mit demselben Rahmen äquivalente D. Damit erhält man (bis auf Äquivalenz) alle irreduziblen D. der symmetrischen Gruppe.

Ein Tableau heißt *Standard-Tableau,* wenn die Zahlen in jeder Zeile von links nach rechts und in jeder Spalte von oben nach unten zunehmen. Die zu den Standardtableaux ein und desselben Rahmens gehörigen minimalen Linksideale ergeben als Summe den ganzen Ring R, und diese Summe ist ›direkte Summe; ihre Anzahl ist gleich dem Grad der zugehörigen irreduziblen D. Zu jeder irreduziblen D. gibt es eine äquivalente ganzzahlige.

Lit.: [D 2], [D 10], [D 22], [L 21]
Clausen, M.: A constructive polynomial method in the representation theory of symmetric groups. Preprint Univ. Bayreuth.
Kerber, A.: Representations of Permutation Groups. I LNM 240, II LNM 495. Springer, Berlin 1971, 1975.

Darstellung einer topologischen Gruppe G heißt im allgemeinen jeder Homomorphismus von G in eine Gruppe H, in der Regel ein stetiger Homomorphismus in eine ›topologische Gruppe H. In der Regel ist H eine topologische ›lineare Gruppe; die D. heißt dann auch *linear,* und zwar insbesondere *unitär* bzw. *orthogonal,* wenn H die ›unitäre bzw. ›orthogonale Gruppe ist. Die klassischen Begriffe der ›Darstellungen von Gruppen übertragen sich hierauf. Allgemeiner betrachtet man auch D. durch beschränkte lineare Operatoren in einem Hilbert-Raum; eine solche D. heißt dann z. B. unitär, wenn die zugeordneten Operatoren unitär sind.

Besonders schöne Ergebnisse ergeben sich für kompakte Gruppen G. Hier ist jede D. zu einer unitären D. äquivalent, und jede irreduzible D. ist endlichdimensional, läßt sich also durch Matrizen beschreiben. Für zwei inäquivalente irreduzible unitäre D. g und h vom Grad r, die durch die Matrizen (g_{ij}) und (h_{ij}) gegeben werden und die ›Charaktere χ_g bzw. χ_h besitzen, gelten dann die *Orthogonalitätsrelationen*

$$\int g_{ij}(x)\, \bar{g}_{kl}(x)\, \mathrm{d}\mu(x) = \frac{1}{r}\, \delta_{ik}\delta_{jl}, \qquad \int \chi_g(x)\, \bar{\chi}_g(x)\, \mathrm{d}\mu(x) = 1,$$

$$\int g_{ij}(x)\, \bar{h}_{kl}(x)\, \mathrm{d}\mu(x) = 0 = \int \chi_g(x)\, \bar{\chi}_h(x)\, \mathrm{d}\mu(x),$$

wobei das Integral über die Gruppe G erstreckt ist, μ das zu G gehörige Haarsche Maß mit $\mu(G) = 1$ und Überstreichen komplexes Konjugieren bedeutet. Nach dem *Satz von F. Peter und H. Weyl* gilt für kompakte Gruppen: Wählt man in jeder Klasse irreduzibler D. je eine unitäre D., so bilden die Koeffizienten dieser D. ein vollständiges orthogonales System, und jede komplexwertige stetige Funktion auf G läßt sich beliebig genau gleichmäßig durch endliche Linearformen dieser Darstellungskoeffizienten approximieren. Daraus folgt, daß jede kompakte Gruppe eine gewisse Menge stetiger unitärer D. g_α besitzt, die in ihrer *Gesamtheit treu* sind, d. h., daß es zu je zwei verschiedenen Elementen x und y von G eine D. T hieraus mit $T(x) \neq T(y)$ gibt. (Ein System von D. einer topologischen Gruppe mit dieser Eigenschaft heißt auch *vollständig*.) Es bestehen enge Zusammenhänge mit der Theorie der ›fastperiodischen Funktionen und der harmonischen Analyse.

Für lokalkompakte Gruppen wurden wichtige Ergebnisse insbesondere über D. in einem Hilbert- oder Banach-Raum mittels Operatoren von Gelfand, Rajkow, Godement, Segal, Mautner u. a. erhalten.

Mehrdeutige D. einer zusammenhängenden topologischen Gruppe G heißt eine gewöhnliche D. π einer solchen zusammenhängenden topologischen Gruppe G', daß G zu einer Faktorgruppe von G' nach einem diskreten Normalteiler N isomorph ist, der nicht im Kern von π enthalten ist; die D. heißt *n-deutig,* wenn $\pi(N)$ aus genau n Elementen besteht. Beispiel: Spinordarstellung.

Lit.: [D 1], [D 11], [D 15], [D 21], [D 27]
Kaplansky, I.: Functional Analysis, chap. 4. In: Surveys in Applied Mathematics, Vol. IV. Academic Press, New York 1958.
Peter, F., H. Weyl: Die Vollständigkeit der primitiven Darstellungen einer geschlossenen kontinuierlichen Gruppe. Math. Ann. 97 (1927), 737—755.

Darstellung von Ringen und Algebren: D. einer ›R-Algebra $\mathfrak{A}$ (R kommutativer Ring mit Einselement), insbesondere eines Rings $\mathfrak{A}$, heißt ein Homomorphismus φ von $\mathfrak{A}$ in den ›Endomorphismenring $E(M)$ eines R-Linksmoduls M (im Falle eines Ringes: Moduls; man kann dann auch R mit $\mathbb{Z}$ identifizieren). Die D. heißt *treu,* wenn φ injektive ›Abbildung ist.

Die Endomorphismen mögen etwa als Rechtsoperatoren geschrieben werden, etwa exponentiell. Ist $\varphi(x)$ ($x \in \mathfrak{A}$) der x vermöge φ zugeordnete Endomorphismus, so wird M gemäß $mx = m^{\varphi(x)}$ ($m \in M$) ein $\mathfrak{A}$-Rechtsmodul, der wegen

$$(rm)\, x = r(mx) \quad \text{für} \quad r \in R \tag{*}$$

ein ›Doppelmodul ist, der zu φ gehörige *Darstellungsmodul* von $\mathfrak{A}$ bez. R.

Allgemein heißt (*gewöhnlicher* oder *direkter*) *Darstellungsmodul* ein R-Links-$\mathfrak{A}$-Rechts-Doppelmodul. Ist insbesondere M freier unitärer R-Modul, besitzt also eine (endliche) Modulbasis $(m_1, \ldots, m_n)$ (durch die sich die Elemente von M eindeutig als Linearkombinationen mit Koeffizienten aus R darstellen lassen), und ist $\boldsymbol{m}$ der zugehörige Basisspaltenvektor, so wird durch $\boldsymbol{m} \cdot a = M_a \cdot \boldsymbol{m}$ jedem $a \in \mathfrak{A}$ eine quadratische n-reihige Matrix M_a über R zugeordnet. Die Abbildung $a \mapsto M_a$ ist ein Homomorphismus von $\mathfrak{A}$ in den Ring R_{nn} der n-reihigen quadratischen Matrizen über R, d. h.

$$M_{a+b} = M_a + M_b, \quad M_{ab} = M_a M_b.$$

Man erhält damit eine sog. *Matrizendarstellung* Γ von $\mathfrak{A}$. Der *Grad* der D. φ ist gleich dem Grad der Matrizendarstellung Γ, d. h. gleich dem R-Rang des Darstellungsmoduls = Zeilenzahl der Darstellungsmatrizen.

Die Darstellungsmatrizen M_a bilden einen Unterring von R_{nn}. Geht man zu einer anderen (gestrichenen) Basis mit dem Basisspaltenvektor $\boldsymbol{m}'$ über, so gilt $\boldsymbol{m} = P\boldsymbol{m}'$ mit einer invertierbaren Matrix P über R, und für die Darstellungsmatrizen M'_a der zugehörigen Matrizendarstellung Γ' gilt $M'_a = P^{-1}M_aP$. Γ und Γ' heißen dann *ähnliche* oder *äquivalente Matrizendarstellungen*; die Gesamtheit der zueinander ähnlichen Matrizendarstellungen von $\mathfrak{A}$ bildet eine *Matrizendarstellungsklasse* oder kurz *Darstellungsklasse*. Die Matrizendarstellung heißt *treu*, wenn der Homomorphismus $a \mapsto M_a$ ein Monomorphismus ist; das ist genau dann der Fall, wenn φ treu ist. Jede K-Algebra endlichen Ranges über einem kommutativen Körper K besitzt eine treue Matrizendarstellung in einem Ring R_{nn}. $\mathfrak{A}$ kann selbst als Darstellungsmodul bez. der sog. *regulären Darstellung* von $\mathfrak{A}$ gewählt werden (>regulärer Darstellungsmodul). Gilt insbesondere $ma = 0$ für alle $m \in M$, $a \in \mathfrak{A}$, so heißt M *Nulldarstellungsmodul*, die zugehörige D. *Nulldarstellung*; jeder abstrakte Modul läßt sich durch diese Festsetzung zum Nulldarstellungsmodul von $\mathfrak{A}$ machen. (Zum Teil erfolgen die Definitionen spiegelbildich mit Vertauschung von rechts und links, an die Stelle eines Basisspaltenvektors tritt dann ein *Basiszeilenvektor*.)

Wählt man an Stelle eines Homomorphismus einen Antihomomorphismus φ von $\mathfrak{A}$ in $E(M)$ oder einen Homomorphismus in den >Endomorphismenring $E^*(M)$ (Endomorphismen als Linksoperatoren aufgefaßt), so erhält man eine *reziproke D.* oder *Antidarstellung* von $\mathfrak{A}$; M wird dann analog zu oben *reziproker Darstellungsmodul* oder *Antidarstellungsmodul*, d. h. zugleich $\mathfrak{A}$-Linksmodul und R-Linksmodul (also Doppellinksmodul) mit der Vertauschungsregel $a(rm) = r(am)$ für $r \in R$, $m \in M$, $a \in \mathfrak{A}$. Besitzt wiederum M eine R-Modulbasis der Länge n und ist $\boldsymbol{m}$ der zugehörige Basisspaltenvektor, so wird durch $a \cdot \boldsymbol{m} = M_a \cdot \boldsymbol{m}$ jedem $a \in \mathfrak{A}$ eine quadratische n-reihige Matrix M_a über R zugeordnet, und die Zuordnung $a \mapsto M_a$ ist ein Antihomomorphismus von $\mathfrak{A}$ in R_{nn}, d. h. eine *reziproke Matrizendarstellung* Γ von $\mathfrak{A}$ über R. Es gilt also $M_{a+b} = M_a + M_b$, $M_{ab} = M_bM_a$. Ähnlichkeit von reziproken Matrizendarstellungen und Darstellungsklassen sind analog zu oben definiert. (Auch hier erfolgen die Definitionen zum Teil spiegelbildlich.)

Die Spur der Darstellungsmatrix M_a bei der Matrizendarstellung Γ der Algebra $\mathfrak{A}$ vom Range n über dem Körper K heißt die *Spur* $S_\Gamma(a)$ von a bez. der (Matrizen-) D. Γ oder der *Charakter* $\chi_\Gamma(a)$ von Γ für das Element a. χ_Γ hängt nur von der Darstellungsklasse von Γ ab, hat also für äquivalente D. denselben Wert, und umgekehrt sind vollständig reduzible D. über einem Körper der Charakteristik Null durch ihre Charaktere bis auf Äquivalenz vollständig bestimmt. Die zu irreduziblen D. gehörigen Charaktere heißen *einfache Charaktere* (*Spuren*), die zur ersten regulären D. von $\mathfrak{A}$ gehörige Spur S_r *reguläre Spur*. Der zweithöchste Koeffizient $S_h(a)$ des *Hauptpolynoms* (›charakteristisches Polynom eines Elements einer Algebra)

$$H(x; a) = x^r - S_h(a)\, x^{r-1} + \cdots + a_0,$$

die sog. *Hauptspur* von a, ist gleich der Summe der Spuren von a in den verschiedenen absolut irreduziblen D. von $\mathfrak{A}$ und heißt gelegentlich auch *reduzierte Spur*. Alle diese Spuren sind ›lineare Abbildungen von $\mathfrak{A}$ in K. Für volle Matrizenalgebren stimmt die Hauptspur mit der gewöhnlichen Matrizenspur überein; für separable endliche Körpererweiterungen stimmen Hauptspur und reguläre Spur mit der durch Konjugiertenbildung erklärten Spur der Galoisschen Theorie überein.

Ist $a_1, \ldots, a_n$ eine K-Basis von $\mathfrak{A}$ und S_h die Hauptspur von $\mathfrak{A}$, so heißt die n-reihige quadratische Matrix

$$\begin{pmatrix} S_h(a_1 a_1) & \ldots & S_h(a_1 a_n) \\ \multicolumn{3}{c}{\dotfill} \\ S_h(a_n a_1) & \ldots & S_h(a_n a_n) \end{pmatrix} = \mathfrak{D}_h(a_1, \ldots, a_h)$$

die Diskriminantenmatrix von $(a_1, \ldots, a_n)$ und ihre Determinante $D_h(a_1, \ldots, a_n)$ die *Basisdiskriminante* zur Basis $(a_1, \ldots, a_n)$. Bei einem Basiswechsel multipliziert sich die Basisdiskriminante mit dem Quadrat der Determinante der Übergangssubstitution. $D_h(a_1, \ldots, a_n)$ ist genau dann $\neq 0$, wenn $\mathfrak{A}$ eine ›separable Algebra ist. Gelegentlich werden diese Begriffe auch für Algebren ohne Einselement bzw. für ›R-Algebren (R kommutativer Ring mit Einselement) eingeführt.

Verallgemeinerungen: $\mathfrak{A}$ K-Algebra, M endlicher unitärer R-Linksmodul mit nichtkommutativem Ring R mit obiger Vertauschungsregel (Multiplikation in R antiisomorph zu der der zugehörigen Endomorphismen von M). Gelegentlich wird noch die Existenz eines gemeinsamen ›Operatorenbereichs Ω für $\mathfrak{A}$ und R zugelassen, dann muß

$$\omega(rs) = (\omega r)\, s = r(\omega s) \quad \text{für} \quad \omega \in \Omega, \quad r, s \in R$$

gelten, und Operatorwirkung und Homomorphismus φ müssen vertauschbar sein. Allgemeiner nennt man oft einen Homomorphismus von $\mathfrak{A}$ in einen Ring B eine D. von $\mathfrak{A}$ in B.

Beispiele für *Darstellungsmoduln* sind neben dem Nullmodul die Links- bzw. Rechtsideale von $\mathfrak{A}$. Ein Untermodul eines Darstellungsmoduls M, der selbst Darstellungsmodul ist, heißt *Teildarstellungsmodul*; triviale Teildarstellungsmoduln sind (0) und M selbst, die von M verschiedenen heißen *echte*, die von (0) und M verschiedenen *eigentliche*. Die ›D. einer (endlichen) Gruppe (›D. einer Gruppe) G ordnen sich den D. v. A. unter, indem man als $\mathfrak{A}$ den ›Gruppenring $K[G]$ nimmt.

Die Begriffe der D. von Gruppen (›D. einer Gruppe) übertragen sich auf die D. v. A. Eine D. von $\mathfrak{A}$ heißt *reduzibel* (auch: *halbreduzibel*), wenn der zugehörige *Darstellungsmodul reduzibel* ist, d. h., einen nichttrivialen Teildarstellungsmodul N besitzt, anderenfalls *irreduzibel*. Für D. bez. eines Rings R bedeutet das, daß man eine (r-elementige) R-Basis von N zu einer (n-elementigen) R-Basis von M ergänzen kann und daß die Darstellungsmatrizen der mit dem entsprechenden Basisspaltenvektor gebildeten Matrizendarstellung die Form $M_a = \begin{pmatrix} N_a & Q_a \\ 0 & R_a \end{pmatrix}$ haben, wo N_a r-reihig quadratisch und R_a $(n - r)$-reihig quadratisch ist. Ist umgekehrt Γ eine reduzible Matrizendarstellung, so gibt es eine zu ihr äquivalente D., in der alle Darstellungsmatrizen die eben angegebene Form haben. (Arbeitet man mit Basiszeilenvektoren, so steht die Nullmatrix an der rechten oberen Ecke.)

Ist der zugehörige Darstellungsmodul sogar ›direkte Summe zweier eigentlicher Teildarstellungsmoduln N_1, N_2, so heißt die D. *zerlegbar, zerfällbar, vollreduzibel* oder *vollständig reduzibel*, auch: *halbeinfach*. Bei D. bez. eines Ringes R müssen dabei N_1 und N_2 R-Basen der Länge n_1 und n_2 besitzen, die zusammen eine R-Basis der Länge $n_1 + n_2$ von M ergeben; die zu dieser Basis gehörigen Darstellungsmatrizen haben dann die Form $M_a = \begin{pmatrix} N_a^{(1)} & 0 \\ 0 & N_a^{(2)} \end{pmatrix}$ mit quadratischen n_i-reihigen Matrizen $N_a^{(i)}$, und umgekehrt ist jede zerlegbare Matrizendarstellung zu einer mit Darstellungsmatrizen dieser Gestalt (*reduzierte Form der Matrizendarstellung*) äquivalent. Γ ist dann direkte Summe $\Gamma = \Gamma_1 \oplus \Gamma_2$ der Matrizendarstellungen Γ_i zu den Darstellungsmoduln N_i und Darstellungsmatrizen $N_a^{(i)}$.

Läßt sich der Darstellungsmodul M sogar als direkte Summe ›einfacher Darstellungsmoduln N_i schreiben, so heißt die D. bzw. Matrizendarstellung *vollständig reduzibel*, und die zu den N_i gehörigen irreduziblen D. heißen *irreduzible Bestandteile* der ursprünglichen D. Bei D. bez. R gibt es zur ursprünglichen Matrizendarstellung eine äquivalente, die als direkte Summe von irreduziblen Bestandteilen geschrieben ist (*vollständig reduzierte Form der Matrizendarstellung*). Bei K-D. sind die irreduziblen Bestandteile als Folge des Satzes von ›Jordan-Hölder bis auf Isomorphie eindeutig bestimmt. Jede D. einer halbeinfachen (assoziativen) K-Algebra endlichen Ranges bez. K ist vollständig reduzibel, und die irreduziblen D. werden durch Rechts- bzw. Linksideale von $\mathfrak{A}$ als Darstellungsmoduln geliefert. (Für reziproke D. gelten analoge Aussagen.)

Ist Γ eine Matrizendarstellung über K einer assoziativen Algebra $\mathfrak{A}$ endlichen Ranges über dem kommutativen Körper K und L ein Oberkörper von K, so wird hierdurch in eindeutiger Weise eine Matrizendarstellung Γ_L der durch *Grundkörpererweiterung* aus $\mathfrak{A}$ entstehenden Algebra $\mathfrak{A}_L$ bestimmt, die sog. *Grundkörpererweiterung der Matrizendarstellung* Γ von L. Eine irreduzible D. kann hierbei in eine reduzible übergehen.

Lit.: Außer der Literatur zur ›Darstellungstheorie ›[R 9] und NOETHER, E.: Nichtkommutative Algebren. Math. Z. **37** (1933), 314–541.

Darstellungsmatrix bzw. **-modul** bzw. **-raum** ›Darstellung einer Gruppe, ›Darstellung von Ringen und Algebren

Darstellungstheorie heißt die von FROBENIUS, I. SCHUR, BURNSIDE, E. NOETHER u. a. begründete Theorie der ›Darstellungen von Gruppen, Algebren und Ringen, inzwischen aber auch die der Darstellungen von ›Halbgruppen durch Halbgruppen von Transformationen. Vorher hatte bereits WEBER 1886 ›Charaktere kommutativer endlicher Gruppen untersucht. Die D. ging ursprünglich von Untersuchungen der Darstellungen von Gruppen als Substitutionsgruppen aus, zunächst über $\mathbb{C}$ (vor allem durch FROBENIUS: Theorie der Gruppencharaktere (›Charakter einer Gruppe)). Die Erweiterung auf den Fall beliebiger Körper der Charakteristik 0 in der heutigen Form erfolgte von SCHUR. Endliche Körper K wurden zuerst von DICKSON untersucht, der die Frobeniussche Theorie auf endliche Gruppen mit zur ›Charakteristik p von K teilerfremder Ordnung übertrug; anderenfalls ergeben sich andere Resultate, die in der Theorie der ›modularen Darstellungen insbesondere von BRAUER seit 1939 untersucht worden sind. Mittels der D. ließen sich wichtige Sätze über abstrakte Gruppen beweisen, ferner gibt es moderne Anwendungen in der Quantentheorie, Atomtheorie, Festkörperphysik und Elementarteilchentheorie. Über den ›Gruppenring besteht ein natürlicher und eleganter Zusammenhang zur D. von Algebren und Ringen, die ein natürliches Hilfsmittel zur Strukturtheorie der Algebren bildet. Im Anschluß an H. WEYL (1926) und J. v. NEUMANN (1929) wurde und wird der Darstellungsbegriff fruchtbringend in der Theorie der ›fastperiodischen Funktionen und in der Funktionalanalysis (normierte Algebren, insbesondere Banach-Algebren, und ihre Darstellungen) angewendet.

Lit.: [A 14], [A 17 II], [D 1]–[D 27], [Enz 1,16], [Enz 2,5], [G 5], [G 24 II], [G 36], [L 19], [S 1].

BRAUER, R.: Zur Darstellungstheorie der Gruppen endlicher Ordnung. Math. Z. **63** (1956), 406–444.

GRAHAM, C. C., O. C. MCGEHEE: Essays in Commutative Harmonic Analysis. Springer, Berlin 1979.

HANNAN, E. J.: Group representations and applied probability. Methuen, London 1965.

HUMPHREYS, J. E.: Representations of SL (2, p). Amer. Math. Monthly 82 (1975), 21–39.

James, G.: The irreducible representations of the finite general linear groups. Proc. London Math. Soc. 52 (1986), 236–268.

Karpilovsky, G.: Projective Representations of Finite Groups. Dekker, New York 1985.

Lang, S.: $SL_2(R)$. Addison-Wesley, Reading 1975; Springer Berlin 1985.

Lomont, J. S.: Applications of Finite Groups. Academic Press, New York 1959.

Mackey, G. W.: The theory of group representations. Univ. of Chicago Lecture Notes, Chicago 1955.

Malzew, A. (A. Мальцев): Об изоморфных матричных представлениях бесконечных групп. Mat. Sbornik 8 (50) (1940), 405–422.

Murnaghan, F. D.: The theory of group representations. Hopkins Press, Baltimore 1938.

Neumark, M. A.: Normierte Algebren, DVW, Berlin 1959.

Rutherford, D. E.: Substitutional analysis. Edinburgh University Press, Edinburgh 1948.

Schur, I.: Die algebraischen Grundlagen der Darstellungstheorie. Züricher Vorlesungen 1936.

Stein, E. M.: Analytic Continuation of Group Representations. Yale University Press, New Haven 1971.

Weil, A.: L'intégration dans les groupes topologiques et ses applications. Hermann, Paris 1940.

Weyl, H.: Gruppentheorie und Quantenmechanik. Hirzel, Leipzig 1931.

Winberg, E. B. (E. Б. Винберг): Линейные представления групп. Nauka, Moskau 1985.

Dedekind-Noetherscher Isomorphiesatz >Isomorphiesätze für Gruppen

Dedekindsche Algebra = >halbeinfache Algebra

Dedekindscher Ring (= *ZPI-Ring* = *Noetherscher Fünf-Axiome-Ring* = *Dedekindscher Bereich*): ein >Integritätsbereich mit Einselement, in dem der *ZPI-Satz* (*Satz von der eindeutigen Primidealzerlegung* = *Zerlegungssatz in Primärideale*) gilt, d. h., jedes >Ideal sich in bis auf die Reihenfolge eindeutiger Weise als Produkt von Primidealpotenzen schreiben läßt. Das bedeutet, daß in solchen Ringen die Sätze der klassischen Idealtheorie der >Zahlkörper gelten. Nach E. Noether ist ein kommutativer Ring R genau dann D. R., wenn in R folgende Axiome erfüllt sind: (i) Gültigkeit des Teilerkettensatzes für Ideale, (ii) Gültigkeit des abgeschwächten Vielfachkettensatzes für Ideale, (iii) Existenz eines Einselements, (iv) Nullteilerfreiheit, (v) Ganzabgeschlossenheit von R in seinem Quotientenkörper. Demnach ist ein Integritätsbereich genau dann D. R., wenn er ein noetherscher normaler Ring der Krull-Dimension 1 (jedes eigentliche >Primideal also maximal) ist. Es langt auch bereits zu fordern, daß R Integritätsbereich (mit Eins) ist, in dem sich jedes Ideal als Produkt von Primidealen schreiben läßt; die Eindeutigkeit der Primidealzerlegung folgt hieraus.

Beispiele für D. R.: (i) jeder >Hauptidealring; (ii) der Quotientenring eines D. R. bez. eines multiplikativ abgeschlossenen Systems; (iii) die ganzabgeschlossene Hülle eines D. R. in einer endlich-algebraischen Erweiterung seines Quotientenkörpers, daher insbesondere (iv) der Ring der ganzen ›algebraischen Zahlen und der Ring der ganzen algebraischen Funktionen in einer Variablen; (v) der Ring aller ganzen algebraischen Zahlen.

Ein Integritätsbereich ist genau dann D. R., wenn die gebrochenen Ideale hierin bei multiplikativer Verknüpfung eine Gruppe bilden, d. h., jedes Ideal hierin umkehrbar ist. Daher läßt sich jedes gebrochene Ideal hierin in bis auf die Reihenfolge eindeutiger Weise als Produkt von Primidealpotenzen mit ganzzahligen Exponenten schreiben.

D. R. sind genau die eindimensionalen ›*Krull-Ringe*. Jeder D. R. ist ›regulärer kommutativer Ring, und alle seine Lokalisierungen nach maximalen Idealen sind diskrete ›Bewertungsringe.

In einem D. R. R gilt der *chinesische Restesatz* (*Satz von der Lösbarkeit simultaner Kongruenzen*): Gegeben seien endlich viele Ideale $\mathfrak{a}_i$ und Elemente x_i in R. Dann besitzt das System von Kongruenzen $x \equiv x_i \bmod \mathfrak{a}_i$ genau dann eine Lösung x in R, wenn diese Kongruenzen paarweise verträglich sind, d. h., für alle i, j gilt: $x_i \equiv x_j \bmod (\mathfrak{a}_i + \mathfrak{a}_j)$. (Diese Verträglichkeitsbedingung ist automatisch erfüllt, falls alle $\mathfrak{a}_i$ teilerfremd sind.)

Ein (kommutativer) Ring mit der ZPI-Eigenschaft ohne die Forderung der Nullteilerfreiheit ist direkte Summe endlich vieler D. R. und sog. *spezieller primärer Ringe* (Ringe mit genau einem maximalen Ideal, von dem jedes eigentliche Ideal eine Potenz ist), vgl. LARSEN/McCARTHY.

Ein Integritätsbereich R heißt *fast.-D. R.*, wenn die Lokalisierung (›Quotientenring) $R_{\mathfrak{p}}$ für jedes maximale Primideal $\mathfrak{p}$ von R D. R. ist. Für weitere Einzelheiten vgl. LARSEN.

Lit.: [A 13], [A 18 I], [EC 7], [G 34], [K 14], [K 20], [Z 1], [Z 7], [Z 9]
LARSEN, M. D., P. J. McCARTHY: Multiplicative Theory of Ideals. Academic Press, New York 1971.
NOETHER, E.: Abstrakter Aufbau der Idealtheorie in algebraischen Zahl- und Funktionenkörpern. Math. Ann. **96** (1927), 26–61.

Dedekindscher Verband = ›modularer Verband

Dedekindsches Transpositionsprinzip ›modularer Verband

Defekt ›lineare Abbildung, ›lineares Gleichungssystem, ›quadratische Form

defektive ›quadratische Form

definierende Gleichung (= *erzeugende Gleichung*): Wird die einfache ›algebraische Erweiterung K des Körpers k durch das (›primitive) Element x erzeugt, so heißt die *Minimalgleichung* $f(x) = 0$, d. h. die Gleichung niedrigsten Grades, der x genügt, d. G. für x. Die Erweiterung K/k ist durch $f(X)$ bis auf Isomorphie über k eindeutig bestimmt. Jede über k irreduzible Gleichung mit dem höchsten Koeffizienten 1 ist d. G. einer einfachen algebraischen Erweiterung von k.

Lit.: [A 17 I]

definierende Matrix ›Matrizenhalbgruppe

definierende Relationen einer universellen ›Algebra, einer Gruppe ›Erzeugende und Relationen

definit heißt ›positiv oder ›negativ definit.

Definitionsbereich einer ›Abbildung, ›additiven Relation, partiellen ›Operation

Deformation 1. = Homomorphismus eines ›Gruppoids, **2.** = Operatorhomomorphismus ›Operatorenbereich

Dehnsches Gruppenbild = ›Cayleysches Diagramm

Dehnungsgruppe heißt die von den Transformationen der Form $x \mapsto x'$ mit $x'^i = ax^i$ $(i = 1, \ldots, n)$ gebildete einparametrige ›kontinuierliche Gruppe. Die zugehörige infinitesimale Transformation lautet $x^1 \frac{\partial}{\partial x^1} + \cdots + x^n \frac{\partial}{\partial x^n}$.

Delsartesche Funktion ›Möbiussche Funktion

Deltaprozeß = ›Aronholdscher Prozeß

Deltasymbol ›Matrix

de-Morgansche Formeln, = Gesetze, = Regeln ›Boolesche Algebra

Derivation: R sei ein (nicht notwendig kommutativer) Ring (meist mit Einselement) und S ein (unitärer) R-›Doppelmodul (in der Regel ein Oberring von R). Eine ›Abbildung D von R in S heißt *D.* (*mit Werten in* S), wenn für alle $x, y \in R$ gilt:

$D(x + y) = D(x) + D(y)$ (und daher $D(0) = 0$, $D(x - y) = D(x) - D(y)$), $D(xy) = xD(y) + D(x)\,y$ (im kommutativen Fall kann man natürlich x und y links schreiben). Wenn $S = R$ ist, heißt D auch eine R-D.

Im kommutativen Fall ist $D(x^n) = nx^{n-1}D(x)$ für jede natürliche Zahl n. Durch ein beliebiges Element a eines assoziativen (oder ›Lieschen) Rings wird gemäß $a \mapsto ax - xa$ (bzw. $x \mapsto ax$) eine sog. *innere D.* von R bestimmt, die im Falle ›Liescher Algebren auch mit ad x bezeichnet wird und auch *adjungierte D.* oder *adjungierte* ›*lineare Abbildung* heißt (vgl. adjungierte ›Darstellung einer Lieschen Algebra). Die übrigen D. heißen auch *äußere D.*

Der *Kern* des additiven Homomorphismus, den eine D. D bewirkt, ist ein Unterring von R, der den Primring von R enthält, der sog. *Konstantenring* bzw. (im Falle eines Körpers R) *Konstantenkörper* der D. D. Wenn dieser mit R zusammenfällt, also $D(x) = 0$ für alle $x \in R$ gilt, heißt D eine *triviale D.* Eine D., die auf einem Unterring R_0 von R trivial ist, heißt eine *D. über* R_0.

Eine D. D eines Integritätsbereichs R mit Werten in einem Körper läßt sich eindeutig zu einer D. D' des Quotientenrings von R fortsetzen, indem man setzt (Differentiationsregel!) $D'(x/y) = \big(yD(x) - xD(y)\big)/y^2$.

Beispiele: Ist R >Polynomring $R'[X_1, \dots, X_n]$ über dem kommutativen Ring R', so stellt die Abbildung D_i, die jedem Polynom seine formale *partielle Ableitung* nach X_i zuordnet, eine D. dar, die sog. *partielle D. nach* X_i.

Ist D eine D. des Rings R mit Werten in einem Oberring, so erhält man eine D. des Polynomrings $R[X_1, \dots, X_n]$, die D fortsetzt, indem man

$$D\Big(\sum_i a_{i_1 \dots i_n} X_1^{i_1} \dots X_n^{i_n}\Big) = \sum D(a_{i_1 \dots i_n})\, X_1^{i_1} \dots X_n^{i_n}$$

setzt.

Die D. von R mit Werten in S bilden eine additive abelsche Gruppe (Modul), indem man für D. D und D' setzt $(D + D')\,(x) = D(x) + D'(x)$. Im kommutativen Fall bilden sie sogar einen >R-Modul (im Falle eines Körpers R also einen Vektorraum), indem man $(aD)\,(x) = aD(x)$ für $a \in R$ setzt.

Im Falle von D. von R mit Werten in R braucht die dann mögliche Hintereinanderausführung DD' von D. D und D' keine D. mehr zu sein, wohl aber das *Klammerprodukt* $[D, D'] = DD' - D'D$. Mit dieser Produktbildung als Multiplikation bilden die D. eines Körpers K mit Werten in K eine >Liesche Algebra über K, die *Derivationenalgebra* von K.

Die partiellen D. eines rationalen Funktionenkörpers $K = k(X_1, \dots, X_n)$ bilden eine Basis des K-Vektorraums aller D. von K über k.

Eine D. eines Körpers k mit Werten in einem Oberkörper L läßt sich eindeutig zu einer D. D' einer rein transzendenten Erweiterung $k(x)$ fortsetzen, so daß $D'(x)$ ein vorgeschriebenes Element von L ist. Jede D. eines Körpers k läßt sich eindeutig zu einer D. einer beliebigen >separablen algebraischen Erweiterung von k fortsetzen. Eine endlich erzeugte Erweiterung K eines Körpers k ist genau dann separabel und algebraisch über k, wenn K nur die triviale D. über k besitzt.

Im Falle einer >Lieschen Algebra L muß natürlich der Definition einer D. (dort auch *infinitesimaler Automorphismus* genannt) das Liesche Produkt zugrunde gelegt werden, dort soll also unter einer D. D eine lineare Abbildung von L in sich verstanden werden, für die

$$D[x, y] = [Dx, y] + [x, Dy] \quad \text{für alle} \quad x, y \in L$$

gilt. Die D. von L bilden dann eine Liesche Unteralgebra von L.

>Kohomologiegruppen einer assoziativen Algebra

Lit.: [A 14], [A 18I], [EA 4], [EL 1], [L 4III], [R 13], [R 29].

Hauger, G.: Derivationsmoduln, Bericht Nr. 32, Math. Institut der Univ. München 1977.

Weil, A.: Foundations of Algebraic Geometry. Amer. Math. Soc., New York 1946; Providence 1984.

Derivationenalgebra ›Derivation

Derivationsoperator ›Differentialring

derivierte Gruppe = ›Kommutatorgruppe

derivierte Operation ›Klon

derivierter Ring (= *Kommutatorideal*) einer ›Lieschen Algebra L heißt das Ideal $[L, L]$, das von allen Lieschen Produkten $[a, b]$ $(a, b \in L)$ als linearer Raum aufgespannt wird. Durch Iteration erhält man die Glieder der *Kommutatorreihe* von L (›auflösbare Liesche Algebra).

Lit.: [L 3], [L 12], [L 18]

derogatorische Matrix ›Minimalpolynom einer Matrix

Descartes, Regel von, = ›kartesische Zeichenregel

Descartes' Satz = ›kartesische Zeichenregel

descente infinie (= *unendlicher Abstieg*) heißt ein wohl von FERMAT zuerst verwendetes Beweisverfahren zum Nachweis der Unlösbarkeit einer ›diophantischen Gleichung, das auf folgendem Prinzip beruht: Kann man aus der Annahme der Existenz einer Lösung $(a_1, \ldots, a_n)$ einer diophantischen Gleichung $f(x_1, \ldots, x_n) = 0$ mit $a_1^2 + \cdots + a_n^2 = A > 0$ stets auf die Existenz einer weiteren Lösung $(b_1, \ldots, b_n)$ mit $0 < b_1^2 + \cdots + b_n^2 < A$ schließen, so besitzt die Gleichung höchstens die Lösung $(0, \ldots, 0)$. Dieses Beweisprinzip ist in vielen Sonderfällen mit Erfolg verwendet worden; Fermat behauptete, eine d. i. für die Fermatsche Vermutung gefunden zu haben.

Lit.: NIVEN, I., H. S. ZUCKERMAN: An Introduction to the Theory of Numbers. Wiley, New York 1968.

Determinante: 1. Die D. einer n-reihigen quadratischen ›Matrix $A = (a_{ij})$ mit Elementen aus einem kommutativen ›Ring (insbesondere $\mathbb{R}$ oder $\mathbb{C}$), bezeichnet mit $\det A$, wird explizit durch

$$\det A = \sum_{\pi} \chi(\pi)\, a_{1\pi(1)} \cdots a_{n\pi(n)}$$

definiert, wobei die Summation über alle Permutationen π der Zahlen von 1 bis n erstreckt ist und $\chi(\pi)$ der *Charakter* von π, also $\chi(\pi) = 1$ für gerade Permutationen und $\chi(\pi) = -1$ für ungerade Permutationen π ist. Statt $\det A$ schreibt man auch $|A|$, $\det(a_{ij})$, $|a_{ij}|$ oder ausführlich $\begin{vmatrix} a_{11} & \cdots & a_{1n} \\ \cdots & \cdots & \cdots \\ a_{n1} & \cdots & a_{nn} \end{vmatrix}$. Für die einfachsten Fälle $n = 1$, 2 und 3 ergibt sich $|a_{11}| = a_{11}$ (nicht mit dem Betrag verwechseln!),

$$\begin{vmatrix} a_{11} & a_{12} \\ a_{21} & a_{22} \end{vmatrix} = a_{11}a_{22} - a_{12}a_{21},$$

$$\begin{vmatrix} a_{11} & a_{12} & a_{13} \\ a_{21} & a_{22} & a_{23} \\ a_{31} & a_{32} & a_{33} \end{vmatrix} = a_{11}a_{22}a_{33} + a_{12}a_{23}a_{31}$$

$$+ a_{13}a_{21}a_{32} - a_{11}a_{23}a_{32} - a_{12}a_{21}a_{33} - a_{13}a_{22}a_{31}.$$

Man kann sich den letzten Fall dadurch leicht veranschaulichen, daß man die ersten beiden Spalten nochmals rechts daneben schreibt und die Produkte aus den Elementen in den von links oben nach rechts unten verlaufenden Diagonalen addiert und hiervon die Produkte aus den Elementen der von rechts oben nach links unten verlaufenden Diagonalen subtrahiert (*Sarrussche Regel*); man beachte aber, daß eine solche Regel nur im Falle $n = 3$ gilt.

Rechenregeln: (i) Die D. ist homogen und linear in den Elementen einer jeden Zeile. Daher ist insbesondere die Summe zweier n-reihiger D. D_1 und D_2, die bis auf die i-te Zeile übereinstimmen, gleich der D. D, die aus D_1 dadurch hervorgeht, daß man zu ihrer i-ten Zeile die i-te Zeile von D_2 addiert (*Additionssatz für D.*). (ii) Die D. kehrt bei Vertauschung zweier Zeilen lediglich ihr Vorzeichen um. (iii) Die D. der Einheitsmatrix E ist 1 (Normierungsbedingung).

Durch diese drei Eigenschaften wird die D. einer Matrix, deren Elemente einem Körper (oder allgemeiner einem Integritätsbereich) angehören, eindeutig festgelegt. Diese Aussage ist äquivalent zu der folgenden: Die D. der Matrix A ist eine Funktion der Elemente von A (oder, was auf dasselbe hinausläuft, der Zeilenvektoren von A), die folgenden Forderungen genügt: (i) Sie bleibt ungeändert, wenn man ein Vielfaches einer Zeile zu einer anderen addiert. (ii) Sie multipliziert sich mit λ, wenn man eine Zeile mit λ multipliziert. (iii) $\det E = 1$.

Die D. der transponierten Matrix A^{T} ist gleich der D. von A. Daher gelten die oben gegebenen Charakterisierungen mit den Zeilen der Matrix auch analog für die Spalten, und man kann die explizite D.-Definition auch in folgender Form geben:

$$\det A = \sum_{\pi} \chi(\pi)\, a_{\pi(1)1} \ldots a_{\pi(n)n}.$$

Die D. einer Diagonalmatrix oder einer Dreiecksmatrix ist gleich dem Produkt der Diagonalelemente.

Für Matrizen mit Elementen aus einem Körper (oder allgemeiner aus einem Integritätsbereich) gilt, daß die D. von A genau dann verschwindet, wenn die Zeilen (Spalten) von A linear abhängig sind, also insbesondere eine D. mit zwei gleichen Zeilen bzw. Spalten. Die D. eines Produkts zweier quadratischer n-reihiger Matrizen ist gleich dem Produkt der einzelnen D.: $\det AB = \det A \times \det B$ (*Multiplikationssatz*).

r Zeilen mit den Zeilenindizes $i_1, \ldots, i_r$ einer n-reihigen quadratischen Matrix $A = (a_{ij})$ bilden, in ihrer natürlichen Reihenfolge untereinandergeschrieben, eine (r, n)-Matrix. Wählt man hierin analog r Spalten aus, etwa die mit den Indizes $j_1, \ldots, j_r$, so gelangt man zu einer quadratischen r-reihigen *Teilmatrix* (*Untermatrix*) von A, deren D. eine *r-reihige Unterdeterminante* (oder *Unterdeterminante, Minor, Subdeterminante, Partialdeterminante, partielle D.*, veraltet auch *partiale D. r-ter Ordnung*) der Matrix A (oder auch — logisch inkorrekt — der D. det A) heißt; sie möge mit $a_{i_1 \ldots i_r; j_1, \ldots, j_r}$ bezeichnet werden (das steht in Einklang mit der Bezeichnung der Elemente von A). Zu jeder derartigen Unterdeterminante gehört eine zweite (*komplementäre*) $(n - r)$-reihige *Unterdeterminante* $A_{i_1 \ldots i_r; j_1, \ldots, j_r}$, die man dadurch erhält, daß man in der Matrix A die bei der Bildung von $a_{i_1 \ldots i_r; j_1 \ldots j_r}$ beteiligten Zeilen und Spalten streicht und von der verbliebenen $(n - r)$-reihigen Teilmatrix die D. bildet. Die auf diese Weise einander zugeordneten Untermatrizen und ebenso die zugehörigen D. heißen auch *zusammengehörige* oder *adjungierte Untermatrizen* bzw. *Unterdeterminanten.* Dann ist det $A = \sum a_{i_1 \ldots i_r; j_1 \ldots j_r} (-1)^{i_1 + \cdots + i_r + j_1 + \cdots + j_r} \times A_{i_1 \ldots i_r; j_1 \ldots j_r}$, wobei die Summation über alle Möglichkeiten erstreckt ist, aus den Zeilen mit den festen Indizes $i_1, \ldots, i_r$ r-reihige Unterdeterminanten zu bilden, d. h. über alle $j_1, \ldots, j_r$, die den Ungleichungen $1 \leqq j_1 < \cdots < j_r \leqq n$ genügen. Die zu $a_{\ldots}$ gehörige Unterdeterminante $A_{\ldots}$ wird auch bezeichnet als *komplementärer Minor, komplementäre Unterdeterminante* oder *Subdeterminante, supplementäre* oder *adjungierte Unterdeterminante, adjungierte Subdeterminante* oder *Ergänzungsminor* von $a_{\ldots}$. Die obige Darstellung der D. von A heißt *Entwicklung von A nach den Zeilen* mit den Indizes $i_1, \ldots, i_r$. Die mit dem obigen Vorzeichenfaktor versehene Unterdeterminante heißt auch *algebraisches Komplement, Adjunkte, algebraische Adjungierte* oder *Kofaktor* der Unterdeterminante $a_{i_1 \ldots i_r; j_1 \ldots j_r}$; der Exponent von (-1) heißt auch der *Index* der Unterdeterminante. Eine analoge Aussage ergibt sich, wenn man statt mit den Zeilen mit den Spalten arbeitet und demnach in der obigen Summe umgekehrt die j_ν festhält und über die i_μ summiert. Die Aussage über die Entwickelbarkeit einer D. nach gegebenen Zeilen bzw. Spalten heißt *Laplacescher Entwicklungssatz* (= *Laplacescher Determinantensatz* = *Laplacescher Zerlegungssatz* = *Laplacescher Satz [für D.]* = *Laplacesche Formel*). Der Multiplikationssatz für D. läßt sich auf den Fall verallgemeinern, daß man die D. des Produkts zweier verketteter Rechteckmatrizen A und B zu berechnen hat, für die AB eine r-reihige quadratische Matrix ist, A also r Zeilen und B r Spalten besitzt. Dann gehört zu jeder r-reihigen Teilmatrix von A, an der die Spalten $j_1, \ldots, j_r$ beteiligt sind, eine aus den Zeilen mit den Indizes $j_1, \ldots, j_r$ gebildete r-reihige Teilmatrix von B, und det AB ist gleich der Summe über die Produkte der auf diese Weise einander entsprechenden r-reihigen Unterdeterminanten von A und von B.

Statt D. einer ›symmetrischen, ›alternierenden bzw. ›schiefsymmetrischen Matrix sagt man — logisch inkorrekt — auch *symmetrische* bzw. *alternierende* bzw. *schiefsymmetrische D.* Für eine Matrix ungerader Reihenzahl verschwindet eine alternierende D. stets, eine schiefsymmetrische D. über einem Körper oder Integritätsbereich der ›Charakteristik $\neq 2$. Eine schiefsymmetrische D. gerader Reihenzahl ist das Quadrat einer ganzen rationalen Funktion ihrer Elemente, eines sog. *Pfaffschen Aggregats* (= *Pfaffiana* = *Pfaffsche Determinante* = *Pfaffiante* = *Halbdeterminante* = *Jacobische Funktion*).

Zur Berechnung der D. empfiehlt es sich bei höherer Reihenzahl in der Regel nicht, die explizite Determinantendefinition anzuwenden; meist ist es einfacher, vorher die Matrix durch ›elementare Transformationen auf einfache Form zu bringen (etwa Dreiecksgestalt); gegebenenfalls kann man auch schon vorher nach einer Zeile oder einer Spalte entwickeln.

Für die Anwendung von D. zur Lösung ›linearer Gleichungssysteme ›Cramersche Regel.

Die Unterdeterminanten von A, an denen nur gleichindizierte Zeilen und Spalten beteiligt sind (d. h. $i_\nu = j_\nu$), heißen *Hauptunterdeterminanten* oder *Hauptminoren* (r-ter Ordnung); wird eine solche insbesondere aus den ersten r Zeilen und Spalten gebildet, so spricht man von *Hauptabschnittsdeterminanten*. Hauptunterdeterminanten symmetrischer bzw. schiefsymmetrischer bzw. alternierender D. sind wieder symmetrisch bzw. schiefsymmetrisch bzw. alternierend.

2. D. von Matrizen über einem *Schiefkörper* k werden nach Dieudonné folgendermaßen definiert [G 1]. k^* sei die multiplikative Gruppe der Elemente $\neq 0$ von k, $\overline{k^*}$ ihre ›Faktorkommutatorgruppe, $\bar{k}$ die hieraus durch ›Adjunktion eines Nullelements entstehende ›Halbgruppe mit Null, $\bar{a}$ das kanonische Bild eines Elements $a \neq 0$ von k in $\bar{k}$; dem Nullelement 0 von k werde das Nullelement $\bar{0}$ von $\bar{k}$ zugeordnet (statt $\bar{0}$ und $\bar{1}$ wird auch kurz 0 bzw. 1 geschrieben). Es gibt dann eine eindeutig bestimmte Abbildung det von der Menge $M_n(k)$ der n-reihigen ›Matrizen über k auf $\bar{k}$, die jeder Matrix A definitionsgemäß ihre D. det A zuordnet und folgende Eigenschaften besitzt: (i) Ergibt sich A' aus A durch Multiplikation einer Zeile von A mit dem Element $\mu \in k$, so ist $\det A' = \bar{\mu} \det A$. (ii) Wird A' aus A durch Addition einer Zeile zu einer anderen erhalten, so ist $\det A' = \det A$. (iii) Die Einheitsmatrix hat die D. 1.

Folgerungen: Bei Addition eines Linksvielfachen einer Zeile zu einer anderen ändert sich die D. nicht; bei Vertauschung zweier Zeilen multipliziert sie sich mit $\overline{-1}$; $\det A = 0$ genau dann, wenn A kein Inverses besitzt; $\det AB = \det A \cdot \det B$. Die D. einer Diagonalmatrix mit den Diagonalelementen $\mu_1, \ldots, \mu_n$ ist $\overline{\mu_1 \ldots \mu_n}$.

3. *Unendliche D.* Wenn die Unterdeterminanten $D_n = |a_{ij}|_{i,j=1,\ldots,n}$ ($n = 1, 2, \ldots$) einer unendlichen Matrix (a_{ij}) mit reellen oder komplexen Elementen für $n \to \infty$ gegen einen Grenzwert D konvergieren, so schreibt man

$$D = \begin{vmatrix} a_{11} & a_{12} & \cdots & a_{1n} & \cdots \\ a_{21} & a_{22} & \cdots & a_{2n} & \cdots \\ \cdots & \cdots & \cdots & \cdots & \cdots \end{vmatrix}$$

und nennt *D D. unendlicher Ordnung* oder kurz *unendliche D.* Auch für unendliche D. gelten die Charakterisierungen unter 1. und die Aussage det $A = \det A^{\mathrm{T}}$. Spezielle unendliche D. sind die sog. [*Kochschen*] *Normaldeterminanten* (= *normalen Determinanten*)

$$\begin{vmatrix} 1 + c_{11} & c_{12} & c_{13} & \cdots \\ c_{21} & 1 + c_{22} & c_{23} & \cdots \\ \cdots & \cdots & \cdots & \cdots \end{vmatrix}$$

mit konvergentem $\sum_{i,j} |c_{ij}|$. Für diese gilt auch der Multiplikationssatz.

Unendliche lineare Gleichungssysteme $\sum_{j=1}^{\infty} a_{ij}x_j = b_i \quad (i = 1, 2, \ldots)$, deren Koeffizientendeterminante eine Normaldeterminante $\neq 0$ ist, haben unter der Voraussetzung der Beschränktheit der b_i und der x_i genau eine Lösung, die durch das Analogon zur ›Cramerschen Regel gegeben wird. Im Falle einer verschwindenden Normaldeterminante gibt es eine notwendige und hinreichende Lösbarkeitsbedingung, die der analogen bei endlichen ›linearen Gleichungssystemen entspricht.

Daneben werden auch vierseitig unendliche D. betrachtet.

D. des adjungierten Systems ›adjungierte Matrix; *D. einer* ›*quadratischen Form*; *D. einer* ›*Semibilinearform*

Lit.: [A 16], [Enc IA3], [Enz 1,6], [G 1], [M 3], [M 4], [M 5], [M 7], [M 8], [M 11] bis [M 18], [M 20a], [M 21], [M 26]

Brehmer, S., Belkner, H.: Einführung in die analytische Geometrie und lineare Algebra. DVW, Berlin 1966.

Keller, O.-H.: Analytische Geometrie und lineare Algebra. DVW, Berlin 1957.

Koch, H. von: Sur les déterminants infinis et les équations différentielles linéaires. Acta Math. **16** (1892), 217–295.

Muir, Th.: Theory of determinants in the historical order of development I–IV. Macmillan, London 1890, 1911, 1920, 1923.

Muir, Th., W. H. Metzler: A treatise on the theory of determinants. Albany 1930.

Pickert, G.: Analytische Geometrie und lineare Algebra. Akad. Verlagsges. Geest & Portig, Leipzig 1953.

Determinantenideal ›Elementarteiler, ›Dimension eines Ideals

Determinantenkriterium für die positive Definitheit einer ›quadratischen Form

Determinantenteiler ›Elementarteiler

Dezimalbruch ›Bruch

D-Gruppe ›Untergruppenverband

diagonal-ähnliche Matrix = ›diagonalisierbare Matrix

Diagonale >Relation, >direktes Produkt

diagonale Gruppe >Matrizengruppe

diagonale quadratische Form >Hauptachsentransformation

diagonalisierbare Matrix (= *diagonal-ähnliche Matrix*) heißt eine zu einer Diagonalmatrix >ähnliche Matrix. Über $\mathbb{C}$ sind genau die >normalisierbaren Matrizen d. M. Eine M. ist genau dann d. M., wenn die algebraischen Vielfachheiten ihrer Eigenwerte stets gleich ihren geometrischen Vielfachheiten sind.
>charakteristisches Polynom einer Matrix.

Lit.: [M 26]

Diagonalisierung >Koalgebra

Diagonalmatrix >Matrix

Diagonalsumme einer >Matrix

Diagramm heißt in der Algebra, namentlich in der >Kategorientheorie, ein gerichteter Graph, dessen Ecken gewisse Objekte (z. B. Gruppen, Moduln, topologische Räume) und dessen Pfeile Morphismen (Abbildungen, Homomorphismen, stetige Abbildungen usw.) von dem Objekt am Pfeilanfang zu dem Objekt am Pfeilende repräsentieren. Ein D. heißt *kommutativ*, wenn das Produkt der verschiedenen Wegen von einem Punkt zu einem zweiten Punkt entsprechenden Morphismen unabhängig vom Wege ist.

Das Konzept von D. gleicher Bauart läßt sich in der Kategorientheorie mit dem Begriff des Diagrammschemas erfassen. Ein *Diagrammschema* Σ ist ein Tripel (I, M, d), wo I eine Menge von sog. *Eckpunkten*, M eine Menge von sog. *Pfeilen* und d eine Abbildung von M in $I \times I$ ist. Wenn $m \in M$ und $d(m) = (i, j)$ gilt, so heißt i *Anfangspunkt* und j *Endpunkt* von m. Ein D. in einer Kategorie $\mathcal{A}$ über Σ ist eine Abbildung D, die jedem $i \in I$ ein Objekt $D_i \in |\mathcal{A}|$ und jedem Pfeil m mit Anfangspunkt i und Endpunkt j einen Morphismus $D(m) \in [D_i, D_j]$ zuordnet.

Die Klasse $[\Sigma, \mathcal{A}]$ aller D. in $\mathcal{A}$ über Σ wird eine *Kategorie*, indem man als Morphismus f eines D. D nach einem D. D' eine Familie von Morphismen $f_i: D_i \to D'_i$ $(i \in I)$ in $\mathcal{A}$ definiert, so daß für jedes $m \in M$ mit $d(m) \in (i, j)$ das D.

$$\begin{array}{ccc} D_i & \xrightarrow{f_i} & D'_i \\ \downarrow & & \downarrow \\ D_j & \xrightarrow[f_j]{} & D'_j \end{array}$$

kommutativ ist $\left(f_i D'(m) = D(m)\, f_j\right)$.

Weg heißt eine endliche Folge von Pfeilen $c = m_1 m_2 \ldots m_p$, für die stets der Endpunkt von m_i gleich dem Anfangspunkt von m_{i+1} ist; der Anfangspunkt von m_1 ist der Anfangspunkt von c, der Endpunkt von m_p der Endpunkt von c.

Σ_0 sei das Diagrammschema, dessen Eckpunkte dieselben wie die von Σ sind, während zu den Pfeilen von Σ für jedes $i \in I$ noch ein Pfeil 1_i von i nach i (*identischer Pfeil*) hinzugefügt wurde. Eine ›Äquivalenzrelation $\sim$ auf der Menge aller Wege von Σ_0 heißt *Kommutativitätsrelation,* wenn gilt: (i) Äquivalente Wege haben denselben Anfangspunkt und denselben Endpunkt. (ii) Wenn $c \sim c'$ gilt und ca definiert ist, so $ca \sim c'a$. Wenn bc definiert ist, so $bc \sim bc'$. $c1_i \sim c$ und $1_jc \sim c$, wenn die Produkte erklärt sind.

Zu einer Kommutativitätsrelation $\sim$ und Kategorie $\mathcal{A}$ sei $[\Sigma/\sim, \mathcal{A}]$ die volle Unterkategorie von $[\Sigma, \mathcal{A}]$, deren Objekte D. D in $\mathcal{A}$ über Σ mit $D(c) = D(c')$ für $c \sim c'$ sind, wobei $D(1_i)$ gleich 1_{D_i} sein soll. Im Falle der größten Kommutativitätsrelation heißen ihre Objekte *kommutative D.*

Lit.: [C 10], [H 3]

Diagramm einer Lieschen Algebra ›Gewicht

Diagrammschema ›Diagramm

di-assoziativ ›Moufang-Identitäten

dicht zu ›Dichtigkeitssatz

dichter Modul ›Dichtigkeitssatz

Dichtigkeitssatz: Die Menge Y^X der ›Abbildungen einer Menge X in eine Menge Y wird zu einem topologischen Raum, indem man sie mit der Produkttopologie versieht und Y als diskret ansieht; das bedeutet, daß eine Basis offener Mengen für diese sog. *finite Topologie* auf Y^X aus allen Mengen der Form $\{g \in Y^X | g(x_i) = f(x_i)\}$ besteht, wo jeweils f ein festes Element aus Y^X ist und die x_i endlich viele Elemente aus X bedeuten. Sind R und S ›Ringe und $_RM$ und $_SM$ Linksmoduln über R bzw. S mit derselben Additivgruppe M^+, so wirken die Elemente von R und S als Endomorphismen von M^+, und sie können mit diesen Endomorphismen identifiziert werden, wenn M ›treuer R- bzw. S-Modul ist (anderenfalls sind entsprechende Restklassen zu nehmen). R ist dann im Sinne der finiten Topologie *dicht zu S*, wenn zu jedem $s \in S$ und endlich vielen Elementen $x_1, \ldots, x_t \in M$ ein $r \in R$ mit $rx_i = sx_i$ für $i = 1, \ldots, t$ existiert. Dann heißt auch $_RM$ dicht in $_SM$. (Im Falle von Rechtsmoduln ist alles gespiegelt zu schreiben.)

D. für ›halbeinfache (= vollständig reduzible) *›treue R-Linksmoduln M*: Ist R' der volle ›Endomorphismenring von M als ›R-Modul (d. h. der ›Zentralisator von R im Endomorphismenring T der additiven Gruppe M^+ von M) und R'' der Zentralisator von R' in T (R also als Unterring von R'' auffaßbar), so ist M als R-Modul dicht in M als R''-Modul, der Abschluß von R in der finiten Topologie also gleich R'' (beide als Ringe von ›Abbildungen von M in M aufgefaßt).

D. für (im Sinne von Jacobson) ›*irreduzible R-Linksmoduln M*: Ist R' der volle Endomorphismenring von M als R-Modul und $\mathfrak{L}$ der Ring der linearen Transformationen von M über R' in sich, so ist R dicht in $\mathfrak{L}$ (also wieder $_RM$ dicht in $_{R''}M$). Da R' als Zentralisator eines irreduziblen Moduls Schiefkörper ist, bedeutet das algebraisch: Sind $x_1, \ldots, x_t$ über R' linear unabhängige Elemente von M und Elemente $y_1, \ldots, y_t \in M$ gegeben, so gibt es ein $r \in R$ mit $rx_i = y_i$ $(i = 1, \ldots, t)$.

Entsprechende Aussagen lassen sich für Rechtsmoduln formulieren. Beachte, daß sich durch Übergang zum Gegenring die Seiten vertauschen lassen.

Lit.: [R 13], [R 17]

dicke Unterkategorie = ›Serresche Unterkategorie

Dicksonsche Invariante ›Cliffordsche Algebra

Diederform bzw. **-gruppe** ›endliche Drehgruppen

Differente ›Diskriminante

Differential: 1. D. oder *Randoperator* einer ›abelschen Gruppe C heißt ein Endomorphismus $d\colon C \to C$ mit $d^2 = 0$; C heißt dann auch *Differentialgruppe* (= *Gruppe mit D.*). Die Rand- bzw. Korandoperatoren bei Komplexen (›Kettenkomplex) können als D. aufgefaßt werden, indem man zur direkten Summe der Ketten- bzw. Kokettengruppen übergeht. Ist ein D. gegeben, kann man die Begriffe der Homologietheorie wie Ketten, Zyklen, Ränder, Homologiegruppen anwenden.

2. D. = Kählersches D. ›Differentialmodul

3. D. einer ›Darstellung einer Lieschen Gruppe

Lit.: Zu 1.: [H 3].

Differentialalgebra ›Differentialring

Differentialbasis ›hyperkomplexe Variable

Differentialgruppe ›Differential

Differentialideal ›Differentialring

Differentialklasse ›Divisor

Differentialkörper ›Differentialring

Differentialmodul $\Omega^1_{A/B}$ (A kommutativer Ring, aufgefaßt als ›Algebra über dem Unterring B, insbesondere Oberkörper K eines Körpers k) heißt der

Faktormodul des von den Elementen dx mit $x \in A$ erzeugten freien A-Moduls nach dem von den Elementen d$(x + y)$ — dx — dy, d(xy) — x dy — y dx, db ($x, y \in A$, $b \in B$) erzeugten Untermodul, seine Elemente sind die (*Kählerschen*) *Differentiale* von A über B. Das Rechnen erfolgt formal nach den klassischen Differentiationsregeln, wobei die Elemente aus B als Konstante zu behandeln sind. Die Restklassenabbildung d: $A \to \Omega^1_{A/B}$ ist eine ›*Derivation* über B mit Werten in $\Omega^1_{A/B}$ mit der Universalitätseigenschaft, daß sich jede andere Derivation ∂ über B mit Werten im A-Modul M mittels eines eindeutig bestimmten A-Homomorphismus $\bar{\partial}$ über d faktorisieren läßt:

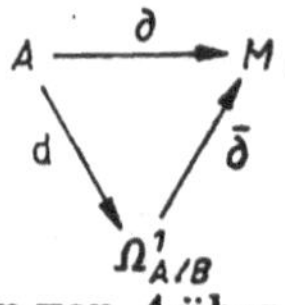

, woraus eine Isomorphie zwischen dem A-Modul der Derivationen von A über B mit Werten in M und dem Homomorphismenmodul $\mathrm{Hom}_A(\Omega^1_{A/B}, M)$ resultiert.

Eigenschaften: (i) D.-Bildung ist mit Lokalisierung nach einem multiplikativ abgeschlossenen System S in A vertauschbar: $(\Omega^1_{A/B})_S \cong \Omega^1_{A_S/B_{S\cap B}}$.

(ii) Ein B-Algebra-Homomorphismus $A \to A'$ induziert eine ›exakte Sequenz von A'-Moduln: $\Omega^1_{A/B} \otimes_A A' \to \Omega^1_{A'/B} \to \Omega^1_{A'/A} \to 0$.

(iii) Ist I Ideal von A und $A' = A/I$, so gibt es eine kanonische exakte Sequenz von A'-Moduln $I/I^2 \xrightarrow{d'} \Omega^1_{A/B} \otimes_A A' \to \Omega^1_{A'/B} \to 0$, wobei d$'$ durch die Differentiation d von A über B induziert wird.

(iv) Ein Körper K ist genau dann ›separable Erweiterung des Körpers k vom Grad n, wenn die K-Isomorphie $\Omega^1_{K/k} \cong K^n$ besteht.

(v) Im Falle einer Polynomalgebra $A = B[X_1, \ldots, X_n]$ ist $\Omega^1_{A/B}$ freier A-Modul mit der Basis d$X_1, \ldots,$ dX_n.

(vi) Eine endlich erzeugte Algebra A über einem ›vollkommenen Körper k ist genau dann ›regulärer Ring, wenn $\Omega^1_{A/k}$ ›projektiver A-Modul ist.

Durch Bildung der i-ten ›äußeren Potenz $\bigwedge^i \Omega^1_{A/B}$ erhält man den Modul $\Omega^i_{A/B}$ der i-fachen *Differentialformen* von A über B.

Lit.: Kähler, E.: Algebra und Differentialrechnung. DVW, Berlin 1958.
Kähler, E.: Geometria aritmetica. Annali di Mat. 45 (1958) (ganzer Band).
Kunz, E.: Kähler Differentials. Vieweg, Braunschweig 1986.
Schafarewitsch, I. R. (И. Р. Шафаревич): Основы алгебраической геометрии, Nauka, Moskau 1972; I. R. Shafarevich: Basic Algebraic Geometry. Springer, Berlin 1977.

Differentialpolynomring ›Differentialring

Differentialring heißt ein ›Ring mit einer oder mehreren miteinander vertauschbaren ›Derivationen. Die von allen diesen D. annullierten Elemente heißen ***Konstanten***, sie bilden einen Unterring, den ***Konstantenring***. Ist der D. zugleich Körper, so spricht man von einem ***Differentialkörper***, und die Konstanten bilden einen *Unterkörper*, den *Konstantenkörper*. Ist der D. zugleich ›R-Algebra und jede Derivation ∂ mit den Elementen aus R vertauschbar: $\partial(\alpha x) = \alpha\, \partial x$ für $\alpha \in R$, so heißt der D. *Differentialalgebra*.

Begriffe und Aussagen der Algebra übertragen sich sinngemäß weitgehend auf D. So sind Homomorphismen von D. Ringhomomorphismen, die mit den Derivationen vertauschbar sind (wozu beide D. mit derselben Menge von *Derivationsoperatoren* versehen sein müssen, die Derivationen bewirken), und die zugehörigen Kerne sind genau die *Differentialideale*, d. h. Ideale, die durch die Derivationen in sich abgebildet werden. Ein solches Ideal I heißt *perfekt*, wenn aus $a^n \in I$ stets $a \in I$ folgt. Die Begriffe ›Restklassenring und ›Quotientenring übertragen sich. Zur Definition von ›Polynomringen führt man den Begriff der *differentiellen algebraischen Abhängigkeit* von Elementen α_i eines Oberrings eines D. R ein; das bedeutet, daß die Menge aller Elemente, die hieraus durch beliebig häufiges Anwenden der Derivationsoperatoren gewonnen werden, algebraisch über R abhängig ist; im Falle der *differentiellen algebraischen Unabhängigkeit* heißen die α_i auch *Differentialunbestimmte* über R, sie erzeugen dann über R einen *Differentialpolynomring*. Jedem algebraischen Differentialgleichungssystem $F_1 = 0, \ldots, F_k = 0$ entspricht ein perfektes Differentialideal $\{F_1, \ldots, F_k\}$, das von diesem System in der Algebra der Differentialpolynome erzeugt wird, und auf diese Weise werden genau alle perfekten Differentialideale erhalten (*Satz von Ritt-Raudenbush*). Es gibt ferner u. a. Übertragungen des ›Hilbertschen Nullstellensatzes, der ›Galoisschen Theorie und der algebraischen Mannigfaltigkeiten.

Lit.: Buium, A.: Differential Function Fields and Moduli of Algebraic Varieties. LNM 1226. Springer, Berlin 1986.
Kaplansky, I.: An Introduction to Differential Algebra. Hermann, Paris 1957.
Kolchin, E. R.: Differential Algebra and Algebraic Groups. Academic Press, New York 1973.
Kolchin, E. R.: Some problems in differential algebra, in: Труды международного конгресса математиков (Москва 1966), Moskau 1968.
Ritt, J. F.: Differential algebra. American Mathematical Society, New York 1950.

Differentialunbestimmte ›Differentialring

differentielle algebraische Abhängigkeit ›Differentialring

Differenz: 1. ›Subtraktion

2. In einer ›Booleschen Algebra ist die D. $x - y$ zweier Elemente x, y durch $x \wedge \bar{y}$ definiert ($\bar{y}$ Komplement von y); das ist im Falle eines Mengenverbands die *mengentheoretische Differenz*. Allgemeiner heißt in einer verallgemeinerten ›Booleschen Algebra mit Nullelement 0 das relative Komplement von y im ›Intervall $[0, x \vee y]$ die D. d von x und y. d ist also durch $d \vee y = x \vee y$ und $d \wedge y = 0$ charakterisiert.

Lit.: [V 8]

Differenzenalgebra (= *Restklassenalgebra* = *Faktoralgebra*) heißt der Restklassenring einer assoziativen ›R-Algebra nach einem (zulässigen) zweiseitigen Ideal bei repräsentantenweiser Erklärung der Verknüpfungen, sie bildet wieder eine R-Algebra.

Lit.: [A 13]

Differenzenhalbgruppe ›Halbgruppe

Differenzenring ›Ideal

Differenzkern ›Kategorientheorie

Differenzkokern ›Kategorientheorie

Differenzring ›Ideal

Dimension 1. = ›Transzendenzgrad

2. einer Divisorklasse ›Divisor

3. einer halbgeordneten Menge (= *ordnungstheoretische D.*): Die *D.* oder *Höhe* $d(x)$ eines Elements x einer halbgeordneten Menge M (insbesondere also eines ›Verbands) ist das Supremum der Längen m absteigender ›Ketten $x_m < x_{m-1} < \cdots < x_0 = x$. Die D. $d(M)$ von M insbesondere ist das Supremum der D. der Elemente von M. *Länge* einer halbgeordneten Menge M heißt das Supremum der Längen von Ketten, deren Elemente zu M gehören. Insbesondere heißt M von *lokal endlicher Länge*, wenn jedes ›Intervall $[a, b]$ mit $a, b \in M$ endliche Länge hat.

Hat M lokal endliche Länge und genügt M der ›Jordan-Dedekindschen Kettenbedingung, so haben alle Elemente von M endliche Höhe, und zwar ist $d(x)$ gleich der (gemeinsamen) Länge der maximalen Ketten zwischen dem kleinsten Element 0 und x. Eine halbgeordnete Menge M lokal endlicher Länge mit kleinstem und größtem Element genügt genau dann der Jordan-Dedekindschen Kettenbedingung, wenn es eine *Dimensionsfunktion* $d[x]$ auf M gibt, d. h. eine ganzwertige Funktion, so daß y genau dann oberer ›Nachbar von x ist, wenn $x \leqq y$ und $d[x] + 1 = d[y]$ gilt. In einem längenendlichen semimodularen Verband genügt die Dimensionsfunktion der Ungleichung $d[x \wedge y] + d[x \vee y] \leqq d[x] + d[y]$, im Falle eines längenendlichen modularen Verbands gilt hierin das Gleichheitszeichen (*Dimensionssatz*).

4. einer ›lokalen Gruppe

5. eines Ideals: Die D. (*Krull-D.* oder *Korang*) eines echten Primideals $\mathfrak{p}$ eines kommutativen Rings mit Eins ist die maximale Länge d einer von $\mathfrak{p}$ aus echt aufsteigenden ›Primidealkette $\mathfrak{p} = \mathfrak{p}_0 \subset \mathfrak{p}_1 \subset \cdots \subset \mathfrak{p}_d$; der *Rang* oder die *Höhe* von $\mathfrak{p}$ die maximale Länge h einer echt absteigenden Primidealkette $\mathfrak{p} = \mathfrak{p}_0 \supset \cdots \supset \mathfrak{p}_h$. Ist $\mathfrak{a}$ ›Ideal eines kommutativen noetherschen Rings

R mit Einselement (oder ›R-Modul), so ist die *D.* (= *Dimensionszahl* = *Höchstdimension*) dim $\mathfrak{a}$ von $\mathfrak{a}$ das Maximum der D. der zu $\mathfrak{a}$ gehörigen Primideale $\mathfrak{p}$; der *Rang* oder die *Höhe* ht $\mathfrak{a}$ von $\mathfrak{a}$ das Maximum der Höhen der $\mathfrak{p}$; *Altitudo* oder *Weite* alt $\mathfrak{a}$ das Maximum der Höhen der $\mathfrak{p}$. Jedes echte Hauptideal hat die Höhe $\leqq 1$ (*Krullscher Hauptidealsatz*). Allgemeiner hat ein von r Elementen erzeugtes echtes Ideal höchstens die Höhe r. Ist M ein k-reihiger Vektormodul über R (Elemente sind Vektoren $(a_1, \ldots, a_k)$ mit $a_i \in R$ und komponentenweiser Verknüpfung), so ist die Höhe von M gleich der Höhe des Ideals (*Determinantenideals*), das von den aus den Elementen von M bildbaren k-reihigen Determinanten erzeugt wird; diese ist, wenn M von μ Elementen erzeugt wird, $\leqq \mu - k + 1$. Ist $\mathfrak{p}$ Primideal eines ›Polynomrings $k[x_1, \ldots, x_n]$ in n Unbestimmten über einem kommutativen Körper k, so stimmt die D. von $\mathfrak{p}$ mit dem ›Transzendenzgrad des Quotientenkörpers von $k[x_1, \ldots, x_n]/\mathfrak{p}$ über k überein; ist insbesondere $k = \mathbb{C}$, so ist dim $\mathfrak{p}$ auch gleich der topologischen D. der durch Nullsetzen der Elemente von $\mathfrak{p}$ definierten algebraischen Mannigfaltigkeit. Im Falle eines Polynomrings in n Unbestimmten über einem Körper oder eines n-dimensionalen ›lokalen Rings hat jede maximale Primidealkette die Länge n; daher ist dann insbesondere die Summe aus D. und Höhe gleich n.

6. eines ›Vektorraumes

Lit.: Zu 3: [V 2], [V 8], [V 14]
Zu 5.: [A 18], [R 25], [R 27], [R 28]
EISENREICH, G.: Zur Syzygientheorie und Theorie des inversen Systems perfekter Ideale und Vektormoduln in Polynomringen und Stellenringen. Sitzungsber. Sächs. Akad. Wiss., Math.-naturw. Kl. **109** (1970) 3.
EISENREICH, G.: Verallgemeinerung eines Satzes von Macaulay. Veröffentlichungen der Universität Innsbruck 91, Mathematische Studien I, Beiträge zur algebraischen Geometrie, Innsbruck 1974, 63–74.
GORDON, R., I. C. ROBSON: Krull dimension. Amer. Math. Soc., Providence 1978.
KRULL, W.: Dimensionstheorie in Stellenringen. J. reine angew. Math. **179** (1938), 204–226.

Dimensionsfunktion ›Dimension einer halbgeordneten Menge

Dimensionssatz ›Dimension 3

Dimensionszahl ›Dimension eines Ideals

diophantische Gleichung ist eine ›algebraische Gleichung in n Unbekannten $x_1, \ldots, x_n$ mit ganzen (evtl. auch rationalen) Koeffizienten, die in ganzen Zahlen zu lösen ist. Zur Lösung *diophantischer* ›*linearer Gleichungssysteme* $a_{i1}x_1 + \cdots + a_{in}x_n = b_i$ $(i = 1, \ldots, m)$ mit $a_{ij}, b_i \in \mathbb{Z}$, in Matrizenschreibweise $Ax = b$, kann man durch ›elementare Transformationen (ohne Divisionen!) erreichen, daß die Koeffizientenmatrix kanonische Dreiecksgestalt annimmt, wodurch sich das Gleichungssystem auf sukzessive zu lösende einzelne lineare d. G. reduziert. Man kann noch einen Schritt weitergehen und verwenden, daß sich die ganzzahlige Koeffizientenmatrix A durch elementare Transformationen auf Elementarteilerform bringen läßt, es gibt also unimodulare Matrizen P und Q, so daß $PAQ = D$ Diagonalmatrix (und zwar sogar in Elementarteilerform) wird; dann ergibt sich das äquivalente diophantische Gleichungssystem $PAQ\boldsymbol{y} = D\boldsymbol{y} = P\boldsymbol{b}$ für den neuen ganzzahligen unbekannten Spaltenvektor $\boldsymbol{y} = Q^{-1}\boldsymbol{x}$. Das neue System reduziert sich also auf einzelne „entkoppelte" lineare d. G. der Form $d_i y_i = b_i'$ mit $d_i, b_i' \in \mathbb{Z}$ und $d_i = 0$ für $i > r = $ Rang A, über deren Lösbarkeit sich unmittelbar entscheiden läßt und von denen sich unmittelbar alle Lösungen angeben lassen. Einzelne d. G. der Form $ax + by = c$ lassen sich dadurch, daß man beispielsweise modulo b rechnet, in ›Kongruenzen $ax \equiv c \bmod b$ umwandeln und mit den hierfür entwickelten Methoden behandeln.

Höhere d. G. oder *Gleichungssysteme*, d. h. solche, die nicht linear sind, lassen sich nur in Sonderfällen mit den Methoden der elementaren Zahlentheorie behandeln. So kommen z. B. als ganzzahlige Lösungen einer einzigen ganzzahligen ›algebraischen Gleichung nach dem Satz von Gauß über Polynome nur die Teiler des Absolutglieds in Frage (man muß verwenden, daß ein derartiges Polynom, das über $\mathbb{Q}$ zerlegbar ist, bereits über $\mathbb{Z}$ zerlegbar ist).

Wichtig ist auch die Frage nach der Anzahl von Lösungen d. G. Hierfür sagt der *Satz von Thue* aus, daß die d. G. $a_0x^n + a_1x^{n-1}y + \cdots + a_ny^n = c$ mit $n \geqq 3$ für jedes ganze $c \neq 0$ nur endlich viele ganzzahlige Lösungen besitzt, wenn $f(z) = a_0z^n + a_1z^{n-1} + \cdots + a_n$ irreduzibel ist oder (in einem geeigneten ›algebraischen Zahlkörper) lauter verschiedene Wurzeln hat und $a_0 \neq 0$ ist. Eine Verallgemeinerung stammt von Siegel.
›descente infinie.

Lit.: [A 1]
Dickson, L. E.: History of the theory of numbers, Vol. I. Stechert, New York 1934.
Landau, E.: Vorlesungen über Zahlentheorie, Bd. 3. Hirzel, Leipzig 1927.
Mordell, L. J.: Diophantine Equations. Academic Press, London 1969.

diplanare Quaternionen ›Quaternionenalgebra

direkt [un]zerlegbar ›direktes Produkt, ›direkte Summe (von Ringen), (multiplikativ) ›tensorielles Produkt, ›unzerlegbarer Modul

direkt verwandte Gruppen ›Erweiterung von Gruppen

direkte Potenz ›direktes Produkt

direkte Summe: 1. das ›direkte Produkt additiver Gruppen, insbesondere von Moduln, ›R-Moduln (*direkte Modulsumme*), ›Vektorräumen; gewöhnlich mit $\oplus$ bezeichnet. Die *uneingeschränkte d. S.* heißt auch *komplette d. S.*, die *eingeschränkte d. S.* auch *diskrete d. S.* In der d. S. $A \oplus B = M$ von R-Moduln heißt jeder der Summanden A, B *direktes Komplement* des anderen bez. M.

2. Das *eingeschränkte* ›*direkte Produkt* von Gruppen, insbesondere von Moduln. Die Begriffsbildungen für direkte Produkte (z. B. externes und internes direktes Produkt) übertragen sich in 1. und 2. sinngemäß.

3. in der ›Kategorientheorie Synonym für *Koprodukt,* insbesondere im Falle ›additiver Kategorien, besonders für endliche Koprodukte, die dann mit den Produkten zusammenfallen; anwendbar insbesondere in der Kategorie der R-Moduln.

4. von Darstellungen: Sind $T_1, \ldots, T_r$ ›Darstellungen ein und derselben Gruppe G (oder analog für eine Algebra oder einen Ring) mit den Darstellungsräumen $V_1, \ldots, V_r$, so erhält man durch komponentenweise Erklärung der Wirkungen die d. S. (= *Summe*) $T = T_1 \oplus \cdots \oplus T_r$ als Darstellung mit der direkten Modulsumme $V = V_1 \oplus \cdots \oplus V_r$ als Darstellungsraum, indem man für beliebige $g \in G$ und $x = x_1 + \cdots + x_r \in V$ mit $x_i \in V_i$ setzt $T(g) = T_1(g)\, x_1 + \cdots + T_r(g)\, x_r$. Werden die Darstellungen T_i bez. gewisser Basen B_i durch *darstellende Matrizen* (*Darstellungsmatrizen*) A_i gegeben, so ergeben sich die darstellenden Matrizen von T als d. S. dieser Matrizen (vgl. 5.) bez. der durch alle B_i bestimmten Basis von V.

Eine Darstellung, die sich in der obigen Weise nichttrivial als d. S. von Teildarstellungen T_i schreiben läßt, heißt *zerlegbar* (in die T_i); man sagt auch, sie *zerfällt* in die d. S. der T_i. *Irreduzibilität* einer Darstellung bedeutet, daß der zugehörige *Darstellungsmodul einfach* ist; *vollständige Reduzibilität* der Darstellung (und des Darstellungsmoduls) bedeutet, daß die Darstellung in die d. S. irreduzibler und damit der Darstellungsmodul in die d. S. einfacher Darstellungsmoduln zerfällt. Jede Darstellung einer halbeinfachen Algebra und einer endlichen Gruppe über einem Körper der Charakteristik 0 ist vollständig reduzibel.

5. von linearen Abbildungen und von Matrizen: Die d. S. der Matrizen $A_1, \ldots, A_m$ ist die sich durch diagonales Aneinanderreihen und Auffüllen mit Nullen ergebende Diagonal-Übermatrix

$$A = \begin{pmatrix} A_1 & 0 & \cdots & 0 \\ 0 & A_2 & \cdots & 0 \\ \cdots & \cdots & \cdots & \cdots \\ 0 & 0 & \cdots & A_m \end{pmatrix}.$$

Repräsentiert die Matrix A_i die ›lineare Abbildung T_i des ›Vektorraums V_i in den Vektorraum W_i (nach Wahl fester Basen in V_i und W_i), so repräsentiert A gerade die d. S. $T = T_1 \oplus \cdots \oplus T_m$ als lineare Abbildung von $V = V_1 \oplus \cdots \oplus V_m$ in $W = W_1 \oplus \cdots \oplus W_m$ (bez. der durch Vereinigen der Basen der V_i bzw. W_i erhaltenen Basen von V und W); dabei ist T in seiner Wirkung erklärt durch $T(x) = T_1(x_1) + \cdots + T_m(x_m)$ für $x = x_1 + \cdots + x_m \in V$, $x_i \in V_i$.

6. von ›R-Moduln

7. von Ringen: Ein ›Ring R heißt (*interne*) *direkte Ringsumme* seiner Unterringe R_1 und R_2, wenn R_1 und R_2 zweiseitige Ideale in R sind und R direkte Modulsumme der R_i ist. Daraus folgt bereits, daß R auch bez. der multiplikativen Struktur direktes Produkt von R_1 und R_2 ist, also für $x_i, y_i \in R$ gilt: $(x_1 + x_2)(y_1 + y_2) = x_1y_1 + x_2y_2$, insbesondere sich also R_1 und R_2 bei der Multiplikation gegenseitig annullieren; die d. S. enthält also stets Nullteiler. Man schreibt dann $R = R_1 \oplus R_2$. Entsprechende Aussagen gelten für die d. S. mehrerer Summanden. — Umgekehrt kann man zu gegebenen Ringen $R_1, \ldots, R_m$ ihre (*externe*) *d. S.* als das kartesische Produkt der R_i mit komponentenweiser Erklärung der Addition und Multiplikation einführen. Die d. S. $R = R_1 \oplus \cdots \oplus R_m$ enthält genau dann ein *Einselement* 1, wenn jeder der Ringe R_i ein Einselement 1_i besitzt; es ist dann $1 = 1_1 + \cdots + 1_m$. Die direkte Ringsumme von ›R-Algebren ist selbst R-Algebra und heißt dann die d. S. der R-Algebren.

Die d. S. endlich vieler Ringe oder Algebren ist kategorientheoretisch zugleich Koprodukt und Produkt in der Kategorie der Ringe bzw. R-Algebren (›Kategorientheorie).

Insbesondere heißt eine ›*Liesche Algebra* L d. S. Liescher Algebren $L_1, \ldots, L_m$ über demselben Grundkörper, wenn sie als linearer Raum d. S. von $L_1, \ldots, L_m$ ist, ihre Elemente also (bis auf Isomorphie) mit den m-Tupeln $(x_1, \ldots, x_m)$ mit $x_i \in L_i$ identifiziert werden können, und für die Multiplikation

$$[(x_1, \ldots, x_m), (y_1, \ldots, y_m)] = ([x_1, y_1], \ldots, [x_m, y_m]) \quad (x_i, y_i \in L_i)$$

gilt.

Ein Ring (oder eine Algebra), der direkte Ringsumme von mindestens zwei nichttrivialen Ringen ist, analog ein Modul, der nichttriviale direkte Modulsumme ist, heißt (*additiv*) *direkt zerlegbar*, anderenfalls (*additiv*) *direkt unzerlegbar*.

Lit.: Zu 1.—3.: [C 10], [C 11], [C 15]
Zu 4.: ›Darstellungstheorie
Zu 5.: [M 8]
Zu 7.: [A 16]

0-direkte Vereinigung (= *orthogonale Summe*) ihrer Unterhalbgruppen S_i heißt eine ›Halbgruppe S mit Null, wenn S Vereinigung der S_i ist und für $i \neq j$ gilt $S_i \cap S_j = 0$, $S_iS_j = S_jS_i = 0$. Die S_i heißen *Summanden* dieser 0-d. V.

Lit.: [S 1 II]

direkte Zerlegung einer Algebra ›additive Zerlegung einer Algebra

direkter Limes: 1. (= *induktiver Limes*): Es sei I eine ›gerichtete Menge. *Direktes System* (= *induktives System* = *induktive Familie*) in einer Kategorie

$\mathcal{A}$ (›Kategorientheorie) über I heißt ein kommutatives ›Diagramm, gebildet aus mit Elementen aus I indizierten Objekten D_i ($i \in I$) und für jedes Paar i, j mit $i \leqq j$ einem Morphismus $\pi_{ij}: D_i \to D_j$; es muß also stets $\pi_{ii} = 1_{D_i}$ und $\pi_{ij}\pi_{jk} = \pi_{ik}$ für $i \leqq j \leqq k$ gelten. D. L. dieses direkten Systems heißt dann der *Kolimes* dieses Diagramms (falls er existiert), d. h. ein Objekt L zusammen mit Morphismen (*Injektionen*) $u_i: D_i \to L$ für jedes $i \in I$, so daß das damit insgesamt entstehende Diagramm wieder kommutativ wird, zusammen mit folgender Universalitätseigenschaft von L: Gibt es ein zweites derartiges Objekt L' mit analogen Morphismen u_i', so muß ein eindeutig bestimmter Morphismus $\gamma: L \to L'$ existieren, mit dem zusammen wieder alles kommutativ wird. Häufig, insbesondere im Falle eines direkten Systems universeller ›Algebren, bezeichnet man auch bloß das Objekt selbst als d. L.

Handelt es sich um die *Kategorie der Mengen*, sind also die D_i Mengen und die π_{ij} Mengenabbildungen, so kann man den d. L. folgendermaßen explizit konstruieren. Man bilde die *disjunkte Vereinigung* $\sum D_i$ der Mengen (wenn man, was o. B. d. A. möglich ist, voraussetzt, daß die D_i paarweise disjunkt sind, also die gewöhnliche mengentheoretische Vereinigung) und definiere hierauf eine ›Äquivalenzrelation $\equiv$ durch die Forderung, daß $x \equiv y$ (mit $x \in D_i$, $y \in D_j$) genau dann gilt, wenn es ein $z \in D_k$ mit $i \leqq k$, $j \leqq k$ und $x^{\pi_{ik}} = y^{\pi_{jk}}$ gibt; die Restklassenmenge modulo $\equiv$ stellt dann das direkte Limesobjekt dar, und die Injektion u_i ordnet jedem $x_i \in D_i$ gerade die durch x_i repräsentierte Restklasse zu.

Ist allgemeiner der d. L. eines *direkten Systems universeller Algebren* (z. B. von R-Moduln) zu bestimmen, so bilde man den d. L. des unterliegenden direkten Systems von Mengen und erkläre die Operationen hierauf, indem man zu Repräsentanten in ein und derselben Algebra D_k übergeht (was wegen der Gerichtetheit möglich ist) und rechne repräsentantenweise. Für den Spezialfall einer Folge von Gruppen $G_1, G_2, \ldots$ und einer Folge von Monomorphismen φ_n von G_n in G_{n+1} ergibt der d. L. die *direkte* ›*Grenzgruppe*.

2. auch Bezeichnung für *Kolimes* (›Kategorientheorie)

Lit.: Zu 1.: [C 10], [U 3]
EILENBERG, S., N. STEENROD: Foundations of Algebraic Topology. Princeton University Press, Princeton 1952.

direkter Summand ›R-Modul

direktes Algebrenprodukt = ›Tensorprodukt

direktes Komplement ›R-Modul, ›Vektorraum, ›direkte Summe

direktes Produkt: $\mathfrak{A}_i = \langle A_i; F\rangle$ ($i \in I$) seien universelle ›Algebren desselben Typs. Indem man auf dem kartesischen Produkt $B = \prod_{i \in I} A_i$ die Operationen f_γ komponentenweise erklärt: $f_\gamma(x_1, \ldots, x_{n_\gamma})(i) = f_\gamma(x_1^{(i)}, \ldots, x_{n_\gamma}^{(i)})$ $(x_j^{(i)} = x_j(i)$

die i-te Komponente von $x_j \in B$), erhält man eine Algebra $\mathfrak{B}$ desselben Typs mit der Trägermenge B, das d. P. $\prod_{i \in I} \mathfrak{A}_i$ der $\mathfrak{A}_i$. Durch die Abbildung $x \mapsto x(i)$ erhält man einen Homomorphismus des d. P. auf die i-te Komponentenalgebra, die *Projektion* p_i. In kategorientheoretischer Auffassung (›Kategorientheorie) ist $\mathfrak{B}$ zusammen mit den Projektionen p_i gerade das Produkt der $\mathfrak{A}_i$.

Wenn alle $\mathfrak{A}_i$ gleich ein und derselben Algebra $\mathfrak{A}$ sind, so heißt ihr d. P. die *direkte Potenz* $\mathfrak{A}^I$ von $\mathfrak{A}$. Die Abbildung $\mathfrak{A} \ni x \mapsto y \in \mathfrak{A}^I$ mit $y(i) = x$ für alle $i \in I$ bewirkt einen Isomorphismus von $\mathfrak{A}$ auf eine zu $\mathfrak{A}$ isomorphe Unteralgebra von $\mathfrak{A}^I$, die sog. *Diagonale* von $\mathfrak{A}^I$.

Spezialfall: d. P. von ›Ringen.

Die Definitionen lassen sich insbesondere in dem Falle anwenden, daß es sich bei unseren Algebren um Gruppen handelt. Man bekommt das (*externe*) *d. P.* im obigen Sinne von Gruppen G_i ($i \in I$), bezeichnet mit $\bigtimes_{i \in I} G_i$, als Menge der Abbildungen f der Indexmenge I in $\bigcup_{i \in I} G_i$ mit $f(i) \in G_i$ und der Verknüpfungsvorschrift $(fg)(i) = f(i)\, g(i)$. Ist I endlich, etwa $I = \{1, 2, \dots, n\}$, so schreibt man statt dessen auch $G_1 \times G_2 \times \dots \times G_n$ und kann die Elemente dieses d. P. der G_i einfacher als n-Tupel $(a_1, \dots, a_n)$ mit $a_i \in G_i$ und komponentenweiser Verknüpfung schreiben.

Diese Gruppe heißt genauer auch das *uneingeschränkte* (auch: *vollständige, komplette, abgeschlossene* oder *kartesische*) *d. P.* der G_i. Da es in Gruppen ein ausgezeichnetes Element gibt, das neutrale Element, kann man hierin eine Untergruppe auszeichnen, die aus denjenigen f besteht, für die $f(i)$ für höchstens endlich viele i vom jeweiligen Einselement verschieden ist, das sog. (*externe*) *eingeschränkte* oder *diskrete d. P.* der G_i. (Analoge Bildungen sind beispielsweise im Falle von Ringen möglich.)

Durch die Abbildung $G_i \ni x_i \mapsto f_i \in G$ mit $f_i(i) = x_i$, $f_i(j) = e_j$ (Einselement) für $i \neq j$ erhält man einen Isomorphismus von G_i auf einen ›Normalteiler G_i' von $\bigtimes G_j$; die verschiedenen G_i' sind paarweise elementweise vertauschbar, und das Erzeugnis aller G_i' ist gleich dem eingeschränkten d. P. Umgekehrt heißt eine gegebene Gruppe G (*internes*) *d. P.* gewisser Normalteiler U_i (*direkter Faktoren*) ($i \in I$) von ihr, wenn gilt:

(i) G ist Erzeugnis der U_i.

(ii) Für jedes i ist der Durchschnitt von U_i und dem Erzeugnis der übrigen U_j gleich dem Einselement e.

(iii) Für $i \neq j$ sind U_i und U_j elementweise vertauschbar.

Statt (ii) kann man auch fordern:

(ii′) Jedes Gruppenelement läßt sich in bis auf die Reihenfolge eindeutiger Weise als Produkt endlich vieler Elemente a_j schreiben, wobei $a_j \in U_j$ ist und aus jedem U_j höchstens ein Faktor beteiligt ist.

Im Falle endlich vieler Normalteiler (etwa $I = \{1, \dots, n\}$) kann man statt dessen auch fordern:

(i') $G = U_1 U_2 \dots U_n$ (Komplexprodukt).

(ii') Jedes $a \in G$ läßt sich in eindeutiger Weise als Produkt $a = a_1 \dots a_n$ mit *Komponenten* (= *Konstituenten*) $a_j \in U_j$ schreiben.

Die Komponenten in U_i einer Untergruppe U von G bilden eine Untergruppe in U_i, die der *Konstituent* von U in U_i heißt.

Läßt sich G als d. P. eigentlicher Normalteiler darstellen, so heißt G (*direkt*) *zerlegbar* oder *zerfallend*, anderenfalls (*direkt*) *unzerlegbar*, auch *additiv direkt unzerlegbar*. Eine Zerlegung einer Gruppe in direkt unzerlegbare Faktoren heißt *Remaksche Zerlegung*; eine solche existiert stets für Gruppen, die eine Hauptreihe besitzen, und die Faktoren zweier solcher Zerlegungen sind bei geeigneter Zuordnung *zentral isomorph* (*Satz von Remak-* [*Krull-*] *Schmidt*). Eine direkte Zerlegung $G = \mathop{\times}\limits_i V_i$ heißt *Verfeinerung* der Zerlegung $G = \mathop{\times}\limits_j U_j$, wenn jede Gruppe U_j d. P. gewisser Gruppen V_k ist.

›schwaches direktes Produkt.

Um das (externe) *d. P. topologischer Gruppen* G_i zu erhalten, versieht man das d. P. G der G_i als abstrakter Gruppen mit der Produkttopologie der G_i als topologischer Räume, wählt also als Umgebungssystem des Einselements in G das Produkt von Mengen U_i, die für endlich viele Indizes gleich einer beliebigen Umgebung des Einselements e_i in G_i ist, während für die übrigen Indizes $U_i = G_i$ ist.

Sind H und K zwei Normalteiler der topologischen Gruppe G, versehen mit der induzierten Topologie, so daß G als abstrakte Gruppe gleich dem d. P. von H und K ist, so ist der zwischen G und dem (externen) d. P. $H \times K$ bestehende Isomorphismus η in folgenden Fällen auch ein Homöomorphismus, also ein Isomorphismus der topologischen Gruppen G und $H \times K$: (i) eine der Untergruppen H, K ist kompakt, die andere abgeschlossen, (ii) G ist hausdorffsche lokalkompakte Gruppe, die Vereinigung abzählbar vieler kompakter Teilmengen ist, und H und K sind in G abgeschlossen. Im allgemeinen ist sonst η keine topologische Abbildung.

Lit.: [G 42], [R 11], [R 21], [U 3]

direktes Produkt mit ausgezeichneten Untergruppen: Gegeben sei ein System von Gruppen G_i und in jeder Gruppe G_i eine Untergruppe H_i ausgezeichnet ($i \in I$). Die Menge der Elemente f des uneingeschränkten ›direkten Produkts G der G_i, für die $f(i)$ für fast alle i in der Untergruppe H_i liegt, bildet eine Untergruppe von G, das *d. P. der* G_i *mit den ausgezeichneten Untergruppen* H_i. Wählt man als H_i jeweils die Einsuntergruppe, so erhält man gerade das *eingeschränkte d. P.*

Lit.: [G 26I]

direktes Produkt mit vereinigter Untergruppe: Es sei G ›direktes Produkt der Gruppen H und K und σ ein Isomorphismus einer Untergruppe H^* des Zentrums von H auf eine Untergruppe K^* des Zentrums von K. Die Menge der Elemente $h^*(h^{*\sigma})^{-1}$ mit $h^* \in H^*$ bildet einen Normalteiler N in G, und die Faktorgruppe G/N heißt das d. P. von H und K mit vereinigter Untergruppe $H^* \cong K^*$.

Lit.: [G 26II]

direktes Produkt von >**Darstellungen einer Gruppe**

direktes Produkt von >**Tensoren**

direktes System >direkter Limes

disjunkt: Zwei *Mengen* ohne gemeinsames Element, d. h. mit leerem Durchschnitt, heißen *d.* (= *elementefremd* = *fremd*). Elemente a, b eines >Verbands mit Nullelement 0 heißen d. (im Falle einer >Verbandsgruppe auch *orthogonal*), wenn $a \wedge b = 0$ ist.

disjunkte Vereinigung (= *kartesische Summe*) von Mengen M_i mit Indizes i aus einer Menge I ist die bis auf Äquivalenz eindeutig bestimmte Menge M, die man dadurch erhält, daß man von den Mengen M_i zu paarweise >disjunkten äquivalenten Mengen M_i' übergeht und deren gewöhnliche Vereinigung bildet. Das läßt sich formal am einfachsten dadurch erreichen, daß man $M_i' = M_i \times \{i\}$ für alle $i \in I$ bildet. Bezeichnung: $M = \sum M_i = \bigcup M_i'$.

diskontinuierliche Gruppe 1. >kontinuierliche Gruppe **2.** = diskrete Gruppe >topologische Gruppe

Diskontinuitätsbereich >endliche Drehgruppen

diskrete einfach geordnete Gruppe heißt eine >abelsche einfach >geordnete Gruppe von endlichem Rang, für die die Faktorgruppen Δ_i/Δ_{i-1} der nach absteigender Größe geordneten >konvexen Untergruppen Δ_i sämtlich isomorph zur additiven Gruppe $\mathbb{Z}$ ist. Sind Γ/Δ und Δ diskret, so auch Γ und umgekehrt. Die d. e. g. G. spielen in der Theorie der allgemeinen >Bewertungen eine Rolle.

diskrete Gruppe >topologische Gruppe, >elementare topologische Gruppe

diskrete Kategorie >Kategorientheorie

diskretes Diagramm >Kategorientheorie

Diskriminante: 1. K sei separable endlich-algebraische >Körpererweiterung vom Grade n von k, $\sigma_1 = 1, \sigma_2, \ldots, \sigma_n$ seien die verschiedenen Isomorphismen von K über k (innerhalb eines über k galoisschen Oberkörpers von K), α Element von K und $\alpha_i = \alpha^{\sigma_i}$ seine Konjugierten. Dann ist $f(X) = (X - \alpha_1)$

... $(X - \alpha_n)$ das charakteristische Polynom von α bez. K/k, $\delta_{K/k}(\alpha) = f'(\alpha) = (\alpha - \alpha_2) \ldots (\alpha - \alpha_n)$ die (*Relativ-*) *Differente* von α und ihre Norm

$$D_{K/k}(\alpha) = (-1)^{\binom{n}{2}} N_{K/k}(\delta_{K/k}(\alpha)) = \prod_{i<j} (\alpha_i - \alpha_j)^2$$

die (*Relativ-*) *D.* von α. Im Falle eines Primkörpers k spricht man auch von *absoluter Differente* (*Absolutdifferente*) bzw. *absoluter D.* (*Absolut-D.*). Es ist $\delta_{K/k}\alpha \in K$, $D_{K/k}\alpha \in k$. Beide sind genau dann $\neq 0$, wenn α ›primitives Element von K/k ist. Die D. von α ist gleich der D. des charakteristischen Polynoms (vgl. 4.) f von α.

Allgemeiner heißt D. von n beliebigen (nicht notwendig konjugierten) Elementen $\alpha_1, \ldots, \alpha_n$ von K die Determinante $D_{K/k}(\alpha_1, \ldots, \alpha_n) = \det (\alpha_i^{\sigma_j})^2$; sie kann auch als *Spurendeterminante* $\det (S_{K/k}(\alpha_i \alpha_j))$ geschrieben werden. Diese ist genau dann $\neq 0$, wenn die α_i linear unabhängig über k und damit eine Körperbasis von K über k bilden („*Basisdiskriminante*"). Bei Übergang zu einer anderen Basis multipliziert sich die Basisdiskriminante mit dem Quadrat der Determinante der Transformationsmatrix. Für ein primitives Element a ist

$$D_{K/k}(1, a, \ldots, a^{n-1}) = (-1)^{\binom{n}{2}} D_{K/k}(a).$$

Insbesondere heißt die (absolute) D. einer ›Ganzheitsbasis eines ›algebraischen Zahlkörpers auch *D. des Körpers* schlechthin; sie ist eindeutig bestimmt, und die D. jeder anderen Körperbasis aus ganzen algebraischen Zahlen ist mindestens so groß [Z 6]. Eine Ganzheitsbasis wird daher auch *Minimalbasis* genannt.

2. D. einer ›quadratischen Form

3. D. einer ›Semibilinearform

4. D. eines Polynoms: Es sei $f(X) = X^n + a_1 X^{n-1} + \cdots + a_n$ ein ›Polynom über dem Körper k. Über seinem Zerfällungskörper zerfällt es vollständig in Linearfaktoren: $f(X) = (X - x_1) \ldots (X - x_n)$. Die D. D von $f(x)$ ist das Quadrat des Differenzenprodukts der Nullstellen $x_1, \ldots, x_n$ von $f(X)$: $D = \prod_{i<j} (x_i - x_j)^2$.

Da D bei beliebiger Permutation der Indizes invariant bleibt, ist sie ein symmetrisches Polynom in den x_j, läßt sich also als Polynom der elementarsymmetrischen Funktionen der x_j schreiben, die bis aufs Vorzeichen gleich den Koeffizienten von X^i sind, und liegt somit bereits in k: $D = P(a_1, \ldots, a_n)$. P ist ein ganzzahliges homogenes Polynom vom Grad $2n - 2$ und isobar vom Gewicht $n(n-1)$. $f(X)$ hat genau dann lauter verschiedene Nullstellen, wenn $D \neq 0$ ist.

Die D. D eines Polynoms $f(X) = a_0 X^n + a_1 X^{n-1} + \cdots + a_n$ mit beliebigem Anfangskoeffizienten a_0 definiert man durch $D = a_0^{2n-2} P\left(\frac{a_1}{a_0}, \ldots, \frac{a_n}{a_0}\right)$; sie ist wiederum ein ganzzahliges Polynom aller Koeffizienten. Für $n = 2$ wird

$D = a_1^2 - 4a_0a_2$ (der Radikand in der Auflösungsformel der zugehörigen quadratischen Gleichung); für $n = 3$:

$$D = a_1^2a_2^2 - 4a_0a_2^3 - 4a_1^3a_3 - 27a_0^2a_3^2 + 18a_0a_1a_2a_3.$$

Da f genau dann mehrfache Nullstellen besitzt, wenn f und die Ableitung f' einen gemeinsamen Faktor enthalten, läßt sich D durch die ›Resultante $R(f, f')$ ausdrücken:

$$D = D(f) = (-1)^{\binom{n}{2}} \frac{1}{a_0} R(f, f')$$

$$= \left|\begin{matrix} n & (n-1)\,a_1 & \dots & a_{n-1} & & & & \\ 1 & a_1 & \dots & a_{n-1} & a_n & & & \\ & na_0 & (n-1)\,a_1 & \dots & a_{n-1} & & & \\ & a_0 & a_1 & \dots & a_{n-1} & a_n & & \\ \dots & \dots & \dots & \dots & \dots & \dots & \dots & \dots \\ & & & na_0 & (n-1)\,a_1 & \dots & a_{n-1} \end{matrix}\right| \left.\vphantom{\begin{matrix}1\\1\\1\\1\\1\\1\end{matrix}}\right\} 2n-1 \text{ Zeilen}$$

(an den nicht bezeichneten Stellen stehen Nullen).
Mittels der Wurzeln $y_1, \dots, y_{n-1}$ von f' läßt sich schreiben

$$D = (-1)^{\binom{n}{2}} n^n a_0^{n-1} \prod_{k=1}^{n-1} f(y_k).$$

Für das Produkt zweier Polynome f, g gilt der *Multiplikationssatz für die D.* $D(fg) = D(f)\,D(g)\,R(f, g)^2$.

Ein ähnliches symmetrisches Polynom in $x_1, \dots, x_n$ ist die *Geminante* $G = \prod_{i<j} (x_i + x_j)$ von f.

Lit.: Zu 1.: [A 16], [Z 5], [Z 6], [Z 9], [Z 16]
Zu 4.: [A 16], [A 17 I]
Orlando, L.: Sul problema di Hurwitz relativo alle parti reali delle radici di un' equazione algebrica. Math. Ann. **71** (1912), 233–245.

Diskriminantenmatrix ›Darstellung von Ringen und Algebren

distributiv ›Distributivgesetz

distributiv erzeugter ›**Fastring**

distributiver Verband (früher auch: *Dualgruppe vom Idealtypus*) heißt ein ›Verband, in dem die beiden zueinander dualen und auseinander folgenden ›Distributivgesetze

$$a \vee (b \wedge c) = (a \vee b) \wedge (a \vee c), \quad a \wedge (b \vee c) = (a \wedge b) \vee (a \wedge c)$$

gelten. Man kann sie durch die selbstduale Form

$$(a \wedge b) \vee (b \wedge c) \vee (c \wedge a) = (a \vee b) \wedge (b \vee c) \wedge (c \vee a)$$

ersetzen. In jedem Verband gelten statt der Distributivgesetze die ***distributiven Ungleichungen***: im ersten $\leqq$, im zweiten $\geqq$ statt $=$.

Jeder d. V. ist ein ›modularer Verband. In einem d. V. sind die Komplemente, falls sie existieren, eindeutig bestimmt; komplementäre d. V. heißen ›Boolesche Algebren.

Beispiele: Der Verband der Ideale eines ›Dedekindschen Ringes (Operationen: Summe und Durchschnitt); jeder *Mengenring* (Menge von Untermengen einer festen Menge, die gegenüber endlichen Durchschnitten und Vereinigungen abgeschlossen ist).

Ein Verband ist genau dann d. V., wenn er keinen Teilverband der Form

 oder  enthält. Das ist genau dann der Fall, wenn jedes Element in einem beliebigen ›Intervall höchstens ein relatives Komplement besitzt. Jeder d. V. V ist zu einem Mengenring isomorph; die Isomorphie wird dadurch erhalten, daß man jedem Element $a \in V$ die Menge aller a nicht enthaltenden Primideale von V zuordnet. Jeder d. V. läßt sich in eine Boolesche Algebra einbetten.

Verallgemeinerungen: Ein Verband heißt ***unendlich-durchschnittsdistributiv***, wenn er ***vereinigungsvollständig*** ist (beliebige Untermengen ein Supremum haben) und für beliebige Mengen von Elementen b_i aus V gilt

$$a \wedge \bigvee_{i \in I} b_i = \bigvee_{i \in I} (a \wedge b_i).$$

Dual dazu werden die ***unendlich-vereinigungsdistributiven*** Verbände definiert. Ein zugleich unendlich-durchschnitts- und -vereinigungsdistributiver Verband heißt ***unendlich-distributiv***. Analog werden durch die Formeln

$$\bigwedge_{i \in I} \bigvee_{j \in J_i} a_{ij} = \bigvee_{\gamma} \bigwedge_{i \in I} a_{i\gamma(i)},$$

wo γ die Auswahlfunktionen durchläuft, die jeder der Mengen J_i ein Element dieser Menge zuordnen, und durch die hierzu duale Formel unter den vollständigen Verbänden die ***total-durchschnittsdistributiven, total-vereinigungsdistributiven*** und ***totaldistributiven Verbände*** charakterisiert.

Lit.: [V 6], [V 14]

distributives Element eines ›Verbands L heißt ein Element $a \in L$, für das $a \vee (x \wedge y) = (a \vee x) \wedge (a \vee y)$ für beliebige $x, y \in L$ gilt. Dual hierzu ist ein ***dual d. E.*** erklärt. Beispiele: ›Standardelemente, ›neutrale Elemente.

Lit.: [V 6]

Distributivgesetz: Ist M eine Menge mit zwei binären ›Operationen, etwa mit $\cdot$ (Multiplikation) und $+$ (Addition) bezeichnet, und gilt für alle $a, a', b, b' \in M$ das sog. ***Linksdistributivgesetz*** (= ***linksdistributives Gesetz***) $a \cdot (b + b') = a \cdot b + a \cdot b'$, so heißt die Multiplikation ***linksdistributiv*** bez. der Addition; analog heißt sie im Falle der Gültigkeit des ***Rechtsdistributivgesetzes*** $(a + a') \cdot b = a \cdot b + a' \cdot b$ ***rechtsdistributiv***. Beide Gesetze zusammen heißen *D.* (***distributives Gesetz***); im Falle seiner Gültigkeit heißt die Multiplikation ***distributiv*** bez. der Addition. Im Falle einer kommutativen Multiplikation sind beide D. äquivalent. (Gelegentlich werden links und rechts in umgekehrter Bedeutung gebraucht.) Diese Bezeichnungen werden auch in dem Fall verwendet, daß die Multiplikation eine *äußere Operation* ist, es sich also beispielsweise in der Regel $\alpha \cdot (a + b) = \alpha \cdot a + \alpha \cdot b$ bei a und b um Elemente eines Moduls mit einem ›Operatorenbereich handelt, dem α angehört.

Beispiele: (i) In einem ›Ring ist die Multiplikation nach Definition distributiv bez. der Addition.

(ii) Vereinigung und Durchschnitt von Mengen sind gegenseitig distributiv: $(A \cup B) \cap C = (A \cap C) \cup (B \cap C)$, $(A \cap B) \cup C = (A \cup C) \cap (B \cup C)$.

(iii) Multiplikation bez. der Addition von Kardinalzahlen.

(iv) Linksdistributivität der Multiplikation von Halbordnungstypen gegenüber der Addition.

(v) Linksdistributivität des halbgeordneten Produkts halbgeordneter Mengen gegenüber der halbgeordneten Vereinigung.

(vi) Distributivität des Durchschnitts bez. der Differenz und bez. der symmetrischen Differenz von Mengen.

Lit.: [A 16]

Dividend ›Division

Division heißt die Umkehroperation der Multiplikation, insbesondere in (kommutativen) Ringen und speziell Körpern, durch die zu zwei Elementen a, b ein Element x als Lösung der Gleichung $ax = b$ bestimmt ist (*D. von b durch a*). x wird in der Form $b : a$, b/a oder $\frac{b}{a}$ als ›Bruch geschrieben (was natürlich nur dann sinnvoll ist, falls es nur e i n e Lösung x gibt). b heißt *Dividend*, a *Divisor*, x *Quotient* von b durch a. Die D. stellt eine partielle ›Operation dar. In Körpern ist D. durch jedes von Null verschiedene Element möglich, hierdurch sind die Körper unter den (assoziativen kommutativen) ›Ringen ausgezeichnet. Da im nichtkommutativen Fall zwischen rechts- und linksseitiger Multiplikation unterschieden werden muß, hat man zwischen den Lösungen der Gleichungen $ax = b$ und $ya = b$ zu unterscheiden und kann keine so einfache Schreibweise als Bruch wie oben anwenden.

Durch den Übergang zum ›Quotientenring läßt sich der Bereich der Fälle in denen eine D. möglich ist, erweitern.

Division mit Rest: Die eindeutig bestimmte Darstellung einer Zahl $a \in \mathbb{Z}$ in der Form $a = mq + r$ mit $0 \leqq r < |q|$ bei vorgegebenem $q \in \mathbb{Z}$ mit $q \neq 0$ heißt D. von a durch den *Divisor* q mit dem *Rest* r und dem *Quotienten* q. Hierauf gründet sich der ›euklidische Algorithmus. Die D. m. R. ist allgemeiner in ›euklidischen Ringen möglich, indem man die obige Ungleichung durch $\varphi(r) < \varphi(q)$ ersetzt, wo φ der *euklidische Betrag* ist.

Divisionsalgebra heißt eine ›Algebra (über einem Körper K), in der jedes Element $\neq 0$ ein Inverses besitzt, d. h. ein ›Schiefkörper, der zugleich Algebra über einem kommutativen Körper K ist. Allgemeiner werden auch bei ›nichtassoziativen K-Algebren D. erklärt. Das ›Zentrum einer D. A ist ein K enthaltender Körper C; im Falle $C = K$ heißt die D. *zentral*. Die einzigen assoziativen endlichdimensionalen D. über dem Körper $\mathbb{R}$ sind $\mathbb{R}$, $\mathbb{C}$ und die ›Quaternionenalgebra; als nichtassoziative D. kommt noch die ›Cayley-Dicksonsche Algebra dazu.
›Algebrenklassen

Lit.: [R 1], [R 9], [R 32]
Palais, R. S.: The classification of real division algebras. Amer. Math. Monthly 75 (1968), 366–368.

Divisionsalgorithmus ›euklidischer Ring

Divisionsgruppoid mit eindeutiger Division = ›Quasigruppe

Divisionsring: **1.** kaum übliche Bezeichnung für ›Schiefkörper.

2. nach Kurosch ein ›nichtassoziativer Ring, in dem die Gleichungen $ax = b$ und $ya = b$ für beliebige a, b mit $a \neq 0$ stets (nicht notwendig eindeutig bestimmte) Lösungen besitzen. Ein D., in dem diese Gleichungen stets eindeutig lösbar sind, heißt *Quasischiefkörper*. Ein Quasischiefkörper mit Einselement heißt (*nichtassoziativer*) *Schiefkörper*, seine Elemente $\neq 0$ bilden eine ›Loop. Jeder (nicht notwendig assoziative) Ring ohne Nullteiler läßt sich in einen Quasischiefkörper einbetten.

Lit.: [A 13]

divisionsvollständige Gruppe (= *vollständige Gruppe* = *volle Gruppe* = *teilbare Gruppe*, auch: *algebraisch abgeschlossene Gruppe*) heißt eine Gruppe G, in der es zu jedem $x \in G$ und jedem $n \in \mathbb{N}$ ein $y \in G$ mit $x = y^n$ (oder in ›abelschen Gruppen bei additiver Schreibweise $x = ny$) gibt. Eine abelsche d. G. ist ›direkte Summe von Gruppen, die isomorph zur Gruppe vom Typ p^∞ oder zur Gruppe $\mathbb{Q}$ sind; diese Gruppen sind *injektiv* (›injektiver Modul). Daher ist jede als Untergruppe in einer abelschen Gruppe A enthaltene d. G. G direkter Summand von A: $A = G \oplus B$, wobei der komplementäre direkte Summand B so gewählt werden kann, daß er eine vorgegebene Untergruppe H von A mit $H \cap G = 0$ enthält.

Jede abelsche d. G. ist direkte Summe ›quasizyklischer Gruppen und Gruppen $\mathbb{Z}$; je zwei solche Zerlegungen sind isomorph. Eine abelsche Gruppe, in der keine Untergruppe außer der Einsuntergruppe d. G. ist, heißt *reduziert*. Jede abelsche Gruppe ist direkte Summe einer d. und einer reduzierten Untergruppe.

Ein ›lineares Gleichungssystem mit ganzzahligen Koeffizienten über einer d. G. G ist genau dann in G lösbar, wenn es *kompatibel* ist, d. h., wenn für jede identisch verschwindende Linearkombination der linken Seite auch die rechte Seite verschwindet (Gacsály).

Lit.: [G 13], [G 14 I], [G 26 I]

Divisor: 1. Klassisch ist ein D. $\mathfrak{d}$ eine Funktion, die jedem Punkt einer kompakten Riemannschen Fläche R (die zu einem ›algebraischen Funktionenkörper K in einer Variablen über dem Körper $\mathbb{C}$ gehört) eine ganze Zahl zuordnet, die nur für endlichviele Punkte $\neq 0$ ist; er heißt *ganz* ($\mathfrak{d} \geqq 0$), wenn diese Zahlen stets $\geqq 0$ sind. *Primdivisor* heißt ein D., für den diese Zahl an genau einer Stelle $\neq 0$ ist, und zwar gleich 1. Die Summe der zu $\mathfrak{d}$ gehörigen ganzen Zahlen heißt der *Grad* von $\mathfrak{d}$, in Zeichen: grad $\mathfrak{d}$. Die D. bilden in natürlicher Weise eine (multiplikativ geschriebene) Gruppe. Jeder D. läßt sich in eindeutiger Weise als endliches Potenzprodukt von Primdivisoren schreiben. Jede nicht identisch verschwindende meromorphe Funktion f auf R (d. h. jedes Körperelement $\neq 0$ aus K) gibt über ihre Nullstellen- und (negativ zu zählenden) Polordnungen Anlaß zu einem sog. *Hauptdivisor* (f). Die Faktorgruppe der Divisorgruppe nach der Untergruppe der Hauptdivisoren ist die *Divisorenklassengruppe*, ihre Elemente heißen *Divisorenklassen*. Da offensichtlich grad $(\mathfrak{d}_1\mathfrak{d}_2) =$ grad $\mathfrak{d}_1 +$ grad $\mathfrak{d}_2$ gilt und jeder Hauptdivisor den Grad 0 hat (denn die Summe der Nullstellenordnungen einer meromorphen Funktion auf R ist gleich der Summe der Polordnungen), haben alle in einer Divisorenklasse $\mathfrak{D}$ enthaltenen D. denselben Grad, der auch als *Grad der Divisorenklasse* (grad $\mathfrak{D}$) bezeichnet wird.

Die Frage nach den Funktionen f, deren Ordnung an jeder Stelle eine vorgegebene Ordnung nicht unterschreitet, läßt sich divisortheoretisch als Frage nach denjenigen f formulieren, für die $(f)\,\mathfrak{d} \geqq 0$ ist mit einem gewissen vorgegebenen D. $\mathfrak{d}$; diese Funktionen bilden (zusammen mit der Funktion 0) einen endlichdimensionalen Vektorraum über $\mathbb{C}$, dessen Dimension nur von der Divisorenklasse $\mathfrak{D}$ abhängt, der $\mathfrak{d}$ angehört, und die mit dim $\mathfrak{D}$ bezeichnet wird. Jedes *Differential* dg einer Funktion g auf R bestimmt durch seine Nullstellen- und Polordnungen gleichfalls einen D.; der Übergang zu einem anderen Differential läuft auf die Multiplikation mit einem Hauptdivisor hinaus, die zugehörige Divisorenklasse $\mathfrak{W}$ der Differentiale („*Differentialklasse*“ oder *kanonische Klasse*) ist also auf der Fläche wohlbestimmt. Hierfür gilt: $\dim \mathfrak{D} - \dim \frac{\mathfrak{W}}{\mathfrak{D}} = \operatorname{grad} \mathfrak{D} - (p - 1)$ (*Riemann-Rochscher Satz*), wo p das *Geschlecht* der Riemannschen Fläche (des algebraischen Funktionenkörper) ist.

Im Falle eines algebraischen Funktionenkörpers K einer Unbestimmten über einem beliebigen Körper k (oder eines algebraischen Zahlkörpers) ordnet man jeder >Stelle von K (d. h. im Grunde jeder diskreten >Bewertung) formal einen Primdivisor zu und kann dann die obigen Begriffe übertragen. Die Ordnung des Differentials einer algebraischen Funktion erhält man, indem man analog zur Potenzreihenentwicklung im funktionentheoretischen Fall zur p-adischen Hülle der betrachteten Stelle übergeht.

2. *Verallgemeinerung* (s. BOURBAKI): Sei R >Integritätsbereich mit dem Quotientenkörper K. *Gebrochenes Ideal* (>Ordnung eines Rings) von R (oder auch von K) heißt jeder R-Untermodul $\mathfrak{a}$ von K, zu dem ein Element $d \neq 0$ aus R mit $d\mathfrak{a} \subset R$ existiert (Beispiel: endlich erzeugter R-Untermodul von K). $\mathfrak{a}$ heißt *gebrochenes Hauptideal*, wenn $\mathfrak{a}$ sogar monogener R-Modul ist. Die Ideale von R heißen *ganz*.

In der Menge $I(R)$ der gebrochenen Ideale $\neq 0$ von R bestehe für zwei Elemente $\mathfrak{a}, \mathfrak{b}$ die Relation $\mathfrak{a} \prec \mathfrak{b}$, wenn jedes $\mathfrak{a}$ enthaltende gebrochene Hauptideal auch $\mathfrak{b}$ enthält. Die Elemente der Restklassenmenge $I(R)/\sim$ von $I(R)$ nach der von der Vorordnung $\prec$ induzierten >Äquivalenzrelation $\sim$ ($\mathfrak{a} \sim \mathfrak{b}$ genau dann, wenn gleichzeitig $\mathfrak{a} \prec \mathfrak{b}$ und $\mathfrak{b} \prec \mathfrak{a}$ gilt) heißen D.; das kanonische Bild von $\mathfrak{a}$ in $D(R) = I(R)/\sim$ werde mit div $\mathfrak{a}$ bezeichnet. Der Durchschnitt der gebrochenen Hauptideale, die ein gegebenes $\mathfrak{a} \in I(R)$ enthalten, ist ein Element $\tilde{\mathfrak{a}} \in I(R)$. $\mathfrak{a}$ heißt *Divisormodul*, wenn $\mathfrak{a} = \tilde{\mathfrak{a}}$ ist. Allgemein ist $\tilde{\mathfrak{a}}$ der kleinste $\mathfrak{a}$ enthaltende Divisormodul und repräsentiert dieselbe Äquivalenzklasse; die Abbildung $\mathfrak{a} \mapsto \operatorname{div} \mathfrak{a}$ ist auf den Divisormoduln injektiv. Die D. bilden eine kommutative >Halbgruppe mit Eins, die man additiv schreibt: $\operatorname{div}(\mathfrak{a}\mathfrak{b}) = \operatorname{div} \mathfrak{a} + \operatorname{div} \mathfrak{b}$. Modulo den von Elementen x der multiplikativen Gruppe von K bestimmten Hauptdivisoren $\operatorname{div} x = \operatorname{div}(x)$ erhält man die *Halbgruppe der Divisorenklassen* von R. $D(R)$ ist genau dann Gruppe, wenn R vollständig ganz abgeschlossen ist.

3. Auch >Division mit Rest, >Untergruppe, >Körpererweiterung

Lit.: [A 18II], [EC 7], [K 3], [Z 2]
BEHNKE, H., F. SOMMER: Theorie der analytischen Funktionen einer komplexen Veränderlichen. Springer, Berlin 1972.
HENSEL, K., G. LANDSBERG: Theorie der algebraischen Funktionen einer Variablen und ihre Anwendung auf algebraische Kurven und Abelsche Integrale. Teubner, Leipzig 1902.
JUNG, H. W. E.: Einführung in die Theorie der algebraischen Funktionen einer Veränderlichen. De Gruyter, Berlin 1923.
JUNG, H. W. E.: Einführung in die Theorie der algebraischen Funktionen zweier Veränderlicher. Akademie-Verlag, Berlin 1951.
SEVERI, F.: Il teorema die Riemann-Roch per curve, superficie e varietà. Questioni Collegate. Springer, Berlin 1958.

Divisor[en]klassen[gruppe] >Divisor

Divisormodul >Divisor

Dodekaedergruppe ›endliche Drehgruppen

Doppelkettenbedingung ›Maximalbedingung

Doppelkettensatz ›Basissatz

Doppelkomplex = ›Bikomplex

Doppelkörper: Sind A_1 und A_2 ›algebraische Funktionenkörper einer Unbestimmten mit dem genauen Konstantenkörper K und $A_1 \cap A_2 = K$, so heißt das ›Kompositum $A_1 \cdot A_2$ ein D. über K; er ist vom ›Transzendenzgrad 2 über K und gleich der Konstantenerweiterung von A_1 über K mit A_2. Die Bildung der D. entspricht der Bildung der Produktmannigfaltigkeit zweier algebraischer Kurven. Wenn A_1 und A_2 rationale Funktionenkörper über K sind, so ist $A_1 \cdot A_2$ rationaler Funktionenkörper in zwei Unbestimmten über K.

Doppel-Loop ist eine universelle ›Algebra M mit zwei binären ›Operationen, Addition und Multiplikation, die bez. der Addition eine ›Loop (*additive Loop* der D.) mit neutralem Element 0 und $0 \cdot a = a \cdot 0 = 0$ für alle $a \in M$ ist und deren Elemente $\neq 0$ bez. der Multiplikation eine Loop (*multiplikative Loop* der D.) mit dem neutralen Element 1 bilden. ›Kartesische Gruppen und ›Ternärkörper sind spezielle D. Die entgegengesetzte Struktur einer D. ist wieder eine D.

Lit.: [B 5]

Doppelmodul: 1. = ›Bimodul

2. *D. zweier Untergruppen*: Zu zwei Untergruppen H und K einer Gruppe K gibt es eine eindeutige Zerlegung von G in die Vereinigung elementfremder Komplexe: $G = \bigcup Hx_iK$, die *Zerlegung von G nach dem D.* (H, K). Die x_i sind Repräsentanten der Restklassen (*Doppelrestklassen*) Hx_iK nach dem D. (H, K). Die Elemente $x, y \in G$ heißen *kongruent* nach (H, K), wenn $HxK = HyK$ ist. Die Anzahl der *Linksrestklassen* nach H in HxK ist gleich dem Index $[K : K \cap x^{-1}Hx]$, die der *Rechtsrestklassen* nach K in HxK ist gleich dem Index $[x^{-1}Hx : K \cap x^{-1}Hx]$.

Lit.: [G 19]

Doppelrestklasse ›Doppelmodul

Dorrohscher Oberring R^* eines Rings R heißt der als Menge der Paare $\langle r, n\rangle$ mit $r \in R$, $n \in \mathbb{Z}$, komponentenweiser Addition und Multiplikationsvorschrift $\langle r_1, n_1\rangle \langle r_2, n_2\rangle = \langle r_1r_2 + r_1n_2 + r_2n_1, n_1n_2\rangle$ definierte Ring mit Einselement $\langle 0, 1\rangle$, in den R gemäß der Abbildung $r \mapsto \langle r, 0\rangle$ eingebettet werden kann. R^* ist i. allg. nicht minimaler Oberring von R mit Einselement. Auch bei nullteilerfreiem R kann R^* Nullteiler enthalten, dann ist jedoch ein passender Restklassenring von R^* nullteilerfreier Oberring von R mit Einselement. Die (ein- oder zweiseitigen) Ideale von R sind zugleich solche des D. O. von R.

Lit.: [R 18]

Dreh[ungs]gruppe (= *engere* >*orthogonale Gruppe*) des n-dimensionalen Euklidischen Raums $\mathbb{R}^n$, bezeichnet mit SO_n, heißt die Gruppe der eigentlichen Drehungen um den Nullpunkt. Sie kann mit der multiplikativen Gruppe der n-reihigen reellen eigentlich >orthogonalen Matrizen A (d. h. $AA^{\mathsf{T}} = E$, $\det A = 1$) identifiziert werden, hängt von $\frac{n(n-1)}{2}$ Parametern ab und ist geschlossen, besitzt aber nichtgeschlossene Untergruppen. Ihre infinitesimalen Transformationen werden durch die $X_{ij} = x^i \frac{\partial}{\partial x^j} - x^j \frac{\partial}{\partial x^i}$ gegeben. >endliche Drehgruppen.

Lit.: [D 8a], [D 15], [D 11], [D 22]

Drehungsmatrix = eigentlich >orthogonale Matrix

Dreiecksmatrix >Matrix

dritte Normalform = >Jordansche Normalform

D-Semigruppe >reguläre Halbgruppe

duale Algebra heißt eine topologische Algebra, in der für jedes abgeschlossene Linksideal I der linke >Annullator des rechten Annullators von I gleich I ist und umgekehrt mit Vertauschung von links und rechts.

Lit.: NEUMARK, M. A.: Normierte Algebren. DVW, Berlin 1959.

duale Aussage >Dualitätsprinzip in Verbänden

duale Basis >äußere Potenz, >Linearform

duale Form >duale Reihen

duale Gruppe = >Charaktergruppe

duale Kategorie >Kategorientheorie

duale Nachbarbedingung >modularer Verband

duale Reihen heißen in der >Invariantentheorie Koordinatenreihen von dualen Unterräumen eines projektiven Raumes, z. B. Punktkoordinaten und Ebenenkoordinaten im dreidimensionalen Raum. Zwei n-äre >*Formen* f und g

heißen *dual*, wenn jede gerade die duale Reihe der Koordinatenreihen der anderen zum jeweils selben Grad enthält.

Lit.: [I 1]

duale Zahlen: Elemente einer 1900 von STUDY eingeführten assoziativen ›Algebra über $\mathbb{R}$ mit den Basiselementen 1 (Einselement) und ε mit $\varepsilon^2 = 0$; sie sind also von der Form $z = x + y\varepsilon$ mit $x = R(z) \in \mathbb{R}$ (*Realteil* von z) und $y = D(z) \in \mathbb{R}$ (*Dualteil* von z). $\bar{z} = x - y\varepsilon$ ist die zu z *konjugierte d. Z.* Nullteiler sind genau die *rein d. Z.* der Form εy. Die d. Z. finden Anwendung in der dualen projektiven Geometrie.

Allgemeiner betrachtet man auch d. Z. über anderen Körpern oder kommutativen Ringen. Ist R kommutativer ›Ring mit Einselement und M ›R-Modul, so wird die ›direkte Summe $R \oplus M$ durch die Multiplikationsvorschrift $(r, m)(r', m') = (rr', rm' + r'm)$ kommutative ›R-Algebra $I_R(M)$ (›Idealisierungsprinzip), die *Algebra der d. Z.* bez. des Moduls M heißt; bei $M = R$ ist sie isomorph zur Faktoralgebra der Polynomalgebra $R[T]$ nach dem von T^2 erzeugten Ideal.

Lit.: MUMFORD, D.: Lectures on curves on an algebraic surface. Princeton University Press, Princeton 1966.
STUDY, E.: Geometrie der Dynamen. Teubner, Leipzig 1903.

dualer Homomorphismus ›Linearform

dualer Isomorphismus ›Isomorphismus von Verbänden

dualer Modul ›Linearform

dualer Raum = ›algebraischer Dual, ›Linearform

dualer Satz ›Dualitätsprinzip in Verbänden

duales Paar (= *Dualsystem* = *Linearsystem*) heißt ein Paar (E, E') aus einem ›Vektorraum E und dem dualen Vektorraum E' über demselben Körper zusammen mit einer nichtausgearteten Bilinearform auf $E \times E'$, gewöhnlich als Skalarprodukt $\langle ?, ?? \rangle$ geschrieben.

Dualgruppe 1. = ›Charaktergruppe, **2.** = ›Verband

Dualgruppe vom Idealtypus = ›distributiver Verband

Dualgruppe vom Modultypus = ›modularer Verband

Dualismus ›Untergruppenverband

Dualitätsfunktor heißt der kontravariante Funktor einer Kategorie (›Kategorientheorie) auf die duale Kategorie, der jedes Objekt und jeden Morphismus auf das entsprechende Objekt und den entsprechenden Morphismus der dualen Kategorie abbildet.

Lit.: [C 10]

Dualitätsprinzip 1. der ›Kategorientheorie

2. in Verbänden besagt, daß jeder allgemeingültige Satz in ›Verbänden, der nur mit $\vee$ und $\wedge$ formuliert ist, in einen allgemeingültigen (*dualen*) *Satz* übergeht, wenn man diese beiden Zeichen vertauscht. Läßt man auch die Zeichen 0 und 1, $<$ und $>$ zu, so sind beim Übergang zur dualen Aussage jeweils 0 und 1, $<$ und $>$ zu vertauschen. Da ›modulare, ›distributive und Boolesche Verbände selbstdual sind, gilt das D. auch dort.

Lit.: [V 14]

Dualitätssatz 1. für Gruppen ›Charaktergruppe

2. für Halbgruppen ›Charakter einer Halbgruppe

3. für Verbände = ›Dualitätsprinzip in Verbänden

Dualitätstheorie topologischer Gruppen ›Charaktergruppe

Dualsystem = ›duales Paar

Dualteil ›duale Zahlen

dünnbesetzte Matrix (= *verdünnte Matrix*) heißt eine ›Matrix mit nur wenig Elementen $\neq 0$; von Bedeutung in der numerischen Analysis.

Lit.: Duff, I. S. (ed.): Sparse matrices and their uses. Academic Press, London 1961.
Reid, J. K. (ed.): Large sparse sets of linear equations. Academic Press, London 1971.
Rose, D. J., R. A. Willoughby (ed.), Sparse matrices and their applications. Plenum Press, New York 1972.

Durchkreuzung ›Erweiterung von Gruppen

durchlaufendes Assoziativgesetz ›Bimodul

Durchschnitt 1. In der ›Kategorientheorie: D. einer Familie von Unterobjekten des Objekts A (d. h. Monomorphismen mit dem Ziel A) $u_i: A_i \to A$ heißt ein Morphismus (notwendig Monomorphismus, also Unterobjekt) u': $A' \to A$, für den für alle i ein kommutatives ›Diagramm 

existiert und für

den sich jeder Morphismus $B \to A$, der sich über jedes u_i faktorisieren läßt, auch eindeutig durch u' faktorisieren läßt. Schreibweise: $u' = \bigcap u_i$, leger auch $A' = \bigcap A_i$. Dual dazu ist der Begriff des *Kodurchschnitts* erklärt.

2. In Verbänden: ›Verband

Lit.: Zu 1.: [C 10], [C 11]

Durchschnitts-›Halbverband

durchschnittsirreduzibel ›irreduzibel, ›irreduzibler R-Modul

Durchschnittskomplement ›Additionskomplement

durchschnittsvollständiger ›Verband

Dyade heißt in der älteren Literatur das *tensorielle Produkt* („*dyadische Produkt*") zweier kovarianter Vektoren. Die dyadischen Produkte von Einheitsvektoren heißen *Einheitsdyaden*. Die *dyadische Multiplikation* von 3 bzw. 4 Vektoren ergibt *Triaden* bzw. *Tetraden*.

Lit.: Betten, J.: Tensorrechnung für Ingenieure. Teubner, Stuttgart 1987.
Jahnke, E.: Zur Einführung in die Dyadenrechnung. Arch. Math. Phys. 25 (1917), 310–328.
Lohr, E.: Vektor- und Dyadenrechnung für Physiker und Techniker. De Gruyter, Berlin 1950.

dyadisches Produkt ›Dyade

dyadisches Solenoid ›Solenoid-Gruppe

Dyck, Satz von, ›Erzeugende und Relationen

Dynkin-Diagramm ›Gewicht

E

echter ›Teiler

effektiv ›operieren

Egalisator = Differenzkern ›Kategorientheorie

Ehresmannsches Gruppoid (= *Gruppoid im Sinne von Ehresmann*) heißt ein ›Halbgruppoid (Menge mit einer partiellen ›Operation) G mit den Eigenschaften:

(i) Zu jedem $a \in G$ existiert eine *Linkseinheit* e und eine *Rechtseinheit* f mit $ea = af = a$, die zugleich Links- bzw. Rechtseins für alle Elemente aus G ist, für die die jeweiligen Produkte erklärt sind.

(ii) Zu jedem $x \in G$ existiert ein *rechtsinverses Element* $\bar{x}$ (d. h. $x\bar{x} = e$ = Linkseinheit).

(iii) Wenn ab und bc definiert sind, so sind auch $(ab)\,c$ und $a(bc)$ definiert und gleich.

$\bar{x}$ ist durch x eindeutig bestimmt und zugleich linksinverses Element.

Ein E. G. ist mengentheoretische Vereinigung elementfremder ›Brandtscher Gruppoide und umgekehrt.

Lit.: [C 4], [C 7]
Ehresmann, C.: Gattungen von lokalen Strukturen. Jahresber. Deutsch. Math.-Verein. **60** (1957), 49–77.

Eigenraum ›charakteristisches Polynom 2.

Eigenring eines Ideals: Der E. eines Linksideals $\mathfrak{a}$ eines Rings R ist nach Ore der $\mathfrak{a}$ umfassende Teilring R^* aller $a^* \in R$ mit $\mathfrak{a}a^* \subset \mathfrak{a}$; er ist der maximale Unterring von R, in dem $\mathfrak{a}$ zweiseitiges ›Ideal ist. Enthält R ein Rechtseinselement, so ist $R^*/\mathfrak{a}$ isomorph zum ›Endomorphismenring des Restklassenmoduls $R/\mathfrak{a}$, aufgefaßt als R-Linksmodul. Analog ist der E. eines Rechtsideals erklärt. Jacobson bezeichnet in [R 13], S. 25, den E. eines Rechtsideals $\mathfrak{a}$ auch als *Normalisator* von $\mathfrak{a}$ in R.

Lit.: [R 13], [R 10]
Ore, O.: Formale Theorie der linearen Differentialgleichungen, 2. Teil. J. reine angew. Math. **168** (1932), 241–243.

Eigensystem = ›transformables System

eigentlich zerfallende Gruppe ›zerlegbar

eigentlicher Teiler 1. = ›Normalteiler, 2. ›Teiler

Eigenvektor bzw. **-wert** ›charakteristisches Polynom 2.

einartiger Integritätsbereich: ein ›Integritätsbereich, von dem jeder echte Restklassenring ›einartiger Nullteilerring ist; zwei voneinander verschiedene Primideale hierin sind stets teilerfremd. Beachte: Ein e. I. ist etwas anderes als ein ›einartiger Ring ohne Nullteiler. Spezialfall: ›primärer Integritätsbereich.

Enthält der e. I. I nur endlich viele Primideale, so sind alle (nicht nur die ganzen) umkehrbaren I-Ideale Hauptideale; ist I sogar ›Dedekindscher Ring, so ist jedes Ideal in I Hauptideal (*Hauptidealsatz*).

Lit.: [R 19]

einartiger Nullteilerring = ›einartiger Ring

einartiger Ring (= *einartiger Nullteilerring*) ist ein kommutativer Ring mit Einselement, dessen Nullideal ›einartiges Ideal ist, dessen Primideale also sämtlich die ›Dimension 1 haben. Er ist dadurch ausgezeichnet, daß in ihm alle Primärideale einartige Ideale sind. Ein nullteilerfreier e. R. ist ein Körper. Spezialfall: ›primärer Nullteilerring.

Lit.: [R 19]

einartiges Ideal: 1. e. I. eines kommutativen Rings R mit Eins heißt nach DEDEKIND ein Ideal, das außer R nur ein einziges Primoberideal besitzt. Ein e. I. ist stets Primärideal. Es sind äquivalent: a) $\mathfrak{a}$ ist e. I.; b) $\mathfrak{a}$ ist Primärideal zu einem teilerlosen Primideal $\mathfrak{p}$; c) $\mathfrak{a}$ ist Teiler einer Potenz eines teilerlosen Primideals. In einem noetherschen Ring R mit 1 läßt sich jedes Ideal $\neq (0)$ eindeutig als Durchschnitt von teilerfremden e. Primäridealen darstellen.

2. Allgemeiner heißt e. I. ein Ideal $\mathfrak{a} \neq R$, dessen minimale Primoberideale teilerlos (maximal) sind, das also die Krullsche ›Dimension 1 hat. Ein e. Primärideal ist dann e. I. im Sinne von 1.

Lit.: [A 17 II]

Einbettung: 1. ein Funktor (›Kategorientheorie), der sowohl auf den Morphismenmengen als auch auf der Klasse der Objekte injektiv ist.

2. E. einer universellen ›Algebra A in eine Algebra B heißt ein Monomorphismus von A in B, vermöge dessen somit A als Unteralgebra von B aufgefaßt werden kann. Spezialfall: E. (= *Einlagerung*) einer Gruppe als Untergruppe in eine gegebene Gruppe.

Einbettungsproblem der ›Galoisschen Theorie besteht darin, zu einer galoisschen Körpererweiterung K/k mit der Galois-Gruppe G, die zu einer Faktorgruppe H/N isomorph ist, einen K enthaltenden galoisschen Oberkörper L von k mit der Galois-Gruppe H zu finden, so daß K zur Untergruppe N gehört.

Lit.: [Z 4]

FADDEJEW, D. K. (Д. К. ФАДДЕЕВ): Об одной гипотезе Гассе. Dokl. Akad. Nauk SSSR **94** (1954), 1013–1016.
HASSE, H.: Invariante Kennzeichnung galoisscher Körper mit vorgegebener Galoisgruppe. J. reine angew. Math. **187** (1949), 14–43.
MATZAT, B. H.: Konstruktive Galoistheorie. LNM 1284. Springer, Berlin 1987.
SCHAFAREWITSCH, I. R. (И. Р. ШАФАРЕВИЧ): О задаче погружения полей. Dokl. Akad. Nauk SSSR **95** (1954), 459–461.

Scholz, A.: Konstruktion algebraischer Zahlkörper mit beliebiger Gruppe von Primzahlpotenzordnung. Math. Z. 42 (1937), 161–188.

Einbettungssatz von Mitchell ›abelsche Kategorie

Einbettungssätze der Verbandstheorie: Jede halbgeordnete Menge M läßt sich unter Beibehaltung der Inklusion und der bereits in M existierenden oberen und unteren Grenzen in einen vollständigen ›Verband einbetten. Jeder ›distributive Verband ist zu einem Mengenring isomorph, läßt sich also in eine ›Boolesche Algebra einbetten.

Eindeutigkeitsbasis ›reguläre p-Gruppe

eindimensionaler Torus ›einparametrige Gruppe

eineindeutige Abbildung = injektive ›Abbildung

einfach geordneter Körper ›angeordneter Ring

einfache Algebra: ›R-Algebra, die als Ring ›einfach ist. Eine e. A. endlichen Ranges mit Einselement über einem Körper K ist ›direktes Produkt einer ›Divisionsalgebra mit einer vollen Matrixalgebra über K; sie ist isomorph zu einer vollen Matrixalgebra über einem ›Schiefkörper (*Satz von Wedderburn*).

Lit.: [R 9], [R 13]

einfache algebraische ›[Körper]erweiterung

einfache Gruppe heißt eine Gruppe G, die keinen eigentlichen ›Normalteiler besitzt, deren homomorphe Bilder also zu G oder zur Einheitsgruppe isomorph sind; anderenfalls *zusammengesetzt*. Die einzigen abelschen e. G. sind die ›zyklischen Gruppen von Primzahlordnung. Da jede Gruppe von ungerader Ordnung ›auflösbar ist (Feit, Thompson), gibt es keine nichtabelsche e. G. von ungerader Ordnung. Bekannte endliche e. G. sind die *alternierenden Gruppen* $\mathfrak{A}_n$ für $n \geqq 5$, die *Gruppen vom Lie-Typ* über Galois-Feldern, die den einfachen komplexen Lieschen Gruppen entsprechen, die 5 ›*Mathieuschen Gruppen* und 26 sog. *sporadische Gruppen*, die in keine Reihen gehören, darunter *Conway-Gruppen*, *Janko-Gruppen* u. a. Die vollständige Klassifikation aller einfachen endlichen Gruppen wurde 1981 abgeschlossen (s. Gorenstein). Von den unendlichen Gruppen sind insbesondere diejenigen Gruppen von geraden Permutationen e., die jeweils nur endlich viele Elemente permutieren. Die Definition ›einfacher Liescher Gruppen weicht von der hier gegebenen ab.

Jede Gruppe ist in eine e. G. einbettbar.

Lit.: [G 15], [G 39 I], [L 3]

Feit, W., J. Thompson: Solvability of groups of odd order. Pacific J. Math. 13 (1963), 775–1029.

GORENSTEIN, D.: The classification of finite simple groups. I. Groups of non characteristic 2 type. Plenum Press, New York 1983.
GORENSTEIN, D., R. LYONS: The Local Structure of Finite Groups of Characteristic 2 Type. Memoirs of the AMS **276**, American Math. Soc., Providence 1983.
GRAY, J.: From the History of a Simple Group. Math. Intelligencer **4** (1982), 59–67.
MARTINEAU, R. P.: A characterization of Janko's simple group of order 175, 560, Proc. London Math. Soc. **19** (1969), 709–729.

einfache Halbgruppe: 1. nach SIVERZEWA eine ›Halbgruppe S, die außer S und dem evtl. Einselement keine Normalteiler enthält.

2. nach REES eine Halbgruppe S, die außer den trivialen Idealen S und evtl. $\{0\}$ keine zweiseitigen ›Ideale enthält und von der ›Nullhalbgruppe $\{a, 0\}$ verschieden ist.

3. nach LJAPIN eine Halbgruppe, die außer der identischen Abbildung und der Abbildung auf die einelementige Halbgruppe $\{0\}$ keine Homomorphismen zuläßt (*e. H. bez. Kongruenzen*).

Weitere Einfachheitsbegriffe: *links-* bzw. *rechts-e. H.*: Halbgruppe ohne eigentliche Links- bzw. Rechtsideale; (*rechts-* bzw. *linksseitig*) *0-e. H.*: ›Halbgruppe mit Null ohne eigentliche zweiseitige (Links- bzw. Rechts-) Ideale $\neq 0$.

Lit.: [S 1], [S 3]

LJAPIN, E. S. (Е. С. Ляпин): Простые коммутативные ассоциативные системы. Izv. Akad. Nauk SSSR, matem. ser. **14** (1950), 275–282.
LJAPIN, E. S. (Е. С. Ляпин): Полупростые коммутативные ассоциативные системы. Izv. Akad. Nauk SSSR, matem. ser. **14** (1950), 367–380.
REES, D.: On semi-groups, Proc. Cambridge Philos. Soc. **36** (1940), 387–400.
SIWERZEWA, N. I. (Н. И. Сиверцева): О простоте ассосиативных систем и особенных квадратных матриц. Matem. Sbornik **24** (1949), 101–106.

einfache Liesche Algebra: eine ›Liesche Algebra L, die nur das Nullideal und L als Ideale besitzt. Die reguläre ›Darstellung einer e. L. A. ist irreduzibel, weshalb eine e. L. A. auch *irreduzibel* heißt.

Lit.: [L 9]

einfache Operatorgruppe heißt eine Gruppe mit Operatoren, die keine eigentliche zulässige Untergruppe enthält.

einfache topologische Gruppe: eine ›topologische Gruppe, deren echte abgeschlossene Normalteiler diskret sind.

einfache Wurzel ›Gewicht

einfacher Darstellungsmodul (= *irreduzibler D.*): ein D. bzw. reziproker D. (›Darstellung von Ringen und Algebren) M eines Rings oder einer Algebra, der nur die trivialen Teildarstellungsmoduln M und (0) besitzt; anderenfalls heißt *M reduzibler D.* Bei Darstellungen bez. eines Rings R wird zusätzlich gefordert, daß der Teildarstellungsmodul wieder eine R-Basis besitzt, die von niederem Rang als die von M ist und zu einer Basis von M ergänzt werden kann (ist im Falle eines Körpers R von selbst erfüllt).

einfacher Ring heißt ein Ring R (mit wenigstens zwei Elementen), der außer (0) und R keine zweiseitigen ›Ideale enthält. JACOBSON verlangt zusätzlich, daß $R^2 \neq \{0\}$ und daher $R = R^2 = R^3 = \cdots$ ist.

Ein e. R. kann echte einseitige Ideale enthalten (z. B. Ring der n-reihigen quadratischen Matrizen über einem Körper). Ein (assoziativer) e. R. mit Minimalbedingung für Linksideale, der kein nilpotenter Ring ist, ist bis auf Isomorphie eindeutig als ›voller Matrizenring über einem Schiefkörper darstellbar.

›R-Algebra, auch ›quasi-einfacher Ring

Lit.: [R 5], [R 13]

einfacher *R*-Modul ›halbeinfacher R-Modul

einfaches System = ›voller Matrixring

einfaches Wurzelsystem ›Gewicht

einfaches zweiseitiges Ideal (= *minimales zweiseitiges Ideal*): ein zweiseitiges ›Ideal $\mathfrak{a}$ eines Ringes R, das außer (0) und $\mathfrak{a}$ kein zweiseitiges Ideal von R enthält; es ist also insbesondere auch als Ring ›einfach (im Sinne von Jacobson).

eingebettet ›Teilbund

eingebettetes Ideal ›Primärkomponentenzerlegung

eingeschränkte Derivation ›Liesche p-Gruppe

eingeschränkte Liesche Algebra = ›Liesche p-Algebra

Einheit 1. ›Teiler

2. einer Algebra mit Haupteinheit ist E. des unterliegenden Rings (vgl. 4.).

3. E. einer quadratischen Form sind ganzzahlige Automorphismen der ›quadratischen Form (die also durch unimodulare Matrizen U bewirkt werden); sie bilden eine Gruppe.

Für quadratische Formen über $\mathbb{Z}$ ist diese Gruppe endlich erzeugbar, für definite Formen endlich, für indefinite (außer $X_1^2 - X_2^2$) unendlich. Ist eine solche Form mit der Koeffizientenmatrix A reell in

$$Q(X) = X_1^2 + \cdots + X_p^2 - X_{p+1}^2 - \cdots - X_n^2$$

transformierbar $\left(\frac{n}{2} \leqq p < n\right)$, so ist die Gruppe der E. U (mit $U^{\mathsf{T}}AU = A$) bei $p = n - 1$ eigentlich diskontinuierlich in dem Raumteil $Q(X) < 0$, der ein projektives Modell des $(n - 1)$-dimensionalen hyperbolischen Raumes darstellt. Außer im Falle der Form $X_1^2 - X_2^2$ hat der Fundamentalbereich ein endliches Volumen. Bei $p < n - 1$ bilden die reellen symmetrischen positiv definiten Matrizen B mit $B^{\mathsf{T}}A^{-1}B = A$ einen Raum der Dimension $p(n - p)$, der vermöge $B \mapsto U^{\mathsf{T}}BU$ durch die E. in sich transformiert wird; die dadurch definierte Gruppe von Abbildungen ist in diesem Raume eigentlich diskontinuierlich. Es läßt sich ein endliches Volumenelement definieren, und das Volumen eines Fundamentalbereichs ist endlich. Die Untersuchungen sind auf quadratische Formen in endlich-algebraischen Zahlkörpern übertragen worden.

4. eines Rings R mit Einselement ist jedes Element ε von R, zu dem in R ein inverses Element ε' bez. der Multiplikation existiert, d. h. mit $\varepsilon\varepsilon' = \varepsilon'\varepsilon = 1$. Die E. von R bilden eine multiplikative Gruppe mit dem neutralen Element 1, die *Einheitengruppe* von R, die im Falle eines ›Schiefkörpers K aus den Elementen $\neq 0$ besteht und auch die *multiplikative Gruppe* $K^{\times}$ oder K^* von K heißt. Eine E. kann nicht Nullteiler sein. Vgl. die Einheitengruppen eines ›Bewertungsrings, ›quasiregulär, ›Teiler.

Lit.: Zu 3.: [Q 8], [Q 11]

RAMANATHAN, K. G.: The theory of units of quadratic and Hermitean forms. Amer. J. Math. **73** (1951), 233–255.

SIEGEL, C. L.: Einheiten quadratischer Formen. Abh. Math. Sem. Univ. Hamburg **13** (1940), 209–239.

Zu 4.: [A 16]

BAER, R.: Inverses and zero-divisors. Bull. Amer. Math. Soc. **48** (1942), 630–638.

Einheitengruppe ›Einheit eines Rings

Einheits(...) ›(...)

Einheitselement = ›Einselement

Einheitsform: 1. ›Inhalt eines Polynoms

2. die ›quadratische Form $X_1^2 + \cdots + X_n^2$.

Einheitsgruppe (= *Einsgruppe*, bei additiver Schreibweise auch *Nullgruppe*): ›Gruppe, die nur aus dem Einselement (neutralen Element) besteht; häufig mit E oder $\mathfrak{E}$ bezeichnet.

Einheitsoperator ›Einselement

Einheitswurzelkörper ›Einheitswurzeln

Einheitswurzeln: n-te E. über einem Primkörper P heißen die Wurzeln der ›algebraischen Gleichung $x^n - 1 = 0$ in einem Erweiterungskörper von P. Der ›Zerfällungskörper von $x^n - 1$ heißt der *Körper der n-ten E.* (= *n-ter Kreisteilungskörper* = *n-ter Kreiskörper*, auch *n-ter Einheitswurzelkörper* oder *Kreiswurzelkörper*), insbesondere für $P = \mathbb{Q}$. In diesem Falle bilden die n-ten E. in der komplexen Zahlenebene die Ecken eines regelmäßigen, dem Einheitskreis einbeschriebenen n-Ecks.

Ist die ›Charakteristik von P nicht Teiler von n, so gibt es genau n verschiedene n-te E., und diese bilden bei der Multiplikation eine ›zyklische Gruppe der Ordnung n. Die $\varphi(n)$ (›Eulersche Funktion) erzeugenden Elemente dieser Gruppe heißen *primitive E.*; das sind genau diejenigen n-ten E., die nicht bereits m-te E. für einen Teiler m ($< n$) von n sind. Aus einer festen primitiven E. ζ erhält man alle anderen als Potenzen ζ^ν mit $(\nu, n) = 1$.

Das Polynom $\Phi_n(X) = \prod_{\substack{\nu=1 \\ (\nu,n)=1}}^{n} (X - \zeta^\nu)$, das als Nullstellen genau die primitiven n-ten E. hat, heißt n-tes *Kreisteilungspolynom*, $\Phi_n(x) = 0$ die n-te *Kreisteilungsgleichung*. $\Phi_n(X)$ ist ein ganzzahliges Polynom (unabhängig von P) und über $\mathbb{Q}$ irreduzibel; es läßt sich mittels der Möbiusschen Funktion μ als $\Phi_n(X) = \prod_{d|n} (X^d - 1)^{\mu(n/d)}$ ausdrücken. Der n-te Kreiskörper über $\mathbb{Q}$ wird über $\mathbb{Q}$ von einer primitiven E. erzeugt, hat über $\mathbb{Q}$ den Grad $\varphi(n)$ und besitzt die n-te Kreisteilungsgleichung als ›definierende Gleichung. Er ist galoissch über $\mathbb{Q}$, und sein ›Galois-Gruppe ist isomorph zur Gruppe der primen Restklassen mod n.

Lit.: [A 16], [A 17 I], [Z 16]
GOLOMB, S. W.: Cyclotomic polynomials and factorization theorems. Amer. Math. Monthly **85** (1978), 734–737; Corrections **88** (1981), 338–339.

Einhüllende = ›universelle Hüllalgebra

Einlagerung = ›Einbettung, = ›Monomorphismus

einparametrige Gruppe: zur ›topologischen Gruppe $\mathbb{R}$ im Kleinen isomorphe topologische Gruppe. Gibt es in einer topologischen Gruppe G eine zu einem offenen Intervall der Zahlengerade homöomorphe Umgebung des Einselements, so ist G lokal isomorph zu $\mathbb{R}$; ist G außerdem zusammenhängend, so ist G zu $\mathbb{R}$ oder zur Faktorgruppe $T = \mathbb{R}/\mathbb{Z}$ isomorph, die *eindimensionaler Torus* heißt und mit der *Gruppe der Kreisdrehungen* identifiziert werden kann.

Lit.: [EG 5], [G 31]

einparametrige Untergruppe eines Gruppenkeims oder einer ›topologischen (insbesondere ›Lieschen) Gruppe G ist ein lokaler Homomorphismus der topologischen Gruppe $\mathbb{R}$ in G, ferner auch das Bild dieses Homomorphismus. Die e. U. heißt *differenzierbar*, wenn sie (in dem betreffenden Koordinatensystem) einen Tangentenvektor besitzt (dessen Koordinaten sich durch Differentiation nach dem reellen Parameter im Punkte 0 ergeben), den *Richtungsvektor* der Untergruppe, und umgekehrt ist durch den Richtungsvektor eine e. U. bestimmt.

Lit.: [G 31], [L 12]

einreihige Algebra: assoziative ›K-Algebra $\mathfrak{A}$ endlichen Ranges mit Einselement, die ›direkte Summe endlich vieler primärer Algebren ist und in der jedes Linksideal $\mathfrak{A}e$ und jedes Rechtsideal $e\mathfrak{A}$ (e ›primitives Idempotent von $\mathfrak{A}$) genau eine Kompositionsreihe besitzt. Äquivalent dazu ist, daß jedes Links- und jedes Rechtsideal von $\mathfrak{A}$ Hauptideal ist. Entsprechend ist ein *einreihiger Ring* erklärt. Beispiel: Ring der oberen ›Dreiecksmatrizen über einem Schiefkörper. ›katenärer Ring

Verallgemeinert einreihiger Ring (= *Nakayamascher Ring* = *serieller Ring*) heißt ein Ring, dessen unzerlegbare einseitige Ideale eine eindeutig bestimmte Kompositionsreihe besitzen; das ist genau dann der Fall, wenn alle Moduln hierüber ›semikatenär sind. Ein solcher Ring ist links- und rechtsseitig *semikatenär*. Jeder Modul hierüber ist direkte Summe zyklischer Untermoduln. ›einreihiger Modul

Lit.: [R 11 II]
Kerner, O.: I-serielle Ringe. Habil.-Schrift, Universität Düsseldorf 1977.
Köthe, G.: Verallgemeinerte Abelsche Gruppen mit hyperkomplexem Operatorenring. Math. Z. **39** (1935), 31–44.

einreihiger Modul (auch *katenärer Modul*) heißt ein ›R-Modul, dessen Untermoduln durch Inklusion linear geordnet sind. Jeder R-Modul über einem e. Ring ist direkte Summe e. M. (d. h. *Σ-e. M.* oder *semikatenärer Modul*).

Lit.: [R 11 II]
Kupisch, H.: Moduln über einreihigen Ringen. Math. Z. **137** (1974), 151–153.

einreihiger Ring ›einreihige Algebra

Eins = ›Einselement

Einschränkung ›Operation

Einsdarstellung einer Gruppe ›Darstellung einer Gruppe

Einselement: 1. (= *Einheitselement* = *Eins*) heißt bei Systemen mit (u. a.) einer — vornehmlich multiplikativ geschriebenen — binären ›Operation (wie ›Gruppoiden, ›Halbgruppen, ›Gruppen, ›Ringen) ein Element e, das bei der Multiplikation ›*neutrales Element* ist, also von beiden Seiten reproduziert; entsprechend heißt ein Element e_l mit $e_l \cdot a = a$ für alle a *linksseitiges E.* oder *Linkseinselement*, ein Element e_r mit $a \cdot e_r = a$ für alle a *rechtsseitiges E.* oder *Rechtseinselement*. Gibt es wenigstens ein rechtsseitiges und ein linksseitiges E., so fallen alle zusammen und stellen ein [*zweiseitiges*] *E.* dar (z. B. in Gruppen). Es gibt aber auch Systeme mit mehreren linksseitigen E., aber keinem rechtsseitigen E., sogar Ringe mit dieser Eigenschaft. Jeder Ring R läßt sich in einen Ring R_1 mit Einselement einbetten (›Dorrohscher Oberring).

Im Falle einer ›R-Algebra heißt das E. auch *Haupteinheit.* Handelt es sich um Systeme mit Operatoren, so sagt man statt E. auch *Einheitsoperator* (= *Einsoperator* = *Identität*).

S. E. in ›Multigruppoiden.

2. E. eines ›*Verbands* V ist das *größte Element* von V, falls es existiert. Es wird gewöhnlich mit 1 oder I bezeichnet. Im Falle einer ›*Booleschen Algebra* ist es gleich dem E. im Sinne von 1. des zugehörigen *Booleschen Ringes.*

Lit.: Zu 1.: [A 16]

Akizuki, Y.: Bemerkungen über die Existenz des Einheitselements in Ringbereichen. Jap. J. Math. **9** (1932), 85–102.

Baer, R.: Kriterien für die Existenz eines Einselements in Ringen. Math. Z. **56** (1952), 1–17.

Zu 2.: [V 2], [V 8], [V 14]

Einsetzungsprinzip ›Polynom

Einsetzungsverfahren ›lineares Gleichungssystem

Einsetzungswert ›Polynom

Einsgruppe = ›Einheitsgruppe

Einsideal ›Ideal

Einsoperator ›Einselement

Einsteinsche Summationsvereinbarung ›Tensor

einstufige nichtkommutative Struktur: nach Rédei eine nichtkommutative multiplikative binäre algebraische Struktur (Gruppoid), deren gleichartige echte Unterstrukturen (z. B. die echten Untergruppen einer Gruppe, die echten Unterringe eines Ringes) sämtlich kommutativ sind.

Lit.: [A 16]

einstufiger Isomorphismus ›Homomorphismus einer Gruppe

Einzelmatrix heißt eine (evtl. unendliche) ›hermitesche Matrix A mit $A^2 = A$.

Lit.: Wintner, A.: Spektraltheorie der unendlichen Matrizen. Hirzel, Leipzig 1929.

Eisensteinsche(r/s) Erweiterung bzw. **Gleichung** bzw. **Polynom** bzw. **Satz** ›Eisensteinsches Irreduzibilitätskriterium

Eisensteinsches Irreduzibilitätskriterium (= *Satz von Eisenstein*) besagt: Sei $\mathfrak{p}$ Primideal des kommutativen Rings R und

$$f(X) = X^n + a_1X^{n-1} + \cdots + a_n \quad (a_i \in R)$$

ein ›Polynom in einer Unbestimmten X über R. Wenn alle $a_i \in \mathfrak{p}$ und $a_n \notin \mathfrak{p}^2$ gilt, so ist $f(X)$ *irreduzibel* über R. Ist außerdem R ›normaler Ring, so ist auch $f(X)$ über dem Quotientenkörper von R irreduzibel. Diese Aussagen gelten insbesondere für Polynome $f(X) = a_0X^n + a_1X^{n-1} + \cdots + a_n$ über einem ZPE-Ring R, wenn es in R ein Primelement π mit $\pi^2 \nmid a_n$, $\pi \mid a_\nu$ für $\nu > 0$ und $\pi \nmid a_0$ gibt.

Im Falle eines ›lokalen Rings R (insbesondere also im Falle eines diskreten ›Bewertungsrings) mit dem maximalen Primideal $\mathfrak{p}$ heißt ein Polynom $f(X)$ der obigen Form *Eisensteinsches Polynom* über R, die durch die sog. *Eisensteinsche Gleichung* $f(x) = 0$ definierte Erweiterung $R[X]/f(X)R[X]$ von R *Eisensteinsche Erweiterung* von R. Jede Eisensteinsche Erweiterung eines regulären lokalen Rings ist wieder ein regulärer lokaler Ring, und jeder komplette reguläre lokale Ring läßt sich als Eisensteinsche Erweiterung eines kompletten unverzweigten regulären lokalen Rings gewinnen, der notwendig Potenzreihenring in endlich vielen analytisch unabhängigen Elementen über seinem Koeffizientenring ist. Insbesondere sind die reinverzweigten algebraischen Erweiterungen K eines diskret bewerteten perfekten Körpers k identisch mit seinen Eisensteinschen Erweiterungen, und ein primitives Element für K/k ist zugleich Primelement für die zugehörige ›Bewertung von K.

Lit.: [A 14], [A 16], [A 17 I], [R 25]

elementare abelsche Gruppe (= *elementarabelsche Gruppe*) heißt eine ›abelsche Gruppe, deren Elemente quadratfreie Ordnungen haben. Insbesondere wird der Begriff e. a. G. synonym mit *elementarer abelscher* ›*p-Gruppe* benutzt, also einer Gruppe vom Primzahlexponenten p. Jede endliche derartige Gruppe ist ›direktes Produkt endlich vieler ›zyklischer Gruppen der Ordnung p. Nicht zu verwechseln mit ›charakteristisch einfacher Gruppe.
›Möbiussche Funktion

Lit.: [G 13], [G 42]

elementare diskrete Gruppe ›elementare topologische Gruppe

elementare Gruppe: 1. E. G. heißt eine (endliche) Gruppe, die direktes Produkt einer ›p-Gruppe und einer ›zyklischen Gruppe ist (*p-elementare Gruppe*). (Nicht zu verwechseln mit *elementar-abelscher Gruppe*!) Jeder (klassische) irreduzible ›*Charakter* einer endlichen Gruppe G ist ganzzahlige Linearkombination von induzierten Charakteren, die durch eindimensionale Charaktere der elementaren Untergruppen von G induziert werden.

2. ›charakteristisch einfach

Lit.: Zu 1.: [D 19], [G 23]

elementare Invariante = einfacher ›Elementarteiler

elementare Matrix ›K-Theorie

elementare offene Menge ›Spektrum eines Ringes

elementare topologische Gruppe heißt in der Theorie der kommutativen lokalkompakten Gruppen jede kompakte Gruppe, die Produkt einer endlichdimensionalen Torusgruppe mit einer endlichen Gruppe ist. Eine ***diskrete Gruppe*** heißt *e.*, wenn sie endlich viele Erzeugende besitzt.

elementare Transformationen (= *Elementartransformationen* = *elementare Umformungen*) von ›Matrizen sind: (i) Vertauschung von zwei Zeilen (oder Spalten), (ii) Addition eines Vielfachen einer Zeile (oder Spalte) zu einer anderen, (iii) Multiplikation einer Zeile (oder Spalte) mit einem Faktor λ ($\neq 0$). Handelt es sich um eine quadratische Matrix, so kehrt dabei ihre ›Determinante lediglich ihr Vorzeichen um, bleibt ungeändert bzw. multipliziert sich mit λ. Diese e. T. kann man auch dadurch ausführen, daß man die betreffende Matrix von links, wenn es um die Zeilen geht, und von rechts, wenn es um die Spalten geht, mit einer sog. ***Elementarmatrix*** multipliziert, die gerade durch dieselbe e. T. aus der Einheitsmatrix hervorgeht: Durch Vertauschung zweier Zeilen (etwa der i-ten und j-ten) entsteht aus der Einheitsmatrix eine ***Vertauschungsmatrix*** M_{Vert}; Multiplikation mit M_{Vert} von links bewirkt Vertauschung der i-ten und j-ten Zeile, rechtsseitige Multiplikation die der i-ten und j-ten Spalte. Durch Addition eines Vielfachen (etwa des λ-fachen) einer Zeile (etwa der i-ten) zu einer anderen (etwa der j-ten) entsteht aus der Einheitsmatrix eine ***Additionsmatrix*** M_{Add}; Multiplikation von links mit M_{Add} bewirkt Addition des λ-fachen der i-ten Zeile zur j-ten Zeile. Da diese Additionsmatrix auch durch Addition des λ-fachen der j-ten Spalte zur i-ten Spalte gewonnen werden kann, läuft rechtsseitige Multiplikation mit M_{Add} auf die Addition des λ-fachen der j-ten Spalte zur i-ten hinaus. Durch Multiplikation einer Zeile (etwa der i-ten) der Einheitsmatrix mit einem Faktor λ erhält man eine ***Multiplikationsmatrix*** M_{Mult}; linksseitige Multiplikation mit M_{Mult} bewirkt Multiplikation der i-ten Zeile mit λ, rechtsseitige Multiplikation die der i-ten Spalte.

Entsprechend der Darstellung von Permutationen als Produkt von Transpositionen kann man jede ›***Permutationsmatrix*** als Produkt von Vertauschungsmatrizen schreiben. Ebenso ist jede ***Diagonalmatrix*** Produkt von Multiplikationsmatrizen.

Vertauschungs- und Additionsmatrizen sind stets regulär, Multiplikationsmatrizen genau dann, wenn der betreffende Faktor $\lambda \neq 0$ ist. Die inverse Matrix ist jeweils eine Matrix derselben Art (λ muß dazu im Falle einer Multiplikationsmatrix invertierbar sein).

Durch Multiplikation mit Additionsmatrizen von links kann man im Falle von Matrizen über einem Körper jede Matrix auf *Dreiecksgestalt* bringen, es gibt also zu jeder Matrix A eine reguläre Matrix U, so daß UA Dreiecksmatrix wird. Durch Multiplikation mit Vertauschungs- und Additionsmatrizen von rechts folgt die Existenz regulärer Matrizen U und V, so daß *UAV Diagonalmatrix wird.*

Lit.: [M 4], [M 11]

elementare Umformung **1.** >Wort, **2.** für Matrizen: = >elementare Transformationen

Elementarmatrix >elementare Transformationen, >K-Theorie

elementarsymmetrische(s) Funktion bzw. **Polynom** >symmetrisches Polynom

Elementarteiler: Eine (m, n)-Matrix A über einem kommutativen >Hauptidealring R ist nach dem *Elementarteilersatz* (*unimodular*) >*äquivalent* zu einer Diagonalmatrix in *Elementarteilerform*, d. h., es gibt invertierbare Matrizen P, Q, so daß $PAQ = \begin{pmatrix} e_1 & & & & 0 \\ & e_2 & & & \\ & & \cdot & & \\ & & & \cdot & \\ & & & & \cdot \\ 0 & & & & 0 \end{pmatrix}$ ist, wobei die Diagonalelemente einander sukzessive teilen: $e_i \mid e_{i+1}$; wenn ein Diagonalelement 0 ist, so sind es infolgedessen auch alle folgenden. Die Diagonalelemente e_i heißen die *E.* (in der Bezeichnungsweise nach Weierstraß genauer *zusammengesetzte E.*) der Matrix A; sie sind durch A bis auf Einheiten bestimmt. Man kann sie folgendermaßen gewinnen: Definiert man (was über einem beliebigen kommutativen Ring möglich ist) als das i-te *Determinantenideal* $\mathfrak{d}_i$ von A das von den i-reihigen Unterdeterminanten von A erzeugte Ideal, so gilt $\mathfrak{d}_1 \supseteq \mathfrak{d}_2 \supseteq \cdots \supseteq \mathfrak{d}_r \supsetneqq \mathfrak{d}_{r+1} = \cdots = 0$, wobei r der Rang von A ist. Dann wird $\mathfrak{d}_i$ von einem Element erzeugt, dem (bis auf eine Einheit bestimmten) *Determinantenteiler* d_i, und als e_i sind die Quotienten d_i/d_{i-1} wählbar ($i = 1, \ldots, r$; $d_0 = 1$). Zwei Matrizen sind genau dann >äquivalent, wenn ihre Elementarteiler gleich sind.

Da R als Hauptidealring ZPE-Ring ist, kann man die (zusammengesetzten) E. e_i eindeutig als Produkte von Potenzen $p^{e_p^{(i)}}$ der einzelnen Primelemente p zerlegen; diese heißen auch *einfache E.*, *primäre E.*, *Weierstraßsche E.* oder *E.* schlechthin oder *elementare Invarianten* von A.

Das ist insbesondere anwendbar auf *Polynommatrizen* $A(\lambda)$ über einem (kommutativen) Körper K, die Primelemente p sind dann irreduzible Polynome in λ. Die zusammengesetzten E. von $A(\lambda)$ heißen auch *Invariantenteiler, invariante Faktoren, invariante Polynome, E.* der gegebenen Polynommatrix. In irreführender Bezeichnungsweise heißen diese im Falle der *charakteristischen*

Matrix $\lambda E - A$ mit einer konstanten $n \times n$-Matrix A auch (*primäre*) *E. der Matrix A*. Sie spielen für die ›Jordansche Normalform von A eine Rolle. Für Verallgemeinerungen des Elementarteilersatzes ›[Enz 1, 7].

Die Theorie der E. läßt sich auf Moduln M über R anwenden, indem man die Matrix betrachtet, deren Zeilen eine Basis für die zwischen den Erzeugenden eines festen Erzeugendensystems von M bestehenden linearen Relationen bilden. Der Übergang zu einer unimodular äquivalenten Matrix — insbesondere zu einer Matrix in Elementarteilerform — entspricht dann dem Übergang zu einem neuen Erzeugendensystem von M, dessen Elemente „Ordnungen" haben, die einander sukzessive teilen.

Lit.: [A 17 II], [Enz 1,7], [M 4], [M 5 I], [M 8], [M 17], [Z 2]

Elementarteilersatz ›Elementarteiler

Elementartransformation 1. ›Wort, **2.** für Matrizen: = ›elementare Transformationen

elementefremd = ›disjunkt

Eliminante wird in der Eliminationstheorie auch die ›Resultante (*Eliminationsresultante* oder *Endgleichung*) von zwei Polynomen bzw. von *n Polynomen* in n Variablen genannt. Mitunter werden auch Koeffizientendeterminanten von Linearformen E. genannt.

Lit.: [Enc B 1 a].

Elimination[sideal] ›Eliminationstheorie

Eliminationsresultante ›Eliminante

Eliminationstheorie: Die E. untersucht die Lösbarkeit und Lösungsmethoden von polynomialen Gleichungen

$$f_1(x_1, \ldots, x_n) = 0, \ldots, f_r(x_1, \ldots, x_n) = 0, \tag{1}$$

wo die $f_i(X_1, \ldots, X_n)$ Polynome in Unbestimmten X_j über einem (kommutativen) Körper k sind, d. h. Methoden zur Bestimmung gemeinsamer Nullstellen der f_j (idealtheoretisch: von ›Nullstellen des Polynomideals $(f_1, \ldots, f_r)$ in $k[X_1, \ldots, X_n]$) in einem geeigneten Oberkörper von k, indem sie diese durch *sukzessive Elimination* der Unbekannten mittels endlich vieler rationaler Rechenoperationen auf die Auflösung endlich vieler ›algebraischer Gleichungen in je einer Unbekannten zurückführt. Indem man nötigenfalls eine umkehrbare lineare homogene Transformation der Unbestimmten bzw. Unbekannten vorausschickt, was immer möglich ist (sollte k ein endlicher Körper sein, muß man hierzu gegebenenfalls zu einem Oberkörper von k übergehen), kann man o. B. d. A. voraussetzen, daß die f_j in bezug auf X_n >reguläre Polynome sind. Dann gibt es ein Gleichungssystem

$$g_1(x_1, \ldots, x_{n-1}) = 0, \ldots, g_s(x_1, \ldots, x_{n-1}) = 0 \tag{2}$$

für die Unbekannten $x_1, \ldots, x_{n-1}$ mit Polynomen g_j über k, so daß jede Nullstelle von (1) durch „Projektion" (Weglassen der n-ten Komponente) in eine Nullstelle von (2) übergeht und sich umgekehrt jede Nullstelle $x_1 = \xi_1, \ldots, x_{n-1} = \xi_{n-1}$ von (2) zu einer solchen von (1) ergänzen läßt, wobei ξ_n sich durch Auflösung einer algebraischen Gleichung

$$g(x_n) = 0 \tag{3}$$

ergibt. (1) ist also zu (2) und (3) äquivalent; der Übergang von (1) zu (2) wird als Elimination von x_n bezeichnet.

Idealtheoretisch läuft das darauf hinaus, ausgehend von dem Ideal $\mathfrak{a} = (f_1, \ldots, f_r)$ in $k[X_1, \ldots, X_n]$ die Folge von *Eliminationsidealen* zu bilden:

$$\mathfrak{a}_1 = (g_1, \ldots, g_s) = \mathfrak{a} \cap k[X_1, \ldots, X_{n-1}] \quad \text{in} \quad k[X_1, \ldots, X_{n-1}],$$

$$\mathfrak{a}_2 = \mathfrak{a} \cap k[X_1, \ldots, X_{n-2}] \quad \text{in} \quad k[X_1, \ldots, X_{n-2}], \ldots, \mathfrak{a}_n = \mathfrak{a} \cap k.$$

Praktisch kann man die Elimination z. B. nach folgenden Verfahren durchführen:

(i) *Kroneckersche Eliminationsmethode*: Entwickelt man die mit $2r$ Unbestimmten u_i, v_i gebildete >Resultante der als Polynom in x_n betrachteten Linearkombinationen $u_1 f_1 + \cdots + u_r f_r$, $v_1 f_1 + \cdots + v_r f_r$ nach Potenzprodukten der u und v, so bilden die Koeffizienten $g_\sigma(x_1, \ldots, x_{n-1})$ ein Polynomsystem der gewünschten Art.

(ii) *Hentzeltsche Eliminationsmethode*: Sind $r_1, \ldots, r_t$ die Reste von höchstens $(k-1)$-tem Grade in X_n, die sich bei Division der Polynome $X_n^\nu f_\varrho$ ($\nu = 0, \ldots, k-1$; $\varrho = 1, \ldots, r$) durch ein bez. X_n reguläres Polynom f aus $\mathfrak{a}$ vom Grade k ergeben, so bilden die k-reihigen Unterdeterminanten $g_\sigma(X_1, \ldots, X_{n-1})$ der Koeffizientenmatrix der als Linearformen in $1, X_n, \ldots, X_n^{k-1}$ aufgefaßten Polynome $r_1, \ldots, r_t$ ein Polynomsystem der verlangten Art. Durch n-malige Wiederholung des Verfahrens (sukzessive Elimination der x_j) kann man alle Lösungen von (1) bestimmen und entscheiden, ob es überhaupt lösbar ist.

Lit.: [A 6], [A 17 I], [Enz 1, 12]

elliptisch-algebraische Funktionen heißen die Elemente eines >elliptischen Funktionenkörpers.

elliptische Bewegungsgruppe >orthogonale Gruppe

elliptischer Funktionenkörper (= *elliptischer Körper*) heißt ein >algebraischer Funktionenkörper $k(x, y)$ der >Charakteristik $\neq 2$ über einem Körper k mit einer ›definierenden Gleichung $y^2 = p(x)$, wobei das Polynom $p(x)$ den Grad 3 oder 4 ohne mehrfache Nullstellen hat; er hat das Geschlecht 1.

Lit.: [K 3]
JUNG, H. W. E.: Einführung in die Theorie der algebraischen Funktionen einer Veränderlichen. De Gruyter, Berlin 1923.

elliptischer Körper = ›elliptischer Funktionenkörper

Emanante ›Aronholdscher Prozeß

Enckesche Wurzeln einer Gleichung sind die mit entgegengesetztem Vorzeichen genommenen Wurzeln dieser Gleichung.

Lit.: ENCKE, J. F.: Allgemeine Auflösung der numerischen Gleichungen. J. reine angew. Math. **22** (1841), 193–248.

Endgleichung ›Eliminante

endlich ›approximierbar

endlich erzeugbar (= **endlich erzeugt**) heißt eine universelle ›Algebra, die ein Erzeugendensystem aus endlich vielen Elementen besitzt. Ein endliches erzeugendes System läßt sich durch Streichen überflüssiger Elemente stets in ein minimales überführen.

Für e. e. ›abelsche Gruppen gilt der Basissatz.

Ein Erweiterungsring R eines Rings r heißt e. e. über r, falls R sich durch Ringadjunktion endlich vieler Elemente aus r ergibt: $R = [r, x_1, \ldots, x_n]$. Ein Erweiterungskörper K eines Körpers k heißt e. e. über k, falls K durch Körperadjunktion endlich vieler Elemente zu k entsteht: $K = (k, x_1, \ldots, x_n)$. Eine e. e. Körpererweiterung setzt sich aus einer rein transzendenten Erweiterung endlichen ›Transzendenzgrades und einer anschließenden endlich-algebraischen Erweiterung zusammen.
›R-Moduln, ›Halbgruppe

Lit.: [A 16]

endlich erzeugtes Objekt ›Generatormenge

endlich koerzeugt heißt ein ›R-Modul M, wenn jede Menge von Untermoduln A_i von M mit $\bigcap A_i = 0$ eine endliche Teilmenge mit dem Durchschnitt 0 enthält. Ein ›Vektorraum ist genau dann e. k., wenn er endliche Dimension hat.

Lit.: [R 17]

endlich präsentierter Modul ›R-Modul

endlich-algebraischer Körper ›rein algebraischer Körper

endlich-algebraischer Oberkörper ›algebraische Erweiterung

endliche Algebra ›R-Algebra

endliche Drehgruppen sind endliche Gruppen G aus N *Drehungen* um einen festen Punkt 0 des dreidimensionalen Raums mit der Hintereinanderausführung als Verknüpfung. Jede Drehung induziert eine Permutation der Punkte der Einheitssphäre S um 0 und ist durch diese eindeutig bestimmt. Indem man die Einheitssphäre als Riemannsche Zahlenkugel deutet, kann man jede Drehung somit durch eine gebrochen-lineare Substitution in einer komplexen Variablen z repräsentieren. Außer der (alle Punkte fest lassenden) *identischen Drehung* 1 — dem Einselement der e. D. — läßt jede Drehung σ genau zwei einander gegenüber liegende Punkte (die *Pole* der Drehung) auf S sowie deren Verbindungsgerade (die *Drehachse*) fest und kann als eine Drehung um diese Achse um einen (bis auf ganzzahlige Vielfache von 2π eindeutig bestimmten) *Drehwinkel* φ_σ aufgefaßt werden. Zwei Punkte heißen *konjugiert* oder *äquivalent* unter G, wenn sie durch eine Drehung aus G ineinander übergeführt werden können. Ein Punktesystem von S, das zu jedem Punkt genau einen konjugierten Punkt enthält, heißt *Diskontinuitätsbereich* von G. Die (endlich vielen) Pole der Drehungen aus G zerfallen in H *Klassen* $\mathfrak{P}_1, \ldots, \mathfrak{P}_H$ *konjugierter Pole*. Ist $\sigma \in G$ und P ein zugehöriger Pol, so ist P^τ ($\tau \in G$) konjugierter Pol für die zu σ *konjugierte Drehung* $\tau^{-1}\sigma\tau$. Alle Drehungen aus G um dieselbe Achse einschließlich 1 bilden eine zyklische Untergruppe einer Ordnung n von G, ihre beiden Pole und die Drehachse heißen dann *n-zählig*. Die Klasse $\mathfrak{P}_i$ der zu einem n_i-zähligen Pol konjugierten Pole besteht aus N/n_i Punkten; zu ihr gehören $N/2n_i$ bzw. N/n_i konjugierte Untergruppen von G, je nachdem, ob beide Pole einer solchen Untergruppe zu $\mathfrak{P}_i$ gehören oder nicht. Es ist $2\left(1 - \frac{1}{N}\right) = \sum_{i=1}^{N}\left(1 - \frac{1}{n_i}\right)$, woraus sich wegen $N \geqq n_i \geqq 2$ folgende fünf Möglichkeiten e. D. G_N ergeben:

	H	n_1	n_2	n_3	G_N	regulärer Körper	dualer Körper
I	2	N	N	0	Z_N		
IIa	3	2	2	n	D_{2n}	Dieder	
IIb	3	2	3	3	G_{12}	Tetraeder	Tetraeder
IIc	3	2	3	4	G_{24}	Oktaeder	Hexaeder
IId	3	2	3	5	G_{60}	Ikosaeder	Dodekaeder

Z_N ist die ›zyklische Gruppe der Ordnung N, erzeugt von σ mit $\varphi_\sigma = \frac{2\pi}{N}$.
D_N ist die *Diedergruppe* ($N = 2n$). Die beiden Pole von $\mathfrak{P}_3$ bestimmen eine

Drehachse, die zugehörige zyklische Untergruppe g hat den Index 2, und es ist $G = g \cup \tau g$ mit $(\tau\sigma_1)(\tau\sigma_2) = \sigma_1^{-1}\sigma_2$ $(\sigma_i \in g)$. D_4 ist zur ›Kleinschen Vierergruppe, D_6 zur ›symmetrischen Gruppe $\mathfrak{S}_3$ isomorph.

G_{12} ist die *Tetraedergruppe*. Sie kann als alternierende Gruppe der vier dreizähligen Pole einer der beiden Klassen $\mathfrak{P}_2$, $\mathfrak{P}_3$ aufgefaßt werden. In der Deutung als Gruppe linearer gebrochener Substitutionen wird sie von den beiden Substitutionen $z \mapsto \dfrac{z+\mathrm{i}}{z-\mathrm{i}}$ und $z \mapsto -z$ erzeugt.

G_{24} ist die *Oktaedergruppe* (= *Hexaeder-* oder *Würfelgruppe*). Ihre acht dreizähligen Pole zerfallen in vier Polpaare, die vier Drehachsen bestimmen; G_{24} kann als deren symmetrische Permutationsgruppe aufgefaßt werden. Bei der Deutung als Gruppe linear-gebrochener Substitutionen wird sie von den drei Substitutionen $z \mapsto \mathrm{i}z$, $z \mapsto \dfrac{z+\mathrm{i}}{z-\mathrm{i}}$ und $z \mapsto -z$ erzeugt.

G_{60} ist die *Ikosaedergruppe* (= *Dodekaedergruppe*). Ihre 30 zweizähligen Pole zerfallen in 15 Polpaare, die 15 Drehachsen bestimmen. Bleibt eine dieser Achsen bei einer Drehung $\sigma \in G_{60}$ fest (Vertauschung der beiden Pole zugelassen), so bleiben gleich alle drei Polpaare der drei Drehungen $\neq 1$ um diese Achse fest. Die 30 zweizähligen Pole zerfallen so in fünf Polsextupel, die die sechs zweizähligen Pole von fünf der Kugel einbeschriebenen Tetraedern sind; G_{60} läßt sich als alternierende Permutationsgruppe dieser fünf Tetraeder auffassen, die fünf zugehörigen Fixgruppen sind zur Tetraedergruppe isomorphe konjugierte Untergruppen von G_{60}. Diese fünf Sextupel sind auch zu den fünf dem Ikosaeder einbeschriebenen Oktaedern ähnlich. Die Ikosaedergruppe besitzt folgende eigentliche Untergruppen: 15mal Z_2, 10mal Z_3, 6mal Z_5, 5mal D_4, 10mal D_6, 6mal D_{10}, 5mal G_{12}; Untergruppen gleicher Ordnung sind stets konjugiert. Als Gruppe gebrochen-linearer Substitutionen wird G_{60} von den beiden Substitutionen $z \mapsto \varepsilon z$ und $z \mapsto \dfrac{(\varepsilon^2+\varepsilon^3)\,z+1}{z-\varepsilon^2-\varepsilon^3}$ mit $\varepsilon = \mathrm{e}^{2\pi\mathrm{i}/5}$ erzeugt.

Die in der Tabelle an erster Stelle genannten Namen der Gruppen IIa—d entsprechen den regulären Polyedern, deren Eckpunkte die Pole der 3. Klasse sind und die durch G jeweils auf sich abgebildet werden (›Symmetriegruppen). In den Fällen IIb, c, d sind die Pole der 2. Klasse die Ecken des dualen regulären Körpers. Diese Gruppen werden daher allgemein auch als *Polyedergruppen* bezeichnet.

Nimmt man zu den Drehungen von G_N noch die Diametralsymmetrie (Überführung jedes Punktes von S in den diametral gegenüber liegenden) hinzu, die durch die mit den übrigen Substitutionen der Gruppe vertauschbare Substitution $z \mapsto -1/\bar{z}$ beschrieben werden kann, so erhält man als Erzeugnis eine sog. *erweiterte D.* der Ordnung $2N$.

Die obigen (inhomogenen) gebrochen-linearen Transformationen in z lassen sich durch Einführung homogener Koordinaten z_1, z_2 mit $z = z_1/z_2$ auch durch homogene lineare Transformationen der z_i mit ganzzahligen Koeffizienten beschreiben, die durch die inhomogene Transformation bis auf den Faktor ± 1

bestimmt sind. Auf diese Weise erhält man zu jeder (inhomogenen) Polyedergruppe G_N eine sog. *binäre Polyedergruppe* oder *homogene Gruppe* H_{2N} der Ordnung $2N$. Die D_N entsprechende *binäre Diedergruppe* ist für $N = 4$ zur Quaternionengruppe isomorph. Abstrakt definieren die Erzeugenden A, B, C mit den Relationen

$A^2 = B^3 = C^3 = ABC$ die *binäre Tetraedergruppe* H_{24},
$A^2 = B^3 = C^4 = ABC$ die *binäre Oktaedergruppe* H_{48},
$A^2 = B^3 = C^5 = ABC$ die *binäre Ikosaedergruppe* H_{120}.

Bezeichnet S den aus den beiden Substitutionen $\begin{pmatrix} z_1 \\ z_2 \end{pmatrix} \mapsto \pm \begin{pmatrix} z_1 \\ z_2 \end{pmatrix}$ bestehenden Normalteiler von H_{2N}, so ist $H_{2N}/S \cong G_N$. Abgesehen von den zyklischen Untergruppen ungerader Ordnung ist S in allen Untergruppen von H_{2N} enthalten. Daher kann man genau dann aus jeder der N Restklassen von H_{2N}/S einen Vertreter so auswählen, daß ihre Gesamtheit eine (notwendig zu G_N isomorphe) Untergruppe von H_{2N} bildet, wenn G_N eine zyklische Gruppe ungerader Ordnung ist.

(*Relative*) *Invariante* (›Invariantentheorie) einer homogenen Gruppe H_{2N} heißt eine Form $g(z_1, z_2)$ über einem Körper, dem auch die Koeffizienten der Substitutionen von H_{2N} angehören, die bis auf Faktoren aus K, die sog. *Multiplikatoren* von g, bei allen Substitutionen von H_{2N} in sich übergehen. Ein zu einer Substitution der Ordnung ν gehöriger Multiplikator ist notwendig ν-te Einheitswurzel. Sind alle Multiplikatoren von g gleich 1, so heißt g *absolute Invariante*. Alle Substitutionen von H_{2N}, deren Multiplikator bez. der festen Invariante g gleich 1 ist, bilden einen Normalteiler mit zyklischer Faktorgruppe. Die Gleichung $g(z_1, z_2) = 0$ stellt genau dann ein gegenüber allen Drehungen von G_N *invariantes Punktesystem* von S dar, wenn g Invariante von H_{2N} ist. Ein Punkt von S heißt *speziell*, wenn er ein Pol von G_N ist. Eine Klasse konjugierter Punkte von S bez. G_N enthält entweder keinen speziellen Punkt von G_N und besteht dann aus N Punkten oder ist identisch mit einer Klasse $\mathfrak{P}_i$ konjugierter Pole. Eine Invariante von H_{2N} heißt *Grundform*, wenn die durch $g = 0$ dargestellten Punkte von S eine Klasse bez. G_N konjugierter Punkte bilden und der Grad von g gleich der Anzahl dieser Punkte ist. Jede Invariante von H_{2N} ist Produkt von Grundformen. Eine *Grundform* heißt *speziell*, wenn ihr Grad $< N$ ist. Den H Klassen $\mathfrak{P}_i$ entsprechend gibt es H spezielle Grundformen F_i, deren Grade und Bezeichnungen folgende Tabelle enthält.

	H	N/n_1	F_1	N/n_2	F_2	N/n_3	F_3	Anzahl spezieller Punkte
I	2	1		1				2
IIa	3	n		n		2		$2(n+1)$
IIb	3	6	t	4	Ψ	4	Φ	14
IIc	3	12	χ	8	$W = \Psi\Phi$	6	t	26
IId	3	30	J	20	H	12	f	62

In den Fällen IIb, c, d können F_2 bzw. F_1 auch (bis auf konstante Faktoren) als *Hessesche Kovariante* von F_1 bzw. als Funktionaldeterminante von F_3 und F_2 geschrieben werden. Für $F = \Phi, t, f$ verschwindet die 4. Überschiebung von F mit sich selbst: $(F, F)^4 = 0$, und umgekehrt lassen sich Φ, t, f durch diese Forderung charakterisieren. In den Fällen IIa—d heißen die F_i auch *Dieder-*, *Tetraeder-*, *Oktaeder-* bzw. *Ikosaederformen*, allgemein *Polyederformen* oder *Formen der regulären Polyeder* (von FUCHS auch *algebraische Primformen* genannt).

Für die zu Z_n gehörige *binäre zyklische Gruppe* der Ordnung $2n$ ist $F_1 = z_1$, $F_2 = z_2$. Jede nichtspezielle Grundform hat hier die Gestalt $\lambda_1 z_1^n + \lambda_2 z_2^n$, wo $\lambda_1 : \lambda_2$ ein beliebiger Parameter ist; die allgemeinste *Invariante* wird daher durch

$$z_1^\alpha z_2^\beta \prod_i (\lambda_1^{(i)} z_1^n + \lambda_2^{(i)} z_2^n)$$

gegeben, wo α, β irgendwelche positive ganze Zahlen, $\lambda_1^{(i)} : \lambda_2^{(i)}$ irgendwelche Parameter bedeuten. Bei einer *Polyedergruppe mit* $H = 3$ ist jede nichtspezielle Grundform in der Gestalt $\lambda_1 F_i^{n_i} + \lambda_2 F_k^{n_k}$ darstellbar, wo F_i, F_k irgendzwei verschiedene der Grundformen F_1, F_2, F_3 sind, zwischen denen die Identität

$$\lambda_1^{(0)} F_1^{n_1} + \lambda_2^{(0)} F_2^{n_2} + \lambda_3^{(0)} F_3^{n_3} = 0$$

besteht. Die allgemeinste Invariante ist daher

$$F_1^\alpha F_2^\beta F_3^\gamma \prod_i (\lambda_1^{(i)} F_1^{n_1} + \lambda_2^{(i)} F_2^{n_2}),$$

wo die positiven ganzen Zahlen α, β, γ und die Parameter $\lambda_1^{(i)} : \lambda_2^{(i)}$ willkürlich sind.

Bei der *binären Diedergruppe* der Ordnung $4n$, die der Diedergruppe D_{2n} zugeordnet ist, hat man

$$F_1 = \frac{z_1^n + z_2^n}{2}, \quad F_2 = \frac{z_1^n - z_2^n}{2}, \quad F_3 = z_1 z_2$$

mit der Identität $F_1^2 - F_2^2 - F_3^2 = 0$.

Bei der *binären Tetraedergruppe* wird die binäre Grundform 4. Grades $\Phi = \Phi(z_1, z_2)$ (deren Nullstellen gerade den vier Ecken eines Tetraeders entsprechen, das von vier Eckpunkten eines der Einheitskugel einbeschriebenen Würfels aufgespannt wird, von denen keine drei derselben Seite angehören) durch

$$\Phi = z_1^4 - 2i\sqrt{3}\, z_1^2 z_2^2 + z_2^4$$

gegeben. Mit den Ecken des diametral gelegenen Gegentetraeders ist die *Tetraederform*

$$\Psi = z_1^4 + 2i\sqrt{3}\, z_1^2 z_2^2 + z_2^4$$

gebildet. Die Nullstellen von $t = z_1 z_2 (z_1^4 - z_2^4)$ entsprechen den sechs zweizähligen Polen obigen Tetraeders. Jede relativinvariante Form in z_1, z_2 ist darstellbar als Produkt von t, Φ, Ψ und von Funktionen der Form $f - cg$, wo c nichtverschwindende Konstanten und f und g irgendzwei der absoluten Invarianten t^2, Φ^3, Ψ^3 vom Grade 12 bedeuten, zwischen denen die lineare Gleichung $12i\sqrt{3}\,t^2 + \Phi^3 - \Psi^3 = 0$ besteht.

Bei der binären *Oktaedergruppe* verschwindet die binäre Grundform t genau für die sechs Eckpunkte eines regulären Oktaeders. Weitere Invarianten sind hier

$$W = \Phi\Psi = z_1^8 + 14z_1^4z_2^4 + z_2^8$$

und

$$\chi = z_1^{12} - 33z_1^8z_2^4 - 33z_1^4z_2^8 + z_1^{12}.$$

Jede Form in z_1, z_2, die bez. H_{48} relativinvariant ist, kann als Produkt von t, W, χ und Ausdrücken der Form $f - cg$ dargestellt werden, wo c eine Konstante ist und f und g irgendzwei der absoluten Invarianten t^4, W^3, χ^2 vom Grade 24 sind, die der Identität $108t^4 - W^3 + \chi^2 = 0$ genügen.

Bei der *binären Ikosaedergruppe* entsprechen die Nullstellen der Grundform f den 12 Ecken eines regelmäßigen Ikosaeders, es ist

$$f = z_1z_2(z_1^5 - (\varepsilon + \varepsilon^4)^5 z_2^5)\,(z_1^5 - (\varepsilon^2 + \varepsilon^3)^5 z_2^5) = z_1z_2(z_1^{10} + 11z_1^5z_2^5 - z_2^{10}).$$

Die beiden anderen speziellen Grundformen des Ikosaeders sind

$$H = -z_1^{20} - z_2^{20} + 228(z_1^{15}z_2^5 - z_1^5z_2^{15}) - 494z_1^{10}z_2^{10},$$

$$J = z_1^{30} + z_2^{30} + 522(z_1^{25}z_2^5 - z_1^5z_2^{25}) - 10005(z_1^{20}z_2^{10} + z_1^{10}z_2^{20}).$$

Die absoluten Invarianten der *binären Polyedergruppen* lassen sich jeweils aus drei absoluten Invarianten zusammensetzen. Hierfür kann man wählen:

im Falle der *binären zyklischen Gruppe* (Ordnung $2n$) z_1z_2, z_1^{2n}, z_2^{2n} mit der Identität $(z_1z_2)^{2n} + z_1^{2n}z_2^{2n}$;

im Falle der *binären Diedergruppe* (Ordnung $4n$), n gerade: F_3^2, F_1^2, $F_1F_2F_3$ mit der Identität $(F_1F_2F_3)^2 = F_1^2F_3^2(F_1^2 - F_3^n)$; n ungerade: F_3^2, $F_1^2F_3$, F_1F_2 mit der Identität $(F_1F_2)^2\,F_3^2 = (F_1^2F_3)\,(F_1^2F_3 - F_3^{n+1})$.

Jede bez. der *binären Tetraedergruppe* invariante ganze rationale Funktion ist Polynom in den absoluten Invarianten t, W und Φ^3, zwischen denen die Identität $\Phi^3\left[12i\sqrt{3}\,t^2 + \Phi^3\right] - W^3 = 0$ besteht. Bei dem Kleinschen Formenproblem zu H_{24} sind die Werte von t, W und Φ^3 mit der letzten Gleichung verträglich vorgeschrieben und alle 24 zugehörigen Wertepaare von z_1, z_2 zu berechnen. Wegen $\Phi^6/W^3 = \Phi^3/\Psi^3$ ist $Y_1 = \Phi^6/W^3$ eine Funktion von $z = z_1/z_2$ allein, und es gilt die *Tetraedergleichung*

$$\left(z^4 - 2i\sqrt{3}\,z^2 + 1\right)^3 - Y_1\left(z^4 + 2i\sqrt{3}\,z^2 + 1\right) = 0.$$

Aus z berechnet sich z_2 nach der Gleichung $W/t = z_2^2[W/t]_{z_1=z,z_2=1}$ und z_1 aus $z_1 = zz_2$. Da Y_1 invariant bez. G_{12} ist, ist die Tetraedergleichung zugleich eine Gleichung für die 12 z-Werte des Kleinschen Formenproblems zu G_{12}. Da die Funktion $Y_2 = (z_2 - 1)^2/4z^2$ bei der aus den Substitutionen $z \mapsto \pm z$, $z \mapsto \pm \dfrac{1}{z}$ bestehenden Untergruppe von G_{12} invariant bleibt, läßt sich die Tetraedergleichung auf die Lösung dieser in z^2 quadratischen Gleichung und der reinen kubischen Gleichung für Y_2

$$\left(\frac{Y_2 - \varepsilon}{Y_2 - \varepsilon^2}\right)^3 = Y_1, \quad \varepsilon = \frac{-1 + i\sqrt{3}}{2},$$

reduzieren; das Formenproblem des Tetraeders ist also durch Radikale lösbar.

Beim Kleinschen Formenproblem für die *binäre Oktaedergruppe* sind für die absoluten Invarianten W, t^2, $t\chi$ irgendwelche mit der Gleichung $t^2(108t^4 - W^3) + (t\chi)^2 = 0$ verträgliche Werte vorgeschrieben und die zugehörigen 48 Wertepaare von z_1, z_2 gesucht. Wegen $Wt^2/t\chi = z_2^2[Wt^2/t\chi]_{z_1=z, z_2=1}$ sind $z_1 = zz_2$ und z_2 bekannt, sobald z berechnet ist. Die 24 zugehörigen z-Werte des Kleinschen Formenproblems zu G_{24} ergeben sich aus der Tetraedergleichung, falls man $Y_1 = \Phi^3/\Psi^3$ aus der quadratischen Gleichung $(-3) \cdot 144 Y_1(Y_1 - 1)^{-2} = W^3t^{-4}$ bestimmt hat. Die zugehörige explizite Gleichung für z heißt *Oktaedergleichung*. Das Formenproblem des Oktaeders ist also durch Radikale lösbar.

Im Falle der *binären Ikosaedergruppe* ist jede ganze rationale Invariante absolutinvariant und als Polynom in f, H, J darstellbar, zwischen denen die Identität $J^2 \equiv 1728f^5 - H^3$ besteht. Beim Kleinschen Formenproblem zu H_{120} sind die Werte von f, H, J mit dieser Gleichung verträglich vorgeschrieben und die 120 zulässigen Wertepaare z_1, z_2 gesucht. Da $X(z_1, z_2) = fH/J$ homogen vom Grade 2 ist, gilt $X(z_1, z_2) = z_2^2 X(z, 1)$, woraus z_2 und damit z_1 berechnet werden können, sobald die Werte von z bekannt sind. Zur Berechnung von z kann man den Wert der Invariante $Z = f^5/J^2$ als bekannt ansehen, die eine Funktion von $z = z_1/z_2$ allein ist. Ihr entspricht die nur von einem Parameter Z abhängige Gleichung 60. Grades (*Ikosaedergleichung*)

$$z^5(z^{10} + 11z^5 - 1)^5 - Z[z^{30} + 1 + 522(z^{25} - z^5) - 10005(z^{20} + z^{10})]^2 = 0;$$

sie ist irreduzibel über $\mathbb{Q}(Z, \varepsilon)$ ($\varepsilon = e^{2\pi i/5}$), und ihre 60 Wurzeln sind die Lösungen des Kleinschen Formenproblems zu G_{60}. Da die Galois-Gruppe dieser Gleichung zu G_{60} und somit zur alternierenden Gruppe $\mathfrak{A}_5$ isomorph ist, ist die Ikosaedergleichung über $\mathbb{Q}(Z, \varepsilon)$ nicht durch Radikale lösbar. Ihre Wurzeln lassen sich jedoch durch hypergeometrische Reihen oder elliptische Modulfunktionen berechnen.

Unter einer (*absoluten*) *Invariante* einer inhomogenen Gruppe G_N versteht man eine bei G_N invariante Funktion von $z = z_1/z_2$ über einem Körper K, der die Koeffizienten der Substitutionen von G_N enthält. Jede Invariante von G_N ist rationale Funktion einer einzigen Invariante, für die man bei der zyklischen Gruppe der Ordnung n einfach $(z_1/z_2)^n$ und in den übrigen Fällen $F_2^{n_2}/F_3^{n_3}$ nehmen kann.

Lit.: [D 20], [Enc IB 2], [G 5], [G 8], [G 36], [G 42].

DICKSON, L. E., BODEWIG, E.: Höhere Algebra. Teubner, Leipzig 1929.

FUCHS, L.: Die Periodicitätsmoduln der hyperelliptischen Integrale als Functionen eines Parameters aufgefasst. J. reine angew. Math. **71** (1876), 91–136.

GORDAN, P.: Über endliche Gruppen linearer Transformationen einer Veränderlichen. Math. Ann. **12** (1877), 22–46.

GORDAN, P.: Binäre Formen mit verschwindenden Kovarianten. Math. Ann. **12** (1877), 147–166.

KLEIN, F.: Vorlesungen über das Ikosaeder und die Auflösung der Gleichungen vom fünften Grade. Teubner, Leipzig 1884.

KLEIN, F.: Weitere Untersuchungen über das Ikosaeder. Math. Ann. **12** (1877), 503–560.

endliche Erweiterung >algebraische Erweiterung

endliche Gruppe (= *Gruppe von endlicher Ordnung*): ›Gruppe, die nur aus endlich vielen Elementen besteht.

Lit.: [G 5]
ASCHBACHER, M.: Finite Group Theory. Cambridge University Press, Cambridge 1986.
KURZWEIL, H.: Endliche Gruppen. Springer, Berlin 1982.
LEDERMANN, W.: Introduction to the theory of finite groups. Oliver Boyd, Edinburgh 1983.

endliche ›Körpererweiterung ›algebraische Erweiterung

endlicher Körper = ›Galois-Feld

Endlichkeitssatz der ›Invariantentheorie

Endomorphismenbereich = ›Endomorphismenring, ›Endomorphismus einer Gruppe

Endomorphismenring: Die Menge $E(M)$ der ›Endomorphismen σ, τ eines ›R-Moduls M bildet bei Erklärung der Addition gemäß $m^{\sigma+\tau} = m^\sigma + m^\tau$ und der Multiplikation gemäß $m^{\sigma\tau} = (m^\sigma)^\tau$ für $m \in M$ einen Ring mit Einselement, den (*vollen*) *E.* von M (gelegentlich auch *Homomorphismenring* genannt). Läßt man die Endomorphismen als vordere Operatoren wirken und erklärt die Multiplikation durch $(\sigma\tau)(m) = \sigma(\tau m)$, so erhält man einen zu $E(M)$ antiisomorphen Ring $E^*(M)$, der auch z. T. als E. von M bezeichnet wird. Auch Teilringe von $E(M)$ heißen *E.* oder *Ringe von Endomorphismen* von M.
Ist M R-Rechtsmodul, so induzieren die Elemente von R durch rechtsseitige Multiplikation Endomorphismen, R ist zu einem Unterring von $E(M)$ homomorph, und $E(M)$ wird ein (bei unitärem M unitärer) R-Linksmodul; im Falle eines R-Linksmoduls M gilt das entsprechende für $E^*(M)$. Ist insbesondere R kommutativ, so wird $E(M)$ assoziative ›R-Algebra mit Einselement.
Das läßt sich insbesondere anwenden auf (additiv geschriebene) ›abelsche Gruppen (die man ja als $\mathbb{Z}$-Moduln auffassen kann). Der E. einer abelschen Gruppe G, die eingeschränkte ›direkte Summe von Gruppen G_i ($i \in I$) ist, wo die Indexmenge I die Mächtigkeit $\mathfrak{m}$ besitzt, ist isomorph zum Ring aller zeilenkonvergenten $(\mathfrak{m}, \mathfrak{m})$-›Matrizen (η_{ij}), für die η_{ij} zur Homomorphismengruppe Hom (G_i, G_j) gehört. Aus der Isomorphie der E. von ›p-Gruppen folgt die Isomorphie der p-Gruppen selbst (BAER, KAPLANSKY).
›lineare Abbildung, ›Zentralisator eines Moduls.

Lit.: [A 16], [G 13]

Endomorphismenring eines Objekts ›Endomorphismus eines Objekts

Endomorphismus: 1. E. einer universellen ›Algebra $\mathfrak{A}$ ist ein Homomorphismus von $\mathfrak{A}$ in sich. Mit der Hintereinanderausführung als Verknüpfung bilden die

E. stets eine multiplikative ›Halbgruppe. Die E. eines ›R-Moduls (insbesondere einer abelschen Gruppe) oder eines Rings bilden sogar (durch Übertragung der additiven Struktur) einen Ring, den ›Endomorphismenring, diejenigen eines Halbmoduls oder einer (additiv geschriebenen) kommutativen Halbgruppe einen ›Halbring.

Ein E. eines Vektorraums (allgemeiner eines R-Moduls) V ist dasselbe wie eine ›lineare Abbildung von V in sich.

Lit.: [A 14], [U 3]

2. E. einer Gruppe (bei ZASSENHAUS: *Operator*, frühere Bezeichnung: *Automorphismus*) ist ein ›Homomorphismus der Gruppe G in sich, also auf eine ihrer Untergruppen. Ein E. σ von G heißt *normal*, wenn er mit allen inneren ›Automorphismen von G vertauschbar ist. Gehört die innere Automorphismengruppe zum ›Operatorenbereich von G, so ist jeder *zulässige E.* von G normal. Die normalen E. bilden eine Teilhalbgruppe der multiplikativen Halbgruppe aller ›E. Ein E. σ heißt *zentral*, wenn er G auf eine Untergruppe des Zentrums von G abbildet; er heißt *Zentrumsendomorphismus*, wenn für alle $g \in G$ stets $g^{-1}g^{\sigma}$ im Zentrum liegt (bei FITTING sind im Gegensatz zu ZASSENHAUS diese Bezeichnungen gerade umgekehrt). Jeder zentrale E. und jeder Zentrumsendomorphismus ist normal; jeder normale Automorphismus ist Zentrumsendomorphismus, sog. *Zentrumsautomorphismus*. Die E. einer abelschen Gruppe bilden einen Ring, den *Endomorphismenbereich* oder ›*Endomorphismenring*. Gemäß der Additions- und Multiplikationsvorschrift $g^{\sigma+\tau} = g^{\sigma}g^{\tau}$ und $g^{\sigma\tau} = (g^{\sigma})^{\tau}$ bilden die eindeutigen ›*Abbildungen* σ, τ einer nicht notwendig abelschen Gruppe G in sich einen ›Fastring, und für die *normalen Abbildungen* (d. h. die mit den inneren Automorphismen vertauschbaren) gilt $\sigma + \tau = \tau + \sigma$; daher erzeugen die normalen E. hierin einen Unterring R_G mit Einselement. Zwei E. σ, τ heißen *addierbar*, wenn $\sigma + \tau$ wieder E. ist (das bedeutet die elementweise Vertauschbarkeit von G^{σ} und G^{τ}); dann ist $\sigma + \tau = \tau + \sigma$. Für addierbare normale E. σ, τ ist $\sigma + \tau$ normal. Die zentralen E. sind zu allen E. von G addierbar, und ein E. ist genau dann zentral, wenn er zum identischen Automorphismus von G addierbar ist. Die zentralen E. bilden ein zweiseitiges Ideal $\mathfrak{K}$ von R_G, und für beliebige normale E. σ, τ gilt $\sigma^2 \equiv \sigma \bmod \mathfrak{K}$ und $\sigma\tau \equiv \tau\sigma \bmod \mathfrak{K}$.

Lit.: [G 23], [G 42], [G 39I]

FITTING, H.: Die Theorie der Automorphismenringe Abelscher Gruppen und ihr Analogon bei nicht kommutativen Gruppen. Math. Ann. **107** (1932), 514–542.
FITTING, H.: Über den Automorphismenbereich einer Gruppe. Math. Ann. **114** (1937), 84–98.
FITTING, H.: Die Gruppe der zentralen Automorphismen einer Gruppe mit Hauptreihe. Math. Ann. **114** (1937), 355–372.
FITTING, H.: Bemerkungen über den Endomorphismenbereich einer Gruppe. Math. Ann. **115** (1937), 75–79.
LÜNEBURG, H.: On the rational normal form of endomorphismus. Bibliographisches Institut, Mannheim 1987.

SHODA, K.: Über die Automorphismen einer endlichen Abelschen Gruppe. Math. Ann. **100** (1928), 674–686.
SHODA, K.: Über die charakteristischen Untergruppen einer endlichen abelschen Gruppe. Math. Z. **31** (1930), 611–624.

3. E. eines Objekts A einer ›additiven Kategorie heißt jeder Morphismus aus $[A, A]$ (›Kategorientheorie). Die E. von A bilden einen assoziativen Ring mit Einselement, den *Endomorphismenring* von A.

Lit.: [C 11]

Eneström-Kakeya, Satz von, = ›Kakeyascher Satz

Engel, Satz von, ›nilpotente Liesche Gruppe

Engel-Bedingung: Das Element a der Gruppe G heißt *links-engelsch* bzw. *rechts-engelsch,* wenn für jedes $x \in G$ in der Folge der iterierten Kommutatoren $[a, \ldots, [a, [a, x]] \ldots]$ bzw. $[\ldots [[a, x], x], \ldots, x]$ (n Beklammerungen) das Einselement e von G vorkommt. Statt rechts- oder links-engelsch sagt man auch kurz *engelsch.* Wenn jedes $a \in G$ rechts-engelsch ist, so sagt man, G genüge der E., und nennt G *Engel-Gruppe* (nach PLOTKIN auch *Nilgruppe*). Gibt es ein von a unabhängiges n, so daß stets der n-te iterierte Kommutator gleich e ist, so heißt G *engelsch von endlicher Klasse* n. Die engelschen Gruppen der Klasse n bilden eine ›Varietät. Engelsche Gruppen der Klasse 2 sind ›nilpotent von der Klasse $\leqq 3$. Jede lokal nilpotente Gruppe ist engelsch, aber nicht umgekehrt. Jede engelsche Gruppe, die die Minimalbedingung für Untergruppen erfüllt, ist lokal nilpotent.

Lit.: [G 23], [G 26II], [G 32II]

BAER, R.: Engelsche Elemente Noetherscher Gruppen. Math. Ann. **133** (1957), 256–270.
GRUENBERG, K. W.: The Engel elements of a soluble group. Illinois J. Math. **3** (1959), 151–168.
HEINEKEN, H.: Eine Bemerkung über engelsche Elemente. Arch. Math. **11** (1960), 321.

Engel-Gruppe ›Engel-Bedingung

engelsche Algebra ›engelsches Element

engelsches Element: 1. einer Gruppe ›Engel-Bedingung.

2. einer ›Lieschen Algebra (oder eines assoziativen ›Rings) L heißt ein Element x, für das die damit gebildete innere ›Derivation ad x nilpotent ist; ist sie nilpotent vom Index n, so heißt x e. E. vom Index n. Die *Algebra* heißt *engelsch,* wenn sie nur aus e. E. besteht.

Eine endlichdimensionale Liesche Algebra über einem Körper ist genau dann e., wenn sie nilpotent ist; das bedeutet, daß sich dann die Operatoren ad x bez. einer passenden Basis durch Dreiecksmatrizen mit verschwindenden Diagonalelementen darstellen lassen. Eine Liesche Algebra, die e. E. vom Index 2 besitzt, heißt ***stark ausgeartet***. Das kleinste Ideal einer Lieschen Algebra, für das die Faktoralgebra nicht stark ausgeartet ist, heißt ***Kostrikinsches Radikal***.

Lit.: [EL 1], [R 13]

engere ›**orthogonale Gruppe** = ›Drehungsgruppe

entgegengesetzte Form (*forma opposita*) zur binären ›quadratischen Form $ax^2 + bxy + cy^2$ ist die Form $ax^2 - bxy + cy^2$.

entgegengesetzte Kategorie = duale Kategorie ›Kategorientheorie

entgegengesetzte Struktur zu einer Struktur (›Algebra) R mit einer oder mehreren binären ›Operationen heißt die Struktur R^0 mit derselben unterliegenden Menge, in der zu jeder Operation $\top$ von R eine Operation $\top'$ von R^0 mit $a\top'b = b\top a$ für alle $a, b \in R$ gehört. Die Operationen von R^0 entstehen also aus denen von R durch „Spiegelung". Die e. S. zu einer Gruppe, einem Ring usw. heißt auch ***Gegengruppe, Gegenring*** usw. ›Antihomomorphismus.

Lit.: [A 16]

entgegengesetztes Element ›inverses Element

entgegengesetztes System ›Antihomomorphismus

Enthomogenisierung ›homogenes Polynomideal

epimorphe ›**Abbildung**

Epimorphismus (= *surjektiver Homomorphismus* = *Homomorphismus auf*) heißt in der klassischen ***Algebra*** oder universellen ›Algebra ein ›Homomorphismus σ einer algebraischen Struktur (z. B. Gruppe, Modul, Ring) A in eine zweite gleichartige Struktur B, der surjektiv ist, d. h., auf ganz B abbildet: $A^\sigma = B$.

In der ›***Kategorientheorie*** versteht man unter einem E. einen Morphismus α, der ***links kürzbar*** ist (bei Multiplikation von links nach rechts), d. h., für den mit weiteren Morphismen f, g aus $\alpha f = \alpha g$ stets $f = g$ folgt. Die beiden Definitionen decken sich zwar beispielsweise für die Kategorie der Mengen, die Kategorie der Gruppen, die der abelschen Gruppen und die der R-Moduln, aber schon in der Kategorie der Ringe und der der Halbgruppen ist ein surjektiver Homomorphismus zwar stets ein E., aber nicht umgekehrt. Analog ist in der Kategorie der topologischen Räume ein E. dasselbe wie eine surjektive stetige Abbildung, aber bereits in der Kategorie der Hausdorffschen Räume eine surjektive Abbildung zwar ein E., aber nicht umgekehrt. E. werden gern durch Pfeile $\twoheadrightarrow$ bezeichnet.

Lit.: [C 1], [C 7], [C 10], [U 3]

equalizer = Differenzkern >Kategorientheorie

erblich idempotent heißt ein >Ring, in dem jedes Ideal idempotent ist.

erbliches Radikal >Radikale in Ringen

Ergänzungsminor >Determinante

Ergänzungsmodul >R-Modul

Erklärungsmodul >Additivcharakter

erreichbare Untergruppe =>nachinvariante Untergruppe

erreichbares Element >Nilgruppe

Ersatzpolynom: Da jede quadratische n-reihige Matrix A über einem Körper K einer Gleichung vom Grade s über K genügt, wo s ($\leqq n$) das >Minimalpolynom von A ist (>charakteristische Gleichung einer Matrix), läßt sich jedes Polynom in A (Polynommatrix) auf ein Polynom vom Grade $\leqq s - 1$ reduzieren, das sog. E. von A. Das E. des Polynoms f kann in der Form

$$\sum_{i=1}^{n} f(\lambda_i) \prod_{k \neq i} \frac{(A - \lambda_k E)}{\lambda_i - \lambda_k}$$

geschrieben werden, wenn die Eigenwerte $\lambda_1, \ldots, \lambda_n$ von A alle verschieden sind, die Minimalgleichung also mit der charakteristischen Gleichung zusammenfällt; für mehrfache Eigenwerte ist ein entsprechender Grenzübergang vorzunehmen.

Lit.: [M 26]

Ersetzungsprinzip bzw. **-wert** >Polynom

erste hypoabelsche Gruppe >orthogonale Gruppe

erste Normalform >Jordansche Normalform

erste reguläre [Matrizen]darstellung >regulärer Darstellungsmodul

erster Struktursatz von Wedderburn-Artin >halbeinfacher Ring

Erweitern >Bruch

erweiterte Drehgruppe >endliche Drehgruppen

erweiterte Matrix >lineares Gleichungssystem

erweiterte >**orthogonale Gruppe**

Erweiterung 1. E. einer Halbgruppe A heißt allgemein eine >Halbgruppe S, die A als Unterhalbgruppe enthält. S heißt *ideale E.* von A durch eine Halbgruppe T mit Null, wenn S die Halbgruppe A als Ideal enthält und die >Reessche Faktorhalbgruppe S/A zu T isomorph ist. Hierfür ist eine Schreiersche Erweiterungstheorie entwickelt.

2. E. von Gruppen: Eine Gruppe G heißt *E. der Gruppe N durch die Gruppe F*, wenn N Normalteiler von G und die Faktorgruppe G/N isomorph zu F ist; das bedeutet, daß die Sequenz $(1) \to N \xrightarrow{\iota} G \xrightarrow{\sigma} F \to (1)$, wo ι die Inklusionsabbildung und σ der natürliche Homomorphismus auf die Faktorgruppe ist, >exakt ist.

G heißt dann auch (vor allem in der Zahlentheorie) *Aufspaltung* von F und N der *Multiplikator der Aufspaltung*, und man schreibt auch $G = F \cup N$. Sie heißt *Kommutatoraufspaltung*, wenn N in der Kommutatorgruppe von G liegt. Ist keine echte Faktorgruppe von G echte Aufspaltung von F, so heißt G *einfache Aufspaltung*. Die kleinste gemeinsame Aufspaltung zweier Gruppen F_1 und F_2 heißt ihr *relatives Produkt* und wird bezeichnet mit $F_1 \circ F_2$; insbesondere heißt $G = F_1 \circ A$ mit einer abelschen Gruppe A *abelsche Aufspaltung* (= *abelsche E.*) von F_1. $G = F_1 \cup N$ ist genau dann abelsche Aufspaltung, wenn N und die >Kommutatorgruppe G' von G den Durchschnitt 1 haben, d. h. bei endlichen Gruppen, wenn G' und F_1' isomorph sind. Die *Aufspaltung* $G = F_1 \cup N$ heißt *zentral*, wenn der Multiplikator N im Zentrum von G liegt. Zwei Gruppen F_1 und F_2 gehören zum selben *Geschlecht*, wenn sie eine gemeinsame Aufspaltung besitzen (insbesondere ihr relatives Produkt); sie sind zentrale Aufspaltungen ihrer Durchschnittsfaktorgruppe, und es gilt: $F_1' \cong (F_1 \circ F_2)' \cong F_2'$. Man sagt, die Gruppen F_1 und F_2 gehen durch *Durchkreuzung* auseinander hervor, wenn $F_1 \circ D = F_2 \circ D$ für eine gewisse Gruppe D mit $F_1 \cap D = F_2 \cap D$ ist; man spricht von *abelscher Durchkreuzung*, wenn D abelsch ist, insbesondere *direkter abelscher Durchkreuzung*, wenn $F_1 \circ D$ ein direktes Produkt ist. F_1 und F_2 heißen (*direkt*) *verwandte Gruppen*, wenn sie durch (direkte) abelsche Durchkreuzung auseinander hervorgehen. Entsprechend gehen zwei >*galoissche Körpererweiterungen* K_1/k und K_2/k durch *abelsche Durchkreuzung* auseinander hervor – gehören zur gleichen *Klasse „verwandter* Körper" –, wenn es einen über k abelschen Körper A mit $K_1A = K_2A$ und $K_1 \cap A = K_2 \cap A$ gibt.

Die E. von oben *zerfällt*, wenn es einen Homomorphismus $\tau\colon F \to G$ mit $\tau\sigma$ = identischer Automorphismus von F gibt, d. h., daß es in G ein Repräsentantensystem für F gibt, das eine Gruppe F^* bildet, für die $N \cap F^* = (1)$ und $F^* \cdot N = G$ ist. Fordert man dagegen die schwächere Bedingung, daß G

einen in N echt enthaltenen Normalteiler M besitzt, so daß bez. der induzierten Abbildungen G/M zerfallende E. von N/M durch $F \cong (G/M)/(N/M)$ ist, so heißt die E. *zerspaltend*. Jedes ›*semidirekte Produkt*, insbesondere das ›*direkte Produkt* von N und F stellt eine zerfallende E. dar; im letzteren Falle spricht man auch von einer *direkten Aufspaltung*.

Zwei derartige E. G und H heißen *äquivalent*, wenn es Isomorphismen μ und ν gibt, so daß das ›Diagramm

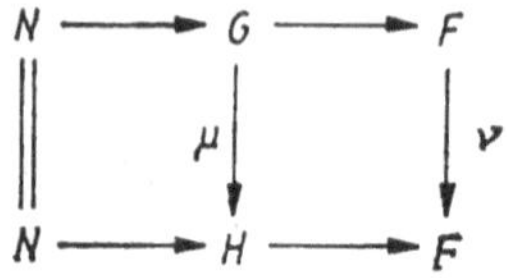

kommutativ ist. Man wählt zu jedem $\alpha \in F$ einen Repräsentanten g_α der α entsprechenden Restklasse aus G/N. g_α induziert in N einen Automorphismus $\varphi_\alpha: n \mapsto n^\alpha = g_\alpha^{-1} n g_\alpha$. Für das Produkt zweier Repräsentanten gilt $g_\alpha g_\beta = g_{\alpha\beta} c_{\alpha,\beta}$ mit $c_{\alpha,\beta} \in N$. Die $c_{\alpha,\beta}$ bilden das zu F gehörige *Faktor*[*en*]*system* in N (vgl. ›Algebrenklassen). Es heißt *abelsch*, wenn alle diese Elemente miteinander kommutieren. Die E. heißt zentral, wenn alle $c_{\alpha,\beta}$ im Zentrum von N liegen. Es gilt:

(i) $(n^\alpha)^\beta = (n^{\alpha\beta})^{c_{\alpha,\beta}} = c_{\alpha,\beta}^{-1} n^{\alpha\beta} c_{\alpha,\beta}$,

(ii) $c_{\alpha,\beta} c_{\beta,\gamma} = c_{\alpha\beta,\gamma} c_{\alpha,\beta}^{\gamma}$

(*Assoziativitätsrelationen*, die gerade ausdrücken, daß die $c_{\alpha,\beta}$ Kozyklen sind [›Kohomologie von Gruppen]).

Jedes System von Elementen $c_{\alpha,\beta} \in N$ und Automorphismen φ_α von N mit $\alpha, \beta, \ldots \in F$, das den Bedingungen (i) und (ii) genügt, bestimmt eindeutig bis auf Äquivalenz eine E. von N durch F. Zu jeder E. von N durch F gehört so ein Homomorphismus von F in die Automorphismenklassengruppe von N, die der *begleitende Homomorphismus* der E. heißt. Ist N abelsche Gruppe, so erhält man die verschiedenen zum gleichen begleitenden Homomorphismus gehörigen E. mittels der zweiten Kohomologiegruppe von F über N.

Allgemeiner sei noch Z das ›Zentrum von N. Jedes $g \in G$ induziert einen Automorphismus $n \mapsto gng^{-1}$ von N. Damit erhält man einen Homomorphismus θ, der das Diagramm

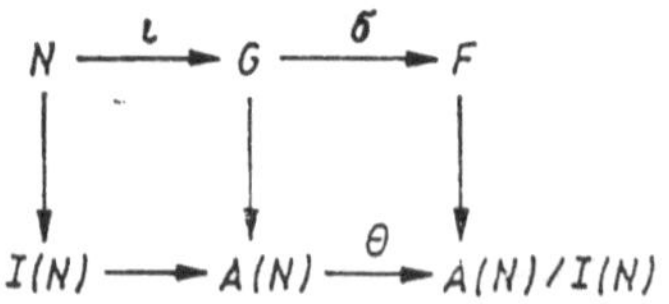

kommutativ macht, wo $I(N)$ die Gruppe der inneren Automorphismen und $A(N)$ die Automorphismengruppe von N ist. Da Z keine inneren Automorphismen hat, bekommt man analog einen Homomorphismus $F \to A(Z)$. (G, σ) heißt *E. von F zum Zentrum Z mit dem Kern* (N, θ).

Zwei derartige E. (G_1, σ_1) und (G_2, σ_2) heißen *äquivalent*, wenn es einen Isomorphismus τ gibt, dessen Einschränkung auf Z die Identität ist und der das Diagramm

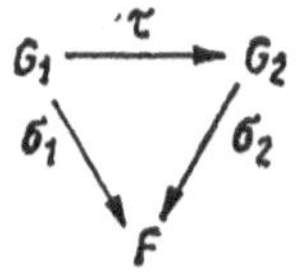

kommutativ macht. Auf den Äquivalenzklassen von E. definiert man eine Multiplikation (*Baersche Multiplikation*) wie folgt: Wir bilden das Diagramm

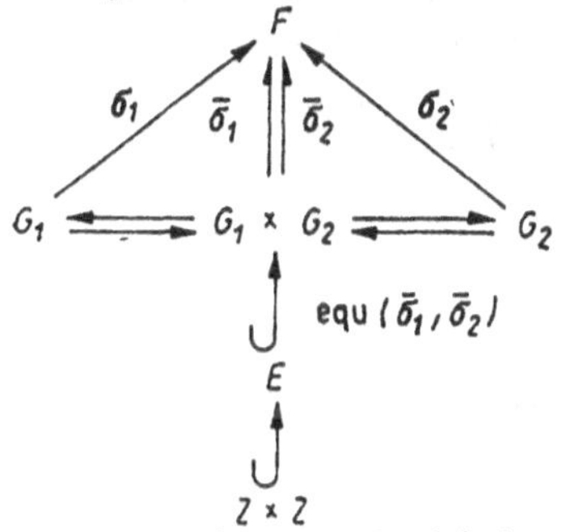

, wo die horizontalen Pfeile die zum direkten Produkt gehörigen Projektionen und Injektionen bedeuten und die $\bar{\sigma}_i$ die mit den Projektionen gebildeten Diagramme kommutativ machen, während equ den Equalizer (Differenzkern, >Kategorientheorie) bezeichnet. $\bar{Z}$ sei die Untergruppe der Paare (z, z^{-1}) von $Z \times Z$, die kanonische Abbildung $Z \times Z/\bar{Z} \to Z$ definiert durch $(z_1, z_2)\,\bar{Z} \mapsto z_1 + z_2$, $G = E/\bar{Z}$ und $\sigma\colon G \to F$ gegeben durch $[(g_1, g_2)\,\bar{Z}]^\sigma = g_1^{\sigma_1} = g_2^{\sigma_2}$. Dann heißt $(G, \sigma) = (G_1, \sigma_1) \otimes (G_2, \sigma_2)$ das Produkt (*Baersche Summe*) der (Äquivalenzklassen von) E. (G_1, σ_1) und (G_2, σ_2). Diese Äquivalenzklassen bilden auf diese Weise eine kommutative multiplikative Halbgruppe $\mathfrak{E}(F, Z)$. Im Spezialfall $N = Z$ erhält man eine abelsche Untergruppe $\mathfrak{A}(F, Z)$ hiervon mit gleichem neutralem Element, die zur 2. Kohomologiegruppe $H^2(F, Z)$ isomorph ist.

3. E. von Ringen: In Analogie zur Schreierschen Theorie der >Erweiterungen von Gruppen hat Everett das Erweiterungsproblem für Ringe gelöst, zu gegebenen Ringen T und R diejenigen Oberringe von T zu bestimmen, in denen T ein zweiseitiges Ideal ist und die Isomorphie $R \cong S/T$ besteht. Jeder solche Ring S heißt *Everettscher Erweiterungsring von T mit R*, er wird durch ein gewisses schiefes Produkt (*Everettsche Summe*) von T und R gewonnen.

4. = >Körpererweiterung

5. von erster bzw. zweiter Art ›separabel

Lit.: Zu 1.: [S 1 I], [S 4]
Zu 2.: [G 13], [G 19], [G 35], [G 42], [H 3], [H 7]
Beyl, F. R., I. Tappe: Group Extensions, Representations, and the Schur Multiplicator. LNM 958. Springer, Berlin 1982.
Fröhlich, A.: Central extensions, Galois groups and ideal class groups of number fields, Contemporary Math. 24, Amer. Math. Soc., Providence 1983.
Larmore, L. L., E. Thomas: Group extensions and twisted cohomology theories. Illinois J. Math. 17 (1973), 397–410.
Zu 3.: [A 16]

Erweiterungsideal: Sind r und R kommutative ›Ringe und ist R Oberring von r, so entspricht jedem Ideal $\mathfrak{a}$ von r ein Ideal $\mathfrak{A} = \mathfrak{a} \cdot R$ von R (das von den Elementen von $\mathfrak{a}$ in R erzeugte Ideal), das *E.* von $\mathfrak{a}$ in R; umgekehrt bestimmt jedes Ideal $\mathfrak{A}$ von R ein Ideal $\mathfrak{a} = \mathfrak{A} \cap r$ von r, das *Verengungsideal* von $\mathfrak{A}$ in r. Die Ideale $(\mathfrak{a} \cdot R) \cap r$ von r bzw. $(\mathfrak{A} \cap r) \cdot R$ in R heißen *Zurückleitungsideale*; es gilt $(\mathfrak{a} \cdot R) \cap r \supseteq \mathfrak{a}$ und $(\mathfrak{A} \cap r) \cdot R \subseteq \mathfrak{A}$.

Lit.: [R 19]

Erweiterungskörper ›Körpererweiterung

Erweiterungsring ›Ring, ›Erweiterung von Ringen

Erzeugende einer Algebra ›Geschlecht einer Algebra

Erzeugende einer Gruppe ›Erzeugende und Relationen

erzeugende Gleichung = ›definierende Gleichung

erzeugende Klasse ›Quasiidentität

erzeugende Menge = ›Generatormenge

Erzeugende und Relationen: *Erzeugendensystem* einer Gruppe G heißt eine Menge von Elementen (sog. *Erzeugenden*) g_i von G, so daß sich jedes Element von G als endliches Produkt von Elementen dieser Menge und ihren Inversen, also als endliches Produkt ganzzahliger Potenzen dieser Elemente schreiben läßt. Ein Erzeugendensystem heißt *minimal*, wenn keine echte Teilmenge hiervon Erzeugendensystem ist, gelegentlich auch *Erzeugendensystem kleinster Elementezahl*. Besitzt G ein endliches Erzeugendensystem, so heißt G *endlich erzeugbar*.

Da obige Darstellung eines Elements aus G nicht eindeutig zu sein braucht, ordnet man jedem g_i ein Symbol X_i zu und betrachtet die ›freie Gruppe F der mit den X_i gebildeten ›Wörter $R(X_i)$. Ist der Wert dieses Worts für gewisse

Elemente h_i von G (d. h. das Element von G, das man erhält, indem man die X_i durch h_i ersetzt), gleich dem Einselement e von G, so heißt die Gleichung $R(h_i) = e$ eine *Relation* zwischen den h_i. Wenn die Wörter R_j zu R. $R_j(h_i) = e$ zwischen den h_i Anlaß geben, so auch die inversen Wörter R_j^{-1}, die Transformierten $T_j^{-1}R_jT_j$ mit beliebigen Wörtern T_j und Produkte solcher Wörter. Die allgemeinste Form von Wörtern R, die mit den R_j gleichfalls zu R. $R(h_i) = 0$ (sog. *Folgerelationen* der R. $R_j(h_i) = e$) Anlaß geben, wird von endlichen Produkten der Form $R = T_{j_1}^{-1}R_{j_1}^{\varepsilon_1}T_{j_1} \dots T_{j_r}^{-1}R_{j_r}^{\varepsilon_r}T_{j_r}$ gebildet, wo die ε gleich ± 1 sind; diese bilden einen Normalteiler in F. Sind alle zwischen den Elementen eines Erzeugendensystems $\{g_i\}$ von G bestehenden R. Folgerelationen eines Systems P von R. zwischen den g_i, so heißt P ein *System definierender R.* von G in bezug auf das Erzeugendensystem der g_i. Durch das gewählte Erzeugendensystem und ein zugehöriges System definierender R. ist G eindeutig bestimmt; G ist isomorph zur Faktorgruppe F/N der freien Gruppe F nach dem aus allen R. zwischen den g_i bestehenden Normalteiler N, dem *Relationennormalteiler* von G in F (eine solche Darstellung von G als Faktorgruppe einer freien Gruppe ist natürlich nicht eindeutig bestimmt), und zwar entspringt diese Isomorphie gerade aus dem Homomorphismus von F auf G, den man dadurch erhält, daß man jedem Wort von F in den X_i seinen *Wert* in den g_i zuordnet, nach dem Homomorphiesatz. Jede Faktorgruppe von G erhält man bis auf Isomorphie durch Hinzufügen weiterer R. (*Satz von Dyck*).

Man gelangt zu allen Darstellungen einer Gruppe durch E. $a, b, c, \dots$ und R. $P, Q, R, \dots$, indem man von einer ausgeht und endlichmal folgende *Tietzesche Transformationen* (= *Tietzesche Operationen*) anwendet: (i) Hinzufügen von Wörtern $S, T, \dots$, die aus den $P, Q, R, \dots$ herleitbar sind; (ii) Streichen von R., die aus den übrigen herleitbar sind; (iii) Hinzufügen von neuen E. $x, y, \dots$ und neuen R. $x = K$, $y = M, \dots$, wo $K, M, \dots$ beliebige Wörter in den Symbolen $a, b, c, \dots$ sind; (iv) wenn gewisse definierende R. die Form $p = V$, $q = W, \dots$ haben, wo $p, q, \dots$ E. sind und $V, W, \dots$ von $p, q, \dots$ verschiedene Wörter in den E., dann Streichen von $p, q, \dots$ aus den E. und von $p = V$, $q = W, \dots$ aus den definierenden R. und Ersetzung von $p, q, \dots$ in den übrigen definierenden R. durch $V, W, \dots$

Ähnliche Aussagen gelten auch in verschiedenen ›Varietäten universeller ›Algebren. Beispielsweise ist eine Übertragung auf Halbgruppen möglich. Da es in solchen Strukturen kein neutrales Element zu geben braucht, muß man dann als R. eine Beziehung der Form $R(g_i) = T(g_i)$ bezeichnen.

›Burnsidesche Vermutungen.

Lit.: [A 13], [G 8], [G 26 I], [G 27], [G 28]
Dyck, W. v.: Gruppentheoretische Studien I, II. Math. Ann. **20** (1882), 1–45; **22** (1883), 70–108.

erzeugende Zerlegung ›Gruppoid

Erzeugendensystem ›Abhängigkeitsbeziehung, universelle ›Algebra, für Gruppe ›Erzeugende und Relationen

erzeugendes Element = ›primitives Element, im engeren Sinne ›halbeinfacher R-Modul

Erzeugnis (= *Kompositum* = *kleinstes gemeinsames Vielfaches* = *Vereinigung*) von Untergruppen einer Gruppe ist die von der Vereinigungsmenge dieser Untergruppen erzeugte Untergruppe. Im ›Verband der Untergruppen (›Untergruppenverband) definiert es die verbandstheoretische Vereinigung. Allgemeiner heißt E. einer Untermenge M einer universellen ›Algebra die von M erzeugte Unteralgebra, d. h. die kleinste M enthaltende Unteralgebra.

euklidischer Algorithmus bzw. **Betrag** ›euklidischer Ring

euklidischer Körper ist ein (nicht notwendig kommutativer) ›angeordneter Körper K, in dem jedes positive Element eine Quadratwurzel besitzt. Jeder e. K. ist ein ›pythagoräischer Körper.
Beispiel: Körper $\mathbb{R}$ mit der üblichen Ordnungsbeziehung, dagegen nicht der Körper $\mathbb{Q}$.

euklidischer Ring heißt ein nullteilerfreier kommutativer Ring R, für den es eine Abbildung (*euklidischer Betrag*) φ von $R \setminus \{0\}$ in die Menge der nichtnegativen ganzen Zahlen gibt, so daß zu beliebigen $a, b \in R$ mit $b \neq 0$ ein Element $q \in R$ (*Quotient*) existiert, so daß entweder $a = qb$ oder $\varphi(a - qb) < \varphi(b)$ ist (*Divisionsalgorithmus*). $a - qb$ heißt der *Rest* (›Division mit Rest). (Häufig wird noch $\varphi(ab) \geqq \varphi(a), \varphi(b)$ oder gar $\varphi(ab) = \varphi(a)\,\varphi(b)$ verlangt.) Man kann dann eine Folge von Elementen $a_i \in R$ bestimmen mit den Eigenschaften: $a_0 = a$, $a_1 = b$, allgemein $a_{i-1} = q_i a_i + a_{i+1}$ mit $a_{i+1} = 0$ oder $\varphi(a_{i+1}) < \varphi(a_i)$ (*Divisionsalgorithmus*, insbesondere im Falle des Ringes $\mathbb{Z}$ auch *euklidischer Algorithmus* genannt). Diese Folge bricht notwendig mit einem Element $a_n \neq 0$ ab (d. h. $a_{n+1} = 0$), und a_n ist *größter gemeinsamer* ›*Teiler* von a und b. d ergibt sich als Linearkombination der Form $d = \alpha a + \beta b$ mit $\alpha, \beta \in R$.

Ein e. R. besitzt notwendig ein Einselement und ist ›*Hauptidealring* (hierzu wird die Nullteilerfreiheit nicht benötigt) und ist daher ZPE-Ring. In e. R. gilt das *euklidische Lemma*: Sind die Ringelemente a, b *teilerfremd* (d. h., ihr größter gemeinsamer Teiler ist Einheit), so folgt aus einer Gleichung $\alpha a = \beta b$, daß a Teiler von β und b Teiler von α ist.

Beispiele für e. R. sind der Ring $\mathbb{Z}$ mit dem gewöhnlichen Betrag für φ, jeder ›Polynomring R in einer Unbestimmten über einem Körper mit $\varphi(f) = \text{Grad von } f$ $(f \in R)$ und unter den Ringen der ganzen Zahlen ›quadratischer Zahlkörper $Q(\sqrt{d})$ im Falle imaginär-quadratischer Körper genau diejenigen mit den fünf absolut-kleinsten ›Diskriminanten $d = -3, -4, -7, -8, -11$; unter den reell-quadratischen Zahlkörpern mit $d = 5, 8, 12, 13, 17, 21, 24, 28, 29, 33, 37, 41, 44, 57, 73, 76, 97$ mit dem Absolutbetrag bzw. mit dem Absolutbetrag der Norm als euklidischem Betrag φ.

Allgemeiner heißt ein nichtkommutativer nullteilerfreier Ring *links-e. R.*, wenn es eine Funktion φ (*linksseitiger euklidischer Betrag*) mit den oben angegebenen Eigenschaften gibt; oben ist dann der *linksseitige Algorithmus* erklärt. Ein solcher Ring ist notwendig *Linkshauptidealring* mit Einselement; fordert man $\varphi(ab) \geqq \varphi(a), \varphi(b)$, so sind Einheiten genau die Elemente mit minimalem φ-Wert. Das oben angegebene letzte nichtverschwindende Glied a_n ist dann *größter gemeinsamer Rechtsteiler* von a und b.

Rechtseuklidische Ringe sind analog definiert (mit umgekehrter Reihenfolge der Faktoren). Ein zugleich rechts- als auch links-e. R. heißt e. R. schlechthin. Ein Beispiel für einen nichtkommutativen e. R. ist der Polynomring in einer Unbestimmten über einem Schiefkörper.
Verallgemeinerungen siehe bei MOTZKIN.

Lit.: [A 15a], [A 16], [A 17 I], [Z 5]
MOTZKIN, TH.: The euclidean algorithm. Bull. Amer. Math. Soc. **55** (1949), 1142–1146.
WEDDERBURN, J. H. M.: Non-commutative domains of integrity. J. reine angew. Math. **167** (1932), 129–141.

Eulersche Formel >Eulerscher Fundamentalsatz

Eulersche Funktion φ >zyklische Gruppe

Eulersche Homogenitätsrelation >Eulerscher Fundamentalsatz

Eulersche Identität 1. E. I. heißt die Gleichung

$$(x_1^2 + x_2^2 + x_3^2 + x_4^2)(y_1^2 + y_2^2 + y_3^2 + y_4^2) = (x_1y_1 + x_2y_2 + x_3y_3 + x_4y_4)^2$$
$$+ (x_1y_2 - x_2y_1 + x_3y_4 - x_4y_3)^2 + (x_1y_3 - x_3y_1 + x_2y_4 - x_4y_2)^2$$
$$+ (x_1y_4 - x_4y_1 + x_2y_3 - x_3y_2)^2,$$

die beim Beweis des >Lagrangeschen Satzes eine Rolle spielt.
Verallgemeinerungen von HURWITZ.

2. E. I. = Eulersche Homogenitätsrelation >Eulerscher Fundamentalsatz

Lit.: Zu 1.: HURWITZ, A.: Über die Komposition der quadratischen Formen. Math. Ann. 88 (1923), 1–25.

Eulersche partielle Differentialgleichung >Eulerscher Fundamentalsatz

Eulerscher Fundamentalsatz besagt, daß eine >Form f p-ten Grades in $x_1, \ldots, x_n$ den partiellen Differentialgleichungen

$$\frac{p!}{(p-q)!} f = \sum \frac{q!}{\alpha! \ldots \mu!} x_{i_1} \ldots x_{i_q} \frac{\partial^q f}{\partial x_{i_1} \ldots \partial x_{i_q}} \quad (q = 1, \ldots, p)$$

(*Eulersche Homogenitätsrelationen*) genügt, wo $\alpha, \ldots, \mu$ die Anzahlen gleicher Indizes unter den $i_1, \ldots, i_q$ bezeichnen, so daß $\alpha + \cdots + \mu = q$ ist und die Summe jedes Potenzprodukt $x_{i_1} \ldots x_{i_q}$ genau einmal erfaßt. Er verallgemeinert den *Eulerschen Satz* $\sum_{i=1}^{n} x_i \frac{\partial f}{\partial x_i} = pf$ (*Eulersche Identität, Eulersche partielle Differentialgleichung, Eulersche Homogenitätsrelation*), der für beliebige Funktionen (nicht nur Formen) $f(x_1, \ldots, x_n)$ gilt, die homogen vom Grade p sind.

Eulersches Kriterium >kubischer Rest

eutaktische quadratische Form >Minimum definiter quadratischer Formen

Evektante[nprozeß] >Aronholdscher Prozeß

Everettsche Summe >Erweiterung von Ringen

Everettscher Erweiterungsring >Erweiterung von Ringen

exakte Folge = >exakte Sequenz

exakte Kategorie heißt eine normale und konormale Kategorie $\mathcal{A}$ mit Kernen und Kokernen (>Kategorientheorie), in der sich jeder Morphismus $\alpha: A \to B$ als Zusammensetzung $A \xrightarrow{q} I \xrightarrow{v} B$ eines >Epimorphismus q und eines >Monomorphismus v schreiben läßt. Mit $\mathcal{A}$ ist auch die duale Kategorie exakt. Eine normale und konormale Kategorie mit Kokernen und Differenzkernen ist exakt. In e. K. hat der Begriff der >exakten Sequenz einen Sinn.

Ein *Funktor* einer e. K. in eine e. K., der exakte Sequenzen wieder in exakte Sequenzen überführt, heißt *exakt*; er heißt *linksexakt* (*rechtsexakt*), wenn er linke (rechte) kurze exakte Sequenzen wieder in solche überführt. Wenn $\mathcal{A}$ und eine Unterkategorie $\mathcal{A}'$ von $\mathcal{A}$ als Kategorie e. sind, so heißt $\mathcal{A}'$ *exakte* Unterkategorie von $\mathcal{A}$, wenn der Inklusionsfunktor von $\mathcal{A}'$ in $\mathcal{A}$ exakt ist.

Lit.: [C 10], [C 15I]

exakte Sequenz (= *exakte Folge*) heißt in der Homologietheorie eine (nicht notwendig abbrechende) Folge von >R-Moduln (R kommutativer Ring) und Homomorphismen

$$\cdots \to A_{i-1} \xrightarrow{\alpha_{i-1}} A_i \xrightarrow{\alpha_i} A_{i+1} \xrightarrow{\alpha_{i+1}} A_{i+2} \to \cdots$$

mit der Eigenschaft, daß für alle in Frage kommenden Indizes der Kern jedes Homomorphismus gleich dem Bild des vorhergehenden Homomorphismus ist: $\operatorname{Ker}(\alpha_{i+1}) = \operatorname{Im}(\alpha_i)$. Eine e. S. ist also ein spezieller >Kettenkomplex.

Kurze e. S. heißt eine e. S. der Form

$$0 \to A \xrightarrow{\alpha} B \xrightarrow{\beta} C \to 0 \quad (0 \text{ Nullmodul}); \tag{*}$$

ohne die rechte bzw. linke Null spricht man von einer linken bzw. rechten kurzen e. S. Diese Begriffe übertragen sich auf Sequenzen von Objekten und Morphismen in ›exakten ›additiven Kategorien; der Begriff der Exaktheit ist selbstdual, d. h., die zugehörige duale Sequenz (mit Umkehrung der Pfeile) in der dualen Kategorie ist gleichfalls exakt.

Eine kurze e. S. (*) *spaltet auf*, wenn es einen Homomorphismus (Morphismus) $\beta': C \to B$ mit $\beta'\beta = \mathrm{id}_C$ gibt, wenn also β im Sinne der ›Kategorientheorie eine *Retraktion* ist. Äquivalent dazu ist jede der folgenden Eigenschaften: es gibt einen Homomorphismus $\alpha': B \to A$ mit $\alpha\alpha' = \mathrm{id}_A$ (α ist *Koretraktion*); B ist isomorph zur *direkten Summe* von A und C (zum *Koprodukt* von α und β').

Ein additiver Funktor heißt ›exakt, wenn er e. S. in e. S. überführt; die Abweichung eines Funktors von der Exaktheit wird durch die ›abgeleiteten Funktoren gemessen.

Lit.: [C 10], [H 3]

exakter Funktor ›exakte Kategorie

exaktes Dreieck bzw. **Paar** ›Spektralsequenz

Exponent einer Algebra ›Index einer zentralen einfachen Algebra

Exponent einer Gruppe ist das kleinste gemeinsame Vielfache der Ordnungen der Gruppenelemente, bei additiven Gruppen (z. B. von Ringen) auch *Charakteristik* genannt. Im Falle einer ›abelschen Gruppe ist der E. gleich dem Maximum der Ordnungen ihrer Elemente.

Lit.: [A 1], [G 42]

Exponent einer Körpererweiterung ›reduzierter Grad

Exponent einer ›Potenz

Exponent einer primen Restklasse ›Primitivwurzel

Exponent eines ›nilpotenten Elements

Exponent eines nilpotenten Rings ›Nilring

Exponent eines Polynoms ›reduzierter Grad

Exponent eines ›Primärideals

Exponentenbewertung ›Bewertung

Exponentialabbildung: G sei >Liesche Gruppe mit dem Einselement e und $\mathfrak{g}$ die zugehörige >Liesche Algebra, die aus den Tangentialvektoren X an G im Punkte e besteht. Nach den Sätzen über gewöhnliche Differentialgleichungen gibt es dann genau eine Kurve $\varphi_X(t)$ in G mit $\varphi_X(0) = e$ und $\left(\frac{d\varphi_X}{dt}\right)(t) = X(\varphi(t))$. Die durch $\exp X = \varphi_X(1)$ definierte Abbildung $\exp: \mathfrak{g} \to G$ heißt E.; sie ist eine analytische Abbildung. Ist z. B. G die >lineare Gruppe GL (n) eines reellen oder komplexen n-dimensionalen Vektorraums V und $L(V)$ die zugehörige Liesche Algebra von GL (n), so wird die E. durch die folgende Matrizen-Potenzreihe dargestellt:

$$\exp A = e^A = \sum_{n=0}^{\infty} \frac{A^n}{n!} \quad (A \in L(V)).$$

Lit.: [EL 2/3], [L 12]
DIEUDONNÉ, J.: Grundzüge der modernen Analysis, Bd 4. DVW, Berlin 1976.

Exponentialbewertung >Bewertung

Ext-Funktor >abgeleiteter Funktor

extremale quadratische Form = **Extremalform** >Minimum definiter quadratischer Formen

Exzeß einer n-reihigen quadratischen >Matrix vom Rang r ist die Differenz $n - r$.

F

Faden >Grenzgruppe

Faktor >Ketten und Reihen, >monomiale Gruppe >Normalsystem

Faktoralgebra 1. (= *Restklassenalgebra*) einer >R-Algebra A nach einem *zulässigen* (d. h. durch Multiplikation mit Elementen aus R in sich abgebildeten) zweiseitigen >*Ideal* $\mathfrak{a}$ heißt der Restklassenring $A/\mathfrak{a}$, der in natürlicher Weise als R-Algebra aufgefaßt werden kann. Die Begriffsbildungen für Restklassenringe übertragen sich. Im Falle einer Algebra mit Einselement ist die Bedingung der Zulässigkeit automatisch erfüllt. >Operatorring.

2. einer universellen >Algebra

3. einer >Booleschen Algebra

Lit.: Zu 1.: [A 10]

Faktordarstellung einer Gruppe >Darstellung einer Gruppe

Faktoren 1. und 2. Art: In der projektiven >Invariantentheorie der n-ären Formen sind invariante Bildungen aus *Größen-* oder *Symbolreihen* $a = (a_1, \ldots, a_n)$, $b = (b_1, \ldots, b_n), \ldots$, die sich wie homogene Punktkoordinaten (*kogredient*) linear transformieren, und aus *kontragredient* hierzu transformierten Reihen $\alpha' = (\alpha_1', \ldots, \alpha_n')$, $\beta' = (\beta_1', \ldots, \beta_n'), \ldots$ erstens die Linearformen (*Skalarprodukte*) $(a\alpha') = a_1\alpha_1' + \cdots + a_n\alpha_n'$ usw., die sog. *Faktoren erster Art* oder *Linearfaktoren*, und die beiden Arten von n-reihigen Determinanten $[ab \ldots m] = \det (a, b, \ldots, m), \ldots$ und $[\alpha'\beta' \ldots \mu'] = \det (\alpha', \beta', \ldots, \mu'), \ldots$, (die a usw. auf der rechten Seite als Spaltenvektoren der a_i usw. verstanden), die sog. *Faktoren zweiter Art, Klammerfaktoren* oder *Klammerausdrücke.* Jede projektive Invariante symbolisch dargestellter Formen (>symbolische Methode) läßt sich durch Produkte dieser F. ganzrational darstellen.

Lit.: [I 12]

Faktorensystem >Algebrenklassen, >Erweiterung von Gruppen, >Invariantentheorie

Faktorgruppe (= *Quotientengruppe* = *Restklassengruppe*, bei additiver Schreibweise auch *Differenzgruppe*) einer Gruppe G nach dem >Normalteiler H ist die mit G/H bezeichnete Gruppe der Restklassen gH für $g \in G$ mit der *Komplexmultiplikation* als Verknüpfung (die mit der repräsentantenweisen Multiplikation zusammenfällt). Vermöge des natürlichen Homomorphismus φ: $G \to G/H$ mit dem Kern H, der jedem Element g von G die g enthaltende Restklasse zuordnet, wird G/H homomorphes Bild von G.

Im Falle einer >*topologischen Gruppe* G wird G/H durch die Festsetzung, daß eine Teilmenge U von G/H genau dann offen ist, wenn ihr Urbild $\varphi^{-1}(U)$ in G offen ist, zu einer topologischen Gruppe, und φ wird stetige offene Abbildung. Nimmt man als H eine beliebige Untergruppe, so erhält man auf diese Weise in der Menge G/H der (etwa linksseitigen) Restklassen einen topologischen Raum, den sog. *Faktorraum* oder *Restklassenraum*, einen sog. *homogenen Raum*, und die natürliche Abbildung (*Restklassenabbildung*) von G auf G/H ist offen und stetig. G/H ist genau dann *hausdorffsch*, wenn H *abgeschlossen* in G ist (was in der Regel vorausgesetzt wird). Im Falle einer >*Lieschen Gruppe* G läßt sich G/H in natürlicher Weise als *analytische* Mannigfaltigkeit auffassen. Vgl. F. einer >Lieschen Gruppe.

Lit.: [G 26I], [G 31]

faktorieller Ring >ZPE-Satz

Faktorisation: Sind $H_1, \ldots, H_r$ paarweise vertauschbare Untergruppen der Gruppe G mit $H_i \cap H_j = \{e\}$ für $i \neq j$ und $G = H_1H_2 \ldots H_r$, so heißt G *faktorisiert in die Faktoren* H_i (englisch: *general product*).
Spezialfall: >direktes Produkt.

Faktorkomplex >Kettenkomplex

Faktormodul einer >additiven Gruppe

Faktormodul eines >R-Moduls >lineare Abbildung

Faktorobjekt >Kategorientheorie

Faktoroid >Gruppoid

Faktorraum einer topologischen Gruppe>Faktorgruppe

Faktorraum eines >Vektorraums

Faktorring >Ideal

Faktorsystem >Erweiterung von Gruppen

Faktorzerlegung >Kroneckersches Verfahren

Faltung im >Gruppenring

Faltung von >fastperiodischen Funktionen

Faltungsprodukt >Gruppenring

Faserprodukt = Pullback >Kategorientheorie

Fasersumme = Pushout >Kategorientheorie

fast: Eine Gruppe G heißt fast-e, wenn G einen Normalteiler N mit der Eigenschaft e und endlicher Faktorgruppe G/N besitzt.
Beispiele: >fast-auflösbar, fast-nilpotent, fast-polyzyklisch.

fast-Dedekindscher Ring >Dedekindscher Ring

fast-ganz-abhängig heißt ein Element α des Quotientenkörpers K eines >Integritätsbereich R, wenn es ein $\gamma \in R$ gibt, so daß $\gamma\alpha^i \in R$ für $i = 1, 2, \ldots$ gilt. *Ganz-abhängige Elemente* sind auch f. g. In noetherschen Ringen fallen die Begriffe *ganz* und *fast ganz* zusammen, in nichtspeziellen (höherrangigen, d. h. von der Krulldimension [>Dimension] > 1) >Bewertungsringen fallen sie auseinander. Die f. g. Elemente über R bilden einen Oberring von R.

Lit.: [A 181]

fast-auflösbare Gruppe heißt eine >Erweiterung einer >auflösbaren Gruppe durch eine endliche Gruppe, d. h. eine Gruppe mit auflösbarem Normalteiler und endlicher Faktorgruppe.

Lit.: BAER, R.: Gruppen mit abzählbaren Automorphismengruppen. Vandenhoeck und Ruprecht, Göttingen 1970.

Fastkörper >Fastring

Fastordnung heißt eine Untermenge $\boldsymbol{O}$ eines >Schiefkörpers S, für die gilt: (i) 0 und 1 gehören zu $\boldsymbol{O}$; (ii) $\boldsymbol{O} \cdot \boldsymbol{O} \subset \boldsymbol{O}$; (iii) zu jedem $u \in S$ gibt es ein $v \in S$ mit $v\boldsymbol{O} \subset \boldsymbol{O}u$ und $\boldsymbol{O}v \subset u\boldsymbol{O}$; (iv) es gibt ein $z \neq 0$ aus $\boldsymbol{O}$ mit $z(\boldsymbol{O} + \boldsymbol{O}) \subset \boldsymbol{O}$. Sie heißt *Vollfastordnung*, wenn außerdem für jedes $x \neq 0$ aus $\boldsymbol{O}$ entweder x oder x^{-1} in $\boldsymbol{O}$ liegt. $\boldsymbol{O}$ heißt *invariante* F. oder Vollfastordnung, wenn sie statt (iii) die schärfere Eigenschaft besitzt: (iii') für jedes $x \in S$ ist $x\boldsymbol{O} = \boldsymbol{O}x$. Die F. spielen in der Bewertungstheorie eine Rolle.

astperiodische Funktionen auf einer Gruppe G dienen dazu, die für die >Darstellungen endlicher Gruppen bekannten Sätze ohne topologische Voraussetzungen auf unendliche Gruppen zu übertragen. Eine Funktion f auf G mit Werten in $\mathbb{R}$ oder $\mathbb{C}$ heißt $f.$, wenn es zu jedem $\varepsilon > 0$ endlich viele Teilmengen A_i mit $\bigcup A_i = G$ gibt, so daß für beliebige x, y aus ein und demselben A_i und beliebige $b, c \in G$ gilt: $|f(cxd) - f(cyd)| < \varepsilon$. Mit f und g sind auch $\bar{f}$ (komplexe Konjugation), $|f|$ (Betrag), αf mit $\alpha \in \mathbb{C}$ (bzw. $\mathbb{R}$), h mit $h(x) = f(x^{-1})$, $f + g$ und fg f. F., ebenso der gleichmäßige Limes f. F. Die Matrixelemente einer beschränkten Matrizendarstellung von G sind f. F.

Zu jeder f. F. $f(x)$ existiert eine Zahl $M_x\{f(x)\}$, ihr *Mittelwert*, die durch folgende Eigenschaft eindeutig charakterisiert wird: Zu jedem $\varepsilon > 0$ gibt es Elemente $a_1, \ldots, a_n \in G$, so daß $\left| M_x\{f(x)\} - \frac{1}{n} \sum_{i=1}^{n} f(ca_i d) \right| < 2\varepsilon$ gleichmäßig in $c, d \in G$ gilt. (Wenn es klar ist, auf welche Variable sich die Mittelung bezieht, wird der Index x auch weggelassen.) Diese Mittelbildung ist *linear*: $M\{\alpha f + \beta g\} = \alpha M\{f\} + \beta M\{g\}$; *translationsinvariant*: $M_x\{f(cxd)\} = M_x\{f(x)\}$ (für beliebige $c, d \in G$); im Falle reeller f. F. *monoton*: aus $f(x) \leqq g(x)$ für alle x folgt $M\{f\} \leqq M\{g\}$; und *normiert*: $M\{1\} = 1$. Durch diese Eigenschaften (wobei im Falle der Invarianz die Rechts- oder Linkstranslationsinvarianz ausreicht) ist die Mittelwertoperation eindeutig bestimmt. Ferner ist $M\{\bar{f}\} = \overline{M\{f\}}$, $M_x\{f(x^{-1})\} = M_x\{f(x)\}$, $|M_x\{f(x)\}| \leqq M_x\{|f(x)|\}$.

Diese Eigenschaften des Mittelwerts lassen sich verwenden, um die mit Mittelung arbeitenden Sätze aus der Theorie der >Charaktere auf einer endlichen Gruppe zu verallgemeinern. Auf einer kompakten >topologischen Gruppe ist jede stetige Funktion f. Daher besitzt jede auf der kompakten Gruppe G stetige reelle Funktion f einen (eindeutig bestimmten) (*linken*) *Mittelwert*, d. h. ein $M \in \mathbb{R}$ mit der Eigenschaft, daß zu jedem $\varepsilon > 0$ endlich viele Elemente $a_1, \ldots, a_m \in G$ mit $\left| M - \frac{1}{m} \sum_{i=1}^{m} f(a_i x) \right| \leqq \varepsilon$ für alle $x \in G$ existieren.

Auf G kann man dann ein *Haarsches Maß* (rechts- und linksinvariantes Maß) μ konstruieren, indem man für beliebige offene Mengen U setzt $\mu(U) = \sup_{\substack{1 \geqq f(x) \geqq 0 \text{ in } U, \\ \text{außerhalb} = 0}} M_x\{f\}$. Der Mittelwert von f über G ist dann gleich dem analog definierten rechten Mittelwert und gleich dem zum Haarschen Maß μ mit $\mu(G) = 1$ gehörigen Integral $\int f(x)\, d\mu(x)$.

Eine nichtleere Menge N von f. F. heißt (*rechts-*) *invarianter Modul*, wenn sie linearer Raum über $\mathbb{C}$ ist und mit $f \in N$ auch g mit $g(x) = f(xc)$ in N liegt. N heißt *invarianter abgeschlossener Modul*, wenn auch der Limes jeder gleichmäßig konvergenten Folge von f. F. aus N zu N gehört. Ist φ f. F. auf G, so gehört die f. F. f zum *Summationsmodul* $\{\varphi(x)\}$, wenn es zu jedem $\varepsilon > 0$ ein $\delta = \delta(\varepsilon, f) > 0$ gibt, so daß $|f(x\tau y) - f(xy)| \leqq \varepsilon$ für alle x, y gilt, sobald nur $|\varphi(x\tau y) - \varphi(xy)| \leqq \delta$ für alle x und y ist. Das Supremum $\sup_{x,y} |\varphi(x\tau y) - \varphi(xy)| = e(\tau)$ $(\tau \in G)$ heißt *Verschiebungsfunktion* der f. F. φ, es ist selbst f. F. In einem abgeschlossenen Modul f. F. auf G läßt sich durch $(f, g) = M_x\{f(x)\,\overline{g(x)}\}$ ein *Skalarprodukt* und damit eine *Metrik* einführen.

Sind f und g f. F. auf G, so heißt die durch $(f \times g)(x) = M_y\{f(y)\, g(y^{-1}x)\} = M_y\{f(xy^{-1})\, g(y)\}$ definierte Funktion $f \times g$ die aus f und g durch *Faltung* entstandene Funktion; sie ist wieder f. Gehört f einem abgeschlossenen rechtsinvarianten Modul N f. F. an und ist g eine beliebige f. F., so liegt auch $f \times g$ in N. Es gelten die ›Distributivgesetze: $f \times (g + h) = f \times g + f \times h$, $(f + g) \times h = f \times h + g \times h$, und das ›Assoziativgesetz: $f \times (g \times h) = (f \times g) \times h$. Daher kann man anstelle des ›Gruppenrings endlicher Gruppen im Falle unendlicher Gruppen die f. F. als Elemente eines Gruppenrings nehmen.

Lit.: [D 14], [Enz 1,16]

Fastring: Ein (*Links-*) *F*. F ist eine additive, nicht notwendig abelsche Gruppe mit einem in F enthaltenen *Multiplikatorenbereich* M (dessen Elemente *Multiplikatoren* heißen), so daß für jedes $\mu \in M$ und $\alpha \in F$ eindeutig ein Produkt $\mu\alpha \in F$ erklärt ist mit: $(\mu\mu')\,\alpha = \mu(\mu'\alpha)$, $\mu(\alpha + \beta) = \mu\alpha + \mu\beta$ $(\mu, \mu' \in M$, $\alpha, \beta \in F)$. (Bei umgekehrter Reihenfolge der Multiplikation erhält man einen *Rechtsfastring*.) Einen F. bilden die Abbildungen einer (additiv geschriebenen) Gruppe in sich (›Endomorphismus einer Gruppe), ferner die Menge aller Abbildungen einer Gruppe in sich, die mit der Wirkung einer festen Halbgruppe von Endomorphismen vertauschbar sind.

Ein F. heißt *vollständig* oder *Stamm*, wenn jedes Element Multiplikator ist. Ein *Fastkörper* ist ein F. F, für den $M \setminus \{0\}$ eine Gruppe mit dem Einselement 1 bildet, so daß $1 \cdot \alpha = \alpha$ für alle $\alpha \in F$ gilt und aus $\mu\alpha = \mu'\alpha$ mit $\alpha \neq 0$ stets $\mu = \mu'$ folgt. Der *Fastkörper* heißt *vollständig*, wenn die Gruppe der Multiplikatoren aus allen Elementen $\neq 0$ besteht. Zum Beispiel ist jeder ›Schiefkörper ein vollständiger Fastkörper. Die Ordnung des Einselements 1 des Fastkörpers heißt seine *Charakteristik*; die Ordnung jedes Multiplikators $(\neq 0)$ ist gleich dieser Charakteristik.

Die multiplikative Gruppe des Multiplikatorenbereichs eines Fastkörpers F ist isomorph zu einer regulären Automorphismengruppe der additiven Gruppe von F, und umgekehrt kann man zu einer regulären Automorphismengruppe M einer Gruppe G der Ordnung $\geqq 2$ einen Fastkörper konstruieren mit der additiven Gruppe G und der multiplikativen Gruppe M. Dabei heißt ein *Automorphismus regulär,* wenn er als Permutation regulär ist (>Permutationsgruppe).

Die Menge der Abbildungen $x \mapsto ax + b$ bildet eine transitive Permutationsgruppe auf F, in der jede Permutation durch ihre Wirkung auf zwei Elemente eindeutig bestimmt ist und in der die Menge aller Permutationen, die kein Element festlassen, zusammen mit der identischen Permutation einen Normalteiler bildet, und umgekehrt läßt sich jede Permutationsgruppe mit diesen Eigenschaften in der angegebenen Weise gewinnen. Das *Holomorph* von M über G ist die Gruppe aller Permutationen $x \mapsto \mu x + \beta$ der Elemente aus F.

Ist in einem vollständigen Fastkörper die Gleichung $-ax + bx = c$ für $a \neq b$ eindeutig nach x auflösbar (was für endliche Fastkörper automatisch der Fall ist), so ist er ein assoziativer *Quasikörper* (diese werden auch häufig als [*projektive*] *Fastkörper* bezeichnet).

Jeder F. F läßt sich in die direkte Summe $F = F_0 \oplus F_e$ zerlegen, worin die Unter-F. F_0, F_e der >Varietät der F. mit der Identität $0x = 0$ bzw. $0x = x$ angehören. Ein zyklischer F-Rechtsmodul heißt *primitiv* vom *Typ* 0, wenn er einfach ist; vom Typ 1, wenn $xF = \mathrm{M}$ oder $xF = 0$ für jedes $x \in M$ gilt; und vom Typ 2, wenn er einfacher F_0-Modul ist. Ein F. F heißt vom *Typ* ν, wenn es einen >treuen einfachen F-Modul vom Typ ν gibt. Es gibt Analoga des Satzes von Artin-Wedderburn und des >Jacobsonschen Radikals. Ein F. heißt *distributiv erzeugt,* wenn seine additive Gruppe von Elementen x mit $(y + z)\, x = yx + zx$ für alle y, z aus dem F. erzeugt wird.

Anwendungen in der Theorie der >Permutationsgruppen, Blockpläne, projektiven Geometrie. Weitere Aussagen und Verallgemeinerungen in [B 6]. >Ringoid.

Lit.: [B 5], [B 6], [G 19], [G 42], [O 3]
André, J.: Projektive Ebenen über Fastkörpern. Math. Z. 62 (1955), 137–160.
Zassenhaus, H.: Über endliche Fastkörper. Abh. math. Sem. Univ. Hamburg **11** (1936), 187–220.

Fehlstand >Permutation

Ferrarische Methode (nach L. Ferrari) führt das Lösen einer Gleichung 4. Grades auf das Lösen einer kubischen und zweier quadratischer Gleichungen zurück. Nach Reduktion der allgemeinen Gleichung 4. Grades $y^4 + ay^3 + by^2 + cy + d = 0$ durch die Substitution $y = x - \frac{a}{4}$ auf die *reduzierte Form* $x^4 + px^2 + qx + r = 0$ zerlegt man deren linke Seite in $\left(x^2 + \frac{p}{2} + \alpha\right)^2 - \left[2\alpha x^2 - qx + \left(\alpha^2 + p\alpha + \frac{p^2}{4} - r\right)\right]$ und wählt den Parameter α so, daß die zweite Klammer ein vollständiges Quadrat wird. Dazu setzt man die >Diskriminante dieses quadratischen Polynoms in x gleich 0 und erhält für α die kubische Gleichung $q^2 - 4 \cdot 2\alpha\left(\alpha^2 + p\alpha + \frac{p^2}{4} - r\right) = 0$. Mit einer Wurzel α_0 erhält man die Doppelwurzel $x_0 = \frac{q}{4\alpha_0}$ des quadratischen Polynoms, wodurch die gegebene Gleichung 4. Grades in zwei quadratische Gleichungen zerfällt, deren Wurzeln die gesuchten Lösungen sind.

Lit.: [A 16]
Kurosch, A. G. (А. Г. Курош): Курс высшей алгебры, Nauka, Moskau 1975.

Festblock >Permutationsgruppe

Filter >Ideal (verbandstheoretisches)

filtrierende Gruppe >Filtrierung

Filtrierung: *Aufsteigende* (*absteigende*) *F.* auf einer Gruppe G heißt eine aufsteigende (fallende) Folge $(G_n)_{n\in\mathbb{Z}}$ von Untergruppen von G. Vermöge der Ersetzung $n \mapsto -n$ kann man sich auf absteigende F. beschränken und den Begriff F. als damit synonym ansehen. Eine Gruppe mit F. heißt *gefilterte Gruppe.*

Eine F. heißt *separiert,* wenn $\bigcap G_n$ nur aus dem Einselement besteht; *erschöpfend,* wenn $\bigcup G_n = G$ ist.

Eine F. $(R_n)_{n\in\mathbb{Z}}$ auf der additiven Gruppe eines Rings R heißt mit der Ringstruktur verträglich, wenn stets $R_m R_n \subset R_{m+n}$ und $1 \in R_0$ gilt (R_0 ist dann Unterring, $\bigcap R_n$ zweiseitiges Ideal in $B = \bigcup R_n$); R heißt dann gefilterter Ring. Häufig durchläuft n nur die natürlichen Zahlen.

Eine F. $(M_n)_{n\in\mathbb{Z}}$ auf einem Modul M über einem gefilterten Ring R heißt mit der Modulstruktur über R verträglich, wenn $R_m M_n \subset M_{m+n}$ gilt. Der R-Modul M mit dieser F. heißt dann *gefilterter Modul.*

Beispiele: (i) R graduierter Ring, $R_n = \sum_{i\geqq n} R_{(i)}$, wo $R_{(i)}$ die Untergruppe der homogenen Elemente i-ten Grades einschließlich 0 von R ist.

(ii) Jeder gefilterte Ring R induziert auf einem R-Modul M vermöge $M_n = R_n M$ die Struktur eines gefilterten Moduls.

(iii) $\mathfrak{m}$ zweiseitiges Ideal des Rings R, $R_n = \mathfrak{m}^n$ für $n \geqq 0$, $R_n = R$ für $n < 0$ gibt $\mathfrak{m}$-*adische F.* auf R (>$\mathfrak{m}$-Topologie); diese ist erschöpfend.

(iv) Triviale F. $R_n = R$ für $n \leqq 0$, $R_n = 0$ für $n > 0$.

Eine F. (G_n) auf einer Gruppe induziert auf einer Untergruppe H eine F. $(H \cap G_n)$ und, wenn H Normalteiler ist, vermöge $\left((H \cdot G_n)/H\right)$ eine F. auf der Faktorgruppe. Sind G und G' gefilterte Gruppen, so wird durch $(G_n \times G'_n)$

auf dem ›direkten Produkt $G \times G'$ eine F. gegeben, das *Produkt der F.* von G und G'. Für Restklassenringe gefilterter Ringe, Unter- und Faktormoduln gefilterter Moduln gelten analoge Aussagen.

Ist M gefilterter R-Modul, so wird durch $v(x) = \sup\{n \mid x \in R_n\}$ eine *Ordnungsfunktion* v auf M definiert mit:

$$v(x) = -\infty \Leftrightarrow x \notin \bigcup_{n \in \mathbb{Z}} M_n;$$

$$v(x) = p \Leftrightarrow x \in M_p \quad \text{und} \quad x \notin M_{p+1};$$

$$v(x) = +\infty \Leftrightarrow x \in \bigcap M_n;$$

durch v werden die M_n bestimmt. Es ist

$$v(x - y) \geqq \min\big(v(x), v(y)\big), v(ax) \geqq w(a) + v(x),$$

wo $x, y \in M$, $a \in R$ und w die Ordnungsfunktion auf R ist.

Ist G additive kommutative gefilterte Gruppe, so wird durch $\operatorname{gr}(G) = \bigoplus_{n \in \mathbb{Z}} \operatorname{gr}_n(G)$ mit $\operatorname{gr}_n(G) = G_n/G_{n+1}$ die zu der gefilterten Gruppe G gehörige graduierte Gruppe $\operatorname{gr}(G)$ bestimmt. Ist M gefilterter R-Modul, so erhält man durch repräsentantenweise Multiplikation eine Abbildung $\operatorname{gr}_p(R) \times \operatorname{gr}_q(M) \to \operatorname{gr}_{p+q}(M)$, wodurch sich $\operatorname{gr}(M)$ als graduierter Modul über dem graduierten Ring $\operatorname{gr}(R)$ ergibt.

Sind G, G' gefilterte kommutative Gruppen, so heißt ein *Homomorphismus* $h: G \to G'$ mit den F. *verträglich*, wenn stets $h(G_n) \subset G'_n$ gilt; er heißt *strikt*, wenn sogar $h(G_n) = h(G) \cap G'_n$ ist. Er induziert dann einen Homomorphismus der zugehörigen graduierten Gruppen. Entsprechende Aussagen gelten für Ringe und R-Moduln.

Wird die Gruppe G durch eine Familie von Normalteilern G_n gefiltert, so wird G dadurch zu einer ›topologischen Gruppe, daß man die G_n als Fundamentalsystem von Umgebungen des Einselements nimmt; die dadurch bestimmte *Topologie* heißt durch die F. definiert. Diese ist genau dann hausdorffsch, wenn die F. separiert ist. Ein mit den F. verträglicher Homomorphismus zwischen gefilterten Gruppen ist zugleich stetig. Diese Definition überträgt sich sinngemäß auf Ringe und R-Moduln; durch eine erschöpfende F. wird ein gefilterter Ring ein ›topologischer Ring und ein gefilterter R-Modul ein topologischer R-Modul. Die $\mathfrak{m}$-adische F. ergibt auf diese Weise die $\mathfrak{m}$-adische Topologie.

Eine Folge von Elementen x_m des gefilterten Moduls M heißt *Cauchy-Folge*, wenn zu jedem k ein N existiert, so daß $(x_n - x_m) \in R_k$ für $m, n \geqq N$ gilt. Der gefilterte R-Modul M heißt genau dann *vollständig*, wenn die F. separiert ist und jede Cauchy-Folge gegen ein Element aus M konvergiert. Eine *Vervollständigung* eines gefilterten R-Moduls M bez. einer F. (M_n) wird gegeben durch einen gefilterten R-Modul $\hat{M}$ und einen R-Homomorphismus $\varphi: M \to \hat{M}$, so daß gilt:

(i) $\hat{M}$ ist bez. der F. $(\hat{M}_n)$ vollständig;
(ii) der Homomorphismus $\varphi: M \to \hat{M}$ ist strikt;
(iii) $\varphi(M)$ ist dicht in $\hat{M}$;
(iv) $\operatorname{Ker} \varphi = \bigcap M_n$.

Eine derartige Vervollständigung erhält man stets durch Bildung des ›projektiven Limes des Diagramms

$$\cdots \to M/M_{n+1} \to M/M_n \to M/M_{n-1} \to \cdots \to M/M_1 \to M/M_0.$$

Für Ringe gelten analoge Aussagen. ›m-Topologie

Lit.: [EC 3], [R 26], [R 27]

FIM-Ring ›I-Ring

finit approximierbare Halbgruppe (= *residual endliche Halbgruppe*) heißt eine ›Halbgruppe S, für die zu je zwei verschiedenen Elementen a, b ein Homomorphismus σ in eine endliche Halbgruppe mit $a^\sigma \neq b^\sigma$ existiert. Das ist genau dann der Fall, wenn S ›subdirektes Produkt endlicher Halbgruppen ist.

Lit.: Lallement, G.: On nilpotency and residual finiteness in semigroups, Pacific J. Math. 42 (1972), 693–700.

finite Topologie ›Dichtigkeitssatz

FI-Ring ›I-Ring

Fitting-Gruppe = ›maximaler nilpotenter Normalteiler

Fittingsche Zerlegung ›Gewicht

Fittingsches Radikal = Baersches oberes ›Nilradikal, ›Radikale in Ringen, ›maximaler nilpotenter Normalteiler

Fixgruppe ›Operatorenbereich, ›Permutationsgruppe

flacher Homomorphismus ›flacher Modul

flacher Modul über R (kurz: *R-f. Modul*) heißt ein R- (Links-) Modul G, für den die Bildung des ›Tensorprodukts $? \otimes G$ ein exakter Funktor ist, also ›exakte Sequenzen wieder in solche überführt. Das ist genau dann der Fall, wenn mit einem Monomorphismus $\alpha: A \to B$ stets auch $\alpha \otimes 1: A \otimes G \to B \otimes G$ Monomorphismus ist (›reiner Untermodul). Äquivalent dazu ist jede der folgenden Aussagen: $\operatorname{Tor}_1^R(C, G) = 0$ für alle R-Rechtsmoduln C (›abgeleiteter Funktor);

G läßt sich als ›direkter Limes freier ›R-Moduln darstellen; für jedes Rechtsideal J des Rings R ist der kanonische Homomorphismus $J \otimes_R G \to JG$ ein Isomorphismus; der R-Rechtsmodul der Charaktere (›Charaktergruppe) $\operatorname{Hom}(G, \mathbb{Q}/\mathbb{Z})$ ist ›injektiv; $\operatorname{Tor}_1^R(G, R/\mathfrak{a}) = 0$ für jedes endlich erzeugte Ideal $\mathfrak{a}$ von R; $\operatorname{Tor}_1^R(G, N) = 0$ für jeden endlich erzeugten R-Modul N; wenn $a_i \in R$, $x_i \in M$ und $\sum_{i=1}^{n} a_i x_i = 0$, so gibt es eine ganze Zahl s und Elemente $b_{ij} \in R$ und $y_j \in G$ $(1 \leqq j \leqq s)$ mit $\sum_i a_i b_{ij} = 0$ für alle j und $x_i = \sum_j b_{ij} y_j$ für alle i.

›Projektive Moduln sind f. Ein $\mathbb{Z}$-Modul (d. h. eine ›abelsche Gruppe) ist genau dann f., wenn er torsionsfrei ist. Eine ›direkte Summe von Moduln ist genau dann f., wenn jeder Summand f. M. ist.

Ein Ringhomomorphismus $\varphi\colon A \to B$ heißt *flacher Homomorphismus*, wenn B, über φ als A-Modul aufgefaßt, ein f. M. ist. Unter dieser Voraussetzung ist ein f. B-Modul auch f. M. über A.

Ist $\varphi\colon A \to B$ Ringhomomorphismus und M f. M. über A, so ist das Tensorprodukt $M \otimes_A B$ ein f. M. über B. Ist S multiplikatives System eines Ringes A, so ist die Lokalisierung (›Quotientenring) $S^{-1}A$ f. über A.

Ist $\varphi\colon A \to B$ flacher Ringhomomorphismus und sind M und N A-Moduln, so ist $\operatorname{Tor}_i^A(M, N) \otimes_A B = \operatorname{Tor}_i^B(M_{(B)}, N_{(B)})$, wo $M_{(B)}$, $N_{(B)}$ die vermöge φ als B-Moduln aufgefaßten Moduln M, N sind. Ist A noethersch und M endlich erzeugter Modul über A, so gilt auch $\operatorname{Ext}_A^i(M, N) \otimes_A B = \operatorname{Ext}_B^i(M_{(B)}, N_{(B)})$.

Flache R-Rechtsmoduln werden analog mit Vertauschung von rechts und links definiert; im Falle kommutativer Ringe kommt es auf rechts und links nicht an.

Lit.: [EC 1], [H 3], [R 17], [R 21], [R 24]
HERZOG, B.: Homologische Eigenschaften lokaler Erweiterungen und das Verhalten der Hilbertfunktion. Diss. A, Karl-Marx-Universität Leipzig 1979.

flexible Algebra ›potenz-assoziativ

Folgerelation ›Erzeugende und Relationen

Forderungsgleichung ›algebraische ›Gleichung

Form 1. (auch: *algebraische F.*, früher auch *Quantik*) p-ten Grades heißt ein homogenes ›Polynom $f(x_1, \ldots, x_n) \neq 0$ vom Grade p in n unabhängigen Unbestimmten $x_1, \ldots, x_n$ mit Koeffizienten aus einem kommutativen Ring mit Einselement (insbesondere einem Körper) K, also eine Linearkombination mit Koeffizienten aus K von Produkten der x_i mit gleicher Exponentensumme p. Bei $p = 1, 2, 3, 4$ spricht man auch von einer *Linearform, quadratischen, kubischen* bzw. *biquadratischen F.*, (= *Quartik*); bei $n = 2, 3, 4$ von einer *binären, ternären* bzw. *quaternären F.*, allgemein von einer *n-ären F.* Äquivalent dazu ist die Forderung, daß für das Polynom f mit einer neuen Unbestimmten λ gilt $g(\lambda x_1, \ldots, \lambda x_n) = \lambda^p f(x_1, \ldots, x_n)$ (im Falle eines unendlichen Körpers K genügt es statt dessen auch, diese Gleichung für beliebige Elemente λ aus K zu fordern). F. genügen dem >Eulerschen [Fundamental-] Satz.

In der Darstellung einer F. p-ten Grades f in der Gestalt $f = \sum a_{i_1 \dots i_p} x_{i_1} \dots x_{i_p}$ sind die Koeffizienten $a_{i_1 \dots i_p} \in K$ i. allg. nicht eindeutig durch f bestimmt, werden es aber, wenn man die Symmetriebedingung $a_{i_{\pi(1)} \dots i_{\pi(p)}} = a_{i_1 \dots i_p}$ für alle Permutationen π von $(1, \dots, p)$ hinzunimmt. Das ist o. B. d. A. möglich, wenn $p!$ Einheit in K ist; man kann dann schreiben $f = \sum \frac{p!}{\alpha! \dots \mu!} a_{i_1 \dots i_p} x_{i_1} \dots x_{i_p}$, wo $\alpha, \dots, \mu$ die Anzahlen gleicher Indizes unter den $i_1, \dots, i_p$ sind und also $\alpha + \cdots + \mu = p$ ist. Denselben Ausdruck erhält man, wenn man die p-te Potenz der n-ären Linearform $(ax) = a_1 x_1 + \cdots + a_n x_n$ bildet:

$$(ax)^p = \sum \frac{p!}{\alpha! \dots \mu!} a_{i_1} \dots a_{i_p} x_{i_1} \dots x_{i_p},$$

und dann $a_{i_1 \dots i_p}$ anstelle von $a_{i_1} \dots a_{i_p}$ schreibt (>symbolische Methode).

Ein Polynom f in q ($\geqq 2$) Reihen $x_1, \dots, x_n$; $y_1, \dots, y_l$; ... von unabhängigen Unbestimmten, das in jeder davon für sich homogen ist, heißt *allseitig-homogen*; ist es in den q Reihen sogar linear und homogen, so heißt es *q-fach lineare F.* oder *Multilinearform*, bei $q = 2$ insbesondere *Bilinearform*, bei $p = 3$ *Trilinearform* (>bilineare Abbildung).

Eine p-fach lineare F. $g(x, \dots, z) = \sum \alpha_{i_1 \dots i_p} x_{i_1} \dots z_{i_p}$ heißt *symmetrisch*, wenn die durch g eindeutig bestimmten Koeffizienten α symmetrisch in ihren p Indizes sind. Zu jeder n-ären F. $f(x_1, \dots, x_n)$ p-ten Grades mit Koeffizienten aus einem Körper, dessen >Charakteristik $p!$ nicht teilt, existiert genau eine symmetrische p-fach lineare Form in $x, \dots, z$, die durch die Ersetzung $x = \cdots = z$ in f übergeht.

Eine p-fach lineare F. g heißt *schiefsymmetrisch* (*schiefsymmetrische Multilinearform*), wenn für ihre Koeffizienten gilt $\alpha_{i_{\pi(1)} \dots i_{\pi(p)}} = \chi(\pi)\, \alpha_{i_1 \dots i_p}$, wobei π eine beliebige Permutation von $(1, \dots, p)$ mit dem Charakter $\chi(\pi)$ ist; sie heißt *alternierend* (*alternierende F.*), wenn außerdem $\alpha_{i_1 \dots i_p}$ verschwindet, sobald zwei Indizes übereinstimmen. Im Falle eines Körpers K der Charakteristik $\neq 2$ ist eine schiefsymmetrische Form stets alternierend.

In der >Invariantentheorie betrachtet man allgemeiner auch F. in mehreren Reihen von Unbestimmten, die in diesen von verschiedenem Grad sein können. Zwei derartige F. heißen *gleichartig*, wenn es sich um F. in denselben Variablenreihen handelt und ihre jeweiligen Grade gleich sind.

Zwei n-äre F. mit Koeffizienten aus einem Körper der Charakteristik 0 heißen *äquivalent*, wenn die eine durch eine homogene lineare Transformation der Variablen in die andere übergeführt werden kann. Notwendig und hinreichend für die Äquivalenz zweier Formen f und g ist, daß sie dieselben absoluten Invarianten besitzen und daß für sie dieselben Komitanten identisch verschwinden (Gram). >bilineare Abbildung.

2. m-Form > äußere Potenz

Lit.: Clebsch, A.: Theorie der binären algebraischen Formen. Teubner, Leipzig 1872.

Bruno, Faà di, Th. Walter: Einleitung in die Theorie der binären Formen. Teubner, Leipzig 1881.
Elliot, E. B.: An Introduction to the algebra of quantics. Oxford 1895.
Gram, J. P.: Sur quelques théorèmes fondamentaux d'algèbre moderne. Math. Ann. 7 (1874), 230–240.
Meyer, W. Fr.: Allgemeine Formen- und Invariantentheorie, I. Binäre Formen. Göschen, Leipzig 1909.
Study, E.: Methoden zur Theorie der ternären Formen. Teubner, Leipzig 1889.

Form des regulären Polyeders >endliche Drehgruppen

forma opposita = >entgegengesetzte Form

formale Laurent-Reihe >Potenzreihenkörper

formale Potenzreihe >Polynom

formal-komplex heißt ein Körper K, auf dem ein involutorischer Antiautomorphismus $x \mapsto \bar{x}$ erklärt ist, so daß aus einer Gleichung $\sum_{i=1}^{m} x_i\bar{x}_i = 0$ mit $x_i \in K$ stets $x_1 = \cdots = x_m = 0$ folgt. Bezeichnet K_0 den Körper der $x \in K$ mit $\bar{x} = x$ und ist $K \neq K_0$, so gibt es ein $\vartheta \in K$, so daß jedes Element von K die Form $a + b\vartheta$ mit $a, b \in K_0$ hat. K ist dann genau dann f., wenn K_0 >formal-reell und ϑ^2 in K_0 keine Quadratsumme ist.

Lit.: [Enz 1,7]

formal-reell heißt ein Ring, wenn sein *positiver Kern* (d. h. der von der Menge von Produkten, deren Faktoren sich zu Paaren gleicher Elemente zusammenfassen lassen, erzeugte Halbring) das Element 0 nicht enthält; dann ist auch jeder Unterring f. Ein vom Nullring verschiedener Ring ist genau dann *anordnungsfähig* (>angeordneter Ring), wenn er f. ist (*Satz von Johnson*). Jeder nullteilerfreie Everettsche Erweiterungsring eines f. Ringes ist f. Ein >Schiefkörper ist genau dann f., wenn sich -1 nicht als Summe von Elementen der Form $\alpha_1^2 \ldots \alpha_k^2$ schreiben läßt (*Satz von Szele*); ein Körper ist genau dann f., wenn sich -1 nicht als Summe von Quadraten schreiben läßt (*Satz von Artin-Schreier*), er hat notwendig die Charakteristik 0. Ist K f. und keine echte algebraische Erweiterung des Körpers K f., so heißt K *reell-abgeschlossen*. Ein reell-abgeschlossener Körper kann auf genau eine Weise angeordnet werden.

Lit.: [A 16], [A 17 I], [O 3]
Prestel, A.: Lectures on formally real fields. LNM 1093. Springer, Berlin 1984.

Formenbüschel >Matrizenschar

Formenideal = >homogenes Polynomideal

Formenproblem >Invariantentheorie, (Kleinsches) F. >endliche Drehgruppen

Formenring = >homogener Ring

Formenring eines Ideals: Ist R kommutativer Ring mit Einselement und $\mathfrak{m}$ Ideal in R mit $\bigcap_n \mathfrak{m}^n = (0)$, so lassen sich die Faktorgruppen $\mathfrak{m}^n/\mathfrak{m}^{n+1}$ als $R/\mathfrak{m}$-Moduln auffassen. Zu jedem $a \neq 0$ aus R gehört ein Exponent s mit $a \in \mathfrak{m}^s$, $\notin \mathfrak{m}^{s+1}$; die Restklasse von a in $\mathfrak{m}^s/\mathfrak{m}^{s+1}$ heißt dann die *Anfangsform* von a. *Nullform* heißt jede Anfangsform des Nullelements. Ein >lokaler Ring R mit dem maximalen Ideal $\mathfrak{m}$ hat genau dann nur die Nullform 0, wenn er *regulär* ist.

Die >direkte Summe $F(\mathfrak{m}) = \bigoplus_{n=0}^{\infty} \mathfrak{m}^n/\mathfrak{m}^{n+1}$ ist ein graduierter kommutativer Ring (>graduierter Modul), der F. von $\mathfrak{m}$ oder der $\mathfrak{m}$ zugeordnete *graduierte Ring*. Ist $\mathfrak{a}$ Ideal von R mit $\bigcap (\mathfrak{a} + \mathfrak{m}^n) = \mathfrak{a}$, so heißt das von den Anfangsformen der Elemente von $\mathfrak{a}$ in $F(\mathfrak{m})$ erzeugte Ideal $\bar{\mathfrak{a}}$ das *Leitideal* von $\mathfrak{a}$ in $F(\mathfrak{m})$. Wichtigste Spezialfälle: R ist lokaler oder semilokaler Ring mit dem maximalen Ideal $\mathfrak{m}$.

Lit.: [A 6]
KRULL, W.: Dimensionstheorie in Stellenringen. J. reine angew. Math. **179** (1938), 204–226.

Formensippe >ähnliche quadratische Formen

Fourier, Theorem von, >Budan-Fouriersche Regel

Frattini-Gruppe (= *Φ-Untergruppe* = *Frattinische Untergruppe* = *Hauptgruppe*) einer (Operator-) Gruppe G ist der Durchschnitt aller maximalen Untergruppen von G, falls solche existieren, anderenfalls G selbst. Die F. ist >charakteristische Untergruppe von G. Sie besteht aus allen *Nichterzeugenden* der Gruppe G, d. h. denjenigen Elementen, die in jedem Erzeugendensystem entbehrlich sind. Die F. einer endlichen Gruppe ist >nilpotent. Die F. einer >nilpotenten Gruppe enthält die >Kommutatorgruppe; eine endliche Gruppe ist sogar genau dann nilpotent, wenn ihre Kommutatorgruppe in ihrer F. enthalten ist.

Lit.: [G 19], [G 26 II], [G 35]

***F*-regulär** >Brown-McCoysches Radikal

frei >lineare Abhängigkeit

freie abelsche Gruppe >freie Gruppe

freie (universelle) Algebra >Varietät

freie assoziative *R*-Algebra mit einer *Menge X freier Erzeugender* (= *freies Erzeugendensystem*) und einer Abbildung $i: X \to A$ heißt eine von X^i erzeugte Algebra $A = R\langle X\rangle$ mit der universellen Abbildungseigenschaft, daß sich jede Abbildung θ von X in eine andere R-Algebra B durch einen eindeutig bestimmten Homomorphismus $\theta': A \to B$ über i faktorisieren läßt:

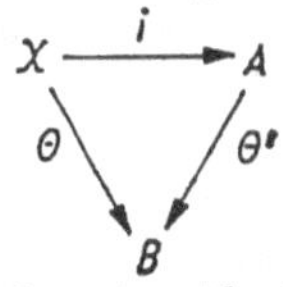

ist ein kommutatives Diagramm. Diese bis auf Isomorphie bestimmte Algebra ist f. A. in der >Varietät der (assoziativen) R-Algebren. A kann als Halbgruppenring über der freien Halbgruppe S_X auf der Menge X gewonnen werden (Polynomalgebra über R mit den Elementen aus X als nichtkommutierende Unbestimmte). Der wichtigste Fall ist der, daß R Körper ist; dann gilt:

(i) A ist in einen Schiefkörper einbettbar (*Satz von Malzew-Neumann*).

(ii) A gestattet einen *schwachen Divisionsalgorithmus*, d. h., wenn d den Grad des jeweiligen Polynoms bezeichnet, so folgt aus $d\left(\sum_{i=1}^{n} a_i b_i\right) < \max_i \{d(a_i) + d(b_i)\}$ mit $a_i, b_i \in A$, alle $a_i \neq 0$, $d(a_1) \leqq \cdots \leqq d(a_n)$ die Existenz einer ganzen Zahl r mit $1 < r \leqq n$ und von Elementen $c_1, \ldots, c_{r-1}$ mit $d\left(a_r - \sum_{i=1}^{r-1} a_i c_i\right) < d(a_r)$ und $d(a_i) + d(c_i) \leqq d(a_r)$ $(1 \leqq i \leqq r-1)$.

(iii) A ist linker (rechter) Ring *freier Ideale*, d. h., jedes Links- bzw. Rechtsideal von A ist freier Modul eines eindeutig bestimmten Ranges.

(iv) Der >Zentralisator jedes nicht in R gelegenen Elements ist zur Polynomalalgebra in einer Unbestimmten über R isomorph (*Satz von Bergmann*).

Lit.: [R 10], [R 32], [U 2]
BERGMANN, G. M.: Commuting elements in free algebras and related topics in ring theory. Thesis, Harvard University 1967.

freie Auflösung >projektive Auflösung, >Syzygie

freie Erzeugende >freie assoziative R-Algebra, >freie Gruppe, >freie Halbgruppe

freie Gruppe (= *Wortgruppe*): Gruppe, die in der Klasse aller Gruppen im Sinne der universellen >Algebra frei ist; das bedeutet, daß es in G eine Untermenge M gibt, so daß sich jedes Element von G in eindeutiger Weise als Produkt endlich vieler Elemente aus M und ihrer Inversen schreiben läßt, wobei kein Element aus M neben seinem Inversen steht (das Einselement e wird durch das „leere Produkt" dargestellt (>Wort). M heißt dann *freies Erzeugendensystem*, seine Elemente *freie Erzeugende* von G. Die Kardinalzahl von M ist durch G eindeutig bestimmt und heißt *Rang* von G. G ist genau dann frei, wenn es >freies Produkt unendlicher zyklischer Gruppen ist. Jede von der

Einsuntergruppe verschiedene Untergruppe einer f. G. ist frei (*Satz von Nielsen-Schreier* = *Satz von Schreier-Nielsen*). Jede Gruppe ist zu einer Faktorgruppe einer f. G. isomorph, jede Gruppe mit n Erzeugenden ist isomorph zu einer Faktorgruppe der f. G. vom Rang n.

Von SCHREIER und NIELSEN stammen Methoden zur Untersuchung der Untergruppen f. G. und freier Erzeugendensysteme. Im Falle einer f. G. endlichen Ranges kann man von jedem freien Erzeugendensystem zu jedem anderen durch aufeinanderfolgende Anwendungen folgender sog. *Nielsenscher Transformationen* gelangen (*Satz von Nielsen*): (i) Vertauschung zweier Elemente, (ii) Ersetzung eines Elements a_i hieraus durch a_i^{-1}, (iii) Ersetzung eines der a_i durch $a_i a_j$ mit $j \neq i$.

Freie abelsche Gruppe heißt eine f. G. in der >Varietät aller abelschen Gruppen. Das sind genau die >direkten Summen (endlich oder unendlich vieler) unendlicher zyklischer Gruppen. Deren Erzeugende bilden dann ein System freier Erzeugender (= *Basis*), >Basis einer abelschen Gruppe. Seine Mächtigkeit ist gleich dem *Prüferschen Rang*, dessen Gleichheit für die Isomorphie freier abelscher Gruppen notwendig und hinreichend ist. Eine abelsche Gruppe ist genau dann frei, wenn sie eine aufsteigende Reihe von Untergruppen besitzt, deren Faktoren zu einer unendlichen zyklischen Gruppe isomorph sind.

Allgemeiner kann man auch in anderen Varietäten von Gruppen f. G. betrachten.

Lit.: [G 13], [G 19], [G 26 I], [G 27], [G 28], [G 30]

freie Halbgruppe über einem *Alphabet* X heißt eine >Halbgruppe, deren Elemente alle endlichen Folgen (>Wörter) von Elementen aus X sind und bei der die Multiplikation durch Hintereinanderschreiben erfolgt. Sie stellt eine freie universelle >Algebra in der >Varietät aller Halbgruppen dar; X bildet ein *System freier Erzeugender*, die Mächtigkeit von X ist der *Rang* der f. H. Nimmt man noch das leere Wort als Einselement hinzu, so erhält man ein *freies Monoid*.

Eine Halbgruppe S ist genau dann f. H., wenn eine der äquivalenten Bedingungen gilt: (i) S besitzt ein Erzeugendensystem X, so daß sich jedes Element aus S eindeutig als Produkt von Elementen aus X darstellen läßt; (ii) S genügt beiden Kürzungsregeln, besitzt keine Idempotente, jedes seiner Elemente hat nur endlich viele >Teiler, und für $u, v, u', v' \in S$ folgt aus $uv = u'v'$, daß $u = u'$ oder eines der Elemente u, u' Teiler des anderen ist.

Lit.: [S 1 I]
EILENBERG, S.: Automata, languages and machines, Vol. A, B. Academic Press, New York 1974, 1976.

freier Faktor >freies Produkt (von Gruppen)

freier *R*-Modul heißt ein (unitärer) >R-Modul (etwa R-Linksmodul) F, der ein *freies Erzeugendensystem* (*Basis*) über R besitzt, d. h. eine Menge B, so daß jedes Element $a \in M$ eindeutig als endliche Linearkombination $a = \sum a_e e$ von Elementen $e \in B$ mit Koeffizienten a_e aus R (also $a_e \neq 0$ nur für endlich viele $e \in B$) darstellbar ist. (Im Falle eines R-Rechtsmoduls ist die Reihenfolge der Multiplikation umzukehren.) Gleichbedeutend damit ist, daß F ›direkte (Modul-) Summe von (endlich oder unendlich vielen) Exemplaren des Ringes R ist.

Da die in diesem Falle erklärte ›lineare Abhängigkeit, wenn R nicht Körper ist, nicht den Abhängigkeitsaxiomen (›Abhängigkeitsbeziehung) genügt, brauchen auch nicht alle Basen aus derselben Anzahl von Elementen zu bestehen. Verallgemeinerung: ›projektiver Modul.

Ein f. R-M. über einem Schiefkörper R ist dasselbe wie ein ›Vektorraum.

Lit.: [H 3], [R 17]

freies Erzeugendensystem ›freie Algebra, ›freie Gruppe, ›freie Halbgruppe, freier R-Modul

freies Gruppoid heißt die freie (universelle) ›Algebra in der ›Varietät der ›Gruppoide. Das f. G. über einer Menge X besteht wie die ›freie Halbgruppe über dem Alphabet X aus allen Wörtern über X, wobei aber zwischen verschiedenen Beklammerungen zu unterscheiden ist.

freies Ideal ›freie assoziative R-Algebra

freies Monoid ›freie Halbgruppe

freies Objekt ›Generatormenge

freies Produkt: 1. von Gruppen: F. P. ihrer Untergruppen $G_\alpha \neq E$ $(\alpha \in I)$ heißt eine Gruppe G, in Zeichen $G = \prod^*_{\alpha \in I} G_\alpha$, wenn (i) G ›Erzeugnis der Untergruppen G_α ist und (ii) jedes $g \in G$ genau eine Darstellung $g = a_1 a_2 \dots a_n$ mit $a_i \in G_{\alpha_i}$ besitzt, wobei alle $a_i \neq e$ sind und keine zwei Elemente aus derselben Untergruppe nebeneinander stehen (das Einselement e wird durch das „leere" Produkt dargestellt). Die G_α heißen *freie Faktoren*. In der Sprache der ›Kategorientheorie ist das f. P. das *Koprodukt* der G_α (genauer: der Inklusionsabbildungen u_α der G_α in G).

Im Falle endlich vieler Untergruppen $G_1, \dots, G_k$ schreibt man das f. P. auch $G = G_1 * G_2 * \dots * G_k$. Analog wie beim externen ›direkten Produkt kann man auch zu beliebig vorgegebenen abstrakten Gruppen G_α ein f. P. G konstruieren. Sind alle G_α unendliche ›zyklische Gruppen, so ist das f. P. G eine ›*freie Gruppe*, und man erhält ein *freies Erzeugendensystem* von G, indem man aus jeder G_α eine Erzeugende herausgreift; die Kardinalzahl von I ist der *Rang* von G.

Jede Untergruppe eines f. P. von Gruppen G_α ist f. P. einer freien Gruppe und von Gruppen, die zu Untergruppen der G_α konjugiert sind (KUROSCH).

Allgemeiner heißt G *verallgemeinertes* f. P. der G_α mit den Durchschnitten $H_{\alpha\beta} = G_\alpha \cap G_\beta$, wenn (i) G Erzeugnis der G_α und (ii) G die „freieste" Gruppe ist, die von den G_α mit den Durchschnitten $H_{\alpha\beta}$ erzeugt werden kann, d. h., zu jeder Gruppe G' und jedem System von Homomorphismen u_α von G_α in G', die auf $H_{\alpha\beta}$ übereinstimmen, ein Homomorphismus γ von G in G' existiert, der auf G_α mit u_α zusammenfällt. Das verallgemeinerte f. P. ist durch das System der G_α und ihrer Durchschnitte, das sog. *Amalgam* der G_α, eindeutig bestimmt. Das verallgemeinerte f. P. braucht nicht zu existieren, sind jedoch alle $H_{\alpha\beta}$ für $\alpha \neq \beta$ gleich ($= H$), so existiert es stets und heißt *f. P.* der G_α *mit vereinigter Untergruppe* H. Für $H = \{e\}$ erhält man das gewöhnliche f. P.

2. von ›Größen für eine Gruppe

3. von Λ-Ringen: Ein ›Λ-Ring im engeren Sinne heißt f. P. der Λ-Ringe im engeren Sinne R_i ($i \in I$), wenn die R_i ein System von Untermengen von R mit folgenden Eigenschaften bilden (COHN): $R_i \cap R_j = \Lambda$ für $i \neq j$; wenn X_i Erzeugendensystem von R_i ist, so ist $\bigcup_{i \in I} X_i$ Erzeugendensystem von R; wenn C_i ein System auf X_i erklärter definierender Relationen für R_i ist, so ist $\bigcup_{i \in I} C_i$ ein System definierender Relationen für R.

Wenn das f. P. von gegebenen Λ-Ringen existiert, so ist es zu dem universalen Produkt dieser Λ-Ringe isomorph und ist daher bis auf Isomorphie eindeutig bestimmt. Dem f. P. von Λ-Ringen entspricht in der Gruppentheorie das f. P. von Gruppen mit vereinigter Untergruppe H (die dabei dem Unterring Λ entspricht). Das f. P. von Λ-Ringen existiert sicher dann, wenn Λ ein regulärer Ring (insbesondere etwa ein ›Schiefkörper) ist. Es existiert nicht, falls für Λ der ›Polynomring in einer Unbestimmten über einem Körper genommen wird.

4. von universellen Algebren: F. P. von universellen Algebren $\mathfrak{A}_i$ in einer Klasse K von ›Algebren heißt eine Algebra $\mathfrak{A}$ zusammen mit Monomorphismen u_i von $\mathfrak{A}_i$ in $\mathfrak{A}$, die von den Bildern der $\mathfrak{A}_i$ bei den u_i erzeugt wird und die universelle Eigenschaft besitzt, daß zu jeder anderen Algebra $\mathfrak{A}'$ aus K, in die Homomorphismen u_i' von $\mathfrak{A}_i$ existieren, ein Homomorphismus γ von $\mathfrak{A}$ in $\mathfrak{A}'$ mit $u_i' = u_i\gamma$ existiert (γ ist notwendig eindeutig bestimmt). Ein f. P. ist, wenn es existiert, bis auf Isomorphie eindeutig bestimmt. Es ist in der Sprache der ›Kategorientheorie das Koprodukt der $\mathfrak{A}_i$. Es existiert in einer ›Varietät von Algebren. Als Spezialfälle ergeben sich das ›f. P. von Gruppen, Ringen usw.

Lit.: **Zu 1.**: [G 26 I], [G 27], [G 35]

Zu 3.: COHN, P. M.: On the free product of associative rings I. Math. Z. 71 (1959), 380–398; II. The case of skew fields. Math. Z. 78 (1960), 433–456.

Zu 4.: [U 3], [U 5]

SIKORSKI, R.: Products of abstract algebras. Fundamenta Math. 39 (1953), 211–228.

fremd = ›disjunkt

Frobenius, Sätze von: (i) Ist die Untergruppe H der endlichen Gruppe G ihr eigener Normalisator in G und $H \cap g^{-1}Hg = E = \{e\}$ für alle $g \in G$, so bilden die nicht in H oder einer zu H konjugierten Gruppe liegenden Elemente von G zusammen mit e einen Normalteiler N mit $G = NH$, $N \cap H = E$, $G/N \cong H$.

(ii) In einer Gruppe der Ordnung g ist die Anzahl der Elemente, deren Ordnung Teiler von n ist, wo n gegebener Teiler von g ist, Vielfaches von n (›[G 42]).

(iii) (Verallgemeinerung des ursprünglichen Satzes durch P. HALL): Ist G Gruppe der Ordnung g und C eine aus h konjugierten Elementen bestehende Klasse, so ist die Anzahl der Lösungen der Gleichung $x^n = c$, wo c die Klasse C durchläuft, gleich dem g. g. T. (hn, g) (›[G 19]).

(iv) $\mathbb{R}$ und $\mathbb{C}$ sind die einzigen endlichdimensionalen kommutativen ›R-Algebren über $\mathbb{R}$ ohne Nullteiler; der Quaternionenkörper ist die einzige nichtkommutative nullteilerfreie $\mathbb{R}$-Algebra.

(v) Die ›Cayleysche Algebra ist die einzige endlichdimensionale nichtassoziative Alternativalgebra über $\mathbb{R}$ ohne Nullteiler (›[A 13]).

Lit.: [A 13], [G 19], [G 42]
FROBENIUS, F.: Ueber das Pfaffsche Problem. J. reine angew. Math. 82 (1877), 230–315.

Frobenius-Algebra heißt eine assoziative K-Algebra A (›R-Algebra) mit Einselement über einem kommutativen Körper K, für welche die rechte (erste) und linke (zweite) reguläre Matrizendarstellung zueinander äquivalent sind. Erfolgt diese Äquivalenz durch eine symmetrische nichtsinguläre Matrix, so heißt die *Algebra symmetrisch* (Beispiele: halbeinfache Algebren, Gruppenalgebren).

Eine Algebra A über einem Körper K ist genau dann F., wenn sie endlichdimensional ist und die äquivalenten Bedingungen gelten:

(i) A als A-Linksmodul und der K-duale Modul $A^* = \mathrm{Hom}_K(A, K)$ sind isomorph.

(ii) Es gibt eine nichtausgeartete Bilinearform $f\colon A \times A \to K$ mit $f(ab, c) = f(a, bc)$ für $a, b, c \in A$.

(iii) Jedes Linksideal $\mathfrak{l}$ ist der Linksannullator (›Annullator) seines Rechtsannullators $Z_r(\mathfrak{l})$, jedes Rechtsideal $\mathfrak{r}$ der Rechtsannullator seines Linksannullators $Z_l(\mathfrak{r})$, und für die Dimensionen über K gelten die *Rangrelationen* $\dim Z_r(\mathfrak{l}) + \dim \mathfrak{l} = \dim A = \dim Z_l(\mathfrak{r}) + \dim \mathfrak{r}$.

(iv) Es gibt ein $g \in A^*$, so daß $\mathrm{Ker}\, g$ kein Ideal $\neq 0$ enthält.

Algebren mit der Eigenschaft (iii) ohne die Rangrelationen heißen *Quasi-Frobenius-Algebren*; für diese stimmt die Gesamtheit der verschiedenen direkt unzerlegbaren Komponenten der rechten regulären Darstellung mit denen der linken überein. Jede F. ist ›Quasi-Frobenius-Ring. Für *Frobenius-* und ›*Quasi-Frobenius-Ringe* gelten ähnliche Aussagen (›[R 17]).

Lit.: [D 5], [R 5], [R 6], [R 7], [R 11 II], [R 17]

Frobenius-Gruppe: 1. transitive ›Permutationsgruppe, in der jedes Element $\neq e$ höchstens einen Fixpunkt besitzt. In einer F. bilden die Elemente ohne Fixpunkt zusammen mit dem Einselement e einen Normalteiler. In einer F. vom Grade n bilden die Elemente vom Grad n zusammen mit e eine reguläre Gruppe; diese ist ›charakteristische Untergruppe und nilpotent.

2. Ist allgemeiner H nichttriviale Untergruppe der (endlichen) Gruppe G und $H \cap H^g = E$ ($H^g = g^{-1}Hg$, E Einsuntergruppe) für alle $g \in G \setminus H$, so heißt G *F.* zu H. G ist dann ›semidirektes Produkt des Normalteilers $F = G \setminus \bigcup_{g \in G} (H \setminus E)^g$, des sog. *Frobenius-Kerns* von G, mit H. Ist $G = \bigcup_{i=1}^{n} Hg_i$, so heißt die Zerlegung $G = F \cup H^{g_1} \cup \cdots \cup H^{g_n}$ in Untergruppen von G, die paarweise E als Durchschnitt haben, die *Frobenius-Partition* von G.

Durch die Permutationsdarstellung von G auf den Restklassen zu H erhält man einen Isomorphismus von G auf eine Permutationsgruppe, die F. im Sinne von 1. ist.

Lit.: [D 17], [G 23], [G 41]
Feit, W.: Characters of finite groups. Addison-Wesley, New York 1967.
Séguier, J.-A. de: Groupes de substitutions. Gauthier-Villars, Paris 1912.

Frobenius-Kern bzw. **-Partition** ›Frobenius-Gruppe

Frobenius-Ring ›Frobenius-Algebra

Frobeniussches Reziprozitätsgesetz ›induzierte Darstellung

Fuchssches Zeroid-Pseudoradikal (= *Radikal im Sinne von Fuchs*): $Z^{(r)}$ sei die Vereinigungsmenge aller zweiseitigen Ideale $\mathfrak{a}^{(r)}$ eines Rings R mit der Eigenschaft: Ist $\mathfrak{b}^{(r)}$ zweiseitiges Ideal von R, das nur aus rechten Nullteilern besteht, so sind auch alle Elemente von $\mathfrak{a}^{(r)} + \mathfrak{b}^{(r)}$ rechte Nullteiler. $Z^{(r)}$ ist das größte Ideal $\mathfrak{a}^{(r)}$. Entsprechend sei $Z^{(l)}$ mit den linken Nullteilern definiert. Dann ist das F. Z. $\mathfrak{F}(R)$ (oder $\mathfrak{r}^{Fu}$) $= Z^{(r)} \cap Z^{(l)}$. Es ist das größte Ideal, für das jedes Element von $\mathfrak{F}(R) + C$ Linksnullteiler ist, wenn dies für jedes Element von C zutrifft, und für das jedes Element von $\mathfrak{F}(R) + D$ Rechtsnullteiler ist, wenn dies für jedes Element von D zutrifft. Genau dann ist $\mathfrak{F}(R) = R$, wenn jedes Element von R sowohl rechter als auch linker Nullteiler ist. Das F. Z. ist kein Radikal im Sinne der Amitsur-Kuroschschen Radikaltheorie (›Radikale von Ringen). $Z^{(r)}$ ist Durchschnitt aller maximalen, aus lauter rechten Nullteilern bestehenden zweiseitigen Ideale (also Primideale), analog $Z^{(l)}$, also ist $\mathfrak{F}(R)$ Durchschnitt von Primidealen. Ob $\mathfrak{F}\big(R/\mathfrak{F}(R)\big) = (0)$ in jedem Ring gilt, ist unbekannt; $R/\mathfrak{F}(R)$ enthält aber kein von Null verschiedenes Nilideal.

Ist R Ring mit Rechtseinselement und Minimalbedingung für Hauptrechtsideale oder regulärer Ring im Sinne von von Neumann mit Einselement, so stimmt $\mathfrak{F}(R)$ mit dem Brown-McCoyschen Radikal überein. Ist R Ring mit Rechtseinselement und Minimalbedingung für Rechtsideale, so ist $\mathfrak{F}(R)$ gleich dem *spezialisierten Radikal* $\mathfrak{r}^*$ von R (der Summe aller nilpotenten zweiseitigen Ideale).

Lit.: [R 30]
Fuchs, L.: On a new type of radical. Acta Sci. Math. Szeged **16** (1955), 43–53.

Führer eines Integritätsbereichs R mit Einselement heißt das Ideal $\mathfrak{f}$ aller Elemente $z \in R$ mit $zR' \subset R$, wo R' die >ganz-abgeschlossene Hülle von R (in seinem Quotientenkörper) ist. $\mathfrak{f}$ heißt auch F. von R'. $\mathfrak{f}$ ist das größte Ideal in R, das zugleich Ideal von R', und das größte Ideal von R', das zugleich in R enthalten (und damit Ideal in R) ist. Es ist $R' = R$ genau dann, wenn der F. das Einheitsideal ist. Ist R' endlicher >R-Modul, so ist $\mathfrak{f} \neq (0)$.

Gelegentlich wird analog auch der F. $\mathfrak{f}(R'/R)$ für beliebige Erweiterungsintegritätsbereiche R' erklärt; die zu $\mathfrak{f}$ teilerfremden Ideale von R bzw. R' werden durch Verengungs- bzw. Erweiterungsidealbildung (>Erweiterungsideal) eineindeutig aufeinander bezogen.

Lit.: [A 18 I]

Führer eines >Multiplikativcharakters

Fundamentalbereich einer diskontinuierlichen >Transformationsgruppe

Fundamentalkombinante >Kombinante

Fundamentalsatz der Algebra (= *Hauptsatz der Algebra* = *algebraisches Fundamentaltheorem* = *Fundamentaltheorem der algebraischen Gleichungen* = *d'Alemberts Theorem* = *algebraischer Hauptsatz der komplexen Zahlen*) besagt, daß der Körper $\mathbb{C}$ algebraisch abgeschlossen ist, d. h., daß jedes nichtkonstante Polynom $p(z) = a_0z^n + a_1z^{n-1} + \cdots + a_n$ mit Koeffizienten a_i aus $\mathbb{C}$ vollständig in Linearfaktoren zerfällt: $p(z) = a_0(z - z_1) \ldots (z - z_n)$ mit $z_1, \ldots, z_n \in \mathbb{C}$ (jedes komplexe Polynom besitzt — unter Berücksichtigung ihrer Vielfachheiten — so viele Wurzeln, wie sein Grad angibt). Die Benennung ist historisch bedingt und beruht darauf, daß man früher unter Algebra die Theorie der Polynome mit komplexen Koeffizienten verstand. Es ist durchaus angemessen, daß sich besonders einfache Beweise des F. d. A. mit funktionentheoretischen Mitteln geben lassen: mit dem Satz von Liouville, dem Satz vom logarithmischen Residuum oder dem Satz von Rouché.

Der F. d. A. wurde zuerst von Euler (1792) klar formuliert, jedoch nicht streng bewiesen. Den ersten strengen Beweis (unter Benutzung geometrischer

Betrachtungen) hat GAUSS (Dissertation 1799, dann 1815, 1816, 1849) erbracht. Der erste rein arithmetische Beweis stammt von OSTROWSKI (1926).

Lit.: BRENNER, J. L., R. C. LYNDON: Proof of the fundamental theorem of algebra. Amer. Math. Monthly 88 (1981), 253–256.
ZASSENHAUS, H.: On the fundamental theorem of algebra. Amer. Math. Monthly 74 (1967), 485–497.

Fundamentalsatz der [elementaren] Zahlentheorie (= *Satz von der Primfaktorzerlegung* = *Hauptsatz der [elementaren] Zahlentheorie*) besagt, daß sich jedes $n \in \mathbb{N}$ eindeutig bis auf die Reihenfolge als Produkt von Primzahlen darstellen läßt. Der Beweis erfolgt gewöhnlich mittels des euklidischen Algorithmus oder nach einer Idee von Zermelo durch vollständige Induktion.

Es besteht demnach für jedes $n \in \mathbb{N}$ die eindeutig bestimmte *kanonische Darstellung* $n = p_1^{\alpha_1} \dots p_r^{\alpha_r}$ durch die Potenzen der in n aufgehenden verschiedenen Primzahlen $p_1 < \dots < p_r$. Hieraus ergibt sich für jedes $q \in \mathbb{Q}$ die Darstellung $q = \pm \prod_p p^{\alpha_p}$, worin das Produkt formal über alle Primzahlen p erstreckt ist und die Exponenten α_p beliebige ganze rationale Zahlen sein können, aber bis auf endlich viele Ausnahmen Null sind.

Lit.: [Z 3], [Z 5]
DIXON, J. D.: Factorization and primality tests. Amer. Math. Monthly 91 (1984), 333–352.
HASSE, H.: Vorlesungen über Zahlentheorie. Springer, Berlin 1964.

Fundamentalsätze der ›Invariantentheorie: Der 1. F. besagt im Falle der projektiven Invarianten, d. h. der gegenüber der vollen ›linearen Gruppe, daß sich diese aus den gegebenen Grundformen mittels der drei Typen von ›Faktoren 1. und 2. Art (d. h. Skalarprodukten und Determinanten) aufbauen lassen. Der 2. F. (der ›symbolischen Methode) gibt alle ganzen rationalen Relationen zwischen den ›Invariantentypen für die betreffende Gruppe an, die sog. *Identitäten* in der Invariantentheorie, d. h. ganzrationale Gleichungen, die erst dann erfüllt werden, wenn man hierin die Invarianten durch die Grundformen ersetzt. Im Falle der projektiven Invarianten besagt er, daß jede Identität zwischen den symbolisch in den kovarianten Reihen $a', b', c', \dots$ und den ›kontravarianten Reihen $\alpha, \beta, \gamma, \dots$ dargestellten Invarianten sich im Falle $n = 3$ durch Linearkombinationen aus den folgenden Grundidentitäten ergibt:

$$(a'b'c')\,(\alpha\beta\gamma) \equiv \begin{vmatrix} (a'\alpha) & (a'\beta) & (a'\gamma) \\ (b'\alpha) & (b'\beta) & (b'\gamma) \\ (c'\alpha) & (c'\beta) & (c'\gamma) \end{vmatrix},$$

$$(a'b'c')\,(d'\alpha) \equiv (d'b'c')\,(a'\alpha) - (d'a'c')\,(b'\alpha) + (d'a'b')\,(c'\alpha)$$

und dual dazu

$$(\alpha\beta\gamma)\,(\delta a') \equiv (\delta\beta\gamma)\,(\alpha a') - (\delta\alpha\gamma)\,(\beta a') + (\delta\alpha\beta)\,(\gamma a'),$$

$$(a'b'c')\,(d'e'f') \equiv (d'b'c')\,(a'e'f') - (d'a'c')\,(b'e'f') + (d'a'b')\,(c'e'f')$$

und dual dazu

$$(\alpha\beta\gamma)\,(xyz) \equiv (x\beta\gamma)\,(\alpha yz) - (x\alpha\gamma)\,(\beta yz) + (x\alpha\beta)\,(\gamma yz).$$

Lit.: [D 22], [I 12]

Fundamentalsystem ›lineares Gleichungssystem

Fundamentaltheorem der algebraischen Gleichungen = ›Fundamentalsatz der Algebra

Fünferlemma (= *5-Lemma*): Für ein kommutatives ›Diagramm

$$\begin{array}{ccccccccc} \cdot & \longrightarrow & \cdot & \longrightarrow & \cdot & \longrightarrow & \cdot & \longrightarrow & \cdot \\ {\scriptstyle\alpha_1}\downarrow & & {\scriptstyle\alpha_2}\downarrow & & {\scriptstyle\alpha_3}\downarrow & & {\scriptstyle\alpha_4}\downarrow & & {\scriptstyle\alpha_5}\downarrow \\ \cdot & \longrightarrow & \cdot & \longrightarrow & \cdot & \longrightarrow & \cdot & \longrightarrow & \cdot \end{array}$$

von ›R-Moduln mit exakten Zeilen (›exakte Sequenz) gilt:

(i) Wenn α_1 Epimorphismus und α_2 und α_4 Monomorphismen sind, so ist α_3 Monomorphismus.

(ii) Wenn α_5 Monomorphismus und α_2 und α_4 Epimorphismen sind, so ist α_3 Epimorphismus.

Daraus folgt: Mit α_1, α_2, α_4, α_5 ist auch α_3 Isomorphismus; dabei braucht in Wahrheit von α_1 nur Epimorphie und von α_5 nur Monomorphie vorausgesetzt zu werden. Der Satz gilt allgemeiner in ›abelschen Kategorien.

Lit.: [C 10], [H 3]

Funktion = ›Abbildung

funktional vollständig heißt eine Menge F finitärer ›Operationen auf einer Menge A, wenn der ›Klon $\overline{F}$ von F gleich der Menge $\underline{F}(A)$ aller finitären Operationen auf A ist, $\underline{F}(A)$ sich also aus F durch *Superposition* (endlichmalige Permutation von Variablen, Identifikation von Variablen und Einsetzen einer Funktion an Stelle einer Variablen) ergibt. Eine universelle ›Algebra $\mathfrak{A} = \langle A; F\rangle$ heißt f. v., wenn $\underline{F}(A)$ gleich dem von F und den Konstanten erzeugten Klon ist; sie ist notwendig endlich. Eine Algebra $\mathfrak{A}$ heißt *primal* oder *streng f. v.*, wenn bereits der von F allein erzeugte Klon $\overline{F}$ gleich $\underline{F}(A)$ ist; sie heißt *präprimal*, wenn $\overline{F}$ eine maximale Klasse in $\underline{F}(A)$ ist. Zu weiteren Einzelheiten und Literaturangaben ›Denecke.

Lit.: [U 2], [U 3]
Denecke, K.: Preprimal Algebras, Akademie-Verlag, Berlin 1982.

Funktor ›Kategorientheorie

funktorielle Abbildung = natürliche Transformation ›Kategorientheorie

funktorieller Isomorphismus = natürliche Äquivalenz ›Kategorientheorie

Funktorkategorie heißt eine Kategorie $[\mathcal{A}, \mathcal{B}]$ ($\mathcal{A}$ kleine, $\mathcal{B}$ beliebige Kategorie), deren Objekte die Funktoren $\mathcal{A} \to \mathcal{B}$ und deren Morphismen die natürlichen Transformationen sind (›Kategorientheorie). Ist auch $\mathcal{B}$ klein, so ist die F. klein. Im Falle kleiner Kategorien $\mathcal{A}$, $\mathcal{B}$ und einer beliebigen Kategorie $\mathcal{C}$ ist $[\mathcal{A}, [\mathcal{B}, \mathcal{C}]]$ isomorph zu $[\mathcal{A} \times \mathcal{B}, \mathcal{C}]$.

Lit.: [C 10], [C 15I]

Fuß = ›minimaler Normalteiler

Fuß (des Sockels) ›halbeinfacher R-Modul, ›halbeinfacher Ring

G

Galois-Feld (= *endlicher Körper*) ist ein kommutativer Körper, der nur endlich viele Elemente enthält. Jeder Integritätsbereich aus nur endlich vielen Elementen ist ein G. Jeder aus endlich vielen Elementen bestehende ›Schiefkörper ist ein G. (*Satz von Wedderburn*). Die ›Charakteristik eines G. F ist eine Primzahl p, die Anzahl seiner Elemente eine Potenz p^n von p, Bezeichnung: $F = \mathrm{GF}(p^n)$ oder auch $\mathfrak{F}_q$ mit $q = p^n$. F ist galoissche Erweiterung n-ten Grades seines Primkörpers (also absolut ›galoisscher Körper), der aus p Elementen besteht und bis auf Isomorphie gleich $\mathbb{Z}/p\mathbb{Z}$ ist, und besteht aus den p^n Wurzeln der Gleichung $x^{p^n} - x = 0$, ist also durch seine Elementezahl bis auf Isomorphie festgelegt. Die multiplikative Gruppe der von 0 verschiedenen Elemente ist zyklisch und wird von einer primitiven $(p^n - 1)$-ten ›Einheitswurzel erzeugt. Zu jedem Element gibt es im G. genau eine p-te Wurzel; ein G. ist also ein ›vollkommener Körper.

Lit.: [A 1], [A 9III], [A 14], [A 16], [A 17I]
Lidl, R., H. Niederreiter: Finite fields. Encyclopedia of Mathematics and Its Applications Vol. 20. Addison-Wesley, New York 1983.

Galois-Gruppe (= *Galoissche Gruppe*) **1.** G. einer endlichen galoisschen Körpererweiterung K/k (›galoisscher Körper) heißt die Gruppe $G = \left(\frac{K}{k}\right)$ der Automorphismen von K über k (d. h. der Automorphismen von K, die k elementweise fest lassen). Die Erweiterung K/k (und der Körper K über k) heißt *abelsch, zyklisch, metazyklisch* usw., wenn die G. die betreffende Eigenschaft hat; ist insbesondere k der Primkörper, so nennt man sie auch *absolut-abelsch, absolut-*

zyklisch usw. Ist insbesondere K/k >endliche Körpererweiterung (und >separabel), so ist die Ordnung von G gleich dem Grad von K/k. Allgemein ist die Ordnung der ***Automorphismengruppe*** einer endlichen Körpererweiterung K/k stets höchstens gleich dem Grad von K/k, und K/k ist genau dann galoissch und separabel, wenn diese Ordnung gleich dem Grad von K/k ist. Da jeder Automorphismus einer endlichen Körpererweiterung auch Automorphismus des maximalen separablen Zwischenkörpers K_0 über k ist, durch seine Wirkung auf K_0 bereits eindeutig bestimmt ist und sich jeder Automorphismus von K_0 über k eindeutig zu einem von K über k fortsetzen läßt, braucht man sich nur auf die Betrachtung separabler Körpererweiterungen zu beschränken (die Automorphismengruppe rein inseparabler Erweiterungen besteht nur aus der Identität).

Ist K >Zerfällungskörper eines Polynoms $f(X)$ über k, dessen irreduzible Faktoren teilerfremd und >separabel über k sind, so heißt die G. von K/k auch die G. des Polynoms $f(X)$ oder der >algebraischen Gleichung $f(x) = 0$. Jeder Automorphismus aus $G = \left(\frac{K}{k}\right)$ bewirkt dann eine Permutation der (paarweise verschiedenen) Wurzeln $\alpha_1, \ldots, \alpha_m$ von $f(X)$ und ist durch diese Permutation eindeutig bestimmt. Die G. einer Gleichung kann daher mit einer >Permutationsgruppe ihrer verschiedenen Wurzeln identifiziert werden, und zwar derjenigen Permutationen, bei deren Anwendung jede bestehende algebraische Abhängigkeit der α_i über k bestehen bleibt. Ihre Ordnung ist somit ein Teiler der Ordnung $m!$ der >symmetrischen Gruppe $\mathfrak{S}_m$; ihr Index $a = \frac{m!}{r}$ heißt der *Affekt* des Polynoms $f(X)$ oder der Gleichung $f(x) = 0$ über k. Ist $a = 1$ (d. h. $G \cong \mathfrak{S}_m$), so sagt man, das Polynom $f(X)$ bzw. die Gleichung $f(x) = 0$ sei *ohne Affekt, affektfrei* oder ***affektlos***. Die allgemeine >algebraische Gleichung n-ten Grades ist separabel und affektlos; hieraus folgt für $n \geqq 5$ der Satz von >Abel. Das Polynom $f(X)$ oder die Gleichung $f(x) = 0$ heißt ***abelsch*** bzw. ***zyklisch*** bzw. (im Sinne der >Galoisschen Theorie) ***primitiv*** über k, wenn die G. G abelsch, zyklisch oder (als Permutationsgruppe) primitiv ist. >Galoissche Theorie.

2. einer >galoisschen Algebra.

Lit.: Zu **1.**: [A 8II], [A 9III], [A 17I]

Galois-Korrespondenz = >Galois-Verbindung

Galois-Modul heißt eine als K-Modul betrachtete assoziative >Algebra endlichen Ranges über einem kommutativen Körper K mit ihrer Automorphismengruppe über K als Rechtsoperatorenbereich.

Lit.: Wolf, P.: Algebraische Theorie der galoisschen Algebren. DVW, Berlin 1956.

Galoissche Algebra mit der >Galois-Gruppe G heißt eine kommutative separable (halbeinfache) Algebra $\mathfrak{A}$ endlichen Ranges über einem Körper K, wenn G

Automorphismengruppe von $\mathfrak{A}$ über K und $\mathfrak{A}$ als ›Galois-Modul über K bez. G zugleich ›regulärer Darstellungsmodul für die Gruppe G ist. Ist G abelsch, so heißt $\mathfrak{A}$ auch *abelsche Algebra*. Gelegentlich heißen die oben definierten g. A. auch *uneigentliche galoissche Körper*, und g. A. wird in allgemeinerem Sinne (ohne Voraussetzung der Kommutativität, Halbeinfachheit und Separabilität) verstanden.

Lit.: Wolf, P.: Algebraische Theorie der galoisschen Algebren. DVW, Berlin 1956.

galoissche Erweiterung bzw. **Gleichung** ›galoisscher Körper

Galoissche Kohomologie heißt die Kohomologie der ›Galois-Gruppe. Wenn die Galois-Gruppe $G = \left(\frac{K}{k}\right)$ der Körpererweiterung K/k auf der abelschen Gruppe M operiert, so bedeutet G. K. die ›Kohomologiegruppen $H^n(K/k, M) = H^n(G, M)$.

Lit.: [G 34]
Serre, J.-P.: Cohomologie Galoisienne. LNM5. Springer, Berlin, 1973, 1986.

galoissche Körpererweiterung ›galoisscher Körper

Galoissche ›**Resolvente** ›galoisscher Körper

Galoissche Theorie: behandelt den Zusammenhang zwischen den (separablen) galoisschen Körpererweiterungen (›galoisscher Körper) und ihren ›Galois-Gruppen. Der *Hauptsatz* der G. T. besagt: K sei endlicher ›separabler galoisscher Oberkörper von k und $G = \left(\frac{K}{k}\right)$ die Galois-Gruppe von K über k. Dann entsprechen die Zwischenkörper L zwischen K und k eineindeutig den Untergruppen H von G, indem man jeder Untergruppe H den *Invariantenkörper* L bei H (Menge der bei allen Automorphismen aus H fest bleibenden Elemente von K) und umgekehrt jedem Zwischenkörper L die Galois-Gruppe $H = \left(\frac{K}{L}\right)$ als Untergruppe von G zuordnet. Die Ordnung von H ist gleich dem Grad von K über L, der Index $(G : H)$ gleich dem Grad von L über k. Darüber hinaus gilt: Ist der Zwischenkörper L_1 Unterkörper des Zwischenkörpers L_2, so ist die zu L_1 gehörige Untergruppe H_1 Obergruppe der zu L_2 gehörigen Gruppe H_2 und umgekehrt. Gehört der Zwischenkörper L zu der Untergruppe H von G und ist $\sigma \in G$, so gehört der konjugierte Körper L^σ zu der konjugierten Untergruppe $\sigma^{-1}H\sigma$. Insbesondere ist ein Zwischenkörper genau dann galoissch über k, wenn die zugehörige Untergruppe H Normalteiler in G ist; die Galois-Gruppe von L über k ist dann isomorph zur Faktorgruppe G/H.

Zwischenkörper einer beliebigen endlichen ›separablen Erweiterung K/k (die sich nach dem Satz vom primitiven Element in der Form $K = k(x)$ mit der ›definierenden Gleichung $f(x) = 0$ schreiben läßt) kann man dadurch untersuchen, daß man zum Zerfällungskörper L von $f(X)$ übergeht. Indem man von k aus über geeignete Zwischenkörper zu K oder L aufsteigt, lassen sich mittels der G. T. Aussagen über die *Auflösung* separabler ›*algebraischer Gleichungen* machen, z. B. läßt sich anhand der Galois-Gruppe entscheiden, ob eine Gleichung durch Radikale lösbar ist (›Radikal über einem Körper). Gewisse geometrische Konstruktionsprobleme, die zur Auflösung algebraischer Gleichungen äquivalent sind (z. B. Konstruktion mit Zirkel und Lineal), lassen sich durch die G. T. lösen.

Um auch unendliche separable galoissche Erweiterungen K/k erfassen zu können, macht man die Galois-Gruppe nach Krull zu einer ›*topologischen Gruppe*, indem man als Umgebungssystem des Einselements in $G = \left(\frac{K}{k}\right)$ die Menge der Untergruppen $\left(\frac{L}{k}\right)$ wählt, wobei L die in K enthaltenen endlichen galoisschen Oberkörper von k durchläuft. Dann entsprechen die Zwischenkörper zwischen K und k (im Sinne der G. T.) den abgeschlossenen Untergruppen von G.

Eine *verallgemeinerte G. T.* ist für nichtkommutative Körper sowie für ›artinsche Ringe entwickelt worden. Loewy hat eine Verallgemeinerung der G. T. auf nichtgaloissche Erweiterungen K/k angegeben. Dabei tritt die *Loewysche Mischgruppe* der Isomorphismen von K/k an die Stelle der Galois-Gruppe (›Baer und [K 7]). Die Loewysche Theorie ist auch mit Hilfe des ›Brandtschen Gruppoids der Isomorphismen der zu K/k konjugierten Erweiterungen dargestellt worden (›Michler, Schmidt, [K 7]). Die Theorie der nichtgaloisschen Erweiterungen wird auch bei Kaloujnine und Krasner behandelt. Einer anderen Verallgemeinerung liegt die Ausdehnung des Normalkörperbegriffs auf nichtalgebraische Erweiterungen zugrunde (Barbilian, Krull 1953).

Eine Beschreibung der abelschen Erweiterungen eines Zahlkörpers oder eindimensionalen Funktionenkörpers über einem Galois-Feld mittels des Grundkörpers selbst wird mit der Klassenkörpertheorie vorgenommen.

Lit.: [A 9III], [A 15III], [A 16], [A 17I], [K 1], [K 6], [K 7], [Z 16]

Baer, R.: Beiträge zur Galoisschen Theorie. Sitzungsber. Heidelberger Akad. Wiss., math.-naturw. Kl. 1928, Nr. 14, 1–22.

Barbilian, D.: Soluţia exhaustivă a problemei lui Steinitz. Acad. Republ. Popul. Române, Studii cerc. mat. 2 (1951), 189–253.

Cartan, H.: Théorie de Galois pour les corps non commutatifs. Ann. sci. École norm. sup. (3) 64 (1947), 59–77.

Curtis, Ch. W.: Quasi-Frobenius rings and Galois theory. Illinois J. Math. 3 (1959), 134–144.

Dehn, E.: Algebraic equations, an introduction to the theories of Lagrange and Galois. Columbia University Press, New York 1930.

Edwards, H. M.: Galois Theory. Springer, Berlin 1984.

Jacobson, N.: The fundamental theorem of Galois theory for quasi-fields. Ann. of Math. 41 (1940), 1–7.

KALOUJNINE, L.: Sur la théorie de Galois des corps non galoisiens séparables. Compt. rend. Acad. Sci. Paris **214** (1942), 597–599.
KAPLANSKY, I.: Introdução à teoria de Galois (Notas de matemática No. 13). Rio de Janeiro 1958.
KRASNER, M.: Généralisation abstraite de la théorie de Galois. In: Algèbre et Théorie des Nombres. Coll. Internat. Centre Nat. Recher. Sci. no. 24 Paris 1950, 163–168.
KRULL, W.: Über eine Verallgemeinerung des Normalkörperbegriffs. J. reine angew. Math. **191** (1953), 54–63.
KRULL, W.: Galoissche Theorie der unendlichen algebraischen Erweiterungen. Math. Ann. **100** (1928), 687–698.
MACDUFFEE, C. C.: An introduction to abstract algebra. New York 1940.
MATZAT, B. H.: Konstruktive Galoistheorie. LNM 1284. Springer, Berlin 1987.
MICHLER, L.: Über eine Verallgemeinerung des Hauptsatzes der Galoisschen Theorie. Wiss. Z. Hochsch. Schwermaschinenbau Magdeburg **1** (1957), 3–7.
MICHLER, L.: Über die Bedeutung des Faktorgruppoids $\Gamma \| \mathfrak{H}$ in einer verallgemeinerten Galoisschen Theorie. Wiss. Z. Hochsch. Schwermaschinenbau Magdeburg **1** (1957), 77–80.
MICHLER, L.: Zusammenhang zwischen dem Isomorphismengruppoid eines algebraischen Erweiterungskörpers und der Galoisgruppe des Galoisschen Oberkörpers. Wiss. Z. Hochsch. Schwermaschinenbau Magdeburg **2** (1958), 1–3.
NAKAYAMA, T.: Generalized Galois theory for rings with minimum condition, I, II. Amer. J. Math. **73** (1951), 1–12, **77** (1955), 1–16.
SCHMIDT, F. K.: Bemerkungen zum Brandtschen Gruppoid. Sitzungsber. Heidelberger Akad. Wiss., math.-naturw. Kl. 1927, 91–103.

galoisscher Körper: Ein Oberkörper K des Körpers k heißt *g.*, *normal* oder *Normalkörper* über k (ebenso wie die ›Körpererweiterung K/k), wenn er algebraisch über k ist und jedes in $k[X]$ irreduzible Polynom, das in K eine Nullstelle besitzt, in $K[X]$ vollständig in Linearfaktoren zerfällt. Äquivalent dazu ist die Forderung, daß jede *Zusammensetzung* von K mit K über k, d. h. jeder Körper, der sich als ›Kompositum von K mit einem über k isomorphen Körper K^σ schreiben läßt, gleich K ist. (Die Terminologie ist nicht einheitlich, häufig nennt man eine [Körper-] Erweiterung im obigen Sinne nur normal und bezeichnet sie nur dann als galoissch, wenn sie außerdem ›separabel ist.) Eine Körpererweiterung K/k ist genau dann galoissch, wenn K durch Adjunktion aller Nullstellen einer Menge von Polynomen über k (im Falle einer endlichen Erweiterung K/k bereits eines einzigen Polynoms) entsteht, also ›Zerfällungskörper einer Menge von Polynomen ist, was gleichbedeutend damit ist, daß K mit allen ›konjugierten Erweiterungen über k zusammenfällt. Eine rein inseparable Körpererweiterung ist (im obigen Sinne) stets galoissch.

Zu einem beliebigen algebraischen Erweiterungskörper K von k gibt es einen kleinsten Normalkörper über k, der K enthält, den von K erzeugten Normalkörper über k; er wird erhalten, indem man den Zerfällungskörper aller über k irreduziblen Polynome bildet, die in K eine Nullstelle besitzen; er ist bis auf Isomorphie über K bestimmt. Ein irreduzibles ›Polynom $f(X)$ über k heißt *normal* (*Normalpolynom*) und die Gleichung $f(x) = 0$ *Normalglei-*

chung, wenn der durch Adjunktion einer Wurzel entstehende Körper schon normal ist, d. h., wenn in ihm $f(X)$ völlig zerfällt; ist das Polynom außerdem ›separabel, so heißt $f(x) = 0$ *galoissche Gleichung*. *Galoissche Resolvente* einer algebraischen Gleichung $f(x) = 0$ heißt eine irreduzible Gleichung $g(x) = 0$ mit der Eigenschaft, daß die Adjunktion einer Wurzel dieser Gleichung schon den vollständigen Zerfällungskörper von $f(X)$ ergibt. Eine galoissche Gleichung ist also ihre eigene galoissche Resolvente.

Ein ›*Galois-Feld* ist stets galoissch über dem Primkörper (*absolut galoissch*). Wenn K_1 und K_2 galoissch über k sind, so auch ihr Kompositum K_1K_2. Ein über k g. K. ist auch über jedem Zwischenkörper zwischen K und k g.

Eine endliche Erweiterung K/k ist genau dann galoissch, wenn jeder k-Isomorphismus von K in eine Erweiterung K' von k notwendig ein k-Automorphismus von K ist.

›Galois-Gruppe, ›Galoissche Theorie, auch ›galoissche Algebra.

Lit.: [A 17 I], [A 18 I], [Z 16]

Galois-Verbindung (= *Galois-Korrespondenz*): Zwischen zwei halbgeordneten Mengen M und M' besteht eine G., wenn zwei Abbildungen $\sigma: M \to M'$ und $\tau: M' \to M$ vorliegen, die (i) *antiton* sind (aus $a \leqq b$ in M folgt $a^\sigma \geqq b^\sigma$, aus $a' \leqq b'$ in M' folgt $a'^\tau \geqq b'^\tau$) und für die (ii) $a^{\sigma\tau} \geqq a$, $a'^{\tau\sigma} \geqq a'$ für alle $a \in M$, $a' \in M'$ gilt. Durch die Gleichungen $\bar{a} = a^{\sigma\tau}$ für $a \in M$ und $\bar{a}' = a'^{\tau\sigma}$ wird dann je eine Hüllenoperation in M und M' definiert. σ induziert einen inversen Isomorphismus der bez. $\bar{\ }$ abgeschlossenen Elemente von M auf die von M', dessen Inverses gerade durch τ induziert wird. Ein Beispiel für eine G. liefert die ›Galoissche Theorie, indem man die Menge aller Zwischenkörper einer galoisschen Erweiterung K/k und der Untergruppen der ›Galois-Gruppe G von K/k betrachtet und jedem Zwischenkörper L die Gruppe der Automorphismen aus G zuordnet, die L elementweise festlassen, und jeder Untergruppe H von G den Zwischenkörper der bei den Automorphismen von H invarianten Elemente von K.

Lit.: [A 13], [U 2], [V 2]
Ore, C.: Galois connexions. Trans. Amer. Math. Soc. **55** (1944), 493–513.

ganz ›Ganz-Abhängigkeit

ganz reduzible ›**Darstellung einer Gruppe**

ganz-abgeschlossen ›Ganz-Abhängigkeit

ganz-abhängig ›Ganz-Abhängigkeit

Ganz-Abhängigkeit: Sei R Unterring mit 1 eines Rings R' mit 1. Ein Element $x \in R'$ heißt *ganz* über R, *R-ganz* oder *ganz-abhängig* von R, wenn es einer Gleichung $x^n + c_1x^{n-1} + \cdots + c_n = 0$ mit $c_i \in R$ genügt. Das ist bei kommutativem R oder in einem linksnoetherschen Ring genau dann der Fall, wenn eine der folgenden äquivalenten Bedingungen gelten: (i) x liegt in einem Unterring von R', der endlich erzeugbarer >R-Modul ist (dazu braucht R nicht noethersch zu sein). (ii) $R[x]$ ist endlicher R-Modul. (iii) Es gibt in R' einen endlichen R-Modul M mit a) $xM \subset M$ und b) 0 ist das einzige Element y von $R[x]$, so daß $yz = 0$ für alle $z \in M$ ist. Wenn R Körper ist, fallen die Begriffe R-ganz und algebraisch abhängig über R zusammen.

Ein *Oberring* von R, dessen Elemente ganz über R sind, heißt *ganz über R* oder *ganz-abhängig von R*. Bei kommutativem oder linksnoetherschem R bilden die über R ganzen Elemente von R' einen Ring R'', die *ganze Abschließung* von R in R'. (Dagegen brauchen Summe und Produkt nichtvertauschbarer ganzer Elemente im allgemeinen nicht wieder ganz zu sein.) *Wenn $R'' = R$ ist, heißt R ganz-abgeschlossen in R'*. Ein kommutativer Ring heißt *ganz-abgeschlossen* schlechthin, wenn er in seinem vollen Quotientenring ganz-abgeschlossen ist. Ein ganz-abgeschlossener Integritätsbereich heißt >*normaler Ring*, die ganze Abschließung eines Integritätsbereichs in seinem Quotientenkörper *abgeleiteter normaler Ring*. Ist der (kommutative) Oberring R' von R ganz über R und $\mathfrak{p}$ Primideal von R, so gibt es ein Primideal $\mathfrak{p}'$ von R' mit $\mathfrak{p} = \mathfrak{p}' \cap R$.

Die ganze Abschließung von $\mathbb{Z}$ in einem >algebraischen Zahlkörper R' besteht aus den *ganzen algebraischen Zahlen* von R'. Ein >Dedekindscher Ring ist stets ganz abgeschlossen, z. B. der Ring der ganzen algebraischen Zahlen eines Zahlkörpers und >Bewertungsringe. Ist K der Quotientenkörper von R und ein Element α aus einer assoziativen K-Algebra (>R-Algebra) endlichen Ranges mit Einselement ganz über R, so haben auch Minimalpolynom, >charakteristisches Polynom und Hauptpolynom für α ihre Koeffizienten aus R und den höchsten Koeffizienten 1, insbesondere sind dann also Norm und Spur von α ganz.

Im Falle noetherscher Ringe fallen die Begriffe *ganz-abgeschlossen* und >*vollständig ganz-abgeschlossen* zusammen.
>fast-ganz abgeschlossen, >Ordnung einer Algebra.

Lit.: [A 17 II], [A 18 I], [EC 5], [R 9], [R 25]

ganze Abschließung >Ganz-Abhängigkeit

ganze rationale Funktion >Polynom

ganze Zahl = >ganzrationale Zahl

ganzes Ideal >Ordnung eines Ringes

Ganzheitsbasis einer endlich-algebraischen >Körpererweiterung K/k heißt eine Basis $\{a_1, \ldots, a_n\}$, für die $a = \sum \alpha_i a_i \in K$ genau dann ganz ist, wenn die $\alpha_i \in k$ ganz sind; hierbei sind in k und K je ein ganz-abgeschlossener Ganzheitsbereich $\mathfrak{o}$ bzw. $\mathfrak{O}$ ausgezeichnet und $\mathfrak{O}$ die ganz-abgeschlossene Hülle von $\mathfrak{o}$ in K. Eine

G. existiert (i) für endlich-algebraische Erweiterungen K/k diskret bewerteter perfekter Körper k, (ii) für endlich-algebraische Erweiterungen $K/\mathbb{Q}$ (allgemeiner: für die endlich-algebraischen Erweiterungen eines algebraischen Zahlkörpers k mit der absoluten Klassenzahl 1), (iii) für endlich-algebraische Erweiterungen K/k eines ›algebraischen Zahlkörpers im Bereich der für einen beliebigen Prim›divisor $\mathfrak{p}$ von k ganzen Elemente von K bez. des Integritätsbereichs der für $\mathfrak{p}$ ganzen Elemente von k ($\mathfrak{p}$-*G.*) — für $K/\mathbb{Q}$ ist eine G. gleichzeitig p-G. für alle Primzahlen p von $\mathbb{Q}$; umgekehrt ist eine Basis von $K/\mathbb{Q}$, die für alle p eine p-G. ist, G. schlechthin —; (iv) für algebraische Funktionenkörper K über dem rationalen Körper $k = k_0(t)$ mit dem Koeffizientenkörper k_0 im Bereich der in t ganzen Elemente (t-*G.*) oder allgemeiner im Bereich der für einen beliebigen Primdivisor $\mathfrak{p}$ von k/k_0 ganzen Elemente ($\mathfrak{p}$-*G.*). Eine beliebige Basis ist $\mathfrak{p}$-*G.* für fast alle $\mathfrak{p}$. Eine G. wird auch als Minimalbasis bezeichnet [Z 6] ›Diskriminate 1.

Lit.: [Z 5], [Z 6]

ganzrationale Zahlen (= *ganze Zahlen*): die *natürlichen Zahlen* 1, 2, 3, ..., die hierzu entgegengesetzten Zahlen −1, −2, −3, ... sowie die Null 0. Die g. Z. bilden einen (assoziativen kommutativen) ›Ring, der ebenso wie die unterliegende additive ›abelsche Gruppe und die unterliegende Menge mit $\mathbb{Z}$ bezeichnet wird; er entsteht aus den natürlichen Zahlen durch die Einführung der unbeschränkten ›Subtraktion. Durch Übergang zum Quotientenring (Einführung der unbeschränkten ›Division durch von 0 verschiedene Zahlen) erhält man den *rationalen Zahlkörper* $\mathbb{Q}$; jedes seiner Elemente (*rationale Zahl*) läßt sich in der Form $\frac{a}{b}$ mit g. Z. a, b darstellen. a heißt *Zähler*, b *Nenner* dieser Darstellung. Eine rationale Zahl, die nicht g. Z. ist, heißt auch *gebrochen*.

ganzwertiges Polynom: Polynom in einer oder mehreren Unbestimmten, das für ganzrationale Argumente ganzrationale Werte annimmt. *G. Potenzreihen* sind analog erklärt. G. P. und Potenzreihen in einer Unbestimmten x lassen eine Darstellung $b_0 + b_1\binom{x}{1} + b_2\binom{x}{2} + \cdots$ mit ganzen Koeffizienten b_i zu; darin sind die Binomialkoeffizienten (›binomischer Lehrsatz) spezielle g. P. Jedes ganzzahlige Polynom ist g.

ganzzahlige Potenzreihe: Potenzreihe in einer oder mehreren Unbestimmten oder Variablen mit lauter ganzrationalen Koeffizienten.

ganzzahliger ›Automorphismus einer ›quadratischen Form

ganzzahliges Polynom: Polynom (in einer oder mehreren Unbestimmten) mit ›ganzrationalen Zahlen als Koeffizienten.

Garbe: G. S abelscher Gruppen über einem topologischen Raum X heißt ein Tripel (S, π, X), wobei (i) S und X topologische Räume sind und π ein lokaler

Homöomorphismus von S auf X ist, (ii) für jedes $x \in X$ das vollständige Urbild $\pi^{-1}(x) = S_x$ (der sog. *Halm* über x) eine (gern additiv geschriebene) abelsche Gruppe bildet und (iii) die durch $(g_1, g_2) \mapsto g_1 - g_2$ erklärte Abbildung von $S \circ S = \{(g_1, g_2) \in S \times S \mid \pi(g_1) = \pi(g_2)\}$ in S stetig ist. (Für andere algebraische Strukturen, insbesondere Ringe und R-Moduln, lassen sich analog G. erklären und die folgenden Betrachtungen übertragen.) Ein Beispiel ist die *konstante G.* $(X \times G, \pi, X)$, wobei X topologischer Raum, G mit der diskreten Topologie versehene abelsche Gruppe und π die Projektion des topologischen Produkts $X \times G$ auf den ersten Faktor ist.

Schnitt über einer Untermenge U von X in der G. (S, π, X) ist eine stetige Abbildung $s: U \to S$ mit $s \circ \pi = \mathrm{id}: U \to U$ (die also jedes $x \in X$ in den Halm über x abbildet). Die Bildmenge von U heißt *Schnittfläche.*

Homomorphismus (= *Garbenhomomorphismus*) φ einer G. $\mathbf{S} = (S, \pi, X)$ in eine G. $\mathbf{S}' = (S', \pi', X)$ über demselben Basisraum X ist eine stetige Abbildung $\varphi: S \to S'$ mit $\varphi \circ \pi' = \pi$ (Halmtreue), für die $\varphi|_{S_x}: S_x \to S'_x$ für jeden Punkt $x \in X$ ein Gruppenhomomorphismus ist. φ heißt *Isomorphismus* (und die G. $\mathbf{S}$ und $\mathbf{S}'$ *isomorph*), wenn φ sogar einen Homöomorphismus von S auf S' bewirkt und die Einschränkungen auf die einzelnen Halme (Gruppen-) Isomorphismen sind. Eine zu einer konstanten G. isomorphe G. heißt *trivial.*

Eine Garbe $\mathbf{S}' = (S', \pi', X)$ heißt *Untergarbe* von $\mathbf{S} = (S, \pi, X)$, wenn S' offener Teilraum von S und die Inklusionsabbildung Garbenhomomorphismus ist. Beispiel: die durch die Nullelemente in den einzelnen Halmen bestimmte *Nullgarbe.*

Die *Quotientengarbe* $\mathbf{S}''$ zu einer Untergarbe $\mathbf{S}'$ der *G.* $\mathbf{S}$ besteht halmweise aus den Faktorgruppen S_x/S'_x der einzelnen Halme ($x \in X$), und in S'' sind genau die Mengen offen, deren Urbilder bei der natürlichen (halmweise erklärten) Abbildung von S'' auf S/S' offen sind. Die Begriffe der Modultheorie wie exakte Sequenzen, Kerne, Bilder, Kokerne usw. lassen sich in natürlicher Weise übertragen.

Eine G. über X heißt *welk*, wenn jeder Schnitt über einer offenen Teilmenge U von X zu einem über X fortgesetzt werden kann. Eine G. über einem parakompakten Raum X heißt *weich*, wenn jeder Schnitt über einer abgeschlossenen Untermenge von X zu einem über ganz X fortgesetzt werden kann.

Die Menge der Schnitte der G. $\mathbf{S}$ über U bildet in natürlicher Weise eine Gruppe $\Gamma(U, \mathbf{S})$, indem man die Summe zweier Schnitte s_1, s_2 durch $(s_1 + s_2)(x) = s_1(x) + s_2(x)$ definiert. $\Gamma(U, ?)$ bildet einen kovarianten Funktor (›Kategorientheorie) der Kategorie der G. über X mit den Garbenhomomorphismen als Morphismen in die Kategorie der Moduln und $\Gamma(?, S)$ einen kontravarianten Funktor der Kategorie der offenen Mengen von X mit den Inklusionsabbildungen als Morphismen in die Kategorie der Moduln (durch Einschränkung eines Schnitts über U auf eine Untermenge V ergibt sich in natürlicher Weise ein Einschränkungshomomorphismus ϱ^U_V:

$$\Gamma(U, \mathbf{S}) \to \Gamma(V, \mathbf{S})).$$

Allgemeiner wird auf dem Raum X eine *Prägarbe* (= *Garbendatum*) dadurch gegeben, daß man jeder offenen Untermenge U von X eine abelsche Gruppe

S_U und jedem Paar offener Mengen U, V von X mit $V \subset U$ einen Homomorphismus $r^U_V: S_U \to S_V$ zuordnet, so daß gilt: a) $S_\emptyset = 0$ (Nullmodul), b) $r^U_U = \text{id}$, c) aus $W \subset V \subset U$ folgt $r^U_W = r^U_V r^V_W$. Insbesondere erhält man zu einer G. $\mathbf{S}$ in $\Gamma(?, \mathbf{S})$ mit $r^U_V = \varrho^U_V$ die sog. *kanonische Prägarbe* (*kanonisches Garbendatum*). Durch direkte Limesbildung bekommt man aus einer Prägarbe eine G. $\mathbf{S}$. Explizit bedeutet das Folgendes: Sei $x \in X$. Jedes $f \in S_U$ repräsentiert ein Element $f_x \in S_x$, den *Keim* von f in x. $g \in S_V$ repräsentiert genau dann denselben Keim in x, wenn U und V eine gemeinsame offene Untermenge W mit $x \in W$ und $r^U_W(f) = r^V_W(g)$ enthalten. Das Rechnen in den S_x erfolgt repräsentantenweise. S ist die disjunkte Vereinigung der damit konstruierten Halme S_x. Eine Basis für die Topologie in S bildet die Gesamtheit der Mengen f_U, wo f_U aus allen Keimen f_y mit $y \in U$ besteht ($f \in S_U$). Aus der kanonischen Prägarbe erhält man auf diese Weise bis auf natürliche Isomorphie die ursprüngliche G. zurück.

Für weitere Einzelheiten, insbesondere auf die Kohomologietheorie von G. und Prägarben, und für Anwendungen (z. B. in der Funktionentheorie mehrerer Variabler) muß auf die Literatur verwiesen werden.

Lit.: Godement, R.: Topologie algébrique et théorie des faisceaux, Hermann, Paris 1958.
Hirzebruch, F.: Topological Methods in Algebraic Geometry, Springer, Berlin 1978.
Iversen, B.: Cohomology of Sheaves. Springer, Berlin 1986.
Kultze, R.: Garbentheorie, Teubner, Stuttgart 1970.
Seebach, J. A., L. A. Seebach, L. A. Steen: What is a sheaf? Amer. Math. Monthly 77 (1970), 681–702.
Swan, R. G.: The Theory of Sheaves, The University of Chicago Press, Chicago, London 1964.

Garbendatum ›Garbe

Garbenhomomorphismus ›Garbe

Garbenisomorphismus ›Garbe

Gauß, Satz von, über Polynome ›Inhalt eines Polynoms

Gauß-Lucasscher Satz: Die Nullstellen der Ableitung $P'(z)$ eines ›Polynom liegen in der konvexen Hülle der Nullstellen von P, und zwar diejenigen im Inneren, die nicht zugleich Nullstellen von P sind.

Lit.: Marden, M.: Geometry of Polynomials. American Mathematical Society, Providence 1966.
Pólya, G., G. Szegö: Aufgaben und Lehrsätze aus der Analysis I. Springer, Berlin 1954, 1970.

Gaußsche Halbgruppe heißt eine kommutative ›Halbgruppe mit Kürzungsregel und Einselement, in der sich jede Nichteinheit als Produkt unzerlegbarer Elemente schreiben läßt und je zwei solche Zerlegungen bis auf die Reihenfolge und bis auf Multiplikationen mit Einheiten gleich sind. Beispiele: abelsche Gruppen, multiplikative Halbgruppe der ganzen Zahlen $\neq 0$. Je zwei Elemente einer G. H. besitzen einen größten gemeinsamen ›Teiler.

Lit.: [A 13]

Gaußsche Matrix ›quadratische Form

Gaußsche ›quadratische Form

Gaußsche Summe = Lagrangesche ›Resolvente

Gaußsche Transformation einer (reellen) Matrix A heißt die Bildung ihres Produkts mit ihrer Transponierten: $B = A^{\mathsf{T}}A$, wodurch eine symmetrische (semi-) definite Matrix B entsteht. Im Falle komplexer Matrizen muß man mit der konjugiertkomplexen multiplizieren und erhält eine positiv (semi-) definite ›hermitesche Matrix $H = \bar{A}^{\mathsf{T}}A$. Die G. T. wird in der Numerik angewendet.

Lit.: [M 26]

Gaußsche Zahl heißt eine ganze komplexe Zahl $a + bi$, d. h., a und b sind ganzrationale Zahlen. Die G. Z. bilden einen ›euklidischen Ring und einen ›ZPE-Ring.

Gaußsche Zerlegung einer ›topologischen Gruppe G heißt die Darstellung einer überall dichten Untermenge G_0 in der Form $G_0 = NHN^*$, wo H abelsche Untergruppe und N und N^* nilpotente Untergruppen von G sind. Das stellt die Verallgemeinerung der Zerlegung einer nichtsingulären Matrix in eine untere Dreiecksmatrix, Diagonalmatrix und obere Dreiecksmatrix dar, wobei die Dreiecksmatrizen Einsen in der Hauptdiagonalen haben.

Lit.: [L 21]

Gaußscher Algorithmus = ›Gaußsches Eliminationsverfahren

Gaußscher Ring = ZPE-Ring ›ZPE-Satz

Gaußsches Eliminationsverfahren (= *Gaußscher Algorithmus*) zur Auflösung eines ›linearen Gleichungssystems über einem Körper $a_{i1}x_1 + \cdots + a_{in}x_n = b_i$ ($i = 1, \ldots, m$), in Matrizenschreibweise $\boldsymbol{Ax} = \boldsymbol{b}$, besteht darin, durch ›elementare Transformationen zu einem äquivalenten linearen Gleichungssystem überzugehen, dessen Koeffizientenmatrix A' folgende *kanonische Dreiecksgestalt*

(*Trapezform*) hat:

$$A' = \begin{pmatrix} a'_{11} & \cdots & \cdots & \cdots \\ & a'_{22} & \cdots & \cdots \\ & & \ddots & \\ & & a'_{rr} & \cdots \\ 0 & \cdots & \cdots & 0 \\ \cdots & \cdots & \cdots & \cdots \\ 0 & \cdots & \cdots & 0 \end{pmatrix},$$

in der also alle Elemente unterhalb der Hauptdiagonalen verschwinden, während die ersten r = Rang A Elemente der Hauptdiagonalen von Null verschieden sind und alle Elemente der darauffolgenden Zeilen verschwinden, in Zeichen: $a_{ij} = 0$ für $i > j$, $a_{ii} \neq 0$ für $i = 1, \ldots, r$, $a_{ij} = 0$ für $i > r$. Das auf diese Weise entstehende sog. *gestaffelte Gleichungssystem* läßt sich dann leicht auf Lösbarkeit untersuchen und gegebenenfalls, mit der r-ten Gleichung beginnend, sukzessive lösen.

Um die erforderliche Umformung durchzuführen, setzt man durch geeignete Numerierung der Unbekannten und Gleichungen o. B. d. A. voraus, daß $a_{11} \neq 0$ ist, und erreicht durch Subtraktion geeigneter Vielfacher der ersten Gleichung von den übrigen, daß die übrigen Elemente der ersten Spalte der Koeffizientenmatrix Null werden. Die 2. bis m-te Gleichung bilden dann ein lineares Gleichungssystem für die Unbekannten $x_2, \ldots, x_n$, das analog behandelt wird, usw.

Lit.: [M 4], [M 26]
HARTREE, D. R.: Numerical analysis. Oxford University Press, Oxford 1955.
WILLERS, F. A.: Methoden der praktischen Analysis. De Gruyter, Berlin 1950.

gebrochene Zahl >ganzrationale Zahlen

gebrochenes [Haupt]ideal >Divisor, (im nichtkommutativen Falle) >Ordnung

gefiltert >Filtrierung

Gegenbereich einer >**Relation**

Gegengruppe >Antihomomorphismus, >entgegengesetzte Struktur

Gegengruppoid >Antihomomorphismus

Gegenring >Antihomomorphismus, >entgegengesetzte Struktur

Geminante >Diskriminante eines Polynoms

gemischte Assoziativität >Bimodul

gemischte Gruppe heißt eine (abelsche) Gruppe, die sowohl Elemente endlicher als auch unendlicher Ordnung ($\neq$ neutrales Element) enthält. Eine g. G. heißt *aufspaltend*, wenn sie direkte Summe einer ›Torsionsgruppe T und einer ›torsionsfreien Gruppe J ist; T ist dabei eindeutig bestimmt, J bis auf einen Isomorphismus eindeutig.

Lit.: [G 13]

gemischtes Ideal ›ungemischtes Ideal

Generalnenner ›Bruch

Generator ›Generatormenge

Generatormenge (= *erzeugende Menge* = *koseparierende Menge*) einer Kategorie $\mathcal{A}$ (›Kategorientheorie) heißt eine Familie U von Objekten U_i, für die zu jedem Paar verschiedener Morphismen $\alpha, \beta: A \to B$ für ein i ein Morphismus $u: U_i \to A$ mit $u\alpha \neq u\beta$ existiert. Ein Objekt G heißt *Generator*, wenn es allein eine G. bildet; das ist gleichbedeutend damit, daß der kovariante Morphismenfunktor $H^G: \mathcal{A} \to \mathcal{E}ns$ eine Einbettung ist. Dual dazu (Umkehrung der Pfeile und Produkte) ist der Begriff der *Kogeneratormenge* (= *koerzeugende Menge*) und des *Kogenerators* erklärt. Beispiele: In der Kategorie der Mengen $\mathcal{E}ns$ ist jede nichtleere Menge ein *Generator*, in der der topologischen Räume $\mathcal{T}op$ jeder diskrete nichtleere Raum, in der Kategorie der abelschen Gruppen $\mathbb{Z}$, in der der R-Linksmoduln R selbst. *Kogenerator* ist in $\mathcal{E}ns$ jede Menge mit mindestens zwei Elementen, in $\mathcal{T}op$ jeder Raum mit gröbster Topologie und mindestens zwei Punkten.

Ein Objekt heißt *endlich erzeugt* bez. einer G. U, wenn es Quotient eines endlichen Koprodukts der Form $\bigoplus U_i$ ist; es heißt *frei* bez. U, wenn es (nicht notwendig endliches) Koprodukt von Objekten aus Z ist (ein und dasselbe Objekt darf mehrmals auftreten).

Lit.: [C 10], [C 15I]

generelle Algebra = ›allgemeine Algebra

Genus ›Geschlecht einer Algebra

geometrische Vielfachheit ›charakteristisches Polynom 2.

geometrischer lokaler Ring (= geometrischer Stellenring): Ist $R = k[X_1, \ldots, X_n]$ ein ›Polynomring über einem Körper k, sind $\mathfrak{p}_1 \supset \mathfrak{p}_2$ zwei Primideale von R und $\bar{R} = R/\mathfrak{p}_2$ und $\bar{\mathfrak{p}}_1 = \mathfrak{p}_1/\mathfrak{p}_2$, so ist die Lokalisierung $\bar{R}_{\bar{R} \setminus \bar{\mathfrak{p}}_1}$ ein ›lokaler Ring. Derartige lokale Ringe heißen g. l. R., da solche Ringe als lokale Ringe von

k-irreduziblen algebraischen Mannigfaltigkeiten (bei zugehörigen Punkten) auftreten; sie haben speziellere Eigenschaften als allgemeine lokale Ringe.

Lit.: [R 25]

geometrischer Verband >semimodularer Verband

geordnet auch >angeordnet

geordnete Gruppe (= *teilweise geordnete Gruppe* = *partielle geordnete Gruppe* = *halbgeordnete Gruppe*) heißt eine Gruppe G, die zugleich bez. einer Ordnungsrelation $\leqq$ halbgeordnet ist und dem folgenden *Monotoniegesetz* genügt: aus $a \leqq b$ folgt $ca \leqq cb$ und $ac \leqq bc$ für alle $c \in G$. Fordert man nur die erste bzw. zweite Implikation, so heißt die Gruppe *linksgeordnet* bzw. *rechtsgeordnet*. Beispiel: Automorphismengruppe einer linear geordneten Menge.

Ist G Operatorgruppe mit dem >Operatorenbereich Ω, so heißt G *Ω-geordnet*, wenn zusätzlich $a^\omega \leqq b^\omega$ aus $a \leqq b$ für alle $\omega \in \Omega$ folgt. G heißt *linear geordnet, angeordnet, einfachgeordnet*, zuweilen auch *geordnet*, wenn die *Ordnung linear* (= *total*) ist, d. h., für beliebige $a, b \in G$ stets $a \leqq b$ oder $b \leqq a$ gilt; G heißt *verbandsgeordnet* oder >*Verbandsgruppe*, wenn durch die Halbordnung von G ein >Verband definiert wird. Außer im Falle der einelementigen Gruppe kann eine g. G. weder ein größtes noch ein kleinstes Element besitzen. Eine additiv geschriebene abelsche g. G. heißt auch *geordneter* bzw. *angeordneter Modul*.

Im Hinblick darauf, daß man (auch im nichtkommutativen Fall) g. G. häufig additiv schreibt, heißen Elemente $a \in G$ mit $a \geqq e$ ($a > e$) *positiv* (*streng positiv*), die mit $a \leqq e$ ($a < e$) *negativ* (*streng negativ*). Die positiven Elemente bilden den *Positivbereich* P von G; er hat die Eigenschaften: (i) $e \in P$; (ii) aus $a \in P$, $a^{-1} \in P$ folgt $a = e$; (iii) aus $a, b \in P$ folgt $ab \in P$ (d. h., P ist Unterhalbgruppe von G); (iv) aus $a \in P$ folgt $x^{-1}ax \in P$ für alle $x \in G$ (d. h., P ist invariant gegenüber allen inneren >Automorphismen von G). Umgekehrt definiert jede Untermenge P in G mit den Eigenschaften (i)—(iv) eine Ordnungsrelation $\leqq$, indem man $a \leqq b$ genau dann schreibt, wenn $ab^{-1} \in P$ (oder äquivalent dazu $a^{-1}b \in P$) gilt. G ist genau dann angeordnet, wenn $G = P \cup P^{-1}$ ist.

Betrag $|a|$ eines Elements a einer linear g. G. G heißt das Maximum von a und a^{-1}. Elemente a und b heißen *archimedisch äquivalent* (in Zeichen $a \sim b$), wenn es natürliche Zahlen m, n mit $|a| < |b|^m$ und $|b| < |a|^n$ gibt. G ist genau dann >*archimedisch g. G.*, wenn es höchstens zwei zugehörige Äquivalenzklassen (sog. *archimedische Klassen*) gibt.

Eine Ordnungsrelation $\leqq_2$ auf einer Gruppe G heißt *Erweiterung* einer Ordnungsrelation $\leqq_1$, wenn aus $a \leqq_1 b$ stets $a \leqq_2 b$ (d. h. für die entsprechenden Positivbereiche $P_1 \subset P_2$) gilt. Eine abelsche Gruppe (d. h. bei additiver Schreibweise ein Modul) G läßt sich genau dann linear ordnen (ist *anordnungsfähig*), wenn sie außer dem Einselement kein Element endlicher Ordnung enthält (*Satz von F. Levi*). Unter denselben Voraussetzungen besitzt jede Ordnungsrelation auf G eine lineare Erweiterung. Wenn N eine beliebige Unterhalb gruppe von G ist, die das Einselement nicht enthält, so kann G so angeordnet werden, daß dabei die Elemente von N positiv werden.

Für nichtkommutative Gruppen gelten die *Sätze von M. Ohnishi*:

(i) Eine Gruppe G kann genau dann angeordnet werden, wenn bei beliebigem n für je n Elemente $a_1, \ldots, a_n$ ungleich e die von den $a_i^{\varepsilon_i}$ erzeugten Halbgruppen $S(a_1^{\varepsilon_1}, \ldots, a_n^{\varepsilon_n})$ bei beliebiger Wahl von $\varepsilon_i = \pm 1$ nie das Einselement e enthalten (das ist nach LORENZEN gleichbedeutend damit, daß ihr Durchschnitt leer ist). Das ist ein Spezialfall des *Satzes von Fuchs*, nach dem sich eine Halbordnung mit dem Positivbereich P genau dann zu einer linearen Ordnung fortsetzen läßt, wenn stets $P \cap S(a_1^{\varepsilon_1}, \ldots, a_n^{\varepsilon_n}) = \emptyset$ ist.

(ii) Bezeichnet C_u die von $u \in G$ erzeugte invariante Unterhalbgruppe in G, so ist notwendig und hinreichend dafür, daß sich jede Ordnungsrelation in G zu einer linearen erweitern läßt, daß $e \notin C_a$ für alle $a \neq e$ und $C_x \cap C_y \neq \emptyset$ ist, falls C_x und C_y in demselben C_a enthalten sind.

Ein Gruppenhomomorphismus σ einer g. G. G in eine g. G. F heißt ›*Ordnungshomomorphismus*, wenn aus $a \leqq b$ in G stets $a^\sigma \leqq b^\sigma$ in F folgt; das bedeutet für die Positivbereiche $P(G)^\sigma \subset P(F)$. Ein bijektiver Ordnungshomomorphismus σ heißt *Ordnungsisomorphismus*, wenn auch σ^{-1} Ordnungshomomorphismus ist. Für einen Normalteiler H der g. G. G, der konvex ist, d. h., mit a, b auch alle x mit $a \leqq x \leqq b$ enthält, ist die Faktorgruppe G/H g. G., indem man in G/H genau dann $aH \leqq bH$ setzt, wenn $a' \leqq b'$ für gewisse $a' \in aH$ und $b' \in bH$ ist, d. h., daß der Positivbereich $P(G/H)$ von G/H Bild des Positivbereichs $P(G)$ bei dem natürlichen Homomorphismus von G auf G/H ist. Ein Normalteiler der g. G. G ist genau dann der *Kern* eines Ordnungshomomorphismus von G, wenn er konvex ist.

Eine Gruppe G heißt *O-Gruppe*, wenn sie linear geordnet werden kann; *O*-Gruppe*, wenn sich jede Halbordnung auf G zu einer linearen Ordnung fortsetzen läßt; *LO-* bzw. *LO*-Gruppe*, wenn jede endlich erzeugte Untergruppe *O*- bzw. *O**-Gruppe ist. Eine Gruppe G ist genau dann *O**-Gruppe, wenn für jedes g $(\neq e) \in G$ die von g erzeugte invariante Unterhalbgruppe $S(g)$ nicht das Einselement e enthält und für beliebige $x, y \in S(x)$ gilt $S(x) \cap S(y) \neq \emptyset$. Alle torsionsfreien nilpotenten Gruppen sind *O**-Gruppen, ebenso jede Gruppe, von der jede endlich erzeugte Untergruppe *O**-Gruppe ist. Eine Gruppe ist genau dann *LO*-Gruppe, wenn sie *O*-Gruppe ist. Jede *LO**-Gruppe ist *O**-Gruppe; jede *O**-Gruppe eine *O*-Gruppe, aber nicht umgekehrt. Jede torsionsfreie lokal nilpotente Gruppe ist *LO**-Gruppe, ebenso das Hyperzentrum torsionsfreier Gruppen. Eine Gruppe G ist genau dann *O*-Gruppe, wenn sowohl ihr Zentrum Z als auch die Faktorgruppe G/Z *O*-Gruppen sind. Das ›freie Produkt und das Kranzprodukt, das eingeschränkte und das uneingeschränkte direkte Produkt von *O*-Gruppen ist *O*-Gruppe, dagegen ist die ›freie Gruppe mit mindestens zwei Erzeugenden nicht *O**-Gruppe. Das eingeschränkte ›direkte Produkt von *O**- bzw. *LO**-Gruppen ist wieder *O**- bzw. *LO**-Gruppe, dagegen nicht das uneingeschränkte direkte Produkt.

Eine Gruppe G kann genau dann *rechtsgeordnet* werden, wenn für endlich viele Elemente $x_i \neq e$ aus G stets Zahlen $\varepsilon_i = \pm 1$ existieren, so daß die von den $x_i^{\varepsilon_i}$ erzeugte Halbgruppe nicht das Einselement enthält. Es gibt nichtkommutative rechts-g. G. ohne echte konvexe Untergruppen.
›diskrete einfach g. G.

Lit.: [A 13], [A 16], [EA 6], [O 1], [O 2], [O 3], [O 5], [O 8], [O 9], [V 3]
FUCHS, L.: On orderable groups. In: L. G. KOVÁCS, B. H. NEUMANN (ed.): Proceedings of the International Conference on the Theory of Groups. Gordon and Breach, New York 1967, 89–98.
GOODEARL, K. R.: Partially ordered abelian groups with interpolation. Amer. Math. Soc., Providence 1986.
LORENZEN, P.: Abstrakte Begründung der multiplikativen Idealtheorie. Math. Z. 45 (1939), 533–553.
LORENZEN, P.: Über halbgeordnete Gruppen. Arch. Math. 2 (1949), 66–70; Math. Z. 52 (1950), 483–526.
LORENZEN, P.: Die Erweiterung halbgeordneter Gruppen zu Verbandsgruppen. Math. Z. 58 (1953), 15–24.
MINASSIAN, D. P.: Types of fully ordered groups. Amer. Math. Monthly 80 (1973), 159–169.
MURA, R. B., A. RHEMTULLA: Orderable groups. Dekker, New York 1977.
POWELL, W. B., C. TSINAKIS (ed.): Ordered Algebraic Structures. Dekker, New York 1985.
RIBENBOIM, P.: Théorie des groupes ordonnés. Bahia Blanca 1964.
SMITH, J. E., G. O. KENNY, R. N. BALL (ed.): Ordered groups. Dekker, New York 1980.

geordnete Halbgruppe (= *teilweise geordnete Halbgruppe* = *halbgeordnete Halbgruppe*) heißt eine ›Halbgruppe mit einer Halbordnung $\leqq$, für die aus $a \leqq b$ stets $ac \leqq bc$ und $ca \leqq cb$ folgt; sie heißt *streng* g. H., wenn aus $a < b$ sogar $ac < bc$ und $ca < cb$ folgt (im Falle von ›geordneten Gruppen bedeutet das keine Verschärfung); *angeordnet* oder *linear geordnet*, wenn die Ordnungsrelation linear ist, und *verbandsgeordnet*, *Verbandshalbgruppe*, *assoziativer Verband* oder *l-Halbgruppe*, wenn die Halbordnung einen ›Verband darstellt und $c(a \vee b) = ca \vee cb$ und $(a \vee b)\, c = ac \vee bc$ gilt.

Die Elemente a, b einer linear g. H. S heißen *archimedisch äquivalent*, wenn für geeignete $n \in \mathbb{N}$ jeweils $a \leqq b \leqq a^n$, $b \leqq a \leqq b^n$, $a^n \leqq b \leqq a$ oder $b^n \leqq a \leqq b$ gilt, d. h., wenn a und b dieselbe konvexe Unterhalbgruppe erzeugen; diezu dieser ›Äquivalenzrelation gehörigen Äquivalenzklassen heißen *archimedische Klassen*. Wenn alle streng positiven bzw. streng negativen Elemente ein und derselben archimedischen Klasse angehören, heißt die Halbgruppe *archimedisch [geordnet]*, im Falle einer linear g. H. *archimedisch angeordnet Halbgruppe*.

Die Begriffe aus der Theorie ›geordneter Gruppen übertragen sich weitgehend.

Lit.: [O 1], [V 2]
SATYANARAYANA, M.: Positively ordered semigroups. Academic Press, New York 1979.

geordneter Körper >angeordneter Ring

geordneter Modul >geordnete Gruppe

geordnetes Gruppoid heißt ein mit einer Halbordnungsrelation $\leqq$ versehenes >Gruppoid, für das aus $a \leqq b$ stets $ac \leqq bc$ und $ca \leqq cb$ folgt. Die Ordnungsrelation heißt *streng*, wenn aus $a < b$ stets $ac < bc$ und $ca < cb$ folgt; *stark*, wenn aus $ac \leqq bc$ und $ca \leqq cb$ stets $a \leqq b$ folgt.

Ein Element a eines g. G. G heißt *positiv* (*streng positiv*), wenn $ax \geqq x$ und $xa \geqq x$ bzw. $ax > x$ und $xa > x$ für alle x gilt; analog ist die Negativität erklärt. Ein g. G., in dem alle Elemente positiv sind und aus $a < b$ stets $ax = ya = b$ für gewisse $x, y \in G$ gilt, heißt *natürlich g. G.*; Beispiel: Positivitätsbereich einer >geordneten Gruppe.

Lit.: [O 1]

Gerade >Inzidenzstruktur

gerade Zahl ist eine durch 2 teilbare >**ganzrationale Zahl**; jede andere ganzrationale Zahl heißt *ungerade*.

gerader Vektor >Semibilinearform

gerades Element >Cliffordsche Algebra

geränderte Determinante bzw. **Matrix** >Rändern

geränderte symplektische Gruppe >symplektische Invariante

gerichtete Gruppe ist eine >geordnete Gruppe G, deren unterliegende Menge >gerichtet ist; durch Übergang zu den Inversen folgt dann zu gegebenen $a, b \in G$ nicht nur die Existenz eines $c \in G$ mit $c \geqq a$, $c \geqq b$, sondern auch die eines d mit $d \leqq a$ und $d \leqq b$. Man sagt auch, G besitzt die *Moore-Smith-Eigenschaft*. Äquivalent hierzu ist nach CLIFFORD, daß jedes Element von G (bei additiver Schreibweise) die Differenz zweier positiver Elemente ist, daß also G von seinen positiven Elementen erzeugt wird.

Lit.: [O 1]

gerichtete Menge heißt eine durch $\leqq$ halbgeordnete (gelegentlich auch allgemeiner eine vorgeordnete) Menge, in der zu je zwei Elementen a, b stets ein c mit $c \geqq a$ und $c \geqq b$ existiert.

Geschlecht einer Algebra: 1. $\mathfrak{A}$ sei nichtassoziative >Algebra endlicher Dimension über einem Körper K. Die kleinste Anzahl m über K linear unabhängiger Elemente $x_1, \ldots, x_m \in \mathfrak{A}$, die $\mathfrak{A}$ erzeugen (*Erzeugende* von $\mathfrak{A}$ sind), d. h., für die jedes $x \in \mathfrak{A}$ Linearkombination von Produkten der x_i mit Koeffizienten aus K ist, heißt *Nullität* von $\mathfrak{A}$. Die Differenz aus Dimension und Nullität ist nach PATTERSON das G. von $\mathfrak{A}$.

2. Ist die nichtassoziative K-Algebra $\mathfrak{A}$ nilpotent vom Exponenten r, d. h. $\mathfrak{A}^{r-1} \supsetneqq \mathfrak{A}^r = (0)$, wobei die Potenzen rekursiv durch $\mathfrak{A}^1 = \mathfrak{A}, \mathfrak{A}^m = \sum_{i=1}^{m-1} A^i A^{m-i}$ definiert sind, und n_i die Dimension von $\mathfrak{A}^i \bmod \mathfrak{A}^{i+1}$ $(i = 1, \ldots, r-1)$, so heißt nach PICKERT das $(r-1)$-Tupel $(n_1, \ldots, n_{r-1})$ das G. von $\mathfrak{A}$, während HAZLETT $(r; n_1, \ldots, n_{r-1})$ als *Genus* bezeichnet. Nach FROBENIUS ist $r \leqq 1 + \sum_{i=1}^{r-1} n_i$.

Lit.: PATTERSON, E. M.: On the generators of nilpotent linear algebras. Quart. J. Math., Oxford (2) 7 (1956), 17–23.
PICKERT, G.: Neue Methoden in der Strukturtheorie der kommutativ-assoziativen Algebren. Math. Ann. **116** (1939), 217–280.

Geschlecht quadratischer Formen >verwandte quadratische Formen

Geschlecht von Gruppen >Erweiterung von Gruppen

geschmälert = derogatorisch >Minimalpolynom einer Matrix

gestaffeltes Gleichungssystem >Gaußsches Eliminationsverfahren

Gewicht 1. G. einer >Booleschen Algebra

2. G. einer Invariante >Gewicht eines Polynoms

3. G. einer linearen >Darstellung π einer >Lieschen Algebra L über einem Körper K in einem Vektorraum V heißt eine Abbildung α von L in K, zu der es einen Vektor $x \neq 0$ aus V mit $\big(\pi(a) - \alpha(a)\,1\big)^k (x) = 0$ für alle $a \in L$ und eine gewisse natürliche Zahl k gibt (1 bezeichnet die identische Abbildung). Diese Vektoren x bilden zusammen mit dem Nullvektor einen Untervektorraum V_α von V, den *G.-Raum* zum G. α. Bei nilpotentem L ist V_α Untermodul. Wenn $V_\alpha = V$ ist, heißt V ein zu dem G. α gehöriger *G.-Modul* für L. Ist V endlich-dimensionaler G.-Modul zur Darstellung π, so ist der duale Modul V^* G.-Modul der kontragredienten Darstellung zum G. $-\alpha$. Das Tensorprodukt $V \otimes W$ von G.-Moduln V, W vom G. α bzw. β ist G.-Modul zum G. $\alpha + \beta$. Im Falle einer endlichdimensionalen nilpotenten Lieschen Algebra L, für die $\pi(L)$ aufspaltende Liesche Algebra von linearen Transformationen von V ist (ist bei algebraisch abgeschlossenem K erfüllt), zerfällt V in die direkte Summe endlichvieler G.-Untermoduln von V (*G.-Zerlegung* von V bez. L).

Ist H nilpotente Unteralgebra der endlichdimensionalen Lieschen Algebra L, aufgefaßt als L-Modul bez. der >adjungierten Darstellung ad von L, und spaltet ad H auf (ist bei algebraisch abgeschlossenem K automatisch erfüllt), so erhält man eine entsprechende G.-Zerlegung von L bez. H: $L = L_\alpha \oplus L_\beta$

$\oplus \cdots \oplus L_\gamma$ (wo die Indizes jeweils die entsprechenden G. angeben), die sog. *Fittingsche Zerlegung* von L bez. H; die G. heißen hier *Wurzeln*, die Räume $L_\alpha, \ldots$ *Wurzelräume* von L bez. H.

Ist insbesondere K algebraisch abgeschlossen, L komplexe halbeinfache Liesche Algebra und H Cartansche Unteralgebra, so kann man die Basis $v_1, \ldots, v_r$ des r-dimensionalen Vektorraums V so wählen, daß $\pi(h)\, v_i = \alpha_i(h)\, v_i$ für jedes $h \in H$ gilt; die G. α_i der Darstellung π (bez. H) sind dann lineare Funktionen auf H. Im Falle $V = L$ und $\pi = \mathrm{ad}$, in dem sich die Wurzeln als G. ergeben, gibt es genau $n - l$ Wurzeln ($\neq 0$) α_i mit $n =$ Dimension von L und $l =$ Dimension $H =$ Rang L; diese sind paarweise entgegengesetzt, und es gibt genau l linear unabhängige unter ihnen, etwa $\alpha_1, \ldots, \alpha_l$. Jede Linearform ω auf L läßt sich als Linearkombination $\omega = \sum_{i=1}^{l} \mu_i \alpha_i$ der *Wurzeln* (*Wurzelformen*) schreiben. Man ordnet die Gesamtheit aller Linearformen auf H, indem man $\omega_1 < \omega_2$ setzt, wenn in $\omega = \omega_2 - \omega_1$ der erste nichtverschwindende Koeffizient μ_1 positiv ist. Das größte G. einer Darstellung π von L in diesem Sinne heißt *dominantes G.*; es ist also bez. einer Basis von Wurzelformen in einer bestimmten Anordnung definiert.

Im folgenden sei L endlichdimensionale halbeinfache Liesche Algebra, char $K = 0$ und H eine aufspaltende Cartansche Unteralgebra von L, d. h., die charakteristischen Wurzeln von $\mathrm{ad}\, h$ mit $h \in H$ liegen stets im Grundkörper, so daß die Killingsche Zerlegung von L in die Wurzelräume existiert (bei Voraussetzung der algebraischen Abgeschlossenheit von K ist das gewährleistet). Dann sind die zu zwei verschiedenen Wurzeln α, β gehörigen Räume L_α, L_β bez. der ›Killing-Form orthogonal. Die einzigen Vielfachen einer Wurzel $\alpha \neq 0$, die wieder Wurzeln sind, sind α, $-\alpha$ und 0. Die Dimension des von den Wurzeln aufgespannten Vektorraums H_0^* über $\mathbb{Q}$ ist gleich der Dimension l von H. Zu jeder Wurzel α gehört in H_0^* eine *Spiegelung* S_α an einer sog. *Weylschen Hyperebene,* die jeden Vektor in der zu α orthogonalen Hyperebene fest läßt und α in $-\alpha$ überführt. Die Spiegelungen S_α erzeugen eine endliche Gruppe linearer Transformationen in H_0^*, die sog. *Weylsche Gruppe* W von L (bez. H). $\mathrm{ad}\, H$ annulliert H und läßt noch $\frac{1}{2}(n-1)$ Ebenen $V_1, \ldots, V_{\frac{1}{2}(n-1)}$, die zu H und untereinander senkrecht sind, invariant. Jedes $\mathrm{ad}\, h$ ($h \in H$) induziert in jedem V_i eine infinitesimale Drehung, d. h. eine lineare Abbildung, die bez. einer orthonormalen Basis in V_i durch eine Matrix $\begin{pmatrix} 0 & \gamma_i(h) \\ -\gamma_i(h) & 0 \end{pmatrix}$ dargestellt wird. Das *Diagramm der Lieschen Algebra* ist die Gesamtheit der Ebenen $\gamma_i(x) = 2\pi n$, n ganz, $i = 1, \ldots, \frac{1}{2}(n-1)$. Die Weylschen Ebenen (Ebenen der singulären Elemente von H) werden durch $\gamma_i(x) = 0$ dargestellt.

Eine *Wurzel* α heißt *positiv,* wenn ihre erste nichtverschwindende Koordinate (bez. eines festen Orthogonalsystems) positiv ist, und *einfach,* wenn sie positiv ist und sich nicht als Summe positiver Wurzeln darstellen läßt. Eine

Menge von Basiswurzeln mit dieser Eigenschaft heißt *einfaches Wurzelsystem*; es besteht aus l Wurzeln: $(\alpha_1, \ldots, \alpha_l)$. Die mittels der Killing-Form B hieraus gebildete quadratische Matrix (A_{ij}) mit $A_{ij} = 2B(\alpha_i, \alpha_j)/B(\alpha_i, \alpha_i)$ heißt eine *Cartansche Matrix* für L (bez. H); sie hat die Diagonalelemente 2 und als Nichtdiagonalelemente 0, -1, -2 oder -3. Durch ein einfaches Wurzelsystem und die Cartansche Matrix ist die Menge der Wurzeln bestimmt. Die Cartansche Matrix wird durch das sog. *Dynkin-Diagramm* veranschaulicht. Dazu wählt man l Punkte $\alpha_1, \ldots, \alpha_l$ und verbindet α_i mit α_j für $i \neq j$ durch $A_{ij}A_{ji}$ Linien. Über jeden Punkt α_i schreibt man die ganze Zahl $B(\alpha_i, \alpha_i)$. Aus dem Dynkin-Diagramm kann man die Cartansche Matrix zurückgewinnen. Zu jeder Cartanschen Matrix existiert eine aufspaltende Liesche Algebra.

Lit.: [L 3], [L 9], [L 13]
Dieudonné, J.: Grundzüge der modernen Analysis Bd. 5/6. DVW, Berlin 1979.

4. G. eines Polynoms: Sind $\alpha_1, \ldots, \alpha_r$ Elemente eines kommutativen ›Rings mit Einselement und ist jedem α_i eine reelle Zahl p_i als G. zugeordnet, so versteht man unter dem G. des P. $\sum a_{\nu_1 \ldots \nu_r} \alpha_1^{\nu_1} \ldots \alpha_r^{\nu_r}$ mit nicht sämtlich verschwindenden Koeffizienten die größte Zahl $\nu_1 p_1 + \cdots + \nu_r p_r$ mit $a_{\nu_1 \ldots \nu_r} \neq 0$. Ein Polynom, dessen sämtliche Glieder mit $a_{\nu_1 \ldots \nu_r} \neq 0$ das gleiche Gewicht haben, heißt *isobar*. Im Spezialfall $p_1 = p_2 = \cdots = p_r = 1$ wird das G. gleich dem Grad und isobar daher gleichbedeutend mit homogen. ›symmetrisches Polynom.

Insbesondere nennt man in der ›Invariantentheorie eine ›*Form* I in den Koeffizienten $a_{ijk\ldots}$ einer n-ären Grundform $f = \sum a_{ijk\ldots} x_i x_j x_k \ldots$ *isobar*, wenn bei Multiplikation der $a_{ijk\ldots}$ mit $\lambda_i \lambda_j \lambda_k \ldots$ gilt: $I(\lambda_i \lambda_j \lambda_k \ldots a_{ijk\ldots}) = (\lambda_i \lambda_j \lambda_k \ldots)^g \times I(a_{ijk\ldots})$, wenn also I relative Invariante bez. der Transformationen $x_i \mapsto \lambda_i x_i$ ist. g heißt das G. von I.

5. **λ-Gewicht** ›Kombinante

Gewichtsmodul, -raum bzw. **-Zerlegung** ›Gewicht einer linearen Darstellung

gewöhnliches Symbol ›symbolische Methode

GGLT, GGRT, GGT, g. g. T. ›Teiler

Gitter einer ›Lieschen Gruppe G heißt eine diskrete Untergruppe H, so daß G/H endliches Volumen bez. eines G-invarianten Maßes hat.

Gleichheit ›Äquivalenzrelation, ›Gleichung

Gleichheitsrelation ›Relation

gleichseitige Ideale sind ›Ideale (eines Rings), die beide Rechts- oder beide Linksideale sind.

gleichseitiges Ideal >Ordnung eines Ringes

Gleichsetzungsverfahren >lineares Gleichungssystem

Gleichung heißt ein Ausdruck der Form $T_1 = T_2$, der das Gleichsetzen von gewissen Termen T_1 (der linken Seite der G.) und T_2 (der rechten Seite der G.) ausdrückt, die aus gewissen festen mathematischen Objekten (wie Mengen, Zahlen, Funktionen, Operationen) und aus Variablen für die Elemente gewisser Bereiche (der *Variabilitätsbereiche* dieser Variablen) mathematischer Objekte gebildet sind. Das Zeichen = (*Gleichheitszeichen*) bezeichnet dabei die *Identität* im Sinne der völligen Übereinstimmung oder — häufiger — eine gewisse >Äquivalenzrelation. Gleichungen ohne Variable sind Aussagen über eine *Gleichheit*, die entweder wahr oder falsch sind, wie z. B. $2 \cdot 2 = 4$ oder $2 \cdot 2 = 5$. Eine Gleichung, die Variable enthält und für jede Belegung derselben mit Elementen aus dem zugehörigen Variabilitätsbereich *richtig* ist (*erfüllt wird*), heißt eine *Identität* (= *identische Gleichung*); man schreibt dann oft $\equiv$ statt =; z. B. ist $(a + b)^2 = a^2 + b^2 + 2ab$ eine Identität. Die Negation einer Gleichheit oder Identität wird durch $\neq$ bzw. $\not\equiv$ ausgedrückt.

Eine G., die Variable enthält (und insbesondere keine Identität ist), heißt auch *Bestimmungs-* oder *Forderungsgleichung*; man schreibt dann gelegentlich auch $\doteq$ statt =. Mit ihr ist die Aufgabe verknüpft, diejenigen Elemente (häufig Zahlen) aus dem Variabilitätsbereich zu bestimmen, die nach Einsetzen für die Variablen aus der G. eine wahre Aussage über Gleichheit machen. Jedes solche Elementesystem heißt eine *Lösung* der G. (im Falle einer einzigen Variablen mit Zahlen als Variabilitätsbereich auch *Wurzel*). Die zu belegenden Variablen nennt man auch *Unbekannte*. Die Menge der Lösungen heißt die *Lösungsmenge* der G. Ist diese nicht leer, heißt die G. *erfüllbar* oder *lösbar*, anderenfalls *nicht erfüllbar* oder *unlösbar*. Die G. heißt *allgemeingültig* oder eine *Identität*, wenn jede Belegung Lösung ist.

Gleichungen heißen *äquivalent*, wenn sie dieselbe Lösungsmenge besitzen, anderenfalls nichtäquivalent.

Auf *Gleichungssysteme* (d. h. Systeme von mehreren G.) übertragen sich die Begriffe sinngemäß. >lineares Gleichungssystem, >algebraische Gleichung, >lineare Gleichung.

Gleichung ersten Grades = >lineare Gleichung

gleichungsdefinierte Klasse = >Varietät

gleichungstreues Restsystem >multiplikationstreues Restsystem

G-metrische Menge >metrische Gruppen

going-down-Theorem >going-up-Theorem

going-up-Theorem gilt nach Definition für einen Ringhomomorphismus $\varphi: A \to B$, wenn für beliebige Primideale $\mathfrak{p}, \mathfrak{p}' \in \operatorname{Spec}(A)$ (>Spektrum) mit $\mathfrak{p} \subsetneqq \mathfrak{p}'$ und für jedes über $\mathfrak{p}$ liegende (d. h. das Bild von $\mathfrak{p}$ bei φ enthaltende) $\mathfrak{P} \in \operatorname{Spec}(B)$ ein $\mathfrak{P}' \in \operatorname{Spec}(B)$ mit $\mathfrak{P} \subsetneqq \mathfrak{P}'$ existiert, das über $\mathfrak{p}'$ liegt. Für φ *gilt das going-down-Theorem*, wenn für beliebige $\mathfrak{p}, \mathfrak{p}' \in \operatorname{Spec}(A)$ mit $\mathfrak{p} \subsetneqq \mathfrak{p}'$ und für jedes $\mathfrak{P}' \in \operatorname{Spec}(B)$, das über $\mathfrak{p}'$ liegt, ein $\mathfrak{P} \in \operatorname{Spec}(B)$ mit $\mathfrak{P} \subsetneqq \mathfrak{P}'$ existiert, das über $\mathfrak{p}$ liegt. Äquivalent dazu ist die Forderung, daß für jedes $\mathfrak{p} \in \operatorname{Spec}(A)$ und jedes minimale Primoberideal $\mathfrak{P}$ von $\mathfrak{p}B$ (d. h. $\varphi(\mathfrak{p}) \cdot B$) gilt $\mathfrak{p} \cup A \overset{\text{def}}{=} \varphi^{-1}(\mathfrak{P}) = \mathfrak{p}$. Wenn φ >flacher Homomorphismus ist, so gilt das gowing-down-Theorem für φ.

Satz von Cohen-Seidenberg: Wenn der Oberring B ganz über A ist, so gilt: (i) Die kanonische Abbildung $\operatorname{Spec}(B) \to \operatorname{Spec}(A)$ ist surjektiv. (ii) Zwischen den Primidealen von B, die über einem festen Primideal von A liegen, besteht keine Inklusionsrelation. (iii) Für die Inklusionsabbildung $A \hookrightarrow B$ gilt das g.-u.-T. (iv) Wenn A >lokaler Ring mit dem maximalen Ideal $\mathfrak{p}$ ist, so liegen genau die maximalen Ideale von B über $\mathfrak{p}$.

Wenn außerdem A und B >Integritätsbereiche sind und A ganzabgeschlossen ist, so gilt außerdem: (v) Das gowing-down-Theorem gilt für $A \hookrightarrow B$. (vi) Wenn B die ganze Abschließung von A in einem galoisschen Erweiterungskörper L von $K = \varphi(A)$ ist, so sind zwei beliebige Primideale von B, die über demselben $\mathfrak{p} \in \operatorname{Spec}(A)$ liegen, vermöge eines Automorphismus von A über K konjugiert.

Lit.: [R 24]

Goldie, Satz von, >Quotientenring

Gordan-Capellische Reihe: gibt eine endliche Reihenentwicklung einer in symbolischer Form (>symbolische Methode) geschriebenen n-ären Form $f = (ax)^p (by)^q \dots (dt)^s$ in $k \geqq 2$ verschiedenen Variablenreihen $x_i, y_i, \dots, t_i$ nach Potenzen von

$$E = \begin{vmatrix} (ax) & (ay) & \dots & (at) \\ (bx) & (by) & \dots & (bt) \\ \dots & \dots & \dots & \dots \\ (dx) & (dy) & \dots & (dt) \end{vmatrix}:$$

$$f = \sum_i \Delta_0(f_{0i}) + E \sum_i \Delta_1(f_{1i}) + E^2 \sum_i \Delta_2(f_{2i}) + \dots + E^h \Delta_h(f_h).$$

Hierbei sind $f_{0i}, f_{1i}, \dots, f_h$ symbolische Formen in höchstens $k - 1$ der Variablenreihen $x, y, \dots$ und die Δ_i Polynome von Polaroperationen (>Polarenprozeß) $D_{\alpha\beta} = \sum_i \frac{\partial}{\partial \alpha_i} \beta_i$ $(\alpha, \beta = x, y, \dots, t)$.

Lit.: [I 12]

Gorenstein-Ring ›M-Sequenz

***G*-orientiert** ›orientierte Gruppe

Grad: 1. Wird in verschiedenen Zusammenhängen verwendet: G. bez. einer Graduierung ›graduierter Modul; G. einer Algebra ›Index einer zentralen einfachen Algebra; G. einer ›algebraischen Erweiterung; G. einer ›algebraischen Zahl; G. einer ›Darstellung einer Gruppe; G. einer ›Darstellung von Ringen und Algebren; G. einer Divisorklasse ›Divisor; G. einer ›Matrix; G. einer ›Permutationsgruppe; G. einer ›Stelle; G. eines ›algebraischen Elements; G. eines ›Charakters einer Gruppe; G. eines ›Divisors; G. eines ›Polynoms; formaler G. ›algebraische Gleichung.

2. G. eines nulldimensionalen Polynomideals: Der Restklassenring eines Polynomrings $k[x_1, \ldots, x_n]$ über einem Körper k nach einem nulldimensionalen Ideal $\mathfrak{a}$ ist eine kommutative assoziative ›Algebra über k. Deren Rang (d. h. die Maximalzahl über k linear unabhängiger Elemente) heißt G. von $\mathfrak{a}$.

Lit.: Zu 2.: [A 18II]

graduiert ›graduierter Modul

graduierter Modul: Ist R Ring, Γ eine Indexmenge (in der Regel die Menge $\mathbb{Z}$ der ganzen Zahlen), so heißt R *graduierter Ring,* wenn er sich als Modul in eine ›direkte Summe von Moduln R_j zerlegen läßt: $R = \bigoplus_{j \in \Gamma} R_j$, so daß $R_i R_j \subset R_{i+j}$ (und damit insbesondere $1 \in R_0$) gilt. Ein R-Modul M heißt *g. M.*, wenn er direkte Summe von R_0-Untermoduln M_j mit $R_i M_j \subset M_{i+j}$ ist. Analog ist beispielsweise eine *graduierte Algebra* erklärt.

Die Elemente von R_j bzw. M_j heißen *homogen vom Grade j*, und jedes Element läßt sich eindeutig als Summe homogener Elemente verschiedener Grade zerlegen, seiner *homogenen Komponenten.*

Ein Untermodul N eines g. M. heißt graduiert, wenn $N = \sum N_j$ mit $N_j = N \cap M_j$ gilt; in den N_j erhält man eine Graduierung von N. Analoges gilt für Ideale. Eine *Graduierung* heißt *trivial,* wenn sie sich auf die nullte Komponente reduziert. Ein Untermodul eines g. M. über einem graduierten Ring ist genau dann graduierter Untermodul, wenn er von homogenen Elementen erzeugt wird.

Ein graduierter Ring R heißt ›*homogener Ring* (über R_0), wenn $\Gamma = \mathbb{Z}$ ist und R von R_1 über R_0 erzeugt wird. ›Formenring. Zum Zusammenhang mit Filtrierungen ›Filtrierungen.

Lit.: [A 18II], [EC 3], [R 5], [R 26], [R 27]

Graph ›Abbildung

Graßmannsche Algebra ›äußere Potenz

Grenzform ›Minimum definiter quadratischer Form

Grenzgruppe (= *Limesgruppe*): Ist eine Folge von Gruppen G_1, $G_2, \ldots$ und Monomorphismen (allgemeiner: beliebigen Homomorphismen) $\varphi_n: G_n \to G_{n+1}$ gegeben, so heiße eine Folge $\gamma = (g_k, g_{k+1}, \ldots)$ mit $g_n \in G_n$, $g_{n+1} = g_n^{\varphi_n}$, für die das erste Element g_k im Falle $k > 1$ nicht Bild bei φ_{k-1} ist, ein *Faden*. Definiert man das Produkt von γ mit einem weiteren Faden $\gamma' = (g'_l, g'_{l+1}, \ldots)$ durch $\gamma\gamma' = (g_m g'_m, g_{m+1} g'_{m+1}, \ldots)$ mit $m = \max(k, l)$ (im Falle $k = l$ gegebenenfalls nach Voranstellen geeigneter Glieder), so bilden die Fäden eine Gruppe, die *direkte G.* (= *direkte Limesgruppe*) unserer Folge von Gruppen und Monomorphismen; das ist der ›direkte Limes unserer Folge. (Sind die φ_n nicht Monomorphismen, muß die Konstruktion etwas modifiziert werden.)

Ist andererseits eine Folge von Homomorphismen ψ_n von G_{n+1} auf G_n gegeben, so bilden die analog definierten Fäden $\gamma = (g_1, g_2, \ldots)$ mit $g_n = g_{n+1}^{\psi_n}$ eine Gruppe, die *inverse G.* (= *inverse Limesgruppe*) (den ›inversen Limes unserer Folge von Gruppen und Homomorphismen).

Die Definitionen lassen sich sinngemäß auf halbgeordnete Mengen von Gruppen statt Folgen verallgemeinern.

Lit.: [G 26I], [H 5]

Gröbnerbasis: $R = k[X_1, \ldots, X_n]$ sei Polynomring in n Unbestimmten über dem Körper k. Die Potenzprodukte der X_i werden linear geordnet, und zwar zunächst nach steigendem Grad und für einen festen Grad lexikographisch (nach den Exponenten der X_i). Dann heißt eine Basis eines Polynomideals $\mathfrak{a}$ in R G., wenn die Restklassen mod $\mathfrak{a}$ der Potenzprodukte der X_i, die jeweils nicht Vielfaches des im Sinne der obigen Ordnung höchsten Potenzprodukts der einzelnen Basiselemente von $\mathfrak{a}$ sind, eine linear unabhängige Basis der Restklassenalgebra $R/\mathfrak{a}$ bilden. Von Buchberger ist ein Algorithmus zur Aufstellung einer derartigen Basis (*Buchberger-Algorithmus*) angegeben worden, den Trinks auf den Fall allgemeinerer noetherscher Ringe k verallgemeinert hat. Dieser Algorithmus läßt sich zur Berechnung der Multiplikationstafel der Restklassenalgebra, zur Entscheidung über die Nulldimensionalität des Ideals $\mathfrak{a}$, zur Konstruktion von Nullstellen und zur Aufstellung des Syzygienmoduls von $\mathfrak{a}$ anwenden.

Lit.: Buchberger, B.: Ein algorithmisches Kriterium für die Lösbarkeit eines algebraischen Gleichungssystems, Aequationes Math. 4 (1970), 374—383.

Buchberger, B., R. Loos: Algebraic Simplification, in: B. Buchberger, G. E. Collins, R. Loos (ed.), Computer Algebra. Symbolic and Algebraic Computation, Springer, Wien 1983, 11—43.

Buchberger, B.: Gröbner Bases. An Algorithmic Method in Polynomial Ideal Theory, in: N. K. Bose (ed.): Multidimensional System Theory. Reidel, Dordrecht 1985, 184—232.

Trinks, W.: Über B. Buchbergers Verfahren, Systeme algebraischer Gleichungen zu lösen, J. Number Theory 10 (1978), 475—488.

Größe für eine Gruppe: zentraler Begriff der >Invariantentheorie für beliebige Gruppen und der Tensoralgebra. Die Gruppe G operiere als >*Operatorenbereich* auf einer Menge $\mathfrak{F}$ von „Objekten“ F, d. h., jedem Paar aus einem Element $F \in \mathfrak{F}$ und einem „Operator“ $\sigma \in G$ ist eindeutig ein Objekt $F^\sigma \in \mathfrak{F}$ zugeordnet, so daß $F^{(\sigma\tau)} = (F^\sigma)^\tau$ für alle $F \in \mathfrak{F}$ und $\sigma, \tau \in G$ gilt. Es wird nicht unbedingt gefordert, daß das Einselement 1 von G die identische Abbildung von $\mathfrak{F}$ bewirkt; indem man aber $\mathfrak{F}$ gegebenenfalls durch die Untermenge aller F^1 ersetzt, kann dies o. B. d. A. angenommen werden. Wird jedes F durch eine (feste) endliche Anzahl n von Koordinaten X^i, $i = 1, \ldots, n$ (Elemente aus einem Körper K), bestimmt und hat dann F^σ stets die Koordinaten $\sum_{k=1}^{n} X^k e^i_k(\sigma)$ $(i = 1, \ldots, n)$, wobei zu jedem $\sigma \in G$ eine Matrix $\left(e^i_k(\sigma)\right)$ mit Elementen aus K gehört, so heißen die F G. f. e. G. G und $\mathfrak{F}$ eine *Schar* (oder ein *System*) *von Größen für die Gruppe G*. Die Schar $\mathfrak{F}$ heißt *linear*, wenn sie bezüglich einer *Addition* einen Modul bildet, der gemäß der Abbildung $(F, \sigma) \mapsto F^\sigma$ G-Modul und damit Darstellungsmodul von G über K ist. Meist wird vorausgesetzt, daß $\mathfrak{F}$ eine endliche Basis über K besitzt, daß char $K = 0$ ist und die Koordinaten von F durch F eindeutig bestimmt sind. Dann induzieren die $\sigma \in G$ nichtsinguläre >lineare Abbildungen von $\mathfrak{F}$ auf sich, und die Matrizen $\left(e^i_k(\sigma)\right)$ sind stets nichtsingulär.

Damit ordnet sich die Lehre von den G. f. e. G., die eine lineare Schar bilden, der >Darstellungstheorie unter. Beispiele sind Vektoren, >Tensoren, Skalare, Tensordichten.

Bezieht man jede Größe der linearen Schar $\mathfrak{F}$ auf eine Basis über K, so erhält man als Koeffizienten der Basiselemente die *Komponenten der Größe*. Durch die Operation von G auf einer Basis von $\mathfrak{F}$ erhält man eine >Darstellung der Gruppe G durch nichtsinguläre Matrizen über K. Beispielsweise bildet für festes m die Gesamtheit aller m-fach linearen >Formen $f(x, y, \ldots) = \sum f_{ij\ldots} x^i y^j \ldots$ in m Reihen von Unbestimmten $x^1, \ldots, x^n$; $y^1, \ldots, y^n$; $\ldots$, die linearen homogenen Transformationen einer Gruppe unterworfen werden, deren Koeffizienten wie die $f_{ij\ldots}$ einem Körper K angehören, eine lineare Schar von Größen für G, wobei $x^i, y^j, \ldots$ die Koordinaten und $f_{ij\ldots}$ die n^m Komponenten der Größe f sind, bezogen auf die Basiselemente $x^i y^j \ldots$

Ein Untermodul einer linearen Schar $\mathfrak{F}$, der bei G *invariant* ist (d. h., *in sich transformiert* wird oder die Gruppe G „*gestattet*“), ist wieder eine lineare Schar von Größen für G. Die kleinsten derartigen (sog. *minimalen* oder *irreduziblen*) linearen Teilscharen heißen *einfache G.* für die Gruppe G. Die zugehörigen linearen homogenen Transformationen bilden eine irreduzible Darstellung der Gruppe G. Die lineare Schar $\mathfrak{F}$ (sowie die zugehörige Darstellung von G) heißt *vollständig reduzibel*, wenn sie vollständig in irreduzible lineare Teilscharen $\mathfrak{B}_i$ zerfällt: $\mathfrak{F} = \mathfrak{B}_1 + \cdots + \mathfrak{B}_r$, jede Größe f aus $\mathfrak{F}$ sich also eindeutig als Summe $f = b_1 + \cdots + b_r$ einfacher Größen $b_i \in \mathfrak{B}_i$ darstellen läßt (>Reihenentwicklung der Größe f).

Aus zwei linearen Scharen $\mathfrak{A}$ und $\mathfrak{B}$ für die Gruppe G kann man gemäß der Bildung des >tensoriellen Produkts (Kronecker-Produkts) von Vektorräumen und Darstellungen eine lineare Schar $\mathfrak{C} = \mathfrak{A} \times \mathfrak{B}$ bilden, die als Basiselemente über K die formalen Produkte $a_i b_j$ der Basiselemente a_i von $\mathfrak{A}$ und b_j von $\mathfrak{B}$ besitzt und auf der die Wirkung von G als lineare Abbildung von $\mathfrak{C}$ in sich gemäß $(a_i b_j)^\sigma = (a_i^\sigma b_j^\sigma)$ erklärt ist. Jedes Element von $\mathfrak{C}$ heißt *Kroneckersche Produktgröße, freies Produkt* oder *tensorielles Produkt*; hierzu gehören insbesondere die formalen Produkte $ab = \sum \alpha_i \beta_j a_i b_j$ mit $a = \sum \alpha_i a_i$ und $b = \sum \beta_j b_j$, die man auch mit $a \times b$ bezeichnet. Sind a und b Grundformen, so kann man die $a_i b_j$ auch wieder als Formen schreiben, indem man erforderlichenfalls durch Ersetzung der Variablenreihen durch kogrediente gewährleistet, daß die in a und die in b vorkommenden Reihen von Unbestimmten verschieden sind, und dann einfach die Produktformen $a_i b_j$ bildet.

Auf dem Begriff der Kroneckerschen Produktgröße beruht in der Invariantentheorie die Bildung von *Überschiebungen* und die ›*symbolische Methode*,

Kovariante einer Größe f für eine Gruppe G, die einer linearen Schar angehört. heißt eine Größe h für die Gruppe G, die einer linearen Schar angehört, die eine homogene ganze rationale Funktion von f ist (d. h., deren Komponenten homogene ganze rationale Funktionen gleichen Grades der Komponenten von f sind) und die bei G invariant bleibt, d. h., h^σ ist Bild von f^σ für alle $\sigma \in G$. Die *Kovariante* heißt *linear*, wenn die zugehörige rationale Funktion linear ist. Jede lineare Kovariante einer einfachen Größe ist selbst einfach.

Eine multilineare Kovariante h mehrerer Größen $a, b, \ldots$ läßt sich in eine lineare Kovariante der Kroneckerschen Produktgröße $a \times b \times \cdots$ verwandeln, indem man den Wert von h für die Größen $a_i \times b_j \times \cdots$ definiert als den Wert von h für die Argumente $a_i, b_j, \ldots$ (der Basiselemente der zu $a, b, \ldots$ gehörigen linearen Scharen) und h linear über die ganze Produktschar fortsetzt. Die linearen Kovarianten einer Produktschar lassen sich aus ihrer Zerlegung in einfache Größen gewinnen.

Jede *simultane Invariante* zweier Größen f und g ist eine *bilineare Kovariante* von Kovarianten von f und solchen von g.

Lit.: [D 20], [D 22]
CAPELLI, A.: Sopra le forme ternarie a più serie di variabili. Giornale di Battaglini **18** (1880), 17–34.
CLEBSCH, A.: Theorie der binären algebraischen Formen. Teubner, Leipzig 1872.
GORDAN, P.: Ueber Combinanten. Math. Ann. **5** (1872), 95–122.
GORDAN, P.: Das simultane System von zwei quadratischen quaternären Formen, Math. Ann. **56** (1903), 1–48.
WAERDEN, B. L. VAN DER: Reihenentwicklungen und Überschiebungen in der Invariantentheorie, insbesondere im quaternären Gebiet. Math. Ann. **113** (1936), 14–35.

großer Homomorphismus, Monomorphismus, Untermodul ›wesentliche Erweiterung

größte nilpotente Faktorgruppe ›Klasse einer Gruppe

größtes Ideal ›maximales Ideal

Grothendieck-Bedingg >Grotunhendieck-Kategorie

Grothendieck-Gruppe >K-Theorie

Grothendieck-Kategorie heißt eine kovollständige lokal kleine >abelsche Kategorie, die der folgenden Bedingung (*Grothendieck-Bedingung*) genügt: Ist $m: A \to B$ >Monomorphismus (d. h. Unterobjekt) und $\{n_i: N_i \to B\}$ eine gerichtete Familie von Monomorphismen, so besteht die Isomorphie $\bigcup (m \cap n_i) \cong m \cap \bigcup n_i$. Gelegentlich wird die Existenz einer ausgezeichneten >Generatormenge vorausgesetzt.

Lit.: [C 10], [C 15I]

Grün, Lemma von (= *Grünsches Lemma*): Besitzt die Gruppe G ein Zentrum $Z = Z_1 \neq E$ und ist das Zentrum von G/Z von der Einsuntergruppe verschieden (also Z_1 ungleich der zweiten Gruppe Z_2 der aufsteigenden Zentrenreihe von G), so gibt es einen Homomorphismus von G auf eine von E verschiedene Untergruppe von Z_1. Folglich ist die maximale abelsche Faktorgruppe von G von der Einsgruppe verschieden.

Lit.: [G 26II]

Grün, Sätze von: 1. Bei >Verlagerung einer endlichen Gruppe G in eine p-Sylow-Gruppe P ist die verlagerte Gruppe isomorph zur Faktorgruppe von P nach dem Normalteiler $(P \cap N'_P) \cdot \prod_{\tau \in G} P \cap P'^{\tau}$, wobei N'_P die Kommutatorgruppe des Normalisators N_P von P und P'^{τ} die Konjugierten der Kommutatorgruppe P' von P bezeichnet.

2. Ist die endliche Gruppe G >p-normal, so ist die maximal-abelsche p-Faktorgruppe von G isomorph zur maximal-abelschen p-Faktorgruppe des Normalisators des Zentrums einer p-Sylow-Gruppe von G.

Lit.: [G 23], [G 42]

Grundform >Invariantentheorie, >endliche Drehgruppen

Grundgleichung >Minimalpolynom einer Matrix

Grundinvariante >Invariantentyp

Grundkörper >Vektorraum

Grundkörpererweiterung >Grundringerweiterung, >Darstellung von Ringen und Algebren

Grundoperationen = >rationale Operationen

Grundpolynom >R-Algebra

Grundrechenarten = >rationale Operationen

Grundringerweiterung: Ist R kommutativer >Ring mit Einselement, A unitärer >R-Modul (>R-Algebra) und R' (kommutativer) Oberring von R mit demselben Einselement, so heißt das >Tensorprodukt $R' \otimes_R A$, wobei R' als unitärer R-Modul (R-Algebra) aufgefaßt wird, die G. von A mit R. Sie ist ein Modul (eine Algebra) über R'. Bei Vektorräumen über einem Körper K und K-Algebren spricht man von *Grundkörpererweiterung*, falls $R' = L$ ein kommutativer Erweiterungskörper des Grundkörpers K ist (>R-Algebra). In der algebraischen Geometrie und bei >algebraischen Funktionenkörpern nennt man das auch *Konstantenerweiterung.*

Lit.: [K 3]

Grundzahl >Potenz

Gruppe heißt eine nichtleere Menge G mit einer binären >Operation (häufig als Multiplikation geschrieben), die jedem geordneten Paar (a, b) von Elementen aus G ein eindeutig bestimmtes Element $c = ab \in G$, ihr ***Produkt***, zuordnet mit den Eigenschaften:

(i) Die Verknüpfung ist assoziativ: $a(bc) = (ab)\,c$ für beliebige $a, b, c \in G$.

(ii) Es gibt ein sog. *Eins-* oder auch *Einheitselement* (= *Gruppeneins*) e (oft auch mit 1 bezeichnet) mit $ae = ea = a$ für alle $a \in G$.

(iii) Zu jedem $a \in G$ gibt es ein sog. *inverses Element* $a^{-1} \in G$ mit $aa^{-1} = a^{-1}a = e$.

Bei additiver Schreibweise sagt man statt Einselement auch *Nullelement* 0, bei beliebiger Bezeichnung der Verknüpfung auch *neutrales* [*Gruppen-*] *Element.* Bei additiver Schreibweise sagt man statt inverses Element *entgegengesetztes* Element und schreibt es als $-a$. Für Abschwächungen der Gruppenaxiome und andere Axiomatiken vgl. z. B. [G 26I] und LORENZEN.
>topologische Gruppe, >Liesche Gruppe, >Transformationsgruppe, >Untergruppe, >Normalteiler, >Homomorphismus.

Lit.: [D 2], [Enz 1,9], [G 4], [G 5], [G 8], [G 10], [G 12], [G 13], [G 14], [G 15], [G 16], [G 19], [G 23], [G 24], [G 26], [G 27], [G 28], [G 31], [G 35], [G 36], [G 39], [G 41], [G 42]

BURKHARDT, H.: Die Anfänge der Gruppentheorie und Paolo Ruffini. Z. Math. Phys. **37** (1892), Suppl. S. 119.

BURNS, J. E.: Abstract definitions of groups of degree eight. Amer. J. Math. **37** (1915), 195—214.

CARMICHAEL, R. D.: Introduction to the theory of groups of finite order. Boston 1937.

CHANDLER, B., W. MAGNUS: The history of combinatorial group theory: A case study in the history of ideas, Springer, Berlin 1982.

CRACKNELL, A. P.: Angewandte Gruppentheorie, Akademie-Verlag, Berlin 1971.
DIRL, R.; P. KASPERKOVITZ: Gruppentheorie, Vieweg, Braunschweig 1977.
FITTING, H.: Beiträge zur Theorie der Gruppen endlicher Ordnung, Jahresber. Deutsch. Math.-Verein. 48 (1938), 77–141.
GARVER, R.: A definition of group by means of three postulates. Amer. J. Math. 57 (1955), 276–280.
HAUSMANN, B. A., O. ORE: Theory of quasi-groups. Amer. J. Math. 59 (1937), 983–1004.
HÖLDER, O.: Die Gruppen der Ordnungen p^3, pq^2, pqr, p^4. Math. Ann. 43 (1893), 301–412.
JANSSEN, T.: Crystallographic Groups. North-Holland Amsterdam, American Elsevier, New York 1973.
KAPLANSKY, I.: Infinite abelian groups. Ann. Arbor 1954.
KARGANOPOLOW, M. I., JU. I. MERSLJAKOW: (М. И. Карганополов, Ю. И. Мерзляков): Основы теории групп. Nauka, Moskau 1972.; KARGAPOLOV, M. I., J. I. MERZLJAKOV: Fundamentals of the Theory of Groups. Springer, Berlin 1979.
LEDERMANN, W.: Introduction to the theory of finite groups. Oliver & Boyd, Edinburgh 1953.
LOEWY, A.: Algebraische Gruppentheorie. In: Pascals Repetitorium der höheren Mathematik I, 1. Teubner, Leipzig 1910, 168–249.
LORENZEN, P.: Ein vereinfachtes Axiomensystem für Gruppen. J. reine angew. Math. 182 (1940).
LORENZEN, P.: Ein Beitrag zur Gruppenaxiomatik. Math. Z. 49 (1944), 313–327.
MAZUROV, V. P., YU. I. MERZLYAKOV, V. A. CHURKIN (ed.): The Konrovka Notebook: Unsolved Problems in Group Theory. Amer. Math. Soc., Providence 1983.
MILLER, G. A., H. F. BLICHFELDT, L. E. DICKSON: Theory and applications of finite groups, New York 1916.
WARD, M.: Postulates for the inverse operations in a group. Trans. Amer. Math. Soc. 32 (1930), 520–526.
WUSSING, H.: Die Genesis des abstrakten Gruppenbegriffs. DVW, Berlin 1969.

Gruppe mit ›**Differential**

Gruppe mit eindeutig bestimmter Wurzel (= *R-Gruppe*) heißt eine Gruppe, in der jede Gleichung $x^n = a$ höchstens eine Lösung hat. Jede torsionsfreie ›abelsche Gruppe und jede ›freie Gruppe ist G. m. e. b. W., jede solche Gruppe ist torsionsfrei. Eine ›torsionsfreie Gruppe ist genau dann R-Gruppe, wenn aus $x^n y = y x^n$ stets $xy = yx$ folgt.

Lit.: [G 26II]

Gruppe mit Null (›Halbgruppe) ›Nullelement

Gruppe vom Typus p$^\infty$ (= *Prüfersche Gruppe* [*vom Typus* p^∞] = *quasizyklische Gruppe*) heißt der ›direkte Limes der Folge zyklischer Gruppen Z_{p^n} der Ordnungen p^n mit den Monomorphismen $\varphi_n: Z_{p^n} \to Z_{p^{n+1}}$ (die ein erzeugendes Element von Z_{p^n} auf die n-te Potenz eines erzeugenden Elements von $Z_{p^{n+1}}$ abbilden (direkte ›Grenzgruppe)). Sie ist zur Gruppe aller p-ten, p^2-ten, ...

komplexen ›Einheitswurzeln isomorph (p Primzahl) und kann als unendliche abelsche ›p-Gruppe charakterisiert werden, deren eigentliche Untergruppen zyklisch sind. Solche Gruppen sind die einzigen unendlichen abelschen Gruppen und die einzigen lokalendlichen unendlichen Gruppen mit lauter endlichen Untergruppen; sie sind ›divisionsvollständig. Jede divisionsvollständige abelsche Gruppe ist direkte Summe von zur additiven Gruppe der rationalen Zahlen isomorphen Gruppen und G. v. T. p^∞ für gewisse Primzahlen p. G. v. T. p^∞ sind gleich ihrer ›Frattini-Gruppe. Ihr ›Endomorphismenring ist zum Ring der ganzen ›p-adischen Zahlen isomorph.

Lit.: [G 13], [G 26]

Gruppenalgebra ›Gruppenring, auch ›halbeinfacher Ring

Gruppendeterminante ›Gruppenmatrix

Gruppeneins ›Gruppe

Gruppenisomorphismus ›Isomorphismus

Gruppenkeim = ›lokale Gruppe

Gruppenkranz = ›Kranzprodukt

Gruppenmannigfaltigkeit heißt der Gruppenraum einer ›topologischen Gruppe, der zugleich Mannigfaltigkeit ist, insbesondere eine ›algebraische Gruppe. Welche Eigenschaften notwendig und hinreichend dafür sind, daß eine Mannigfaltigkeit eine G. ist, ist ein ungelöstes schwieriges Problem. Die Homologie-Eigenschaften der G. sind eingehend untersucht, insbesondere gilt nach Hopf: Die rationalen Homologiegruppen und der rationale Homologiering einer kompakten G. sind denjenigen eines gewissen endlichen topologischen Produkts von Sphären ungerader Dimension isomorph, insbesondere ist daher das Poincarésche Polynom (das allgemein die Form $p_0 + p_1 t + p_2 t^2 + \cdots$ hat) einer G. gleich $P(t, G) = (1 + t^{m_1}) \ldots (1 + t^{m_l})$ mit ungeraden m_i. Die Eulersche Charakteristik von G ist 0. Die Summe der Bettischen Zahlen p_s von G ist 2^l, $p_1 \leqq \dim G$, $p_2 = \binom{p_1}{2}$, $p_s = \binom{p_1}{s}$, $p_s \leqq \binom{n}{s}$ für alle s.

Lit.: Hopf, H.: Über die Topologie der Gruppen-Mannigfaltigkeiten und ihre Verallgemeinerungen. Ann. of Math. (2) 42 (1941), 22–52.

Gruppenmatrix: Ist $g \mapsto R(g)$ eine Matrizendarstellung der endlichen Gruppe G über $\mathbb{C}$, so heißt nach Frobenius die mit Unbestimmten X_g gebildete Summenmatrix $\sum_{g \in G} R(g)\, X_g$ eine *zur Gruppe G gehörige Matrix.* Handelt es sich insbesondere um die reguläre Darstellung (›Permutationsdarstellung) von G, so heißt die zugehörige Matrix auch G. und ihre ›Determinante die *Gruppendeterminante* von G.

Lit.: FROBENIUS, G.: Über die Darstellung der endlichen Gruppen durch lineare Substitutionen I, II. Sitzungsber. Preuß. Akad. Wiss. Berlin, phys.-math. Kl. 1897, 994–1015; 1899, 482–500.
FROBENIUS, G.: Über die Primfaktoren der Gruppendeterminante I, II. Sitzungsber. Preuß. Akad. Wiss. Berlin, phys.-math. Kl. 1896, 1343–1382; 1903, 401–409.

Gruppenmultiplikation (= *Paarung* = *bilineare Abbildung*) **von topologischen Gruppen:** Sind G, H und K kommutative (additive) ›topologische Gruppen, so heißt jede stetige Abbildung φ des topologischen Produkts $G \times H$ in K eine G. von G und H in bezug auf K, falls

$$\varphi(g_1 + g_2, h) = \varphi(g_1, h) + \varphi(g_2, h),$$
$$\varphi(g, h_1 + h_2) = \varphi(g, h_1) + \varphi(g, h_2)$$

für beliebige $g, g_1, g_2 \in G$ und $h, h_1, h_2 \in H$ gilt. Statt $\varphi(g, h)$ schreibt man auch gh. Wenn zu kommutativen topologischen Gruppen G, H und K ein solches φ existiert, heißen G und H *Gruppenpaar* (paired groups bzw. groupes associés) bez. K. Eine entsprechende Bildung ist auch ohne Topologie üblich.

Ist H' eine Untermenge von H und $g \in G$, so sagt man, daß H' von g *annulliert* wird, wenn $\varphi(g, h') = 0$ für alle $h' \in H'$ gilt. Die Menge der H' annullierenden Elemente von G ist eine Untergruppe von G, der *Annullator* von H'. Analog sind annullierendes Element und Annullator einer Untermenge G' von G in H definiert. Insbesondere heißen die Gruppen G und H *orthogonal* (sie bilden ein *orthogonales Paar*), wenn der Annullator jeder dieser Gruppen nur aus dem Nullelement der anderen besteht, d. h., wenn aus $gh = 0$ für alle h (für alle g) stets $g = 0$ ($h = 0$) folgt. Sind G, H und K Hausdorffsche Gruppen, so ist jeder Annullator abgeschlossen.

Lit.: [G 31 II]

Gruppenpaar ›Gruppenmultiplikation

Gruppenraum ›topologische Gruppe

Gruppenring (= *Gruppenalgebra*) einer endlichen Gruppe G über einem Körper K (häufig $\mathbb{R}$ oder $\mathbb{C}$), mit $K[G]$ bezeichnet, ist der Ring der formalen Linearkombinationen der Gruppenelemente mit Koeffizienten aus K, die man als mit den Gruppenelementen vertauschbar ansieht, bei komponentenweiser Addition und distributiver Multiplikation unter Beachtung des Gruppengesetzes. Man kann also die Elemente von $K[G]$ (sog. *Gruppenzahlen*) als formale Summen $a = \sum_{s \in G} \alpha(s) \cdot s$, $b = \sum_{s \in G} \beta(s) \cdot s$ mit Funktionen α, β von G in K und den Rechenoperationen

$$a + b = \sum_s \bigl(\alpha(s) + \beta(s)\bigr) \cdot s, \qquad \lambda a = \sum_s \lambda\alpha(s) \cdot s \quad \text{für} \quad \lambda \in K$$

und

$$ab = \sum_t \alpha(t) \cdot t \sum_u \beta(u) \cdot u = \sum_{t,u} \alpha(t)\,\beta(u) \cdot tu = \sum_s \gamma(s) \cdot s \quad \text{mit}$$

$$\gamma(s) = \sum_{tu=s} \alpha(t)\,\beta(u) = \sum_t \alpha(t)\,\beta(t^{-1}s) = \sum_u \alpha(su^{-1})\,\beta(u)$$

schreiben. Der G. $K[G]$ ist genau dann ›halbeinfache Algebra, wenn die ›Charakteristik von K Null oder teilerfremd zur Ordnung von G ist. Das ›Zentrum des G. ist eine Unteralgebra vom Rang s, wo s gleich der Anzahl der Klassen konjugierter Elemente ist. Es besitzt als Basis die Elemente $C_1, \ldots, C_s$, wo C_i die Summe über die Elemente der i-ten Klasse konjugierter Elemente von G bedeutet.

Da die Elemente des G. durch die Funktionen α, β bereits bestimmt sind, kann man äquivalent zu oben diese Funktionen selbst als die Elemente des G. ansehen, die in der üblichen Weise addiert und mit Elementen aus K multipliziert werden, während die Multiplikation als *Faltung* durch das sog. *Faltungsprodukt* $\alpha * \beta$ (oder auch $\beta * \alpha$) gegeben wird, das gerade die oben angegebene Funktion γ liefert.

Die obige Definition ist zur Übertragung auf unendliche Gruppen G nicht brauchbar, weil die hierbei auftretenden unendlichen Summen dann keinen Sinn haben. Man kann aber bei beliebigem Körper K als G. $K[G]$ die Menge aller Funktionen von G in K wählen, die an höchstens endlich vielen Stellen Funktionswerte $\neq 0$ haben, und die obigen Verknüpfungen beibehalten. Üblicher sind folgende Definitionen (in der Regel ist $K = \mathbb{C}$):

(i) $K[G]$ besteht aus den ›*fastperiodischen Funktionen* auf G mit dem Faltungsprodukt

$$(f * g)(x) = M_y\{f(y)\,g(y^{-1}x)\},$$

wo M_y Mittelwertbildung bezüglich y bedeutet.

(ii) $K[G]$ ist die Algebra l^1 der komplexen Funktionen f auf G mit endlicher Norm $\|f\| = \sum_{g \in G} |f(g)|$ und dem Faltungsprodukt

$$(f_1 * f_2)(g) = \sum_{h \in G} f_1(h)\,f_2(h^{-1}g)$$

(hier geht gleichfalls die evtl. vorliegende Topologie von G nicht ein).

(iii) $K[G]$ ist die Algebra $M(G)$ der komplexen *Borelschen Maße* μ auf G, wobei das Faltungsprodukt $\mu_1 * \mu_2$ zweier Maße durch

$$\int_G f(g)\,\mathrm{d}(\mu_1 * \mu_2)(g) = \int_G \int_G f(g_1 g_2)\,\mathrm{d}\mu_1(g_1)\,\mathrm{d}\mu_2(g_2)$$

für eine beliebige meßbare beschränkte Funktion f erklärt ist. Man kann auch die Unteralgebra $M_0(G)$ der regulären Borel-Maße mit kompaktem Träger nehmen.

(iv) Für eine lokalkompakte Gruppe G kann man als G. die Algebra $L^1(G, d\mu)$ nehmen, wo $d\mu$ ein *linkes Haarsches Maß* ist. Das Faltungsprodukt wird dann durch

$$(f_1 * f_2)(g) = \int_G f_1(h)\, f_2(h^{-1}g)\, d\mu$$

erklärt.

Lit.: [D 2], [D 5], [D 11], [D 14]
GELFAND, J. M., D. A. RAIKOW, G. E. SCHILOW: Kommutative normierte Algebren, DVW, Berlin 1964.
HAMERNIK, W.: Group algebras of finite groups. Defect groups and vertices. Vorlesungen aus dem Math. Institut der Univ. Gießen 2, 1974.
KARPILOVSKY, G.: The Jacobian Radical of Group Algebras. North-Holland, Amsterdam 1987.
KARPILOVSKY, G.: Commutative Group Algebras. Dekker, New York 1983.
MAY, W.: Invariants for commutative group algebras. Illinois J. Math. 15 (1971), 525–531.
PASSMAN, D. S.: Infinite group rings. Dekker, New York 1971.
PASSMAN, D. G.: What is a group ring? Amer. Math. Monthly 83 (1976), 173–185.
PLESKEN, W.: Group Rings of Finite Groups over p-adic Integers. LNM 1026. Springer, Berlin 1983.

Gruppentafel (= *Cayleysche [Gruppen-] Tafel*) heißt die quadratische Tafel mit doppeltem Eingang, die in der linken Spalte und der Kopfzeile jeweils sämtliche Elemente der Gruppe enthält und bei der das Element in der i-ten Zeile und j-ten Spalte gleich dem Produkt aus dem vorn in der i-ten Zeile und dem oben in der j-ten Spalte stehenden Element ist. Wählt man, wie üblich, als erstes Element jeweils das Einselement, so kann man auf die Angabe der Kopfzeile und -spalte verzichten, da diese gleich der ersten Zeile und Spalte werden. Treten die Gruppenelemente hierin, wie üblich, in derselben Reihenfolge auf, so ist die Tafel genau dann symmetrisch zur Hauptdiagonalen, wenn die Gruppe abelsch ist. Die G. ist ein Spezialfall einer ›*Kompositionstafel*.

Lit.: [G 26I]

Gruppenzahl ›Gruppenring

Gruppoid (= *binäres System* = *binäre algebraische Struktur* = *Operativ*) ist eine Menge G, auf der eine binäre ›Operation (gewöhnlich als Multiplikation geschrieben) erklärt ist, die nicht aus G herausführt: $(x, y) \mapsto x \cdot y \in G$ für $x, y \in G$. (Ist die Multiplikation nur partiell erklärt, so gelangt man zum Begriff des ›Halbgruppoids.) *Ordnung* eines G. ist seine Elementeanzahl. Ist die Multiplikation kommutativ, heißt das G. *kommutativ* oder *abelsch*. *Unter-* oder *Teilgruppoid* (= *Teiloperativ*) des G. G heißt ein in G enthaltenes G. H mit derselben Multiplikation; G heißt dann auch *Obergruppoid* von H. Eine Untermenge A von G, die bei Multiplikation mit Elementen aus G von links stets in sich abgebildet wird, heißt *linksseitiges Ideal* in G. Analog sind *rechts-* und *zweiseitige Ideale* definiert. Da die Multiplikation nicht assoziativ zu sein braucht, ist zur Festlegung des Produkts aus mehr als zwei Faktoren eine entsprechende Beklammerung notwendig. *Homomorphismen* (= *Deformationen*) und *Isomorphismen* sind wie bei Gruppen definiert.

Eine *Zerlegung* der einem G. G unterliegenden Menge heißt *erzeugend*, wenn das Komplexprodukt (›Komplex) zweier Elemente der Zerlegung stets Untermenge eines Elements der Zerlegung ist. In diesem Fall ist die durch die Zerlegung definierte ›Äquivalenzrelation also mit der Multiplikation verträglich, d. h. eine *Kongruenzrelation* (dem entspricht in der Gruppentheorie die Restklassenzerlegung nach einem Normalteiler). Erklärt man die Multiplikation der Elemente einer erzeugenden Zerlegung repräsentantenweise, so ist die dadurch definierte *Restklassenstruktur* eines G. wieder ein G., ein sog. *Faktoroid* oder *Faktorgruppoid* des G. G. Für weitere Einzelheiten ›[G 4]. G. im Sinne von Ehresmann ›Ehresmannsches G.

Lit.: [A 3], [B 4], [G 4]

H

Haarsches Maß ›invariantes Maß

Hadamardsche Matrix: 1. H. M. der Ordnung n heißt eine $n \times n$-Matrix H mit Elementen ± 1, für die $HH^{\mathsf{T}} = nE$ ist (das ist gleichbedeutend mit der Orthogonalität verschiedener Zeilen). Eine H. M. ist eine Matrix mit Elementen ± 1 und maximalem Betrag der ›Determinante, nämlich $n^{n/2}$. H. M. spielen in der Kombinatorik und der Kodierungstheorie eine Rolle.

2. = *Matrix mit überwiegender* (= *dominierender*) *Hauptdiagonalen*, heißt eine n-reihige quadratische Matrix $A = (a_{ij})$, deren Elemente den Bedingungen $|a_{ii}| > \sum_{\substack{j=1 \\ j \neq i}}^{n} |a_{ij}|$ $(i = 1, \ldots, n)$ genügende reelle (allgemeiner: komplexe) Zahlen sind. Sie ist stets nichtsingulär. H. M. spielen in der Numerik eine wichtige Rolle. Für H. M. A und B gilt $\det (A + B) \geqq \det A + \det B$.

Lit.: Zu 1.: Golomb, S. W., L. D. Baumert: The search for Hadamard matrices. Amer. Math. Monthly **70** (1963), 12–17.
Hall, M.: Combinatorial theory. Blaisdell, Waltham 1967.
Zu 2.: [M 1]
Brenner, J. L., K. L. Cooke: Hadamard matrices. Revista Ci. **59** (1958), 5–13.

halbähnlich unitäre Kollineation ›unitäre Gruppe

Halbalgebra ›Algebra (universelle)

halbdedekindscher Verband = ›Birkhoffscher Verband

Halbdeterminante ›Determinante

Halbdiagonalmatrix = Dreiecksmatrix ›Matrix

halbdirektes Produkt = ›semidirektes Produkt

halbeinfach: 1. Im Sinne von Brown-McCoy ›subdirekte Summe. **2.** Im Sinne von Jacobson ›Jacobsonsches Radikal, ›halbeinfacher Ring

halbeinfache Algebra: 1. *klassische h. A.* (= *halbeinfaches [hyperkomplexes] System* = *[hyperkomplexes] System ohne Radikal*): assoziative ›Algebra über einem Körper K, deren ›Jacobsonsches Radikal (0) ist, d. h. Algebra, deren unterliegender Ring halbeinfach ist. Sie wurde früher auch *Dedekindsche Algebra* genannt. Nach dem klassischen Satz von Wedderburn ist jede h. A. direkte Summe von einfachen Algebren mit Einselement, und jede solche einfache Algebra ist isomorph zu einem vollen Matrixring über einem Schiefkörper. Eine h. A. A über K heißt *absolut halbeinfach*, wenn sie bei jeder Grundkörpererweiterung L/K halbeinfach bleibt, d. h., wenn auch das ›Tensorprodukt $L \otimes A$ halbeinfach ist.

2. Im Sinne einer *Radikaltheorie* (›Radikal eines Rings) Algebra, deren betreffendes Radikal (0) ist.

Lit.: Zu **1.**: [A 17 II], [R 9], [R 13], [R 32]
Zu **2.**: [R 3], [R 30]

halbeinfache algebraische Gruppe heißt eine zusammenhängende lineare ›a. G. positiver Dimension, die nur abelsche zusammenhängende Normalteiler enthält.

Lit.: [G 22]
STEINBERG, R.: Lectures on Chevalley groups. Yale University 1967.

halbeinfache ›Darstellung von Ringen und Algebren

halbeinfache Gruppe: 1. Gruppe, die keinen eigentlichen ›auflösbaren Normalteiler enthält; im Falle einer endlichen Gruppe eine ohne abelschen eigentlichen Normalteiler. Jede endliche Gruppe ist eine ›Erweiterung einer ›auflösbaren Gruppe mit einer h. G. (FITTING). Man erhält alle endlichen h. G. und jede nur einmal, indem man (i) alle endlichen vollständig reduziblen Gruppen ohne Zentrum nimmt, (ii) jede vollständig reduzible Gruppe H ohne Zentrum in ihre Automorphismengruppe Γ einlagert, indem man sie mit der Gruppe der inneren ›Automorphismen identifiziert, (iii) alle Untergruppen von Γ, die H enthalten, in Klassen konjugierter einteilt und (iv) in jeder dieser Klassen je einen Vertreter auswählt.

2. Im Sinne einer *Radikaltheorie* (›Radikal einer Gruppe) ist eine h. G. eine Gruppe, deren Radikal die Einsuntergruppe ist.

Lit.: Zu **1.**: [G 26 II], [G 31 II]
Zu **2.**: FITTING, H.: Beiträge zur Theorie der Gruppen endlicher Ordnung. Jahresber. Deutsch. Math.-Verein. **48** (1938), 77–141.
GOLBERG, P. A. (П. А. Голберг): Бесконечные полупростые группы. Matem. Sbornik **17** (1945), 131–142.

halbeinfache Klasse ›Radikal eines Rings, ›Radikal einer Gruppe

halbeinfache Matrix ist eine quadratische Matrix A über einem Körper k, die zu einer Quasidiagonalmatrix ähnlich ist, bei der die ›charakteristischen Polynome der Diagonalkästchen über k irreduzibel sind. Äquivalent dazu ist sowohl die Halbeinfachheit der Algebra $k[A]$ als auch die Bedingung, daß das Minimalpolynom von A in $k[X]$ keine mehrfachen Faktoren besitzt.

Im Falle eines ›vollkommenen Körpers k ist eine h. M. über einer geeigneten Erweiterung von k zu einer Diagonalmatrix ›ähnlich. Jede quadratische Matrix A über einem vollkommenen Körper läßt sich eindeutig in der Form $A = A_S + A_N$ mit einer nilpotenten Matrix A_N und einer h. M. A_S mit $A_S A_N = A_N A_S$ zerlegen. A_S und A_N gehören zur Algebra $k[A]$.

Lit.: [EA 8]

halbeinfacher Endomorphismus heißt ein Endomorphismus (= ›lineare Abbildung in sich) eines Vektorraums über einem Körper k, zu dem jeder invariante Unterraum ein invariantes direktes Komplement besitzt; er wird durch eine ›halbeinfache Matrix vermittelt. Ein Endomorphismus heißt *absolut halbeinfach*, wenn er bei jeder Körpererweiterung von k (Grundkörpererweiterung) halbeinfach bleibt.

Lit.: [EA 8]

halbeinfacher Modul (= *vollständig reduzibler Modul*) heißt ein unitärer ›R-Modul (etwa Linksmodul) M, in dem jeder Teilmodul direkter Summand ist, also ein direktes Komplement besitzt.

Ein R-Linksmodul M heißt *einfach* oder *minimal*, wenn er $\neq (0)$ ist und keinen echten R-Untermodul $\neq (0)$ besitzt (sein ›Endomorphismenring ist dann notwendig ein ›Schiefkörper). M heißt nach Jacobson *irreduzibel*, wenn zusätzlich noch $RM \neq (0)$ ist. Ein R-Modul M ist genau dann irreduzibel, wenn er $\neq (0)$ und *zyklisch im engeren Sinne* mit jedem Element $\neq 0$ als Erzeugendem ist, d. h., daß in M ein sog. *erzeugendes Element im engeren Sinne* u mit $M = Ru$ existiert. Jeder einfache oder irreduzible Modul ist ein h. M.

Äquivalent zur Halbeinfachheit eines Moduls M ist:

(i) M ist Summe einfacher Untermoduln; (ii) M ist direkte Summe einfacher Untermoduln; (iii) jeder Untermodul von M ist Summe einfacher Untermoduln; (iv) M ist direkte Summe irreduzibler Moduln; (v) M ist gleich der

Summe aller minimalen Untermoduln (seinem *Sockel*); (vi) der >Verband der Untermoduln von M ist komplementär.

Wenn ein h. M. M Summe minimaler R-Moduln M_i ist, so ist er sogar eingeschränkte >direkte Summe eines Teilsystems der M_i. Jedes homomorphe Bild, jeder R-Untermodul eines h. M. und jede Summe h. M. ist ein h. M. Ein R-Linksmodul M ist genau dann vollständig reduzibel in irreduzible R-Teilmoduln, d. h. Summe irreduzibler R-Untermoduln, wenn aus $Rz = (0)$ für $z \in M$ stets $z = 0$ folgt und jeder R-Untermodul von M ein direktes Komplement in M besitzt. Sind zwei ***direkte Zerlegungen*** eines h. M. M in minimale Moduln gegeben, so lassen sich diese eineindeutig so zuordnen, daß einander zugeordnete Moduln isomorph sind (es gilt also der *Satz von Krull-Remak-Schmidt*). Ihre Anzahl (Mächtigkeit) heißt die *Länge* von M.

Für einen h. M. sind äquivalent: (i) M ist Summe endlich vieler einfacher Moduln; (ii) M ist direkte Summe endlich vieler einfacher Moduln; (iii) M hat endliche Länge; (iv) M ist artinsch; (v) M ist noethersch; (vi) M ist endlich erzeugt; (vii) M ist >endlich koerzeugt.

Die Summe aller in einem R-Modul M enthaltenen minimalen R-Moduln heißt der *Sockel* Soc M, die nur über die irreduziblen Moduln erstreckte Summe der *J-Sockel* von M. Beide sind h. M. Soc M ist der größte halbeinfache Untermodul von M. Die Summe derjenigen minimalen (bzw. irreduziblen) Untermoduln, die zu einem festen minimalen (bzw. irreduziblen) R-Untermodul von M isomorph sind, heißt der durch M bestimmte ***Fuß des Sockels*** (bzw. die durch M bestimmte ***homogene Komponente des J-Sockels***). Alle minimalen Untermoduln hierin sind R-isomorph. Der Sockel bzw. J-Sockel und seine Füße bzw. homogenen Komponenten sind ***vollinvariant*** in dem Sinne, daß jeder R-Endomorphismus von M in ihnen R-Endomorphismen induziert. Ein h. M. (also auch der Sockel eines beliebigen R-Moduls) ist direkte Summe seiner Füße. Der Endomorphismenring eines linken h. M. M, dessen minimale R-Moduln zu einem festen Modul M' R-isomorph sind (der also zugleich Fuß ist), ist isomorph zu einem Rechtsvektorraum, dessen Dimension gleich der Länge von M ist, über einem zum R-Endomorphismenring von R' isomorphen Schiefkörper.

R sei ein Ring mit Einselement e und M ein R-Linksmodul. Die Forderung $RM = M$ ist gleichbedeutend damit, daß e als unitärer Operator auf M wirkt, M also unitärer R-Modul ist. Ist M nicht unitär, so kann man M gemäß $x = (x - ex) + ex$ $(x \in M)$ in die >direkte Summe $M_0 \oplus M_1$ von R-Moduln M_i zerlegen, wo der Modul M_0 aller $x - ex$ der Annullator von e in M und M_1 unitär ist. Dann ist $RM = M$, $RM_1 = M_1$. Ist R ein >halbeinfacher Ring, so ist M_1 ein h. M. (Artin). Gilt außerdem die Minimalbedingung für R-Untermoduln von M, so ist M_0 direkte Summe endlich vieler zyklischer >p-Gruppen und Prüferscher Gruppen, und M_1 ist ein h. M. endlicher Länge, d. h. direkte Summe endlich vieler minimaler R-Teilmoduln (Fuchs). Die gleichzeitige Gültigkeit der >Maximal- und Minimalbedingung für R-Untermoduln von M ist gleichbedeutend mit der Existenz einer R-Kompositionsreihe für M. Ist

R halbeinfach, so besitzt M genau dann eine R-Kompositionsreihe, wenn M_0 keine Prüfersche Gruppe als Untergruppe enthält (Fuchs). Im Falle der Ringe R mit Radikal sind für die Untersuchung der R-Moduln die ›Loewy-Reihen von Bedeutung. Sämtliche Begriffe sind auf einen Ring R übertragbar, den man als R-Linksmodul betrachtet (›halbeinfacher Ring).

Lit.: [EA 8], [R 5], [R 7], [R 13], [R 17], [R 21], [R 32]
Fuchs, L.: Wann folgt die Maximalbedingung aus der Minimalbedingung? Arch. Math. 8 (1957), 317–319.
Goldmann, O.: A characterization of semisimple rings with the descending chain condition, Bull. Amer. Math. Soc. 52 (1946), 1021–1027.

halbeinfacher Ring: 1. Ein [*klassisch*] *h. R.* ist ein Ring R mit Minimalbedingung für Linksideale, in dem kein Linksideal $\neq (0)$ nilpotent ist. Äquivalent dazu ist: R ist ein assoziativer rechts- (oder links-) ›artinscher Ring mit dem ›Jacobsonschen Radikal 0 (*h. R. im Sinne von Jacobson*). Er besitzt stets ein Einselement und ist direkte Modulsumme von einfachen Linksidealen, also linksseitig *vollständig reduzibel.* Jeder h. R. ist direkte Summe von endlich vielen vollen Matrixringen über Schiefkörpern (*erster Struktursatz von Wedderburn-Artin*). Dieser direkten Summe entspricht die Zerlegung des Einselements in orthogonale Zentrumsidempotente. Jeder einfache Ring ohne nilpotente Ideale ist ein h. R. Ein ›Gruppenring einer endlichen Gruppe über einem Körper K ist genau dann ein h. R., wenn char K prim zur Gruppenordnung ist.

2. *h. R.* nach Bourbaki oder *vollständig reduzibler Ring* (genauer: linksseitig h. R. oder linksseitig vollständig reduzibler Ring) heißt ein (assoziativer) ›Ring R, der, als R-Linksmodul aufgefaßt, ›halbeinfacher Modul ist. Äquivalent dazu ist jede der folgenden Aussagen: (i) R ist direkte Summe endlich vieler minimaler Linksideale; (ii) jeder R-Linksmodul ist halbeinfach; (iii) jeder R-Linksmodul ist ›injektiv; (iv) jeder R-Linksmodul ist ›projektiv; (v) jeder einfache (d. h. minimale) R-Linksmodul ist projektiv.

Entsprechende Definitionen und Aussagen gelten für rechtsseitige h. R. Ein linksseitig h. R. braucht nicht auch ein rechtsseitig h. R. zu sein. Ein linksseitig h. R. R ist genau dann *h. R. im klassischen Sinne,* wenn R keinen Linksannullator $\neq 0$ enthält; dann fällt linksseitig und rechtsseitig zusammen. Diese Voraussetzungen sind insbesondere erfüllt, wenn R ein Einselement besitzt oder kein nilpotentes Linksideal $\neq 0$ enthält.

Die Begriffe der Theorie der ›halbeinfachen Moduln übertragen sich. Den minimalen oder einfachen bzw. (im Jacobsonschen Sinne) irreduziblen R-Moduln entsprechen hier die *minimalen* oder *einfachen* bzw. *irreduziblen Linksideale* (zu unterscheiden von der Durchschnittsirreduzibilität von Idealen bei der ›Primärkomponentenzerlegung). Entsprechend ist der *Linkssockel* (= *linksseitiges Antiradikal*) eines Ringes R die Summe aller minimalen Linksideale, während die Summe aller zu einem festen minimalen Linksideal isomorphen minimalen Linksideale ein *Fuß des Linkssockels* ist.

Ein minimales Linksideal $\mathfrak{l}$ von R ist entweder nilpotent und daher $\mathfrak{l}^2 = (0)$ oder idempotent ($\mathfrak{l}^2 = \mathfrak{l}$) und daher irreduzibel. Es enthält dann ein idempotentes Element $e \neq 0$ mit $\mathfrak{l} = Re$. Der ›Endomorphismenring eines minimalen Linksideals ist ein ›Schiefkörper. Im Falle eines idempotenten minimalen Linksideals $\mathfrak{l}$ sind die Endomorphismen von der Form $x \mapsto xa$ mit $a \in \mathfrak{l}$. Wenn $\mathfrak{l}$, $\mathfrak{l}'$ isomorphe minimale Linksideale von R sind, so gilt

$$\mathfrak{l}\mathfrak{l}' = \begin{cases} (0), & \text{wenn } \mathfrak{l} \text{ nilpotent,} \\ \mathfrak{l}', & \text{wenn } \mathfrak{l} \text{ idempotent.} \end{cases}$$

Der Linkssockel $\mathfrak{S}$ von R und alle seine Füße sind zweiseitige Ideale von R. Als R-Linksmodul ist er ›halbeinfach, im allgemeinen aber nicht als $\mathfrak{S}$-Linksmodul. Die Summe der nilpotenten minimalen Linksideale von R, die zum gleichen Fuß $\mathfrak{f}$ von $\mathfrak{S}$ gehören, ist ein zweiseitiges Ideal $\mathfrak{n}$ von R und zugleich der Linksannullator (›Annullator) von $\mathfrak{f}$ in $\mathfrak{f}$; es ist $\mathfrak{n}\mathfrak{f} = \mathfrak{n}^2 = (0)$. Ist $\mathfrak{f} \neq \mathfrak{n}$, also $\mathfrak{f}^2 \neq (0)$, so existiert ein Linksideal $\mathfrak{e} \neq (0)$ von R mit $\mathfrak{f} = \mathfrak{e} \oplus \mathfrak{n}$. $\mathfrak{e}$ ist die direkte Summe isomorpher idempotenter minimaler Linksideale von R, und jedes Linksideal von $\mathfrak{e}$ ist auch Linksideal von R. Das Linksideal $\mathfrak{e} \neq 0$ ist daher zugleich linksseitig h. R. und einfacher Ring. Wenn $\mathfrak{f}^2 \neq (0)$ ist, so ist der Rechtsannullator von $\mathfrak{e}$ in $\mathfrak{f}$ gleich (0), jedes Linksideal von $\mathfrak{f}$ ist auch Linksideal von R, der Ring $\mathfrak{f}$ ist gleich seinem Linkssockel (d. h. linksseitig h. R.), und jedes minimale Linksideal von $\mathfrak{f}$ ist ein irreduzibles Linksideal von $\mathfrak{f}$ (und damit auch von R). Da der Linkssockel $\mathfrak{S}$ von R die direkte Ringsumme seiner Füße $\mathfrak{f}$ ist, reduziert sich das Studium der Struktur von $\mathfrak{S}$ und speziell eines linksseitig h. R. auf die Untersuchung seiner Füße $\mathfrak{f}$, wobei die Fälle $\mathfrak{f}^2 = (0)$ ($\mathfrak{f}$ ist ein Nullring) und $\mathfrak{f}^2 \neq (0)$ ($\mathfrak{f}$ ist ein linksquasieinfacher Ring [›quasieinfacher Ring] im Sinne von Dieudonné) zu unterscheiden sind.

Ein linksseitig h. R. R endlicher Länge besitzt nach Szele die Zerlegung $R = \underbrace{(\mathfrak{a}_1 \oplus \cdots \oplus \mathfrak{a}_r)}_{\mathfrak{A}} \oplus \underbrace{(\mathfrak{b}_1 \oplus \cdots \oplus \mathfrak{b}_s)}_{\mathfrak{B}} \oplus \underbrace{(\mathfrak{c}_1 \oplus \cdots \oplus \mathfrak{c}_t)}_{\mathfrak{C}}$, wobei für die minimalen Linksideale $\mathfrak{a}_i$, $\mathfrak{b}_j$, $\mathfrak{c}_k$ von R folgende Produkttafel gilt:

	$\mathfrak{a}_i$	$\mathfrak{b}_j$	$\mathfrak{c}_k$
$\mathfrak{A}$	0	0	0
$\mathfrak{B}$	0	0	0
$\mathfrak{C}$	0	$\mathfrak{b}_j$	$\mathfrak{c}_k$

Jedes $\mathfrak{a}_i$ ist ein Nullring, dessen additive Gruppe zu einer zyklischen Gruppe von Primzahlordnung isomorph ist; jedes $\mathfrak{b}_j$ ist ein Nullring, dessen additive Gruppe $\mathfrak{C}$-isomorph zu einem passenden $\mathfrak{c}_k$ ist, und $\mathfrak{C}$ ist ein h. R.

3. Im Sinne einer gewissen *Radikaltheorie* (›Radikal eines Rings) ist ein h. R. jeder Ring mit dem Radikal (0).

Lit.: Zu 1.: [A 14], [A 16], [A 17 II]
Zu 2.: [EA 8], [R 17], [R 18], [R 21]

DIEUDONNÉ, J.: Sur le socle d'un anneau et les anneaux simples infinis. Bull. Soc. Math. France **70** (1942), 46–75.
SZELE, T., L. FUCHS: On Artinian rings. Acta Sci. Math. **17** (1956), 30–40.

halbeinfacher Teilraum ›isotroper Vektor

halbeinfaches [hyperkomplexes] System = ›halbeinfache Algebra

halbgeordnete Gruppe ›geordnete Gruppe

halbgeordnete Halbgruppe ›geordnete Halbgruppe

Halbgruppe (= *assoziatives Gruppoid* = *assoziatives System* = *Assoziativ*) heißt eine Menge S mit einer assoziativen binären ›Operation $\circ$ (also eine spezielle universelle ›Algebra). Zu je zwei Elementen $a, b \in S$ ist also genau ein Element $a \circ b \in S$ definiert, und für $a, b, c \in S$ gilt $(a \circ b) \circ c = a \circ (b \circ c)$; man kann also auf Klammern verzichten. Bei additiver bzw. multiplikativer Schreibweise schreibt man für $\underbrace{a \circ a \circ \cdots \circ a}_{n\text{-mal}}$ kurz na bzw. a^n. Die H. S heißt *abelsch* oder *kommutativ*, wenn die Verknüpfung kommutativ ist: $a \circ b = b \circ a$ für alle $a, b \in S$. Beispiele: (i) jede ›Gruppe; (ii) die multiplikative und die additive H. der natürlichen Zahlen; (iii) die multiplikative H. der n-reihigen quadratischen Matrizen oder eine multiplikative H. von n-reihigen quadratischen Matrizen vom Rang $\leqq r$ (›*Matrizenhalbgruppe*); (iv) die sog. *Nullhalbgruppe*, die aus zwei Elementen 0, a besteht und für die jedes Produkt 0 ist. Im folgenden werde die multiplikative Schreibweise verwendet.

Ein Element $e_l \in S$ heißt *Linkseinselement*, wenn $e_l a = a$ für alle $a \in S$ gilt; analog ist ein *Rechtseinselement* definiert. Ein Element e, das gleichzeitig Links- und Rechtseinselement ist, heißt *Einselement*. Eine H. kann mehrere Linkseinselemente besitzen, wenn sie kein Rechtseinselement hat; besitzt sie aber Rechts- und Linkseinselemente, so fallen sie alle zusammen. Eine H. mit Einselement heißt (im Deutschen) auch *Monoid*.

Ein Element $0_l \in S$ heißt *Linksnullelement*, wenn $0_l a = 0_l$ für alle $a \in S$ gilt; analog ist ein *Rechtsnullelement* erklärt. *Nullelement* 0 (zur Unterscheidung von einem neutralen Element bei einer additiven H. auch *multiplikatives Nullelement* genannt) heißt ein Element, das gleichzeitig Rechts- und Linksnullelement ist. Durch Adjunktion eines Nullelements zu einer ›Gruppe erhält man eine H., die auch *Gruppe mit Null* heißt. Gibt es zu einem $a \neq 0$ ein $b \neq 0$ mit $ab = 0$, so heißt a *Linksnullteiler* und b *Rechtsnullteiler*. Ein *Nullteiler* ist ein Element, das gleichzeitig Links- und Rechtsnullteiler ist.

Gilt in einer H. mit Einselement e $a'a = e$, so heißt a' *Linksinverses* von a, a *Rechtsinverses* von a'. Besitzt a sowohl Links- als auch Rechtsinverse, so sind sie alle gleich und heißen das *Inverse* (*inverses Element*) a^{-1} von a.

Ein Element $\alpha \in S$ heißt *linksregulär*, wenn für α die *linksseitige Kürzungsregel* gilt, d. h., aus $\alpha a = \alpha b$ stets $a = b$ folgt; analog ist *rechtsregulär* (*rechts-*

seitig regulär) definiert. *Regulär* heißt ein Element, das gleichzeitig links- und rechtsregulär ist. S heißt ›*reguläre H.* (= *H. mit Kürzungsregel*), wenn alle seine Elemente regulär sind.

Ordnung eines Elements $a \in S$ heißt die Anzahl der verschiedenen unter den Elementen $a, a^2, a^3, \ldots$ a heißt *idempotent*, wenn $a^2 = e$ ist. Eine H., die nur aus idempotenten Elementen besteht, heißt auch *Band* (bei KLEIN-BARMEN *Schief*).

Eine Untermenge einer H. S, die bez. der Operation in S selbst H. (d. h. *multiplikativ abgeschlossen*) ist, heißt *Unter-* oder *Teilhalbgruppe* von S. Die kleinste Unterhalbgruppe von S, die eine gegebene Untermenge M von S enthält, heißt die von *M erzeugte Unterhalbgruppe* und wird mit $\langle M \rangle$ bezeichnet; sie besteht aus genau allen endlichen Produkten von Elementen aus M. S heißt *endlich erzeugte H.*, wenn sich S von einer endlichen Menge, und *zyklische* oder *monogene H.*, wenn S sich bereits von einer einelementigen Menge (von einem Element) erzeugen läßt.

Eine nichtleere Untermenge I von S heißt *Links-* (*Rechts-*) *Ideal* von S, wenn $xs \in I$ ($sx \in I$) für alle $x \in I$ und $s \in S$ gilt. I ist eine Unterhalbgruppe von S. Ist I zugleich Rechts- und Linksideal, so heißt I *zweiseitiges Ideal* oder *Ideal* schlechthin. Ein von einem Element *a erzeugtes Ideal* (der Durchschnitt aller a enthaltenden Ideale) heißt auch *Hauptideal*; entsprechend sind *Links-* und *Rechtshauptideale* erklärt.

Die Begriffe der universellen ›Algebren übertragen sich sinngemäß auf H. Insbesondere ist ein *Homomorphismus* σ einer H. S in eine H. T eine Abbildung mit der Eigenschaft $(ab)^\sigma = a^\sigma b^\sigma$ für alle $a, b \in S$.

Eine *Kongruenzrelation* auf S ist eine ›Äquivalenzrelation R mit $ab \equiv a'b' \bmod R$, wenn $a \equiv a'$ und $b \equiv b' \bmod R$ ist (für $a \equiv a' \bmod R$ schreibt man auch $a\,R\,a'$). Allgemeiner heißt eine Äquivalenzrelation R *linksseitige Kongruenz*, wenn aus $a\,R\,b$ stets $xa\,R\,xb$, und *rechtsseitige Kongruenz*, wenn aus $a\,R\,b$ stets $ax\,R\,bx$ für alle $x \in S$ folgt. *Kongruenz* schlechthin (*zweiseitige Kongruenz*) bedeutet dann zugleich rechts- und linksseitige Kongruenz.

Die Menge der Restklassen bez. einer Kongruenzrelation R bildet mit repräsentantenweiser Verknüpfung eine H., die *Faktorhalbgruppe* (= *Differenzenhalbgruppe* = *Quotientenhalbgruppe*) S/R. Ist I ein Ideal von S und definiert man eine Relation R auf S dadurch, daß $a\,R\,b$ genau dann gelten soll, wenn $a, b \in I$ oder $a = b$ ist, so erhält man eine Kongruenzrelation, die *Rees-Kongruenz* auf S bez. des Ideals I, und die Faktorhalbgruppe S/R heißt *Rees-Quotient* = *Reessche Faktorhalbgruppe* von S bezüglich I und wird auch mit S/I bezeichnet.

Von MALZEW sind notwendige und hinreichende Bedingungen dafür angegeben worden, daß sich eine H. S *in eine* ›*Gruppe einbetten* läßt, d. h., zu einer Unterhalbgruppe einer Gruppe isomorph ist. Diese Bedingungen bilden ein unendliches System von *Quasiidentitäten* (Implikationen), das u. a. aus den Kürzungsregeln $ap = aq \rightarrow p = q$, $pa = qa \rightarrow p = q$ und aus $ap = bq$, $ar = bs$, $cp = dq \rightarrow cr = ds$ besteht; es gibt hierfür kein endliches System von Identitäten. Eine hinreichende Bedingung besteht darin, daß S eine *H. mit Kür-*

zungsregel ist und für beliebige $a, b \in S$ Elemente $x, y \in S$ mit $ax = by$ existieren (*Ore-Bedingung*).
>Matrizenhalbgruppe, >einfache Halbgruppe, >vollständige einfache Halbgruppe, >Ordoid.

Lit.: [A 3], [A 16], [B 4], [S 1]–[S 5]
Howie, J. M.: An Introduction to Semigroup Theory. Academic Press, London 1976.
Lallement, G.: Semigroups and combinatorial applications. Wiley, New York 1979.
Lefebvre, P.: Sur la structure des semigroupes. D'après les travaux de J. A. Green et W. D. Munn, no. 13, Séminaire P. Dubreil, M. L. Dubreil-Jacotin et Pisot (Algèbre et Théorie des Nombres), 12e Année 1958/59, Fasc. 2. Secr. Math., Paris 1960.
Malzew, A. I.: Über die Einbettung von assoziativen Systemen in Gruppen I, II, Mat. Sbornik (Réc. Math.) 6 (1939), 331–336; 8 (1941), 251–264.

Halbgruppe mit Endlichkeitsbedingung heißt eine >Halbgruppe mit einer gewissen Eigenschaft („Endlichkeitsbedingung"), die jede endliche Halbgruppe besitzt. Beispiele: Periodizität, lokale Endlichkeit, endliche Approximierbarkeit.

Lit.: [S 1]

Halbgruppenalgebra $K[S]$ der (multiplikativ geschriebenen) >Halbgruppe S über dem Körper K heißt eine >Algebra über K mit S als Basis. Wenn die Halbgruppe ein Nullelement enthält, wird dies gewöhnlich mit dem Nullelement der H. identifiziert. Wenn S eine Gruppe ist, erhält man den >Gruppenring.

Lit.: [S 1I]

Halbgruppoid (= *partielles Gruppoid* = *unvollständiges Gruppoid* = *partielles binäres System*) heißt eine partielle universelle >Algebra G mit einer binären partiellen >Operation (im folgenden als Multiplikation · geschrieben). *Ordnung* eines H. heißt die Kardinalzahl der unterliegenden Menge. Eine nichtleere Teilmenge von G heißt *Teilhalbgruppoid* von G, wenn sie ein H. mit der durch G induzierten Verknüpfung ist.

Eine Familie von H. H_i heißt *verträglich*, wenn aus $a \cdot b = c$ in H_i und $a \cdot b = d$ in H_j stets $c = d$ folgt. Insbesondere ist eine disjunkte Familie von H. H_i verträglich. Durch eine verträgliche Familie von H. H_i wird ein H. $H = \bigcup H_i$, ihre *Vereinigung*, definiert, indem man $a \cdot b = c$ in H genau dann setzt, wenn diese Gleichung in wenigstens einem H_i gilt. Jedes H_i ist dann Teilhalbgruppoid von H.

Eine verträgliche Familie von H. H_i heißt *inzident*, wenn ein allen H_i angehörendes Element existiert. Der mengentheoretische Durchschnitt der H_i, in dem $a \cdot b = c$ genau dann gilt, wenn diese Gleichung für jedes i besteht, ist dann Teilhalbgruppoid von jedem H_i.

Lit.: [B 4]

Halbinvariante ›Invariantentheorie

Halbkörper ›Halbring

halblineare Abbildung ›lineare Abbildung

halblineare Gruppe ›lineare Gruppe

Halbmatrix = Dreiecksmatrix ›Matrix

Halbmodul = additive kommutative ›reguläre Halbgruppe

halbmodularer Verband = ›semimodularer Verband; auch = ›Birkhoffscher Verband

halbprimärer Ring heißt ein Ring A mit Kötheschem Radikal $\mathfrak{R}$, für den $A/\mathfrak{R}$ klassisch ›halbeinfacher Ring ist, d. h. ein Ring A, für den A/J (J ›Jacobsonsches Radikal von A) halbeinfach (also A ein ›semilokaler Ring im Nichtkommutativen) und J nilpotent ist (Jacobson verlangt nur die erste Eigenschaft). A heißt ›*primär*, wenn außerdem A ein Einselement enthält und A/J ein ›artinscher einfacher Ring ist. A heißt ›*vollständig primär*, wenn außerdem A/J sogar ein ›Schiefkörper ist. Ein h. R. ist die ›direkte Summe von primären Ringen und einem additiven Modul aus dem Radikal.

Lit.: [R 9], [R 11], [R 13]
AZUMAYA, G.: On generalized semi-primary rings and Krull-Remak-Schmidt's theorem. Jap. J. Math. **19** (1948), 525–547.
KÖTHE, G.: Die Struktur der Ringe, deren Restklassenring nach dem Radikal vollständig reduzibel ist. Math. Z. **32** (1930), 161–186.

halbprimer Ring ›primer Ring

halbrationaler Körper ist ein ›algebraischer Funktionenkörper von zwei Unbestimmten über einem Körper k, der eine einfach-transzendente Erweiterung eines algebraischen Funktionenkörpers in einer Unbestimmten über k ist.

Lit.: JUNG, H. W. E.: Einführung in die Theorie der algebraischen Funktionen zweier Veränderlicher. Akademie-Verlag, Berlin 1951.

Halbring (= *Semiring*) heißt eine universelle ›Algebra mit zwei als Addition und als Multiplikation geschriebenen assoziativen binären ›Operationen, die den ›Distributivgesetzen $(a + b)\,c = ac + bc$ und $c(a + b) = ca + cb$ genügen. Er stellt also sowohl eine additive als auch eine multiplikative ›Halbgruppe dar. (Bei RÉDEI wird zusätzlich verlangt, daß ein H. ein Halbmodul ist.) *Halbschiefkörper* heißt ein H., in dem die von 0 verschiedenen Elemente eine multiplikative Gruppe bilden. Ein kommutativer Halbschiefkörper heißt *Halbkörper*. >Ringoid

Lit.: [A 16]
GŁAZEK, K.: A short guide through the literature on semirings. Math. Inst., Univ. of. Wrocław, Preprint **39**, 1985.
STEINFELD, O.: Über die Struktursätze der Semiringe. Acta Math. Acad. Sci. Hungar. **10** (1959), 149–155.
WEINERT, H. J.: Über Halbringe und Halbkörper I, II. Acta Math. Acad. Sci. Hungar. **13** (1962), 365–378; **14** (1963), 209–227.
WIEGANDT, R.: Über die Struktursätze der Halbringe. Ann. Univ. Sci. Budapest Eötvös Sect. Math. **5** (1962), 51–68.

Halbschiefkörper >Halbring

Halbspindarstellung >Spindarstellung

Halbspinorraum >Spindarstellung

Halbstellenring = >semilokaler Ring

halbsymmetrische Determinante = >schiefsymmetrische Determinante

Halbverband heißt eine Menge zusammen mit einer assoziativen, kommutativen und idempotenten binären >Operation. Betrachtet man in einem >Verband nur die Operation des Durchschnitts bzw. der Vereinigung, so erhält man zwei H., den *Durchschnitts-* oder $\cap$-*H.* und den *Vereinigungs-* oder $\cup$-*H.*

Lit.: [V 2]

halbzerfallende Matrix (= *Quasidreiecksmatrix* = *verallgemeinerte Dreiecksmatrix*) heißt eine quadratische >Matrix von Matrizen, deren unterhalb bzw. oberhalb ihrer Diagonale stehende Matrizen Nullmatrizen sind.

Lit.: [M 11]

Hall, Lemma von: Sei $[U, V]$ die gegenseitige >Kommutatorgruppe der Untergruppen U, V einer Gruppe G und $[U, V, W] = [[U, V], W]$. Sind L, M, N Normalteiler von G, so ist jede der Gruppen $[L, M, N]$, $[M, N, L]$ und $[N, L, M]$ in der Vereinigung der beiden anderen enthalten.

Lit.: [G 42]

Hall, Sätze von: >Hallsche Untergruppe, >reguläre p-Gruppen

Hallsche Untergruppe (= *Hall-Gruppe*) heißt eine Untergruppe einer endlichen Gruppe, deren Ordnung zu ihrem Index prim ist. Zu jedem Teiler k der Ordnung g einer endlichen >auflösbaren Gruppe, der zum Komplementärteiler $\frac{g}{k}$ prim ist, gibt es H. U. der Ordnung k, und alle diese sind konjugiert (*Satz von Hall*). In einer endlichen Π-trennbaren Gruppe sind die *Hallschen Π-Untergruppen* (= *Π-Hall-Gruppen*), d. h. die H. U., deren Ordnung nur durch Primzahlen aus Π teilbar und deren Index zu den Zahlen aus Π teilerfremd ist, konjugiert.

Lit.: [G 7], [G 23]
Reviews on finite groups. Amer. Math. Soc., Providence 1974.

Hallscher Anzahlsatz für ›**p-Gruppen**

Halm ›Garbe

Hamel-Basis = ›lineare Basis

Hamilton-Cayley, Satz von, ›charakteristisches Polynom 2.

Hamiltonsche Gruppe heißt eine nichtabelsche Gruppe, deren sämtliche Untergruppen ›Normalteiler sind. Eine Gruppe ist genau dann eine H. G., wenn sie ›direktes Produkt einer ›Quaternionengruppe und einer ›abelschen Gruppe vom Exponenten 2 und einer abelschen Gruppe mit lauter Elementen von endlicher ungerader Ordnung ist.

Lit.: [G 42]

Hamiltonsche Quaternion ›Quaternionenalgebra

Hamiltonsche ›**Quaternionengruppe**

harmonische Analyse: Die h. A. beruht auf der darstellungstheoretischen Deutung und Übertragung der klassischen h. A. (Fourier-Analyse, Fourier-Integral und Fourier-Transformation) auf Funktionen auf ›topologischen Gruppen. Natürliche Hilfsmittel sind die ›Charaktere von Gruppen, ›Gruppenringe, ›invariantes Maß auf Gruppen, ›Charaktergruppe, ›Darstellung einer topologischen Gruppe, ›Darstellungstheorie.

Lit.: [D 27], [D 28], [L 19]
Dieudonné, J., D. A. Raikow, G. E. Schilow: Kommutative normierte Algebren. DVW, Berlin 1964.
Graham, C. C., D. C. McGehee: Essays in Commutative Harmonic Analysis. Springer, Berlin 1979.

Harriots Satz = ›Cartesische Zeichenregel

Harriotsche Zeichenregel = ›Cartesische Zeichenregel

Hasse-Diagramm: Das H. ist eine graphische Veranschaulichung (vornehmlich) endlicher halbgeordneter Mengen M, insbesondere von ›Verbänden. Die

Elemente von M werden durch Punkte wiedergegeben. Ist b oberer ›Nachbar von a, so wird der b zugeordnete Punkt höher gezeichnet und durch eine Strecke mit dem a zugeordneten Punkt verbunden.

Lit.: [V 2]

Hauptabschnittdeterminante ›Determinante

Hauptachsensatz ›Hauptachsentransformation

Hauptachsentransformation (= *Transformation auf Hauptachsen*): Die als reell und symmetrisch vorausgesetzte n-reihige Matrix A einer ›quadratischen Form $Q(X) = X^{\mathsf{T}}AX$ in Matrizenschreibweise besitzt n paarweise orthogonale (und daher linear unabhängige) Eigenvektoren (Spaltenvektoren) $X_1, \ldots, X_n$, die zu den (stets reellen) Eigenwerten $\lambda_1, \ldots, \lambda_n$ von A gehören; wir können sie stets als Einheitsvektoren annehmen. Dann ist die Matrix $U = (X_1 \ldots X_n)$ orthogonal, und vermöge der Koordinatentransformation $X = UX'$ geht die quadratische Form $Q(X)$ in eine quadratische Form $Q'(X') = X'^{\mathsf{T}}U^{\mathsf{T}}AUX' = \lambda_1(X'^1)^2 + \cdots + \lambda_n(X'^n)^2$ in den X'^i, den Koordinaten von X', über, deren Koeffizientenmatrix die Diagonalmatrix $A' = U^{\mathsf{T}}AU$ mit $\lambda_1, \ldots, \lambda_n$ in der Hauptdiagonalen ist (*Hauptachsensatz*). Man sagt dann, man habe die quadratische Form *auf Hauptachsen transformiert* oder *auf eine Summe von Quadraten reduziert*; man spricht auch von einer *quadratischen Form in Hauptachsenform* oder einer *diagonalen quadratischen Form.* Allgemeiner genügt es, die Elemente von A aus einem reell-abgeschlossenen Körper vorauszusetzen.

Liegt statt der quadratischen Form eine hermitesche Form $H(X) = \overline{X}^{\mathsf{T}}AX$ mit der hermiteschen Koeffizientenmatrix A vor, so kann man analog schließen, nur bedeutet jetzt die Orthogonalität der als Einheitsvektoren vorausgesetzten Eigenvektoren, daß das Sakalarprodukt $\overline{X}_i^{\mathsf{T}}X_j = \delta_{ij}$ (Kroneckersymbol) ist, an die Stelle einer ›orthogonalen Matrix tritt jetzt eine ›unitäre Matrix, und die auf Hauptachsen transformierte Form hat die Gestalt $\lambda_1\overline{X}^1X^1 + \cdots + \lambda_n\overline{X}^nX^n$ mit reellen λ_j. Die Anzahl der auftretenden Quadrate ist gleich dem Rang der hermiteschen (bzw. quadratischen) Form.

Zwei hermitesche Formen H und G mit den Koeffizientenmatrizen A und B und positiv definitem G lassen sich durch eine lineare Transformation $X = PX'$ stets simultan auf Diagonalform transformieren, so daß die transformierten Formen die Gestalt $H' = \lambda_1\overline{X}'^1X'^1 + \cdots + \lambda_n\overline{X}'^nX'^n$, $G' = \overline{X}'^1X'^1 + \cdots + \overline{X}'^nX'^n$ annehmen. P wird hierbei aus den Eigenvektoren $X_1, \ldots, X_n$ des Matrizen-Eigenwertproblems $AX = \lambda BX$ zu den (reellen) Eigenwerten $\lambda_1, \ldots, \lambda_n$ mit der Orthonormierungsbedingung $\overline{P}^{\mathsf{T}}BP = E$, d. h. $\overline{X}_i^{\mathsf{T}}BX_j = \delta_{ij}$, gebildet. Im Spezialfall reeller quadratischer Formen gilt die entsprechende Aussage.

Lit.: [A 17 II], [M 4], [M 5 I], [M 26]

Haupt-Antiautomorphismus ›Cliffordsche Algebra

Hauptart = ›Hauptordnung

Hauptdiagonale ›Matrix

Hauptdivisor ›Divisor

Haupteinheit (auch: *Modul*) heißt das ›Einselement einer ›R-Algebra (sofern vorhanden).

Hauptfaktor (einer Hauptreihe) ›Ketten und Reihen

Hauptgleichung ›Tschirnhaus[en]-Transformation

Hauptglied ›Polynom

Hauptgruppe = ›Frattini-Gruppe

Hauptideal ›Ideal eines Rings, ›Ideal eines Verbands, ›Halbgruppe

Hauptidealring heißt ein ›Integritätsbereich mit Einselement, in dem jedes Ideal *Hauptideal* (›Ideal) ist. Beispiele: (i) der Ring $\mathbb{Z}$; (ii) jeder ›Polynomring über einem Körper k; (iii) spezielle diskrete ›Bewertungsringe; (iv) jeder ›euklidische Ring; (v) jeder Körper.

In einem H. besitzen je zwei Elemente a, b einen *größten gemeinsamen* ›*Teiler* $d = (a, b)$, der sich in der Form $d = ra + sb$ darstellen läßt. In einem H. erzeugt ein unzerlegbares Element (das automatisch Primelement ist) ein teilerloses Primideal (dessen Restklassenring also ein Körper ist). Die H. sind die einzigen Ringe, die zugleich ZPE-Ringe und ›Dedekindsche Ringe sind.

Gelegentlich werden als H. auch Ringe ohne Einselement zugelassen, auch wird nicht immer die Nullteilerfreiheit gefordert; im letzteren Falle spricht man auch von einem *Quasihauptidealring*. Ein nichtkommutativer Ring heißt *Linkshauptidealring*, wenn alle Linksideale Linkshauptideale sind, und *Rechtshauptidealring*, wenn alle Rechtsideale Rechtshauptideale sind. In einem solchen Ring ist zwar jedes (zweiseitige) Ideal Hauptideal schlechthin, H. schlechthin (im obigen erweiterten Sinne) heißt aber nur ein Ring, der gleichzeitig Links- und Rechtshauptidealring ist. Jeder nullteilerfreie Rechtshauptidealring mit Einselement ist ein Ring mit *größtem gemeinsamem Linksteiler*.

Lit.: [A 16], [A 17I], [R 10]
JATEGAONKAR, A. V.: Left Principal Ideal Rings. LNM 123. Springer, Berlin 1970.

Hauptidealsatz: 1. In einem noetherschen ›Integritätsbereich R mit Einselement ist jedes minimale Primoberideal eines Hauptideals $\neq (0), R$ in R minimal (KRULL), hat also die Höhe 1.

2. In ›einartigen Integritätsbereichen

3. In Gruppen ›Verlagerung.

Lit.: Zu **1.**: [A 6I], [R 20], [R 28]

Hauptidempotent (= *ausgezeichnetes Idempotent*) heißt ein ›Idempotent e ($\neq 0$) eines Ringes R, zu dem kein Idempotent u ($\neq 0$) von R mit $eu = ue = 0$ existiert. Aus den ›Peirceschen Zerlegungen $R = Re + \mathfrak{l}_e$ und $R = eR + \mathfrak{r}_e$ bezüglich des Idempotents e folgt: Wenn der durch e zerstörte Teil $\mathfrak{l}_e \cap \mathfrak{r}_e$ von R ein Nilring ist, so ist e ein H. Ist e ein H. eines Rings R mit Minimalbedingung für Linksideale, so liegen $\mathfrak{l}_e$ und $\mathfrak{r}_e$ im Radikal von R.

Lit.: [R 1]
HOEHNKE, H.-J.: Lösung eines Problems von C. Hopkins. J. reine angew. Math. **198** (1957), 112–120.
HOPKINS, C.: Rings with minimal condition for left ideals. Ann. of Math. **40** (1939), 712–730.

Hauptinvolution ›Cliffordsche Algebra

Hauptisotop ›Isotopie von Gruppoiden, ›Isotopie zwischen Quasikörpern

Hauptisotopismus ›Isotopie von Gruppoiden

Hauptkette 1. H. einer halbgeordneten Menge = maximale ›Kette, 2. von Gruppen ›Ketten und Reihen.

Hauptklassen ›Killing-Cartansche Klassen

Hauptklassenideal (= *Ideal der Hauptklasse*) heißt ein (vom Einsideal verschiedenes) ›Ideal eines ›Polynomrings oder regulären ›lokalen Rings, allgemeiner eines Cohen-Macaulay-Rings R, von der Höhe h, das genau h Erzeugende besitzt; jedes andere Ideal der Höhe h benötigt mehr als h Erzeugende. Die zwischen solchen Erzeugenden $a_1, \ldots, a_h$ eines H. bestehenden linearen Relationen (›*Syzygien*) $\alpha_1 a_1 + \cdots + \alpha_h a_h = 0$ mit $\alpha_j \in R$ sind stets von der Form $\alpha_i = \sum_j \alpha_{ij} a_j$ mit $\alpha_{ij} \in R$, $\alpha_{ij} + \alpha_{ji} = 0$, $\alpha_{ii} = 0$, also Linearkombination der trivialen Relationen $a_i \cdot a_j - a_j \cdot a_i = 0$.

Lit.: [A 6II], [A 18II], [R 28]

Hauptkomponente ›Wittscher Vektorkalkül

Hauptmatrix ›Matrizenschar

Hauptminor ›Determinante

Hauptnenner ›Bruch

Hauptnorm einer Algebra ›Norm einer Algebra

Hauptordnung (= *Hauptart*) ist ein ›ganz-abgeschlossener ›Integritätsbereich I. Gleichbedeutend damit ist, daß der Integritätsbereich I mit dem Quotientenkörper K Durchschnitt von ›Bewertungsringen von K ist (*allgemeine H.*).

Falls diese Bewertungsringe $\mathfrak{o}$ (spezielle) rationale Bewertungsringe (zu rationalen speziellen >Bewertungen) sind, heißt I rationale H.; ist jedes $\mathfrak{o}$ ein spezieller diskreter Bewertungsring (d. h. vom Rang 1), so heißt I *diskrete H.*; ist in einer H. $I = \bigcap \mathfrak{o}$ jedes Element α Einheit für fast alle $\mathfrak{o}$, so heißt I *endliche H.* Wichtigster Spezialfall ist der der *endlichen diskreten H.*, hierzu gehören (i) >ganz-abgeschlossene noethersche Ringe, die Integritätsbereiche sind; (ii) Dedekindsche Ringe: (iii) die H. der ganzen algebraischen Zahlen eines algebraischen Zahlkörpers.

I ist dann und nur dann eine endliche diskrete H., wenn jedes ganze Hauptideal der Durchschnitt symbolischer Potenzen endlich vieler minimaler Primideale ist. I besitzt eine *Normaldarstellung* $I = \bigcap \mathfrak{o}$, wobei die Bewertungsringe $\mathfrak{o}$ die Quotientenringe (Lokalisierungen) nach den minimalen Primidealen von I sind; diese Darstellung ist minimal (kein $\mathfrak{o}$ kann weggelassen werden).

Lit.: Zu **3.**: [A 17II], [R 9]

Hauptpolynom: 1. = >charakteristisches Polynom eines Elements einer endlich-algebraischen Körpererweiterung

2. Rangpolynom einer >R-Algebra

3. H. heißt auch ein Polynom mit höchstem Koeffizienten 1.

Lit.: Zu **3.**: [A 16]

Hauptreihe 1. H. einer halbgeordneten Menge = maximale >Kette
2. H. einer Gruppe >Ketten und Reihen

Hauptresolvente >Ikosaedergruppe

Hauptsatz = >Fundamentalsatz

Hauptsatz für abelsche Gruppen >Basis einer abelschen Gruppe

Hauptsatz über den Polarisierungsprozeß >Invariantentheorie

Hauptsatz über symmetrische Funktionen >symmetrische Polynome

Hauptsatz über >symmetrische Polynome

Hauptspur >Darstellung von Ringen und Algebren

Hauptsystem >Normalsystem

Hauptunterdeterminante >Determinante

Hauptvektor zu einem *Eigenwert* λ der quadratischen Matrix A heißt jeder Spaltenvektor X, für den $(A - \lambda E)^j X = 0$ ist, und zwar *H. j-ter Stufe*, wenn

j der kleinste Exponent ist, für den eine derartige Beziehung besteht. H. erster Stufe bedeutet dasselbe wie *Eigenvektor* zum Eigenwert λ. (Analoge Definitionen gelten koordinatenfrei für die durch eine gewisse Matrix vermittelte ›lineare Abbildung.)

Im Falle n-reihiger Matrizen über algebraisch abgeschlossenen Körpern lassen sich zu jedem Eigenwert λ_i maximale Ketten von H. $X_j^{(i)}$ finden, für die

$$\begin{aligned} &(A - \lambda_i E)\, X_1^{(i)} = 0, \\ &(A - \lambda_i E)\, X_2^{(i)} = X_1^{(i)}, \\ &\ldots\ldots\ldots\ldots\ldots\ldots, \\ &(A - \lambda_i E)\, X_{\nu_i}^{(i)} = X_{\nu_i - 1}^{(i)} \end{aligned} \qquad (*)$$

gilt, so daß insgesamt gerade n linear unabhängige H. entstehen. (Derselbe Eigenwert kann zu verschiedenen Indizes i gehören.) Die aus diesen Spaltenvektoren gebildete Matrix P transformiert A gemäß $P^{-1}AP$ gerade auf die ›*Jordansche Normalform*, und zwar gehört jedes System (∗) gerade zu einem Kästchen (Jordan-Matrix) derselben.

H. zu einem Formenbüschel ›Matrizenschar.

Lit.: [M 4], [M 26]

Hausdorffsche Gruppe = ›topologische Gruppe mit Hausdorffschem Gruppenraum

Henselscher Ring ›Henselsches Lemma

Henselscher Satz [über Polynomkongruenzen] = ›Henselsches Lemma

Henselsches Lemma (= *Henselscher Satz* [*über Polynomkongruenzen*] = *Henselscher Hilfssatz*): K sei für eine Exponentenbewertung (›Bewertung) w perfekter Körper, J der Ring der für w ganzen Elemente a (d. h. $w(a) \geqq 0$) und $\mathfrak{p}$ das zu w gehörige Primideal der $a \in J$ mit $w(a) > 0$. $f(X)$ sei *primitives Polynom* aus $J[X]$, d. h., nicht sämtliche Koeffizienten liegen in $\mathfrak{p}$. Genügen die Polynome $g_0(X)$, $h_0(X) \in J[X]$ der koeffizientenweisen Kongruenz $f(X) \equiv g_0(X)\, h(X)$ mod $\mathfrak{p}$, so gibt es Polynome $g(X)$, $h(X) \in J[X]$ mit $f(X) = g(X)\, h(X)$, $g(X) \equiv g_0(X)$ mod $\mathfrak{p}$, $h(X) \equiv h_0(X)$ mod $\mathfrak{p}$, vorausgesetzt, $g_0(X)$ und $h_0(X)$ sind modulo $\mathfrak{p}$ teilerfremd. Man kann dabei $g(X)$ und $h(X)$ so bestimmen, daß der Grad von $g(X)$ gleich dem Grad von $g_0(X)$ mod $\mathfrak{p}$ ist.

Ein analoger Satz gilt für Körper K, die bez. einer allgemeinen ›Bewertung perfekt sind [K 5]. Im Nichtkommutativen gelten analoge Aussagen (s. Zassenhaus).

Henselscher Ring heißt ein kommutativer ›lokaler Ring R mit dem maximalen Ideal $\mathfrak{m}$, in dem das H. L. gilt, d. h., daß für ein beliebiges Polynom $P(X) \in R[X]$

mit dem höchsten Koeffizienten 1 und eine Wurzel a_0 von $P(X)$ modulo $\mathfrak{m}$ (d. h. $P(a_0) \in \mathfrak{m}$ und $P'(a_0) \notin \mathfrak{m}$) ein $a \in R$ mit $P(a) = 0$ und $a \equiv a_0 \bmod \mathfrak{m}$ existiert. Beispiele: komplexe lokale Ringe, Ringe konvergenter Potenzreihen, Ringe algebraischer Potenzreihen.

Lit.: [A 1 II], [A 16], [A 17 I], [K 4], [K 5], [R 25]
HENSEL, K.: Neue Grundlegung der Arithmetik. J. reine angew. Math. 127 (1904), 51–84.
KURKE, H., G. PFISTER, M. ROCZEN: Henselsche Ringe und algebraische Geometrie. DVW, Berlin 1975.
RAYNAUD, M.: Anneaux locaux henséliens, LNM 169. Springer, Berlin 1970.
ZASSENHAUS, H.: Über eine Verallgemeinerung des Henselschen Lemmas. Arch. Math. 5 (1954), 317–325.

Hentzelt, Kriterium von, = ›Hentzeltscher Nullstellensatz

Hentzeltsche Eliminationsmethode ›Eliminationstheorie

Hentzeltscher Nullstellensatz (= *Kriterium von Hentzelt*): $\mathfrak{m}$ sei nulldimensionales Polynomideal aus dem ›Polynomring $K[X_1, \ldots, X_n]$. Zu jeder ›Nullstelle $a = (a_1, \ldots, a_n)$ von $\mathfrak{m}$ gehört ein Primideal $\mathfrak{p} = (X_1 - a_1, \ldots, X_n - a_n)$. Bestimmt man zu jeder Nullstelle a den Exponenten ϱ als kleinste natürliche Zahl σ mit $\mathfrak{p}^\sigma \equiv 0 \bmod (\mathfrak{m} + \mathfrak{p}^{\sigma+1})$ und genügt ein Polynom f für alle Nullstellen a von $\mathfrak{m}$ der Bedingung $f \equiv 0 \bmod \mathfrak{m} + \mathfrak{p}^\varrho$, so ist bereits $f \in \mathfrak{m}$. Sind z. B. $f(x_0, x_1, x_2) = 0$ und $g(x_0, x_1, x_2) = 0$ die homogenen Gleichungen zweier ebener algebraischer Kurven und $F(x_0, x_1, x_2) = 0$ die Gleichung einer dritten algebraischen Kurve, für die jeder Schnittpunkt der beiden ersten ein mindestens $(r + s - 1)$-facher Punkt ist, falls dort f einen gewöhnlichen r-fachen, g einen gewöhnlichen s-fachen Punkt mit lauter verschiedenen Tangenten besitzt, so ist $F(X_0, X_1, X_2) = \varphi f(X_0, X_1, X_2) + \psi g(X_0, X_1, X_2)$ mit Formen φ und ψ in X_0, X_1, X_2.

Lit.: [A 17 II]

Herbrandsches Lemma (= *Herbrandsches Reduktionsprinzip*): Ist g eine Untergruppe der Gruppe G von endlichem Index und sind τ_1, τ_2 zwei Homomorphismen von G in sich mit $\tau_1 g \subset g$, $\tau_2 g \subset g$ und $\tau_1\tau_2 a = \tau_2\tau_1 a = 1$ für alle $a \in G$, so gilt für die Indizes

$$\frac{\left(\tau_1^{-1}(1) : \tau_2 G\right)}{\left(\tau_2^{-1}(1) : \tau_1 G\right)} = \frac{\left(g \cap \tau_1^{-1}(1) : \tau_2 g\right)}{\left(g \cap \tau_2^{-1}(1) : \tau_1 g\right)},$$

falls nur die Indizes auf der rechten Seite endlich sind.

Lit.: CHEVALLEY, E.: Sur la théorie du corps de classes dans les corps finis et les corps locaux. Journal Faculty of Sciences, Tokyo 2 (1933), 365–476.
SÉGUIER, DE: Éléments de la théorie des groupes abstraits. Gauthier-Villars, Paris 1904.

Herbrandsches Reduktionsprinzip = ›Herbrandsches Lemma

hereditärer Ring (*links-* bzw. *rechtsseitig h. R.*) heißt ein Ring, in dem jedes Links- bzw. Rechtsideal ein ›projektiver Modul ist. Wenn R ein linksseitig h. R. ist, so ist jeder Untermodul eines freien Moduls über R direkte Summe von Moduln, von denen jeder zu einem Linksideal von R isomorph ist. Ein Ring R ist genau dann ein h. R., wenn eine der äquivalenten Bedingungen gilt: (i) Jeder Untermodul eines projektiven R-Linksmoduls ist projektiv. (ii) Jeder Faktormodul eines ›injektiven R-Linksmoduls ist injektiv.

Abschwächung: Ein Ring R heißt *semihereditär*, wenn jedes endlich erzeugte Linksideal von R ein projektiver Modul ist. Das ist genau dann der Fall, wenn jeder endlich erzeugte Untermodul eines projektiven R-Linksmoduls projektiv ist. In diesem Falle ist jeder endlich erzeugte Untermodul eines freien R-Linksmoduls direkte Summe endlich vieler Moduln, von denen jeder zu einem endlich erzeugten Ideal von R isomorph ist. Ein kommutativer semihereditärer ›Integritätsbereich heißt auch *Prüferscher Ring.*

Lit.: [H 1], [K 4]
LARSEN, M. P., P. J. MCCARTHY: Multiplicative Theory of Ideals. Academic Press, New York 1971.

hermitesch äquivalent ›hermitesche Kongruenz

hermitesch konjugierte Matrix ›begleitende Matrix

hermitesche Form ›hermitesche Matrix

hermitesche Kongruenz: Ist auf dem Körper K ein involutorischer Antiautomorphismus $x \mapsto \bar{x}$ gegeben — in $\mathbb{C}$ z. B. der Übergang zum Konjugiertkomplexen — (der elementweise auch auf Matrizen übertragen wird), so heißen zwei Matrizen A und B über K *hermitesch äquivalent, hermitesch kongruent* oder *konjunktiv*, wenn $B = \bar{Q}^{\mathsf{T}}AP$ mit invertierbaren Matrizen P, Q gilt. Die h. K. ist eine Äquivalenzrelation; zu hermiteschen, schiefhermiteschen bzw. alternierenden Matrizen sind nur Matrizen derselben Art hermitesch kongruent. ›Hermitesche Matrizen über $\mathbb{C}$, allgemeiner über *quadratisch abgeschlossenen* (jedes Element ist Quadrat) und ›*formal-komplexen Körpern*, sind genau dann hermitesch kongruent, wenn sie in Rang und Signatur übereinstimmen. ›Normalformen von Matrizen.

Lit.: [Enz 1,7]

hermitesche Matrix ist eine quadratische Matrix $A = (a_{ij})$ mit $a_{ij} \in \mathbb{C}$ und $a_{ji} = \bar{a}_{ij}$, d. h. $A = \bar{A}^{\mathsf{T}}$. Die mit einer h. M. gebildete Bilinearform $H = \sum a_{ij}x_i\bar{x}_j$ heißt *hermitesche Form*; sie entsteht aus einer *hermiteschen Bilinearform* $\sum a_{ij}x_i\bar{y}_j$, indem man die Variablenreihe der y gleich der der x setzt.

Koordinatenfrei kann man eine solche Form als eine Abbildung auffassen, die jedem geordneten Paar $(\boldsymbol{x}, \boldsymbol{y})$ von Vektoren eindeutig eine komplexe Zahl

$H(\boldsymbol{x}, \boldsymbol{y})$ zuordnet, so daß gilt: $H(\boldsymbol{x}_1 + \boldsymbol{x}_2, \boldsymbol{y}) = H(\boldsymbol{x}_1, \boldsymbol{y}) + H(\boldsymbol{x}_2, \boldsymbol{y})$, $H(\alpha\boldsymbol{x}, \boldsymbol{y}) = \alpha H(\boldsymbol{x}, \boldsymbol{y})$ für $\alpha \in \mathbb{C}$, $H(\boldsymbol{y}, \boldsymbol{x}) = \overline{H(\boldsymbol{x}, \boldsymbol{y})}$.

Die Eigenwerte einer h. M. sind reell. Eine h. M. läßt sich durch eine unitäre ›Hauptachsentransformation auf Diagonalgestalt mit den Eigenwerten λ_j als Diagonalelementen transformieren. Die damit gebildete hermitesche Form geht dabei in einen Ausdruck der Form $\sum \lambda_j y_j \bar{y}_j$ über. Die Form (und die h. M.) heißt *positiv definit* bzw. *positiv semidefinit*, wenn sie stets > 0 bzw. $\geqq 0$ wird, wenn man Werte x_j einsetzt, die nicht alle 0 sind; entsprechend ist die *negative Definitheit* bzw. *Semidefinitheit* erklärt. Das ist genau dann der Fall, wenn alle Eigenwerte > 0 bzw. $\geqq 0$ (oder < 0 bzw. $\leqq 0$ sind).

Allgemeiner betrachtet man auch h. M. und hermitesche Formen mit Koeffizienten in einem (kommutativen) Körper K, wobei an die Stelle der komplexen Konjugation eine *Involution* (Automorphismus der Ordnung 2) $J \neq 1$ von K tritt. K ist dann quadratischer Erweiterungskörper des Körpers K_0 aller Elemente von K, die bei J fest bleiben; K_0 tritt an die Stelle von $\mathbb{R}$. ›Semibilinearform.

Lit.: [M 14], [M 25], [M 26], [Q 10]
Chan, N. N., Kwong, M. K.: Hermitian matrix inequalities and a conjecture. Amer. Math. Monthly **92** (1985), 533–541.

hermitesche ›**Semibilinearform**

hermitesches Element ›symmetrische Algebra

Hermitesches Reziprozitätsgesetz: Sind f und g zwei binäre Formen n-ten bzw. m-ten Grades, so läßt sich jeder Kovariante von f, die vom m-ten Grad in den Koeffizienten von f ist, eine Kovariante von g zuordnen, die vom n-ten Grad in den Koeffizienten von g ist. Eine Verallgemeinerung auf beliebige n-äre Formen stammt von A. Hurwitz.

Lit.: [I 12]
Hermite, C.: Sur la théorie des fonctions homogènes à deux indéterminées. Cambridge and Dublin Math. J. **9** (1854), 172–217.
Hurwitz, A.: Zur Invariantentheorie. Math. Ann. **45** (1894), 381–404.

Herz ›subdirekte Summe von Ringen

Hessesche Determinante = ›Hessesche Kovariante

Hessesche Kovariante (= *Hessesche Determinante*) einer n-ären Form k-ten Grades ($k \geqq 2$) f in $x_1, \ldots, x_n$ ist die Funktionaldeterminante $H = \det\left(\frac{\partial^2 f}{\partial x_i \partial x_j}\right)$. Sie ist eine ›*Kovariante* (›Invariantentheorie) gegenüber der allgemeinen ›linearen Gruppe vom Gewicht 2, dem Grad n in bezug auf die Koeffizienten der Form und der Ordnung $n(k-2)$. Symbolisch ist (›symbolische Methode,

›Klammerfaktoren) $H = [a'b' \ldots m']^2 (a'x)^{k-2} (b'x)^{k-2} \ldots (m'k)^{k-2}$ (bis auf einen Zahlenfaktor), wenn sich f symbolisch als $(a'x)^k$ schreibt.

Lit.: [I 10], [I 12]

heterogene (universelle) ›Algebra

Hexaedergruppe ›endliche Drehgruppen

Heytingsche Algebra = ›pseudoboolesche Algebra

H-Ideal = ›homogenes Polynomideal

Hilbert-Funktion ›Hilbert-Samuel-Funktion

Hilbert-Samuel-Funktion: Sei $R = \bigoplus R_n$ ein graduierter Ring, $M = \bigoplus M_n$ ein ›graduierter Modul über R. Dann heißt die *Länge* von M_n als R_0-Modul (d. h. die Länge einer Kompositionsreihe) die [*Hilbertsche*] *charakteristische Funktion, Hilbert-Funktion* oder *Postulationsformel* $\chi(M; n)$ von M und die *kumulative Hilbert-Funktion* $H^*(n, M) = \chi(M; 0) + \cdots + \chi(M; n)$ auch H. von M. Das läßt sich auf den folgenden Fall anwenden. $\mathfrak{a}$ sei Ideal des Rings R, M ein R-Modul, $F_n = \mathfrak{a}^n/\mathfrak{a}^{n+1}$, $G_n = \mathfrak{a}^n M/\mathfrak{a}^{n+1}M$. Durch die Vorschrift $(a + \mathfrak{a}^n)/\mathfrak{a}^{n+1} \cdot (b + \mathfrak{a}^m)/\mathfrak{a}^{m+1} = (ab + \mathfrak{a}^{m+n})/\mathfrak{a}^{n+m+1} \in F_{n+m}$ wird $F = \bigoplus F_n$ ein ›homogener Ring, der ›*Formenring* von R bezüglich $\mathfrak{a}$. Analog ist $G = \bigoplus G_n$ ein graduierter Modul über F, der *Formenmodul* von M bez. $\mathfrak{a}$. Dann ist die H. $H^*(n, G)$ gleich der Länge von $M/\mathfrak{a}^{n+1}M$ und ist für hinreichend großes n ein Polynom in n. $\chi(M; n)$ ist gleichfalls für hinreichend großes n ein Polynom in n, das *Hilbertsche* oder *charakteristische Polynom* von M. Die Hilbert-Funktion eines homogenen Ideals $\mathfrak{a}$ gibt die Anzahl der linear unabhängigen Bedingungen (die *Postulation*) an, denen die Formen gegebenen Grades genügen müssen, um in $\mathfrak{a}$ zu liegen.

Ist insbesondere R ein ›lokaler Ring mit dem maximalen Ideal $\mathfrak{m}$ (oder allgemeiner ein semilokaler Ring mit dem ›Jacobsonschen Radikal $\mathfrak{m}$, d. h. dem Durchschnitt der endlich vielen maximalen Ideale $\mathfrak{m}$), M ein noetherscher Modul der Dimension d über R und $\mathfrak{q}$ ein Ideal von R, so daß die Länge $l_R(M/\mathfrak{q}M)$ (einer Kompositionsreihe) von $M/\mathfrak{q}M$ über R endlich ist, so ist die H. $P_{\mathfrak{q},M}(n)$ von $\mathfrak{q}$ bezüglich M die Länge $l_R(M/\mathfrak{q}^{n+1}M)$. Für hinreichend große n hat sie denselben Wert wie ein gewisses Polynom $p_{\mathfrak{q},M}$, das sog. [*charakteristische*] *Hilbert-Samuel-Polynom* des Ideals $\mathfrak{q}$ bezüglich M. Mit ganzen Zahlen $e_i = e_i(\mathfrak{q}, M)$ kann man dann schreiben:

$$p_{\mathfrak{q},M}(n) = e_0(\mathfrak{q}, M)\binom{n+d}{d} + e_1(\mathfrak{q}, M)\binom{n+d-1}{d-1} + \cdots + e_d(\mathfrak{q}, M);$$

das höchste Glied hat also die Form $e_0(\mathfrak{q}, M)\,\dfrac{n^d}{d!}$. $e_0(\mathfrak{q}, M)$ heißt auch die

Multiplizität von $\mathfrak{q}$ bezüglich M. Wenn $\mathfrak{q}$ gleich dem maximalen Ideal $\mathfrak{m}$ von R und $M = R$ ist, schreibt man kürzer $e_0(\mathfrak{q}, R) = e_0(R)$ und nennt $e_0(R)$ die Multiplizität von R. Ein lokaler Ring ist genau dann *regulär*, wenn seine Multiplizität gleich 1 ist.

Lit.: [A 6], [R 25], [R 27], [R 19]
HERZOG, B.: Homologische Eigenschaften lokaler Erweiterungen und das Verhalten der Hilbertfunktion. Diss. A, Karl-Marx-Univ. Leipzig 1979.

Hilbertsche charakteristische Funktion ›Hilbert-Samuel-Funktion

Hilbertsche Funktionalgleichung ›Resolvente einer quadratischen Matrix

Hilbertscher ›**Basissatz**

Hilbertscher Endlichkeitssatz der ›**Invariantentheorie**

Hilbertscher Irreduzibilitätssatz: Ist $g(X_1, \ldots, X_n, X)$ ein irreduzibles ›Polynom in den Unbestimmten $X_1, \ldots, X_n, X$ über $\mathbb{Q}$ (rationale Zahlen), so gibt es unendlich viele Elementesysteme $\alpha_1, \ldots, \alpha_n$ aus $\mathbb{Q}$, so daß auch $g(\alpha_1, \ldots, \alpha_n, X)$ über $\mathbb{Q}$ irreduzibel ist.

Hilbertscher Nullstellensatz: Verschwindet ein irreduzibles ›Polynom g aus einem ›Polynomring $R = K[X_1, \ldots, X_n]$ über dem (kommutativen) Körper K an allen gemeinsamen ›Nullstellen der Polynome $f_1, \ldots, f_r \in R$ (in einem geeigneten Oberkörper von K), so gibt es eine (von g unabhängige) natürliche Zahl ϱ mit $g^\varrho = h_1 f_1 + \cdots + h_r f_r$ $(h_j \in R)$. Idealtheoretische Fassung: Ist jede über K algebraische ›Nullstelle des Polynomideals $\mathfrak{a}$ auch Nullstelle des Polynomideals $\mathfrak{b}$, so ist eine Potenz $\mathfrak{b}^\varrho$ in $\mathfrak{a}$ enthalten; ϱ ist dabei von $\mathfrak{b}$ unabhängig wählbar.

Lit.: [A 6], [A 17 II]

Hilbertscher Ring ›Jacobsonscher Ring

hintere Reziproke ›**Matrix**

H-Körper ›homogener Ring

H-Kranz ›monomiale Gruppe

Hochschildsche ›**Kohomologiegruppen einer assoziativen Algebra**

Höchstdimension eines Ideals ›Dimension eines Ideals

höchster Koeffizient ›Polynom

höchstes Glied ›Polynom

höchstes Primideal = ›minimales Primoberideal

Höhe 1. Bei Idealen ›Dimension eines Ideal

2. H. eines Polynoms $P(x) = \sum_{j=0}^{n} a_j x^j$ mit komplexen Koeffizienten a_j heißt das **Maximum** der Beträge $|a_j|$. Die *Höhe einer ›algebraischen Zahl* α ist die Höhe des ›ganzzahligen Polynoms niedrigsten Grades mit in ihrer Gesamtheit teilerfremden Koeffizienten, das von α annulliert wird.

3. Bei Gruppen: H. eines Elements a einer additiven (abelschen) ›p-Gruppe heißt die größte nichtnegative Zahl k, für die $p^k x = a$ lösbar ist. Ist $p^k x = a$ für beliebig große k lösbar, so heißt a Element unendlicher Höhe.

In einer beliebigen additiven ›abelschen Gruppe G heißt analog Höhe eines Elements a an der Primzahl p_n die kleinste nichtnegative ganze Zahl k, für die die Gleichung $p_n^k x = a$ in G lösbar ist. Die Folge der Höhen $H_1(a)$, $H_2(a)$, ... an den wachsend geordneten Primzahlen $p_1, p_2, \ldots$ heißt dann kurz die Höhe von a. Die Höhen sind in natürlicher Weise halbgeordnet. Zwei Höhen $(k_1, k_2, \ldots)$ und $(k_1', k_1', \ldots)$ heißen *ähnlich*, wenn $k_n = k_n'$ für fast alle n ist; die Äquivalenzklassen bezüglich dieser ›Äquivalenzrelation heißen *Typen*.

4. In einer Halbordnung ›Dimension einer halbgeordneten Menge

Lit.: Zu **3.**: [G 13]

höhere adjungierte Matrizen: Die *r-te ›adjungierte Matrix* $A_{(r)\mathrm{ad}}$ einer (n, n)-Matrix A ist die adjungierte Matrix der r-ten Ableitung (›abgeleitete Matrix) von A, also die Transponierte der von den algebraischen Komplementen $A_{j_1 \ldots j_r}^{i_1 \ldots i_r}$ der r-reihigen Unterdeterminanten $a_{j_1 \ldots j_r}^{i_1 \ldots i_r}$ von A gebildeten Matrix. Die erste adjungierte Matrix $A_{(1)\mathrm{ad}}$ fällt mit der gewöhnlichen ›adjungierten Matrix A_{ad} zusammen. Es gilt

$$(A_{\mathrm{ad}})^{(r)} = (\det A)^{r-1} A_{(r)\mathrm{ad}}.$$

Lit.: [M 8]

höhere Kongruenz (= *Bestimmungskongruenz*) heißt die Aufgabe, alle ganzrationalen Zahlen x zu bestimmen, die zu vorgeschriebenem Modul m die Kongruenz $f(x) = a_0 x^n + a_1 x^{n-1} + \cdots + a_n \equiv 0 \mod m$ bei gegebenen ganzrationalen Zahlen $a_0, a_1, \ldots, a_n$ erfüllen. Beispiel: ›quadratische Kongruenz. Da gleichzeitig alle Zahlen einer Restklasse mod m Lösung oder nicht Lösung sind, versteht man unter der *Lösungsanzahl* $\psi(m)$ die Anzahl der Lösungsrestklassen; ψ ist eine multiplikative zahlentheoretische Funktion. Für eine zusammengesetzte Zahl $m = m_1 m_2$ mit $(m_1, m_2) = 1$ und $m_1 > 1$, $m_2 > 1$ zerfällt die Kongruenz mod m in die gleichlautenden Kongruenzen mod m_1 und mod m_2, weshalb man sich auf Primzahlpotenzen $m = p^\alpha$ beschränken kann. Jede

Lösung mod p^a ist aber erst recht Lösung mod p, und um umgekehrt aus einer solchen eine Lösung mod p^a zu erhalten, hat man die Lösung mod p geeignet um Vielfache von p abzuändern, was nach Umrechnen und Division durch p auf eine Kongruenz mod p^{a-1} führt. Auf diese Weise kann man letzten Endes das Lösen einer h. K. nach einem beliebigen Modul auf das Lösen von Kongruenzen mod p zurückführen. Das läuft auf die Frage hinaus, ob ein gegebenes Polynom $f(X)$ über dem Primkörper der Charakteristik p zerlegbar ist und Linearfaktoren besitzt.

Lit.: [Z 1]
GERST, I., J. BRILLHART: On the prime divisors of polynomials. Amer. Math. Monthly 78 (1971), 250–266.

Hölder, Satz von (= *Hölderscher Satz*): **1.** über angeordnete Gruppen: Eine *archimedisch angeordnete Gruppe* (›archimedisch geordnete Gruppe) ist kommutativ, sie ist zu einer Untergruppe der angeordneten Gruppe aller reellen Zahlen ordnungsisomorph (auch *H.-Cartanscher Satz* genannt).

2. über ›archimedisch angeordnete Ringe.

holoedrischer Isomorphismus = ›Isomorphismus einer Gruppe

Holoid nach Klein-Barmen ist eine abelsche ›Halbgruppe mit Einselement, in der aus $a = bx$ und $b = ay$ stets $a = b$ folgt.

Lit.: KLEIN-BARMEN, F.: Ein Beitrag zur Theorie der linearen Holoide. Math. Z. **51** (1948), 355–366.

Holomorph: Die ›Automorphismen einer beliebigen Gruppe G lassen sich als innere Automorphismen einer Obergruppe von G, des H., gewinnen, die man folgendermaßen erhält. Die Automorphismengruppe Aut G von G und die Gruppe G_r der Rechtstranslationen a_r: $x \mapsto x^{a_r} = xa$ für $a, x \in G$ mit der Hintereinanderausführung als Verknüpfung lassen sich als Untergruppen der Gruppe der Permutationen der Gruppenelemente von G auffassen. Das H. von G ist die hierin von Aut G und G_r erzeugte Untergruppe K. Vermöge der Einbettung $G \ni a \mapsto a_r$ läßt sich K als Obergruppe von G auffassen. Da $x^{a_r\sigma} = (xa)^\sigma = x^\sigma a^\sigma$ für $\sigma \in$ Aut G ist, gilt $a_r\sigma = \sigma(a^\sigma)_r$, also $(a^\sigma)_r = \sigma^{-1}a_r\sigma$, jeder Automorphismus von G ergibt sich mithin als Einschränkung eines inneren Automorphismus von K. Da ferner $K =$ (Aut G) G_r und Aut $G \cap G_r = \{e\}$ ist, ist K das ›semidirekte Produkt von Aut G und G_r.

Lit.: [G 35], [G 42]

Hom-Funktor: Der *kovariante H.* Hom$_R$ $(A, ?)$ (bzw. der *kontravariante H.* Hom$_R$ $(??, B)$, bzw. der ko-kontravariante Bifunktor (*ko-kontravarianter H.*) Hom$_R$ $(??, ?)$) (gegebenenfalls auch ohne den Index R geschrieben) hat als Wert für die ›R-Moduln (etwa Linksmoduln) A und B den R-Modul Hom (A, B) der R-Homomorphismen von A in B. Für Homomorphismen $\alpha: A \to A'$

bzw. $\beta: B \to B'$ ist der *induzierte Homomorphismus* $\beta_* = \mathrm{Hom}(A, \beta)$: $\mathrm{Hom}(A,B) \to \mathrm{Hom}(A, B')$ bzw. $\alpha' = \mathrm{Hom}(\alpha, B)$: $\mathrm{Hom}(A',B) \to \mathrm{Hom}(A,B)$ durch Multiplikation mit β von hinten bzw. α von vorn erklärt. Beide H. sind *linksexakt*: sie bilden die kurzen ›exakten Sequenzen $B' \to B \to B'' \to 0$ bzw. $0 \to A' \to A \to A''$ in die exakten Sequenzen

$$0 \to \mathrm{Hom}(A, B') \to \mathrm{Hom}(A, B) \to \mathrm{Hom}(A, B'') \quad \text{bzw.}$$

$$0 \to \mathrm{Hom}(A'', B) \to \mathrm{Hom}(A, B) \to \mathrm{Hom}(A', B)$$

ab. Ihre ›abgeleiteten Funktoren sind die Ext_R^n. Die kategorientheoretischen Verallgemeinerungen der H. sind die ›Morphismenfunktoren, für die (in ›exakten Kategorien) die analogen Aussagen gelten.

Lit.: [C 10], [H 3]

homogene Gruppe ›torsionsfreie Gruppe, ›endliche Drehgruppen

homogene Komponente ›graduierter Modul

homogene Komponente des J-Sockels ›halbeinfacher Modul

homogene Produktsumme ›Polynom

homogener Bestandteil ›Polynom

homogener Quotientenkörper ›homogener Ring

homogener Raum ›Faktorgruppe

homogener Ring: 1. (= *H-Ring*) oder *Formenring* heißt die Menge der homogenen Polynome eines ›Polynomrings $R = k[X_0, \ldots, X_n]$ über einem Körper k; er enthält den Grundkörper k und mit zweien seiner Formen auch deren Produkt und, sofern sie gleichen Grades sind, auch ihre Summe; er ist also kein ›Ring im Sinne der Algebra. Er wird mit $k[X_0, \ldots, X_n]_{\mathrm{H}}$ bezeichnet. Die Menge aller homogenen rationalen Funktionen in den X_i vom Grade 0 bildet einen Körper, den *H-Körper* (*homogenen Quotientenkörper*) $k^0(X_0, \ldots, X_n)$. Gelegentlich verwendet man auch den H-Körper $k(X_0, \ldots, X_n)_{\mathrm{H}}$ aller homogenen rationalen Funktionen in den X_i, er enthält den Körper $k^0(X_0, \ldots, X_n)$, ist aber selbst kein Körper.

Allgemeiner versteht man unter einem h. R. auch einen Restklassenring eines h. R. im obigen Sinne nach einem homogenen Ideal oder einen Unterring davon. Man kann ihn als eine Untermenge R_{H} eines Oberkörpers K von k definieren, für die folgendes gilt: (i) Zu jedem $g \in R_{\mathrm{H}}$ existiert eine Form $G \in R$ mit $g = G(x_0, \ldots, x_n)$ $(x_i \in K)$. (ii) Mit $g, g' \in R_{\mathrm{H}}$ ist auch $gg' \in R_{\mathrm{H}}$. (iii) Mit $g_1, g_2 \in R_{\mathrm{H}}$ ist auch $g_1 + g_2 \in R_{\mathrm{H}}$, falls Formen $G_1, G_2 \in R$ gleichen Grades mit $g_i = G_i(x_0, \ldots, x_n)$ existieren.

Ist $G(x_0, \ldots, x_n) \in R_H$ für jede Form $G \in R$, so bezeichnet man R_H auch mit $k_H[x_0, \ldots, x_n]$. Homogene Ideale, Primideale usw. werden wie üblich erklärt, der homogene Quotientenkörper $k_H(x_0, \ldots, x_n)$ wird wie oben definiert.

2. >graduierter Modul

Lit.: Zu **1.**: KELLER, O. H.: Vorlesungen über algebraische Geometrie. Akad. Verlagsges. Geest & Portig, Leipzig 1974.
LEFSCHETZ, S.: Algebraic geometry. Princeton University Press, Princeton 1953.

homogenes Element >graduierter Modul

homogenes Ideal = >homogenes Polynomideal

homogenes >**Polynom,** >Gewicht eines Polynoms

homogenes Polynomideal (= *Formenideal* = *homogenes Ideal* = *H-Ideal*) heißt ein Polynomideal $\mathfrak{a}$ aus $K[X_0, X_1, \ldots, X_n]$, das mit jedem Polynom f auch alle homogenen Bestandteile f_i von f enthält. Jedes h. P. besitzt eine Basis, die nur aus homogenen Polynomen besteht (*H-Basis*); umgekehrt ist ein Ideal, das eine H-Basis besitzt, homogen. Ein h. P. ist invariant gegenüber der Transformation $X_i \mapsto \lambda X_i$ mit $\lambda \in K$. Mit $\xi = (\xi_0, \ldots, \xi_n)$ ist auch $\lambda\xi$ >Nullstelle eines h. P. Die Gesamtheit der $\lambda\xi$ mit einer festen Nullstelle ξ heißt *Lösungsstrahl* oder *projektive Nullstelle* von $\mathfrak{a}$. Durch Nullsetzen von h. P. werden *algebraische Mengen* (*Mannigfaltigkeiten*) im projektiven Raum definiert; diese sind *irreduzibel,* wenn das h. P. Primideal ist.

Entsprechend dem Übergang vom Affinen zum Projektiven, d. h. von inhomogenen zu homogenen Koordinaten, kann man von jedem gewöhnlichen (*inhomogenen*) *Polynomideal* $\mathfrak{b}$ aus $K[X_1, \ldots, X_n]$ durch *Homogenisieren* zu einem sog. *äquivalenten homogenen Ideal* $\mathfrak{b}_0$ in $K[X_0, X_1, \ldots, X_n]$ übergehen; man hat dazu das Ideal aller Polynome zu bilden, deren homogene Bestandteile f^* durch Enthomogenisierung (d. h. die Substitution $X_0 = 1$) in Polynome f aus $\mathfrak{b}$ übergehen:

$$f^*(1, X_1, \ldots, X_n) = f(X_1, \ldots, X_n);$$

die *Homogenisierung* bedeutet gerade die Transformation

$$X_0^\mu f\left(\frac{X_1}{X_0}, \ldots, \frac{X_n}{X_0}\right) = f^*(X_0, X_1, \ldots, X_n),$$

wenn f den Grad μ hat. Dabei gilt: Durch Enthomogenisieren erhält man aus einem zu $\mathfrak{b}$ äquivalenten H-Ideal das ursprüngliche Ideal $\mathfrak{b}$ zurück, während man durch Enthomogenisierung und anschließende Homogenisierung aus einem gegebenen homogenen Ideal $\mathfrak{a}_0$ im allgemeinen ein umfassenderes Ideal erhält; Gleichheit gilt genau dann, wenn $\mathfrak{a}_0 : (X_0) = \mathfrak{a}_0$ ist.

Lit.: [A 6II]

Homogenisierung >homogenes Polynomideal

Homogruppe heißt nach THIERRIN eine multiplikativ geschriebene >Halbgruppe H, in der ein idempotentes Element e existiert, das mit jedem Element von H vertauschbar ist und mit dem die Gleichung $xx' = e$ für jedes $x \in H$ eine Lösung $x' \in H$ besitzt. Ein solches Element e ist eindeutig bestimmt, und $He = eH$ ist eine zu H homomorphe, bezüglich H zulässige >Gruppe, der sog. *Kern* von H. Eine H. ist somit nichts anderes als eine Halbgruppe, die eine Gruppe als zweiseitiges Ideal enthält.

Lit.: [S 3]
THIERRIN, G.: Sur les homogroupes, Compt. rend. Sci. Paris **234** (1952), 1519–1521.

homolog >Kettenkomplex

homologe algebraische Struktur = gleichartige (universelle) >Algebra

Homologiegruppe (-klasse) >Kettenkomplex

Homologieprodukt >Künnethsche Formel

Homologiesequenz >Kettenkomplex

homologische Algebra ist ein Zweig der >Algebra, der sich mit der Übertragung von Methoden der algebraischen Topologie auf die Algebra befaßt. Er bedient sich dabei weitgehend der Sprache der >Kategorientheorie, insbesondere der Funktoren, damit die vorzunehmenden Zuordnungen weitgehend natürlich sind. Unter Benutzung von >Diagrammen, insbesondere sog. kommutativen Diagrammen, lassen sich Rechnungen häufig leichter durchführen als in der Formelsprache. Ausgangspunkt sind meist *Komplexe* (>Kettenkomplexe), wie sie in der algebraischen Topologie erst durch topologische Definitionen entstehen, und deren Abweichung von der Exaktheit (>exakte Sequenzen), die durch *Homologie-* bzw. *Kohomologiegruppen* gemessen wird. Die durch Anwendung von Funktoren, deren wichtigste *Tensorieren* mit einem festen Modul (>Tensorprodukt) oder Bildung der *Gruppe der Homomorphismen* von einem festen Modul oder in einen festen Modul (kovarianter oder kontravarianter >Hom-Funktor) sind, entstehen aus exakten Sequenzen Komplexe, die nicht wieder exakt zu sein brauchen. Die Abweichung derartiger Funktoren von der Exaktheit wird durch die >abgeleiteten Funktoren gemessen. Im Rahmen der h. A. wurde ein Kalkül entwickelt, mit dem sich unmittelbar z. B. mit ganzen Komplexen rechnen läßt, ohne im Einzelfall auf die Elementsprache zurückgreifen zu müssen.

Lit.: [C 2], [G 17], [G 18], [G 19], [G 34], [H 1]–[H 5], [H 7], [R 21]
ANDRÉ, W.: Homologie des algèbres commutatives. Springer, Berlin 1974.

ARTIN, E.: Kohomologie endlicher Gruppen. Vorlesungsausarbeitung, Hamburg 1957.

AUSLANDER, M., D. A. BUCHSBAUM: Homological dimension in local rings. Trans. Amer. Math. Soc. **85** (1957), 390–405.

BALCERZYK, ST.: Wstęp do algebry homolocznej. PWN, Warszawa 1972.

BUCHSBAUM, D. A.: Exact categories and duality. Trans. Amer. Math. Soc. **80** (1955), 1–34.

CARTAN, H.: Séminaire 1950/51, 1955 (Cohomologie des groupes, suite spectrale, faisceaux, algèbres d'Eilenberg-MacLane et homotopie). Secr. Math., Paris.

CHEVALLEY, C.: Class field theory. Nagoya University, 1953–1954.

ECKMANN, B.: Cohomology of groups and transfer. Ann. of Math. **58** (1953), 481–493.

ECKMANN, B., A. SCHOPF: Über injektive Moduln. Arch. Math. **4** (1953), 75–78.

EILENBERG, S.: Topological methods in abstract algebra, Cohomology of groups. Bull. Amer. Math. Soc. **55** (1949), 3–37.

EILENBERG, S., S. MACLANE: Group extensions and homology. Ann. of Math. **43** (1942), 757–831.

EILENBERG, S., S. MACLANE: Cohomology theory in abstract groups I, II. Ann. of Math. **48** (1947), 51–78, 326–341.

EILENBERG, S., J. C. MOORE: Foundations of relative homological algebra. Memoirs of the American Math. Soc. **55**, Providence 1965.

EILENBERG, S., N. STEENROD: Foundations of Algebraic Topology. Princeton University Press, Princeton 1952.

GODEMENT, R.: Topologie algébrique et théorie des faisceaux. Hermann, Paris 1958.

HOCHSCHILD, G.: On the cohomology groups of an associative algebra. Ann. of Math. **47** (1946), 568–579.

HOCHSCHILD, G.: Cohomology and representations of associative algebras. Duke Math. J. **14** (1947), 921–948.

HOCHSCHILD, G.: Lie algebra kernels and cohomology. Amer. J. Math. **76** (1954), 698–716.

HOCHSCHILD, G., T. NAKAYAMA: Cohomology in class field theory. Ann. of Math. **55** (1952), 348–366.

HOCHSTER, M.: Topics in the homological theory of modules over commutative rings. Amer. Math. Soc., Providence 1979.

JONAH, D. W.: Cohomology of coalgebras. Memoirs of the Amer. Math. Soc. **5**, Providence 1968.

LANG, S.: Rapport sur la cohomologie des groupes. Benjamin, New York 1967.

MACLANE, S.: Cohomology theory in abstract groups III. Operator homomorphisms of kernels. Ann. of Math. **50** (1949), 736–761.

MACLANE, S.: Homologie des anneaux et des modules. In: Colloque de topologie algébrique. Libr. Univ., Louvain 1956, 55–80.

MACLANE, S.: Extensions and obstructions for rings. Illinois J. **2** (1958), 316 to 345.

NORTHCOTT, D. G.: An introduction to homological algebra. Cambridge University Press, Cambridge 1960.

SERRE, J.-P.: Sur la dimension homologique des anneaux et des modules noethériens. Proc. Int. Symp. on Alg. Number Theory, Tokyo 1956, 175–189.

YONEDA, N.: On the homology theory of modules. J. Fac. Sci. Tokyo **7** (1954), 193–227.

homologische Dimension: Die h. D. oder *projektive Dimension* hd eines R-Moduls C ist die kleinste ganze Zahl n, für die der Funktor $\text{Ext}^n (C, ?)$ (›abgeleiteter Funktor) nicht identisch 0 ist. Das ist gleichbedeutend damit, daß C eine ›projektive Auflösung der Länge n: $0 \to X_n \to X_{n-1} \to \cdots \to X_0 \to C \to 0$, aber keine kleinerer Länge besitzt. Wenn keine solche Zahl n existiert, setzt man hd $C = \infty$. Die *linke globale Dimension* eines Ringes R ist das Supremum über die h. D. aller R-Linksmoduln. Die *rechte globale Dimension* ist analog mit den Rechtsmoduln definiert.

Da ein Ring genau dann ›halbeinfach ist, wenn alle R-Moduln ›projektiv sind, ist ein Ring genau dann *halbeinfach*, wenn seine globale (linke oder rechte) Dimension gleich 0 ist.

Die *injektive Dimension* eines R-Moduls C ist die kleinste Zahl n, für die eine ›injektive Auflösung von C der Länge n existiert. Das ist die kleinste Zahl, für die $\text{Ext}^n (?, C)$ nicht identisch 0 ist. *Linke* und *rechte globale injektive Dimension* eines Rings sind analog definiert.

Lit.: [C 10], [H 1], [H 3], [R 25]
Osofsky, B.: Homological dimension of modules. Amer. Math. Soc., Providence 1979.

homomorphe Abbildung = ›Homomorphismus

homomorphes Bild ist das Bild einer ›Abbildung, die ›Homomorphismus ist.

Homomorphieproblem: besteht darin, unter sämtlichen homomorphen Bildern einer universellen ›Algebra (Gruppe, Halbgruppe usw.) die untereinander nichtisomorphen aufzusuchen.

Lit.: [A 16]
Dubreil, P.: Algèbre I. Dunod, Paris 1954.
Ljapin, E. S. (Е. С. Ляпин): Нормальные комплексы ассоциативных систем. Izv. Akad. Nauk SSSR, matem. ser. **14** (1950), 179–192.

Homomorphiesatz 1. für topologische Gruppen: Sind G und H ›topologische Gruppen, σ ein stetiger, offener Homomorphismus von G auf H, N der Kern von σ und φ der natürliche Homomorphismus von G auf die Faktorgruppe G/N, so gibt es einen stetigen, offenen Isomorphismus η von G/N auf H, so daß das

›Diagramm 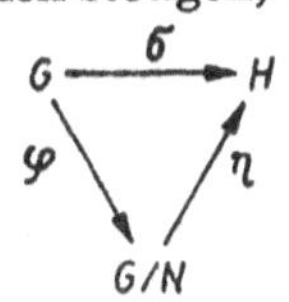 kommutativ ist.

2. für universelle ›Algebren: Ist A eine Algebra (Gruppe, Halbgruppe, Ring usw.), $\sim$ eine Kongruenzrelation in A und $\bar{a}$ die zu a gehörige (a enthaltende) Äquivalenzklasse, so vermittelt die Zuordnung $\varrho: a \mapsto \bar{a}$ einen Homomorphismus von A auf die Restklassenstruktur $\bar{A} = A/\sim$. Ist umgekehrt σ

ein Homomorphismus von A auf die Algebra B, so gehört zu σ eine Kongruenzrelation $\sim$ (deren Äquivalenzklassen gerade die Urbilder der einzelnen Elemente von B sind), und $A/\sim$ ist vermöge eines Isomorphismus τ isomorph zu B, mit dem das Diagramm

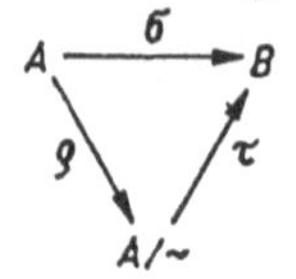

kommutativ wird.

3. für ›Garben

4. für Gruppen ›Homomorphismus einer Gruppe

5. für ›lineare Abbildungen

6. für Mengen ›Äquivalenzrelation

7. für Ringe ›Ideal

Lit.: Zu 2. [U 3]

Homomorphismenring = ›Endomorphismenring

Homomorphismus 1. einer ›Algebra (universelle)

2. einer Algebra (Gruppe) mit ›Operatorenbereich

3. einer Gruppe: Ein H. (= *homomorphe Abbildung*, früher auch als *Isomorphismus, meroedrischer* oder *mehrstufiger Isomorphismus* bezeichnet) σ einer ›Gruppe G in eine Gruppe H ist eine eindeutige ›Abbildung σ von G in H, so daß für beliebige $a, b \in G$ gilt: $(ab)^\sigma = a^\sigma b^\sigma$. Daraus folgt $(a^{-1})^\sigma = (a^\sigma)^{-1}$, $e^\sigma = e'$ (e Einselement von G, e' Einselement von H). Die Menge der $g \in G$ mit $g^\sigma = e'$ bildet einen ›Normalteiler N von G, den *Kern* von σ. Die Menge der $a^\sigma \in H$ mit $a \in G$ bildet eine Untergruppe G^σ von G, das [*homomorphe*] *Bild* von G bei dem H. σ. Die Faktorgruppe G/N ist in natürlicher Weise isomorph zu G^σ (*Homomorphiesatz*, gelegentlich auch *1. Isomorphiesatz* genannt); ›Homomorphiesatz für universelle Algebren.

Ein eineindeutiger H. von G auf H heißt *Isomorphismus* (früher auch *einstufiger* oder *holoedrischer Isomorphismus* genannt). Wenn ein solcher Isomorphismus existiert, heißen die Gruppen G und H *isomorph.* Ein injektiver H. heißt *Monomorphismus* (oder *Isomorphismus in*), ein surjektiver H. (H. auf) *Epimorphismus.* Ein H. von G in sich (also auf eine Untergruppe von G) heißt *Endomorphismus,* ein Isomorphismus von G auf sich ›Automorphismus, ein Isomorphismus von G auf eine echte Untergruppe manchmal *Meromorphismus.*

4. einer topologischen Gruppe G in eine ›topologische Gruppe H heißt jede stetige — nicht notwendig offene — Abbildung von G in H, die zugleich H. der unterliegenden abstrakten Gruppe ist. Sind G und H ›Hausdorffsche Gruppen, so ist jeder H. von G auf H in folgenden Fällen auch *offen*: (i) G ist kom

pakt; (ii) G ist lokalkompakt und Vereinigung abzählbar vieler kompakter Teilmengen, während H von zweiter Bairescher Kategorie ist; (iii) G ist vollständig, mit abzählbarer Basis, während H von zweiter Bairescher Kategorie ist. Spezialfall: G und H sind lokal kompakt mit abzählbarer Basis.

Ist N Normalteiler von G, so ist der natürliche H. von G auf G/H stetig und offen.

5. eines >Rings

6. von >Kettenkomplexen

7. von Verbänden: Eine Abbildung φ eines >Verbands V_1 in einen Verband V_2 heißt *Verbandshomomorphismus* oder $\cap,\cup$-*H.*, wenn für beliebige $a, b \in V_1$ gilt: (i) $\varphi(a \wedge b) = \varphi(a) \wedge \varphi(b)$, (ii) $\varphi(a \vee b) = \varphi(a) \vee \varphi(b)$. Gilt nur (i), so heißt φ $\cap$-H., gilt nur (ii), so heißt φ $\cup$-*H.* Ein Verbandshomomorphismus (sogar schon ein $\cup$-H. oder $\cap$-H.) ist ein *Ordnungshomomorphismus* der unterliegenden halbgeordneten Menge (kurz: ein *H. v. V*), d. h., aus $a \leqq b$ folgt $\varphi(a) \leqq \varphi(b)$; die Umkehrung gilt nicht. Ein umkehrbarer Verbandshomomorphismus von V_1 auf V_2 heißt *Verbandsisomorphismus*; das bedeutet dasselbe wie ein *Ordnungsisomorphismus.*

Lit.: Zu **3.**: [G 26I], [G 42]
Zu **4.**: [G 31]
Zu **7.**: [V 8]

Homothetie = >Translation in einer Gruppe

Hopf-Algebra >Koalgebra

Hopfsche Gruppe = >Multiplikator einer Gruppe

Hopfsche Probleme: 1. Kann eine aus endlich vielen Elementen erzeugbare Gruppe zu einer ihrer echten Faktorgruppen isomorph sein? Ja.

2. Sind zwei endlich erzeugbare Gruppen isomorph, wenn sie gegenseitig homomorphe Bilder voneinander sind? Nein.

Lit.: [G 26II]
Neumann, B. H.: An essay on free products of groups with amalgamation. Phil. Transact. Royal Soc. London, Ser. A **246** (1954), 503–554.

Hopfscher Verband heißt ein >Verband, in dem jeder surjektive Endomorphismus ein Automorphismus ist. Jeder *endlich präsentierte Verband*, d. h. durch endlich viele Erzeugende und Relationen beschreibbare Verband, ist H. V.

Lit.: [V 6]

***H*-Prozeß** ist ein von Capelli in die >Invariantentheorie eingeführter Prozeß, dessen Anwendung auf eine n-äre Form f in m ($\geqq 2$) Variablenreihen $x_i, \ldots, t_i$

durch

$$H_{x\ldots t}(f) = \sum_{(i)} (x \ldots t)_{i_1\ldots i_m} (\Omega_{x\ldots t})_{i_1\ldots i_m} f$$

$$= \sum_{(i)} \begin{vmatrix} x_{i_1} & \ldots & x_{i_m} \\ \cdots & \cdots & \cdots \\ t_{i_1} & \ldots & t_{i_m} \end{vmatrix} \cdot \begin{vmatrix} \frac{\partial}{\partial x_{i_1}} & \cdots & \frac{\partial}{\partial x_{i_m}} \\ \cdots & \cdots & \cdots \\ \frac{\partial}{\partial t_{i_1}} & \cdots & \frac{\partial}{\partial t_{i_m}} \end{vmatrix} \cdot f$$

definiert ist. $H(f)$ ist ›Komitante von f und verschwindet, wenn die Anzahl m der verwendeten Reihen $> n$ ist. Die *Capellische Operation* $H_{x\ldots t}$ ist durch *Polaroperationen* (›Polarenprozeß) $D_{\xi\eta} = \eta_1 \frac{\partial}{\partial \xi_1} + \cdots + \eta_n \frac{\partial}{\partial \xi_n}$ nach der folgenden Formel von Capelli ausdrückbar:

$$H_{xy\ldots t} = \begin{vmatrix} (m-1) + D_{tt} & D_{zt} & \ldots & D_{yt} & D_{xt} \\ D_{tz} & (m-2) + D_{zz} & \ldots & D_{yz} & D_{xz} \\ \cdots & \cdots & \cdots & \cdots & \cdots \\ D_{ty} & D_{zy} & \ldots & 1 + D_{yy} & D_{xy} \\ D_{tx} & D_{tz} & \ldots & D_{yx} & D_{xx} \end{vmatrix}.$$

Lit.: [I 12]

Capelli, A.: Über die Zurückführung der Cayleyschen Operation Ω auf gewöhnliche Polar-Operationen. Math. Ann. **29** (1887), 331–338.

H-Ring = ›homogener Ring

Hüllalgebra = ›universelle Hüllalgebra

Hülle ›Hüllenbildung

Hüllenbildung (= *Hüllenoperation*) heißt eine Operation (*Hüllenoperator*), die jeder Untermenge A einer festen Menge M eine Untermenge $\bar{A}$ von M als „*Hülle*" zuordnet, so daß gilt: $A \subset \bar{A}$; $\bar{\bar{A}} = \bar{A}$; aus $A \subset B$ folgt $\bar{A} \subset \bar{B}$. A heißt bezüglich dieser H. *abgeschlossen*, wenn $A = \bar{A}$ ist (Vorbild: Übergang zur abgeschlossenen Hülle in einem topologischen Raum und abgeschlossene Mengen darin). Die abgeschlossenen Mengen bilden einen vollständigen ›Verband, bei dem $\wedge$ die mengentheoretische Durchschnittsbildung ist, während $\vee$ in der Regel eine gewisse Obermenge der mengentheoretischen Vereinigung definiert. Ein wichtiges Beispiel für eine H. erhält man, indem man auf jede Menge in einer ›Galois-Verbindung beide dort definierten Abbildungen nacheinander anwendet.

Die H. ist das wichtigste Konstruktionsprinzip zur Bildung von vollständigen Verbänden. So bilden die Untergruppen einer festen Gruppe G einen vollständigen Verband, wobei unter der Hülle $\bar{A}$ eine Untermenge A von G die von A erzeugte (d. h. die kleinste A enthaltende) Untergruppe von G zu verstehen ist.

Eine Hüllenoperation J auf einer Menge M heißt *algebraisch*, wenn für jede Untermenge A von M und jedes $a \in J(A)$ gilt, daß bereits $a \in J(A_f)$ für eine gewisse endliche Untermenge A_f von A ist.

Hüllensystem einer Menge M heißt ein gegenüber Durchschnittsbildung abgeschlossenes System $\mathcal{M}$ von Untermengen von M. Jedes Hüllensystem $\mathcal{M}$ auf M gibt vermöge $J(A) = \bigcap \{X \in \mathcal{M} \mid X \supseteq A\}$ Anlaß zu einer Hüllenoperation J, und umgekehrt bilden die abgeschlossenen Mengen bez. einer Hüllenoperation J ein Hüllensystem. Das *Hüllensystem* $\mathcal{M}$ heißt genau dann *algebraisch*, wenn die zugehörige Hüllenoperation algebraisch ist; das ist genau dann der Fall, wenn $\mathcal{M}$ *induktiv* ist, d. h., jede ›Kette in $\mathcal{M}$ eine obere Grenze besitzt.

Ein Hüllensystem auf dem Verband der Kongruenzrelationen auf einer universellen ›Algebra $\mathfrak{A}$ heißt *vollinvariant*, wenn für jeden Endomorphismus σ von $\mathfrak{A}$ das Urbild jedes Elements des Hüllensystems bei σ auch zum Hüllensystem gehört.

Lit.: [A 13], [U 2], [U 3]
HOEHNKE, H.-J.: Fully invariant algebraic closure system of congruences and quasivarieties of algebras, in: Colloquia Mathematica Societatis János Bolyai 43: Lectures in Universal Algebra, North-Holland, Amsterdam 1986, 189–207.
MOORE, E. H.: Introduction to a form of general analysis. New Haven 1910.

Hüllenoperation (-operator, -system) ›Hüllenbildung

Hurwitzsche Determinante ›Hurwitzsches Kriterium

Hurwitzsches Kriterium: Die Wurzeln einer ›algebraischen Gleichung $f(x) = a_0x^n + a_1x^{n-1} + \cdots + a_n = 0$ mit reellen Koeffizienten und mit $a_0 > 0$ haben genau dann sämtlich negative Realteile, wenn die n *Hurwitzschen Determinanten*

$$D_\nu = \begin{vmatrix} a_1 & a_0 & 0 & & \dots & 0 \\ a_3 & a_2 & a_1 & a_0 & \dots & 0 \\ \dots & \dots & \dots & \dots & \dots & \dots \\ a_{2\nu-1} & a_{2\nu-2} & & & \dots & a_\nu \end{vmatrix} \quad (\nu = 1, 2, \dots, n)$$

mit $a_i = 0$ für $i > n$ alle positiv sind. $f(x)$ heißt dann *Hurwitzsches Polynom*.

Das H. K. geht ursprünglich auf ROUTH zurück, die Determinantenform auf HURWITZ, eine Verallgemeinerung auf komplexe Koeffizienten auf BILHARZ. Zweckmäßige Rechenhinweise stammen von BILHARZ. Die Hurwitzschen Polynome lassen sich durch eine Kettenbruchentwicklung charakterisieren (EICHLER, CAUER). Das H. K. wird angewendet zur Stabilitätsuntersuchung gewöhnlicher Differentialgleichungen, insbesondere in der Elektronik.

Lit.: BILHARZ, H.: Bemerkung zu einem Satze von Hurwitz, Z. angew. Math. Mech. 24 (1944), 77–82.
CAUER, W.: Theorie der linearen Wechselstromschaltungen. Akademie-Verlag, Berlin 1954.
EICHLER, M.: Zur numerischen Lösung von Gleichungen mit reellen Koeffizienten. J. reine angew. Math. 184 (1942), 124.
HURWITZ, A.: Über die Bedingungen, unter welchen eine Gleichung nur Wurzeln mit negativen reellen Teilen besitzt. Math. Ann. 46 (1895), 273–284.
ROUTH, E. J.: A treatise on the stability of a given state of motion. London 1877.

Hurwitzsches Polynom >Hurwitzsches Kriterium

hyperabelsche Gruppe heißt eine Gruppe, deren nichttriviale homomorphe Bilder nichttriviale abelsche Normalteiler besitzen.

hyperbolische Bewegungsgruppe >orthogonale Gruppe

hyperbolische >**Biquaternion**

hyperbolische Ebene heißt ein zweidimensionaler bilinearer Raum (V, f) (V zweidimensionaler Vektorraum über einem Körper K, f Bilinearform auf V), der anisotrop ist, aber einen isotropen Vektor enthält. Er besitzt eine Basis aus Vektoren x, y mit $f(x, x) = f(y, y) = 0$ und $f(x, y) = 1$. Die orthogonale Summe endlich vieler h. E. heißt ein *h. Raum*.

Ein bilinearer Raum bezüglich einer symmetrischen Bilinearform f, der orthogonale Summe von Ebenen ist, die jeweils eine Basis aus Elementen x_i, y_i mit $f(x_i, y_i) = f(y_i, x_i) = 1$, $f(x_i, x_i) = a_i$ $(\neq 0)$ und $f(y_i, y_i) = 0$ besitzen, heißt *metabolischer Raum*. Wenn char $K \neq 2$ ist, so ist er zu einem h. Raum isomorph.

Lit.: [G 1], [Q 3]

hyperbolische Quaternionen heißen die Elemente einer >R-Algebra, die aus den gewöhnlichen (reellen) Quaternionen $a_0 + a_1 i_1 + a_2 i_2 + a_3 i_3$ durch die Substitution $i_\nu = e_\nu i$ hervorgehen.

hyperbolischer Raum >hyperbolische Ebene

hyperelliptischer Funktionenkörper (= *hyperelliptischer Körper*) heißt ein >algebraischer Funktionenkörper in einer Unbestimmten $k(x, y)$ der Charakteristik $\neq 2$ mit der >definierenden Gleichung $y^2 = P(x)$ über k, wo P ein

Polynom ohne mehrfache Nullstellen vom Grad $m \geqq 5$ ist. Sein Geschlecht ist $[(m-1)/2] > 1$.

Lit.: JUNG, H. W. E.: Einführung in die Theorie der algebraischen Funktionen einer Veränderlichen. De Gruyter, Berlin 1925.

hyperelliptischer Körper = ›hyperelliptischer Funktionenkörper

Hypergruppe ›Multigruppoid

Hyperkommutator ›Zentrenreihen

hyperkomplexe Variable einer endlichen assoziativen ›R-Algebra A über $R = \mathbb{R}$ mit der Basis $c_1 = 1, c_2, \ldots, c_n$ heißt ein Ausdruck $z = \sum_{i=1}^{n} c_i x_i$ mit reellen Variablen $x_1, \ldots, x_n$; im Falle der ›Quaternionenalgebra spricht man von Quaternionenvariablen. Das *Differential* dz bestimmt n^2 Differentialformen $c_j\, dzc_k$. Diese heißen *linear unabhängig*, wenn aus $\sum \lambda_{jk} c_j\, dzc_k = 0$ für beliebiges dz und reelle λ_{jk} folgt $\lambda_{jk} = 0$. Ein System von linear unabhängigen Differentialen $c_j\, dzc_k$ aus einer maximalen Anzahl r von Differentialen heißt *Differentialbasis* und r ihr *Rang*. r ist von der Wahl der Basis und der Basis der Algebra unabhängig. Es gilt $n \leqq r \leqq n^2$, wobei $r = n$ nur für kommutative Algebren eintritt. Sind γ_{ijk} die Strukturkonstanten von A, d. h. $c_i c_j = \sum_{k=1}^{n} \gamma_{ijk} c_k$, und ist $c_i c_j c_k = \sum_{s=1}^{n} \gamma_{ijks} c_s$, so gilt $r = n^2$ nur, falls $\det(\gamma_{ijks}) \neq 0$ ist ((i, k) Zeilen-, (j, s) Spaltenindex); das tritt für die vollen Matrixalgebren und für das ›direkte Produkt der ›Quaternionenalgebra mit einer vollen Matrixalgebra ein.

Lit.: SNYDER, H. H.: A hypercomplex function-theory associated with Laplace's equation. DVW, Berlin 1968.

hyperkomplexes System = assoziative ›R-Algebra

hyperkomplexes System im engeren Sinne = assoziative ›R-Algebra endlichen Ranges

hyperkomplexes System ohne Radikal = ›halbeinfache Algebra 1.

hyperkomplexes Zahlensystem = assoziative ›R-Algebra endlichen Ranges

Hypermatrix ›Matrix

hyperorthogonale Gruppe = ›unitäre Gruppe

Hyperzentrum ›Zentrenreihen

hypoabelsche Gruppe ›orthogonale Gruppe

I

IC- ›**Automorphismus**

Ideal 1. I. der Hauptklasse = ›Hauptklassenideal

2. I. einer Halbgruppe: Eine nichtleere Untermenge I einer ›Halbgruppe S heißt *Linksideal* [*Rechtsideal*], wenn für alle $s \in S$, $x \in I$ gilt $sx \in I$ [$xs \in I$]; sie heißt *zweiseitiges I.*, wenn sie gleichzeitig Links- und Rechtsideal ist. Triviale (zweiseitige) *I.* sind S selbst und im Falle einer Halbgruppe mit Null die nur aus dem Nullelement bestehende Menge. I. schlechthin heißt Links- oder Rechtsideal. Ein I. heißt *eigentlich*, wenn es von S verschieden ist. Ein Links- bzw. Rechtsideal, das von einem Element erzeugt werden kann, also das kleinste dieses Element enthaltende Ideal ist, heißt *Links-* bzw. *Rechts-Hauptideal.* Der Durchschnitt aller zweiseitigen Ideale von S heißt, wenn er nicht leer ist, also minimales zweiseitiges Ideal ist, *Kern* oder ›*Kerngruppe* von S; ist dieser eine Gruppe, heißt S ›*Homogruppe.* S heißt *links-* bzw. *rechtseinfach*, wenn S keine eigentlichen Links- bzw. Rechtsideale besitzt; ist S gleichzeitig links- und rechtseinfach, so heißt S ›einfache Halbgruppe.

Im Falle einer Halbgruppe mit Null heißen die minimalen Ideale $\neq (0)$ *0-minimal.* Die Vereinigung aller 0-minimalen Links- (bzw. Rechts-) Ideale heißt der *Links-* (bzw. *Rechts-*) *Sockel* von S; er wird gleich (0) gesetzt, wenn es keine 0-minimalen Ideale gibt.

3. I. einer ›Lieschen Algebra

4. I. einer ›Multioperatorgruppe

5. I. eines ›Gruppoids

6. I. eines Rings (auch: *normaler Unterring*): Eine nichtleere Untermenge $\mathfrak{a}$ eines Rings R, die ›Modul ist (aus $a, b \in \mathfrak{a}$ folgt $a - b \in \mathfrak{a}$) und für die aus $a \in \mathfrak{a}$ und $r \in R$ stets $ra \in \mathfrak{a}$ [$ar \in \mathfrak{a}$] folgt, heißt *Linksideal* [*Rechtsideal*] in R. Ist $\mathfrak{a}$ sowohl Rechts- als auch Linksideal, so heißt $\mathfrak{a}$ *zweiseitiges I.* oder kurz *I.* Die Bezeichnung I. wird aber auch als Oberbegriff für *einseitige* (Links- oder Rechts-) *I.* und zweiseitige I. gebraucht. Das von einer Menge M *erzeugte Linksideal* [*Rechtsideal*] ist das kleinste M enthaltende Ideal; es besteht aus allen endlichen Summen von Elementen der Form $r \cdot a + nb\,[a \cdot r + nb]$ mit $r \in R, n \in \mathbb{Z}, a, b \in M$; das von M *erzeugte zweiseitige Ideal* aus allen endlichen Summen von Elementen der Form $r \cdot a + a' \cdot s + t \cdot a'' \cdot t' + nb$ mit $a, a', a'', b \in M$, $r, s, t, t' \in R$, $n \in \mathbb{Z}$. Beispielsweise bilden zwar die endlichen Summen von Elementen der Form $r \cdot a$ ein Linksideal, dieses braucht aber nicht M zu enthalten. Besitzt jedoch R ein Einselement, so kann man auf die Angabe der Summanden nb verzichten. In kommutativen Ringen ist natürlich jedes Ideal zweiseitig.

Kann ein Ideal $\mathfrak{a}$ von einer Menge M erzeugt werden, so nennt man M auch eine (*Ideal-*) *Basis* von $\mathfrak{a}$. Eine Basis heißt *Minimalbasis* oder *reduzierte Basis*, wenn keine echte Teilmenge von ihr Basis ist (das bedeutet aber nicht, daß es eine Basis kleinster Elementezahl sein muß). Hat R ein Einselement, so kann das von den Elementen $a_1, \ldots, a_k$ erzeugte (zweiseitige) Ideal $\mathfrak{a}$ kurz in der Form $\mathfrak{a} = Ra_1R + \cdots + Ra_kR$ oder auch $R(a_1, \ldots, a_k)\,R$ geschrieben werden; hierfür setzt man meist kurz $(a_1, \ldots, a_k)$ und hängt im Falle von Verwechslungsgefahr noch die Bezeichnung des Ringes als Index an. (Bei Linksidealen ist jeweils auf das rechte R, bei Rechtsidealen auf das linke R zu verzichten.) Ein Links-, Rechts- bzw. zweiseitiges I., das sich bereits von einem Element (etwa a) erzeugen läßt, heißt auch *Linkshauptideal, Rechtshauptideal* bzw. *Hauptideal* schlechthin. Im Falle eines Rings R mit Einselement läßt es sich in der Form Ra, aR bzw. RaR oder kurz (a) darstellen. Der Gesamtring R stellt trivialerweise ein I. dar, das sog. *Einheits-* oder *Einsideal*, ebenso die nur aus dem Nullelement bestehende Menge (0), das *Nullideal*.

Die *Summe* (*Idealsumme*) $\mathfrak{a} + \mathfrak{b}$ zweier *gleichseitiger I.* (d. h. I., die beide Links- oder beide Rechtsideale sind) $\mathfrak{a}$ und $\mathfrak{b}$ besteht aus allen Elementen der Form $a + b$ mit $a \in \mathfrak{a}$, $b \in \mathfrak{b}$ und ist wieder ein Ideal derselben Art. Das *Produkt* (*Idealprodukt*) $\mathfrak{a} \cdot \mathfrak{b}$ zweier I. $\mathfrak{a}$, $\mathfrak{b}$ besteht aus allen endlichen Summen von Elementen der Form ab mit $a \in \mathfrak{a}$ und $b \in \mathfrak{b}$; es ist ein Linksideal, wenn $\mathfrak{a}$ Linksideal ist (dann kann man für $\mathfrak{b}$ auch eine beliebige Menge nehmen), ein Rechtsideal, wenn $\mathfrak{b}$ Rechtsideal ist (dann kann man für $\mathfrak{a}$ auch eine beliebige Menge nehmen), und ein zweiseitiges Ideal, wenn $\mathfrak{a}$ Links- und $\mathfrak{b}$ Rechtsideal ist. Der (mengentheoretische) Durchschnitt $\mathfrak{a} \cap \mathfrak{b}$ zweier gleichseitiger Ideale ist ein I. derselben Art. Sind $\mathfrak{a}$ und $\mathfrak{b}$ beliebige I. eines kommutativen Ringes R, so ist die Menge $\mathfrak{a} : \mathfrak{b}$ der $c \in R$ mit $c\mathfrak{b} \subseteq \mathfrak{a}$ ein Ideal in R, der *Idealquotient* oder *Quotient* von $\mathfrak{a}$ und $\mathfrak{b}$.

Ist $\mathfrak{a}$ zweiseitiges I. des Ringes R, so heißen Elemente $a, b \in R$ *kongruent nach* $\mathfrak{a}$ oder *modulo* $\mathfrak{a}$ (in Zeichen: $a \equiv b \bmod \mathfrak{a}$ oder kürzer $a \equiv b(\mathfrak{a})$), wenn $a - b \in \mathfrak{a}$ gilt. (Die ›Kongruenz $a \equiv b \bmod m$ zwischen ganzen Zahlen bedeutet genau die obige Kongruenz modulo dem von m erzeugten Hauptideal $m \cdot \mathbb{Z} = (m)$ in $\mathbb{Z}$.) Diese Kongruenzrelation stiftet eine Einteilung von R in *Restklassen nach dem Ideal* $\mathfrak{a}$, die man in der Form $r + \mathfrak{a}$ mit $r \in R$ schreiben kann (das ist die Restklasse, die r enthält). Das sind dieselben ›Restklassen, die man bei der Zerlegung der additiven Gruppe von R nach $\mathfrak{a}$ als additive Untergruppe erhält. Bei repräsentantenweiser Verknüpfung, d. h. $(a + \mathfrak{a}) \pm (b + \mathfrak{a}) = (a \pm b) + \mathfrak{a}$, bilden diese einen Ring, den *Restklassenring*, *Faktorring* oder *Differenz*[*en*]*ring* $R/\mathfrak{a}$ (von R nach dem Ideal $\mathfrak{a}$). Die Zuordnung $r \mapsto r + \mathfrak{a}$ vermittelt einen (*natürlichen*) *Homomorphismus* ϱ von R auf $R/\mathfrak{a}$. Umgekehrt gehört zu jedem Homomorphismus σ von R in einen Ring R' als sog. *Kern* (Menge der Elemente, die bei σ auf 0 abgebildet werden) ein zweiseitiges I. $\mathfrak{a}$, und σ läßt sich als die Hintereinanderausführung des natürlichen Homomorphismus ϱ von R auf $R/\mathfrak{a}$ und eines Isomorphismus von $R/\mathfrak{a}$ auf den Bildring R^σ von R bei σ darstellen; wenn σ ein Epimorphismus ist, sind also $R/\mathfrak{a}$ und R' isomorph (*Homomorphiesatz der Ringtheorie*). ›Homomorphiesatz für universelle Algebren.

7. I. eines Verbands (= *verbandstheoretisches Ideal*): Eine Untermenge I eines ›Verbands V heißt I. oder $\cup$-*I.*, wenn aus $a, b \in I$, $c \in V$ stets $a \vee b \in I$ und $a \wedge c \in I$ folgt. Ein I. enthält also mit jedem Element auch jedes kleinere aus V. Die Menge der Verbandselemente, die $\leqq$ einem gegebenen Verbandselement a sind, bildet ein I., das von a erzeugte $\cup$-*Hauptideal* (= *Hauptideal* schlechthin) (a), auch mit $(a]$ bezeichnet. In einem endlichen Verband ist jedes I. Hauptideal. Durchschnitt und (verbandstheoretische) Vereinigung von Hauptidealen sind wieder Hauptideal. Ein von der leeren Menge und von V verschiedenes I. I heißt *Primideal*, wenn aus $a \wedge b \in I$ mit $a, b \in V$, $a \notin I$ stets $b \in I$ folgt.

Eine Teilmenge I von V heißt *duales I.*, *Dualideal* oder $\cap$-*I.*, wenn aus $a, b \in I$, $c \in V$ stets $a \wedge b \in I$ und $a \vee c \in I$ folgt; ein duales I. enthält also mit jedem Element auch jedes größere aus V. Die Menge der Elemente aus V, die $\geqq$ einem gegebenen Element $a \in V$ sind, bildet ein $\cap$-I., das von a erzeugte $\cap$-*Hauptideal* $[a)$. Insbesondere im Verband der Untermengen einer Menge M heißen die von der Potenzmenge von M verschiedenen $\cap$-I. auch *Filter*. Ein Filter, der nicht das Nullelement enthält, heißt *eigentlich*. Ein Filter heißt *σ-vollständig* oder *abzählbar vollständig*, wenn er mit abzählbar vielen Elementen stets auch deren Vereinigung enthält.

Die I. eines ›modularen Verbands bilden selbst einen modularen Verband.

Lit.: Zu **2.**: [S 1], [S 3], [S 4], [S 5]
Zu **6.**: [A 6I], [A 16], [A 17I]
Zu **7.**: [V 8]

ideal erbliches Radikal ›Radikale in Ringen

Idealbasis ›Ideal eines Rings

Idealisator eines Komplexes (d. h. einer Untermenge) M einer universellen ›Algebra A, auf der eine Multiplikation erklärt ist (z. B. ›Gruppoid, ›Halbgruppe, ›Ring) heißt die Menge der Elemente $\alpha \in A$ mit $\alpha M \subset M$ und $M\alpha \subset M$.

Lit.: [A 16]

Idealisierungsprinzip (von Nagata): Ein ›R-Modul M läßt sich dadurch zu einem Ideal machen, daß man die direkte Summe $R^* = R \oplus M$ (als Moduln) bildet und hierin eine Multiplikation gemäß $(r + m)(r' + m') = rr' + rm' + r'm$ $(r, r' \in R,\ m, m' \in M)$ einführt. Dadurch wird R^* ein R und M enthaltender Ring, M ist hierin Ideal und $M^2 = 0$. Untermoduln von M sind in M enthaltene Ideale von R^*. ›duale Zahlen.

Lit.: [R 25]
Fossum, R. M., P. A. Griffith, I. Reiten: Trivial Extensions of Abelian Categories. LNM 456. Springer, Berlin 1975.
Lichtenbaum, S., M. Schlesinger: The cotangent complex of a morphism. Trans. Amer. Math. Soc. 128 (1967), 41–70.

Idealprodukt (-summe) >Ideal

Idealtheorie: die Theorie der >Ideale eines (insbesondere kommutativen) Rings. In der *additiven I.* werden die Ideale hauptsächlich als additive Untergruppen des Rings betrachtet; Hauptanwendungsgebiete: >Polynomringe, >lokale Ringe, algebraische Geometrie; Hauptaufgabe: Durchschnittsdarstellung von Idealen (>Primärkomponentenzerlegung). In der *multiplikativen I.* wird zu einem >Dedekindschen Ring die Gruppe der ganzen und gebrochenen R-Ideale betrachtet, z. B. für endlich-algebraische Zahlkörper (R = >Hauptordnung der ganzen Zahlen), $\mathfrak{p}$-adische Körper (R Ring der $\mathfrak{p}$-ganzen Elemente), >algebraische Funktionenkörper einer Unbestimmten t (R Ring der t-ganzen Elemente). In diesen Fällen ist die idealtheoretische Beschreibung zur divisortheoretischen äquivalent.

Lit.: [A 17 I], [A 18], [K 5], [R 19], [R 28], [Z 5], [Z 6], [Z 7], [Z 16]
EDWARDS, H. M.: The genesis of ideal theory. Arch. Hist. Exact Sci. **23** (1980), 321–378.
LANDAU, E.: Einführung in die elementare und analytische Theorie der algebraischen Zahlen und der Ideale. Teubner, Leipzig 1927.
NAGATA, M.: Basic Theorems on General Commutative Rings. Memoirs of the College of Science, Univ. of Kyoto, ser. A, **29** (1955) 1, 59–77.

Idempotent (= *idempotentes Element*): Element e eines Rings, einer Algebra, einer Halbgruppe oder eines Gruppoids mit $e^2 = e$. Für Halbgruppen und assoziative Ringe kann man in der Menge der I. eine Halbordnung einführen, indem man $f \leqq e$ setzt, wenn $ef = e = fe$ ist. Zwei verschiedene I. $e \neq 0$ und $f \neq 0$ eines Rings mit $ef = fe = 0$ heißen (zueinander) *orthogonale I.* Hat R ein Einselement 1 und ist $e \neq 0$ und $e \neq 1$ ein I. von R, so sind $1 - e$ und e orthogonale I. von R. Orthogonale I., die zugleich dem >Zentrum von R angehören, heißen *orthogonale Zentrumsidempotente.* Zu jedem I. eines Rings und zu jedem System orthogonaler I. gehört eine >Peircesche Zerlegung des Rings.

Bezüglich einer *n-ären algebraischen >Operation* f heißt e I., wenn $f(e, e, \ldots, e) = e$ ist. >Halbgruppe.

Lit.: [A 16], [A 17 II]

idempotente Halbgruppe oder *Band* heißt eine aus lauter >idempotenten Elementen bestehende >Halbgruppe. Sie bildet im kommutativen Falle einen >Halbverband.

Lit.: [S 1]

idempotentes Element = >Idempotent

identisch kongruent =(*kongruent*): Ein >ganzzahliges Polynom $f(X_1, \ldots, X_n)$ in n Unbestimmten $X_1, \ldots, X_n$ heißt i. k. Null modulo m (in Zeichen: $f \equiv 0$ mod m), wenn alle Koeffizienten von f kongruent 0 sind, wenn man f als

Linearkombination verschiedener Potenzprodukte geschrieben denkt. Zwei ganzzahlige Polynome f und g heißen i. k. (= *algebraisch kongruent* = *kongruent*) mod m, in Zeichen $f \equiv g \bmod m$, wenn $f - g \equiv 0 \bmod m$ ist. >algebraische Kongruenz. Beispiel: >Bauersche Kongruenz.

Lit.: [Z 3]

identische(r/s) (...) >(...)

identische Relation: **1.** I. R. (= *Regel*) in einer Gruppe G heißt eine Gleichung $W(X_1, \ldots, X_n) = 1$, die ausdrückt, daß das >Wort $W(X_1, \ldots, X_n)$ für beliebige Systeme $g_1, \ldots, g_n$ von Elementen aus G den Wert $W(g_1, \ldots, g_n) = 1$ hat. Die Menge aller Gruppen, für die ein derartiges Wort W eine i. R. liefert, heißt die zu W gehörige >*Varietät* oder *gleichungsdefinierte Klasse* Φ_W. In jeder Varietät gibt es zu jeder natürlichen Zahl n eine von n Elementen erzeugte Gruppe $F_{W,n}$, so daß jede von n Elementen erzeugbare Gruppe $G \in \Phi_W$ homomorphes Bild von $F_{W,n}$ ist, die sog. *relativ freie Gruppe* der Varietät vom Rang n. Diese Aussage läßt sich auf Gruppen mit mehreren i. R. und auf universelle >Algebren mit i. R. verallgemeinern.

2. In einer universellen >Algebra.

Lit.: [G 8], [G 27], [G 30]
NEUMANN, B. H.: Identical relations in groups, Math. Ann. **114** (1937), 506–523.

identisches Umformen heißt in der >Invariantentheorie die Umformung symbolisch dargestellter Invarianten (>symbolische Methode) mittels der zwischen den >Invariantentypen bestehenden Identitäten.

Lit.: [I 12]

Identität **1.** I. (= *Gleichheit*) ist diejenige zweistellige >Relation, die auf die geordneten Paare der Form (a, a) und nur auf diese zutrifft. Für die I. gelten die Sätze der Reflexivität, Symmetrie, Transitivität und das identitätstheoretische Ersetzbarkeitstheorem. Da sich die Symmetrie und die Transitivität bei Zugrundelegung der Reflexivität auf die Drittengleichheit, also auf einen Spezialfall der Ersetzbarkeit zurückführen läßt, ist die I. im Sinne von LEIBNIZ charakterisiert durch den Satz der Reflexivität und den der Ersetzbarkeit. Fordert man nur Reflexivität, Symmetrie und Transitivität, so handelt es sich im allgemeinen nicht um die I., sondern nur um eine >Äquivalenzrelation. >Gleichung, >identische Abbildung, >Einselement

2. In der >Kategorientheorie

3. In universellen Algebren >Varietät

4. I. von Cayley >Syzygante

Identitätsbeziehung >Relation

Identitätsproblem ›Wortprobleme

Ikosaedergleichung ›Ikosaedergruppe

Ikosaedergruppe G_{60} ist die Gruppe der Ordnung 60 der Drehungen, die ein reguläres Ikosaeder invariant lassen. Vermöge der stereographischen Projektion der Kugel auf die komplexe Zahlenebene läßt sie sich durch eine Gruppe von gebrochen-linearen Substitutionen darstellen, die von den beiden Substitutionen $z' = \varepsilon z$ und $z' = \frac{(\varepsilon^2 + \varepsilon^3)\, z + 1}{z - \varepsilon^2 - \varepsilon^3}$ mit $\varepsilon = e^{2\pi i/5}$ erzeugt wird. Zu jeder derartigen Gruppe linearer Transformationen existiert eine rationale Funktion $R(z)$, die, gleich einer Konstanten Z gesetzt, die verschiedenen zur Gruppe gehörigen Punktgruppen repräsentiert, d. h. solche Systeme von Punkten, die durch unsere Gruppe höchstens untereinander permutiert werden. Im Falle des Ikosaeders liefert die Gleichung $R(z) = Z$ die sog. *Ikosaedergleichung*

$$z^5(z^{10} + 11z^5 - 1)^5 - Z[z^{30} + 1 + 522(z^{25} - z^5) - 10005(z^{20} + z^{10})]^2 = 0.$$

Sie ist irreduzibel über dem Körper $\mathbb{Q}(Z, \varepsilon)$, und ihre 60 Wurzeln sind die Lösungen des Kleinschen Formenproblems zu G_{60}.

Da die ›Galois-Gruppe dieser Gleichung zu G_{60} und somit zur alternierenden Permutationsgruppe in 5 Symbolen isomorph ist, ist die Ikosaedergleichung über $\mathbb{Q}(Z, \varepsilon)$ nicht durch ›Radikale lösbar. Ihre Wurzeln lassen sich jedoch durch hypergeometrische Reihen oder elliptische Modulfunktionen berechnen. Sie lassen sich rational durch die Wurzeln von $w^5 - 10Zw^3 + 45Z^2w - Z^2$, der sog. *Brioschischen Normalform* (›Resolvente) der Ikosaedergleichung, in Verbindung mit Z und ε rational ausdrücken. Diese wird durch die Tschirnhausen-Transformation $X = \frac{\lambda + \mu w}{Z^{-1}w^2 - 3}$ in die Gleichung $X^5 + 5aX^2 + 5bX + c = 0$ übergeführt, die *Hauptresolvente* der Ikosaedergleichung. Ihrer Aufstellung liegt die Existenz einer Untergruppe vom Index 5 in G_{60} zugrunde, einer *Tetraedergruppe.* Ebenso kann die Existenz einer Untergruppe in G_{60} vom Typus der Dieder-Gruppe zur Bildung einer gewissen rationalen Resolvente vom Grad 6 benutzt werden, die auch als eine *Jacobische Gleichung* bezeichnet wird.

Lit.: [A 16]
KLEIN, F.: Vorlesungen über das Ikosaeder und die Auflösung der Gleichungen vom fünften Grade. Teubner, Leipzig 1884.

implikative Hülle ›Quasiidentität

imprimitiv 1. Bei ›Permutationsgruppen

2. Bei Lieschen Transformationsgruppen: eine transitive Liesche ›Transformationsgruppe L einer Mannigfaltigkeit M, zu der es eine Schar von Teil-

mannigfaltigkeiten in M gibt, die durch L untereinander vertauscht werden. Anderenfalls heißt L *imprimitiv*.

3. Bei ›linearen Gruppen

4. Bei Matrizen ›unzerlegbare Matrix

5. Bei ›Substitutionsgruppen

6. Bei Polynomen ›Inhalt eines Polynoms

Imprimitivitätsbereich bzw. **-schema** bzw. **-system** ›Permutationsgruppe

IM-Ring ›I-Ring

indefinit ›quadratische Form

Index 1. einer Halbgruppe ›monogene Halbgruppe

2. einer primen Restklasse ›Primitivwurzel

3. einer reflexiven Form ›isotroper Vektor

4. einer Untergruppe ›Restklasse

5. einer zentralen einfachen Algebra: Ist D eine zentrale Divisionsalgebra endlichen Ranges über dem kommutativen Körper K, so ist der *Rang* $[D:K] = r^2$ eine Quadratzahl. r heißt dann der I. oder auch der *Grad* von D über K. Ist $\mathfrak{A}$ eine einfache zentrale Algebra, die ein ›voller Matrizenring über D ist, so heißt r auch der *I.* von $\mathfrak{A}$. Der I. von $\mathfrak{A}$ ist Vielfaches der Ordnung e von $\mathfrak{A}$ in der Brauerschen Algebrenklassengruppe (›Algebrenklassen), d. h., jede zentrale einfache Algebra hat eine endliche Gruppenordnung e in der Brauerschen Gruppe; e heißt der *Exponent* von $\mathfrak{A}$.

Lit.: Zu **5.**: [A 17 II], [R 9]

indexerhaltende Projektivität ›Untergruppenverband

induktive Familie ›direkter Limes

induktiver Limes = ›direkter Limes, im Sinne von Kolimes ›Kategorientheorie

induktives System ›direkter Limes

induzierte Darstellung: H sei eine Untergruppe der endlichen Gruppe G, σ eine ›Darstellung von G im ›Vektorraum V über K, die Einschränkung $\tau = \sigma|_H$ Darstellung von H im Unterraum W. Wenn V die ›direkte Summe $\bigoplus \sigma(s)\, W$ ist, wo s ein Repräsentantensystem des homogenen Raums G/W durchläuft, so heißt σ durch τ *induziert*. Der ›Charakter von σ heißt *induzierter Charakter* durch den Charakter von τ. Zu einer gegebenen Darstellung τ von H gibt es bis auf Äquivalenz genau eine i. D. σ von G.

Ist $t_1 = 1, t_2, \ldots, t_l$ ein Repräsentantensystem für die Zerlegung $G = Ht_1 \cup \cdots \cup Ht_l$, so wird die i. D. mittels ihres Charakters gegeben durch

$$\chi_\sigma(g) = \sum_j \chi'(t_j g t_j^{-1}) \quad \text{mit} \quad \chi'(x) = \begin{cases} \chi_\tau(x) & \text{für } x \in H, \\ 0 & \text{sonst.} \end{cases}$$

Der Übergang zur i. D. ist transitiv. Die reguläre Darstellung von H induziert die reguläre Darstellung von G. Die Einsdarstellung von H induziert die Permutationsdarstellung von G/H.

Bezeichnet man mit Ind (ausführlicher Ind_H) die Operation der Induktion (die sich auf die zentralen Funktionen erweitert), mit Res die der Einschränkung und ist $\langle\ \rangle_G$ bzw. $\langle\ \rangle_H$ das für die ›Charaktere bzw. zentralen Funktionen in G bzw. H eingeführte Skalarprodukt, so gilt das *Frobeniussche Reziprozitätsgesetz* $\langle\varphi, \mathrm{Res}\,\psi\rangle_H = \langle\mathrm{Ind}\,\varphi, \psi\rangle_G$. Das bedeutet in anderer Sprechweise: Sind $\chi^1, \ldots, \chi^r$ die irreduziblen Charaktere von G, $\tilde\chi^1, \ldots, \tilde\chi^m$ die irreduziblen Charaktere von H und $\chi^{*1}, \ldots, \chi^{*m}$ die zugehörigen induzierten Charaktere und setzt man

$$\chi^{*i}(g) = \sum_{j=1}^{r} a_{ij}\chi^j(g) \quad (g \in G), \qquad \chi^i(h) = \sum_{k=1}^{m} b_{ik}\tilde\chi^k(h) \quad (h \in H)$$

mit $a_{ij}, b_{ik} \in K$, so ist $a_{ij} = b_{ji}$ $(i = 1, \ldots, m;\ j = 1, \ldots, r)$. Die entsprechenden Formeln für ›modulare Darstellungen heißen *Formeln von Nakayama.*

Lit.: [D 1], [D 5], [D 11], [D 19], [L 6], [L 19I], [D 26]

induzierter Charakter ›induzierte Darstellung

infinitesimale Gruppe = ›Liesche Algebra

infinitesimale Gruppe vom Range Null ›nilpotente Liesche Gruppe

infinitesimale Transformation ›Liesche Gruppe

infinitesimaler Automorphismus = ›Derivation

Inhalt eines Polynoms f in endlich vielen Unbestimmten über einem ZPE-Ring R (z. B. über $\mathbb{Z}$) ist der größte gemeinsame ›Teiler seiner Koeffizienten. Er ist bis auf eine Einheit bestimmt und werde mit Inh f bezeichnet. Polynome vom I. 1 heißen *Einheitsformen* oder *primitive Polynome* (in bezug auf R), anderenfalls *imprimitiv*. Hierfür gilt der *Satz von Gauß*: Das Produkt primitiver Polynome ist primitiv (allgemeiner gilt bis auf Einheiten die Gleichung $\mathrm{Inh}\, fg = \mathrm{Inh}\, f \cdot \mathrm{Inh}\, g$). Hieraus folgt: Ein über dem Quotientenkörper K von R reduzibles Polynom ist bereits über R reduzibel, d. h., aus der Irreduzibilität über R folgt diejenige über K. Daher ist ein ›Polynomring über einem ZPE-Ring gleichfalls ZPE-Ring.

Die Aussagen über den I. und der Gaußsche Satz lassen sich auf Polynome f in endlich vielen Unbestimmten über einem >Dedekindschen Ring übertragen, indem man als I. von f das von den Koeffizienten von f erzeugte Ideal (ihren g.g.T) definiert. Dann gilt die Gleichung $fg = \text{Inh}\, f \cdot \text{Inh}\, g$ im Sinne der Idealmultiplikation.

Aus dem Gaußschen Satz folgt ferner: Ist ein Polynom mit ganz-algebraischen Koeffizienten und höchstem Koeffizienten 1 in das Produkt zweier Polynome mit algebraischen Koeffizienten und höchstem Koeffizienten 1 zerlegbar, so sind die Koeffizienten dieser Polynome ganz-algebraisch.

Ist der Quotientenkörper K von R diskret bewertet, so sind die primitiven Polynome genau die Polynome über K, die bei einer (additiven) Funktionalbewertung (>Bewertung) des rationalen Funktionenkörpers $K(X)$ mit 0 bewertet werden.

Lit.: [A 16], [A 17 I], [Z 6]

initiales Objekt >Kategorientheorie

Injektion 1. >Kategorientheorie.

2. = injektive >Abbildung.

3. = Monomorphismus einer universellen >Algebra.

Injektiv = injektives Objekt >injektiver Modul

injektive >**Abbildung**

injektive Auflösung eines R-Moduls C ist eine >exakte Sequenz der Form

$$\cdots \leftarrow X_n \leftarrow X_{n-1} \leftarrow \cdots \leftarrow X_1 \leftarrow X_0 \leftarrow C \leftarrow 0$$

mit >injektiven Moduln X_j. Da jeder Modul einen injektiven Modul als Obermodul besitzt, existiert stets eine solche Auflösung. Der Begriff der i. A. ist im Sinne der >Kategorientheorie dual zum Begriff der >projektiven Auflösung.

Analog ist in >exakten Kategorien mittels injektiver Objekte die i. A. eines Objekts erklärt.

Lit.: [C 10], [H 3]

injektive Dimension >homologische Dimension

injektive Hülle >injektiver Modul

injektiver Modul: Der R-Modul J heißt *injektiv*, wenn sich in jedem >Diagramm von Modulhomomorphismen 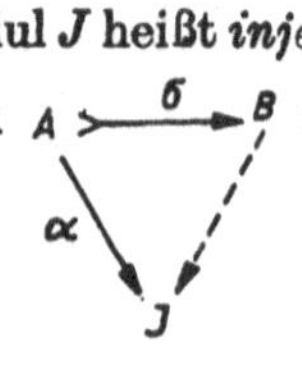 mit einem >Monomorphismus σ der gestrichelte Pfeil durch einen Homomorphismus γ ersetzen läßt, so daß das Diagramm kommutativ wird, d. h., wenn sich α auf B fortsetzen läßt (denn man kann A o. B. d. A. als Untermodul von B auffassen). Äquivalent dazu ist jede der folgenden Aussagen: (i) Für jeden Monomorphismus von Moduln $\sigma\colon A \rightarrowtail B$ ist der induzierte Homomorphismus $\sigma^*\colon \mathrm{Hom}_R(B, J) \to \mathrm{Hom}_R(A, J)$ ein Epimorphismus. (ii) Für jede kurze ›exakte Sequenz $0 \to A \to B \to C \to 0$ ist auch $0 \to \mathrm{Hom}_R(C, J) \to \mathrm{Hom}_R(B, J) \to \mathrm{Hom}_R(A, J) \to 0$ exakt, d. h., für jeden Modul C ist $\mathrm{Ext}^1(C, J) = 0$ (›abgeleiteter Funktor). (iii) Jede kurze exakte Sequenz der Form $0 \to J \to B \to C \to 0$ spaltet auf. (iv) Zu jedem Linksideal (›Ideal) $\mathfrak{a}$ und jedem Homomorphismus $\varrho\colon \mathfrak{a} \to J$ existiert ein Homomorphismus $\tau\colon R \to J$ mit $\varrho = \iota\tau$, wo ι die Inklusionsabbildung von $\mathfrak{a}$ in R ist (*Baersches Kriterium*). (v) J besitzt keine echte ›wesentliche Erweiterung.

Jeder Modul über einem Körper ist injektiv. Eine ›abelsche Gruppe ist genau dann injektiv, wenn sie *teilbar* (= ›*divisionsvollständig*) ist. Zu jedem Modul A existiert ein bis auf Isomorphie eindeutig bestimmter i. M. J und ein wesentlicher Monomorphismus $\varkappa\colon A \to J$; jeder R-Modul ist also Untermodul eines i. M.; $\varkappa$ und auch J heißen die *injektive Hülle* von A.

Analog ist der Begriff des *injektiven Objekts* (*Injektivs*) in einer Kategorie erklärt (›Kategorientheorie). Dualer Begriff: ›projektiver Modul.

Verallgemeinerungen: *Quasiinjektiv* heißt ein Modul M, für dessen Untermoduln N gilt, daß sich jeder Homomorphismus $f\colon N \to M$ zu einem Endomorphismus von M fortsetzen läßt; *pseudoinjektiv*, wenn sich unter denselben Voraussetzungen ein Monomorphismus f zu einem Endomorphismus von M fortsetzen läßt; *weniginjektiv*, wenn sich alle Endomorphismen von Untermoduln von M zu Endomorphismen von M fortsetzen lassen.

Lit.: [C 10], [H 3], [R 17]
Faith, C.: Lectures on injective modules and quotient rings. LNM 49. Springer, Berlin 1967.
Faith, C.: Injective modules and injective quotient rings. Dekker, New York 1982.
Kertész, A.: Eine kennzeichnende Eigenschaft der injektiven Moduln. Wiss. Z. d. Martin-Luther-Univ. Halle—Wittenberg 11 (1962), 737—739.
Sharpe, D. W., P. Vámos: Injective modules. Cambridge University Press, Cambridge 1972.

injektives Objekt ›injektiver Modul

Inklusion[sfunktor] ›Kategorientheorie

innere ›**Derivation,** ›Kohomologiegruppen einer assoziativen Algebra

inneres Produkt ›Linearform

inseparabel ›separabel

Inseparabilitätsgrad ›separabel

Inseparabilitätsordnung ›separabel

inseparable Erzeugung ›algebraischer Funktionenkörper

inseparable Isogenie ›algebraische Gruppe

inseparabler Homomorphismus ›algebraische Gruppe

integrierbare Darstellung: 1. eine stetige irreduzible unitäre ›Darstellung π einer lokalkompakten unimodularen Gruppe G im Hilbert-Raum H, für die die Funktion $g \mapsto (\pi(g)\, \xi, \xi)$ auf G für einen beliebigen Vektor $\xi \in H$ bezüglich eines Haarschen Maßes auf G integrierbar ist.

2. einer ›Lieschen Algebra ›Darstellung einer Lieschen Gruppe

Lit.: Zu **1.**: [L 19 I]

integrierbare Liesche Gruppe = ›auflösbare Liesche Gruppe

Integritätsbasis ›Invariantentheorie

Integritätsbereich (= *Integritätsring*) ist ein nullteilerfreier kommutativer Ring. Häufig wird die Existenz eines Einselements gefordert. Beispiele: Körper; ›Polynomringe in einer oder mehreren Unbestimmten über einem I.; Ring der formalen Potenzreihen über einem I.; Restklassenringe eines kommutativen Rings (mit Einselement) nach einem Primideal. Jeder Unterring (mit Eins) eines I. ist ein I. Der ›Quotientenring eines I. ist ein Körper.

Gelegentlich läßt man die Forderung der Kommutativität fallen und betrachtet auch *nichtkommutative I.*; diese lassen sich jedoch nicht notwendig in ›Schiefkörper einbetten.

Ein I. I, der aus einem Grundkörper K durch Ringadjunktion endlich vieler Elemente entsteht, $I = K[x_1, \ldots, x_n]$, heißt *endlicher I.* oder *affiner Ring*; ist insbesondere R ein Polynomring in n Unbestimmten über K, so ist $I \cong R/\mathfrak{p}$ mit einem geeigneten Primideal $\mathfrak{p}$ von R.

Lit.: [A 14], [A 16], [A 17 I], [R 11 I]

Integritätsring = ›Integritätsbereich

interdirekte Summe einer Familie von (abelschen) Gruppen G_i $(i \in I)$ heißt jede Untergruppe der uneingeschränkten ›direkten Summe der G_i, die die eingeschränkte direkte Summe der G_i enthält. Eine Gruppe G ist genau dann i. S. der G_i, wenn es Endomorphismen ε_i von G gibt mit: a) $G^{\varepsilon_i} = G_i$, b) $\varepsilon_i \varepsilon_j = \varepsilon_i$ oder 0 je nachdem, ob $i = j$ ist oder nicht; c) aus $g^{\varepsilon_i} = 0$ für alle $i \in I$ folgt $g = 0$.

Lit.: [G 13]

Intervall (= *Quotientenverband* = *Quotient*): a, b seien Elemente eines ›Verbands V mit $a \leqq b$. Das (*abgeschlossene*) *I.* $[a, b]$ (auch mit a/b oder b/a bezeichnet) ist der Teilverband der $c \in V$ mit $a \leqq c \leqq b$. Allgemeiner wird diese Bildung auch in allgemeineren halbgeordneten Mengen als I. bezeichnet. Als Spezialfall ergibt sich für reelle Zahlen der bekannte Begriff aus der Analysis.

Lit.: [V 8]

intransitiv ›Permutationsgruppe

Invariante ›Invariantentheorie, im engeren bzw. weiteren Sinne ›Komitante

invariante Faktoren ›Elementarteiler

invariante Liesche Untergruppe ›Liesche Gruppe

invariante Metrik einer Gruppe: Eine Metrik d auf einer Gruppe G heißt *links-* bzw. *rechtsinvariant*, falls $d(gx, gy) = d(x, y)$ bzw. $d(xg, yg) = d(x, y)$ für beliebige $x, y, g \in G$ gilt.

invariante Polynome ›Elementarteiler

invariante Unteralgebra einer ›Lieschen Algebra

invariante Untergruppe = ›Normalteiler, auch = ›charakteristische Untergruppe

invariante Unterhalbgruppe ›invariante Untermenge

invariante Untermenge (= *invarianter Komplex* = *normaler Komplex*) einer Gruppe G heißt eine Untermenge H von G, die mit x auch alle axa^{-1} für $a \in G$ enthält (d. h., für die stets $aH = Ha$ ist), die also durch alle inneren ›Automorphismen von G in sich abgebildet wird; wenn H zugleich eine Unterhalbgruppe ist, heißt H *invariante Unterhalbgruppe*; wenn H zugleich Untergruppe ist, so ist H ›Normalteiler.

Invarianten einer Gruppe sind solche durch die Gruppe G bestimmten Größen (nicht notwendig nur Zahlen), die bei jedem Isomorphismus von G ungeändert bleiben, z. B. die Gruppenordnung, die Anzahl der Klassen konjugierter Elemente, die Grade der irreduziblen ›Darstellungen, die ›Klasse von G. Ein System J von I. heißt *vollständiges Invariantensystem*, wenn zu ihm eine Gruppe existiert, die die Elemente von J als I. besitzt, und wenn je zwei Gruppen mit demselben Invariantensystem isomorph sind. Im Falle einer endlich erzeugten ›abelschen Gruppe bilden z. B. die Anzahl der unendlichen zyklischen Gruppen in einer direkten Zerlegung gemäß dem Basissatz (der *Rang* der Gruppe) und die Ordnungen der primären zyklischen Faktoren ein vollständiges Invariantensystem; I. sind auch die Torsionskoeffizienten. ›Basis einer abelschen Gruppe.

Lit.: [G 26]

Invariantenkörper: 1. ›Galoissche Theorie.

2. (›Invariantentheorie): Die rationalen Invarianten einer oder mehrerer Grundformen bezüglich unimodularer linearer homogener Transformationen sind notwendig absolute Invarianten und bilden daher einen Unterkörper in dem von den Koeffizienten der Grundformen erzeugten rationalen Funktionenkörper, dem I. Er ist besonders von Hilbert untersucht worden, der in diesem Zusammenhang seinen ›Basissatz aufgestellt hat. Die Minimalzahl ganzer rationaler Invarianten, die den I. erzeugen (von denen also alle rationalen Invarianten rationale Funktionen sind), d. h., eine sog. *Rationalbasis* des I. bilden, ist gleich $\varkappa + 1$ oder $\varkappa$, wo $\varkappa$ der ›Transzendenzgrad des I. ist; in letzterem Falle heißt die Rationalbasis auch *Minimalbasis*.

Eine *Modulbasis* wird von ganzen rationalen Invarianten gebildet, durch die alle ganzen rationalen Invarianten als ganze rationale Funktionen darstellbar sind, also von den Invarianten eines vollen Invariantensystems. Es gilt:

(i) Aus den Invarianten eines vollen Invariantensystems lassen sich stets $\varkappa$ algebraisch unabhängige ganze, rationale und allseitig homogene Invarianten $I_1, \ldots, I_\varkappa$ als ganzrationale Funktionen bilden, so daß jede ganze rationale Invariante ganze algebraische Funktion der I_h wird.

(ii) Man kann $I_1, \ldots, I_\varkappa$ durch Hinzunahme einer ganzen rationalen Invariante I_0 zu einer Rationalbasis ergänzen. Jede rationale Funktion von $I_0, \ldots, I_\varkappa$, die von $I_1, \ldots, I_\varkappa$ ganz und algebraisch abhängt, ist eine ganze rationale Invariante.

(iii) Wenn μ ganze rationale Invarianten die Eigenschaft haben, daß ihr Verschwinden (beim Einsetzen spezieller Werte der Koeffizienten der Grundform) das Verschwinden aller ganzen Invarianten zur Folge hat, so sind alle ganzen Invarianten ganze algebraische Funktionen dieser μ Invarianten.

Lit.: Zu **2.**: [I 12]

Hilbert, D.: Über die reellen Invariantensysteme. Math. Ann. **42** (1893), 313–373.

Invariantenteiler ›Elementarteiler

Invariantentheorie ist die Lehre von den gegenüber gewissen Transformationen invarianten Eigenschaften mathematischer Objekte (insbesondere von Mengen, Funktionen und geometrischen Objekten). In der Regel liegt folgende Situation vor: G sei eine Gruppe, die auf einer Menge M ›*operiert*. Ein Element $x \in M$ heißt *G-Invariante* oder einfach *Invariante*, wenn $x^\sigma = x$ für alle $\sigma \in G$ gilt;

eine Untermenge von M, die durch alle $\sigma \in G$ in sich abgebildet wird, heißt *G-invariant*, eine minimale G-invariante Untermenge von M auch *Orbit*.

Eine auf mehreren Mengen $E, F, \ldots$ operierende Gruppe G operiert in natürlicher Weise auch auf ihrem kartesischen Produkt und auf ihrer Potenzmenge, aber auch auf der Menge F^E der Abbildungen von E in F gemäß der Vorschrift: $E^F \ni u \overset{\sigma}{\mapsto} u^\sigma : x^\sigma \mapsto (u(x))^\sigma$ für alle $x \in F$ und $\sigma \in G$, d. h. $u^\sigma(x) = (u(x^{\sigma^{-1}}))^\sigma$ (beachte, daß jedes $\sigma \in G$ eine Bijektion bewirkt). Eine Abbildung $u \in F^E$ heißt *Konkomitante* (auch *Kovariante* oder *Äquivariante*) der Gruppe G, wenn u bei allen $\sigma \in G$ invariant bleibt. Eine Funktion u auf dem kartesischen Produkt einer Familie von Mengen E_α in F heißt simultane *Konkomitante* von G, wenn sie komponentenweise Konkomitante ist.

Ist u eine reell- oder komplexwertige Funktion, allgemeiner eine Funktion mit Werten in einem Körper K und dem Argumentbereich M, so heißt u eine (*absolute*) *Invariante* für die Gruppe G, wenn $u(x^\sigma) = u(x)$ für alle $x \in M$ und $\sigma \in G$ ist. u heißt allgemeiner eine *relative Invariante*, wenn $u(x^\sigma) = c_\sigma u(x)$ für alle $x \in M$ und $\sigma \in G$ ist, wobei der Faktor („*Multiplikator*") c_σ nur von σ, aber nicht von x abhängt. Die c_σ bilden das zu der Invariante gehörige *Faktorensystem*. Die Abbildung $\sigma \mapsto c_\sigma$ stellt einen >Charakter von G dar, das *Gewicht* der Invariante, d. h. einen Homomorphismus von G in $K \setminus \{0\}$. Die Suche nach Invarianten läßt sich dem Grundproblem der *algebraischen I.* unterordnen, zu einem Ring R und einer Gruppe G von Automorphismen von R den Ring der G-invarianten Elemente von R zu bestimmen. In der Regel handelt es sich bei den zu betrachtenden Funktionen um Funktionen von n Veränderlichen $x_1, \ldots, x_n$ und bei der Gruppe G um eine Gruppe von linearen Substitutionen mit in der Regel reellen oder komplexen Koeffizienten und bei den gesuchten Invarianten um ganze rationale Funktionen dieser Veränderlichen, d. h. um *ganze rationale Invarianten*. Die *homogenen Bestandteile* einer ganzen Invariante sind selbst Invarianten. Jede *gebrochene rationale Invariante* läßt sich als Quotient zweier ganzer rationaler Invarianten schreiben.

Eine *Konkomitante* $u: E \to F$ (E, F endlichdimensionale Vektorräume, G auf E und F linear operierende Gruppe) heißt *rational*, wenn $u\left(\sum_j \xi_j e_j\right) = \sum_k u_k(\xi_1, \ldots, \xi_m) f_k$ ist, wobei die u_k rationale Funktionen sind, die e_j eine Basis von E und die f_k eine Basis von F bilden; u heißt *polynomiale Konkomitante*, wenn die u_k sogar Polynome sind. Jede rationale Konkomitante u läßt sich in der Form $u = \frac{p}{q} v$ schreiben, wobei $v: E \to F$ eine polynomiale Konkomitante ist und p, q relative polynomiale Invarianten sind.

Das Hauptproblem der I. besteht darin, sämtliche Invarianten zu einer gewissen Gruppe linearer Transformationen aufzustellen. Sämtliche Invarianten der >symmetrischen Gruppe $\mathfrak{S}_n$ ($n \geqq 2$) sind als ganze rationale Funktionen der n elementarsymmetrischen Funktionen und des Differenzenprodukts $\prod_{i<j} (x_i - x_j)$ darstellbar. Die allgemeine >lineare Gruppe besitzt bei $n \geqq 2$ keine nichtkonstanten Invarianten.

Gibt es in dem *Invariantensystem* einer Gruppe ein endliches Teilsystem, so daß sich jede Invariante als ganze rationale Funktion dieser speziellen darstellen läßt, so heißt dieses Teilsystem eine ***Basis*** oder ***Integritätsbasis des** Invariantensystems*. Jedoch ist die Summe zweier relativer Invarianten verschiedenen Gewichts keine Invariante mehr. Eine algebraische Abhängigkeit zwischen den Gliedern einer Basis $I_1, \ldots, I_r$, d. h. ein Polynom $P(X_1, \ldots, X_r)$, das identisch verschwindet, wenn man die X_i durch die I_i ersetzt, heißt eine ***Syzygie***. Die allgemeine lineare Gruppe besitzt eine endliche Basis der Invarianten (***Hilbertscher Endlichkeitssatz der Invariantentheorie***), aber nicht jede Untergruppe von ihr. Eine Verallgemeinerung hiervon stammt von NAGATA (s. DIEUDONNÉ).

Liegen h Reihen von je n Veränderlichen vor, $x_1, \ldots, x_n; \ldots; z_1, \ldots, z_n$, die jeweils derselben linearen Substitution unterworfen werden (man sagt, sie werden *kogredient* substitutiert), so heißt *Simultaninvariante* (= ***simultane** Invariante*) der h Veränderlichenreihen zu einer Gruppe G von n Veränderlichen eine nicht identisch verschwindende Funktion u aller hn Veränderlichen, für die $u(x_1^\sigma, \ldots, z_n^\sigma) = c_\sigma u(x_1, \ldots, z_n)$ für alle $\sigma \in G$ gilt; h heißt die ***Stufe*** der Invariante, $\{c_\sigma\}$ wieder das zugehörige ***Faktorensystem***. Ist die Stufe $h < n$, so gibt es außer Konstanten keine Simultaninvarianten; bei $h = n$ bildet die Determinante der Veränderlichenreihen eine Simultaninvariante. Bei $n = 2$, $h = 4$ (Veränderlichenreihen x, y, z, t) bilden die 6 zweireihigen Unterdeterminanten D_{xy} usw. der Matrix $\begin{pmatrix} x_1 & y_1 & z_1 & t_1 \\ x_2 & y_2 & z_2 & t_2 \end{pmatrix}$ eine Basis für die Simultaninvarianten. Die ***Plückersche Relation*** für sie $D_{xy}D_{zt} - D_{xz}D_{yt} + D_{xt}D_{yz} = 0$ ergibt eine Syzygie.

Neue Simultaninvarianten ergeben sich aus bekannten mittels des Aronholdschen *Polarisierungsprozesses* (*Polarenprozesses*): Ist $F(x, y, \ldots, z)$ ein Polynom in den Veränderlichenreihen $x, y, \ldots, z$, so ist $G(x, y, \ldots, z, w) = \sum_{\nu=1}^{n} \frac{\partial F}{\partial x_\nu} w_\nu$ eines in den $x, y, \ldots, w$, das aus F durch *Polarisierung* nach der Reihe x entstanden ist. Nach dem *Hauptsatz über den Polarisierungsprozeß* entsteht auf diese Weise aus einer Simultaninvarianten der Stufe h eine der Stufe $h + 1$, zu der dasselbe Faktorensystem gehört.

Simultaninvarianten in weiterem Sinne zu einer Gruppe G werden analog definiert, nur daß jetzt auf der i-ten Variablenreihe eine Gruppe H_i operiert, die homomorphes Bild von G ist.

Die algebraische I. befaßt sich vorwiegend mit *n-ären Formen k-ten Grades*, d. h. homogenen ›Polynomen k-ten Grades in n unabhängigen Variablen $x_1, \ldots, x_n$. Eine solche Form $\sum a_{i_1 \ldots i_n} x_1^{i_1} \ldots x_n^{i_n}$ (summiert unter der Bedingung $i_1 + \cdots + i_n = k$) soll kurz mit $f(a, x)$ bezeichnet werden, um sie als ***Bilinearform*** in den beiden Veränderlichenreihen der Koeffizienten $a_{i_1 \ldots i_n}$ und der Potenzprodukte $x_1^{i_1} \ldots x_n^{i_n}$ zu kennzeichnen. Die (transponierte) lineare Substitution $\sigma^T: x = \sigma^T(x')$ $(\sigma \in G)$ induziert eine lineare Transformation der Potenzprodukte und bestimmt durch die Forderung $f(a', x') = f(a, x)$ eine Form $f(a', x')$ in den

x'. Die Invarianten der hierdurch auf den Koeffizienten a definierten ›Transformationsgruppe, d. h. die nicht identisch verschwindenden ganzen rationalen Funktionen $I(a)$, für die $I(a') = c_\sigma I(a)$ für alle $\sigma \in G$ gilt, sind die (*ganzen rationalen*) *Invarianten* der gegebenen Form, der sog. *Grundform*. Wenn G die allgemeine ›lineare Gruppe ist, heißen sie die *projektiven Invarianten* der Form. Im Falle reeller oder komplexer Variabler ist $c_\sigma = (\det \sigma)^p$ mit ganzrationalem $p \geqq 0$ (p heißt auch das *Gewicht*). Analog sind *projektive Simultaninvarianten* mehrerer Grundformen in derselben Variablenreihe, aber möglicherweise verschiedener Grade, als invariante Funktionen aller Koeffizienten definiert. Invarianten gegenüber der ›orthogonalen Gruppe, sog. *orthogonale Invarianten*, lassen sich mittels der Skalarprodukte und der n-reihigen Determinanten bilden.

Allgemeiner heißt *projektive Kovariante* von einer oder mehreren Formen eine ganze rationale Funktion F der Koeffizienten und der Variablen x, die homogen in bezug auf die x und die invariant ist, wenn sowohl die Variablen als auch die Koeffizienten in der obigen Weise transformiert werden: $F(a', b', \ldots; x') = \gamma_\sigma F(a, b, \ldots; x)$ für alle $\sigma \in G$. Der Grad von F in den x heißt die *Ordnung* der Kovariante, das System der γ_σ das zugehörige *Faktorensystem*. Insbesondere ist $f(a, x)$ eine Kovariante zu sich selbst. Bei der allgemeinen linearen Gruppe ist wieder $\gamma_\sigma = (\det \sigma)^p$, p heißt das *Gewicht* der Kovariante.

Beispiele: Der Grad einer Form ist eine Invariante. Die Determinante einer ›quadratischen Form ist eine Basis des projektiven Invariantensystems dieser Form. Klasseninvarianten äquivalenter quadratischer Formen. Im Falle einer Form $f(a, x)$ vom Grade $k \geqq 2$ ist die ›Hessesche Determinante $H(a, x) = \det\left(\frac{\partial^2 f}{\partial x_i \, \partial x_j}\right)$ eine projektive Kovariante. Die Funktionaldeterminante von n Formen nach den n Variablen ist eine simultane Kovariante dieser Formen.

Allgemeiner heißt *invariantes Gleichungssystem* zu einer Form f (oder mehreren Formen) jedes Gleichungssystem der Gestalt $G_1 = 0, \ldots, G_h = 0$ mit Formen G_j in den Koeffizienten von f, das nicht nur von den Koeffizienten von f, sondern auch von der bei der linearen Gruppe aus f hervorgehenden Form erfüllt wird. Nach einem schon Clebsch bekannten und von Gram allgemein bewiesenen Satz kann man jedes invariante Gleichungssystem bezüglich f durch die Forderung erhalten, daß eine oder mehrere Invarianten oder allgemeiner Kovarianten von f identisch verschwinden.

Semiinvariante (= *Halbinvariante*) gegebener Formen ist eine Invariante für die durch $\alpha_{1j} = 0$ für $j > 0$ gekennzeichnete Untergruppe der allgemeinen linearen Gruppe der Matrizen (α_{ij}). Im Falle einer binären Form p-ten Grades

$$f = a_0 x_1^p + \binom{p}{1} x_1^{p-1} x_2 + \cdots + a_p x_2^p$$

ist eine Invariante dadurch charakterisiert, daß sie ein homogenes und isobares Polynom $I(a)$ der Koeffizienten a_i ist, das den Differentialgleichungen

$$\Omega(I) = a_0 \frac{\partial I}{\partial a_1} + 2a_1 \frac{\partial I}{\partial a_2} + 3a_2 \frac{\partial I}{\partial a_3} + \cdots = 0 \quad \text{und}$$

$$O(I) = pa_1 \frac{\partial I}{\partial a_0} + (p-1)\, a_2 \frac{\partial I}{\partial a_1} + \cdots + a_p \frac{\partial I}{\partial a_{p-1}} = 0$$

genügt (deren linke Seiten auch mit $\mathfrak{D}I$ bzw. ΔI bezeichnet werden), während der Wegfall der letzten Bedingung die Semiinvarianten charakterisiert. Der Operator $\Omega O - O\Omega$ heißt bei Elliot auch *Alternante.* Diese Differentialgleichungen heißen die *Cayley-Aronholdschen Differentialgleichungen.* (Im Falle mehrerer binärer Formen sind die Summen der entsprechenden Differentialgleichungen zu nehmen.) Gilt statt der ersten nur die zweite Differentialgleichung, so spricht man von *Anti-Semiinvarianten.* Nach einem Satz von Roberts ist eine ganze rationale Funktion der Koeffizienten mehrerer Formen genau dann der Koeffizient der höchsten Potenz von x_1 (das sog. *Leitglied* oder die *Quelle*) einer Kovarianten $F(a, b, \ldots; x)$, wenn sie Semiinvariante ist; F wird durch sein Leitglied eindeutig bestimmt.

Eine projektive Invariante F einer binären Form ist dadurch charakterisiert, daß sie homogen in den Koeffizienten der Form ist und den Differentialgleichungen $\mathfrak{D}F = x_2 \frac{\partial F}{\partial x_1}$ und $\Delta F = x_1 \frac{\partial F}{\partial x_2}$ genügt. Im Falle einer quadratischen binären Form bilden die Form selbst und ihre Diskriminante eine Basis des projektiven Kovariantensystems.

Das *Formenproblem* der algebraischen I. besteht darin, bei gegebenen Grundformen und gegebener Transformationsgruppe ein volles System von Komitanten (= *voll[ständig]es Invariantensystem*) zu ermitteln, d. h. ein System ganzer rationaler Komitanten, so daß sich jede weitere durch die des Systems ganz und rational ausdrücken läßt.

Allgemeiner betrachtet man auch Invarianten in dem Fall, daß der zugrunde liegende Körper ein ›Galois-Feld GF (p^n) aus p^n Elementen ist; die (relativen) Invarianten (Polynome über GF (p^n)) gegenüber einer Gruppe G der Ordnung σ von linearen homogenen Substitutionen in m Unbestimmten heißen dann (formale) *Modular-Invarianten,* ihr *Gewicht* η genügt der Kongruenz $\eta^d \equiv 1$ mod p, wo d Teiler von σ ist. Grundformen heißen hier *Modularformen,* zugehörige Invarianten Modular-Invarianten schlechthin.

›Größe für eine Gruppe.

Lit.: [D 22], [Enc IB 2], [I 1]–[I 12]

Chadshijew, D. (Д. Хаджиев): Теория инвариантов бинарных форм. FAN, Taschkent 1978.

Clebsch, A.: Theorie der binären algebraischen Formen. Teubner, Leipzig 1872.

Dickson, L. I., E. Bodewig: Höhere Algebra. Leipzig 1929.

Elliot, E. B.: An Introduction to the algebra of Quantics. Oxford 1895.

Bruno, Faà di, Th. Walter: Einleitung in die Theorie der binären Formen. Teubner, Leipzig 1881.
Fogarty, J.: Invariant Theory. Benjamin, New York 1969.
Gram, J. P.: Théorèmes fondamentaux de l'algèbre moderne. Math. Ann. 77 (1874), 230–240.
Koh, S. S.: Invariant Theory. LNM 1278. Springer, Berlin 1987.
Kraft, H. Geometrische Methoden in der Invariantentheorie. Vieweg, Braunschweig 1985.
Muth, P.: Grundlagen für die geometrische Anwendung der Invariantentheorie. Leipzig 1895.
Study, E.: Methoden zur Theorie der ternären Formen. Teubner, Leipzig 1889.
Study, E.: Einleitung in die Theorie der Invarianten linearer Transformationen auf Grund der Vektorenrechnung. Erster Teil. Vieweg, Braunschweig 1923.
Turnbull, H. W.: The theory of determinants, matrices, and invariants. London 1928.
Waerden, B. L. van der: Reihenentwicklungen und Überschiebungen der Invariantentheorie, insbesondere im quaternären Gebiet. Math. Ann. 113 (1936), 14–35.

Invariantentypen (= *Grundinvarianten*) heißen in der >Invariantentheorie die endlich vielen ganzen und rationalen Invarianten von Linearformen [in kontra- und kovarianten Reihen von Grundvariablen (>Grundform)], aus denen ein volles Invariantensystem für Linearformen durch Buchstabenvertauschung hervorgeht. Aus diesen lassen sich alle projektiven Invarianten einer n-ären Grundform aufbauen.

invarianter Komplex = >invariante Untermenge

invarianter Modul >fastperiodische Funktionen

invarianter Prozeß heißt in der >Invariantentheorie ein Differentiationsprozeß, der mit linearen Transformationen vertauschbar ist und infolgedessen Invarianten in Invarianten überführt. Beispiele hierfür sind der Polarenprozeß, insbesondere der >Aronholdsche Prozeß, der Caylesche Ω-Prozeß, die >Verjüngung, der Π-Prozeß. Vgl. Capellischer >H-Prozeß, >Sylvesterscher Operator.

Lit.: [I 12]

invariantes Gleichungssystem >Invariantentheorie

invariantes Integral >invariantes Maß

invariantes Maß: Ein auf einer >Gruppe G definiertes Maß μ heißt *links-* bzw. *rechtsinvariant*, falls mit jeder meßbaren Teilmenge A von G auch sA bzw. As für jedes $s \in G$ meßbar ist und $\mu(A) = \mu(sA)$ bzw. $= \mu(As)$ gilt; es heißt *invariant* schlechthin, wenn es zugleich links- und rechtsinvariant ist. Ist μ auch bezüglich der Abbildung $x \mapsto x^{-1}$ invariant, d. h. mit A auch A^{-1} meßbar und $\mu(A) = \mu(A^{-1})$, so heißt μ *bi-invariant*; μ ist dann ein schlechthin i. M. Ein mit einem links- bzw. rechtsinvarianten Maß definiertes *Integral* auf G ist *links-* bzw. *rechtsinvariant*, d. h., mit jeder integrierbaren Funktion f ist auch $f(s?)$ bzw. $f(?s)$ integrierbar und $\int f(x)\,dx = \int f(sx)\,dx$ bzw. $= \int f(xs)\,dx$. Von HAAR ist auf jeder lokalkompakten ›topologischen Gruppe ein (links-) i. M. konstruiert worden, das *Haarsche Maß*, ein reguläres Borelsches Maß, das auf jeder offenen beschränkten Menge positiv ist. Je zwei Haarsche Maße unterscheiden sich nur um einen positiven konstanten Faktor. Auf kompakten Gruppen ist das Haarsche Maß schlechthin invariant. J. v. NEUMANN hat für kompakte Gruppen unmittelbar in einfacherer Weise eine invariante Integration eingeführt. ›fastperiodische Funktionen.

Lit.: [D 27 I], [G 31]
DIEUDONNÉ, J.: Grundzüge der Analysis, Bd. 2, DVW, Berlin 1975.
GREENLEAF, F. P.: Invariant Means on Topological Groups and Their Applications, Van Nostrand-Reinhold, New York 1969.
HAAR, A.: Der Maßbegriff in der Theorie der kontinuierlichen Gruppen. Ann. of Math. (2) **34** (1933), 147–169.
NEUMANN, J. v.: Zum Haarschen Maß in topologischen Gruppen. Compositio math. **11** (1934), 106–114.

invariantes System ›Normalsystem

inverse Halbgruppe (von Wagner *verallgemeinerte Gruppe* genannt) heißt eine ›Halbgruppe, in der jedes Element a ein eindeutig bestimmtes (*verallgemeinertes*) *Inverses* b besitzt (d. h. $aba = a$ und $bab = b$) (›reguläre Halbgruppe). Gleichbedeutend damit sind die äquivalenten Aussagen: (i) G ist regulär, und zwei beliebige ›Idempotente kommutieren. (ii) Jedes Links- und jedes Rechtshaupt›ideal von S besitzt ein eindeutig bestimmtes erzeugendes Idempotent.

Jede i. H. S ist in die *symmetrische i. H.* J_S isomorph einbettbar, wobei allgemein J_X die Menge aller eineindeutigen partiellen ›Abbildungen einer Menge X in sich ist, die mit der Hintereinanderausführung als Verknüpfung eine i. H. bildet, die sog. *symmetrische Halbgruppe* auf der Menge X (*Satz von Wagner-Preston*).

Lit.: [S 1 I], [S 2], [S 3], [S 4]

inverser Limes (= *projektiver Limes*): Es sei I eine gerichtete Menge. *Inverses* oder *projektives System* in einer Kategorie $\mathcal{A}$ über I heißt ein kommutatives ›Diagramm, gebildet aus Objekten D_i ($i \in I$) und für jedes Paar (i, j) mit $i \leqq j$ einem Morphismus $\pi_i^j: D_j \to D_i$, so daß (also) stets $\pi_i^i = 1_{D_i}$ und $\pi_j^k \pi_i^j = \pi_i^k$ für $i \leqq j \leqq k$ gilt. I. L. des inversen Systems heißt dann der Limes (›Kategorientheorie) dieses Diagramms (falls er existiert), d. h. ein Objekt L zusammen mit Morphismen (*Projektionen*) $p_i: L \to D_i$ für jedes $i \in I$, so daß das damit insgesamt entstehende Diagramm wieder kommutativ wird und folgende Universalitätseigenschaft besitzt: Gibt es ein zweites derartiges Objekt L'

mit analogen Morphismen p'_i, so muß ein eindeutig bestimmter Morphismus $\gamma: L' \to L$ existieren, mit dem zusammen wieder alles kommutativ wird. Häufig, insbesondere im Falle eines inversen Systems universeller ›Algebren, bezeichnet man auch bloß das Objekt selbst als i. L.

Handelt es sich um die Kategorie der Mengen, sind also die D_i Mengen und die π_i^j Mengenabbildungen, so kann man den i. L. folgendermaßen explizit konstruieren. Man bilde das direkte Produkt $\prod D_i$ der Mengen und wähle hieraus die Untermenge derjenigen Funktionen f mit $\big(f(j)\big)^{\pi_i^j} = f(i)$ für alle Paare (i, j) mit $i \leqq j$ aus; diese Menge stellt das inverse Limesobjekt dar, während die Projektionen p_i durch $f^{p_i} = f(i)$ definiert sind. Ist allgemeiner der i. L. eines inversen Systems universeller Algebren (z. B. von ›Gruppen oder ›R-Moduln) zu bestimmen, so bilde man den i. L. des unterliegenden inversen Systems von Mengen und erkläre die Operationen wie im ›direkten Produkt hierauf.

Für eine direkte Konstruktion im Falle von Gruppen ›Grenzgruppe.

Lit.: [C 10], [U 3]

inverses Element (= **Inverses**): Ist M eine Menge mit einer (multiplikativ geschriebenen) binären ›Operation (z. B. ›Gruppoid, ›Halbgruppe, ›Gruppe) und dem ›Einselement e, so heißt zu einem $a \in M$ jedes $a' \in M$ mit $a'a = e$ *linksinvers* zu a und jedes $a'' \in M$ mit $aa'' = e$ *rechtsinvers* zu a. Ein Element, das gleichzeitig links- und rechtsinvers zu a ist, heißt i. E. zu a. Ist die Verknüpfung assoziativ, M also (multiplikative) ›Halbgruppe, so folgt aus der Existenz von rechts- und links-i. E. zu a, daß diese alle gleich sind und das Inverse zu a bilden. (Es ist durchaus möglich, daß es mehrere Linksinverse gibt, aber kein Rechtsinverses.) Bei einer additiv geschriebenen Operation sagt man gern *entgegengesetzt* statt invers; an die Stelle des Einselements tritt dann das Nullelement (oder, beide Fälle umfassend, das neutrale Element). ›Einheit eines Rings mit Einselement, ›Multigruppoid.

Lit.: [A 16], [G 4]

inverses Ideal: Ist $\mathfrak{o}$ ein ›Dekindscher Ring mit dem Quotientenkörper K, so gibt es zu jedem gebrochenen $\mathfrak{o}$-Ideal $\mathfrak{a} \neq (0)$ von K ein eindeutig bestimmtes (gebrochenes) Ideal $\mathfrak{a}^{-1}$ mit $\mathfrak{a}\mathfrak{a}^{-1} = \mathfrak{o}$, das sog. i. I. zu $\mathfrak{a}$. ›Ordnung eines Ringes.

Lit.: [A 17 II]

inverses Produkt = Koprodukt ›Kategorientheorie

inverses System ›inverser Limes

Inversion ›Permutation

Involution [von zweiter Art] ›Semibilinearform

involutorisch heißt allgemein eine >Abbildung, die, zweimal nacheinander angewendet, die identische Abbildung ergibt. Z. B. heißt *i. Antiautomorphismus* ein Antiautomorphismus σ eines Rings, Gruppoids usw., für den σ^2 die Identität, also $(\alpha^\sigma)^\sigma = \alpha$ für alle α ist.

involutorisches Gruppenelement heißt ein Element a einer Gruppe von der Ordnung 2 (also $a^2 = 1$, $a \neq 1$). Gelegentlich wird auch das Einselement zugelassen.

inzident >Inzidenzstruktur

inzidente Familie von >Halbgruppoiden

Inzidenz[relation] >Inzidenzstruktur

Inzidenzstruktur (engl.: *partial plane*) heißt ein Tripel (P, G, I) mit Mengen P und G, deren Elemente *Punkte* bzw. *Geraden* heißen, und einer symmetrischen binären >Relation I (*Inzidenzrelation*) auf $P \cup G$, so daß im Falle der *Inzidenz* von x und y (xIy) stets eines der Elemente x, y Punkt, das andere Gerade ist und daß zu verschiedenen Elementen x, y höchstens ein z existiert, das sowohl zu x als auch zu y *inzident* ist. Spezielle I. sind projektive und affine Ebenen. *Projektive Ebene* heißt eine I., die (i) mit zwei verschiedenen Punkten bzw. Geraden x, y stets ein z enthält, das sowohl mit x als auch mit y inzident ist, und (ii) in der es vier verschiedene Punkte gibt, von denen keine drei mit demselben Element inzident sind.

Jede I. wird ein >*Halbgruppoid*, indem man $xy = z$ genau dann setzt, wenn x und y verschiedene Elemente sind, die mit ein und demselben Element z inzident sind. *k-Gewebe* ($k \geqq 3$) heißt eine I. N, deren Geradenmenge sich in k disjunkte Klassen zerlegt, so daß a) N wenigstens einen Punkt enthält, b) jeder Punkt von N mit genau einer Geraden jeder Klasse inzident ist und c) je zwei Geraden verschiedener Klassen in N mit genau einem Punkt inzident sind. Mit einer Geraden eines k-Gewebes N ist zugleich jede Gerade mit genau n verschiedenen Punkten von N inzident; n heißt die *Ordnung* von N.

E sei projektive Ebene, L eine bestimmte Gerade von E und S eine Menge aus k mit L inzidenten verschiedenen Punkten von E ($k \geqq 3$). N sei die Menge der nicht mit L in E inzidenten Punkte von E. Jede Geradenklasse von N bestehe aus den Geraden von E, die in E mit genau einem Punkt von S inzident sind, mit einer Klasse für jeden einzelnen Punkt von S. Die Elemente a, b von N mögen in N inzident heißen, wenn sie in E inzident sind. Dann ist N ein k-Gewebe. N heißt *affine Ebene*, wenn S jeden Punkt enthält, der mit L in E inzident ist. Im Falle $k = 3$ heißt N *additives* Gewebe von E. Jedes k-Gewebe der Ordnung n bestimmt eine Klasse von >Quasigruppen der Ordnung n.

Lit.: [B 2], [B 4], [B 5], [O 3]
HUGHES, D. R., F. C. PIPER: Projective Planes. Springer, Berlin 1982.

IP-›Loop

I-Ring heißt nach LEVITZKI ein Ring R, in dem jedes Rechtsideal, das nicht Nilideal ist, ein ›Idempotent enthält. Ein I. R, dessen homomorphe Bilder gleichfalls I. sind, heißt auch *FI-Ring*. Setzt man den Index $j(R)$ gleich m, wenn es in R nilpotente Elemente vom Exponenten m, aber keine von höherem Exponenten gibt, so gilt für beliebige Rechtsideale eines I. die *Levitzkische Ungleichung* $j(\mathfrak{a} + \mathfrak{b}) \leqq j(\mathfrak{a}) + j(\mathfrak{b})$.

Ein Unterring $S \subset R$ hat den *Matrizenrang* $|S| = n$, wenn S ein System von n^2 *Matrizeneinheiten* e_{ik} (d. h. $e_{ij}e_{jk} = e_{ik}$, $e_{ij}e_{kl} = 0$ für $j \neq k$), aber keines von größerem Grad enthält. Der Matrizenrang $|a|$ eines Elements $a \in R$ ist durch $|a| = |aR| = |Ra|$ definiert. In beliebigen Ringen gilt $|ab| \leqq \min(|a|, |b|)$, in I. überdies $|a + b| \leqq |a| + |b|$, $|\mathfrak{a} + \mathfrak{b}| \leqq |\mathfrak{a}| + |\mathfrak{b}|$. Für jedes homomorphe Bild R^* eines FI-Rings R gilt $|R^*| \leqq |R|$.

In jedem I. bilden die Elemente a mit $|a| < \infty$ ein zweiseitiges Ideal, das mit dem *M-Sockel* von R (d. h. der Summe aller Rechtsideale mit endlichem Matrizenrang) zusammenfällt. Hat der I. selbst endlichen Matrizenrang, so heißt er *IM-Ring*; gilt dies auch für jedes homomorphe Bild, so heißt er *FIM-Ring*. Ein zweiseitiges Ideal $\mathfrak{a}$ von R heißt *stabil*, wenn jedes System von Matrizeneinheiten in $R/\mathfrak{a}$ das homomorphe Bild eines ebensolchen Systems von R bei dem natürlichen Homomorphismus von R auf $R/\mathfrak{a}$ ist.

Lit.: LEVITZKI, J.: The matricial rank and its application in the theory of I-rings. Univ. Lisbao, Revista Fac. Ci. (2) A 3 (1955), 203–237.

irreduzibel: Ein Element a eines ›Verbands heißt *i.* oder $\cup$-*i.* (= *vereinigungsirreduzibel*), wenn aus $a = b \vee c$ stets $a = b$ oder $a = c$ folgt; es heißt $\cap$-*i.* (= *durchschnittsirreduzibel*), wenn aus $a = b \wedge c$ folgt, daß $a = b$ oder $a = c$ ist.

Entsprechend heißt ein ›Ideal eines Rings i., wenn es nicht Durchschnitt zweier echter Oberideale ist, anderenfalls *reduzibel*. Analog ist ein i. R-Modul erklärt. In einem noetherschen Ring ist jedes i. Ideal *primär*. Für einen anderen Irreduzibilitätsbegriff bei Idealen und Moduln ›halbeinfacher Ring, ›halbeinfacher Modul, ›Primärkomponentenzerlegung.

›Teiler.

Lit.: [A 17 II], [V 8]

Irreduzibilitätskriterium von Mackey: H sei eine Untergruppe der Gruppe G, $s \in G$, $H_s = s^{-1}Hs \cap H$, σ eine ›Darstellung von H, σ_s die durch $\sigma_s(x) = \sigma(sxs^{-1})$ definierte Darstellung von H_s. Dann ist die ›induzierte Darstellung $\mathrm{Ind}_H^G\,\sigma$ genau dann irreduzibel, wenn σ irreduzibel ist und für jedes $s \in G \setminus H$ σ_s und $\sigma|_{H_s}$ *disjunkt* sind (d. h., keine gemeinsame irreduzible Komponente besitzen, was bedeutet, daß ihre ›Charaktere orthogonal sind).

Sind G_1, G_2 endliche Gruppen mit Untergruppen H_1 bzw. H_2 und T_1,

T_2 Darstellungen von H_1 bzw. H_2, so ist $\mathrm{Ind}_{H_1 \times H_2}^{G_1 \times G_2}(T_1 \otimes T_2) \sim (\mathrm{Ind}_{H_1}^{G_1} T_1) \otimes \mathrm{Ind}_{H_2}^{G_2} T_2$, $\mathrm{Ind}\,(T_1 \oplus T_2) \sim \mathrm{Ind}\, T_1 \oplus \mathrm{Ind}\, T_2$.

Lit.: [D 19]

irreduzible Gleichung heißt eine >algebraische Gleichung $f(x_1, \ldots, x_n) = 0$ über R mit einem über R >irreduziblen Polynom $f(X_1, \ldots, X_n)$ in Unbestimmten X_i.

i. G. eines Körperelements >charakteristisches Polynom 4.

irreduzible Liesche Algebra = >einfache Liesche Algebra

irreduzible lineare Teilschar >Größe für eine Gruppe

irreduzibler Darstellungsmodul = >einfacher Darstellungsmodul

irreduzibler Fall >Cardanosche Formeln

irreduzibler Modul >irreduzibel, >primitiver Ring

irreduzibler Ring von Endomorphismen heißt nach Jacobson ein Ring A von Endomorphismen einer additiven >abelschen Gruppe M, die, als A-Modul betrachtet, irreduzibel (im Sinne von Jacobson) ist. >irreduzibler R-Modul.

Lit.: [R 13]

irreduzibler R-Modul: 1. Ein R-Modul M heißt i. (genauer: *durchschnittsirreduzibel*), wenn er sich nicht als Durchschnitt zweier echter Obermoduln schreiben läßt. Ein i. Untermodul eines noetherschen R-Moduls N ist primärer Untermodul von N.

>Primärkomponentenzerlegung.

2. Ein R-Modul M heißt *i.* (*durchschnittsirreduzibel*) *über einem echten Untermodul* U, wenn für beliebige Untermoduln A, B von M, die U echt enthalten, $A \cap B \neq U$ gilt; er heißt schlechthin *i.* (durchschnittsirreduzibel), wenn er i. über 0 ist (Kasch).

Für >injektive Moduln J sind gleichbedeutend: (i) J ist direkt unzerlegbar, (ii) J ist injektive Hülle jedes Untermoduls $\neq 0$, (iii) jeder Untermodul $\neq 0$ von J ist i., (iv) J ist injektive Hülle eines irreduziblen Untermoduls.

3. Ein R-Rechtsmodul heißt (im Sinne von Jacobson) i., wenn $MR \neq 0$ ist und M keinen echten R-Untermodul außer 0 enthält. Genau dann ist die zu M als Darstellungsmodul gehörige >Darstellung des Rings R irreduzibel. (Die entsprechenden Aussagen für Linksmoduln ergeben sich durch Spiegelung.)

>halbeinfacher Modul.

4. Ein R-Modul heißt auch i., wenn er einfach ist (>halbeinfacher Modul).

Lit.: Zu **1.**: [R 18 I]
Zu **2.**: [R 17]
Zu **3.**: [R 13]
Zu **4.**: [R 18 I]

irreduzibles Ideal >irreduzibel, >Primärideal, im Sinne von Jacobson >halbeinfacher Ring

irreduzibles Polynom (= *unzerlegbares Polynom*) heißt ein >Polynom in n Unbestimmten über einem Ring R, das sich nicht als Produkt zweier nichtkonstanter Polynome über R schreiben läßt; anderenfalls heißt es *reduzibel* oder *zerlegbar*. (Als bloßes Ringelement ist es irreduzibel, wenn es sich nicht als Produkt zweier Nichteinheiten schreiben läßt; Zerlegungen sind dann aber auch dadurch möglich, daß eine Nichteinheit aus R Teiler ist.) Ist R ZPE-Ring, so ist jedes irreduzible Element aus $R[X]$ entweder Primelement von R (also ein konstantes Polynom) oder ein primitives, im Polynomring $K[X]$ über dem Quotientenkörper K von R i. P. Entsprechend heißt eine >algebraische Gleichung $f(x) = 0$ über einem Körper K irreduzibel, wenn das Polynom $f(X)$ über K irreduzibel ist.

Ein Polynom f über einem Körper K ist demnach genau dann ein irreduzibles Ringelement, wenn es sich nicht als Produkt zweier nichtkonstanter Polynome schreiben läßt; insbesondere ist dann ein lineares Polynom stets i. f heißt *absolut-irreduzibel*, wenn es auch über der >algebraischen Hülle von K irreduzibel ist. Im Falle $n = 1$ sind nur die linearen Polynome absolut-irreduzibel.
>Eisensteinsches Irreduzibilitätskriterium, >Teiler

Lit.: [A 17 I]

irreduzibles System >algebraisch abhängig

irreduzibles System von Matrizen heißt eine Menge quadratischer Matrizen A über einem Körper oder kommutativen Ring, die sich nicht durch ein und dieselbe Ähnlichkeitstransformation (>ähnliche Matrizen) $A \mapsto PAP^{-1}$ auf zerfallende Matrizen der Form $\begin{pmatrix} * & * \\ 0 & * \end{pmatrix}$ transformieren lassen.

Lit.: [D 2]

irreflexiv heißt eine binäre >Relation R, für die für kein x gilt xRx.

isobar >Gewicht eines Polynoms

Isogenie >algebraische Gruppe

isokline Gruppen heißen zwei Gruppen G und H, wenn es einen Isomorphismus σ von $G/Z(G)$ auf $H/Z(H)$ gibt, für den die Abbildung $[x, y] \mapsto [(xZ)^\sigma, (yZ)^\sigma]$ mit $Z = Z(G)$ einen Isomorphismus der >Kommutatorgruppe G' auf die Kommutatorgruppe H' induziert ($Z(G)$ bzw. $Z(H)$ ist das >Zentrum von G bzw. H). Die Eigenschaft, i. zu sein, ist eine >Äquivalenzrelation.

Lit.: [G 39 I]
HALL, P.: The classification of prime-power groups. J. reine angew. Math. **182** (1940), 130–141.

Isolator >isolierte Untergruppe

isolierte Primärkomponente >Primärkomponentenzerlegung

isolierte Untergruppe: 1. ist eine Untergruppe H einer Gruppe G, für die sämtliche Lösungen einer Gleichung $x^n = a \in H$ in G mit $a \neq 1$ bereits zu H gehören; wenn sogar der >Zentralisator von a in G zu H gehört, heißt sie *stark i. U. Isolator* einer Untermenge M von G heißt die kleinste M enthaltende i. U. >Servanzuntergruppe.

2. bei >geordneten Gruppen dasselbe wie eine >konvexe Untergruppe.

Lit.: Zu **1.**: [G 26 II]

isoliertes Komponenten- bzw. Primideal >Primärkomponentenzerlegung

isometrische Bilinearform >bilineare Abbildung

isomorph >Isomorphismus

isomorphe Abbildung = >Isomorphismus, auch = bijektive >Abbildung

isomorphe Kategorien >Kategorientheorie

isomorphe Unterobjekte >Kategorientheorie

Isomorphieprinzip von Hasse = 2. >Isomorphiesatz für Gruppen

Isomorphieproblem >Wortproblem

Isomorphiesatz für (universelle) >Algebren

Isomorphiesatz für Gruppen: *1. I.* (= *Dedekind-Noetherscher I.* = *Reduktionsprinzip von Hasse*): Ist H eine Untergruppe und N ein >Normalteiler der Gruppe G, so ist $H \cap N$ Normalteiler von H und $HN/N \cong H/H \cap N$ (die einander entsprechenden >Restklassen können durch dasselbe Element aus H repräsentiert werden).

2. I. (= *Isomorphieprinzip von Hasse*): Ist σ ein Homomorphismus der Gruppe G auf die Gruppe $\bar{G}$, N der Kern von σ, $\bar{H}$ Normalteiler von $\bar{G}$ und H die Menge der $h \in G$ mit $h^\sigma \in \bar{H}$, so ist H Normalteiler von G, und es besteht die Isomorphie $G/H \cong \bar{G}/\bar{H}$ $\left(\cong (G/H)/(H/N)\right)$. Außerdem entsprechen bei dem durch $G \ni g \mapsto gN \in G/N$ definierten Homomorphismus τ von G auf G/N die N enthaltenden Untergruppen von G den Untergruppen von G/N und die N enthaltenden Normalteiler von G den Normalteilern von G/N.

3. I. oder *Lemma* (oder *Satz*) *von Zassenhaus*: Sind H_1, H_2 Untergruppen der Gruppe G, N_1 und N_2 Normalteiler von H_1 bzw. H_2, so ist $N_1(H_1 \cap N_2)$ Normalteiler von $N_1(H_1 \cap H_2)$ und $N_2(N_1 \cap H_2)$ Normalteiler von $N_2(H_1 \cap H_2)$, und es besteht die Isomorphie

$$N_1(H_1 \cap H_2)/N_1(H_1 \cap N_2) \cong (H_1 \cap H_2)/(N_1 \cap H_2)\,(H_1 \cap N_2)$$
$$\cong N_2(H_1 \cap H_2)/N_2(N_1 \cap H_2).$$

Die Numerierung ist nicht einheitlich; oft wird auch der *Homomorphiesatz* (›Homomorphismus einer Gruppe) als 1. I. bezeichnet.

Im Falle einer ›topologischen Gruppe gilt der 1. I., wenn a) N kompakt und H in G abgeschlossen ist oder b) H, N und HN in G abgeschlossen sind und G lokalkompakt und Vereinigung abzählbar vieler kompakter Untermengen oder metrisch vollständig mit abzählbarer Basis ist. Anderenfalls brauchen die linke und die rechte Seite nicht homöomorph zu sein. Für die Gültigkeit des 2. I. muß man etwa verlangen, daß σ ein stetiger und offener Homomorphismus ist.

Lit.: [A 17], [G 26 I], [G 42]
CHEVALLEY, C.: Sur la théorie du corps de classes dans les corps finis et les corps locaux, J. Fac. Sci. Tokyo 2 (1933), 365–476.

Isomorphiesatz von Witt ›Witt, Satz von

Isomorphismus: 1. I. oder *isomorphe Abbildung* heißt ein bijektiver Homomorphismus σ zwischen gleichartigen universellen ›*Algebren* A und B $(\sigma: A \to B)$. Dann gibt es einen inversen I. (die inverse ›Abbildung) $\tau = \sigma^{-1}$ von B auf A, und die Hintereinanderausführungen von σ und τ ergeben die identische Abbildung von A bzw. von B. Wenn ein I. von A auf B existiert, heißen A und B *isomorph*, in Zeichen: $A \cong B$ oder $A \simeq B$. Haben A und B einen nichtleeren Durchschnitt, der eine Teilalgebra C enthält, so heißt ein I. von A auf B, der C elementweise festläßt (d. h. $c^\sigma = c$ für alle $c \in C$), ein *Relativisomorphismus* von A auf B bezüglich C, ein *I. über C* oder ein *C-I.* Der wichtigste Spezialfall hiervon ist, daß A und B kommutative Körper und C ein gemeinsamer Unterkörper ist. Im Gegensatz zu einem Relativisomorphismus heißt ein Isomorphismus eines Körpers A auf einen Körper B über dem (gemeinsamen) Primkörper auch *absoluter I.*

Je nach Art der Algebra spricht man z. B. von Halbgruppen-I., Modul-I., Gruppen-I., Ring-I., Körper-I.

2. I. (= *isomorphe Abbildung* = *gruppentheoretischer I.* = *Gruppenisomorphismus*) heißt ein I. zwischen Gruppen im Sinne von **1.**, also ein bijektiver Homomorphismus einer Gruppe G auf eine Gruppe H (früher auch als *einstufiger I.* = *1-I.* oder *holoedrischer I.* bezeichnet). Die Gruppen G und H heißen dann ***isomorph***, in Zeichen: $G \cong H$ oder $G \simeq H$. Die Eigenschaft zweier Gruppen, isomorph zu sein, ist eine ›Äquivalenzrelation in der Klasse aller Gruppen. Eine Klasse isomorpher Gruppen wird auch als *abstrakte Gruppe* bezeichnet; eine Eigenschaft, die mit einer Gruppe auch allen isomorphen zukommt, als ›abstrakte Gruppeneigenschaft.

3. *I.* (= *isomorphe Abbildung*) einer ›*topologischen Gruppe* G auf eine topologische Gruppe H heißt jeder gruppentheoretische I. von G auf H, der zugleich Homöomorphismus ist.

Lokaler I. (= *I. im Kleinen*) einer topologischen Gruppe G auf die topologische Gruppe H heißt jede topologische Abbildung σ einer Umgebung U des Einselements von G auf eine Umgebung V des Einselements von H, die folgenden Bedingungen genügt: (i) aus $x, y \in U$ und $xy \in U$ folgt $(xy)^\sigma = x^\sigma y^\sigma$ (σ ist *lokaler Homomorphismus*); (ii) ist τ die zu σ inverse Abbildung, so gilt für $x, y \in V$ und $xy \in V$ auch $(xy)^\tau = x^\tau y^\tau$. Genügt die topologische Abbildung σ von U auf V nur (i), so ist sie die Erweiterung eines lokalen I., d. h., es gibt Umgebungen $U' \subset U$, $V' \subset V$ mit $V' = U'^\sigma$, so daß die Einschränkung von σ auf U' (i) und (ii) erfüllt. In diesem Falle heißen G und H *lokal isomorph* (*im Kleinen isomorph*). Daraus folgt nach Schreier: Ist G zusammenhängend, lokalzusammenhängend und einfachzusammenhängend, so gibt es einen eindeutig bestimmten stetigen offenen Homomorphismus φ von G in H, der mit σ auf einer Umgebung des Einselements von G übereinstimmt; der Kern von φ ist eine diskrete Zentrumsuntergruppe von G, und wenn H zusammenhängend ist, gilt $G^\varphi = H$. Daraus folgt insbesondere: Jede zusammenhängende Gruppe H, die zu der zusammenhängenden, lokalzusammenhängenden und einfachzusammenhängenden Gruppe G im Kleinen isomorph ist, ist einer Faktorgruppe von G nach einer diskreten Zentrumsuntergruppe isomorph. Zwei zusammenhängende, lokalzusammenhängende und einfachzusammenhängende Gruppen, die im Kleinen isomorph sind, sind isomorph schlechthin.

4. I. von ›Verbänden ist ein bijektiver Verbandshomomorphismus. Verbandsisomorphismus und Ordnungsisomorphismus der unterliegenden Halbordnung bedeuten dasselbe. Verbände, zwischen denen ein I. besteht, heißen isomorph.

Dualer I. heißt eine bijektive Abbildung φ eines Verbands V_1 auf einen Verband V_2, für die $\varphi(a \wedge b) = \varphi(a) \vee \varphi(b)$, $\varphi(a \vee b) = \varphi(a) \wedge \varphi(b)$ für alle $a, b \in V_1$ ist. Ein dualer I. kann als I. von V_1 auf den zu V_2 *dualen Verband* aufgefaßt werden.

5. I. in einer Kategorie (›Kategorientheorie) heißt ein *Morphismus* α: $A \to B$, der sowohl Retraktion als auch Koretraktion ist, zu dem es also einen Morphismus $\beta: B \to A$ mit $\alpha\beta = 1_A$ und $\beta\alpha = 1_B$ gibt. Selbst wenn es sich um eine Kategorie handelt, deren Objekte algebraische Strukturen und deren

Morphismen Homomorphismen sind, braucht ein bijektiver Morphismus nicht unbedingt ein I. zu sein.

6. I. *zwischen Kategorien* ist ein spezieller Funktor (›Kategorientheorie).

7. I. = bijektive ›*Abbildung*

8. I. von ›Garben

9. I. von Ringen

10. I. von ›*Vektorräumen*

11. I. von ›*R-Moduln* ›lineare Abbildung

12. veraltete Bezeichnung für ›*Homomorphismus einer Gruppe*

Lit.: Zu **1.**: [A 16], [A 17 I], [A 18 I], [C 10], [U 3]
Zu **2.**: [G 26 I], [G 42]
Zu **3.**: [G 31]
SCHREIER, O.: Die Verwandtschaft stetiger Gruppen im großen. Abh. math. Sem. Univ. Hamburg **5** (1926), 233–244.
Zu **4.**: [V 8]
Zu **5.**: [C 10], [C 11]

Isomorphismus im Kleinen ›Isomorphismus (einer topologischen Gruppe)

isotone ›**Bewertung eines Verbands**

Isotopie: 1. *I. von* ›*Gruppoiden*: *Isotopismus* eines ›Gruppoids G auf ein Gruppoid H heißt ein geordnetes Tripel (α, β, γ) von bijektiven Abbildungen von G auf H mit $(\alpha(x) \cdot \beta(y)) = \gamma(x \cdot y)$; G heißt dann *isotop* zu H oder ein *Isotop* von H. I. von Gruppoiden ist eine Äquivalenzrelation. Insbesondere können beide Gruppoide als Mengen zusammenfallen, worauf man sich o. B. d. A. beschränken kann; dann sollten jedoch in G und in H verschiedene Operationszeichen verwendet werden.

Ein Isotopismus $(\alpha, \beta, 1_G)$, wo 1_G die identische Abbildung von G bezeichnet, auf ein Gruppoid G^* mit derselben unterliegenden Menge heißt *Hauptisotopismus* und G^* ein *Hauptisotop* von G. *Hauptisotopie* ist eine Äquivalenzrelation. Jedes Isotop eines Gruppoids ist zu einem Hauptisotop isotop.

Jedes Isotop einer ›Quasigruppe ist eine Quasigruppe. Jede Quasigruppe ist zu einer ›Loop isotop (*Satz von Albert*).

2. *I. von* ›*Loops* L, L' bedeutet die Existenz von bijektiven Abbildungen α, β, γ von L auf L' mit $(x + y)^\gamma = x^\alpha + y^\beta$ für alle $x, y \in L$; L und L' heißen *isotope Loops* oder *Isotope* voneinander.

3. *I. von* ›*Quasikörpern* Q und Q' bedeutet die Existenz bijektiver Abbildungen α, β, γ von Q auf Q' mit den Eigenschaften:

(i) α und β sind Isomorphismen zwischen den additiven Gruppen von Q und Q'.

(ii) $(xy)^\gamma = x^\alpha y^\beta$ für alle $x, y \in Q$.

Die I. ist eine Äquivalenzrelation; Quasikörper, zwischen denen I. besteht, heißen *isotop*. Im Spezialfall $\alpha = \beta = \gamma$ sind Q und Q' zueinander isomorph.

Gilt für Quasikörper Q und Q', die aus denselben Elementen mit derselben Addition bestehen, die Beziehung $(x \cdot a) * (b \cdot y) = x \cdot y$ für $a, b, x, y \in Q$, wo $\cdot$ die Multiplikation in Q und $*$ diejenige in Q' bezeichnet, so ist Q zu Q' isotop; Q' heißt in diesem Fall ein ***Hauptisotop*** von Q. Alle zu Q isotopen Quasikörper sind isomorph zu den Hauptisotopen von Q.

Isotope ›Alternativkörper oder assoziative Quasikörper sind zueinander isomorph. Isotope Quasikörper erzeugen isomorphe Translationsebenen.

Lit.: Zu **1.**: [A 13], [B 1], [B 4]
Zu **2.**: [B 1], [B 2], [B 5]
Zu **3.**: [B 5]

Isotopismus ›Isotopie

isotroper Teilraum ›isotroper Vektor

isotroper Vektor heißt ein Vektor $x \neq 0$ eines (Rechts-)›Vektorraums E über einem Körper K bezüglich einer hermiteschen oder schiefhermiteschen Form f auf E, wenn $f(x, x) = 0$, d. h., x zu sich selbst orthogonal ist (›Semibilinearform).

Ein ***Teilraum*** V von E heißt ***isotrop***, wenn er einen isotropen Vektor enthält, anderenfalls ***anisotrop***. Der Durchschnitt rad $V = V \cap V^{\perp}$ von V mit dem zu V bezüglich f totalsenkrechten Teilraum $V^{\perp}$ von E heißt ***Radikal*** von V. Wenn rad $V = 0$ ist, heißt V ***regulär*** oder ***halbeinfach***; wenn rad $V = V$ ist, ***vollisotrop*** (= totalisotrop) (dann sind alle Vektoren $\neq 0$ isotrop). Sind umgekehrt alle Vektoren $\neq 0$ von V isotrop, so folgt aus $f(x + y, x + y) = 0$ für $x, y \in V$, daß $f(x, y) = \varepsilon[f(x, y)]^J$ ist, wo J die zu f gehörige Involution von K und $\varepsilon = -1$ für hermitesches und $\varepsilon = +1$ für schiefhermitesches f ist. Wenn V nicht totalisotrop ist, so ist J die Identität und K kommutativ und daher f schiefsymmetrisch, bei $f(x, x) = 0$ für alle $x \in E$ also alternierend. Wenn f alternierend ist und nicht identisch verschwindet, so ist E nicht vollisotrop, also f schiefsymmetrisch. Eine alternierende Form f vom Rang k induziert auf $E/E^{\perp}$ eine nichtentartete alternierende Form vom Rang k, daher ist k gerade.

Index einer reflexiven Form f heißt die größte Dimension ν von totalisotropen Teilräumen von E bez. f; es ist $2\nu \leq n$. f heißt ***anisotrop***, wenn E anisotrop, d. h. $\nu = 0$ ist.

›Semibilinearform.

Lit.: [Q 1]

Isotropieuntergruppe ›Transformationsgruppe

isotyp heißen Elemente einer Gruppe G, die sich durch einen ›Automorphismus ineinander überführen lassen. G zerfällt in elementfremde Klassen i. Elemente. Entsprechend sind *i. Untergruppen* erklärt. Untergruppen, die mit allen ihren isotypen Untergruppen zusammenfallen, sind ›charakteristische Untergruppen.

Lit.: [G 26I]

Iwasawasche Zerlegung einer halbeinfachen zusammenhängenden reellen ›Lieschen Gruppe G heißt die eindeutige Zerlegung $G = KAN$ in eine maximale kompakte Untergruppe K, eine abelsche Gruppe A und eine nilpotente Gruppe N. Sie entspricht einer analogen additiven Zerlegung der zugehörigen ›Lieschen Algebra, die aus ihrer ›Cartanschen Zerlegung und der Wurzelraumzerlegung ihrer Komplexifizierung resultiert.

Lit.: [L 12], [L 21]
IWASAWA, K.: On some types of topological groups. Ann. of Math. **50** (1949), 507–558.

J

Jacobische Funktion ›Determinante

Jacobische Matrix (= *Tridiagonalmatrix*) heißt eine reelle quadratische Matrix, die außerhalb der Hauptdiagonalen und ihrer beiden Nachbardiagonalen nur aus Nullen besteht, deren Elemente a_{ij} also für $|i - j| > 1$ verschwinden.

Lit.: GANTMACHER, R. F., M. G. KREIN: Oszillationsmatrizen, Oszillationskerne und kleine Schwingungen mechanischer Systeme. Akademie-Verlag, Berlin 1960.
ILJIN, V. P., JU. I. KUSNECOV (В. П. Ильин, Ю. И. Кузнецов): Трехдиагональные матрицы и их приложения. Nauka, Moskau 1985.

Jacobsonscher Ring heißt ein kommutativer Ring R mit Einselement, in dem jedes Primideal $\mathfrak{p}$ von R als Durchschnitt maximaler, $\mathfrak{p}$ enthaltender Primideale darstellbar ist. Das ist genau dann der Fall, wenn für jedes Ideal $\mathfrak{a}$ das ›Jacobsonsche Radikal von $R/\mathfrak{a}$ Nilradikal ist. Ein (noetherscher) J. R. wird auch als *Hilbertscher Ring* bezeichnet

Lit.: [EC 5], [R 11II]

Jacobsonsches Radikal (bezeichnet mit $J(R)$ oder $\mathfrak{r}^{(J)}$) eines (assoziativen) ›Rings R ist das größte ›quasireguläre Ideal von R (die Vereinigungsmenge aller quasiregulären Rechtsideale, die mit der Vereinigung aller quasiregulären Linksideale zusammenfällt) und gleich dem Durchschnitt aller modularen maximalen Rechts- (Links-) Ideale, im Falle eines Rings mit Einselement also gleich dem Durchschnitt aller maximalen Links- oder Rechtsideale. $J(R)$ ist ein zweiseitiges Ideal in R, das insbesondere alle Nilideale von R enthält. Der Restklassenring $R/J(R)$ besitzt außer dem Nullideal keine quasiregulären Ideale, sein J. R. ist also Null. In einem Ring R mit Einselement ist $J(R)$ mit der ›Frattini-Gruppe der additiven Gruppe R^+ von R, aufgefaßt als R-Rechtsmodul, identisch (FUCHS).

$J(R)$ ist der Durchschnitt der Kerne aller irreduziblen ›Darstellungen von R. Für ein Ideal I von R ist $J(I) = I \cap J(R)$. Für den Ring R_n aller n-reihigen quadratischen Matrizen über R ist $J(R_n) = (J(R))_n$. In der durch das ›Kreisprodukt $a \circ b = a + b + ab$ aus R gebildeten ›Halbgruppe ist $J(R)$ eine Untergruppe. Für weitere Charakterisierungen ›[R 30].

Ist $R = J(R)$, so heißt R *Radikalring im Sinne von Jacobson*; ist $J(R) = 0$, so heißt R *halbeinfach im Sinne von Jacobson.*

Das J. R. ist auch für ›Halbringe erklärt worden, und zwar unter der Voraussetzung, daß die Addition kommutativ und ein Nullelement vorhanden ist. Die Verallgemeinerung des J. R. auf ›nichtassoziative Ringe heißt *quasireguläres Radikal* und ist das größte ›quasireguläre Ideal.

Das J. R. rad M eines (unitären) ›R-Moduls ist der Durchschnitt aller maximalen Untermoduln von M und gleichzeitig der Durchschnitt der Kerne aller Epimorphismen von M auf einfache Moduln; besitzt M keinen maximalen Untermodul, so sei rad $M = M$. Es ist rad $(M/\text{rad } M) = 0$.

Lit.: [R 11], [R 13], [R 30]
BOUNE, S.: The Jacobson radical of a semiring. Proc. Nat. Acad. Sci. USA 37 (1951), 163–170.
FUCHS, L.: A remark on the Jacobson radical. Acta Sci. Math. **14** (1952), 167–168.
JENNINGS, S. A.: Radical rings with nilpotent associated groups, Trans. Roy. Soc. Canada, Sect. III (3) **49** (1955), 31–38.
KARPILOVSKY, G.: The Jacobson Radical of a Group Algebra. North-Holland, Amsterdam 1987.
KERTÉSZ, A.: Einführung in die transfinite Algebra. DVW, Berlin 1975.

Johnson, Satz von, ›formal-reell

Jordan-Algebra heißt eine (nichtassoziative) ›R-Algebra $\mathfrak{A}$, in der (i) $(xy)\,x = x(yx)$, (ii) $(x^2y)\,x = x^2(yx)$ für alle $x, y \in \mathfrak{A}$ gilt. Die J. heißt *kommutativ*, wenn $xy = yx$ für alle $x, y \in \mathfrak{A}$ gilt. Man kann die Bedingung (i) durch diese Bedingung ersetzen.

Lit.: [B 7], [R 8], [R 29]
JACOBSON, N.: Structure and representations of Jordan algebras. Amer. Math. Soc., Providence 1973.
RACINE, M. L.: The arithmetics of quadratic Jordan algebras. Amer. Math. Soc., Providence 1973.
SCHAFER, R. D.: On noncommutative Jordan Algebras. Proc. Amer. Math. Soc. **9** (1958), 110–117.

Jordan-Automorphismus ›Jordan-Homomorphismus

Jordan-Dedekindsche Kettenbedingung besagt für einen ›Verband oder eine halbgeordnete Menge, daß für jedes Paar von Elementen a, b mit $a \leqq b$ alle a und b verbindenden maximalen ›Ketten dieselbe Länge haben (die auch unendlich sein kann). Sie gilt insbesondere in längenendlichen >modularen (oder semimodularen) Verbänden, z. B. für die Normalteiler einer Gruppe. Ein Verband, in dem die J.-D. K. gilt, heißt *ausgeglichen*. Für den Zusammenhang mit der ordnungstheoretischen >Dimension s. dort.

Lit.: [V 2], [V 13], [V 14]

Jordan-Endomorphismus >Jordan-Homomorphismus

Jordan-Hölderscher Satz: 1. für *Gruppen* besagt: Wenn eine Gruppe (mit Operatoren) Kompositionsreihen besitzt, so sind je zwei ihrer *Kompositionsreihen isomorph*, d. h., ihre *Faktoren* (die Faktorgruppen in der Kompositionsreihe aufeinanderfolgender Normalteiler) lassen sich eineindeutig so einander zuordnen, daß einander zugeordnete Gruppen isomorph sind. Verallgemeinerung >Normalsystem. J.-H. S. für >*algebraische Gruppen* s. dort.

2. für universelle >*Algebren*: Sei A Algebra, E Unteralgebra. *Normalreihe* von E nach A heißt eine endliche Kette von Unteralgebren von A: $E = A_0 \subset A_1 \subset \cdots \subset A_m = A$ zusammen mit solchen *Kongruenzen* q_i auf A_i $(i \geqq 1)$, daß A_{i-1} gerade eine q_i-Klasse wird. Zwei Normalreihen heißen *isomorph*, wenn sie dieselbe Länge haben und bis auf die Reihenfolge und bis auf Isomorphie dieselben Faktoralgebren A_i/q_i besitzen. *Kompositionsreihe* heißt eine nicht weiter verfeinerbare Normalreihe ohne Wiederholungen. Dann besagt der J.-H. S.: In einer Kompositionsreihe von E nach A, wobei auf einer beliebigen Unteralgebra von A alle Kongruenzen vertauschbar sind, sind je zwei Kompositionsreihen isomorph.

Lit.: Zu 1.: [G 26 I]
Zu 2.: [U 2]

Jordan-Homomorphismus heißt ein Homomorphismus σ der additiven Gruppe R^+ eines Rings R auf die additive Gruppe R'^+ eines Rings R' mit $(\alpha\beta + \beta\alpha)^\sigma = \alpha^\sigma\beta^\sigma + \beta^\sigma\alpha^\sigma$ für alle $\alpha, \beta \in R$. Das ist ein Homomorphismus des aus R durch die Einführung der neuen Multiplikation $\alpha \circ \beta = \frac{1}{2}(\alpha\beta + \beta\alpha)$ entstehenden *Jordan-Rings* (>Jordan-Algebra). Entsprechend sind die Begriffe *Jordan-Endomorphismus*, *Jordan-Isomorphismus* und *Jordan-Automorphismus* erklärt. (Die von Ancochea ursprünglich benutzte Bezeichnung *Semi-Automorphismus* an Stelle von Jordan-Automorphismus wird jetzt vielfach in etwas anderem Sinne verwendet: >Semi-Homomorphismus).

Lit.: [R 8]
Ancochea, G.: On semi-automorphisms of division algebras. Ann. of Math. (2) 48 (1947), 147—153.

Jordan-Isomorphismus >Jordan-Homomorphismus

Jordan-Matrix >Jordansche Normalform

Jordansche hypoabelsche Gruppe ›orthogonale Gruppe

Jordansche Normalform: Ist $A = (a_{ij})$ eine (n, n)-Matrix mit Elementen aus einem (kommutativen) Körper und sind $e_1(x), \ldots, e_n(x)$ die (zusammengesetzten) ›Elementarteiler der Polynommatrix $E - xA$, so läßt sich A durch eine Ähnlichkeitstransformation (›ähnliche Matrix) auf die Form $L_1 = \begin{pmatrix} A_1 & & 0 \\ & \ddots & \\ 0 & & A_r \end{pmatrix}$ bringen, wobei A_j gerade die ›Begleitmatrix zu e_j ist (zu konstanten Elementarteilern gehören „leere" Begleitmatrizen; es interessieren also nur nichtkonstante Elementarteiler). L_1 heißt die *erste Normalform* der Matrix A.

Zerlegt man die $e_k(x)$ jeweils in Produkte von teilerfremden Primpolynompotenzen $(p_j(x))^{l_{jk}}$, den sog. primären ›Elementarteilern von A, so erhält man eine zu A ähnliche Matrix $L_2 = \begin{pmatrix} A'_1 & & 0 \\ & \ddots & \\ 0 & & A'_p \end{pmatrix}$, wobei die A'_i die zu den einzelnen primären Elementarteilern gehörigen Begleitmatrizen sind. L_2 heißt die *zweite Normalform* von A. Zwei Matrizen sind genau dann ›ähnlich, wenn sie dieselben primären Elementarteiler haben.

Wenn die auftretenden Primpolynome linear sind, sich also in der Form $p_j = x - \lambda_j$ schreiben lassen, was im Falle eines algebraisch abgeschlossenen Körpers K stets der Fall ist, so kann man die einzelnen Begleitmatrizen durch Ähnlichkeitstransformation auf die Gestalt

$$J_j = \begin{bmatrix} \lambda_j & 1 & 0 & \cdots & 0 \\ 0 & \lambda_j & 1 & \cdots & 0 \\ \vdots & & \ddots & \ddots & \vdots \\ \vdots & & & \ddots & 1 \\ 0 & \cdots & & 0 & \lambda_j \end{bmatrix}$$

bringen, und A ist ähnlich zu einer Matrix $J = \begin{pmatrix} J_1 & & 0 \\ & \ddots & \\ 0 & & J_u \end{pmatrix}$. J heißt die *J. N.* oder auch *dritte Normalform* der Matrix A, und J_i heißt zu λ_i gehörige *Jordan-Matrix.* (Ebenso kann man auch eine Darstellung durch *„untere" Jordan-Matrizen* herleiten, die sich von den oben betrachteten *„oberen" Jordan-Matrizen* dadurch unterscheiden, daß die Einsen in der Diagonalen unterhalb der Hauptdiagonalen stehen.) Entsprechend den zu ein und demselben Eigenwert λ_i gehörigen primären Elementarteilern $(x - \lambda_i)^{e_{i1}}, \ldots, (x - \lambda_i)^{e_{it_i}}$ gehören zu jedem λ_i gerade t_i Jordan-Matrizen der Reihenzahlen $e_{i1}, \ldots, e_{it_i}$. Die Zusammenstellung (absteigend geordnet) $[(e_{11}, \ldots, e_{1t_1}), \ldots, (e_{s1}, \ldots, e_{st_s})]$ heißt die *Segre-Charakteristik* von A. Die Anzahlen w_{ik} derjenigen e_{ih} mit $h \geq k$ bilden, in derselben Weise zusammengestellt, die *Weyr-Charakteristik* von A. $(A - \lambda_i E)^h$ hat dann für $1 \leqq h \leqq e_{i1}$ den Rang $n - \sum_{k=1}^{n} w_{ik}$ (A n-reihig) und für $h \geqq e_{i1}$ den Rang $n - \sum_{k=1}^{t_i} e_{ik} t_i$ (die Anzahl der zum selben Eigenwert λ_i gehörigen Jordan-Matrizen).

Zu jedem primären Elementarteiler $(x - \lambda_i)^e$ gehört ein System von linear unabhängigen ›Hauptvektoren $X_1^{(i)}, \ldots, X_e^{(i)}$, die den Gleichungen

$$(A - \lambda_i E)\, X_1^{(i)} = 0,$$

$$(A - \lambda_i E)\, X_2^{(i)} = X_1^{(i)},$$

$$\ldots\ldots\ldots\ldots\ldots\ldots,$$

$$(A - \lambda_i E)\, X_e^{(i)} = X_{e-1}^{(i)}$$

genügen. Die aus allen diesen Hauptvektoren gebildete Matrix P leistet gerade die Transformation von A auf die J. N.: $J = P^{-1}AP$. Genau dann, wenn alle primären Elementarteiler linear sind, werden die Jordan-Matrizen einelementig, die J. N. wird also Diagonalform.

Lit.: [A 17 II], [Enz 1,7], [M 4], [M 5 I], [M 14]

J-Sockel ›halbeinfacher Modul

K

Kählersches Differential ›Differentialmodul

Kakeyascher Satz (= *Satz von Eneström-Kakeya*): Wenn die Koeffizienten des reellen Polynoms $f(x) = a_0x^n + a_1x^{n-1} + \cdots + a_n$ den Ungleichungen $a_0 > a_1 > \cdots > a_n > 0$ genügen, so ist $f(z) \neq 0$ für $|z| > 1$. Gilt dagegen $0 < a_0 \leqq a_1 \leqq \cdots \leqq a_n$, so ist $f(z) \neq 0$ für $|z| < 1$ (werden in der Voraussetzung Gleichheiten nicht zugelassen, so ist der Betrag jeder Nullstelle sogar größer als 1). Dieser Satz ist Spezialfall eines Satzes von Hurwitz: Wenn die Koeffizienten des obigen Polynoms positiv sind, so ist der absolute Betrag jeder Nullstelle von f höchstens gleich der größten und mindestens gleich der kleinsten der n Zahlen $\frac{a_1}{a_0}, \frac{a_2}{a_1}, \ldots, \frac{a_n}{a_{n-1}}$.

Lit.: Hurwitz, A.: Ueber einen Satz des Herrn Kakeya, Tôhoku Math. J. **4** (1913–14), 89–93.
Marsden, M.: Geometry of Polynomials. American Math. Soc., Providence **1966**.

kanonische Abbildung ›Äquivalenzrelation

kanonische ›**Bewertung**

kanonische Dreiecksform ›Gaußsches Eliminationsverfahren

kanonische Erzeugende einer Lieschen Algebra ›Satz von Cartan

kanonische Klasse ›Divisor

kanonische Koordinaten einer Lieschen Gruppe: G sei eine ›Liesche Gruppe, L die zugehörige ›Liesche Algebra. Die ›Exponentialabbildung exp bildet eine gewisse offene Umgebung U der Null in L analytisch topologisch auf eine Umgebung V der Identität in G ab. Ist $\xi^1, \ldots, \xi^n$ ein Koordinatensystem in L (bezüglich einer gewissen Basis), so bildet das n-Tupel von Funktionen $\exp^{-1} \circ \xi^i$ ein zulässiges Koordinatensystem in V, das ***kanonisches Koordinatensystem*** heißt.

Lit.: [L 12]

kanonische Normalform ›äquivalente quadratische Formen

kanonische Stelle ›Bewertungsring

kanonischer Homomorphismus ›Algebra (universelle)

Kanonizante ›Binärform

Kapazität ›Primideal

kartesische Gruppe (= *kartesisches Zahlsystem*): von Baer eingeführte Bezeichnung für eine aus wenigstens zwei Elementen bestehende universelle ›Algebra K mit zwei binären ›Operationen, Addition und Multiplikation, für die gilt:

(i) K bildet bez. der Addition eine ›Gruppe mit dem neutralen Element 0. (ii) Aus $a \neq b$ und $c \neq d$ folgt $ac - ad \neq bc - bd$. (iii) $-ax + bx = c$ ist für $a \neq b$ eindeutig nach x auflösbar.

Es gibt ein Einselement 1 mit $1 \cdot a = a \cdot 1 = a$. Eine k. G. kann als spezieller linearer ›Ternärkörper aufgefaßt werden, ist also eine spezielle ›Doppel-Loop. Eine demgemäß über einer k. G. gebildete affine Ebene läßt sich nach Baer auch geometrisch kennzeichnen. Die Addition braucht nicht kommutativ zu sein, wird es aber, wenn man zusätzlich das links- oder das rechtsdistributive Gesetz (›Distributivgesetz) fordert; die sich dabei ergebenden ***links-*** bzw. ***rechtsdistributiven c. G.*** heißen auch ***Links-*** bzw. ***Rechtsquasikörper*** (›*Quasikörper*), während ein ***distributiver Quasikörper*** eine gleichzeitig rechts- und linksdistributive k. G. ist.

Die ›entgegengesetzte Struktur zu einer k. G. ist wieder eine k. G.; in den zuletzt genannten Fällen wird dabei rechts und links vertauscht. Angeordnete k. G. ›Ternärkörper

Lit.: [B 5]

André, J.: Über nicht-Desarguessche Ebenen mit transitiver Translationsgruppe. Math. Z. 60 (1954), 156–186.
Baer, R.: Homogeneity of projective planes. Amer. J. Math. 64 (1942), 137–152.

kartesische Summe = ›direkte Vereinigung

kartesische Zeichenregel (= *Regel von Descartes* = *Harriotsche Zeichenregel* = *Descartessche Zeichenregel* = *Descartes' Satz* = *Harriots Satz*) besagt: Das Polynom n-ten Grades

$$f(x) = a_0x^n + a_1x^{n-1} + \cdots + a_n$$

mit reellen Koeffizienten a_i und $a_0 \neq 0, a_n \neq 0$ hat, wenn die Folge $a_0, a_1, \ldots, a_n$ p *Zeichenwechsel* (auch: = *Alternanzen*) aufweist, wobei nur die von 0 verschiedenen Koeffizienten zu berücksichtigen sind, genau p positive Nullstellen oder eine gerade Anzahl weniger — jede mit ihrer Vielfachheit gezählt. Für $p = 1$ gibt es genau eine, und zwar einfache, reelle Nullstelle. Hat f lauter reelle Nullstellen, so ist die Anzahl der positiven Nullstellen genau gleich p.

Lit.: [A 8II], [A 13]
Albert, A. A.: An inductive proof of Descartes' rule of signs. Amer. Math. Monthly 50 (1943), 178–180.

kartesisches ›**direktes Produkt**

kartesisches Quadrat = Pullback ›Kategorientheorie

kartesisches Zahlsystem = ›kartesische Gruppe

Katalektikante ›Binärform

Kategorie ›Kategorientheorie

Kategorientheorie: ermöglicht eine einheitliche Behandlung und Formulierung von Konzepten in verschiedenen Gebieten der Mathematik, von universellen Problemstellungen, eine präzise Fassung des Begriffs der natürlichen Abbildung und ein weitgehendes Rechnen mit den mathematischen Objekten selbst, ohne auf ihre Elemente zurückgreifen zu müssen.

I. *Kategorien*: Eine Kategorie $\mathcal{A}$ wird gegeben durch a) eine (mit $|\mathcal{A}|$, Ob $\mathcal{A}$ oder auch kurz mit $\mathcal{A}$ bezeichnete) Klasse von sog. *Objekten*; b) für je zwei Objekte A, B eine Menge $[A, B]$ (oder Hom (A, B), gegebenenfalls jeweils noch mit der Kategorie als Index versehen), deren Elemente *Morphismen* heißen. Diese Mengen sollen paarweise disjunkt sein, ihre Vereinigung bildet die Klasse Mor $\mathcal{A}$ aller Morphismen. Statt $\alpha \in [A, B]$ schreibt man auch $\alpha: A \to B$ oder $A \xrightarrow{\alpha} B$ und nennt A *Quelle*, B *Ziel* von α. c) Die Morphismen von A nach B sollen sich mit denen von B nach C (in dieser Reihenfolge) multiplizieren lassen und Morphismen von A nach C ergeben; diese Multiplikation soll *assoziativ* sein. Zu jedem Objekt A soll es ein *Einselement* (*Iden-*

tität) $1_A \in [A, A]$ geben, das bei Multiplikation von links bzw. rechts (sofern diese Multiplikation möglich ist, reproduziert. (Die Multiplikation soll hier stets von links nach rechts ausgeführt werden.)

Da ein Morphismus seine Quelle und sein Ziel eindeutig bestimmt und die Identitäten eineindeutig den Objekten entsprechen, kann man auch auf die Angabe der Objekte verzichten und nur mit den Morphismen arbeiten (objektfreier Zugang); man erhält damit ein spezielles ›Halbgruppoid, eine sog. *abstrakte Kategorie.*

Eine Kategorie heißt *klein,* wenn die Klasse ihrer Objekte eine Menge ist. *Beispiele*: Kategorie $\mathcal{E}ns$ der Mengen mit den Mengenabbildungen als Morphismen; Kategorie $\mathcal{T}op$ der topologischen Räume mit den stetigen Abbildungen als Morphismen; Kategorie der Gruppen $\mathcal{G}r$ mit den Homomorphismen als Morphismen. Eine halbgeordnete Menge (oder Klasse) M bildet eine Kategorie, deren Objekte $A, B, \ldots$ die Elemente von M sind und in der genau dann ein Morphismus von A nach B führt, wenn $A \leqq B$ ist. Kategorien mit nur einem Objekt sind (als abstrakte Kategorie) genau die ›Halbgruppen mit einem Einselement.

Unterkategorie (= *Teilkategorie*) einer Kategorie $\mathcal{A}$ heißt eine solche Kategorie $\mathcal{B}$, deren Objekte auch Objekte von $\mathcal{A}$, deren Morphismen auch entsprechende Morphismen in $\mathcal{A}$ sind, die genau so wie die in $\mathcal{A}$ verknüpft werden, und deren Identitäten gleich den entsprechenden Identitäten von $\mathcal{A}$ sind. Stimmt in der Unterkategorie $\mathcal{B}$ von $\mathcal{A}$ für beliebige Objekte $A, B \in |\mathcal{B}|$ die Morphismenmenge $[A, B]$ in $\mathcal{B}$ mit der in $\mathcal{A}$ überein, so heißt die *Unterkategorie voll.* Eine *Kategorie,* deren Morphismenklasse nur aus den Identitäten besteht, heißt *diskret*; daher kann jede Menge (oder Klasse) auch als (diskrete) Kategorie und die Klasse der Objekte einer Kategorie in natürlicher Weise als *diskrete Unterkategorie* gedeutet werden. Führt man in einer Kategorie die Äquivalenzklassen der Morphismen bezüglich einer *Kongruenzrelation* (einer mit der Multiplikation verträglichen ›Äquivalenzrelation) als neue Morphismen ein und behält die Objekte bei, so erhält man (dual zum Begriff der Unterkategorie) eine *Quotientenkategorie* der gegebenen Kategorie.

Behält man die Objekte in einer Kategorie $\mathcal{A}$ bei, kehrt die Richtung der Morphismen (der „Pfeile") um und multipliziert in umgekehrter Richtung, so erhält man die *duale Kategorie* (= *entgegengesetzte Kateogorie*) $\mathcal{A}^{op}$ oder $\mathcal{A}^o$. Es ist häufig zweckmäßig, ihre Objekte (und Morphismen) von denen von $\mathcal{A}$ zu unterscheiden, etwa durch einen Index o. Morphismen α und β von A nach B und von B nach C entsprechen dann Morphismen α^o und β^o von B^o nach A^o bzw. von C^o nach B^o, dem Produktmorphismus $\alpha\beta$ von A nach C der Morphismus $(\alpha\beta)^o = \beta^o\alpha^o$ von C^o nach A^o. Durch Übergang zur dualen Kategorie erhält man zu jedem Begriff und jedem Satz einen dualen (*Dualitätsprinzip*). So ist auf Grund der Pontrjaginschen Dualität (›Charaktergruppe) die duale Kategorie zur Kategorie der diskreten abelschen Gruppen bis auf Äquivalenz (s. u.) gerade die Kategorie der kompakten abelschen Gruppen.

Aus zwei Kategorien $\mathcal{A}$ und $\mathcal{B}$ kann man die *Produktkategorie* $\mathcal{A} \times \mathcal{B}$ bilden, deren Objekte und Morphismen sich durch kartesische Produktbildung aus denen von $\mathcal{A}$ und $\mathcal{B}$ ergeben, während die Verknüpfung komponentenweise geschieht. Das läßt sich sinngemäß auf mehr als zwei Faktoren verallgemeinern.

Morphismen: Den Begriffen Surjektion, Injektion, Bijektion bei Mengenabbildungen entsprechen in der K. (ohne sich mit ihnen decken zu müssen) die folgenden: α heißt >*Epimorphismus*, wenn aus $\alpha f = \alpha g$ stets $f = g$ folgt; >Monomorphismus, wenn aus $f\alpha = g\alpha$ stets $f = g$ folgt; *Bimorphismus* (= *bimorpher Morphismus*), wenn er zugleich Epi- und Monomorphismus ist.

Der Morphismus $\alpha: A \to B$ heißt *Retraktion*, wenn es ein β mit $\beta\alpha = 1_B$ gibt. B heißt dann auch *Retrakt*; α ist notwendig Epimorphismus. Dual dazu ist der Begriff der *Koretraktion* oder des *Schnitts* erklärt; ein Schnitt ist stets Monomorphismus.

α ist ein >*Isomorphismus* oder eine *Äquivalenz*, wenn es sowohl eine Retraktion als auch eine Koretraktion ist; es besitzt dann ein Inverses und ist ein Bimorphismus. *Ausgeglichene Kategorien* sind dadurch gekennzeichnet, daß Bimorphismen zugleich Isomorphismen sind.

Objekte: *Unterobjekt* eines Objekts A ist ein Monomorphismus $u: A' \to A$. Durch das Objekt A' braucht u noch nicht eindeutig festgelegt zu sein, aber umgekehrt. Für die Unterobjekte $u_i: A_i \to A$ kann man eine Vorordnung einführen, indem man genau dann $u_i \leqq u_j$ schreibt, wenn es einen (notwendig eindeutig bestimmten) Morphismus γ gibt, so daß das Diagramm

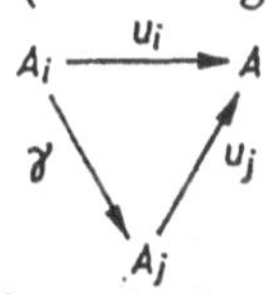

kommutativ wird. Die bezüglich dieser Vorordnung äquivalenten Unterobjekte (zwischen denen also sowohl $\leqq$ als auch $\geqq$ gilt) von A sind isomorph (isomorphe Objekte brauchen aber nicht auch als Unterobjekte isomorph zu sein). Bilden für jedes Objekt die zugehörigen Äquivalenzklassen von Unterobjekten eine Menge, so heißt die Kategorie *lokal klein*. *Bild* im α eines Morphismus $\alpha: A \to B$ heißt das (bis auf Isomorphie bestimmte) kleinste Unterobjekt von B, über das sich α faktorisieren läßt. Dual hierzu ist der Begriff des *Quotientenobjekts* (= *Faktorobjekts*) und der *kolokal kleinen* (auch: *lokal kokleinen*) *Kategorie* und des *Kobildes* erklärt.

Differenzkern: In Verallgemeinerung der Menge aller Argumentwerte, auf denen zwei Funktionen übereinstimmen, heißt *Differenzkern* (= *equalizer* = *Egalisator* = *Kern*) $u = \text{equ}(\alpha, \beta)$ zweier Morphismen $\alpha, \beta: A \to B$ ein Morphismus $u: K \to A$ mit $u\alpha = u\beta$, für den zu jedem anderen Morphismus $u': K' \to A$ mit derselben Eigenschaft ein eindeutig bestimmter Morphismus γ existiert, so daß das linke Dreieck des Diagramms

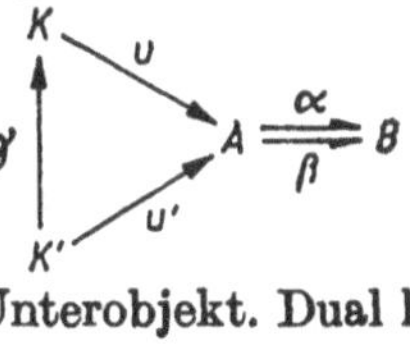

kommutativ wird. u ist stets ein Monomorphismus, also Unterobjekt. Dual hierzu ist der Begriff des *Differenzkokerns* oder *Koegalisators* (*coequalizers*) erklärt.

Pullback: Kann man das Diagramm

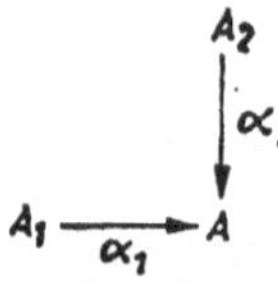

durch ein Objekt P und Morphismen β_1, β_2 zu einem kommutativen Quadrat ergänzen, so daß zu jedem anderen solchen P' ein eindeutig bestimmter Morphismus γ existiert, der das Diagramm

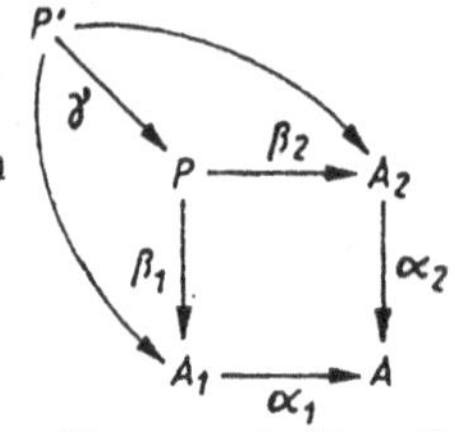

kommutativ macht, so spricht man von einem *Pullback* (= *Faserprodukt* = *kartesisches Quadrat*) (von A_1 und A_2 über A). Ist hierin ein Morphismus mit dem Ziel A Monomorphismus oder Retraktion, so auch der hierzu parallele Morphismus mit der Quelle P. Sind A_1 und A_2 Unterobjekte von A, so ist es demnach auch P (genauer: die jeweiligen Monomorphismen mit dem Ziel A) und definiert auf diese Weise den *Durchschnitt* von A_1 und A_2 (der Durchschnitt beliebig vieler Unterobjekte ist analog erklärt). Dual hierzu sind *Pushout* (*Fasersumme* = *verschmolzene Summe* = *amalgamierte Summe* = *kokartesisches Quadrat*) und *Kodurchschnitt* definiert.

Nullobjekt: Ein Objekt A heißt *terminal*, wenn es zu jedem Objekt B genau einen Morphismus mit der Quelle B und dem Ziel A gibt; es heißt *initial* (oder *Kopunkt* = *Anfangsobjekt* = *Kopunktobjekt* = *Anfang*), wenn zu jedem B genau ein Morphismus mit der Quelle A und dem Ziel B existiert, und es heißt *Nullobjekt*, wenn es sowohl initial als auch terminal ist (es ist bis auf Isomorphie bestimmt). Ein Morphismus, der sich durch ein Nullobjekt faktorisieren läßt, heißt *Nullmorphismus*. In $\mathcal{E}ns$ ist die einelementige Menge terminal und die leere Menge initial, in der Kategorie der Gruppen ist die nur aus dem Einselement bestehende Einsgruppe Nullobjekt. Um von Kernen, ›exakten Sequenzen usw. sprechen zu können, muß man die Existenz eines Nullobjekts voraussetzen.

Produkt: Zu einer gegebenen Familie von Objekten A_i heißt ein Objekt P zusammen mit einer Familie von Morphismen (sog. *Projektionen*) $p_i: P \to A_i$ *Produkt* der gegebenen Familie, wenn es zu jeder anderen derartigen Familie $p_i': P' \to A_i$ einen eindeutig bestimmten Morphismus γ von P' nach P gibt, so daß das Diagramm

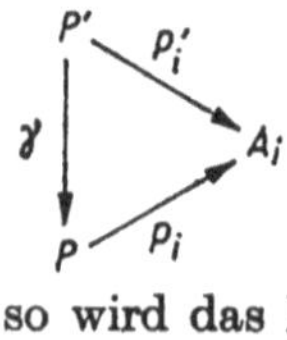

kommutativ wird. Hat die Kategorie ein terminales Objekt B, so wird das Produkt von A_1 und A_2 gerade durch das

Pullbackdiagramm $\begin{array}{ccc} P & \longrightarrow & A_2 \\ \downarrow & & \downarrow \\ A_1 & \longrightarrow & B \end{array}$ von A_1 und A_2 über B gegeben. Gibt es ein Nullobjekt, so folgt die Existenz von Morphismen $f_i: A_i \to P$ mit $1_{A_i} = f_i p_i$; die f_i heißen *Injektionen* in das Produkt. P wird mit $\prod A_i$ oder $\times A_i$, das dual erklärte *Koprodukt* (= [*direkte*] *Summe* = *inverses Produkt*) mit $\coprod A_i$ oder $\bigoplus A_i$ bezeichnet. Den Projektionen des Produkts entsprechen dual *Injektionen* des Koprodukts (und umgekehrt).

Für Mengen ist das Produkt das kartesische Produkt, das Koprodukt die ›disjunkte Vereinigung; für Gruppen das ›direkte Produkt bzw. das ›freie Produkt; für abelsche Gruppen das direkte Produkt bzw. die ›direkte Summe (die Objekte Produkt und Koprodukt endlich vieler Objekte fallen dann also zusammen).

Limiten: Wenn D_i die Objekte eines ›Diagramms sind, so heißt eine Familie von Morphismen $X \to D_i$ *Limes* des Diagramms, wenn sie a) *kompatibel* ist (d. h., jedes hieraus entstehende Teildiagramm $\begin{array}{ccc} & & D_i \\ & \nearrow & \downarrow \\ X & & \\ & \searrow & \downarrow \\ & & D_j \end{array}$ kommutativ ist) und b) die *universelle Eigenschaft* besitzt, daß zu jeder anderen kompatiblen Familie von Morphismen $X' \to D_i$ ein eindeutig bestimmter Morphismus $\gamma: X' \to X$ existiert, der, multipliziert mit dem jeweiligen Morphismus von X nach D_i, gerade den entsprechenden Morphismus von X' nach D_i ergibt.

Das Produkt von Objekten ist gerade der Limes eines *diskreten Diagramms* (die Menge der Pfeile ist leer), Pullback ist Limes des Diagramms $\begin{array}{ccc} & & A_2 \\ & & \downarrow \\ A_1 & \longrightarrow & A \end{array}$ Im Falle eines gerichteten Diagrammschemas erhält man als Limes den ›*inversen Limes* (z. B. von Gruppen).

Die Kategorie heißt *vollständig*, wenn für jedes Diagramm ein Limes existiert.

Dual hierzu ist der Begriff des *Kolimes* (auch: *direkter Limes* = *induktiver Limes* = *Supremum* = *Rechtswurzel*) und der *Kovollständigkeit* (= *Rechtsvollständigkeit*) erklärt. Bei gerichteten Diagrammschemata ergibt sich hierbei der ›*direkte Limes*.

II. *Funktoren*: Abbildungen zwischen Kategorien werden durch Funktoren bewirkt. Ein (*kovarianter*) *Funktor* $T: \mathcal{A} \to \mathcal{B}$ ordnet jedem Objekt A der Kategorie $\mathcal{A}$ ein Objekt $T(A)$ der Kategorie $\mathcal{B}$ und jedem Morphismus α (etwa von A nach B) einen Morphismus $T(\alpha): T(A) \to T(B)$ zu, so daß $T(\alpha\beta) = T(\alpha)\, T(\beta)$ und $T(1_A) = 1_{T(A)}$ ist. Bei einem *kontravarianten Funktor* kehren sich die Pfeile und die Reihenfolge der Faktoren um: $T(\alpha): T(B) \to T(A)$, $T(\alpha\beta) = T(\beta)\, T(\alpha)$. Daher kann man einen kontravarianten Funktor auf $\mathcal{A}$ auch als kovarianten Funktor auf $\mathcal{A}^{op}$ auffassen.

Der *Dualitätsfunktor* bildet eine Kategorie auf die duale ab, der *Inklusionsfunktor* (= *Inklusion*) bettet eine Kategorie als Unterkategorie in eine umfassendere ein, ein *Projektionsfunktor* bildet eine Kategorie auf eine Quotientenkategorie ab, und ein *Vergißfunktor* vergißt beispielsweise bei einer Gruppe die Gruppenstruktur, ordnet also jeder Gruppe die unterliegende Menge und jedem Gruppenhomomorphismus die unterliegende Mengenabbildung zu.

Ebenso wie Funktionen mehrerer Variabler definiert man *Funktoren mehrerer Variabler* als Funktoren der entsprechenden Produktkategorie (*Bifunktor* = *Funktor zweier Variabler* = *zweistelliger Funktor* = *Funktor mit zwei Argumenten*). So ist beispielsweise der für Moduln bekannte >*Hom-Funktor* kontravariant bezüglich der ersten und kovariant bezüglich der zweiten Variablen.

Ein *Funktor* $T: \mathcal{A} \to \mathcal{B}$ heißt *treu*, wenn durch ihn verschiedene Morphismen von jeweils einer Morphismenmenge $[A, B]$ stets wieder in verschiedene übergehen (alle Abbildungen $[A, B] \to [T(A), T(B)]$ also injektiv sind), und er heißt *voll*, wenn diese Abbildungen surjektiv sind, das Bild von $\mathcal{A}$ also eine volle Unterkategorie von $\mathcal{B}$ ist. T heißt *repräsentativ*, wenn zu jedem Objekt B aus $\mathcal{B}$ ein Objekt A aus $\mathcal{A}$ mit $T(A) \cong B$ existiert; T heißt *Äquivalenz*, wenn T *völlig treu* (d. h. voll und treu) und repräsentativ ist; *T heißt Isomorphismus*, wenn T Äquivalenz und auf der Klasse der Objekte bijektiv ist. Treue Funktoren *reflektieren* Mono- und Epimorphismen, d. h., wenn α z. B. ein Monomorphismus ist, so auch α. Eine Unterkategorie ist genau dann volle Unterkategorie, wenn der zugehörige Inklusionsfunktor voll ist.

Zwei *Kategorien* $\mathcal{A}$ und $\mathcal{B}$ heißen *äquivalent*, wenn es eine Äquivalenz $T: \mathcal{A} \to \mathcal{B}$ gibt; das stellt eine >Äquivalenzrelation dar. *Äquivalente Unterkategorie* heißt eine Unterkategorie, für die der Inklusionsfunktor eine Äquivalenz ist. Entsprechend heißen $\mathcal{A}$ und $\mathcal{B}$ *isomorph*, wenn es einen Isomorphismus $T: \mathcal{A} \to \mathcal{B}$ gibt.

Natürliche Transformation: Sind S, T zwei (kovariante) Funktoren von $\mathcal{A}$ nach $\mathcal{B}$ und gibt es zu jedem Objekt A aus $\mathcal{A}$ in $\mathcal{B}$ einen Morphismus $\eta_A: S(A) \to T(A)$, so daß für jeden Morphismus $\alpha: A \to A'$ in $\mathcal{A}$ das Diagramm

$$\begin{array}{ccc} S(A) & \xrightarrow{\eta_A} & T(A) \\ {\scriptstyle S(\alpha)}\downarrow & & \downarrow{\scriptstyle T(\alpha)} \\ S(A') & \xrightarrow[\eta_{A'}]{} & T(A') \end{array}$$

kommutiert, so definiert die Familie der η_A eine sog. *natürliche Transformation* (= *funktorielle Abbildung* = *natürlicher Homomorphismus*) $\eta: S \to T$. Sind alle η_A Isomorphismen, so spricht man von einer *natürlichen Äquivalenz* oder einem *funktoriellen* oder *natürlichen Isomorphismus*.

So ist die natürliche Abbildung zwischen einem endlichdimensionalen >Vektorraum und seinem Bidual zur identischen Abbildung natürlich äquivalent. Die Assoziativität des Bildens der ›direkten Summe von Moduln läßt sich als das Bestehen einer natürlichen Äquivalenz deuten.

Da man kontravariante Funktoren als kovariante Funktoren auf der dualen Kategorie auffassen kann, ist auch für kontravariante Funktoren der Begriff der natürlichen Transformation sinnvoll. Im Falle von Funktoren mehrerer Variabler hat man die entsprechende Produktkategorie zu betrachten.

Funktorkategorie: Bezeichnet man für zwei beliebige Kategorien $\mathcal{A}$, $\mathcal{B}$ mit $[\mathcal{A}, \mathcal{B}]$ die Klasse der kovarianten Funktoren von $\mathcal{A}$ nach $\mathcal{B}$, die man als Objekte nimmt, und für zwei solche Funktoren S, T mit $[S, T]$ die Klasse der natürlichen Transformationen von S nach T (als Morphismen), so erhält man eine Kategorie, die ***Funktorkategorie*** heißt. Es muß nur sichergestellt werden, daß die einzelnen Morphismenklassen Mengen sind. Das ist der Fall, wenn $\mathcal{A}$ als klein vorausgesetzt wird.

Unter Benutzung der Funktorkategorien kann man einen ähnlichen Übergang wie den von einem Vektorraum zu seinem Bidual vollziehen. Es seien dazu $\mathcal{A}$ und $\mathcal{B}$ Kategorien ($\mathcal{A}$ klein) und E der Bifunktor von $[\mathcal{A}, \mathcal{B}] \times \mathcal{A}$ nach $\mathcal{B}$, dessen Wirkung auf die Objekte ($A \in |\mathcal{A}|$, T Funktor von $\mathcal{A}$ nach $\mathcal{B}$) durch $E(T, A) = T(A)$ und dessen Wirkung auf die Morphismen $E(\eta, \alpha)$ (η natürliche Transformation von S nach T, α Morphismus von A nach A') durch die Diagonale des zur natürlichen Transformation η gehörigen kommutativen Diagramms

$$\begin{array}{ccc} S(A) & \xrightarrow{\eta_A} & T(A) \\ {\scriptstyle S(\alpha)}\downarrow & \searrow^{S(\eta,\alpha)} & \downarrow{\scriptstyle T(\alpha)} \\ S(A') & \xrightarrow[\eta_{A'}]{} & T(A') \end{array}$$

definiert sei. Bei festgehaltenem A entsteht aus E ein kovarianter Funktor E_A in einer Variablen, der sog. ***Auswertungsfunktor*** E_A an der Stelle A, mit der Wirkung $E_A(T) = E(T, A) = T(A)$, $E_A(\eta) = \eta_A$. Die Zuordnung $A \to E_A$ entspricht dann gerade der isomorphen Einbettung eines Vektorraums in sein Bidual, und man kann zeigen, daß der zugehörige Funktor durch eine natürliche Transformation aus dem identischen Funktor hervorgeht.

Morphismenfunktor: Zu jedem Objekt A der Kategorie $\mathcal{A}$ gibt es einen ***kovarianten Funktor*** H^A von $\mathcal{A}$ nach $\mathcal{E}ns$: Für $B \in |\mathcal{A}|$ ist $H^A(B) = [A, B]$, also eine Menge; für $\alpha: B \to C$ ist $H^A(\alpha): [A, B] \to [A, C]$ gemäß $H^A(\alpha)(x) = x\alpha$ erklärt. Analog wird ein ***kontravarianter Morphismenfunktor*** H_A durch $H_A(B) = [B, A]$ und $H_A(\alpha)(x) = \alpha x$ erklärt. Funktoren, die zu einem solchen Morphismenfunktor natürlich äquivalent sind, heißen ***darstellbar***.

Ist T kovarianter Funktor von $\mathcal{A}$ nach $\mathcal{E}ns$ und $A \in |\mathcal{A}|$, so sagt das *Yoneda-Lemma* aus, daß die Zuordnung $\tau: [H^A, T] \to T(A)$, die jeder natürlichen Transformation η von H^A nach T als Bild $\eta_A(1_A)$ zuordnet, bijektiv ist. Die Umkehrabbildung τ^{-1} ordnet jedem $a \in T(A)$ als Bild die natürliche Transformation H^a zu, für die $H^a_B(f) = T(f)(a)$ für beliebige Morphismen $f: A \to B$ ist.

Adjungierte Funktoren: Eine Funktion h zweier Variabler von $S \times T$ in U $\big(h(s, t) = u\big)$ kann man auch als eine Funktion φ_h von S in $U^T = \mathrm{Hom}\,(T, U)$, der Menge der Funktionen von T in U, auffassen, indem man $\varphi_h(s) = g$ mit $g(t) = h(s, t) = u$ setzt. Das läuft darauf hinaus, die Mengen Hom $(S \times T, U)$ und Hom $(S, \text{Hom}(T, U))$ in natürlicher Weise miteinander zu identifizieren. Nach diesem Vorbild heißen zwei Funktoren $F: \mathcal{A} \to \mathcal{B}$ und $G: \mathcal{B} \to \mathcal{A}$ *adjungiert* zueinander (F heißt *linksadjungiert* zu G, G *rechtsadjungiert* zu F), wenn zwischen $[F?, ??]$ und $[?, G??]$, aufgefaßt als Bifunktoren von $\mathcal{A}^{op} \times \mathcal{B}$ nach $\mathcal{E}ns$, eine natürliche Äquivalenz besteht. Man sagt auch, F und G bilden ein *adjungiertes Funktorpaar* (*adjungiertes Paar*). In diesem Sinne sind im obigen Beispiel die durch $F(S) = S \times T$ und $G(U) = \text{Hom}(T, U)$ (und in entsprechender Weise für die Morphismen) erklärten Funktoren F und G von $\mathcal{E}ns$ in $\mathcal{E}ns$ adjungiert zueinander.

Lit.: [C 1]–[C 17], [H 1], [H 3], [R 17]

Brinkmann H. B., D. Puppe: Abelsche und exakte Kategorien, Korrespondenzen. LNM 96. Springer, Berlin 1969.

Eilenberg, S., S. MacLane: General theory of natural equivalences. Trans. Amer. Math. Soc. 58 (1945), 231–294.

Gabriel, P.: Des Catégories Abéliennes. Bull. Soc. Math. France 90 (1962), 323–448.

Gray, J. W.: Mathematical applications of category theory. Amer. Math. Soc., Providence 1964.

Kurosch, A. G., A. Z. Liwschitz, E. G. Schulgeifer (А. Г. Курош, А. Ц. Лившиц, Е. Г. Шульгейфер): Основы теории категорий. Usp. mat. nauk 15 (1960), Nr. 6, 3–52.

Lawvere, F. W.: Functorial semantics of algebraic theories. Columbia University 1962.

MacLane, S.: Categorical Algebra. Bull. Amer. Math. Soc. 71 (1965), 40–106.

Tondeur, P.: Categorias y functores, Cursos y semin. mat. Univ. Buenos Aires 1965, Nr. 21.

Ulmer, F.: The adjoint functor theorem and the Yoneda embedding. Illinois J. Math. 15 (1971), 355–361.

katenärer Modul ›katenärer Ring

katenärer Ring: 1. (= äquidimensionaler Ring) ein kommutativer noetherscher Ring, für den alle geschlossenen ›Primidealketten zwischen zwei gegebenen Primidealen dieselbe Länge haben.
Beispiele: Polynomringe über Körpern, reguläre lokale Ringe.

2. *Links-* bzw. *rechts-katenärer Ring* heißt auch ein (assoziativer) Ring, dessen Links- bzw. Rechtsideale durch Inklusion linear geordnet sind. Er ist ein ›lokaler Ring. Ein kommutativer k. R. ist dasselbe wie ein ›Bewertungsring. ›einreihige Algebra.

Entsprechend heißt ein *Modul katenär* oder ›*einreihig*, wenn seine Untermoduln linear geordnet sind; hinreichend dafür ist, daß die Untermoduln zyklisch sind.

Lit.: Zu **1.**: [A 6]

Ratliff, L. J.: Chain Conjectures in Ring Theory. LNM 647. Springer, Berlin 1978.

Zu **2.**: [R 11 II]

Kegel einer Kettenabbildung ›Kettenkomplex

Kehrmatrix = inverse ›Matrix

Keim ›Garbe

Kern 1. einer ›additiven Relation

2. einer Gruppe (= *Norm*) ist die Untergruppe aller Elemente x der Gruppe G, die mit allen Untergruppen H von G vertauschbar sind: $xH = Hx$. Er ist also der Durchschnitt der Normalisatoren aller Untergruppen von G. Der K. ist eine streng-›charakteristische Untergruppe. Entsprechend ist für Ω-Gruppen der *Ω-Kern* erklärt.

3. einer Halbgruppe = ›Kerngruppe

4. eines Homomorphismus bei Gruppen ›Homomorphismus einer Gruppe, bei Ringen ›Ideal eines Ringes

5. einer ›linearen Abbildung eines R-Moduls V ist der Modul der auf Null abgebildeten Elemente. Im Falle von ›Vektorräumen gilt: Dimension des Kerns + Dimension des Bildraums = Dimension von V.

6. einer ›Mischgruppe

7. eines Morphismus $\alpha: A \to B$ (in Zeichen: ker α) wird in der ›Kategorientheorie durch den Morphismus $u: K \to A$ des Pullbackdiagramms

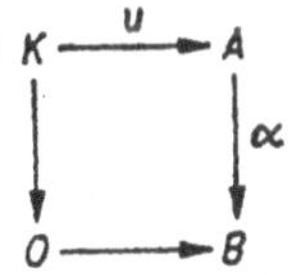

gegeben; er ist gleich dem Differenzkern von α und dem Nullmorphismus 0. Er wird durch die Eigenschaft charakterisiert, daß die Hintereinanderausführung $K \xrightarrow{u} A \xrightarrow{\alpha} B$ den Nullmorphismus ergibt und daß es zu jedem anderen Morphismus $u': K' \to A$ mit dieser Eigenschaft einen eindeutig bestimmten Morphismus $\gamma: K' \to K$ gibt, der das Diagramm

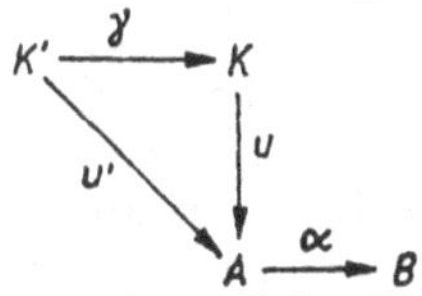

kommutativ macht. Dual dazu (Umkehrung der Pfeile) ist der Begriff des *Kokerns* von α (coker α) erklärt. Diese Begriffe entsprechen in der Kategorie der ›R-Moduln denen des K. (Ker α) und Kokerns (Coker α) von Homomorphismen; ker α ist dann die Inklusionsabbildung von Ker α in A und coker α der natürliche Homomorphismus von B auf Coker $\alpha = B/\text{Im}\,\alpha$. Der K. eines ›Monomorphismus und der Kokern eines ›Epimorphismus ist 0. Jeder K. ist ein Monomorphismus; eine *Kategorie* heißt *normal*, wenn auch die Umkehrung gilt. Jeder Kokern ist ein Epimorphismus; eine *Kategorie* heißt *konormal*, wenn auch die Umkehrung gilt. *Bild* im α und *Kobild* coim α sind in der Kategorientheorie durch im α = ker (coker α) und coim α = coker (ker α) definierbar.

8. eines ›Quasikörpers

9. in der Ringtheorie: Ist K kommutativer Körper der Charakteristik $p \neq 0$ mit endlichem Grad $[K:K^p]$ und sind $X_1, \ldots, X_n$ Unbestimmte über K, so sind der Quotientenring $\mathfrak{r}(n, K)$ von $K[X_1, \ldots, X_n]$ bezüglich $(X_1, \ldots, X_n)$ und der Potenzreihenring $\bar{\mathfrak{r}}(n, m, K) = K((X_1, \ldots, X_m))[[X_{m+1}, \ldots, X_n]]$ reguläre ›lokale Ringe, die K. (im Französischen noyaux) heißen. Ein lokaler Ring heißt *Ring mit Kern*, wenn er reguläre quasi-endliche Erweiterung über einem K. ist.

10. bei einer universellen Algebra ›normaler Komplex

11. = Differenzkern ›Kategorientheorie

12. ›Homogruppe

Lit.: Zu **2.**: [G 26II], [G 35]
BAER, R.: Der Kern, eine charakteristische Untergruppe, Compositio math. 1 (1934), 254–283.
BAER, R.: Gruppen mit hamiltonschem Kern, Compositio math. 2 (1935), 241–246.
BAER, R.: Zentrum und Kern von Gruppen mit Elementen unendlicher Ordnung, Compositio math. 2 (1935), 247–249.
BAER, R.: Gruppen mit vom Zentrum verschiedenem Kern, Compositio math. 4 (1937), 41–77.
Zu **5.**: [A 14], [A 18 I], [M 9], [M 14]
Zu **7.**: [C 10]

Kernform heißt eine ›quadratische Form $Q(x) = \sum_{i,k=1}^{n} a_{ik}x_ix_k \;(a_{ik} = a_{ki})$ mit ganzrationalen Koeffizienten a_{ii}, $2a_{ik}$, die nicht rational in eine andere quadratische Form derselben Art mit einer Determinante von kleinerem Absolutbetrag transformierbar ist.

Kerngruppe (= *Kern* = *Suschkewitschsche K.* = *Suschkewitsch-Kern*) einer ›Halbgruppe S heißt nach SUSCHKEWITSCH der Durchschnitt K aller zweiseitigen ›Ideale, wenn dieser nicht leer ist, d. h. das eindeutig bestimmte minimale zweiseitige Ideal. Jede endliche Halbgruppe besitzt eine K., eine unendliche zyklische Halbgruppe besitzt keine. Da die K. für Halbgruppen mit Null trivial wäre, setzt man gewöhnlich Halbgruppen ohne Null voraus. Die K. st eine ›einfache Halbgruppe ohne Nullelement; sie existiert, wenn S wenigstens ein minimales Rechtsideal enthält, und ist dann gleich der Summe aller minimalen Rechtsideale von S; besitzt S überdies ein minimales Linksideal, so ist sie vollständig einfache Halbgruppe ohne Nullelement.
›Zeroid.

Lit.: [S 1]
CLIFFORD, A. H.: Semigroups containing minimal ideals. Amer. J. Math. 70 (1948), 521–526.

Kette 1. In einer halbgeordneten Menge, insbesondere in einem >Verband, heißt jede linear geordnete Teilmenge K. Hat eine K. K ein kleinstes Element a und ein größtes Element b, so sagt man, *K verbindet a mit b*, oder, K ist eine *K. von a nach b*. Die Anzahl der Kettenglieder (= Anzahl der Elemente von K minus 1) heißt die *Länge* der K.

Eine K. heißt *maximal* (= *zusammenhängend* = *unverfeinerbar*) oder *Hauptkette* (= *Hauptreihe*), wenn sie keine echte Verfeinerung zuläßt, d. h., nicht durch Einschieben von Zwischengliedern verlängert werden kann. In einer maximalen K. unmittelbar aufeinander folgende Glieder (falls es solche gibt) sind >Nachbarn.

>Dimension einer halbgeordneten Menge.

2. In der homologischen Algebra >Kettenkomplex

Lit.: Zu **1.**: [V 8]

Ketten und Reihen: *Aufsteigende* bzw. *absteigende K.* von Untergruppen einer Gruppe G heißt eine (endliche) Folge von Untergruppen, deren jede die vorhergehende (echt) enthält bzw. in ihr (echt) enthalten ist. Sind zwei K. von Untergruppen gegeben und kommt jede Untergruppe der ersten K. auch in der zweiten vor [aber nicht umgekehrt], so heißt die zweite K. [*echte*] *Verfeinerung* der ersten. Eine K. von Untergruppen heißt *Normalteilerkette*, wenn jede Untergruppe in der folgenden bzw. vorhergehenden Normalteiler ist. *Aufsteigende* bzw. *absteigende Normalreihe* heißt eine mit der Einsuntergruppe E beginnende und mit der ganzen Gruppe endende (bzw. umgekehrt) Normalteilerkette; die Anzahl der hierin auftretenden Gruppen heißt *Länge* der K., die zu aufeinanderfolgenden Gruppen gehörigen Faktorgruppen sind die *Faktorgruppen* oder kurz *Faktoren* der K., ihre Ordnungen heißen gelegentlich auch ihre *Faktoren*.

Um auch unendliche Folgen zuzulassen, indiziert man mit Ordnungszahlen und nennt *aufsteigende Normalfolge* (oder *-kette*) eine Folge von Untergruppen U_ν mit: $U_0 = E$ und $U_\sigma = G$ für eine gewisse Ordnungszahl σ; U_ν ist Normalteiler von $U_{\nu+1}$ für alle $\nu < \sigma$; $U_\lambda = \bigcup\limits_{\nu<\lambda} U_\nu$ für jede Limeszahl $\lambda \leqq \sigma$; *absteigende Normalfolge* (oder *-kette*) dagegen eine Folge von Untergruppen V_ν mit: $V_0 = G$, $V_\tau = E$ für eine gewisse Ordnungszahl τ: $V_{\nu+1}$ ist Normalteiler in V_ν für alle $\nu < \tau$; $V_\lambda = \bigcap\limits_{\nu<\lambda} V_\lambda$ für jede Limeszahl $\lambda \leqq \tau$.

Zwei Normalfolgen (insbesondere also auch zwei Normalreihen), die beide aufsteigend bzw. absteigend sind, heißen *isomorph*, wenn sich ihre Faktorgruppen eineindeutig so einander zuordnen lassen, daß einander zugeordnete isomorph sind. Nach dem *Schreierschen Verfeinerungssatz* besitzen je zwei Normalreihen von G *isomorphe Verfeinerungen*. Der Satz gilt allgemeiner für aufsteigende Normalfolgen, jedoch nicht notwendig für unendliche absteigende Normalfolgen.

Eine Normalfolge, die keine echte Verfeinerung besitzt, heißt *Kompositionsfolge* (im Falle einer endlichen Folge entsprechend *Kompositionsreihe*), ihre

Faktoren heißen *Kompositionsfaktoren*, *Primfaktoren* oder *Primfaktorgruppen*. Eine Normalfolge ist genau dann Kompositionsfolge, wenn alle ihre Faktorgruppen ›einfach sind. Nach dem *Satz von ›Jordan-Hölder* sind je zwei Kompositionsreihen einer endlichen Gruppe isomorph; allgemeiner sind alle aufsteigenden Kompositionsfolgen von G isomorph.

Die vorstehenden Begriffsbildungen lassen sich auf den Fall von ›Operatorgruppen mit dem ›Operatorenbereich Ω verallgemeinern; man hat dann Isomorphie durch Operatorisomorphie, Untergruppen durch zulässige Untergruppen zu ersetzen und spricht dann von *Ω-Normalfolgen*, *Ω-Kompositionsreihen* usw. Für spezielle Wahlen von Ω gibt es besondere Bezeichnungen:

(i) Ist Ω der Bereich der inneren ›Automorphismen, so heißt eine Ω-Kompositionsfolge bzw. -reihe auch *Hauptkette* bzw. *Hauptreihe*; ihre Faktoren heißen auch *Hauptfaktoren*.

(ii) Ist Ω der Bereich aller Automorphismen von G, so heißt eine Ω-Kompositionsfolge bzw. -reihe auch *charakteristische Folge* bzw. *Reihe*.

(iii) Ist Ω der Bereich aller Endomorphismen von G, so heißt eine Ω-Kompositionsfolge bzw. -reihe auch *vollinvariante Folge* bzw. *Reihe*.

Die Faktorgruppen einer Hauptreihe oder charakteristischen R. sind *elementar* (enthalten keine eigentlichen charakteristischen Untergruppen).

Durch Verfeinerung einer charakteristischen R. bzw. Hauptreihe einer endlichen Gruppe läßt sich stets eine Hauptreihe bzw. Kompositionsreihe herstellen, doch ist im allgemeinen nicht jede Kompositionsreihe Verfeinerung einer Hauptreihe.

Abweichend von obiger Terminologie bezeichnet Zassenhaus den hier mit Normalreihe bezeichneten Begriff mit *Normalkette* und sagt *Normalreihe* statt Kompositionskette. Beim Begriff der Normalreihe werden häufig Wiederholungen zugelassen; man muß dann Kompositionsreihen als nicht verfeinerbare *Normalreihen ohne Wiederholungen* definieren. Insbesondere werden Normalreihen, Kompositionsreihen usw. häufig automatisch als absteigend angenommen.

Lit.: [Enz 1,9], [G 23], [G 26I], [G 35], [G 42]

Kettenäquivalenz ›Kettenkomplex

Kettenbedingung: In einer halbgeordneten Menge M (z. B. in der Menge der Ideale eines Ringes, der Untergruppen einer Gruppe) gilt die *aufsteigende* bzw. die *absteigende K.* bzw. die *Doppel-K.*, wenn es nur endliche *aufsteigende Ketten* $a_1 < a_2 < \cdots$ oder nur endliche *absteigende Ketten* $a_1 > a_2 > \cdots$ oder beides gibt. Gleichwertig damit ist die Forderung, daß jede nichtleere Untermenge von M ein *maximales* bzw. *minimales Element* bzw. beides besitzt (›Maximalbedingung).

Lit.: [A 16]

Kettenbruchdeterminante = ›Kontinuante

Kettengruppe, -homotopie ›Kettenkomplex

Kettenkomplex (auch: *Mayerscher Komplex,* kurz: *Komplex*) heißt in der Homologietheorie eine Folge

$$K\colon \cdots \leftarrow K_{-2} \xleftarrow{\partial_{-1}} K_{-1} \xleftarrow{\partial_0} K_0 \xleftarrow{\partial_1} K_1 \xleftarrow{\partial_2} \cdots \xleftarrow{\partial_n} K_n \leftarrow \cdots$$

von ›R-Moduln (etwa unitären Linksmoduln über dem Ring R) K_i und R-Modulhomomorphismen ∂_i (gegebenenfalls auch kurz ∂ geschrieben), für die die Hintereinanderausführung zweier aufeinanderfolgender Homomorphismen stets 0 ergibt. Die Elemente der sog. *Kettengruppe* K_n heißen auch *n-Ketten,* das Bild $\partial_{n+1}(K_{n+1})$ von K_{n+1} bei dem sog. *Randoperator* ∂_{n+1} die Gruppe der *n-Ränder* $B_n = B_n(K)$; diese ist enthalten im Kern von ∂_n, der Gruppe $Z_n = Z_n(K)$ der *n-Zyklen.* Zwei (n-) Ketten c, c', deren Differenz Rand ist, heißen *homolog*: $c \sim c'$. Die Faktorgruppe $H_n = H_n(K) = Z_n(K)/B_n(K)$ heißt die n-te oder n-dimensionale *Homologiegruppe* von K, ihre Elemente heißen *Homologieklassen.* Der K. heißt *exakt* (›exakte Sequenz), wenn das Bild jedes Homomorphismus ∂_n gleich dem Kern des nachfolgenden ∂_{n-1} ist, also alle Homologiegruppen verschwinden, die somit ein Maß für die Abweichung des K. von der Exaktheit darstellen.

Ist K' ein weiterer K., ist K'_i jeweils Untermodul von K_i und ergeben sich die zugehörigen Randoperatoren ∂'_i durch Einschränkung von ∂_i auf K'_i, so heißt K' *Teilkomplex* von K. Die Restklassenmoduln K_i/K'_i bilden dann einen K., den *Faktorkomplex* K/K', dessen Randoperatoren in natürlicher Weise durch die ∂_i induziert werden; seine Homologiegruppen $H_i(K/K')$ heißen auch die *relativen Homologiegruppen* von K bez. K'.

Sind K und K' beliebige K. und existiert für jedes i ein Homomorphismus f_i von K_i in K'_i, so daß das ›Diagramm

$$\begin{array}{ccccccc}
\cdots & \xleftarrow{\partial_n} & K_n & \xleftarrow{\partial_{n+1}} & K_{n+1} & \leftarrow & \cdots \\
\downarrow & & \downarrow{\scriptstyle f_n} & & \downarrow{\scriptstyle f_{n+1}} & & \downarrow \\
\cdots & \leftarrow & K'_n & \xleftarrow[\partial'_{n+1}]{} & K'_{n+1} & \leftarrow & \cdots
\end{array}$$

kommutativ ist, so heißt die Familie f der f_i eine *Kettentransformation* (*Kettenabbildung*), *Abbildung* oder ein *Homomorphismus* des K. K in den K. K'. Da durch die f_i Zyklen in Zyklen und Ränder in Ränder übergehen, induzieren sie Homomorphismen f_{*i} von $H_i(K)$ in $H_i(K')$. Die K. bilden mit den Kettentransformationen als Morphismen eine Kategorie (›Kategorientheorie).

Eine *Kettenhomotopie* s zwischen zwei Kettentransformationen $f, g\colon K \to K'$ (in Zeichen: $s\colon f \simeq g$) ist eine Familie von Modulhomomorphismen $s_n\colon K_n \to K'_{n+1}$, so daß $\partial'_{n+1}s_n + s_{n-1}\partial_n = f_n - g_n$ ist. In diesem Sinne *homotope* Kettentransformationen induzieren dieselben Homomorphismen zwischen den Homologiegruppen. Die Homotopie von Kettentransformationen ist eine

›Äquivalenzrelation. Eine Kettentransformation $f: K \to K'$ heißt *Kettenäquivalenz,* wenn es eine Kettentransformation $h: K' \to K$ gibt, so daß die jeweiligen Hintereinanderausführungen hf und fh zur identischen Abbildung von K bzw. K' homotop sind. Eine Kettenäquivalenz induziert in jeder Dimension einen Isomorphismus der Homologiegruppen.

Ist $0 \to K \xrightarrow{f} K' \xrightarrow{g} K'' \to 0$ (0 steht für den nur aus Nullmoduln bestehenden K.) eine kurze ›exakte Sequenz von K. (d. h., die Sequenzen $0 \to K_n \xrightarrow{f_n} K'_n \xrightarrow{g_n} K''_n \to 0$ sind exakt), so kann man hierzu eindeutig einen sog. *Verbindungshomomorphismus* $\partial_*: H_n(K'') \to H_{n-1}(K)$ wie folgt konstruieren. Man wählt einen Zyklus z''_n aus einer Homologieklasse $\bar{z}''_n \in H_n(K'')$, dieser ist Bild bei g_n eines Elements $c'_n \in K'_n$, das durch ∂'_n auf $z'_{n-1} \in K'_{n-1}$ abgebildet werde. Da dieses wegen der Kommutativität des Diagramms von oben durch g_{n-1} in 0 übergeht, muß es Bild eines Elements (Zyklus) z_{n-1} aus K_{n-1} sein, dessen Homologieklasse das Bild von $\bar{z}''_n$ bei ∂_* ist. Hiermit erhält man die exakte lange Homologiesequenz

$$\cdots \leftarrow H_{n-1}(K) \xleftarrow{\partial_*} H_n(K'') \xleftarrow{g_{*n}} H_n(K') \xleftarrow{f_{*n}} H_n(K) \xleftarrow{\partial_*} H_{n+1}(K'') \leftarrow \cdots.$$

Für ein kommutatives ›Diagramm von kurzen exakten Sequenzen zwischen K.

$$\begin{array}{ccccccccc} 0 & \to & K & \to & K' & \to & K'' & \to & 0 \\ & & \downarrow & & \downarrow & & \downarrow & & \\ 0 & \to & L & \to & L' & \to & L'' & \to & 0 \end{array}$$

ergibt sich eine Kettentransformation zwischen den entsprechenden langen Homologiesequenzen. Ist insbesondere K ein Teilkomplex von K' und wählt man für f die identische Abbildung von K in K' und für g den natürlichen Homomorphismus von K' auf den Faktorkomplex K'', so heißt die zugehörige lange Homologiesequenz auch die Homologiesequenz des Paares (K, K').

Das *Tensorprodukt* $L \otimes M$ von zwei K. L und M über R ist durch $(L \otimes M)_n = \bigoplus_{p+q=n} L_p \otimes_R M_q$ erklärt, die zugehörigen Homomorphismen $\partial: (L \otimes M)_n \to (L \otimes M)_{n-1}$ werden auf $L_p \otimes M_q$ durch $\partial(x \otimes y) = \partial_L(x) \otimes y + (-1)^p x \otimes \partial_M(y)$ festgelegt, wo ∂_L und ∂_M die Randoperatoren des K. L bzw. M bezeichnen; $L \otimes M$ ist wieder ein K. (›Tensorprodukt von ›R-Moduln).

Der *Kegel einer Kettenabbildung* $f: K \to K'$ ist ein K. Cf mit $(Cf)_n = K_n \oplus K'_{n-1}$ und dem durch $\partial^{Cf}(x, x') = (\partial x + fy, -\partial' y)$ definierten Randoperator ∂^{Cf}; ausführlicher ist in Matrizenschreibweise $\partial^{Cf}_{n+1} = \begin{pmatrix} \partial_{n+1} & f_n \\ 0 & -\partial'_n \end{pmatrix}: K_{n+1} \oplus K'_n \to K_n \oplus K'_{n-1}$. Hieraus folgt eine kurze exakte Sequenz $0 \to K \to Cf \to K'(-1) \to 0$, wobei das in Klammer gesetzte -1 bedeutet, daß die Graduierung um eine Einheit zu verschieben ist.

Dual zu einem K. definiert man einen *Kokettenkomplex* K als eine aufsteigende Folge von R-Moduln und Homomorphismen (*Korandoperatoren*) $\cdots \to K^n \xrightarrow{\delta^n} K^{n+1} \xrightarrow{\delta^{n+1}} K^{n+2} \to \cdots$, für die die Hintereinanderausführung von

δ^n und δ^{n+1} immer Null ergibt. Die Elemente der *Kokettengruppe* K^n heißen *n-Koketten*, $B^n(K) = \delta^{n-1}(K^{n-1})$ ist die Gruppe der *n-Koränder*, der Kern $Z^n(K)$ von δ^n die Gruppe der *n-Kozyklen* und deren Faktorgruppe $H^n(K) = Z^n(K)/B^n(K)$ die n-te oder n-dimensionale *Kohomologiegruppe* mit den *Kohomologieklassen* der Kozyklen als ihren Elementen. Auch die anderen Begriffsbildungen übertragen sich sinngemäß; dual zur Homologiesequenz erhält man hier die exakte *Kohomologiesequenz.*

Beispiele: (i) *Kohomologie von Gruppen*: Die multiplikative Gruppe G sei Operatorgruppe der abelschen multiplikativen Gruppe Q, statt $\prod (a^{n_i})^{\sigma^i}$ werde kurz $a^{\varphi(\sigma)}$ mit $\varphi(\sigma) = \sum n_i\sigma^i$ geschrieben. Die Gruppe $C^n(G, Q)$ der n-Koketten f ($n \geqq 0$) ist die Gesamtheit der Funktionen $f(\sigma_1, \ldots, \sigma_n)$ ($\sigma_i \in G$) mit Werten in Q und der Verknüpfungsvorschrift $(f_1f_2)(\sigma_1, \ldots, \sigma_n) = f_1(\sigma_1, \ldots, \sigma_n) \times f_2(\sigma_1, \ldots, \sigma_n)$; C^0 werde mit Q identifiziert. Der Korandoperator δ wird durch

$$(\delta f)(\sigma_1, \ldots, \sigma_{n+1}) = f(\sigma_2, \ldots, \sigma_{n+1}) \cdot \prod_{i=1}^{n} f(\sigma_1, \ldots, \sigma_i\sigma_{i+1}, \ldots, \sigma_{n+1})^{(-1)^i} \cdot f(\sigma_1, \ldots,$$

$\sigma_n)^{(-1)^{n+1}\sigma_{n+1}}$ erklärt; für eine 0-dimensionale Kokette f gelte sinngemäß $(\delta f)(\sigma) = f \cdot f^{-\sigma} = f^{1-\sigma}$. (Analoge Gruppen lassen sich additiv statt multiplikativ einführen.) Dann gilt: Im Falle einer von σ erzeugten zyklischen Gruppe G der Ordnung h besteht die Isomorphie $H^1(G, Q) \cong Q_N/Q^{1-\sigma}$, wo Q_n der Kern des Homomorphismus $Q \ni \alpha \mapsto N\alpha = \prod_{i=0}^{h-1} \alpha^{\sigma^i}$ ist.

Ist K ein endlicher galoisscher separabler Oberkörper des Körpers k mit der ›Galois-Gruppe G und K^* die multiplikative Gruppe von K, so ist die zweite Kohomologiegruppe $H^2(G, K^*)$ isomorph zur Gruppe der durch K zerfällten Brauerschen ›Algebrenklassen über k. Die 2-Kozyklen heißen auch *Faktorensysteme.* Außerdem hängt die zweite Kohomologiegruppe mit der Theorie der ›Erweiterung von Gruppen zusammen.

Für eine freie Gruppe F ist $H^n(F, Q) = 0$ für $n > 1$.

(ii) *Kohomologie der ›Darstellung einer ›Lieschen Algebra*: Ist L Liesche Algebra und π lineare Darstellung von L in einem Vektorraum V, so sei $C^n(L, V)$ der Modul der alternierenden n-linearen Formen auf L mit Werten in V; der Korand δf einer n-Kokette f wird durch

$$\begin{aligned}(\delta f)(x_1, \ldots, x_{n+1}) \\ = \sum_{i=1}^{n+1} (-1)^{i+1} \pi(x_i) f(x_1, \ldots, x_{i-1}, x_{i+1}, \ldots, x_{n+1}) \\ + \sum_{i<j} (-1)^{i+j} f([x_i, x_j], x_1, \ldots, x_{i-1}, x_{i+1}, \ldots, x_{j-1}, x_{j+1}, \ldots, x_{n+1})\end{aligned}$$

definiert. Die n-te Kohomologiegruppe $H^n(L, V)$ heißt dann auch n-ter *Kohomologieraum* von L in bezug auf die Darstellung π.

(iii) *Homologiegruppen von Gruppen*: G sei endliche Gruppe, Q ein G-Modul. Die Kettengruppe $C_n(G, Q)$ ist wie die Kokettengruppe $C^n(G, Q)$ unter (i) definiert, der Randoperator ∂ durch

$$(\partial f)(x_1, \ldots, x_{n-1})$$
$$= \sum_{x \in G} x^{-1} f(x, x_1, \ldots, x_{n-1}) + \sum_{i=1}^{n-1} (-1)^i \sum_{x \in G} f(x_1, \ldots, x_i x^{-1}, \ldots, x_{n-1})$$
$$+ (-1)^n \sum_{x \in G} f(x_1, \ldots, x_{n-1} x)$$

gegeben. Man kann auch wie in der kombinatorischen Topologie Simplizes hier die n-Tupel $[x_1, \ldots, x_n]$ als freie Erzeugende einer abelschen Gruppe nehmen und den Randoperator ∂ durch

$$\partial[x_1, \ldots, x_n]$$
$$= [x_2, \ldots, x_n] + \sum_{i=1}^{n-1} (-1)^i [x_1, \ldots, x_i x_{i+1}, \ldots, x_n] + (-1)^n [x_1, \ldots, x_{n-1}]$$

definieren; die erste Homologiegruppe ist dann isomorph zur Kommutatorfaktorgruppe $G/[G, G]$. Durch Tensorproduktbildung mit einer Gruppe Q erhält man Kettengruppen $C_n(G, Q)$ und induzierte Randoperationen ∂_n.

Lit.: [G 17], [G 18], [G 21], [H 1], [H 3], [H 4], [H 5], [H 7], [Z 11]
Bass, H.: Algebraic K-Theory. Benjamin, New York 1968.
Brown, K. S.: Cohomology of groups. Springer, Berlin 1982.
Dold, A.: Lectures on Algebraic Topology. Springer, Berlin 1980.
Eilenberg, S.: Topological methods in abstract algebra. Bull. Amer. Math. Soc. **55** (1949), 3–37.
Eilenberg, S., S. MacLane: Cohomology Theory in Abstract Groups I, II. Ann. of Math. (2) 48 (1947), 51–78; 326–341.
Eilenberg, S., S. MacLane: Cohomology Theory of Abelian Groups and Homotopy Theory I, II. Proc. Nat. Acad. Sci. USA **36** (1950), 443–447; 657–663.
Hsiang, Wu Yi: Cohomology of topological transformation groups. Springer, Berlin 1973.
Iversen, B.: Cohomology of Sheaves. Springer, Berlin 1986.
Jonah, D. W.: Cohomology of coalgebras. Amer. Math. Soc., Providence 1968.
Lang, S.: Rapport sur la cohomologie des groupes. Benjamin, New York 1967.
Takahashi, S.: Homology groups in class field theory. Tôhoku Math. J. **5** (1933), 8–11.

Kettenlänge ›Kette (einer halbgeordneten Menge)

Kettentransformation ›Kettenkomplex

KGLV ›Teiler

K-Gruppe ›Untergruppenverband

KGRV ›Teiler

KGV = k. g. V. ›Teiler

Killing-Cartansche Bilinearform = ›Killingsche Form

Killing-Cartansche Klassen einfacher Liescher Algebren: Die komplexen ›einfachen Lieschen Algebren zerfallen in vier Hauptklassen und fünf Ausnahmealgebren.

Hauptklassen: A_n ($n \geqq 1$) sl ($n + 1$, $\mathbb{C}$) (Algebra zur speziellen ›linearen Gruppe SL ($n + 1$, $\mathbb{C}$)); Algebra der linearen Transformationen des Raums $\mathbb{C}^{n+1}$ mit der Spur 0; ihre Dimension ist $n(n + 2)$.

B_n ($n \geqq 2$) so($2n + 1$, $\mathbb{C}$) (Algebra der speziellen ›orthogonalen Gruppe SO ($2n + 1$, $\mathbb{C}$); Algebra der linearen Transformationen des $\mathbb{C}^{2n+1}$, die bezüglich einer gegebenen nicht ausgearteten symmetrischen Bilinearform schiefsymmetrisch sind; ihre Dimension ist $n(2n + 1)$.

C_n ($n \geq 3$) sp(n, $\mathbb{C}$) (Algebra der ›symplektischen Gruppe Sp (n)): Algebra der linearen Transformationen des $\mathbb{C}^{2n}$, die bezüglich einer gegebenen nicht ausgearteten schiefsymmetrischen Bilinearform schiefsymmetrisch sind; Dimension ist $n(2n + 1)$.

D_n ($n \geqq 4$) so ($2n$, $\mathbb{C}$) (Algebra der speziellen orthogonalen Gruppe SO ($2n$, $\mathbb{C}$): Algebra der linearen Transformationen des $\mathbb{C}^{2n}$, die bezüglich einer gegebenen nichtausgearteten symmetrischen Bilinearform schiefsymmetrisch sind; Dimension ist $n(2n - 1)$.

Die fünf *Ausnahmealgebren* sind E_6, E_7, E_8, F_4, G_2 von der Dimension 78, 133, 248, 52 bzw. 14. Die zugehörigen singulären Lieschen Gruppen werden oft mit demselben Buchstaben bezeichnet.

Lit.: [L 9], [L 13]
JACOBSON, N.: Exceptional Lie Algebras. Dekker, New York 1971.

Killing-Coxetersches Element ›Coxeter-Gruppe

Killingsche Form (= *bilineare Fundamentalform* = *Killing-Cartansche Bilinearform*) einer endlichdimensionalen ›Lieschen Algebra L über einem Körper K ist die Spur der mit der ›adjungierten Darstellung ad definierten Bilinearform: $B(x, y) = \mathrm{Tr}\,(\mathrm{ad}\, x \cdot \mathrm{ad}\, y)$ ($x, y \in L$); sie stellt eine symmetrische Bilinearform dar. Durch Einschränkung der K. F. von L auf ein Ideal L_0 von L erhält man die K. F. von L_0.

Im folgenden sei char $K = 0$. Dann ist das Radikal von L (›auflösbare Liesche Algebra) gleich dem orthogonalen Komplement der derivierten Algebra $L' = [L, L]$ bezüglich der K. F. B; L ist genau dann ›auflösbar, wenn $L \perp L'$, d. h. $B([x, y], z) = 0$ für alle $x, y, z \in L$ ist (*Cartansches Kriterium für die Auflösbarkeit*). Wenn L nilpotent ist, ist $B(x, y) = 0$ für alle $x, y \in L$. L ist genau dann halbeinfach, wenn die K. F. nicht ausgeartet ist (*Cartansches Kriterium für die Halbeinfachheit*).

Lit.: [L 13]
DIEUDONNÉ, J.: Grundzüge der modernen Analysis, Bd. 5/6, DVW, Berlin 1979.

Killingsche Gleichung >Liesche Gruppe

Klammerausdruck = Faktor 2. Art >Faktoren 1. und 2. Art

Klammerfaktor = Faktor 2. Art >Faktoren 1. und 2. Art

Klasse >Äquivalenzrelation

Klasse der Nilpotenz >nilpotente Gruppe

Klasse einer Gruppe G ist gleich c, wenn in der absteigenden Zentralfolge (>Zentrenreihen) $G = Z_1 \supset Z_2 \supset \cdots$ die Gruppe G_{c+1} die erste Untergruppe ist, die mit allen folgenden zusammenfällt; sie ist unendlich, wenn alle Z_i verschieden sind. Ist G nilpotent, so ist die K. von G identisch mit der für >nilpotente Gruppen erklärten *K.* [*der Nilpotenz*]. Für >perfekte Gruppen ist $c = 0$. Wenn die K. c endlich ist, so ist der *Hyperkommutator* Z_{c+1} (>Zentrenreihen) der Durchschnitt aller Normalteiler mit nilpotenter Faktorgruppe und die Faktorgruppe G/Z_{c+1} ebenfalls nilpotent. Daher wird man diese Faktorgruppe zweckmäßig die größte nilpotente Faktorgruppe nennen. Ihre Klasse ist c; die K. jeder Faktorgruppe ist höchstens c. Wenn $c = \infty$ ist, gibt es Faktorgruppen mit beliebig vorgegebener K.

Lit.: [G 42]

Klasse einer >nilpotenten Gruppe

Klasse einer >Permutationsgruppe

Klasseneinteilung >Äquivalenzrelation

Klassenfunktion >Charakter einer Gruppe

Klassengleichung >konjugierte Komplexe

Klassenzahl >konjugierte Komplexe (Gruppentheorie), >äquivalente quadratische Formen

klassische Gruppen >lineare Gruppen

klassische [Hamiltonsche] Quaternion >Quaternionenalgebra

Klein-Desarguessches Zahlsystem = >Quasikörper

kleine Kategorie >Kategorientheorie

kleiner Fermatscher Satz heißt die Aussage, daß jede zu der Primzahl p teilerfremde ganze rationale Zahl a die >Kongruenz $a^{p-1} \equiv 1 \bmod p$ erfüllt. Allgemeiner gilt für jede zu der natürlichen Zahl m teilerfremde ganze Zahl a: $a^{\varphi(m)} \equiv 1 \bmod m$, wobei $\varphi(m)$ die >Eulersche Funktion ist, die die Ordnung der primen Restklassengruppe mod m angibt. Hat umgekehrt a mod m in der primen Restklassengruppe mod m die Ordnung $m - 1$, so ist m eine Primzahl.

Lit.: [A 17 I], [Z 3]

kleiner Homomorphismus >kleiner Untermodul

kleiner Untermodul (= *überflüssiger Untermodul*) heißt ein Untermodul A eines >R-Moduls M, wenn für alle Untermoduln U von M gilt, daß $U = 0$ aus $A \cap U = 0$ folgt. Entsprechend heißt ein *Homomorphismus* α: $A \to B$ *klein*, wenn sein Kern k. U. von A ist.

Dual dazu sind die Begriffe des *großen* (= *wesentlichen*) *Untermoduls* und des *großen Homomorphismus* erklärt (>wesentliche Erweiterung).

Lit.: [R 17]

kleines Objekt heißt ein Objekt A einer >additiven Kategorie, für das sich jeder Morphismus f von A in ein Koprodukt $\bigoplus_{i \in I} A_i$ über ein endliches Koprodukt faktorisieren läßt: $A \to \bigoplus_{i \in F} A_i \xrightarrow{u_F} \bigoplus_{i \in I} A_i$ (F endlich), wo u_F der nach der Definition des Koprodukts (>Kategorientheorie) der A_i ($i \in F$) existierende eindeutig bestimmte Morphismus ist. Das ist genau dann der Fall, wenn der >Morphismenfunktor H^A Koprodukte erhält (d. h., mit Koproduktbildung vertauschbar ist).

Lit.: [C 10], [C 13]

Kleinsche Gruppe der Ordnung 168 ist die $PSL_3(\mathfrak{F}_2) \cong PSL_2(\mathfrak{F}_7)$ (>projektive Gruppe). Sie ist die einzige einfache abstrakte Gruppe der Ordnung 168 und wird von drei Elementen R, S, T mit den Relationen $R^7 = S^3 = T^2 = RST = 1$ erzeugt.

Lit.: [D 20]
Fricke, R., H. Weber: Lehrbuch der Algebra II. Vieweg, Braunschweig 1926.
Klein, F., Fricke, R.: Vorlesungen über die Theorie der elliptischen Modulfunktionen I. Teubner, Leipzig 1890, S. 692.

Kleinsche >**Vierergruppe**

Kleinsches Formenproblem >endliche Drehgruppen

kleinstes gemeinsames Vielfaches >Teiler, bei Gruppen: = >Erzeugnis von Untergruppen

K-Lineal ›Vektorverband

Klon von (algebraischen) ›Operationen auf einer Menge A heißt jede hinsichtlich Superposition abgeschlossene Menge endlichstelliger Operationen auf A, die alle Operationen $\omega_n^i: (a_1, \ldots, a_i, \ldots, a_n) \mapsto a_i$ enthält. Der aus dem ›Operatorenbereich Ω einer universellen ›Algebra hervorgehende K. besteht aus den sog. *abgeleiteten* (= *derivierten* = *algebraischen*) *Operationen* von Ω. ›funktional vollständig.

Lit.: [U 2]

Knotung: 1. Eine zentrale Kommutatoraufspaltung (›Erweiterung von Gruppen) H der Gruppe H_1, d. h. $H_1 = H/M$ mit einem Multiplikator M, der im Zentrum und in der Kommutatorgruppe von H enthalten ist, heißt K. der Gruppe H_1. Jede aus einer K. durch abelsche Durchkreuzung (›Erweiterung von Gruppen) hervorgehende Gruppe ist wieder eine K.; umgekehrt gehen alle K. einer Gruppe durch abelsche Durchkreuzungen auseinander hervor.

2. Ein Erweiterungskörper des Normalkörpers K über k heißt K. von K/k, wenn er eine zentrale Erweiterung von K/k ist und keine abelsche Erweiterung von K/k (d. h. kein ›Kompositum KA mit abelscher Erweiterung A/k) enthält.

koadjungierte ›Darstellung einer Lieschen Gruppe

Koalgebra heißt ein ›Vektorraum C über einem Körper K (allgemeiner ein K-Modul über einem kommutativen Ring K) zusammen mit K-›linearen Abbildungen $\Delta: C \to C \otimes C$ in das ›Tensorprodukt über K, genannt *Diagonalisierung, Komultiplikation* oder *Koprodukt,* und $\varepsilon: C \to K$, der *Koeinheit* oder *Augmentierung,* so daß die folgenden ›Diagramme kommutativ sind:

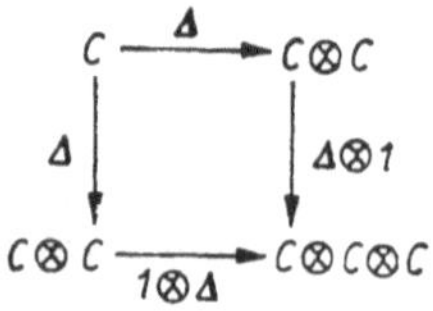

(Koassoziativität),

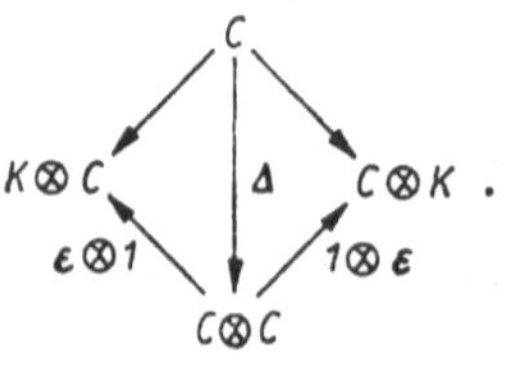

Unterkoalgebra einer K. C ist ein Unterraum W mit $\Delta(W) \subset W \otimes W$. *Koideal* von C ist ein Unterraum J mit $\Delta(J) \subset J \otimes C + C \otimes J$ und $\varepsilon(J) = 0$. Wenn $\sim$ eine >Äquivalenzrelation auf C ist, so daß die $f - g$ ($f, g \in C$) mit $f \sim g$ ein Koideal bilden, so kann der Faktorraum $C/\sim$ mit der Struktur einer K. versehen werden und ergibt die *Faktor-K.* von C modulo J.

Wenn C, D K. sind, so heißt *Koalgebraabbildung* $f: C \to D$ eine lineare Abbildung, für die die folgenden Diagramme kommutieren:

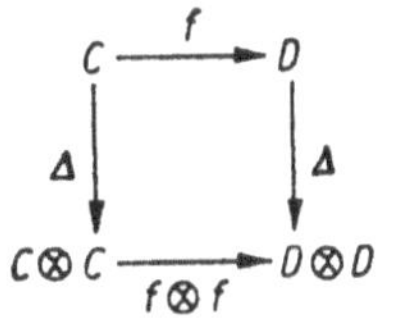

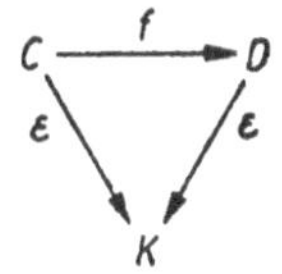

Eine Unterkoalgebra von C wird durch eine injektive Koalgebraabbildung in C eingebettet. Die natürliche Abbildung einer K. C auf eine Faktor-K. C/J modulo dem Koideal J ist eine K.-Abbildung, und umgekehrt ist der Kern einer K.-Abbildung $f: C \to D$ stets ein Koideal, und f läßt sich in eindeutiger Weise gemäß dem kommutativen Diagramm

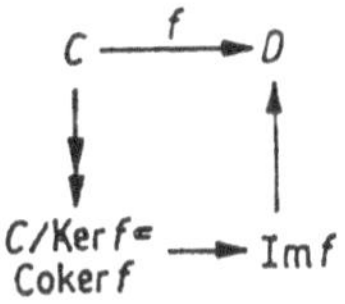

faktorisieren.

Bialgebra heißt ein K-Modul B, der gleichzeitig (assoziative) >Algebra (mit Eins) und K. ist und für den die Abbildungen Δ und ε Homomorphismen von Algebren sind.

Wenn C K., A Algebra (mit Einselement 1) und für $c \in C$ $\Delta c = \sum_i c_{1i} \otimes c_{2i}$ ist, so wird Hom (C, A) eine Algebra, indem man das (*Faltungs-*) *Produkt* $f * g = h$ von $f, g \in \text{Hom}(C, A)$ durch $h(c) = (f * g)(c) = \sum_i f(c_{1i})\, g(c_{2i})$ definiert. Die Einheit dieser Algebra wird durch $\varepsilon 1$ mit $\varepsilon 1(c) = \varepsilon(c)\, 1$ gegeben. Diese Algebrastruktur ist funktoriell (s. natürliche Transformation >Kategorientheorie): Wenn $\sigma: A \to B$ ein Algebrahomomorphismus, $\gamma: C \to D$ ein K.-Homomorphismus ist, so erhält man durch Hintereinanderausführung von γ, dem betreffenden $f \in \text{Hom}(D, A)$ und σ einen Algebrahomomorphismus Hom (γ, σ): Hom $(D, A) \to$ Hom (C, B). Die *duale Algebra* von C ist $C^* = \text{Hom}(C, K)$.

Die K. C heißt *bikommutativ*, wenn Δ bei der Vertauschungsabbildung von $C \otimes C$ auf sich, die $a \otimes b$ in $b \otimes a$ überführt, ungeändert bleibt.

Ist H eine Bialgebra, $I \in \mathrm{Hom}\,(H, H)$ durch $I(h) = h$ für alle $h \in H$ erklärt, so heißt das zu I bez. des Faltungsprodukts $*$ inverse Element S in H (falls es existiert), d. h. $S * I = I * S = \varepsilon 1$, der *Antipode* von H. Eine Bialgebra mit einem Antipoden heißt eine *Hopf-Algebra.*

Beispiele: (i) *Trigonometrische K.* mit der Basis s, c mit $\Delta(s) = s \otimes c + c \otimes s$, $\Delta(c) = c \otimes c - s \otimes s$ (entsprechend den Additionstheoremen von sin und cos), $\varepsilon(s) = 0$, $\varepsilon(c) = 1$ („Auswertung an der Stelle 0").

(ii) *Komatrixalgebra* $M^c(n, K)$ mit Basiselementen x_{ij} $(i, j = 1, \ldots, n)$, $\Delta(x_{ij}) = \sum_{k=1}^{n} x_{ik}x_{kj}$, $\varepsilon(x_{ij}) = \delta_{ij}$.

Lit.: [D 25], [EA 3], [G 20]

JONAH, D. W.: Cohomology of coalgebras. Amer. Math. Soc., Providence 1968.

JONI, S. A., G. C. ROTA: Coalgebras and Bialgebras in Combinatorics. In: R. MORRIS (ed.): Umbral Calculus and Hopf Algebras. Amer. Math. Soc., Providence 1982, 1–47.

NICHOLS, W., M. SWEEDLER: Hopf Algebras and Combinatorics. Ebenda, S. 49–84.

SWEEDLER, M. E.: Hopf Algebras. Benjamin, New York 1969.

ZELEVINSKY, A. V.: Representations of Finite Classical Groups. A Hopf Algebra Approach. LNM 869. Springer, Berlin 1981.

Koassoziativität ›Koalgebra

Kobild ›lineare Abbildung; ›Kategorientheorie, ›Kern

Kochsche Normaldeterminante ›Determinante

Kodimension ›Vektorraum

Kodurchschnitt ›Durchschnitt in der ›Kategorientheorie

Koeinheit ›Koalgebra

Koeffizienten einer Multilinearform ›bilineare Abbildung

Koegalisator = Differenzkokern ›Kategorientheorie

koerzeugende Menge = Kogeneratormenge ›Generatormenge

Kofaktor ›Determinante

Kogenerator[menge] ›Generatormenge

kogredient ›kontragredient, ›Invariantentheorie

kogredienter Isomorphismus = innerer ›Automorphismus

Kogruppe >Multigruppoid

kohärenter Ring: *links-k. R.* heißt ein Ring, in dem jedes endlich erzeugte Linksideal auch *endlich präsentierbar* (d. h. Faktormodul eines endlich erzeugten freien Moduls) ist. (Analog ist ein *rechts-k. R.* definiert.) Äquivalent dazu ist jede der Aussagen: (i) Jeder endlich erzeugte Linksuntermodul eines endlich präsentierbaren >R-Moduls ist endlich präsentierbar; (ii) das >direkte Produkt >flacher R-Linksmoduln ist flach.

Beispiele: >reguläre Ringe im Sinne von von Neumann, >Polynomringe über noetherschen Ringen in beliebig vielen Unbestimmten.

Viele Konstruktionen über noetherschen Ringen lassen sich auf k. R. übertragen.

Lit.: [EC 1]

Kohomologie[gruppe] >Kettenkomplex

Kohomologiegruppen einer assoziativen Algebra A über dem kommutativen Ring R sind die Gruppen $H^n(A, M) = \mathrm{Ext}_A^n(R, M)$ $(n \geqq 0)$ (>abgeleitete Funktoren), wo M ein A-Modul und R vermöge eines festen R-Algebra-Homomorphismus $\varepsilon: A \to R$ gleichfalls als A-Modul aufzufassen ist. Im Falle der Gruppenalgebra $A = \mathbb{Z}[G]$ der Gruppe G über dem Ring $R = \mathbb{Z}$ der ganzen Zahlen mit $\varepsilon(\sum n_i g_i) = \sum n_i$ erhält man in $H^n(R, M)$ die auch mit $H^n(G, M)$ bezeichneten *K. von G mit Werten* oder *Koeffizienten in M*. Im Falle einer assoziativen >R-Algebra S, der zu ihr antiisomorphen R-Algebra S^0, $A = S \otimes_R S^0$, $\varepsilon(\sum s_i \otimes t_i) = \sum s_i t_i$ erhält man in $H^n(A, M)$ die mit $H^n(S, A)$ bezeichneten K. der assoziativen Algebra S mit Werten im S-Bimodul (d. h. A-Modul) M; wenn R ein Körper K ist, heißen sie *Hochschildsche K.* der K-Algebra S.

Spezialfälle: $H^0(G, M)$ ist isomorph zur Gruppe M^G der bei G invarianten Elemente m von M (d. h. mit $gm = m$ für alle $g \in G$), $H^1(G, M)$ die Faktorgruppe $\mathrm{Der}(G, M)/\mathrm{Ider}(G, M)$ der Gruppe $\mathrm{Der}(G, M)$ der *verschränkten Homomorphismen* oder *Derivationen* $f: G \to M$ mit $f(xy) = xf(y) + f(x)$ nach der Gruppe Ider der *verschränkten Haupthomomorphismen* oder *inneren Derivationen* f mit $f(x) = xm - m$ für ein gewisses m, und die Sequenz $0 \to M^G \to M \to \mathrm{Der}(G, M) \to H^1(G, M) \to 0$ ist >exakt. $H^2(G, M)$ ist für eine abelsche Gruppe G isomorph zur Gruppe der >Erweiterungen der Gruppe M mittels der Gruppe G.

Im Falle einer assoziativen R-Algebra S ist $H^0(S, M)$ isomorph zur Gruppe der $m \in M$ mit $xm = mx$ für alle $x \in S$, $H^1(S, M)$ isomorph zur Faktorgruppe $\mathrm{Der}(S, M)/\mathrm{Ider}(S, M)$, wo $\mathrm{Der}(S, M)$ die Gruppe der Abbildungen $f: S \otimes_R S^0 \to M$ mit $f(xy) = xf(y) + f(x)\,y$ und $\mathrm{Ider}(S, M)$ die Untergruppe der f mit $f(x) = xm - mx$ für ein gewisses $m \in M$ ist.

Im Falle einer >Lieschen Algebra L über einem kommutativen Ring R mit Eins setzt man $H^n(L, M) = \mathrm{Ext}_{UL}^n(R, M)$, wo UL die >universelle Hüllalgebra von L ist.

Lit.: [H 1], [H 3], [H 4], [H 6], [L 8], [L 13]

Kohomologieklasse ›Kettenkomplex

Kohomologiering heißt der graduierte Ring, dessen Additivgruppe die ›direkte Summe $\bigoplus_{n=0}^{\infty} H^n(K, M)$ (aufgefaßt als graduierte Gruppe) eines ›Kettenkomplexes K mit Koeffizientengruppe M ist, während die Multiplikation durch Abbildungen $\nu_{m,n}: H^m(K, M) \otimes H^n(K, M) \to H^{m+n}(K, M)$ induziert wird.

Lit.: [H 1], [H 3]

Kohomologiesequenz ›Kettenkomplex

Koideal ›Koalgebra

kokartesisches Quadrat = Pushout ›Kategorientheorie

Kokern ›lineare Abbildung; ›Kategorientheorie, ›Kern

Kokette[nkomplex] ›Kettenkomplex

kokommutativ ›Koalgebra

Kolimes ›Kategorientheorie, auch ›direkter Limes

Kollineation ›lineare Gruppen

kolokal kleine Kategorie ›Kategorientheorie

kolokaler Modul heißt ein ›R-Modul mit genau einem minimalen Untermodul.

Komatrixalgebra ›Koalgebra

Kombinante heißt eine simultane ›Komitante I von h n-ären Formen $f_1, \ldots, f_h$ gleichen Grades, für die bei linearer homogener Transformation der Formen $\bar{f}_i = \sum \lambda_i^j f_j$, identisch in den Koeffizienten λ_i^j, gilt: I (Koeff. von $\bar{f}_1, \ldots, \bar{f}_h$) $= (\det \lambda_i^j)^p$ I (Koeff. von $f_1, \ldots, f_h$). Der Exponent p heißt das *λ-Gewicht* der K. der Formenschar $\bar{f}_1, \ldots, \bar{f}_h$. Im Falle von n n-ären Formen $f_i(x)$ sind nach GORDAN sämtliche K. Kovarianten der sog. *Fundamental-K.* $K = \det\left(f_i(x^{(j)})\right)$, wobei die $x^{(j)}$ kogrediente Variablenreihen sind.

Lit.: [I 9], [I 12]

GORDAN, P.: Ueber die Bildung der Resultante zweier Gleichungen. Math. Ann. 3 (1871), 355–414.
GORDAN, P.: Resultanten von Covarianten. Math. Ann. 4 (1871), 169–171.
GORDAN, P.: Ueber Combinanten. Math. Ann. 5 (1872), 95–122.

Komitante: Oberbegriff für Invarianten, Kovarianten, Kontravarianten und Zwischenformen in der >Invariantentheorie.

K. (*Konkomitante*) einer auf Mengen X und Y operierenden Gruppe G heißt eine Abbildung $\varphi: X \to Y$ mit $g(\varphi(x)) = \varphi(g(x))$ für alle $g \in G$, $x \in X$; φ heißt dann auch *äquivariante Abbildung.* In der klassischen Invariantentheorie sind G die volle >lineare Gruppe eines endlichdimensionalen Vektorraums U, X und Y Räume von >Tensoren auf U, φ eine polynomiale Abbildung.

Kovarianten von G sind invariante Formen (allgemeiner rationale Funktionen) in Variablenreihen x^i (die linearen Transformationen unterworfen werden) (d. h., Y besteht aus kovarianten Tensoren), *Kontravarianten* in einer oder mehreren kontragredienten Variablenreihen u'^i (d. h., Y besteht aus kontravarianten Tensoren) und *Zwischenformen* solche in beiden Arten von Variablen, während die eigentlichen *Invarianten* keine der beiden Variablenreihen enthalten, sondern nur die Koeffizienten der Grundformen.

K. werden auch als *Invarianten im weiteren Sinne* bezeichnet, im Gegensatz zu den eigentlichen Invarianten, die keine variablen Parameter enthalten; denn man kann jede K. auch als simultane Invariante im engeren Sinne auffassen, indem man noch geeignete Linearformen in ko- bzw. kontragredienten Variablenreihen als Grundformen hinzunimmt.

Lit.: [I 4], [I 8], [I 12]

Kommutationsgesetz = >Kommutativgesetz

kommutative(r/s) (...) >(...)

kommutative algebraische Struktur >Kommutativgesetz

kommutative Gruppe = >abelsche Gruppe

kommutative Operation >Kommutativgesetz

kommutatives Prinzip = >Kommutativgesetz

kommutatives Symbol >symbolische Methode

kommutatives Zentrum >Alternativring

Kommutativgesetz (= *kommutatives Gesetz,* auch: *Vertauschungsgesetz* = *Vertauschungsregel,* ältere Bezeichnungen: *Kommutationsgesetz, kommutatives Prinzip, Umkehrungsprinzip, Vertauschungsprinzip*) gilt für eine binäre >Operation (etwa als Multiplikation · geschrieben) auf einer Menge M, wenn $a \cdot b = b \cdot a$ für alle $a, b \in M$ ist (analog auch für partielle Operationen). Die Operation und die algebraische Struktur, auf der sie erklärt ist, heißen dann *kommutativ.* Kommutativ sind z. B. die Addition und die Multiplikation der ganzen, der natürlichen, der reellen und der komplexen Zahlen, nicht dagegen die Multiplikation von Quaternionen und von Matrizen. K. für mehrdeutige Operationen ›Multigruppoid.

Kommutativitätsrelation ›Diagramm

Kommutator ›Kommutatorgruppe, ›Liesche Algebra

Kommutatoralgebra ›Malzewsche Algebra

Kommutatoraufspaltung ›Erweiterung von Gruppen

Kommutatorfaktorgruppe ›Kommutatorgruppe

Kommutatorform ›Kommutatorgruppe

Kommutatorgruppe (= *Ableitung*, = *abgeleitete Gruppe*, nach Lie auch *derivierte Gruppe*, auch: *Kommutator*) einer Gruppe G, bezeichnet mit G' oder $[G, G]$, ist die von allen sog. *Kommutatoren* $[a, b] = aba^{-1}b^{-1}$ der Elemente $a, b \in G$ erzeugte Untergruppe. (Oft definiert man auch $[a, b] = a^{-1}b^{-1}ab$.) G' ist ›Normalteiler in G, die zugehörige ›Faktorgruppe G/G', die sog. *Faktorkommutatorgruppe* (= *Kommutatorfaktorgruppe* = *abelsch gemachte Gruppe*) von G (›Abelschmachen), ist abelsch. G' ist gleich dem Durchschnitt aller Normalteiler N von G mit abelscher Faktorgruppe (also der kleinste Normalteiler mit dieser Eigenschaft); daher läßt sich jeder Homomorphismus von G in eine abelsche Gruppe über die Faktorkommutatorgruppe von G faktorisieren, die sozusagen die größte abelsche Faktorgruppe von G darstellt und durch ›Abelschmachen aus G entsteht.

Rekursiv erhält man gemäß $G^{(\nu)} = G^{(\nu-1)\prime}$ die *höheren K.* oder *Ableitungen*, die gemäß $G \supset G' \supset G'' \supset \cdots$ (*Kommutatorreihe* = [*absteigende*] *Kommutatorkette* = *abgeleitete Reihe* = *abgeleitete Kette*) ineinandergeschachtelt sind. Diese Kette kann man transfinit fortsetzen, indem man die α-te K. $G^{(\alpha)}$ von G für eine Nichtlimeszahl α als K. der Gruppe $G^{(\alpha-1)}$ und für eine Limeszahl α als Durchschnitt aller $G^{(\beta)}$ mit $\beta < \alpha$ definiert. Diese Kette bricht mit einer gewissen Ordnungszahl τ ab, d. h. $G^{(\tau)} = G^{(\tau+1)}$.

Um *höhere Kommutatoren* wie $[a, [b, c]]$, $[[a, b], [c, d]]$, $[[a, b], [a, c]]$ systematisch erfassen zu können, führt man zur Festlegung der Beklammerung und der Stellung gleicher oder verschiedener Variablen induktiv den Begriff der *Kommutatorform* ein. Mittels eines freien Erzeugendensystems $X = \{X_1, X_2, \ldots\}$ der ›freien Gruppe abzählbaren Rangs definiert man $C_{0,1}(X) = C_0(X) = X_1$ als Kommutatorform der *Stufe* 0 vom *Gewicht* 1. Sind $C_{s_1,w_1}(X) = C_{s_1}(X_1, \ldots, X_{w_1})$ und $C'_{s_2,w_2}(X) = C'_{s_2}(X_1, \ldots, X_{w_2})$ Kommutatorformen der Stufe s_1 bzw. s_2 vom Gewicht w_1 bzw. w_2, so ist der Kommutator $C_{s,w}(X) = C_s(X_1, \ldots, X_w) = [C_{s_1}(X_1, \ldots, X_{w_1}), C'_{s_2}(X_{w_1+1}, \ldots, X_{w_1+w_2})]$ (kurz: $[C_{s_1}, C_{s_2}]$) Kommutatorform der Stufe $s = 1 + \max(s_1, s_2)$ vom Gewicht $w = w_1 + w_2$. Das *Gewicht* gibt also die Anzahl der verschiedenen Variablen, die *Stufe* die Maximalzahl gleichzeitig offener Klammern an. Es gilt dabei stets $s + 1 \leqq w \leqq 2^s$. Jede Kommutatorform $C_{s,w}(X)$ bestimmt in einer vorgegebenen Gruppe G eine Wortuntergruppe $C_{s,w}(G)$, die von allen Werten $C_s(g_1, \ldots, g_w)$ mit beliebigen Elementen $g_1, \ldots, g_w \in G$ erzeugt wird. Definiert man rekursiv spezielle Kommutatorformen $K_{\nu,2^\nu}$ gemäß $K_{1,2}(X) = [X_1, X_2]$, $K_{\nu,2^\nu} = [K_{\nu-1,2^{\nu-1}}, K_{\nu-1,2^{\nu-1}}]$, so wird $K_{\nu,2^\nu}(G, \ldots, G)$ gerade die ν-te K. $G^{(\nu)}$.

Sind H, K zwei Komplexe einer Gruppe G, so heißt die von allen Kommutatoren $[h, k]$ mit $h \in H$, $k \in K$ erzeugte Untergruppe die gegenseitige K. von H und K, bezeichnet mit $[H, K]$. Diese Bezeichnung steht mit der obigen Terminologie in Einklang.

›Lemma von Hall, ›Ω-Kommutatorgruppe

Lit.: [Enz 1,9], [G 261], [G 35], [G 42]
MACDONALD, I. D.: Commutators and their products. Amer. Math. Monthly **93** (1986), 440–444.

Kommutatorideal = ›derivierter Ring

Kommutatorkette ›Kommutatorgruppe

Kommutatorreihe ›Kommutatorgruppe, ›auflösbare Liesche Algebra

kompakt erzeugter Verband = ›algebraischer Verband

kompakte Form ›reelle Form einer komplexen Lieschen Algebra

kompakte Gruppe heißt eine ›topologische Gruppe mit kompaktem Gruppenraum. Für sie wurde das *V. Hilbertsche Problem* (Ist bei geeigneter Wahl lokaler Koordinaten jede lokaleuklidische topologische Gruppe eine Liesche Gruppe?) erstmals in positivem Sinne von J. VON NEUMANN gelöst; ihre Struktur wurde durch die Arbeiten von PONTRJAGIN und VAN KAMPEN geklärt.

Hauptergebnisse: Da jede k. G. G ein vollständiges System von irreduziblen unitären ›Darstellungen besitzt, kann G in ein unendliches Produkt unitärer Gruppen isomorph eingebettet werden und ist gleich der inversen ›Grenzgruppe seiner Projektionen in die partiellen endlichen Produkte. Jede solche Projektion ist nach einem Satz von É. CARTAN als abgeschlossene Untergruppe einer Lieschen Gruppe selbst eine Liesche Gruppe. Daher ist jede k. G. G inverse Grenzgruppe Liescher Gruppen; ist U eine Umgebung des Einselements in G, so gibt es einen Normalteiler $N \subset U$ von G, so daß G/N eine Liesche Gruppe ist. *Folgerungen*: Ist G zusammenhängend und endlichdimensional, so hat sie die Form $(L \times D)/N$, wo L eine Liesche Gruppe (Produkt einer halbeinfachen kompakten Lieschen Gruppe mit einer Vektorgruppe), D die inverse Grenzgruppe einer Folge endlicher abelscher Gruppen und N eine diskrete Untergruppe des Zentrums von $L \times D$ mit endlichvielen Erzeugenden sind.

Damit ist insbesondere jede kompakte zusammenhängende, lokalzusammenhängende, endlichdimensionale Gruppe eine Liesche Gruppe.

Lit.: [D 27 II], [G 31]
Die Hilbertschen Probleme, Akad. Verlagsges. Geest & Portig, Leipzig 1971.
KAMPEN, E. VAN: The structure of a compact connected group. Amer. J. Math. **57** (1935), 301–308.
KAMPEN, E. VAN: Note on a theorem of Pontrjagin. Amer. J. Math. **58** (1936), 177–180.
NEUMANN, J. V.: Die Einführung analytischer Parameter in topologischen Gruppen. Ann. of Math. (2) **34** (1933), 170–190.
PONTRJAGIN, L.: Sur les groupes abéliens continus. Compt. Rend. Acad. Sci. Paris **198** (1934), 238–240.

kompaktes Element ›algebraischer Verband

kompatibel ›Kriterium von Plücker-Clebsch

komplanare Quaternionen ›Quaternionenalgebra

Komplement ›Verband

Komplement einer ›**Relation**

komplementäre Sub- bzw. **Unterdeterminante** ›Determinante

komplementärer Minor ›Determinante

komplementärer ›**Verband**

Komplementärgruppe = Faktorgruppe einer ›Lieschen Gruppe

Komplementärraum ›Vektorraum

komplette Hülle ›$\mathfrak{m}$-Topologie

kompletter Körper ›Bewertung

kompletter lokaler Ring ›$\mathfrak{m}$-Topologie

Komplettierung ›Bewertung, ›$\mathfrak{m}$-Topologie

Komplex: 1. K. einer Gruppe G ist nichts weiter als eine Untermenge von G. Durchschnitt und Vereinigung von K. sind die mengentheoretischen Bildungen. Durch sog. *Komplexmultiplikation* von K. A, B erhält man das Produkt der K. (*Komplexprodukt*) $A \cdot B$ oder AB als Menge aller ab mit $a \in A$, $b \in B$;

der *inverse K.* A^{-1} von A ist die Menge aller a^{-1} mit $a \in A$. Da die Komplexmultiplikation assoziativ ist, bildet die Menge aller Komplexe einer Gruppe (analog auch die etwa einer Halbgruppe) eine multiplikative ›Halbgruppe mit der Einsuntergruppe als Einselement, in der es aber außer in trivialen Fällen keine inversen Elemente gibt (A^{-1} ist im allgemeinen nicht etwa invers zu A). Es gilt aber noch $(A \cdot B)^{-1} = B^{-1}A^{-1}$. Analog ist bei additiver Schreibweise eine *Komplexaddition* erklärt.

Die Vereinigungsmenge der K. $(A \cup A^{-1})^n$ (als n-fache Produkte, nicht etwa als Menge der n-ten Potenzen erklärt) für $n = 1, 2, \ldots$ bildet eine Untergruppe von G, die von A erzeugte Untergruppe $\{A\}$.

2. Analog spricht man auch bei anderen algebraischen Strukturen (z. B. Gruppoiden, Halbgruppen usw.) von K.

3. In der homologischen Algebra = ›Kettenkomplex.

Lit.: Zu **1.**: [A 16], [G 42]
Zu **2.**: [A 16]

Komplexaddition ›Komplex

komplexe orthogonale Gruppe $O_n(\mathbb{C})$ ist die Gruppe der nichtsingulären linearen Transformationen über dem Körper $\mathbb{C}$ der komplexen Zahlen, die die Form $x_1^2 + \cdots + x_n^2$ invariant lassen. Sie läßt sich als multiplikative Gruppe der n-reihigen ›orthogonalen Matrizen mit komplexen Zahlen als Elementen auffassen.

Lit.: [D 20]

komplexe Quaternion ›Quaternionenalgebra

Komplexgruppe = ›symplektische Gruppe

Komplexifizierung 1. K. einer Lieschen Algebra L über $\mathbb{R}$ heißt die durch Bildung des ›Tensorprodukts entstehende komplexe Liesche Algebra $L_{\mathbb{C}} = L \otimes_{\mathbb{R}} \mathbb{C}$. Man kann sie explizit als Menge der Paare (u, v) $(u, v \in L)$ mit komponentenweiser Addition und den Multiplikationsvorschriften

$$(\alpha + \mathrm{i}\beta)(u, v) = (\alpha u - \beta v, \alpha v + \beta u),$$

$$[(u, v)(u', v')] = ([u, u'] - [v, v'], [v, u'] + [u, v'])$$

$$(\alpha, \beta \in \mathbb{R}, u, u', v, v' \in L)$$

beschreiben.

Eine reelle Liesche Unteralgebra $\mathfrak{k}$ einer komplexen Lieschen Algebra $\mathfrak{h}$ heißt *reelle Form* der Lieschen Algebra $\mathfrak{h}$, wenn sich jedes $x \in \mathfrak{h}$ eindeutig in der Form $x = u + \mathrm{i}v$ mit $u, v \in \mathfrak{k}$ schreiben läßt; die K. von $\mathfrak{k}$ ist dann natürlich isomorph zu $\mathfrak{h}$.

2. K. einer Lieschen Gruppe G über $\mathbb{R}$ heißt eine G als reelle Liesche Untergruppe enthaltende komplexe >Liesche Gruppe $G_{\mathbb{C}}$, deren >Liesche Algebra die Liesche Algebra von G als reelle Form enthält (>K. 1.). G heißt dann auch *reelle Form* der Lieschen Gruppe $G_{\mathbb{C}}$.

3. K. eines reellen >Vektorraums V heißt der durch Tensorproduktbildung mit $\mathbb{C}$ (Erweiterung des Skalarenbereichs) entstehende gleichdimensionale Vektorraum $V^{\mathbb{C}}$ über $\mathbb{C}$. Als Basis von $V^{\mathbb{C}}$ über $\mathbb{C}$ kann die Basis von V über $\mathbb{R}$ gewählt werden. V heißt auch *reelle Form* von $V^{\mathbb{C}}$.

Lit.: Zu **1.**: [D 15], [L 21]
Zu **2.**: [D 15], [EL 3], [L 21]
Zu **3.**: [M 9]

Komplexinvariante = >symplektische Invariante

Komplexmultiplikation >Komplex

Komplexprodukt >Komplex

Komplexsymbol >symbolische Methode

Komponenten einer >additiven Zerlegung einer Algebra, einer >Größe für eine Gruppe, einer >topologischen Gruppe, eines >direkten Produkts, eines >Tensors

Komponentenideal >Primärkomponentenzerlegung

komponierbar >Komposition quadratischer Formen

Komposition = >Operation

Komposition quadratischer Formen: Zwei >quadratische Formen in $\xi_1, \ldots, \xi_m$ bzw. $\eta_1, \ldots, \eta_n$ heißen zu einer dritten in $\zeta_1, \ldots, \zeta_r$ *komponierbar*, wenn ihr Produkt sich bei Unbestimmten ξ_i, η_j als quadratische Form von Linearkombinationen ζ_k der $\xi_i\eta_j$ schreiben läßt. K. g. F. sind nur für $m = n = r = 1, 2, 4, 8$ möglich, wobei die drei Formen bis auf je einen konstanten Faktor als die Normen von unbestimmten Elementen $x = \sum u_i\xi_i$, $y = \sum v_j\eta_j$, $z = \sum w_k\zeta_k$ aus einem hyperkomplexen System mit $xy = z$ zu deuten sind, das – vom trivialen Fall $n = 1$ abgesehen – entweder eine kommutative quadratische Erweiterung des Grundkörpers K ($n = 2$), einer >Quaternionenalgebra über K ($n = 4$) oder die Cayleysche alternative Algebra über K ($n = 8$) ist. Zur geometrischen Deutung >[Q 8II].

Lit.: [Q 8II]
BRANDT, H.: Der Kompositionsbegriff bei den quaternären quadratischen Formen. Math. Ann. **91** (1924), 300.
DIRICHLET, P. G., R. DEDEKIND: Vorlesungen über Zahlentheorie. Vieweg, Braunschweig 1894 (für $n = 2$).
INTRAU, O.: Kompositionstafeln quaternärer quadratischer Formen. Abh. Sächs. Akad. Wiss. Leipzig, Math.-naturw. Kl. **50** (1970), H. 2.

Komposition von ›**Darstellungen** von Gruppen

Kompositionsfaktor ›Ketten und Reihen

Kompositionsfolge ›Ketten und Reihen

Kompositionsreihe für Gruppen ›Ketten und Reihen

Kompositionsreihe für universelle Algebren ›Jordan-Hölderscher Satz

Kompositionssystem ›Normalsystem

Kompositionstafel (= *Multiplikationstabelle* = *Produkttafel*) dient zur Veranschaulichung einer auf einer (im allgemeinen endlichen) Menge M definierten binären partiellen ›Operation. Sie ist eine quadratische Tafel mit doppeltem Eingang, in deren nullter Zeile und Spalte die Elemente $a_1, a_2, \ldots$ von M – gewöhnlich in derselben Reihenfolge – eingetragen werden, während im Schnittpunkt der i-ten Zeile (in dem vorn das Element a_i steht) und der j-ten Spalte (in der oben das Element a_j steht) das Element $a_i \cdot a_j$ (bei multiplikativer Schreibweise der Operation) eingetragen wird, falls es existiert. Spezialfall ›Gruppentafel.

Lit.: [S 1 I]

Kompositum 1. von Körpern: Sind K und L Unterkörper eines gemeinsamen (kommutativen) Oberkörpers S, so heißt K. KL von K und L der kleinste Unterkörper von S, der K und L enthält. Er ist der von K und L erzeugte Körper und ist gleich dem Quotientenkörper des Rings, der aus allen endlichen Summen von Elementen der Form ab mit $a \in K$ und $b \in L$ besteht.

Allgemeiner seien K und L Oberkörper eines festen Körpers k; σ, τ Isomorphismen über k von K bzw. L auf Unterkörper K' bzw. L' eines gemeinsamen Oberkörpers S, so daß sich deren K. $K'L'$ im obigen Sinne bilden läßt. Das Tripel $(K'L', \sigma, \tau)$ heißt dann auch *K. von K und L über k*. Ein zweites derartiges K. $(K''L'', \sigma', \tau')$ von K und L (in einem Körper S') heißt *äquivalent* zu dem vorigen, wenn sich die durch die Abbildungen $a^\sigma \mapsto a^{\sigma'}$ $(a \in K)$ bzw. $b^\tau \mapsto b^{\tau'}$ $(b \in L)$ bestimmten Isomorphismen über k von K' auf K'' bzw. von L' auf L'' zu Isomorphismen von $K'L'$ auf $K''L''$ fortsetzen lassen. Dazu müssen insbesondere $K'L'/k$ und $K''L''/k$ äquivalente Erweiterungen sein; das ist jedoch nicht hinreichend. ›Doppelkörper, ›tensorielles Produkt von R-Algebren.

2. von Untergruppen = ›Erzeugnis von Untergruppen

Lit.: Zu **1.**: [A 14]
Pickert, G.: Einführung in die Höhere Algebra, Vandenhoeck und Ruprecht, Göttingen 1951.

kompressives ›**Radikal eines Ideals**

Komultiplikation ›Koalgebra

kongruent ›Kongruenz, ›identische Kongruenz, ›metrische Gruppen, ›orientierte Gruppen

kongruente Matrizen: Zwei quadratische Matrizen A, B gleicher Reihenzahl heißen k., wenn $B = PAP^{\mathrm{T}}$ mit einer invertierbaren Matrix P ist. Die Kongruenz von Matrizen ist eine Äquivalenzrelation. Koordinatentransformation einer quadratischen Form läuft gerade auf den Übergang zu einer k. Koeffizientenmatrix hinaus. Ist A symmetrisch bzw. schiefsymmetrisch, so auch jede zu A k. M. Reelle symmetrische Matrizen sind genau dann k., wenn sie in Rang und Signatur übereinstimmen.

Lit.: [Enz 1,7], [M 4], [M 17], [M 18]

Kongruenz = Kongruenzrelation ›Algebra (universelle), ›Halbgruppe, ›Ideal, bei Polynomen = ›identische Kongruenz

Kongruenzenverband ›Algebra (universelle)

Kongruenzfunktionenkörper heißt ein ›algebraischer Funktionenkörper in einer Unbestimmten über einem ›Galois-Feld. Eine ›definierende Gleichung kann man sich aus einer entsprechenden über einem ›algebraischen Zahlkörper durch Reduktion der Koeffizienten modulo einem Primideal entstanden denken.

Kongruenzrelationenverband ›Algebra (universelle)

konjugiert ›Permutationsgruppe

konjugiert ›**lineare Abbildung**

konjugiert transponierte Matrix = ›begleitende Matrix

konjugierte Elemente von Gruppen ›konjugierte Komplexe

konjugierte Elemente von Körpern ›konjugierte Erweiterungen

konjugierte Erweiterungen: Zwei in einem gemeinsamen Oberkörper L enthaltene Erweiterungskörper K_1 und K_2 eines Körpers k (sowie die ›Erweiterungen K_1/k und K_2/k) heißen unter (oder in) L *konjugiert* (sind *konjugierte Körper* bzw. *k. E.*) über k, wenn sie *k-isomorph* sind, d. h., durch einen ›Isomorphismus über k ineinander übergehen. Zwei *Elemente* α_1 und α_2 von L heißen *konjugiert* bez. (oder über) k, wenn sie durch einen Körperisomorphismus über k ineinander überführbar sind, was gleichbedeutend damit ist, daß die durch Adjunktion von α_i entstehenden Körper $k(\alpha_i)$ k-isomorph sind. (Dieser Konjugiertheitsbegriff hängt nicht von der speziellen Wahl von L ab.)

Unter den sämtlichen zu einer Erweiterung K/k (bzw. zu einem Element α über k) konjugierten sind die in der >algebraischen Hülle von K (bzw. von $k(\alpha)$) enthaltenen zu K/k (bzw. zu α) konjugierten zu verstehen. Zwei Elemente sind dann und nur dann konjugiert über k, wenn sie entweder beide transzendent über k sind oder beide algebraisch über k sind und dasselbe Minimalpolynom über k besitzen.

Lit.: [A 14], [A 16], [A 17 I], [A 18 I]

konjugierte Komplexe (= *ähnliche Komplexe*) heißen zwei >Komplexe A und B einer Gruppe G, zu denen ein Element $x \in G$ mit $x^{-1}Ax = B$ existiert; man sagt dann auch, x *transformiert* A in B, denn der durch x bestimmte innere >Automorphismus bildet gerade A auf B ab. Handelt es sich um Untergruppen, so spricht man von *konjugierten Untergruppen*. Die Anzahl der zu A k. K. (bzw. Untergruppen) ist gleich dem Index des Normalisators von A unter G und somit Teiler der Ordnung von G. Die Eigenschaft, konjugiert zu sein, ist eine Äquivalenzrelation. Insbesondere heißen zwei Elemente $a, b \in G$ konjugiert, wenn es ein $x \in G$ mit $x^{-1}ax = b$ gibt. G zerfällt in elementfremde *Klassen konjugierter Elemente* (= *Ähnlichkeitsklassen* = *Konjugiertenklassen*); ihre Anzahl ist die *Klassenzahl* von G. Ist die Gruppe G endlich von der Ordnung n und sind $K_1, \ldots, K_r$ die Klassen konjugierter Elemente (insbesondere macht stets das Einselement eine Klasse für sich aus), wobei K_i aus genau k_i Elementen besteht, so gilt die sog. *Klassengleichung* $n = \sum_{i=1}^{r} k_i$. Eine Untergruppe, die mit allen ihren konjugierten übereinstimmt, heißt >*Normalteiler*.

Lit.: [G 23], [G 39 I] [G 42]
GORTSCHAKOW, JU. M. (Ю. М. Горчаков): Группы с конечными классами сопряженных элементов. Nauka, Moskau 1978.

konjugierte Punkte >endliche Drehgruppen

konjugierte Untergruppen >konjugierte Komplexe

konjugierte Zahl >Lipschitzsche Algebra

Konjugiertenklasse >konjugierte Komplexe

konjugierter Körper >konjugierte Erweiterungen

konjugierter Vektor >Lipschitzsche Algebra

konjugiertes Element >symmetrische Algebra

konjunktive Matrizen = hermitesch kongruente Matrizen ›hermitesche Kongruenz

Konkomitante = ›Komitante, auch ›Invariantentheorie

konkordant heißen zwei binäre ›quadratische Formen $a_1x^2 + b_1xy + c_1y^2$ und $a_2x^2 + b_2xy + c_2y^2$ gleicher Diskriminante, für die a_1, a_2 und $\frac{1}{2}(b_1 + b_2)$ teilerfremd sind.

konkordante hyperkomplexe Größen heißen nach Brandt zwei ganze Elemente α, β einer Algebra A über dem Quotientenkörper eines ›Dedekindschen Rings R, die in der gleichen, aus lauter R-ganzen Elementen bestehenden ›R-Ordnung liegen.

Lit.: Brandt, H.: Idealtheorie in Quaternionenalgebren. Math. Ann. **99** (1928), 1–29.

konormale Kategorie ›Kern

konsekutive Elemente ›Nachbar

konservativer Funktionenkörper heißt ein ›algebraischer Funktionenkörper K in einer Unbestimmten über k, dessen Geschlecht bei keiner Konstantenerweiterung abnimmt, z. B. ein Funktionenkörper mit vollkommenem Konstantenkörper. Falls K nichtkonservativ ist (was auch im separabel-erzeugbaren Fall möglich ist), gibt es einen eindeutig bestimmten minimalen Wert $g_0(K/k)$, bis zu dem das Geschlecht bei Konstantenerweiterungen abnehmen kann, das sog. *konservative Geschlecht* von K/k; dieses wird schon bei einer geeigneten endlichen rein inseparablen Konstantenerweiterung angenommen und unterscheidet sich vom Geschlecht um ein Vielfaches von $\frac{p-1}{2}$ mit $p = \text{char } K$. Für k. F. ist das Geschlecht $g(K/k)$ natürlich gleich $g_0(K/k)$.

konservatives Geschlecht ›konservativer Funktionenkörper

Konstante ›Differentialring

Konstantenerweiterung ›Grundringerweiterung

Konstantenkörper eines ›algebraischen Funktionenkörpers, eines ›Differentialringes, für eine ›Derivation

Konstantenring ›Derivation

Konstantenreduktion: Ist K ein ›algebraischer Funktionenkörper über k und wird eine Spezialisierung bzw. nichtarchimedische ›Bewertung von k so auf

K fortgesetzt, daß der Restklassenkörper $\bar{K}$ der Spezialisierungsfortsetzung bzw. Bewertungsfortsetzung über seinem Teilkörper $\bar{k}$ ein algebraischer Funktionenkörper gleicher Dimension wie K über k ist, so heißt $\bar{K}/\bar{k}$ eine K. von K/k. Ist insbesondere K ein separabel erzeugbarer konservativer algebraischer Funktionenkörper einer Unbestimmten über k und M ein solches System von Primdivisoren zu diskreten Bewertungen des Ranges l von k, daß jedes Element von k für fast alle $\mathfrak{p}$ eine Einheit ist, so gibt es zu fast allen $\mathfrak{p}$ von M eine K., für die $\bar{k}$ der genaue Konstantenkörper von $\bar{K}$ und das Geschlecht $g(\bar{K}/\bar{k}) = g(K/k)$ ist (*reguläre K.*; gilt insbesondere für endlich-algebraische Zahlkörper k). Bei regulärer K. besteht ein enger Zusammenhang zwischen der Arithmetik in K/k und der in $\bar{K}/\bar{k}$, ähnlich wie bei Konstantenerweiterungen; z. B. besitzen Divisoren und Differentiale eindeutige Restabbildungen.

Konstantenring ›Derivation, ›Differentialring

konstantes Glied ›Polynom

Konstituent ›Permutationsgruppe, ›direktes Produkt, ›Darstellung einer Gruppe

Kontinuante (= *Kettenbruchdeterminante*) heißt eine Determinante der Form

$$\begin{vmatrix} b_0 & -1 & 0 & \dots\dots\dots & & 0 \\ a_1 & b_1 & -1 & 0 & \dots\dots & \\ 0 & a_2 & b_2 & -1 & \dots\dots & \\ \dots & \dots & \dots & \dots & \dots & \dots \\ 0 & \dots\dots & & 0 & a_n & b_n \end{vmatrix}.$$

Die Bezeichnung rührt davon her, daß man durch sie die Näherungszähler A_n und -nenner B_n eines Kettenbruchs darstellen kann, z. B. ist die obige K. gleich A_n; B_n entsteht daraus durch Streichen der ersten Zeile und Spalte. ›Muirsches Symbol.

Lit.: PERRON, O.: Die Lehre von den Kettenbrüchen I, II. Teubner, Stuttgart 1954, 1957.

kontinuierliche Familie von Transformationen = kontinuierliche ›Transformationsgruppe

kontinuierliche Geometrie (= *kontinuierlichdimensionale Geometrie*) heißt ein vollständiger komplementärer modularer Verband L, in dem für ein beliebiges System von Elementen a_α mit α aus einer gerichteten Indexmenge D und $a_\alpha \leqq a_{\alpha'}$ bei $\alpha \geqq \alpha'$ die Gleichung $b \wedge \left(\bigvee_{\alpha \in D} a_\alpha\right) = \bigvee_{\alpha \in D} b \wedge a_\alpha$ mit $b \in L$ sowie die dazu duale Bedingung gilt (*Stetigkeitsaxiome*).

Lit.: [V 2], [V 12]
MAEDA, F.: Kontinuierliche Geometrie. Springer, Berlin 1958.
NEUMANN, J. VON: Continuous geometry. Princeton University Press, Princeton 1966.

kontinuierliche Gruppe: 1. Gelegentlich Synonym für ›topologische Gruppe.

2. *k. G. von r Parametern* oder *der Dimension* oder *Ordnung r* (*r-parametrige Gruppe, r-gliedrige Gruppe*) heißt eine Gruppe G, die zugleich eine r-dimensionale zusammenhängende Mannigfaltigkeit ist, die bez. der damit gegebenen Topologie eine ›topologische Gruppe ist. Handelt es sich nur um eine ›lokale Gruppe, so spricht man von einer *lokalen k. G.*

G genügt dem 2. Abzählbarkeitsaxiom. Je nach dem zugrunde gelegten Körper spricht man von einer reellen bzw. komplexen k. G. (von der reellen bzw. komplexen Dimension r); im folgenden werden im allgemeinen reelle k. G. betrachtet. Die k. G. heißt *geschlossen*, wenn sie als Mannigfaltigkeit geschlossen, d. h. kompakt, ist; anderenfalls *offen*.

Jede k. G. ist als topologische Gruppe zu einer zusammenhängenden ›Lieschen Gruppe isomorph.

Eine kommutative r-gliedrige k. G. G_r ist zum direkten Produkt einer n-dimensionalen Vektorgruppe R_n mit einer k-dimensionalen Torusgruppe T_k ($r = n + k$) isomorph. Eine eindimensionale k. G. ist stets kommutativ, also isomorph zu R_1 oder T_1.

Eine Untergruppe G einer k. G. G_r kann k. G. (von der Dimension $\leqq r$) sein; anderenfalls heißt sie *diskontinuierlich*. G ist genau dann *diskret*, wenn es eine offene Umgebung gibt, die nur das Einselement enthält.

Kommutative k. G. derselben Dimension sind lokal isomorph (›lokaler Homomorphismus), aber nicht notwendig schlechthin isomorph. Z. B. ist die ›projektive Gruppe der Transformationen $x \mapsto x' = \dfrac{ax + b}{cx + d}$ zur unimodularen Gruppe SL (2) lokal isomorph.

Zu einer k. G. G gibt es stets eine bis auf Isomorphie eindeutig bestimmte einfachzusammenhängende k. G. $\tilde{G}$, die zu G lokal isomorph ist, die *universelle* ›*Überlagerungsgruppe* von G; sie läßt sich als Gruppe der Homotopieklassen homotoper Wege mit dem festen Anfangspunkt e = Einselement von G konstruieren. Der lokale Isomorphismus läßt sich zu einem offenen Homomorphismus von $\tilde{G}$ auf G (der *Projektionsabbildung* der Überlagerungsgruppe) fortsetzen, dessen Kern gerade die *erste Homotopiegruppe* von G (Gruppe der geschlossenen Wege mit festem Anfangspunkt modulo Homotopie), die *Fundamentalgruppe, Poincarésche Gruppe* oder *Konnexionsgruppe* von G. ist; z. B. ist die universelle Überlagerungsgruppe der eindimensionalen Torusgruppe T_1 die eindimensionale Vektorgruppe R_1; die Fundamentalgruppe von T_1 ist die Gruppe der ganzen rationalen Zahlen.

K. G. treten häufig als >Transformationsgruppen von Mengen und Mannigfaltigkeiten auf. Jeder k. G. G_r lassen sich zwei Transformationsgruppen der unterliegenden Mannigfaltigkeit G_r zuordnen, die sog. *erste* und *zweite Parametergruppe* Π_r und Π'_r. Beide bestehen aus denselben Elementen wie G_r, die erste mit dem Multiplikationsgesetz von G_r (sie ist also zu G_r isomorph), die zweite mit dem entgegengesetzten: $g \circ g' = g'g$ (sie ist also antiisomorph zu G_r). Sie operieren auf den Elementen x der Mannigfaltigkeit G_r gemäß $(g, x) \mapsto g \cdot x$ bzw. $x \cdot g$.

Strukturkonstanten, infinitesimale Transformationen und die diesbezüglichen Aussagen lassen sich für k. G. mit zweimal stetig differenzierbaren Koordinatenfunktionen wie bei >Lieschen Gruppen einführen. Durch Lösung der entsprechenden gewöhnlichen Differentialgleichungssysteme kann man das allgemeine Element einer kontinuierlichen Transformationsgruppe einer Mannigfaltigkeit aus den infinitesimalen Transformationen erhalten und in diesem Sinne die Gruppe durch ihre infinitesimalen Transformationen erzeugen.

Eine kontinuierliche Familie von Transformationen einer Mannigfaltigkeit M, die in lokalen Koordinaten (wie bei kontinuierlichen Transformationsgruppen) in der Form $x'^i = f^i(a^1, \ldots, a^r; x^1, \ldots, x^n)$ gegeben wird, die die identische und zu jeder Transformation die inverse enthält, ist genau dann eine Transformationsgruppe, wenn sie die Differentialgleichungen $\frac{\partial x'^i}{\partial a^h} = \sum \varphi_h^l(a)\, X_l x'^i$ erfüllen, wo X_l die infinitesimalen Transformationen sind (*erster Liescher Fundamentalsatz*); dabei werden die Funktionen φ_1^l durch die Koordinatenschreibweise $c^l = \varphi^l(a^1, \ldots, a^r; b^1, \ldots, b^r)$ $(l = 1, \ldots, r)$ des Gruppengesetzes $c = ab$ gegeben und $\varphi_h^l = \frac{\partial \varphi^l}{\partial a^h}$. Wenn die auf einer n-dimensionalen Mannigfaltigkeit M erklärten Operationen X_h $(h = 1, \ldots, r)$ linear unabhängig sind und den *Lieschen Strukturgleichungen* $(X_k, X_l) = \sum c_{kl}^h X_h$ mit konstanten Strukturkonstanten c_{kl}^h genügen, so definieren die entsprechenden infinitesimalen Transformationen eine r-gliedrige lokale Gruppe, die genau dann Gruppe ist, wenn sich durch Integration eindeutige Transformationen von M ergeben (*zweiter Liescher Fundamentalsatz*).

Erfüllt ein System von Konstanten c_{kl}^h mit $c_{kl}^h + c_{lk}^h = 0$ die Lieschen Identitäten für die Strukturkonstanten, so gibt es eine k. G., die die c_{kl}^h als Strukturkonstanten besitzt (*dritter Liescher Fundamentalsatz*).

>Liesche Gruppe

Lit.: [G 25], [G 31]

CARTAN, É.: La théorie des groupes finis et continus et l'Analysis situs. Gauthier-Villars, Paris 1930.

CARTAN, É.: La théorie des groupes finis et continus et la géométrie. Gauthier-Villars, Paris 1937.

MONTGOMERY, D., L. ZIPPIN: Topological transformation groups. Interscience, New York 1955.

VRANCEANU, G.: Vorlesungen über Differentialgeometrie I. Akademie-Verl., Berlin 1961.

kontragredient ›kontravariant

kontragrediente ›**Matrix**

kontravariant heißt in der ›Invariantentheorie eine Größen- oder Symbolreihe $x_1, \ldots, x_n$, die dieselbe lineare homogene Transformation erleidet wie die Punkte desjenigen n-dimensionalen Koordinatenraums, für den die Transformationsgruppe, die der Betrachtung zugrunde liegt, erklärt ist.

Eine Reihe $u'_1, \ldots, u'_n$ heißt *kovariant*, wenn sie so transformiert wird, daß die Linearform $(u'x) = \sum u'_i x_i$ absolut invariant bleibt.

Zwei Reihen heißen *kogredient*, wenn sie beide gleich transformiert werden, also beide kovariant oder beide kontravariant sind. Sie heißen *kontragredient*, wenn die eine kovariant, die andere kontravariant ist.

Lit.: [I 12]

kontravariante Koordinaten ›Linearform, ›Tensor

kontravarianter Funktor ›Kategorientheorie

kontravarianter Index ›Tensor

kontravarianter Morphismenfunktor ›Kategorientheorie

kontravarianter ›**Tensor**

kontravarianter Vektor ›Linearform

konverse ›**Relation**

konvex ›Ordnungshomomorphismus

konvexe Untergruppe (= *isolierte Untergruppe*) einer halbgeordneten Gruppe G (›geordnete Gruppe) heißt eine Untergruppe H von G, die konvex ist, d. h., die mit zwei Elementen a, b mit $a \leqq b$ auch das ganze ›Intervall $[a, b]$ enthält. Die Faktorgruppe G/H von G nach einem konvexen Normalteiler H wird in natürlicher Weise halbgeordnet, indem man $aH \leqq bH$ genau dann setzt, wenn $a' \leqq b'$ für gewisse $a' \in aH$ und $b' \in bH$ gilt; der natürliche Homomorphismus $G \to G/H$ wird dann ein ›Ordnungshomomorphismus. Umgekehrt ist der Kern jedes Ordnungshomomorphismus einer geordneten Gruppe k. U. Die k. U. einer angeordneten Gruppe bilden bezüglich der Inklusion eine linear geordnete Menge, deren Ordnungstypus der *Rang* von G heißt. Ist H konvexer Normalteiler von G, so gilt Rang G = Rang H + Rang G/H. Eine linear geordnete Gruppe hat genau dann den Rang 1, wenn sie›archimedisch ist. Zwei Elemente einer linear geordneten Gruppe gehören genau dann zur selben *archimedischen Klasse*, wenn sie dieselbe k. U. erzeugen.

Eine Untergruppe H einer ordnungsfähigen Gruppe G, die bei jeder linearen Ordnung k. U. ist, heißt ***absolut k. U.***, eine nur bei gewissen linearen Ordnungen k. U. ***relativ k. U.*** H ist genau dann absolut k. U., wenn für $g \notin H$, $a \in H$ stets $S(g) \cap S(ga)$ nicht leer ist, wo $S(x)$ die kleinste x enthaltende invariante Unterhalbgruppe ist. Der Durchschnitt und die Vereinigung aller nichttrivialen relativ k. U. ist absolut k. U. Abelsche torsionsfreie Gruppen besitzen keine nichttrivialen absolut k. U.

Lit.: [A 13], [O 1], [O 2]

Koordinaten ›Vektorraum, einer ›lokalen Gruppe, eines ›Tensors

koprimär ›assoziierte Primideale

Koprodukt ›Kategorientheorie, ›Koalgebra

Kopunkt(objekt) ›Kategorientheorie

Koradikalklasse ›Radikale in Ringen

Korand[operator] ›Kettenkomplex

Korang ›Dimension eines Ideals

Koreflexion ›reflexive Unterkategorie

Koretraktion ›Kategorientheorie

Körper (= *Rationalitätsbereich*) heißt ein vom Nullring verschiedener kommutativer Ring K, in dem alle Elemente $\neq 0$ Einheiten sind, d. h., ein Inverses besitzen, also ein kommutativer ›Schiefkörper. In einem K. ist eine Gleichung $ax = b$ mit $a \neq 0$ stets (eindeutig) nach x auflösbar. Wichtige Spezialfälle: K. der rationalen Zahlen $\mathbb{Q}$, K. der reellen Zahlen $\mathbb{R}$, K. der komplexen Zahlen $\mathbb{C}$, ›algebraische Zahlkörper, ›Galois-Felder, p-adische Körper, Funktionenkörper.

Gelegentlich werden auch Schiefkörper K. genannt, dann heißt ein K. im obigen Sinne *kommutativer K.*

›Charakteristik eines K.

Lit.: [A 9III], [A 14], [A 15III], [A 16], [A 17I], [A 18], [K 1], [K 6], [K 8], [Z 16]
Purkert, W.: Zur Genesis des abstrakten Körperbegriffs I, II, NTM-Schriftenr. Gesch. Naturw., Techn. u. Med., Leipzig 10 (1973), H. 1, 23–37; H. 2, 8–20.
Weil, A.: Foundations of Algebraic Geometry. Amer. Math. Soc., New York 1946.

Körper algebraischer Funktionen = ›algebraischer Funktionenkörper

Körperadjunktion ›Adjunktion, ›Körpererweiterung

Körperbasis ›algebraische Erweiterung

Körpererweiterung: Sind die (nicht notwendig kommutativen) ›Körper K, k gemäß $k \subset K$ ineinander enthalten, so heißt k *Unterkörper* oder *Teilkörper* (veraltet auch *Divisor* oder *Teiler*) von K und K *Oberkörper*, *Erweiterungskörper*, kurz auch *Erweiterung* von k, und man drückt diesen Sachverhalt auch dadurch aus, daß man von der K. oder kurz der *Erweiterung* K/k (K *über* k) spricht; insbesondere wird damit auch der Übergang von k zu K bezeichnet. Jeder Körper L mit $k \subset L \subset K$ heißt auch *Zwischenkörper* der K. K/k. Ist M eine Untermenge von K, so heißt der kleinste Zwischenkörper, der M enthält, der von M über k *erzeugte Körper* und wird mit $k(M)$ oder auch (k, M) bezeichnet; man sagt auch, L (oder auch die K. L/k) entstehe aus k durch ›*Adjunktion* (oder *Körperadjunktion*) der Menge M; wenn M aus den Elementen $\alpha_1, \ldots, \alpha_m$ besteht, schreibt man auch $L = k(\alpha_1, \ldots, \alpha_m)$ oder $(k, \alpha_1, \ldots, \alpha_m)$. Um eine Vereinigungsmenge mehrerer Mengen zu adjungieren, kann man so vorgehen, daß man nacheinander die einzelnen Teilmengen adjungiert. $k(M)$ besteht aus allen Elementen von K, die sich rational (d. h. durch endlichmalige Anwendung der Körperoperationen) aus den Elementen von k und M gewinnen lassen, besteht also im Falle kommutativer Körper aus allen Quotienten von Polynomen in den Elementen von M mit Koeffizienten aus k. Sind dabei insbesondere die Elemente von M algebraisch über k, so heißt $k(M)/k$ ›*algebraische K.*, und es ist $L = k(M) = k[M]$, wird also bereits durch Ringadjunktion von M zu k gewonnen (besteht also aus allen Polynomen in den Elementen von M mit Koeffizienten aus k); sind dagegen die Elemente von M unabhängige Transzendente, so ist $k(M)$ ein *rationaler Funktionenkörper*.

Eine K., die sich bereits durch Adjunktion eines (sog. *primitiven*) Elements α erhalten läßt, heißt *einfache K.*, und zwar *einfache algebraische K.* (= *einfache algebraische Erweiterung*) oder *einfache transzendente K.* je nachdem, ob α algebraisch oder transzendent über k ist. Eine K., die sich durch Adjunktion endlich vieler Elemente gewinnen läßt, heißt ›*endliche K.*

Zwei *Erweiterungen* K_1/k und K_2/k heißen *äquivalent*, und man nennt K_1 und K_2 *äquivalent über* k, wenn es einen *Körperisomorphismus über* k (kurz: k-›*Isomorphismus*) zwischen K_1 und K_2 gibt, d. h. einen Isomorphismus, der k elementweise fest läßt; man schreibt dann auch $K_1 \cong K_2$ bezüglich k (Spezialfall: ›konjugierte Erweiterungen). Je zwei einfache transzendente K. eines Körpers k sind stets äquivalent; zwei einfache algebraische K. $k(\alpha)$ und $k(\beta)$ sind genau dann äquivalent, wenn α und β Nullstellen desselben in $k[X]$ irreduziblen Polynoms $\varphi(X)$ sind, und zwar gibt es dann genau einen k-Isomorphismus, der α in β überführt.
›separabel

Lit.: [A 16], [A 17 I], [A 18 I]

Körperpolynom = ›charakteristisches Polynom 4.

Körpertopologie ›topologischer Ring

Korrespondenz = bijektive ›Abbildung

koseparierende Menge = ›Generatormenge

Kostrikinsches Radikal ›engelsches Element

Koszul-Komplex: Sei R kommutativer Ring, M R-›Modul, I eine (endliche) Menge und p eine ganze Zahl $\geqq 0$. $C_I^p(M)$ sei der R-Modul der alternierenden Abbildungen $m: I^p \to M$, d. h. $m(\alpha_{\pi(1)}, \ldots, \alpha_{\pi(p)}) = \chi(\pi) \cdot m(\alpha_1, \ldots, \alpha_p)$ für $\alpha_i \in I$ und jede Permutation π von $(1, \ldots, p)$, $m(\alpha_1, \ldots, \alpha_p) = 0$, wenn zwei Argumente gleich sind. Ist $x = (x_i)_{i \in I}$ eine Familie von paarweise vertauschbaren R-Endomorphismen von M (insbesondere von Elementen von R), so erhält man durch die Folge von Moduln und Homomorphismen $\cdots \to C_I^p(M)$ $\xrightarrow{\partial^p} C_I^{p+1}(M) \to \cdots$ mit $(\partial^p m)(\alpha_1, \ldots, \alpha_{p+1}) = \sum_{j=1}^{p+1} (-1)^{j+1} x_{\alpha_j} m(\alpha_1, \ldots, \alpha_{j-1}, \alpha_{j+1}, \ldots, \alpha_{p+1})$ einen (›Ketten-) Komplex (die Hintereinanderausführung von zwei aufeinanderfolgenden Homomorphismen ergibt 0), den *aufsteigenden K.* zum Modul M und der Folge von Endomorphismen $(x_1, \ldots, x_n)$. Dual dazu ist der *absteigende K.* erklärt, gewöhnlich kurz *K.* genannt. Man kann ihn direkt folgendermaßen beschreiben:

Seien $x_1, \ldots, x_n \in R$ und Re_i ein freier R-Modul vom Rang 1 mit dem Basiselement e_i $(i = 1, \ldots, n)$. Hierdurch wird ein Komplex $K_.(x_i)$: $0 \to K_1(x_i) = Re_i \xrightarrow{x_i} K_0(x_i) = R \to 0$ definiert (›Kettenkomplex), wo der angegebene Homomorphismus x_i von K_1 nach K_0 durch $e_i \mapsto x_i$ bestimmt ist; die übrigen K_j sind 0. Ein beliebiger R-Modul M wird als Komplex $M_.$ mit $M_j = 0$ für $j \neq 0$ und $M_0 = M$ betrachtet. Die durch $K_.(x, M) = K_.(x_1, \ldots, x_n, M) = M_. \otimes K_.(x_1) \otimes \cdots \otimes K_.(x_n)$ und $C_.(x) = C_.(x_1, \ldots, x_n) = C_. \otimes K_.(x_1) \otimes \cdots \otimes K_.(x_n)$, wo C ein beliebiger Komplex ist, definierten Komplexe heißen K.

Für eine beliebige M-reguläre Folge $x_1, \ldots, x_n$ in R gilt für die Homologiegruppen $H_p(K_.(\underline{x}, M)) = 0$ für $p > 0$ und $H_0(K_.(\underline{x}, M)) = M \big/ \sum_{i=1}^{n} x_i M$.

Lit.: [EA 10], [R 24], [R 31]

Köthesches Radikal ›Nilradikal, auch ›Radikale in Ringen

kouniverselle Eigenschaft ›abgeleiteter Funktor

kovariant ›kontravariant

Kovariante ›Invariantentheorie, ›Größe für eine Gruppe, ›Komitante

kovariante Koordinaten ›Linearform, eines ›Tensors

kovarianter Funktor ›Kategorientheorie

kovarianter Index ›Tensor

kovarianter Vektor ›Linearform

Kovereinigung ›Vereinigung

kovollständige Kategorie ›Kategorientheorie

Kozyklus ›Kettenkomplex

Krakovianen (= *Cracoviens*) heißen nach Banachiewicz ›Matrizen, deren Produkt – abweichend von der üblichen Multiplikation „Zeilen mal Spalten" – nach der Vorschrift „Spalten mal Spalten" gebildet wird. Multipliziert man zwei mit ihren Zeilensummen geränderte K., so erhält man das Produkt der ursprünglichen K., gerändert mit den Summen seiner Zeilen und Spalten und der Gesamtsumme im Eckpunkt. Dieser Sachverhalt liefert in Spezialfällen bekannte Kontrollformeln aus der Ausgleichsrechnung. K. werden bei der numerischen Auflösung ›linearer Gleichungssysteme verwendet.

Lit.: Banachiewicz, T.: Principes d'une nouvelle technique de la méthode des moindres carrés. C.r. mensuels des sciences mathématiques et naturelles, Akad. Umiejetności, Kraków 1938.
Faddejew, D. K., W. N. Faddejewa: Numerische Methoden der linearen Algebra, DVW, Berlin 1964.

Kranzprodukt (= *Gruppenkranz*): A und B seien gegebene Gruppen, für jedes $b \in B$ sei A_b eine zu A isomorphe Gruppe, a_b das hierbei dem Element $a \in A$ entsprechende Element und A^B das uneingeschränkte ›direkte Produkt aller Gruppen A_b für $b \in B$. Jedes Element $b_0 \in B$ bewirkt eine Permutation der Faktoren von A^B und definiert demnach gemäß $f^{\tau_{b_0}}(b) = f(b_0 b)$ für $f \in A^B$, $b \in B$ einen ›Automorphismus τ_{b_0} von A^B. Das bez. dieses Homomorphismus $\tau: B \to \mathrm{Aut}\, A^B$ definierte ›semidirekte Produkt von A mit B heißt *uneingeschränktes* (oder *vollständiges*) *K.* von A mit B und wird mit $A \,\mathrm{Wr}\, B$ bezeichnet.

Wählt man statt des uneingeschränkten das eingeschränkte (diskrete) direkte Produkt, so erhält man auf diese Weise das *diskrete K.* $A \,\mathrm{wr}\, B$.

Als Verallgemeinerung kann man die Gruppe B als ›Permutationsgruppe einer Menge I betrachten und statt A^B die analog definierte Gruppe A^I nehmen. Man kann auch statt A^B eine beliebige Gruppe K nehmen, die durch zu A isomorphe Untergruppen A_i ($i \in I$) erzeugt wird, so daß jeder Permutation von I ein Automorphismus von K entspricht.

Ersetzt man das direkte Produkt im diskreten *K.* durch ein verbales Produkt, so erhält man ein entsprechendes *verbales K.*

Lit.: [D 10], [G 19], [G 26II]

KALUŽNIN, L. P., P. M. BELECKIJ, V. Z. FEJNBERG: Kranzprodukte. Teubner, Leipzig 1987.
KERBER, A.: Representations of Permutation Groups. I. Representations of Wreath Products and Applications to the Representation Theory of Symmetric and Alternating Groups. LNM 240. Springer, Berlin 1971.
WELLS, C.: Some applications of the wreath product construction. Amer. Math. Monthly 83 (1976), 317–338.

Kreiskomposition ›quasiregulär

Kreiskörper ›Einheitswurzeln

Kreisprodukt ›quasiregulär

Kreisteilungsgleichung ›Einheitswurzeln

Kreisteilungskongruenz heißt in Analogie zur Kreisteilungsgleichung (›Einheitswurzeln) die Kongruenz $x^n \equiv 1 \bmod m$ nach einem beliebigen Modul; ihre Lösungsanzahl kann mittels der Theorie der primitiven Kongruenzwurzeln bestimmt werden.

Kreisteilungskörper ›Einheitswurzeln

Kreisteilungspolynom ›Einheitswurzeln

Kreiswurzelkörper ›Einheitswurzeln

Kronecker, Satz von: Notwendig und hinreichend dafür, daß die Potenzreihe $\sum a_n z^n$ eine rationale Funktion darstellt, ist das Verschwinden sämtlicher Determinanten $|a_0|$, $\begin{vmatrix} a_0 & a_1 \\ a_1 & a_2 \end{vmatrix}$, $\begin{vmatrix} a_0 & a_1 & a_2 \\ a_1 & a_2 & a_3 \\ a_2 & a_3 & a_4 \end{vmatrix}$, ... bis auf endlich viele.

Kronecker-Capelli, Satz von, ›lineares Gleichungssystem

Kronecker-Produkt (= *tensorielles Produkt*) **1.** K. von Matrizen $A = (a_{ij})$ und $B = (b_{kl})$ über einem Ring R vom Format $m \times n$ bzw. $r \times s$ heißt die $mr \times ns$-Matrix $C = A \otimes B$, deren allgemeines Element $c_{(i,k),(j,l)} = a_{ij} b_{kl}$ ist; als Zeilenindizes fungieren die Paare (i, k) von Zeilenindizes von A und B, als Spaltenindizes die Paare (j, l) von Spaltenindizes. Wenn A und B ›lineare Abbildungen von ›Vektorräumen V bzw. W bezüglich der Basen $\{u_i\}$ bzw. $\{v_k\}$ beschreiben, so beschreibt das K. $A \otimes B$ gerade das ›Tensorprodukt dieser Abbildungen für das Tensorprodukt $V \otimes W$ bezüglich der Basis $\{u_i v_k\}$. Um das K. von A und B wieder in Rechteckform als Matrix zu schreiben, muß man sich auf eine bestimmte Anordnung der Indexpaare festlegen, etwa dadurch, daß man $A \otimes B$ als Übermatrix (>Matrix) gemäß $A \otimes B = \begin{pmatrix} a_{11}B & \dots & a_{1n}B \\ \dots & \dots & \dots \\ a_{m1}B & \dots & a_{mn}B \end{pmatrix}$ schreibt. Es gelten die Regeln

$$A \otimes (B + B') = A \otimes B + A \otimes B', \qquad (A + A') \otimes B = A \otimes B + A' \otimes B.$$

Ist R kommutativer Ring mit Einselement, so gilt auch $(\alpha A) \otimes B = A \otimes (\alpha B) = \alpha(A \otimes B)$ für $\alpha \in R$ und, wenn A und B, A' und B' quadratische Matrizen gleicher Reihenzahl sind, $(A \otimes A')(B \otimes B') = (AB) \otimes (A'B')$; für die >Determinanten quadratischer Matrizen A und B der Reihenzahl m bzw. r gilt dann $\det(A \otimes B) = (\det A)^r (\det B)^m$. Sind A und B quadratisch und invertierbar, so auch $A \otimes B$, und $(A \otimes B)^{-1} = A^{-1} \otimes B^{-1}$. Für den Übergang zur transponierten Matrix gilt $(A \otimes B)^{\mathsf{T}} = A^{\mathsf{T}} \otimes B^{\mathsf{T}}$.

2. K. von R-Algebren >tensorielles Produkt von R-Algebren

3. K. von >Darstellungen einer Gruppe

Lit.: Zu **1.** (A 17 II], [Enz 1,6], [M 8]

Kroneckers Verfahren der Faktorzerlegung eines >Polynoms $f(X)$ über einem >Integritätsbereich R, in dem jedes von 0 verschiedene Element nur endlich viele >Teiler besitzt (insbesondere also über $\mathbb{Z}$): Ist Grad $f = n$, so kann o. B. d. A. angenommen werden, daß bei einer nichttrivialen Zerlegung $f = gh$ gilt Grad $g \leqq r + \left[\frac{n}{2}\right]$. Man wähle $r + 1$ verschiedene Elemente $c_0, \dots, c_r$ in R, die nicht Nullstelle von f sind; dann folgt $g(c_i) \mid f(c_i)$. Für jedes i läßt man $d_i \in R$ alle Teiler von $f(c_i)$ durchlaufen, einschließlich der assoziierten Teiler. Dann gilt für eines dieser Systeme $d_0, \dots, d_r$: $g(c_i) = d_i$ $(i = 0, \dots, r)$. Bestimmt man also zu jedem System $d_0, \dots, d_r$ das Polynom vom Grade $\leqq r$ mit dieser Eigenschaft (etwa durch Lagrangesche oder Newtonsche Interpolation), so findet man unter diesen endlich vielen $g(X)$ alle Polynome, die für eine Faktorzerlegung von f überhaupt in Frage kommen.

Lit.: [A 16]

Kroneckersche Eliminationsmethode >Eliminationstheorie

Kroneckersche Matrix >quadratische Form

Kroneckersche Produktgröße >Größe für eine Gruppe

Kronecker-Symbol >Matrix

Kronecker[-Weber]scher Satz: Jeder absolut-abelsche Körper ist Teilkörper eines Kreiskörpers (Spezialfall des Anordnungssatzes der Klassenkörpertheorie). Das bedeutet, daß alle algebraischen Zahlen eines >algebraischen Zahlkörpers mit abelscher ›Galois-Gruppe (über dem rationalen Zahlkörper) rationale Verbindungen von Einheitswurzeln sind.

Lit.: [Z 7]

Krull-Azumaya, Lemma von, ›Lemma von Nakayama

Krull-Bewertung = allgemeine ›Bewertung

Krull-Dimension ›Dimension eines Ideals

Krull-Ring heißt ein ›Integritätsbereich (mit 1) R, für den gilt: a) Für jedes Primideal $\mathfrak{p}$ der Höhe 1 in R ist die Lokalisierung $R_\mathfrak{p}$ noetherscher ›Bewertungsring. b) Jedes Hauptideal aR $(a \neq 0)$ von R ist Durchschnitt endlichvieler Primärideale der Höhe 1.

Bedingung b) ist äquivalent zu den Bedingungen: Jedes Hauptideal von R besitzt nur endlich viele Primoberideale der Höhe 1; der Durchschnitt der Lokalisierungen $R_\mathfrak{p}$ für alle Primideale $\mathfrak{p}$ der Höhe 1 ist gleich R.

Ein K. ist ein ›normaler Ring. Umgekehrt ist ein normaler Ring genau dann K., wenn er Bedingung b) genügt. Ein noetherscher normaler Ring ist stets K. (Ein K. braucht nicht noethersch zu sein; Gegenbeispiel: Polynomringe in unendlich vielen Unbestimmten über einem Körper.)

Ein Ring ist genau dann K., wenn er Integritätsbereich ist und sein Quotientenring K eine Familie diskreter ›Bewertungen v_i besitzt, deren zugehörige Bewertungsringe R als Durchschnitt haben und für die zu jedem $x \neq 0$ aus K nur für endlich viele Indizes $v_i(x) \neq 0$ ist.

Beispiele: diskrete Bewertungsringe, Hauptidealringe, Durchschnitte endlich vieler in einem gemeinsamen Oberkörper enthaltener K., der Durchschnitt eines K. mit einem Unterkörper seines Quotientenkörpers, Dedekindsche Ringe, ZPE-Ringe.

Lit.: [A 18II], [EC 7], [K 4], [R 25], [R 24]
Larsen, M. D., P. J. McCarthy: Multiplicative Theory of Ideals. Academic Press, New York 1971.

Krullscher Durchschnittssatz: Ist M endlich erzeugter unitärer Modul über dem kommutativen noetherschen Ring R mit Einselement und $\mathfrak{a}$ Ideal von R, so ist $\bigcap_n \mathfrak{a}^n M = 0$ gleichbedeutend damit, daß kein Element a von R mit $a - 1 \in \mathfrak{a}$ Nullteiler bezüglich M ist. Dabei heißt ein Element $a \in R$ *Nullteiler bezüglich eines Moduls* M, wenn es ein $m \in M$ mit $am = 0$ und $m \neq 0$ gibt.

Folgerung: Für das ›Jacobsonsche Radikal $\mathfrak{m}$ von R gilt $\bigcap_n \mathfrak{m}^n M = 0$, insbesondere ist $\bigcap_n \mathfrak{m}^n = 0$; das ist insbesondere auf das maximale Ideal $\mathfrak{m}$ eines ›lokalen Rings anwendbar (eigentlicher K. D.) und ergibt hierfür durch Übergang zum Restklassenring modulo dem Ideal $\mathfrak{a}$ die Aussage $\bigcap_n (\mathfrak{m}^n + \mathfrak{a}) = \mathfrak{a}$.

Lit.: [R 25]

K-Theorie (*algebraische K.*) befaßt sich mit der Theorie der *K-Funktoren* K_0, K_1 usw., die mit der Abweichung der Theorie der projektiven Moduln und ihrer Automorphismen über Ringen von der Theorie der ›linearen Gruppen über Körpern zusammenhängen.

Ist $\mathcal{A}$ eine ›abelsche Kategorie, so ist $K_0(\mathcal{A})$ die abelsche Gruppe mit den Erzeugenden $[A]$, wo A die Objekte von $\mathcal{A}$ durchläuft, und den Relationen $[A] = [A'] + [A'']$ zu jeder kurzen ›exakten Sequenz $0 \to A' \to A \to A'' \to 0$. $K_0(\mathcal{A})$ besitzt die universelle Eigenschaft, daß sich jede Abbildung f der Objektklasse von $\mathcal{A}$ in eine abelsche Gruppe G mit $f(A) = f(A') + f(A'')$ für kurze exakte Sequenzen obiger Form eindeutig gemäß 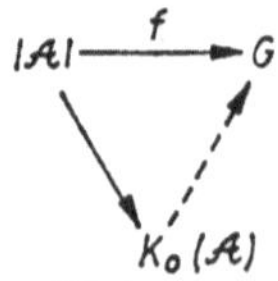

faktorisieren läßt.

Wenn R ein Ring und $\mathcal{P}_R$ die Kategorie der endlich erzeugten ›projektiven R-Moduln ist, so setzt man $K_0(R)$, die sog. *Grothendieck-Gruppe* von R, gleich $K_0(\mathcal{P}_R)$. K_0 ist ein Funktor von der Kategorie der Ringe in die Kategorie der abelschen Gruppen. Für die Kategorie $\mathcal{A}$ der endlichdimensionalen Vektorräume über dem Körper k ist $K_0(\mathcal{A}) = \mathbb{Z}$, ebenso für die Kategorie der endlich erzeugten abelschen Gruppen.

Verallgemeinerung: $F: \mathcal{A} \times \mathcal{A} \to \mathcal{A}$ sei Bifunktor. Dann ist $K_0(\mathcal{A}, F)$ die abelsche Gruppe mit den Erzeugenden $[A]$ für $A \in |\mathcal{A}|$ und den Relationen: a) $[A] = [B]$, wenn A isomorph zu B ist, b) $[F(A, B)] = [A] + [B]$. Im Falle der Kategorie $\mathcal{A}$ der endlich erzeugten Moduln vom Rang 1 über dem kommutativen Ring R heißt $K_0(\mathcal{A}, \otimes_R) = \text{Pic}\,(R)$ die *Picard-Gruppe* von R; dabei hat ein endlich erzeugter R-Modul P den *Rang* 1, wenn $R_p \otimes_R P$ für jedes Primideal P von R (Lokalisierung) isomorph zur Lokalisierung R_p ist. Mit P und Q hat dann auch das ›Tensorprodukt $P \otimes Q$ den Rang 1. Derartige endlich erzeugte projektive R-Moduln A vom Rang 1 heißen auch *umkehrbar* (›Ordnung eines Rings); sie sind dadurch ausgezeichnet, daß es zu ihnen einen zweiten Modul B gibt mit $A \otimes_R B \cong R$.

Wenn $\mathcal{A}$ eine ›abelsche Kategorie ist, sei $\mathcal{A}[x]$ die Kategorie mit den Paaren (A, f) mit $A \in |\mathcal{A}|$ und f aus dem Endomorphismenring End (A) des Objekts A als Objekten, während die Morphismen $H: (A, f) \to (B, g)$ durch die kommutativen Diagramme 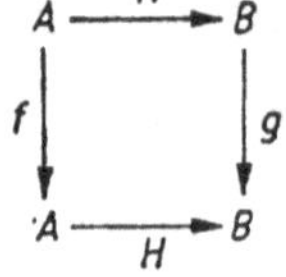

gegeben werden. $K_1(\mathcal{A})$ ist dann die abelsche Gruppe mit den Erzeugenden $[(A, f)]$ und den folgenden Relationen:

a) $[(A, f)] = [(A', f')] + [(A'', f'')]$,
wenn $0 \to (A', f') \to (A, f) \to (A'', f'') \to 0$ exakt ist;
b) $[(A, fg)] = [(A, f)] + [(A, g)]$.

Ein kovarianter Funktor $T: \mathcal{A} \to \mathcal{B}$, der kurze exakte Sequenzen erhält, induziert durch $[(A, f)] \mapsto [(Ta, Tf)]$ einen Homomorphismus $K_1(\mathcal{A}) \to K_1(\mathcal{B})$.

Für einen Ring R ist $K_1(R)$, die *Whitehead-Gruppe* von R, gleich K_1 von der Kategorie der endlich erzeugten projektiven R-Moduln. Wenn $\mathcal{F}$ die Kategorie der endlich erzeugten freien R-Moduln ist, so bewirkt die Inklusionsabbildung $K_1(\mathcal{F}) \to K_1(R)$ einen Isomorphismus.

Sei R^n die direkte Summe von n Exemplaren R und die ›lineare Gruppe $\mathrm{GL}(n, R)$ die Automorphismengruppe von R^n. Die Identifizierung von $f \in \mathrm{GL}(n, R)$ mit dem Objekt (R^n, f) induziert einen Gruppenhomomorphismus $\mathrm{GL}(n, R) \to K_1(\mathcal{F})$. Ränderung der Abbildungsmatrizen: $X \mapsto \begin{pmatrix} X & 0 \\ 0 & 1 \end{pmatrix}$ induziert eine Einbettung $\mathrm{GL}(n, R) \to \mathrm{GL}(n+1, R)$, die mit dem obigen Gruppenhomomorphismus kommutiert. $\mathrm{GL}(R)$ sei der ›direkte Limes $\varinjlim \mathrm{GL}(n, R)$. Der Kern $E(R)$ des entstehenden surjektiven Homomorphismus $\mathrm{GL}(R) \to K_1(R)$ ist direkter Limes der Gruppen $E(n, R)$, die von den n-reihigen sog. *elementaren Matrizen* (= *Elementarmatrizen*) e_{ij}^{λ} = Einheitsmatrix + λe_{ij} erzeugt werden, wo e_{ij} die Matrix mit 1 an der Stelle (i, j) und sonst lauter Nullen ist. $E(R)$ ist die ›Kommutatorgruppe von $\mathrm{GL}(R)$; die Faktorgruppe $\mathrm{GL}(R)/E(R)$ ist also (bis auf Isomorphie) gleich der Whitehead-Gruppe $K_1(R)$.

Die Gruppe $\mathrm{St}(n, R)$ ist für $n \geqq 3$ die Gruppe mit den Erzeugenden $x_{ij}(s)$ $(s \in R, 1 \leqq i, j \leqq n, i \neq j)$ und den Relationen

$$x_{ij}(s)\, x_{ij}(t) = x_{ij}(s+t), \qquad [x_{ij}(s), x_{kl}(t)] = \begin{cases} 1 & \text{für } i \neq l,\ j \neq k, \\ x_{il}(st) & \text{für } j = k,\ i \neq l. \end{cases}$$

Durch Bildung des direkten Limes für $n \to \infty$ erhält man hieraus die *Steinberg-Gruppe* $\mathrm{St}(R)$ und einen natürlichen Homomorphismus $\varphi: \mathrm{St}(R) \to E(R)$ mit $\varphi(x_{ij}(s)) = e_{ij}^{s}$. Der Kern von φ ist die sog. *Milnor-Gruppe* $K_2(R)$; sie fällt mit dem Zentrum von $\mathrm{St}(R)$ zusammen. Für die Kommutatorgruppen gilt:

$$[\mathrm{St}(R), \mathrm{St}(R)] = \mathrm{St}(R), \qquad [E(R), E(R)] = E(R).$$

Im Falle eines Schiefkörpers R mit der multiplikativen Gruppe R^* ist $K_0(R) = \mathbb{Z}$ (Gruppe der ganzen Zahlen), $K_1(R) = R^*/[R^*, R^*]$; $K_2(\mathbb{Z}]$ ist eine zyklische Gruppe der Ordnung 2. Für ein Galois-Feld R ist $K_2(R) = (0)$.

Sei $\mathfrak{a}$ zweiseitiges Ideal des Rings R. Es wird gesetzt:

$$\mathrm{GL}(R, \mathfrak{a}) = \mathrm{Ker}\,(\mathrm{GL}(R) \to \mathrm{GL}(R/\mathfrak{a})), \quad \mathrm{St}(R, \mathfrak{a}) = \mathrm{Ker}\,(\mathrm{St}(R) \to \mathrm{St}(R/\mathfrak{a})),$$

$$E(R, \mathfrak{a}) = \mathrm{Ker}\,(E(R) \to E(R/\mathfrak{a})), \quad K_2(R, \mathfrak{a}) = \mathrm{Ker}\,(\mathrm{St}(R, \mathfrak{a}) \to \mathrm{GL}(R, \mathfrak{a})),$$

$$K_1(R, \mathfrak{a}) = \mathrm{Coker}\,(\mathrm{St}(R, \mathfrak{a}) \to \mathrm{GL}(R, \mathfrak{a})).$$

Dann erhält man die exakte Sequenz

$$0 \to K_2(R, \mathfrak{a}) \to K_2(R) \to K_2(R/\mathfrak{a}) \to K_1(R, \mathfrak{a}) \to K_1(R) \to K_1(R/\mathfrak{a})$$
$$\to K_0(R, \mathfrak{a}) \to K_0(R) \to K_0(R/\mathfrak{a}).$$

Es ist $G_0(R) = K_0(\mathcal{A})$, wo $\mathcal{A}$ die Kategorie der noetherschen R-Linksmoduln ist. Für linksreguläre Ringe R (d. h., R ist linksnoethersch, und jeder endlich erzeugte R-Linksmodul M hat endliche ›homologische Dimension) ist der Homomorphismus $K_0(R) \to G_0(R)$ ein Isomorphismus.

Die sog. *Stabilitätssätze* sagen die Invarianz der Gruppen $K_i(R)$ oder von Untergruppen bei gewissen Grundringerweiterungen aus.

Lit.: ATIYA, M. F.: K-theory. Harvard University, Cambridge/Mass. 1965.
BASS, H.: Topics in algebraic K-theory. Tata Institute of Fundamental Research, Bombay 1966.
BASS, H.: Algebraic K-theory. Benjamin, New York 1968.
BASS, H. (ed.): Algebraic K-Theory I, II, III. LNM 341–343. Springer, Berlin 1973.
BUCUR, I.: Selected Topics in Algebra. Editura Academiei Bucureşti, Reidel Dordrecht 1984.
GERSTEN, S. M.: Higher K-Functors, in: R. GORDON (ed.): Ring theory. Academic Press, New York 1972, 153–159.
KAROUBI, M.: K-Theory. Springer, Berlin 1978.
MANIN, Y. J.: K-Theory, Arithmetic and Geometry, LNM 1289. Springer, Berlin 1987.
LAM, T. Y., M. K. SIU: K_0 and K_1 – an introduction to algebraic K-theory. Amer. Math. Monthly 82 (1975), 329–364.
MILNOR, J.: Introduction to algebraic K-theory. Princeton University Press, University of Tokyo Press, Princeton 1971.
SWAN, R. G.: Algebraic K-theory. Springer, Berlin 1968.
SWAN, R. G., E. G. EVANS: K-theory of finite groups and orders. LNM 149. Springer, Berlin 1970, 1985.

kubische ›**Resolvente**

kubischer Nichtrest ›kubischer Rest

kubischer Rest modulo m heißt eine ganze Zahl a, für die die Kongruenz $x^3 \equiv a \bmod m$ lösbar ist, anderenfalls *Nichtrest* (›Potenzrest). Im Falle einer Primzahl p ist nach dem *Eulerschen Kriterium* für die Lösbarkeit von $x^3 \equiv a \bmod p$ bei $(a, p) = 1$ notwendig und hinreichend, daß $a^{(p-1)/q} \equiv 1 \bmod p$ ist mit $q = (3, p-1)$; es gibt dann q verschiedene Lösungen modulo p.

Künnethsche Formel: Ist L ein ›Kettenkomplex von R-Linksmoduln und K ein Komplex von R-Rechtsmoduln, so daß die Kettengruppen $C_n(K)$ und die Rändergruppen $B_n(K)$ für alle n ›flache Moduln sind, so gibt es für jede Dimension n eine kurze ›exakte Sequenz

$$0 \to \sum_{m+q=n} H_m(K) \otimes_R H_q(L) \xrightarrow{p} H_n(K \otimes_R L)$$

$$\xrightarrow{\beta} \sum_{m+q=n-1} \operatorname{Tor}_1^R \left(H_m(K), H_q(L)\right) \to 0.$$

Hierin ist β ein natürlicher Homomorphismus und p das durch den Homomorphismus $p: H_m(K) \otimes_R H_q(L) \to H_{m+q}(K \otimes_R L)$ gegebene ›Homologieprodukt, das dem ›Tensorprodukt der Klassen cls u und cls v von Zyklen u und v in K und L die Klasse des Tensorprodukts zuordnet: $p(\text{cls}\, u \otimes \text{cls}\, v) = \text{cls}\,(u \otimes v)$. Wenn die obige Sequenz aufspaltet, was z. B. dann der Fall ist, wenn R links- und rechtsseitig ›hereditär ist und die Komplexe K und L projektiv sind, so ergibt sich das Mittelglied als direkte Summe der beiden Außenglieder.

Die Formel läßt sich zur Berechnung der Homologiegruppen des topologischen Produkts zweier topologischer Räume anwenden.

Lit.: [H 1], [H 3], [H 4]

kürzbares Element (= *reguläres Element*): Ein Element a einer Menge A mit einer binären (partiellen) ›Operation · heißt ***rechtskürzbar*** oder ***rechtsregulär***, wenn aus der Existenz und Gleichheit der Produkte $x \cdot a$ und $y \cdot a$ $(x, y \in A)$ stets $x = y$ folgt. Analog ist die ***Linkskürzbarkeit*** (***Linksregularität***) eines Elements erklärt. Ein Element heißt *k.* (= ***regulär***), wenn es sowohl rechts- als auch linkskürzbar ist. Die *Verknüpfung* selbst heißt ***rechts-*** bzw. ***linksregulär*** bzw. ***regulär***, wenn alle Elemente rechts- bzw. linkskürzbar bzw. kürzbar sind.

Lit.: [A 16]

Kürzen ›Bruch

Kurzwort ›Wort

L

Lagrange, Satz von: 1. für Gruppen ›Restklasse

2. Eine Kongruenz $a_0x^n + a_1x^{n-1} + \cdots + a_n \equiv 0 \bmod p$ mit $a_0 \neq 0$ nach einem Primzahlmodul p hat höchstens n Lösungen.

3. ›Bauersche Kongruenz

Lagrangesche ›**Resolvente**

Lagrangesche Wurzelzahl ›Resolvente

Länge ›Permutation, ›Dimension einer halbgeordneten Menge, ›Quaternionenalgebra, eines ›halbeinfachen Moduls

Länge eines ›**Primärideals** $\mathfrak{q}$ ist die Länge einer $\mathfrak{q}$ mit dem zugehörigen Primideal $\mathfrak{p}$ verbindenden Kompositionsreihe, d. h. die maximale Länge einer $\mathfrak{q}$ mit $\mathfrak{p}$ verbindenden Idealkette.

Länge eines ›**Wortes**

längenendliche Halbordnung ›längenendlicher Verband

längenendlicher Verband (= *Verband von lokal endlicher Länge* = *beschränkt längenendlicher Verband*, auch: *archimedischer Verband*) heißt ein ›Verband, in dem jede ›Kette $a < b < \cdots < r$ mit kleinstem und größtem Element endliche Länge besitzt. Allgemein wird auf diese Weise eine *längenendliche halbgeordnete Menge* (*längenendliche Halbordnung*) definiert. In einem l. V. läßt sich jede Kette von a nach b (ohne Benutzung des Auswahlaxioms) in eine maximale Kette von a nach b einbetten.

Lit.: [Enz 1,13], [V 8]

Laplacesche Formel ›Determinante

Laplacescher Satz [für ›**Determinanten]**

Lasker-Noether, Satz von, ›Primärkomponentenzerlegung

laskerscher Modul ›laskerscher Ring

laskerscher Ring heißt ein kommutativer Ring R, in dem jedes Ideal eine ›Primärkomponentenzerlegung besitzt. Ein ›R-Modul M heißt *laskerscher Modul*, wenn er endlich erzeugt ist und jeder Untermodul von ihm eine Primärzerlegung in M besitzt. Ein endlich erzeugter Modul über einen l. R. ist laskersch.

Lit.: [EC 4]

Laskersches Theorem ›Primärkomponentenzerlegung

Leitglied eines ›Polynoms, in der ›Invariantentheorie (Semiinvariante)

Leitideal ›Formenring

Leitkoeffizient ›Polynome

3 × 3-Lemma = ›Neunerlemma

Levi-Malzewsches Theorem ›Levische Unteralgebra

Levi-v.-d.-Waerden, Satz von: Eine von n Elementen erzeugbare Gruppe G vom Exponenten 3 ist ›nilpotent, hat höchstens die Klasse 3, und ihre Ordnung ist Teiler von 3^k mit $k = n + \binom{n}{2} + \binom{n}{3}$; diese Schranke wird angenommen. Für alle $x, y \in G$ ist $[[x, y], y] = e$.

Lit.: [G 23]
LEVI, F., B. L. VAN DER WAERDEN: Über eine besondere Klasse von Gruppen. Abh. math. Sem. Univ. Hamburg **9** (1932), 154–158.

Levische Unteralgebra einer (endlichdimensionalen) ›Lieschen Algebra L heißt eine Unteralgebra S von L, zu der es eine direkte Zerlegung (als Modul) $L = S \oplus R$ (*Levische Zerlegung*) gibt, wo R das maximale auflösbare Ideal von L – das *Radikal* von L – ist. S ist isomorph zu L/R, also ›halbeinfach. Jede halbeinfache Unteralgebra S von L, für die die Summe $S + R$ gleich L ist, ist L. U. von L. Eine L. U. geht bei einem surjektiven Homomorphismus in eine L. U. über. Durch Anwendung eines Automorphismus σ von L geht eine Levische Zerlegung $S + R$ in eine Levische Zerlegung $S^\sigma + R$ über.

Wenn L Liesche Algebra über einem Körper der Charakteristik 0 und $N \subset R$ das maximale nilpotente Ideal von L ist, so ist für jedes z daraus $\exp \operatorname{ad} z = \sum_{i=0}^{\infty} \frac{(\operatorname{ad} z)^i}{i!}$, da abbrechend, wohldefiniert, und $\exp \operatorname{ad} z$ ist ein Automorphismus von L (adjungierte ›Darstellung). Das gilt insbesondere für die Elemente z aus dem *nilpotenten Radikal* $[L, L] \cap N$ von L, wo $[L, L]$ das Kommutatorideal von L ist; diese induzieren sog. *spezielle Automorphismen*. Das *Levi-Malcevsche Theorem* besagt, daß jede solche Liesche Algebra eine L. U. besitzt und je zwei L. U. durch einen speziellen Automorphismus auseinander hervorgehen.

Lit.: [EL 1], [L 4 III], [L 13]

Levische Zerlegung ›Levische Unteralgebra

Levitzkische Ungleichung ›I-Ring

Levitzkisches Nilradikal (= *Levitzkisches Radikal*) L (oder $\mathfrak{r}^{(L)}$) eines Rings R ist die Summe aller lokal nilpotenten Ideale von R. Es ist das maximale zweiseitige lokal nilpotente Ideal von R und enthält jedes lokal nilpotente Rechtsideal und Linksideal von R. Es ist gleich dem Durchschnitt derjenigen Primideale $\mathfrak{p}_\alpha$, für die $R/\mathfrak{p}_\alpha$ halbeinfach im Sinne von Levitzki ist. Das L. N. ist ein Radikal im Sinne der Radikaltheorie, d. h., das L. N. des Restklassenrings ist das Nullideal.
›lokal nilpotenter Ring, ›Radikale in Ringen

Lit.: [R 30]
LEVITZKI, J.: On the radical of a general ring. Bull. Amer. Math. Soc. **49** (1943), 461–466.

Levitzkisches Radikal = ›Levitzkisches Nilradikal

l-Gruppe = ›Verbandsgruppe

l-Halbgruppe ›geordnete Halbgruppe

L-Homomorphismus ›Untergruppenverband

L-Ideal ›angeordneter Ring

l-Ideal ›Verbandsgruppe

liegt über ›Spektrum eines Rings

Liesche Algebra (= *Lie-Algebra*, auch: *infinitesimale Gruppe*) heißt ein unitärer ›R-Modul L über einem Ring R mit Eins mit einem bilinearen Kompositionsgesetz, gewöhnlich als *Kommutatorbildung* [,] bezeichnet: $L \times L \ni (x, y) \mapsto [x, y] \in L$, das folgenden Bedingungen genügt: a) $[x, x] = 0$ (und daher stets $[x, y] = -[y, x]$), b) $[x, [y, z]] + [y, [z, x]] + [z, [x, y]] = 0$ (*Jacobische Identität*); es handelt sich also um eine spezielle ›nichtassoziative Algebra. R ist in der Regel ein Körper K, normalerweise der Körper der reellen bzw. komplexen Zahlen (*reelle* bzw. *komplexe L. A.*), und L meist endlichdimensionaler Vektorraum über K. Das Produkt $[x, y]$ (für das durchaus auch die Schreibweise xy zulässig ist) heißt *Kommutator* von x und y. Man sagt, x und y *kommutieren*, wenn $[x, y] = 0$ ist. Die L. A. L heißt *abelsch* oder *kommutativ*, wenn $[x, y] = 0$ für beliebige $x, y \in L$ gilt.

Beispiele: a) die Menge $E(V)$ der ›linearen Abbildungen eines ›Vektorraums V über K in sich (*Endomorphismen*) mit der Kommutatorbildung $[A, B] = AB - BA$ für $A, B \in E(V)$ (das Produkt AB bedeutet die Hintereinanderausführung); b) die Menge der ›Derivationen einer K-Algebra mit der Verknüpfung $[D_1, D_2] = D_1D_2 - D_2D_1$; c) die L. A. zu einer ›Lieschen Gruppe.

Liesche Unteralgebra von L heißt ein Untermodul B, der zugleich L. A. bezüglich der Operationen von L ist, wozu ausreicht, daß $[x, y] \in B$ für beliebige $x, y \in B$ gilt. B heißt *Ideal* oder *invariante Unteralgebra*, wenn sogar $[a, x] \in B$ für jedes $a \in B$ und $x \in L$ gilt. Der Restklassenmodul L/B bildet dann bei repräsentantenweiser Verknüpfung $[x + B, y + B] = [x, y] + B$ eine L. A. ([*Liesche*] *Restklassenalgebra* oder *Faktoralgebra* von L). Homomorphismen, Isomorphismen usw. sind wie bei Algebren erklärt. Der *Kern* (Nullraum) eines Homomorphismus einer L. A. L ist ein Ideal in L, und für ein Ideal B ist die Abbildung $x \mapsto x + B$ ein Homomorphismus von L auf die Faktoralgebra L/B.

Nach dem *Satz von Birkhoff-Witt* läßt sich jede L. A. L über einem Körper aus einer assoziativen K-Algebra U, der ›*universellen Hüllalgebra* von L, durch Einführung der Kommutatorbildung als Verknüpfung gewinnen.

Nach dem ›*Adoschen Theorem* ist jede endlichdimensionale L. A. über einem Körper der Charakteristik 0 zu einer Unteralgebra einer Matrizenalgebra isomorph.

Eine L. A. L heißt ***halbeinfach***, wenn sie keine vom Nullideal verschiedenen auflösbaren Ideale besitzt. Das ist bei einer endlichdimensionalen L. A. über einem Körper der Charakteristik 0 genau dann der Fall, wenn eine der folgenden Bedingungen gilt:

a) L enthält kein vom Nullideal verschiedenes abelsches Ideal.

b) Die >Killing-Form von L ist nichtausgeartet (*Cartansches Kriterium*).

c) L ist direkte Summe nichtabelscher einfacher Ideale.

d) Jede endlichdimensionale lineare >Darstellung von L ist vollständig reduzibel.

e) Die eindimensionalen Kohomologiegruppen von L mit Werten in einem beliebigen endlichdimensionalen L-Modul sind trivial.

Die L. A. über einem festen Ring, die einem festen System von Identitäten genügen, bilden eine >Varietät.

>Levische Unteralgebra.

Dual zu L. A. lassen sich Liesche >Koalgebren definieren (vgl. MICHAELIS).

Lit.: [A 13], [EL], [G 31], [L 2], [L 4], [L 9]–[L 14], [L 16], [L 17], [L 18], [L 23], [L 24]

DIEUDONNÉ, J.: Grundzüge der modernen Analysis, Bd. 4. DVW, Berlin 1976.

DRUCKER, D.: Exceptional Lie algebras and the structure of Hermitian symmetric spaces. Amer. Math. Soc., Providence 1982.

GANGOLLI, R. A., V. S. VARADARAJAN: Harmonic Analysis of Spherical Functions and Real Reductive Groups. Erg. Math. **101**. Springer, Berlin 1988.

HOWE, R.: Very basic Lie theory. Amer. Math. Monthly **90** (1983), 600–623.

MICHAELIS, W.: Lie coalgebras. Adv. in Math. **38** (1980), 1–54.

MICHAELIS, W.: The Dual Poincaré-Birkhoff-Witt Theorem. Adv. in Math. **57** (1985), 93–162.

Liesche Faktoralgebra >Liesche Algebra

Liesche Fundamentalsätze >kontinuierliche Gruppe

Liesche Gleichungen >Liesche Gruppe

Liesche Gruppe (= *Lie-Gruppe*) heißt eine Gruppe G, die zugleich analytische Mannigfaltigkeit ist, so daß die Abbildung $(x, y) \mapsto xy^{-1}$ des direkten Produkts $G \times G$ in G analytisch ist. Daher müssen in einer hinreichend kleinen Umgebung des Einselements die Koordinaten c^i des Produkts $c = ab$ von $a, b \in G$ analytische Funktionen der Koordinaten a^j und b^j von a und b sein: $c^i = \varphi^i(a^1, \ldots, a^r, b^1, \ldots, b^r)$. G heißt ***reelle*** oder ***komplexe*** ***L. G.*** je nachdem, Lo die Mannigfaltigkeit komplex oder reell ist; es werden aber auch ***p-adische*** b. G. betrachtet. Allgemeiner versteht man unter einer ***analytischen Gruppe*** eine >topologische Gruppe, die zugleich analytische Mannigfaltigkeit über einem bez. einer nichttrivialen multiplikativen >Bewertung vollständigen Körper ist. G heißt ***n-parametrig***, ***n-gliedrig*** oder ***n-dimensional***, wenn sie als Mannigfaltigkeit n-dimensional ist. Beispiele für L. G. sind die >linearen Gruppen über $\mathbb{R}$ oder $\mathbb{C}$ und ihre abgeschlossenen Untergruppen, z. B. ›unitäre Gruppen, ›orthogonale Gruppen, ›symplektische Gruppen.

Nach der positiven Lösung des *V. Hilbertschen Problems* (durch J. v. NEUMANN für kompakte Gruppen, durch PONTRJAGIN für lokalkompakte Gruppen und durch GLEASON, MONTGOMERY und ZIPPIN im allgemeinen Fall) ist bereits jede Mannigfaltigkeit, die zugleich bez. der durch die Mannigfaltigkeit gegebenen Topologie ›topologische Gruppe ist, als topologische Gruppe zu einer L. G. isomorph.

Eine Untermenge von G, die zugleich Untergruppe von G als abstrakter Gruppe und Untermannigfaltigkeit von G als analytischer Mannigfaltigkeit ist, heißt (*Liesche*) *Untergruppe* von G. Eine abgeschlossene Untergruppe einer reellen L. G. G ist nach einem Satz von J. v. NEUMANN und É. CARTAN automatisch Liesche Untergruppe. Eine Liesche Untergruppe N, die zugleich ›Normalteiler von G als abstrakter Gruppe ist, heißt *invariant* oder *Liescher Normalteiler*; wenn N außerdem abgeschlossen ist, läßt sich die ›*Faktorgruppe* G/N (die auch *Komplementärgruppe* oder *Restklassengruppe* heißt), in natürlicher Weise als L. G. auffassen. Deren Dimension ist gleich der Differenz der Dimensionen von G und von N.

Homomorphismus σ einer L. G. G_1 in eine L. G. G_2 (beide gleichzeitig reell oder komplex) heißt eine (reell- bzw. komplex-) analytische Abbildung von G_1 in G_2, die zugleich Gruppenhomomorphismus ist; Isomorphismen, Automorphismen usw. sind wie bei Gruppen, lokale Isomorphismen wie bei topologischen Gruppen erklärt. Im reellen Falle genügt es, statt Analytizität die Stetigkeit von σ zu fordern. Die natürliche Abbildung einer L. G. G auf die Faktorgruppe nach einem abgeschlossenen Lieschen Normalteiler ist ein Homomorphismus L. G.

Strukturkonstanten: Ist G eine r-dimensionale L. G. (oder allgemeiner eine ›kontinuierliche Gruppe mit wenigstens zweimal differenzierbaren Koordinatenfunktionen), so ergibt sich für die Koordinaten z^i des Produkts xy zweier hinreichend nahe beim Einselement e (Koordinaten 0) gelegener Punkte $x, y \in G$ mit den Koordinaten x^i, y^i nach dem Taylorschen Satz $z^i = x^i + y^i + \frac{1}{2} \sum_{j,k} a^i_{jk} x^j y^k$ + Glieder höherer Ordnung. Die Zahlen $c^i_{jk} = a^i_{jk} - a^i_{kj}$ heißen die *Strukturkonstanten* von G bezüglich des gewählten Koordinatensystems. Sie erlauben bis auf Größen höherer Ordnung die Berechnung des Kommutators $q = [x, y] = xyx^{-1}y^{-1}$: $q^i = \sum c^i_{jk} x^j y^k + \cdots$. Sie bilden die Koordinaten eines ›Tensors 3. Stufe, des *Strukturtensors* von G. Nach Definition gilt $c^p_{ij} = -c^p_{ji}$; aus der Assoziativität der Multiplikation folgen die *Lieschen Identitäten* $c^p_{is} c^s_{jk} + c^p_{js} c^s_{ki} + c^p_{ks} c^s_{ij} = 0$ (beachte überall die Summation über doppelt auftretende Indizes!). Durch Verjüngung bzw. Überschiebung ergeben sich der *Strukturvektor* $c_l = c^h_{lh}$, der *quadratische Strukturtensor* $c_{kl} = c^h_{ks} c^s_{lh}$ und der *kubische Strukturtensor* $c_{klp} = c^h_{ks} c^s_{lq} c^q_{ph}$ mit den Relationen $c_{kl} + c_{lk} = 0$, $c_{klp} = c_{lpk} = c_{pkl}$, $c_s c^s_{pl} = 0$, $c_{qs} c^s_{pl} + c_{lqp} - c_{lpq} = 0$, $c_{qs} c^s_{pl} + c_{ps} c^s_{ql} = 0$.

Ein anderer Zugang erfolgt über die *infinitesimalen Transformationen*. Dann berechnen sich die Koordinaten x'^i des Produkts ax in der Nähe des

Einselements gemäß $x'^i = x^i + \xi^i_h(x)\, a^h + \frac{1}{2}\, \xi^i_{hk}(x)\, a^h a^k +$ höhere Glieder (ist auch anwendbar auf die „Multiplikation" des Elements x einer Mannigfaltigkeit M mit dem Element a einer auf M operierenden kontinuierlichen ›Transformationsgruppe). Die Größen $X_h = \xi^i_h \frac{\partial}{\partial x^i}$ heißen *infinitesimale Transformationen*; sie sind linear unabhängig, gegenüber Koordinatentransformationen der Punkte x invariant und bilden gegenüber Transformationen der Koordinaten von a (*Parametertransformationen*) einen kovarianten Vektor. Für den Klammerausdruck $[X_k, X_l] = X_k X_l - X_l X_k$ erhält man gerade $c^h_{kl} X_h$. Es gilt die *Jacobische Identität* $[X_h, [X_k, X_l]] + [X_k, [X_l, X_h]] + [X_l, [X_h, X_k]] = 0$. G ist genau dann *kommutativ*, wenn alle Strukturkonstanten verschwinden.

Indem man in einem r-dimensionalen Vektorraum über $K = \mathbb{R}$ bzw. $\mathbb{C}$ eine Multiplikation [,] (Kommutatorbildung) einführt mit den Eigenschaften $[\alpha a + \beta b, c] = \alpha[a, c] + \beta[b, c]$ $(\alpha, \beta \in K)$, $[a, b] + [b, a] = 0$, $[a, [b, c]] + [b, [c, a]] + [c, [a, b]] = 0$, erhält man eine (Liesche) Algebra über K; wählt man die Kommutatorbildung insbesondere so, daß diese Algebra dieselben Strukturkonstanten wie die L. G. hat, daß also $[a, b]^i = c^i_{jk} a^j b^k$ gilt, so erhält man die *zu G gehörige* ›*Liesche Algebra* $L(G)$. Man kann $L(G)$ auch durch die infinitesimalen Transformationen mit der Klammerbildung als Multiplikation konstruieren oder formaler (was auf dasselbe hinausläuft) als den Vektorraum der (etwa *links-*) *invarianten Vektorfelder* X mit der Klammerbildung $Z = [X, Y]$ als Verknüpfung, die in den Koordinaten x^i, y^i, z^i in einem lokalen Koordinatensystem durch $z^j = y^i \frac{\partial x^j}{\partial \xi^i} - x^i \frac{\partial y^j}{\partial \xi^i}$ gegeben wird. Die umgekehrte Zuordnung von der Lieschen Algebra zur L. G. wird durch die ›Exponentialabbildung vermittelt. Die zusammenhängenden Lieschen Untergruppen von G entsprechen auf diese Weise eineindeutig den Lieschen Unteralgebren von $L(G)$, die Normalteiler von G den Idealen von $L(G)$, die Kommutatorgruppe von G dem ›derivierten Ring von $L(G)$ und die Homomorphismen von L. G. den Homomorphismen der zugehörigen Lieschen Algebren.

Die Glieder zweiter Ordnung der obigen Entwicklung erfüllen die Relationen $\frac{\partial \xi^i_l}{\partial x^j} \xi^j_k = \frac{1}{2} c^h_{kl} \xi^i_h + \xi^i_{kl}$, aus denen durch Vertauschung von k und l und Subtraktion die *Lieschen Gleichungen* (*Strukturgleichungen*) $\xi^j_k \frac{\partial \xi^i_l}{\partial x^j} - \xi^j_l \frac{\partial \xi^i_k}{\partial x^j} = c^h_{kl} \xi^i_h$ für die Komponenten der infinitesimalen Transformationen folgen. Für die Ableitungen $\varphi^l_h = \frac{\partial \varphi^l}{\partial a^h}$ gelten die ›*Maurer-Cartanschen Gleichungen*

$$\frac{\partial \varphi^l_h}{\partial a^k} - \frac{\partial \varphi^l_k}{\partial a^h} = c^l_{rs} \varphi^r_h \varphi^s_k .$$

Zwei L. G. sind *isomorph*, wenn sie dieselben Strukturkonstanten besitzen. Sie sind *lokal isomorph*, wenn ihre lokalen Koordinaten in der Umgebung des

Einselements abhängig (die einen also analytische Funktionen der anderen) sind.

Zu einer infinitesimalen Transformation $X = e^1X_1 + \cdots + e^rX_r$ gibt es eine weitere $Y = \lambda^1X_1 + \cdots + \lambda^rX_r$ mit $[X, Y] = \omega Y$; $\omega, \lambda^1, \ldots, \lambda^r$ genügen den Relationen $\lambda^k e^p c^s_{kp} - \omega\lambda^s = 0$; ω ist also Wurzel der *charakteristischen Gleichung* oder *Killingschen Gleichung*

$$\det(e^p c^s_{kp} - \omega\delta^s_k) \equiv \omega^r - \psi_1(e)\,\omega^{r-1} + \psi_2(e)\,\omega^{r-2} + \cdots + (-1)^{r-1}\psi_{r-1}(e)\,\omega = 0$$

$$\text{mit} \quad \psi_1(e) = e^k c_k, \qquad \varphi(e) = \psi_1^2(e) - 2\psi_2(e) = c_{ij}e^i e^j,$$

wo c_k der Strukturvektor und c_{ij} der quadratische Strukturtensor von G ist.

Die L. G. G heißt ›*auflösbar* oder *integrierbar*, wenn sie eine vollständige Reihe $G_1 \subset G_2 \subset \cdots \subset G_{r-1} \subset G_r = G$ von Normalteilern besitzt (wobei der Index stets die Dimension angibt. In diesem Falle läßt sich die Killingsche Gleichung in Faktoren zerlegen, die linear von den e^i abhängen. Eine L. G. ist genau dann *auflösbar*, wenn die Reihe ihrer (von den infinitesimalen Transformationen der Form $[X_i, X_j]$ erzeugten) derivierten Gruppen mit der Identität abbricht. Genau dann ist der kubische Strukturtensor symmetrisch. Das ist gleichbedeutend damit, daß für die infinitesimalen Transformationen ihrer derivierten Gruppe die quadratische Form $\varphi(e)$ oder die quadratische Form $\psi_2(e)$ verschwindet. Alle zweidimensionalen L. G. sind auflösbar.

›Rang der L. G. G heißt die Anzahl der unabhängigen Koeffizienten der Killingschen Gleichung; er ist gleich dem Minimum der Vielfachheiten des Eigenwerts 1 von ad x für alle x (›adjungierte Darstellung). G hat den Rang 0, wenn ihre sämtlichen zweiparametrigen Untergruppen kommutativ sind, die Killingsche Gleichung also $\omega^r = 0$ lautet, insbesondere also für die abelschen Gruppen. Umgekehrt sind die zweidimensionalen Gruppen vom Rang 0 abelsch. Eine Gruppe vom Rang 0 ist auflösbar. Die derivierte Gruppe hat genau dann den Rang 0, wenn sie auflösbar ist. Eine L. G. hat genau dann den Rang 0, wenn ihr Strukturvektor c_k und ihr quadratischer Tensor c_{kl} verschwinden.

Eine zusammenhängende L. G. heißt *einfach*, wenn sie nur sich selbst und die Einsuntergruppe als zusammenhängende Liesche Normalteiler besitzt. Das ist genau dann der Fall, wenn die zugehörige Liesche Algebra ›einfach ist. Die erzeugenden infinitesimalen Transformationen einer einfachen dreidimensionalen L. G. lassen sich so wählen, daß $[X_1, X_2] = X_3$, $[X_2, X_3] = X_1$, $[X_3, X_1] = X_2$ gilt. ›Killing-Cartansche Klassen einfacher Liescher Algebren.

Eine zusammenhängende (r-dimensionale) L. G. G_r heißt *halbeinfach*, wenn sie keinen (zusammenhängenden) auflösbaren Lieschen Normalteiler außer der Einsuntergruppe besitzt. Genau dann ist die zugehörige Liesche Algebra halbeinfach. Dieser Fall liegt genau dann vor, wenn der quadratische Strukturtensor c_{hk} nicht entartet und folglich die quadratische Form $\varphi(e)$ nicht entartet ist. Besitzt eine halbeinfache Gruppe G_r einen Normalteiler G_s, so zerlegt sie sich in das direkte Produkt zweier vertauschbarer halbeinfacher Gruppen G_s und G_{r-s}, jede halbeinfache L. G. ist also direktes Produkt endlich vieler einfacher Liescher Normalteiler. Jede L. G. G_r besitzt einen größten auflösbaren Normalteiler G_q und eine halbeinfache Untergruppe G_{r-q} mit $G_r \cap G_{r-q} = \{e\}$, $G_q \cdot G_{r-q} = G_r$, $G_r/G_q \cong G_{r-q}$. ›kanonische Koordinaten einer L. G.

Eine r-parametrige *komplexe L. G.* kann man, indem man die Koordinaten in Real- und Imaginärteil zerlegt, auch als eine reelle $2r$-dimensionale L. G. auffassen. An Stelle der komplex linear unabhängigen linearen Operatoren X_h $(h = 1, \ldots, r)$ führt man dann die $2r$ reell linear unabhängigen Operatoren X_h und $Y_h = iX_h$ ein, die jetzt den Strukturgleichungen $[X_k, X_l] = c^h_{kl}X_h$, $[X_k, Y_l] = c^h_{kl}Y_h$, $[Y_k, Y_l] = -c^h_{kl}X_h$ genügen. Diese Gruppe ist reell, wenn die c^h_{kl} reell sind. Man kann dann der alten, reellen $2r$-dimensionalen Gruppe eine reelle r-dimensionale mit den Operatoren X_h zuordnen, die sog. *reelle Form* der komplexen Gruppe (aus der sich die komplexe Gruppe durch *Komplexifizierung* ergibt). Eine komplexe L. G. braucht keine, kann aber auch mehrere reelle Formen besitzen.

Für einfache L. G. über beliebigen Körpern, insbesondere *Chevalley-Gruppen,* s. [L 3] und Steinberg. ›kontinuierliche Gruppe

Lit.: [EL], [G 25], [G 31], [L 1], [L 3], [L 4], [L 5], [L 9], [L 11], [L 12], [L 17], [L 19], [L 25]

Cartan, É.: La théorie des groupes finis et continus et l'Analysis situs. Gauthier-Villars, Paris 1930.

Cartan, É.: La théorie des groupes finis et continus et la géométrie différentielle. Gauthier-Villars, Paris 1937, 1951.

Dieudonné, J.: Grundzüge der modernen Analysis, Bd. 4. DVW, Berlin 1976.

Hochschild, G.: The Structure of Lie Groups. San Franzisco 1965.

Howe, R.: Very basic Lie theory. Amer. Math. Monthly **90** (1983), 600–623.

Montgomery, D., L. Zippin: Topological transformation groups. Interscience, New York 1955.

Steinberg, R.: Lectures on Chevalley groups. Yale University 1967.

Liesche p-Algebra (= *eingeschränkte Liesche Algebra* = *restricted Lie algebra*) heißt eine (›Liesche) Algebra (›R-Algebra) L über einem Körper (oder Ring) K der Charakteristik $p > 0$, in der eine Abbildung (sog. *p-Abbildung*) $a \mapsto a^{[p]}$ erklärt ist, so daß für $\alpha \in K$ gilt: $(\alpha a)^{[p]} = \alpha^p a^{[p]}$, $(a + b)^{[p]} = a^{[p]} + b^{[p]} + \sum_{i=1}^{p-1} s_i(a, b)$, wobei $is_i(a, b)$ der Koeffizient von λ^{i-1} in $(\operatorname{ad}(\lambda a + b))^{p-1} a = [\lambda a + b, [\lambda a + b, \ldots, [\lambda a + b, a] \ldots]]$ ($(p-1)$-fache Kommutatorbildung) ist (ad adjungierte ›Darstellung), $[a, b^{[p]}] = (\operatorname{ad} b)^p a$. Homomorphismus von L. p-A. ist eine Abbildung σ mit

$$(a + b)^\sigma = a^\sigma + b^\sigma, \quad (\alpha a)^\sigma = \alpha a^\sigma, \quad [a, b]^\sigma = [a^\sigma, b^\sigma], \quad (a^{[p]})^\sigma = (a^\sigma)^{[p]}.$$

Eine Derivation D von t heißt *eingeschränkte D.* (*restricted derivation*), wenn $Da^{[p]} = [[\ldots[Da, a], \ldots], a]$ ist ($(p-1)$-fache Kommutatorbildung). Da im Falle einer endlichdimensionalen Lieschen Algebra L mit nichtausgearteter ›Killing-Form jede Derivation innere Derivation ist, gibt es bei Charakteristik p zu jedem $a \in L$ ein eindeutig bestimmtes Element $a^{[p]}$ mit $(\operatorname{ad} a)^p$

= ad $a^{[p]}$; es gibt daher eine eindeutig bestimmte p-Abbildung, durch die L zu einer L. p-A. wird.

Lit.: [L 13], [L 16]
HUMPHREYS, J. E.: Restricted Lie algebras (and beyond), in: Algebraist's Hommage. Papers in Ring Theory and Related Topics. Contemp. Math. **13**. Amer. Math. Soc., Providence 1982, 91–98.
JACOBSON, N.: Restricted Lie algebras of characteristic p. Trans. Amer. Math. Soc. **50** (1941), 15–25.
SELIGMAN, G. B.: Lie algebras of prime characteristic. Amer. Math. Soc., Providence 1980.

Liesche Restklassenalgebra ›Liesche Algebra

Liesche Untergruppe ›Liesche Gruppe

Liescher Normalteiler ›Liesche Gruppe

Liescher Ring heißt ein ›nichtassoziativer Ring, in dem für beliebige Ringelemente x, y, z gilt: $x^2 = 0$ (und daher $xy = -yx$), $(xy)\,z + (yz)\,x + (zx)\,y = 0$ (*Jacobische Identität*). Die L. R. bilden eine Varietät. Spezialfall: ›Liesche Algebra.

Limesgruppe = ›Grenzgruppe

linear abhängig ›lineare Abhängigkeit

linear ›**geordnete Gruppe**

linear ›**geordnete Halbgruppe**

linear geordneter Körper bzw. **Ring** = ›angeordneter Ring

linear unabhängig ›lineare Abhängigkeit

lineare Abbildung: 1. L. A. = *Homomorphismus* = *R-lineare Abbildung* = *R-Modulhomomorphismus* = *lineare Funktion* eines R-Linksmoduls (insbesondere eines R-Linksvektorraums) M über dem Ring R in den R-Linksmodul M_1 heißt ein Operatorgruppenhomomorphismus, d. h. eine Abbildung $\sigma: M \to M_1$ mit (i) $(a \pm b)^\sigma = a^\sigma \pm b^\sigma$, (ii) $(\alpha \cdot a)^\sigma = \alpha \cdot a^\sigma$ für alle $a, b \in M$, $\alpha \in R$ (entsprechend für R-Rechtsmoduln und -vektorräume). Die gruppentheoretischen Begriffe (›Homomorphismus) übertragen sich: eine l. A. von M in sich heißt *Endomorphismus*, eine bijektive l. A. *Isomorphismus*, ein Isomorphismus von M auf sich *Automorphismus*.

Endomorphismen u, u' der R-Moduln M bzw. M' heißen *äquivalent*, wenn es Isomorphismen f_1, f_2 von M auf M' gibt mit $uf_1 = f_2u$; sie heißen *ähnlich*, wenn $f_1 = f_2$ gewählt werden kann. u und u' sind genau dann ähnlich, wenn die

Endomorphismen $X - u$ und $X - u'$ der $R[X]$-Moduln $M[X]$ bzw. $M'[X]$ äquivalent sind; hierbei bezeichnet X auch den Endomorphismus der Multiplikation mit der Unbestimmten X.

Ist N R-Untermodul von M, so heißt die Menge $\bar{a} = a + N$ der $a + x$ mit $x \in N$ die *Restklasse* mod N des Elements $a \in M$. Diese Restklassen bilden bei repräsentantenweiser Verknüpfung: $\bar{a} + \bar{b} = \overline{(a + b)}$, $\alpha \cdot \bar{a} = \overline{\alpha \cdot a}$ einen R-Linksmodul, den *Restklassen-*, *Faktor-* oder *Quotientenmodul* oder *Modulquotienten* M/N von M nach N; der Homomorphismus $a \mapsto \bar{a}$ von M auf M/N heißt *natürlicher* oder *kanonischer Homomorphismus*. Für eine l. A. σ von M in M_1 bilden die $x \in M$ mit $x^\sigma = 0$ einen Untermodul N von M, den *Kern* (Ker σ) von σ, und die Elemente x^σ mit $x \in M$ einen Untermodul M^σ von M_1, das *Bild* Im σ von σ. M_1/Im σ heißt der *Kokern* (Coker σ) von σ, M/Ker σ das *Kobild* (Coim σ) von σ. σ kann über den natürlichen Homomorphismus von M auf M/N faktorisiert werden, und M/N ist in natürlicher Weise isomorph zu Im σ (*Homomorphiesatz*).

Die l. A. von M in M_1 bilden bez. der durch $a^{\sigma+\tau} = a^\sigma + a^\tau$ erklärten Addition einen Modul $L(M, N_1)$ oder Hom (M, M_1), der vermöge der Festsetzung $a^{(\alpha \cdot \sigma)} = \alpha \cdot a^\sigma$ mit α aus dem Zentrum Z von R zu einem Z-Modul wird. Mit der Hintereinanderausführung als Multiplikation wird $L(M, N)$ zu einem Ring, dem ›Endomorphismenring von M.

Wählt man als M_1 einen R'-Modul und ersetzt die Forderung (ii) von oben durch $(\alpha \cdot a)^\sigma = \varphi(\alpha) \cdot a^\sigma$, wo φ ein Isomorphismus von R auf R' ist, so heißt σ eine *halblineare Abbildung* von M in bzw. auf M_1 bez. φ. Für $R = R' = \mathbb{C}$ heißt σ *antilinear* oder *konjugiert linear*, wenn man für $\varphi(a)$ die konjugiert-komplexe Zahl zu a wählt.

Eine l. A. eines R-Linksmoduls M in R heißt ›*Linearform*, die Menge $L(M, R)$ oder Hom (M, R) dieser l. A. bilden den sog. *Linearformenmodul* oder *dualen Modul* M^* von M, der durch die Festsetzung $x^{v\lambda} = x^v\lambda$ für $x \in M$, $v \in M^*$, $\lambda \in R$ zu einem R-Rechtsmodul wird.

Durch jede l. A. σ des R-Linksmoduls M in den R-Linksmodul M_1 wird in natürlicher Weise eine l. A. σ^T des R-Rechtsmoduls M_1^* in den R-Rechtsmodul M^* definiert, die *Transponierte* von σ heißt und jeder l. A. $v_1 : M_1 \to R$ aus M_1^* diejenige l. A. $v : M \to R$ aus M^* zuordnet, die sich durch Hintereinanderausführung von σ und v_1 ergibt. Schreibt man den Wert eines Elements aus M^* in einem Element aus M als *Skalarprodukt* $\langle \cdot, \cdot \rangle$, so bedeutet das gerade

$$\langle v_1, x^\sigma \rangle = \langle v_1^{\sigma^\mathsf{T}}, x \rangle \text{ für alle } x \in M,\ v_1 \in M_1^*.$$

Für die Verknüpfungen der l. A. gilt: $(\sigma + \tau)^\mathsf{T} = \sigma^\mathsf{T} + \tau^\mathsf{T}$, $(\alpha\sigma)^\mathsf{T} = \sigma^\mathsf{T}\alpha$ (α aus dem Zentrum von R) und $(\sigma\sigma_1)^\mathsf{T} = \sigma_1^\mathsf{T}\sigma^\mathsf{T}$, wenn σ_1 l. A. des Moduls M_1 in einen Modul M_2 ist.

Ist M isomorph zu M^{**} und M_1^{**} isomorph zu M_1, so gilt $(\sigma^\mathsf{T})^\mathsf{T} = \sigma$. Ist σ Isomorphismus von M auf M_1, so ist σ^T Isomorphismus von M_1^* auf M^*, und es gilt $(\sigma^\mathsf{T})^{-1} = (\sigma^{-1})^\mathsf{T}$. Diese kurz mit $\sigma^{\mathsf{T}-1}$ bezeichnete l. A. heißt die zu σ *kontragrediente Abbildung*.

2. L. A. = *Vektorraumhomomorphismus* eines (Links-) >Vektorraums V über dem Schiefkörper K in einen (Links-) Vektorraum V' über K heißt ein R-Modulhomomorphismus von V in V', also eine Abbildung T von V in V', die *additiv*: $T(x + y) = T(x) + T(y)$, und homogen ist: $T(\lambda x) = \lambda T(x)$ für $x, y \in V$, $\lambda \in K$. Der *Kern* Ker T (das Urbild von 0 bei T) und das *Bild* Im T sind dann Untervektorräume von V bzw. V', und es gilt $V \cong \operatorname{Ker} T \oplus \operatorname{Im} T$, für die *Dimensionen* also $\dim V = \dim \operatorname{Ker} T + \dim \operatorname{Im} T$. Speziell in der Analysis nennt man den Kern einer l. A. eines linearen Raums auch *Nullraum* und seine Elemente *Nullösungen*. Die Dimension von Im T heißt auch der *Rang* von T, die Dimension von Ker T der *Defekt* oder *Rangdefekt* von T.

Sind V und V' endlichdimensional und ist $\dim V = n$, $\dim V' = m$, so kann man die Elemente x von V bez. einer Basis $(e_1, \ldots, e_n)$ von V in der Form $x = \sum_{i=1}^{n} x^i e_i$, die von V' bez. einer Basis $(e'_1, \ldots, e'_m)$ von V' in der Form $x' = \sum_{j=1}^{m} x'^j e'_j$ mit $x^i, x'^j \in K$ schreiben und erhält

$$T(x) = \sum_i x^i T(e_i) = \sum_{i,j} x^i a_i^j e'_j \quad \text{mit} \quad T(e_i) = \sum_j a_i^j e'_j, \qquad a_i^j \in K,$$

kann also die l. A. in Matrizenform als $\boldsymbol{x}' = \boldsymbol{x}A$ schreiben, wo $\boldsymbol{x}$ und $\boldsymbol{x}'$ die Zeilenvektoren der Koordinaten von x bzw. x' und $A = (a_i^j)$ ist. (Im Falle von Rechtsvektorräumen muß man in der umgekehrten Reihenfolge multiplizieren; wenn K kommutativ ist, kann man zwischen der einen und der anderen Darstellung wählen.)

Die übrigen Begriffe und Aussagen für l. A. von R-Moduln übertragen sich. Insbesondere gehört zu der transponierten l. A. bez. der dualen Basen die transponierte Matrix zu A.

Für die direkte Summe von l. A. >direkte Summe von Matrizen.

Lit.: Zu **1.**: [A 14], [D 20], [Enz 1,6]
Zu **2.**: [M 4], [M 13]

lineare Abhängigkeit: Ein Element a eines R-Linksmoduls M (R Ring) heißt von einer Untermenge A von M *linear abhängig*, wenn es Linearkombination endlich vieler Elemente aus M ist: $a = \sum_{n=1}^{n} \alpha_i a_i$ mit $a_i \in M$, $\alpha_i \in R$, anderenfalls *linear unabhängig*. Wenn M unitärer Modul ist, bilden die von einer Untermenge A von M linear abhängigen Elemente gerade den von A erzeugten Untermodul von M. Die Untermenge A von M heißt *frei*, wenn eine Linearkombination paarweise verschiedener Elemente aus A nur dann $= 0$ ist, wenn alle Koeffizienten verschwinden. Wenn R sogar Schiefkörper, M also Vektorraum ist, so stellt die l. A. eine >Abhängigkeitsbeziehung dar, und „frei“ bedeutet dasselbe wie „linear unabhängig“; Begriffe und Aussagen für Abhängigkeitsbeziehungen übertragen sich also. (Für Rechtsmoduln gelten die analogen Aussagen mit Vertauschung der Faktoren.)

Lit.: [A 17 I], [EA 2], [Enz 1,6], [M 4]

Lineare Algebra: Gebiet der Mathematik, das sich insbesondere mit folgenden Themen befaßt: ›Vektorräume, ›R-Moduln, ›bilineare und multilineare Abbildungen, ›lineare Abbildungen, ›lineare Gleichungen und Gleichungssysteme, ›Matrizen und ›Determinanten, ›Hauptachsentransformation, auch ›quadratische Formen.

Lit.: [M 1]–[M 27]
CURTIS, C. W.: Lineare Algebra. Springer, Berlin 1984.
KLINGENBERG, W.: Lineare Algebra und Geometrie. Springer, Berlin 1984.
KOECHER, M.: Lineare Algebra und analytische Geometrie, Springer, Berlin 1985.
LANG, S.: Introduction to Linear Algebra. Springer, Berlin 1986.
LANG, S.: Linear Algebra. Springer, Berlin 1987.

lineare Basis (= *Hamel-Basis,* auch: *algebraische Basis*) eines linearen Raums (Vektorraums) E über einem Körper K heißt eine Familie von Elementen x_i ($i \in I$) aus E, so daß sich jedes $x \in E$ eindeutig als endliche Linearkombination $x = \alpha_1 x_{i_1} + \cdots + \alpha_r x_{i_r}$ mit $\alpha_i \in K$ und lauter verschiedenen Indizes $i_j \in I$ schreiben läßt. Die Existenz von l. B. läßt sich zu jedem linearen Raum mittels des Wohlordnungssatzes beweisen (für endlichdimensionale Räume ist sie trivial). *Hamel-Basis* heißt insbesondere eine Basis des Körpers $\mathbb{R}$, aufgefaßt als linearer Raum über dem Körper $\mathbb{Q}$; aus ihrer Existenz folgt insbesondere die Existenz unendlich vieler unstetiger Lösungen der Funktionalgleichung $f(x + y) = f(x) + f(y)$. ›Abhängigkeitsbeziehung

Lit.: COTLAR, M., R. CIGNOLI: An Introduction to Functional Analysis. North-Holland, Amsterdam, American Elsevier, New York 1974.

lineare Darstellung ›Darstellung (einer Gruppe, einer topologischen Gruppe, einer Lieschen Algebra, einer Lieschen Gruppe).

lineare Disjunktheit: Der (assoziative) Ring R enthalte einen Körper k, dessen Einselement zugleich Einselement von R ist. Dann heißen zwei elementweise kommutierende lineare Unterräume L und L' von R über k *linear disjunkt* über k, wenn mit über k linear unabhängigen Elementen (›lineare Abhängigkeit) $x_1, \ldots, x_n$ von L und mit über k linear unabhängigen Elementen $x'_1, \ldots, x'_m$ von L' auch die Produkte $x_i x'_j$ linear unabhängig über k sind. Das bedeutet, daß die Zuordnung $x_i \otimes x'_j \mapsto x_i x'_j$ eine eindeutige Abbildung des ›Tensorprodukts $L \otimes_k L'$ in R bewirkt, die eine isomorphe Einbettung darstellt. Äquivalent dazu ist die Forderung, daß über k linear unabhängige Elemente von L auch linear unabhängig über L' sind.

Die obige Definition läßt sich insbesondere auf Algebren über k anwenden. Eine ›algebraische Körpererweiterung K eines Körpers k der Charakteristik

p ist genau dann ›*separabel*, wenn K und $\sqrt[p]{k}$, aufgefaßt als Unterkörper eines algebraisch abgeschlossenen Oberkörpers von K, linear disjunkt über k sind; wenn K nicht notwendig algebraisch über k ist, so ist diese Bedingung noch notwendig, im Falle der endlichen Erzeugbarkeit von K über k auch hinreichend.

Lit.: [A 18I]

lineare Funktion = ›lineare Abbildung, = affine Funktion ›affine Gruppe

lineare Gleichung (= *Gleichung ersten Grades*) in n Unbekannten $x_1, \ldots, x_n$ über einem Körper (oder allgemeiner Ring) R heißt eine ›Gleichung $a_1x_1 + \cdots + a_nx_n = b$ mit gegebenen a_i, $b \in R$. Ein Lösungsvektor $(x_1, \ldots, x_n)$ werde kurz mit x bezeichnet.

Im Falle $b = 0$ heißt die *l. G. homogen*, anderenfalls *inhomogen*. Die homogene Gleichung besitzt stets die *triviale Lösung* $x_i = 0$ für $i = 1, \ldots, n$. Die Menge aller Lösungen der homogenen l. G. bildet bei komponentenweiser Verknüpfung eines R-Rechtsmodul. Jede Lösung der inhomogenen l. G. hat die Form $x_{\text{inh}} + x_{\text{hom}}$, wo x_{inh} eine feste (aber beliebige) Lösung der inhomogenen l. G. und x_{hom} Lösung der (sich durch Ersetzen der rechten Seite der l. G. durch 0 ergebenden) *zugehörigen homogenen Gleichung* ist, in dieser Form erhält man stets alle Lösungen der inhomogenen l. G. Um im Falle einer l. G. über einem Körper R alle Lösungen zu erhalten, braucht man, wenn nicht alle Koeffizienten gleich 0 sind, also etwa $a_1 \neq 0$ ist, nur den zu den übrigen Koeffizienten gehörigen Unbekannten beliebige Werte aus R zu erteilen, wodurch x_1 bestimmt ist.

In dem Falle, daß ganzzahlige Lösungen gesucht werden (und die Koeffizienten ganz sind), spricht man von ›diophantischen Gleichungen.

Da die linke Seite obiger l. G. eine ›lineare Abbildung $(x_1, \ldots, x_n) \mapsto a_1x_1 + \cdots + a_nx_n$ definiert, kann man allgemeiner als l. G. eine Gleichung $\sigma(x) = b$ definieren, wo σ eine lineare Abbildung eines R-Rechtsmoduls M in einen R-Rechtsmodul M_1 und b Element von M_1 ist; die obigen Begriffe übertragen sich hierauf sinngemäß. Die homogene Gleichung $\sigma(x) = 0$ besitzt genau dann nur die triviale Lösung $x = 0$, wenn der *Kern* von σ Null ist, σ also einen Monomorphismus darstellt. Ist M_1 ein ›*freier R-Modul* (insbesondere also ein ›Vektorraum über einem Körper) mit der freien Basis E und E^* die hierzu duale Basis, so folgt aus Komponentenzerlegungen $\sigma(x) = \sum_{e \in E} f(e, x)\, e$ und $b = \sum b_e e$, daß die durch $f(e, x) = e^*(\sigma(x))$ gegebenen Abbildungen $f(e, ?) = \sigma_e^*$ ›Linearformen auf M sind, $\sigma(x) = b$ also zu dem ›linearen Gleichungssystem $\sigma_e^*(x) = \langle \sigma_e^*, x \rangle = b_e$ äquivalent ist. Ist auch M freier R-Modul mit einer freien Basis (e_j) und bezeichnet man die freie Basis von M_1 mit $(\bar{e}_i)$, so folgt aus

$$\sigma\colon x = \sum_j e_j x_j \mapsto \sum \sigma(e_j)\, x_j = b = \sum \bar{e}_i b_i \quad \text{mit} \quad \sigma(e_j) = \sum \bar{e}_i a_{ij}$$

durch Koeffizientenvergleich das hierzu äquivalente >lineare Gleichungssystem

$$\sum_j a_{ij}x_j = b_i \quad \text{mit} \quad a_{ij}, b_i \in R$$

(das allerdings aus unendlich vielen Gleichungen bestehen kann).

Lit.: [Enz 1,6], [M 6], [M 13]

lineare Gruppe: Die nichtsingulären Transformationen eines n-dimensionalen >Vektorraums $E = E_n$ über einem Körper K bilden eine Gruppe, die ***allgemeine*** (oder ***volle*** = ***generelle*** = ***vollständige***) ***lineare Gruppe*** (= ***allgemeine lineare homogene Gruppe***, >affine Gruppe) GL(n, K) (oder GL$_n(K)$) für n Variable über dem Körper K. Sie kann mit der multiplikativen Gruppe der n-reihigen quadratischen >Matrizen über K mit der >Determinante $\neq 0$ identifiziert werden. Für $K = \mathbb{R}$ oder $= \mathbb{C}$ stellt sie eine >Liesche Gruppe dar. Allgemeiner heißt *lineare Gruppe* jede Untergruppe der allgemeinen l. G. und im Falle $K = \mathbb{R}$ oder $= \mathbb{C}$ *lineare topologische Gruppe* jede mit der Relativtopologie versehene Untergruppe der allgemeinen l. G.

Eine l. G. G heißt (in Einklang mit der Terminologie der >Darstellungstheorie) *reduzibel*, wenn sie einen echten linearen Teilraum E_m invariant läßt (anderenfalls *irreduzibel*); wenn G endlich oder beschränkt ist, dann besitzt E_m einen invarianten Supplementärraum. Eine l. G. heißt *imprimitiv*, wenn es eine direkte Zerlegung von E_n in lineare Teilräume gibt, die durch G nur untereinander permutiert werden (anderenfalls *primitiv*); sind diese alle eindimensional, so heißt G *monomiale l. G.*

Spezielle l. G. oder *unimodulare Gruppe* heißt für $n \geqq 2$ die aus allen Matrizen mit der Determinante 1 bestehende Untergruppe SL$_n(K)$ (oder SL(n, K)) von GL(n, K). Im Falle eines nichtkommutativen Körpers K hat man hierfür die von allen *Transvektionen* von GL(n, K) erzeugte Untergruppe zu nehmen, d. h. von denjenigen linearen Abbildungen u von E auf sich, zu denen es einen $(n - 1)$-dimensionalen Teilraum V und eine Linearform ϱ auf E mit $\varrho^{-1}(0) = V$ gibt, so daß $u(x) = x + b\varrho(x)$ mit festem $b \in V$ für alle $x \in E$ gilt. Außer im Falle $n = 2$ und K gleich dem aus zwei Elementen bestehenden >Galois-Feld ist SL$_n(K)$ die Kommutatorgruppe von GL$_n(K)$, und die Faktorgruppe GL$_n(K)$/SL$_n(K)$ ist isomorph zu $K^\times/C$, der Faktorkommutatorgruppe der Multiplikativgruppe $K^\times$ von K.

Das Zentrum von GL$_n(K)$ besteht aus den *zentralen Homothetien*, d. h. den Abbildungen $x \mapsto \gamma x$ (Vielfache der Identität), für die γ dem Zentrum C von $K^\times$ angehört, im Falle eines kommutativen Körpers also aus allen Homothetien; sein Durchschnitt mit SL$_n(K)$ ist das Zentrum von SL$_n(K)$.

Im Falle eines Galois-Feldes K aus q Elementen haben GL(n, K) und SL(n, K) die Ordnungen $(q^n - 1)(q^n - q) \cdots (q^n - q^{n-1})$ bzw. $(q^n - 1)(q^n - q) \cdots (q^n - q^{n-2})\, q^{n-1}$.

Allgemeiner bilden die Kollineationen von E, d. h. die bijektiven >halblinearen Abbildungen von E auf sich, eine Gruppe, die ***allgemeine halblineare***

Gruppe $\Gamma L_n(K)$. Die Abbildung φ, die jeder Kollineation u den zugehörigen Automorphismus von K zuordnet, stellt einen Homomorphismus von $\Gamma L_n(K)$ auf die Automorphismengruppe von K mit dem Kern $GL_n(K)$ dar.

Die Gruppen $\Gamma L_n(K)$ und $P\Gamma L_n(K)$ (›projektive Gruppen) und ihre Untergruppen und Faktorgruppen werden auch als *klassische Gruppen* bezeichnet. Eine Übersicht zu den verschiedenen Bezeichnungen befindet sich in [G 11]. Zur ›Darstellungs- und ›Invariantentheorie ›[D 22].
›algebraische Gruppe

Lit.: [D 20], [D 22], [G 1], [G 10], [G 11], [G 40]
Baer, R.: Linear algebra and projective geometry. Academic Press, New York 1952.
Chevalley, C.: The algebraic theory of spinors. Columbia University Press, New York 1952.
Chevalley, C.: Sur certains groupes simples. Tôhoku Math. J. (2) 7 (1955), 14–66.
Dieudonné, J.: Les groupes simples déduits des algèbres de Lie simples complexes. Séminaire Bourbaki, 12e année, 1959/60 no. 194, Paris 1960 = Séminaire Bourbaki, Vol. 1959/1960. Benjamin, New York 1966.
Humphreys, J. E.: Representations of SL (2, p). Amer. Math. Monthly 82 (1975), 21–39.
Lang, S.: $SL_2(R)$. Addision-Wesley, Reading 1957; Springer, Berlin 1985.
Shirvani, M., B. Wehrfritz: Skew Linear Groups. Cambridge University Press, Cambridge 1987.

lineare homogene Gruppe ›affine Gruppe

lineare Hülle = aufgespannter ›Vektorraum

lineare Schar von ›**Größen für eine Gruppe**

lineare Substitution = ›lineare Transformation

lineare topologische Gruppe ›lineare Gruppen

lineare Transformation oder *lineare Substitution* heißt der Übergang von einem System von Variablen, Unbestimmten o. dgl. (u_i) zu einem neuen (v_i) gemäß $v_i = \sum_{j=1}^{n} a_{ij}u_j$ $(j = 1, \ldots, n)$, deren Koeffizienten a_{ij} etwa in einem Körper liegen. Insbesondere erfolgt der Übergang von einer Basis eines ›Vektorraums zu einer anderen (*Basiswechsel*) durch eine l. T. (*Übergangssubstitution*), deren Matrix auch *Übergangsmatrix* heißt. Allgemein heißt die Matrix der a_{ij} *Transformations-* oder *Substitutionsmatrix*, ihre Determinante *Transformations-* oder *Substitutionsdeterminante*.

linearer Faktor = ›Faktor 1. Art

linearer Rang ›algebraische Erweiterung

linearer Raum = ›Vektorraum

linearer Unterraum ›Vektorraum

lineares Gleichungssystem aus m ›linearen Gleichungen in n Unbekannten $x_1, \ldots, x_n$ über einem Körper (allgemeiner über einem Ring) R heißt ein System

$$a_{11}x_1 + \cdots + a_{1n}x_n = b_1,$$
$$\ldots\ldots\ldots\ldots\ldots,$$
$$a_{m1}x_1 + \cdots + a_{mn}x_n = b_m \qquad (a_{ij}, b_i \in R),$$

in Matrizenform geschrieben: $\boldsymbol{A}\boldsymbol{x} = \boldsymbol{b}$, wo A die ›Matrix der a_{ij}, $\boldsymbol{x}$ der Spaltenvektor der x_j und $\boldsymbol{b}$ der Spaltenvektor der b_i ist. Im Falle $\boldsymbol{b} = 0$ heißt das *l. G. homogen*, sonst *inhomogen*. Ersetzt man die rechten Seiten durch Nullen, so erhält man das *zugehörige homogene* [*l.*] *G.* Eine beliebige Lösung $\boldsymbol{x}_{\text{inh}}$ des inhomogenen Systems ist Summe aus einer speziellen Lösung $\boldsymbol{x}_0$ des inhomogenen Systems und einer (geeignet gewählten) Lösung $\boldsymbol{x}_{\text{hom}}$ des zugehörigen homogenen Systems: $\boldsymbol{x}_{\text{inh}} = \boldsymbol{x}_0 + \boldsymbol{x}_{\text{hom}}$, und umgekehrt stellt jede solche Summe eine Lösung des inhomogenen Systems dar. Die Lösungen eines homogenen Systems bilden einen (Rechts-) ›R-Modul (im Falle eines Körpers R also einen Vektorraum); insbesondere gibt es dann stets die *triviale* oder *Nullösung* $\boldsymbol{x} = 0$. Im folgenden sei R als Körper vorausgesetzt.

Der Rang r der *Koeffizientenmatrix* A heißt auch *Rang* des Gleichungssystems. Die Lösungen des homogenen Systems bilden dann einen $(n - r)$-dimensionalen Vektorraum; $n - r$ heißt auch der *Rangdefekt* (= *Rangabfall* = *Defekt* = *Nullität*) oder genauer *Spaltenrangdefekt* der Matrix A; es gibt daher ein sog. *Fundamentalsystem* von Lösungen aus $n - r$ linear unabhängigen Lösungen $\boldsymbol{x}_1, \ldots, \boldsymbol{x}_{n-r}$ des Systems $A\boldsymbol{x} = \boldsymbol{0}$, und die *allgemeine* (*vollständige*) *Lösung* des homogenen Systems hat die Form $\lambda_1\boldsymbol{x}_1 + \cdots + \lambda_{n-r}\boldsymbol{x}_{n-r}$ mit Parametern $\lambda_i \in R$.

Lösbarkeitskriterien: Ein homogenes l. G. für mehr Unbekannte als Gleichungen ist stets nichttrivial lösbar. Ein inhomogenes l. G. $A\boldsymbol{x} = \boldsymbol{b}$ ist genau dann lösbar, wenn der Rang der Koeffizientenmatrix A gleich dem Rang der sog. *erweiterten Matrix* $(A, \boldsymbol{b})$ ist (*Satz von Kronecker-Capelli*).

Ein inhomogenes l. G. $A\boldsymbol{x} = \boldsymbol{b}$ ist genau dann lösbar, wenn jede lineare Relation, die zwischen den linken Seiten identisch in den Unbekannten besteht, auch zwischen den rechten Seiten erfüllt ist, wenn also aus $\lambda_1 a_{1j} + \cdots + \lambda_m a_{mj} = 0$ $(j = 1, \ldots, n)$ stets $\lambda_1 b_1 + \cdots + \lambda_m b_m = 0$ folgt. Das bedeutet gerade, daß jede Lösung $\boldsymbol{\lambda}$ des mit der transponierten Matrix A^{T} gebildeten homogenen l. G. $A^{\mathsf{T}}\boldsymbol{\lambda} = 0$ auf der rechten Seite $\boldsymbol{b}$ des inhomogenen l. G. senkrecht steht (d. h. $\boldsymbol{\lambda}^{\mathsf{T}}\boldsymbol{b} = 0$). Im Falle $m = n$ gilt der folgende *Alternativsatz*: a) Das homogene System $A\boldsymbol{x} = 0$ besitzt nur die triviale Lösung. b) Das inhomogene System $A\boldsymbol{x} = \boldsymbol{b}$ ist bei beliebiger rechter Seite $\boldsymbol{b}$ höchstens eindeutig lösbar. c) Das inhomogene System $Ax = b$ ist bei beliebiger rechter Seite stets lösbar.

Im Falle $m = n =$ Rang kann man die Lösung durch die ›Cramersche Regel gewinnen. Zur numerischen Lösung besser geeignet (aber auch auf theoretische Überlegungen anwendbar) ist das ›Gaußsche Eliminationsverfahren.

Auch bei l. G. über beliebigen Ringen kann man durch ›*elementare Transformationen* der erweiterten Matrix mit den Zeilen und durch Vertauschen von Spalten der Koeffizientenmatrix A (was einer Umbenennung der Unbekannten entspricht) zu äquivalenten l. G. übergehen, die einfacher zu überblicken sind. Insbesondere kann man, wenn man noch elementare Transformationen der Unbekannten zuläßt, im Falle eines ›*Hauptidealrings* R die Matrix A in Elementarteilerform überführen, wodurch ein System „entkoppelter" linearer Gleichungen entsteht, das sich unmittelbar behandeln läßt.

Die linke Seite eines l. G. definiert gemäß $x \mapsto Ax$ eine ›lineare Abbildung des R-Moduls $\underbrace{R \oplus \cdots \oplus R}_{n\text{-mal}}$ in den R-Modul $\underbrace{R \oplus \cdots \oplus R}_{m\text{-mal}}$. Allgemeiner ist jede ›lineare Gleichung $\sigma(x) = b$, wo σ eine lineare Abbildung eines R-Rechtsmoduls in einen freien R-Rechtsmodul ist, zu einem l. G. äquivalent.

In der Schulmathematik unterscheidet man zur Lösung von zwei Gleichungen für zwei Unbekannte $a_1x + b_1y = c_1$, $a_2x + b_2y = c_2$ folgende Verfahren:

a) Beim *Einsetzungs-* oder *Substitutionsverfahren* löst man eine der beiden Gleichungen nach einer der Unbekannten auf, setzt den erhaltenen Ausdruck in die andere Gleichung ein, wodurch eine Gleichung für eine Unbekannte entsteht. Durch Einsetzen des hierfür gefundenen Wertes der einen Unbekannten in die obige Auflösung erhält man noch die andere Unbekannte.

b) Beim *Gleichsetzungsverfahren* formt man die Gleichungen äquivalent so um, daß bei beiden Gleichungen auf einer Seite derselbe Ausdruck in der einen Unbekannten entsteht, während die andere Seite nur die andere Variable enthält. Durch Gleichsetzen beider Ausdrücke erhält man eine Gleichung für die zweite Unbekannte allein und kann sukzessive die Unbekannten berechnen.

c) Beim *Additions-* und bzw. oder *Subtraktionsverfahren* erreicht man durch Multiplikation beider Gleichungen mit passenden Faktoren, daß die Koeffizienten von x bzw. y gleich oder entgegengesetzt gleich werden, und kann dann die betreffende Unbekannte durch Subtraktion bzw. Addition der Gleichungen eliminieren.

Lit.: [EA 2], [Enz 1,6], [M 4], [M 6], [M 14], [M 16], [M 26]
EDELEN, D. G. B., A. D. KYDONIEFS: An Introduction to Linear Algebra for Science and Engineering. Elsevier, New York 1976.

lineares System = ›Vektorraum

Linearform: 1. L. in Unbestimmten $X_1, \ldots, X_n$ über einem Ring R heißt ein homogenes ›Polynom ersten Grads (*Form ersten Grades*) $\alpha_1X_1 + \cdots + \alpha_nX_n$

in den X_i mit Koeffizienten α_i aus R. Vermöge der einem Polynom zugeordneten Abbildung (Polynomfunktion) gelangt man hiervon zu dem unter 2. genannten Begriff.

2. L. auf einem Linksmodul M über einem Ring R (›R-Modul) heißt jeder R-Homomorphismus (d. h. ›lineare Abbildung) von M in R. Die Menge $M^* = \mathrm{Hom}_R(M, R)$ der L. auf M bildet mit den Verknüpfungen $(f+g)(x) = f(x) + f(y)$, $(fr)(x) = f(x) \cdot r$ für $f, g \in M^*$, $r \in R$, $x \in M$ einen R-Rechtsmodul, den zu M gehörigen *Linearformenmodul* oder *dualen Modul* von M (analog ergibt sich der duale Modul eines R-Rechtsmoduls als Linksmodul). Der duale Modul M^{**} von M^* heißt *bidualer Modul.*

Jeder R-Modulhomomorphismus $\alpha: M \to N$ bestimmt in natürlicher Weise (durch Voranstellen) einen *dualen Homomorphismus* $\alpha^*: N^* \to M^*$ und einen *bidualen Homomorphismus* $\alpha^{**}: M^{**} \to N^{**}$ (›Hom-Funktor). Es gibt einen natürlichen Homomorphismus $\varphi_M: M \to M^{**}$, der durch $(\varphi_M(x))(f) = f(x)$ für $x \in M$, $f \in M^*$ gegeben wird und der für endlichdimensionale ›Vektorräume ein Isomorphismus ist; $\varphi_M(x)$ heißt auch das zu x *biduale Element.* M heißt *torsionslos* (im Sinne von Bass), wenn φ_M ein Monomorphismus ist (das ist genau dann der Fall, wenn sich M in das direkte Produkt von einer gewissen Anzahl von Exemplaren R einbetten läßt). M heißt *reflexiv,* wenn φ_M sogar ein Isomorphismus ist; endlichdimensionale Vektorräume sind also reflexiv.

Hat R ein Einselement und ist M unitär, so ist jede L. ω auf M durch ihre Wirkung auf eine Basis B von M bestimmt, da aus $v = \sum_{e \in B} v_e \cdot e$ folgt $\omega(x) = \sum_{e \in B} v_e \cdot \omega(e)$ $(v_e \in R)$. Handelt es sich bei M um einen Vektorraum, ist also die Darstellung eines Modulelements als Linearkombination von Basiselementen eindeutig, so kann man die Bilder der Basiselemente beliebig vorschreiben und gelangt auf diese Weise stets zu einer L. (bei beliebigen Moduln muß diese Zuordnung so beschaffen sein, daß die zwischen den Basiselementen bestehenden linearen Relationen (›Syzygien) respektiert werden). Die durch $e^*(e) = 1$, $e^*(e') = 0$ für $e \neq e'$, $e, e' \in B$ erklärten, den Basiselementen $e \in B$ eindeutig zugeordneten $e^* \in M^*$ sind linear unabhängig (eine freie Menge) und bilden bei endlichem B eine Basis von M^*, die zu B *duale Basis* B^*.

Im Falle eines n-dimensionalen Vektorraums V über einem Körper mit der Basis $e_1, \ldots, e_n$ pflegt man die duale Basis mit $e^1, \ldots, e^n$ zu bezeichnen; sie ist also durch die Forderungen $e^i(e_j) = \delta^i_j$ eindeutig bestimmt. Geht man vermöge $\bar{e}_i = \sum_{k=1}^{n} c_i^k e_k$ mit einer umkehrbaren Matrix $C = (c_i^k)$ zu einer neuen Basis $\bar{e}_1, \ldots, \bar{e}_n$ von V über, so gilt für ihre duale Basis $\bar{e}^1, \ldots, \bar{e}_n$: $e^k = \sum_{i=1}^{n} c_i^k \bar{e}^i$, sie transformiert sich also gerade mit der zu C *kontragredienten Matrix* $(C^\top)^{-1}$. Sind v^i bzw. w_i die Koordinaten eines beliebigen Vektors v aus V bzw. w aus V^* bezüglich $e_1, \ldots, e_n$ bzw. $\bar{e}^1, \ldots, \bar{e}^n$, so genügen ihre Koordinaten $\bar{v}^i$, $\bar{w}_i$ bez. der dualen Basen dem Transformationsgesetz $v^k = \sum_{i=1}^{n} c_i^k \bar{v}^i$, $\bar{w}_i = \sum_{k=1}^{n} c_i^k w_k$.

Daher bezeichnet man die Koordinaten w_i der Vektoren aus V^* als *kovariante* und die Koordinaten v^i der Vektoren aus V als kontravariante Größen und nennt die Vektoren von V auch *kontravariante* und die von V^* *kovariante Vektoren* (oder ›Tensoren erster Stufe). Die Indizes der Koordinaten der kovarianten Vektoren schreibt man unten, die der kontravarianten Vektoren oben. Statt $\omega(u)$ schreibt man auch $u\omega$ oder $\langle\omega, u\rangle$ und nennt diesen Skalar das *skalare* oder *innere Produkt* von u mit ω. Ist $u\omega = 0$, so heißen u und ω *orthogonal*. Gilt $u_i\omega_j = \delta_{ij}$ $(i, j = 1, \dots, r)$, so heißen die Systeme $(u_1, \dots, u_r)$ und $(\omega_1, \dots, \omega_r)$ *biorthogonal*. Der lineare Unterraum von V (bzw. V^*), der aus den zu allen Elementen einer gegebenen Untermenge A^* von V^* (bzw. A von V) orthogonalen Elementen besteht, heißt der zu dieser Teilmenge *orthogonale Unterraum* und wird mit $A^{*\perp}$ (bzw. $A^\perp$) bezeichnet. Der zu V^* duale Vektorraum V^{**} heißt der zu V *biduale Vektorraum* (= *Bidual* = *Bidualraum*). Zu jeder L. $\varphi \in V^{**}$ existiert genau ein Vektor $v \in V$ mit $v\omega = \varphi(\omega)$ für alle $\omega \in V^*$ (das *biduale Element* von oben). Durch die Zuordnung $\varphi \mapsto v$ erhält man einen von der Wahl der Basis unabhängigen natürlichen Isomorphismus von V^{**} auf V; man pflegt daher φ mit v und V^{**} mit V zu identifizieren. (Im Falle unendlichdimensionaler Vektorräume erhält man lediglich einen Monomorphismus von V in V^{**}). Die im Falle endlichdimensionaler Vektorräume über kommutativen Körpern wegen der Gleichheit der Dimensionen von V und V^* trivialerweise bestehende Isomorphie ist jedoch nicht natürlich (im Sinne der ›Kategorientheorie).

Im Falle beliebiger Linksvektorräume V über einem Schiefkörper K wird der zu einem Unterraum M von V orthogonale Unterraum $M^\perp$ von V^* isomorph zu $(V/M)^*$, so daß bei endlicher Kodimension $\dim M^\perp = \operatorname{codim} M$ gilt. Bei endlicher Dimension von V folgt daraus, daß M umgekehrt der zu $M^\perp$ totalsenkrechte Unterraum von V ist. Die Abbildung $M \mapsto M^\perp$ vermittelt daher in diesem Falle eine eineindeutige Abbildung des Verbands der Unterräume von V auf den Verband der Unterräume von V^*.

Lit.: [A 16], [EA 2], [Enz 1,6], [H 3], [M 16], [R 17]

Linearformenmodul ›Linearform

Linearkombination der Elemente einer beliebigen Teilmenge A eines R-Linksmoduls M (R beliebiger Ring) heißt jedes Element $a \in M$ der Form $a = \sum_{i=1}^{n} \alpha_i a_i$ mit $a_i \in A$, $\alpha_i \in R$, $n \in \mathbb{N}$; die Menge dieser L. bildet einen R-Linksmodul, der in dem von A erzeugten Linksmodul enthalten ist und mit ihm zusammenfällt, wenn R ein Einselement enthält und M unitär ist. Für eine beliebige Menge T bilden die *formalen L.* $\sum_{t \in T} \alpha_t t$ mit $\alpha_t \in R$ einen R-Linksmodul, wenn man die Addition und die Multiplikation mit Elementen aus R komponentenweise erklärt und eine leere Summe als Nullelement deutet; wenn R ein Rechtseinselement e besitzt, so erhält man damit (bis auf Isomorphie) den von T

erzeugten *freien R-Linksmodul*, für den die Elemente te mit $t \in T$ ein freies Erzeugendensystem bilden. Im Falle von Rechtsmoduln gelten analoge Aussagen.

Linearsystem = ›Vektorraum, auch ›duales Paar

linke Gruppe ›rechte Gruppe

linke Reziproke ›Matrix (unendliche)

linkes inneres Produkt ›äußere Potenz

Linksdarstellung ›regulärer Darstellungsmodul

Linkseinheit ›Brandtsches Gruppoid, ›Ehresmannsches Gruppoid

Linksinverse ›Matrix (unendliche)

Linksquotient ›Nettokomplex, ›multiplikativer Verband

Lipschitzsche Algebra ist die aus den (nichtkommutativen) Polynomen in n Grundeinheiten $e_1, \ldots, e_n$ über $\mathbb{C}$ mit den Identitäten $\sigma_\nu = e_\nu^2 = \pm 1$, $e_\nu e_\mu = -e_\mu e_\nu$ $(\nu \neq \mu)$ gebildete assoziative ›Algebra. Elemente der Form $\mathfrak{x} = \xi + \sum \xi_\lambda e_\lambda$ $(\xi, \xi_\lambda \in \mathbb{C})$ heißen *Vektoren*; mit dem zu $\mathfrak{x}$ *konjugierten Vektor* $\bar{\mathfrak{x}} = \xi - \sum \xi_\lambda e_\lambda$ gilt $\mathfrak{x}\bar{\mathfrak{x}} = \bar{\mathfrak{x}}\mathfrak{x} = \xi^2 - \sum \sigma_\lambda \xi_\lambda^2$. Ist $A = \sum\limits_i A_i$ eine beliebige, nach homogenen Polynomen A_i i-ter Ordnung geordnete „Zahl" aus der L. A., so heißt $\tilde{A} = \sum\limits_i (-1)^i A_i$ die *konjugierte Zahl.* Eine Zahl T heißt *Transformator,* wenn $\tilde{T}$ ein Inverses $\frac{1}{\tilde{T}}$ besitzt und wenn $\frac{1}{\tilde{T}}\,\mathfrak{x}T = \mathfrak{y}$ wieder ein Vektor ist. Dann ist nämlich $\mathfrak{y}\bar{\mathfrak{y}} = \mathfrak{x}\bar{\mathfrak{x}}$, so daß man dadurch Zugang zu den Kollineationen erhält, die $\mathfrak{x}\bar{\mathfrak{x}}$ in sich überführen. Hierbei spielt nach STUDY eine gewisse biquadratische Funktion (*Nablafunktion*) der Koordinaten gewisser dieser Zahlen eine besondere Rolle.

Lit.: HAUSDORFF, F.: Lipschitzsche Zahlensysteme und Studysche Nablafunktionen. J. reine angew. Math. **158** (1927), 113–127.

L-Isomorphismus ›Untergruppenverband

Loewy-Länge bzw. **-Modul** ›Loewy-Reihe

Loewy-Reihe (= *Loewysche* [*Kompositions-*] *Reihe*): Ist R ›Ring und M R-Linksmodul (›R-Modul), so heißt eine endliche Kette

$$M = M_0 \supsetneqq M_1 \supsetneqq M_2 \supsetneqq \cdots \supsetneqq M_{r-1} \supsetneqq M_r = (0)$$

von R-Untermoduln eine L. für M, wenn jeder Restklassenmodul M_{i-1}/M ›direkte Summe irreduzibler (= einfacher) R-Moduln, d. h. ***vollständig reduzibel*** (= ›***halbeinfach***) ist. Gilt die Minimalbedingung für R-Untermoduln von M und hat M eine L., so ist jedes M_{i-1}/M_i direkte Summe endlich vieler einfacher R-Moduln und besitzt eine Kompositionsreihe, also auch M selbst, so daß in M die Maximalbedingung für R-Teilmoduln gilt.

Im folgenden sei für Moduln V über dem Restklassenring $\bar{R} = R/N$ von R nach seinem (Kötheschen) Radikal N stets die Bedingung $RV = V$ erfüllt. Dann gilt: Wenn W R-Linksmodul und W_1 Untermodul von W ist, so ist der Restklassenmodul $\bar{W} = W/W_1$ genau dann vollständig reduzibel, wenn $NW \subset W_1$ gilt. Damit kann man die obere (und dual dazu die untere) L. eines R-Moduls M erklären. V_1 sei dazu Untermodul von M, so daß M/V_1 maximal in der Menge der vollständig reduziblen R-Moduln ist; analog wird V_2 als Untermodul von V_1 gewählt usw. Diese absteigende Kette von Untermoduln ist eindeutig bestimmt und heißt die *obere L.* (= *vordere* oder *absteigende L.*); sie wird, wenn $N^{m-1}M \neq (0)$ und $N^m = (0)$ ist, durch $M \supset NM \supset N^2M \supset \cdots \supset N^{m-1}M = (0)$ gegeben.

Dual dazu sei W_1 maximaler vollständig reduzibler Untermodul von M, W_2 Untermodul von M, so daß W_2/W_1 maximal als vollständig reduzibler R-Modul ist, usw., bis M erreicht wird. Die auf diese Weise entstehende aufsteigende Kette ist eindeutig bestimmt und heißt *untere L.* von M, und zwar ist W_i die Vereinigung aller Untermoduln W' von M, so daß W'/W_{i-1} vollständig reduzibel ist. Bezeichnet $M_\varrho(M)$ den Modul aller durch N^ϱ annullierten Elemente von M, so ist $M = M_m(M) \supset M_{m-1}(M) \supset \cdots \supset M_1(M) \supset (0)$ die *untere* oder *hintere L.* Die untere und die obere $L.$ haben dieselbe Länge m, die *Loewy-Länge* oder *Loewysche Invariante.* Genügt M insbesondere der Minimalbedingung für R-Untermoduln, so sind die Faktormoduln aufeinanderfolgender Glieder jeder dieser Reihen vollständig reduzible R-Moduln endlicher ›Länge, und M besitzt somit R-Kompositionsreihen. Der τ-te Faktor $N^{\tau-1}M/N^\tau$ der oberen L. hat wenigstens einen irreduziblen Konstituenten mit dem τ-ten Faktor $M_{m-\tau+1}(M)/M_{m-\tau}(M)$ der unteren L. gemeinsam.

Der Begriff der aufsteigenden L. läßt sich auf wohlgeordnete Folgen von Untermoduln M_i (i Ordnungszahl aus einer Indexmenge I) verallgemeinern, indem man $M_0 = 0$, $M_1 =$ Sockel von M, $M_{b+1}/M_b =$ Sockel von M/M_b und für Limeszahlen a $M_a = \bigcup_{b<a} M_b$ definiert. M heißt dann *Loewy-Modul,* wenn es eine Ordnungszahl a mit $M = M_a$ gibt, und die kleinste solche Ordnungszahl ist die sog. *Loewy-Länge* von M.

Lit.: [G 42], [R 5], [R 11 II], [R 19]

Loewysche Invariante ›Loewy-Reihe

Loewysche Kompositionsreihe = ›Loewy-Reihe

Loewysches Gruppoid = ›Mischgruppe

LO-LO*-Gruppe >geordnete Gruppe

lokal auflösbare Algebra heißt eine >R-Algebra, in der endlich viele Elemente stets eine auflösbare Algebra erzeugen. Unteralgebren und homomorphe Bilder l. a. A. sind l. a. A.

lokal auflösbare Gruppe heißt eine Gruppe, in der endlich viele Elemente stets eine >auflösbare Gruppe erzeugen. Untergruppen und homomorphe Bilder l. a. G. sind l. a. G. Periodische l. a. G. sind endlich. >lokale Gruppeneigenschaft.

Lit.: [G 26II]

lokal endliche Algebra heißt eine >R-Algebra über einem Körper R, in der endlich viele Elemente stets eine endlichdimensionale Algebra über R erzeugen. Wenn das Ideal $\mathfrak{a}$ der Algebra A und die Faktoralgebra l. e. A. sind, so auch A. Die Summe l. e. A. ist wieder l. e. Jede Algebra A enthält ein größtes l. e. Ideal, das *lokal endliche Radikal* $L(A)$ von A, und es ist $L(A/L(A)) = (0)$.

Lit.: [R 12]

lokal endliche Gruppe heißt eine Gruppe, in der jede endlich erzeugte Untergruppe endlich ist (>lokale Gruppeneigenschaft), sie ist also periodisch (aber nicht umgekehrt). >Erweiterungen l. e. G. mit l. e. G. sind l. e. G. Eine l. e. G. mit Minimalbedingung für (abelsche) Untergruppen enthält eine abelsche Untergruppe von endlichem Index.

Lit.: [G 26II]

lokal endliche Halbgruppe heißt eine >Halbgruppe, in der endlich viele Elemente stets eine endliche Halbgruppe erzeugen. Eine l. e. H. ist stets periodisch, aber nicht umgekehrt.

lokal endliche Länge >Dimension einer halbgeordneten Menge

lokal endliches Ideal >lokal endliche Algebra

lokal endliches Radikal >lokal endliche Algebra

lokal-euklidische Gruppe heißt jede >topologische Gruppe, deren Gruppenraum lokal-euklidisch ist. Jede l. G. ist isomorph zu einer >Lieschen Gruppe.

lokal frei >lokale Gruppeneigenschaft

lokal isomorph >lokale Gruppe, >lokaler Homomorphismus

lokal kleine Kategorie >Kategorientheorie

lokal nilpotente Algebra ›lokal nilpotenter Ring

lokal nilpotente Gruppe ›lokale Gruppeneigenschaft

lokal nilpotenter Ring (= *semi-nilpotenter Ring*) heißt ein Ring, in dem endlich viele Elemente stets einen nilpotenten Unterring erzeugen. Entsprechend sind *lokal nilpotente Algebren* und *Ideale* definiert. Unterringe und homomorphe Bilder l. n. R. sind l. n. R. Wenn I l. n. Ideal eines Rings (einer Algebra) A und A/I l. n. R. sind, so auch A. Die Summe aller l. n. Ideale einer Algebra (eines Rings) ist l. n. Ideal, das ›*Levitzkische Nilradikal* N. Eine ›potenzassoziative l. n. Algebra ist Nilalgebra, eine l. n. ›Liesche Algebra ist engelsch.

Lit.: [R 13]

lokal nilpotentes Ideal ›lokal nilpotenter Ring

lokal normale Gruppe heißt eine (notwendigerweise periodische) Gruppe, von der jede endliche Untermenge in einem endlichen Normalteiler enthalten ist, also einen endlichen Normalteiler erzeugt.

lokal speziell ›lokale Gruppeneigenschaft

lokal unendliche Gruppe = ›torsionsfreie Gruppe

lokal zyklische Gruppe heißt eine Gruppe, von der jede endliche Untermenge eine ›zyklische Gruppe erzeugt. Die additive Gruppe $\mathbb{Q}$ und ihre Faktorgruppe modulo $\mathbb{Z}$ sind l. z. G.; jede l. z. G. ist eine Untergruppe einer dieser Gruppen. Genau für die l. z. G. ist der ›Untergruppenverband distributiv.

Lit.: [G 19]

lokale Eigenschaft heißt in der kommutativen Algebra eine Eigenschaft eines kommutativen ›Rings R oder ›R-Moduls M, die für R bzw. M genau dann gilt, wenn sie für alle Lokalisierungen nach Primidealen von R zutrifft.

lokale Faktorgruppe ›lokale Gruppe

lokale Gruppe (= *Gruppenkeim*) heißt ein topologischer Raum G, in dem für gewisse Paare von Elementen $a, b \in G$ ein Produkt $ab \in G$ erklärt ist, so daß gilt: (i) $(ab)\,c = a(bc)$, sobald alle hierfür benötigten Produkte erklärt sind; (ii) ist ab erklärt, so existieren zu jeder Umgebung W von ab Umgebungen U von a und V von b, so daß für $x \in U$ und $y \in V$ auch xy erklärt ist und in W liegt (*Stetigkeit*); (iii) es gibt ein ***Einselement*** $e \in G$, so daß für $a \in G$ stets ea erklärt und $ea = a$ ist; ist für $a, b \in G$ das Produkt ab erklärt und $ab = e$, so heißt a ***Linksinverses*** zu b, $a = b^{-1}$; dann soll zu jeder Umgebung U von b^{-1} eine Umgebung V von b existieren, so daß für jedes $y \in V$ ein Linksinverses y^{-1} existiert und U angehört (*Stetigkeit der Inversenbildung*).

Dann gibt es Umgebungen U und $V \subset U$ von e, so daß für $a \in U$ das Produkt ae erklärt und $ae = a$ ist, a^{-1} erklärt und aa^{-1} und $a^{-1}a$ erklärt und gleich e sind sowie für $a, b \in V$ die Gleichungen $ax = b$ und $ya = b$ in U eindeutig lösbar sind. Jede ›topologische Gruppe ist eine l. G.

Eine topologische Abbildung f einer Umgebung U des Einselements e einer l. G. G auf eine Umgebung U' des Einselements e' einer l. G. G' heißt ein *lokaler Isomorphismus* von G auf G'; G und G' heißen *lokal isomorph*, wenn gilt: (i) wenn ab in U erklärt ist, so ist $f(a)\,f(b)$ in U' erklärt, und es ist $f(ab) = f(a)\,f(b)$, (ii) $f(e) = e'$, iii) für die inverse Abbildung f^{-1} gilt (i). Zwei lokale Isomorphismen f und f' von G auf G' heißen *äquivalent*, wenn sie auf einer Umgebung von e übereinstimmen. Der Begriff des ›*lokalen Homomorphismus* ist analog erklärt.

Lokale Untergruppe von G heißt eine das Einselement e von G enthaltende Untermenge H von G, die bez. der Operationen von G selbst l. G. ist, falls eine Umgebung U von e in G existiert, in der $U \cap H$ abgeschlossen ist; sie heißt *Normalteiler*, wenn außerdem eine Umgebung V von e in G existiert, so daß für $x \in V$, $y \in V \cap H$ gilt $x^{-1}yx \in H$. Zwei *Untergruppen* H und H' der l. G. G heißen *äquivalent*, wenn eine Umgebung U von e mit $H \cap U = H' \cap U$ existiert. Der *lokale Raum* G/H der linksseitigen Restklassen der l. G. G nach der Untergruppe H wird folgendermaßen konstruiert. Man wählt eine hinreichend kleine Umgebung U von e in G, die man in linksseitige Restklassen nach H zerlegt, indem man $x, y \in U$ zu derselben Klasse zählt, wenn $x^{-1}y \in U$ ist. Jede solche Restklasse hat die Form $U \cap xH$. Ist Σ eine Basis für die Topologie von G, $W \in \Sigma$ und W^* die Menge der linksseitigen Restklassen, deren Durchschnitt mit W nichtleer ist, so bildet das System Σ^* aller W^* mit $W \in \Sigma$ eine Basis für die Topologie von G/H. Analog sind die rechtsseitigen Restklassen erklärt. Ist H Normalteiler, so bekommt man auf diese Weise eine l. G., die *Faktorgruppe* G/H. Sinngemäß läßt sich auch das ›direkte Produkt l. G. bilden.

In einer l. G. G sind *Koordinaten* eingeführt, wenn es eine topologische Abbildung φ gibt, die eine Umgebung U des Einselements e von G auf eine offene Menge V eines Euklidischen Koordinatenraums S abbildet, so daß e in den Koordinatenursprung übergeht. Die (reellen) Koordinaten $x^1, \ldots, x^r$ des Bildpunktes $\varphi(x)$ von $x \in U$ heißen dann auch *Koordinaten* von x; r heißt die *Dimension* der l. G. G. Ist W eine hinreichend kleine Umgebung von e, so daß für $x, y \in W$ das Produkt $xy = z$ definiert ist und in U liegt, so lassen sich die Koordinaten z^i durch stetige Funktionen f^i ausdrücken: $z^i = f^i(x^1, \ldots, x^r; y^1, \ldots, y^r)$, für die gilt

$$f^i(x^1, \ldots, x^r; 0, \ldots, 0) = x^i, \qquad f^i(0, \ldots, 0; y^1, \ldots, y^r) = y^i.$$

Die Koordinaten heißen *differenzierbar* bzw. *analytisch*, wenn die f^i dreimal stetig differenzierbar bzw. analytisch sind.

Eine l. G. G heißt (reelle) *lokale Liesche Gruppe* (*Liescher Gruppenkeim*), wenn in ihr differenzierbare Koordinaten eingeführt werden können. Dann gibt es in Wahrheit sogar analytische Koordinaten. Wählt man für S einen komplexen Vektorraum und betrachtet demzufolge komplexe Koordinaten mit analytischen Funktionen f^i, so gelangt man analog zum Begriff der *komplexen lokalen Lieschen Gruppe.*

Lit.: [EA 3], [G 31]

lokale Gruppeneigenschaft: 1. Eine Gruppe G hat eine lokale ›abstrakte Gruppeneigenschaft E, wenn jede endlicherzeugte Untergruppe von G diese Eigenschaft besitzt. Zum Beispiel heißt eine Gruppe lokal endlich bzw. lokal frei bzw. lokal nilpotent, wenn jede endlich erzeugbare Untergruppe von ihr endlich bzw. frei bzw. nilpotent ist. Eine analoge Terminologie wird auch außerhalb der Gruppentheorie angewendet, z. B. bei Ringen (s. aber ›lokale Eigenschaft).

2. KUROSCH nennt eine Menge L von Untergruppen einer Gruppe G *lokales System* von Untergruppen von G, wenn (i) jedes Element von G wenigstens einer dieser Untergruppen angehört und (ii) je zwei Untergruppen aus L in einer Untergruppe aus L enthalten sind. Beispiele für lokale Systeme sind das System aller endlich erzeugten Untergruppen, das System aller endlich erzeugten Normalteiler, das System aller Untergruppen oder aller Normalteiler. Eine Gruppe G besitzt die Eigenschaft E *lokal*, wenn es ein lokales System von Untergruppen von G gibt, die sämtlich die Eigenschaft E besitzen. Eine lokale Eigenschaft im Sinne von 1. ist stets auch in diesem Sinne l. G., aber nicht umgekehrt. Interessant wird der Begriff des lokalen Systems erst dann, wenn man von seinen Elementen noch zusätzliche Eigenschaften verlangt.

3. Der Begriff lokal wird auch in dem Sinne gebraucht, daß sämtliche endlichen (nicht lediglich endlich erzeugten) Untergruppen die betreffende Eigenschaft besitzen sollen. In diesem Sinne wird z. B. der Begriff *lokal auflösbar* und *lokal speziell* gebraucht.

Lit.: Zu **1.**: [G 19], [G 26 II], [G 35]
Zu **2.**: [G 26 II]

lokale Liesche Gruppe ›lokale Gruppe

lokale Untergruppe ›lokale Gruppe

lokaler Homomorphismus einer ›topologischen Gruppe G in eine topologische Gruppe G' (allgemeiner einer ›lokalen Gruppe G in eine lokale Gruppe G') heißt jede stetige Abbildung σ einer Umgebung U des Einselements e von G, so daß aus $x, y \in U$, $xy \in U$ stets $(xy)^\sigma = x^\sigma y^\sigma$ folgt (im Falle einer lokalen Gruppe hat man auch zu fordern, daß $x^\sigma y^\sigma$ erklärt ist, wenn xy existiert, und daß e^σ Einselement von G' ist). Besitzt σ ein Inverses, das l. H. von G' in G ist, so heißen σ *lokaler Isomorphismus* (›Isomorphismus einer topologischen Gruppe) und G und G' *lokal isomorph.* Zwei ›*Liesche Gruppen* sind genau dann lokal isomorph, wenn ihre ›Lieschen Algebren isomorph sind.

Ein l. H. σ von G in G' heißt *offen*, wenn er als stetige Abbildung offen ist, d. h., jede offene Untermenge von U auf eine offene Untermenge von G' abbildet; in diesem Falle nennt man σ einen offenen l. H. der (lokalen) Gruppe G auf die (lokale) Gruppe G', und es besteht zwischen G' und der Faktorgruppe G/N von G nach dem Kern von σ (dem Urbild des Einselements) ein natürlicher lokaler Isomorphismus. Zwei l. H. von G in G' heißen *äquivalent*, wenn sie auf einer Umgebung des Einselements übereinstimmen.

Lit.: [G 31]

lokaler Isomorphismus ›lokaler Homomorphismus, ›lokale Gruppe

lokaler Körper heißt ein perfekter diskret bewerteter Körper (›Bewertungstheorie) mit einem ›Galois-Feld als Restklassenkörper. Ein l. K. K ist bei $\operatorname{char} K = 0$ ein $\mathfrak{p}$-adischer Zahlkörper, d. h. endlichalgebraische Erweiterung des Körpers der p-adischen Zahlen, und bei $\operatorname{char} K = p > 0$ endlich-algebraische Erweiterung der perfekten Hülle eines diskret bewerteten rationalen Funktionskörpers über einem Galois-Feld und damit isomorph zum Körper der formalen Potenzreihen in einer Unbestimmten über einem Galois-Feld.

Lit.: [Z 5], [Z 11]
Cassels, J. W. S.: Local Fields. Cambridge University Press, Cambridge 1986.
Hazewinkel, M.: Abelian extensions of local fields. Diss. Groningen 1969.

lokaler Modul heißt ein ›R-Modul M, der genau einen maximalen Untermodul enthält. Äquivalent dazu ist, daß der Faktormodul $M/\operatorname{rad} M$ nach dem ›Jacobsonschen Radikal von M einfach ist.

Lit.: [R 11]

lokaler Raum ›lokale Gruppe

lokaler Ring (= *Stellenring*): **1.** l. R. ist ein noetherscher kommutativer Ring R mit Einselement, der genau ein maximales Ideal $\mathfrak{m}$ enthält (das notwendig Primideal ist und aus genau den Nichteinheiten von R besteht). Ohne die Forderung des Noetherschseins spricht man von einem *quasilokalen Ring*. Die kleinste Anzahl von Ringelementen, die zur Erzeugung eines $\mathfrak{m}$-primären Ideals von R benötigt werden, heißt die *Chevalleysche Dimension* d von R; erzeugen die Elemente $u_1, \ldots, u_d$ ein $\mathfrak{m}$-primäres Ideal, so heißt $\{u_1, \ldots, u_d\}$ ein *Parametersystem* von R. d ist zugleich die *Krullsche Dimension* (›Dimension eines Ideals) von R (die Dimension des Nullideals). Es gilt der *Krullsche Durchschnittssatz* $\bigcap_{i=1}^{\infty} \mathfrak{m} = (0)$.

Eine Untermenge eines endlichen ›R-Moduls M ist genau dann Basis von M, wenn die Menge ihrer Restklassen eine Basis von $M/\mathfrak{m}$ als Vektorraum über dem Restklassenkörper $R/\mathfrak{m}$ bildet. Insbesondere enthält jede Basis eine *Minimalbasis* als Untermenge, und zwei verschiedene Minimalbasen hängen durch eine umkehrbare lineare Transformation über R miteinander zusammen und bestehen aus derselben Anzahl von Elementen.

Beispiele von l. R. sind Körper, primäre noethersche Ringe, diskrete Bewertungsringe des Ranges 1, geometrische Stellenringe, Potenzreihenringe in endlich vielen Unbestimmten über einem Körper. Ist r ein kommutativer Ring mit Einselement und $\mathfrak{p}$ ein Primideal in r, so erhält man durch *Lokalisierung* nach $\mathfrak{p}$, d. h. durch Bildung des ›Quotientenrings bez. des multiplikativ abgeschlossenen Systems $r \setminus \mathfrak{p}$, einen l. R. $R = r_{\mathfrak{p}}$ mit dem maximalen Ideal $\mathfrak{m} = \mathfrak{p} \cdot R$.

Je nachdem, ob die ›Charakteristik des Restklassenkörpers $R/\mathfrak{m}$ eines l. R. R nach seinem maximalen Ideal $\mathfrak{m}$ gleich oder ungleich der Charakteristik von R ist, spricht man von einem *charakteristikgleichen* oder *charakteristikungleichen l. R.*

›regulärer l. R., ›quasiendliche Erweiterung eines lokalen Ringes, ›semilokaler Ring.

2. l. R. heißt im *Nichtkommutativen* ein Ring R, der eine der folgenden äquivalenten Eigenschaften besitzt (A sei die Menge der nichtinvertierbaren Elemente von R):

a) A ist additiv abgeschlossen,
b) A ist zweiseitiges Ideal,
c) A ist größtes echtes Rechtsideal,
d) A ist größtes echtes Linksideal,
e) in R existiert ein größtes echtes Rechtsideal,
f) in R existiert ein größtes echtes Linksideal,
g) für jedes $r \in R$ ist entweder r oder $1 - r$ rechtsinvertierbar,
h) für jedes $r \in R$ ist entweder r oder $1 - r$ linksinvertierbar,
i) für jedes $r \in R$ ist entweder r oder $1 - r$ invertierbar.

Dann ist R/A ›Schiefkörper. ›halbprimärer Ring.

Lit.: [A 18I], [R 17], [R 25]
Samuel, P.: Algèbre locale. Mém. des Sci. Math. no. 123. Gauthier-Villars, Paris 1953.
Reitberger, H.: Stellenringe. In: Überblicke Mathematik, Bd. I. Bibliographisches Institut, Mannheim 1968, 155—175.

lokales System ›lokale Gruppeneigenschaft

lokal-euklidische Gruppe heißt jede topologische Gruppe, deren Gruppenraum lokal-euklidisch ist. Jede l. G. ist isomorph zu einer Lieschen Gruppe.

Lokalisierung ›Quotientenring

Loop heißt eine ›Quasigruppe mit neutralem Element (Einselement), also eine Menge mit einer binären ›Operation (Multiplikation) mit Einselement, in der die Gleichungen $ax = b$ und $ya = b$ bei gegebenen a, b stets lösbar sind. Gilt auch noch das Assoziativgesetz, so erhält man eine ›Gruppe. Jede L. ist homomorphes Bild einer *freien Loop* (die nach dem Vorbild freier universeller ›Algebren definiert ist). Jede Unterloop einer freien L. ist frei.

Ein Element a einer L. Q heißt *linksseitig assoziativ*, wenn $ax \cdot y = a \cdot xy$ für alle $x, y \in Q$ ist. Die Menge dieser a bildet den *linken Nukleus* N_l der L. Analog ist der *rechte Nukleus* N_r als Menge der *rechtsseitig assoziativen Elemente* b (d. h. $xy \cdot b = x \cdot yb$ für alle $x, y \in Q$) erklärt. *Mittlerer Nukleus* N_m ist die Menge der c mit $xc \cdot y = x \cdot cy$. Der Durchschnitt $N = N_l \cap N_r \cap N_m$ heißt *Nukleus* von Q. Alle vier Nuklei sind Untergruppen von Q; das *Zentrum* von Q (die Menge der a mit $a \cdot x = x \cdot a$ für alle $x \in Q$) ist eine abelsche Untergruppe. Diese Definitionen gelten auch für *Quasigruppen* allgemein. Eine Quasigruppe besitzt genau dann einen linken bzw. rechten Nukleus, wenn sie ein Links- bzw. Rechtseinselement enthält; sie besitzt genau dann einen mittleren Nukleus, wenn sie eine L. ist.

›Isotopie von Gruppoiden. ›Moufang-Identitäten.

IP-L. heißt eine L. mit den Identitäten ${}^{-1}x \cdot xy = y$ und $yx \cdot x^{-1} = y$, wo ${}^{-1}x$ und x^{-1} Links- und Rechtsinverses von x bedeuten. Jede Moufang-L. ist eine IP-L. In IP-L. fallen die Nuklei zusammen.

Lit.: [B 1], [B 4]

Lösungsmannigfaltigkeit ›Nullstelle eines Polynoms

Lösung[smenge] ›Gleichung

Lösungsstrahl eines Gleichungssystems: Mit $\xi_1, \ldots, \xi_n$ ist auch jedes Vielfache $\lambda\xi_1, \ldots, \lambda\xi_n$ mit $\lambda \in k$ Lösung des mit den homogenen ›Polynomen $f_\varrho(x_1, \ldots, x_n)$ ($\varrho = 1, \ldots, r$) in $x_1, \ldots, x_n$ über einem (kommutativen) Körper k gebildeten Gleichungssystems $f_1 = 0, \ldots, f_r = 0$ (in einem geeigneten Oberkörper von k). Die auf diese Weise miteinander zusammenhängenden Lösungen bilden einen sog. L. Das gilt insbesondere für die Nullstellen eines ›homogenen Polynomideals. Jeder L. repräsentiert einen Punkt im $(n-1)$-dimensionalen projektiven Raum, der der durch unser Gleichungssystem gegebenen projektiven Mannigfaltigkeit angehört.

Zur Bestimmung der L. nimmt man noch eine Linearform $l(x_1, \ldots, x_n) = u_1x_1 + \cdots + u_nx_n$ mit unbestimmten Koeffizienten u_i hinzu und bildet das *Resultantensystem* (›Resultante) $b_1(u), \ldots, b_t(u)$ der Formen $f_1, \ldots, f_r, l$. Dessen größter gemeinsamer Teiler $D(u)$ heißt *u-Resultante* von $f_1, \ldots, f_r$. Wenn die gegebenen Gleichungen nur endlich viele L. $x_i = \lambda\xi_i^{(\alpha)}$ ($\alpha = 1, \ldots, m$) in der algebraisch abgeschlossenen Hülle von k besitzen, so wird $D(u) = \prod_{\alpha=1}^{m} l_\alpha^{\varrho_\alpha}$ mit Linearformen $l_\alpha = u_1\xi_1^{(\alpha)} + \cdots + u_n\xi_n^{(\alpha)}$ und positiven ganzen Zahlen ϱ_α, den *Vielfachheiten* oder *Multiplizitäten* der entsprechenden L.

Im Falle $r = n - 1$ wird $D(u)$ einfach die ›Resultante der Formen $f_1, \ldots, f_{n-1}, l$. Man erhält damit den (*speziellen*) *Bézoutschen Satz*: Wenn $n - 1$ homogene Gleichungen in n Veränderlichen nur endlich viele L. haben, so ist die

Summe ihrer Vielfachheiten gleich dem Produkt der Gradzahlen der Gleichungen.

Lit.: [A 17 II], [R 19]

Lucasscher Satz: Die Nullstellen der Ableitung (und damit auch die jeder höheren Ableitung) eines komplexen Polynoms f liegen in der komplexen Hülle der Nullstellen von f selbst. Der Satz geht auf GAUSS zurück und kann physikalisch durch die möglichen Gleichgewichtslagen in einem geeigneten Kraftfeld gedeutet werden.

Lit.: GAUSS, F.: Werke, Bd. 3, S. 112; Bd. 8, S. 32.
LUCAS, F.: Sur une application de la mécanique rationnelle à la théorie des équations. Compt. rend. Acad. Sci. Paris **89** (1879), 224–226.
MARDEN, M.: Geometry of Polynomials. Amer. Math. Soc., Providence 1966.
PÓLYA, G., G. SZEGÖ: Aufgaben und Lehrsätze aus der Analysis I. Springer, Berlin 1954, 1970.

Lüroth, Satz von: Jeder Zwischenkörper zwischen einer rein transzendenten Erweiterung $K = k(x)$ eines Körpers k und k selbst, der von k verschieden ist, ist rein transzendente Erweiterung von k, läßt sich also in der Form $k(t)$ mit einem über k transzendenten Element t schreiben.

Lit.: [A 17 I]

λ-Gewicht ›Kombinante

λ-Matrix = ›Polynommatrix

Λ-Ring (Verallgemeinerung des Begriffs ›R-Algebra) heißt ein (assoziativer) Ring R, der unitärer ›Doppelmodul über einem (nicht notwendig kommutativen) Ring Λ mit Einselement ist und den Bedingungen $\lambda(xy) = (\lambda x)\, y$, $(x\lambda)\, y = x(\lambda y)$, $(xy)\, \lambda = x(y\lambda)$ für $x, y \in R$, $\lambda \in \Lambda$ genügt. Als Unterringe und Homomorphismen werden nur Λ-zulässige zugelassen. Ein Λ-R. R mit Einselement e heißt *Λ-R. im engeren* bzw. *weiteren Sinne*, je nachdem R treuer Λ-Rechtsmodul (d. h., aus $x\lambda = 0$ für alle $x \in R$ folgt $\lambda = 0$) ist oder nicht. In beiden Fällen läßt sich R als Ring auffassen, der (über die Zuordnung $\lambda \mapsto e\lambda$) ein zu Λ isomorphes bzw. homomorphes Bild enthält.

Ist $\{R_i\}_{i \in I}$ ein System von Λ-R. im weiteren Sinne, so existiert ein Λ-R. im weiteren Sinne R und ein System von Homomorphismen $\varphi_i: R_i \to R$ mit den Eigenschaften: (i) R wird von den Bildringen $R_i^{\varphi_i}$ erzeugt, (ii) für jeden Λ-R. im weiteren Sinne S und jedes System von Homomorphismen $\psi_i: R_i \to S$ existiert ein eindeutig bestimmter Homomorphismus $\psi: R \to S$, der die Diagramme kommutativ macht. R ist bis auf Isomorphie eindeutig

bestimmt und heißt das ***universale Produkt*** der R_i mit den kanonischen Homomorphismen φ_i. Es kann auch definiert werden als der von den Elementen aller Ringe R_i (mit zusammenfallenden Einselementen) erzeugte Λ-R. mit den definierenden Relationen jedes R_i als definierenden Relationen.
>freies Produkt von Λ-R.

Lit.: [EA 3]
COHN, P. M.: On the free product of associative rings I. Math. Z. 71 (1959), 380–398.

M

Macaulay-Ring = Cohen-Macaulay-Ring >M-Sequenz

Magnussche Algebra auf einer Menge X nichtkommutierender Unbestimmter X_i über einem Ring R heißt die >Algebra aller (auch unendlichen) formalen Summen $\sum \alpha_{i_1\ldots i_n} X_{i_1} \cdots X_{i_n}$ mit $\alpha_{i_1\ldots i_n} \in R$, $X_i \in X$. Die Elemente mit dem *Absolutglied* (dem Koeffizienten des leeren Produkts der X_i) 1 bilden hierin eine multiplikative Gruppe, die *Magnussche Gruppe* über X.

Lit.: [EL 2], [G 24 II]

Magnussche Gruppe >Magnussche Algebra

Malzewsche Algebra (= *Moufang-Liesche Algebra* = *M-L-Algebra*) heißt eine Algebra über einem Körper mit den Identitäten $x^2 = 0, J(x, y, xz) = J(x, y, z)x$ mit $J(x, y, z) = (xy)\,z + (zx)\;\;y + (yz)x$. Eine M. A. ist eine >binär Liesche Algebra. Die *Kommutatoralgebra* einer alternativen Algebra (in der also die Multiplikation durch die Kommutatorbildung $[x, y] = xy - yx$ ersetzt ist) ist eine M. A.

Lit.: KARGAPOLOW, M. I., JU. I. MERSLJAKOW (М. И. Каргаполов, Ю. И. Мерляков): Основы теории групп. Nauka. Moskau 1972; KARGAPOLOV, M. I., J. I. MERZLJAKOV: Fundamentals of the Theory of Groups. Springer, Berlin 1979.
MALZEW, A. I.: Untersuchungen aus dem Gebiet der mathematischen Logik, Matem. Sbornik 1 (1936), 323–336.
MALZEW, A. I. (А. И. Мальцев): Аналитические лупы. Matem. Sbornik 36 (1955), 569–576.

Malzewsche Bedingung: 1. M. B. an ein Produkt $G = \prod_{i\in I}^{0} G_i$ von Gruppen G_i (***Malzewsches Produkt***) besteht in der Forderung der Erblichkeit beim Übergang zu Untergruppen der Faktoren; d. h., wählt man in jedem G_i eine Untergruppe H_i, so sollen die H_i in G eine Untergruppe H erzeugen, die sich als Produkt $M = \prod_{i\in I}^{0} H_i$ darstellen läßt. Das (eingeschränkte) >direkte und >freie Produkt erfüllen die M. B. Offen ist, ob es noch weitere assoziative Malzewsche Produkte gibt (*Malzewsches Problem*).

2. Charakterisierung von Eigenschaften von ›Varietäten durch die Existenz gewisser Polynomsymbole und Identitäten (*Malzew-Bedingungen*). Insbesondere sind die Kongruenzrelationen der ›Algebren einer Varietät V genau dann vertauschbar, wenn es ein ternäres Polynomsymbol $\boldsymbol{p}$ mit den Identitäten $\boldsymbol{p}(\boldsymbol{x}, \boldsymbol{x}, \boldsymbol{y}) \equiv \boldsymbol{y}$, $\boldsymbol{p}(\boldsymbol{x}, \boldsymbol{y}, \boldsymbol{y}) \equiv \boldsymbol{x}$ in V gibt; der Kongruenzenverband ist distributiv, wenn stattdessen $\boldsymbol{p}(\boldsymbol{x}, \boldsymbol{x}, \boldsymbol{y}) \equiv \boldsymbol{p}(\boldsymbol{x}, \boldsymbol{y}, \boldsymbol{x}) \equiv \boldsymbol{p}(\boldsymbol{y}, \boldsymbol{x}, \boldsymbol{x}) \equiv \boldsymbol{x}$ gilt.

Lit.: Zu **1.**: [G 26II]
Zu **2.**: [U 1]

Malzewsches Problem bzw. **Produkt** ›Malzewsche Bedingung

Mannigfaltigkeit = ›Varietät

marginale Untergruppe ›verbale Untergruppe

Maschke, Satz von: Eine ›Darstellung einer endlichen Gruppe G über einem Körper der Charakteristik 0 oder mit zur Ordnung von G teilerfremder Charakteristik (anderenfalls gilt der Satz nicht) ist stets vollständig reduzibel.

Lit.: [D 2]
MASCHKE, H.: Beweis des Satzes, daß diejenigen endlichen linearen Substitutionsgruppen, in welchen einige durchgehends verschwindende Koeffizienten auftreten, intransitiv sind. Math. Ann. **52** (1899), 363–368.

Maß (genauer: *endlich additives Maß*) einer ›Booleschen Algebra B heißt jede nichtnegative reellwertige Funktion φ auf B mit $\varphi(1) = 1$ und $\varphi(x \vee y) = \varphi(x) + \varphi(y)$ für $x \wedge y = 0$. Es ist eine spezielle ›Bewertung in einem Verband. Für ein beliebiges endliches disjunktes System E von Elementen aus B gilt dann $\varphi\left(\bigvee_{x \in E} x\right) = \sum_{x \in E} \varphi(x)$. Die Menge der $x \in B$ mit $\varphi(x) = 0$ bildet ein Ideal. φ heißt *effektiv* oder *strikt positiv*, wenn $\varphi(x) = 0$ nur für $x = 0$ gilt. Auf die Forderung $\varphi(1) = 1$ wird z. T. auch verzichtet, M. mit dieser Eigenschaft heißen dann *normiert*.

Bei Vladimirov heißt ein M. (ohne die Normiertheitsforderung) im obigen Sinne *Quasimaß*; ein solches Quasimaß heißt M., wenn es strikt positiv und *abzählbar additiv* ist (d. h., $\varphi\left(\bigvee_{x \in E} x\right) = \sum_{x \in E} \varphi(x)$ für eine beliebige abzählbare Menge E von Elementen $x \in B$ gilt, die ein Supremum besitzt), und *Wahrscheinlichkeitsmaß*, wenn es außerdem normiert ist.

Lit.: [V 4], [V 15], [V 17]
HORN, A., A. TARSKI: Measures in Boolean algebras. Trans. Amer. Math. Soc. **64** (1949), 467–97.
KAPPOS, D. A.: Strukturtheorie der Wahrscheinlichkeitsfelder und -räume. Springer, Berlin 1960.

Mathieusche Gruppen heißen zwei fünffach transitive ›Permutationsgruppen M_{12} und M_{24} vom Grade 12 bzw. 24 und von der Ordnung $8 \cdot 9 \cdot 10 \cdot 11 \cdot 12$ bzw. $3 \cdot 16 \cdot 20 \cdot 21 \cdot 22 \cdot 23 \cdot 24$ und drei ihrer Untergruppen M_{11} (Ordnung $8 \cdot 9 \cdot 10 \cdot 11$), M_{23} (Ordnung $3 \cdot 16 \cdot 20 \cdot 21 \cdot 22 \cdot 23$) und M_{22} (Ordnung $3 \cdot 16 \cdot 20 \cdot 21 \cdot 22$), und zwar ist M_{11} die (bis auf Konjugation bestimmte) Untergruppe von M_{12}, die einen Punkt festläßt (*Stabilisator* dieses Punkts), und ebenso geht M_{23} aus M_{24} und M_{22} aus M_{23} hervor. Alle diese Gruppen sind ›einfach. M_{11} und M_{23} sind vierfach transitiv. Mit den Permutationen:

$$A = (1, 2, 3, 4, 5, 6, 7, 8, 9, 10, 11),\ B = (5, 6, 4, 10)\ (11, 8, 3, 7),$$

$$C = (1, 12)\ (2, 11)\ (3, 6)\ (4, 8)\ (5, 9)\ (7, 10),$$

$$D = (1, 2, 3, 4, 5, 6, 7, 8, 9, 10, 11, 12, 13, 14, 15, 16, 17, 18, 19, 20, 21, 22, 23),$$

$$E = (3, 17, 10, 7, 9)\ (5, 4, 13, 14, 19)\ (11, 12, 23, 8, 18)\ (21, 16, 15, 20, 22),$$

$$F = (1, 24)\ (2, 23)\ (3, 12)\ (4, 16)\ (5, 18)\ (6, 10)\ (7, 20)\ (8, 14)\ (9, 21)\ (11, 17)\ (13, 22)\ (19, 15),$$

$$G = (1, 2, 3, 4, 5, 6, 7, 8, 9, 10, 11)\ (12, 13, 14, 15, 16, 17, 18, 19, 20, 21, 22),$$

$$H = (1, 4, 5, 9, 3)\ (2, 8, 10, 7, 6)\ (12, 15, 16, 20, 14)\ (13, 19, 21, 18, 17),$$

$$I = (11, 22)\ (1, 21)\ (2, 10, 8, 6)\ (12, 14, 16, 20)\ (4, 17, 3, 13)\ (5, 19, 9, 18)$$

gilt: $M_{11} = \langle A, B\rangle$, $M_{12} = \langle A, B, C\rangle$, $M_{23} = \langle D, E\rangle$, $M_{24} = \langle D, E, F\rangle$ und $M_{22} = \langle G, H, I\rangle$.

Lit.: [G 15], [G 24III], [L 3]

MATHIEU, E.: Mémoire sur le nombre des valeurs que peut acquérir une fonction quand on y permute ses variables de toutes les manières possibles. J. Math. pur. appl. **5** (1860), 9–62.

MATHIEU, E.: Mémoire sur l'étude des fonctions de plusieurs quantités, sur la manière de les former et sur les substitutions qui les laissent invariables. J. Math. pur. appl. (2) **6** (1861), 241–323.

MATHIEU, E.: Sur la fonction cinq fois transitive des 24 quantités. J. Math. pur. appl. **18** (1873), 25–46.

Matrix heißt ein rechteckiges Schema

$$A = \begin{pmatrix} a_{11} & a_{12} & \cdots & a_{1n} \\ a_{21} & a_{22} & \cdots & a_{2n} \\ \cdots & \cdots & \cdots & \cdots \\ a_{m1} & a_{m2} & \cdots & a_{mn} \end{pmatrix}$$

(üblich ist auch die Schreibweise in eckigen Klammern) von Elementen eines Rings R („*M. über R*"), aber auch einer allgemeineren Menge, auf der die gegebenenfalls im folgenden erklärten Operationen sinngemäß anzuwenden sind;

man schreibt hierfür auch $(a_{ij})_{\substack{i=1,\ldots,m\\ j=1,\ldots,n}}$ oder kurz, wenn keine Mißverständnisse zu befürchten sind, (a_{ij}), ferner auch $\|a_{ij}\|_{i=1,\ldots,m;\, j=1,\ldots,n}$. (Die Numerierung der Elemente kann aber auch anders gewählt werden.) Bei der oben aufgeschriebenen M. A handelt es sich um eine M. aus m Zeilen und n Spalten, kurz: um eine *(m, n)-M.*, *$m \times n$-M.*, *(m, n)-reihige M.* oder um eine M. vom *Typ* (oder *Format*) (m, n); insbesondere spricht man im Falle $m = n$ von einer (n-reihigen) *quadratischen M.* und nennt n die *Ordnung* oder den *Grad* von A und schreibt auch z. B. $A = (a_{ij})_{i,j=1,\ldots,n}$ oder $(a_{ij})^n_{i,j=1}$. Die a_{ij} heißen die *Elemente* oder auch *Koeffizienten* der M. A. Für $a_{ij} \in \mathbb{R}$ oder $\in \mathbb{C}$ heißt A auch kurz *reelle* bzw. *komplexe M.* Die einzeilige M. $(a_{i1}\ a_{i2}\ \ldots\ a_{in})$ heißt die i-te *Zeile* oder *Zeile vom Index* i, die einspaltige M. $\begin{pmatrix} a_{1j} \\ \vdots \\ a_{mj} \end{pmatrix}$ die *j-te Spalte* oder *Kolonne* oder *Spalte vom Index* j der M. A (die letztgenannten Bezeichnungen sind zu empfehlen, wenn als Indizes nicht gerade die natürlichen Zahlen $(1, \ldots, m$ bzw. $1, \ldots, n)$ in Frage kommen. Der erste Index (hier i) des allgemeinen Elements a_{ij} der M. A heißt auch *Zeilenindex*, der zweite (hier j) auch *Spaltenindex*. Eine M., die aus einer einzigen Zeile besteht, heißt kurz *Zeilenmatrix* oder *Zeilenvektor*, eine, die nur aus einer Spalte besteht, *Spaltenmatrix* oder *Spaltenvektor*. Die Elemente der Form a_{ii} bilden die sog. *Hauptdiagonale* der M.: $(\diagdown)$, symmetrisch dazu liegt die sog. *Nebendiagonale*: $(\diagup)$.

Zwei M. A und $B = (b_{ij})$ heißen genau dann *gleich*, in Zeichen: $A = B$, wenn sie dasselbe Format haben und die an entsprechenden Stellen stehenden Elemente gleich sind, wenn also $a_{ij} = b_{ij}$ für $i = 1, \ldots, m$; $j = 1, \ldots, n$ (bei gleicher Zählung der Zeilen- bzw. Spaltenindizes in beiden M.) gilt.

Jedes Teilschema

$$\begin{pmatrix} a_{i_1j_1} & a_{i_1j_2} & \cdots & a_{i_1j_s} \\ a_{i_2j_1} & a_{i_2j_2} & \cdots & a_{i_2j_s} \\ \cdots & \cdots & \cdots & \cdots \\ a_{i_rj_1} & a_{i_rj_2} & \cdots & a_{i_rj_s} \end{pmatrix} = (a_{i_\nu j_\mu})$$

$(1 \leqq i_1 < i_2 < \cdots < i_r \leqq m;\ 1 \leqq j_1 < j_2 < \cdots < j_s \leqq n)$, das aus A dadurch entsteht, daß man nur die Zeilen mit den Indizes $i_1, \ldots, i_r$ und die Spalten mit den Indizes $j_1, \ldots, j_s$ beibehält (aber in der alten Reihenfolge), heißt eine *Untermatrix* oder *Teilmatrix* (vom Format (r, s)) von A. Die Zeilen und Spalten von A können als spezielle Untermatrizen aufgefaßt werden.

Zwei gleichformatige M. $A = (a_{ij})$ und $B = (b_{ij})$ über R werden *addiert* und ergeben als *Summe* wieder eine gleichformatige M. $C = (c_{ij})$, indem man die an entsprechenden Stellen stehenden Elemente addiert: $c_{ij} = a_{ij} + b_{ij}$; diese Addition ist assoziativ und kommutativ (wenn etwa R ein Ring ist; allgemeiner: wenn die in R erklärte Addition diese Eigenschaften besitzt). Bezüglich dieser Addition bilden die (m, n)-M. über R (es genügt hierbei, für R eine additive Gruppe zu wählen) eine *additive Gruppe*, deren neutrales Element

(Nullelement) die (mit 0 oder kurz 0 bezeichnete) *Nullmatrix* vom Format (m, n) ist, deren Elemente sämtlich gleich dem Nullelement 0 von R sind. Das entgegengesetzte Element $-A$ zu der M. $A = (a_{ij})$ ist dann die M. mit dem allgemeinen Element $-a_{ij}$. Für die damit erklärte Subtraktion von M. gilt die für additive Gruppen bekannte Regel: $A - B = A + (-B) = (a_{ij} - b_{ij})$.

Eine M. wird mit einem Element („Zahl") λ aus R (oder allgemeiner: aus einem ›Operatorenbereich von R) multipliziert („*Skalarmultiplikation*"), indem alle Elemente der M. mit λ multipliziert werden: $\lambda A = (\lambda a_{ij})$ (analog bei Multiplikation von rechts). Diese skalare Multiplikation ist distributiv: $\lambda(A + B) = \lambda A + \lambda B, (\lambda + \mu) A = \lambda A + \mu A$, und assoziativ: $\lambda(\mu A) = (\lambda\mu) A$. Ist R ein ›Vektorraum, so wird auch die additive Gruppe der (m, n)-M. über R ein Vektorraum; ist insbesondere R ein Körper, so entsteht ein Vektorraum über R der Dimension mn.

Zwei M. A und B, die miteinander *verkettet* sind, d. h., für die die Spaltenzahl der ersten M. A gleich der Zeilenzahl der zweiten M. B ist, lassen sich gemäß der Vorschrift $AB = C$ mit $c_{ij} = \sum_k a_{ik}b_{kj}$ miteinander *multiplizieren*; die Zeilenzahl der *Produktmatrix* C ist gleich derjenigen des ersten Faktors, ihre Spaltenzahl gleich derjenigen des zweiten Faktors. Diese Multiplikation ist assoziativ: $(AB)\,G = A(BG)$, und bez. der Addition distributiv: $(A + B)\,G = AG + BG$, $A(B + G) = AB + AG$, aber im allgemeinen nicht kommutativ. Die (quadratische) *Einheitsmatrix* E entsprechender Reihenzahl mit dem allgemeinen Element $\delta_{ij} = \begin{cases} 1 \text{ für } i = j, \\ 0 \text{ für } i \neq j \end{cases}$ (*Kronecker-Symbol* = *Deltasymbol*, auch mit δ_i^j bezeichnet) wirkt bei der Multiplikation als rechts- bzw. linksseitiges *Einselement*: $AE = A$, $EB = B$ (wenn die M. miteinander verkettet sind). Daher bilden die n-reihigen quadratischen M. über einem Ring R selbst einen Ring mit der n-reihigen Einheitsmatrix als Einselement, den *vollen Matrixring* $(R)_n$ n-ten Grades über R. Die *Diagonalmatrizen*, d. h. die M., deren Elemente außerhalb der Hauptdiagonalen sämtlich 0 sind, bilden einen Unterring hiervon, ebenso die *oberen Dreiecksmatrizen* (= *obere Halbmatrizen*) (deren Elemente unterhalb der Hauptdiagonalen, d. h. die Elemente a_{ij} mit $i > j$, gleich Null sind) und die *unteren Dreiecksmatrizen* (= *untere Halbmatrizen*) (deren Elemente oberhalb der Hauptdiagonalen gleich 0 sind), ferner die *skalaren M.*, die skalaren Vielfachen der Einheitsmatrix (d. h. die Diagonalmatrizen mit lauter gleichen Diagonalelementen). Die (oberen oder unteren) Dreiecksmatrizen heißen auch *Halbmatrizen* oder *Halbdiagonalmatrizen*.

Zwei M. A, B heißen *vertauschbar*, wenn $AB = BA$ ist (damit die Produkte erklärt sind, müssen sie beide quadratisch und von der gleichen Reihenzahl sein). Das *Zentrum* von $(R)_n$ (die Menge der mit allen Elementen vertauschbaren M.) besteht aus genau den skalaren M. der Form $\lambda \cdot E$ mit λ aus dem *Zentrum* von R, im Falle eines kommutativen Rings R also aus allen skalaren M. Die *Einheiten* des vollen Matrixringes, d. h. die M. A, zu denen eine *inverse* oder *reziproke M.* (= *Kehrmatrix* A^{-1}) (eine M. mit der Eigenschaft $A^{-1}A = AA^{-1} = E$) existiert, heißen auch *invertierbare M.* Wenn R ein (kommutativer) Körper ist, sind invertierbar genau die sog. *regulären* oder *nichtsingulären M.*, d. h. diejenigen M. A, deren ›Determinante $\det A \neq 0$ ist; M. A mit $\det A = 0$ heißen auch *singulär*. Eine n-reihige quadratische M. A über einem (kommutativen) Körper ist genau dann regulär, wenn ihre Zeilenvektoren (und äquivalent dazu ihre Spaltenvektoren) linear unabhängig sind (›lineare Abhängigkeit). In diesem Falle berechnet sich ihre inverse M. aus der ›adjungierten M. A_{ad} gemäß $A^{-1} = (\det A)^{-1} \cdot A_{ad}$. (Zur numerischen Berechnung von A^{-1} wendet man bei großem n besser Lösungsverfahren für ›lineare Gleichungssysteme an.)

Durch *Spiegelung* an der Hauptdiagonalen erhält man aus einer (m, n)-M. A eine (n, m)-M., die die *gespiegelte, gestürzte* oder *transponierte M.* von A heißt und mit A^{T}, A' oder ${}^{t}A$ bezeichnet wird; wenn $A = (a_{ij})$, $A^{\mathsf{T}} = (a'_{ij})$ ist, wird sie also durch $a'_{ij} = a_{ji}$ definiert. Hierfür gelten die Rechenregeln:

$$(A + B)^{\mathsf{T}} = A^{\mathsf{T}} + B^{\mathsf{T}}, \quad (\lambda A)^{\mathsf{T}} = A^{\mathsf{T}}\lambda, \quad (AB)^{\mathsf{T}} = B^{\mathsf{T}}A^{\mathsf{T}}, \quad (A^{\mathsf{T}})^{\mathsf{T}} = A$$

(damit diese auch im Falle eines nichtkommutativen Rings R gültig bleiben, hat man die transponierte M. A^{T} als M. über dem zu R entgegengesetzten Ring $\tilde{R}$ aufzufassen). Für eine invertierbare M. A heißt $(A^{-1})^{\mathsf{T}}$ auch die zu A *kontragrediente M.*, und es gilt $(A^{-1})^{\mathsf{T}} = (A^{\mathsf{T}})^{-1}$ (man kann also ohne Gefahr von Mißverständnissen auf die Klammern verzichten). Eine quadratische M. A heißt *symmetrisch*, wenn $A^{\mathsf{T}} = A$, d. h. stets $a_{ij} = a_{ji}$ ist; sie heißt *schiefsymmetrisch*, wenn $A^{\mathsf{T}} = -A$, d. h. $a_{ij} = -a_{ji}$ ist, und *alternierend*, wenn außerdem die Hauptdiagonalelemente a_{ii} gleich 0 sind (wenn die Charakteristik von R nicht durch 2 teilbar ist, ist eine schiefsymmetrische M. stets alternierend). Eine zur Nebendiagonalen symmetrische M. heißt auch *nebensymmetrische M.* Im Falle von M. A über $\mathbb{C}$ bezeichnet $\bar{A}$ die *konjugiert komplexe M.*, deren Elemente die Konjugiertkomplexen der Elemente von A sind. Eine komplexe M. A heißt *hermitesch*, wenn $A^{\mathsf{T}} = \bar{A}$ ist, *schiefhermitesch*, wenn $A^{\mathsf{T}} = -\bar{A}$ ist, *unitär*, wenn $A^{-1} = \bar{A}^{\mathsf{T}}$, d. h. $\sum_i a_{ij}\bar{a}_{ik} = \delta_{jk}$ gilt, und *orthogonal*, wenn $A^{-1} = A^{\mathsf{T}}$, d. h. $\sum_i a_{ij}a_{ik} = \delta_{jk}$ ist. Sie heißt *normal*, wenn sie mit ihrer konjugierttransponierten vertauschbar ist.

Für M. A über einem (nicht notwendig kommutativen) Körper R erzeugen die Spalten von A einen Vektorraum über R, den *Spaltenraum* von A, dessen Dimension der *Spaltenrang* von A heißt und gleich der Maximalzahl über R linear unabhängiger Spalten von A ist. Ebenso erzeugen die Zeilen von A einen Vektorraum, den *Zeilenraum*, dessen Dimension der *Zeilenrang* von A heißt und gleich der Maximalzahl linear unabhängiger Zeilen von A ist. Diese beiden Zahlen sind stets gleich und heißen kurz der *Rang* von A. Wenn R kommutativ ist, ist der Rang gleich der größten unter den Ordnungen quadratischer Teilmatrizen, deren Determinante $\neq 0$ ist (für nichtkommutatives R gilt diese Aussage nicht).

Die *Spur* (= *Diagonalsumme* = *Charakter*) Sp (A) oder Tr A einer quadratischen Matrix über einem kommutativen Ring ist erklärt durch $\operatorname{Sp} A = \sum_i a_{ii}$. Hierfür gilt $\operatorname{Sp}(A + B) = \operatorname{Sp} A + \operatorname{Sp} B$, $\operatorname{Sp}(AB) = \operatorname{Sp}(BA)$.

Übermatrix (= *Blockmatrix* = *Matrix von Matrizen* = *Hypermatrix* = *Kästchenmatrix* = *in Kästchen eingeteilte M.* = *in Blöcke zerlegte M.*) heißt eine M., die (gegebenenfalls durch das Ziehen horizontaler und vertikaler Striche) in einzelne M. zerlegt ist (deren Reihenzahlen verschieden sein können), etwa:

. Mit derartigen Übermatrizen kann man sinngemäß wie mit gewöhnlichen M. rechnen, wenn nur die entsprechenden Verknüpfbarkeitsbedingungen erfüllt sind: um zwei Übermatrizen addieren zu können, müssen sie beide in derselben Weise zerlegt sein, und um zwei Übermatrizen multiplizieren zu können, müssen sie nicht nur als M. (mit M. als Elementen) miteinander verkettet sein, sondern die Verkettetheitsbedingung muß natürlich auch für die bei der Berechnung des Übermatrixprodukts auftretenden Produkte von gewöhnlichen M. erfüllt sein. In beiden Fällen ergibt sich dasselbe, ob man nun die M. als in Teilmatrizen zerlegt ansieht oder nicht. Zur Berechnung der >Determinante einer in Teilmatrizen zerlegten M. gibt es keine einfache Berechnungsmethode, dagegen ist die Determinante einer sog. *Diagonal-Übermatrix,* die sich durch diagonales Aneinanderreihen einzelner quadratischer M. ergibt, während an den übrigen Stellen Nullmatrizen sitzen, gleich dem Produkt der Determinanten der in der Diagonalen stehenden M.

Eine (m, n)-M. A über über dem Körper R vermittelt vermöge der Vorschrift $y_i = \sum_{j=1}^{n} a_{ij} x_j$ $(i = 1, \ldots, m)$, in Matrizenform $\boldsymbol{y} = A\boldsymbol{x}$, eine >*lineare Abbildung* des Vektorraums der n-Tupel $(x_1, \ldots, x_n)$ von Elementen aus R in den Vektorraum der m-Tupel $(y_1, \ldots, y_m)$ von Elementen aus R. Der Summe derartiger linearer Abbildungen entspricht gerade die Summe der M., der Hintereinanderausführung das Produkt der M.

Allgemeiner nennt man auch eine Abbildung der Produktmenge $M_1 \times M_2$ zweier Mengen M_1 und M_2 in eine Menge M eine M.

Unendliche M.: Ein System $(a_{ij})_{i,j=1,2,\ldots}$ von reellen oder komplexen Zahlen a_{ij} heißt eine *reelle* bzw. *komplexe unendliche M.* Diese heißt *zeilenfinit* bzw. *spaltenfinit,* falls jede Zeile bzw. Spalte nur endlich viele von Null verschiedene Elemente enthält, anderenfalls *zeileninfinit* bzw. *spalteninfinit*; sie heißt *solitär,* wenn sogar in jeder Zeile und jeder Spalte höchstens ein Element $\neq 0$ auftritt (also eine monomiale M. >monomiale Gruppe). Konvergieren alle *Zeilenbetragssummen* $\sum_{k=1}^{\infty} |a_{ik}|$ oder *Spaltenbetragssummen* $\sum_{i=1}^{\infty} |a_{ik}|$, so heißt die M. *zeilenabsolut* bzw. *spaltenabsolut.* (Auf unendliche M. der Form $(a_{ij})_{i,j=\ldots,-1,0,1,\ldots}$ übertragen sich die Definitionen in natürlicher Weise.)

Addition und Skalarmultiplikation ist problemlos wie bei endlichen M. erklärt, das Produkt $AB = C$ mit dem allgemeinen Element $c_{ij} = \sum_{j=1}^{\infty} a_{ij} b_{jk}$ ist dagegen nur dann definiert, wenn alle zugehörigen unendlichen Reihen konvergieren. Insbesondere kann AB existieren, obwohl BA nicht existiert. Die Addition ist kommutativ und assoziativ, die Multiplikation ist jedoch im allgemeinen nicht assoziativ, d. h., es kann $(AB)\,C \neq A(BC)$ sein, obwohl alle auftretenden Produkte existieren. Linksseitige Distributivität gilt in dem Sinne, daß mit AB und AC auch $A(B + C)$ existiert und $A(B + C) = AB + AC$ ist (entsprechend für rechtsseitige Distributivität). Zwei unendliche M. A, B, für die AB und BA existieren und gleich sind, heißen *vertauschbar.*

Eine Dreiecksmatrix mit $a_{ii} \neq 0$ für alle i heißt *echte Dreiecksmatrix.*

Wenn für zwei unendliche M. A, B gilt $AB = E$, so heißt A *Linksinverse, linke* oder *vordere Reziproke* von B und B *Rechtsinverse, rechte* oder *hintere Reziproke* von A; eine zweiseitige Inverse heißt auch kurz *Inverse* oder *Reziproke.* In einem assoziativen Ring von unendlichen M. gilt: Besitzt A sowohl eine Links- als auch eine Rechtsinverse, so sind sie beide gleich und eindeutig bestimmt. Hat A genau eine Linksinverse (Rechtsinverse), so ist diese auch Rechtsinverse (Linksinverse). (Das schließt nicht die Existenz unendlich vieler Links- bzw. Rechtsinverser außerhalb unseres assoziativen Rings aus.)

Eine *Abelsche M.* ist eine unendliche M. der Form (a_{ij}) mit $a_{ij} = i^j/(i + 1)^{j+1}$; sie besitzt unendlich viele linear unabhängige inverse M.

Einzelmatrix heißt eine unendliche beschränkt hermitesche M. A mit $A^2 = A$; die Einzelmatrizen entsprechen den Projektionen des Hilbert-Raums l_2.

Für mehrdimensionale M. s. Sokolow.

Lit.: [A 17II], [EA 2], [Enz 1,6], [Enz 1,7], [M 1]–[M 6], [M 8], [M 10]–[M 12], [M 14]–[M 27]

Aitken, A. C.: Determinants and matrices. New York 1948.

Brewer, J. W., J. W. Bunge, F. S. van Vleck: Linear Systems over Commutative Rings. Dekker, New York 1986.

Cooke, R. G.: Infinite matrices and sequence spaces. London 1950.

Danoghue, W. F.: Monotone Matrix Functions and Analytic Continuation. Springer, Berlin 1974.

Edelen, D. G. B., A. D. Kydoniefs: An Introduction to Linear Algebra for Science and Engineering, Elsevier, New York 1976.

Faddejew, D. K., W. N. Faddejewa: Numerische Methoden der linearen Algebra. DVW, Berlin 1964.

Finkbeiner, D. T.: Introduction to Matrices and Linear Transformations. Taraporevala, Bombay 1968.

Graybill, F. A.: Introduction to Matrices with Applications in Statistics. Wadsworth, Belmont, California, 1969.

Householder, A. S.: The theory of matrices in numerical analysis. Ginn (Blaisdell), Boston 1964.

Jennings, A.: Matrix Computation for Engineers and Scientists. Wiley, Chichester 1977.

Newman, M.: Integral matrices. Academic Press, New York 1972.

Perlis, S.: Theory of matrices. Addison-Wesley, Cambridge, Mass. 1958.

Schreier, O., E. Sperner: Vorlesungen über Matrizen. Teubner, Leipzig 1932.

Sokolow, N. P. (Н. П. Соколов): Введение в теорию многомерных матриц. Naukova Dumka, Kiew 1972.

Wintner, A.: Spektraltheorie der unendlichen Matrizen. Hirzel, Leipzig 1929.

Matrix der Bilinearform ›bilineare Abbildung

Matrix der ›quadratischen Form

Matrix mit dominierender (überwiegender) Hauptdiagonalen = ›Hadamardsche Matrix

Matrix von ›Matrizen

Matrizenalgebra ›voller Matrizenring

Matrizenbüschel = ›Matrizenschar

Matrizendarstellung ›Darstellung einer Gruppe, ›**Darstellung von Ringen und Algebren**

Matrizeneinheit (= *Matrixeinheit*) heißt jede quadratische ›Matrix E_{ij}, die an der Stelle (i, j) eine 1 und sonst lauter Nullen enthält. Für M. gelten die Rechenregeln $E_{ij}E_{kl} = \delta_{jk}\delta_{il}E_{ij}$ (δ_{jk} Kronecker-Symbol). Die E_{ij} bilden also im ›vollen Matrizenring orthogonale Idempotente.

Lit.: [A 16], [G 42]

Matrizengruppe heißt eine multiplikative Gruppe n-reihiger ›Matrizen mit Elementen aus einem (assoziativen) ›Ring mit Einselement, insbesondere also eine ›lineare Gruppe. Eine M. heißt *diagonalisierbar*, wenn es eine Ähnlichkeitstransformation mittels einer festen Matrix gibt, durch die sie in eine *diagonale Gruppe* überführbar ist, d. h. eine Gruppe aus lauter Diagonalmatrizen. Eine M. über einem Körper k heißt *irreduzibel*, wenn sich ihre Elemente nicht durch eine Ähnlichkeitstransformation mittels ein und derselben Matrix über k auf die Form $\begin{pmatrix} A & * \\ 0 & B \end{pmatrix}$ bringen lassen; bleibt sie auch über beliebigen Körpererweiterungen von k irreduzibel, so heißt sie *absolut irreduzibel*. Wenn k algebraisch abgeschlossen ist, so ist die absolute Irreduzibilität mit Irreduzibilität gleichbedeutend und liegt genau dann vor, wenn die Gruppe n^2 über k linear unabhängige Matrizen enthält.

Lit.: [G 38]
Merzljakov, Ju. I. (Ю. И. Мерзляков): Рациональные группы. Nauka, Moskau 1987.

Matrizenhalbgruppe: Seien G^0 die durch Adjunktion eines Nullelements 0 zu einer Gruppe G entstehende ›Halbgruppe (*Gruppe mit Null*), I, J, K Indexmengen, A eine $I \times J$-Matrix, B eine $J \times K$-Matrix mit Elementen aus G^0 (d. h. Abbildungen der Menge $I \times J$ bzw. $J \times K$ in G^0). Dann ist das Produkt AB definiert, wenn bei der formalen Ausmultiplikation nur Summen entstehen, die nur ein Element oder kein Element $\neq 0$ enthalten (dann wird diese Summe gleich diesem Element bzw. 0 gesetzt). Eine Menge S von $I \times I$-Matrizen über G^0, für die mit $A, B \in S$ AB existiert und zu S gehört, bildet eine Halbgruppe, eine M. Insbesondere kann man als S die Menge der *zeilenmonomialen Matrizen* A nehmen, d. h. derjenigen, die in jeder Zeile höchstens ein Element $\neq 0$ enthalten.

Eine wichtige M. erhält man folgendermaßen. P sei feste $K \times I$-Matrix über G^0. *Reessche* $L \times K$*-Matrix* über G^0 heißt jede $L \times K$-Matrix über G^0. Die Menge der Reesschen $L \times K$-Matrizen über G^0 mit der durch $A \circ B = APB$ definierten Verknüpfung $\circ$ bildet eine M., die ***Reessche M. über der Gruppe mit Null*** G^0 ***mit der definierenden Matrix*** P (Rees matrix semigroup over the group G^0 with sandwich matrix P) heißt und mit $M^0(G; I, K; P)$ bezeichnet wird; G heißt ihre *Strukturgruppe*. Wenn P kein Nullelement enthält, so ist $M^0(G; I, K; P)$ nullteilerfrei, $M^0 \setminus \{0\}$ ist dann eine M., die mit $M(G; I, K; P)$ bezeichnet wird und ***Reessche M. über der Gruppe*** G ***mit der definierenden Matrix*** P ***heißt***. M^0 ist genau dann reguläre >Halbgruppe, wenn jede Zeile und jede Spalte von P ein Element $\neq 0$ enthält; jede reguläre M. ist eine >vollständig einfache Halbgruppe.

Jede Brandtsche Halbgruppe (>Brandtsches Gruppoid) kann als reguläre M. über einer Gruppe mit Null dargestellt werden, wobei die definierende Matrix die Einheitsmatrix ist, und umgekehrt. M. mit Elementen aus einem Ring >Halbgruppe.

Lit.: [S 1I]
CLIFFORD, A. H.: Matrix representations of completely simple semigroups. Amer. J. Math. **64** (1942), 327–342.
REES, D.: On semi-groups. Cambridge Phil. Soc. **36** (1940), 387–400.

Matrizenpaar >Matrizenschar

Matrizenpolynom heißt sowohl ein Polynom der Form $A_0x^n + A_1x^{n-1} + \cdots + A_n$ mit Matrizen A_i als Koeffizienten als auch ein Polynom $c_0A^n + c_1A^{n-1} + \cdots + c_nE$ mit einer quadratischen Matrix A, der Einheitsmatrix E und Skalaren c_i als Koeffizienten. Schreibt man das M. der ersten Matrix mit λ (wie häufig üblich) an Stelle von x, so nennt man die entstehende Matrix auch *λ-Matrix*.

Nach dem Satz von Cayley-Hamilton ist jedes M. der zweiten Art mit einer m-reihigen Matrix A gleich einem M. vom Grade $\leq m - 1$ (>Ersatzpolynom).

Lit.: [M 5], [M 18]
GOCHBERG, I. C., P. LANCASTER: Matrix polynomials. Academic Press, New York 1962.
WATKINS, W.: Polynomial identities for matrices. Amer. Math. Monthly **82** (1975), 364–368.

Matrizenrang >I-Ring

Matrizenring >voller Matrixring

Matrizenschar (= *Matrizenbüschel*) heißt in homogener Schreibweise in Unbestimmten u und v die lineare und homogene ›Polynommatrix $Au + Bv$, in inhomogener Schreibweise die λ-Matrix $A - \lambda B$, wobei A und B (m, n)-›Matrizen mit Elementen aus einem kommutativen Körper sind. Ein solches Büschel heißt genau dann *regulär*, wenn $m = n$ ist und ihre Determinante nicht identisch verschwindet, anderenfalls *singulär*.

Ist $S = Au + Bv$ eine singuläre M. von der Ordnung n (d. h. mit n-reihigen quadratischen Matrizen) und dem Rang $k \leqq n$, so ist das ›lineare Gleichungssystem $xS = 0$ ($Sy = 0$) durch $n - k$ linear unabhängige (in bezug auf den Körper der rationalen Funktionen von u und v) Zeilen- (Spalten-) Vektoren $x^{(i)}$ ($y^{(i)}$) lösbar, die zudem so gewählt werden können, daß für jedes i die Komponenten von $x^{(i)}$ ($y^{(i)}$) homogene teilerfremde Polynome desselben Grades m_i (n_i) in den u, v sind. Unter allen so definierten Systemen von Gradzahlen gibt es ein (eindeutig bestimmtes) kleinstes, das System der *Minimalgradzahlen* (*minimalen Indizes*) mit der Eigenschaft, daß die Gradzahlen einzeln nicht größer sind als die gleichnumerierten eines vorgegebenen Systems.

Die Frage nach der *simultanen Äquivalenz* der (A, A_1) mit (B, B_1), d. h. der Äquivalenz der *Matrizenpaare* (A, A_1) und (B, B_1), d. h. nach der Existenz regulärer quadratischer Matrizen P und Q mit $PAQ = A_1$, $PBQ = B_1$ ist äquivalent mit der *Äquivalenz* (nach GANTMACHER *strengen Äquivalenz*) der M. $S = A - \lambda A_1$ und $S_1 = A_1 - \lambda B_1$, d. h. nach der Existenz konstanter regulärer Matrizen P, Q mit $P(A - \lambda B)\,Q = A_1 - \lambda B_1$. Äquivalente M. haben gleiche Minimalgradzahlen. Notwendig und hinreichend für die Äquivalenz der M. S und S_1 ist die Übereinstimmung der ›Elementarteiler der M. S und S_1 und der Minimalgradzahlen (letztere Bedingung ist im regulären Falle gegenstandslos).

Die Ähnlichkeit von Matrizen läßt sich auf die Äquivalenz von M. zurückführen, zwei quadratische Matrizen A und B sind nämlich genau dann ›ähnlich, wenn die M. $A - \lambda E$ und $B - \lambda E$ (E Einheitsmatrix) im obigen Sinne äquivalent sind.

Zu einer M. $A - \lambda B$ mit reellen symmetrischen quadratischen Matrizen $A = (a_{ij})$, $B = (b_{ij})$ gehört ein *Büschel* ›*quadratischer Formen* (= *Formenbüschel*) $\sum (a_{ij} - \lambda b_{ij})\, x_i x_j$. [*Cauchysche*] *charakteristische Gleichung* dieses Formenbüschels (oder des Paars der zu A und B gehörigen quadratischen Formen) heißt die Gleichung $\det (A - \lambda B) = 0$. Wenn das *Formenbüschel regulär*, d. h. die zu B gehörige quadratische Form positiv definit ist, besitzt die charakteristische Gleichung n reelle Wurzeln $(\lambda_1, \ldots, \lambda_n)$ und *Hauptvektoren* $\mathfrak{x}_k$ mit $A\mathfrak{x}_k = \lambda_k B\mathfrak{x}_k$; diese lassen sich so normieren, daß durch Ähnlichkeitstransformation mittels der aus den Hauptvektoren gebildeten *Hauptmatrix* die zu A und B gehörigen Formen gleichzeitig Diagonalgestalt annehmen, wobei aus der zu B gehörigen Form die Einheitsform wird.

Lit.: [Enz 1,7], [M 4], [M 5II], [M 26], [M 18]

Matroid ist ein auf WHITNEY zurückgehender Begriff eines speziellen Hypergraphen, der zur axiomatischen Beschreibung von ›Abhängigkeitsbeziehungen

Verwendung finden kann. Ein M. wird gegeben durch eine Menge V und eine Familie von Untermengen von V, den sog. ***unabhängigen Mengen***, für die gilt: (i) die leere Menge ist unabhängig, (ii) jede Untermenge einer unabhängigen Menge ist unabhängig, (iii) alle in einer festen Untermenge von V enthaltenen maximalen unabhängigen Mengen haben dieselbe Mächtigkeit.

Beispiele: V ist ein Vektorraum, unabhängige Mengen sind die linear unabhängigen Mengen. Die analoge Bildung ist für eine beliebige Untermenge eines Vektorraums möglich.

Lit.: Bruter, C. P.: Les matroïdes. Dunod, Paris 1970.
Jungnickel, D.: Transversaltheorie. Akad. Verlagsges. Geest & Portig, Leipzig 1982.
Recski, A., L. Lovász: Matroid Theory. Colloquia Mathematica Societatis János Bolyai 40. North Holland, Amsterdam 1985.
Tutte, W. T.: Lectures on Matroids. J. Res. Nat. Bur. Standards **69B** (1965), 1–47.
White, N. (ed.): The Theory of Matroids. Cambridge University Press, Cambridge 1986.
Whitney, H.: On the abstract properties of linear independence. Amer. J. Math. 57 (1935), 509–533.

Maurer-Cartansche Formen: Eine Pfaffsche Form auf einer ›Lieschen Gruppe G (d. h. ein kovariantes Vektorfeld auf G), die invariant gegenüber Linksmultiplikationen ist, heißt M. F. Wenn $X_1, \ldots, X_n$ eine Basis für die ›Liesche Algebra der linksinvarianten kontravarianten Vektorfelder auf G ist, so gibt es eindeutig bestimmte M. F. ω^i, so daß $\omega^i(X_j) = \delta^i_j$ ist. Ist c^i_{jk} der Strukturtensor bez. $X_1, \ldots, X_n$, so gelten die *Maurer-Cartanschen Gleichungen* $d\omega^i = \frac{1}{2} c^i_{jk}\omega^j \wedge \omega^k$, wo d und $\wedge$ die Operationen der äußeren Differentiation bzw. der äußeren Multiplikation bezeichnen (beachte die Summation über doppelte Indizes!) (›Liesche Gruppe).

Lit.: [EL 3]

Maurer-Cartansche Gleichungen ›Maurer-Cartansche Formen

maximal perfekter Körper › Bewertung

Maximalbedingung: Eine halbgeordnete Menge M (beispielsweise die durch Inklusion halbgeordnete Menge der Untergruppen einer Gruppe oder der Ideale eines Ringes) erfüllt die *M.* (bzw. *Minimalbedingung*), wenn jede Untermenge von M ein maximales (bzw. minimales) Element enthält. Das ist gleichbedeutend damit, daß jede echt aufsteigende (bzw. absteigende) Folge von Elementen von M endlich ist (*aufsteigende* bzw. *absteigende* ›*Kettenbedingung*); im Falle von (durch Inklusion halbgeordneten Mengen von) Idealen oder Moduln spricht man dann auch vom *Teilerkettensatz* (›Basissatz) bzw. ›*Vielfachenkettensatz.* Ein ›R-Modul genügt genau dann der M. für Untermoduln, wenn alle Untermoduln endlich erzeugt sind. *M* erfüllt die *Extremalbedingung*, wenn *M* gleichzeitig die M. und die Minimalbedingung erfüllt, was gleichbedeutend mit der *Doppelkettenbedingung* ist (jede auf- oder absteigende Folge von Elementen ist endlich).

In einem Ring *R* mit Minimalbedingung für Linksideale (*links-›artinschen Ring*) gilt genau dann die M. für Linksideale, wenn die Additivgruppe R^+ von *R* keine Prüfersche Gruppe als Untergruppe enthält (SZELE-FUCHS). Daher folgt in einem Ring *R* aus der Minimalbedingung für Linksideale die M. für Linksideale, wenn *R* ein Einselement besitzt (HOPKINS; im kommutativen Fall schon von AKIZUKI bewiesen) oder wenn *R* wenigstens keinen zweiseitigen ›Annullator enthält (SZELE-FUCHS).

In Gruppen oder allgemeiner ›Operatorgruppen stellt man auch eine schwächere Forderung: Die Gruppe *G* genügt der *schwachen* (= *abgeschwächten*) *M.*, wenn für jedes Paar von Untergruppen U, *V* mit $U \subsetneqq V$ die Menge der in *V* echt enthaltenen Untergruppen, die *U* enthalten, ein maximales Element besitzt; sie genügt der *schwachen* (= *abgeschwächten*) *Minimalbedingung*, wenn die Menge der *U* echt enthaltenden Untergruppen von *V* stets ein minimales Element besitzt. Eine Gruppe ohne Operatoren, die der schwachen Minimalbedingung genügt, ist ordnungsfinit.

Lit.: [A 16], [G 35]
FUCHS, L.: Wann folgt die Maximalbedingung aus der Minimalbedingung? Arch. Math. 8 (1957), 317–319.
HOPKINS, C.: Rings with minimal condition for left ideals. Ann. of Math. 40 (1939), 712–736.

maximale charakteristische Zahl ›nichtnegative Matrix

maximaler auflösbarer Normalteiler ›maximaler nilpotenter Normalteiler

maximaler nilpotenter Normalteiler (= *Fitting-Gruppe* = *Fittingsches Radikal*) einer Gruppe *G* heißt die ›charakteristische Untergruppe, die von allen nilpotenten Normalteilern erzeugt wird. Wenn sie wieder nilpotent ist (das ist insbesondere dann der Fall, wenn in *G* die ›Maximalbedingung für Normalteiler gilt, denn das Erzeugnis endlich vieler nilpotenter Normalteiler ist stets wieder nilpotenter Normalteiler), stellt es den (eindeutig bestimmten) m. n. N. von *G* dar. Analog kann man einen maximalen auflösbaren und einen maximalen perfekten Normalteiler gewinnen.

Lit.: [G 23], [G 26II]
FITTING, H.: Beiträge zur Theorie der Gruppen endlicher Ordnung. Jahresber. Deutsch. Math.-Verein. 48 (1937), 355–372.

maximaler perfekter Normalteiler ›maximaler nilpotenter Normalteiler

maximales Ideal einer Menge von I. ist ein I., das in keinem anderen I. der Menge enthalten ist (es kann mehrere m. I. geben im Gegensatz zum Begriff des *größten I.*, das alle I. der betreffenden Menge umfaßt. Spezialfall: I. eines Rings, das außer dem Ring selbst kein Oberideal besitzt (sog. ›teilerloses Ideal). Jedes m. I. $\mathfrak{p}$ in einem kommutativen Ring R mit Einselement ist ›Primideal, und der Restklassenring $R/\mathfrak{p}$ ist Körper. Ist umgekehrt $R/\mathfrak{p}$ für ein Ideal $\mathfrak{p}$ Körper, so ist $\mathfrak{p}$ m. I.

Lit.: [R 16]

maximales zweiseitiges Nilideal ›Radikale in Ringen

maximalfastperiodische Gruppe heißt nach J. v. NEUMANN eine ›topologische Gruppe G, auf der zu je zwei verschiedenen Elementen a, b eine ›fastperiodische Funktion f auf G mit $f(a) \neq f(b)$ existiert. Jede zusammenhängende lokalkompakte m. G. hat die Form $R^n \times K$, wo K eine kompakte Gruppe und R^n die Translationsgruppe des n-dimensionalen Raumes bedeutet. Alle abelschen lokalkompakten Gruppen sind m. G.

G heißt *minimalfastperiodisch*, wenn es auf G nur die Konstanten als fastperiodische Funktionen gibt.

Lit.: [D 14]
NEUMANN, J. v.: Almost periodic functions in a group I. Trans. Amer. Math. Soc. **36** (1934), 445–492.

maximalperiodische Untergruppe ›periodische Gruppe

Mayerscher Komplex = ›Kettenkomplex

mehrdeutiger Homomorphismus ›Algebra (universelle)

mehrfach transitive Gruppe ›additive Relation, ›Permutationsgruppe, ›Mathieu-Gruppe

mehrstufiger Isomorphismus ›Homomorphismus einer Gruppe

Menge mit algebraischer Struktur = ›Algebra

Mengenring ›distributiver Verband

Mengersche Algebra = ›Ringoid über einem Ring

meroedrischer Isomorphismus = ›Homomorphismus einer Gruppe

Meromorphismus ›Homomorphismus einer Gruppe

metabelsche Gruppe: 1. (= *zweistufig m. G.*) *zweistufig auflösbare Gruppe*, d. h. Gruppe mit abelscher ›Kommutatorgruppe. Alle m. G. bilden eine ›Varietät mit der definierenden Identität $[[x, y][z, t]] = 1$. Endlich erzeugbare m. G.

sind finit approximierbar und genügen der ›Maximalbedingung für Normalteiler.

2. gelegentlich Bezeichnung für ›*nilpotente Gruppe* von der Nilpotenzklasse 2.

Lit.: Zu **1.**: [G 26 II]
Zu **2.**: [G 26 I]

metabelscher Körper: ›Galoisscher Körper mit metabelscher ›Galois-Gruppe.

metabolischer Raum ›hyperbolische Ebene

metazyklische Erweiterung ›Galois-Gruppe

metazyklische Gruppe: 1. nach ZASSENHAUS eine Gruppe G, deren ›Kommutatorgruppe G' und Faktorkommutatorgruppe G/G' zyklisch sind („*zweistufig m. G.*"). Beispiel: jede endliche Gruppe mit quadratfreier Ordnung. Verallgemeinerung: ›polyzyklische Gruppen.

2. nach SPECHT eine Gruppe (oder Operatorgruppe), die eine Normalfolge mit zyklischen Faktoren besitzt, also im Falle von Gruppen ohne Operatoren dasselbe wie ›metabelsche Gruppe (Gruppe, die eine Normalfolge mit abelschen Faktoren besitzt).

Lit.: Zu **1.**: [G 42]
Zu **2.**: [G 35]

metazyklische Körpererweiterung ›Galois-Gruppe

metazyklischer Körper ›Galois-Gruppe

metrische Algebra ›topologische Algebra

metrische Gruppen: Identifiziert man in einer (additiven) Gruppe G jedes Element a mit seinem inversen $-a$, so entsteht aus G eine Menge $|G|$ von Elementen $|a|$, die im allgemeinen keine Gruppe ist. ***Ordnung*** von $|a|$ heißt die Ordnung von a (und $-a$). G wird ***rechts-*** bzw. ***linksseitig metrisch***, wenn je zwei Elementen a und b aus G das Element $|a - b| = |b - a|$ (bzw. $|-b + a| = |-a + b|$) aus $|G|$ als Abstand ab zugeordnet wird. Ist G abelsch, so wird G schlechthin ***metrisch***. Zu jedem Element a von G und zu jedem Element d von G, dessen Ordnung > 2 bzw. $= 2$ ist, gibt es genau zwei Elemente bzw. ein Element mit dem Abstand $|d|$ von a.

Eine Menge M heißt in bezug auf eine Gruppe G ***metrisch*** (***G-metrisch***), wenn je zwei Elementen p und q von M ein Element von $|G|$ zugeordnet ist, bezeichnet als Abstand pq, wobei $pq = qp = 0$ genau dann gilt, wenn $p = q$ ist. Es werden also beliebige Gruppen statt speziell die Gruppe der reellen Zahlen als Metrisierungsmittel benutzt. Die Gruppe G selbst ist eine G-metrische Menge.

Zwei G-metrische Mengen M und M' heißen *kongruent,* wenn es eine eindeutige Abbildung von M auf M' gibt, bei der für zwei Elemente p und q von M und ihre Bildelemente p' und q' von M' gilt $pq = p'q'$.

Die Selbstabbildung $x \mapsto x' = x + s$ einer additiven Gruppe, wo s ein festes Gruppenelement ist, ist eine *Translation,* die Abbildung $x \mapsto x' = 2s - x$ eine *Spiegelung* an s. Zu jedem Paar kongruenter Elemente a, b und a', b' von G gibt es eine kongruente Abbildung von G auf sich, die entweder eine Translation ist oder sich aus einer Translation und einer Spiegelung zusammensetzt und die c in c', b in b' überführt. Diese ist eindeutig bestimmt, wenn der Abstand ab von höherer als zweiter Ordnung ist oder wenn alle Elemente von G die Ordnung 2 haben.

Ist G eine Gruppe ohne Elemente der Ordnung 3 und M eine G-metrische Menge aus mehr als vier Elementen, von der je drei Elemente mit drei Elementen von G kongruent sind, so ist M zu einer Teilmenge von G kongruent.

Ein *Pseudo-G-Quadrupel* ist eine aus vier Elementen bestehende Menge, die nicht mit vier Elementen von G kongruent ist, von der aber je drei Elemente mit einem Elementetripel von G kongruent sind.

Lit.: MENGER, K.: Beiträge zur Gruppentheorie I. Math. Z. **33** (1931), 396–418.

metrische Menge ›metrische Gruppen

metrischer Raum einer quadratischen Form ›äquivalente quadratische Formen

metrischer Verband ›Bewertung eines Verbands

metrisierbare Gruppe heißt eine ›topologische Gruppe, deren Gruppenraum metrisierbar ist. Das ist genau dann der Fall, wenn er dem Hausdorffschen Trennungsaxiom und dem ersten Abzählbarkeitsaxiom genügt. Jede derartige m. G. kann durch eine *links- (rechts-) invariante Metrik* metrisiert werden; abelsche oder kompakte m. G. können durch beiderseits invariante Metriken metrisiert werden.

Meyer, Satz von, ›Klassen äquivalenter quadratischer Formen

m**-Folge** ›m-System

M**-Folge** = ›M-Sequenz

m**-Form** ›äußere Potenz

Milnor-Gruppe ›K-Theorie

Minimalbasis = ›Ganzheitsbasis, ›Diskriminante

Minimalbasis eines ›Ideals

Minimalbasis in der ›**Invariantentheorie**

Minimalbedingung ›Maximalbedingung

minimale einfache Gruppe heißt eine nichtabelsche ›einfache Gruppe, deren echte Untergruppen auflösbar sind. Jede endliche m. e. G. ist zu einer der ›projektiven Gruppen PSL $(2, 2^p)$ (p beliebige Primzahl > 3 mit $p^2 - 1 \not\equiv 0$ mod 5), PSL $(2, 3^q)$ (q beliebige ungerade Primzahl), PSL $(2, p)$ (p Primzahl > 3 mit $p^2 \equiv 1$ mod 5), PSL (3, 3) oder der ›Suzuki-Gruppe Sz(2^q) (q ungerade Primzahl) isomorph. Jede endliche m. e. G. wird von zwei Elementen erzeugt.

Lit.: [G 23], [G 24 II]
Thompson, J. G.: Nonsolvable finite groups all whose local subgroups are solvable, I. Bull. Amer. Math. Soc. **74** (1968), 383–437; II. Pacif. J. Math. **33** (1970), 451–536; III. **39** (1971), 483–534; IV. 48 (1973), 511–592; V. **50** (1974), 215–297; VI. **51** (1974), 573–630.

minimale Indizes ›Matrizenschar

minimale lineare Teilschar ›Größe für eine Gruppe

minimale Quasivarietät ›Quasiidentität

minimaler Modul ›halbeinfacher Modul

minimaler Normalteiler (= *Fuß*) ist jeder Normalteiler N der Gruppe G, der nur die Einsuntergruppe als Normalteiler von G echt enthält. Ein m. N. einer endlichen Gruppe ist direktes Produkt isomorpher einfacher Gruppen. Wenn eine Gruppe G genau einen m. N. besitzt, heißt dieser *Monolith* und G *monolithisch.*

Lit.: [G 23], [G 24 III], [G 39]

minimales Primoberideal (= *höchstes Primideal*) eines Ideals $\mathfrak{a}$ eines kommutativen Rings heißt ein Primoberideal von $\mathfrak{a}$, das kein weiteres Primoberideal von $\mathfrak{a}$ enthält.

Lit.: [A 6 I], [A 17 II]

minimales zweiseitiges Ideal = ›einfaches zweiseitiges Ideal

minimalfastperiodische Gruppe ›maximalfastperiodische Gruppe

Minimalform: indefinite binäre ›quadratische Form Q mit der Eigenschaft, daß die durch Q (nichttrivial) dargestellten Zahlen eine positive untere Grenze haben, die zudem von $|Q|$ angenommen wird.

Lit.: [Enz 2,27]

Minimalgleichung ›Minimalpolynom 1., ›charakteristisches Polynom 4.

Minimalgrad ›Permutationsgruppe

Minimalgradzahlen ›Matrizenschar

Minimalpolynom 1. = *reduzierte charakteristische Funktion* einer n-reihigen quadratischen Matrix A über einem kommutativen Körper k heißt das Polynom f niedrigsten Grades mit Koeffizienten aus k und höchstem Koeffizienten 1, das von A annulliert wird. Es ist Teiler des ›charakteristischen Polynoms von A, das seinerseits Teiler einer gewissen Potenz von f ist. Seine Nullstellen sind die Eigenwerte (charakteristischen Zahlen) von A. Die Gleichung $f(x) = 0$ heißt *Minimalgleichung* (= *Minimumsgleichung* = *Grundgleichung* = *reduzierte charakteristische Gleichung*) der Matrix A. Wenn der Grad von f kleiner als n ist, heißt die Matrix A *derogatorisch* (= *„geschmälert“*).

2. einer ›Algebra ›charakteristisches Polynom 3.

3. Bei Körpererweiterung ›charakteristisches Polynom 4.

Lit.: Zu **1.**: [Enz 1,7], [M 26]

Minimum definiter quadratischer Formen: Eine n-äre positiv definite ›quadratische Form Q mit der festen Diskriminante D nimmt für mindestens einen und höchstens $2^{n+1} - 2$ Gitterpunkte (d. h. Punkte mit ganzrationalen Koordinaten) ihren kleinsten positiven Wert $m(D)$ an. Sie heißt *Extremform* (= *extremale quadratische Form* = *Grenzform* = *Extremalform*), wenn $m(Q)$ größer ist als das jeder infinitesimal variierten Form. Extremformen sind zugleich *vollkommene Formen*, d. h. Formen, die durch Angabe ihres Minimums und der Gitterpunkte, in denen sie dieses annimmt, eindeutig bestimmt sind (Voronoj), und *eutaktische Formen*, d. h., für die zu Q ›reziproke quadratische Form Q^* gilt $Q^*(\mathfrak{x}) = \sum_{i=1}^{r} \gamma_i(\mathfrak{t}_i\mathfrak{x})$, wo $\pm\mathfrak{t}_1, \ldots, \pm\mathfrak{t}_r$ diejenigen Gitterpunkte (Vektoren) sind, in denen Q sein positives Minimum annimmt, und umgekehrt.

Zu festem n gibt es nur endlich viele Klassen von Extremformen, darunter eine, deren Minimum m_n für das Verhältnis $m_n/\sqrt[n]{D}$ eine obere Schranke γ_n liefert, die von den Koeffizienten der speziellen Form Q unabhängig sind. Es ist $\gamma_2 = 2/\sqrt{3}$, $\gamma_3 = \sqrt[3]{2}$, $\gamma_4 = \sqrt{2}$, $\gamma_5 = \sqrt[5]{8}$, $\gamma_6 = 2/\sqrt[6]{3}$, $\gamma_7 = \sqrt[7]{64}$, $\gamma_8 = 2$, $\gamma_9 = 2$, $\gamma_{10} = 2\sqrt[10]{4/3}$, allgemein $0 < \gamma_n < \frac{2}{\pi}\,[\Gamma(2 + n/2)]^{2/n}$.

Lit.: [Enz 2,27]

Voronoj, G. F.: Nouvelles applications des paramètres continus à la théorie des formes quadratiques. 1er Mémoire: Sur quelques propriétés des formes quadratiques positives parfaites. J. reine angew. Math. 133 (1907), 97–178.

Minimumgleichung ›Minimalpolynom einer Matrix

Minor ›Determinante

Minuend ›Subtraktion

Mischgruppe (= *Loewysches Gruppoid* = *Transmutationssystem*) ist ein ›Halbgruppoid M, in dem eine nichtleere Teilmenge K (der *Kern* von M) existiert, so daß gilt: (i) Für $x, y \in M$ ist xy genau dann definiert, wenn $x \in K$ ist. (ii) Aus $k, k' \in K$ und $x \in M$ folgt $(kk')\,x = k(k'x)$ in M. (iii) Aus $k \in K$ folgt $K \subset kK \cap Kk$. (iv) Aus $k \in K$, $x \in M$ und $kx = x$ in M folgt $xy = y$ in M für jedes $y \in M$.

Beispiele: a) Ist e_i Einheit eines ›Brandtschen Gruppoids G, so ist die Menge der $a \in G$ mit $ae_i = a$ eine M.

b) Sei K Gruppe, E nichtleere Untermenge und 1 ein ausgezeichnetes Element von E. Setze $M = K \times E$ und definiere die Multiplikation folgendermaßen: $(k, 1)\,(k', e') = (kk', e')$ für $k, k' \in K$, $e' \in E$, während $(k, e)\,(k', e')$ für $e \neq 1$ nicht definiert ist.

c) Sei G Gruppe und K Untergruppe. M bestehe aus den Elementen von G mit folgender Multiplikation: $xy = z$ in M genau dann, wenn $x \in K$ und $xy = z$ in G.

d) G sei Gruppe, H Untergruppe und K Normalisator von H in G. M bestehe aus den Elementen von G mit folgender Multiplikation: $xy = z$ in M, wenn $(Hx)\,(Hy) = Hz$ in G und $xy = z$ in G.

Lit.: [B 4]

Mittelbarkeit = ›Amenabilität

mittellineare Abbildung ›Tensorprodukt

Mittelwert einer ›fastperiodischen Funktion

mittlerer Nukleus ›Loop

M-L-Algebra = ›Malzewsche Algebra

Möbiussche Funktion: zahlentheoretische Funktion μ, definiert durch $\mu(1) = 1$; $\mu(n) = 0$, wenn n durch das Quadrat einer Primzahl teilbar ist; $\mu(n) = (-1)^s$, wenn n Produkt von n verschiedenen Primzahlen ist. μ ist multiplikative zahlentheoretische Funktion, d. h., $\mu(mn) = \mu(m)\,\mu(n)$, wenn g. g. T. $(m, n) = 1$ ist. Die Eigenschaft $\sum_{d|n} \mu(d) = \begin{cases} 1, \text{ wenn } n = 1, \\ 0, \text{ wenn } n > 1 \end{cases}$ findet Anwendung in den Umkehrsätzen der Zahlentheorie.

Die M. F. wird für endliche ›abelsche Gruppen G durch *die Delsartesche Funk-*

tion $\mu(G)$ verallgemeinert:

$$\mu(G) = \begin{cases} (-1)^k p^{\binom{k}{2}}, & \text{wenn } G \text{ >elementare abelsche Gruppe von der Ordnung } p^k \ (p \text{ Primzahl) ist,} \\ 0 \text{ sonst,} \end{cases}$$

die zur Abzählung der Untergruppen von G verwendet wird.

Lit.: [A 16], [Z 3], [Z 5]
DELSARTE, S.: Fonctions de Möbius sur les groupes abéliens finis. Ann. Math. **49** (1948), 600–609.

Modell = Relationalsystem >Algebra

Modul = additive >abelsche Gruppe, = >Haupteinheit, = >R-Modul, = >Polynomideal

Modul endlichen Typs = endlich erzeugter >R-Modul

modulare Darstellung, genauer *p-modulare Darstellung,* heißt eine >Darstellung einer Gruppe G oder einer Algebra über einem Körper K der Charakteristik $p \neq 0$. K sei algebraisch abgeschlossen, zumindest seien aber alle irreduziblen Darstellungen von G über K absolut irreduzibel.

G sei endliche Gruppe der Ordnung $n = p^m h$, wo h teilerfremd zu p ist. Dann ist für $m \geqq 1$ eine unzerlegbare Darstellung nicht notwendig irreduzibel (der Satz von >Maschke gilt hier nicht). Die Anzahl l der unzerlegbaren Konstituenten U_k $(k = 1, \ldots, l)$ der regulären Darstellung von G ist gleich der Anzahl der p-regulären Klassen von G. In einem algebraisch abgeschlossenen Körper zerfallen diese weiter gemäß $U_k(g) = \begin{pmatrix} F_*(g) & & 0 \\ & \ddots & \\ * & & F_*(g) \end{pmatrix}$ (bei passender Basiswahl) in irreduzible Konstituenten F_k. Die Darstellungen $g \mapsto F_k(g)$ sind alle verschieden, und es gibt keine weiteren irreduziblen Darstellungen von G über K. Die Zahlen c_{ik}, die angeben, wie oft $g \mapsto F_k(g)$ in $g \mapsto U_i(g)$ als Konstituent auftritt, heißen die *Cartanschen Invarianten* von G für p. Es ist $c_{ik} = \sum_{j=1}^{l} d_{ji} d_{jk}$; dabei sind die sog. *Zerlegungszahlen* d_{jk} folgendermaßen erklärt. Ausgehend von einem >algebraischen Zahlkörper L, über dem alle irreduziblen Darstellungen Z_i von G absolut irreduzibel sind, wählt man mit einem festen Primidealteiler $\mathfrak{p}$ von p jeweils eine äquivalente mit Koeffizienten aus dem Ring der für $\mathfrak{p}$ ganzen $\mathfrak{p}$-adischen Zahlen in K. Ersetzt man diese Koeffizienten durch ihre Restklassen mod $\mathfrak{p}$, so erhält man p-m. D. $\bar{Z}_i$, die reduzibel sein können. Die Zahlen, die angeben, wie oft die irreduzible p-m. D. F_k in $\bar{Z}_i$ vorkommt, sind die *Zerlegungszahlen* d_{ik} von G.

Sind C_i $(i = 1, \ldots, s)$ die Summen über die Elemente der i-ten Klasse konjugierter Elemente von G (diese bilden eine Basis des >Gruppenrings), so gilt

$F_k(C_i) = \psi_i^{(k)} \cdot E$, wo E eine Einheitsmatrix und $\psi_i^{(k)} \in K$ ist. Zwei irreduzible Darstellungen F_k und F_j gehören zum gleichen *Block* von Darstellungen, wenn $\psi_i^{(k)} = \psi_i^{(j)}$ für $i = 1, \ldots, s$ ist.

Neben die ›*Charaktere* m. D., die auch *modulare Charaktere* heißen, tritt eine neue Art von Charakteren, die nur auf den p-regulären Elementen von G erklärt sind. Sei dazu σ eine Matrixdarstellung von G in dem algebraisch abgeschlossenen Körper K der Charakteristik p. Dann sind die Eigenwerte der Matrix $\sigma(g)$ ($g \in G$) dieselben wie die von $\sigma(x)$, wo x der p-reguläre Faktor von g ist, also wegen $x^h = 1$ h-te ›Einheitswurzeln. Jeder Eigenwert von $\sigma(g)$ hat die Form ε^t, wo ε eine feste primitive h-te Einheitswurzel in K ist. ξ sei eine primitive h-te Einheitswurzel in $\mathbb{C}$. Dann wird der *Brauersche Charakter* (auch als *modularer Charakter* bezeichnet) ψ^σ von σ auf den p-regulären Elementen $g \in G$ durch $\psi^\sigma(g) = \sum \xi^t$ erklärt, wo die Summe über die Exponenten t jedes Eigenwerts ε^t von $\sigma(g)$ erstreckt ist. Dann gilt: Zwei m. D. haben genau dann denselben Brauerschen Charakter, wenn sie dieselben (absolut) irreduziblen Konstituenten besitzen.

Lit.: [D 3], [D 5], [D 7B], [D 8], [D 10], [D 19], [G 23I], [G 24II]
BENSON, D.: Modular Representation Theory. LNM 1081. Springer, Berlin 1984.
BRAUER, R., C. NESBITT: On the modular characters of groups. Ann. of Math. **42** (1941), 556–590.
BRAUER, R.: Zur Darstellungstheorie der Gruppen endlicher Ordnung. Math. Z. **63** (1956), 406–444.

modulare Gruppe ›Untergruppenverband

modulare Identität ›modularer Verband

modulare Ungleichung heißt die in jedem ›Verband gültige Ungleichung $(x \wedge y) \vee (x \wedge z) \leqq x \wedge (y \vee (x \wedge z))$.

Lit.: [V 6]

modularer Charakter 1. = Charakter einer ›modularen Darstellung,

2. Brauerscher Charakter ›modulare Darstellung

modularer Verband (= *Dedekindscher Verband*, alte Bezeichnung: *Dualgruppe vom Modultypus*) heißt ein ›Verband V, in dem für beliebige $a, b, c \in V$ das sog. *modulare Gesetz* (= *Modulgesetz* = *Modularitätsgesetz* = *Modularitätsaxiom*) gilt: aus $a \leqq b$ folgt $a \vee (b \wedge c) = (a \vee b) \wedge c$, eine Abschwächung des ›Distributivgesetzes. Da es selbstdual ist, gilt in einem m. V. das Dualitätsprinzip. Äquivalent zum modularen Gesetz ist die *modulare Identität*:
$a \wedge (b \vee c) = a \wedge ((b \wedge (a \vee c)) \vee c)$.

Ein Verband ist genau dann m. V., wenn er keinen Teilverband der Form 

enthält. Jeder ›distributive Verband ist m., jeder m. V. ist ›semimodular. Die Normalteiler einer Gruppe, die Ideale eines Rings und die Kongruenzrelationen einer universellen ›Algebra mit kommutierenden Kongruenzrelationen bilden einen m. V.

In einem m. V. V gilt der Isomorphiesatz (*Dedekindsches Transpositionsprinzip*) zwischen sog. *transponierten* ›*Intervallen* $[a, a \vee b]$ und $[a \wedge b, b]$: φ_b: $x \mapsto x \wedge b$ bewirkt einen Isomorphismus von $[a, a \vee b]$ auf $[a \wedge b, b]$; der inverse Isomorphismus ist ψ_a: $x \mapsto x \vee a$. Man sagt, zwischen x und y besteht eine *Perspektivität*. Daher folgt aus $u \wedge b \prec v$ ($\prec$ Zeichen für unterer ›Nachbar) $u \prec u \vee v$ (*Nachbarbedingung*) und umgekehrt (*duale Nachbarbedingung*): V genügt der *doppelten Nachbarbedingung*. V genügt auch der *oberen Nachbarbedingung*: aus $a \preceq b$ (d. h. $a \prec b$ oder $a = b$) folgt $a \vee b \preceq b \vee c$ für $a, b, c \in V$, und der hierzu dualen *unteren* Nachbarbedingung. Intervalle, die durch eine endliche Folge von sukzessiven transponierten Intervallen verbunden werden können, heißen *projektiv*; sie sind daher gleichfalls isomorph. Die Bezeichnung rührt von Anwendungen in der projektiven Geometrie her.

In m. V. gilt der Satz von ›Kurosch-Ore. ›Theorem von Ore.

Lit.: [V 2], [V 6], [V 8], [V 11], [V 12]
DEDEKIND, R.: Gesammelte mathematische Werke, Bd. 2. Vieweg, Braunschweig 1931, S. 236–271.

modulares Gesetz ›modularer Verband

modulares Ideal (auch: *reguläres Ideal*) heißt ein Rechts- bzw. Linksideal $\mathfrak{a}$ eines Ringes R, zu dem ein Element $e \in R$ mit $x - ex \in \mathfrak{a}$ (bzw. $x - xe \in \mathfrak{a}$) für alle $x \in R$ existiert; e heißt dann *Rechts-* bzw. *Linkseinselement modulo* $\mathfrak{a}$. In einem Ring mit Eins ist also jedes Ideal m. I. Der Durchschnitt aller maximalen rechtsseitigen m. I. ist gleich dem der linksseitigen und gleich dem ›*Jacobson-Radikal* von R.

Lit.: [R 13]

Modularform bzw. **-invariante** ›Invariantentheorie

Modularitätsaxiom = Modularitätsgesetz ›modularer Verband

Modulbasis ›R-Modul, ›Invariantenkörper

Moduleigenschaft: Die Eigenschaft einer Menge, bez. einer kommutativen binären ›Operation eine abelsche Gruppe zu bilden.

Modulgesetz ›modularer Verband

***R*-Modulhomomorphismus** ›lineare Abbildung

Modulquotient ›lineare Abbildung

Monade (= *Standardkonstruktion* = *Tripel*) in einer Kategorie X (›Kategorientheorie) heißt ein Tripel (T, η, μ), wo T ein Funktor von X in X und η und μ natürliche Transformationen $\eta: I_X \to T$ (I_X identischer Funktor von X) und $\mu: T^2 \to T$ sind, die folgende ›Diagramme kommutativ machen:

$$\begin{array}{ccc} T^3 & \xrightarrow{T\mu} & T^2 \\ {\scriptstyle \mu T}\downarrow & & \downarrow{\scriptstyle \mu} \\ T^2 & \xrightarrow{\mu} & T \end{array}, \qquad \begin{array}{ccccc} IT & \xrightarrow{\eta T} & T^2 & \xrightarrow{T\eta} & TI \\ \| & & \downarrow{\scriptstyle \mu} & & \| \\ T & = & T & = & T \end{array}$$

(T^2 und T^3 sind die 2- bzw. 3malige Hintereinanderausführung von T). η heißt die ***Einheit*** und μ die ***Multiplikation*** der **M.** T.

Lit.: [C 9]

monogene Halbgruppe (= *zyklische Halbgruppe*) heißt eine von einem Element a erzeugte ›Halbgruppe A; sie besteht aus allen Potenzen a^n mit ganzem $n \geqq 1$ (im Falle eines m. ›Monoids kommt noch das Einselement $a^0 = 1$ dazu). Die Elementezahl von A heißt ***Ordnung*** von a und von A. Die a^n sind genau dann alle verschieden, wenn A unendliche Ordnung hat; A ist dann zur additiven Halbgruppe $\mathbb{N}$ isomorph. Anderenfalls (A endlich) gibt es eine kleinste Zahl h mit $a^h = a^{h+d}$ für ein gewisses $d \geqq 1$, h heißt dann ***Index*** von a und der Halbgruppe, das minimale d ***Periode*** von a und der Halbgruppe A und das Paar (h, d) ***Typ*** von a und der Halbgruppe A. Dann sind die Elemente $a, \ldots, a^{h+d-1}$ alle verschieden, $n + d - 1$ also die Ordnung von A, und die aus $a^h, a^{h+1}, \ldots, a^{h+d-1}$ bestehende Halbgruppe ist größte Untergruppe (und kleinstes Ideal) von A mit dem Einselement $e = a^{ld}$ mit $ld \geqq h$ und dem erzeugenden Element ae.

Lit.: [S 1 I], [S 3]

monogene Untergruppe ›Operatorenbereich

monogenes Monoid ›monogene Halbgruppe

Monoid = ›Halbgruppe mit Einselement, ›monoidale Kategorie

monoidale Kategorie heißt eine Kategorie (›Kategorientheorie) mit einer zusätzlichen Multiplikation, gegeben durch einen ›Bifunktor, der bis auf einen natürlichen Isomorphismus α assoziativ ist, und einem Objekt e, das bis auf natürlichen Isomorphismus λ bzw. ϱ als Links- bzw. Rechtseinheit wirkt mit zusätzlichen Kommutativitätsforderungen für α, λ und ϱ enthaltende Diagramme. Das soll heißen: Eine m. K. besteht aus einer Kategorie $\mathcal{B}$ und einem Bifunktor $\Box$: $\mathcal{B} \times \mathcal{B} \to \mathcal{B}$, einem Objekt $e \in |\mathcal{B}|$ und natürlichen Isomorphismen α, λ, ϱ:

$$\alpha_{A,B,C}: A \Box (B \Box C) \overset{\to}{\cong} (A \Box B) \Box C, \quad \lambda_A: e \Box A \overset{\to}{\cong} A, \quad \varrho_A: A \Box e \overset{\to}{\cong} A,$$

so daß die Diagramme

$$\begin{array}{ccccc}
A\square(B\square(C\square D)) & \xrightarrow{\alpha} & (A\square B)\square(C\square D) & \xrightarrow{\alpha} & ((A\square B)\square C)\square D \\
\big\downarrow{\scriptstyle 1\square\alpha} & & & & \big\downarrow{\scriptstyle \alpha\square 1} \\
A\square((B\square C)\square D) & & \xrightarrow{\qquad\qquad\alpha\qquad\qquad} & & (A\square(B\square C))\square D
\end{array}$$

$$\begin{array}{ccc}
A\square(C\square D) & \xrightarrow{\alpha} & (A\square e)\square C \\
{\scriptstyle 1\square\lambda}\big\downarrow & & \big\downarrow{\scriptstyle \varrho\square 1} \\
A\square C & = & A\square C
\end{array}$$

kommutieren und $\lambda_e = \varrho_e : e \square e \to e$ gilt $(A, B, C, D \in |\mathscr{B}|)$. Eine Kategorie mit endlichen Produkten wird m. K., indem man für $\square$ ein Produkt und für e ein terminales Objekt nimmt; ferner ergibt das ›Tensorprodukt – etwa in der Kategorie der abelschen Gruppen – eine m. K.

Ein *Monoid* in einer m. K. $\mathscr{B}$ ist ein Objekt C zusammen mit zwei Morphismen $\mu : C \square C \to C$, $\eta : e \to C$, so daß die Diagramme

$$\begin{array}{ccccc}
C\square(C\square C) & \xrightarrow{\alpha} & (C\square C)\square C & \xrightarrow{\mu\square 1} & C\square C \\
{\scriptstyle 1\square\mu}\big\downarrow & & & & \big\downarrow{\scriptstyle \mu} \\
C\square D & & \xrightarrow{\qquad\qquad\mu\qquad\qquad} & & C
\end{array}$$

$$\begin{array}{ccccc}
e\square C & \xrightarrow{\eta\square 1} & C\square C & \xleftarrow{1\square\eta} & C\square e \\
& {\scriptstyle\lambda}\searrow & \big\downarrow{\scriptstyle\mu} & \swarrow{\scriptstyle\varrho} & \\
& & C & &
\end{array}$$

kommutieren.

Eine m. K. $\mathscr{B}$ heißt *symmetrisch*, wenn sie mit zusätzlichen in $A, B \in |\mathscr{B}|$ natürlichen Isomorphismen $\gamma_{A,B} : A \square B \xrightarrow{\cong} B \square A$ versehen ist mit $\gamma_{A,B} \circ \gamma_{B,A} = 1$, $\varrho_B = \lambda_B \circ \gamma_{B,e} : B \square e \xrightarrow{\cong} B$, so daß

$$\begin{array}{ccccc}
A\square(B\square C) & \xrightarrow{\alpha} & (A\square B)\square C & \xrightarrow{\gamma} & C\square(A\square B) \\
\big\downarrow{\scriptstyle 1\square\gamma} & & & & \big\downarrow{\scriptstyle \alpha} \\
A\square(C\square D) & \xrightarrow{\alpha} & (A\square C)\square B & \xrightarrow{\gamma\square 1} & (C\square A)\square B
\end{array}$$

kommutativ ist. Beispiel: m. K. mit dem Produkt oder Koprodukt als $\square$.

Abgeschlossene Kategorie heißt eine symmetrische m. K. $\mathscr{B}$, in der jeder Funktor $? \square B : \mathscr{B} \to \mathscr{B}$ einen spezifizierten Rechtsadjungierten $(\ )^B : \mathscr{B} \to \mathscr{B}$

besitzt. Beispiel: Kategorie der abelschen Gruppen mit dem Tensorprodukt $\otimes$ als $\square$ und $A^B = \text{Hom}(B, A)$.

Lit.: [C 9], [C 16]

Monolith, monolithisch ›minimaler Normalteiler

Monom ›Polynom

monomiale Darstellung einer endlichen Gruppe G ist eine ›Darstellung von G durch Permutationen, die jeweils noch mit einem Faktor multipliziert sind. Konkret heißt das, daß eine m. D. von G als Matrizendarstellung über $\mathbb{C}$ aufgefaßt werden kann, wobei die einem Gruppenelement zugeordnete Matrix in jeder Zeile und jeder Spalte nur ein Element $\neq 0$ besitzt und dieses eine Einheitswurzel ist. Jede irreduzible Darstellung einer endlichen ›p-Gruppe ist zu einer m. D. äquivalent.

Allgemein heißt auch jeder Homomorphismus einer Gruppe G in die volle ›monomiale Gruppe $\mathfrak{S}_I(G)$ bez. H eine m. D. von G über H.

M. D. einer Gruppe G kann man folgendermaßen gewinnen. Wenn K Untergruppe von G, $G = K \cup x_2K \cup \cdots \cup x_nK$ die Restklassenzerlegung und σ ein Homomorphismus von K auf die Gruppe H ist, so sei $gx_i = x_jk_{ji}$ $(i = 1, \ldots, n;$ $j = j(i), k_{ji} \in K)$ für $g \in G$ und $h_{ji} = k_{ji}^{\sigma}$. Dann wird durch π mit $\pi(g): u_i \mapsto u_jh_{ji}$ eine *transitive m. D.* von G über H gegeben. Umgekehrt ist eine beliebige transitive m. D. eine Darstellung des eben genannten Typs oder zu einer solchen bez. der Basisgruppe (›monomiale Gruppe) konjugiert. Die Wahl eines anderen Vertretersystems führt ebenfalls zu einer derartigen konjugierten Darstellung.

Bei einer m. D. $\pi: g \mapsto \pi(g): u_i \mapsto h_{ij}u_j$ $(i = 1, \ldots, n)$ über H erhält man durch die Abbildung $g \mapsto \prod_{i=1}^{n} h_{ij} \pmod{H'}$, wo H' die ›Kommutatorgruppe von H ist, einen Homomorphismus von G in H/H'.

Lit.: [G 19], [G 36], [G 42]
TURKIN, W. K.: Über Darstellung und Anwendung der monomialen Darstellungen endlicher Gruppen. Math. Ann. **111** (1935), 743–747.

monomiale Gruppe ist Verallgemeinerung einer ›Permutationsgruppe, deren Elemente (*monomiale Substitutionen*) dadurch aus Permutationen hervorgehen, daß die Variablen noch mit Faktoren versehen werden. Dazu sei H eine beliebige Gruppe. Eine monomiale Substitution über H ist eine lineare Transformation $S: x_i \mapsto x_i' = x_{\sigma(i)}r_i$ $(i \in I)$ eines Variablensystems $\{x_i\}_{i \in I}$ (I Indexmenge beliebiger Mächtigkeit $|I|$), wobei σ eine Permutation der uneingeschränkten ›symmetrischen Gruppe $\mathfrak{S}_I$ über I ist und die Koeffizienten r_i (sog. *Faktoren* oder *Multiplikatoren*) Elemente von H sind. S wird durch die monomiale Matrix $m_S = (\delta_{i,\sigma(j)}r_j)$ vermittelt, die an der Stelle (i, j) entweder das Element r_j oder 0 (›Gruppe mit Null) enthält, je nachdem, ob $i = \sigma(j)$ oder $i \neq \sigma(j)$ ist. Zur Hintereinanderausführung R zweier derartiger Substitutionen (erst S, dann T) gehört die Produktmatrix $m_R = m_S m_T$; es multiplizieren sich dabei gerade die Faktoren und die Permutationen für sich. Jede Gruppe aus monomialen Substitutionen oder monomialen Matrizen heißt m. G. Ist $\mathfrak{P}_I$ eine Untergruppe von $\mathfrak{S}_I$, so bildet die Menge monomialer Matrizen $\mathfrak{P}_I(H) = \{m_S \mid s \in \mathfrak{P}_I, s_i \in H, i \in I\}$ eine m. G., die nach REMAK der *H-Kranz* um $\mathfrak{P}_I$ (›Kranzprodukt) heißt.

$\mathfrak{S}_I(H)$ heißt auch die *volle m. G.* vom *Grad* $|I|$ oder die *Symmetrie* vom Grad $|I|$ oder die *verallgemeinerte symmetrische Gruppe* bez. H. Die Untergruppen von $\mathfrak{S}_I(H)$ sind die m. G. vom Grad $|I|$. Eine m. G. G heißt ***transitiv*** bzw. ***intransitiv***, ebenso ***primitiv*** bzw. ***imprimitiv***, falls dies für die Permutationsdarstellung $G \ni s \mapsto \sigma = \begin{pmatrix} \sigma_i \\ i \end{pmatrix} \in \mathfrak{S}_I$ zutrifft.

Die monomialen Substitutionen in $\mathfrak{P}_I(H)$, welche die Variablen nicht permutieren, also von der Form $x_i \mapsto x_i r_i$ $(i \in I)$ sind, heißen ***Multiplikationen***; sie bilden einen zur direkten Potenz H^I (direkte Potenz von $|I|$ Exemplaren H) isomorphen Normalteiler $\mathfrak{B}_I$ von $\mathfrak{P}_I(H)$, der ***Basisgruppe*** von $\mathfrak{P}_I(H)$ heißt und für den $\mathfrak{P}_I(H)/\mathfrak{B}_I \cong \mathfrak{P}_I$, $|\mathfrak{P}_I(H)| = |H|^{|I|}\,|\mathfrak{P}_I|$ gilt.
›monomiale Darstellung

Lit.: [G 19], [G 23], [G 36]
LOEWY, A.: Über abstrakt definierte Transmutationssysteme oder Mischgruppen. J. reine angew. Math. **157** (1927), 239–254.
NEUMANN, B.: Die Automorphismengruppe der freien Gruppen. Math. Ann. **107** (1932), 367–386.
ORE, O.: Theory of monomial groups. Trans. Amer. Math. Soc. **51** (1942), 15–64.
OSIMA, M.: On the representations of the generalized symmetric group, I; II. Math. J. Okayama Univ. **4** (1954), 39–56; **6** (1956), 81–97.
PÓLYA, G.: Kombinatorische Anzahlbestimmungen für Gruppen, Graphen und chemische Verbindungen. Acta Math. Uppsala **68** (1937), 145–254.
SPECHT, W.: Eine Verallgemeinerung der symmetrischen Gruppe. Schriften Math. Sem. u. Inst. Angew. Math. Univ. Berlin **1** (1932) 1, 1–32.
SPECHT, W.: Eine Verallgemeinerung der Permutationsgruppen. Math. Z. **37** (1933), 321–341.

monomiale ›lineare Gruppe

monomiale Matrix bzw. **Substitution** ›monomiale Gruppe

monomiale symmetrische Funktion ›Alternante

Monomorphie = ›Monomorphismus 2.

monomorpher Pfeil = ›Monomorphismus 2.

Monomorphismus: 1. (= *monomorpher Homomorphismus* = *injektiver Homomorphismus* = *Isomorphismus in* = *Einlagerung*) heißt in der klassischen Algebra oder universellen ›Algebra ein Homomorphismus σ einer algebraischen

Struktur (z. B. Gruppe, Modul, Ring) A in eine zweite gleichartige Struktur B, die injektiv ist, d. h., für die aus $x^\sigma = y^\sigma$ stets $x = y$ folgt. ›Homomorphismus einer Gruppe

2. (= *monomorpher Pfeil* = *Monomorphie*): In der ›Kategorientheorie versteht man unter einem M. dual zum ›Epimorphismus einen Morphismus α, der *rechts kürzbar* (bei der Schreibweise von links nach rechts) ist, d. h., für den mit weiteren Morphismen f, g aus $f\alpha = g\alpha$ stets $f = g$ folgt. Die beiden Definitionen nach 1. und 2. decken sich zwar beispielsweise für die Kategorie der Mengen, die Kategorie der Gruppen, die der abelschen Gruppen und die der R-Moduln, aber z. B. schon in der Kategorie der teilbaren Gruppen und ebenso in der Kategorie der kleinen Mengen ist ein M. nicht notwendig injektiv. In der Kategorie der topologischen Räume ist eine stetige Abbildung genau dann ein M., wenn sie injektiv ist. M. werden gern durch Pfeile $\rightarrowtail$ bezeichnet.

Lit.: [C 1], [C 10], [C 11]

monotypischer Teiler = monotypische Untergruppe = ›Normalteiler

Moore-Smith-Eigenschaft ›gerichtete Gruppe

Morita-Äquivalenz: Zwei Ringe R und S heißen *Morita-äquivalent*, wenn die Kategorien der R- und der S-Linksmoduln (bzw. äquivalent dazu die der Rechtsmoduln) ›äquivalent sind. Die M. stellt eine Äquivalenzrelation dar. ›Artinsche, noethersche, primäre, einfache, klassisch ›halbeinfache, reguläre, selbstinjektive, hereditäre und primitive Ringe entsprechen dabei ebensolchen. M. besteht zwischen einem Ring R und einem ›vollen Matrizenring über R.

Lit.: [R 11]
Cohn, P.: Morita Equivalence and Duality. Queen Mary College, London 1966.
Morita, K.: Duality for modules and applications to the theory of rings with minimum condition. Sci. Repts. Tokyo Daigaku 6 (1958), 83—142.

Morphismenfunktor, Morphismus ›Kategorientheorie

Moufang-Identitäten heißen die für gewisse binäre Systeme (z. B. für Alternativkörper (›Alternativringe)) geltenden Identitäten $(ab)(ca) = a\big((bc)a\big)$, $\big((ab)a\big)c = a\big(b(ac)\big)$, $(ab)(ca) = \big(a(bc)\big)a$, $\big((ab)c\big)b = a\big(b(cb)\big)$. Eine ›Loop, die einer (und damit allen) dieser M. genügt, heißt eine *Moufang-Loop* (ursprünglich von Moufang als *quasigroup* bezeichnet). Jede Moufang-Loop ist *di-assoziativ*, d. h., je zwei Elemente erzeugen eine Gruppe. Die multiplikative Loop eines Alternativkörpers ist eine Moufang-Loop.

Lit.: [B 4], [B 5]
Chein, M.: Moufang loops of small order. Amer. Math. Soc., Providence 1978.
Manin, Yu. I.: Cubic Forms. North-Holland Amsterdam, American Elsevier New York 1974.

Moufang-Lie-Ring ist ein ›nichtassoziativer Ring, in dem stets $x^2 = 0$ und $(xy, y, z) = y(x, y, z)$ gilt, wobei $(x, y, z) = (xy) z + (yz) x + (zx) y$ die linke Seite der Jacobi-Identität ist.
›Alternativring, ›Malzewsche Algebra

Lit.: KLEINFELD, E.: A note on Moufang-Lie rings. Proc. Amer. Math. Soc. 9 (1958), 72–74.

Moufang-Liesche Algebra = ›Malzewsche Algebra

Moufang-Loop ›Moufang-Identitäten

M-Sequenz (= *M-Folge* = *reguläre M-Folge*): Ist R ein noetherscher Ring und M ein noetherscher R-Modul der Dimension d, so heißt eine Folge $\{x_1, \ldots, x_n\}$ von Elementen von R eine M-S. oder *R-Sequenz auf M*, wenn x_{i+1} Nichtnullteiler von $M/(x_1, \ldots, x_i) M$ für $i = 0, \ldots, n - 1$ und $M \neq (x_1, \ldots, x_n) M$ ist. Wenn $M = R$ ist, spricht man von einer *R-Sequenz* oder *Primsequenz*. Sind alle x_i im ›Jacobson-Radikal von R enthalten (insbesondere also im Falle eines ›lokalen Rings), so hängt diese Eigenschaft nicht von der Reihenfolge der x_i ab. Jede M-S. eines lokalen Rings ist Teil eines Parametersystems, d. h. $\dim M/(x_1, \ldots, x_n) M = d - n$. Die *Tiefe* depth M = grade M ist das Supremum aller r, so daß eine M-S. der Länge r existiert. Für einen Nichtnullteiler $x \in \mathfrak{m}$ (Jacobson-Radikal) auf M gilt $\operatorname{depth} M/xM = \operatorname{depth} M - 1$. Es ist $\operatorname{depth} M \leqq$ Infimum der $\dim R/\mathfrak{p}$ über alle $\mathfrak{p} \in \operatorname{Ass} M$, insbesondere $\operatorname{depth} M \leqq \dim M$ für $M \neq 0$.

M heißt *Cohen-Macaulay-Modul* (›Buchsbaummodul), wenn $\operatorname{depth} M = \dim M$ ist; der Ring R heißt *Cohen-Macaulay-Ring*, *Macaulay-Ring* oder *semiregulärer Ring*, wenn er Cohen-Macaulay-Ring über sich selbst ist. Insbesondere ist ein regulärer lokaler Ring Cohen-Macaulay-Ring. Ein Modul M über einem lokalen Ring ist genau dann Cohen-Macaulay-Modul, wenn für ein (und damit für jedes) Parameterideal $\mathfrak{q}$ in R gilt $e_0(\mathfrak{q}, M) = l(M/\mathfrak{q}M)$ (›Hilbert-Samuel-Funktion).

Ein lokaler Ring R heißt (*lokaler*) *Gorenstein-Ring*, wenn R Cohen-Macaulay-Ring und für jede maximale R-S. $\{x_1, \ldots, x_n\}$ das Ideal $(x_1, \ldots, x_n)$ irreduzibel ist. Ein Gorenstein-Ring kann charakterisiert werden als kommutativer noetherscher Ringe R mit dem maximalen Ideal $\mathfrak{m}$ und Restklassenkörper k, für den eine der folgenden äquivalenten Bedingungen gilt:

a) R hat endliche ›injektive Dimension,

b) $\operatorname{Ext}^i_R (k, R) = 0$ für $i \neq n$ und $\operatorname{Ext}^n_R (k, R) \cong k$ (›abgeleiteter Funktor).

c) Der Funktor $M \mapsto \operatorname{Ext}^n_R (M, R)$ auf der Kategorie der R-Moduln endlicher Länge ist isomorph zum Funktor $M \mapsto \operatorname{Hom}_R (M, I)$, wo I die injektive Hülle von k ist.

d) R ist Cohen-Macaulay-Ring, und $H^n_{\mathfrak{m}}(R)$ fällt mit der injektiven Hülle von k zusammen.

e) Für einen R-Modul M endlichen Typs besteht ein kanonischer Isomorphismus $M^i_{\mathfrak{m}}(M) \cong \operatorname{Hom} \left(\operatorname{Ext}^{n-i} (M, R), H^n_{\mathfrak{m}}(R)\right)$ (*lokale Dualität*).

Beispiele: reguläre Ringe und ihre Faktorringe nach einem von einer regulären Folge erzeugten Ideal.

Lit.: [R 14], [R 20], [R 27], [R 31]
GORENSTEIN, D.: An arithmetic theory of adjoint plane curves. Trans. Amer. Math. Soc. 72 (1952), 414–436.
MATLIS, E.: *l*-dimensional Cohen-Macaulay Rings. LNM 327. Springer, Berlin 1977.
STÜCKRAD, J., W. VOGEL: Buchsbaum Rings and Applications. DVW, Berlin 1986.

M-Sockel ›*I*-Ring

m-System heißt nach McCOY eine Untermenge M eines Ringes R, für die zu jedem $a, b \in M$ stets ein $x \in R$ mit $axb = M$ existiert. Eine Folge $b_0, b_1, b_2, \ldots$ von Ringelementen heißt m-*Folge*, wenn es eine zweite Folge $c_0, c_1, c_2, \ldots$ von Ringelementen mit $b_{i+1} = b_i c_i b_i$ für $i = 0, 1, 2, \ldots$ gibt. Jede m-Folge ist ein m-S., und jedes m-S. enthält eine m-Folge. Die Komplementärmenge eines Primideals ist ein m-S.

Eine m-Folge heißt *verschwindend*, wenn für ein k gilt $b_k = 0$ (und daher auch $b_m = 0$ für $m \geqq k$). Dann gilt: Ein Ringelement a liegt genau dann im *unteren Nilradikal* $B(R)$, wenn eine der folgenden Bedingungen erfüllt ist: (i) Jede mit a beginnende m-Folge verschwindet. (ii) Jedes m-S., das a enthält, enthält auch 0.

Lit.: [R 30]

𝔪-Topologie: Ist R ein kommutativer Ring, $\mathfrak{m}$ ein Ideal von R, so bilden die Potenzen $\mathfrak{m}^n$ $(n = 0, 1, \ldots)$ mit $\mathfrak{m}^0 = R$ ein Umgebungssystem des Nullelements für die sog. 𝔪-T. auf R. Analog erhält man durch die $\mathfrak{m}^n E$ eine Umgebungsbasis des Nullelements in einem beliebigen R-Modul E. Diese Topologie ist genau dann *hausdorffsch*, wenn $\bigcap\limits_{n=1}^{\infty} \mathfrak{m}^n E = (0)$ ist. Die abgeschlossene Hülle einer Menge S in E ist gleich $\bigcap\limits_{n=1}^{\infty} (S + \mathfrak{m}^n E)$. Wenn F Untermodul von E ist, so ist die durch den natürlichen Homomorphismus $E \to E/F$ auf E/F induzierte Topologie gleich der $\overline{\mathfrak{m}}$-Topologie mit $\overline{\mathfrak{m}} = \mathfrak{m} + F/F$. Dagegen ist die durch die Umgebungen $\mathfrak{m}^n F$ definierte Topologie auf F im allgemeinen stärker (enthält mehr offene Mengen) als die durch die 𝔪-T. von E induzierte; im Falle eines endlichen R-Moduls E über einem noetherschen Ring R stimmen sie jedoch überein.

Ein noetherscher Ring R mit Einselement, versehen mit einer hausdorffschen 𝔪-T., heißt 𝔪-*adischer Ring*. Ein 𝔪-adischer Ring heißt ›*Zariki-Ring*, wenn jedes Ideal von R in der 𝔪-T. von R abgeschlossen ist.

Indem man in E (bzw. R statt E) eine Ordnungsfunktion v einführt vermöge $v(x) = n$, wenn $v \in \mathfrak{m}^n \cdot E$, aber $v \notin \mathfrak{m}^{n+1} \cdot E$ $\big(v(0) = \infty\big)$, kann man die 𝔪-T. durch eine (*Pseudo-*) *Metrik* d vorgeben: $d(x, y) = e^{-v(x-y)}$ mit einer festen reellen Zahl $e > 1$ (wenn E hausdorffsch ist, ist es eine Metrik). Diese genügt der *starken Dreiecksungleichung* $d(x, z) \leqq \max \{d(x, y), d(y, z)\}$.

Der Ring bzw. Modul heißt *vollständig* bez. $\mathfrak{m}$-T., wenn jede Cauchy-Folge in ihm einen Limes hat. Als metrischer Raum läßt er sich gegebenenfalls *vervollständigen*, indem man die Cauchy-Folgen modulo Nullfolgen nimmt und komponentenweise rechnet; man erhält auf diese Weise wieder einen Ring bzw. einen Modul, die *$\mathfrak{m}$-adische Vervollständigung* oder *Komplettierung* des ursprünglichen Rings oder Moduls.

Im Falle eines >lokalen Rings R nimmt man gewöhnlich als $\mathfrak{m}$ das maximale Ideal von R; entsprechend spricht man gegebenenfalls von *vollständigen, kompletten* oder *perfekten lokalen Ringen*. Die *Vervollständigung* (= *Komplettierung* = *komplette Hülle* = *vervollständigter lokaler Ring* = *komplettierter lokaler Ring*) $\hat{R}$ eines lokalen Rings R (bez. seines maximalen Ideals $\mathfrak{m}$) ist wieder ein lokaler Ring, für dessen maximales Ideal $\hat{\mathfrak{m}}$ gilt $\hat{\mathfrak{m}} \cap R = \mathfrak{m}$.

Lit.: [A 18II], [R 25]
GRECO, S., P. SALMON, Topics in m-adic topologies. Springer, Berlin 1971.

Multialgebra heißt eine Menge A zusammen mit (partiellen) *Multioperationen*, d. h. (partiellen) Operationen von A^n in A^m.

Multigruppe >Multigruppoid

Multigruppoid heißt eine Menge M zusammen mit einer binären *mehrdeutigen Operation* (Multiplikation), die jedem Paar (a, b) aus $M \times M$ als Produkt ab eine nichtleere Untermenge von M zuordnet. *Homomorphismus* σ eines M. M auf ein M. M' heißt eine eindeutige Abbildung von M auf M', natürlich fortgesetzt zu einer Abbildung der nichtleeren Untermengen von M auf die nichtleeren Untermengen von M', so daß $(ab)^\sigma = a^\sigma b^\sigma$ für alle $a, b \in M$ gilt. Ein Element e von M heißt *Linkseinselement*, wenn $a \in ea$ für alle $a \in M$ gilt; analog sind *Rechts-* und (*zweiseitige*) *Einselemente* erklärt. Das *Assoziativgesetz* hat zwei Formen: (A_1) $(ab)\,c \subset a(bc)$; (A_2) $a(bc) \subset (ab)\,c$ für alle $a, b, c \in M$. Ebenso hat das *Kommutativgesetz* zwei Formen. Ist e (Rechts-, Links- oder zweiseitiges) Einselement und $e \in ab$, so heißt b ein *Rechtsinverses* von a und a *Linksinverses* von b (hinsichtlich e).

Eine *Multigruppe* (= *Hypergruppe*) ist ein M. mit einem oder beiden Assoziativgesetzen, einem Einselement und Inversen für jedes Element.

Jedes M. bestimmt (und ist bestimmt durch) ein halbgeordnetes Gruppoid (>geordnetes Gruppoid) eines speziellen Typs und kann vollständig in der Sprache dieses Gruppoids untersucht werden. Ist nämlich G die Menge aller nichtleeren Untermengen von M und $\leqq$ die Inklusionsrelation, so sei für $x, y \in G$ xy dasjenige Element von G, das aus allen $c \in M$ besteht, zu denen es Elemente $a, b \in M$ mit $a \in x$, $b \in y$ und $c \in ab$ gibt. Auf diese Weise wird G ein Gruppoid, und aus $x \leqq x'$, $y \leqq y'$ in G folgt in der Tat $xy \leqq x'y'$.

Viele M. lassen sich mit einer *Multiplizitätsfunktion* versehen, die angibt, wie oft das Element c im Produkt ab vorkommt.

Spezielle M. sind die von EATON und UTUMI untersuchten *Kogruppen*, für die die rechtsseitigen Restklassen einer Gruppe nach einer festen Untergruppe ein typisches Beispiel bilden, und die von WICHROW untersuchten *Ultragruppen*.

Lit.: [B 4]
EATON, J. E.: Theory of cogroups. Duke Math. J. **6** (1940), 101–107.
WICHROW, A.: Theory of extensions of ultragroups. Učennye Zapiski Moskov. Gos. Univ. **100**, Mathematika, Tom I (1946), 3–19 (Russ.).

multilineare Abbildung ›bilineare Abbildung

Multilinearform ›Form, ›bilineare Abbildung

Multimodul ›Bimodul

Multioperation ›Multialgebra

Multioperatorengruppe oder *Ω-Gruppe* heißt eine (im folgenden additiv geschriebene) Gruppe G mit einem System Ω n-stelliger algebraischer ›Operationen ω, für die $00 \ldots 0\Omega = 0$ gelten soll; sie stellt eine (universelle) Algebra mit den Operationen der additiven Gruppe und den Operationen aus Ω auf.

Eine nichtleere Untermenge A einer M. G heißt *Ideal*, wenn sie Normalteiler ist und für beliebige $a \in A$, jede n-äre Operation $\omega \in \Omega$ und $x_1, \ldots, x_n \in G$ für $i = 1, 2, \ldots, n$ gilt:

$$-(x_1 x_2 \ldots x_n \omega) + x_1 \ldots x_{i-1}(a + x_i)\, x_{i+1} \ldots x_n \omega \in A.$$

Zerlegung einer M. G nach dem Ideal A heißt die Zerlegung der additiven Gruppe nach A als Normalteiler; auf diese Weise werden alle Kongruenzen von G erfaßt, die zugehörige Faktorgruppe stellt in natürlicher Weise wieder eine Ω-M. dar. Weitere Begriffe und Sätze der Gruppentheorie lassen sich sinngemäß übertragen.

Lit.: [A 13], [G 26II]

Multiplikand ›Multiplikation

Multiplikation: 1. M. heißt die binäre ›Operation, die zwei (reellen, komplexen usw.) Zahlen a, b eine als Produkt bezeichnete Zahl $a \cdot b = ab$ zuordnet; a und b heißen die *Faktoren*, a der *Multiplikator*, b der *Multiplikand*. Diese M. ist assoziativ und kommutativ und bez. der ›Addition distributiv (›Distributivgesetze).

2. Allgemeiner versteht man unter M. eine binäre ›Operation, die nach dem Vorbild der M. von Zahlen multiplikativ (mit oder ohne Malpunkt) geschrieben ist.

3. = ›Translation in einer Gruppe

4. ›monomiale Gruppe

Multiplikationsalgebra ›nichtassoziativer Ring

Multiplikationskonstanten ›R-Algebra

Multiplikationsmatrix ›elementare Transformationen

multiplikationstreues Restsystem (= **multiplikationstreues Repräsentanten- oder Vertretersystem**) heißt ein multiplikativ abgeschlossenes Repräsentantensystem für einen Restklassenring $R/\mathfrak{a}$ in R selbst. Ist der zu einem diskret bewerteten perfekten Körper K gehörige Restklassenkörper (d. h. der Restklassenkörper des Rings der nichtnegativ bewerteten Elemente von K nach dem Primideal $\mathfrak{p}$ der positiv bewerteten Elemente) k ein ›vollkommener Körper von Primzahlcharakteristik p, so gibt es in K ein vollständiges Restsystem $\mathfrak{R}$ mod $\mathfrak{p}$ mit $\mathfrak{R}^p = \mathfrak{R}$; es ist hierdurch eindeutig bestimmt. Es ist zugleich *multiplikativ abgeschlossen*: $\mathfrak{R}\mathfrak{R} = \mathfrak{R}$, bildet also die Multiplikativgruppe von K (einschließlich 0) isomorph in K ab, ist also ein m. R. von k. Hat auch K die Charakteristik p, so ist $\mathfrak{R}$ auch *additionstreu*, bildet also den Restklassenkörper k isomorph in K ab (*gleichungstreues Restsystem*). In einem p-adischen Zahlkörper bilden die hierin enthaltenen $(p - 1)$-ten Einheitswurzeln zusammen mit 0 das m. R.

Lit.: [Z 5]
MORIYA, M.: Über die Restklassenkörper bewerteter perfekter Körper. Nagoya math. J. 4 (1952), 15–27.

Multiplikationszahlen ›R-Algebra

multiplikativ abgeschlossenes System (= **multiplikativ abgeschlossener Bereich**) ist eine nichtleere Teilmenge M eines kommutativen ›Rings R, die mit zwei Elementen stets auch ihr Produkt enthält. Besonders wichtig ist der Fall, daß M keine Nullteiler enthält (*m. a. S. ohne Nullteiler*). M. a. S. dienen zur Lokalisierung (›Quotientenring). Beispiele: Menge aller Nichtnullteiler $\neq 0$ in R (sofern solche existieren); Komplementärmenge $R \setminus \mathfrak{p}$ eines Primideals $\mathfrak{p}$.

Multiplikativcharakter (= *multiplikativer Charakter*) eines kommutativen Rings R mit Einselement heißt eine komplexwertige Funktion χ auf der Einheitengruppe von R (oder einer Untergruppe von ihr) mit $\chi(xy) = \chi(x)\,\chi(y)$. Ist insbesondere R ein endlicher Ring, so heißt das maximale Ideal $\mathfrak{f}(\chi)$ von R mit $\chi(x) = 1$ für alle Einheiten $x \equiv 1 \bmod \mathfrak{f}(\chi)$ der *Führer* von χ; ist $\mathfrak{f}(\chi)$ das Nullideal, so heißt χ ein *eigentlicher M.* von R. Diese Definitionen stimmen mit denen für *Restklassencharaktere* sinngemäß überein.

Lit.: [Z 5]

multiplikative Gruppe ›Schiefkörper, ›Einheit eines Rings

multiplikativer Halbverband mit Division ›multiplikativer Verband

multiplikativer Verband oder *verbandsgeordnetes Gruppoid* heißt ein ›Verband V mit einer zusätzlichen binären ›Operation (Multiplikation), für die $a(b \vee c) = ab \vee ac$ und $(a \vee b)\, c = ac \vee bc$ gilt. (Im Falle eines ∪-›Halbverbands wird durch dieselben Forderungen ein *multiplikativer Halbverband* definiert.) *Nullelement* hierin heißt ein Element 0 mit $0 \wedge x = 0x = x0 = 0$ für alle $x \in V$, *Einselement* ein Element e mit $ex = xe = x$ für alle $x \in V$, *unendlich* ein Element I mit $I \vee x = Ix = xI = I$ für alle $x \in V$. Ein m. V. heißt *kommutativ* bzw. *assoziativ*, wenn die Multiplikation kommutativ bzw. assoziativ ist; im letzteren Falle heißt er auch *verbandsgeordnete Halbgruppe* (›geordnete Halbgruppe). *Rechtsquotient* $a \,.\!\cdot b$ heißt das größte x mit $bx \leqq a$, *Linksquotient* $a \cdot\!. \, b$ das größte y mit $yb \leqq a$. Wenn diese immer existieren, spricht man von einem *m. V. mit Division*. Die ›Intervalle bilden in der Intervallalgebra einen m. V.

Lit.: [V 2]

multiplikatives Nullelement ›Halbgruppe

Multiplikativgruppe ›Schiefkörper

Multiplikator ›Multiplikation, ›monomiale Gruppe, ›Erweiterung von Gruppen

Multiplikator einer Gruppe (= *Schurscher Multiplikator* = *Hopfsche Gruppe*): M. e. G. G, die Faktorgruppe F/R einer freien Gruppe F nach dem Normalteiler R ist, heißt die Faktorgruppe $M = (R \cap F')/[R, F]$, wo R' die ›Kommutatorgruppe von F und $[R, F]$ die gegenseitige Kommutatorgruppe ist. Er ist von der gewählten Darstellung unabhängig und gleich der zweiten ›Homologiegruppe $H_2(G, \mathbb{Z})$ mit ganzzahligen Koeffizienten. Eingeführt wurde er folgendermaßen von Schur zur Bestimmung der ›Darstellungen von G durch gebrochen-lineare Substitutionen: Zu jeder endlichen Gruppe G gibt es mindestens eine Gruppe D mit den Eigenschaften: (i) Im Durchschnitt von Zentrum und Kommutatorgruppe von D gibt es einen Normalteiler M^* mit $D/M^* \cong G$; (ii) D hat maximale Ordnung unter allen Gruppen, die (i) erfüllen. Diese Darstellungsgruppe D ist i. allg. nicht eindeutig bestimmt, es ist jedoch $M^* \cong M$. Ist $D = G$, so heißt G *abgeschlossen*. (Topologische Bedeutung s. Hopf).

Lit.: [G 39 I]

Hopf, H.: Fundamentalgruppe und zweite Bettische Gruppe. Comm. Math. Helv. 14 (1942), 257–309.
Hopf, H.: Über die Bettischen Gruppen, die zu einer beliebigen Gruppe gehören. Comm. Math. Helv. 17 (1945), 39–79.

SCHUR, I.: Über die Darstellung der endlichen Gruppen durch gebrochen lineare Substitutionen, J. reine angew. Math. **127** (1904), 20–50.
SCHUR, I.: Untersuchungen über die Darstellung der endlichen Gruppen durch gebrochen lineare Substitutionen. J. reine angew. Math. **132** (1907), 85–137.

multiplizierbar ›Brandtsches Gruppoid

Multiplizität ›Hilbert-Samuel-Funktion, ›Nullstelle eines Polynoms

Multiplizitäten ›Brandtsches Gruppoid

Multiplizitätsfunktion ›Multigruppoid

Multivektor, *m*-Vektor ›äußere Potenz

m-›**Zentrum**

N

Nablafunktion ›Lipschitzsche Algebra

Nachbar: Gilt in einem ›Verband (oder allgemeiner: in einer halbgeordneten Menge) L für Elemente a, b die Relation $a < b$ und gibt es kein x mit $a < x < b$, so heißt a *unterer N.* von b und b *oberer N.* von a, in Zeichen: $a \prec b$. a und b heißen dann *benachbart*. Im Falle einer linear geordneten Menge spricht man auch von *konsekutiven Elementen* a, b und nennt a Vorgänger von b und b Nachfolger von a. Ist L nach unten beschränkt und 0 das *Nullelement* (*kleinste Element*) von L, so heißen die oberen N. von 0 ›*Atome* oder *Punkte*, dual dazu die unteren N. des *größten Elements* (*Einselements*) *duale Atome* oder *Antiatome*.

Lit.: [V 2], [V 14].

Nachbarbedingung ›modularer Verband

Nachbereich ›Abbildung, ›Relation

Nachfolger = oberer ›Nachbar

nachinvariante Untergruppe = nachnormale Untergruppe (= *subnormale Untergruppe* = *subinvariante Untergruppe* = *erreichbare Untergruppe* = *Subnormalteiler*) einer Gruppe G heißt nach WIELANDT jede Untergruppe von G, die in einer Normalreihe von G vorkommt. Der Durchschnitt n. U. ist wieder n. U. Die n. U. einer endlichen Gruppe mit endlicher Kompositionsreihe bilden einen Teilverband des ›Untergruppenverbands. Die von zwei vertauschbaren

n. U. erzeugte Untergruppe ist wieder n. U. Eine Gruppe, in der jede Untergruppe n. U. ist, genügt der ***Normalisatorbedingung***, d. h., jede Untergruppe von ihr ist von ihrem ›Normalisator verschieden und daher lokal nilpotent.

Lit.: [G 26 II], [G 35]

Nagatascher Ring = ›pseudogeometrischer Ring

Nakayama, Formeln von, ›induzierte Darstellung

Nakayama, Lemma von: Ist M endlich-erzeugter Modul über dem kommutativen ›Ring R mit Eins und das Ideal $\mathfrak{a}$ von R im ›Jacobson-Radikal $\mathfrak{m}$ von R enthalten, so folgt aus $\mathfrak{a}M = M$, daß M der Nullmodul ist. Hieraus folgt das *Lemma von Krull-Azumaya*: Ist N Untermodul des endlich-erzeugten ›R-Moduls M und $\mathfrak{m}M + N = M$, so ist $M = N$.

Lit.: [R 25]

Nakayamascher Ring = verallgemeinert einreihiger Ring ›einreihige Algebra

natürliche Abbildung ›Äquivalenzrelation

natürliche Äquivalenz ›Kategorientheorie

natürliche Irrationalität bez. eines Normalkörpers N über K heißt jedes nicht zu K gehörige Element von N.

Lit.: [A 8 II]

natürliche Transformation ›Kategorientheorie

natürlicher Homomorphismus ›universelle ›Algebra, ›Kategorientheorie

natürlicher Isomorphismus ›Kategorientheorie

Nebendiagonale ›Matrix

Nebengruppe = Nebenklasse = Nebenkomplex = ›Restklasse

Nebenkomponente ›Wittscher Vektorkalkül

Nebenschar = ›Restklasse

negativ [semi]definit ›hermitesche Matrix, ›quadratische Form

negativ-orthosymmetrische Determinante = ›zyklische Determinante

Neokörper heißt nach Paige eine aus mindestens zwei Elementen bestehende universelle ›Algebra N mit zwei binären ›Operationen, Addition und Multiplikation, die folgenden Bedingungen genügt: (i) Hinsichtlich der Addition ist N eine ›Loop (mit neutralem Element 0). (ii) Hinsichtlich der Multiplikation bilden die Elemente $\neq 0$ eine Gruppe (mit neutralem Element 1). (iii) $a(b + c) = ab + ac$, $(b + c)\,a = ba + ca$.

Ein N., der zugleich Ternärkörper ist, heißt *planarer N.*; er ist unter den N. durch die eindeutige Lösbarkeit von $ax + a = bx + 1$ und von $ya + a = yb + 1$ nach x bzw. y für $a \neq b$ gekennzeichnet. Pickert hat eine geometrische Kennzeichnung von *projektiven Ebenen* über planaren N. gegeben.

Lit.: [B 5]
Paige, L.: Neofields. Duke Math. J. **16** (1950), 39–60.
Pickert, G.: Projektive Ebenen über Neokörpern. Wiss. Z. Friedrich-Schiller-Univ. Jena 1955/56, 131–135.

Neoring = ›Ringoid über einer Loop

Netto-Komplex: In einem multiplikativen ›Gruppoid G heißt *Rechtsquotient* $(H:a)_r$ eines Komplexes $H \subset G$ nach einem Element $a \in G$ die Menge der $x \in G$ mit $ax \in H$. Nach Dubreil heißt H *rechtsseitig netto* (net à droite), wenn $(H:a)_r \neq \emptyset$ für jedes $a \in G$ ist. Analog werden *Linksquotient* $(H:a)_l$ und *linksseitige N.* definiert. Ein zugleich rechts- und linksseitiger N. heißt N. schlechthin.

Lit.: Dubreil, P.: Algèbre I. Dunod, Paris 1954.

Neunerlemma (= *9-Lemma* = 3×3-*Lemma*): Sind in einem kommutativen ›Diagramm

$$\begin{array}{ccccccccc}
 & & 0 & & 0 & & 0 & & \\
 & & \downarrow & & \downarrow & & \downarrow & & \\
 & & A' & & A & & A'' & & \\
 & & \downarrow & & \downarrow & & \downarrow & & \\
0 & \to & B' & \to & B & \to & B'' & \to & 0 \\
 & & \downarrow & & \downarrow & & \downarrow & & \\
0 & \to & C' & \to & C & \to & C'' & \to & 0 \\
 & & \downarrow & & \downarrow & & \downarrow & & \\
 & & 0 & & 0 & & 0 & &
\end{array}$$

von ›R-Moduln (z. B. Linksmoduln) und Homomorphismen alle Zeilen und Spalten ›exakte Sequenzen, so gibt es Homomorphismen $A' \to A$ und $A \to A''$, die das Diagramm kommutativ machen. Die Sequenz $0 \to A' \to A \to A'' \to 0$ ist dann exakt. Der Satz gilt analog auch in ›exakten Kategorien.

Lit.: [C 10], [H 3]

neutrales Element: **1.** Ist G eine Menge mit einer (partiellen) binären >Operation $\circ$, so heißt ein $e \in G$ *rechtsneutral*, falls $a \circ e$ für alle $a \in G$ existiert und gleich a ist; es heißt *linksneutral*, wenn $e \circ a$ für alle $a \in G$ existiert und gleich a ist, und es heißt *n. E.*, wenn es zugleich links- und rechtsneutral ist (z. B. neutrales Gruppenelement). Bei additiver Verknüpfung heißt ein n. E. auch *Nullelement*, bei multiplikativer (z. T. auch sonst) *Einselement*. Gibt es in G links- und rechts-n. E., so sind sie alle gleich und n. E. schlechthin.

2. Ein Element a eines >Verbands L heißt *neutral*, wenn $(a \wedge x) \vee (x \wedge y) \vee (y \wedge a) = (a \vee x) \wedge (x \vee y) \wedge (y \vee a)$ für alle $x, y \in L$ gilt; das ist genau dann der Fall, wenn a im Durchschnitt der maximalen distributiven Teilverbände von V liegt; das bedeutet, daß für jedes $x, y \in L$ der von a, x, y erzeugte Teilverband distributiv ist. Der Begriff des n. E. ist selbstdual. Jedes n. E. ist >Standardelement und >distributives Element.

3. n. E. eines topologischen Rings >analytisch nilpotentes Element.

Lit.: Zu **1.**: [A 16]
Zu **2.**: [V 6]

neutrales Gruppenelement >Gruppe

Newmansche Algebra heißt eine universelle >Algebra mit zwei binären >Operationen (Addition und Multiplikation), für die gilt: $a(b + c) = ab + ac$, $(a + b)\,c = ac + bc$; es gibt ein Element 1 mit $a1 = a$ für alle a; es gibt ein Element 0 mit $a + 0 = 0 + a = a$ für alle a. Zu jedem a existiert höchstens ein a' mit $aa' = 0$ und $a + a' = 1$. Jede N. A. ist direktes Produkt einer >Booleschen Algebra und eines (evtl. nichtassoziativen) Booleschen Rings mit Eins.

Lit.: [V 6]

Newtonsche Binomialformel >binomischer Lehrsatz

Newtonsche Formeln, Gleichungen bzw. **Summen** >Potenzsummen

***n*-Gruppe** = >polyadische Gruppe

***n*-homogen** >transitive Transformationsgruppe

nichtassoziativer Ring ist eine Menge A mit zwei binären >Operationen, einer Addition, bez. der A eine >abelsche Gruppe bildet, und einer Multiplikation, die bez. der Addition beidseitig distributiv ist. Assoziativität der Multiplikation wird nicht verlangt, hierdurch unterscheidet sich ein n. R. von einem gewöhnlichen Ring. (Die Begriffsbildungen für *nichtassoziative Algebren* sind analog.) Die Begriffe und zugehörigen Sätze der Ringtheorie wie Unterring, Ideal, Homomorphismen, Kern, Restklassenring, Homomorphiesatz,

Isomorphiesätze, direkte Summe, Einselement, Adjunktion eines Einselements, Tensorprodukt übertragen sich auf n. R. Der *Assoziator* $(x, y, z) = (xy)z - x(yz)$ dreier Elemente $x, y, z \in A$ mißt die Abweichung von der Assoziativität. Der *Nukleus* G eines n. R. A ist die Menge der $g \in A$ mit $(g, x, y) = (x, g, y) = (x, y, g) = 0$ für alle $x, y \in A$, er ist ein assoziativer Unterring von A. Das *Zentrum* von A ist die Menge der Elemente des Nukleus, die mit allen Elementen von A kommutieren.

$R(A)$ sei die Menge aller *Rechtsmultiplikationen* $R_a : x \mapsto xa$ für alle $x \in A$ $(a \in A)$, analog $L(A)$ die der *Linksmultiplikationen*. Die von deren Vereinigung in der assoziativen Algebra aller >linearen Abbildungen von A erzeugte Algebra $\mathfrak{M}(A)$ heißt die (assoziative) *Algebra der Multiplikationen* von A. Das Zentrum $\mathfrak{C}$ einer einfachen nichtassoziativen Algebra ist entweder 0 oder ein Körper; im letzteren Falle enthält A ein Einselement, der *Zentralisator* von $\mathfrak{M}(A)$ besteht aus allen R_c mit $c \in \mathfrak{C}$, und A ist zentrale einfache Algebra über $\mathfrak{C}$. Weitere Aussagen s. bei SCHAFER.

Beispiele: *Algebra der* >*Derivationen* einer Algebra mit der Kommutatorbildung als Multiplikation, >Jordan-Algebren, >Cayley-Algebren, >Liesche Algebren, >Alternativringe, >potenzassoziative Algebren.

Lit.: [R 29]

ALBERT, A. A.: Non-associative algebras I. Ann. of Math. **43** (1942), 685–707.

BEHRENS, E. A.: Zur additiven Idealtheorie in nicht-assoziativen Ringen. Math. Z. **64** (1956), 169–182.

BROWN, B., N. H. MCCOY: Prime ideals in non-associative rings. Trans. Amer. Math. Soc. **89** (1958), 245–255.

JACOBSON, N.: Structure theory of simple rings without finiteness assumptions. Trans. Amer. Math. Soc. **57** (1945), 228–245.

SCHAFER, R. D.: Structure and representation of nonassociative algebras. Bull. Amer. Math. Soc. **61** (1955), 469–484.

Nichterzeugende >Frattini-Gruppe

nichteuklidische Bewegungsgruppe >orthogonale Gruppe

nichtkürzbares Element = >singuläres Element, >kürzbares Element

nichtnegative Matrix ist eine (m, n)-Matrix A mit nichtnegativen reellen Elementen a_{ij}, in Zeichen: $A \geqq 0$. A besitzt stets einen reellen nichtnegativen Eigenwert λ_0 („*maximale charakteristische Zahl*“), der mindestens so groß ist wie der Betrag aller Eigenwerte von A, und zu ihm gehört ein Eigenvektor y_0 mit nichtnegativen Koordinaten. Ist die n. M. sogar unzerlegbar, so ist λ_0 nach FROBENIUS einfach und positiv, und zu ihm gehört ein positiver Eigenvektor. Umgekehrt folgt aus der Einfachheit der maximalen charakteristischen Zahl einer n. M. die Unzerlegbarkeit von A. Die (n, m)-Matrix A heißt *vollständig nichtnegativ*, wenn alle ihre Minoren beliebiger Ordnung nichtnegativ sind.

Für eine quadratische vollständig n. M. gilt die Determinantenungleichung

$$\begin{vmatrix} a_{11} \dots a_{1n} \\ \dots\dots \\ a_{n1} \dots a_{nn} \end{vmatrix} \leqq \begin{vmatrix} a_{11} \dots a_{1p} \\ \dots\dots \\ a_{p1} \dots a_{pp} \end{vmatrix} \begin{vmatrix} a_{p+1,p+1} \dots a_{p+1,n} \\ \dots\dots \\ a_{n,p+1} \dots a_{nn} \end{vmatrix}$$

($p < n$). A heißt *positiv* ($A > 0$), wenn alle $a_{ij} > 0$ sind; A besitzt dann nach Perron eine positive maximale charakteristische Zahl, die einfach und größer als der Betrag aller anderen Eigenwerte ist und zu der ein Eigenvektor mit positiven Koordinaten gehört. A heißt *vollständig positiv*, wenn alle ihre Minoren beliebiger Ordnung positiv sind.

Lit.: [M 5II], [M 15], [M 26]

nichtreguläres Element = ›singuläres Element, ›kürzbares Element

Nichtrest ›binomische Kongruenz

Nielsensche Transformation ›freie Gruppe

Nielsen[-Schreier], Satz von, ›freie Gruppe

Nilalgebra heißt eine ›potenzassoziative (insbesondere eine assoziative) ›Algebra aus lauter ›nilpotenten Elementen. ›Nilring.

Lit.: Fischer, I., R. R. Struik: Nil algebras and periodic groups. Amer. Math. Monthly 75 (1968), 611–623.

Nilgruppe: 1. nach Baer eine Gruppe G, deren sämtliche Elemente *subnormal* (= *subinvariant* = *erreichbar*) sind, d. h., eine ›nachinvariante Untergruppe erzeugen.

2. nach Plotkin eine *Engel-Gruppe* (›Engel-Bedingung), also eine Gruppe, in der für beliebige x, y eine Relation $[[\dots[[x, y], y], \dots], y] = 1$ besteht, wobei die Anzahl der Klammeroperationen von x, y abhängen kann.

Lit.: Zu **1.**: [G 26II]
Baer, R.: Nilgruppen. Math. Z. 62 (1955), 402–437.
Zu **2.**: [G 26II]

Nilhalbgruppe heißt eine ›Halbgruppe mit Null, die aus lauter nilpotenten Elementen x besteht (d. h., zu jedem x gibt es eine natürliche Zahl n mit $x^n = 0$). Die kleinste derartige Zahl n ist zugleich die Ordnung von x und heißt der *Nilpotenzgrad* von x.

Lit.: [A 16], [R 13]

Nilideal heißt ein (Rechts-, Links-, zweiseitiges) Ideal $\mathfrak{a}$ eines Rings R, von dem jedes Element >nilpotent (wenn also $\mathfrak{a}$ ein >Nilring) ist. Gilt sogar $\mathfrak{a}^n = (0)$ für ein $n \in \mathbb{N}$, so heißt das *Ideal* $\mathfrak{a}$ *nilpotent*. Das Ideal $\mathfrak{a}$ ist genau dann N., wenn (i) aus $b \in b\mathfrak{a}$ stets $b = 0$ folgt und (ii) in R für die Elemente a von $\mathfrak{a}$ der *Potenzkettensatz* gilt: Es gibt keine unendliche Kette von Rechts-Hauptidealen der Form

$$(a) \cdot R \supsetneqq (a^2) \cdot R \supsetneqq (a^3) \cdot R \supsetneqq \cdots.$$

Jedes Element eines rechts- (bzw. linksseitigen) N. von R erzeugt stets ein rechts- (linksseitiges) N. von R.

Das Ideal $\mathfrak{a}$ ist genau dann *nilpotent vom Exponenten* n (d. h. $\mathfrak{a}^n = 0$, $\mathfrak{a}^{n-1} \neq 0$), wenn (i) aus $b \in b\mathfrak{a}$ stets $b = 0$ folgt, (ii) in R für Elemente a_i aus $\mathfrak{a}$ der *Produktkettensatz* gilt: Es gibt keine unendliche Kette von Rechts-Hauptidealen der Form

$$(a_1) \cdot R \supsetneqq (a_1a_2) \cdot R \supsetneqq (a_1a_2a_3) \cdot R \supsetneqq \cdots,$$

und (iii) $\mathfrak{a}$ den endlichen *Index* n hat (kleinstes $m \in \mathbb{N}$ mit $\mathfrak{a}^m = \mathfrak{a}^{m+1}$).

Die Summe beliebig vieler N. ist N. Für K-Algebren R endlichen Ranges über einem Körper fallen die Begriffe N. und nilpotentes Ideal zusammen.

Lit.: [A 17 II], [R 30]

nilpotente Algebra >Nilring

nilpotente Gruppe heißt eine Gruppe G, die eine der folgenden äquivalenten Bedingungen erfüllt:

(i) G besitzt eine *Zentralreihe* $E = A_0 \subsetneqq A_1 \subsetneqq A_2 \subsetneqq \cdots \subsetneqq A_n = G$, d. h. eine Reihe von Normalteilern A_i, so daß die Faktorgruppe A_{i+1}/A_i jeweils im Zentrum von G/A_i liegt (was äquivalent dazu ist, daß die gegenseitige >Kommutatorgruppe $[A_{i+1}, G]$ in A_i liegt).

(ii) Die *obere Zentralkette* $E = Z_0 \subset Z_1 \subset \cdots$ (Folge von >charakteristischen Untergruppen von G, so daß jeweils Z_{k+1}/Z_k das Zentrum von G/Z_k ist) endet nach endlich vielen Schritten mit G.

(iii) Die *untere Zentralreihe* $G = G_0 \supset G_1 \supset G_2 \supset \cdots$ (Kette von Untergruppen mit $G_{k+1} = [G_k, G]$) endet nach endlich vielen Schritten mit der Einsuntergruppe E.

Die obere und untere Zentralreihe haben in einer n. G. dieselbe Länge, die gleich der minimalen Länge der Zentralreihen von G ist. Diese heißt *Klasse* [*der Nilpotenz*] (= *Nilpotenzklasse*) von G. G ist also genau dann nilpotent von der Klasse k, wenn $Z_{k-1} \neq G$ und $Z_k = G$ (und auch, wenn $G_{k-1} \neq E$ und $G_k = E$) ist. Die n. G. der Klasse 1 sind die >*abelschen Gruppen* $\neq E$, die n. G. der Klasse 2 heißen im Russischen >*metabelsch*. Eine endliche >kontinuierliche Gruppe ist genau dann n. G., wenn die zugehörige >Liesche Algebra als Ring nilpotent ist. Jede n. G. von der Klasse k ist isomorph zur Faktorgruppe einer *freien nilpotenten Gruppe* der Klasse k, die sich ihrerseits als Faktorgruppe F/F_k einer freien Gruppe F nach dem k-ten Glied F_k ihrer unteren Zentralkette darstellen läßt.

Untergruppen, Faktorgruppen und endliche >direkte Produkte n. G. sind wieder nilpotent. Jede endliche >p-Gruppe ist n. G., und jede endliche n. G. ist direktes Produkt von p-Gruppen. Eine n. G. mit endlich vielen Erzeugenden ist >überauflösbar. Die >Frattini-Gruppe einer endlichen Gruppe ist n. G.

Für endliche Gruppen sind ferner folgende Eigenschaften zur Nilpotenz äquivalent:

(iv) Jede maximale Untergruppe ist Normalteiler.
(v) Jede Untergruppe ist von ihrem Normalisator verschieden.
(vi) Die Kommutatorgruppe G' liegt in der >Frattini-Gruppe $\Phi(G)$.
(vii) G ist direktes Produkt der p-Sylow-Gruppen von G.

Läßt man in den Bedingungen (i)—(vi) die Endlichkeitsbedingungen weg, so erhält man Verallgemeinerungen, die nicht alle äquivalent sind. N. G. werden auch *speziell* genannt, die Bezeichnungen sind nicht einheitlich. Specht nennt Gruppen mit der Eigenschaft (ii) ohne Endlichkeitsbedingung *nilpotent*; Kurosch nennt eine Gruppe [*speziell-*]*nilpotent*, wenn sie direktes Produkt endlich vieler lokal-endlicher p-Gruppen mit Minimalbedingung ist, und gibt hierzu weitere äquivalente Definitionen. Näheres bei Kurosch und Tschernikow. >Klasse einer Gruppe.

Lit.: [G 19], [G 23], [G 26], [G 35], [G 39 I], [G 42]
Hilton, P. J.: Nilpotente Gruppen und nilpotente Räume. LNM 1053. Springer, Berlin 1984.
Kurosch, A. G., S. N. Tschernikow (А. Г. Курош, С. Н. Черников): Разрешимые и нильпотентные группы. Usp. mat. nauk 2, No. 3 (1947), 18—59.
Warfield, R. B.: Nilpotent Groups. LNM 513. Springer, Berlin 1976.

nilpotente Liesche Algebra >nilpotente Liesche Gruppe

nilpotente Liesche Gruppe ist eine >Liesche Gruppe, die als abstrakte Gruppe >nilpotent ist. Eine zusammenhängende Liesche Gruppe ist genau dann nilpotent, wenn die zugehörige Liesche Algebra L nilpotent (= *infinitesimale Gruppe vom Range Null*) ist, d. h., wenn die durch $Z_0 = 0$, Z_i/Z_{i-1} = Zentrum von L/Z_{i-1} definierte Kette der Z_i die Liesche Algebra L als Glied enthält. Nach einem Satz von Engel ist eine n-dimensionale Liesche Algebra L genau dann nilpotent, wenn ad x für jedes $x \in L$ die Null als n-fache charakteristische Wurzel besitzt.

Lit.: [EL 1—2], [L 4 III], [L 13]

nilpotenter Ring >Nilring

nilpotentes Element heißt ein Element a eines Rings R, wenn $a^n = 0$ für ein $n \in \mathbb{N}$ gilt; die kleinste derartige Zahl n heißt (*Nilpotenz-*) *Exponent* von a.

Die analoge Definition gilt für >Halbgruppen mit Null (>Nilhalbgruppe). a heißt *eigentlich nilpotent*, wenn sogar das von a erzeugte zweiseitige Hauptideal $R(a)R = \{ma + xa + ay + zaw \mid x, y, z, w \in R, m \in \mathbb{Z}\}$ >Nilideal ist, d. h., aus lauter n. E. besteht, und *Wurzelgröße*, wenn dieses Hauptideal sogar nilpotent ist. Die Menge der eigentlich n. E. von R bildet das *Fittingsche Radikal* $\mathfrak{r}^{(Fi)}$ von R. Ist R K-Algebra endlichen Ranges über einem Körper K, so ist $a \in R$ genau dann eigentlich n. E., wenn das Links-Hauptideal $R(a)$ aus auter n. E. besteht. Für kommutative Ringe fallen die Begriffe nilpotent und eigentlich nilpotent zusammen; die Menge der n. E. ist dann das *Radikal* (*Nilradikal*) des Rings R (= Radikal des Nullideals in R) (>Primideal).

Lit.: [A 17 II], [R 30]

nilpotentes Ideal >Nilideal

nilpotentes Radikal >Levische Unteralgebra

Nilpotenzexponent >nilpotentes Element

Nilpotenzgrad >Nilhalbgruppe, >Nilring

Nilpotenzklasse >Klasse, >nilpotente Gruppe

Nilradikal (= *Radikalideal*) heißt nach Baer jedes zweiseitige Ideal $\mathfrak{a}$ eines Rings R mit den Eigenschaften: (i) $\mathfrak{a}$ ist >Nilideal, (ii) $R/\mathfrak{a}$ enthält keine nilpotenten zweiseitigen Ideale $\neq 0$. Die N. sind Radikale im Sinne von Amitsur-Kurosch. Die Summe aller (zweiseitigen) Nilideale ist das größte Nilideal von R und heißt das *Baersche obere N.* $U(R)$, es heißt auch *Fittingsches Radikal* $\mathfrak{r}^{(Fi)}$, *verallgemeinertes Radikal* oder *oberes Radikal* von R; wenn es auch alle einseitigen Nilideale enthält, heißt es das *Köthesche Radikal* oder das *Radikal* von R schlechthin. Der Durchschnitt aller Ideale $\mathfrak{a}$ von R, für die $R/\mathfrak{a}$ kein nilpotentes Ideal $\neq 0$ enthält, ist das kleinste N. von R, das *Baersche untere N.* $B(R)$ oder *untere Radikal* von R. Es läßt sich auch durch transfinite Induktion konstruieren. Es ist gleich dem >Radikal im Sinne von McCoy. Ein spezielles N. ist das >Levitzkische N. Für kommutative Ringe >nilpotentes Element.

Lit.: [R 3], [R 30]
Baer, R.: Radical ideals. Amer. J. Math. **65** (1943), 537–568.
Levitzki, J.: Prime ideals and the lower radical. Amer. J. Math. **73** (1951), 25–29.

Nilring heißt ein Ring, der nur >nilpotente Elemente enthält. Ein Unterring $\mathfrak{a}$ des >Jacobsonschen Radikals eines Rings R ist genau dann N., wenn in R für die Elemente aus $\mathfrak{a}$ der Potenzkettensatz (>Nilideal) gilt.

Gilt für den Ring R sogar $R^m = 0$ (d. h., das Produkt aus m Elementen aus R verschwindet stets) für ein $m \in \mathbb{N}$, so heißt R *nilpotenter Ring*, und zwar ist

R ($\neq 0$) genau dann *nilpotent vom Exponenten* (= *Nilpotenzgrad*) n (d. h. $R^n = 0$, $R^{n-1} \neq 0$), wenn $(0) \subsetneqq (0):R \subsetneqq (0):R^2 \subsetneqq \cdots \subsetneqq (0):R^{n-1} = R$ ist, wobei $(0):R^i$ das zweiseitige Ideal aller $x \in R$ bezeichnet, für die $xR^i = (0)$ ist. Ein Unterring $\mathfrak{a}$ des Jacobsonschen Radikals von R ist genau dann nilpotent, wenn $\mathfrak{a}$ von endlichem *Index* ist (d. h., $\mathfrak{a}^m = \mathfrak{a}^{m+1}$ für ein $m \in \mathbb{N}$) und in R für die Elemente aus $\mathfrak{a}$ der Produktkettensatz (›Nilideal) gilt.

Jeder Unterring und jedes homomorphe Bild eines N. bzw. nilpotenten Rings ist wieder N. bzw. nilpotenter Ring. Sind für ein Ideal $\mathfrak{a}$ von R sowohl $\mathfrak{a}$ als auch $R/\mathfrak{a}$ N. (bzw. nilpotent), so auch R.

Nilalgebren und *nilpotente Algebren* sind analog erklärt.

Lit.: [R 30]
HOEHNKE, H.-J.: Nilpotenzkriterien. Math. Ann. 132 (1957), 404–411.
HOPKINS, C.: Rings with minimal condition for left ideals. Ann. of Math. 40 (1939), 712–730.
LEVITZKI, J.: Contributions to the theory of nilrings. Riveon Lemat. 7 (1954), 50–70 (hebräisch, engl. Zusammenfassung).
MORI, S.: Über die eindeutige Reduktion von Idealen in Ringen ohne Teilerkettensatz. J. Sci. Hiroshima Univ. (A) 3 (1933), 275–318.

noethersche Gruppe heißt eine Gruppe mit ›Maximalbedingung für Untergruppen. Untergruppen und Faktorgruppen n. G. sind n. G.

noetherscher Fundamentalsatz gibt (geometrische) Bedingungen dafür an, daß eine gegebene ›Form f einem von zwei teilerfremden Formen φ und ψ erzeugten Ideal angehört, sich also in der Gestalt

$$f = A\varphi + B\psi \qquad (*)$$

schreiben läßt. In seiner ursprünglichen Fassung lautet er, inhomogen für die xy-Ebene formuliert: Wenn sich f für jeden Schnittpunkt (a_i, b_i) von $\varphi = 0$ und $\psi = 0$ in der Gestalt (∗) schreiben läßt, wo A und B Potenzreihen in $(x - a_i)$ und $(y - b_i)$ sind, so gibt es auch eine Darstellung (∗) mit Polynomen A und B. *Bertini* hat gezeigt, bis zu welcher Ordnung man bei den Potenzreihen nur zu gehen braucht. In verallgemeinerter Formulierung besagt der n. F. algebraisch, daß ein Polynom f aus dem ›Polynomring $k[x_1, \ldots, x_n]$ über dem Körper k, das sich für jedes Primoberideal $\mathfrak{p}_i = (x_1 - a_{1i}, \ldots, x_n - a_{ni})$ eines nulldimensionalen Polynomideals $\mathfrak{a} = (g_1, \ldots, g_r)$ mit formalen Potenzreihen $p_{1i}, \ldots, p_{ri}$ in $x_1 - a_{1i}, \ldots, x_n - a_{ni}$ in der Gestalt $f = p_{1i}g_1 + \cdots + p_{ri}g_r$ schreiben läßt, bereits zu $\mathfrak{a}$ gehört. Für $n = 2$ ist der Satz von M. NOETHER bewiesen worden, die Verallgemeinerung auf beliebige n stammt von LASKER. Daß sich die unendlichen Reihenentwicklungen durch gewisse endliche ersetzen lassen, wird im ›Hentzeltschen Nullstellensatz ausgesprochen.

Lit.: [A 6I], [R 19]
KELLER, O.-H.: Vorlesungen über algebraische Geometrie. Akad. Verlagsges. Geest & Portig, Leipzig 1974.

Noether, M.: Ueber einen Satz aus der Theorie der algebraischen Functionen. Math. Ann. **6** (1873), 351–359.
Severi, F.: Vorlesungen über algebraische Geometrie. Teubner, Leipzig 1921.

Noetherscher Fünf-Axiome-Ring = ›Dedekindscher Ring

noetherscher Modul heißt ein unitärer ›R-Modul (z. B. Linksmodul), der der ›Maximalbedingung für Untermoduln genügt. Äquivalent dazu ist, daß jeder Untermodul endlich erzeugt ist. Wenn N Untermodul des R-Moduls M ist, so ist M genau dann n. M., wenn N und M/N n. M. sind. Ein Modul über einem noetherschen Ring ist genau dann n. M., wenn er endlich erzeugt ist.

Lit.: [A 14], [A 18I]

noetherscher Ring ›Basissatz

Norm ›charakteristisches Polynom 4., ›Hauptpolynom, ›Quaternionenalgebra

Norm einer Gruppe = ›Kern einer Gruppe

Norm in einer Algebra: Ist A assoziative K-Algebra (›R-Algebra) mit Einselement von endlichem Rang n über einem kommutativen Körper K, Γ eine Matrizendarstellung (›Darstellung) (über K) von A und ist M_α die dem Element $\alpha \in A$ bei Γ zugeordnete Darstellungsmatrix, so heißt deren Determinante $N_\Gamma(\alpha)$ die Norm von α bez. der (Matrizen-) Darstellung Γ; sie hängt nur von der Darstellungsklasse von Γ ab. Die zur regulären Darstellung gehörige Norm $N_\mathrm{r}(\alpha)$ heißt die *reguläre Norm.* Diese Normen stimmen bis auf den Faktor $(-1)^r$ (r Grad der Darstellung) mit dem Absolutglied des ›charakteristischen Polynoms der Darstellungsmatrix überein.

Ist $H(x; \alpha)$ das Hauptpolynom von α und r sein Grad, so heißt sein mit $(-1)^r$ multipliziertes Absolutglied die *Hauptnorm* oder *reduzierte Norm* $N_\mathrm{h}(\alpha)$ von α. Für alle Normen N gilt: $N(\alpha\beta) = N(\alpha)\,N(\beta)$, $N(a\alpha) = aN(\alpha)$ ($a \in K$).

Lit.: [R 9]

normal geordnete Gruppe: Die Ordnungsrelation $\geqq$ in einer (etwa additiven) halbgeordneten Gruppe (›geordnete Gruppe) G heißt *normal,* wenn für ein $n \in \mathbf{N}$ aus $na \geqq 0$ stets $a \geqq 0$ folgt; in diesem Falle besitzt G keine Elemente $\neq 0$ endlicher Ordnung. ›Verbandsgruppen sind stets normal geordnet. Eine Halbordnungsrelation in einer abelschen Gruppe läßt sich genau dann zu einer linearen Ordnung fortsetzen, wenn sie normal ist.

Normalbasis einer endlichen separablen galoisschen Körpererweiterung K/k (›galoisscher Körper) heißt eine Körperbasis, die aus den Konjugierten eines Elements besteht; eine solche Basis gibt es stets.

Lit.: [A 9III], [A 16]
Berger, T. R., I. Reimer: A proof of the normal basis theorem. Amer. Math. Monthly **82** (1975), 915–918.

normale Algebra (= *zentrale Algebra*) heißt eine ›Algebra über einem Körper K, für die K das Zentrum von A ist. Jede einfache Algebra kann als n. A. über ihrem Zentrum aufgefaßt werden. Eine *primäre einfache n. A.* (= *primäre zentrale einfache Algebra*) (›primärer Ring) ist eine einfache n. A. über einem Körper oder echte zentrale einfache Unteralgebra.

Lit.: [R 1], [R 6], [R 9]

normale Erweiterung ›galoisscher Körper

normale Halbordnungsrelation ›normal geordnete Gruppe

normale Hülle (= *normaler Abschluß*) eines ›Komplexes K einer Gruppe G heißt der kleinste Normalteiler von G, der K enthält.

normale Kategorie ›Kern

normale Körpererweiterung ›galoisscher Körper

normale Matrix heißt eine mit ihrer konjugiert-transponierten Matrix vertauschbare ›Matrix A: $\bar{A}^{\mathsf{T}}A = A\bar{A}^{\mathsf{T}}$ (wobei $\bar{A}$ im Falle von Matrizen über einem Ring R mit einem involutorischen Antiautomorphismus φ die bez. φ zu A konjugierte Matrix, für $R = \mathbb{C}$ die komplex-konjugierte Matrix bezeichnet). Genau im Falle der n. M. stimmt die geometrische Vielfachheit der Eigenwerte jeweils mit der algebraischen überein, so daß genau sie für $R = \mathbb{C}$ mittels eines vollständigen unitär-normalen Systems (bzw. im Reellen eines Orthonormalsystems) von Vektoren zu einer Diagonalmatrix unitär-ähnlich sind (sich also durch eine ›Hauptachsentransformation auf Diagonalform transformieren lassen). Zu den n. M. gehören die reell-symmetrischen und -schiefsymmetrischen, die hermiteschen und schiefhermiteschen, reell-orthogonalen und unitären Matrizen. Verallgemeinerung: ›normalisierbare Matrix.

Lit.: [M 1], [M 26]

normale Ordnungsrelation ›normal geordnete Gruppe

normaler Abschluß = ›normale Hülle

normaler Integritätsbereich = ›normaler Ring

normaler Komplex: **1.** = ›invariante Untermenge

2. N. K. heißt eine nichtleere Untermenge N einer universellen ›Algebra (mit oder ohne Operatoren) A, die eine Äquivalenzklasse bez. einer gewissen Kongruenzrelation auf A bildet. Ist σ Homomorphismus von A auf eine gleichartige Algebra B, so bildet das Urbild jedes einzelnen Elements y von B einen

n. K. von A; handelt es sich insbesondere bei den betrachteten Algebren um solche mit je einem ausgezeichneten Element („Nullelement“), die bei den zugelassenen Homomorphismen aufeinander abgebildet werden, so heißt deren Urbild *normales Untersystem* oder *Kern*. Im Falle von Gruppen sind normale Untersysteme gerade die ›*Normalteiler*, im Falle von Ringen die *zweiseitigen Ideale*. Im Falle einer ›Halbgruppe heißt der zu einem Einselement gehörige Kern auch *Normalteiler*, der zu einem Nullelement gehörige *zweiseitiges Ideal*.

N. K. einer Halbgruppe S ist eine nichtleere Untermenge N, für die mit $a, b \in N$ aus $xay \in N$ stets $xby \in N$ folgt, wobei für x, y auch ein (notfalls adjungiertes) Einselement zugelassen ist. Für Gruppen ist ein n. K. ein ›*invarianter Komplex*.

Lit.: Zu **2.**: [S 3]

normaler Körper = ›galoisscher Körper.

normaler Ring (= *normaler Integritätsbereich*) heißt ein in seinem Quotientenkörper ganz-abgeschlossener Integritätsbereich. Beispiele: Ring der ganzen Zahlen eines ›algebraischen Zahlkörpers, inbesondere $\mathbb{Z}$, ›Bewertungsringe, jeder ›Quotientenring eines n. R., jeder ›Dedekindsche Ring, jeder ZPE-Ring, also z. B. jeder reguläre ›lokale Ring. Ein Integritätsbereich ist genau dann n. R., wenn die Lokalisierungen (›Quotientenring) $R_{\mathfrak{p}}$ für jedes maximale Ideal $\mathfrak{p}$ von R n. R. sind.

N. R. heißt allgemeiner ein Ring, dessen Lokalisierungen $R_{\mathfrak{p}}$ für jedes Primideal $\mathfrak{p}$ normale Integritätsbereiche sind. Ein noetherscher Ring, der in diesem Sinne n. R. ist, ist direktes Produkt endlich vieler normaler Integritätsbereiche. ›Ganz-Abhängigkeit

Lit.: [A 18I], [R 24]

normaler Unterring = ›Ideal

normales Element ›symmetrische Algebra

normales Ideal heißt in der Theorie der ganzen Elemente einer ›Algebra A endlichen Ranges über einem Körper ein Ideal, dessen zugehörige Rechts- und Linksordnungen (›Ordnung eines Ringes) maximal sind.

Lit.: [R 9]

normales Polynom ›galoisscher Körper

normales Untersystem ›normaler Komplex

Normalfolge ›Ketten und Reihen

Normalform >Reihenentwicklung in der Invariantentheorie

Normalformen von Matrizen: Um zu entscheiden, ob sich zwei gleichartige Matrizen durch gewisse Transformationen, die eine Gruppe bilden, ineinander überführen lassen, ob diese also zu derselben Äquivalenzklasse bez. der durch diese Transformationen definierten >Äquivalenzrelation gehören, zeichnet man in jeder Klasse besonders einfach gebaute Matrizen als sog. N. aus; zwei Matrizen liegen genau dann in derselben Klasse, wenn ihnen dieselbe N. zugeordnet werden kann. Im folgenden werden die wichtigsten Fälle betrachtet:

(i) *Äquivalenz* (>äquivalente Matrizen): Über kommutativen >Hauptidealringen (allgemeiner in sog. Elementarteilerringen) ist nach dem Elementarteilersatz jede Matrix äquivalent zu einer Diagonalmatrix als N., deren Diagonalelemente (>Elementarteiler) e_j einander sukzessive teilen: e_j ist stets Teiler von e_{j+1}. Die e_j sind bis auf Einheiten als Faktoren eindeutig bestimmt. Insbesondere ist die Matrix A genau dann Teiler der Matrix B, wenn dies für ihre N. gilt, wenn also der j-te Elementarteiler von A stets Teiler des j-ten Elementarteilers von B ist; sie sind genau dann *äquivalent*, wenn für alle j ihre j-ten Elementarteiler assoziiert sind.

(ii) *Ähnlichkeit*: Zwei quadratische Matrizen über einem Körper sind genau dann ähnlich, wenn sie dieselbe >Jordansche N. haben.

(iii) *Kongruenz*: Besitzt der Körper K einen involutorischen Antiautomorphismus $x \mapsto \bar{x}$ (für $K = \mathbb{C}$ die komplexe Konjugation) mit dem Invariantenkörper K_0, so ist bei $K \neq K_0$ jede >hermitesche Matrix zu einer Diagonalmatrix *hermitesch kongruent* (>hermitesche Kongruenz) und jede symmetrische nichtalternierende Matrix zu einer Diagonalmatrix kongruent, deren nichtverschwindende Diagonalelemente sich (gegebenenfalls nach vorheriger gleichartiger Permutation der Zeilen und Spalten) als Quotienten aufeinanderfolgender Hauptunterdeterminanten gewinnen lassen. Hat jedes Element von K_0 die Form $x\bar{x}$ mit $x \in K$, so ist jede hermitesche Matrix A sogar hermitesch kongruent zu einer Diagonalmatrix mit den Diagonalelementen $(1, \ldots, 1, 0, \ldots, 0)$ (r = Rang A Stück Einsen) als N.

Da sich im Falle char $K \neq 2$ jede Matrix als Summe aus einer hermiteschen und einer schiefhermiteschen Matrix schreiben läßt, läßt sich die hermitesche Kongruenz von beliebigen Matrizen auf die hermitesche Kongruenz von Matrizenpaaren aus einer hermiteschen und einer schiefhermiteschen Matrix zurückführen.

(iv) *Unitäre Ähnlichkeit* (= >*Unitärkongruenz*): Jede n-reihige quadratische Matrix A über einem algebraisch abgeschlossenen >formal-komplexen Körper läßt sich unitär auf kanonische N.

$$\begin{pmatrix} \lambda_1 & b_{12} & \ldots & b_{1n} \\ 0 & \lambda_2 & \ldots & b_{2n} \\ \cdots & \cdots & \cdots & \cdots \\ 0 & 0 & \ldots & \lambda_n \end{pmatrix}$$

transformieren, in deren Hauptdiagonalen die Eigenwerte von A stehen. Genau dann, wenn A ›normale Matrix ist, besitzt sie eine unitär ähnliche Diagonalmatrix. Ähnliche normale Matrizen über K sind sogar unitär ähnlich.

(v) *Unitäre Äquivalenz*: A und B heißen unitär äquivalent, wenn $B = QAP$ mit unitären Matrizen P, Q gilt. Unitäre Kongruenz von A und B über dem Körper der komplexen Zahlen ist gleichbedeutend mit der Ähnlichkeit von $A\bar{A}^{\mathsf{T}}$ und $B\bar{B}^{\mathsf{T}}$.

(vi) *Orthogonale Ähnlichkeit*: Die Matrizen A, B über einem Ring K mit Einselement heißen ›orthogonal ähnlich, wenn $B = Q^{-1}AQ$ mit orthogonalem Q ist. Im Falle eines kommutativen reell-abgeschlossenen Körpers K ist eine normale Matrix orthogonal ähnlich zu einer ›direkten Summe aus einer Diagonalmatrix und Matrizen der Form $\begin{pmatrix} a & b \\ -b & a \end{pmatrix}$. Ist K algebraisch abgeschlossen und char $K \neq 2$, so sind ähnliche symmetrische bzw. schiefsymmetrische Matrizen sogar orthogonal ähnlich.

Lit.: [Enz 1, 7]
VUJIČIĆ, M., F. HERBUT, G. VUJIČIĆ: Canonical form for matrices and unitary congruence transformations. I. Conjugate-normal matrices. SIAM J. Appl. Math. **23** (1972), 225–238.

Normalgleichung ›galoisscher Körper

Normalisator eines ›Komplexes K einer Gruppe G heißt die Untergruppe N_K aller $x \in G$, die mit K vertauschbar sind: $xK = Kx$, deren zugehörige innere ›Automorphismen also K auf sich abbilden. Die Anzahl der zu K konjugierten Komplexe ist gleich dem Index seines N. in G. Der N. einer Untergruppe H ist die maximale Untergruppe von G, in der H Normalteiler ist.

Die Untergruppe der $x \in G$, die sogar elementweise mit K vertauschbar sind ($xk = kx$ für alle $k \in K$), bildet den *Zentralisator* Z_K von K in G. Der Zentralisator einer (gegenüber inneren Automorphismen) ›invarianten Menge (insbesondere also eines Normalteilers) ist selbst Normalteiler von G, insbesondere ist daher der Zentralisator einer Untergruppe H Normalteiler ihres Normalisators N_H, und die Faktorgruppe N_H/Z_H ist zu einer Gruppe von Automorphismen von H isomorph. Der Zentralisator der ganzen Gruppe ist gleich ihrem Zentrum. Für einelementige Mengen $\{x\}$ stimmen N. und Zentralisator überein, sie heißen dann auch kurz N. bzw. Zentralisator von x.

N. eines Ideals ›Eigenring eines Ideals

Lit.: [G 26I], [G 42]

Normalisatorbedingung ›nachinvariante Untergruppe

normalisierbare Matrix heißt eine quadratische Matrix A, die in der Form $A = HG$ mit einer positiv definiten ›hermiteschen Matrix H und $GH\bar{G}^{\mathsf{T}} = \bar{G}^{\mathsf{T}}HG$ darstellbar ist. Jede in dieser Weise „*links-normalisierbare*" *Matrix* ist zugleich in analog definierter Weise „*rechts-normalisierbar*" und umgekehrt. Genau die n-reihigen n. M. besitzen n linear unabhängige Eigenvektoren, sind also zu Diagonalmatrizen ähnlich (*diagonalisierbar*). Als Spezialfälle ergeben sich für $H = E$ die ›normalen und für $H \neq E$, $G = \overline{G}^{\mathrm{T}}$ die ›symmetrisierbaren Matrizen. Die Matrix $\sqrt{H}\, G \sqrt{H}$ ist normal und zu A ähnlich.

Lit.: [M 26]

Normalisierungssatz: 1. *N. für Polynomringe*: Sind $x_1, \ldots, x_n$ algebraisch unabhängige Elemente über dem Körper K und ist $\mathfrak{a}$ Ideal der Höhe r im ›Polynomring $K[x] = K[x_1, \ldots, x_n]$, so gibt es Elemente $y_1, \ldots, y_n \in K[x]$, so daß $K[x]$ ganz über $K[y] = K[y_1, \ldots, y_n]$ ist, $\mathfrak{a} \cap K[y]$ von $y_1, \ldots, y_r$ erzeugt wird und $y_{r+j} = x_{r+j} + f_j$ mit Polynomen f_j in $x_1, \ldots, x_r$ mit Koeffizienten im Primring π von K für $j = 1, 2, \ldots, n - r$ ist. Wenn char $K = p \neq 0$ ist, können die f_j aus $\pi[x_1^p, \ldots, x_r^p]$ gewählt werden.

2. *N. für endlich erzeugte Ringe*: Wird der Ring R von $b_1, \ldots, b_n$ über einem Integritätsbereich I erzeugt und ist kein Element $a \neq 0$ von I Nullteiler in R, so gibt es Elemente $z_1, \ldots, z_t$ von $\pi[b_1, \ldots, b_n]$ (π Primring von I), die algebraisch unabhängig über I sind, und ein Element $a \neq 0$ aus I, so daß $R[a^{-1}]$ ganz über $I[a^{-1}, z_1, \ldots, z_t]$ ist.

Lit.: [A 18 II], [R 25]

Normalkörper, Normalpolynom ›galoisscher Körper

Normalreihe ›Ketten und Reihen

Normalreihe einer universellen Algebra ›Jordan-Hölderscher Satz

Normalsystem (= *normales System*) ist eine Verallgemeinerung des Begriffs der endlichen *Normalreihe*. Den Elementen α einer durch $<$ geordneten Indexmenge M seien die Elemente A_α eines Systems A zulässiger Untergruppen einer Operatorgruppe G zugeordnet, so daß aus $\alpha < \beta$ die Inklusion $A_\alpha \subsetneqq A_\beta$ folgt. Gibt es in M ein Element (bezeichnet mit $\alpha + 1$), das unmittelbar auf α folgt, so sagt man, die Untergruppen A_α und $A_{\alpha+1}$ bilden einen *Sprung*. A heißt *vollständig*, wenn für jedes Teilsystem von A sein Durchschnitt und seine Vereinigung zu A gehören. Jedes derartige geordnete System von Untergruppen läßt sich *vervollständigen*. Jedes vollständige System besitzt Sprünge, die *dicht* liegen. Ein vollständiges geordnetes System von zulässigen Untergruppen heißt *normal*, wenn an jeder Sprungstelle α gilt: $A_{\alpha+1}$ ist Normalteiler von A_α; die zugehörige Faktorgruppe heißt *Faktor* des Systems. Ein normales System A' heißt *Verfeinerung* des normalen Systems A, wenn jede Untergruppe aus A auch in A' enthalten ist. Jedes N. kann zu einem *Kompositionssystem* (Verallgemeinerung des Begriffs der Kompositionsreihe) verfeinert werden, das ist ein nicht verfeinerbares N.

Besteht der >Operatorenbereich aus allen inneren >Automorphismen, so heißt ein N. *invariantes System* und ein Kompositionssystem *Hauptsystem*. Ein aufsteigend wohlgeordnetes N. heißt *aufsteigende Normalreihe*, ein absteigendes wohlgeordnetes N. *absteigende Normalreihe*; analog sind *aufsteigende* und *absteigende invariante Reihe*, aufsteigende und absteigende *Kompositionsreihe* und aufsteigende und absteigende *Hauptreihe* definiert.

Ist A ein N. von G, so besitzt jede zulässige Untergruppe von G ein N., dessen Faktoren zu Untergruppen verschiedener Faktoren von A isomorph sind.

N. A und B einer Gruppe G heißen *isomorph*, wenn man zwischen ihren Faktoren eine eineindeutige Zuordnung herstellen kann, so daß einander entsprechende Faktoren isomorph sind. Dann gilt als Verallgemeinerung der Sätze von Schreier und Jordan-Hölder: Je zwei aufsteigende Normalreihen von G besitzen isomorphe Verfeinerungen, die ebenfalls aufsteigende Normalreihen sind. Insbesondere sind alle aufsteigenden Kompositionsreihen von G (falls solche existieren) untereinander isomorph.

Lit.: [G 26II]

Normalteiler (= *invariante Untergruppe* = *ausgezeichnete Untergruppe* = *selbstkonjugierte Untergruppe*, auch: *eigentlicher Teiler* = *monotypische Untergruppe*; veraltete Bezeichnungen: *autojuger Teiler* = *selbstkonjugierter Teiler* = *ausgezeichneter Teiler* = *monotypischer Teiler*) heißt jede Untergruppe N von G, für die die Rechtsnebenklassen mit den Linksnebenklassen zusammenfallen, d. h., $xN = Nx$ für alle $x \in G$. Gleichbedeutend damit ist jede der folgenden Bedingungen: (i) N ist gegenüber inneren >Automorphismen von G invariant, d. h., $xNx^{-1} = N$ für alle $x \in G$. (ii) $xNx^{-1} \subset N$ für alle $x \in G$. (iii) N ist Vereinigung von Klassen konjugierter Elemente.

Ein N. ist mit jedem >Komplex vertauschbar. Der Kern jedes >Homomorphismus einer Gruppe G ist N. in G, und umgekehrt ist jeder N. von G Kern eines Homomorphismus von G, nämlich des natürlichen Homomorphismus von G auf die >Faktorgruppe G/N. Durchschnitt und Erzeugnis beliebiger Mengen von N. von G sind wieder N. von G; das Erzeugnis von zwei N. ist gleich ihrem Produkt. Das Produkt eines N. mit einer Untergruppe ist wieder Untergruppe. Jede Untergruppe vom Index 2 ist N. Die Einsuntergruppe und die Gruppe selbst sind *triviale N.*, jeder andere N. heißt *eigentlich*. Eine Gruppe ohne eigentliche N. heißt >*einfache Gruppe*.

Maximaler N. heißt ein von der ganzen Gruppe verschiedener N., der in keinem anderen eigentlichen N. enthalten ist; da das Produkt zweier N. wieder N. ist, ist er zugleich *größter N.*, und es kann höchstens einen maximalen N. geben.

In einer abelschen Gruppe ist jede Untergruppe N.; nichtabelsche Gruppen mit dieser Eigenschaft heißen >*Hamiltonsche Gruppen*. Im Falle einer >topologischen Gruppe ist die abgeschlossene Hülle eines N. wieder N. Im Falle einer zusammenhängenden Gruppe ist jeder total unzusammenhängende, also insbesondere jeder diskrete N. im Zentrum enthalten.

N. einer Halbgruppe ›normaler Komplex

Lit.: [G 261], [G 42]

Normalteilerkette ›Ketten und Reihen

Normenhomomorphismus ›Cliffordsche Algebra

Normfaktorgruppe ›Algebrenklassen

normierte Zerlegung ›Primärkomponentenzerlegung

normiertes Polynom = ›Hauptpolynom

Normschachtelungsformel ›charakteristisches Polynom 4.

Nukleus › nichtassoziativer Ring, ›Loop

Null = ›Nullelement

nulldimensionale Gruppe = ›total unzusammenhängende Gruppe

Nullelement: 1. N. in einem (additiv geschriebenen) binären System R (insbesondere in einer additiv geschriebenen ›Gruppe, in einem Modul und in einem Ring) ist das ›*neutrale Element* 0 (*Null*) gegenüber der Addition, das also der Bedingung $a + 0 = 0 + a = a$ für alle a genügt. Bei nichtkommutativer Addition kann ebenso wie für neutrale Elemente zwischen *linksseitigem* und *rechtsseitigem N.* unterschieden werden. Das N. eines ›Vektorraums heißt auch *Nullvektor.*

2. N. in einer ›Halbgruppe oder allgemeiner einem ›Gruppoid G mit multiplikativer Verknüpfung heißt ein Element 0, das den Gleichungen $0a = 0$ und $a0 = 0$ für alle $a \in G$ genügt (wird nur die erste Gleichung verlangt, so spricht man von einem *Links-N.*, im Falle der zweiten Gleichung von einem *Rechts-N.*). Gibt es sowohl Links- als auch Rechts-N., so sind sie gleich und das N. schlechthin. Durch Adjunktion eines N. 0 zu einer (multiplikativen) Gruppe erhält man eine Halbgruppe, eine sog. *Gruppe mit Null.*

3. Ist A eine partielle Operatoralgebra und das einelementige System $\{e\}$ eine zulässige Teilalgebra, so heißt e ein N. von A.

4. N. eines *Verbands V* (*verbandstheoretisches N.*) ist das kleinste Element 0 von V, falls es existiert. Eine ›Boolesche Algebra besitzt stets ein N., und dieses stimmt mit dem N. im Sinne von 1. des zugehörigen Booleschen Rings überein.

5. N. eines ›multiplikativen Verbands.

Lit.: Zu **1.**—**3.**: [A 16]
SHODA, K.: Allgemeine Algebra. Osaka Math. J. 1 (1949), 182—225.
Zu **4.**: [A 16], [V 2]

Nullform: 1. N. heißt in der ›Invariantentheorie eine n-äre Form, deren sämtliche Invarianten verschwinden.

2. ›Formenring eines Ideals

3. ›Linearform, die jedem Element das Nullelement zuordnet.

4. (*quadratische N.*): ›quadratische Form

Lit.: Zu **1.**: [I 12]

Nullgarbe ›Garbe

Nullgruppe = ›Einheitsgruppe

Null-Halbgruppe: ›Halbgruppe aus genau zwei Elementen 0, a mit den Relationen $a^2 = 0^2 = a0 = 0a = 0$. Spezialfall einer ›Zerohalbgruppe.

Nullhomomorphismus (= *trivialer Homomorphismus*): ›Homomorphismus (eines Moduls), der alles auf das Nullelement abbildet.

Nullideal heißt in einem ›Ring das nur aus dem ›Nullelement 0 bestehende zweiseitige ›Ideal, bezeichnet mit (0) oder kurz mit 0; in einem ›Verband mit kleinstem Element 0, insbesondere einer ›Booleschen Algebra, das nur aus 0 bestehende Ideal.

Nullität 1. ›Geschlecht einer Algebra, **2.** = Rangdefekt ›lineares Gleichungssystem

Nullmodul: der nur aus dem Nullelement bestehende Modul oder ›R-Modul (0), kurz auch mit 0 bezeichnet.

Nullmorphismus, Nullobjekt ›Kategorientheorie

Nullösung ›lineares Gleichungssystem, ›lineare Abbildung

Nullraum ›lineare Abbildung

Nullring heißt der nur aus dem Nullelement bestehende Ring oder Unterring.

Nullstelle: R sei kommutativer Ring mit Einselement, f Polynom aus dem Polynomring $R[X]$. Ein Element α eines kommutativen Erweiterungsrings S von R mit Einselement heißt N. von f, wenn $f(\alpha) = 0$ ist. In $S[X]$ ist dann $X - \alpha$ Teiler von $f(X)$, und die größte natürliche Zahl k, für die $(X - a)^k$ noch Teiler von $f(X)$ ist, heißt die *Multiplizität* oder *Vielfachheit* der N. α. Im Falle von Körpern R und S ist α genau dann *mehrfache N.* (d. h. $k \geqq 2$), wenn $f(\alpha) = f'(\alpha) = 0$ ist. f hat genau dann mehrfache N., wenn die >Diskriminante von f verschwindet.

Allgemeiner heißt ein System von Elementen $\alpha_1, \ldots, \alpha_n$ aus S Nullstelle des Polynoms $f(X_1, \ldots, X_n) \in R[X_1, \ldots, X_n]$, wenn $f(\alpha_1, \ldots, \alpha_n) = 0$ ist. *N. eines Polynomideals* $\mathfrak{a}$ in $A = K[X_1, \ldots, X_n]$ (K Körper) heißt jede gemeinsame N. $(\alpha_1, \ldots, \alpha_n)$ der Polynome von $\mathfrak{a}$ (man kann sich dabei auf die endlich vielen Polynome einer Basis von $\mathfrak{a}$ beschränken, >Basisatz). Jedes $\mathfrak{a} \neq A$ hat mindestens eine N. Eine N. von $\mathfrak{a}$ heißt *rational*, wenn alle α_i in K liegen, und *algebraisch*, wenn alle α_i algebraisch über K sind. Die Gesamtheit der N. von $\mathfrak{a}$ heißt die *Nullstellenmannigfaltigkeit*, das *Nullstellengebilde* oder die *Lösungsmannigfaltigkeit* des Ideals $\mathfrak{a}$.

Lit.: [A 6], [A 17]

Nullstellengebilde bzw. **-mannigfaltigkeit** >Nullstelle

Nullteiler eines Rings R heißt ein Element $a \neq 0$, zu dem ein $b \neq 0$ mit $ab = 0$ existiert; a heißt dann genauer *Linksnullteiler*, b *Rechtsnullteiler*. Ein Links- oder Rechtsnullteiler von R heißt auch *singuläres Element* von R. (Gelegentlich wird auch das Nullelement zu den N. gerechnet.)

Ein N. a eines kommutativen Rings R, der bei Multiplikation stets Null ergibt, für den also $a \cdot R$ das >Nullideal ist, heißt *Totalnullteiler*.

N. bez. eines Moduls >Krullscher Durchschnittssatz, N. einer >Halbgruppe

Lit.: Huckaba, J. A.: Commutative Rings with Zero Divisors. Dekker, New York 1988.

nullteilerfreier Ring = >Ring ohne Nullteiler

Nullvektor >Vektorraum

n-zählig >endliche Drehgruppen

O

obere Nachbarbedingung >modularer Verband

obere p-Reihe >p-auflösbar

Operand (= *Polygon*) über einer Halbgruppe S, kurz mit *S-Operand*, *S-Polygon*, *S-Akt*, *S-Menge*, *S-System* bezeichnet, heißt eine nichtleere Menge M mit S

als Halbgruppe von Operatoren. Schreibt man die Elemente von S als Linksoperatoren (man spricht dann von einem *Links-O.* usw.), so bedeutet das eine Abbildung $S \times M \ni (a, x) \mapsto ax \in M$ mit $(ab)\,x = a(bx)$ für alle $a, b \in S$; analog im Falle von Rechtsoperatoren. Gewöhnlich setzt man in S die Existenz eines Einselements 1 voraus und fordert zusätzlich $1x = x$ für alle $x \in M$. Im Falle topologischer Halbgruppen S und topologischer Räume M fordert man die Stetigkeit dieser Abbildung.

Der Begriff des S-O. ist eine natürliche Verallgemeinerung des Begriffs des ›R-Moduls M auf Mengen M ohne additive Struktur, so daß es auf die im Ring R zusätzlich mögliche Addition nicht mehr ankommt; die entsprechenden Begriffe übertragen sich sinngemäß (z. B. *Operator-* oder *S-Homomorphismus*).

Eine ›unäre Algebra kann in natürlicher Weise als O. über der von ihren unären Operationen erzeugten multiplikativen freien Halbgruppe aufgefaßt werden.

Lit.: [S 1]
ARBIB, M. A. (ed.), Machines, Languages, and Semigroups, Academic Press, New York 1968.
KILP, M., U. KNAUER, A. MICHALEV, L. A. SKORNJAKOV, Acts over Monoids. A bibliographical Survey of Publications 1975—1981, Bibliotheks- und Informationssystem der Universität Oldenbourg 1982.

oberes [Nil]radikal ›Nilradikal, ›Radikale in Ringen

Oberkörper ›Körpererweiterung

Obermodul ›R-Modul

Objekt, objektfreier Zugang ›Kategorientheorie

$\mathfrak{o}$-ganzes Ideal ›Ordnung eines Ringes

O-, O*-Gruppe ›geordnete Gruppe

Oktaederform, -gleichung bzw. **-gruppe** ›endliche Drehgruppen

Operation (= *algebraische Operation* = [*algebraische*] *Verknüpfung* = *Komposition* = *Verknüpfungsoperation*): O. von der Kardinalzahl α auf der Menge A heißt eine ›Abbildung f des kartesischen Produkts A^α von α Exemplaren A (das als die Menge A^M der Abbildungen einer Menge M von der Kardinalzahl α in A aufgefaßt werden kann) in A. f heißt *finitär*, wenn α endlich ist, anderenfalls *infinitär*. Im finitären Fall ist α gleich einer natürlichen Zahl n, A^n ist auch die Menge $\underbrace{A \times \cdots \times A}_{n\text{-mal}}$ der n-Tupel $(a_1, \ldots, a_n)$ von Elementen $\alpha_i \in A$, und f kann als Funktion von n Variablen geschrieben werden: $f: (a_1, \ldots, a_n) \mapsto f(a_1, \ldots, a_n)$. Bei $n = 1, 2, 3, \ldots, n$ spricht man von einer *einstelligen* oder *unären, zweistelligen* oder *binären, dreistelligen* oder *ternären*, allgemein von einer *n-stelligen* oder *n-ären* [*algebraischen*] *O.* (oder *Verknüpfung*). Unter einer *nullstelligen* oder *nullären O.* soll die Auszeichnung eines Elements von A verstanden werden.

Jede n-stellige O. f läßt sich als eine spezielle $(n + 1)$-stellige ›*Relation R* auffassen, in der gerade die $(n + 1)$-Tupel der Form $\left(a_1, \ldots, a_n, f(a_1, \ldots, a_n)\right)$ stehen.

Eine Untermenge B von A heißt gegenüber einer n-ären O. f *abgeschlossen* (*invariant*), wenn B^n durch f in B abgebildet wird. In diesem Falle wird durch f auf B eine O. induziert, die die *Einschränkung* von f auf B heißt und mit $f|_B$ bezeichnet wird.

Binäre O. werden häufig auch durch Zeichen wie $+$, $\cdot$, $\circ$ bezeichnet; statt $+(a, b)$ schreibt man dann beispielsweise $a + b$ und spricht von einer ›*Addition*; die O. heißt dann auch *additive Verknüpfung* oder *additive Komposition*; Analoges gilt für *multiplikative Verknüpfungen.* Einstellige O. werden gern auch exponentiell geschrieben: a^σ statt $\sigma(a)$. Neuerdings schreibt man das Funktionszeichen vielfach auch rechts: z. B. $(a_1, \ldots, a_n)\,f$.

Ist die Abbildung f nicht für alle n-Tupel von Elementen aus A definiert, sondern nur für eine gewisse Teilmenge, den *Definitionsbereich* oder das *Operationsgebiet* von f, so heißt die O. *partiell*; im Gegensatz dazu heißen die bisher betrachteten O. auch *vollständige O.*

Lit.: [A 13], [U 2], [U 3], [U 5]

'-Operation der Idealtheorie (= *Strich-Operation der Idealtheorie*): Ist $\mathfrak{o}$ ein ganzabgeschlossener Integritätsbereich mit Einselement, K sein Quotientenkörper und I die Menge der ganzen oder gebrochenen $\mathfrak{o}$-Ideale $\mathfrak{a}$ in K, so heißt eine Vorschrift, die jedem $\mathfrak{a} \in I$ ein Oberideal $\mathfrak{a}' \in I$ zuordnet, eine '-O., wenn gilt: $(\mathfrak{a}')' = \mathfrak{a}'$; aus $\mathfrak{a}_1 \supset \mathfrak{a}_2$ folgt $\mathfrak{a}_1' \supset \mathfrak{a}_2'$; $(\mathfrak{a}_1' + \mathfrak{a}_2')' = (\mathfrak{a}_1 + \mathfrak{a}_2)'$; $(\mathfrak{a}_1' \cdot \mathfrak{a}_2')' = (\mathfrak{a}_1 \cdot \mathfrak{a}_2)'$; $(a)' = (a)$ und $\left((a) \cdot \mathfrak{a}\right)' = (a) \cdot \mathfrak{a}'$ für Hauptideale (a).

Folgende formale Standpunkte sind möglich: a) (van der Waerden-Artin) Zwei Ideale $\mathfrak{a}$ und $\mathfrak{b}$ aus I heißen *quasigleich*, wenn $\mathfrak{a}' = \mathfrak{b}'$ ist; hiermit sind „*quasi*"-*Identitäten* und „*quasi*"-*Teilbarkeitsbeziehungen* zwischen den Idealen aus I erklärt. Ein (ganzes oder gebrochenes) Ideal $\mathfrak{a}$ heißt *Quasiteiler* eines Ideals $\mathfrak{b}$ und $\mathfrak{b}$ *Quasivielfaches* von $\mathfrak{a}$ bez. der '-O., wenn $\mathfrak{a}'$ Teiler (d. h. Oberideal) von $\mathfrak{b}'$ ist.

b) (Prüfer) Man betrachtet nur die Teilmenge I' der $\mathfrak{o}$-Ideale aus I, für die $\mathfrak{a}' = \mathfrak{a}$ ist.

Diese '-O. werden eingeführt, um die klassische multiplikative ›Idealtheorie der Dedekindschen Ringe in abgeschwächter Form auf allgemeinere Ringe übertragen zu können. Die wichtigsten '-O. sind: a) *v-Operation*: $\mathfrak{a}_v = \mathfrak{a}' = (\mathfrak{a}^{-1})^{-1}$; Ideale mit $\mathfrak{a} = \mathfrak{a}_v$ heißen *v-Ideale.* Ist $\mathfrak{a}$ ein ganzes v-Ideal von $\mathfrak{o}$ und besitzt $\mathfrak{a}$ zwei Zerlegungen $\mathfrak{a} = \mathfrak{b}_1 \ldots \mathfrak{b}_m = \mathfrak{c}_1 \ldots \mathfrak{c}_n$ in ganze v-Ideale $\mathfrak{b}_i$ und $\mathfrak{c}_j$, so lassen sich diese weiter in ganze $\mathfrak{o}$-Faktoren zerlegen, so daß die entstehenden Zerlegungen von $\mathfrak{a}$ bis auf die Reihenfolge der Faktoren übereinstimmen (*Verfeinerungssatz für v-Ideale*).

b) *a-Operation*: Ist $\mathfrak{a}$ ein Ideal, so bedeute $\mathfrak{a}' = \mathfrak{a}_a$ das Ideal der von $\mathfrak{a}$ ganzabhängigen Elemente von K; Ideale $\mathfrak{a}$ mit $\mathfrak{a} = \mathfrak{a}_a$ heißen *a-Ideale*.

Lit.: [R 19]

Operationsgebiet = Definitionsbereich einer partiellen >Operation

Operationssymbol >Wort

Operativ = >Gruppoid

Operator >Operatorenbereich, = >Endomorphismus einer Gruppe

Operatorautomorphismus >Operatorenbereich

Operatorenbereich: Eine Abbildung ω der unterliegenden Menge einer (evtl. nur partiellen) >Algebra A (oder auch nur einer Teilmenge A' von ihr) in A heißt auch *Operator* auf A. Je nachdem, ob man die Operation als Multiplikation von links $(\omega(a) = \omega a)$ oder von rechts $(\omega(a) = a\omega)$ schreibt, spricht man von einem *Linksoperator* bzw. *Rechtsoperator* von A. Man nennt die Operatoren auch *äußere Verknüpfungen* im Gegensatz zu den durch die Operationen von A gegebenen *inneren Verknüpfungen*. Die Menge der Operatoren von A bilden den *O.* Σ von A (mit dem *Definitionsbereich* A').

Ein Operator ω heißt mit einer n-ären inneren Verknüpfung φ *verträglich*, wenn aus der Existenz von $\varphi(x_1, \ldots, x_n)$ die Aussage $\varphi(\omega(x_1), \ldots, \omega(x_n)) = \omega(\varphi(x_1), \ldots, \varphi(x_n))$ folgt. Sind die Operatoren aus Σ mit allen Operationen von A verträglich (man sagt auch, diese erfüllen die *Verträglichkeitsbedingung* bez. Σ), so stellen die Operationen von Σ gerade >Endomorphismen von A dar.

Eine Unteralgebra von A heißt *zulässig* für Σ, wenn sie durch die Operationen von Σ in sich abgebildet wird. Ist B eine zweite Algebra mit demselben O., so heißt ein Homomorphismus von A in B *Operatorhomomorphismus* (= *operatorhomomorphe Abbildung*, kurz *Homomorphismus*, auch *Deformation*), wenn er mit den Operatoren aus Σ vertauschbar ist; ein Operatorhomomorphismus, der zugleich Isomorphismus ist, heißt auch *Operatorisomorphismus*. Analog sind *Operatorautomorphismen* und *-endomorphismen* erklärt.

Operatorgruppe heißt insbesondere eine >Gruppe G mit einem O. Ω, mit dem die Gruppenmultiplikation verträglich ist; es soll also, wenn wir die Operatoren ω als Linksoperatoren schreiben, $\omega(ab) = (\omega a)(\omega b)$ für alle $a, b \in G$ gelten. Dann muß für das Einselement e gelten $\omega e = e$, und es ist $(\omega a)^{-1} = \omega a^{-1}$ für alle $a \in G$. Der O. Σ heißt *absoluter O.*, wenn sich verschiedene Operatoren auch in ihrer Wirkung unterscheiden, also verschiedene Endomorphismen induzieren.

Eine für Ω *zulässige Untergruppe* H von G (d. h., $\omega h \in H$ für alle $\omega \in \Omega$, $h \in H$) heißt auch *Ω-zulässige Untergruppe* von G oder kurz Untergruppe der Operatorgruppe G; sie ist selbst Operatorgruppe mit dem O. Ω. Sie heißt Ω-

Fixgruppe, wenn sie elementweise bei Ω festbleibt: $\omega h = h$ für alle $\omega \in \Omega$ und $h \in H$. Die kleinste zulässige Untergruppe, die einen gegebenen Komplex K enthält (d. h. der Durchschnitt aller K enthaltenden zulässigen Untergruppen) heißt die von K unter *Ω erzeugte Untergruppe*; im Falle eines einelementigen Komplexes $K = \{k\}$ heißt sie auch die von k erzeugte *monogene Untergruppe*. Sie besteht allgemein aus allen Elementen von G, die aus den Elementen von K durch endlichmalige Anwendung von Gruppenoperationen und Operatoren aus Ω erhalten werden können.

Ein *Operatorhomomorphismus* der Operatorgruppe G in die Operatorgruppe G' mit demselben O. Ω ist ein Homomorphismus φ von G in G' mit $\omega\varphi(g) = \varphi(\omega g)$ für alle $\omega \in \Omega$ und $g \in G$. Operatorhomomorphismen bilden zulässige Untergruppen in zulässige Untergruppen ab. G und G' heißen *operatorisomorph*, in Zeichen $G \underset{\Omega}{\cong} G'$, wenn es zwischen ihnen einen *Operatorisomorphismus* gibt. Viele Sätze und Begriffe der Gruppentheorie, z. B. Homomorphiesatz, Isomorphiesätze, Normalreihe, Kompositionsreihe, Satz von Jordan-Hölder, lassen sich wörtlich auf Operatorgruppen übertragen.

Zulässiger Komplex K einer Operatormenge mit dem O. Ω ist eine Untermenge K, die durch alle Operatoren aus Ω in sich abgebildet wird. Ist Ω die Menge der inneren ›Automorphismen von G, so bedeutet zulässiger Komplex dasselbe wie ›*normaler Komplex*, zulässige Untergruppe dasselbe wie ›*Normalteiler*; wählt man als O. die volle Automorphismengruppe von G, so ist eine Untergruppe genau dann zulässig, wenn sie ›*charakteristisch* ist; ist der O. die Menge aller Homomorphismen von G auf sich, so erhält man als zulässige Untergruppen die *strengcharakteristischen Untergruppen*, und im Falle des O. aller Endomorphismen die *vollinvarianten* (= *vollcharakteristischen Untergruppen*.

Ein zulässiger Untermodul eines ›R-Moduls M bez. des O. aller Endomorphismen von M heißt entsprechend *vollinvarianter Untermodul*, speziell also ein ›Ideal eines Rings R vollinvariant, wenn es durch alle Endomorphismen von R in sich abgebildet wird. Vgl. universelle ›Algebra.

Lit.: [A 13], [G 26], [G 35]

Operatorendomorphismus, -gruppe, -homomorphismus bzw. **-isomorphismus** ›Operatorenbereich

Operatorring heißt ein ›Ring R mit einem ›Operatorenbereich Σ (*Σ-O.*), so daß die additive Gruppe von R Σ-Operatorgruppe ist (also bei Schreibweise als Linksoperatoren $\alpha(a + b) = \alpha a + \alpha b$ gilt) und ferner für beliebige $a, b \in E$ und $\alpha \in \Sigma$ gilt:

$$\alpha(ab) = (\alpha a)\, b = a(\alpha b). \qquad (*)$$

Σ-zulässige Unterringe, Ideale, Operatorhomomorphismen und *-isomorphismen* sind analog wie bei Operatorgruppen Unterringe und Ideale, die durch die

Operatoren aus Σ in sich abgebildet werden, bzw. mit den Operatoren vertauschbare Homomorphismen und Isomorphismen. Wenn R ein Einselement enthält, sind die ein- und zweiseitigen Ideale von R automatisch zulässig. Die der Bedingung (*) genügenden ›Endomorphismen der ›Additivgruppe R^+ von R bilden einen Unterring des ›Endomorphismenrings von R^+. Ist Σ ein assoziativer Ring, so heißt R O. mit dem Ring Σ von Operatoren, wenn R Σ-O. ist und hierdurch R^+ ein Σ-Modul wird.

Sind α und β derartige Endomorphismen von R^+ mit $\alpha\beta \neq \beta\alpha$, so ist jedes Element der Form $(\alpha\beta - \beta\alpha)\,a$ ›*Annullator* von R, im Falle eines O. mit einem Ring Σ von Operatoren ohne Annullatoren ist daher Σ notwendig kommutativ. O. mit assoziativ-kommutativen Ringen von Operatoren mit Eins sind nichts anderes als lineare Algebren (›R-Algebren).

Lit.: [A 13]

Operatorvertauschungsregel ›Bimodul

Operieren: Eine Gruppe G (mit dem Einselement 1) *operiert* auf einer Menge M von links [bzw. von rechts], wenn jedes $a \in G$ eine bijektive ›Abbildung $x \mapsto a \cdot x$ [bzw. $x \mapsto x \cdot a$] von M auf sich induziert, so daß $(ab) \cdot x = a \cdot (b \cdot x)$ [bzw. $x \cdot (ab) = (x \cdot a) \cdot b$] und $1 \cdot x = x$ [bzw. $x \cdot 1 = x$] gilt. G operiert *effektiv*, wenn keine zwei Elemente von G dieselbe Abbildung induzieren, wenn also aus $a \cdot x = x$ [bzw. $x \cdot a = x$] für alle $x \in M$ stets $a = 1$ folgt.

Ist G ›topologische Gruppe und M topologischer Raum, so *operiert G stetig* auf M, wenn die Abbildung $(a, x) \mapsto a \cdot x$ [bzw. $x \cdot a$] des topologischen Produkts $G \times M$ auf M stetig ist (bei festem a induziert das einen Homöomorphismus von M auf sich). Analog ist *differenzierbares* bzw. *holomorphes O.* definiert. Die Menge aller Elemente $a \cdot x$ bzw. $x \cdot a$ bei festem x, wenn a ganz G durchläuft, heißt der *Orbit* durch x unter der Operation von G oder die *Transitivitätsklasse* von x unter G; sie wird durch jedes ihrer Elemente bestimmt.

Lit.: [A 14]

Orbit ›Operieren, ›Permutationsgruppe

Orbitmethode ›Darstellung einer Lieschen Gruppe

Ordnung einer Gruppe heißt die Anzahl der Gruppenelemente bzw. Kardinalzahl der Menge der Gruppenelemente. ZASSENHAUS definiert 0 als O. einer unendlichen Gruppe.

Lit.: [G 42]

Ordnung einer Halbgruppe heißt ihre Elementeanzahl.

Ordnung einer ›Matrix

Ordnung einer ›monogenen ›Halbgruppe

Ordnung einer Kovariante ›Invariantentheorie

Ordnung eines Eigenwerts ›charakteristisches Polynom einer Matrix

Ordnung eines Elements einer Gruppe ›zyklische Gruppe

Ordnung eines Elements einer Halbgruppe ›monogene Halbgruppe

Ordnung eines ›Halbgruppoids

Ordnung eines Ringes: Ist A ein (nicht notwendig kommutativer) Ring mit Einselement 1, in dem jedes ›reguläre Element (d. h. Nichtnullteiler) a ein Inverses a^{-1} besitzt, so heißt jeder Unterring $\mathfrak{o}$ von A, der 1 enthält und durch den sich jedes Element von A in der Form ab^{-1} mit $a, b \in \mathfrak{o}$ darstellen läßt, eine O. in A. Im Spezialfall eines (kommutativen) Körpers A ist $\mathfrak{o}$ ›Integritätsbereich mit dem Quotientenkörper A. Ist dabei insbesondere A kommutativer endlicher Oberkörper des Quotientenkörpers K eines in $\mathfrak{o}$ enthaltenen Integritätsbereichs R, so heißt $\mathfrak{o}$ *R-O.* in A. Teilweise beschränkt man diese Bezeichnung auf Ringe R-ganzer Elemente von A, verlangt aber nicht, daß A Quotientenkörper von $\mathfrak{o}$ ist; dann ist der Ring S der R-ganzen Elemente von A die umfassendste R-O. in A und heißt *R-Hauptordnung*, *Hauptordnung* des Körpers A oder *maximale R-O.* des Körpers A, und jeder Ring zwischen R und S ist als endlicher ›R-Modul eine R-O. von A. Mit Idealen, Einheiten usw. des Körpers A sind immer Ideale, Einheiten usw. von $\mathfrak{o}$ gemeint.

Analog heißt eine O. $\mathfrak{o}$ einer assoziativen K-Algebra (›R-Algebra) (K Quotientenkörper des Integritätsbereiches R mit Einselement) endlichen Ranges $[A:K] = n$ mit Einselement, die R (in der Form $R \cdot 1$) enthält, eine R-O. von A. Jede derartige R-O. $\mathfrak{o}$ muß eine K-Basis von A enthalten, also n über K linear unabhängige Elemente besitzen, und umgekehrt ist jeder Unterring $\mathfrak{o}$ von A, der R und eine K-Basis von A enthält, eine R-O. von A. Hierbei wird oft zusätzlich vorausgesetzt, daß $\mathfrak{o}$ nur R-ganze Elemente von A enthält, teilweise auch, daß A separable Algebra ist. Wichtige Spezialfälle: R Ring der ganzen rationalen Zahlen (ist dann A ein Körper, so erhält man O. von Zahlkörpern); R diskreter ›Bewertungsring; R Ring ganzer algebraischer Zahlen.

Zwei O. $\mathfrak{o}_1$ und $\mathfrak{o}_2$ des Rings A heißen *äquivalent*, wenn es reguläre Elemente $a_1, a_2, b_1, b_2 \in A$ mit $a_1\mathfrak{o}_1b_1 \subset \mathfrak{o}_2$ und $a_2\mathfrak{o}_2b_2 \subset \mathfrak{o}_1$ gibt. Die O. $\mathfrak{o}$ heißt *Maximalordnung*, wenn es keine zu $\mathfrak{o}$ äquivalente O. gibt, die $\mathfrak{o}$ echt enthält.

Ein Untermodul $\mathfrak{a}$ von A heißt (*gebrochenes*) $\mathfrak{o}$-*Rechtsideal*, wenn $\mathfrak{a} \cdot \mathfrak{o} \subset \mathfrak{a}$ ($\mathfrak{a}$ also $\mathfrak{o}$-Rechtsmodul) ist, $\mathfrak{a}$ ein reguläres Element enthält und ein reguläres Element $a \in A$ mit $a\mathfrak{o} \subset \mathfrak{o}$ existiert; analog sind $\mathfrak{o}$-Linksideale und zweiseitige Ideale definiert. Ist $\mathfrak{a}$ ein $\mathfrak{o}$-Rechtsideal (bzw. $\mathfrak{o}$-Linksideal), so sind die Mengen $\mathfrak{o}_l$ der $x \in A$ mit $x\mathfrak{a} \subset \mathfrak{a}$ und $\mathfrak{o}_r$ der $y \in A$ mit $\mathfrak{a}y \subset \mathfrak{a}$ zwei zu $\mathfrak{o}$ äquivalente O.

von A; $\mathfrak{a}$ ist ein $\mathfrak{o}_l$-Linksideal und $\mathfrak{o}_r$-Rechtsideal, und $\mathfrak{o}_l$ und $\mathfrak{o}_r$ heißen die *linke* bzw. *rechte O.* von $\mathfrak{a}$. Ist $\mathfrak{o}_l = \mathfrak{o}_r$, so heißt $\mathfrak{a}$ auch ein *gleichseitiges Ideal*; im Falle $\mathfrak{a} \subset \mathfrak{o}_l$ und $\mathfrak{a} \subset \mathfrak{o}_r$ (beides gilt stets gleichzeitig) heißt $\mathfrak{a}$ ein *ganzes Ideal*. Die Menge $\mathfrak{a}^{-1}$ der $z \in A$ mit $\mathfrak{a}z\mathfrak{a} \subset \mathfrak{a}$ ist ein $\mathfrak{o}_l$-Rechtsideal und $\mathfrak{o}_r$-Linksideal und heißt das zu $\mathfrak{a}$ *inverse Ideal*. Eine O. $\mathfrak{o}$ heißt *beschränkt*, wenn jedes einseitige $\mathfrak{o}$-Ideal ein zweiseitiges $\mathfrak{o}$-Ideal enthält. ›normales Ideal. Die O. $\mathfrak{o}$ heißt *Asano-O.*, wenn die (zweiseitigen) gebrochenen $\mathfrak{o}$-Ideale eine Gruppe bilden (›Divisor).

Brandt nennt die in A enthaltenen $\mathfrak{z}$-Moduln $\mathfrak{a}$, $\mathfrak{b}$, wo $\mathfrak{z}$ das Zentrum von A ist, Moduln; definiert die links- und rechtsseitigen Quotienten $\mathfrak{a}/\mathfrak{b}$ („$\mathfrak{a}$ [dividiert] durch $\mathfrak{b}$") als Menge der [„Zahlen"] $\varrho \in A$ mit $\varrho\mathfrak{b} \subset \mathfrak{a}$, $\mathfrak{b} \setminus \mathfrak{a}$ („$\mathfrak{b}$ [dividiert] in $\mathfrak{a}$") als Menge der $\sigma \in A$ mit $\mathfrak{b}\sigma \subset \mathfrak{a}$ und definiert analog zu oben $\mathfrak{a}/\mathfrak{a} = \mathfrak{a}^0$ als *Linksordnung* von $\mathfrak{a}$, $\mathfrak{a} \setminus \mathfrak{a} = \mathfrak{a}_0$ als Rechtsordnung von $\mathfrak{a}$. Dann wird das inverse Ideal im obigen Sinne $\bar{\mathfrak{a}} = \mathfrak{a} \setminus \mathfrak{a} / \mathfrak{a} = \mathfrak{a}_0 / \mathfrak{a} = \mathfrak{a} \setminus \mathfrak{a}^0$. $\mathfrak{a}$ heißt *umkehrbarer Modul*, wenn im Sinne der Idealmultiplikation $\bar{\mathfrak{a}} \times \mathfrak{a} = \mathfrak{a}_0$ und $\mathfrak{a} \times \bar{\mathfrak{a}} = \mathfrak{a}^0$ ist; dann heißt $\bar{\mathfrak{a}}$ auch *reziproker Modul* $\mathfrak{a}^{-1}$ zu $\mathfrak{a}$, und es gilt $(\mathfrak{a}^{-1})_0 = \mathfrak{a}^0$, $(\mathfrak{a}^{-1})^0 = \mathfrak{a}_0$, $(\mathfrak{a}^{-1})^{-1} = \mathfrak{a}$. ›Divisor, vgl. Picardgruppe (›K-Theorie).

Die obigen Definitionen sind insbesondere auf den Fall anwendbar, daß $\mathfrak{o}$ Integritätsbereich mit Einselement mit dem Quotientenkörper A ist, der zugleich Dedekindscher Ring ist. Ein gebrochenes $\mathfrak{o}$-Ideal ist dann nichts anderes als ein endlicher $\mathfrak{o}$-Modul $\mathfrak{a}$ in A. Besteht $\mathfrak{a}$ aus lauter $\mathfrak{o}$-ganzen Größen, so heißt $\mathfrak{a}$ *$\mathfrak{o}$-ganzes Ideal*; das ist einfach ein Ideal im gewöhnlichen Sinne in $\mathfrak{o}$.

Lit.: [A 17 II], [R 9]
Brandt, H.: Allgemeine Modultheorie, Hallische Monographien Nr. 22, Niemeyer Verl. Halle 1951, 1–10.
Maury, G.: La théorie des ordres maximaux au sens de K. Asano. Vorlesungen aus dem Mathematischen Institut Gießen, Heft 6, Gießen 1976.
Michler, G. O.: Asano orders, Proc. London Math. Soc. 19 (1969), 421–443.
Reiner, I.: Maximal Orders. Academic Press, London 1975.

Ordnung eines ›Tensors

Ordnung quadratischer Formen: Gesamtheit ›quadratischer Formen mit Koeffizienten aus einem Körper der Charakteristik $\neq 2$, in dem die Begriffe Ganzheit und Teilbarkeit definiert sind, für welche die ›Elementarteiler der Koeffizientenmatrix übereinstimmen. *Verwandte* und erst recht *äquivalente quadratische Formen* gehören zur selben O.

Lit.: [Q 8]

Ordnungsautomorphismus ›Ordnungshomomorphismus

ordnungsbeschränkte Gruppe heißt eine Gruppe, in der die Ordnungen der Elemente unter einer festen Schranke bleiben. Eine abelsche o. G. ist direkte Summe zyklischer Gruppen.

Lit.: [G 13], [G 35]

Ordnungsendomorphismus bzw. **-epimorphismus** ›Ordnungshomomorphismus

ordnungsfinite Gruppe = ›periodische Gruppe

Ordnungsfunktion ›Filtrierung

Ordnungshomomorphismus: 1. O. heißt ein Homomorphismus σ einer (halb-) ›geordneten Gruppe G in eine halbgeordnete Gruppe G', der zugleich monoton ist: aus $a \geqq b$ in G folgt stets $a^\sigma \geqq b^\sigma$ in G'. Das Bild von G bei σ ist dann eine halbgeordnete Untergruppe von G', die *ordnungshomomorph* zu G heißt. Ist σ bijektiv (also ein Isomorphismus) und die Umkehrabbildung σ^{-1} gleichfalls monoton (diese Forderung ist nicht überflüssig), so heißt σ *Ordnungsisomorphismus*, und G und G' heißen *ordnungsisomorph*. Analog sind *Ordnungsepimorphismus*, *Ordnungsendomorphismus* und *Ordnungsautomorphismus* definiert. Der *Kern* N eines O. von G ist ein *konvexer Normalteiler* (mit zwei Elementen a, b mit $a \leqq b$ gehört also auch das ›Intervall $[a, b]$ zu N), und umgekehrt ist die Faktorgruppe G/N von G nach einem konvexen Normalteiler N, versehen mit der natürlichen Ordnungsrelation (für die Restklassen aN, bN gilt genau dann $aN \leqq bN$ in G/N, wenn $a \leqq b$ für Vertreter a, b in G ist), ordnungshomomorphes Bild von G bei dem natürlichen Homomorphismus. Ist N der Kern eines O. von G auf G', so ist der nach dem Homomorphiesatz bestehende Isomorphismus $G/N \cong G'$ im allgemeinen kein Ordnungsisomorphismus, da er i. allg. nur in einer Richtung monoton ist.

2. O. anderer geordneter algebraischer Strukturen sind analog definiert. ›ähnlich isomorph

3. O. von Verbänden ›Homomorphismus von Verbänden

Lit.: Zu **1.**: [O 2]

Ordnungsideal ›Annullator

Ordnungsisomorphismus ›Ordnungshomomorphismus, ›ähnlich-isomorph

ordnungstheoretische ›**Dimension**

ordnungstreue Abbildung ›ähnlich-isomorph

Ordoid nennt Klein-Barmen eine kommutative ›Halbgruppe, in der zu jedem Element a ein b mit $a = ab$ existiert und aus Gleichungen $a = cx$ und $c = ay$ stets $a = c$ folgt.

Lit.: Klein-Barmen, F.: Ordoid, Halbverband und ordoide Semigruppe. Math. Ann. **135** (1958), 142–159.

Ore, Satz von: 1. Gilt in einem endlichdimensionalen ›modularen Verband $I = a_1 \vee \cdots \vee a_r = b_1 \vee \cdots \vee b_s$ mit unzerlegbaren unabhängigen a_i und unzerlegbaren unabhängigen b_j (I heißt dann auch *direkte Vereinigung* der a_i), so ist $r = s$, und man kann jedes a_i durch ein geeignetes b_j ersetzen.

2. ›Quotientenring

3. ›Untergruppenverband

Lit.: Zu **1.**: [V 2], [V 11]

Ore-Bedingung ›Halbgruppe, ›Ore-Ring

Ore-Ring: *Rechter O.* heißt ein Integritätsbereich R, für den $aR \cap bR \neq 0$ für $a, b \in R \setminus \{0\}$ ist (*Ore-Bedingung*); analog ist ein *linker O.* erklärt. Jeder O. kann in einen Körper eingebettet werden. ›Quotientenring, ›Halbgruppe.

Lit.: [R 10], [R 12]

orientierte Gruppe: Eine additive Gruppe G heißt o. G., wenn jedem geordneten Paar (a, b) von Gruppenelementen $a - b$ als *gerichteter Abstand* zugeordnet ist. Eine Menge M heißt *G-orientiert* bezüglich einer Gruppe G, wenn jedem Elementepaar p, q aus M ein Element von G, bezeichnet mit pq, zugeordnet ist, so daß pq genau dann das Nullelement ist, wenn $p = q$ ist. Zwei G-orientierte Mengen M und M' sind *kongruent*, wenn bei einer eindeutigen Abbildung von von M auf M' je zwei Elementen p und q von M zwei Elemente p' und q' von M' entsprechen, für die $p'q' = pq$ und $q'p' = qp$ ist. Daraus folgt die Eineindeutigkeit der Abbildung. Eine G-orientierte Menge M ist zu einer Untermenge der o. G. genau dann kongruent, wenn für je drei Elemente p, q, r von M gilt $pq + qr + rp = 0$.

›metrische Gruppen.

Orientierung ›Vektorraum

orthogonal ähnlich heißen Matrizen A, B, wenn $A = PBP^{-1}$ mit einer ›orthogonalen Matrix P ist. Die Orthogonalähnlichkeit stellt eine ›Äquivalenzrelation dar. ›Normalformen von Matrizen.

orthogonal bezüglich einer ›bilinearen Abbildung

orthogonale Elemente ›Verbandsgruppe

orthogonale Gruppe: 1. Klassisch versteht man unter der (*reellen*) *o. G.* die multiplikative Gruppe der (reellen) n-reihigen ›orthogonalen Matrizen (die *komplexe o. G.* ist analog erklärt). Das ist gerade die Gruppe der abstandstreuen linearen Transformationen des n-dimensionalen Zahlenraums, die den Nullpunkt festlassen. Versehen mit der Topologie des $\mathbb{R}^{n^2}$, ist die reelle o. G. kompakt (die komplexe nicht). Die komplexe o. G. ist zusammenhängend, die reelle o. G. besitzt als zusammenhängende Komponente des Einselements die *Drehgruppe*, die aus allen orthogonalen Matrizen mit der Determinante $+1$ besteht und den Index 2 besitzt. Sie ist eine $\frac{n(n-1)}{2}$ -parametrige >Liesche Gruppe.

2. Allgemein heißt im Falle eines Körpers K der Charakteristik $\neq 2$ (*erweiterte*) *o. G.* (= *volle o. G.*) die Gruppe der linearen Transformationen u des n-dimensionalen Vektorraums $E = E_n$ über K, die eine nichtsinguläre >quadratische Form $Q = \sum \alpha_{ij}x_ix_j$ invariant lassen; das ist gleichbedeutend damit, daß $f(u(x), u(y)) = f(x, y)$ für alle $x, y \in E$ gilt, wo f die zu Q gehörige Bilinearform ist. Sie wird bezeichnet mit $O_n(K, f)$. Ihre Elemente haben (als Matrizen aufgefaßt) die Determinante $+1$ oder -1. Die Transformationen mit der Determinante $+1$ bilden die *engere o. G.* (auch *Drehgruppe*) $O_n^+(K, f)$ (bei VAN DER WAERDEN mit $O(n, K, Q)$ bezeichnet) und heißen *Drehungen*; sie bilden den Kern des Homomorphismus $u \mapsto \det u$, der eine >Darstellung von O_n auf der zweielementigen zyklischen Gruppe ist. Die Elemente mit der Determinante -1 heißen *Drehspiegelungen*. Die Drehungen bzw. Drehspiegelungen sind Produkt einer geraden bzw. ungeraden Anzahl von Spiegelungen. Wenn Q die *Einheitsform* $\sum x_i^2$ ist, erhält man auf diese Weise die sog. *erste o. G.* $O_1(n, K)$ (im Falle $K = \mathbb{R}$ also die *reelle Drehgruppe*). Ist K ein >Galois-Feld $\mathfrak{F}_q$ aus q Elementen, so läßt sich Q in der Form $\sum_{i=1}^{n-1} x_i^2 + Dq_n^2$ wählen, wo D die Diskriminante der quadratischen Form ist; je nachdem, ob D ein Quadrat oder Nichtquadrat ist, erhält man die *erste* oder die sog. *zweite orthogonale Gruppe* $O_D(n, K)$ (kurz mit $O_D(n, q)$ bezeichnet). Die Ordnung von $O_D(n, q)$ ist $(q^{n-1}-1)q^{n-2}(q^{n-3}-1)q^{n-4}\dots(q^2-1)q$ für ungerades n und $(q^{n-1}-\eta\varepsilon^{n/2}) \times (q^{n-2}-1)\,q^{n-3}\dots.(q^2-1)\,q$ für gerade n mit $\varepsilon = (-1)^{\frac{q-1}{2}}$; $\eta = 1$ für $O_1(n, q)$, $\eta = -1$ sonst.

Für $n \geqq 3$ besteht das *Zentrum* von $O_2^+(K, f)$ bei ungeradem n nur aus der Identität, bei geradem n zusätzlich aus der Abbildung $x \mapsto -x$; $O_n^+(K, f)$ ist kommutativ.

Die >*Kommutatorgruppe* $\Omega_n(K, f)$ von $O_n(K, f)$ wird von den Produkten $s(wsw^{-1})$ von je zwei konjugierten Spiegelungen erzeugt, desgleichen von den Quadraten der Elemente von O_n. Für $n \geqq 3$ ist sie zugleich Kommutatorgruppe von O_n^+, und $O_n \supset O_n^+ \supset \Omega_n \supset \Omega_n \cap Z_n \supset (1)$ (Z_n Zentrum der allgemeinen >linearen Gruppe GL_n) ist *Kompositionsreihe* von O_n. Wenn $n \geqq 2$ und der Index von f größer oder gleich 1 ist, so ist $O_n^+(K, f)/\Omega_n(K, f)$ isomorph zu $K^\times/K^{\times 2}$ ($K^\times$ multiplikative Gruppe von K), und $\Omega_n(K, f)$ enthält genau dann die Spiegelung $x \mapsto -x$, wenn n gerade und die Diskriminante von f ein Quadrat in K ist. Im Falle eines >Galois-Felds $\mathfrak{F}_q$ ist der Index von f bei $n \geqq 3$ stets $\geqq 1$, und bei char $\mathfrak{F}_q \neq 2$ ist ord $\mathfrak{F}_q^\times/\mathfrak{F}_q^{\times 2} = 2$. Daher hat

$O_n^+(\mathfrak{F}_q, f)/\Omega_n(\mathfrak{F}_q, f)$ die Ordnung 2, und für gerades n hat $\Omega_n \cap Z_n$ die Ordnung 2 oder 1, je nachdem, ob D ein Quadrat ist oder nicht.

Die Faktorgruppe von $O_n^+(K, f)$ nach dem Normalteiler $O_n^+ \cap Z_n$, der für ungerades n nur aus der Identität 1, für gerades n aus ± 1 besteht, ist die *projektive o. G.* $\mathrm{PO}_n^+(K, f)$ (oder $\mathrm{PO}\,(n, K, Q)$), Untergruppe der n-ären ›projektiven Gruppe $\mathrm{PGL}\,(n, K)$, die die quadratische Hyperfläche $Q = 0$ invariant läßt. Ist K der Körper der reellen Zahlen und hat Q den Trägheitsindex 0 oder 1, so heißt sie eine *nichteuklidische* (elliptische oder hyperbolische) *Bewegungsgruppe*. Im Falle $n = 3, 4, 5, 6$ sind die $\mathrm{PO}\,(n, K, Q)$ isomorph zu gewissen ›linearen Gruppen kleineren Grades. Das kanonische Bild der Kommutatorgruppe $\Omega_n\,(K, f)$ in $\mathrm{PGL}\,(n, K)$, d. h. die Faktorgruppe $\Omega_n/(\Omega_n \cap Z_n)$, wird mit $\mathrm{P}\Omega_n(K, f)$ bezeichnet. Wenn $n \geqq 5$ und f einen Index $\geqq 1$ hat, so ist $\mathrm{P}\Omega_n(K, f)$ einfach.

3. Im Falle eines vollkommenen Körpers K der Charakteristik 2 kann man eine quadratische Form Q, die sich nicht in weniger als n Variablen schreiben läßt, auf die Normalformen

$$Q = x_1x_2 + x_3x_4 + \cdots + x_{n-2}x_{n-1} + x_n^2 \qquad (n \text{ ungerade}),$$

$$Q = x_1x_2 + \cdots + x_{n-3}x_{n-2} + \varphi(x_{n-1}, x_n) \qquad (n \text{ gerade})$$

bringen, wo φ eine quadratische Form ist. Man kann stets $\varphi = x_{n-1}x_n + \lambda(x_{n-1}^2 + x_n^2)$ annehmen. Die linearen Transformationen, die Q invariant lassen, bilden die o. G. $O(n, K, Q)$; für ungerade n kann man kurz $O(n, K)$ schreiben, für gerade n $O_\lambda(n, K)$. $O(n, K, Q)$ läßt auch die Polarform von Q invariant. Für ungerades $n = 2m + 1$ besteht die Isomorphie zur *Komplexgruppe*: $O(2m+1) \cong C(2m, K)$. Für gerades $n = 2m$ ist die o. G. $O_\lambda(n, K)$ eine echte Untergruppe der Komplexgruppe $C(2m, K)$; sie heißt *erste* oder *zweite hypoabelsche Gruppe*, je nachdem, ob $\lambda = 0$ oder $\neq 0$ ist. Die Hyperfläche $Q = 0$ des projektiven Raumes P_{2m-1} enthält zwei Scharen von linearen Räumen P_{m-1}, die durch $O(2m, K, Q)$ in sich oder ineinander transformiert werden. Die Untergruppe, die sie einzeln in sich transformiert, heißt *engere orthogonale Gruppe, Drehgruppe* oder *Jordansche hypoabelsche Gruppe*.

Allgemeiner heißt eine eineindeutige *halblineare Abbildung* u des Vektorraums E auf sich mit $Q(u(x)) = r^u(Q(x))^\sigma$ für jedes $x \in E$, wo Q nichtentartete ›quadratische Form auf E, $\sigma = \sigma_u$ der zu u gehörige Automorphismus des Körpers K und r_u ein von x unabhängiges Element aus $K^\times$, der *Multiplikator* von u, ist, eine *halbähnlich orthogonale Transformation* bez. Q. Diese bilden eine Untergruppe $\Gamma O_n(K, Q)$ der *halblinearen Gruppe* $\Gamma L_n(K)$. Die Transformationen der Untergruppe $\mathrm{GO}_n\,(K, Q) = \Gamma O_n(K, Q) \cap \mathrm{GL}_n\,(K)$ heißen *ähnlich orthogonal*, diejenigem mit dem Multiplikator 1 daraus bilden die Untergruppe $O_n(K, Q)$ der orthogonalen Transformationen. Für nähere Einzelheiten ›[G 11].

Lit.: [D 20], [D 22], [G 1], [G 10], [G 11], [L 21]

orthogonale Gruppen ›Gruppenmultiplikation

orthogonale Matrix (= *orthonormierte Matrix*) heißt eine quadratische Matrix A mit $A^{\top}A = AA^{\top} = E$. Die Determinante einer o. M. ist $+1$ oder -1; im ersten Fall heißt die o. M. *eigentlich o. M.* oder auch (insbesondere im Reellen) *Drehungsmatrix* oder *Rotationsmatrix*, im zweiten *uneigentlich o. M.* Eine reelle o. M. ist ›normal, und ihre Eigenwerte haben den Betrag 1. Eine komplexe o. M. läßt sich in der Form $A_1 e^{iS}$ mit einer reellen o. M. A_1 und einer reellen schiefsymmetrischen Matrix S schreiben $\left(e^{iS} = \sum_k \frac{S^k}{k!}\right)$.

Lit.: [M 26]

orthogonale Summe = 0-›direkte Vereinigung

orthogonale Transformation ›orthogonale Gruppe

orthogonale Unterräume bzw. **Vektoren** ›Linearform

orthogonales Paar ›Gruppenmultiplikation

Orthogonalität von topologischen Gruppen ›Gruppenmultiplikation

Orthokomplement ›Orthoverband

orthomodular ›Orthoverband

orthonormierte Matrix = ›orthogonale Matrix

Orthoverband heißt ein ›Verband V mit Null- und Einselement und unärer ›Operation $a \mapsto a^{\perp}$ (*Komplement*) mit $a \wedge a^{\perp} = 0$, $a \vee a^{\perp} = 1$ (also ein komplementärer Verband), $(a^{\perp})^{\perp} = a$, $(a \wedge b)^{\perp} = a^{\perp} \vee b^{\perp}$, $(a \vee b)^{\perp} = a^{\perp} \wedge b^{\perp}$. In einem O. setzt man aCb („*a kommutiert mit b*"), wenn $a = (a \wedge b) \vee (a \wedge b^{\perp})$. Ein distributiver O. ist eine ›Boolesche Algebra.

$a^{\perp}$ heißt auch *Orthokomplement* zu a. x ist in einem O. *orthogonal* zu y, wenn $x \leqq y^{\perp}$ ist. Ein O. heißt *orthomodularer Verband*, wenn in ihm eine der äquivalenten Bedingungen gilt: (i) aus $x \leqq y$ folgt $x \vee (x^{\perp} \wedge y) = y$ (*orthomodulares Gesetz*). (ii) Mit xCy gilt auch yCx. Ein ›modularer O. ist stets orthomodular.

Lit.: [V 2]

BERAN, L.: Orthomodular lattices, Algebraic approach. Academia Praha, Reidel Dordrecht 1984.
FOULIS, D. J.: A note on orthomodular lattices, Portugal. Math. **21** (1962), 65–72.
KALMBACH, G.: Orthomodular Lattices. Academic Press, London 1983.

Ostrowski, Satz von, über archimedische ›Bewertung eines Körpers

Oszillationsmatrix heißt eine (n-reihige) vollständig ›nichtnegative Matrix A, für die A^q für eine gewisse natürliche Zahl q vollständig positive Matrix ist. Sie besitzt stets n verschiedene positive Eigenwerte. O. treten z. B. beim Studium kleiner elastischer Schwingungen auf.

Lit.: [M 5II]
GANTMACHER, F. R., M. G. KREIN: Oszillationsmatrizen, Oszillationskerne und kleine Schwingungen mechanischer Systeme. Akademie-Verl., Berlin 1960.

Ω-Algebra >Algebra (universelle)

Ω-Fixgruppe >Operatorenbereich

Ω-Gruppe = >Multioperatorengruppe

Ω-Kommutatorgruppe oder **Ω-Kommutator** einer Operatorgruppe G mit dem >Operatorenbereich Ω heißt die von den Elementen $[g, \omega] = g^{-1}\omega g$ mit $g \in G$, $\omega \in \Omega$ erzeugte Untergruppe. Sie ist ein Ω-vollinvarianter Normalteiler von G. Wenn Ω die Menge der inneren >Automorphismen von G ist, so fällt die Ω-K. mit der gewöhnlichen >Kommutatorgruppe zusammen.

Lit.: [G 35]

Ω-zulässige Untergruppe >Operatorenbereich

P

Paarung = >Gruppenmultiplikation

***p*-Abbildung** >Liesche p-Algebra

***p*-Abhängigkeit:** K sei Körper der Charakteristik $p \neq 0$. Dann heißt ein Element $a \in K$ relativ zu einem Unterkörper k von K *p-abhängig* von einer in K enthaltenen Menge M, wenn a in dem von k, K^p (der Menge der p-ten Potenzen der Elemente von K) und M erzeugten Körper liegt. Wenn k der Primkörper von K ist und somit in der Definition weggelassen werden kann, heißt a schlechthin p-abhängig von M. Eine Menge heißt *p-unabhängig*, wenn jedes Element hieraus nicht von der Menge der übrigen p-abhängig ist.

Die p-A. genügt den Abhängigkeitsaxiomen (>Abhängigkeitsbeziehung). Es gibt daher stets eine *p-Basis* von K, d. h. eine K erzeugende p-unabhängige Menge. Ihre Mächtigkeit heißt *Unvollkommenheitsgrad* von K.

Lit.: [A 16]

𝔭-adische Topologie >topologischer Ring

***p*-adische Zahlen** >Bewertung

***p*-adischer Zahlkörper, 𝔭-adischer Zahlkörper** >Bewertung

parabolische Unteralgebra einer halbeinfachen ›Lieschen Algebra L über einem algebraisch abgeschlossenen Körper heißt eine Unteralgebra, die eine ›Borelsche Unteralgebra von L enthält. Im Falle eines nicht algebraisch abgeschlossenen Körpers k heißt eine Unteralgebra $\mathfrak{p}$ p. U., wenn das ›Tensorprodukt $\mathfrak{p} \otimes_k \bar{k}$ in $L \otimes_k L$ p. U. ist, wo $\bar{k}$ die algebraisch abgeschlossene Hülle von k ist. Eine Unteralgebra $\mathfrak{p}$ der Lieschen Algebra L einer irreduziblen linearen ›algebraischen Gruppe G über einem Körper der Charakteristik 0 ist genau dann p. U. von L, wenn sie Liesche Algebra einer parabolischen Untergruppe (›Borelsche Untergruppe) von G ist.

Lit.: [EL 8]

parabolische Untergruppe: 1. ›Tits-System, **2.** p. U. einer algebraischen Gruppe ›Borelsche Untergruppe

parallele binäre quadratische Formen heißen zwei äquivalente binäre ›quadratische Formen $ax^2 + bxy + cy^2$ und $a'x^2 + b'xy + c'y^2$, für die $a = a'$ und $b \equiv b' \bmod 2|a|$ ist.

Parametergruppe ›kontinuierliche Gruppe

Parametersystem ›lokaler Ring

Parastrophie ›Quasigruppe

Partialbruchzerlegung: Eine rationale Funktion $\frac{h(x)}{g(x)}$, wo $h(x)$ und $g(x)$ Polynome vom Grade m bzw. n mit $m < n$ über einem Körper K sind und $g(x) = p_1(x)^{\mu_1} \dots p_r(x)^{\mu_r}$ die Primfaktorzerlegung von $g(x)$ ist, läßt sich eindeutig als Summe von unkürzbaren Brüchen (sog. *Partialbrüchen*) schreiben, deren Nenner Potenzen $p_i(x)^{\alpha_i}$ mit $\alpha_i = 1, \dots, \mu_i$ und $i = 1, \dots, r$ und deren Zählerpolynome entweder 0 sind oder einen kleineren Grad haben als das Primpolynom $p_i(x)$ im Nenner (*Satz von der P.*).

partiell geordneter Körper bzw. Ring ›angeordneter Ring

partielle [universelle] ›**Algebra**

partieller Endomorphismus einer ›Gruppe G ist ein ›Homomorphismus einer Untergruppe A auf eine Untergruppe B von G; wenn $A = G$ ist, ist er Endomorphismus im gewöhnlichen Sinne, der zum Unterschied auch *totaler Endomorphismus* heißt.

Lit.: Chehata, C. G.: Generalisation of an embedding theorem for groups. Proc. Glasgow Math. Ass. 4 (1960), 171–177.
Neumann, B. H., H. Neumann, Extending partial endomorphisms of groups. Proc. London Math. Soc. (3) 2 (1952), 337–348.

partieller Homomorphismus >Algebra (universelle)

partielles binäres System bzw. **Gruppoid** = >Halbgruppoid

p-auflösbar heißt eine endliche Gruppe G, die eine Kompositionsreihe besitzt, in der jeder Faktor entweder eine >p-Gruppe oder eine *p'-Gruppe* (d. h. Gruppe mit zur Primzahl p teilerfremder Ordnung) ist. Wenn Π eine Menge von Primzahlen ist, so ist allgemeiner eine Gruppe G Π-auflösbar, wenn jeder Faktor einer Kompositionsreihe von G entweder p-Gruppe für ein $p \in \Pi$ oder p'-Gruppe für alle $p \in \Pi$ ist. Der Index jeder maximalen Untergruppe einer Π-auflösbaren Gruppe ist entweder eine Potenz einer Primzahl aus Π oder durch keine Primzahl aus Π teilbar. G besitzt dann jeweils auch eine Hauptreihe mit derselben Eigenschaft.

Die Reihe $E \subset P_0 \subset N_0 \subsetneqq P_1 \subsetneqq \cdots \subsetneqq P_l \subset N_l = G$ von Normalteilern einer p-a. Gruppe G, in der N_k/P_k der maximale p'-Normalteiler von G/P_k und P_{k+1}/N_k der maximale p-Normalteiler von G/N_k ist, heißt *obere p-Reihe* von G, die kleinste Zahl l mit $N_l = G$ die *p-Länge* $l_p(G)$. Beziehungen zwischen $l_p(G)$ und der Struktur der p-Sylow-Gruppen von G bei HALL.

Ist p^{n_i} die größte Potenz, die den i-ten Hauptfaktor (Faktor einer Hauptreihe) der p-a. Gruppe G teilt, so heißt $r_p(G) = \max n_i$ der *p-Rang* von G. G heißt *p-überauflösbar*, wenn $r_p(G) = 1$ ist.

Lit.: [G 7], [G 23]

HALL, P., G. HIGMANS: On the p-length of p-soluble groups and reduction theorems for Burnside's problem. Proc. London Math. Soc. (3) **6** (1956), 1–42.
TSCHUNICHIN, S. A. (С. А. Чунихин): О p-свойствах групп. Dokl. Akad. Nauk SSSR **55** (1947), 477–480.

p-Basis >p-Abhängigkeit

Peano, Satz von: Sind $f_1, f_2, \ldots$ beliebig viele gleichartige n-äre >Formen und ist ν die Anzahl der Koeffizienten einer derartigen Form, so erhält man alle simultanen Invarianten (>Invariantentheorie) dieser Formen durch Polarenbildung aus höchstens ν dieser Formen ganz und rational, und zwar kommt zu den Invarianten von $\nu - 1$ der Formen nur noch die Determinante ν-ten Grades hinzu, die aus den Koeffizienten von ν Formen zu bilden ist.

Lit.: [I 12]

Peano-Algebra >unäre Algebra

Peircesche Zerlegungen: Ist e ein >Idempotent des (nichtkommutativen) Rings R, so ist der linke >Annullator $\mathfrak{l}_e$ von e (Menge der $x \in R$ mit $xe = 0$) Linksideal und der analog erklärte rechte Annullator $\mathfrak{r}_e$ Rechtsideal. Jedes $a \in R$ besitzt die linksseitige P. Z. $a = ae + (a - ae)$, aus der die [modul]direkte Summenzerlegung $R = Re + \mathfrak{l}_e$ in Linksideale folgt. Analog dazu gibt es eine rechtsseitige P. Z. $a = ea + (a - ea)$ und eine zweiseitige P. Z. $a = eae + e(e - ea) + (a - ea)e + (a - ea - ae + eae)$, aus denen die direkten Summenzerlegungen $R = eR + \mathfrak{r}_e$ und $R = eRe + e\mathfrak{l}_e + \mathfrak{r}_e e + \mathfrak{r}_e \cap \mathfrak{l}_e$ folgen. $\mathfrak{r}_e \cap \mathfrak{l}_e$ heißt auch der *durch e zerstörte Teil* von R.

Allgemeiner gilt für ein orthogonales System von Idempotenten $e_1, \ldots, e_n$ mit $\sum e_i = 1$ die P. Z. $R = \sum e_i R e_j$.

Lit.: [A 17 II], [R 1], [R 9]
PEIRCE, B.: Linear Associative Algebra. Amer. J. Math. 4 (1881), 97–229.

perfekte Gruppe (= *vollkommene Gruppe*) heißt eine Gruppe, die gleich ihrer >Kommutatorgruppe ist, d. h. eine Gruppe der >Klasse 1.

Lit.: [G 42]

perfekte Hülle, perfekter Körper >Bewertung

perfekter lokaler Ring >$\mathfrak{m}$-Topologie

perfekter Modul >perfektes Ideal

perfekter Ring: 1. Ein Ring R heißt *rechts-p. R.* (R als R-Rechtsmodul ist perfekt), wenn jeder R-Rechtsmodul eine >projektive Hülle besitzt. Das ist genau dann der Fall, wenn eine der folgenden äquivalenten Aussagen gilt: (i) R^N (die direkte Summe von N Exemplaren R) ist als R-Rechtsmodul >semiperfekt. (ii) R ist semiperfekt, und jeder freie R-Rechtsmodul besitzt ein kleines Radikal (>kleiner Untermodul). (iii) Jede Menge paarweise >orthogonaler Idempotente von R hat einen Sockel $\neq 0$. (iv) R genügt der Minimalbedingung für Linkshauptideale. (v) Jeder R-Linksmodul genügt der Minimalbedingung für endlich erzeugte Untermoduln. (vi) Für jede Folge $a_1, a_2, \ldots$ aus dem Jacobsonschen Radikal J von R ist $a_1 \cdots a_n = 0$ für ein gewisses n, und R/J ist klassisch >halbeinfacher Ring. (vii) Jeder flache R-Rechtsmodul ist projektiv. (viii) R enthält Idempotente $e_1, \ldots, e_n$ mit $\sum e_i = 1$, $e_i e_j = 0$ für $i \neq j$, so daß jedes $e_i R e_i$ >lokaler Ring ist. (ix) Jeder R-Rechtsmodul genügt der Maximalbedingung für zyklische Untermoduln. (x) Für jedes n genügt jeder R-Rechtsmodul der Maximalbedingung für Untermoduln mit n-gliedriger Basis. (xi) Jeder projektive R-Rechtsmodul besitzt eine Zerlegung, bez. der alle direkten Summanden ergänzbar sind. Weitere Aussagen >[R 11 II].

2. >$\mathfrak{m}$-Topologie

perfektes Differentialideal >Differentialring

perfektes Ideal: Ein Ideal $\mathfrak{a}$ eines Polynomrings A über einem Körper heißt *perfekt*, wenn es entweder nulldimensional ist oder für jedes zu $\mathfrak{a}$ prime $\alpha \in A$ (mit $\dim(\mathfrak{a} + \alpha \cdot A) = \dim \mathfrak{a} - 1$) das Ideal $\mathfrak{a} + \alpha \cdot A$ perfekt ist (und wenigstens ein derartiges α existiert) (im Falle von H-Idealen kann man auf die in Klammern geschriebenen Zusätze verzichten, wenn man für α eine Form wählt). Äquivalent dazu ist jede der folgenden Bedingungen: a) $\mathfrak{a}$ besitzt eine Syzygienkette, deren Länge gleich seiner Höhe ist, d. h., die >homologische Dimension ist hd $\mathfrak{a}$ = ht $\mathfrak{a}$ − 1. b) $\mathfrak{a}$ besitzt eine umkehrbare Syzygienkette, d. h., die in umgekehrter Richtung durchlaufene Syzygienkette läßt sich gleichfalls als Syzygienkette auffassen.

Obige Definition läßt sich unmittelbar auf reguläre >lokale Ringe A übertragen, allgemeiner auf Cohen-Macaulay-Ringe. Um die Definition auf allgemeinere Ringe zu übertragen, muß man in der Charakterisierung a) die Höhe durch den (Reesschen) Grad ersetzen. Die obigen Definitionen lassen sich relativ zwanglos auf den Fall von Vektormoduln an Stelle von Idealen übertragen; im Falle beliebiger A-Moduln $\mathfrak{a}$ betrachte man seinen Annullator.

Jedes >Hauptklassenideal und jeder Hauptklassenmodul ist perfekt. Jedes perfekte Ideal ist ungemischt, aber nicht umgekehrt.

Lit.: [A 6II]

EISENREICH, G.: Zur Syzygientheorie und Theorie des inversen Systems perfekter Ideale und Vektormoduln in Polynomringen und Stellenringen. Sitzungsber. Sächs. Akad. Wiss. Leipzig, Math.-naturw. Kl. **109**, (1970), H. 3.

KLEINERT, W.: Zur Theorie der perfekten und quasiperfekten Moduln. Beiträge zur Algebra und Geometrie **3** (1974), 69–122.

MACAULAY, F. S.: The algebraic theory of modular systems. Cambridge University Press, Cambridge 1916.

REES, D.: The grade of an ideal or module. Proc. Camb. Phil. Soc. **53** (1957), 28–42.

Periode >zyklische Gruppe, >monogene Halbgruppe

periodische Gruppe (= *ordnungsfinite Gruppe* = *Torsionsgruppe*) ist eine (nicht notwendig endliche) Gruppe, deren Elemente sämtlich endliche Ordnung haben. Zu den p. G. gehören die >p-Gruppen, insbesondere die abelschen p-Gruppen (*primäre Gruppen*). Jede abelsche p. G. läßt sich auf genau eine Weise in eine >direkte Summe primärer Gruppen zerlegen, die zu verschiedenen Primzahlen gehören. In jeder >abelschen Gruppe G bilden die Elemente endlicher Ordnung eine p. G. T, die *maximale periodische* (oder *maximalperiodische*) *Untergruppe*, [*maximale*] *Torsionsuntergruppe* oder *periodischer Teil* von G heißt; die Faktorgruppe G/T ist >torsionsfrei. T enthält jede periodische Untergruppe von G und ist zugleich kleinste Untergruppe H von G mit torsionsfreier Faktorgruppe G/H.

Analog ist für *Moduln* (= additive abelsche Gruppen) der Begriff des *periodischen Moduls* oder *Torsionsmoduls* erklärt.

Lit.: [G 13], [G 26I]

periodische Halbgruppe heißt eine >Halbgruppe S, in der jedes Element endliche Ordnung hat, also eine endliche Halbgruppe erzeugt; jede dieser endlichen Halbgruppen enthält ein >Idempotent, nämlich das jeweilige Einselement. Von jedem Element a einer p. H. ist somit eine gewisse Potenz Idempotent; hierdurch wird S in paarweise disjunkte Klassen von Elementen zerlegt, die zu demselben Idempotent gehören („*Torsionsklassen*").

Eine p. H. mit Linkskürzungsregel ist genau dann Gruppe, wenn sie genau ein Idempotent enthält.

Allgemeiner heißt eine Halbgruppe S ***quasiperiodisch***, wenn von jedem ihrer Elemente eine gewisse Potenz in einer in S enthaltenen Gruppe liegt.

Lit.: [S 1 I], [S 3]

periodischer Modul bzw. **Teil** ›periodische Gruppe

Permanente einer n-reihigen quadratischen Matrix $A = (a_{ij})$ heißt die Summe $\sum a_{1k_1 \dots nk_n} = \operatorname{per}(A)$, erstreckt über alle Anordnungen $(k_1, \dots, k_n)$ der Zahlen $(1, \dots, n)$, die somit der Determinantendefinition ohne Vorzeichenfaktoren entspricht. P. spielen bei vielen kombinatorischen Problemen eine Rolle. Im Falle doppeltstochastischer Matrizen A gilt die inzwischen bewiesene *van der Waerdensche Vermutung* $\operatorname{per}(A) \geqq n!/n^n$.

Lit.: [M 25]
KNUTH, D. E.: A permanent inequality. Amer. Math. Monthly 88 (1981), 731 to 740.
MARCUS, M., H. MINC: Permanents. Amer. Math. Monthly 72 (1965), 577–591.
MINC, H.: Permanents. Encyclopedia of Mathematics and Its Applications, Vol. 6. Addison-Wesley, Reading 1978.

Permutation: 1. (= *Substitution* = *Vertauschung* = *Umordnung*) heißt eine eineindeutige ›Abbildung einer Menge (vornehmlich einer endlichen Menge) auf sich. Handelt es sich z. B. bei M um die Menge der natürlichen Zahlen $1, 2, \dots, n$ und geht die Zahl i bei der P. P in λ_i über, so schreibt man kurz $P = \begin{pmatrix} 1 & 2 & \dots & n \\ \lambda_1 & \lambda_2 & \dots & \lambda_n \end{pmatrix}$, wobei es auf die Reihenfolge der Spalten nicht ankommt; analoge Bezeichnungen werden auch in anderen Fällen angewendet. Die *inverse P.* zu P macht die Wirkung von P gerade rückgängig; sie kann in der Form $P^{-1} = \begin{pmatrix} \lambda_1 & \dots & \lambda_n \\ 1 & \dots & n \end{pmatrix}$ geschrieben werden; die *identische P.* $\begin{pmatrix} 1 & \dots & n \\ 1 & \dots & n \end{pmatrix}$ läßt alles fest. Durch Hintereinanderausführung zweier P. (etwa von P und von $Q = \begin{pmatrix} 1 & \dots & n \\ \mu_1 & \dots & \mu_n \end{pmatrix}$) erhält man eine P. R, die das *Produkt* der beiden P. heißt und mit PQ bezeichnet wird; bei der Schreibweise von links nach rechts (erst ist P anzuwenden, dann Q) erhält man im vorliegenden Fall $PQ = \begin{pmatrix} 1 & \dots & n \\ \mu_{\lambda_1} & \dots & \mu_{\lambda_n} \end{pmatrix}$; es ist jedoch auch die andere Auffassung (erst Q, dann P) üblich. Mit dieser Multiplikationsvorschrift bildet die Menge der P. von M eine Gruppe, die ›*symmetrische Gruppe* von M.

Stehen die permutierten Elemente bei einer P. in umgekehrter Reihenfolge als die Ausgangselemente, gilt also z. B. bei der obigen P. P für ein Paar λ_i, λ_j mit $i < j$ die Ungleichung $\lambda_i > \lambda_j$, so spricht man von einer *Inversion* oder einem *Fehlstand* der P. Je nachdem, ob die Anzahl aller Inversionen in einer P. P gerade oder ungerade ist, heißt P *gerade* oder *ungerade*. Die geraden P. bilden eine Untergruppe der symmetrischen Gruppe, die sog. *alternierende Gruppe*. Das Produkt von P. ist gerade oder ungerade, je nachdem, ob die Anzahl der ungeraden Faktoren gerade oder ungerade ist.

Eine P., die nur eine zyklische Vertauschung gewisser Elemente bewirkt, bei der also etwa das Element i_1 in i_2, i_2 in i_3 usw., schließlich i_r in i_1 übergeht (wobei die Elemente $i_1, \ldots, i_r$ alle voneinander verschieden sind), heißt eine *zyklische P.* oder kurz *Zyklus der Länge* r und wird auch mit $(i_1 \; i_2 \; \ldots \; i_r)$ bezeichnet. Die identische P. kann dann als (1) geschrieben werden. Indem man bei einer vorgegebenen P. sukzessive die darin enthaltenen Zyklen herausgreift, kann man jede P. als Produkt elementfremder Zyklen schreiben (*Zyklenschreibweise*). Diese Darstellung ist bis auf die Reihenfolge (und natürlich bis auf zyklische Permutationen innerhalb eines Zyklus in der mit dem Zyklus vorgegebenen Reihenfolge) eindeutig. Ein Zyklus der Form $(\alpha \; \beta)$, der also lediglich die Elemente α und β vertauscht, heißt eine *Transposition*. Jeder Zyklus der Länge r läßt sich als Produkt aus $r - 1$ Transpositionen schreiben. Da eine Transposition eine ungerade P. darstellt, ist eine als Produkt von l Transpositionen darstellbare P. also genau dann gerade, wenn l gerade ist.

Eine P., die nur endlich viele Elemente der (möglicherweise unendlichen) Menge M wirklich bewegt, heißt *finit*; die Anzahl der wirklich bewegten Elemente heißt der *Grad* der P., die Anzahl der bei einer P. festbleibenden Elemente (*Fixelemente*) der *Charakter* der P. (*Charakter* heißt aber auch diejenige multiplikative Funktion χ auf den P., die für gerade P. den Wert $+1$ und für ungerade P. den Wert -1 annimmt.) Die finiten P. verhalten sich ähnlich wie die P. einer endlichen Menge; auch sie bilden eine Gruppe, die sog. *eingeschränkte* ›*symmetrische Gruppe* von M.

2. P. heißt auch eine (lineare) *Anordnung* einer endlichen Menge M von Elementen. Es gibt genau $n!$ verschiedene P. einer n-elementigen Menge. Indem man einer Anordnung der Elemente von M genau diejenige Abbildung zuordnet, durch die eine gegebene feste Ausgangsanordnung in die hier vorliegende Anordnung übergeht, erhält man eine P. im Sinne von 1. (und umgekehrt).

Lit.: Zu **1.**: [G 41]

Kalužnin, L. A., V. I. Suščanskij (Л. А. Калужнин, В. И. Сущанский): Преобразования и перестановки. Nauka, Moskau 1986.

Permutationsdarstellung heißt eine ›Darstellung einer Gruppe G durch ›Permutationsmatrizen. Multiplikation der Elemente von G mit einem festen Gruppenelement g (etwa von rechts) bewirkt eine Permutation P_g von G als Menge, so daß dem Produkt der Gruppenelemente gerade das Produkt der zugehörigen

Permutationen (bei der Multiplikation von links nach rechts) entspricht. Auf diese Weise erhält man einen Isomorphismus von G auf eine Untergruppe der ›symmetrischen Gruppe über der Menge G; es folgt also der *Satz von Cayley*: Jede endliche Gruppe der Ordnung n ist zu einer Untergruppe der symmetrischen Gruppe n-ten Grades isomorph (der Satz gilt sinngemäß auch für unendliche Gruppen). Diese ›Permutationsgruppe ist obendrein *regulär*, d. h., keine von der Identität verschiedene Permutation läßt ein Element fest. Indem man die Permutationen durch ›Permutationsmatrizen repräsentiert, erhält man eine P. von G, die sog. *reguläre (Matrizen-) Darstellung* von G. Allgemeinere P. von G erhält man, indem man etwa von einer Zerlegung von G in die rechtsseitigen ›Restklassen nach einer Untergruppe H ausgeht und verwendet, daß rechtsseitige Multiplikation mit einem Gruppenelement g eine Permutation dieser Restklassen bewirkt. (Durch linksseitige Multiplikation der linksseitigen Restklassenzerlegung mit g^{-1} gelangt man zu einer hierzu äquivalenten Darstellung.) Wenn H die Einsuntergruppe ist, erhält man wieder die reguläre Darstellung.

Lit.: [G 26I], [G 41]

Permutationsgruppe (= *Substitutionsgruppe*) auf einer Menge M heißt jede Gruppe von ›Permutationen von M, also jede Untergruppe G der ›symmetrischen Gruppe von M. Die Anzahl der nicht bei allen Permutationen P aus G festbleibenden Elemente von M heißt, falls sie endlich ist, der *Grad* von G, und der kleinste unter den Graden der zu G gehörigen ›Permutationen der *Minimalgrad* oder die *Klasse* von G. Eine durch G auf sich abgebildete Teilmenge Δ von M heißt ein *Festblock*. Jedes $P \in G$ induziert auf Δ eine Permutation P^{Δ} (das ist nichts anderes als die Einschränkung $P|_{\Delta}$ der Abbildung P auf Δ), und die Zuordnung $P \mapsto P^{\Delta}$ bewirkt einen Homomorphismus von G auf eine P. G^{Δ} von Δ, die der *Konstituent* von G auf Δ heißt (insbesondere ist $G^M = G$). Wenn diese Abbildung ein Isomorphismus ist, heißt der Konstituent G^{Δ} *treu*. Durchschnitt und Vereinigung von Festblöcken sind wieder Festblöcke. Sind die leere Menge und M die einzigen Festblöcke, d. h., gibt es zu je zwei Elementen $\alpha, \beta \in M$ eine Permutation in G, die α in β überführt, so heißt G *transitiv* auf M, anderenfalls *intransitiv*. Allgemeiner heißt die P. G *k-fach transitiv* oder vom *Transitivitätsgrad k*, wenn zu je 2 aus k verschiedenen Elementen $\alpha_1, \ldots, \alpha_k$ bzw. $\beta_1, \ldots, \beta_k$ bestehenden k-Tupeln eine Permutation aus G existiert, die α_i jeweils auf β_i abbildet.

Zwei Elemente von M heißen *konjugiert* unter der P. G oder *G-konjugiert*, wenn es in G eine Permutation P gibt, die das eine auf das andere Element abbildet. Die G-Konjugiertheit stellt eine ›Äquivalenzrelation auf M dar, die zugehörigen Äquivalenzklassen sind gerade die *minimalen Festblöcke* und heißen auch *System der Transitivität* für G, *Transitivitätssystem*, *Transitivitätsklasse* oder *Orbit*. Diese werden durch G transitiv permutiert, während ein Konstituent G^{Δ} auf einem Festblock Δ genau dann transitiv ist, wenn Δ ein Transitivitätssystem ist.

Für ein festes Element $a \in M$ bilden die Permutationen aus G, die a festlassen, eine Untergruppe, die *Fixgruppe* oder der *Stabilisator* des Elements a. Eine transitive P. G einer Menge M ist genau dann k-fach transitiv, wenn die Fixgruppe G_a eines Elements a auf dem Komplement $M \setminus \{a\}$ $(k-1)$-fach transitiv ist. Hieraus folgt durch Induktion, daß eine k-fach transitive P. vom Grade n die Ordnung $n(n-1)\dots(n-k+1)\,d$ mit $d|(n-k)!$ hat. Trivialerweise ist die >symmetrische Gruppe $\mathfrak{S}_n$ vom Grade $n \geqq 1$ n-fach transitiv und die alternierende Gruppe $\mathfrak{A}_n$ $(n \geqq 3)$ $(n-2)$-fach transitiv. Es gibt viele nichttriviale Beispiele zwei- und dreifach transitiver Gruppen. Dagegen sind nur je zwei nichttriviale Beispiele vier- und fünffach transitiver Gruppen bekannt, die >Mathieuschen Gruppen M_{11} und M_{23} bzw. M_{12} und M_{24}. Ob es für $k \geqq 6$ nichttriviale k-fach transitive P. gibt, ist nicht bekannt.

Eine Untermenge Γ von M heißt *Block* von G, wenn jedes $P \in G$ entweder Γ auf sich oder auf eine zu Γ disjunkte Untermenge abbildet. Triviale Blöcke sind M selbst, die leere Menge und die einelementigen Untermengen von M. Eine transitive P., die wenigstens einen nichttrivialen Block besitzt, heißt *imprimitiv*, anderenfalls *primitiv*. Ein nichttrivialer Block einer transitiven P. heißt auch *System der Imprimitivität* oder *Imprimitivitätssystem* (auch *Imprimitivitätsbereich*). Die Imprimitivitätssysteme sind G-konjugiert, d. h., sie werden durch G transitiv untereinander permutiert, und M besitzt eine disjunkte Zerlegung in seine Imprimitivitätssysteme, ein sog. *Imprimitivitätsschema* der imprimitiven P. G der Menge M. Mehrfache Transitivität ist eine Verschärfung der Primitivität, denn jede zweifach transitive Gruppe ist primitiv.

Allgemeiner heißt eine P. G auf M *k-fach primitiv*, wenn sie k-fach transitiv ist und die Untergruppen, die $k-1$ Elemente festlassen, nicht nur auf der Komplementärmenge transitiv, sondern sogar primitiv sind. G heißt *halbtransitiv* oder *1/2-fach transitiv* auf M, wenn seine Transitivitätssysteme alle dieselbe Länge > 0 haben. G heißt $\left(k+\frac{1}{2}\right)$*-fach transitiv* auf M, wenn G transitiv auf M und die Fixgruppe G_α eines (und damit jedes) Elements $\alpha \in M$ $\left(k-\frac{1}{2}\right)$-fach transitiv auf $M \setminus \{\alpha\}$ ist. Insbesondere ist jede 3/2-fach transitive Gruppe primitiv oder eine >Frobenius-Gruppe.

Eine *Permutation* heißt *regulär*, wenn sie gleich der Identität ist oder kein Element fest läßt. Eine P. heißt *halbregulär*, wenn sie nur aus regulären Permutationen besteht; sie heißt *regulär*, wenn sie außerdem transitiv ist. Diese Begriffsbildung überträgt sich auf >Automorphismen einer Gruppe („*reguläre Automorphismen*“), die ja Permutationen der Menge der Gruppenelemente darstellen. Die zu >Permutationsdarstellungen gehörigen P. sind regulär und umgekehrt. Eine Permutation von endlich vielen Elementen erzeugt genau dann eine reguläre P., wenn alle ihre Zyklen dieselbe Länge haben.

Lit.: [G 23], [G 24 III], [G 26 I], [G 35], [G 36], [G 41], [G 42]
CAUCHY, A.: Mémoire sur le nombre des valeurs qu'une fonction peut acquérir,

lorsqu'on y permute de toutes les manières possibles les quantités qu'elle renferme. J. l'École polytechn. **10** (1815) 17, 1—28.
CAUCHY A.: Mémoire sur les fonctions qui ne peuvent obtenir que deux valeurs égales et de signes contraires par suite de transpositions opérées entre les variables qu'elles renferment. J. l'École polytechn. **10** (1815) 17, 29—112.
JORDAN, C.: Traité des substitutions et des équations algébriques. Gauthier-Villars, Paris 1870.
MANNING, W. A.: Primitive groups, Part I. Stanford University, Math. and Str. **1** (1921).
NETTO, E.: Substitutionstheorie und ihre Anwendungen auf die Algebra. Teubner, Leipzig 1882.
SÉGUIR, J.-A. DE: Groupes de substitutions. Paris 1912.

Permutationsmatrix heißt eine n-reihige quadratische >Matrix, die in jeder Zeile und in jeder Spalte genau ein von 0 verschiedenes Element enthält, und zwar 1. Jede P. geht durch Anwendung einer >Permutation P auf die Zeilen einer Einheitsmatrix hervor; durch Linksmultiplikation mit ihr werden die Zeilen einer Matrix, insbesondere eines n-reihigen Spaltenvektors, in derselben Weise permutiert; durch Rechtsmultiplikation die Spalten entsprechend der inversen Permutation. Die Gruppe aller n-reihigen P. ist zur >symmetrischen Gruppe vom Grad n isomorph.
>elementare Transformationen von Matrizen

Lit.: [M 8]

permutierbare Kongruenzrelationen >Algebra (universelle)

Perspektivität: 1. Zwei Elemente eines komplementären >Verbands heißen *perspektiv*, wenn sie ein gemeinsames Komplement besitzen, eine sog. *Perspektivitätsachse*; sie heißen *projektiv*, wenn sie sich durch eine endliche Folge perspektiver Elemente verbinden lassen (>modularer Verband). Zwei Elemente a, b eines komplementären Verbands lassen sich genau dann durch eine Folge von P. verbinden, wenn die Intervalle $[0, a]$ und $[0, b]$ >projektiv sind.

2. P. von Intervallen >modularer Verband. Für einen allgemeineren P.-Begriff >[V 6] und >[V 8].

Lit.: Zu **1.**: [V 2]

Perspektivitätsachse >Perspektivität

p-Erweiterung heißt eine separable zyklische Erweiterung K vom Grade p eines Körpers k von Primzahlcharakteristik p. Für K/k existiert eine *Artin-Schreiersche Erzeugung* (analog zur Kummerschen Erzeugung) $K = k(y)$ mit der >definierenden Gleichung $\wp y \overset{\text{def}}{=} y^p - y = b \in k$, und die Substitutionen $y \mapsto y + a$ (a aus dem Primkörper von k) liefern die Automorphismen der >Galois-Gruppe von K/k; umgekehrt liefert jede solche Erzeugung mit irreduzibler Gleichung eine p-E. Verallgemeinerung für zyklische Erweiterungen vom Grade p^n mittels des ›*Wittschen Vektorkalküls*. Zur Galoisschen Theorie s. KOCH.

Lit.: KOCH, H.: Galoissche Theorie der p-Erweiterungen. DVW, Berlin 1970.

Peter und Weyl, Satz von, ›Darstellung einer topologischen Gruppe

Pfaffiana = Pfaffiante = Pfaffsches Aggregat = Pfaffsche ›Determinante

p-Faktorkommutatorgruppe ›p-Kommutatorgruppe

p-Gruppe heißt eine (notwendig ›periodische) Gruppe, in der die Ordnungen aller Elemente Potenzen einer festen Primzahl p sind. Früher hießen p-G. auch *primäre Gruppen*; heute werden damit meist abelsche p-G. bezeichnet. Eine endliche p-G. (= *Primzahlpotenzgruppe*) hat nach dem *Satz von* ›*Cauchy* eine Potenz von p als ›Ordnung und ist ›nilpotent, hat also, wenn sie nicht einelementig ist, ein von der Einsuntergruppe verschiedenes Zentrum. Es gibt jedoch unendliche p-G. ohne Zentrum, und zwar besitzt eine p-G. genau dann ein von E verschiedenes *Zentrum*, wenn sie einen von E verschiedenen endlichen Normalteiler enthält. Eine lokalendliche p-G., die der Minimalbedingung genügt, ist nilpotent. Eine p-G. ist genau dann ›lokalnilpotent, wenn sie lokalendlich ist. Jede periodische abelsche Gruppe läßt sich in genau einer Weise in eine ›direkte Summe primärer Gruppen zerlegen, die zu verschiedenen Primzahlen gehören.

Eine p-G., die nur eine Untergruppe der Ordnung p enthält, ist zyklisch oder eine verallgemeinerte ›Quaternionengruppe. Eine endliche Gruppe ist genau dann nilpotent, wenn sie direktes Produkt ihrer p-Sylow-Gruppen ist.

Eine abelsche p-G. ist genau dann direktes Produkt zyklischer Gruppen, wenn sie Vereinigung einer aufsteigenden Kette von Untergruppen G_n ($n = 1, 2, \ldots$) ist, so daß die ›Höhen der Elemente $\neq 0$ in G_n unter einer festen Schranke k_n bleiben (KULIKOW).

Ist P eine p-G. der Ordnung p^n, D der Durchschnitt der maximalen Untergruppen und der Index $[P:D] = p^r$, so ist die Ordnung der ›Automorphismengruppe von P Teiler von $p^{r(n-r)}(p^r-1)(p^r-p)\ldots(p^r-p^{r-1})$. Die Ordnung der Gruppe von Automorphismen, die in P/D den identischen Automorphismus induzieren, ist Teiler von $p^{r(n-r)}$ (P. HALL).

Anzahlsätze für p-G. machen Aussagen über die Anzahl von Untergruppen und Elementen mit vorgeschriebenen Eigenschaften. Nach dem *Abzählprinzip* von P. Hall (*Hallscher Anzahlsatz*) gilt: Hat die ›Frattini-Gruppe Φ den Index p^d in der endlichen p-G., ist M_α eine Φ enthaltende Untergruppe vom Index p^α und $n(M_\alpha)$ die Anzahl der in M_α enthaltenen Komplexe, die jeweils in wenigstens einer Untergruppe vom Index p liegen, so ist

$$n(M_0) - \sum_{M_1} n(M_1) + p \sum_{M_2} n(M_2) - p^3 \sum_{M_3} n(M_3) + \cdots$$
$$+ (-1)^\alpha p^{\frac{1}{2}(\alpha-1)\alpha} \sum_{M_\alpha} n(M_\alpha) + \cdots + (-1)^d p^{\frac{1}{2}(d-1)d}\, n(M_d) = 0,$$

wobei die Summen über die $\begin{bmatrix} d \\ \alpha \end{bmatrix} = \frac{(p^d - 1) \dots (p^{d-\alpha+1} - 1)}{(p^\alpha - 1) \dots (p - 1)}$ Untergruppen M_α von G erstreckt sind. Die Anzahl der Untergruppen fester Ordnung p^m einer p-G. der Ordnung p^n ist $\equiv 1 \bmod p$. In einer nichtzyklischen p-G. ungerader Ordnung p^n ist die Anzahl der Untergruppen der Ordnung p^m $(0 < m < n)$ kongruent $1 + p \bmod p^2$ (Kulakoff); davon ist die Anzahl der zyklischen Gruppen durch p teilbar (Miller).

In abelschen p-G. G kann man einen *Konvergenzbegriff* einführen, indem man eine Folge $g_1, g_2, \dots$ von Elementen aus G als *konvergent* gegen das Element g ansieht, wenn $g - g_n \in p^nG$ für $n = 1, 2, \dots$ gilt; entsprechend heißt eine Folge $g_1, g_2, \dots$ *Cauchy-Folge*, wenn die Ordnungen der g_i beschränkt sind und $g_n - g_{n+1} \in p^nG$ gilt. Eine p-G. G ohne Elemente unendlicher ›Höhe heißt *abgeschlossen*, wenn jede Cauchy-Folge einen Limes in G hat. Das ist genau dann der Fall, wenn G gleich der maximalen Torsionsuntergruppe $\bar{B}$ der uneingeschränkten ›direkten Summe der direkten Summanden B_n (direkte Summe zyklischer Gruppen derselben Ordnung p^n) ist, aus denen sich eine gewisse ›basische Untergruppe B von G als uneingeschränkte direkte Summe zusammensetzt (Kulikow).

Verallgemeinerung: $\mathfrak{p}$ sei eine Primzahlmenge. Ein Element einer Gruppe heißt $\mathfrak{p}$-*Element*, wenn seine (endliche) Ordnung nur Primteiler aus $\mathfrak{p}$ enthält; das Einselement ist $\mathfrak{p}$-Element jeder Primzahlmenge $\mathfrak{p}$. $\mathfrak{p}$-*Gruppe* heißt eine nur aus $\mathfrak{p}$-Elementen bestehende Gruppe. Für $\mathfrak{p} = \{p_1, p_2\}$ gilt: Jede endliche $\mathfrak{p}$-G. ist auflösbar (Burnside).

Eine von $\mathfrak{p}$-Elementen erzeugte endliche ›nilpotente Gruppe ist eine $\mathfrak{p}$-G.

Eine Untergruppe einer Gruppe G, die $\mathfrak{p}$-G. ist, heißt $\mathfrak{p}$-*Untergruppe* von G, insbesondere *Sylowsche* $\mathfrak{p}$-*Untergruppe*, wenn sie in keiner größeren $\mathfrak{p}$-Untergruppe enthalten ist. Für beliebige Gruppen gilt: (i) Jede $\mathfrak{p}$-Untergruppe ist in einer Sylowschen $\mathfrak{p}$-Untergruppe enthalten. (ii) Der Normalisator einer Sylowschen $\mathfrak{p}$-Untergruppe ist sein eigener Normalisator.

Eine periodische Gruppe, deren Elementordnungen zu den Primzahlen aus $\mathfrak{p}$ teilerfremd sind, heißt $\mathfrak{p}'$-*Gruppe*. Statt $\mathfrak{p}$ wird auch gern die Bezeichnung Π verwendet.

›Burnsidescher Basissatz (für p-G.), ›p-auflösbar, ›reguläre p-G., ›Sylowgruppen, ›Satz von Ulm.

Lit.: [G 13], [G 19], [G 35], [G 42], [G 23]
Hall, P.: A contribution to the theory of groups of prime-power order. Proc. London Math. Soc. **36** (1933), 29–95.

PI-Algebra (= *Algebra mit polynomialen Identitäten* = *Algebra mit Polynomidentität*) heißt eine ›Algebra A über einem Körper K, in der gewisse Polynomidentitäten gelten. Dabei heißt Polynomidentität eine Gleichung $f(x_1, \dots, x_n) = 0$, wo $K[X] = K[X_1, \dots, X_n, \dots]$ die freie assoziative Algebra in abzählbar vielen Erzeugenden X_i über K (d. h. Polynomring über K mit nichtkommutierenden Polynomen) ist, wenn $f(a_1, \dots, a_n) = 0$ für beliebige Elemente $a_i \in A$ gilt, mit anderen Worten ein Element f aus der freien Algebra $K[X]$, das bei jedem Homomorphismus von $K[X]$ in A auf 0 abgebildet wird. Die PI-A. mit einem gegebenen System von Identitäten bilden eine ›Varietät. Die in einer festen PI-A. geltenden Identitäten bilden ein Ideal T in $K[X]$, die PI-A. selbst ist isomorph zur Faktoralgebra $K[X]/T$.

Beispiele: a) kommutative Algebren mit der Identität $x_1x_2 - x_2x_1 = 0$; b) ›Quaternionenalgebra mit der Identität $(xy - yx)^2 z = z(xy - yx)^2$; c) eine Algebra A endlichen Ranges $n - 1$ über K genügt der sog. *Standardidentität* n-ten Grades

$$S_n(x_1, \ldots, x_n) = \sum \chi(\sigma)\, x_{\sigma(1)} \ldots x_{\sigma(n)} = 0,$$

wo die Summation über alle ›Permutationen σ aus der ›symmetrischen Gruppe n-ten Grades erfolgt und $\chi(\sigma)$ der Charakter von σ ist, ferner der *Capellischen Identität*

$$K_n(x_1, \ldots, x_n, y_1, \ldots, y_{n+1}) = \sum_{\sigma} \chi(\sigma)\, y_1 x_{\sigma(1)} y_2 x_{\sigma(2)} \ldots y_n x_{\sigma(n)} y_{n+1} = 0.$$

Entsprechend sind *PI-Ringe* (*Ringe mit polynomialen Identitäten*) definiert; die einem vorgegebenen System polynomialer Identitäten genügenden Ringe bilden eine ›Varietät.

Lit.: [R 12], [R 13], [U 2], [R 12]
JACOBSON, N.: PI-Algebras. An Introduction. LNM 441. Springer, Berlin 1975.
PROCESI, C.: Rings with polynomial identities. New York 1973.

Picard-Gruppe ›K-Theorie

PI-Ring ›PI-Algebra

p-Kommutatorgruppe $G'(p)$ der endlichen Gruppe G heißt der Durchschnitt aller Normalteiler von G, zu der die Faktorgruppe eine abelsche ›p-Gruppe ist. Die Faktorgruppe $G/G'(p)$ ist eine abelsche p-Gruppe und heißt *p-Faktorkommutatorgruppe*. Die ›Kommutatorgruppe von G ist der Durchschnitt der p-K., und die Faktorkommutatorgruppe ist isomorph zum direkten Produkt der p-Faktorkommutatorgruppen; ferner gilt $G/G'(p) \cong S_p \cap G'$ (S_p p-›Sylow-Gruppe).

Lit.: [G 42]

Plücker-Clebsch, Kriterium von: Ein ganzrationales System ›algebraischer Gleichungen $f_i(x_1, \ldots, x_r; t_1, \ldots, t_s) = 0$ $(i = 1, \ldots, r)$, das für ein beliebiges Wertesystem der Parameter t eine endliche Anzahl von Lösungen für die x besitzt, besitzt auch für unbestimmte Parameter ein endliches Lösungssystem, d. h., es ist kompatibel.

Lit.: SEVERI, F.: Sulla compatibilità dei sistemi di equazioni algebriche. Atti Accad. Naz. Lincei, Rend. (6) 17 (1933), 3—10.

Pluszeichen › Addition

***p*-normale Gruppe:** nach GRÜN endliche Gruppe, von der das ›Zentrum einer p-›Sylow-Gruppe sogar Zentrum jeder p-Sylow-Gruppe ist, in der es enthalten ist. Für p-n. G. gilt der 2. ›Grünsche Satz

Lit.: [G 42]
GRÜN, O.: Beiträge zur Gruppentheorie I. J. reine angew. Math. **174** (1935), 1–14.

Poincaré, Satz von, ›Restklasse

polare Zerlegung: Jede nichtsinguläre reelle ›Matrix A läßt sich in der Form $A = HU$ und $A = UH'$ schreiben mit einer ›orthogonalen Matrix U und einer positiv definiten Matrix H bzw. H'. Jede dieser beiden Zerlegungen heißt p. Z. von A.

Lit.: [M 4]

Polarenprozeß ›Invariantentheorie

Polarform ›quadratische Form

Polarisierungsprozeß ›Invariantentheorie

polyadische Gruppe (= *n-Gruppe*) ist eine nichtleere Menge G mit einer n-stelligen ›Operation f ($n \geqq 2$) auf G, so daß folgende Axiome gelten: (i) Wenn x_{n+1} und $n - 1$ der Symbole $x_1, \ldots, x_n$ als Elemente von G festgehalten werden, so hat die Gleichung

$$f(x_1, \ldots, x_n) = x_{n+1} \qquad (*)$$

wenigstens eine Lösung in G für das restliche Symbol. (ii) f ist *assoziativ*, d. h.

$$f\big(f(x_1, \ldots, x_n), x_{n+1}, \ldots, x_{2n-1}\big) = f\big(x_1, \ldots, x_i, f(x_{i+1}, \ldots, x_{i+n}), x_{i+n+1}, \ldots, x_{2n-1}\big)$$

für beliebige $i = 1, \ldots, n - 1$ und $x_j \in G$. (*) hat dann stets genau eine Lösung.

Eine gewöhnliche ›Gruppe K heißt *Überdeckungsgruppe* der n-Gruppe G, wenn G ein Erzeugendensystem von K und $f(x_1, \ldots, x_n) = x_1 x_2 \ldots x_n$ in K für $x_1, \ldots, x_n$ aus G ist. In diesem Falle ist der aus allen Produkten von $n - 1$ Elementen aus G in K gebildete Komplex $K_0 = G^{n-1}$ Normalteiler von K, G ist Nebenklasse von K mod G_0, und K/G_0 ist endliche zyklische Gruppe, deren Ordnung Teiler von $n - 1$ ist. Nach dem *Postschen Nebengruppensatz* hat jede p. G. eine Überdeckungsgruppe.

Lit.: [A 13], [B 4]
BALCI, D.: Zur Theorie der topologischen n-Gruppen. Minerva Publikation, München 1981.

Polyederform bzw. **-gruppe** >endliche Drehgruppen

polynilpotente Gruppe heißt eine Gruppe G mit einer endlichen Normalreihe, deren Faktoren nilpotent sind („*polynilpotente Reihe*"), und zwar von der *Klasse* $(k_1, k_2, \ldots, k_n)$, wenn $G_{k_1 \ldots k_n} = G$ ist, wobei $G_{k_1 \ldots k_i k_{i+1}}$ rekursiv als das k_{i+1}-te Glied der unteren Zentralkette von $G_{k_1 \ldots k_i}$ definiert ist. Die p. G. fester Klasse bilden eine >Varietät, deren freie Gruppen *freie p. G.* heißen. Jede p. G. ist auflösbar; jede n-stufig auflösbare Gruppe ist p. G. von der Klasse $(1, \ldots, 1)$.

Lit.: [G 26II]

polynilpotente Reihe >polynilpotente Gruppe

Polynom: 1. R sei ein (nicht notwendig kommutativer) Ring. Die Folgen der Form $a = (a_0, a_1, a_2, \ldots)$ mit $a_j \in R$ für alle j, die wir auch als *formale Potenzreihen* über R bezeichnen, bilden einen Ring S, wenn man Addition und Multiplikation mit einer zweiten Folge $b = (b_0, b_1, \ldots)$ gemäß den Regeln $a + b = c$ mit $c_i = a_i + b_i$ und $ab = d$ mit $d_m = \sum_{i+j=m} a_i b_j$ definiert, den *Ring der formalen Potenzreihen* (in einer Unbestimmten) über R. Die Reihen der Form $(a_0, 0, 0, \ldots)$ (bei denen alle $a_n = 0$ für $n \geqq 1$ sind) bilden einen zu R isomorphen Unterring $\bar{R}$ von S, den wir gemäß der Zuordnung $R \ni a_0 \mapsto (a_0, 0, \ldots) \in \bar{R}$ mit R identifizieren können, so daß S als Oberring von R aufgefaßt werden kann. Indem man ein Symbol („*Unbestimmte*") X einführt, das eine freie multiplikative >Halbgruppe mit den sämtlich voneinander verschiedenen Elementen $X, X^2, \ldots, X^n, \ldots$ und den Rechenregeln $X^i X^j = X^{i+j}$ erzeugt, kann man jeder Folge $(a_0, a_1, \ldots)$ die formale Reihe $a_0 + a_1 X + a_2 X^2 + \cdots$ zuordnen, in der wir noch verabredungsgemäß $a_0 = a_0 X^0$ schreiben wollen (wir können nicht $X^0 = 1$ setzen, da R kein Einselement zu enthalten braucht). Diese nennen wir *formale Potenzreihe in der Unbestimmten* X; a_0 heißt ihr *Absolutglied* (= *konstantes Glied* = *absolutes Glied*). Mit diesen Reihen kann man wie mit gewöhnlichen Potenzreihen rechnen, indem man die *Koeffizienten* a_i als vertauschbar mit den X^j ansieht (die Reihenfolge der Koeffizienten in Produkten muß natürlich beibehalten werden, da R nicht als kommutativ vorausgesetzt wurde). Auf diese Weise entsteht ein zu S isomorpher Ring, den wir gemäß der gemachten Zuordnung mit S identifizieren und als Oberring von R auffassen können und mit $R[[X]]$ bezeichnen. Wenn R insbesondere ein Einselement 1 besitzt, kann man als Unbestimmte X die Folge $(0, 1, 0, \ldots)$ nehmen. Das mit der Folge $(1, 0, \ldots, 0, \ldots)$ zu identifizierende Element 1 ist dann auch Einselement von $R[[X]]$.

Eine formale Potenzreihe, in der von einer bestimmten Stelle ab alle Koeffizienten a_i verschwinden, heißt *P. in einer Unbestimmten X über R*; indem man die höheren Glieder, deren Koeffizienten gleich Null sind, gar nicht erst hinschreibt, kann man es in der Form $f(X) = a_0 + a_1 X + \cdots + a_m X^m = \sum_{i=0}^{m} a_i X^i$

darstellen. Der größte Index m, für den der Koeffizient $a_m \neq 0$ ist, heißt *Grad* des P. $f(X)$, das zugehörige Glied $a_m X^m$ *Leitglied*, *Hauptglied* oder *höchstes Glied*, sein Koeffizient a_m *Leitkoeffizient* oder *höchster Koeffizient*. Dem P., dessen sämtliche Koeffizienten gleich 0 sind (*Nullpolynom*, kurz mit 0 bezeichnet), ist kein Grad (gelegentlich auch der Grad $-\infty$) zugeordnet. Ein P. der Form $a_m X^m$ heißt auch *Monom* (Glieder mit verschwindenden Koeffizienten brauchen nicht erst hingeschrieben zu werden).

Die P. in X mit Koeffizienten in R bilden einen Unterring P des Potenzreihenrings S, den *Polynomring* oder *Polynombereich in einer Unbestimmten über R*. Wenn R ein Einselement 1 enthält (das dann auch als Einselement in P fungiert), wird der P.-Ring P gerade von X über P erzeugt und daher auch mit $R[X]$ bezeichnet; häufig wird mit dieser Bezeichnung zugleich stillschweigend zum Ausdruck gebracht, daß X Unbestimmte über R sein soll. Diese Bezeichnung wird gelegentlich auch in dem Falle angewendet, daß R kein Einselement besitzt, wiewohl dann X selbst nicht im P.-Ring liegt.

Für den *Grad* gelten die Regeln: Grad $(f + g) \leqq \max$ (Grad f, Grad g), Grad $fg \leqq$ Grad f + Grad g (hier gilt stets Gleichheit, wenn R nullteilerfrei ist). Daraus folgt: Die *Einheiten* des P.-Rings P über R sind genau die *Konstanten* (d. h. P., die sich auf das Absolutglied reduzieren), die Einheiten sind; wenn R nullteilerfrei (*Integritätsbereich*) ist, so ist es auch der P.-Ring P. Mit R ist auch der Potenzreihenring $R[[X]]$ nullteilerfrei; das folgt, indem man für die vom Nullpolynom verschiedenen Potenzreihen $f = \sum a_i X^i$ als *Anfangsgrad* (oder *Untergrad*) den kleinsten Index m mit $a_m \neq 0$ einführt, denn dann gilt analog Anfangsgrad $fg \geqq$ Anfangsgrad f + Anfangsgrad g, und Gleichheit gilt genau dann, wenn R nullteilerfrei ist. (Dem Nullelement 0 kann man hier gegebenenfalls ∞ als Anfangsgrad zuordnen.) Ferner hat der Ring R dieselbe ›Charakteristik wie $R[X]$ und $R[[X]]$. Wenn R noethersch ist, so auch $R[X]$ und $R[[X]]$; wenn R ZPE-Ring ist, so auch $R[X]$ und $R[[X]]$. Alle diese Ringe sind gleichzeitig kommutativ oder nichtkommutativ.

Indem man sukzessive (oder mit einem Mal) mehrere (etwa n) Unbestimmte einführt, also Symbole $X_1, \ldots, X_n$, die eine freie kommutative multiplikative Halbgruppe erzeugen, deren Elemente sich eindeutig in der Form $X_1^{i_1} \ldots X_n^{i_n}$ schreiben lassen und nach der Vorschrift $(X_1^{i_1} \ldots X_n^{i_n})(X_1^{j_1} \ldots X_n^{j_n}) = X_1^{i_1+j_1} \ldots X_n^{i_n+j_n}$ multiplizieren, gelangt man zum Begriff der (*formalen*) *Potenzreihe in n Unbestimmten* über R $f = \sum_{i_1,\ldots,i_n=0}^{\infty} a_{i_1\ldots i_n} X_1^{i_1} \ldots X_n^{i_n}$ mit Koeffizienten $a_{i_1\ldots i_n} \in R$, wobei analog wie oben das Symbol X_j^0 bedeuten soll, daß dieser Faktor in einem Produkt wegzulassen ist (wenn R ein Einselement 1 besitzt, kann es mit 1 identifiziert werden). Zwei solche Reihen sind genau dann gleich, wenn sie koeffizientenweise übereinstimmen (die X-Potenzen dienen im Grunde genommen nur dazu, die Koeffizienten auch ohne entsprechende Bezeichnung durchzunumerieren). Indem man wieder die X_i als mit Elementen aus R vertauschbar ansieht (untereinander sind sie es ja sowieso), kann man die Addition dieser Reihen koeffizientenweise und die Multiplikation dadurch einführen, daß man jedes Glied der einen Reihe mit jedem Glied der anderen multipliziert und alles wieder nach Potenzen der Unbestimmten ordnet, also

$$(\sum a_{i_1\ldots i_n} X_1^{i_1} \ldots X_n^{i_n})(\sum b_{i_1\ldots i_n} X_1^{i_1} \ldots X_n^{i_n})$$
$$= \sum c_{i_1\ldots i_n} X_1^{i_1} \ldots X_n^{i_n} \quad \text{mit} \quad c_{i_1\ldots i_n} = \sum_{\substack{j_1+k_1=i_1\\ \cdots\cdots\\ j_n+k_n=i_n}} a_{j_1\ldots j_n} b_{k_1\ldots k_n}$$

setzt. Auf diese Weise erhält man den *Potenzreihenring* $R[[X_1, \ldots, X_n]]$ *in n Unbestimmten* $X_1, \ldots, X_n$ *über* R.

Ein Potenzreihenring in endlich vielen Unbestimmten $X_1, \ldots, X_n$ über einem Körper ist ein regulärer >lokaler Ring, in dem die Einheiten genau die Potenzreihen mit *Absolutglied* $a_{00\ldots0} \neq 0$ sind, während das maximale Primideal der Nichteinheiten von $X_1, \ldots, X_n$ erzeugt wird; er ist *vollständig* (*perfekt*) bez. der durch $\mathfrak{m}$ erklärten Konvergenz (s. $\mathfrak{m}$->Topologie).

P. in n Unbestimmten $X_1, \ldots, X_n$ über R heißt eine derartige Potenzreihe, für die nur endlich viele Koeffizienten von 0 verschieden sind (andere Glieder brauchen nicht erst hingeschrieben zu werden); ihre Gesamtheit bildet einen Ring über R, den *Polynomring in n Unbestimmten* $X_1, \ldots, X_n$ über (oder: mit Koeffizienten aus) R. Wenn R ein Einselement 1 besitzt, wird dieser gerade von $X_1, \ldots, X_n$ erzeugt und kann somit auch mit $R[X_1, \ldots, X_n]$ bezeichnet werden; diese Bezeichnung wird aber gelegentlich auch sonst benutzt. *Monom* heißt wieder ein P., von dem nur ein Koeffizient von 0 verschieden ist; *Binom* eines mit nur zwei Koeffizienten $\neq 0$. Jedes P. kann dann offensichtlich als (endliche) Summe von Monomen dargestellt werden. Sind nicht alle Koeffizienten eines P. 0 (handelt es sich also nicht um das *Nullpolynom* 0), so wird die größte Zahl m, zu der es einen Koeffizienten $a_{i_1\ldots i_n} \neq 0$ von f mit $i_1 + \cdots + i_n = m$ gibt, als (*Gesamt-*) *Grad* von f und das bei lexikographischer Anordnung erste Glied dieses Grades als *Anfangs-* oder *Hauptglied* des P. f bezeichnet; dem Nullpolynom kann wieder gegebenenfalls $-\infty$ als (Gesamt-) Grad zugeordnet werden. Hierfür gelten dieselben Rechenregeln wie für eine Unbestimmte, ebenso übertragen sich die obigen Aussagen für P. und Potenzreihenringe von einer Unbestimmten auf mehrere Unbestimmte.

Man kann auch P.-Ringe in unendlich vielen Unbestimmten betrachten, indem man verlangt, daß jedes einzelne dieser P. nur aus jeweils endlich vielen der Unbestimmten gebildet ist.

Die P. vom Grade 0 und das Nullp. 0 heißen auch *konstante P.*, diejenigen vom Grad 1 bzw. 2, 3, 4 heißen auch *linear*, bzw. *quadratisch, kubisch, biquadratisch.* Ein P., dessen sämtliche Glieder mit von 0 verschiedenem Koeffizienten denselben Grad (etwa m) haben, heißt auch *homogenes P.* oder *Form* (m-ten Grades); die zugehörige P.-Funktion (s. u.) stellt dann eine *homogene Funktion* vom *Grade* (oder der *Dimension*) m dar. Jedes P. läßt sich in eindeutiger Weise als (endliche) Summe homogener P. darstellen, der *homogenen Bestandteile* des P. Analog kann man auch (formale) Potenzreihen nach homogenen Bestandteilen ordnen.

Ersetzt man in einem P. $f(X_1, \ldots, X_n)$ (in einer oder mehreren Unbestimmten $X_1, \ldots, X_n$) die Unbestimmten X_i durch Elemente α_i eines Oberrings R' von R, so erhält man in den sich ergebenden sog. *Ersetzungswerten* oder *Einsetzungswerten* von f an der Stelle $(X_1, \ldots, X_n) = (\alpha_1, \ldots, \alpha_n)$ Elemente aus R', die (abweichend von der obigen Definition) auch *Polynome* (in den α_i über R) heißen und in ihrer Gesamtheit einen in R' enthaltenen Oberring $\tilde{R}$ von R bilden. Durch die Abbildung $f(X_1, \ldots, X_n) \mapsto f(\alpha_1, \ldots, \alpha_n)$ wird ein Homomorphismus σ von $R[X_1, \ldots, X_n]$ auf $\tilde{R}$ bewirkt. Die Darstellung der Elemente von $\tilde{R}$ als P. in $\alpha_1, \ldots, \alpha_n$ über R braucht nicht eindeutig und damit σ nicht Isomorphismus zu sein; sie ist es genau dann (und damit σ Isomorphismus), wenn die Menge $\{\alpha_1, \ldots, \alpha_n\}$ algebraisch unabhängig über R ist, die α_i also keiner nichttrivialen ›algebraischen Gleichung mit Koeffizienten aus R genügen, d. h., unabhängige Transzendente über R sind. Wenn R ein Einselement besitzt, enthält $\tilde{R}$ die α_i und ist daher gerade der von den α_i über R erzeugte Ring $[R, \alpha_1, \ldots, \alpha_n]$, den man gemäß der Auffassung der Elemente von $\tilde{R}$ als P. über R auch in der Form $R[\alpha_1, \ldots, \alpha_n]$ schreiben kann.

Jedes P. f (in einer oder mehreren Unbestimmten X_i über R) definiert vermöge der Zuordnung $R \times \cdots \times R \ni (r_1, \ldots, r_n) \mapsto f(r_1, \ldots, r_n) \in R$ eine gleichfalls mit f bezeichnete Funktion von n Veränderlichen auf R mit Werten in R. Diese sog. *Polynomfunktion* oder *ganze rationale Funktion* (in einer oder mehreren Veränderlichen) ist das, was üblicherweise in der Analysis als P. in den Veränderlichen $x_1, \ldots, x_r$ bezeichnet wird. Die P.-Funktionen in n Veränderlichen auf R mit Werten in R bilden einen Ring, der homomorphes Bild von $R[X_1, \ldots, X_n]$ bei der Zuordnung σ: Polynom $\mapsto$ Polynomfunktion ist. Dabei ist zu beachten, daß ein P. (im Sinne der Algebra) durch die zugehörige P.-Funktion im allgemeinen nicht eindeutig bestimmt ist (σ also kein Isomorphismus ist), beispielsweise im Falle eines endlichen Rings, speziell eines ›Galois-Felds; dagegen ist das P. durch die P.-Funktion eindeutig bestimmt (σ ein Isomorphismus), wenn R ein unendlicher Integritätsbereich, etwa $\mathbb{Z}$, $\mathbb{Q}$, $\mathbb{R}$ oder $\mathbb{C}$ ist.

Die Aussage, daß auf diese Weise auch allgemeiner (nach dem Vorbild von oben) durch jedes P. $f(X) \in R[X]$ in jedem Oberring T von R eine Funktion von T in T definiert wird, heißt auch *Einsetzungsprinzip* oder *Ersetzungsprinzip* der P.

2. P. in der universellen Algebra ›Varietät.

3. P. ohne Affekt ›Galois-Gruppe

Lit.: Zu **1.**: [A 3], [A 7 I], [A 16], [A 17]
BREWER, J. W.: Power Series over Commutative Rings. Dekker, New York 1981.
GRAUERT, H., REMMERT, R.: Analytische Stellenalgebren. Springer, Berlin 1971.
LAUSCH, H., W. NÖBAUER: Algebra of Polynomials. North-Holland, Amsterdam 1973.
NÖBAUER, W.: Über die Operation des Einsetzens in Polynomringen. Math., Abh. **134** (1958), 248–259.

Polynomalgebra ›Wort, ›Varietät

Polynombereich, Polynomfunktion ›Polynom

Polynomgleichung = ›algebraische Gleichung

Polynomideal (alte Bezeichnung: *Modul*) heißt jedes ›Ideal in einem Polynomring R von endlich vielen Unbestimmten über einem kommutativen Körper. Da R noethersch ist, wird jedes P. von endlich vielen Polynomen erzeugt.

Lit.: [A 6II], [A 17II]

Polynomidentität ›**PI**-Algebra

Polynommatrix (= *λ-Matrix*) über R heißt eine ›Matrix, deren Elemente ›Polynome in einer Unbestimmten (häufig mit λ bezeichnet) mit Koeffizienten aus einem kommutativen Ring R (mit Einselement) sind. ›Matrizenpolynom

Polynomring ›Polynom

Polynomsymbol ›Varietät

polyzyklische Gruppe heißt eine Gruppe, deren Untergruppen sämtlich endlich erzeugt sind, für die fast alle Kommutatorgruppen 1 sind. Eine Gruppe G ist genau dann p. G., wenn eine und damit jede der folgenden Bedingungen gilt:

(i) Jede abelsche Untergruppe von G ist endlich erzeugt, und fast alle Ableitungen von G sind 1. (ii) Alle abelschen Untergruppen von G sind endlich erzeugt, und alle ihre nichttrivialen homomorphen Bilder besitzen nichttriviale abelsche Normalteiler. (iii) Alle abelschen ›nachinvarianten Untergruppen von G sind endlich erzeugt, und ihre nichttrivialen homomorphen Bilder besitzen nichttriviale abelsche nachinvariante Untergruppen. (iv) G besitzt eine Normalreihe mit zyklischen Faktoren. (v) G ist ›auflösbare Gruppe und genügt der ›Maximalbedingung für Untergruppen. (vi) G besitzt eine subnormale Reihe mit zyklischen Faktoren („*polyzyklische Reihe*“).

Jede Untergruppe, Faktorgruppe und ›Erweiterung einer p. G. durch eine p. G. ist p. G. Die Anzahl der unendlichen Faktoren in einer polyzyklischen Reihe einer p. G. ist invariant und heißt ihr *polyzyklischer Rang*.

Der Begriff der p. G. ordnet sich dem Begriff einer *Poly-P-Gruppe* unter, d. h. einer Gruppe G, die eine Normalreihe besitzt, in der jede Faktorgruppe die gruppentheoretische Eigenschaft P hat; im Falle einer p. G. ist P die Eigenschaft, zyklisch zu sein.

Lit.: [G 39I]

Baer, R.: Noetherian soluble groups: In: L. G. Kovács, B. H. Neumann (ed.):

Proceedings of the International Conference on the Theory of Groups. Gordon and Breach, New York 1967, 17–32.
KARGAPOLOW, M. I., JU. I. MERSLJAKOW (М. И. Каргаполов, Ю. И. Мерзляков): Основы теории групп. Nauka. Moskau 1982; KARGAPOLOV, M. I., J. I. MERZLJAKOV: Fundamentals of the Theory of Groups. Springer, Berlin 1979.

polyzyklische Reihe, polyzyklischer Rang ›polyzyklische Gruppe

positiv [semi]definit ›hermitesche Matrix, ›quadratische Form

Positivbereich ›angeordneter Ring, ›geordnete Gruppe

positive Matrix ›nichtnegative Matrix

positiver Kern ›formal reell

positiver Teil ›Verbandsgruppe

positives Element ›geordnete Gruppe

Postsche Algebra ist ein freies {0, 1}-distributives Produkt einer endlichen ›Kette und einer ›Booleschen Algebra, in der die Elemente der Kette als nullstellige ›Operationen betrachtet werden.

Lit.: [U 9], [V 6]

Postscher Nebengruppensatz ›polyadische Gruppe

Postulation[sformel] ›Hilbert-Samuel-Funktion

Potenz a^n heißt primär die abkürzende Bezeichnung für ein Produkt aus n (natürliche Zahl) gleichen Faktoren a. a heißt dabei *Basis* oder *Grundzahl*, n *Exponent*, *Potenzexponent* oder auch *Potenzindex*. Der ursprünglich für $a \in \mathbb{R}$ oder $\mathbb{C}$ eingeführte Begriff läßt sich allgemeiner auf Elemente aus einer Menge mit einer (assoziativen) binären ›Operation anwenden, z. B. auf ›Halbgruppen oder ›Gruppen. Dann gelten die *Potenzgesetze*: $a^m \cdot a^n = a^{m+n}$, $(a^m)^n = a^{mn}$, im Falle kommutativer Multiplikation ferner $a^n \cdot b^n = (a \cdot b)^n$. Wenn a ein ›Inverses a^{-1} besitzt, kann man allgemeiner P. mit ganzzahligen Exponenten erklären, indem man a^{-n} für $n > 0$ durch $(a^{-1})^n$ und a^0 als Einselement definiert; dann übertragen sich die Potenzgesetze auf beliebige ganze Exponenten. Für Verallgemeinerungen ohne die Voraussetzung der Assoziativität ›potenzassoziativ.

P. in anderer Bedeutung ›Zentrenreihen.

potenzassoziativ heißt eine (universelle) ›Algebra A bez. einer in ihr erklärten multiplikativen Verknüpfung, wenn für alle $a \in A$ für die rekursiv erklärten

›Potenzen das Potenzgesetz $a^r a^s = a^{r+s}$ gilt; ein aus m Faktoren a bestehendes Produkt hat dann unabhängig von der Beklammerung den Wert a^m. A ist genau dann p., wenn jedes a eine multiplikative Halbgruppe erzeugt; eine ›Loop ist genau dann p., wenn jedes Element eine Untergruppe erzeugt. Eine nichtassoziative Algebra A endlicher Dimension über einem Körper K heißt *streng p.*, wenn für jeden Oberkörper L von K die Grundkörpererweiterung A_L p. ist; z. B. sind die ›Jordan-Algebren *streng* oder *strikt p.* (bez. der Multiplikation), ferner *flexible Algebren* (für die also stets $u(vu) = (uv)\,u$ ist), insbesondere also kommutative Algebren, assoziative Algebren und ›Liesche Algebren.

Eine kommutative p. ›Algebra über einem Körper der Charakteristik $\neq 2$, die ein ›Idempotent $e \neq 0$ enthält, besitzt eine ›*Peircesche Zerlegung* $A = A_0(e) \oplus A_{1/2}(e) \oplus A_1(e)$ in die direkte Summe von Vektorräumen mit $A_\lambda(e) = \{a \in A \mid ea = \lambda a\}$. $A_0(e)$ und $A_1(e)$ sind Unteralgebren, $A_0(e)\,A_1(e) = 0$, $A_{1/2}(e)\,A_{1/2}(e) \subset A_0(e) + A_1(e)$, $A_\lambda(e)\,A_{1/2}(e) \subset A_{1/2}(e) + A_{1-\lambda}(e)$ für $\lambda = 0, 1$.

Lit.: [B 4], [R 8], [R 29]
Albert, A. A.: A theory of power-associative commutative algebras. Trans. Amer. Math. Soc. **69** (1950), 503–527.
Kokoris, L. A.: New results on power-associative algebras. Trans. Amer. Math. Soc. **77** (1954), 363–373.

Potenzdeterminante = ›Vandermondesche Determinante

Potenzexponent, Potenzindex ›Potenz

Potenzkettensatz ›Nilideal

Potenzproduktsumme = monomiale symmetrische Funktion ›Alternante

Potenzreihenkörper in den Unbestimmten $X_1, \ldots, X_n$ heißt der Quotientenkörper des Potenzreihenrings (›Polynom) $K[[X_1, \ldots, X_n]]$ über dem Körper K; er wird bezeichnet mit $K\langle\langle X_1, \ldots, X_n\rangle\rangle$ oder $K((X_1, \ldots, X_n))$. Jedes Element aus $K((X))$ läßt sich als *formale Laurent-Reihe* der Form $\sum_{i=k}^{\infty} a_i x^i$ mit $k > -\infty$ schreiben.

Potenzreihenring ›Polynom

Potenzrest ›binomische Kongruenz

Potenzsummen (= *Newtonsche Summen*) (in $x_1, \ldots, x_n$) heißen die ›symmetrischen Polynome $p_k = x_1^k + \cdots + p_n^k$ $(k = 0, 1, 2, \ldots)$ der Unbestimmten $x_1, \ldots, x_n$. Nach dem Hauptsatz über elementarsymmetrische Funktionen müssen sie sich durch die symmetrischen Grundpolynome $s_1, \ldots, s_n$ in $x_1, \ldots, x_n$ ausdrücken lassen, und zwar lassen sie sich vermöge der *Newtonschen For-*

meln (= *Newtonschen Gleichungen*)

$$p_k - p_{k-1}s_1 + p_{k-2}s_2 + \cdots + (-1)^{k-1} p_1 s_{k-1} + (-1)^k k s_k = 0$$
$$(k = 1, 2, \ldots, n-1),$$
$$p_k - p_{k-1}s_1 + p_{k-2}s_2 + \cdots + (-1)^{n-1} p_{k-n+1}s_{n-1} + (-1)^n p_{k-n}s_n = 0$$
$$(k = n, n+1, \ldots)$$

sukzessive durch die s_ν darstellen. Explizit gilt die *Waringsche Formel*

$$p_k = \sum_{\nu_1+2\nu_2+\cdots+n\nu_n=k} (-1)^{\nu_1+\nu_2+\cdots+\nu_n+k} \times \frac{(\nu_1+\nu_2+\cdots+\nu_n-1)!\,k}{\nu_1!\,\nu_2!\ldots\nu_n!}$$
$$\times\, s_1^{\nu_1}\ldots s_n^{\nu_n} \quad (k = 1, 2, \ldots).$$

Lit.: [A 8 I], [A 17 I]

p-Rang ›p-auflösbare Gruppe

präparierte Formen ›bilineare Invariante

präprimale Algebra ›funktional vollständig

p-reguläre Klasse heißt eine Klasse konjugierter Elemente einer Gruppe, die zu der Primzahl p teilerfremde Ordnung haben.

prim = ›relativ prim

primale Algebra ›funktional vollständig

primäre Gruppe ›p-Gruppe

primäre zentrale einfache Algebra ›normale Algebra

primärer Integritätsbereich ist ein ›Integritätsbereich R mit Einselement, der genau ein Primideal $\mathfrak{p} \neq R$, $\neq (0)$ enthält; alle vom Nullideal verschiedenen echten Ideale sind ›Primärideale zu $\mathfrak{p}$. R ist dann ›einartiger Integritätsbereich. Ein p. I. braucht nicht noethersch zu sein.

Lit.: [R 19]

primärer Modul ›Primärideal

primärer Nullteilerring (= *primärer Ring*) heißt ein kommutativer Ring, in dem kein Primideal Oberideal eines anderen Primideals ist, alle ›Primideale also die ›Dimension 1 besitzen, und in dem jeder Nullteiler nilpotent ist. Er heißt *stark p. N.* (= *stark primärer Ring* = *starker Ring*) oder *schwach p. N.*, je nachdem, ob sein Nullideal stark oder schwach primär ist. Ein p. N. mit Einselement ist ein >einartiger Nullteilerring. Jeder Körper ist ein p. N., ebenso jeder Restklassenring eines p. N. >Primärideal

Lit.: [R 19]

primärer Ring: 1. = >primärer Nullteilerring

2. Ein nichtkommutativer Ring R heißt p. R., wenn er ein Einselement enthält, das Radikal $\mathfrak{r}$ existiert und der Radikalrestklassenring $R/\mathfrak{r}$ einfach ist; er ist >voller Matrizenring über einem vollständig primären Ring, ist also ein spezieller >halbprimärer Ring.

Lit.: [R 13]

Primärideal (= primäres Ideal) heißt ein >Ideal $\mathfrak{q}$ eines kommutativen Rings R, wenn für $a, b \in R$ stets gilt: aus $ab \in \mathfrak{q}$, $a \notin \mathfrak{q}$ folgt $b^{\varrho} \in \mathfrak{q}$ mit einem $\varrho \geqq 1$; äquivalent dazu ist, daß im Restklassenring $R/\mathfrak{q}$ jeder Nullteiler nilpotent ist. Insbesondere ist jedes >Primideal P. mit $\varrho = 1$. Das *Radikal* $\mathfrak{p}$ eines P. $\mathfrak{q}$ (Menge der $b \in R$, von denen eine Potenz in $\mathfrak{q}$ liegt) ist ein Primideal und heißt das zu $\mathfrak{q}$ gehörige (*zugehörige*) *Primideal*; $\mathfrak{q}$ heißt ein zu $\mathfrak{p}$ gehöriges P. oder kurz *$\mathfrak{p}$-primär*. Ein Ideal $\mathfrak{q}$ ist genau dann P. und das Ideal $\mathfrak{p}$ das zugehörige Primideal, wenn gilt: (i) $\mathfrak{q} \subset \mathfrak{p}$; (ii) aus $b \in \mathfrak{p}$ folgt $b^m \in \mathfrak{q}$ für ein gewisses m (das von b abhängen kann); (iii) aus $ab \in \mathfrak{q}$ und $a \notin \mathfrak{q}$ folgt $b \in \mathfrak{p}$.

Ein P. heißt *stark primär* (*starkes P.*), wenn es eine feste Potenz des zugehörigen Primideals enthält (anderenfalls *schwach primär* oder *schwaches P.*). Es gibt dann eine kleinste natürliche Zahl m mit $p^m \in \mathfrak{q}$ für jedes $p \in \mathfrak{p}$, dieses m heißt der *Exponent* von $\mathfrak{q}$. In einem noetherschen Ring ist jedes P. starkes P. Der Restklassenring eines starken (bzw. schwachen) P. ist ein *starker* (bzw. *schwacher*) >*primärer Nullteilerring.*

Die Potenzen eines maximalen Ideals $\mathfrak{p}$ (das stets Primideal ist) in einem kommutativen Ring mit 1 sind stets P. In einem >Dedekindschen Ring ist jedes P. Potenz des zugehörigen Primideals und jede Potenz eines Primideals P. Im allgemeinen gilt sonst weder das eine noch das andere. Man kann aber jeder Potenz $\mathfrak{q}^n$ eines zum Primideal $\mathfrak{p}$ gehörigen P. (insbesondere also von $\mathfrak{p}$ selbst) ein P. $\mathfrak{q}^{(n)}$ zuordnen, die sog. n-te *symbolische Potenz* von $\mathfrak{q}$, indem man $\mathfrak{q}^{(n)}$ gleich dem Zurückleitungsideal $\mathfrak{q}^n \cdot R_{\mathfrak{p}} \cap R$ (mit der Lokalisierung $R_{\mathfrak{p}}$ von R bez. $\mathfrak{p}$) setzt; damit wird nämlich gerade, wenn $\mathfrak{q}^n$ eine endliche >Primärkomponentenzerlegung besitzt, die zu $\mathfrak{p}$ gehörige Komponente von $\mathfrak{q}^n$ herausgegriffen. $\mathfrak{q}^{(n)}$ besteht aus genau den Elementen x von R, zu denen ein $d \notin \mathfrak{p}$ mit $dx \in \mathfrak{q}^n$ existiert. Wenn $\mathfrak{p}$ eine endliche Basis besitzt, so enthält jedes zu $\mathfrak{p}$ gehörige P. eine symbolische Potenz von $\mathfrak{p}$; im Falle eines noetherschen Integritätsbereichs ist $\bigcap_n \mathfrak{p}^{(n)} = (0)$. In diesem Falle ist $\mathfrak{p}$ das einzige zu $\mathfrak{q}^{(n)} \cdot \mathfrak{q}^{(m)}$ gehörige Primideal, und $\mathfrak{q}^{(m+n)}$ ist die zugehörige Primärkomponente. In einem (nicht notwendig nullteilerfreien) noetherschen Ring ist $\bigcap \mathfrak{p}^{(n)}$ die durch $R \setminus \mathfrak{p}$ bestimmte Komponente des Nullideals.

Der Durchschnitt endlich vieler P., die zu demselben Primideal $\mathfrak{p}$ gehören, ist wieder P. zu $\mathfrak{p}$. Ein unverkürzbarer Durchschnitt von endlich vielen P., die nicht alle zum selben Primideal gehören, ist nicht primär. Jedes (*durchschnitts*-) *irreduzible*, d. h. nicht als Durchschnitt zweier echter Oberideale darstellbare, Ideal in einem noetherschen Ring ist P.

Allgemeiner werde für den Fall eines ›R-Moduls M unter Ass (M) (›assoziierte Primideale) die Menge aller Primideale verstanden, die ›Annullator eines von (0) verschiedenen Untermoduls von M sind. Ein *Untermodul* N des Moduls M über einem noetherschen Ring R heißt dann *primär*, wenn Ass (M + N) einelementig ist.

Lit.: [R 17 II], [R 18 I], [R 19], [R 25], [R 27], [R 28]
Hochster, M.: Symbolic powers in noetherian domains. Illinois J. Math. **15** (1971), 9–27.

Primärkomponentenzerlegung (= Primärzerlegung): Ist $\mathfrak{a}$ Ideal eines kommutativen Rings R mit Einselement und gibt es eine Darstellung

$$\mathfrak{a} = \mathfrak{q}_1 \cap \cdots \cap \mathfrak{q}_r \qquad (*)$$

von $\mathfrak{a}$ als Durchschnitt von endlich vielen ›Primäridealen $\mathfrak{q}_i$, so sagt man, $\mathfrak{a}$ ist zerlegbar in *Primärkomponenten* (oder *Komponentenideale*) $\mathfrak{q}_i$. Ist $\mathfrak{p}_i$ das zu $\mathfrak{q}_i$ gehörige Primideal, so folgt hieraus für das *Radikal* von $\mathfrak{a}$ die Zerlegung Rad $\mathfrak{a} = \mathfrak{p}_1 \cap \cdots \cap \mathfrak{p}_r$ (hierin können Primideale, die nicht minimal sind, also ein anderes hierin vorkommendes Primideal enthalten, weggelassen werden). Eine Darstellung (*), in der es ein $\mathfrak{q}_i$ gibt, das den Durchschnitt der übrigen $\mathfrak{q}_j$ enthält, heißt *verkürzbar* (denn durch Weglassen dieses q_i erhält man wieder eine P. von $\mathfrak{a}$); anderenfalls heißt sie *unverkürzbar*. Indem man die (in einer unverkürzbaren P.) jeweils zu demselben Primideal $\mathfrak{p}$ gehörigen Primärkomponenten zu einem zu demselben $\mathfrak{p}$ gehörigen Primärideal zusammenfaßt, gelangt man zu einer P., in der die zu den $\mathfrak{q}_i$ gehörigen $\mathfrak{p}_i$ alle verschieden sind; eine solche P. heißt eine *normierte Zerlegung* oder *reduzierte Darstellung* oder *unverkürzbare Darstellung durch größte Primärideale* (oder *Primärkomponenten*). Die Anzahl der größten Primärkomponenten sowie (zwar nicht die Primärkomponenten selbst, aber) die zugehörigen Primideale sind durch $\mathfrak{a}$ eindeutig bestimmt (*erster Eindeutigkeitssatz*).

Eine Primärkomponente $\mathfrak{q}_i$ von $\mathfrak{a}$ heißt ›*eingebettet*, wenn das zugehörige Primideal $\mathfrak{p}_i$ Oberideal eines anderen zu $\mathfrak{a}$ gehörigen $\mathfrak{p}_j$ ist, anderenfalls *isoliert*; dieselbe Sprechweise gelte für die zugehörigen Primideale. Allgemein heißt ein Primoberideal $\mathfrak{p}$ von $\mathfrak{a}$ eingebettet, wenn es nicht minimales Primoberideal von $\mathfrak{a}$ ist. Analog heißt eine Teilmenge der Menge aller $\mathfrak{q}_i$ bzw. $\mathfrak{p}_i$ *isoliert*, wenn kein zugehöriges $\mathfrak{p}_i$ Oberideal eines nicht zur Teilmenge gehörigen $\mathfrak{p}_j$ ist. Jedes *isolierte Komponentenideal* von $\mathfrak{a}$ ist durch das zugehörige $\mathfrak{p}_i$, allgemeiner jeder Durchschnitt einer isolierten Menge von Primärkomponenten von $\mathfrak{a}$ durch die zugehörigen Primideale eindeutig bestimmt (*zweiter Eindeutigkeitssatz*). Allgemeiner kann man das *isolierte Komponentenideal* von $\mathfrak{a}$ bez. eines multiplikativ abgeschlossenen Systems M als Menge der $x \in R$ mit $cx \in \mathfrak{a}$ für mindestens ein $c \in M$ definieren; jedes zu $\mathfrak{p}_i$ gehörige isolierte Komponentenideal gehört dann zu $M = R \setminus \mathfrak{p}_i$.

In einem noetherschen kommutativen Ring besitzt jedes Ideal eine P. (*Zerlegungssatz* [*der Idealtheorie*] = *Satz von Lasker-Noether* = *Laskersches Theorem*). Analoge Aussagen gelten für die Zerlegung eines Untermoduls eines ›R-Moduls als Durchschnitt primärer Untermoduln.

Lit.: [R 17 II], [R 18 I], [R 19]
FELLER, E. H.: The lattice of submodules of a module over a noncommutative ring. Trans. Amer. Math. Soc. 81 (1956), 342–357.
FITTING, H.: Primärkomponentenzerlegung in nichtkommutativen Ringen. Math. Ann. 111 (1935), 19–41.
FUCHS, L.: A lattice-theoretic discussion of some problems in additive ideal theory. Acta Math. Acad. Sci. Hung. 5 (1954), 299–313.

Primbasis: Die Unbestimmten $X_{i_1}, \ldots, X_{i_r}$ heißen *unabhängig bezüglich eines Ideals* $\mathfrak{a}$ des Polynomrings $R = k[X_1, \ldots, X_n]$ über dem Körper k, wenn $\mathfrak{a} \cap k[X_{i_1}, \ldots, X_{i_r}] = (0)$ ist, d. h., wenn $\mathfrak{a}$ kein ›Polynom enthält, das von diesen und keinen anderen Unbestimmten abhängt; anderenfalls heißen diese Unbestimmten ***abhängig bezüglich*** $\mathfrak{a}$. Jedes nulldimensionale Primideal $\mathfrak{p}$ von R besitzt eine n-gliedrige Basis $(p_1, \ldots, p_n)$ mit $p_1 = p_1(X_1), p_2 = p_2(X_1, X_2), \ldots, p_n = p_n(X_1, \ldots, X_n)$, wobei alle Polynome $p_i(X_1, \ldots, X_i)$ irreduzibel und vom höchsten Koeffizient 1 in X_i sind. $(p_1, \ldots, p_n)$ heißt dann P. von $\mathfrak{p}$.

Ist allgemeiner $\mathfrak{p}$ ein Primideal von R von der Höhe r, in bezug auf welches $X_1, \ldots, X_d$ $(d = \dim \mathfrak{p} = n - r)$ unabhängig sind, so existieren r Polynome $p_{d+\nu}(X_1, \ldots, X_{d+\nu})$ $(\nu = 1, \ldots, r)$ und ein $F \in k[X_1, \ldots, X_d]$ mit $\mathfrak{p} = (p_{d+1}, \ldots, p_n) : (F)$; diese heißt eine P. von $\mathfrak{p}$ und die entsprechende Aussage *Satz von der P.*

Eine P., bei der $p_{d+2}, \ldots, p_n$ jeweils in der letzten Unbestimmten linear sind, heißt eine *monoidale P.*

Lit.: [A 6 II]

Primelement ›Teiler

primer Ring heißt ein (nichtkommutativer) Ring R, in dem das Nullideal ein ›Primideal ist, die (zweiseitigen) Ideale also eine multiplikative Halbgruppe ohne ›Nullteiler bilden. Das ist genau dann der Fall, wenn der rechte bzw. linke ›Annullator jedes Rechts- bzw. Linksideals $\neq 0$ gleich 0 ist, ferner, wenn aus $a, b \neq 0$ aus R stets $aRb \neq 0$ folgt. Jeder ›primitive Ring ist p. R. Das Zentrum eines p. R. ist ›Integritätsbereich. Ein Ring ohne ›Nilideale $\neq 0$ ist subdirekte Summe p. R.

Ein Ring ohne nilpotente Ideale $\neq 0$ heißt *semiprim* oder *halbprim*; ein p. R. ist erst recht semiprim.

Lit.: [R 3], [R 12], [R 13]

Primfaktor = **Primfaktorgruppe** ›Ketten und Reihen

Primfaktorzerlegung ›Teiler

Primfilter ›Primideal

Primideal: 1. (= *primes Ideal*) eines (nicht notwendig assoziativen oder kommutativen) Rings R heißt ein zweiseitiges Ideal $\mathfrak{p}$, für das mit beliebigen Idealen $\mathfrak{a}$ und $\mathfrak{b}$ von R (∗) aus $\mathfrak{a}\mathfrak{b} \subset \mathfrak{p}$ stets $\mathfrak{a} \subset \mathfrak{p}$ oder $\mathfrak{b} \subset \mathfrak{p}$ folgt. Für assoziative Ringe (die im folgenden ausschließlich betrachtet werden) ist das gleichbedeutend damit, daß für Elemente $a, b \in R$ aus $aRb \subset \mathfrak{p}$ stets $a \in \mathfrak{p}$ oder $b \in \mathfrak{p}$ folgt.

Ein zweiseitiges R-Ideal $\mathfrak{p}$ ist genau dann P., wenn die Komplementärmenge $R \setminus \mathfrak{p}$ ein ›m-System ist. (Die von FITTING erklärten P. weichen hiervon ab.) Wenn R ›Ordnung eines nichtkommutativen Rings mit Einselement ist, beschränkt man sich in der Definition (∗) des P. auf *zweiseitige ganze R-Ideale*; $R/\mathfrak{p}$ ist dann einfacher Ring, und wenn dieser r-reihiger Matrizenring über einem Schiefkörper ist, so heißt r die *Kapazität* von $\mathfrak{p}$.

Ein Ideal von R heißt *vollständig prim* oder *vollständiges P.*, wenn für beliebige $a, b \in R$ aus $ab \in \mathfrak{p}$ stets $a \in \mathfrak{p}$ oder $b \in \mathfrak{p}$ folgt. Ein vollständiges P. ist stets P.; in kommutativen Ringen fallen beide Begriffe zusammen. Ein maximales Ideal eines Rings R ist genau dann P., wenn es nicht R^2 enthält; insbesondere ist ein maximales Ideal eines Rings mit Einselement P.

Ein Ideal $\mathfrak{p}$ von R ist genau dann *vollständiges P.*, wenn der Restklassenring $R/\mathfrak{p}$ nullteilerfrei ist, d. h., wenn die Differenzmenge $R \setminus \mathfrak{p}$ Teilhalbgruppe der multiplikativen Gruppe $R^\times$ von R ist; es ist genau dann P., wenn die multiplikative Halbgruppe der Ideale von $R/\mathfrak{p}$ nullteilerfrei ist. Das Nullideal von R ist genau dann P. bzw. vollständiges P., wenn R nullteilerfrei ist bzw. wenn die Ideale von R eine nullteilerfreie multplikative Halbgruppe bilden. In ›Dedekindschen Ringen läßt sich jedes Ideal bis auf die Reihenfolge eindeutig als Produkt von Primidealpotenzen schreiben.

Im Falle eines kommutativen Rings mit Einselement ist der Durchschnitt aller P. gleich dem *Radikal des Nullideals*, d. h. gleich der Menge aller ›nilpotenten Elemente.

2. *Primideal* (= *∩-Primideal*) *eines* ›*Verbands* heißt ein ›Ideal I, für das aus $a \wedge b \in I$ stets $a \in I$ oder $b \in I$ folgt (das steht im Falle einer ›Booleschen Algebra mit der Definition im Sinne von 1. für den zugehörigen ›Booleschen Ring in Einklang). Analog sind die *dualen Primideale* (*∪-Primideale* oder *Primfilter* = *Ultrafilter*) erklärt. (Bei HERMES sind die Bezeichnungen ∪ und ∩ gerade umgekehrt.). Ein Ideal P des Verbands L ist genau dann P., wenn $L \setminus P$ Primfilter ist. ›Ideal eines Verbands.

Lit.: [A 16], [R 19], [V 8], [V 14]
FITTING, H.: Primärkomponentenzerlegung in nichtkommutativen Ringen. Math. Ann. **111** (1935), 19–41.
MCCOY, N. M.: Prime ideals in general rings. Amer. J. Math. **71** (1949), 823–833.

Primideal einer ›**Booleschen Algebra**

Primideal einer Halbgruppe ›Charakter

Primidealkette: Ist R kommutativer Ring mit Eins und sind $\mathfrak{p}$ und $\mathfrak{p}'$ Primideale aus R mit $\mathfrak{p} \supset \mathfrak{p}'$, so heißt eine nur aus ›Primidealen bestehende Idealkette $\mathfrak{p} = \mathfrak{p}_0 \supset \mathfrak{p}_1 \supset \cdots \supset \mathfrak{p}_d = \mathfrak{p}'$ mit lauter verschiedenen Gliedern eine P. von $\mathfrak{p}$ nach $\mathfrak{p}'$ von der *Länge d*. Eine P., die sich nicht durch Einfügen weiterer Primideale verfeinern läßt, heißt auch *geschlossen* oder *saturiert*.

Die Länge einer mit einem minimalen Primoberideal eines von r Elementen erzeugten Ideals eines kommutativen noetherschen Rings mit 1 beginnenden aufsteigenden P. ist $\leqq r$ (*Primidealkettensatz*).
›Dimension eines Ideals.

Lit.: [A 6], [R 19]

Primidealkettensatz ›Primidealkette

Primintegritätsbereich ›Primring

primitiv ›Permutationsgruppe

primitive Adjungierte ›adjungierte quadratische Form

primitive [Algebren]klasse = ›Varietät

primitive Gleichung ›Galois-Gruppe, ›Radikal über einem Körper

primitive Klasse = ›Varietät

primitive Kongruenzwurzel = ›Primitivwurzel

primitive Liesche Transformationsgruppe ›imprimitive Liesche Transformationsgruppe

primitive Matrix ›unzerlegbare Matrix

primitive quadratische Form heißt eine ›quadratische Form $\sum_{i,k=1}^{n} \alpha_{ik} x_i x_k$ $(\alpha_{ik} = \alpha_{ki})$ mit Koeffizienten in einem algebraischen Zahlkörper, wobei der größte gemeinsame ›Teiler aller α_{ii} und $2\alpha_{ik}$ für $i \neq k$ gleich 1 ist, genauer *eigentlich primitiv* (*quadratische Form von erster Art* = *ungerade quadratische Form*). Wenn alle α_{ii} durch 2 teilbar sind und der größte gemeinsame Teiler aller $\frac{1}{2}\alpha_{ii}, \alpha_{ik}$ (für $i \neq k$) 1 ist, heißt die Form *uneigentlich primitiv*. Alle Formen einer ›Ordnung quadratischer Formen sind gleichzeitig eigentlich primitiv, uneigentlich primitiv bzw. nichtprimitiv.

Lit.: [Q 8 I]

primitive Zahl = ›Primitivwurzel

primitiver Modul über einem ›Fastring

primitiver Ring: Ein (assoziativer) Ring R heißt *(rechts-) p.R.*, wenn ein irreduzibler Rechtsmodul M (der also nur sich selbst und 0 als Untermoduln besitzt) existiert, der *treu* ist (aus $M \cdot a = (0)$ mit $a \in R$ folgt $a = 0$). Analog läßt sich ein *links-p. R.* definieren. Ein p. R. läßt sich als ein ›irreduzibler Ring von Endomorphismen von M auffassen.

Jeder kommutative p. R. ist Körper. Jeder ›halbeinfache Ring (im Sinne des ›Jacobsonschen Radikals) ist subdirektes Produkt von p. R. Jeder ›einfache Ring ist p. R. oder Radikalring.

Ein Ring ist genau dann p. R., wenn er ein maximales modulares Rechtsideal besitzt, das keine zweiseitigen Ideale $\neq (0)$ enthält. Damit kann man auch nichtassoziative p. R. definieren.

Lit.: [R 6], [R 7], [R 11 II], [R 12], [R 13], [R 16], [R 18]

primitives Element (= *erzeugendes Element*) eines Erweiterungskörpers K eines Körpers k heißt jedes Element ϑ von K, das K über k erzeugt: $K = k(\vartheta)$, d. h., jedes Element α von K ist als rationale Funktion von ϑ mit Koeffizienten aus k darstellbar. Bei algebraischen Erweiterungskörpern K genügt dann ϑ einer in $K[X]$ irreduziblen Gleichung m-ten Grades (›definierende Gleichung), und jedes $\alpha \in K$ läßt sich eindeutig in der Form $\alpha = \alpha_0 + \alpha_1\vartheta + \cdots + \alpha_{m-1}\vartheta^{m-1}$ mit $\alpha_i \in k$ darstellen, d. h., $1, \vartheta, \ldots, \vartheta^{m-1}$ bilden eine ›Körperbasis von K/k. Für endlich-algebraische Erweiterungen gilt der *Satz vom p. E.*: Sind die h Elemente $\alpha_1, \ldots, \alpha_h$ algebraisch über k und sind $h - 1$ davon separabel über k, so ist $k(\alpha_1, \ldots, \alpha_h)$ einfache Erweiterung von k, wird also bereits von e i n e m Element (p. E.) ϑ erzeugt.

Lit.: [A 17 I]

primitives Ideal: Ein zweiseitiges Ideal $\mathfrak{p}$ eines (assoziativen) Rings R heißt *(rechts-) primitiv*, wenn $R/\mathfrak{p}$ (rechts-) ›primitiver Ring ist. Analog ist ein *links-p. I.* definiert. Die Menge der p. I. bildet den ›*Strukturraum* von R.

Lit.: [R 13]

primitives Idempotent (= *unzerlegbares Idempotent*) heißt ein ›Idempotent $e \neq 0$ eines Rings R, das nicht als Summe zweier ›orthogonaler Idempotente geschrieben werden kann. Ein Idempotent $e \neq 0$ ist genau dann p. I., wenn es in R kein Idempotent $u \neq 0$ mit $eu = ue = u \neq e$ gibt. Ein Idempotent $e \neq 0$ ist genau dann p. I., wenn eRe kein nichtverschwindendes Idempotent $\neq e$ enthält. Diese beiden Charakterisierungen dienen auch zur Definition von p. I. in *multiplikativen Halbgruppen* (in denen evtl. ein >Nullelement existiert).

Lit.: [R 1], [R 5]
Dickson, L. E.: Algebren und ihre Zahlentheorie. Orell Füssli, Zürich 1927.

primitives Polynom >Inhalt eines Polynoms, >Henselsches Lemma, >Galois-Gruppe

Primitivwurzel (= *primitive Kongruenzwurzel* = *Primitivzahl* = *primitive Zahl*) mod p^α heißt jede Erzeugende w der primen Restklassengruppe mod p^α (p ungerade Primzahl); es gibt $\varphi(\varphi(p^\alpha)) = \varphi(p^{\alpha-1}(p-1))$ P. Der (eindeutig bestimmte) Exponent ξ, mit dem sich eine gegebene zu p prime Restklasse a mod p^α gemäß $a \equiv w^\xi$ mod p^α darstellen läßt, heißt *Index* oder *Exponent* von a (für die P. w) mod p^α. Es gibt kein Rechenverfahren zur Bestimmung von P.; aus einer P. w für p erhält man aber in $w(1+p)$ eine P. mod jeder Potenz p^α. Nach einer Vermutung von Artin gibt es zu jeder Nichtquadratzahl $w \neq \pm 1$ unendlich viele Primzahlen, die w als P. besitzen. 2 hat 1 als P., 4 die P. -1; für $2^\alpha > 4$ gibt es keine P., es läßt sich aber jede ungerade Zahl a eindeutig in der Form $a \equiv \pm 5^\xi$ mod 2^α darstellen, so daß 5 bis aufs Vorzeichen die Rolle einer P. spielt. Für die kleinste positive P. $g(p)$ von p gilt $g(p) = O(2^{m+1}\sqrt{p})$, wo m die Anzahl der verschiedenen Primfaktoren von $p-1$ bezeichnet.

Lit.: [A 1], [A 16], [Enz 2, 13]

Primitivzahl = >Primitivwurzel

Primkörper heißt ein Körper ohne echte Unterkörper. Jeder P. ist bis auf Isomorphie entweder der Körper $\mathbb{Q}$ (bei Charakteristik 0) oder $\mathbb{Z}/p\mathbb{Z}$, der Restklassenkörper von $\mathbb{Z}$ modulo der Primzahl p (bei der Charakteristik p). Jeder Körper enthält einen eindeutig bestimmten P. als Unterkörper, der von dem Einselement des Körpers erzeugt wird.

Lit.: [A 8I], [A 17I]

Primpolynom >Teiler

Primring: 1. P. eines Rings R mit Einselement 1 heißt der von 1 erzeugte Unterring von R, allgemeiner (auch bei Ringen ohne Eins) der Durchschnitt aller Unterringe von R. Er ist bis auf Isomorphie entweder $\mathbb{Z}$ oder der Restklassenring $\mathbb{Z}/m\mathbb{Z}$ von $\mathbb{Z}$ nach einer ganzen Zahl m.

Entsprechend heißt *Primintegritätsbereich* eines >Integritätsbereichs der Durchschnitt aller Unterintegritätsbereiche; er ist isomorph zu $\mathbb{Z}$ oder dem Restklassenring $\mathbb{Z}/p\mathbb{Z}$ mit einer Primzahl p.

2. P. heißt auch ein Ring, in dem das Nullideal ein ›Primideal ist. Jeder nullteilerfreie Ring ist P., aber nicht umgekehrt. Jeder P. im Sinne von 1. ist P. im Sinne von 2.

Lit.: Zu **1.**: [A 8I], [A 16]
Zu **2.**: [R 30]

Primsequenz ›M-Sequenz

Primspektrum ›Spektrum

***p*-Ring** heißt ein Ring, dessen ›Additivgruppe ›p-Gruppe ist.

Produkt ›Multiplikation, ›Kategorientheorie, ›Abbildungen

Produkt von ›**Darstellungen einer Gruppe**

Produkt von ›**Relationen**

Produktformel der Bewertungstheorie ›Bewertung

Produktkategorie ›Kategorientheorie

Produktkettensatz ›Nilideal

Produktkonstante ›R-Algebra

proendliche Gruppe heißt eine ›topologische Gruppe, die sich als projektiver Limes (›inverser Limes) endlicher Gruppen G_i (aufgefaßt als kompakte Gruppen) darstellen läßt: $G = \varprojlim_{i \in I} G_i$. Bezeichnet $\{G_i, \varphi_i^j\}$ das zugehörige projektive System, wobei φ_i^j für $i \leqq j$ der zugehörige Homomorphismus von G_j in G_i ist, so bildet das System der Kerne Ker φ_i $(i \in I)$ der hierdurch bestimmten Homomorphismen von G in G_i ein volles Umgebungssystem der Eins von G.

Eine kompakte Gruppe G ist genau dann p. G., wenn eine der äquivalenten Bedingungen erfüllt ist: (i) G ist totalunzusammenhängend; (ii) G enthält eine Menge offener Normalteiler, die ein volles Umgebungssystem der Eins bilden.

Die p. G. bilden eine Varietät.

Beispiel: Zu dem projektiven System der $G_i = \mathbb{Z}/p^i\mathbb{Z}$ (p Primzahl) mit den natürlichen Epimorphismen $G_{i+1} \to G_i$ gehört als projektiver Limes die additive Gruppe des Rings der ganzen p-adischen Zahlen als p. G. ›Pro-p-Gruppe.

Lit.: Koch, H.: Galoissche Theorie der p-Erweiterungen. DVW, Berlin 1970.
Serre, J.-P.: Cohomologie Galoisienne. LNM 5. Springer, Berlin 1964, 1986.

progressives Produkt ›äußere Potenz

Projektion ›Kategorientheorie, ›*-regulärer Ring

Projektionsfunktor ›Kategorientheorie

Projektiv = projektives Objekts ›projektiver Modul

projektive Auflösung eines ›R-Moduls C ist eine ›exakte Sequenz

$$X: \cdots \to X_{n-1} \to \cdots \to X_1 \to X_0 \to C \to 0$$

mit ›projektiven Moduln X_j. X heißt *freie Auflösung,* wenn die X_j sogar freie Moduln sind. Da jeder Modul Faktormodul eines freien Moduls ist, gibt es stets derartige A. Zwischen zwei verschiedenen p. A. desselben Moduls besteht eine *Kettenäquivalenz.*

In ›exakten Kategorien ist analog mittels projektiver Objekte der Begriff der p. A. eines Objekts erklärt.

Lit.: [C 10], [H 3], [R 20]

projektive Dimension = ›homologische Dimension

projektive Ebene ›Inzidenzstruktur

projektive Elemente ›Perspektivität

projektive Gruppe: 1. Die eindimensionalen Teilräume eines n-dimensionalen Vektorraums $E = E_n$ über einem Körper K bilden einen projektiven Raum $P_{n-1}(K)$. Die nichtsingulären linearen Transformationen des E_n in sich induzieren *projektive Transformationen* des $P_{n-1}(K)$, deren Gesamtheit die n-äre p. G. PGL (n, K) bildet (*allgemeine* oder *volle projektive Gruppe* für n Variable über K, auch mit $\mathrm{PGL}_n(K)$ bezeichnet). Diese ist isomorph zur Faktorgruppe der allgemeinen ›linearen Gruppe GL (n, K) nach der Untergruppe der λI ($\lambda \in K$, I Einheitsmatrix), ihrem Zentrum. Analog ergibt die Faktorgruppe der speziellen linearen Gruppe SL (n, K) nach ihrem Zentrum die *spezielle p. G.* (= *unimodulare p. G.* = *projektive unimodulare Gruppe*) PSL (n, K) oder $\mathrm{PSL}_n(K)$.

Im Falle eines ›Galois-Felds $K = \mathrm{GF}(q)$ aus $q = p^m$ Elementen ist PSL (n, K) = PSL (n, q) eine endliche Gruppe der Ordnung $\dfrac{(q^n - 1)(q^n - q)\ldots(q^n - q^{n-1})}{d(q-1)}$, wo d = g. g. T. $(n, q - 1)$ die Anzahl der n-ten Einheitswurzeln in K bedeutet. Die PGL (n, q) und PSL (n, q) sind dann ›Permutationsgruppen vom Grade $\dfrac{q^n - 1}{q - 1}$. PSL $(2, q)$ ist für $q = 2$ die ›symmetrische Gruppe $\mathfrak{S}_3$, für $q = 3, 4$ die alternierende Gruppe $\mathfrak{A}_4$ bzw. $\mathfrak{A}_5$. Ist K ein Körper der Charakteristik $\neq 2$

oder vollkommen und $n > 1$, so ist PSL (n, K) außer in den Fällen PSL (2, 2) und PSL (2, 3) eine ›einfache Gruppe. Weitere Angaben und Isomorphien in [D 20].

Allgemeiner induzieren die *Kollineationen* (bijektive halblineare Abbildungen von E auf sich) von E eine Abbildung von $P_{n-1}(K)$ auf sich, deren Gesamtheit die Gruppe $\mathrm{P}\Gamma\mathrm{L}_n(K) = \Gamma\mathrm{L}_n(K)/H_n$ ($\Gamma\mathrm{L}_n(K)$ allgemeine halblineare Gruppe, H_n Untergruppe der Homothetien) von $P_{n-1}(K)$ bildet.

2. p. G. heißt auch die aus den Transformationen $(x^i) \mapsto (x'^i)$ $(i = 1, \ldots, n)$ mit $x'^i = \dfrac{\sum\limits_j a^i_j x^j + a^i}{\sum\limits_j a^0_j x^j + a^0}$ mit nichtsingulärer Matrix (a^i_j) bestehende kontinuierliche Gruppe von $n^2 + n$ Parametern.

Lit.: Zu 1.: [D 20], [D 22], [G 11], [G 20]
Baer, R.: Linear algebra and projective geometry. Academic Press, New York 1952.

projektive Hülle eines ›R-Moduls M heißt ein kleiner Epimorphismus (›kleiner Modul) eines ›projektiven Moduls P auf M. Dual dazu ist der Begriff der ›injektiven Hülle.

Lit.: [R 17]

projektive Intervalle ›modularer Verband

projektive Nullstelle ›homogenes Polynomideal

projektive unimodulare Gruppe = spezielle ›projektive Gruppe

projektiver Limes = ›inverser Limes

projektiver Modul: Der ›R-Modul P heißt *projektiv*, wenn sich in jedem ›Diagramm von Modulhomomorphismen

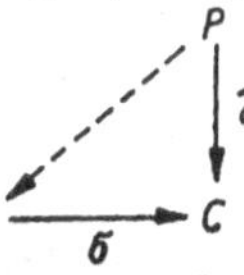

mit einem Epimorphismus σ für den gestrichelten Pfeil ein Homomorphismus β einsetzen läßt, der das Diagramm kommutativ macht (d. h., daß sich γ zu β *liften* läßt). Äquivalent dazu ist jede der folgenden Aussagen: (i) P ist direkter Summand eines freien R-Moduls. (ii) Für jeden Modulepimorphismus $\sigma: B \to C$ ist der induzierte Homomorphismus $\sigma^*: \mathrm{Hom}_R(P, B) \to \mathrm{Hom}_R(P, C)$ auch ein Epimorphismus. (iii) Für jede kurze ›exakte Sequenz $0 \to A \to B \to C \to 0$ ist auch $0 \to \mathrm{Hom}_R(P, A) \to \mathrm{Hom}_R(P, B) \to \mathrm{Hom}_R(P, C) \to 0$ exakt. (iv) Jede kurze exakte Sequenz der Form $0 \to A \to B \to P \to 0$ spaltet auf.

Beispiele p. M.: freie Moduln; direkte Summen und direkte Summanden von p. M.

Endlich erzeugte p. M. über lokalen Ringen und über Polynomringen über Körpern (›Serresche Vermutung) sind frei. Jeder R-Modul ist Faktormodul eines p. M. (sogar eines freien Moduls).

Nach einem Satz von KAPLANSKY ist jeder p. M. direkte Summe von p. M. mit abzählbar vielen Erzeugenden. Über Ringen, die als direkte Summe zerlegbar sind, gibt es p. M., die nicht frei sind.

›K-Theorie. Dualer Begriff: ›injektiver Modul.

Analog zu einem p. M. ist der Begriff des *projektiven Objekts* (*Projektivs*) in einer Kategorie erklärt.

Lit.: [C 10], [H 3], [R 19]
KAPLANSKY, J.: Projective modules. Ann. of Math. **68** (1958), 372–377.
QUILLEN, D.: Projective Modules over Polynomial Rings. Invent. Math. **36** (1976), 167–171.

projektives Objekt ›projektiver Modul

projektives System ›inverser Limes

Projektivität ›Untergruppenverband

pronormale Untergruppe heißt eine Untergruppe H einer Gruppe G, für die jede zu H konjugierte Untergruppe K auch in der von H und K erzeugten Gruppe konjugiert ist. Beispiele: ›abnormale Untergruppe, ›Sylow-Gruppen, ›Hallsche Untergruppen und ›Cartersche Untergruppen in endlichen ›auflösbaren Gruppen. Der ›Normalisator einer p. U. ist ›abnormal.

Lit.: [G 33]

Pro-p-Gruppe heißt der projektive Limes endlicher ›p-Gruppen; sie ist eine spezielle ›proendliche Gruppe. Erzeugendensystem einer P. G heißt eine Untermenge E von G, so daß G die kleinste E umfassende abgeschlossene Untergruppe von G ist und in jeder Umgebung der Einheit fast alle Elemente von G liegen.

Die P. bilden eine ›Varietät; eine freie P. $F(I)$ (I Indexmenge) kann folgendermaßen gewonnen werden: F_I sei ›freie Gruppe mit dem Erzeugendensystem $\{s_i \mid i \in I\}$ und $\mathfrak{U}$ die Menge der Normalteiler N von F_I mit den Eigenschaften: (i) der Index $[F_i:N]$ ist Potenz von p, (ii) fast alle s_i liegen in N. Dann ist $F(I)$ der projektive Limes des projektiven Systems der F_I/N ($N \in \mathfrak{U}$) mit dem Erzeugendensystem $\{s_i \mid i \in I\}$.

Ist G P. und bilden die t_i ($i \in I$) eine Teilmenge von G, von der in jeder Umgebung der Einheit fast alle Elemente liegen, so gibt es genau einen (stetigen) Homomorphismus φ von $F(I)$ in G mit $\varphi(s_i) = t_i$ für $i \in I$. Eine P. G ist genau dann freie P., wenn eine der äquivalenten Bedingungen gilt: jede Gruppenerweiterung (>Erweiterung) von G mit einer P. zerfällt; G ist projektives Objekt in der Kategorie aller P.

P. treten als >Galois-Gruppen unendlicher p-Erweiterungen auf. Bei der Pontrjaginschen Dualität zwischen kompakten und diskreten Gruppen entsprechen den abelschen P. die diskreten abelschen p-primären Torsionsgruppen.

Lit.: Koch, H.: Galoissche Theorie der p-Erweiterungen. DVW, Berlin 1970.
Serre, J.-P.: Cohomologie Galoisienne. LNM 5. Springer, Berlin 1964, 1986.

Prüfersche Gruppe [vom Typus p^∞] >Gruppe vom Typus p^∞

Prüfersche Schar (= *unvollständige Brigade* = *abstrakte Nebengruppe* = *Schar*) ist eine ternäre >Algebra (G, f), d. h. eine Menge G zusammen mit einer auf G erklärten dreistelligen >Operation f, die den Identitäten $f(f(u, v, w), x, y) = f(u, v, f(w, x, y))$ und $f(x, y, y) = x = f(y, y, x)$ genügt. Anwendungen in der Geometrie. Zu jedem Element e einer P. S. gehört eine >*Gruppe* $G(e)$, die aus den Elementen von G mit der Multiplikation $xy = f(x, e, y)$ besteht; dann ist $x^{-1} = f(e, x, e)$ und

$$f(x, y, z) = xy^{-1}z. \qquad (*)$$

Alle Gruppen $G(e)$ sind isomorph. Umgekehrt gehört zu einer Gruppe gemäß (*) eine P. S. (G, f), und (H, f) ist genau dann eine *Unterschar* von (G, f), wenn H >Restklasse einer gewissen Untergruppe von G ist. Die Automorphismen von $G(f)$ bilden gerade das *Holomorph* von G.

Lit.: [B 4]
Prüfer, M.: Theorie der Abelschen Gruppen. I. Grundeigenschaften, Math. Z. **20** (1924), 165—187.

Prüferscher >**Rang** (einer abelschen Gruppe)

Prüferscher Ring >hereditärer Ring

pseudo-Bézoutscher Ring heißt ein >Ring, in dem jedes Paar von Elementen einen größten gemeinsamen >Teiler hat.

pseudoboolesche Algebra (= *relativ pseudokomplementärer Verband* = *Heytingsche Algebra*) heißt ein >Verband mit >Nullelement, in dem jedes Element ein relatives >Pseudokomplement bez. eines gegebenen Elements besitzt. Dual dazu ist der Begriff der >*Brouwerschen Algebra*; so wird aber von Birkhoff eine p. A. bezeichnet. Jede p. A. ist distributiv und besitzt ein Einselement. Beispiele: Menge aller Untermengen einer festen Menge; Menge aller offenen Untermengen eines topologischen Raums.

Ein vollständiger Verband ist genau dann p. A., wenn er unendlich-durchschnittsdistributiv ist (>distributiver Verband). Die Ideale eines distributiven Verbands bilden eine p. A.

Lit.: [V 6]

Pseudodiskriminante >Cliffordsche Algebra

pseudogeometrischer Ring (= *Nagatascher Ring* = (*noetherscher*) ***universell Japanischer Ring***) heißt ein noetherscher Ring R, für den für jedes >Primideal $\mathfrak{p}$ von R und jede endliche Erweiterung L des Quotientenrings von $A = R/\mathfrak{p}$ die ganzabgeschlossene Hülle von A in L ein endlicher A-Modul ist. Jede Lokalisierung und jede endliche R-Algebra eines p. R. R ist wieder ein p. R. Ein noetherscher vollständiger >lokaler Ring ist ein p. R.

Lit.: [R 24], [R 25]

Pseudo-G-Quadrupel >metrische Gruppen

pseudoinverse Matrix = >verallgemeinerte inverse Matrix

Pseudokomplement eines Elements a in einem >Verband V mit kleinstem Element 0 heißt ein $a^* \in V$, das das größte Element $x \in V$ mit $a \wedge x = 0$ ist. Ein Verband heißt ***pseudokomplementär***, wenn jedes Element ein P. besitzt. Analog ist ein ***pseudokomplementärer*** $\cap$***-Halbverband*** definiert.

Relatives P. von a in b heißt das größte Element x mit $a \wedge x \leqq b$.
>pseudoboolesche Algebra

Lit.: [V 6]

pseudokomplementärer [Halb]verband >Pseudokomplement

pseudokonvergent, Pseudolimes >Bewertung

Pullback >Kategorientheorie

p-überauflösbare Gruppe >p-auflösbare Gruppe

Punkt = Atom >Nachbar, >Inzidenzstruktur

Punktverband >atomarer Verband

Pushout >Kategorientheorie

pythagoreische Gleichung >pythagoreischer Körper

pythagoreischer Körper heißt ein ›angeordneter (nicht notwendig kommutativer) Körper k, in dem die *pythagoreische Gleichung* $\alpha^2 + \beta^2 = \gamma^2$ für gegebene $\alpha, \beta \in k$ stets eine Lösung hat. Beispiel: ›euklidischer Körper.

Lit.: [D 22]

Π-auflösbar ›p-auflösbar, ›Π-trennbare Gruppe

Π-Gruppe, Π'-Gruppe ›p-Gruppe

Π-Hall-Gruppe ›Hallsche Untergruppe

Π-Prozeß: ein ›invarianter Prozeß in der ›Invariantentheorie, der auf n-äre Formen F mit wenigstens n verschiedenen Variablenreihen $x, y, \ldots, z$ (vom Grade $p, q, \ldots, r$) anwendbar ist. Es ist

$$\Pi(F) = \frac{1}{pq\ldots r}\begin{vmatrix} \frac{\partial}{\partial x_1} & \cdots & \frac{\partial}{\partial x_n} \\ \cdot & \cdots & \cdot \\ \frac{\partial}{\partial z_1} & \cdots & \frac{\partial}{\partial z_n} \end{vmatrix}.$$

Er erzeugt aus F wieder eine Invariante. Ist F das Produkt von n Formen $f_1, \ldots, f_n$ in $x, y, \ldots, z$, so ergibt sich, wenn man im nachhinein $x = y = \cdots = z$ setzt, bis auf einen Normierungsfaktor gerade die Funktionaldeterminante der n Formen.

Lit.: [I 12]

Π-trennbare Gruppe heißt eine Gruppe, für die die Ordnung jedes Kompositionsfaktors durch höchstens eine Primzahl aus der Primzahlmenge Π teilbar ist. Spezialfall: Π-auflösbare Gruppe, d. h., jede Ordnung ist entweder durch keine Primzahl aus Π teilbar oder gleich einer solchen.

Lit.: [G 7]

φ-Grenzwert, φ-konvergent ›Bewertung

φ-Konvergenz ›Bewertung

Φ-Untergruppe = ›Frattini-Gruppe

Q

QF-Ring = ›Quasi-Frobenius-Ring

QF1-Ring ›ausgeglichener Modul

quadratisch abgeschlossener Körper ›hermitesche Kongruenz

quadratische Erweiterung >quadratischer Körper

quadratische Form in den Variablen $X^1, \ldots, X^n$ über dem Körper K (allgemeiner über einem kommutativen Ring mit 1) heißt ein Ausdruck der Form $Q = \sum_{i,j=1}^{n} \alpha_{ij} X^i X^j = g(X^1, \ldots, X^n)$ mit Koeffizienten $\alpha_{ij} \in K$, in Matrizenschreibweise: $Q = X^T A X$ mit $A = (\alpha_{ij})$ und dem Spaltenvektor X der X^i.

Man kann die q. F. (unabhängig von der Charakteristik von K) stets in der Form $Q(X) = \sum_{i \leq j} q_{ij} X^i X^j$ mit $q_{ij} \in K$ schreiben. Mit $a_{ij} = a_{ji} = q_{ij}$ für $i \neq j$, $a_{ii} = 2q_{ii}$ heißt dann (a_{ij}) die *Kroneckersche Matrix* der q. F.

Wenn char $K \neq 2$ ist, kann man, indem man gegebenenfalls die α_{ij} durch $\frac{\alpha_{ij} + \alpha_{ji}}{2}$ ersetzt, die Matrix A der α_{ij} als symmetrisch voraussetzen (was man in der Regel tut). Man spricht dann auch von einer *Gaußschen q. F.* und nennt A die [*Gaußsche*]*Matrix der q. F.*

Fassen wir die X^i als Koordinaten eines Vektors x aus einem Vektorraum E auf, so können wir unsere q. F. als Abbildung $E \ni x \mapsto Q(x) = g(X^1, \ldots, X^n)$ deuten.

Für die Linearkombination mit einem zweiten Vektor y (Koordinaten Y^i) erhält man dann

$$Q(\lambda x + \mu y) = \lambda^2 Q(x) + 2\lambda\mu Q(x \mid y) + \mu^2 Q(y),$$

wobei $Q(x \mid y)$ durch die symmetrische >Bilinearform $\sum \alpha_{ij} X^i Y^j = g(X^1, \ldots, X^n; Y^1, \ldots, Y^n)$ auf $E \times E$, die sog. *Polarform* zu unserer q. F., gegeben wird (koordinatenfreie Definition einer q. F.). Umgekehrt gibt jede derartige Bilinearform vermöge der Definition $g(X^1, \ldots, X^n) = g(X^1, \ldots, X^n; X^1, \ldots, X^n)$ Anlaß zu einer q. F. Die Bilinearform g ist durch die q. F. eindeutig bestimmt (unabhängig von der Forderung der Symmetrie der Koeffizientenmatrix). Wird die Koeffizientenmatrix als symmetrisch vorausgesetzt, so heißt ihre Determinante δ auch die *Determinante der q. F.* und

$$\Delta = \begin{cases} 2^n(-1)^{n/2}\,\delta \text{ für gerades } n, \\ 2^{n-1}(-1)^{(n-1)/2}\,\delta \text{ für ungerades } n \end{cases}$$

ihre *Diskriminante* (manchmal heißt auch δ die Diskriminante). Für $K = \mathbb{Q}$ heißt das kleinste $q \in \mathbb{N}$, für das die Elemente der Matrix $q(2\alpha_{ij})^{-1}$ ganz und die ihrer Diagonalen gerade sind, die *Stufe* von Q; hierdurch ist Δ endlichvieldeutig festgelegt.

Im Falle char $K = 2$ erhält man analog

$$Q(\lambda x + \mu y) = \lambda^2 Q(x) + \lambda\mu f(x, y) + \mu^2 Q(y), \qquad (*)$$

wobei $f(x, y) = Q(x \mid y) + Q(y \mid x)$ die mit den Koeffizienten $\beta_{ij} = \alpha_{ij} + \alpha_{ji}$ gebildete Bilinearform ist (das ergibt zugleich eine koordinatenfreie Definition einer q. F. im Falle char $K = 2$). Aus (*) folgt mit $y = x$, daß $f(x, x) = 0$, die Form f also alternierend ist (man erkennt auch unmittelbar an der Darstellung der Elemente ihrer Koeffizientenmatrix B, daß diese bei char $K = 2$ alternierend ist). f ist durch die q. F. eindeutig bestimmt.

Bei einer *Koordinatentransformation* gemäß $X = PX'$ mit einer nichtsingulären Matrix P geht allgemein eine mit der Koeffizientenmatrix A gebildete q. F. in den X^i in eine mit der zu A *kongruenten Matrix* $A' = P^{\mathrm{T}}AP$ gebildete q. F. in den X'^i über. Insbesondere heißen diejenigen linearen Transformationen, die die q. F. ungeändert lassen, *Automorphismen der q. F.* Wenn die Charakteristik von $K \neq 2$ und die Determinante der Form $\neq 0$ ist, so ist $\det P$ notwendig ± 1; im Falle $+1$ spricht man von einem *eigentlichen Automorphismus,* im Falle -1 von einem *uneigentlichen.* Ist in K ein Integritätsbereich I ganzer Größen ausgezeichnet, so heißt ein Automorphismus mit Koeffizienten in I auch *ganzzahlig,* und diese Automorphismen und ihre Matrizen heißen auch ›*Einheiten* der q. F. Q.

Eine q. F. Q über $\mathbb{R}$ (oder allgemeiner über einem angeordneten Körper) heißt *positiv* bzw. *negativ semidefinit,* wenn sie nur nichtnegativer bzw. nichtpositiver Werte fähig ist; *positiv* bzw. *negativ definit,* wenn stets $Q(x) > 0$ (bzw. < 0) für alle $x \neq 0$ ist, und in jedem anderen Falle *indefinit.* Dieselben Definitionen übertragen sich auf ihre (hier stets als symmetrisch vorausgesetzte) Koeffizientenmatrix A. Positive (negative) Definitheit liegt genau dann vor, wenn alle ihre Eigenwerte (die Eigenwerte der Matrix A) (›Hauptachsentransformation) positiv (negativ) sind; positive (negative) Semidefinitheit, wenn alle Eigenwerte nichtnegativ (nichtpositiv) sind, während Indefinitheit durch Existenz von positiven und negativen Eigenwerten charakterisiert ist. Die Anzahl der Eigenwerte $\neq 0$ ist der *Rang der q. F.* (= Rang der Koeffizientenmatrix A). Ohne Berechnung der Eigenwerte kommt das *Sylvestersche Definitheitskriterium* (= *Sylvestersches Kriterium* = *Determinantenkriterium für die positive Definitheit*) aus: Q ist genau dann positiv definit, wenn eine (und damit jede) aufsteigende Folge von Hauptunterdeterminanten der Koeffizientenmatrix von Q aus lauter positiven Gliedern besteht. Hieraus folgt ein Kriterium für die negative Definitheit, da Q genau dann negativ definit ist, wenn $-Q$ positiv definit ist. Die Existenz von Eigenwerten $= 0$ ist kennzeichnend für *ausgeartete q. F.*; eine q. F. ist nur dann nicht ausgeartet, wenn ihre Diskriminante $\neq 0$ ist. Zur Transformation q. F. im Falle char $K \neq 0$ auf eine Linearkombination von Quadraten ›Hauptachsentransformation und ›Sylvestersches Trägheitsgesetz.

Im Falle char $K = 2$ hat f als alternierende Form einen geraden *Rang* (Rang der Koeffizientenmatrix) $2p$ ($\leq n$), der bez. f zu E totalsenkrechte Unterraum $E^{\perp}$ (der aus allen $y \in E$ mit $f(x, y) = 0$ für alle $x \in E$ besteht) hat also die Dimension $n - 2p$. Für die durch die q. F. induzierte Abbildung h von $E^{\perp}$ in K gilt dann $h(\lambda x + \mu y) = \lambda^2 h(x) + \mu^2 h(y)$, h kann also als halblineare Abbildung (›lineare Abbildung) (mit $\sigma(\lambda) = \lambda^2$) des Vektorraums $E^{\perp}$ über K in den Vektorraum K über $K' = K^2$ bez. des Isomorphismus $\lambda \mapsto \sigma(\lambda) = \lambda^2$ von K auf den Unterkörper K^2 aufgefaßt werden. Der *Kern F* von h hat eine Dimension $q \leq n - 2p$, das Bild von h ist also ein Teilraum von K

über K^2 der Dimension $d = n - 2p - q$. $n - q$ heißt der *Rang von Q*. Da die Dimension des Vektorraums K über K^2 gleich dem Körpergrad $[K : K^2]$ ist, muß $d \leqq [K : K^2]$ sein; im Falle eines ›vollkommenen Körpers K, in dem $K = K^2$ ist, ist somit nur $d = 1$ oder $d = 0$ möglich. Ist U *Supplementärraum* (= direktes Komplement) von $E^\perp$ in E, d. h. $E = U \oplus E^\perp$, $\dim U = 2p$, ferner V einer von F in $E^\perp$, d. h. $E^\perp = V \oplus F$, $\dim V = d$, und $(e_i)_{1 \leqq i \leqq 2p}$ eine *symplektische Basis* von U bez. f (d. h. $f(e_i, e_{i+p}) = -f(e_{i+p}, e_i) = 1$, $f(e_i, e_j) = 0$ sonst), $e_{2p+1}, \ldots, e_{2p+d}$ eine Basis von F, so nimmt Q für $x = \sum_{i=1}^{n} \xi_i e_i$ die Gestalt $Q(x) = \sum_{i=1}^{p} (\alpha_i \xi_i^2 + \beta_i \xi_i \xi_{p+i} + \gamma_i \xi_{p+i}^2) + \sum_{i=2p+1}^{2p+d} \delta_i \xi_i^2$ an, wobei für die Koeffizienten $\delta_i = Q(e_i)$ gilt, daß $\sum_{i=2p+1}^{2p+d} \delta_i \xi_i^2 = 0$ stets $\xi_i = 0$ für $2p + 1 \leqq i \leqq 2p + d$ nach sich zieht. Q heißt *nicht entartet*, wenn $q = 0$ ist, und $d = n - 2p$ der *Defekt* von Q; bei $d > 0$ heißt Q *defektiv* (das ist bei ungeradem n stets der Fall). Ist Q nicht entartet, so hat ihre Einschränkung auf U stets den Defekt 0. Ein Vektor $x \neq 0$ von E heißt *singulär*, wenn $Q(x) = 0$ ist; ein Teilraum V von E heißt (*total-*) *singulär*, wenn $Q(x) = 0$ für alle $x \in V$ gilt.

Nun sei Q nichtentartet. Da $Q(x) \neq 0$ für jedes $x \neq 0$ aus $E^\perp$ ist, gilt $V \cap E^\perp = \{0\}$, V ist also in einem direkten Komplement E_1 von $E^\perp$ enthalten, und wegen $f(x, y) = Q(x + y) + Q(x) + Q(y)$ ist V *totalisotrop*, d. h., $f(x, y) = 0$ für alle $x, y \in V$. Durch Orthogonalraumbetrachtungen folgt für seine Dimension r, daß $2r \leqq 2p$, also $r \leqq p$ ist. *Index* ν der q. F. Q heißt die größte Dimension, die ein singulärer (und damit totalisotroper) Teilraum von E haben kann; es ist also $\nu \leqq p$.

Allgemeinere Auffassung: Eine q. F. über einem kommutativen Ring R ist eine Abbildung $Q: E \to E$ (E Links-R-Modul) mit $Q(\alpha x) = \alpha^2 Q(x)$ für $\alpha \in R$, $x \in E$, die eine Bilinearform $\varphi: (x, y) \mapsto Q(x + y) - Q(x) - Q(y)$ auf $E \times E$ in R bestimmt, die *zugehörige Bilinearform*; diese ist notwendig symmetrisch. Q heißt *nicht ausgeartet*, wenn φ es nicht ist. Im Falle char $R = 2$ ist φ *alternierend*. Wenn R ein Körper K und E endlichdimensionaler Vektorraum über K ist, heißt das Paar (E, Q) auch ein *quadratischer Raum* über K.

›Minimum definiter quadratischer Formen, ›äquivalente quadratische Formen

Lit.: [A 17II], [EA 9], [M 4], [M 5I], [Q 1], [Q 2], [Q 4]–[Q 11], [Z 1], [Z 18]

Bromwich, T. J. I'A.: Quadratic forms and their classification by means of invariant-factors. Cambridge University Press, Cambridge 1906.

Bucur, I.: Selected Topics in Algebra. Editura Academiei București, Reidel Dordrecht 1984.

Knus, M. A., M. Ojanguren, R. Sridharan: Quadratic forms and Azumaya algebras. Forschungsinstitut für Math. ETH Zürich 1977.

Siegel, C. L.: Lectures on the analytical theory of quadratic forms. Göttingen 1963.

Szymiczek, K.: Quadratic Forms over Fields. PWN, Warszawa 1977.

Watson, G. L.: Integral quadratic forms. Cambridge University Press, Cambridge 1960.

quadratische Form in Hauptachsenform ›Hauptachsentransformation

quadratische Form modulo 2 ›Arfsche Invariante

quadratische Form von erster Art ›primitive quadratische Form

quadratische Gleichung ›algebraische Gleichung

quadratische Irrationalität (= quadratische irrationale Zahl = quadratische Irrationalzahl) heißt eine irrationale Wurzel einer quadratischen Gleichung mit ganzen oder rationalen Koeffizienten, also eine Zahl der Form $a + b\sqrt{d}$ mit rationalen Zahlen a, $b \neq 0$ und einer Nichtquadratzahl d. Eine reelle Zahl ist genau dann q. I., wenn sie sich in einen unendlichen periodischen Kettenbruch entwickeln läßt. Eine q. I. x läßt sich *von der Ordnung* 2, aber nicht von höherer Ordnung *approximieren*, d. h., es gibt mit einem nur von x abhängigen $K(x)$ unendlich viele rationale Zahlen $\frac{p}{q}$, die der Ungleichung $\left|\frac{p}{q} - x\right| < \frac{K(x)}{q^n}$ mit $n = 2$ genügen (aber nicht unendlich viele mit $n > 2$).

Lit.: [Z 3]

quadratische Körpererweiterung ›quadratischer Körper

quadratische Nullform (= *Nullform*) heißt eine ›quadratische Form $Q(x)$, die für wenigstens einen Vektor $x \neq 0$ den Wert 0 annimmt.

Lit.: [Q 8 I]

quadratische Stammform heißt eine ›quadratische Form $Q(x) = \sum_{i,k=1}^{n} \alpha_{ik} x_i x_k$ $(\alpha_{ik} = \alpha_{ki})$ mit ganzen rationalen Koeffizienten α_{ii}, $2\alpha_{ik}$, die nicht durch Multiplikation mit einem rationalen Faktor und gleichzeitige Ausübung einer linearen Variablentransformation mit rationalen Koeffizienten in eine andere Form übergeführt werden kann, die gleichfalls im obigen Sinne ganze rationale Koeffizienten besitzt und deren Determinante einen positiven, aber kleineren Absolutbetrag hat als die von $Q(x)$.

Lit.: [Q 8 II]

quadratischer Körper (= *quadratischer Zahlkörper*) heißt eine ›Körpererweiterung des Körpers der rationalen Zahlen vom Grade 2. Jeder q. K. läßt sich in der Form $\mathbb{Q}(\sqrt{d})$ darstellen, wo d eine quadratfreie ganze rationale Zahl ist. Bei $d > 0$ heißt der q. K. *reell*, bei $d < 0$ *imaginär*.

Allgemeiner heißt jede Körpererweiterung K eines Körpers k vom Grade 2 *quadratische* [*Körper-*] *Erweiterung*.

Lit.: [Z 3], [Z 5]
JUNG, H. W. E.: Einführung in die Theorie der quadratischen Zahlkörper, Jänecke, Leipzig 1936.

quadratischer Raum ›quadratische Form

Quadratklasse ›Spinornorm

Quantik = ›Form

Quartik = ›Form 4. Grades

quasi-›algebraisch abgeschlossener Körper

quasiäquivalent heißen unitäre ›Darstellungen π_1, π_2 einer Gruppe im Hilbert-Raum H_1 bzw. H_2, wenn eine der äquivalenten Bedingungen gilt: (i) π_1 und π_2 sind Vielfache unitär äquivalenter Darstellungen; (ii) nichttriviale Teildarstellungen von π_1 sind nicht disjunkt zu π_2 und analog mit vertauschten Rollen.

Lit.: Dixmier, J.: C^*-algebras. North-Holland, Amsterdam 1977.

Quasicharakter heißt ein stetiger Homomorphismus einer abelschen ›topologischen Gruppe (meist der multiplikativen Gruppe k^* eines lokalen Körpers k) in die multiplikative Gruppe $\mathbb{C}$. Ein Q. vom Absolutbetrag 1 ist ein ›Charakter.

Lit.: [Z 9]

Quasidiagonalmatrix (= **quasidiagonale Matrix** = *[vollständig] zerfallende Matrix* = *vollkommen zerfallende Matrix* = *verallgemeinerte Diagonalmatrix* = *Stufenmatrix*) heißt eine quadratische ›Matrix von Matrizen, deren außerhalb ihrer Diagonale stehende Matrizen Nullmatrizen sind.

Lit.: [M 11]

Quasidiedergruppe heißt eine endliche 2-Gruppe der Ordnung 2^m mit den Erzeugenden x, y und den Relationen $x^{2^{m-1}} = y^2 = x^{-1+2^{m-2}}yx^{-1}y = 1$ mit $m \geqq 4$. Sie besitzt einen zyklischen Normalteiler vom Index 2.

Lit.: [G 23]

Quasidreiecksmatrix = ›halbzerfallende Matrix

quasieinfacher Ring: Nach Dieudonné heißt ein Ring R *links quasieinfach,* wenn R (eingeschränkte, aber nicht notwendig endliche) ›direkte Summe paarweise über R isomorpher minimaler Linksideale von R ist, von denen wenigstens eines idempotent ist (um den Fall eines nilpotenten Rings auszuschließen); jedes minimale Linksideal von R ist dann zugleich irreduzibel. Jeder nichtnilpotente *Fuß* $\mathfrak{f}$ (d. h. Summe zu einem festen minimalen Linksideal isomorpher Linksideale) des *Linkssockels* (= Summe der minimalen Linksideale) $\mathfrak{S}$ eines Rings R ist ein links q. R. Ein Ring R ist genau dann links q. R., wenn $R = \mathfrak{S} = \mathfrak{f}$ und $\mathfrak{f}^2 \neq (0)$ ist. Jeder links q. R. R läßt sich in die direkte Summe $R = \mathfrak{e} + \mathfrak{n}$ seines Linksannullators (›Annullator) $\mathfrak{n}$ und eines Linksideals $\mathfrak{e}$ von R zerlegen, das einfacher Ring ist. Da der Rechtsannullator von R in R Null ist, gehört zu jedem $x \in R$ ein Endomorphismus $\delta_x : y \mapsto yx$ der ›Additivgruppe R^+ von R, und die Abbildung $x \mapsto \delta_x$ ist ein Isomorphismus des ›Gegenrings R^0 von R auf einen Unterring Q des ›Endomorphismenrings $E(R^+)$ von R^+, aufgefaßt als R-Linksmodul. Da R^+ linksseitig ›halbeinfacher R-Modul ist, ist $E(R^+)$ isomorph zu einem Endomorphismenring $E(V)$ eines Rechtsvektorraums V über einem Schiefkörper K, der zu dem R-Endomorphismenring eines minimalen Linksideals von R isomorph ist. Entsprechend ist Q (und damit R^0) isomorph zu einem Unterring Q' von $E(V)$. Genauer gilt folgender *Struktursatz* (DIEUDONNÉ):

V sei d-dimensionaler Rechtsvektorraum über einem Schiefkörper K, V^* der zu V duale Linksvektorraum über K, $V' \neq 0$ ein K-Teilraum von V^*. $F(V, V')$ sei die Menge aller Endomorphismen u von V, für die gilt: (i) Das Bild $u(V)$ $(\subset V)$ ist endlichdimensional über K. (ii) Der Kern $u^{-1}(0)$ $(\subset V)$ ist Durchschnitt endlich vieler Hyperebenen $(x_i')^{-1}(0)$ mit $x_i' \in V'$. Dann ist $F(V, V')$ Unterring des Endomorphismenrings $E(V)$ von V. Genau dann ist ein beliebig gegebener Ring R antiisomorph zu einem solchen Ring $F(V, V')$, wenn R links q. R. der *Länge d* (direkte Summe von d isomorphen minimalen Linksidealen von R mit zu K isomorphen Endomorphismenringen) ist. $F(V, V')$ ist genau dann ›einfacher Ring, wenn von allen $x \in V$ nur für das Nullelement $x = 0$ gilt $x'(x) = 0$ für alle $x' \in V'$. Ist R links q. R. endlicher Länge, und zwar direkte Summe von $q \neq 0$ idempotenten und $r - q$ nilpotenten isomorphen minimalen Linksidealen mit endlichem q und r, so läßt sich R als Menge aller r-reihigen quadratischen Matrizen über einem Schiefkörper K mit lauter Nullen in den $r - q$ ersten Zeilen auffassen (›artinscher Ring).

Lit.: DIEUDONNÉ, J.: Sur le socle d'un anneau et les anneaux simples infinis. Bull. Soc. Math. France **70** (1942), 46–75.

quasiendliche Ringerweiterung: Ein ›lokaler Ring S heißt q. über einem lokalen Unterring s, wenn es einen Ring r zwischen s und S gibt, der endliche Erweiterung von s ist und aus dem sich S als Lokalisierung nach einem maximalen Primideal gewinnen läßt; ist jedes $\alpha \neq 0$ aus s Nichtnullteiler in S, so heißt S über s *regulär quasiendlich.*

Quasi-›Frobenius-Algebra

Quasi-Frobenius-Ring (= *QF-Ring* = *artinscher Gorenstein-Ring*) heißt ein (rechts- oder linksseitig) ›artinscher Ring R, der einer der folgenden äquivalenten Bedingungen genügt:

(i) R vermittelt durch die Abbildung $M \mapsto \mathrm{Hom}_R(M, R)$ eine Dualität zwischen der Kategorie der endlich erzeugten R-Links- bzw. -Rechtsmoduln.

(ii) Jeder einfache Modul in der Kategorie der R-Links- bzw. -Rechtsmoduln ist reflexiv.

(iii) Das Radikal von R ist sowohl rechtsseitiges als auch linksseitiges Annullatorideal, und jedes minimale Rechts- oder Linksideal ist Rechts- oder Linksannullatorideal.

(iv) Die Abbildung der Rechtsideale von R auf die Linksideale, die jedem Ideal seinen >Annullator zuordnet, ist ein Verbandsantiisomorphismus zwischen dem Verband der Rechts- und dem der Linksideale von R.

(v) Der R-duale Modul jedes einfachen Rechts- oder Linksideals von R ist einfach.

(vi) R ist als R-Rechtsmodul >injektiv.

(vii) R ist als R-Rechtsmodul injektiver >Kogenerator.

Ein Ring R ist genau dann Q., wenn er eine folgender äquivalenter Bedingungen erfüllt: a) Jeder projektive R-Rechtsmodul ist >injektiv. b) Jeder injektive R-Rechtsmodul ist >projektiv.

Q. stellen Verallgemeinerungen von Quasi-Frobenius-Algebren dar.

Lit.: [D 5], [R 11 II], [R 17]

quasigleich >′-Operation der Idealtheorie

quasigroup = Moufang-Loop >Moufang-Identitäten

Quasigruppe (= *Divisionsgruppoid mit eindeutiger Division*) heißt ein (etwa multiplikatives) >Gruppoid G, für das die Gleichungen $ax = b$ und $ya = b$ bei beliebigen $a, b \in G$ stets eine eindeutige Lösung x und y besitzen, bezeichnet mit $x = a \setminus b$ bzw. $y = b / a$. Eine Q. mit >neutralem Element ist eine >Loop. Jedes zu einer Q. isotope Gruppoid ist eine Q. Jede Q. ist zu einer Loop isotop.

Eine Q. heißt *distributiv*, wenn in ihr das rechts- und linksseitige >Distributivgesetz gilt: $x \cdot yz = xy \cdot xz$ und $yz \cdot x = yx \cdot zx$; entsprechend kann man zwischen *links-* und *rechtsdistributiven Q.* unterscheiden. Eine *bisymmetrische Q.* (d. h. $xy \cdot uv = xu \cdot yv$), die *idempotent* ist ($x^2 = x$), ist distributiv. Jede distributive Q. ist zu einer >Moufang-Loop isotop.

Ersetzt man die alte Multiplikation $\cdot$ durch die Operationen $/$ oder $\setminus$ und ihre Kompositionen (was darauf hinausläuft, in der Gleichung $xy = z$ alle Permutationen von (x, y, z) zu betrachten), so erhält man 5 neue Q., die *parastrophe Q.* heißen; der Übergang von einer zu einer anderen heißt eine *Parastrophie*.

Lit.: [A 13], [B 1], [B 2], [B 4]
Manin, Yu. I.: Cubic Forms. North-Holland, Amsterdam, American Elsevier, New York 1974, 1986.

Quasiideal einer >*Halbgruppe* S heißt eine nichtleere Untermenge A von S mit $AS \cap SA \subset A$. Für ein Q. A eines >*Rings* wird zusätzlich verlangt, daß A additive Untergruppe ist.

Lit.: [R 18]
Steinfeld, O.: Quasi-ideals in rings and semigroups. Akadémiai Kiadó, Budapest 1978.

Quasiidentität (= *bedingte Identität*) in einer universellen ›Algebra, allgemeiner in einem algebraischen System heißt eine Formel, nach der aus dem Bestehen gewisser elementarer Formeln (Gleichheiten, Relationen) das Bestehen einer weiteren elementaren Formel folgt. Beispielsweise stellt es eine Q. dar, wenn aus $ax = ay$ stets $x = y$ folgt. Spezialfall einer Q. ist eine ›Identität (man braucht ja nur eine immer wahre Prämisse zu wählen). Q. bleiben bei Übergang zu Unteralgebren (Untersystemen) und direkten Produkten (*multiplikative Stabilität*) erhalten, nicht jedoch im allgemeinen bei Homomorphismen.

Die Klasse algebraischer Systeme, die vorgegebenen Q. genügen, heißt eine *Quasivarietät* oder *quasiprimitive Klasse*. Beispiel: Quasivarietät der ›Halbgruppen mit Kürzungsregeln. Die kleinste Quasivarietät, die eine gegebene Klasse von algebraischen Systemen enthält, heißt deren *implikative Hülle*, die gegebene Klasse heißt *erzeugende Klasse* dieser Quasivarietät. Die Quasivarietäten, die in einer festen Quasivarietät enthalten sind, bilden bez. des mengentheoretischen Durchschnitts einen vollständigen ›Verband; die Atome des Verbands aller Quasivarietäten gegebener Signatur Ω heißen *minimale Quasivarietäten* der Signatur Ω.

Lit.: [U 1], [U 2], [U 6]

Quasiinverses ›quasiregulär

quasiisomorph (genauer: *K-q.*) heißen zwei ›abelsche Gruppen A und B aus einer *abstrakten Klasse K* von Gruppen (d. h. einer Klasse, die mit einer Gruppe auch die zu ihr isomorphen enthält), wenn es Untergruppen A' von A und B' von B gibt, so daß $A' \cong B'$ ist und die Faktorgruppen A/A' und B/B' zu K gehören.

Lit.: [G 26II]

Quasikörper ist eine aus mindestens zwei Elementen bestehende universelle ›Algebra Q mit zwei binären ›Operationen, Addition und Multiplikation, für die gilt:

a) Q ist hinsichtlich der Addition eine abelsche Gruppe mit dem neutralen Element 0.

b) Es gilt das Rechtsdistributivgesetz (›Distributivgesetz) $a(b + c) = ab + ac$.

c) $0 \cdot a = a \cdot 0 = 0$.

d) Es gibt ein Einselement 1 mit $1 \cdot a = a \cdot 1 = a$.

e) $xa = b$ ist für $a \neq 0$ eindeutig nach x auflösbar.

f) $-ay + by = c$ ist für $a \neq b$ eindeutig nach y auflösbar.

Genauer heißt das *Rechtsquasikörper*; das ist dasselbe wie eine rechtsdistributive ›kartesische Gruppe. Die entgegengesetzte algebraische Struktur heißt *Linksquasikörper* (linksdistributive kartesische Gruppe). Q. bedeutet meist einen Rechts-Q.

Ein Rechts- oder Links-Q. heißt auch *Veblen-Wedderburn-System* (nach Hall), *V-W-System* oder *Klein-Desarguessches Zahlsystem*; das sind spezielle

›Doppel-Loops. Ein Q., der zugleich Rechts- und Links-Q., also eine ***distributive*** (d. h. zugleich rechts- und linksdistributive) ***kartesische Gruppe*** darstellt, heißt *distributiver Q.*; das ist gerade eine Doppel-Loop mit assoziativer Addition und distributiver Multiplikation. *Assoziativer Q.* heißt ein Q. mit assoziativer Multiplikation. ›*Schiefkörper* sind gerade die assoziativen distributiven Q. Distributive Q. mit Rechts- und Linkskürzungsregel sind die ***Alternativkörper*** (›Alternativring).

Kern eines Rechts-Q. Q ist die Menge derjenigen $a \in Q$ mit $(x + y)\, a = xa + ya$ und $(xy)\, a = x(ya)$ für alle $x, y \in Q$; er ist hinsichtlich der in Q definierten Verknüpfungen ein Schiefkörper, und Q läßt sich als Rechtsvektorraum über seinem Kern auffassen. Der Kern eines Links-Q. ist analog erklärt.

Das *Zentrum* eines Q. Q ist die Menge der $x \in Q$ mit $xy = yx$ für alle y aus dem Kern von Q. Es ist Untermenge des Kerns, seine Elemente $\neq 0$ bilden eine abelsche Gruppe.

angeordneter Q. ›Ternärkörper

Lit.: [B 5]

André, J.: Über nicht-Desarguessche Ebenen mit transitiver Translationsgruppe. Math. Z. **60** (1954), 156–186.

Hall, M.: Projective planes. Trans. Amer. Math. Soc. **54** (1943), 229–277, + Corrections **65** (1949), 473–474.

quasimetrischer Verband ›Bewertung in einem Verband

Quasiprimärideal heißt ein Ideal, dessen Radikal ›Primideal ist.

quasiprimitive Klasse ›Quasiidentität

quasiregulär: Ein Element x eines ›Alternativrings (insbesondere eines assoziativen ›Rings) R heißt *rechts-q.* (*links-q.*), wenn ein Element $y \in R$ mit $x + y - xy = 0$ (bzw. $x + y - yx = 0$) existiert; y heißt dann *rechtes* (*linkes*) *Quasiinverses* von x. In einem Ring mit 1 bedeutet diese Bedingung gerade, daß $v = 1 - y$ rechtsinvers (linksinvers) zu $u = 1 - x$ ist. Ein gleichzeitig rechts- und links-q. Element heißt schlechthin $q.$, ein zugleich rechtes und linkes Quasiinverses von x *Quasiinverses* schlechthin.

Jedes ›nilpotente Element ist q. In einem assoziativen Ring ist jedes rechte (linke) Quasiinverse eines q. Elements x Quasiinverses schlechthin, durch x eindeutig bestimmt und mit x vertauschbar. Das hängt damit zusammen, daß die Elemente eines beliebigen (assoziativen) Rings R bez. der ***Kreiskomposition***, der Bildung des sog. ***Kreisprodukts*** $a \circ b = a + b - ab$, eine ›Halbgruppe mit 0 als neutralem Element bilden. Die Menge Q der q. Elemente von R bilden hierin eine Gruppe (diese Elemente sind Einheiten, d. h., zu ihnen gibt es Inverse bez. der Kreiskomposition). Wenn R ein Einselement besitzt, so vermittelt die Abbildung $a \mapsto 1 - a$ einen Isomorphismus der obigen Halbgruppe auf die multiplikative Halbgruppe des Rings R, bei der Q gerade auf die Einheitengruppe von R abgebildet wird.

Ein *Rechtsideal* (*Linksideal*) eines Ringes R heißt *q.*, wenn seine Elemente rechts- (links-) q. sind. Jedes q. Rechtsideal ist Untergruppe von Q. Jedes rechts- oder linksseitige ›Nilideal ist q.

Ein (nicht notwendig assoziativer) Ring heißt q., wenn in ihm jedes Element q. ist. Beispiel: Ring der (nichtkommutativen) formalen Potenzreihen ohne Absolutglied. Ein assoziativer Ring ist genau dann q., wenn er mit seinem ›Jacobsonschen Radikal zusammenfällt; über einem solchen Ring gibt es keine endlich erzeugten irreduziblen Moduln $\neq (0)$.

Lit.: [R 13]
Sasiada, E., P. M. Cohn: An example of a simple radical ring. J. Algebra 5 (1967), 373–377.

quasireguläres Radikal ›Jacobsonsches Radikal

Quasischiefkörper ›Divisionsring

Quasiteiler bzw. **-vielfaches** ›′-Operation der Idealtheorie

Quasivarietät ›Quasiidentität

quasizyklische Gruppe = ›Gruppe vom Typus p^∞

quaternäre ›**quadratische Form**

Quaternion ›Quaternionenalgebra

Quaternionenalgebra heißt die assoziative ›Algebra $\mathfrak{A}$ über einem kommutativen Ring R mit Einselement 1 und der Basis $\{e_0 = 1, e_1, e_2, e_3\}$ mit der Multiplikationsvorschrift

$$e_1^2 = e_2^2 = e_3^2 = -1, \quad e_2e_3 = -e_3e_2 = e_1, \quad e_3e_1 = -e_1e_3 = e_2,$$

$$e_1e_2 = -e_2e_1 = e_3.$$

Ihre Elemente, die sog. *Quaternionen*, haben also die Form $\xi = \sum a_ie_i$ mit den *Koeffizienten* oder *Komponenten* $a_i \in R$.

$$\bar{\xi} = a_0e_0 - a_1e_1 - a_2e_2 - a_3e_3$$

heißt die zu ξ *konjugierte* Quaternion und

$$N(\xi) = \xi\bar{\xi} = a_0^2 + a_1^2 + a_2^2 + a_3^2 \in R$$

die *Norm* der Quaternion, die Quadratwurzel hieraus (im Falle des Körpers $\mathbb{R}$) *Betrag*, *Zahlenwert*, *Tensor* oder *Länge* der Quaternion. Es ist $\overline{\xi\eta} = \bar{\xi}\bar{\eta}$ und $N(\xi\eta) = N(\xi)\,N(\eta)$. Eine Quaternion mit der Norm 1 heißt ***Einheitsquaternion***

(= *normierte Quaternion* = *genormte Quaternion* = *Versor*). Zu jeder Quaternion ξ mit einer Einheit als Norm (im Falle eines Körpers R also mit $N(\xi) \neq 0$) gibt es eine *reziproke* oder *inverse Quaternion* ξ^{-1}, nämlich $N(\xi)^{-1}\,\bar{\xi}$. Wenn die Charakteristik von $R \neq 2$ ist, ist $\mathfrak{A}$ nichtkommutativ. Wenn $R = K$ Körper ist und aus $(a_0, a_1, a_2, a_3) \neq (0, 0, 0, 0)$ stets $\sum a_i^2 \neq 0$ folgt (insbesondere also bei $R = \mathbb{R}$), ist $\mathfrak{A}$ Divisionsalgebra über K, ein *Quaternionen[schief]körper.*

Für $R = \mathbb{R}$ erhält man die *klassischen* [*Hamiltonschen*] *Quaternionen* (*Hamiltonsche* oder *reelle Quaternionen*). Insbesondere in diesem Falle schreibt man statt e_1, e_2, e_3 gern i, j, k (die sog. *Quaternioneneinheiten*) und nennt $a_0 = a_0e_0$ den *Skalarteil* $S\xi$ von ξ und $V\xi = a_1e_1 + a_2e_2 + a_3e_3$ den *Vektorteil* oder *Vektor* (auch *Vektorglied* oder *vektoriellen Bestandteil*) von ξ, es ist also $\xi = S\xi + V\xi$. Quaternionen ξ mit $S\xi = 0$ heißen *vektorielle Quaternionen*, solche mit $V\xi = 0$ *skalare Quaternionen*. Der Einheitsvektor $\dfrac{a_1e_1 + a_2e_2 + a_3e_3}{\sqrt{a_1^2 + a_2^2 + a_3^2}}$ heißt *Achse* der Hamiltonschen Quaternion ξ. Quaternionen mit gleicher Achse heißen *komplanar*, andere *diplanar*. Der Skalarteil des Produkts zweier vektorieller Quaternionen ist gleich dem negativen Skalarprodukt der beiden Vektoren, sein Vektorteil gleich dem Vektorprodukt (hierbei werden e_1, e_2, e_3 als Basiseinheitsvektoren eines rechtshändigen rechtwinkligen Koordinatensystems betrachtet). Neben $\mathbb{C}$ und $\mathbb{R}$ ist die Algebra der reellen Quaternionen die einzige Divisionsalgebra endlichen Ranges über dem Körper $\mathbb{R}$ (FROBENIUS). Die Gesamtheit der *komplexen Quaternionen* ($a_i \in \mathbb{C}$) ist, als Algebra über $\mathbb{R}$ aufgefaßt, isomorph zur Algebra der ›Biquaternionen.

Ersetzt man in der obigen Definition der Q. die Multiplikationsvorschrift durch $e_1^2 = \alpha$, $e_2^2 = \beta$, $e_3^2 = -\alpha\beta$, $e_1e_2 = -e_2e_1 = e_3$, $e_2e_3 = -e_3e_2 = -\beta e_1$, $e_3e_1 = -e_1e_3 = -\alpha e_2$ mit $\alpha, \beta \in R$, so erhält man die Algebra der *verallgemeinerten Quaternionen* (*verallgemeinerte Q.*).

Lit.: [A 10], [A 13], [A 16], [A 17 II]
HURWITZ, A.: Vorlesungen über die Zahlentheorie der Quaternionen. Springer, Berlin 1919.
NIVEN, I.: Equations in quaternions. Amer. Math. Monthly 48 (1941), 654–661.

Quaternioneneinheit ›Quaternionenalgebra

Quaternionengruppe (= *Hamiltonsche Quaternionengruppe*) ist bis auf Isomorphie die von den Einheiten ± 1, $\pm i$, $\pm j$, $\pm k$ der Hamiltonschen Quaternionen gebildete multiplikative Gruppe. Abstrakt heißt Q. eine Gruppe der Ordnung 8, die von den Elementen A, B mit den Relationen $A^4 = 1$, $BAB^{-1} = A^{-1}$, $B^2 = A^2$ erzeugt wird. Die Q. ist eine ›hamiltonsche Gruppe; jede hamiltonsche Gruppe enthält eine zur Q. isomorphe Untergruppe. Die Automorphismengruppe der Q. ist isomorph zur ›symmetrischen Gruppe 4. Grades. Die Q. ist die einzige ›p-Gruppe, die zwei verschiedene Untergruppen vom Index p, aber nur eine Untergruppe der Ordnung p enthält. Ihre Gruppenalgebra ist die ›Quaternionenalgebra.

Verallgemeinerte Q. heißt die Gruppe der Ordnung 2^n, die von zwei Elementen A, B mit den Relationen $A^{2^{n-1}} = 1$, $BAB^{-1} = A^{-1}$, $B^2 = A^{2^{n-2}}$ $(n > 2)$ erzeugt wird; sie besitzt für $n > 3$ genau 2^{2n-3} Automorphismen. Der Durchschnitt aller nichttrivialen Untergruppen einer (verallgemeinerten) Q. ist nichttrivial, und jede nichtkommutative endliche Gruppe mit dieser Eigenschaft ist verallgemeinerte Q. Die verallgemeinerten Q. und die zyklischen p-Gruppen sind die einzigen p-Gruppen, die nur eine Untergruppe der Ordnung p enthalten.

Lit.: [G 19], [G 23], [G 42]

Quaternionen[schief]körper ›Quaternionenalgebra

Quelle = Leitglied ›Invariantentheorie, ›Kategorientheorie

Quotient ›Division [mit Rest], = ›Intervall

Quotientengruppe: 1. = ›Faktorgruppe, 2. ›Quotientenhalbgruppe

Quotientenhalbgruppe: 1. Q. einer ›Halbgruppe S heißt eine S enthaltende Halbgruppe T mit Einselement, so daß jedes reguläre Zentrumselement von S ein Inverses in T hat, das im Zentrum von T liegt, und jedes Element von T die Form $\varrho^{-1}\alpha$ mit $\alpha \in S$ und einem regulären Zentrumselement ϱ von S hat. Jede Halbgruppe S mit mindestens einem regulären Zentrumselement hat eine bis auf Isomorphie eindeutig bestimmte Q. T. Ist S kommutativ und regulär, so ist T eine abelsche Gruppe, die *Quotientengruppe* von S.

2. Q. = Faktorhalbgruppe einer ›Halbgruppe

Lit.: Zu **1.**: [A 16]

Quotientenkategorie ›Kategorientheorie

Quotientenkörper ›Quotientenring

Quotientenmodul ›lineare Abbildung

Quotientenobjekt ›Kategorientheorie

Quotientenring: R sei kommutativer Ring (mit Eins), S eine nichtleere ›multiplikativ abgeschlossene Menge (ohne 0) von R. In der Menge der formalen ›Brüche (d. h. in Bruchform geschriebener Elementpaare) $\frac{x}{y}$ mit $x \in R$, $y \in S$ führt man eine ›Äquivalenzrelation $\sim$ ein, indem man genau dann $\frac{x_1}{y_1} \sim \frac{x_2}{y_2}$ setzt, wenn es ein $s \in S$ mit $sy_2x_1 = sy_1x_2$ gibt. Die Äquivalenzklasse von $\frac{x}{y}$ werde mit $\left[\frac{x}{y}\right]$ bezeichnet. Indem man für diese Äquivalenzklassen gemäß $\left[\frac{x_1}{y_1}\right] + \left[\frac{x_2}{y_2}\right] = \left[\frac{x_1y_2 + x_2y_1}{y_1y_2}\right]$ und $\left[\frac{x_1}{y_1}\right]\left[\frac{x_2}{y_2}\right] = \left[\frac{x_1x_2}{y_1y_2}\right]$ eine Addition und eine Multiplikation einführt, erhält man einen Ring R_S, den sog. Q. von R bez. S. Die Abbildung χ, die jedem $x \in R$ das Element $\left[\frac{sx}{s}\right]$ zuordnet, wo s ein Element aus S ist (auf dessen Wahl es in Wahrheit nicht ankommt), stellt einen (*kanonischen*) *Homomorphismus von R in R_S* dar. Der *Kern* von χ ist die *S-Komponente* des Nullideals (0) von R (allgemeiner heißt für ein Ideal $\mathfrak{a}$ von R die Menge der $x \in R$ mit $sx \in \mathfrak{a}$ für wenigstens ein Element $s \in S$ die S-Komponente von $\mathfrak{a}$). Enthält S das Nullelement, so wird R_S der Nullring, so daß man in der Regel voraussetzt, daß 0 nicht in S enthalten ist. Ist S nullteilerfrei, so vereinfacht sich die obige Gleichung für die Äquivalenz auf $y_2x_1 = y_1x_2$, der kanonische Homomorphismus wird dann ein Monomorphismus, und R_S kann als Oberring von R aufgefaßt werden. Die oben betrachteten Q. R_S heißen für den Fall, daß S Nullteiler enthält, auch *verallgemeinerte Q.* bez. S.

Wählt man als S speziell die Menge aller Nichtnullteiler $\neq 0$, so erhält man in R_S den sog. *vollen Q.* (= *Gesamtquotientenring*) von R. Der volle Q. eines ›Integritätsbereichs R ist ein Körper, der *Quotientenkörper* von R. Auf diese Weise erhält man beispielsweise aus dem Ring $\mathbb{Z}$ als Quotientenkörper den Körper $\mathbb{Q}$, aus einem Polynomring in einer oder mehreren Unbestimmten über einem Körper k den Körper der rationalen Funktionen in einer oder mehreren Veränderlichen über k.

Ist $\mathfrak{p}$ Primideal des Rings R, so ist $R \setminus \mathfrak{p}$ ein multiplikativ abgeschlossenes System ohne Nullteiler, der zugehörige Q. ist ein ›lokaler Ring, der abweichend von der obigen Symbolik auch mit $R_\mathfrak{p}$ bezeichnet wird. Der Übergang von R zu $R_\mathfrak{p}$ heißt auch *Lokalisierung* bezüglich $\mathfrak{p}$. Die Ideale von $R_\mathfrak{p}$ entsprechen dann (durch Bildung des Verengungs- bzw. ›Erweiterungsideals) eineindeutig den in $\mathfrak{p}$ enthaltenen Idealen von R. Allgemein ergibt sich jedes Ideal $\mathfrak{a}_S$ in R_S (für ein multiplikatives System ohne Nullteiler) durch Erweiterung eines Ideals $\mathfrak{a}$ von R, insbesondere des Verengungsideals von $\mathfrak{a}_S$, und das Zurückleitungsideal eines Ideals $\mathfrak{a}$ von R besteht aus allen $b \in R$ mit $bs \in \mathfrak{a}$ für wenigstens ein $s \in S$, ist also die S-Komponente von $\mathfrak{a}$, und ein Ideal $\mathfrak{a}$ in R ist genau dann Verengungsideal eines Ideals von R_S, wenn S *prim* zu $\mathfrak{a}$ (d. h., jedes Element s von S prim zu $\mathfrak{a}$, d. h. $\mathfrak{a} : (s) = \mathfrak{a}$) ist.

Die obige Bildung des Q. eines Rings R bez. eines multiplikativ abgeschlossenen Systems S läßt sich auch auf ›R-Moduln M übertragen, indem man von Brüchen der Form $\frac{x}{s}$ mit $x \in M$ und $s \in S$ ausgeht. Indem man für die wie oben definierten Äquivalenzklassen noch gemäß $r\left[\frac{x}{s}\right] = \left[\frac{rx}{s}\right]$ eine Multiplikation mit Elementen r aus R definiert, gelangt man durch Quotientenbildung von M zu einem R-Modul M_S. Dieser Prozeß ist mit R-Modulhomomorphismen vertauschbar („funktoriell"). M_S kann in natürlicher Weise als Modul über dem Q. R_S aufgefaßt werden. Statt M_S schreibt man auch $S^{-1}M$.

Für den Zusammenhang zwischen Lokalisierung nach dem multiplikativ abgeschlossenen System S und der Bildung des ›Tensorprodukts von R-Moduln M und N gilt: $S^{-1}M$ ist natürlich isomorph zu $S^{-1}R \otimes_R M$; $S^{-1}(M \otimes_R N) = (S^{-1}M) \otimes_{S^{-1}R} (S^{-1}N)$. Ist M endlich präsentierbar (›endlich erzeugter R-Modul), so gilt außerdem noch (›Hom-Funktor): $S^{-1}(\mathrm{Hom}_R(M, N)) = \mathrm{Hom}_{S^{-1}R}(S^{-1}M, S^{-1}N)$.

Im Falle eines *nichtkommutativen Rings R* heißt der Ring $Q(R)$ *rechter Q.* seines Unterrings R, wenn in $Q(R)$ alle Nichtnullteiler (regulären Elemente) von R ein Inverses besitzen und jedes Element aus $Q(R)$ die Form ab^{-1} mit $a, b \in R$ hat. R besitzt genau dann einen Q., wenn für beliebige $a, b \in R$ mit regulärem b Elemente $a_1, b_1 \in R$ mit $ab_1 = ba_1$ und regulärem b_1 existieren (*Satz von Ore*). R besitzt genau dann einen halbeinfachen ›artinschen Q, wenn R *semiprim* ist (d. h., $I^2 \neq 0$ für jedes nichttriviale Ideal I von R gilt) und der Minimalbedingung für Rechts›annullatoren von Idealen der Form $r(S) = \{x \in R, Sx = 0\}$ genügt, wo S Untermenge von R ist, und keine unendlichen direkten Summen von Rechtsidealen enthält (*Satz von Goldie*).

Lit.: [A 14], [A 16], [A 17 I], [A 18 I], [R 12], [R 20], [R 25], [R 27]
Cohn, P. M.: Rings of fractions. Amer. Math. Monthly 78 (1971), 596–615.
Golan, J. L.: Localization of noncommutative rings. Dekker, New York 1975.
Morita, K.: Quotient Rings. In: R. Gordon (ed.): Ring theory. Academic Press, New York 1972, 257–285.
Stenström, B.: Rings of Quotients. Springer, Berlin 1975.

Quotientenverband = ›Intervall

R

Radikal einer Gruppe: Ein Paar von Teilklassen R und S in der Klasse aller abstrakten Gruppen heißt R. in der Klasse der Gruppen, wenn die Klasse R gegenüber homomorphen Bildern abgeschlossen ist und jede Gruppe G einen eindeutig bestimmten Normalteiler $\mathfrak{R}(G)$ enthält, der R-Gruppe ist, und die Faktorgruppe $G/\mathfrak{R}(G)$ eine S-Gruppe ist. R heißt *radikale Klasse* des R. $\mathfrak{R}$, S *halbeinfache Klasse*, $\mathfrak{R}(G)$ ist das $\mathfrak{R}$-*R.* von G. $\mathfrak{R}(G)$ ist charakterisierbar als größte invariante R-Untergruppe von G.

Die Klassen R und S bestimmen einander eindeutig. G ist genau dann $\mathfrak{R}$-halbeinfach, wenn G keine invariante R-Untergruppe $\neq E$ enthält; G ist genau dann $\mathfrak{R}$-Radikal, wenn G nicht homomorph auf eine S-Gruppe $\neq E$ abgebildet werden kann.

Eine Klasse R ist genau dann radikal, wenn sie gegen homomorphe Bilder abgeschlossen, in jeder Gruppe das Produkt von invarianten R-Untergruppen eine R-Gruppe und jede ›Erweiterung einer R-Gruppe mit einer R-Gruppe

R-Gruppe ist. Jede radikale Klasse ist gegenüber >direkten Produkten abgeschlossen.

Für andere (universelle) >Algebren gibt es analoge Begriffsbildungen. Für R. in Kategorien >[R 3].

Lit.: [G 26II], [U 8]
HOEHNKE, H.-J. (ed.): Universelle Algebra und Theorie der Radikale. Akademie-Verlag, Berlin 1976.
KASCHU, A. I. (А. И. Кашу): Радикалы и кручения в модулях. Ştiinca, Kischinew 1983.

Radikal einer Lieschen Algebra >Levische Unteralgebra, >auflösbare Liesche Algebra

Radikal einer Lieschen Gruppe ist ihr maximaler auflösbarer zusammenhängender Liescher Normalteiler.

Radikal eines Ideals: 1. In einem *kommutativen Ring R* heißt *Radikal* eines Ideals $\mathfrak{a}$, bezeichnet mit rad $\mathfrak{a}$ oder $\sqrt{\mathfrak{a}}$, das Oberideal von $\mathfrak{a}$ aller Elemente $a \in R$, von denen eine gewisse Potenz in $\mathfrak{a}$ liegt. Im Falle eines >Primärideals $\mathfrak{a}$ ist rad $\mathfrak{a}$ das zugehörige >Primideal. Aus einer >Primärkomponentenzerlegung von $\mathfrak{a}$ erhält man rad $\mathfrak{a}$ als Durchschnitt der zugehörigen Primideale, wobei man sich auf die minimalen Primideale beschränken kann. Ein Ideal, das mit seinem R. übereinstimmt, heißt auch *Radikalideal*. Das R. des Nullideals (0) ist genau dann (0), wenn R keine >nilpotenten Elemente enthält.

2. Das *R. im Sinne von McCoy* eines zweiseitigen Ideals $\mathfrak{a}$ eines Rings R ist die Menge $\mathrm{rad}_M\,\mathfrak{a}$ aller $a \in R$, für die jedes a enthaltende >m-System mindestens ein Element aus $\mathfrak{a}$ enthält. $\mathrm{rad}_M\,\mathfrak{a}$ ist ein zweiseitiges Ideal und fällt im kommutativen Falle mit $\sqrt{\mathfrak{a}}$ nach 1. zusammen. Es ist gleich dem Durchschnitt der (minimalen) Primoberideale von $\mathfrak{a}$. Im Falle des Nullideals erhält man das R. im Sinne von McCoy des Rings R. Nach LEVITZKI ist $\mathrm{rad}_M\,\mathfrak{a}$ auch gleich dem (*Baerschen*) *unteren R.* $\mathrm{rad}_B\,\mathfrak{a}$ von $\mathfrak{a}$, das durch folgende Eigenschaften eindeutig bestimmt ist: (i) $\mathfrak{a} \subset \mathrm{rad}_B\,\mathfrak{a}$, (ii) $(\mathrm{rad}_B\,\mathfrak{a})/\mathfrak{a}$ ist das Baersche untere >Nilradikal des Restklassenrings $R/\mathfrak{a}$.

3. Das *R. im Sinne von Fitting* eines zweiseitigen Ideals eines Rings R ist die Menge $\mathrm{rad}_{Fi}\,\mathfrak{a}$ aller Elemente von R, die modulo $\mathfrak{a}$ eigentlich >nilpotent sind. Es ist das größte zweiseitige Ideal, das nur Elemente enthält, die modulo $\mathfrak{a}$ nilpotent sind. Für das Nullideal erhält man das *Fittingsche Radikal* (>Nilradikal) des Rings. FITTING hat auch ein R. eines einseitigen Ideals definiert, das i. allg. kein Ideal von R, sondern des zugehörigen >Eigenrings ist.

4. *Kompressives R.* (THIERRIN): Ist $\mathfrak{a}$ zweiseitiges Ideal des Rings R, so sei $R_1^*(\mathfrak{a})$ die Menge der $x \in R$, die eine Faktorzerlegung $x = x_1 \ldots x_n$ ($x_i \in R$, $n \in \mathbf{N}$ beliebig) mit $x_1^2, \ldots, x_n^2 \in \mathfrak{a}$ besitzen. $R_1(\mathfrak{a})$ sei das von $R_1^*(\mathfrak{a})$ erzeugte zweiseitige Ideal und allgemein $R_k(\mathfrak{a}) = R_1(R_{k-1}(\mathfrak{a}))$ für $k = 2, 3, \ldots$ Das kompressive Radikal $\mathrm{rad}_T\,\mathfrak{a}$ ist dann die Vereinigung der Teilerkette der $R_k(\mathfrak{a})$. $\mathrm{rad}_T\,\mathfrak{a}$ enthält $\mathrm{rad}_M\,\mathfrak{a}$; es ist der Durchschnitt aller minimalen vollständigen Primoberideale von $\mathfrak{a}$. Für den Fall des Nullideals ergibt sich das kompressive Radikal $\mathfrak{r}^{(T)}$ des Rings R. R ist genau dann subdirekte Summe von nullteilerfreien Ringen, wenn $\mathrm{rad}_T\,(0) = (0)$ ist.

Lit.: [R 19]
FITTING, H.: Primärkomponentenzerlegung in nichtkommutativen Ringen. Math. Ann. **111** (1935), 19–41.
LEVITZKI, J.: Prime ideals and the lower radical. Amer. J. Math. **73** (1951), 25–29.
MCCOY, N. H.: Prime ideals in general rings. Amer. J. Math. **71** (1949), 823–833.
THIERRIN, G.: Sur les idéaux complètement premiers d'un anneau quelconque. Acad. roy. Belgique, Bull. Cl. Sci. (5) **43** (1957), 124–132.

Radikal eines Rings: Historisch ist eine Reihe von Radikalbegriffen durch den Versuch entstanden, in gewissem Sinne die „Singularität" des betreffenden Ringes zu messen. Eine axiomatische ***Radikaltheorie*** wurde von AMITSUR und KUROSCH aufgestellt. $\mathfrak{R}$ sei eine abstrakte Ringeigenschaft, komme also mit jedem Ring (der dann kurz ein ***$\mathfrak{R}$-Ring*** heißt) auch jedem isomorphen Bild davon zu. Ein Ideal eines Rings heißt ***$\mathfrak{R}$-Ideal***, wenn es $\mathfrak{R}$-Ring ist. ***$\mathfrak{R}$-Radikal*** $\mathfrak{R}(A)$ eines Rings A heißt ein $\mathfrak{R}$-Ideal von A, das jedes $\mathfrak{R}$-Ideal von A enthält. ***$\mathfrak{R}$-halbeinfach*** heißt ein Ring, dessen $\mathfrak{R}$-R. das Nullideal ist (sog. ***Ring ohne R.***).

Eine Eigenschaft $\mathfrak{R}$ heißt nach AMITSUR und KUROSCH ***Radikaleigenschaft***, wenn gilt: (i) Jedes homomorphe Bild eines $\mathfrak{R}$-Rings ist $\mathfrak{R}$-Ring. (ii) Jeder Ring besitzt ein $\mathfrak{R}$-R. (iii) Der Restklassenring $A/\mathfrak{R}(A)$ ist stets $\mathfrak{R}$-halbeinfach.

A heißt ***$\mathfrak{R}$-Radikalring***, wenn $\mathfrak{R}(A) = A$ ist. Sind das Ideal $\mathfrak{a}$ des Rings A und $A/\mathfrak{a}$ $\mathfrak{R}$-Radikalringe, so auch A. Mit $\mathfrak{a}$ ist auch $\mathfrak{R}(\mathfrak{a})$ Ideal von A. Das R. $\mathfrak{R}(A)$ ist der Durchschnitt aller Ideale $\mathfrak{a}$ von A, für die $A/\mathfrak{a}$ $\mathfrak{R}$-halbeinfach ist.

Dual dazu ist (entsprechend der Definition von $\mathfrak{R}$) $\mathfrak{R}(A)$ gleich der Summe der Ideale von I, die $\mathfrak{R}$-Ringe sind. Daher ist eine Radikaleigenschaft $\mathfrak{R}$ sowohl durch die Klasse der $\mathfrak{R}$-Radikalringe (***Radikalklasse***) als auch durch die Klasse der $\mathfrak{R}$-halbeinfachen Ringe (***halbeinfache Klasse*** = ***Koradikalklasse***) bestimmt.

$\mathfrak{R}$ ist genau dann Radikaleigenschaft, wenn gilt: (i) Jedes homomorphe Bild eines $\mathfrak{R}$-Rings ist $\mathfrak{R}$-Ring. (ii) Enthält jedes homomorphe Bild $\neq 0$ eines Rings A ein $\mathfrak{R}$-Ideal $\neq 0$, so ist A $\mathfrak{R}$-Ring.

Die verschiedenen existierenden Radikalbegriffe genügen nicht alle diesen Axiomen.

Ein R. heißt ***ideal erblich*** in einer gegenüber Idealbildung und Homomorphismen abgeschlossenen Klasse von Ringen bzw. Algebren, wenn für jedes Ideal $\mathfrak{a}$ eines Rings A dieser Klasse $\mathfrak{R}(\mathfrak{a}) = \mathfrak{R}(A) \cap \mathfrak{a}$ ist. Das sind genau diejenigen R., für welche sowohl die Radikalringe als auch die halbeinfachen Ringe gegenüber Idealbildung abgeschlossen sind. Das R. heißt ***erblich***, wenn die Klasse der Radikalringe gegenüber Idealbildung abgeschlossen ist, und ***streng erblich***, wenn die Klasse der halbeinfachen Ringe gegenüber Unterringbildung abgeschlossen ist.

Für jede Unterklasse M einer Klasse $\mathfrak{A}$ heißt *untere Radikalklasse* $l(M)$ die kleinste M enthaltende Radikalklasse, das entsprechende R. *unteres R. Obere Radikalklasse* $u(M)$ heißt die größte Radikalklasse, bez. der jeder Ring aus M halbeinfach ist, das zugehörige R. *oberes R.*

Die Vereinigung aller zweiseitigen ›Nilideale eines Rings R ist ein Nilideal, das *maximale zweiseitige Nilideal* $\mathfrak{r}^{(\mathrm{Fi})}$, *Fittingsche Radikal, verallgemeinerte Radikal* oder *obere Radikal* (›Radikal eines Ideals) von R.

Die Summe aller zweiseitigen ›nilpotenten Ideale umfaßt auch alle einseitigen nilpotenten Ideale und heißt das *spezialisierte R.* $\mathfrak{r}^*$ von R. Es gilt

$$\mathfrak{r}^* \subset \mathfrak{r}^{(\mathrm{M})} \subset \mathfrak{r}^{(\mathrm{L})} \subset \mathfrak{r}^{(\mathrm{Fi})} \begin{cases} \subset \mathfrak{r}^{(\mathrm{J})} \subset \mathfrak{r}^{(\mathrm{BM})} \\ \subset \mathfrak{r}^{(\mathrm{Fu})} \end{cases},$$

wo $\mathfrak{r}^{(\mathrm{M})}$ das Radikal im Sinne von ›McCoy, $\mathfrak{r}^{(\mathrm{L})}$ das ›Levitzkische Radikal, $\mathfrak{r}^{(\mathrm{J})}$ das ›Jacobsonsche Radikal, $\mathfrak{r}^{(\mathrm{Fu})}$ das Radikal im Sinne von ›Fuchs und $\mathfrak{r}^{(\mathrm{BM})}$ das ›Brown-McCoysche Radikal ist. Wenn $\mathfrak{r}^{(\mathrm{Fi})}$ alle Nilideale enthält, heißt es das *Köthesche Radikal, das obere Nilradikal* oder auch das *Radikal von R* schlechthin; es wird von der Klasse aller Nilringe bestimmt. Es existiert sicher dann, wenn $\mathfrak{r}^{(\mathrm{J})}$ in R endlichen Index hat und in R für die Elemente aus $\mathfrak{r}^{(\mathrm{J})}$ der Produktkettensatz gilt; dann ist $\mathfrak{r}^* = \mathfrak{r}^{(\mathrm{M})} = \mathfrak{r}^{(\mathrm{L})} = \mathfrak{r}^{(\mathrm{Fi})} = \mathfrak{r}^{(\mathrm{J})} = \mathfrak{r}$. Diese Bedingungen sind für jede K-Algebra A endlichen Ranges über einem Körper K erfüllt, $\mathfrak{r}$ besteht aus allen eigentlich nilpotenten Elementen von A. Weitere Radikalbegriffe werden von Amitsur, Andrunakiewitsch, Kurosch, Levitzki und Nagata beschrieben.
›Nilradikal

Lit.: [R 3], [R 12], [R 17], [R 30]

Amitsur, S. A.: A general theory of radicals I (Radicals in complete lattices), II (Radicals in rings and bicategories), III (Applications). Amer. J. Math. **74** (1952), 774–786; **76** (1954), 100–125; **76** (1954), 126–136.

Andrunakijewitsch, W. A. (В. А. Андрунакиевич): Радикалы ассоциативных колец I, II. Mat. Sbornik **44** (1958), 179–212; **55** (1961), 329–346.

Hall, M.: The position of the radical in an algebra. Trans. Amer. Math. Soc. **48** (1940), 391–404.

Hoehnke, H.-J.: Nilpotenzkriterien. Math. Ann. **132** (1957), 404–411.

Kurosch, A. G. (А. Г. Курош): Радикалы колец и алгебр. Mat. Sbornik **33** (1953), 13–26.

Levitzki, J.: Contributions to the theory of nilrings. Riveon Lemat. **7** (1954), 50–70 (hebräisch, engl. Zusammenfassung).

Nagata, M.: On the theory of radicals in a ring. J. Math. Soc. Jap. **3** (1951), 330–344.

Radikal eines Vektorraums ›isotroper Vektor

Radikal im Sinne von Fitting ›Radikal eines Ideals

Radikal im Sinne von Fuchs = ›Fuchssches Zeroid-Pseudoradikal

Radikal im Sinne von McCoy (= *unteres Radikal* = *Primradikal*) eines Ringes R ist der Durchschnitt $\mathfrak{r}^{(M)}$ aller (minimalen) Primideale von R; es ist gleich dem Radikal rad_M (0) des Nullideals. Das R. i. S. v. M. des Restklassenrings $R/\mathfrak{r}^{(M)}$ ist das Nullideal. $\mathfrak{r}^{(M)}$ besteht aus genau den Elementen $x \in R$, für die jedes ›m-System, das x enthält, auch 0 enthält. LEVITZKI hat bewiesen, daß es gleich dem *Baerschen unteren* ›*Nilradikal* ist.

R. i. S. v. M. eines Ideals ›Radikal eines Ideals

Lit.: [R 11 II], [R 30]

Radikal über einem Körper wird z. T. synonym mit Wurzelzeichen gebraucht. Jede Wurzel einer reinen Gleichung $x^n - a = 0$ über einem Körper k heißt ein R. über k und wird häufig mit $\sqrt[n]{a}$ bezeichnet (trotz der Mehrdeutigkeit dieses Symbols).

Eine endliche ›Körpererweiterung K/k heißt *Erweiterung durch R.*, wenn es Zwischenkörper $Z_0 = k, Z_1, \ldots, Z_r = K$ gibt, so daß sich jedes Z_j durch Adjunktion eines R. über Z_{j-1} aus Z_{j-1} ergibt. Eine ›algebraische Gleichung über k heißt *durch R.* (oder: *Wurzeln*) *[auf]lösbar* (kurz: *[auf]lösbar*) (*primitive Gleichung* oder *algebraisch auflösbare Gleichung*), wenn ihr Zerfällungskörper über k in einer Erweiterung durch R. liegt, d. h., daß man ihre Wurzeln durch (ineinandergeschachtelte) Wurzelausdrücke (neben rationalen Bildungen) in den Koeffizienten der Gleichung darstellen kann.

Wenn eine Wurzel einer über k irreduziblen Gleichung sich durch R. darstellen läßt und die hierin auftretenden Wurzelexponenten nicht durch die ›Charakteristik von k teilbar sind, so ist die [›*Galoissche*] *Gruppe* dieser Gleichung *auflösbar*. Ist umgekehrt die Gruppe der Gleichung auflösbar und die Charakteristik von k Null oder größer als die größte Primzahl, die in den Ordnungen der Kompositionsfaktoren enthalten sind, so läßt sich die Gleichung durch R. lösen. Die allgemeine (und damit auch jede) Gleichung n-ten Grades ist für $n = 2$ durch R. lösbar, falls die Charakteristik von k nicht 2; für $n = 3$ und 4, falls die Charakteristik nicht 2 oder 3 ist; für $n = 3$ wird die Auflösung z. B. durch die ›Cardanoschen Formeln geleistet, für $n = 4$ mittels der kubischen Resolvente. Für $n > 4$ besagt der *Abelsche Satz*, daß die allgemeine Gleichung n-ten Grades nicht durch R. lösbar ist; unter Anwendung des Hilbertschen Irreduzibilitätssatzes folgt daraus, daß es über $\mathbb{C}$ für jeden Grad > 4 unendlich viele nicht durch R. lösbare Gleichungen gibt.

Lit.: [A 7 II], [A 16], [A 17 I]

Radikale, [auf]lösbar durch ›Radikal über einem Körper

radikale Klasse ›Radikal einer Gruppe, ›Radikal eines Rings

Radikaleigenschaft ›Radikal eines Ringes

Radikalerweiterung eines Körpers k der Charakteristik $p > 0$ heißt ein Erweiterungskörper K mit K^p (= Menge der p-ten Potenzen der Elemente von K) $\subset k$. Bei char $k = 0$ heißt $K = k$ die einzige R. von k.

Radikalideal >Radikal eines Ideals, = >Nilradikal

Radikalklasse >Radikal einer Gruppe, >Radikal eines Rings

Radikalring >Radikal eines Rings, >Jacobsonsches Radikal

Rahmen >Darstellungen der symmetrischen Gruppe

***R*-Algebra** (= *Algebra* [*über R*]) heißt ein (nicht notwendig assoziativer) >Ring $\mathfrak{A}$, der zugleich unitärer R-Linksmodul über dem kommutativen Ring R mit 1, dem sog. *Grundring* der R-A., ist, so daß gilt:

$$\alpha(x \cdot y) = (\alpha x) \cdot y = x \cdot (\alpha y) \quad \text{für} \quad x, y \in \mathfrak{A},\ \alpha \in R.$$

Ist die Multiplikation in $\mathfrak{A}$ assoziativ, d. h., $\mathfrak{A}$ ein assoziativer Ring, so heißt $\mathfrak{A}$ *assoziative R.-A.* oder *hyperkomplexes System* über R. Hat $\mathfrak{A}$ überdies ein >Einselement ε, so ist $R \cdot \varepsilon$ ein zu R isomorpher Unterring von A. Eine assoziative R-A. über einem Körper $K = R$ heißt oft kurz *Algebra* (*über K*), K ihr *Grundkörper*.

Genau dann, wenn $\mathfrak{A}$ freier R-Linksmodul ist (insbesondere im Falle eines Körpers R), besitzt A als R-Modul eine Basis; diese heißt auch *Basis* der Algebra. Die Multiplikation in $\mathfrak{A}$ wird dann durch die Multiplikation der Basiselemente u_i bestimmt:

$$u_i u_j = \sum_k c_{ij}^k u_k \quad \text{mit} \quad c_{ij}^k \in R,$$

wobei für festes i und j fast alle c_{ij}^k gleich 0 sind. Die c_{ij}^k heißen die *Strukturkonstanten, Multiplikationskonstanten* oder *-zahlen, Produkt-* oder *Zusammensetzungskonstanten* von $\mathfrak{A}$ bez. der gewählten Basis. Ist $\mathfrak{A}$ (d. h. die Multiplikation in $\mathfrak{A}$) kommutativ, so ist $c_{ji}^k = c_{ij}^k$ für alle i, j, k; ist A assoziativ, so gelten für alle i, j, l, m die *Assoziativitätsrelationen*

$$\sum_k c_{kl}^m c_{ij}^k = \sum_k c_{ik}^m c_{jl}^k;$$

diese lassen sich mittels der >Brandtschen Symbolik kurz ausdrücken.

Wichtiger Spezialfall ist der einer [assoziativen] R-A. mit endlicher Basis (= *hyperkomplexes System* [*im engeren Sinne*] = *hyperkomplexes Zahlensystem* = [*R*-] *A. endlichen Ranges* = *endliche A.*); die Anzahl der Basiselemente heißt dann der *Rang* der A. Beispiele: endliche >Körpererweiterungen, Matrizenringe.

Eine A. über dem Körper K heißt *normal* oder auch *zentral* über K, wenn ihr Zentrum (als Ring) gleich K ist.

Ist $\mathfrak{A}$ eine A. über dem kommutativen >Körper K und L Oberkörper von K, so entsteht aus $\mathfrak{A}$ in natürlicher Weise eine A. $\mathfrak{A}_L$ über L mit derselben Basis und denselben Strukturkonstanten als A. der formalen Linearkombinationen der Basiselemente mit Koeffizienten aus L. Man sagt dann, $\mathfrak{A}_L$ gehe aus $\mathfrak{A}$ durch *Grundkörpererweiterung* mit L hervor. $\mathfrak{A}_L$ läßt sich als das >Tensorprodukt $\mathfrak{A} \otimes_K L$ der A. $\mathfrak{A}$ mit L, aufgefaßt als A. über K, schreiben. Ist $u_1, \ldots, u_n$ eine Basis von A über K und sind $x_1, \ldots, x_n$ Unbestimmte über K, $L = K(x_1, \ldots, x_n)$ der von den x_i erzeugte Erweiterungskörper von K, so heißt das Element $y = x_1u_1 + \cdots + x_nu_n \in \mathfrak{A}_L$ das sog. *allgemeine Element* von $\mathfrak{A}$ (bez. der gewählten Basis); jedes Element $a \in \mathfrak{A}$ ist durch Spezialisierung der x_i (Belegung mit Werten aus K) aus y zu erhalten. Ist u_i in der regulären >Darstellung von $\mathfrak{A}$ die Matrix B_i zugeordnet, so gehört zu y die Matrix $x_1B_1 + \cdots + x_nB_n$. Das >charakteristische Polynom des allgemeinen Elements y ist ein Polynom $F(x; x_1, \ldots, x_n)$ in den $n + 1$ Unbestimmten $x, x_1, \ldots, x_n$ vom Grade n in x; durch Spezialisierung ergibt sich hieraus das charakteristische Polynom eines beliebigen Elements von $\mathfrak{A}$. Das Minimalpolynom $M(x; x_1, \ldots, x_n)$ von y heißt das *Rangpolynom, Grundpolynom* oder *Minimalpolynom* der A. $\mathfrak{A}$; gleich 0 gesetzt, ergibt es die *charakteristische Gleichung* oder *Ranggleichung* von $\mathfrak{A}$. Durch Spezialisierung erhält man aus dem Rangpolynom das *Hauptpolynom* eines Elements aus $\mathfrak{A}$; dieses verschwindet, wenn man das betreffende Element einsetzt. Ist $\mathfrak{A}$ einfache A. vom Rang $r \cdot m^2$ über K, wobei r der Rang des Zentrums von $\mathfrak{A}$ über K ist, so ist $M(x; x_1, \ldots, x_n)$ irreduzibel und vom Grad $r \cdot m$. Ist $\mathfrak{A}$ außerdem zentral über K, so ist das charakteristische Polynom eines Elements gleich der m-ten Potenz seines Hauptpolynoms.

Für K-A. gelten die folgenden *Struktursätze*:

(i) Eine halbeinfache A. $\mathfrak{A}$ ist >direkte Summe einfacher Linksideale $\mathfrak{A}e_i$ und enthält eine Eins e. Umgekehrt ist eine A. $\mathfrak{A}$, die direkte Summe einfacher Linksideale ist und ein Einselement besitzt, halbeinfach.

(ii) Eine halbeinfache A. ist direkte Summe von eindeutig bestimmten einfachen A.

(iii) Eine einfache A. ist >voller Matrixring über einem Schiefkörper und umgekehrt.

Verallgemeinerung: >Λ-Ring.

>Abspaltungskörper.

Lit.: [R 1], [R 6], [R 9], [R 32], [U 11]
Schlote, K.-H.: Zur Geschichte der Algebrentheorie — Peirces „Linear Associative Algebra", NTM-Schriftenr. Gesch. Naturwiss., Technik u. Med., Leipzig **20** (1983), H. 1, 1–20.
Schlote, K.-H.: Die Entwicklung der Algebratheorie bis zu ihrer Formierung als abstrakte algebraische Theorie. Diss. B, Karl-Marx-Univ. Leipzig 1988.

Rändern (= *Ränderung*) heißt das Ergänzen einer n-reihigen >Matrix und ihrer >Determinante zu einer $(n + 1)$-reihigen durch Hinzufügen einer weiteren (ersten oder letzten) Zeile und Spalte; eine auf diese Weise gebildete Matrix oder Determinante heißt *geränderte Matrix* bzw. *Determinante*.

Randoperator ›Kettenkomplex

Rang einer abelschen Gruppe (= *Prüferscher Rang*) heißt die Maximalzahl über $\mathbb{Z}$ linear unabhängiger Elemente (›lineare Abhängigkeit) der (additiv geschriebenen) Gruppe G (G kann in natürlicher Weise als $\mathbb{Z}$-Linksmodul aufgefaßt werden). Diese Definition deckt sich für ›freie abelsche Gruppen mit der dort gegebenen.

Lit.: [G 13]

Rang einer Algebra über *R* ›R-Algebra

Rang einer alternierenden Form ›quadratische Form

Rang einer angeordneten Gruppe ›konvexe Untergruppe (insb. ›Bewertung)

Rang einer ›auflösbaren Gruppe

Rang einer Bilinearform ›bilineare Abbildung

Rang einer Differentialbasis ›hyperkomplexe Variable

Rang einer ›freien Gruppe

Rang einer ›Lieschen Algebra *L* heißt das Minimum über alle $x \in L$ der Vielfachheiten der charakteristischen Wurzel 0 von ad x (adjungierte ›Darstellung). Ebenso ist der Rang einer ›Lieschen Gruppe erklärt.

Lit.: [L 4 III]

Rang einer ›Lieschen Gruppe

Rang einer ›linearen Abbildung

Rang einer ›Matrix

Rang einer ›*R*-Algebra

Rang einer ›Semibilinearform

Rang eines Eigenwerts ›charakteristisches Polynom 4.

Rang eines Ideals ›Dimension eines Ideals

Rang eines ›linearen Gleichungssystems

Rangabfall = **Rangdefekt** ›lineare Abbildung

Ranggleichung bzw. **-polynom** >R-Algebra

Rationalbasis >Invariantenkörper

rationale Funktion >rationaler Funktionenkörper

rationale Operationen heißen die vier Rechenoperationen Addition, Subtraktion, Multiplikation und Division, die aus Körperelementen wieder Körperelemente ergeben. Für die Körper $\mathbb{R}$ bzw. $\mathbb{C}$ spricht man auch von den vier *Grundoperationen, Grundrechenarten* oder *Spezies der Arithmetik.* Die r. O. genügen zur Auflösung von >linearen Gleichungen.

rationale Zahl >ganzrationale Zahlen

rationaler Funktionenkörper *von n Unbestimmten* (oder auch *Veränderlichen*) über dem Körper k heißt der Quotientenkörper $k(X_1, \ldots, X_n)$ des Polynomrings $k[X_1, \ldots, X_n]$ in n Unbestimmten $X_1, \ldots, X_n$ über k; seine Elemente haben die Form $\frac{f(X_1, \ldots, X_n)}{g(X_1, \ldots, X_n)}$ mit Polynomen f und $g \neq 0$ und heißen rationale Funktionen in $X_1, \ldots, X_n$. Insbesondere heißt ein >algebraischer Funktionenkörper in n Veränderlichen über k rational (*rationaler Körper*), wenn es in ihm Elemente $X_1, \ldots, X_n$ gibt, so daß er gleich dem r. F. $k(X_1, \ldots, X_n)$ ist.

Lit.: [A 16]

rationaler Homomorphismus >algebraische Gruppe

rationaler Körper >rationaler Funktionenkörper

rationaler Zahlkörper >ganzrationale Zahlen

rechte globale [injektive] Dimension >homologische Dimension

rechte Gruppe heißt eine rechtseinfache >Halbgruppe mit Linkskürzungsregel. Symmetrisch dazu ist eine *linke Gruppe* definiert. Gruppen sind genau die Halbgruppen, die gleichzeitig linke und r. G. sind.

Lit.: [S 1I]

rechte reguläre Matrizendarstellung >regulärer Darstellungsmodul

rechte Reziproke einer unendlichen >**Matrix**

rechtes inneres Produkt >äußere Potenz

Rechtseinheit >Brandtsches Gruppoid, >Ehresmannsches Gruppoid

Rechtseinselement >Einselement, >Halbgruppe, >Multigruppoid

rechtsinvers >inverses Element, >Multigruppoid, >Halbgruppe

Rechtsinverse einer unendlichen >**Matrix**

rechtskongruent >Restklasse

Rechtsquotient >Nettokomplex, >multiplikativer Verband

rechtsregulär >kürzbares Element, >Halbgruppe

rechtsseitig assoziatives Element >Loop

rechtsvollständige Kategorie = kovollständige Kategorie >Kategorientheorie

Rechtswurzel = Kolimes >Kategorientheorie

Reduktion der Galois-Gruppe >Resolvente

Reduktion der quadratischen Formen: Ordnet man jeder >quadratischen Form Q in n Variablen mit der (symmetrischen) reellen Koeffizientenmatrix $A = (\alpha_{ij})$ im $\frac{n(n+1)}{2}$-dimensionalen Raum R den Punkt mit den Koordinaten α_{ij} $(i \leqq j)$ zu, so gehört zu den positiv definiten quadratischen Formen ein Teilraum P von R. Die Gruppe Γ der ganzrationalen Substitutionen mit der Determinante 1 transformiert P in sich und besitzt hier einen zusammenhängenden Fundamentalbereich F mit den Eigenschaften: (i) F ist Kegel mit der Spitze im Koordinatenursprung. (ii) F ist Durchschnitt endlich vieler linearer Halbräume, also konvex. (iii) Der Durchschnitt von F und dem Teilraum $\det A \leqq 1$ besitzt ein endliches Volumen.

Eine positiv definite quadratische Form heißt *reduziert,* wenn der ihr zugeordnete Punkt in F liegt. In jeder Klasse bez. Γ von Formen liegt genau eine Reduzierte. Ist die zu A mit $|A| \neq 0$ gehörige Form *indefinit,* so gibt es mindestens eine positiv definite quadratische Form, für deren Koeffizientenmatrix B gilt: $BA^{-1}B = A$. Man wähle ein bestimmtes B dieser Art und suche eine unimodulare Matrix $U \in \Gamma$, für die $U^{\mathsf{T}}BU$ die Matrix einer reduzierten definiten Form ist; diese heißt dann *reduziert.* Wegen der Mehrdeutigkeit von B ist die R. einer indefiniten Form zwar nicht eindeutig definiert, man kann aber damit sowohl für definite wie indefinite Formen beweisen, daß die Anzahl der reduzierten quadratischen Formen mit ganzzahligen Koeffizienten und vorgeschriebener Determinante endlich ist.

Die Auswahl des Fundamentalbereichs F und folglich die Ungleichungen zwischen den Koeffizienten, die F beschreiben (die sog. *Reduktionsbedingungen*) sind in gewissem Maße willkürlich. Naheliegend ist es, bei positiv definiten

Formen zu verlangen, daß $\frac{\alpha_{11}}{\sqrt[n]{\det A}}$ ein Minimum annimmt. Dieses Minimum erlaubt eine nur von n abhängige Abschätzung nach oben und nimmt bei denjenigen quadratischen Formen ein Maximum an, die im folgenden Sinne zu einer regelmäßigen dichtesten Kugelpackung gehören: Es sei $S^{\mathsf{T}}AS$ die Einheitsmatrix mit einer reellen Matrix S und $\mathfrak{S}$ das Punktgitter in $\mathbb{R}^n$, in das das Gitter der Punkte mit ganzzahligen Koordinaten durch S transformiert wird. Die maximalen einander höchstens berührenden Kugeln mit den Mittelpunkten in $\mathfrak{S}$ bilden eine solche dichteste Kugelpackung.

Die Reduktionstheorie ist auf quadratische Formen in endlichalgebraischen Zahlkörpern übertragen worden.

Lit.: [Q 7], [Q 8 II], [Q 11]

HUMBERT, P.: Théorie de la réduction des formes quadratiques définies positives dans un corps algébrique fini. Commentarii Math. Helvet. **12** (1940), 263–306.
HUMBERT, P.: Théorie de la réduction des formes quadratiques dans un corps algébrique fini. Commentarii Math. Helvet. **23** (1949), 50–63.
SIEGEL, C. L.: Einheiten quadratischer Formen. Abh. Math. Sem. Univ. Hamburg **13** (1940), 209–239.
SIEGEL, C. L.: Zur Reduktionstheorie quadratischer Formen. Publ. of the Math. Soc. of Japan **5**, Tokyo 1959.

Reduktionsbedingungen >Reduktion der quadratischen Formen

Reduktionsprinzip von Hasse = 1. >Isomorphiesatz für Gruppen

Reduktionssatz einer allgemeinen Matrizen-Eigenwertaufgabe: Besitzt die allgemeine Matrizen-Eigenwertaufgabe $Ax = \lambda Bx$ der Ordnung n den Eigenwert $\tilde{\lambda}$ zu dem Eigenvektor $\tilde{x} = (x_1, \ldots, x_n)^{\mathsf{T}}$ und ist (evtl. nach Umnumerierung) $B\tilde{x} = (y_1, \ldots, y_n)^{\mathsf{T}}$ mit $y_1 \neq 0$, so hat das Problem $(n-1)$-ter Ordnung $A^*x^* = \lambda B^*x^*$ mit

$$A^* = \begin{pmatrix} a_{22} - a_{12}y_2/y_1 & \cdots & a_{2n} - a_{1n}y_2/y_1 \\ \cdots\cdots & \cdots & \cdots\cdots \\ a_{n2} - a_{12}y_n/y_1 & \cdots & a_{nn} - a_{1n}y_n/y_1 \end{pmatrix}$$

und

$$B^* = \begin{pmatrix} b_{22} - b_{12}y_2/y_1 & \cdots & b_{2n} - b_{1n}y_2/y_1 \\ \cdots\cdots & \cdots & \cdots\cdots \\ b_{n2} - b_{12}y_n/y_1 & \cdots & b_{nn} - b_{1n}y_n/y_1 \end{pmatrix}$$

dieselben Eigenwerte wie das Ausgangsproblem mit Ausnahme von $\tilde{\lambda}$.

Lit.: [M 26]

reduktive [algebraische] Gruppe heißt eine lineare >algebraische Gruppe, die einer der äquivalenten Bedingungen genügt: (i) das Radikal der zusammenhängenden Komponente G^0 des Einselements ist ein algebraischer Torus, (ii) das unipotente Radikal von G^0 ist trivial, (iii) G^0 ist Produkt abgeschlossener Normalteiler S und T, die halbeinfache algebraische Gruppe bzw. algebraischer Torus sind.

Lit.: [G 22], [I 11]

reduktive Liesche Algebra heißt eine ›Liesche Algebra L (über einem Körper der Charakteristik 0), deren Faktoralgebra nach dem Zentrum halbeinfach ist. Das ist genau dann der Fall, wenn eine der äquivalenten Bedingungen erfüllt ist: (i) die adjungierte ›Darstellung von L ist vollständig reduzibel; (ii) das ›Kommutatorideal von L ist halbeinfach.

Lit.: [L 4 III]

Reduzent heißt in der ›Invariantentheorie ein symbolischer (›symbolische Methode) ›Faktor 1. oder 2. Art φ oder ein Produkt solcher Faktoren, so daß eine den Faktor φ enthaltende symbolisch dargestellte Invariante entweder gleich 0 ist oder in einfachere Invarianten zerfällt.

Lit.: [I 12]

reduzibel ›Teiler

reduzible Algebra heißt eine ›R-Algebra, die als direkte Ringsumme echter Teilalgebren darstellbar ist.

reduzibles Ideal eines kommutativen Rings heißt ein als Durchschnitt zweier echter Oberideale darstellbares ›Ideal. Jedes nicht r. I. (*irreduzible Ideal*) eines noetherschen Rings ist ›Primärideal.

Lit.: [A 17 II]

reduzibles Polynom ›irreduzibles Polynom

reduzierte Basis = Minimalbasis eines ›Ideals

reduzierte charakteristische Funktion bzw. **Gleichung** ›Minimalpolynom einer Matrix

reduzierte Darstellung durch größte Primärideale bzw. **-komponenten** ›Primärkomponentenzerlegung

reduzierte Gruppe ›divisionsvollständige Gruppe

reduzierte [quadratische] Form ›Reduktion der quadratischen Formen

reduzierte Spur ›Darstellung von Ringen und Algebren

reduzierter Grad: 1. Ein über dem Körper k der Charakteristik $p \neq 0$ irreduzibles Polynom $f(X)$ hat in einem geeigneten Erweiterungskörper nur dann mehrfache Nullstellen, wenn es sich als Polynom in X^p schreiben läßt. Durch Iteration der Überlegung folgt, daß $f(X)$ p^e-te Potenz eines Polynoms mit lauter verschiedenen Nullstellen ist, daß also alle Nullstellen von $f(X)$ dieselbe Vielfachheit p^e haben und daß der Grad von $f(X)$ gleich $n = n_0 p^e$ ist. e heißt der *Exponent* und n_0 der *r. G.* von $f(X)$.

2. Ist K endlich-algebraische Erweiterung n-ten Grades des Körpers k der Charakteristik $p > 0$, so heißt die kleinste ganze Zahl $e \geqq 0$, für die die p^e-te Potenz jedes Elements von K in einem separablen Zwischenkörper K_0 liegt, der *Exponent* von K und $n_0 = n/p^e$ sein *r. G.* ›separabel.

Lit.: [A 17 I]

reduzierter Ring heißt ein (kommutativer) Ring R ohne ›nilpotente Elemente außer 0; das ist gleichbedeutend damit, daß das Nullideal Durchschnitt von Primidealen ist. Der Restklassenring eines (kommutativen) Rings R nach dem Ideal nil(R) aller nilpotenten Elemente von R (= Durchschnitt aller Primideale von R) ist ein r. R. $R_{\text{red}} = R/\text{nil}(R)$.

Lit.: [R 24]

reduziertes Restesystem modulo m besteht aus allen $\varphi(m)$ (φ ›Eulersche Funktion) zu der ganzen Zahl m primen Zahlen eines vollen Restesystems (gewöhnlich den Zahlen $0, 1, \ldots, m - 1$ entnommen).

Lit.: [Z 5]

reduziertes System ›äquivalente Grundformensysteme

reell-abgeschlossen ›formal-reell

reelle Form einer komplexen Lieschen Algebra L heißt eine reelle ›Liesche Algebra L', für die es in L' und L Basen gibt, so daß die Strukturtensoren von L und L' bez. dieser Basen übereinstimmen. L' heißt *kompakte Form* von L, wenn L' die Liesche Algebra einer kompakten (reellen) ›Lieschen Gruppe ist.

Lit.: [L 18]

reelle Form einer ›Lieschen Gruppe bzw. **eines Vektorraums** ›Komplexifizierung

Rees-Kongruenz, Rees-Quotient ›Halbgruppe

Reessche Faktorhalbgruppe ›Halbgruppe

Reessche Matrix, Reessche ›Matrizenhalbgruppe

reflektieren ›Kategorientheorie

reflektive Unterkategorie = ›reflexive Unterkategorie

Reflektor, Reflexion ›reflexive Unterkategorie

reflexive Form = reflexive ›Semibilinearform

reflexive Relation heißt eine binäre ›Relation R mit xRx für alle x.

reflexive Unterkategorie (= *reflektive Unterkategorie*) heißt eine Unterkategorie $\mathcal{B}$ einer Kategorie $\mathcal{A}$ mit der Eigenschaft, daß der zugehörige Einbettungsfunktor $R: \mathcal{B} \to \mathcal{A}$ einen linksadjungierten Funktor $S: \mathcal{A} \to \mathcal{B}$ besitzt. S heißt dann *Reflektor* und das einem Objekt $A \in |\mathcal{A}|$ zugeordnete Objekt $S(A) \in |\mathcal{B}|$ *Reflexion* von A. Dual dazu heißt eine Unterkategorie $\mathcal{B}$ *koreflektive* (oder *koreflexive*) *Unterkategorie*, wenn R einen rechtsadjungierten Funktor $U: \mathcal{B} \to \mathcal{A}$ besitzt; U heißt dann *Koreflektor* und $U(B)$ die *Koreflexion* des Objekts $B \in |\mathcal{B}|$.

R. U. sind z. B. die volle Unterkategorie der regulären Räume in der Kategorie der topologischen Räume und die volle Unterkategorie der torsionsfreien Gruppen in der Kategorie der abelschen Gruppen. Die volle Unterkategorie der Torsionsgruppen in der Kategorie der abelschen Gruppen ist koreflexive Unterkategorie.

Lit.: [C 11]

reflexiver Modul ›Linearform

Regel = ›identische Relation

regulär ›kürzbares Element

regulär quasiendlich ›quasiendliche Ringerweiterung

reguläre Antidarstellung ›regulärer Darstellungsmodul

reguläre Darstellung ›Permutationsdarstellung, Darstellung einer Gruppe bzw. von Ringen und Algebren

reguläre Halbgruppe: 1. (= *Halbgruppe mit Kürzungsregel* = *Halbgruppe mit regulärer Verknüpfung* = *Semigruppe*): ›Halbgruppe, in der jedes Element ›kürzbar ist (sowohl aus $ax = ay$ als auch aus $xa = ya$ folgt stets $x = y$). Eine Teilhalbgruppe S einer Halbgruppe D heißt *Semigruppe in D* oder *D-Semigruppe*, wenn jedes Element von S in D kürzbar ist; insbesondere ist dann S eine r. H. Eine additiv geschriebene kommutative r. H. heißt *Halbmodul*.

2. Halbgruppe S, in der jedes Element a *regulär*, d. h., in der Form $a = axa$ mit $x \in S$ darstellbar, ist. Spezialfall: >inverse Halbgruppe. Ein Element a einer Halbgruppe S heißt *vollständig regulär*, wenn es ein $x \in S$ mit $axa = a$ und $ax = xa$ gibt. Eine Halbgruppe, in der jedes Element regulär ist, heißt *vollständige r. H.*

3. reguläre Halbgruppe eines >Rings

Lit.: Zu **1.**: [A 16]
Zu **2.**: [S 3], [S 4], [S 6]

reguläre Körpererweiterung heißt ein Erweiterungskörper K eines (kommutativen) Körpers k, wenn K und die >algebraisch-abgeschlossene Hülle von k *linear-disjunkt* (>lineare Disjunktheit) sind. Äquivalent dazu ist, daß K >separabel über k und k in K algebraisch abgeschlossen ist. Beispiel: rein-transzendente Körpererweiterungen.

Lit.: [A 18 II]

reguläre Matrizendarstellung >Permutationsdarstellung, >regulärer Darstellungsmodul

reguläre >Norm einer Algebra >charakteristisches Polynom 3. Grades

reguläre >Permutation >Permutationsgruppe

reguläre p-Gruppe heißt eine >p-Gruppe G, in der zu je zwei Elementen a, b und jeder Potenz p^k mit einer natürlichen Zahl k eine Gleichung $(ab)^{p^k} = a^{p^k}b^{p^k}s_1^{p^k} \ldots s_r^{p^k}$ besteht, wo die s_i geeignete Elemente der >Kommutatorgruppe der von a, b erzeugten Gruppe sind. In r. p-G. bilden die Elemente, deren Ordnung Teiler einer festen Zahl p^ν ist, eine Untergruppe, ebenso alle Elemente, die p^μ-te Potenz sind, und beide Untergruppen sind elementweise vertauschbar. R. 2-G. sind kommutativ. In jeder r. p-G. gibt es eine *Eindeutigkeitsbasis* (*Uniqueness-Basis*); das ist ein geordnetes System von Elementen P_j der p-Gruppe (von der Ordnung π_j), so daß sich jedes Element der Gruppe auf genau eine Weise als Potenzprodukt $\prod_\nu P_\nu^{\alpha_\nu}$ mit $0 \leqq \alpha_\nu < \pi_\nu$ darstellen läßt. Jede Untergruppe und jede Faktorgruppe einer r. p-G. ist r. p-G. Eine p-Gruppe ist genau dann regulär, wenn jede von zwei Elementen erzeugte Untergruppe r. p-G. ist.

Beispiele: p-Gruppen der Nilpotenzklasse $< p$, p-Gruppen einer Ordnung $\leqq p^p$. Für jedes p gibt es eine nicht-r. p-G. der Ordnung p^{p+1}.

Lit.: [G 19], [G 26 II]
Hall, P.: A contribution to the theory of groups of prime-power orders. Proc. London Math. Soc. (2) **36** (1934), 29—95.

reguläre Spur >charakteristisches Polynom 3., >Darstellung von Ringen und Algebren

regulärer Anti-Darstellungsmodul >regulärer Darstellungsmodul

regulärer Automorphismus >Permutationsgruppe

regulärer Darstellungsmodul: Ist A Ring oder assoziative >R-Algebra, so ist A selbst bez. der Rechtsmultiplikation mit Elementen aus A ein A-Rechtsmodul, der sog. *rechte r. D.* von A ($a \in A$ wird der Homomorphismus $m \mapsto ma$ des Moduls A zugeordnet, wodurch sich eine >Darstellung der Algebra A ergibt, die *rechte* [= *erste*] *reguläre Darstellung* von A; hat A ein Einselement, so ist diese treu). Bezüglich der Linksmultiplikation mit Elementen aus A ist A analog A-Linksmodul und heißt in dieser Eigenschaft *linker r. D.* oder *regulärer Anti-Darstellungsmodul.* Hierbei wird $a \in A$ antihomomorph der Endomorphismus $m \mapsto am$ zugeordnet; diese Darstellung heißt *reguläre Anti-Darstellung* oder *Linksdarstellung* von A.

Ist A R-Algebra mit endlicher Basis der Länge n, so ist der r. D. auch R-Modul, und über die Basisspaltenvektoren $\boldsymbol{m}$ von A erhält man gemäß $\boldsymbol{m} \cdot a = \boldsymbol{M}_a \cdot \boldsymbol{m}$ eine Matrizendarstellung von A, die (*rechte*) *reguläre Matrizendarstellung* oder *erste reguläre Matrizendarstellung* von A. Faßt man A als linken r. D. auf und ordnet über einen Basiszeilenvektor $\boldsymbol{m}$ jedem $a \in A$ gemäß $a \cdot \boldsymbol{m} = \boldsymbol{m} \cdot \boldsymbol{M}_a$ eine Matrix $\boldsymbol{M}_a$ zu, so erhält man die *linke reguläre Matrizendarstellung* oder *zweite reguläre Matrizendarstellung* von A. Diese beiden regulären Matrizendarstellungen sind i. allg. verschieden, u. a. aber bei halbeinfachen Algebren äquivalent. Zum Teil wird die Bezeichnung erste und zweite reguläre Matrizendarstellung vertauscht.

regulärer Faktor >reguläres Produkt

regulärer Homomorphismus >algebraische Gruppe

regulärer lokaler Ring (= *regulärer Stellenring,* früher auch *p-Reihenring* genannt) heißt ein >lokaler Ring R, dessen maximales Ideal $\mathfrak{m}$ eine (Minimal-) Basis aus genau dim R Elementen besitzt. Gleichbedeutend damit ist, daß die Dimension des Vektorraums $\mathfrak{m}/\mathfrak{m}^2$ über dem Restklassenkörper $k = R/\mathfrak{m}$ gleich dim R ist. R ist genau dann regulär, wenn R ein *reguläres Parametersystem* besitzt, d. h. ein Parametersystem, das $\mathfrak{m}$ erzeugt. Ein r. l. R. ist nullteilerfrei und genau dann ganz-abgeschlossen in seinem Quotientenkörper, wenn seine Dimension gleich 1 ist. Er ist stets ZPE-Ring und hat endliche >homologische Dimension (aus der letzten Eigenschaft folgt umgekehrt die Regularität). Ein r. l. R. der Dimension Null ist ein Körper, einer der Dimension 1 ist ein diskreter spezieller >Bewertungsring und umgekehrt. Jeder Potenzreihenring über einem Körper und jeder lokale Ring, der Lokalisierung eines Polynomrings über einem Körper nach einem Primideal ist, ist r. l. R.
>Hilbert-Samuel-Funktion.

Lit.: [R 25]

regulärer Ring: 1. ein kommutativer Ring R, dessen Lokalisierung (›Quotientenring) $R_{\mathfrak{p}}$ für jedes maximale Ideal $\mathfrak{p}$ von R ›regulärer lokaler Ring ist. Das ist gleichbedeutend damit, daß alle Lokalisierungen $R_{\mathfrak{p}}$ für beliebige Primideale $\mathfrak{p}$ reguläre lokale Ringe sind.

2. *r. R. (im Sinne von von Neumann* (= *absolut flacher Ring*) heißt ein Ring R, in dem es zu jedem Element a ein Element $\bar{a}$ (ein sog. *relatives Inverses* von a) mit $a\bar{a}a = a$ gibt (dann ist $a\bar{a}$ ein Idempotent, das aR erzeugt). Äquivalent dazu ist jede der folgenden Aussagen: (i) Jeder monogene R-Rechtsmodul ist flach. (ii) Jeder R-Rechtsmodul ist flach. (iii) Jedes zyklische Rechtsideal wird von einem Idempotent erzeugt. (iv) Jedes endlich-erzeugte Rechtsideal wird von einem Idempotent erzeugt. (v) Jedes Rechtshauptideal wird von einem Idempotent erzeugt. (vi) Jedes Rechtshauptideal hat im Verband aller Rechtsideale ein Komplement. Die entsprechenden Aussagen gelten bei Vertauschung von links und rechts.

Jeder r. R. ist *halbeinfach* im Sinne von JACOBSON (›Jacobsonsches Radikal). Jedes Ideal und jedes homomorphe Bild eines r. R. ist r. R. In r. R. gelten zahlreiche weitere Aussagen.

Ein Ring R heißt *schwach regulär*, wenn es zu jedem a ein im Hauptideal (a) liegendes Element a_1 mit $a = a \cdot a_1$ gibt. Das ist genau dann der Fall, wenn jedes Rechtsideal von R idempotent ist. Jedes Ideal eines schwach r. R. ist schwach regulär, jeder r. R. ist schwach regulär, und jeder schwach r. R. ist *erblich idempotent*, d. h., jedes Ideal ist idempotent. Ein *stark r. R.* (›biregulärer Ring) ist ein r. R.

Lit.: Zu **1.**: [R 24]
Zu **2.**: [R 11], [R 16], [R 17], [R 21], [V 12]
GOODEARL, K. R.: Von Neumann regular rings. Pitman, London 1979.
NEUMANN, J. v.: Continuous geometry, Princeton University Press, Princeton 1960.

***-regulärer Ring** heißt ein (von-Neumann-) ›regulärer Ring mit einem involutorischen Antiautomorphismus *, für den $\alpha = 0$ aus $\alpha\alpha^* = 0$ folgt. Ein Idempotent e hierin heißt *Projektion*, wenn $e^* = e$ ist. Jedes Links- und Rechtsideal wird von einer eindeutig bestimmten Projektion erzeugt. Die Projektionen bilden einen ›Verband; wenn dieser vollständig ist, ist er eine ›kontinuierliche Geometrie.

Lit.: [R 16], [V 12]
BERBERIAN, S. K.: Baer *-rings. Springer, Berlin 1972.
MAEDA, F.: Kontinuierliche Geometrie. Springer, Berlin 1958.

regulärer Teilraum = **regulärer Unterraum** ›isotroper Vektor

reguläres Element: 1. in einer zusammenhängenden Lieschen Gruppe G ein Element, für das ad x (adjungierte ›Darstellung) den Eigenwert 1 in minimaler Vielfachheit (d. h. gleich dem Rang von G) hat.

2. in einer ›Lieschen Algebra L ein Element x, für das ad x (adjungierte ›Darstellung) die charakteristische Wurzel 0 in minimaler Vielfachheit (d. h. gleich dem Rang von L) besitzt. Ein nicht r. E. heißt *singulär*.

3. = *kürzbares Element*, insbesondere in einer ›Halbgruppe.

4. = *Nichtnullteiler*, insbesondere in einem Ring.

5. *r. E.* (*im Sinne von von Neumann*) eines Rings oder insbesondere einer Halbgruppe ein Element a, zu dem ein x mit $a = xax$ existiert, ›reguläre Halbgruppe, ›regulärer Ring.

Lit.: Zu 2.: [L 18]

reguläres Formenbüschel ›Matrizenschar

reguläres Ideal = ›modulares Ideal

reguläres Parametersystem ›regulärer lokaler Ring

reguläres Polynom heißt ein ›Polynom m-ten Grades in n Unbestimmten $X_1, \ldots, X_n$ in bezug auf ein X_ν, wenn der Koeffizient von X_ν^m von Null verschieden ist. Indem man nötigenfalls eine lineare homogene Variablentransformation vornimmt, kann man stets erreichen, daß das gegebene Polynom in den neuen Variablen regulär ist; das läßt sich auch gleichzeitig für mehrere Polynome erreichen, wenn der Koeffizientenkörper unendlich viele Elemente enthält. Eine entsprechende Definition und Aussage gilt für formale Potenzreihen in mehreren Unbestimmten vom Anfangsgrad m.

Lit.: Eisenreich, G.: Vorlesung über Funktionentheorie mehrerer Variabler. Teubner, Leipzig 1980.

reguläres Produkt: Die Gruppe G werde von ihren Untergruppen A_α ($\alpha \in I$) erzeugt, B_α sei das ›Erzeugnis aller A_β mit $\beta \neq \alpha$ und $\overline{B}_\alpha$ die ›normale Hülle von B_α. Ist $A_\alpha \cap \overline{B}_\alpha = E$ (Einheitsuntergruppe) für alle α, so heißt G r. P. der *regulären Faktoren* A_α. Beispiele: nilpotente Produkte und verbale Produkte.

Lit.: [G 26 II]
Benado, M.: Über die allgemeine Theorie der regulären Produkte von Herrn O. N. Golowin I, II, III. Math. Nachr. **14** (1955), 213–234; **16** (1957), 137–194; **21** (1960), 1–36.
Moran, S.: Associative operations on groups, I. Proc. London Math. Soc. (3) **6** (1956), 581–596.
Struik, R. R.: On associative products of groups. Trans. Amer. Math. Soc. **81** (1956), 425–452.

reguläres System ›Cramersche Regel

Reidemeister-Verfahren ist ein von REIDEMEISTER und SCHREIER angegebenes Verfahren, um aus einem System von ›Erzeugenden und Relationen einer Gruppe ein solches für eine Untergruppe herzuleiten.

Lit.: [G 27], [G 28]
REIDEMEISTER, K.: Über unendliche diskrete Gruppen. Abh. Math. Sem. Univ. Hamburg 5 (1926), 33–39.
SCHREIER, O.: Die Untergruppen der freien Gruppen. Abh. Math. Sem. Univ. Hamburg 5 (1926), 161–183.
WEIR, A. J.: The Reidemeister-Schreier und Kuroš subgroup theorems. Mathematika (London) 3 (1956), 47–55.

Reihenentwicklung in der Invariantentheorie heißt die Zerlegung $f = b_1 + \cdots + b_r$ einer ›Größe f für eine Gruppe G aus einer linearen Schar $\mathfrak{F}$ über einem kommutativen Körper K der Charakteristik 0 in die Summe einfacher Größen.

Für die allgemeine ›lineare Gruppe $G = \mathrm{GL}_n(K)$ ist jede lineare Schar von Größen, deren Transformationsweise (d. h. deren Substitutionskoeffizienten) rational von den Elementen einer Matrix aus G abhängt, vollständig reduzibel. Die irreduziblen linearen Teilscharen sind äquivalent zu den irreduziblen Teilräumen des Tensorraums $\mathfrak{R}_m$ aller m-fach linearen Grundformen. Eine Zerlegung von $\mathfrak{R}_m$ findet man folgendermaßen. Man bildet den Ring $\mathfrak{o}$ aller Operatoren $a = \sum_s a(s)\, s$ mit $a(s) \in K$, wobei s alle Permutationen der m Indizes $i, j, k, \ldots$ des Tensors $\{f^{ijk\ldots}\}$ (d. h. Koeffizienten $f^{ijk\ldots}$ der multilinearen ›Form $f(x, y, z, \ldots) = \sum f^{ijk\ldots} x_i y_j z_k \ldots$) oder auch der m Variablenreihen $x, y, z, \ldots$ durchläuft. $\mathfrak{o}$ ist der ›Gruppenring der ›symmetrischen Gruppe $\mathfrak{S}_m$. Er zerfällt in minimale Rechtsideale und in minimale Linksideale: $\mathfrak{o} = e_1\mathfrak{o} + \cdots + e_r\mathfrak{o} = \mathfrak{o}e_1 + \cdots + \mathfrak{o}e_r$ mit der Zerlegung $1 = e_1 + \cdots + e_r$ in paarweise ›orthogonale Idempotente. Daraus folgt für jede Form f eine Zerlegung $f = 1 \cdot f = e_1 f + \cdots + e_r f$ und für die ganze Formenschar $\mathfrak{R}$ eine Aufspaltung in bei der Gruppe G invariante Teilscharen:

$$\mathfrak{R} = e_1\mathfrak{R} + \cdots + e_r\mathfrak{R}. \tag{1}$$

Dabei sind die Scharen $e_j\mathfrak{R}$ bereits irreduzibel. Die minimalen Linksideale einer Zerlegung des Gruppenrings $\mathfrak{o}$ kann man nach YOUNG und FROBENIUS explizit angeben (›Darstellung der symmetrischen Gruppe):

Zu einem Youngschen Tableau T der Felderzahl m mit m_μ Feldern in der μ-ten Zeile sei I_T das im wesentlichen idempotente Element $e = \sum pq\chi(q)$, wobei p alle Horizontalpermutationen und q alle Vertikalpermutationen durchläuft. I_T erzeugt ein minimales Linksideal $\mathfrak{l}_T = \mathfrak{o}I_T$. Die Linksideale $\mathfrak{l}_T$ erzeugen $\mathfrak{o}$, insbesondere gilt eine Darstellung $1 = \sum_T C_T I_T$. Nachdem man diese Darstellung durch Streichen überflüssiger I_T eindeutig gemacht hat, sind die hier vorkommenden $C_T I_T$ genau als die Idempotenten e_j von oben zu gebrauchen; es wird also $f = \sum_j C_j I_j f$. Die $I_j f$ sind wie die $e_j f$ einfache Größen, aber ihre Bildungsweise ist einfacher als die der $e_j f$. Nun ist $I_T f = \sum pq\chi(q)\, f$ alternierend in den den Spalten von T entsprechenden Variablenreihen, man kann sich also auf Tafeln von höchstens n Zeilen (n = Anzahl der Komponenten x_i des Vektors x) beschränken, da sonst die alternierende Form verschwindet. Um von $\sum_q q\chi(q)\, f$ zu $I_T f$

zu gelangen, hat man noch die Variablenreihen der Zeilen von T zu mischen, d. h., auf alle Weisen innerhalb der Zeilen zu permutieren und die entstehenden Ausdrücke zu addieren. Statt dessen kann man auch die m_μ Variablenreihen in der μ-ten Zeile von T gleichsetzen, etwa die der ersten Zeile gleich ξ, die der zweiten gleich η usw., und hinterher den Polarenprozeß der >Invariantentheorie mehrmals anwenden. Führt man für die Gleichsetzungsoperation beim j-ten Tableau T die Bezeichnung $G_T = G_j$ und für die Polarisierung das Symbol $D_T = D_j$ ein, so wird $I_j f = D_j(G_j \sum_q q\chi(q)\, f)$. Durch G_j entsteht eine Form $f_j = G_j \sum_q q\chi(q)\, f$ in nur h Variablenreihen (h = Zeilenzahl von T). Da $h \leqq n$ ist, ist $I_j f$ eine Polare einer Form f_j in höchstens n Variablenreihen, und die R. von f wird $f = \sum_j C_j D_j f_j$. Hierbei heißen die Formen f_j (nach DERUYTS) *Normalformen*. Ihre Bildungsweise läßt sich leicht überblicken. Ist $f(x, y, z, \ldots) = (a'x)\,(b'y)\,(c'z) \ldots$ die symbolische Zerlegung (>symbolische Methode) der m-fach linearen Form f und schreibt man $1, 2, 3, \ldots, m$ statt $x, y, z, \ldots$ und $1', 2', 3', \ldots, m'$ statt $a', b', c', \ldots$, so wird $f = (1'1)\,(2'2) \ldots (m'm)$ und $\sum_q q\chi(q) f =$

$$\begin{vmatrix} (i'i) & (p'i) & \ldots & (s'i) \\ (i'p) & (p'p) & \ldots & (s'p) \\ \cdots & \cdots & \cdots & \cdots \\ (i's) & (p's) & \ldots & (s's) \end{vmatrix} \begin{vmatrix} (j'j) & \ldots & (t'j) \\ \cdots & \cdots & \cdots \\ (j't) & \ldots & (t't) \end{vmatrix} \ldots \begin{vmatrix} (l'l) & \ldots \\ \cdots & \cdots \end{vmatrix}.$$

Hieraus entsteht durch Gleichsetzung G_j die Normalform $f_j =$

$$\begin{vmatrix} (i'\xi) & (p'\xi) & \ldots & (s'\xi) \\ (i'\eta) & (p'\eta) & \ldots & (s'\eta) \\ \cdots & \cdots & \cdots & \cdots \\ (i'\vartheta) & (p'\vartheta) & \ldots & (s'\vartheta) \end{vmatrix} \begin{vmatrix} (j'\xi) & \ldots & (t'\xi) \\ \cdots & \cdots & \cdots \\ (j'\vartheta) & \ldots & (t'\vartheta) \end{vmatrix} \ldots \begin{vmatrix} (l'\xi) & \ldots \\ \cdots & \cdots \end{vmatrix}$$

Eine bequemere symbolische Darstellung der Normalformen erhält man folgendermaßen. Das zu f_j gehörige Youngsche Tableau T hat höchstens n Zeilen oder genau n Zeilen, wenn Zeilen mit der Länge Null zugelassen werden. Die Zeilenlängen seien der Reihe nach $\alpha \geqq \beta \geqq \cdots \geqq \varkappa \geqq \lambda\ (\geqq 0)$. Dazu führe man n neue m-fältige Symbolreihen $a'(j), b'(j), \ldots, k'(j), l'(j)$ ein und bilde das symbolische Produkt

$$f(j) = (a'(j)\,x)^\alpha\,(b'(j)\,y)^\beta \ldots (k'(j)\,s)^\varkappa\,(l'(j)\,t)^\lambda.$$

Dann wird durch die Form

$$f_{(j)} = \alpha! \ldots \lambda!\,(a'(j)\,b'(j) \ldots k'(j)\,l'(j) \cdot \xi\eta \ldots \sigma\tau)^\lambda \cdot (a'(j)\,b'(j) \ldots k'(j) \cdot \xi\eta \ldots \sigma)^{\varkappa-\lambda} \cdots (a'(j)\,b'(j) \cdot \xi\eta)^{\beta-\gamma}(a'(j) \cdot \xi)^{\alpha-\beta} \tag{2}$$

eine lineare Schar bestimmt, wobei zur Abkürzung

$$(a'b' \ldots k' \cdot \xi\eta \ldots \sigma) = \begin{vmatrix} (a'\xi) & (b'\xi) & \ldots & (k'\xi) \\ (a'\eta) & (b'\eta) & \ldots & (k'\eta) \\ \cdots & \cdots & \cdots & \cdots \\ (a'\sigma) & (b'\sigma) & \ldots & (k'\sigma) \end{vmatrix}$$

gesetzt wird, denn $f_{(j)}$ entsteht aus $f(j)$ gemäß $f_{(j)} = G_j \sum_q q\chi(q)\, D_j f(j)$.

Nun ist über die durch $f(j)$ gegebene Formenschar so zu verfügen, daß die zu $D_j f(j)$ gehörige lineare Schar eine Teilschar der Schar aller m-fach linearen Formen wird. Dann durchläuft $f_{(j)}$ eine Teilschar der zu f_j gehörigen irreduziblen Schar, es müssen also für $f_{(j)} \neq 0$ die Scharen von $f_{(j)}$ und f_j übereinstimmen. Setzt man $f(j) = C_j f_j$, so wird sogar $f_{(j)} = f_j$, d. h., für f_j gilt die Darstellung (2).

Ist eine Normalform gemäß (2) dargestellt, so kann man vom ersten Faktor absehen, da $(a'(j) \ldots l'(j) \cdot \xi \ldots \tau)$ n Variablenreihen hat, mithin eine Invariante ist, die die Transformationsweise von f_j nicht beeinflußt. Es sei also $f = (a'\xi)^\alpha (b'\eta)^\beta \ldots (j'\varrho)^\iota (k'\sigma)^\varkappa$ eine symbolisch dargestellte Normalform mit höchstens $n-1$ Reihen $\xi, \eta, \ldots, \varrho, \sigma$ in den Graden $\alpha, \beta, \ldots, \iota, \varkappa$. Dann werden die $n-2$ Differentialgleichungen

$$D_{\xi\eta} f = 0, \; D_{\eta\zeta} f = 0, \ldots, D_{\varrho\sigma} f = 0 \tag{3}$$

erfüllt, wobei $D_{\xi\eta} f = \sum_{i=1}^{n} \eta_i \frac{\partial}{\partial \xi_i} f$ der einfache Polarenprozeß ist. Umgekehrt ist das Differentialgleichungssystem (3) auch charakteristisch für eine Normalform. Ferner haben Normalformen die Eigenschaft, daß alle ihre linearen Kovarianten außer f selbst Null sind.

Lit.: [D 22], [I 12]

NOETHER, E.: Zur Invariantentheorie der Formen von n Variablen. J. reine angew. Math. **139** (1910), 118–154.

WAERDEN, B. L. VAN DER: Reihenentwicklungen und Überschiebungen in der Invariantentheorie, insbesondere im quaternären Gebiet. Math. Ann. **113** (1936), 14–35.

rein algebraischer Körper (= *algebraischer Körper*): von endlich vielen seiner Elemente erzeugter Körper, also über dem Primkörper endlich-erzeugbarer Körper. Er braucht nicht über dem Primkörper algebraisch zu sein; das ist vielmehr genau dann der Fall, wenn er endlich-algebraisch ist, also von endlich vielen (über dem Primkörper) ›algebraischen Elementen erzeugt wird.

Lit.: KÄHLER, E.: Geometria aritmetica. Ann. Mat. pura appl. (4) **45** (1958).

rein transzendent heißt eine ›Körpererweiterung K/k, die von einer über k algebraisch unabhängigen Menge M erzeugt wird; M ist dann *Transzendenzbasis* von K/k, seine Kardinalzahl der *Transzendenzgrad* von K über k. Jede r. t. Körpererweiterung K über k ist Quotientenkörper eines Polynomrings über k in so vielen Unbestimmten, wie der Transzendenzgrad angibt.

Lit.: [A 16], [A 17I]

rein-d-dimensional ›ungemischtes Ideal

reine Gleichung = ›binomische Gleichung

reiner Untermodul (im Sinne von COHN) eines R-Linksmoduls M (›R-Modul) heißt ein Untermodul N, für den zu jedem R-Rechtsmodul U der natürliche

Homomorphismus abelscher Gruppen $U \otimes_R N \to U \otimes_R M$ (>Tensorprodukt) injektiv ist (>flacher Modul). Das ist gleichbedeutend damit, daß jedes in M lösbare endliche lineare Gleichungssystem $\sum_{j=1}^{n} r_{ij}x_j = a_i \in N$ mit $r_{ij} \in R$ auch eine Lösung in N besitzt. Analog ist ein r. U. eines Rechtsmoduls erklärt. Jeder direkte Summand von M ist r. U.

Im Falle abelscher Gruppen (d. h. $R = \mathbb{Z}$) bedeutet r. U. dasselbe wie >Servanzuntergruppe.

Für weitergehende Aussagen und Verallgemeinerungen s. [G 29].

Lit.: [G 29], [R 11 II]

Relation (auch: *Beziehung* = *Relativ*): Eine *binäre* (= *zweistellige*) *R.* (oder *Beziehung*) R auf einer Menge M heißt eine Untermenge R des kartesischen Produkts $M \times M$ von M mit sich selbst (der Menge der Paare (a, b) mit $a, b \in M$). Man sagt, daß x zu y in der Relation R steht oder daß y vermöge R dem Element x zugeordnet ist oder entspricht (in Zeichen: xRy), wenn $(x, y) \in R$ gilt. Die Menge R^{-1}, die dadurch aus R entsteht, daß man jedes $(x, y) \in R$ durch (y, x) ersetzt, heißt *konverse, inverse, reziproke, duale* oder *entgegengesetzte R.* oder *Umkehrrelation* zu R. Die Menge der x, zu denen es ein y mit xRy gibt, heißt *Argumentbereich* (= *Vorbereich*) von R; die Menge der y, zu denen ein x mit xRy existiert, der *Gegenbereich* (= *Nachbereich* = *Bildbereich*) von R; man kann somit eine R. als eine mehrdeutige >Abbildung ihres Argumentbereichs auf ihren Gegenbereich auffassen. *Durchschnitt* und *Vereinigung* von R. sind die entsprechenden mengentheoretischen Bildungen, ebenso übertragen sich die Ordnungsbeziehungen (Inklusion). Zu der Komplementärmenge $M \times M \setminus R$ gehört die *Negation* (oder das *Komplement*) $\bar{R}$ der R. R: es gilt genau dann $x\bar{R}y$, wenn $(x, y) \notin R$ ist. Indem man die obigen Begriffsbildungen auf Untermengen des kartesischen Produkts zweier Mengen A und B überträgt, gelangt man in naheliegender Weise zum Begriff der (binären) R. zwischen den Mengen A und B.

Binäre R. R und S lassen sich nach dem Vorbild von Abbildungen *multiplizieren*, indem man $x(RS)\,y$ genau dann setzt, wenn es in M ein z mit xRz und zRy gibt. Diese Multiplikation ist assoziativ, aber im allgemeinen nicht kommutativ. Für R. R_i, S, T gilt offensichtlich $\left(\bigcap_i R_i\right)^{-1} = \bigcap_i R_i^{-1}$, $\left(\bigcup_i R_i\right)^{-1} = \bigcup_i R_i^{-1}$, $(ST)^{-1} = T^{-1}S^{-1}$. Bez. der Operationen Durchschnitt, Vereinigung, Komplement, Inversion und Relationenprodukt bilden die binären R. auf einer Menge M nach Tarski eine (universelle) >Algebra, die *Relationenalgebra* auf M. Man kann diesen Begriff auf beliebige finitäre R. verallgemeinern (>[U 9]).

Die *Einheitsrelation* (= *Gleichheitsrelation* = *Identitätsbeziehung* = *identische Relation* = *Relation der Gleichheit* = *Identitätsrelation*) E gilt nur für die Paare der Form (a, a) mit $a \in M$, die *leere Relation* 0 für kein Paar, die *Allrelation* (= *Totalrelation* = *totale R.* = *Universalrelation*) ω für alle Paare.

Eine binäre R. R heißt *reflexiv*, wenn xRx für alle $x \in M$, d. h. $E \subset R$ gilt; *transitiv*, wenn aus xRy, yRz stets xRz folgt, d. h. $RR \subset R$ gilt; *symmetrisch*, wenn mit xRy auch yRx, also $R^{-1} = R$ ist; *antisymmetrisch*, wenn aus xRy und yRx folgt $x = y$, d. h. $R \cap R^{-1} \subset E$; *asymmetrisch*, wenn aus xRy folgt $y\bar{R}x$, d. h. $R \cap R^{-1} = \emptyset$. Mit R besitzt R^{-1} jeweils dieselbe Eigenschaft.

Eine *n-äre* (*n-stellige*) *R.* auf einer Menge M bedeutet eine Untermenge des n-fachen Mengenprodukts M^n. Eine *einstellige* (= *unäre R.*) bedeutet nichts anderes als die Auszeichnung einer Untermenge in M. Statt 3-*äre R.* sagt man auch *ternäre R.*

Allgemeiner kann man auch *infinitäre R.* von der unendlichen Kardinalzahl α auf M betrachten, die eine Untermenge des kartesischen Produkts M^α von α Exemplaren M darstellen, d. h. der Menge der Abbildungen einer Menge N der Mächtigkeit α in M. Die bisher betrachteten R. heißen im Gegensatz dazu *finitär*.

Jede (n-äre) R. R induziert in natürlicher Weise auf einer Untermenge M' von M eine R. R', indem man $R' = R \cap M'^n$ setzt (*Einschränkung der Relation* auf eine Untermenge).

Ist auf M eine (etwa binäre) R. R definiert und M eine bijektive >Abbildung f von M auf eine Menge M', so wird hierdurch eine R. R' auf M' definiert (*induzierte R.*), indem man genau dann $x'R'y'$ setzt, wenn $f^{-1}(x')\, Rf^{-1}(y')$ gilt. Genau derartige R. R und R' heißen vom gleichen (*Relationen-*) *Typus* und die durch die R. R bzw. R' „geregelten Mengen“ M bzw. M' *ähnlich*. Die vom Definitionsbereich unabhängigen Eigenschaften von R. wie Symmetrie, Transitivität, Halbordnung usw. kommen allen R. ein und desselben Typs gleichzeitig zu.

>Erzeugende und Relationen

Lit.: [A 13], [U 3]

Relationalsystem >Algebra (universelle)

Relationenalgebra >Relation

Relationennormalteiler >Erzeugende und Relationen

Relationenprodukt >Relation, >Äquivalenzrelation

relationstreue Äquivalenzrelation >Algebra (universelle)

Relationstypus >Relation

relativ atomarer Verband >semimodularer Verband

relativ atomarer Verband im Sinne von Maeda >atomarer Verband

relativ freie Gruppe ›identische Relation

relativ komplementärer ›**Verband**

[relativ] prim 1. heißt ein ›Ideal $\mathfrak{b}$ eines kommutativen Rings zu einem Ideal $\mathfrak{a}$, wenn $\mathfrak{a} : \mathfrak{b} = \mathfrak{a}$ ist.
2. = ›teilerfremd

Lit.: Zu **1.**: [A 17 II]

relativ pseudokomplementärer Verband ›pseudoboolesche Algebra

relative Zahl (= ***Relativzahl***) heißt in der Schulmathematik eine Zahl mit Vorzeichen (veraltet auch als ***algebraische Zahl*** bezeichnet).

relatives Komplement ›Verband

relatives Produkt ›Erweiterung von Gruppen

Relativnorm bzw. **-spur** ›charakteristisches Polynom 4.

Relativzahl = ›relative Zahl

Remak-[Krull-]Schmidt, Satz von, ›direktes Produkt

Remakscher ›**Sockel**

Replik 1. ›algebraische Liesche Algebra

2. R. eines algebraischen Systems (›Algebra) A in einer Klasse $\mathfrak{K}$ algebraischer Systeme derselben Signatur heißt ein algebraisches System K_0 aus $\mathfrak{K}$, zu dem ein Homomorphismus α von A auf K_0 existiert und für das sich jeder Homomorphismus φ von A auf ein $K \in \mathfrak{K}$ als Hintereinanderausführung von α und einem Epimorphismus von K_0 auf K schreiben läßt. Eine R. K_0 ist, wenn sie existiert, durch A eindeutig bis auf Isomorphie bestimmt. Die Klasse $\mathfrak{K}$ enthält genau dann zu jedem algebraischen System eine R., wenn sie ein einelementiges System enthält und gegenüber Untersystemen und direkten Produkten abgeschlossen ist.

Lit.: Zu **2.**: [U 6]

Repräsentant ›Äquivalenzklasse, ›Restklasse

Repräsentantensystem ›Äquivalenzrelation, ›Restklasse

repräsentativer Funktor ›Kategorientheorie

residual endliche Gruppe >approximierbar

residual endliche Halbgruppe = >finit approximierbare Halbgruppe

Resolvente (= *resolvierende Gleichung*) einer >algebraischen Gleichung $f(x) = 0$ n-ten Grades über dem Körper k heißt allgemein eine algebraische Gleichung $g(y) = 0$, deren Koeffizienten rational von den Koeffizienten von f abhängen und aus deren Wurzeln man die Wurzeln von f durch Lösen einfacherer Gleichungen vom Grad $e \leqq n$ bestimmen kann (nämlich der irreduziblen Gleichungen, in die $f = 0$ über dem Zerfällungskörper von g zerfällt), gelegentlich auch der rationale Ausdruck von y als Funktion der Wurzeln $x_1, \ldots, x_n$ von $f = 0$.

Ist f >separabel über k mit der >Galois-Gruppe G, H Normalteiler von G und $y = y(x_1, \ldots, x_n) \notin k$ ein bei den Automorphismen aus H invarianter rationaler Ausdruck der Wurzeln, so ist y Wurzel einer Gleichung $g(y) = 0$ über k, deren Galois-Gruppe echte Faktorgruppe von G ist, und die Auflösung von $f(x) = 0$ reduziert sich auf die Auflösung von $g(y) = 0$ und die Lösung von $f(x) = 0$ über dem von den Wurzeln von g über k erzeugten Körper („*Reduktion der Galois-Gruppe* von $f(x) = 0$ durch Adjunktion der Wurzeln der R.“).

Spezialfälle: (i) Jede über k irreduzible Gleichung, deren Zerfällungskörper (*Wurzelkörper*) gleich dem Zerfällungskörper von f ist, heißt *Galoissche R.* von $f(x) = 0$.

(ii) Ist char $k \neq 2$, so besitzt die biquadratische Gleichung $f(x) = x^4 + px^2 + qx + r = 0$ z. B. die *kubische R.* $g(y) = y^3 - 2py^2 + (p^2 - 4r)\, y + q^2 = 0$. Ist auch char $k \neq 3$, so kann man deren Wurzeln y_1, y_2, y_3 mittels der >Cardanoschen Formeln bestimmen und daraus die Wurzeln von $f(x) = 0$ erhalten:

$$x_1 = \frac{1}{2}\left(\sqrt{-y_1} + \sqrt{-y_2} + \sqrt{-y_3}\right), \quad x_2 = \frac{1}{2}\left(\sqrt{-y_1} - \sqrt{-y_2} - \sqrt{-y_3}\right),$$

$$x_3 = \frac{1}{2}\left(-\sqrt{-y_1} + \sqrt{-y_2} - \sqrt{-y_3}\right),$$

$$x_4 = \frac{1}{2}\left(-\sqrt{-y_1} - \sqrt{-y_2} + \sqrt{-y_3}\right),$$

wobei die Quadratwurzeln so zu wählen sind, daß $\sqrt{-y_1}\sqrt{-y_2}\sqrt{-y_3} = -q$ ist.

(iii) Ist die Galois-Gruppe des Zerfällungskörpers $K = k(\vartheta)$ über k zyklisch von der Ordnung n (d. h. $f(x) = 0$ eine *zyklische Gleichung*), σ ein erzeugender Automorphismus, char k prim zu n und enthält k die n-ten >Einheitswurzeln, so heißt das Element $(\varepsilon, \vartheta) = \vartheta + \varepsilon\vartheta^{\sigma} + \cdots + \varepsilon^{n-1}\vartheta^{\sigma^{n-1}}$ (ε n-te Einheitwurzel) eine ***Lagrangesche R.*** (= ***Lagrangesche Wurzelzahl*** oder *Gaußsche Summe*). Die (ε, ϑ) genügen reinen Gleichungen, und es wird $\vartheta = \frac{1}{n} \sum_{\varepsilon} (\varepsilon, \vartheta)$, d. h., die Gleichung $f(x) = 0$ ist ***durch*** >***Radikale auflösbar.***

Lit.: [A 8], [A 17 I]

Resolvente einer quadratischen Matrix A heißt die mit einem Parameter λ gebildete >Matrixfunktion $R_\lambda = (\lambda E - A)^{-1}$. Ihre Elemente sind rationale Funktionen von λ, deren Nenner nur für die Eigenwerte von A verschwindet. Es gilt die *Hilbertsche Funktionalgleichung* $(\lambda_1 - \lambda_2) R_{\lambda_1} R_{\lambda_2} = R_{\lambda_2} - R_{\lambda_1}$ für je zwei Parameterwerte λ_1, λ_2, die nicht Eigenwerte von A sind.

Lit.: [M 16], [M 20a]

resolvierende Gleichung = >Resolvente

Restklasse (= *Nebenklasse,* auch: *Nebengruppe* = *Nebenkomplex* = *Nebenschar*): Ist H Untergruppe der Gruppe G und $g \in G$, so heißt die Menge aller Produkte gh mit $h \in H$ (kurz im Sinne der Komplexmultiplikation mit gH bezeichnet) ***Linksrestklasse, link[sseitig]e R.*** oder ***Nebenklasse,*** analog die Menge Hg ***Rechtsrestklasse, recht[sseitig]e Rest-*** oder ***Nebenklasse*** (von G nach [oder modulo] H). Statt R. war früher auch die irreführende Bezeichnung *Nebengruppe* üblich. Teilweise wird die Bezeichnung links und rechts in umgekehrter Weise gebraucht. Da $hH = H = Hh$ für jedes $h \in H$ gilt, läßt sich die R. gH auch in der Form $g'H$ mit beliebigem $g' \in gH$, die R. Hg in der Form Hg' mit beliebigem $g' \in Hg$ schreiben; jede R. wird also durch ein beliebiges in ihr enthaltenes Element (z. B. g), einen sog. ***Repräsentanten*** oder ***Vertreter*** der R., eindeutig bestimmt. Die durch das Einselement e bestimmte (Links- oder Rechts-) R. ist stets H selbst.

Zwei Elemente $g_1, g_2 \in G$ heißen ***linkskongruent*** mod H, wenn sie derselben linken R. angehören, also $g_1H = g_2H$ (oder $g_2^{-1}g_1 \in H$) gilt; sie heißen ***rechtskongruent,*** wenn sie derselben rechten R. angehören, also $Hg_1 = Hg_2$ (oder $g_1g_2^{-1} \in H$) gilt. Diese (***Links-*** bzw. ***Rechts-***) ***Kongruenzen*** sind >Äquivalenzrelationen, deren zugehörige Äquivalenzklassen gerade die (Links- bzw. Rechts-) R. von G nach H sind. Daher besitzt G nach jeder Untergruppe H eindeutige ***Zerlegungen*** in disjunkte (Links- bzw. Rechts-) *R.*: $G = \bigcup_i g_iH$ und $G = \bigcup_i Hg_i'$.

Eine Menge von solchen Elementen g_i, die aus jeder Links-R. je einen Vertreter g_i enthält, heißt ein (***vollständiges***) ***Linksvertretersystem*** oder ***Linksrepräsentantensystem*** von G nach H. Analog bilden die g_i' ein (***vollständiges***) ***Rechtsvertreter-*** oder ***Rechtsrepräsentantensystem*** von G nach H. Die Anzahl (Kardinalzahl) der linken R. von G nach H ist gleich derjenigen der rechten R. von G nach H und heißt der ***Index*** von G ***nach*** (***in*** oder ***unter***) G, in Zeichen: $(G:H)$ oder $[G:H]$. Da jede R. dieselbe Anzahl von Elementen enthält und man die Ordnung einer Gruppe auch als den Index ihrer nur aus dem Einselement bestehenden Untergruppe auffassen kann, gilt Ord. $G = (G:E) = (G:H)(H:E)$ und allgemeiner für die Indizes ineinandergeschachtelter Untergruppen $K \subset H$: $(G:K) = (G:H)(H:K)$. Folgerung: Ordnung und Index der Untergruppen einer endlichen Gruppe sind Teiler der Gruppenordnung (***Satz von Lagrange***).

Der Durchschnitt endlich vieler Untergruppen von endlichem Index hat selbst endlichen Index (***Satz von Poincaré***).

Da $(gH)^{-1} = Hg^{-1}$ ist, geht durch Inversenbildung eine linksseitige ***Restklassenzerlegung*** in eine rechtsseitige über und umgekehrt. Es gilt sogar: Wenn der Index von H in G endlich ist, so gibt es ein gemeinsames Vertretersystem der Links- und Rechts-R.

Die Menge der Rechts-R. fällt genau dann mit der Menge der Links-R. nach H zusammen, wenn H mit jedem Element $g \in G$ vertauschbar ist: $gH = Hg$, d. h., wenn H >*Normalteiler* ist; in diesem Falle bilden die R. mit der Komplexmultiplikation als Verknüpfung eine Gruppe, die >Faktorgruppe G/H von G nach H.

>Äquivalenzrelation, >lineare Abbildung, R. nach einem >Ideal

Lit.: [G 261], [G 42]

Restklassenalgebra = >Faktoralgebra, einer >Lieschen Algebra

Restklassengruppe = >Faktorgruppe, einer >Lieschen Gruppe

Restklassenkörper: Ist $\mathfrak{p}$ maximales Ideal (und damit >Primideal) eines kommutativen Rings R mit Einselement, so ist der Restklassenring (>Ideal) $R/\mathfrak{p}$ ein Körper, der R.

R. einer >Stelle, einer >Bewertung, eines >Bewertungsringes

Lit.: [A 171]

Restklassenmodul >lineare Abbildung

Restklassenraum >Faktorgruppe

Restklassenring >Ideal

Restklassenzerlegung >Restklasse

restricted derivation >Liesche p-Gruppe

restricted Lie algebra >Liesche p-Gruppe

Resultante Res (f, g) zweier Polynome $f = a_0x^m + a_1x^{m-1} + \cdots + a_m$ und $g = b_0x^n + b_1x^{n-1} + \cdots + b_n$ in einem Polynomring $R[x]$ in einer Unbestimmten über einem ZPE-Ring (insbesondere Körper) R mit dem Quotientenkörper K heißt die *Sylvestersche Determinante*

$$\operatorname{Res}(f, g) = \left|\begin{matrix} a_0 & a_1 & \ldots & a_m & 0 & \ldots\ldots & 0 \\ 0 & a_0 & \ldots & a_{m-1} & a_m & \ldots & 0 \\ \ldots & \ldots & \ldots & \ldots & \ldots & \ldots & \ldots \\ 0 & \ldots & a_0 & \ldots & \ldots & \ldots & a_m \\ b_0 & b_1 & \ldots & b_n & 0 & \ldots & 0 \\ \ldots & \ldots & \ldots & \ldots & \ldots & \ldots & \ldots \\ 0 & \ldots & b_0 & \ldots & \ldots & \ldots & b_n \end{matrix}\right| \begin{matrix} \left.\vphantom{\begin{matrix}a\\a\\a\\a\end{matrix}}\right\} n \text{ Zeilen} \\ \left.\vphantom{\begin{matrix}a\\a\\a\end{matrix}}\right\} m \text{ Zeilen} \end{matrix}$$

(Für eine Darstellung der R. durch eine kleinere Determinante ›GERBER.) Es ist Res $(f, g) = hf + kg$ mit Polynomen h und k in x vom (formalen) Grad $n - 1$ bzw. $m - 1$, deren Koeffizienten ganzzahlige Polynome in den a_i und b_j sind. Res (f, g) ist ein Polynom in den Koeffizienten a_i und b_j, das homogen vom Grade n in den a_i und homogen vom Grade m in den b_j ist. Im Falle $m \geqq n$ gilt für $\lambda \in R$: Res $(f + \lambda g, g) =$ Res (f, g), ferner Res$(f, g_1 g_2)$ $=$ Res (f, g_1) Res (f, g_2), Res $(f, g) = (-1)^{nm}$ Res (g, f).

Die R. von f und g verschwindet genau dann, wenn f und g linear abhängig über R sind. Wenn nicht $a_0 = b_0 = 0$ ist, verschwindet Res (f, g) genau dann, wenn f und g (wenigstens) eine gemeinsame Nullstelle in K oder einem Erweiterungskörper von K haben. Genau in diesem Falle haben f und g einen gemeinsamen nichtkonstanten Faktor. Der Ausnahmefall $a_0 = b_0 = 0$ läßt sich dadurch vermeiden, daß man statt von (inhomogenen) Polynomen f, g in einer Unbestimmten von homogenen Polynomen (Formen) in zwei Unbestimmten ausgeht:

$$f = a_0 x_1^n + a_1 x_1^{n-1} x_2 + \cdots + a_n x_2^n,$$

$$g = b_0 x_1^m + b_1 x_1^{m-1} x_2 + \cdots + b_m x_2^m.$$

Sind $x_1, \ldots, x_n$ die Nullstellen von f und $y_1, \ldots, y_m$ diejenigen von g, so ist Res $(f, g) = a_0^m b_0^n \prod\limits_i \prod\limits_j (x_i - y_j)$. Res (f, g) ist, als Polynom in den als Unbestimmte genommenen Koeffiziente a_i und b_j aufgefaßt, absolut irreduzibel.

Die R. des Polynoms f und seiner Ableitung f' ist $(-1)^{\binom{n}{2}} a_0 D$, wo D die ›Diskriminante von f bezeichnet.

Allgemeiner heißt *Resultantensystem* von r ›Formen $f_1, \ldots, f_r$ in n Unbestimmten $x_1, \ldots, x_n$ mit unbestimmten Koeffizienten a ein (endliches) System $D_1, \ldots, D_h$ von ganzzahligen Polynomen in den a mit der Eigenschaft, daß die D_i genau dann für spezielle Werte der Koeffizienten a aus einem Körper K sämtlich verschwinden, wenn die Gleichungen $f_1 = 0, \ldots, f_r = 0$ bei diesen speziellen Koeffizienten a in einem geeigneten Oberkörper von K eine gemeinsame Lösung $x_1 = \xi_1, \ldots, x_n = \xi_n$ haben (das von den f_j erzeugte Polynomideal also eine ›Nullstelle besitzt). (Wählt man statt homogener Polynome f_j inhomogene, muß man wiederum statt mit der Existenz einer formalen Lösung auch mit dem Fall rechnen, daß die formalen Anfangskoeffizienten aller f_j verschwinden.) Ein solches Resultantensystem existiert stets und kann z. B. nach der Kroneckerschen Eliminationsmethode gefunden werden. Man kann ein Resultantensystem mittels der sog. *Trägheitsformen* gewinnen: Trägheitsform der f_j (bzw. des von diesen erzeugten Polynomideals) heißt jedes Polynom T aus dem Ring I der ganzzahligen Polynome in den als unbestimmt vorausgesetzten Koeffizienten a der f_j, wenn das Ideal $(f_1, \ldots, f_r)$ im Polynomring $I[x_1, \ldots, x_n]$ und das Ideal $(f_1, \ldots, f_r, T)$ in allen Formen in den x von genügend hohem Grade übereinstimmen, d. h., wenn zu jedem Index i eine natürliche Zahl τ mit $T x_i^\tau \in (f_1, \ldots, f_r)$ existiert (es genügt bereits, diese Inklusion für ein i zu verlangen). Ist l_j der Grad von f_j, a_{ji} der Koeffizient von $x_i^{l_j}$ in f_j und setzt man $f_j = f_j^* + a_{ji} x_i^{l_j}$, so ist ein Polynom aus I genau dann Trägheitsform von $(f_1, \ldots, f_r)$, wenn es für ein i bei Ersetzung von $a_{1i}, \ldots, a_{ri}$ durch $-f_1^* x_i^{l_1}, \ldots, -f_r^*/x_i^{l_r}$ verschwindet. Jedes Resultantensystem besteht aus solchen Trägheitsformen, als Resultantensystem kann man jede Basis des von den Trägheitsformen in I erzeugten Ideals nehmen, eines Primideals, das das *Resultantenideal* der f_j heißt. Im Falle $r < n$ ist es das Nullideal: r homogene Gleichungen in n Unbekannten haben bei $r < n$ stets eine gemeinsame nichttriviale Lösung. Im Falle $r = n$ ist das Resultantenideal Hauptideal; seine Erzeugende ist ein bis auf den Faktor ± 1 eindeutig bestimmtes unzerlegbares ganzzahliges Polynom in den Koeffizienten a, das die R. Res $(f_1, \ldots, f_n)$ der n Formen f_j heißt und dessen Verschwinden für spezielle Werte der Koeffizienten notwendig und hinreichend dafür ist, daß die sich hierfür ergebenden Polynome f_j eine nichttriviale gemeinsame Nullstelle besitzen. Res $(f_1, \ldots, f_n)$ ist homogen in den Koeffizienten von f_j von einem Grad, der gleich dem Produkt der Grade der f_i mit $i \neq j$ ist.

Lit.: [A 6], [A 16], [A 17]
GERBER, H. U.: Wronski's formula and the resultant of two polynomials. Amer. Math. Monthly **91** (1984), 644–646.
GRIFFITHS, H. B.: Cayley's version of the resultant of two polynomials. Amer. Math. Monthly **88** (1981), 328–338.

Resultantenideal >Resultante

Resultantenmatrix >Bézoutiante

Resultantensystem >Resultante

Retrakt[ion] >Kategorientheorie

reziproke Determinante >adjungierte Matrix

reziproke Gleichung heißt eine >algebraische Gleichung der Form $a_0x^n + a_1x^{n-1} + \cdots + a_{n-1}x + a_n = 0$ mit $a_i = a_{n-i}$. Mit x ist dann auch $\frac{1}{x}$ Lösung. Eine r. G. vom Grade $2m$ läßt sich durch die Substitution $z = x + \frac{1}{x}$ auf eine Gleichung m-ten Grades reduzieren.

reziproke quadratische Formen (= *inverse quadratische Formen*) sind >quadratische Formen, deren (als symmetrisch vorausgesetzte) Koeffizientenmatrizen zueinander invers sind.

reziproker Modul >Ordnung eines Ringes

***R*-ganz** >Ganz-Abhängigkeit

R-Gruppe = >Gruppe mit eindeutig bestimmter Wurzel

$\mathfrak{R}$-halbeinfach ›Radikale in Ringen

***R*-Hauptordnung** = maximale R-›Ordnung

Rickartscher Ring: (*Linksseitiger*) *R. R.* heißt ein Ring, in dem der Linksannullator (›Annullator) jedes Elements von einem ›Idempotent erzeugt wird. Das ist gleichbedeutend damit, daß alle Linkshauptideale projektiv sind. Analoge Aussagen gelten für *rechtsseitige R. R.* Beispiele: ›reguläre Ringe, semihereditäre Ringe.

Ein Ring, in dem sogar jeder Linksannullator von einem Idempotent erzeugt wird, heißt *Baerscher Ring.* Ein Baerscher Ring heißt *abelsch,* wenn alle Idempotente Zentrumselemente sind, und (*Dedekind-*)*endlich,* wenn aus $xy = 0$ $yx = 1$ folgt. Ein R. R. mit einer Involution * heißt *-R. R., wenn jeder Linksannullator eines Elements von einer Projektion e erzeugt wird (d. h. $e = e^2 = e^*$). Diese Projektionen bilden einen ›Verband. Ist dieser vollständig, was genau dann der Fall ist, wenn der Annullator einer beliebigen Menge von einer Projektion erzeugt wird, so heißt der Ring *Baerscher *-Ring.*

Lit.: [R 16]
BERBERIAN, S. K.: Baer *-rings. Springer, Berlin 1972.
RICKART, C. E.: Banach algebras with an adjoint operation. Ann. of Math. 47 (1946), 528–550.

$\mathfrak{R}$-Ideal ›Radikal eines Rings

Riemann-Rochscher Satz ›Divisor

Rieszscher Raum = ›Vektorverband

Ring heißt eine Menge R mit zwei binären ›Operationen auf R, einer Addition, die je zwei Elementen a, b eindeutig eine Summe $a + b$ zuordnet, und einer Multiplikation, die jedem Paar (a, b) von Elementen ein mit $a \cdot b$ oder kurz ab bezeichnetes Produkt zuordnet, so daß gilt: a) R bildet bezüglich der Addition eine ›abelsche Gruppe, die ›*Additivgruppe* des R.; b) R bildet bez. der Multiplikation eine ›Halbgruppe, d. h., die Multiplikation ist assoziativ; c) die Multiplikation ist bezüglich der Addition distributiv, d. h., es gelten die ›Distributivgesetze: $a(b + c) = ab + ac$, $(b + c)\,a = ba + ca$ für alle $a, b, c \in R$; ein R. ist also eine spezielle universelle ›Algebra. Ein R. R heißt *kommutativer* R., wenn die Multiplikation kommutativ ist, d. h., $ab = ba$ für alle $a, b \in R$ gilt; ein nichtkommutativer R. heißt gelegentlich auch *Schiefring.* Gibt es in R ein ›neutrales Element bez. der Multiplikation, gewöhnlich mit 1 bezeichnet (›Einselement), so heißt R ein *R. mit Einselement.* Betrachtet man nur die Addition der Ringelemente, so erhält man die *Additivgruppe* (*additive Gruppe* oder *Additionsgruppe*) R^+ von R (›[G 14II]); betrachtet man nur die Multiplikation, so erhält man die *multiplikative Halbgruppe* (mit Null) $R^\times$. Die *regulären Elemente* von R, d. h. die von 0 verschiedenen Elemente, die weder

Links- noch Rechtsnullteiler (›Nullteiler) sind, bilden bezüglich der Multiplikation die sog. *reguläre Halbgruppe* R^* (die Symbolik ist nicht einheitlich).

Eine Untermenge r von R, die bezüglich der Ringoperationen von R selbst einen R. bildet, heißt *Unterring* oder *Teilring* von R; hierfür ist notwendig und hinreichend, daß mit a und b auch $a - b$ und ab zu r gehören. Ist r Unterring von R, so heißt R *Oberring* oder *Erweiterungsring* von r. Spezielle Unterringe sind die ›*Ideale*.

Homomorphismus (= *Ringhomomorphismus*) eines R. R in einen R. R' heißt ein Homomorphismus universeller ›Algebren, d. h. eine ›Abbildung $\sigma: R \to R'$ mit $(x + y)^\sigma = x^\sigma + y^\sigma$, $(xy)^\sigma = x^\sigma y^\sigma$ für alle $x, y \in R$; betrachtet man nur Ringe mit Einselement, die also als Algebren dadurch ausgezeichnet sind, daß zur Definition auch eine nullstellige Operation gehört, die das Einselement auszeichnet, so hat man zu verlangen, daß σ das Einselement von R auf das Einselement von R' abbildet. *Kern* eines Homomorphismus ist das Urbild des Nullelements; er stellt ein Ideal von R dar. Ein bijektiver Homomorphismus $\sigma: R \to R'$ heißt *Isomorphismus* (*Ringisomorphismus*); die Umkehrabbildung σ^{-1} stellt dann einen Isomorphismus von R' auf R her. R. R und R' heißen *isomorph*, wenn zwischen ihnen ein Isomorphismus besteht.

Das ›*direkte Produkt* von Ringen R_i (z. B. der Ringe $R_1, \ldots, R_n$) wird wie das ›direkte Produkt von (universellen) ›Algebren als Menge der n-Tupel $(a_1, \ldots, a_n)$ mit $a_i \in R_i$ und komponentenweisen Verknüpfungen erklärt; die dortigen Begriffsbildungen übertragen sich sinngemäß. Im Hinblick darauf, daß es auf der unterliegenden additiven Struktur gerade die direkte Summe darstellt, heißt es auch (*ringtheoretische*) *direkte Summe* der R_i. Trivialerweise enthält es stets Nullteiler. Wenn R direkte Summe $R_1 \oplus \ldots \oplus R_n$ ist, kann man in natürlicher Weise die R_i als Unterringe von R auffassen (die sich bei der Multiplikation gegenseitig annullieren) und jedes $a \in R$ eindeutig in der Form $a = a_1 + \cdots + a_n$ mit $a_i \in R_i$ zerlegen. Begrifflich ist hiervon zunächst eine Zerlegung eines R. als *modultheoretische direkte Summe* von Untermoduln $\mathfrak{a}_i$ zu unterscheiden, handelt es sich jedoch bei den $\mathfrak{a}_i$ wie in der Regel um Ideale, so fallen beide Begriffe zusammen, da sich dann verschiedene $\mathfrak{a}_i$ automatisch gegenseitig annullieren müssen. ›direkte Summe von Ringen.

Beispiele: R. $\mathbb{Z}$ der ganzrationalen Zahlen, R. $\mathbb{Q}$ der rationalen Zahlen, der geraden Zahlen $2\mathbb{Z}$, Polynomringe, ›Integritätsbereiche, ›Zeroringe.

Gelegentlich betrachtet man auch sog. ›*nichtassoziative R.*, bei denen auf die Forderung b) verzichtet wird; hierzu gehören ›Jordan-Ringe und ›Lie-Ringe. Die oben betrachteten R. werden dann zum Unterschied als *assoziative R.* bezeichnet, und statt kommutativer R. im obigen Sinne sagt man dann auch *assoziativ-kommutativer Ring*.

Lit.: [A 1], [A 2], [A 16], [A 17], [R 7], [R 12]–[R 15], [R 17], [R 18], [R 21]
GORDON, R. (ed.): Ring theory. Academic Press, New York 1972.
KAPLANSKY, I.: "Problems in the theory of rings" revisited. Amer. Math. Monthly 77 (1970), 445–454.

Ring der formalen Potenzreihen ›Polynom

Ring mit eindeutiger Primfaktorzerlegung ›ZPE-Satz

Ring mit Kern ›Kern in der Ringtheorie

Ring mit polynomialen Identitäten = PI-Ring ›PI-Algebra

Ring ohne Nullteiler (= *nullteilerfreier Ring*) heißt ein ›Ring, der keine eigentlichen ›Nullteiler (Nullteiler $\neq 0$) enthält. Ein kommutativer R. o. N. (meist mit Einselement vorausgesetzt) heißt ›*Integritätsbereich.*

Ringadjunktion: M sei Untermenge des Oberrings R des ›Rings r. Der von M und r erzeugte Ring, mit $[r, M]$ oder $r[M]$ bezeichnet, ist der kleinste r und M enthaltende Unterring von R und somit der Durchschnitt aller r und M enthaltenden Unterringe von R; man sagt, er gehe aus r durch R. der Menge M hervor. Er besteht aus allen Polynomen in den Elementen von M mit Koeffizienten aus r; diese Auffassung wird durch die Schreibweise $r[M]$ hervorgehoben. Im Falle einer endlichen Menge $M = \{x_1, \ldots, x_n\}$ schreibt man dafür auch $[r, x_1, \ldots, x_n]$ bzw. $r[x_1, \ldots, x_n]$.

›Adjunktion.

Ringerweiterung von Körpern: Eine endlich-algebraische einfache ›Körpererweiterung n-ten Grades K von k kann als Restklassenkörper des Polynomrings $k[X]$ modulo einem irreduziblen Polynom $f(X)$ gewonnen werden. Über einem Erweiterungskörper k^* von k braucht $f(X)$ nicht mehr irreduzibel zu sein, der Restklassenring $K^* = k^*[X]/f(X) \cdot k^*[X]$ ist also nicht mehr notwendig Körper. K^* heißt R. von K/k auf k^* und wird auch mit K_{k^*} bezeichnet (›Grundringerweiterung). Zerfällt $f(X)$ über k^* in m Primpolynome $f_i(X)$, so hat K^* die eindeutige, d. h. von der speziellen Erzeugung von K/k unabhängige direkte Zerlegung $K^* = \tilde{K}_1^* \oplus \cdots \oplus \tilde{K}_m^*$ in m Unterkörper $\tilde{K}_i^*$, die jeweils zum Restklassenkörper von $k^*[X]$ modulo $f_i(X)$ isomorph sind. Die auf diese Weise einem Element $a \in K^*$ in den einzelnen K_i^* entsprechenden Komponenten a_i heißen die *k^*-Komponenten* von a. Zerfällt $f(X)$ über k^* in Linearfaktoren, so zerfällt K^* in n direkte Summanden, von denen jeder zu k^* isomorph ist; die Komponenten a_i eines Elements $a \in K^*$ sind dann gerade untereinander konjugierte Elemente der Körpererweiterung k^*/k.

Lit.: [Z 5]

Ringoid heißt nach Hilton und Ledermann auch eine *präadditive Kategorie* (›additive Kategorie) (im objektfreien Zugang, ›Kategorientheorie); es gelten also die üblichen Rechenregeln für ›Ringe, nur daß Addition und Multiplikation nicht immer erklärt zu sein brauchen.

Allgemeiner bestimmt jede universelle ›Algebra $\mathfrak{G}^+$ mit der Signatur Ω aus einer ›Varietät (Ω, Λ) von Algebren der Signatur Ω durch Hinzunahme einer weiteren Operation (Multiplikation $\cdot$), bezüglich der sie eine ›Halbgruppe bildet und die gemäß $(x_1 x_2 \ldots x_n \omega) \cdot y = (x_1 y)(x_2 y) \ldots (x_n y)\, \omega$ für alle $\omega \in \Omega$,

$x_i, y \in G$ distributiv ist (G unterliegende Menge von $\mathfrak{G}^+$), ein R. $\mathfrak{G} = \{G, \Omega \cup (\cdot)\}$ über der Algebra $\mathfrak{G}^+$ der Varietät (Ω, Λ) oder ein (Ω, Λ)-*R*. Die Operationen aus Ω heißen *additive Operationen* des R. $\mathfrak{G}$ und $\mathfrak{G}^+$ die *additive Algebra* des R. Das R. heißt *distributiv*, wenn auch noch das andere Distributivgesetz gilt: $y(x_1 x_2 \ldots x_n \omega) = (yx_1) \ldots (yx_n)\, \omega$. Ein R. über eine Gruppe heißt *Fastring*, ein R. über einer Halbgruppe *Halbring*, ein R. über einer ›Loop *Neoring*. Ein R. über einem ›Ring heißt auch *Mengersche Algebra* (= *Menger-Algebra*).

Ringtopologie ›topologischer Ring

Ritt-Raudenbush, Satz von, ›Differentialring

***R*-Modul:** Eine additiv geschriebene ›abelsche Gruppe („Modul"), die einen ›Ring R als Linksoperatorenbereich besitzt, für die also jedem Paar (α, a) mit $\alpha \in R$ und $a \in M$ ein Element $\alpha \cdot a$ (oder kurz αa geschrieben) aus M als „Produkt" zugeordnet ist, so daß für alle $\alpha, \beta \in R$ und $a, b \in M$ gilt: $\alpha(a + b) = \alpha a + \alpha b$, $(\alpha + \beta)\, a = \alpha a + \beta a$, $\beta(\alpha a) = (\beta\alpha)\, a$, heißt *R-Linksmodul*, *Linksmodul über R* oder *Linksmodul mit R als ›Operatorenbereich*. R heißt auch der *Grundring* des R-M., seine Elemente heißen auch *Skalare*. Aus den Axiomen folgt $0 \cdot a = 0$ für alle $a \in M$. Ein R-Linksmodul heißt *unitär*, wenn R ein Einselement 1 besitzt und $1 \cdot a = a$ für alle $a \in M$ gilt. Häufig wird ein R-M. stillschweigend als unitär vorausgesetzt. JACOBSON gebraucht statt dessen den Ausdruck *unitaler Modul*.

Die Elemente von R bewirken somit durch Multiplikation Endomorphismen von M, diese bilden einen *Endomorphismenring* R', der isomorph ist zum Restklassenring $R/\mathfrak{a}$ von R nach dem zweiseitigen ›Ideal $\mathfrak{a}$ aller Elemente $\alpha \in R$ mit $\alpha m = 0$ für alle $m \in M$, dem *Annullator* von M. Entsprechend heißt M *R-Rechtsmodul*, wenn eine Multiplikation von rechts mit Ringelementen erklärt ist, die den entsprechenden („gespiegelten") Rechenregeln genügt. Da die Reihenfolge der Skalarfaktoren bei einem Rechtsmodul gerade umgekehrt zu der bei einem Linksmodul ist, läßt sich ein R-Linksmodul formal auch als $\tilde{R}$-Rechtsmodul auffassen, wobei $\tilde{R}$ der ›Gegenring zu R ist, der aus denselben Elementen wie R besteht, in dem das Produkt von a und b aber gleich dem in R gebildeten Produkt von b mit a ist.

Eine Untergruppe N des R-Linksmoduls heißt *Teilmodul* oder *Untermodul* (genauer: *R-Teil-* oder *-Untermodul*) von M, wenn sie durch Multiplikation mit beliebigen Ringelementen in sich abgebildet wird; M heißt dann auch *Obermodul* von N. Der Durchschnitt beliebig vieler Untermoduln von M ist wieder Untermodul von M. Der kleinste R-Untermodul von M, der eine gegebene Teilmenge T von M enthält, d. h. der Durchschnitt aller T enthaltenden Untermoduln von M, heißt der von T *erzeugte R-Untermodul*; er besteht aus allen endlichen Summen von Ausdrücken der Form $\alpha \cdot x$ und ny mit $x, y \in T$, $\alpha \in R$ und $n \in \mathbb{Z}$, wobei ny für eine natürliche Zahl n die Summe aus n Summanden y bedeutet, $(-n)\, y = -(ny)$ und $0x = 0$ (0 links die ganze Zahl Null, rechts das Nullelement des M.) ist. T heißt dann auch *Erzeugendensystem* dieses Untermoduls. Statt Erzeugendensystem sagt man auch (*Modul-*) *Basis.* Besitzt M ein aus endlich vielen Elementen bestehendes Erzeugendensystem, so heißt M *endlich erzeugbarer* (oder *erzeugter*) oder kurz *endlicher R-Modul* oder *R-Modul endlichen Typs.* Das bedeutet, daß M Faktormodul der direkten Modulsumme R^n endlich vieler (n) Exemplare R ist. Ist außerdem der Kern des zugehörigen natürlichen Homomorphismus, d. h. der *Relationenmodul* von R, endlich erzeugbar, d. h., gibt es eine ›exakte Sequenz von der Form $R^m \to R^n \to M \to 0$, so heißt M *endlich präsentierbar.*

Ein R-M. heißt *monogen, eingliedrig* oder auch *zyklisch,* wenn er von einem Element erzeugt werden kann. Im Falle kommutativer Ringe R ist jeder M. genau dann direkte Summe zyklischer M., wenn R ›artinscher ›Hauptidealring ist.

Die *Summe* $M_1 + M_2$ zweier (R-Links-) Untermoduln M_1 und M_2 ist der aus allen Summen der Form $a_1 + a_2$ mit $a_i \in M_i$ bestehende M. Die *Summe* heißt *direkt* (in Zeichen: $M_1 \oplus M_2$ oder auch $M_1 \dotplus M_2$) und der jeweils andere Summand ein *Ergänzungsmodul, Supplementärmodul* oder *direktes Komplement* von M_i, wenn $M_1 \cap M_2$ nur aus dem Nullelement besteht, die Summe also ›direkte Summe der unterliegenden abelschen Gruppen ist; M_1 und M_2 heißen dann *supplementäre Untermoduln.* Genauer kann man diese direkte Summe wie beim direkten Produkt von Gruppen auch als *interne direkte Summe* bezeichnen zum Unterschied von der zu beliebigen R-M. M_1, M_2 zu konstruierenden *externen direkten Summe,* die aus allen Paaren (a_1, a_2) mit $a_i \in M_i$ mit komponentenweiser Erklärung der Verknüpfungen besteht. In derselben Weise wie bei Gruppen lassen sich diese Definitionen auch auf den Fall beliebig vieler Summanden erweitern. Die Untermoduln eines festen R-M. M bilden bez. der Verknüpfungen $\cap$ und $+$ einen ›*modularen Verband.*

Jeder Ring R kann bez. der in R erklärten Multiplikation sowohl als Rechtsals auch als Linksmodul über R aufgefaßt werden. Jede (additiv geschriebene) ›abelsche Gruppe kann sowohl als Links- als auch als Rechtsmodul über dem Ring $\mathbb{Z}$ aufgefaßt werden, indem man für ein $n \in \mathbb{N}$ unter na und an die Summe von n Summanden a versteht.

Spezielle R-M. sind ›Ideale, ›Vektorräume und ›R-Algebren. Für den Fall, daß ein M. bez. mehrerer Ringe R_i als R_i-M. (linker oder rechter) aufgefaßt werden kann, ›Bimodul.

Die ›Faktorgruppe eines R-M. M nach einem R-Untermodul N ist in natürlicher Weise auch R-M., der R-Faktormodul M/N von M nach N.

Lit.: [A 14], [A 16], [A 17], [C 17], [EA 2], [Enz 1, 6], [M 2], [R 11], [R 17], [R 21], [R 24]

BRANDAL, R.: Commutative rings, whose finitely generated modules decompose. LNM 723. Springer, Berlin 1979.

MELTZER, H.: The Structure of Indecomposable Modules. Teubner, Leipzig 1986.

R-Modulhomomorphismus ›lineare Abbildung

Rotationsmatrix = eigentlich ›orthogonale Matrix

$\mathfrak{R}$-Radikal[ring], $\mathfrak{R}$-Ring ›Radikal eines Rings

***R*-Sequenz** ›M-Sequenz

Ruffini-Abel, Satz von, = Satz von ›Abel

S

Säkulargleichung ›charakteristisches Polynom 2.

Sarrussche Regel ›Determinante

saturierte ›**Primidealkette**

Satz über die Lösbarkeit simultaner Kongruenzen ›Dedekindscher Ring

Satz vom ›**primitiven Element**

Satz von der eindeutigen Primelementzerlegung bzw. **-faktorzerlegung** = ›ZPE-Satz

Satz von der eindeutigen Primidealzerlegung ›Dedekindscher Ring

Satz von der Primfaktorzerlegung = ›Fundamentalsatz der elementaren Zahlentheorie

Schachtelungsformel ›charakteristisches Polynom 4.

Schar = ›Prüfersche Schar, von ›Größen für eine Gruppe

Schief = ›Halbgruppe aus lauter idempotenten Elementen

schiefe Invariante einer bilinearen Form $f = a_0x_1^p + \binom{p}{1} a_1x_1^{p-1}x_2 + \cdots + a_px_2^p$ heißt eine Invariante $I(a_0, a_1, \ldots, a_p)$, für die die Gleichung $I(a_p, a_{p-1}, \ldots, a_0) = -I(a_0, a_1, \ldots, a_{p-1}, a_p)$ gilt. Es gibt nur s. I. von ungeradem Gewicht.

Lit.: [I 12]

schiefe Matrix = ›schiefsymmetrische Matrix

schiefhermitesche Bilinearform ›schiefhermitesche Matrix

schiefhermitesche Form ›Semibilinearform

schiefhermitesche Matrix heißt eine reelle quadratische Matrix A mit $\bar{A}^{\mathsf{T}} = -A$ (deren konjugierte transponierte Matrix also gleich der entgegengesetzten Matrix ist). Eine s. M. ist eine ›normale Matrix, ihre Eigenwerte sind rein imaginär. Eine mit einer s. M. A gebildete ›*Bilinearform* $xA\bar{y}^{\mathsf{T}}$ heißt *schiefhermitesch*. Für Verallgemeinerungen ›Semibilinearform.

Lit.: [M 8], [M 26]

Schiefkörper (auch *Divisionsring*) heißt ein vom ›Nullring verschiedener ›Ring R mit Einselement, in dem alle Elemente $\neq 0$ *Einheiten* sind, d. h., ein Inverses besitzen. Die *Einheitengruppe* von R heißt die *multiplikative Gruppe* oder *Multiplikativgruppe* $R^{\times}$ von R. Jeder S. ist nullteilerfrei, und die Gleichungen $ax = b$ und $ya = b$ mit $a \neq 0$ sind in R stets (eindeutig) lösbar. Die ›Charakteristik eines S. ist stets 0 oder eine Primzahl. Die einzigen ›Ideale eines S. sind das Nullideal und der S. selbst. Ein S., der zugleich K-›Algebra über einem (kommutativen) ›Körper ist, heißt eine ›*Divisionsalgebra.*

Jeder S. aus endlich vielen Elementen ist kommutativ, also ein ›Galois-Feld (*Satz von Wedderburn*). Verallgemeinerungen von Nakayama: a) $\alpha_1, \ldots, \alpha_r$ seien Elemente aus dem Zentrum Z eines S. R. Zu jedem $a \in R$ gebe es eine natürliche Zahl $n(a)$ und ein Element $p(a)$ aus dem von $a, \alpha_1, \ldots, \alpha_r$ erzeugten Unterring von R, so daß $a^{n(a)+1}p(a) - a^{n(a)} \in Z$ gilt. Dann ist $R = Z$. b) Man kann die obige Bedingung durch $a^2p(a) - a \in Z$ ersetzen und erhält gleichfalls $R = Z$.

Jeder nullteilerfreie endliche Ring mit mindestens zwei Elementen ist ein S.

Für nichtassoziative S. ›Divisionsring.

Lit.: [R 16], [R 17 I]
Nakayama, T.: Über die Kommutativität gewisser Ringe. Abh. Math. Sem. Univ. Hamburg **20** (1955), 20–27.

Schiefring heißt gelegentlich ein nichtkommutativer ›Ring

schiefsymmetrische Bilinearform = ›antisymmetrische Bilinearform

schiefsymmetrische Determinante (= *halbsymmetrische Determinante* = *überschlagene Determinante*: logisch anfechtbare Bezeichnung für die ›Determinante einer ›schiefsymmetrischen Matrix.

schiefsymmetrische [Linear-] Form ›bilineare Abbildung, ›Form

schiefsymmetrische Matrix (= *schiefe Matrix* = *antimetrische Matrix*) heißt eine quadratische ›Matrix A mit $A^{\mathsf{T}} = A$. Reelle s. M. sind zugleich ›schiefhermitesche und ›normale Matrizen und haben lauter imaginäre Eigenwerte. ›alternierende Matrix

Lit.: [M 8], [M 26]

schiefsymmetrisches Element >Semibilinearform

schiefsymmetrisierbare Matrix heißt eine n-reihige quadratische Matrix A, die als Produkt aus einer positiv definiten >hermiteschen Matrix H und einer >schiefsymmetrischen Matrix G darstellbar ist: $A = HG$; eine analoge Darstellung gilt dann auch mit umgekehrter Reihenfolge der Faktoren. S. M. haben rein imaginäre Eigenwerte und n linear unabhängige Eigenvektoren.

schlanke Gruppe >torsionsfreie Gruppe

Schmidtsches Orthogonalisierungsverfahren (bzw. *Orthonormierungsverfahren*, auch nach *Gram-Schmidt* benannt): Verfahren, um aus einer gegebenen Basis von n linear unabhängigen Vektoren $x_1, \ldots, x_n$ eines euklidischen >Vektorraums eine orthogonale bzw. orthonormale Basis $y_1, \ldots, y_n$ zu gewinnen. Man bestimmt die y_i rekursiv: $y_1 = x_1$, und es seien bereits die y_i mit $i \leqq m$ so gewählt, daß sie paarweise orthogonal sind. Dann setzen wir an $y_{m+1} = x_{m+1} + \lambda_1 y_1 + \cdots + \lambda_m y_m$. Die Forderungen $0 = y_i y_{m+1} = y_i x_{m+1} + \lambda_1 y_i y_1 + \cdots + \lambda_m y_i y_m$ für $i = 1, \ldots, m$ reduzieren sich wegen der Induktionsvoraussetzung auf das Gleichungssystem $y_i x_{m+1} + \lambda_i x_i^2 = 0$ $(i = 1, \ldots, m)$, das sich eindeutig nach den λ_i auflösen läßt. Da nicht nur die x Linearkombinationen der y, sondern auch die y Linearkombinationen der x sind, erhält man auf diese Weise eine Orthogonalbasis des von den x_i aufgespannten Vektorraums. Indem man die gewonnenen Vektoren noch durch ihre Länge dividiert, bekommt man eine Orthonormalbasis.

Eine Modifikation des S. O. läßt sich anwenden, um eine >symplektische Basis bez. einer alternierenden Bilinearform zu gewinnen.

Lit.: [M 4], [M 9], [M 14], [M 16]

Schnitt 1. = Koretraktion >Kategorientheorie, 2. >Garbe

Schnittfläche >Garbe

Schreier, Satz von, >Normalsystem

Schreier-Nielsen, Satz von, >freie Gruppe

Schreierscher Verfeinerungssatz >Ketten und Reihen

Schursche Funktion >Alternante

Schurscher >**Multiplikator einer Gruppe**

Schursches Lemma: Sind $R_i: x \mapsto R_i(x)$ $(i = 1, 2)$ zwei (absolut) irreduzible >Darstellungen einer Gruppe G vom Grade r bzw. s durch Matrizen und ist A eine rechteckige Matrix, so daß $R_1(x)\,A = AR_2(x)$ für alle $x \in G$ gilt, so ist entweder $A = 0$, oder es ist $r = s$, $\det A \neq 0$, und die Darstellungen R_1 und R_2 sind äquivalent: $R_1(x) = AR_2(x)\,A^{-1}$ für alle x.

Lit.: [D 2], [D 14], [D 19]

schwach abgeschlossen >Abschließung von Untergruppen

schwach primär >Primärideal

schwache *M*-Sequenz: Ist A ein (noetherscher) >lokaler Ring mit dem maximalen Ideal $\mathfrak{m}$ und M ein endlich erzeugter A-Modul, so heißt eine Folge $\{a_1, \ldots, a_r\}$ von Elementen von $\mathfrak{m}$ genau dann eine s. >M-S., wenn für $i = 1, \ldots, r$ gilt: $(a_1, \ldots, a_{i-1}) \cdot M : (a_i) = (a_1, \ldots, a_{i-1}) \cdot M : \mathfrak{m}$ (für $i = 1$ ist hierbei $(a_1, \ldots, a_{i-1}) = (0)$ gesetzt). >Buchsbaummodul, >M-Sequenz.

Lit.: Stückrad, J., W. Vogel: Buchsbaum Rings and Applications. DVW. Berlin 1986.

schwache Servanzuntergruppe heißt eine Untergruppe N einer >abelschen Gruppe G, für die (bei additiver Schreibweise) jede Gleichung $px = a$ (p beliebige Primzahl) mit $a \in N$ in N lösbar ist, wenn sie in G lösbar ist. Das bedeutet $N \cap pG = pN$ für jedes p.

Lit.: [G 13]

schwacher Divisionsalgorithmus >freie assoziative R-Algebra

schwaches direktes Produkt: Eine Unteralgebra $\mathfrak{B}$ des direkten Produkts $\prod_{i \in I} \mathfrak{A}_i$ universeller >Algebren $\mathfrak{A}_i$ gleichen Typs heißt ein s. d. P. der $\mathfrak{A}_i$, wenn für beliebige Elemente $f, g \in B$ $f(i) \neq g(i)$ nur für endlich viele $i \in I$ eintreten kann und für $f \in B$ jedes g aus dem direkten Produkt mit dieser Eigenschaft zu B gehört.

Ein s. d. P. braucht nicht zu existieren. Im Falle von Gruppen fällt es mit dem eingeschränkten >direkten Produkt zusammen.

Lit.: [U 3]

Segre-Charakteristik >Jordansche Normalform

Segre-Produkt: Eine graduierte k-Algebra R heißt S. von graduierten k-Algebren R_1 und R_2 über dem Körper k, in Zeichen: $R = \sigma_k(R_1, R_2)$ oder kurz $\sigma(R_1, R_2)$, wenn für jede natürliche Zahl p gilt: $[R]_p = [R_1]_p \otimes_k [R_2]_p$ ($[\;]_p$ bezeichnet den homogenen Bestandteil vom Grad p). Sind M_1, M_2 graduierte R_1- bzw. R_2-Moduln und R das S. von R_1 und R_2, so heißt ein graduierter R-Modul M S. von M_1 und M_2 über k, in Zeichen: $M = \sigma_k(M_1, M_2)$ oder $\sigma(M_1, M_2)$, wenn für alle ganzen Zahlen p gilt: $[M]_p = [M_1]_p \otimes_k [M_2]_p$. Das S. noetherscher Moduln ist wieder noethersch.

Lit.: IITAKA, S: Algebraic Geometry. Springer, New York 1982.
STÜCKRAD, J., W. VOGEL: Buchsbaum Rings and Applications. DVW, Berlin 1986.

selbstadjungiertes Element >symmetrische Algebra

selbstinjektiver Ring: *Linksseitig* (*rechtsseitig*) *s. R.* heißt ein Ring, der als Links- bzw. Rechtsmodul über sich >injektiv ist. Der Restklassenring eines s. R. nach dem >Jacobson-Radikal ist >regulär im Sinne von von Neumann. Ein abzählbarer s. R. ist >Quasi-Frobenius-Ring. >Matrizenringe über einem s. R. und der Ring aller linearen Transformationen eines >Vektorraums über einem Schiefkörper sind s. R.

Lit.: [R 11 II]
LAWRENCE, J.: A countable self-injective ring is quasi-Frobenius. Proc. Amer. Math. Soc. 65 (1977), 217–220.

selbstkonjugierte(r) Untergruppe bzw. **Teiler** = >Normalteiler

selbstnormalisierend heißt eine Untergruppe, die ihr eigener >Normalisator ist.

Semi-Automorphismus >Semi-Homomorphismus, >Jordan-Homomorphismus

Semibilinearform (= *Sesquilinearform*) auf dem kartesischen Produkt $E \times E$ (E endlichdimensionaler Rechtsvektorraum über einem (Schief-) Körper K) bez. eines Antiautomorphismus J von K heißt eine Abbildung $f\colon E \times E \to K$, die den Bedingungen

$$f(x_1 + x_2, y) = f(x_1, y) + f(x_2, y),$$

$$f(x, y_1 + y_2) = f(x, y_1) + f(x, y_2),$$

$$f(x\lambda, y) = \lambda^J f(x, y) \quad f(x, y\mu) = f(x, y)\,\mu \quad \text{für} \quad \lambda, \mu \in K$$

genügt (im Falle von Linksvektorräumen ist die Reihenfolge der Faktoren umzukehren). Das bedeutet, daß f bez. des ersten Arguments eine *halblineare Abbildung* (>lineare Abbildung) und bez. des zweiten Arguments eine *lineare Abbildung* von E in K darstellt. (Eine analoge Definition ist auch mit vertauschten Rollen der beiden Argumente möglich und führt zur Definition der *rechtsseitigen S.*). Bei kommutativem K und J = Identität ist f eine *Bilinearform*. Ist eine halblineare Abbildung φ von E in den dualen Vektorraum E^* bez. des Antiautomorphismus J von K (also $\varphi(x\lambda) = \lambda^J \varphi(x)$) gegeben, so wird die Abbildung $f\colon E \times E \ni (x, y) \mapsto f(x, y) = \langle \varphi(x), y \rangle \in K$ eine S. von $E \times E$ in K bez. des Antiautomorphismus J; jede S. kann auf genau eine Weise auf diese Art gewonnen werden.

Ist $\{e_1, \ldots, e_n\}$ eine Basis von E und $\{e^1, \ldots, e^n\}$ die hierzu duale Basis von E^* und setzt man $\varphi(e_i) = \sum_j \alpha_{ij} e^j$, so wird $\alpha_{ij} = \langle \varphi(e_i), e_j \rangle = f(e_i, e_j)$. Sind x^i die Koordinaten von x und $\boldsymbol{x}$ ihr Spaltenvektor, y^i die von y (Spaltenvektor $\boldsymbol{y}$), so wird $f(x, y) = \sum_{i,j} x^{iJ} \alpha_{ij} y^j = \boldsymbol{x}^{TJ} A \boldsymbol{y}$, wo A die Matrix der α_{ij} ist, die auch die zur Basis der e_i gehörige *Matrix der S. f* heißt. Ihr Rang (= Rang der Abbildung φ) heißt *Rang* der S. f. Wenn K kommutativ ist, heißt det A auch *Diskriminante* Δ von f (oder auch *Determinante* von f) (>quadratische Form). Wenn die halblineare Abbildung φ eine *Korrelation*, d. h. eine bijektive Abbildung von E auf E^*, ihr Rang also gleich der Dimension n von E ist, so heißt die zu φ gehörige S. f über $E \times E$ *nicht entartet*. f ist genau dann nicht entartet, wenn aus $f(x, y) = 0$ für alle y stets $x = 0$ folgt, also nur der Nullvektor auf jedem Vektor von E senkrecht steht.

Die S. f heißt *reflexiv*, wenn die Orthogonalitätsrelation $x \perp y$ symmetrisch, d. h. mit $f(x, y) = 0$ stets auch $f(y, x) = 0$ ist. Hat f den Rang k, so hat der zu E *totalsenkrechte Raum* $E^\perp$ (der aus allen $y \in E$ mit $f(x, y) = 0$ für alle $x \in E$ besteht) die Dimension $n - k$ über K. Wenn $x \equiv x_1$ und $y \equiv y_1 \bmod E^\perp$ ist, so gilt $f(x, y) = f(x_1, y_1)$. Daher induziert f auf $(E/E^\perp) \times (E/E^\perp)$ eine nicht entartete reflexive S., deren Kenntnis f vollständig bestimmt; man kann sich daher o. B. d. A. auf nicht entartete S. (d. h. $k = n$) beschränken. In diesem Falle gilt $f(y, x) = [f(x, y)]^J r^{-1}$, $\xi^{J^2} = r^J \xi r$, wo r ein nicht von x, y abhängendes Element der multiplikativen Gruppe $K^\times$ von K ist. Es sind folgende zwei Fälle möglich:

a) Für jedes $\xi \in K$ ist $\xi + \xi^J r^J = 0$. Dann ist $r = -1$, J die Identität und K kommutativ, und es gilt identisch $f(y, x) = -f(x, y)$. Eine solche S. heißt *schiefsymmetrische Bilinearform*.

b) Es existiert ein $\zeta \in K$ mit $q = \zeta + \zeta^J r^J \neq 0$. Dann ist $r = q^{-1} q^J$. Erklärt man die Operation T durch $\xi^T = (q^{-1} \xi q)^J$ und setzt $g(x, y) = q^J f(x, y)$, so wird

$$\xi^{T^2} = \xi \quad \text{für jedes} \quad \xi \in K \tag{1}$$

und

$$g(y, x) = [g(x, y)]^T. \tag{2}$$

Ein Antiautomorphismus T mit der Eigenschaft (1) heißt eine *Involution* in K, und (2) wird dadurch ausgedrückt, daß man sagt, g sei *hermitesche S.* bez. dieser Involution. Wenn K kommutativ und T die Identität ist, geht (2) in $g(y, x) = g(x, y)$ über. g heißt dann eine *symmetrische Bilinearform*.

Wenn T nicht die Identität ist, so heißen Elemente $\alpha \in K^\times$ mit $\alpha^T = \alpha$ *symmetrisch* für die Involution T und solche mit $\alpha^T = -\alpha$ *schiefsymmetrisch* (wegen $(\xi - \xi^T)^T = -(\xi - \xi^T)$ gibt es stets solche). Ist α ein symmetrisches (bzw. schiefsymmetrisches) Element für T, so wird durch $\xi^S = \alpha \xi^T \alpha^{-1}$ eine Involution S in K definiert, und für $h(x, y) = \alpha g(x, y)$ gilt:

$$h(y, x) = \begin{cases} [h(x, y)]^S, & \text{falls } \alpha \text{ symmetrisch,} \\ -[h(x, y)]^S, & \text{falls } \alpha \text{ schiefsymmetrisch ist.} \end{cases}$$

Im zweiten Fall heißt h eine *schiefsymmetrische S.* bez. der Involution S. Eine S. f ist genau dann hermitesch bzw. schiefhermitesch, wenn ihre *Matrix* A bez. irgendeiner Basis von E über K der Bedingung $A^{\mathsf{T}} = A^J$ bzw. $A^{\mathsf{T}} = -A^J$ genügt, d. h. *hermitesch* bzw. *schiefhermitesch* bez. J ist.

Wenn char $K \neq 2$ und die hermitesche S. f durch $f(x, y)$ eindeutig bestimmt ist (wie im Falle eines kommutativen Körpers K der Charakteristik $\neq 2$), so heißt auch $H(x) = f(x, x)$ ›*hermitesche Form.*

f sei jetzt hermitesche Form bez. der Involution J. *Spur* eines Elements $\lambda \in K$ bez. der Involution J heißt das Element sp $\lambda = \lambda + \lambda^J \in K$. Die Spuren bilden einen Modul sp K. Ein Vektor $x \in E$ heißt *gerade*, wenn $f(x, x) \in$ sp K gilt. Die Gesamtheit der geraden Vektoren von E bildet einen Teilraum E_{ger} von E. Wenn $E = E_{\text{ger}}$ ist, heißt f *spurige Form* (*Spuren-Form, forme tracique*). Diese Bedingung ist im Falle char $K \neq 2$ stets erfüllt, im Falle von char K $= 2$ sicher dann, wenn der aus allen symmetrischen Elementen des Zentrums Z von K und der Null bestehende Unterkörper $Z_0 \neq Z$ ist. (Die *Involution* J heißt in diesem Fall *von zweiter Art.* Beispiel: K kommutativ und $J \neq 1$.) Dann ist nämlich jedes symmetrische Element von K eine Spur. Wenn char $K = 2$ und J die Identität, K also kommutativ ist, so ist kein Element $\neq 0$ von K eine Spur, so daß dann die alternierenden Formen die einzigen spurigen Formen sind. Es gibt Beispiele für nichtkommutative Körper der Charakteristik 2 vom Rang 4 über ihrem Zentrum, die symmetrische Elemente enthalten, die keine Spuren sind.

›äquivalente S.

Lit.: [A 26II], [EA 9], [G 11]

BÄNI, W.: Sesquilineare Formen und lineare Topologien. Diss. Zürich. Juris-Verl. Zürich 1975.

semidirektes Produkt (= *halbdirektes Produkt*) ihres Normalteilers A mit ihrer Untergruppe B heißt eine Gruppe G, die Produkt von A und B ist: $G = AB$, wenn $A \cap B = \{1\}$ ist. In diesem Falle heißt die Gruppe G *zerfallend.* Wenn auch B Normalteiler von G ist, so ist G das ›direkte Produkt von A und B. Im allgemeinen Fall gehört zum s. P. ein Homomorphismus τ von B in die Automorphismengruppe Aut A von A, so daß $ab = ba^{\tau_b}$ für alle $a \in A$, $b \in B$ gilt, wenn b bei τ in τ_b übergeht. Dann ist A Normalteiler in G und die Faktorgruppe G/A isomorph zu B, G also (*zerfallende*) ›*Erweiterung* von A mit B, d. h., die Sequenz $1 \to A \to G \to B \to 1$ ist ›exakt und *spaltet auf* (und zwar durch die Einbettungsabbildung von B in G).

Umgekehrt kann man zu gegebenen Gruppen A und B und einem Homomorphismus $\tau: B \to \text{Aut}\, A$ ihr s. P. G bezüglich τ als Menge der Paare (a, b) mit $a \in A$, $b \in B$ und dem Multiplikationsgesetz $(a, b)\,(a_1, b_1) = (a^{\tau_b} a_1, bb_1)$ konstruieren, wo τ_b das Bild von b bei τ ist; die Menge A' der Paare $(a, 1)$ und die Menge B' der $(1, b)$ bildet dann eine zu A bzw. B isomorphe Untergruppe von G, die mit A bzw. B identifiziert werden kann.

Beispielsweise ist die Gruppe der Bewegungen des Raumes s. P. des Normalteilers der Translationen mit der Untergruppe der Drehungen; das ›*Holo-*

morph einer Gruppe G s. P. der Gruppe der (Links-) Translationen und der Automorphismengruppe Aut G.

Lit.: [G 15], [G 261], [H 3]

Semi-Endomorphismus >Semi-Homomorphismus

Semigruppe = >reguläre Halbgruppe

Semi-Homomorphismus heißt nach KAPLANSKY ein K-Homomorphismus ′ der >Additivgruppe A^+ einer (assoziativen) >Algebra $A \supset K$ in diejenige A'^+ (beide aufgefaßt als Vektorräume über K) einer Algebra $A' \supset K$ mit gleichem Einselement 1, die beide endlichen Rang haben, so daß $1 = 1'$, $(\alpha\beta\alpha)' = \alpha'\beta'\alpha'$ für alle $\alpha, \beta \in A$ gilt. Entsprechend sind *Semi-Endomorphismus*, *Semi-Isomorphismus* und *Semi-Automorphismus* von A erklärt. Wenn char $K \neq 2$ ist, stimmen die S. von A mit denjenigen K-Homomorphismen von A überein, die >Jordan-Homomorphismen von A sind. Ein S. der direkten Summe einfacher Algebren induziert auf seinen Summanden *Isomorphismen* oder Anti-Isomorphismen (*Satz von Kaplansky*).

Lit.: KAPLANSKY, I.: Semi-automorphisms of rings. Duke Math. J. **14** (1947), 521–525.

Semiinvariante **1.** S. heißt ein gemeinsamer Eigenvektor einer Familie G von Endomorphismen eines Vektorraums (oder Moduls) V über einem Körper K, also ein Vektor $v \neq 0$ mit $gv = \chi(g)\, v$ für alle $g \in G$ mit einer gewissen Abbildung $\chi: G \to K$, dem *Gewicht* der S. In der Regel ist G in der vollen >linearen Gruppe von V enthalten und χ ein >Charakter der Gruppe G.

2. S. in der >Invariantentheorie

Lit.: Zu **1.**: [G 22]

Semi-Isomorphismus >Semi-Homomorphismus

semikatenärer Modul (= *Σ-einreihiger Modul*) heißt ein R->Modul, der direkte Summe von katenären (d. h. >einreihigen) Untermoduln ist (vgl. verallgemeinert >einreihiger Ring). Ein Ring heißt *links-* bzw. *rechtsseitig s.* (oder *seriell*), wenn er linker bzw. rechter s. M. über sich ist.

Lit.: [R 11]

semikatenärer Ring >semikatenärer Modul

semilokaler Ring: **1.** *S. R.* (gelegentlich auch *Halbstellenring*) heißt ein noetherscher kommutativer Ring, der nur endlich viele maximale Ideale (die notwendig Primideale sind) besitzt. Ohne die Forderung des Noetherschseins spricht man von einem *quasi-semilokalen Ring*. Gibt es nur ein maximales Ideal, so handelt es sich um einen *quasilokalen* bzw. >*lokalen Ring* oder *Stellenring*.

2. Im Nichtkommutativen heißt ein Ring R (mit Eins) s. R., wenn R/J mit $J = \text{rad}\, R$ als ›Jacobsonschem Radikal klassisch ›halbeinfacher Ring ist, was gleichbedeutend damit ist, daß R/J rechts- (bzw. links-) ›artinscher Ring ist.

Lit.: Zu **1.**: [R 25]
Zu **2.**: [R 11]

semimodularer Verband (= *halbmodularer Verband*) heißt ein ›Verband, der der *oberen Nachbarbedingung* genügt: Wenn a unterer ›Nachbar von b ist, so ist $a \vee c$ unterer Nachbar von $b \vee c$ oder $a \vee c = b \vee c$. Wenn V außerdem von endlicher *Länge* ist (›längenendlicher Verband), so ist V ein ›Birkhoffscher Verband (z. T. werden nur solche Verbände als s. V. bezeichnet).

Ein s. V. heißt *geometrisch*, wenn er ›algebraischer Verband ist und die kompakten Elemente genau die endlichen Vereinigungen von Atomen sind.

S. V. im obigen Sinne heißen auch *nach oben s. V.* ($\cup$-*s. V.*) im Gegensatz zu den *nach unten s. V.* ($\cap$-*s. V.*), in denen die *untere Nachbarbedingung* gefordert wird (Birkhoff verlangt in diesen Fällen noch die Längenendlichkeit). Jeder endliche Verband ist zu einem Teilverband eines s. V. isomorph.

Statt der oberen Nachbarbedingung wird z. T. (›[V 14]) von einem s. V. die stärkere Bedingung verlangt, daß zu unvergleichbaren Elementen a, b mit $a \wedge b < x < a$ ein t mit $a \wedge b < t \leqq b$ und $(x \vee t) \wedge a = x$ existiert; ist der Verband *relativ atomar* im Sinne von SZÁSZ, d. h., besitzt jedes Element $\neq 1$ einen oberen Nachbarn, so ist diese Bedingung mit der oberen Nachbarbedingung gleichbedeutend.

Lit.: [V 2], [V 3], [V 6], [V 14]

semi-nilpotent = ›lokal nilpotent

semiperfekter Modul ›semiperfekter Ring

semiperfekter Ring (genauer: *links-* bzw. *rechts-s. R.*) heißt ein Ring, über dem jeder endlich erzeugte Links- bzw. Rechtsmodul eine ›projektive Hülle besitzt. Ein *Modul* heißt *semiperfekt*, wenn jedes seiner epimorphen Bilder eine projektive Hülle besitzt. Ein Ring R mit ›Jacobsonschem Radikal J ist genau dann s. R., wenn er ›semilokal ist und jedes Idempotent von R/J ein idempotentes Urbild in R besitzt. Gleichbedeutend damit ist, daß R klassisch ›halbeinfacher Ring ist und sich jede moduldirekte Zerlegung in R/J zu einer in R liften läßt. ›Matrizenringe über s. R. sind s. R.

Lit.: [R 11 II], [R 17]

semiregulärer Ring = Cohen-Macaulay-Ring ›M-Sequenz

Semiring = ›Halbring

separabel: Eine endlich erzeugbare Erweiterung K eines Körpers k heißt genau dann *s.* oder *von erster Art*, wenn der Rang des k-Vektorraums der Differentiale von K über k gleich dem >Transzendenzgrad von K über k ist: Rang $K \frac{d}{k} K = \dim \frac{K}{k}$; anderenfalls gilt Rang $K \frac{d}{k} K > \dim \frac{K}{k}$, und K heißt *inseparabel* oder *von zweiter Art* über k. Eine beliebige Körpererweiterung K von k heißt s., wenn jeder endlich erzeugte Zwischenkörper über k s. ist. Das ist gleichbedeutend damit, daß für jede endliche Radikalerweiterung R von k das Kronecker-Produkt $R \otimes_k K$ (als Algebra über k) kein nilpotentes Element $\neq 0$ enthält. Inseparable Erweiterungen sind nur bei der Charakteristik $p \neq 0$ möglich.

Ein s. algebraischer Erweiterungskörper heißt auch *separabel-algebraisch,* ein nicht-algebraischer s. Erweiterungskörper *separabel-transzendent.* Ein über k >algebraisches Element a heißt *s.* oder *s.-algebraisch* über k, wenn es eine separable Erweiterung von k erzeugt; das ist genau dann der Fall, wenn sein Minimalpolynom $f(X)$ über k keine mehrfachen Nullstellen besitzt. Anderenfalls heißt a *inseparabel* (*inseparabel-algebraisch*) über k, und es gilt $f(X) = g(X^{p^e})$ mit einem irreduziblen Polynom $g(X)$ aus $k[X]$, alle Nullstellen von f haben dieselbe Vielfachheit p^e; e ist der >Exponent von $f(X)$ (>reduzierter Grad). Über einem >vollkommenen Körper ist jedes algebraische Element s.

Ein irreduzibles *Polynom* über k heißt *s.*, wenn es >primitives Polynom einer s.-algebraischen Erweiterung über k ist; ein beliebiges Polynom über k heißt s., wenn jeder irreduzible Faktor von ihm s. ist, anderenfalls *inseparabel.*

Ein Erweiterungskörper K von k heißt *separabel-erzeugbar,* wenn es einen rein-transzendenten Zwischenkörper L über k gibt, so daß K separabel-algebraisch über k ist; eine Transzendenzbasis von L über k heißt dann eine *separierende Transzendenzbasis* von K/k. Eine endlich erzeugte Körpererweiterung eines >vollkommenen Körpers ist immer separabel-erzeugbar (F. K. Schmidt).

Eine inseparable algebraische Körpererweiterung K von k heißt *rein inseparabel,* wenn jedes nicht zu k gehörige Element von K inseparabel ist; das ist genau dann der Fall, wenn sich K über k durch Adjunktion p^n-ter Wurzeln von Elementen aus k erzeugen läßt.

Jede algebraische Körpererweiterung K/k läßt sich in eine s. Erweiterung k_0/k und eine rein inseparable Erweiterung K/k_0 zerlegen. Wenn K endlich-algebraisch vom Grad n über k ist, ist $n = [K : k] = n_0 p^e$ mit $[K : k_0] = p^e$ ($p = \text{char}\, K$ Primzahl) und $[k_0 : k] = n_0$; p^e heißt *Inseparabilitätsgrad,* n_0 >*reduzierter Grad* von K/k. Wenn K endlich erzeugte (aber nicht notwendig algebraische) Erweiterung von k ist, so heißt der kleinste Wert des Inseparabilitätsgrades von $K/k(z_1, \ldots, z_r)$ für alle möglichen Wahlen einer Transzendenzbasis $z = \{z_1, \ldots, z_r\}$ von K/k die *Inseparabilitätsordnung* von K/k; dieses Minimum wird für eine separierende Transzendenzbasis von K/k (die aus den Elementen eines Erzeugendensystems von K über k gewählt werden kann) angenommen.

Lit.: [A 14], [A 17 I], [A 18 I]

separable Algebra heißt eine assoziative Algebra A über einem Körper K, wenn die Grundkörpererweiterung A_L für jeden Erweiterungskörper L von K halbeinfach ist. Für den Fall, daß A ein Erweiterungskörper von K ist, fällt dieser Begriff mit dem der Separabilität von Körpererweiterungen zusammen (>separabel).

Lit.: [A 17 II], [D 5]

separable Erzeugung >algebraischer Funktionenkörper

separable Gruppe >torsionsfreie Gruppe

separable Hülle >algebraische Hülle

separable(r) Isogenie bzw. **Homomorphismus** >algebraische Gruppe

separative Halbgruppe heißt eine >Halbgruppe S, in der aus $ab = a^2 = b^2$ $(a, b \in S)$ stets $a = b$ folgt. Die Bezeichnung rührt davon her, daß die Charaktere einer kommutativen Halbgruppe S mit Einselement genau dann die Elemente von S trennen, wenn S s. H. ist. Jede kommutative s. H. läßt sich in ein Band von Halbgruppen mit Kürzungsregel zerlegen.

Lit.: [S 1 I]

separierende Transzendenzbasis >separabel

separierte Komplettierung (= **separierte Vervollständigung**) eines >topologischen Rings R heißt die Komplettierung des Rings $R/\bar{o}$, wo $\bar{o}$ die abgeschlossene Hülle des Nullideals ist. Jeder stetige Homomorphismus von R in einen vollständigen hausdorffschen Ring läßt sich über die s. K. von A faktorisieren.

serieller Ring = verallgemeinert einreihiger Ring >einreihige Algebra, >semikatenärer Modul

Serresche Unterkategorie (= *dicke Unterkategorie*) einer >abelschen Kategorie $\mathcal{A}$ heißt eine nichtleere volle Unterkategorie (>Kategorientheorie) $\mathcal{C}$ von $\mathcal{A}$, so daß für jede >exakte Sequenz $0 \to A' \to A \to A'' \to 0$ in $\mathcal{A}$ gilt: A ist genau dann Objekt von $\mathcal{C}$, wenn A' und A'' Objekte von $\mathcal{C}$ sind.

Lit.: [C 13]

Serresche Vermutung besagt, daß jeder endlicherzeugte >projektive Modul über einem Polynomring $k[X_1, \ldots, X_n]$ über einem Körper k frei ist. Sie ist von Quillen bewiesen worden, sogar allgemeiner für Polynomringe über einem >Hauptidealring, nachdem vorher schon L. N. Vaserštejn und A. A. Suslin Polynomringe in 3, 4 und 5 Unbestimmten behandelt hatten.

Lit.: [R 20]
LAM, T. Y.: Serre's Conjecture. LNM 635. Springer, Berlin 1978.
QUILLEN, D.: Projective Modules over Polynomial Rings. Inventiones math. 36 (1976), 167–171.
SERRE, J.-P.: Faisceaux algébriques cohérents. Ann. of Math. 61 (1955), 197–278.

Servanzuntergruppe heißt eine Untergruppe H einer ›abelschen Gruppe G, für die bei beliebiger natürlicher Zahl n und beliebigem $a \in G$ aus der Lösbarkeit der Gleichung $x^n = a$ (bei additiver Schreibweise also $nx = a$) in G bereits ihre Lösbarkeit in H folgt. Die maximale ›periodische Untergruppe einer abelschen Gruppe ist S. Wenn H S. der abelschen Gruppe G und G/H direktes Produkt ›zyklischer Gruppen ist, so ist H direkter Summand von G. Als Verallgemeinerung auf R-Moduln ›reiner Untermodul.
›isolierte Untergruppe.

Lit.: [G 13], [G 19], [G 26], [G 35]

Sesquilinearform = ›Semibilinearform

S-Funktion ›Alternante

Signatur: 1. einer universellen ›Algebra. **2.** einer quadratischen Form ›Sylvestersches Trägheitsgesetz

simultane Kongruenzen ›Dedekindscher Ring

singulärer Teilraum bzw. **Unterraum** bzw. **Vektor** ›quadratische Form

singuläres Element: 1. = ›Nullteiler eines Rings

2. (= *nichtreguläres Element* = *nichtkürzbares Element*): Element, das bez. einer binären Operation nicht ›kürzbar ist.

3. einer Lieschen Algebra ›reguläres Element

situationserhaltende Projektivität ›Untergruppenverband

Skalar ›R-Modul, ›Vektorraum

Skalarenaddition, Skalarenbereich ›Vektorraum

skalares Produkt ›lineare Abbildung

Skalarmatrix (= *skalare Matrix*) heißt jedes Vielfache der **Einheitsmatrix**, also jede Diagonalmatrix der Form $\begin{pmatrix} \alpha & & 0 \\ & \alpha & \\ & & \ddots \\ 0 & & & \alpha \end{pmatrix}$.

Skalarmultiplikation >Matrix

Skalarteil >Quaternionenalgebra

Skelett einer Kategorie $\mathcal{A}$ heißt eine minimale volle Unterkategorie von $\mathcal{A}$, die also zu jedem Objekt aus $\mathcal{A}$ genau ein isomorphes enthält. Zwei Kategorien sind genau dann äquivalent, wenn ihre S. isomorph sind.

Lit.: [C 15II]

***S*-Menge** >Operand

Socius heißt bei EULER und GAUSS das zu einem Element a inverse Element $a' \equiv a^{-1}$ in der primen Restklassengruppe mod m, d. h. $aa' \equiv 1 \bmod m$. Hierfür gibt es die explizite Formel $a' \equiv a - 12 \sum_{\mu=1}^{m-1} \mu \left[\frac{a}{m} \mu\right] \bmod m$.

Sockel 1. (= *Remakscher Sockel*) einer Gruppe (oder Operatorgruppe) G heißt das Erzeugnis aller minimalen >Normalteiler von G; er ist eine >charakteristische Untergruppe von G. Besitzt G keinen minimalen Normalteiler, so wird der S. gleich der Einsuntergruppe gesetzt. Der S. ist direktes Produkt gewisser minimaler Normalteiler.

2. S. eines absolutgaloisschen Zahlkörpers K (>galoisscher Körper, >algebraischer Zahlkörper) vom Grade p^n (p ungerade Primzahl) heißt das Kompositum aller Unterkörper p-ten Grades. Zu vorgegebenem p^n_3 gibt es Körper K, deren S. eine zu einer gegebenen ganzrationalen Zahl prime >Diskriminante haben.

3. S. eines Moduls >halbeinfacher Modul

4. S. eines Rings >halbeinfacher Ring

Lit.: Zu **1.**: [G 35]

Solenoid-Gruppe (= **solenoidale Gruppe** = **Solenoid**): **1.** S. heißt die Charaktergruppe einer Untergruppe der diskreten additiven Gruppe aller rationalen Zahlen. Jede S. ist ein eindimensionales Kontinuum. Die Charaktergruppe der Untergruppe aller dyadischen rationalen Zahlen (d. h. der Zahlen der Form $\frac{m}{2^n}$ mit $m \in \mathbb{Z}$ und natürlichem n) heißt *dyadisches Solenoid* und ist ein unzerlegbares Kontinuum.

2. $\overline{\mathbb{Z}} = \prod_p \mathbb{Z}_p$ sei das topologische Produkt der additiven Gruppen $\mathbb{Z}_p$ der p-adischen Zahlen; vermöge der Einbettung von $\mathbb{Z}$ in jedes $\mathbb{Z}_p$ enthält es $\mathbb{Z}$ als Untergruppe. Das topologische Produkt $V = \mathbb{R} \times \overline{\mathbb{Z}}$ enthält $\mathbb{Z}$ vermöge der Einbettung $\mathbb{Z} \ni m \mapsto (m, m) \in V$ als diskrete Untergruppe. Dann heißt $S = V/\mathbb{Z}$ das *Solenoid*. Es ist eine kompakte ›divisionsvollständige ›Gruppe mit eindeutig bestimmter Wurzel.

Lit.: Zu **1.**: DANTZIG, D. VAN: Ueber topologisch homogene Kontinua. Fundamenta Math. **15** (1930), 102–125.
Zu **2.**: [Z 17]

solitäre [unendliche] ›**Matrix**

S-Operand ›Operand

spaltenabsolut, Spaltenbetragssumme, spalten[in]finit s. unendliche ›**Matrix**

Spaltenindex, -matrix bzw. **-rang** ›Matrix

Spaltenrangdefekt ›lineares Gleichungssystem

Spaltenraum bzw. **-vektor** ›Matrix

Spektralsequenz: $\mathbb{Z}$-*bigraduierter Modul* heißt eine Familie $E = \{E_{p,q}\}$ $(p, q = 0, \pm 1, \pm 2, \ldots)$ von R-Linksmoduln. *Differential* $d: E \to E$ vom *Bigrad* $(-r, r-1)$ heißt eine Familie von Homomorphismen $d: E_{p,q} \to E_{p-r,q+r-1}$ mit $dd = 0$. Der bigraduierte Modul von Homologiegruppen $H_{p,q}(E) = \mathrm{Ker}\,(d: E_{p,q} \to E_{p-r,q+r-1})/dE_{p+r,q-r+1}$ ist die *Homologie* $H(E) = H(E, d)$ von E unter d. In der Familie der $E_n = \sum\limits_{p+q=n} E_{p,q}$ erhält man einen einfach graduierten Modul E mit einem Differential $d: E_n \to E_{n-1}$ (vom üblichen Grad -1), und $H(\{E_n\}, d)$ ergibt sich aus dem bigraduierten Modul der $H_{p,q}(E)$ als einfach graduierter Modul der $H_n = \sum\limits_{p+q=n} H_{p,q}$.

S. $E = \{E^r, d^r\}$ ist eine Folge $E^2, E^3, \ldots$ $\mathbb{Z}$-bigraduierter Moduln mit einem Differential $d^r: E^r_{p,q} \to E^r_{p-r,q+r-1}$ $(r = 2, 3, \ldots)$ vom Bigrad $(-r, r-1)$ und mit Isomorphismen $H(E^r, d^r) \cong E^{r+1}$ $(r = 2, 3, \ldots)$. Jedes E^{r+1} ist also der bigraduierte Homologiemodul des vorhergehenden (E^r, d^r).

Ein Homomorphismus $f: E \to E'$ nach einer zweiten S. E' ist eine Familie von Homomorphismen $f^r: E^r \to E'^r$ bigraduierter Moduln vom Bigrad $(0, 0)$ (die Grade bleiben also erhalten) mit $d^r f^r = f^r d^r$, so daß jedes f^{r+1} die durch f^r auf dem Homologiemodul induzierte Abbildung ist.

Zu S. gelangt man durch sog. *exakte Paare* $\mathfrak{E} = \{D, E; i, j, k\}$; das sind Paare von Moduln D, E und Homomorphismen i, j, k, die ein exaktes Dreieck bilden:

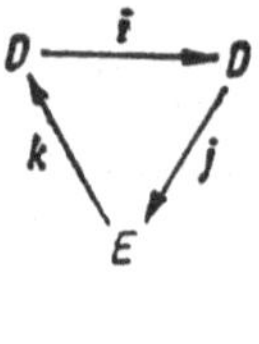

(d. h., die entsprechende Sequenz ist ›exakt).

Da die Hintereinanderausführung kj als Quadrat 0 ergibt, kann sie als Differential auf E dienen. Mit dem zugehörigen Homologiemodul $H(E, kj)$ kann man das sog. ***abgeleitete Paar*** $(D_2, E_2, i_2, j_2, k_2)$ bilden mit $E_2 = H(E, kj)$, $D_2 =$ Bild von D bei i, i_2 durch i induziert, während j_2 ein Element $i(d)$ aus D_2 $(d \in D)$ auf die Restklasse von $j(d)$ in E_2 und k_2 die durch $e \in E$ repräsentierte Restklasse aus E_2 auf $k(e)$ abbildet. Das abgeleitete Paar $\mathfrak{E}'$ ist wieder exakt. Durch Iteration erhält man das r-te abgeleitete Paar $\mathfrak{E}^r$. Auf diese Weise bestimmt ein exaktes Paar $\mathbb{Z}$-bigraduierter Moduln D, E mit Abbildungen i, j, k von den Bigraden $\deg i = (1, -1)$, $\deg j = (0, 0)$ und $\deg k = (-1, 0)$ eine S. (E^r, d^r) mit $d^r = k_r j_r$ $(r = 1, 2, \ldots)$.

Lit.: [H 1], [H 3], [H 7]

MASSEY, W. S.: Exact Couples in Algebraic Topology. Ann. of Math. **56** (1952), 363—396.

Spektraltopologie >Spektrum eines Rings

Spektrum einer Matrix heißt die Gesamtheit ihrer Eigenwerte. >charakteristisches Polynom 2.

Spektrum eines Rings A, bezeichnet mit Spec (A) (*Primspektrum*), ist die Menge der Primideale von A; die Untermenge der maximalen Ideale bildet das *Maximalspektrum* von A. Spec (A) wird dadurch topologisiert, daß man als abgeschlossene Mengen die Mengen $V(M) = \{\mathfrak{p} \in \text{Spec}(A) \mid M \subset \mathfrak{p}\}$ nimmt, wo M die Untermengen von A durchläuft. Eine Basis für die offenen Mengen in dieser sog. *Zariski-Topologie* (= *Spektraltopologie*) bilden die Mengen der Form $D(f) = \text{Spec}(A) \setminus V(f)$ für $f \in A$, die sog. *elementaren offenen Mengen* von Spec (A).

Ist $f: A \to B$ ein Ringhomomorphismus, so erhält man eine stetige Abbildung ${}^af: \text{Spec}(B) \to \text{Spec}(A)$, indem man jedem $\mathfrak{p} \in \text{Spec}(B)$ das Primideal $\mathfrak{p} \cap A \overset{\text{def}}{=} f^{-1}(\mathfrak{p})$ von A zuordnet; man sagt, $\mathfrak{p}$ *liegt über* $\mathfrak{p} \cap A$.

Lit.: [R 24]

spezialisiertes Radikal >Radikal eines Rings

spezielle Gruppe = >nilpotente Gruppe

spezielle Nullstelle >allgemeine Nullstelle

spezieller Automorphismus >Levische Unteralgebra

spezieller Bézoutscher Satz >Lösungsstrahl

spezieller primärer Ring >Dedekindscher Ring

spezieller Punkt ›endliche Drehgruppen

Spezies = ›rationale Operationen

Spiegelung ›metrische Gruppen, ›Spinornorm

Spiegelungsgruppe heißt eine von Spiegelungen an Hyperebenen erzeugte diskrete ›Transformationsgruppe.

Spindarstellung (= *Spinordarstellung*) (Bezeichnungen ›Cliffordsche Algebra). Eine ›Darstellung der Cliffordschen Gruppe $G(Q)$ der quadratischen Form Q über dem (gewöhnlich als algebraisch abgeschlossen vorausgesetzten) Körper K (zu der die ›orthogonale Gruppe $O(Q) = O_n(Q)$ gehört) induziert vermöge der *Vektordarstellung* $\varphi: G(Q) \to O(Q)$ (mit dem Bild $O(Q)$ bei geradem n bzw. $SO(Q)$ und dem Kern Z^* bei ungeradem n) eine projektive ›Darstellung der orthogonalen Gruppe, indem man dem Element $\varphi(s)$ umgekehrt einen Repräsentanten s aus der zugeordneten Restklasse in $G(Q)/Z^*$ zuordnet, wodurch $\varphi(s)\,\varphi(t) = \varphi(st) \mapsto \zeta\, st$ folgt, wo $\zeta = \zeta(st) \in Z^*$ ein von der Auswahl abhängiger Faktor ist; diese Abbildung ist dann noch mit der gegebenen linearen Darstellung zusammenzusetzen. Kann man die ζ auf ± 1 normieren, so erhält man eine *zweideutige Darstellung* der orthogonalen Gruppe. Bei ungeradem n arbeitet man mit der speziellen Cliffordschen Gruppe $G^+(Q)$.

(i) *Dimension* $n = 2m$ *gerade.* Dann ist die ›Cliffordsche Algebra C zentrale einfache Algebra über K, und alle irreduziblen Darstellungen von C mit dem Darstellungskörper K sind äquivalent. ϱ sei eine fest ausgewählte irreduzible Darstellung von C; der zugehörige Darstellungsmodul heißt *Spinorraum,* seine Elemente *Spinoren,* ϱ selbst *Spinor-* oder *Spindarstellung* von C. ϱ induziert je eine Darstellung ϱ der Cliffordschen Gruppe, ϱ^+ der speziellen Cliffordschen Gruppe G^+ und ϱ_0^+ der reduzierten Cliffordschen Gruppe G_0^+, die gleichfalls S. heißen. Außer im Falle des zweielementigen Galois-Felds K, $n = 2$ und einer Form Q vom Index 1 bildet $G(Q)$ ein Erzeugendensystem von $C(Q)$, und die S. ϱ von G ist ebenfalls irreduzibel.

Die Algebra C_+ der geraden Elemente von C ist (bei algebraisch abgeschlossenem K) Summe zweier einfacher Algebren, nämlich zweier voller Matrizenalgebren $M_{2m-1}(K)$. Dementsprechend zerfällt S in die direkte Summe von zwei Teilräumen, deren jeder eine irreduzible Darstellung von C_+ liefert, die sog. *Halb-Spinorräume* mit den *Halb-Spindarstellungen* von C_+. Die von diesen auf G^+ und G_0^+ induzierten Darstellungen heißen die S. dieser Gruppen. Außer in dem oben ausgeschlossenen Fall sind die entsprechenden Halb-S. von G_+ irreduzibel und inäquivalent.

(ii) *Ungerade Dimension* $n = 2m + 1$ (also char $K \neq 2$). Die Algebra C_+ ist zentral einfach (nämlich bei algebraisch abgeschlossenem K ›voller Matrixring $M_{2m}(K)$), und alle ihre irreduziblen Darstellungen mit dem Darstellungskörper K sind äquivalent. Man wählt eine von ihnen als sog. *S.* ϱ^+ von C_+ aus, der zugehörige Darstellungsraum ist der *Spinorraum,* die durch ϱ^+ induzierten Darstellungen von G^+, G_0^+ sind die S. dieser Gruppen. G_0^+ ist Erzeugendensystem von C_+; die S. von G^+, G_0^+ sind irreduzibel. Wenn die Cliffordsche Algebra C nicht einfach ist, so existieren genau zwei Fortsetzungen der S. ϱ^+ von C_+ zu Darstellungen von C. Diese heißen die zwei S. von C und die von ihnen induzierten Darstellungen von G.

Besonders wichtig ist der Fall, daß K der Körper der reellen Zahlen ist. Dann läßt sich die quadratische Form auf die Gestalt $Q(x) = \sum_{k=1}^{\nu} (x_{2k-1}^2 - x_{2k}^2) + \varepsilon \sum_{i=2\nu+1}^{n} x_i^2$ transformieren, wo $\varepsilon = \pm 1$ ist; ν ist der Index der zugehörigen symmetrischen Bilinearform f. Die Cliffordsche Gruppe $\mathfrak{G}$ von f ist bezüglich der natürlichen Vektorraumtopologie von C abgeschlossene Untergruppe der multiplikativen Gruppe C^* der umkehrbaren Elemente von C, also eine ›Liesche Gruppe. Bezeichnet man für $a \in C$ mit $L(a)$ den durch Linksmultiplikation mit a bewirkten Endomorphismus des Vektorraums C, so ist $L(C)$ die Liesche Algebra der Gruppe $L(C^*)$. Mit $[a, b] = ab - ba$ für $a, b \in C$ gilt $L([a, b]) = [L(a), L(b)]$, C darf also bezüglich der Komposition $[a, b]$ als ›Liesche Algebra der Gruppe C^* betrachtet werden. Bei ungeradem n wird das Zentrum Z von C von 1 und einem Element $z \in C_-$ aufgespannt. Sei $\mathfrak{c}$ der von allen Elementen xy $(x, y \in E)$ sowie bei ungeradem n von z aufgespannte Unterraum von C. Dann hat $\mathfrak{c}$ die Dimension $1 + \frac{n(n-1)}{2}$ für gerades n und $2 + \frac{n(n-1)}{2}$ für ungerades n; dieselbe Dimension hat die Liesche Gruppe $\mathfrak{G}$, und $\mathfrak{c}$ ist die volle Liesche Algebra von $\mathfrak{G}$. Die Liesche Algebra von G^+ ist der von allen Produkten xy $(x, y \in E)$ aufgespannte Teilraum $\mathfrak{c}^+$. Die Liesche Algebra $\mathfrak{c}_0^+$ von G_0^+ besteht aus allen Produkten xy $(x, y \in E)$ mit $f(x, y) = 0$. Ist Q insbesondere definit, so ist G^+ eine zusammenhängende Gruppe, und es ist $G_0^+ = \varphi(G_0^+) = G^+$. Die Gruppe G_0^+ ist gleichfalls zusammenhängend und einfach-zusammenhängende zweifache Überlagerungsgruppe von G^+.

Lit.: [D 2], [D 4], [D 16], [D 22], [D 24], [EA 9], [Q 1]

Araki, S.: On the homology of spinor groups. Mem. Fac. Sci. Kyûsiyû Univ. Ser. A 9 (1955), 1–35.

Bade, W. L., A. Jehle: Introduction to the theory of spinors. Reviews Modern Phys. 25 (1953), 714.

Brauer, R., H. Weyl: Spinors in n dimensions. Amer. J. Math. 57 (1935), 425–449.

Cap, F.: Spinorrechnung und ihre Anwendung auf Elementarteilchen. Fortschritte d. Phys. 2 (1954), 207–231.

Chevalley, C.: The algebraic theory of spinors. Columbia Univ. Press, New York 1955.

Corson, E. M.: Introduction to tensors, spinors, and relativistic wave-equations (relation structure). Blackie, London 1953.

Dirac, P. A. M.: Spinors in Hilbert Space. Plenum Press, New York 1974.

Raschewski, P. K. (П. К. Рашевский): Теория спиноров. Uspechi mat. nauk. 10 H. 2 (1955), 3–110.

Riesz, M.: Clifford numbers and spinors. University of Maryland, The Institute of fluid dynamics and applied mathematics, Lecture Series No. 37, 1957/58.

WAERDEN, B. L. VAN DER: Spinoranalyse. Nachr. Ges. Wiss. Göttingen, math.-phys. Kl. 1929, 100—109.
WEYL, H.: Gruppentheorie und Quantenmechanik. Hirzel, Leipzig 1931.

Spinor[darstellung] >Spindarstellung

Spinorgeschlecht >verwandte quadratische Formen

Spinorgruppe >Cliffordsche Algebra

Spinornorm: $Q(x) = \sum_{i,j=1}^{n} \alpha_{ij} x_i x_j$ sei eine >quadratische Form mit Koeffizienten $\alpha_{ij} = \alpha_{ji}$ aus einem Körper K der Charakteristik $\neq 2$. Ein >Automorphismus A von Q läßt sich als ein Produkt von sog. *Spiegelungen* S_t: $(x_i) \mapsto (y_i)$ mit

$$y_j = x_j - 2 \sum_{i,k=1}^{n} \alpha_{ik} x_i t_k [Q(t)]^{-1} t_j \quad (j = 1, \ldots, n)$$

schreiben, wo $t_1, \ldots, t_n$ die Koordinaten des Vektors t sind und $Q(t) \neq 0$ ist. Gehören die Koeffizienten von A zu K, so auch die Koordinaten der Vektoren t. Dabei ist die Quadratklasse des Produkts $\varkappa$ der $Q(t)$, d. h. die Menge der Produkte $\varkappa\lambda^2$ mit beliebigem $\lambda \neq 0$ aus K, eine Invariante von A, die sog. S. $T(A)$ von A. Für beliebige Automorphismen A, B gilt $T(AB) = T(A)\,T(B)$. >Cliffordsche Algebra.

Lit.: [G 1]

Spinorraum >Spindarstellung

spinor- >verwandte quadratische Formen

S-Polygon >Operand

sporadische Gruppen >einfache Gruppe

Sprung >Normalformen

Spur bez. einer Involution >Semibilinearform, einer >Darstellung von Ringen und Algebren, einer >Matrix, eines Körperelements >charakteristisches Polynom 4.

Spurenform, spurige Form >Semibilinearform

Spurschachtelungsformel >charakteristisches Polynom 4.

S-System >Operand

stabiler Rang eines kommutativen (assoziativen) Rings heißt die kleinste Zahl *d*, so daß jeder von *d* Elementen erzeugte ›projektive Modul darüber frei ist (›Serresche Vermutung). Für nichtkommutative Ringe lassen sich analog *links-* und *rechtsseitige* s. R. definieren.

stabiles Ideal ›I-Ring

Stabilisator ›Transformationsgruppe, ›Permutationsgruppe

Stabilitätssatz ›*K*-Theorie

Stamm = vollständiger ›Fastring

Standardelement heißt ein Element a eines ›Verbandes L, für das $x \wedge (a \vee y) = (x \wedge a) \vee (x \wedge y)$ für alle $x, y \in L$ ist. Dual dazu ist ein *duales S.* definiert. Jedes ›neutrale Element ist S., jedes S. ist ›distributives Element.

Lit.: [V 6]

Standardidentität ›PI-Algebra

Standardkonstruktion = ›Monade

Standardtableau ›Darstellung der symmetrischen Gruppe

stark abgeschlossen ›Abschließung von Untergruppen

stark regulärer Ring ›biregulärer Ring

starke Ordnungsrelation ›geordnetes Gruppoid

starker Ring ›primärer Nullteilerring

Steinberg-Gruppe ›*K*-Theorie

Steinitzscher Austauschsatz ›Abhängigkeitsbeziehung

Stelle (genauer *L-Stelle* oder *L-wertige S.*) eines (kommutativen) Körpers K heißt ein Homomorphismus π eines Unterrings K_π von K in einen Körper L, so daß gilt: a) aus $x \in K$ und $x \notin K_\pi$ folgt $\frac{1}{x} \in K_\pi$ und $\pi\left(\frac{1}{x}\right) = 0$; b) $\pi(x) \neq 0$ für wenigstens ein $x \in K_\pi$.

Ist K Erweiterung eines Körpers k, so heißt eine S. π mit $\pi(c) = c$ für alle $c \in k$ eine S. von K über k oder eine S. von K/k. Indem man den Körper L durch Hinzufügen eines Symbols ∞ mit den Rechenregeln $a/\infty = 0$, $a \pm \infty = \infty$ für $a \in L$, $a/0 = a \cdot \infty = \infty$ für $a \neq 0$ aus L zu L_∞ ergänzt und $\pi(x) = \infty$

für $x \in K \setminus K_\pi$ setzt, gilt $\pi(x \pm y) = \pi(x) \pm \pi(y)$, wenn $\pi(x)$ oder $\pi(y) \in k$,

$$\pi(xy) = \pi(x) \cdot \pi(y), \quad \text{wenn} \quad \pi(y) \neq 0,$$

$\pi(x) = \infty$ genau dann, wenn $\pi(x^{-1}) = 0$, und diese Eigenschaften sind charakteristisch für eine S. π. $\pi(x)$ heißt der *Wert* von x an der S. π. x heißt *endlich an der S.* π, wenn $\pi(x) \neq \infty$ ist, sonst *unendlich*. K_π heißt der ›*Bewertungsring* der S. π. Das Bild von K_π bei π ist ein Unterkörper von L, der sog. *Restklassenkörper* von π. In der Regel nimmt man o. B. d. A. an, daß er mit L zusammenfällt. Im Falle einer S. π über k heißt sein Transzendenzgrad über k die *Dimension* s von π über k; bei $s = 0$ heißt π *algebraisch* über k, bei $L = k$ *rational*. Die S. π heißt *triviale S.* von K (bzw. K/k), wenn sie einen Isomorphismus von K (über k) bewirkt; der zugehörige Bewertungsring ist K selbst.

S. von K, die zu demselben Bewertungsring gehören, heißen *äquivalent*. Zwei S. π und π' mit den Restklassenkörpern L bzw. L' sind genau dann äquivalent, wenn es einen Isomorphismus σ von L auf L' gibt mit $\pi' = \pi\sigma$. Äquivalente algebraische S. von K/k heißen *konjugiert* (über k), wenn ihre Restklassenkörper als Unterkörper in demselben algebraischen Abschluß $\bar{k}$ von k enthalten sind; sie sind dann konjugierte Unterkörper von $\bar{k}/k$.

Das Primideal $\mathfrak{p}$ der Nichteinheiten eines Bewertungsrings ist gerade der Kern jeder zugehörigen S. π und kann bis auf Äquivalenz mit der S. identifiziert werden; der Restklassenkörper der S. π ist bis auf Isomorphie gerade der Restklassenkörper $K_\pi/\mathfrak{p}$. Im Falle eines ›algebraischen Funktionenkörpers K in einer Unbestimmten über k heißt der Grad dieses Restklassenkörpers über dem Konstantenkörper von K der *Grad* der S. Ist k der Körper der komplexen Zahlen, so lassen sich die S. von K mit den Punkten der zu K gehörigen Riemannschen Fläche identifizieren.

Lit.: [A 18II], [K 3], [K 4]
JUNG, H. W. E.: Einführung in die Theorie der algebraischen Funktionen zweier Veränderlicher. Akademie-Verl., Berlin 1951.

Stellenring = ›lokaler Ring

Stetigkeitsaxiome ›kontinuierliche Geometrie

stochastische Matrix heißt eine reelle quadratische ›Matrix $P = (p_{ij})$ $(i, j = 1, \ldots, n)$ mit $p_{ij} > 0$ und $\sum_{j=1}^{n} p_{ij} = 1$ $(i = 1, \ldots, n)$; eine s. M. ist stets eine ›nichtnegative Matrix. Umgekehrt ist eine nichtnegative Matrix genau dann s. M., wenn sie 1 als Eigenwert und $(1, 1, \ldots, 1)^T$ als zugehörigen Eigenvektor besitzt. In der Wahrscheinlichkeitsrechnung treten s. M. als Matrizen von Übergangswahrscheinlichkeiten auf.

Lit.: [M 5II], [M 26]
FRITZ, F. J., B. HUPPERT, W. WILLEMS: Stochastische Matrizen. Springer, Berlin 1979.

Stone, Satz von, = Stonescher Darstellungssatz bzw. **Isomorphiesatz** ›Boolesche Algebra

Strahldarstellung einer Gruppe ›Darstellung einer Gruppe

streng erbliches Radikal ›geordnetes Gruppoid

streng negativ bzw. **positiv** ›geordnete Gruppe, ›geordnetes Gruppoid

strengcharakteristische Untergruppe ›Operatorenbereich

strenge Ordnungsrelation ›geordnetes Gruppoid

Strich-Operation der Idealtheorie = ›′-Operation der Idealtheorie

strikter Homomorphismus ›Filtrierung

Struktur ›Algebra (universelle)

Strukturgleichungen ›Liesche Gruppe

Struktur-Halbgruppen-Isomorphismus ›Untergruppenverband

Strukturhomomorphismus bzw. **-isomorphismus** ›Untergruppenverband

Strukturkonstanten einer ›***R*-Algebra**

Strukturkonstanten einer Lieschen Algebra L heißen die Koeffizienten c_{ij}^k, die in der Multiplikationsvorschrift $[X_i, X_j] = \sum_k c_{ij}^k X_k$ für die Basiselemente $X_1, \ldots, X_n$ von L auftreten; sie bilden den *Strukturtensor* von L in bezug auf diese Basis. Die Antisymmetrie der Kommutatorbildung und die Jacobische Identität drücken sich folgendermaßen in den S. aus: $c_{ij}^k = -c_{ji}^k$, $c_{is}^p c_{jk}^s + c_{js}^p c_{ki}^s + c_{ks}^p c_{ij}^s = 0$ (Summation über s!).
S. einer ›Lieschen Gruppe

Lit.: [G 31 II]

Strukturraum eines Rings R ist die Menge P aller ›primitiven Ideale von R, in der die abgeschlossene Hülle einer Menge A aus allen primitiven Idealen besteht, die den Durchschnitt aller in A enthaltenen Ideale enthält (›Spektrum eines Rings). Der S. ist ein T_0-Raum. Die Menge M der maximalen primitiven Ideale bildet einen T_1-Raum, bei kommutativem R ist $P = M$. Der S. eines Ideals mit Einselement ist kompakt, der eines ›biregulären Rings ist lokalkompakt und vollständig unzusammenhängend.

Lit.: [R 13]

Struktursätze ›R-Algebra

Struktur-System-Isomorphismus ›Untergruppenverband

Strukturtensor ›Strukturkonstanten einer Lieschen Algebra, ›Liesche Gruppe

Strukturvektor ›Liesche Gruppe

Studysches Lemma: Ist $f(X_1, \ldots, X_n)$ ein beliebiges, $g(X_1, \ldots, X_n)$ ein absolut irreduzibles Polynom über einem (kommutativen) Körper und verschwindet f an allen über K algebraischen Nullstellen von g, so ist f durch g teilbar (Spezialfall des ›Hilbertschen Nullstellensatzes). Für $n > 0$ braucht man nur zu fordern, daß f an allen über K algebraischen Nullstellen von g mit höchstens endlich vielen Ausnahmen verschwindet, wenn K unendlicher Körper ist.

Stufe (= *arithmetische Dimension*) eines Körpers K ist gleich dem Transzendenzgrad n von K über dem Primkörper bei Primzahlcharakteristik und gleich $n + 1$ bei Charakteristik Null.

Für andere Bedeutungen ›Invariantentheorie, ›auflösbare Gruppe, ›quadratische Form, ›Tensor

Stufenmatrix = ›Quasidiagonalmatrix

Sturmsche Kette (= Sturmsche Reihe) dient zur Bestimmung der Anzahl reeller Wurzeln eines reellen Polynoms $f(X)$ zwischen gegebenen Grenzen. Man setze dazu $F_1 = f'$ (Differentiation) und wende den euklidischen Algorithmus an:

$$\begin{aligned} F &= Q_1F_1 - F_2, \\ F_1 &= Q_2F_2 - F_3, \\ &\ldots\ldots\ldots\ldots \\ F_{n-1} &= Q_rF_r. \end{aligned}$$

Für jede reelle Zahl a, die nicht Nullstelle von f ist, sei $w(a)$ die Anzahl der Vorzeichenwechsel in der Zahlenfolge $F(a), F_1(a), \ldots, F_r(a)$ (d. h. die Anzahl der Male, die das Vorzeichen + auf ein Vorzeichen − folgt oder umgekehrt, wenn man Nullen in der Folge einfach wegläßt). Sind dann b und c Zahlen mit $b < c$, für die f nicht verschwindet, so ist die Anzahl der verschiedenen Nullstellen von f im Intervall $b \leqq x \leqq c$ (mehrfache Nullstellen nur einmal gezählt!) gleich $w(b) - w(c)$ (*Sturmscher Satz*). Die Aussage gilt allgemeiner in reell abgeschlossenen Körpern.

Lit.: [A 8 II], [A 17 I]

Sturmscher Satz ›Sturmsche Kette

Subalgebra = ›Unteralgebra

subdirekt irreduzible Algebra ›subdirektes Produkt

subdirekt irreduzibler Ring ›subdirekte Summe

subdirekte Summe von Ringen R_α heißt ein Unterring A der vollen (d. h. uneingeschränkten) ›direkten Summe B der R_α, der für jedes $a_\alpha \in R_\alpha$ ein Element a enthält, dessen Komponente in R_α gerade a_α ist; d. h. gerade, daß für jedes α der Projektionshomomorphismus π_α von B auf R_α den Unterring A auf ganz R_α abbildet. Ein gegebener Ring A ist genau dann (bis auf Isomorphie) s. S. der Ringe R_α, wenn es in A zweiseitige Ideale I_α mit $\bigcap\limits_\alpha I_\alpha = (0)$ und $R_\alpha \cong A/I_\alpha$ gibt (das entspricht der Bedingung für die Kongruenzrelationen in einem ›subdirekten Produkt). Ein Ring A heißt *subdirekt irreduzibel*, wenn in jeder Darstellung von A als s. S. von Ringen R_α wenigstens einer der Projektionshomomorphismen π_α ein Isomorphismus von A auf R_α ist. Das ist genau dann der Fall, wenn der Durchschnitt der von Null verschiedenen zweiseitigen Ideale von A ein Ideal J ungleich dem Nullideal ist (wenn $R = (0)$ ist, sei J leer). Dieses eindeutig bestimmte *minimale* (und damit *kleinste*) *Ideal* J eines subdirekt irreduziblen Rings heißt das *Herz* von A; es ist entweder ein einfacher Ring oder ein Zeroring. Ein subdirekt irreduzibler Ring R hat genau dann das F-Radikal (0) (Radikal im Sinne von ›Brown-McCoy), wenn sein Herz J ein Ideal $\mathfrak{a} \neq 0$ mit $F(\mathfrak{a}) = 0$ enthält. Ein subdirekt irreduzibler Ring R ist genau dann *halbeinfach im Sinne von Brown-McCoy* (d. h. $\mathfrak{r}^{(BM)} = 0$), wenn R ein einfacher Ring ($R = J$) mit Einselement ist. Jeder Ring ist s. S. von subdirekt irreduziblen Ringen.

Lit.: [R 30]
Birkhoff, G.: Subdirect unions in universal algebra. Bull. Amer. Math. Soc. **50** (1944), 764–768.
Fuchs, L.: On subdirect unions I. Acta Math. Acad. Sci. Hungar. **3** (1952), 103–120.

subdirekte Zerlegung ›subdirektes Produkt

subdirektes Produkt einer Familie von universellen ›Algebren $\mathfrak{A}_i$ heißt eine Unteralgebra $\mathfrak{A}$ des ›direkten Produkts der $\mathfrak{A}_i$, für die die i-te Projektion p_i des direkten Produkts $\mathfrak{A}$ stets auf $\mathfrak{A}_i$ abbildet, wenn also zu jedem $a_i \in \mathfrak{A}_i$ ein $f \in \prod \mathfrak{A}_i$ mit $f(i) = a_i$ existiert. Für die zu den p_i gehörigen Kongruenzrelationen θ_i ($a \equiv b \bmod \theta_i$ genau dann, wenn $p_i(a) = p_i(b)$) gilt dann $\mathfrak{A}/\theta_i \cong \mathfrak{A}_i$ und $\bigcap \theta_i = \omega$ (Gleichheitsrelation, ›Relation). Wenn umgekehrt der Durchschnitt über eine Familie von Kongruenzrelationen θ_i auf der Algebra $\mathfrak{A}$ gleich der Gleichheitsrelation ist, so ist $\mathfrak{A}$ zu dem s. P. der Faktoralgebren $\mathfrak{A}/\theta_i$ isomorph. Eine Algebra heißt *subdirekt irreduzibel*, wenn in einer *subdirekten Zerlegung* der Algebra als s. P. diese bis auf Isomorphie selbst vorkommt, d. h., die zugehörige Kongruenzrelation die Gleichheitsrelation ω ist. Jede Algebra ist zum s. P. subdirekt irreduzibler Algebren isomorph.

Lit.: [U 3]

Subgruppe = ›Untergruppe

subinvariante Untergruppe = ›nachinvariante Untergruppe

subinvariantes Element ›Nilgruppe

subjunktiver Verband = ›Brouwersche Algebra

subnormale Untergruppe = ›nachinvariante Untergruppe

subnormales Element ›Nilgruppe

Subnormalteiler = ›nachinvariante Untergruppe

Substitution = ›Permutation

Substitutionsdeterminante ›lineare Transformation

Substitutionseigenschaft ›Algebra (universelle)

Substitutionsgruppe: **1.** S. heißt eine ›Transformationsgruppe, aufgefaßt als Gruppe von Variablentransformationen. Diese Terminologie findet besonders bei der allgemeinen ›linearen Gruppe $GL_n(K)$ Anwendung, die nicht nur als Gruppe nichtsingulärer linearer Transformationen eines Vektorraums, sondern auch als Gruppe homogener linearer Substitutionen $x'_i = \sum_{j=1}^{n} \alpha_{ij} x_j$ $(i = 1, \ldots, n)$ mit $\det (\alpha_{ij}) \neq 0$ eines Polynomrings über K aufgefaßt werden kann, durch die an Stelle der x_i neue Unbestimmte x'_i eingeführt werden. Entsprechend spricht man auch von ›Darstellungen durch homogene lineare Substitutionen. Eine Untergruppe der $GL_n(K)$ heißt (*homogene lineare*) *S*. Eine S. heißt *imprimitiv*, wenn man die Unbestimmten so in disjunkte Systeme einteilen kann, daß die Unbestimmten eines der Systeme der x'_i jeweils nur von den Unbestimmten eines der Systeme der x_i abhängen, anderenfalls *primitiv*.

2. S. = ›Permutationsgruppe

Lit.: Zu **1.**: [A 17 II]

Substitutionsmatrix ›lineare Transformation

Substitutionsverfahren ›lineares Gleichungssystem

Subtrahend ›Subtraktion

Subtraktion heißt die Umkehroperation der ›Addition von (reellen, komplexen usw.) Zahlen, allgemeiner von Elementen einer additiv geschriebenen (meist als abelsch vorausgesetzten) Gruppe G, durch die gegebenen Elementen $a, b \in G$ die Lösung x der Gleichung $x + a = b$ zugeordnet wird. Man schreibt $x = b - a$ (b minus a) und nennt b *Minuend*, a *Subtrahend* und x *Differenz* von b und a. Indem man das zu a entgegengesetzte Element mit $-a$ bezeichnet, kann man $b - a$ als Abkürzung von $b + (-a)$ auffassen. Im Falle nichtkommutativer Addition ist auf die Reihenfolge zu achten.

Summe ›Addition, = Koprodukt ›Kategorientheorie, = ›direkte Summe von Darstellungen

Summand, Summenzeichen ›Addition

Superalgebra heißt eine $\mathbb{Z}_2$-graduierte Algebra über einem Körper.

Lit.: Scheunert, M.: The theory of Lie superalgebras. LNM 716. Springer, Berlin 1979.

supplementäre Untermoduln ›R-Modul

supplementäre ›**Vektorräume**

Supplementärmodul ›R-Modul

Supplementärraum ›Vektorraum

Supremum = Kolimes ›Kategorientheorie

Surjektion = **surjektive** ›**Abbildung**

Suschkewitsch-Kern = **Suschkewitschsche** ›**Kerngruppe**

Suzuki-Gruppe $Sz(q)$ heißt eine endliche ›einfache Gruppe, die diejenige Untergruppe der multiplikativen Gruppe der vierreihigen Matrizen mit Elementen aus dem Galois-Feld F aus $q = 2^{2n+1}$ Elementen und dem Automorphismus θ mit $\alpha^{\theta^2} = \alpha^2$ für alle $\alpha \in F$ ist, die von der Untergruppe aller Diagonalmatrizen mit Diagonalelementen $\lambda^{1+\theta}, \lambda, \lambda^{-1}, (\lambda^{1+\theta})^{-1}$ $(0 \neq \lambda \in F)$, der Untergruppe U der Dreiecksmatrizen

$$\begin{pmatrix} 1 & 0 & 0 & 0 \\ \alpha & 1 & 0 & 0 \\ \alpha^{1+\theta} + \beta & \alpha^\theta & 1 & 0 \\ \alpha^{2+\theta} + \alpha\beta + \beta^\theta & \beta & \alpha & 1 \end{pmatrix} \quad (\alpha, \beta \in F)$$

und der Matrix

$$\begin{pmatrix} 0 & 0 & 0 & 1 \\ 0 & 0 & 1 & 0 \\ 0 & 1 & 0 & 0 \\ 1 & 0 & 0 & 0 \end{pmatrix}$$

erzeugt wird. Ihre Ordnung ist $q^2(q-1)(q^2+1)$. Jede nichtabelsche endliche einfache Gruppe von nicht durch 3 teilbarer Ordnung ist zu einer S. isomorph. U ist eine *Suzukische 2-Gruppe*, eine von der ›Quaternionengruppe verschiedene nichtabelsche 2-Gruppe (›p-Gruppe) mit zyklischer Automorphismengruppe, die auf der Menge der Elemente der Ordnung 2 von U transitiv operiert. S. sind ein Spezialfall der ›*Zassenhaus-Gruppen*.

Lit.: [G 24III]

HIGMAN, G.: Suzuki 2-groups. Ill. J. Math. 7 (1963), 79–96.
LÜNEBURG, H.: Die Suzukigruppen und ihre Geometrien. LNM 10. Springer, Berlin 1965.
SUZUKI, M.: On a class of double transitive groups I, II. Ann. of Math. 75 (1962), 105–145; 79 (1964), 514–589.

Sylow, Satz von, ›Sylow-Gruppe

Sylow-Gruppe: Eine Untergruppe der endlichen Gruppe G der Ordnung n heißt *S.*, *Sylowsche Untergruppe* zur Primzahl p oder p-Sylow-Gruppe, wenn ihre Ordnung gleich der größten in n aufgehenden Potenz von p ist. Jede endliche Gruppe enthält zu jeder Primzahl p eine p-S. (*1. Satz von Sylow*). Jede in G enthaltene ›p-Gruppe ist Untergruppe mindestens einer p-S. Für festes p sind alle p-S. von G konjugiert (*2. Satz von Sylow*). Ihre Anzahl (die allgemein gleich dem Index ihres Normalisators ist) ist $\equiv 1 \bmod p$ und ist Teiler der Ordnung von G (*3. Satz von Sylow*). Jede Untergruppe von G, die den Normalisator einer p-S. enthält, ist ihr eigener Normalisator; der Normalisator einer p-Untergruppe U, die nicht p-S. ist, ist größer als U.

Lit.: [G 7], [G 19], [G 42]

Sylowsche Reihe: Eine absteigende Folge $G = A_0 \supset A_1 \supset \cdots \supset A_i \supset \cdots$ von Normalteilern A_i einer Gruppe G mit $\bigcap_i A_i = E$ heißt *absteigende S. R.*, wenn für alle i gilt: A_{i-1}/A_i ist p_i-Gruppe und $p_1 < p_2 < \cdots$. Eine aufsteigende Folge $E = B_0 \subset B_1 \subset \cdots \subset B_i \subset \cdots$ von Normalteilern B_i von G mit $\bigcup_i B_i = G$ heißt *aufsteigende S. R.*, wenn für alle i gilt: B_i/B_{i-1} ist p_i-Gruppe und $p_1 < p_2 < \cdots$. Eine S. R. einer endlichen Gruppe heißt auch *geordneter Sylow-Turm.*

Lit.: [G 23]

Sylow-Turm ›Sylowsche Reihe

Sylvester, Satz von: Ist $A^{(s,r)}$ die $\binom{n-s}{r}$-zeilige Matrix, deren Elemente (in lexikographischer Anordnung) alle diejenigen $(s+r)$-zeiligen Unterdeterminanten der (m, n)-Matrix A sind, die den Hauptminor $|A_s| = A_{12\ldots s}^{12\ldots s}$ enthalten, so gilt die Gleichung

$$|A^{(s,r)}| = |A_s|^{\binom{n-s-1}{r}} \, |A|^{\binom{n-s-1}{r-1}} \quad (0 < s < n,\ 0 < r < n-s).$$

Lit.: [M 8]

Sylvestersche Determinante › Resultante

Sylvesterscher Operator: ein Differentiationsoperator der ›Invariantentheorie, der aus einer ›Komitante $K(\alpha, \beta, \ldots)$ n-ärer Formen entsteht, wenn eine oder mehrere der zu den x_i kogredienten Reihen $\alpha, \beta, \ldots$ durch die symbolischen Reihen $\frac{\partial}{\partial a'}, \frac{\partial}{\partial b'}, \ldots$ ersetzt werden, wo die a'_i usw. mit den x_i kontragredient sind. Ein S. O. ist ein bei linearen homogenen Transformationen invarianter Operator, und alle ›invarianten Prozesse lassen sich unter diesen Begriff bringen.

Lit.: [I 12]
Hurwitz, A.: Zur Invariantentheorie. Math. Ann. **45** (1894), 381–404.
Sylvester, J. J.: Sur les actions mutuelles des formes invariantives dérivées. J. reine angew. Math. **85** (1878), 89–114.

Sylvestersches [Definitheits]kriterium ›quadratische Form

[Sylvestersches] Trägheitsgesetz (= Sylvesterscher Satz): Jede ›quadratische Form $Q(X) = X^{\mathsf{T}}AX$ (in Matrizenform) in n Variablen über einem Körper K (char $K \neq 2$) läßt sich durch eine Koordinatentransformation $X = PY$ in eine Linearkombination von Quadraten überführen: $Q = \sum_{i=1}^{r} \gamma_i (Y^i)^2$, wobei die Anzahl r der echt auftretenden Quadrate (wenn die Y^i linear unabhängig sind) stets gleich dem *Rang* der Form ist. Ist inbesondere K ein angeordneter Körper (z. B. der Körper der reellen Zahlen), so ist die Anzahl q der negativen γ_i hierin unabhängig von der Darstellung (*S. T.*) und heißt der *Trägheitsindex* von Q. Ebenso ist die Anzahl p der positiven γ_i invariant. Das Paar (p, q) oder auch die Differenz $p - q$ heißt die *Signatur* von Q, und es ist $p + q = r$. Wenn $p = r$ und $r = n$ ist, so ist Q *positiv definit*, bei $r < n$ *positiv semidefinit*, analog bei $q = r$ *negativ definit* bzw. *semidefinit*, bei $p \neq 0$, $q \neq 0$ *indefinit*. Ist $f(X, Y)$ die zu Q gehörige ›Bilinearform (Polarform) und $e_1, \ldots, e_n$ eine orthogonale Basis bezüglich f, d. h. $f(e_i, e_j) = 0$ für $i \neq j$, so ist p auch gleich der Anzahl der Indizes i mit $f(e_i, e_i) > 0$, q diejenige der Indizes mit $f(e_i, e_i) < 0$.

Liegen die Koeffizienten von Q in einem algebraischen Zahlkörper K, so gehört zu den reellen konjugierten Zahlkörpern K_μ von K je eine *algebraisch konjugierte Form* Q_μ mit Koeffizienten in K_μ, deren Signaturen durchaus verschieden sein können. Im Falle eines total reellen Zahlkörpers K heißt Q *total positiv* bzw. *negativ definit*, wenn alle Q_μ positiv bzw. negativ definit sind.

Die obigen Aussagen lassen sich auf die Transformation hermitescher Formen H auf Quadrate: $H = \sum \gamma_i \overline{Y}^i Y^i$ verallgemeinern, allgemeiner auch im Falle eines Körpers K verallgemeinerter Quaternionen mit dem Zentrum K_0, wobei als Konjugation eine Involution J von K über K_0 auftritt.

Lit.: [A 17 II], [M 4], [M 8], [Q 8 I]

Symbol ›symbolische Methode

symbolische › **Adjunktion**

symbolische Exponentialformel = ›Campbell-Hausdorffsche Formel

symbolische Methode (= *Clebsch-Gordanscher symbolischer Kalkül*) in der ›Invariantentheorie: Es sei ein System in Polynomialkoeffizienten geschriebener n-ärer ›Formen $f(a, x)$, $g(b, x)$, ... vom Grade $k, l, \ldots$ gegeben, also z. B. $f(a, x) = \sum \frac{k!}{k_1! \ldots k_n!} a_{k_1 \ldots k_n} x_1^{k_1} \ldots x_n^{k_n}$. Gesucht werden Simultaninvarianten (allgemeiner: -kovarianten) dieser Formen, von denen wir auf Grund des Aronholdschen Polarenprozesses o. B. d. A. voraussetzen können, daß sie in den Koeffizienten jeder der Formen linear sind. Spezialisiert man das Formensystem als Potenzen linearer Systeme:

$$f(a, x) = a_x^k, \ldots \quad \text{mit} \quad a_x = \alpha_1 x_1 + \cdots + \alpha_n x_n, \ldots,$$

so wird

$$a_{k_1 \ldots k_n} = \alpha_1^{k_1} \ldots \alpha_n^{k_n}, \ldots. \qquad (*)$$

Man erhält dann die Simultaninvarianten und -kovarianten des ursprünglichen Formensystems dadurch, daß man zunächst solche des linearen Systems wählt, die in den α homogen vom Grade k, in den β homogen vom Grade l usw. sind, und die Potenzprodukte in den α gemäß (*) durch die a, die in den β durch die b ersetzt usw.

Beispiel: Die Determinante $(\alpha_1\beta_2 - \alpha_2\beta_1) = (\alpha, \beta)$ ist Simultaninvariante der binären Linearformen a_x und b_x, entsprechend (α, γ) usw. Das Produkt $(\alpha, \beta)^\varkappa (\beta, \gamma)^\lambda (\gamma, \alpha)^\mu \ldots$ mit der Nebenbedingung $\varkappa + \mu + \cdots = k$, $\varkappa + \lambda + \cdots = l, \ldots$ ist eine Invariante des Systems der Formen $f(a, x)$, $g(b, x)$, ... vom Grade k bzw. l bzw. ... Im Falle zweier Formen k-ten Grades ergibt sich die ›*Apolare*.

Eine Simultaninvariante von h n-ären Formen gibt es nur für $h \geq n$. Schreibt man die Koeffizienten des entsprechenden Linearformensystems als Matrix auf,

$$\begin{pmatrix} \alpha_1 & \alpha_2 & \dots & \alpha_n \\ \beta_1 & \dots & \dots & \beta_n \\ \dots & \dots & \dots & \dots \end{pmatrix},$$

so ist jede n-reihige Unterdeterminante $(\alpha, \beta, \dots)$, symbolisiert durch die eingehenden Zeilen, Simultaninvariante der Linearformen und das Produkt $\Pi\,(\alpha, \beta, \gamma, \dots)^{\lambda}$ in symbolischer Form Simultaninvariante der ursprünglichen Formen. Insbesondere ist im Falle von n n-ären Formen k-ten Grades $(\alpha, \beta, \dots)^k$ Simultaninvariante, Verallgemeinerung der Apolaren.

Im Falle zweier binärer Formen $f(a, x)$ und $g(b, x)$ vom Grade k bzw. l und einer ganzen Zahl h mit $0 \leqq h \leqq \min(k, l)$ liefert $(\alpha, \beta)^h\, a_x^{k-h} b_x^{l-h}$ eine Kovariante von $f(a, x)$ und $g(b, x)$, die sog. h-te *Überschiebung* $(f, g)^h$ von f und g. In Verallgemeinerung auf n n-äre Formen vom Grade $k, \dots$ heißt $(f, g, \dots)^h = (\alpha, \beta, \gamma, \dots)^h\, a_x^{k-h} \dots$ unter der Bedingung $0 \leqq h \leqq \min(k, \dots)$ die h-te Überschiebung der Formen $f, g, \dots$.

In allgemeinerem Rahmen bedeutet die s. M. die Zurückführung linearer Invarianten und Kovarianten einer *Größe* f, die sich wie eine *Kroneckersche Produktgröße* $a \times b$ transformiert (analog auch für mehr Faktoren), auf solche der Größen a und b (›Größe für eine Gruppe). Durchläuft nämlich die Kroneckersche Produktgröße f die lineare Schar $\mathfrak{F} = \mathfrak{A} \times \mathfrak{B}$, so ist zwar nicht jede Größe hieraus ein Produkt ab, aber eine Linearkombination solcher Produkte; im Rahmen der linearen Funktionen kann man jedoch so rechnen, als ob f ein Produkt sei, und symbolisch $f = ab$ schreiben (*symbolische Zerlegung*). Je nachdem, ob man dabei die Zusammensetzung einer Basis von $\mathfrak{F}$ aus den Basiselementen a_i, b_k von $\mathfrak{A}$, $\mathfrak{B}$ oder die Schreibung der Koordinaten von f als Produkte $\alpha_i\beta_k$ der Koordinaten α_i, β_k von a, b in den Vordergrund stellt, nennt man die a_i, b_k oder die α_i, β_k *Symbole* und die so a bzw. b zugeordneten Symbole die *Symbolreihen*. Im Gegensatz dazu sind die Elemente einer sog. *Größenreihe* Komponenten einer wirklichen Größe, die selbständig und nicht nur in Verbindung mit einem symbolischen Produkt auftritt.

Zwei wichtige lineare Teilscharen einer linearen Schar $\mathfrak{A} \times \mathfrak{B} \times \dots \times \mathfrak{C}$ von Größen mit der symbolischen Zerlegung $f = ab \dots c$ bei gleich (= *kogredient*) transformierten $a, b, \dots, c$ sind die Schar der *symmetrischen Größen*, die sich gemäß $\sum\limits_{i,j,\dots,k} a_i b_j \dots c_k \gamma_{ij\dots k}$ mit in allen Indizes symmetrischen Koeffizienten γ aus den Basiselementen $a_i, b_j, \dots, c_k$ von $\mathfrak{A}, \mathfrak{B}, \dots, \mathfrak{C}$ ergeben, und die *antisymmetrischen* (*alternierenden*) *Größen*, bei denen die γ in allen Indizes schiefsymmetrisch sind. Im ersten Falle können die multilinearen *Invarianten* und *Kovarianten* $h(a, b, \dots)$ als *symmetrisch*, im zweiten als *schiefsymmetrisch* in den $a, b, \dots, c$ angenommen werden. Daher dürfen bei Beschränkung auf die symmetrische Teilschar von $\mathfrak{A} \times \dots \times \mathfrak{A}$ die a_i als *kommutative* (oder sog. *gewöhnliche*) *Symbole*, bei Beschränkung auf die antisymmetrische Teilschar als *antikommutative Symbole* (sog. *Komplexsymbole*), d. h. $a_i a_j = -a_j a_i$, betrachtet werden.

Beispiele: Die Koordinaten f^k_{ij} eines zweifach kovarianten, einfach kontravarianten >Tensors transformieren sich bei der allgemeinen >linearen Gruppe so wie die Produkte $u_i v_j w^k$ der Vektorkoordinaten, insbesondere ein und desselben sog. *symbolischen Vektors*, man kann also symbolisch zerlegen: $f^k_{ij} = u_i v_j w^k$. Die symbolische Zerlegung eines p-stufigen symmetrischen Tensors $f = \{a_{ij\ldots k}\}$ (der der linearen Schar aller Formen $f(x) = \sum_{i,j,\ldots,k} a_{ij\ldots k} x^i x^j \ldots x^k$ äquivalent ist) lautet: $a_{ij\ldots k} = a'_i a'_j \ldots a'_k$ oder auch $f(x) = a'^p_x$. Die Symbole a' sind hier kommutativ und *p-fältig*, d. h., erst das Produkt von p Symbolen liefert einen wirklichen Koeffizienten; der Akzent weist auf die Kovarianz der a'_i hin. Durch die s. M. lassen sich die Invarianten und Kovarianten von >Tensoren auf die von Vektoren zurückführen.

Lit.: [I 3], [I 10], [I 12]
WAERDEN, B. L. VAN DER: Reihenentwicklungen und Überschiebungen in der Invariantentheorie, insbesondere im quaternären Gebiet. Math. Ann. **113** (1936), 14–35.

symbolische Potenz eines >Primärideals

symbolische Zerlegung, symbolischer Vektor >symbolische Methode

Symmetrie = volle >monomiale Gruppe

Symmetrie-Eigenschaft >Tensor

Symmetriegruppe einer geometrischen Figur heißt die Gruppe der Transformationen (in der Regel Bewegungen) des umgebenden Raumes mit der Hintereinanderausführung als Verknüpfung, die die betreffende Figur auf sich abbilden (>endliche Drehgruppen). Analog betrachtet man allgemeiner S. physikalischer Systeme, insbesondere unter Heranziehung von Hilfsmitteln der >Darstellungstheorie. Vgl. auch die dort angegebene Lit.

Lit.: BELGER, M., L. EHRENBERG: Theorie und Anwendung der Symmetriegruppen. Teubner, Leipzig 1988.
CRACKNELL, A. P.: Angewandte Gruppentheorie, Akademie-Verlag, Berlin 1971.
DIRL, R., P. KASPEROVITZ: Gruppentheorie, Vieweg, Braunschweig 1977.
JANSSEN, T.: Crystallographic Groups, North-Holland Amsterdam, American Elsevier New York 1973.
KALOUJNINE, L. A., V. I. SLUŠČANSKIJ (Л. А. Калужнин, В. И. Слущанский): Преобразования и перестановки. Nauka, Moskau 1986.
STREITWOLF, H. W.: Gruppentheorie in der Festkörperphysik, Geest & Portig, Leipzig 1967.

Symmetrieoperator bzw. **-operation** >Tensor

symmetrische Abbildung >bilineare Abbildung

symmetrische Algebra: 1. (= *Algebra mit Involution*) heißt eine ›R-Algebra A mit $R = \mathbb{C}$, in der eine Involution * erklärt ist mit $(\alpha x + \beta y)^* = \bar{\alpha}x^* + \bar{\beta}y^*$, $x^{**} = x$, $(xy)^* = y^*x^*$ für $\alpha, \beta \in \mathbb{C}$, $x, y \in A$. x^* heißt *konjugiert* zu x; ein Element x heißt *selbstadjungiert* oder *hermitesch*, wenn $x^* = x$, und *normal*, wenn $xx^* = x^*x$ ist.

Eine ›*Darstellung* π einer s. A. A durch stetige lineare Operatoren in einem Hilbert-Raum mit $\pi(x)^* = \pi(x^*)$ für alle $x \in A$ heißt *symmetrisch*.

2. ›Frobenius-Algebra

3. s. A. eines ›R-Moduls M über einem kommutativen Ring R heißt die Faktoralgebra $S(M)$ der ›Tensoralgebra $T(M)$ nach dem von den Elementen $xy - yx = x \otimes y - y \otimes x$ von $T(M)$ für $x, y \in M$ erzeugten zweiseitigen Ideal; sie ist in natürlicher Weise graduiert. Ihr homogener Bestandteil vom Grade n ist die n-te *symmetrische Potenz* $S^n(M)$, gleichfalls ein R-Modul.

Lit.: [D 27]
Zu **1.**: DIXMIER, J.: C*-algebras. North-Holland, Amsterdam 1977, 1983.
NEUMARK, M. A.: Normierte Algebren. DVW, Berlin 1959.
Zu **3.**: [EA 3]

symmetrische Bilinearform ›Semibilinearform

symmetrische Darstellung einer ›symmetrischen Algebra

symmetrische Differenz ›Boolesche Algebra

symmetrische [ganze rationale] Funktion = ›symmetrisches Polynom

symmetrische Größe ›symbolische Methode

symmetrische Grundfunktion ›symmetrisches Polynom

symmetrische Gruppe: [*uneingeschränkte*] *s. S.* einer Menge M heißt die Menge $\mathfrak{S}_M^*$ aller bijektiven Abbildungen von M auf sich oder ›Permutationen von M mit der Hintereinanderausführung als Verknüpfung. Hierin bilden die *finiten Permutationen* (die jeweils nur endlich viele Elemente vertauschen) eine Untergruppe $\mathfrak{S}_M$, die *eingeschränkte s. G.*, kurz *s. G.* genannt. Beide s. G. sind durch die Mächtigkeit von M bis auf Isomorphie bestimmt. Im Falle einer abzählbaren unendlichen Menge M spricht man von der *abzählbaren s. G.*

Die geraden Permutationen bilden in $\mathfrak{S}_M$ einen Normalteiler vom Index 2, die *alternierende Gruppe* (= *alternierende Permutationsgruppe*) $\mathfrak{A}_M$. Bei endlichem M fällt $\mathfrak{S}_M^*$ mit $\mathfrak{S}_M$ zusammen; wenn M aus n Elementen besteht, schreibt man hierfür kurz $\mathfrak{S}_n$ (und für die alternierende Gruppe entsprechend $\mathfrak{A}_n$) und spricht von der *s. G.*, der *vollen Permutationsgruppe* oder der *symmetrischen Permutationsgruppe* vom Grade n. Für $n \geqq 5$ ist die alternierende Gruppe $\mathfrak{A}_n$ ›einfach.

>Darstellung der s. G.

Lit.: [G 35]
MILLER, W.: The Maximum Order of an Element of a Finite Symmetric Group. Amer. Math. Monthly **94** (1987), 497–509.
NATHANSON, M. B.: On the greatest order of an element of the symmetric group. Amer. Math. Monthly **79** (1972), 500–501.

symmetrische Halbgruppe >Transformationshalbgruppe

symmetrische Invariante bzw. **Kovariante** >symbolische Methode

symmetrische lineare Abbildung >Tensor

symmetrische Permutationsgruppe >symmetrische Gruppe

symmetrische Potenz >symmetrische Algebra

symmetrische rationale Funktion >symmetrisches Polynom

symmetrisches Element >Semibilinearform

symmetrisches Grundpolynom >symmetrisches Polynom

symmetrisches Polynom (= *symmetrische* [*ganze rationale*] *Funktion*) heißt ein >Polynom f aus einem Polynomring $R[X_1, \ldots, X_n]$ über einem kommutativen Ring R mit Einselement, das bei einer beliebigen >Permutation π der Unbestimmten in sich übergeht: $f(X_{\pi(1)}, \ldots, X_{\pi(n)}) = f(X_1, \ldots, X_n)$. Entsprechend heißt eine rationale Funktion in $X_1, \ldots, X_n$ mit dieser Eigenschaft *symmetrische rationale Funktion*; sie läßt sich stets als Quotient zweier s. P. darstellen. S. P. sind außer den Konstanten und den >Potenzsummen insbesondere die Koeffizienten σ_i in der Entwicklung nach dem Vietàschen Wurzelsatz von $f(z) = (z - x_1) \ldots (z - x_n) = z^n - \sigma_1 z^{n-1} + \sigma_2 z^{n-2} - \cdots + (-1)^n \sigma_n$. σ_k heißt *symmetrisches Grundpolynom* (oder *elementares s. P.*, *elementarsymmetrisches Polynom*, *symmetrische Grundfunktion* oder *elementarsymmetrische Funktion*) vom Grade k in $x_1, \ldots, x_n$. Allgemein ist $\sigma_k = \sum_{\nu_1 < \cdots < \nu_k} x_{\nu_1} \ldots x_{\nu_k}$, insbesondere $\sigma_1 = x_1 + \cdots + x_n$, $\sigma_n = x_1 x_2 \ldots x_n$. Jedes Polynom in den σ_k ist ein s. P. Umgekehrt gilt nach dem *Hauptsatz über s. P.* (*Hauptsatz über symmetrische Funktionen*): Jedes s. P. über R läßt sich (auf genau eine Weise) als Polynom in den σ_i mit Koeffizienten aus R schreiben. Ordnet man jedem σ_k als >*Gewicht* seinen Grad k, jedem Monom $c\sigma_1^{\mu_1} \ldots \sigma_n^{\mu_n}$ $(c \in R)$ das Gewicht $\mu_1 + 2\mu_2 + \cdots + n\mu_n$ und jedem Polynom in den σ_k als Gewicht das höchste Gewicht seiner Glieder zu, so ist der Grad eines s. P. gleich dem Gewicht des Polynoms in den σ_k, das es darstellt.

Ein wichtiges s. P. ist das Quadrat des Differenzenprodukts $D = \prod_{i<j} (x_i - x_j)^2$, aufgefaßt als Polynom in $a_1 = -\sigma_1$, $a_2 = \sigma_2, \ldots, a_n = (-1)^n \sigma_n$; es heißt die ›Diskriminante des Polynoms $f(z) = z^n + a_1 z^{n-1} + \cdots + a_n$; sein Verschwinden für spezielle Werte von $a_1, \ldots, a_n$ bedeutet, daß $f(z)$ dann einen mehrfachen Linearfaktor enthält.
›Alternante

Lit.: [A 17 I]

symmetrisierbare Matrix heißt eine n-reihige quadratische Matrix A, die sich als Produkt aus einer ›hermiteschen Matrix G mit einer positiv definiten hermiteschen Matrix H schreiben läßt: $A = HG$; dann gibt es auch eine analoge Darstellung mit umgekehrter Reihenfolge der Faktoren. S. M. besitzen reelle Eigenwerte und n linear unabhängige Eigenvektoren, sind also zu einer Diagonalmatrix ähnlich. Verallgemeinerung: ›normalisierbare Matrix.

Lit.: [M 26]

symplektische Basis eines $2m$-dimensionalen Vektorraums V bezüglich einer nichtausgearteten alternierenden Bilinearform f heißt eine Basis $\{x_1, \ldots, x_{2m}\}$ von V mit $f(x_i, x_j) = f(x_{m+i}, x_{m+j}) = 0$ und $f(x_i, x_{m+j}) = -f(x_{m+j}, x_i) = \delta_{ij}$ für $i, j = 1, \ldots, m$. Sie kann folgendermaßen konstruiert werden. Man wähle zwei Elemente x, y mit $f(x, y) \neq 0$. Indem man eines davon gegebenenfalls durch $f(x, y)$ dividiert, erhält man zwei Elemente x_1, x_{m+1} mit $f(x_1, x_{m+1}) = 1$, die einen zweidimensionalen Vektorraum V_2 aufspannen. Behandelt man den bezüglich f zu V_2 totalsenkrechten Vektorraum $V_2^{\perp}$ (der etwa nach dem ›Schmidtschen Orthogonalisierungsverfahren zu konstruieren ist) ebenso (Induktion!), so erhält man schließlich eine s. B. Man erkennt zugleich, daß V orthogonale Summe zweidimensionaler Unterräume (sog. ›*hyperbolischer Ebenen*) ist, die jeweils eine Basis aus Elementen x_i, y_i mit $f(x_i, x_i) = f(y_i, y_i) = 0$ und $f(x_i, y_i) = 1$ besitzen.

Lit.: [G 1]

symplektische Basistransformation ›Cliffordsche Algebra

symplektische Gruppe (= *Komplexgruppe*, auch: *Abelsche lineare Gruppe*) heißt die Gruppe $\mathrm{Sp}_{2m}(K)$ (auch $C(2_m, K)$ oder $SA(2m, K)$) aller linearen Substitutionen, die eine alternierende Bilinearform f in zwei Variablenreihen $x_1, \ldots, x_{2m}$ und $y_1, \ldots, y_{2m}$ invariant lassen und deren Koeffizientendeterminante $\neq 0$ ist. Jede solche Form kann auf die Gestalt $f = \sum_{i=1}^{m} (x_{2i-1}y_{2i} - x_{2i}y_{2i-1})$ transformiert werden. Alle Transformationen aus $\mathrm{Sp}(2m, K)$ haben die Determinante 1. Im Falle eines Galois-Felds K aus q Elementen ist die Ordnung von $\mathrm{Sp}_{2m}(K) = \mathrm{Sp}_{2m}(q)$ gleich $(q^{2m} - 1)\, q^{2m-1}(q^{2m-2} - 1)\, q^{2m-3} \ldots (q^2 - 1)\, q$.

Das Zentrum von $Sp_{2m}(K)$ besteht aus id und $-$id (die im Falle der Charakteristik 2 zusammenfallen); die Faktorgruppe nach dem Zentrum ergibt die *projektive s. G.* $PSp_{2m}(K)$ $(= PC(2m, K))$. Wenn char $K \neq 2$ oder K ›vollkommener Körper ist, so ist $PSp_{2m}(K)$ ›einfache Gruppe, außer in den Ausnahmefällen $Sp_2(2)$, $Sp_2(3)$ und $Sp_4(2) \cong \mathfrak{S}_6$. Zur Invarianten- und Darstellungstheorie ›[D 22].

Identifiziert man die linearen Transformationen mit ihren darstellenden Matrizen, so besteht $Sp_{2m}(K)$ aus genau den $2m$-reihigen *symplektischen Matrizen U*, d. h. Matrizen $U = \begin{pmatrix} A & B \\ C & D \end{pmatrix}$ mit

$$(U^{\mathsf{T}})^J JU = I, \qquad (*)$$

wo J die zugehörige Involution von K (›unitäre Gruppe) und $I = \begin{pmatrix} 0 & E_m \\ -E_m & 0 \end{pmatrix}$ mit der m-reihigen Einheitsmatrix E_m ist; ausgeschrieben bedeutet das für die Teilmatrizen von U:

$$(A^{\mathsf{T}})^J C = (C^{\mathsf{T}})^J A, \; (B^{\mathsf{T}})^J D = (D^{\mathsf{T}})^J B, \; (A^{\mathsf{T}})^J D - (C^{\mathsf{T}})^J B = E_m.$$

Ist $K = \mathbb{R}$ (J die Identität), so kann man $Sp_{2m}(K)$ als Automorphismengruppe auffassen. Man setzt dazu $n = \frac{m(m+1)}{2}$ und faßt die Punkte des n-dimensionalen komplexen Raumes $\mathbb{C}^n$ als symmetrische m-reihige Matrizen Z auf. Bezeichnet man mit $H_m \subset \mathbb{C}^n$ die Menge aller Z, für die die Matrix der Imaginärteile von Z die Matrix einer positiv definiten quadratischen Form ist, so ist für alle Z aus H_m und U aus $Sp_{2m}(K)$ die Determinante $|CZ + D| \neq 0$. Die Abbildung $\alpha_U : Z \mapsto (AZ + B)(CZ + D)^{-1}$ ist dann ein *Automorphismus* (umkehrbare holomorphe Abbildung) von H_m, und jeder Automorphismus läßt sich auf diese Weise gewinnen. Ist K dagegen der Körper der komplexen Zahlen und J der Übergang zum Konjugiertkomplexen, so setzt man $n = m^2$ und faßt die Punkte des $\mathbb{C}^n$ als m-reihige quadratische Matrizen Z auf. Bezeichnet man mit H_m die Menge aller Z, für die $-i(Z - (Z^{\mathsf{T}})^J)$ Matrix einer positiv definiten hermiteschen Form ist, so ist für alle $Z \in H_m$ und $U \in Sp_{2m}(K)$ die Determinante $|CZ + D| \neq 0$. α_U ist auch hier ein Automorphismus von H_m und jeder Automorphismus auf diese Weise darstellbar. In jedem Falle ist die Zuordnung $U \mapsto \alpha_U$ ein Isomorphismus. α_U heißt eine *inhomogene reelle* (K reell) bzw. *hermitesche* (K komplex) *symplektische Transformation* und die Gruppe dieser Abbildungen *inhomogene* (reelle bzw. hermitesche) *s. G.* m-ten Gradesi m Gegensatz zur Darstellung von $Sp_{2m}(K)$ in der Form (*), die auch *homogene reelle* bzw. *hermitesche s. G. n-ten Grades* heißt. Betrachtet man wie bei ›unitären Gruppen statt linearer Abbildungen allgemeiner Kollineationen, so erhält man analog zu dort allgemeiner die Gruppen $\Gamma Sp_{2m}(K)$ und $GSp_{2m}(K)$ sowie die entsprechenden projektiven Gruppen $P\Gamma Sp_{2m}(K)$ und $PGSp_{2m}(K)$.

Lit.: [D 20], [D 22], [G 1], [G 11]
O'Meara, O. T.: Symplectic Groups. Amer. Math. Soc., Providence 1982.

symplektische Invariante (= *Komplexinvariante*) heißt eine Invariante (›Invariantentheorie) bezüglich der ›symplektischen Gruppe. Die zugehörigen ›Invariantentypen sind von H. Weyl aufgestellt worden, auch für Gruppen, die eine ausgeartete schiefsymmetrische Bilinearform invariant lassen (sog. *geränderte symplektische Gruppe*).

Lit.: [D 22]
WANNER, E.: Volle Systeme von Grundinvariantentypen. Diss. Zürich 1926.
WEYL, H.: Randbemerkungen zu Hauptproblemen der Mathematik. Math. Z. **20** (1924), 131–150.

symplektische Matrix ›symplektische Gruppe

System der Imprimitivität bzw. **Transitivität** ›Permutationsgruppe

System mit doppelter Komposition heißt eine Menge mit zwei darauf erklärten binären (evtl. nur partiellen) ›Operationen, häufig als Addition und Multiplikation geschrieben, also eine universelle ›Algebra der Signatur (2, 2). Beispiele: Ringe, R-Algebren, ›Körper.

System ohne Radikal = ›halbeinfache Algebra

systemäquivalent ›äquivalente Grundformentypen

Syzygante heißt in der älteren invariantentheoretischen Literatur die linke Seite einer irreduziblen ›Syzygie erster Art. Am bekanntesten ist die *S. von Cayley* oder *Identität von Cayley* $G = 2Q^2 + \Delta^3 + Rf^2$ (= 0), wobei in symbolischer Form (›symbolische Methode) $f = a_x^3$ eine binäre kubische ›Form, $\Delta = (ab)^2\, a_x b_x$, $Q = (ab)^2\,(ca)\, b_x c_x^2$ und $R = (ab)^2\,(cd)^2\,(ad)\,(bc)$ ist (diese bilden ein volles Komitantensystem).

Lit.: [I 12]

Syzygie: Wenn die Basisinvarianten $I_1, \ldots, I_m$ eines vollen Invariantensystems (›Invariantentheorie) einer oder mehrerer Grundformen nicht algebraisch unabhängig sind, gibt es nichttriviale Polynome G in m unabhängigen Unbestimmten, die (identisch in den Formenkoeffizienten) verschwinden, wenn man die Unbestimmten durch die I_j ersetzt: $G(I) = G(I_1, \ldots, I_m) = 0$ (*S. erster Art*), und deren Koeffizienten nicht die Formenkoeffizienten enthalten. Nach dem *Endlichkeitssatz von Hilbert* gibt es nur endlich viele *irreduzible S.* 1. Art, d. h. solche, deren linke Seite nicht durch Linearkombination von Syzygien niederer Grade erhalten werden kann; es gibt also endlich viele S. erster Art $G_1, \ldots, G_\sigma$, so daß sich jede S. G in der Form $G = A_1G_1 + \cdots + A_\sigma G_\sigma$ mit Polynomen A_i der I_h darstellen läßt. Derartige Linearkombinationen H, die identisch in den I_j verschwinden, heißen *S. zweiter Art*. Analog kann man S. 3., 4., … Art definieren. Diese *Syzygienkette* bricht nach höchstens m Schritten ab, wo m gleich der Anzahl der Basisinvarianten ist.

In der modernen *Syzygientheorie* betrachtet man derartige Fragen unabhängig von der >Invariantentheorie. Man geht aus von einem >Ideal M in einem (kommutativen) noetherschen Ring R mit Einselement (oder allgemeiner von einem endlich erzeugten R-Modul), das eine unverkürzbare Basis $u_1, \ldots, u_\mu$ besitzt. Wenn M nicht frei ist, gibt es nichttriviale Relationen $r_1u_1 + \cdots + r_\mu u_\mu = 0$, deren Koeffizientenvektor $\boldsymbol{r} = (r_1, \ldots, r_\mu)$ eine (erste) S. von M heißt. Die Menge dieser S. bildet (nach Hinzunahme des Nullvektors) einen endlich-erzeugten Vektormodul, den (ersten) *Syzygienmodul* von M. Auf diesem kann man dieselbe Überlegung anwenden und erhält eine zweite S. und den zweiten Syzygienmodul von M usw. Auf diese Weise ergibt sich eine Kette von Syzygienmoduln, eine sog. *Syzygienkette.* Wenn m der kleinste Index ist, so daß der m-te Syzygienmodul frei ist, der $(m + 1)$-te also verschwindet, so sagen wir, die Syzygienkette *bricht* mit dem m-ten Glied ab und nennen m die >*homologische Dimension* hd M von M, wenn M keine kürzere Syzygienkette besitzt. Nach einem klassischen Satz von Hilbert gilt für homogene Ideale $\mathfrak{a}$ (aber auch für beliebige Ideale und endlicherzeugte Vektormoduln) eines Polynomrings R in n Unbestimmten über einem Körper (aber auch für n-dimensionale reguläre lokale Ringe R) hd $\mathfrak{a} \leqq n - 1$. Daraus folgt für beliebige endlicherzeugte Moduln M hd $M \leqq n$.

Um den Matrizenkalkül anwenden zu können, schreiben wir die zugrunde gelegte Basis von M als Spaltenvektor B^0, allgemein die des i-ten Syzygienmoduls als Matrix B^i; dann gilt allgemein $B^{i+1}B^i = 0$, und jede zwischen den Zeilen von B^i bestehende lineare Relation kann aus diesen durch Linearkombination mit Elementen aus R gewonnen werden. Die B^i heißen *Syzygienmatrizen* von M; sie sind bis auf eine gewisse Äquivalenzrelation durch M bestimmt.

Indem man jeden Syzygienmodul als homomorphes Bild eines freien Moduls mit ebensoviel freien Erzeugenden ansieht, kann man der Syzygienkette von M eine >exakte Sequenz

$$\cdots \to F^{i+1} \to F^i \to \cdots \to F^1 \to F^0 \to M \to 0$$

mit freien Moduln F^i (eine *freie Auflösung* von M) zuordnen, wobei die einzelnen Homomorphismen gerade mit Hilfe der jeweiligen Syzygienmatrizen definiert sind. Wenn die Syzygienkette mit dem m-ten Glied abbricht, folgt auf den Modul F^m der Nullmodul.

Im Falle von Idealen $\mathfrak{a}$ hat es sich inzwischen eingebürgert, auf der rechten Seite statt $\mathfrak{a}$ den Faktormodul $R/\mathfrak{a}$ zu schreiben, so daß sich dadurch die Syzygienkette um ein Glied verlängert.

Sätze: Ist φ eine zu dem homogenen Ideal $\mathfrak{a}$ prime Form, d. h. $\mathfrak{a} : \varphi \cdot R = \mathfrak{a}$, so ist hd $(\mathfrak{a} + \varphi \cdot R) =$ hd $\mathfrak{a} + 1$. (Im Falle beliebiger Ideale muß man noch eine Zusatzbedingung stellen; der Satz läßt sich auf Vektormoduln verallgemeinern).

Für Ideale (und Vektormoduln) $\mathfrak{a}$ gilt hd $\mathfrak{a} \geqq$ Höhe $\mathfrak{a} - 1$ (sogar $\geqq$ alt $\mathfrak{a} - 1$, wo alt $\mathfrak{a}$ die größte Höhe eines zu $\mathfrak{a}$ gehörigen Primideals bedeutet); das Gleichheitszeichen gilt genau dann, wenn $\mathfrak{a}$ *perfekt* ist. (Im Falle von Ringen R, die nicht Cohen-Macaulay-Ringe sind, muß man hierbei die Höhe durch den von Rees eingeführten *grade*, die *homologische Kodimension*, von $\mathfrak{a}$ ersetzen.)

Die Syzygienkette von $\mathfrak{a}$ ist genau dann umkehrbar (d. h., $B^{i+1}B^i = 0$ liefert auch eine Basis für die zwischen den Spalten von B^{i+1} bestehenden linearen Relationen), wenn $\mathfrak{a}$ perfekt ist.

Lit.: [A 6II], [I 3], [R 25]
EISENREICH, G.: Zur Syzygientheorie und Theorie des inversen Systems perfekter Ideale und Vektormoduln in Polynomringen und Stellenringen. Sitzungsber. Sächs. Akad. Wiss. Leipzig, Math.-naturw. Kl. **109** (1970) H. 3.
EVANS, E. G., PH. H. GRIFFITH: Syzygies. Cambridge University Press 1985.
HILBERT, D.: Über die Theorie der algebraischen Formen. Math. Ann. **36** (1890), 473–534.
NORTHCOTT, D. G.: Finite free resolutions. Cambridge University Press 1976.

Syzygienkette, -matrix, -modul, -theorie >Syzygie

Szele, Satz von, >formal-reell

Σ-Algebra >Algebra (universelle)

Σ-einreihiger Modul = >semikatenärer Modul

σ-Verband heißt ein Verband, in dem bezüglich der durch den Verband gegebenen Halbordnung jede höchstens abzählbare Untermenge eine untere und eine obere Grenze besitzt.

σ-vollständiger Filter >Ideal einer halbgeordneten Menge

T

Tableau >Darstellung der symmetrischen Gruppe

Tachikawa-Algebra >unzerlegbarer Modul

Teilalgebra = >Unteralgebra (einer R-Algebra), universelle >Algebra

teilbare Gruppe = >divisionsvollständige Gruppe

Teilbund heißt eine nichtleere Untermenge A einer halbgeordneten Menge (insbesondere eines Verbands V), wenn sie bezüglich der auf A induzierten Halbordnung ein >Verband ist. (Die Verbandsoperationen $\vee_A$, $\wedge_A$ von A brauchen nicht mit denen von V ($\vee$, $\wedge$) übereinzustimmen.) Im allgemeinen gilt $a \vee b \leqq a \vee_A b$ und $a \wedge_A b \leqq a \wedge b$. Der T. A heißt $\cap$-*T.*, wenn $\wedge_A = \wedge$ ist, und $\cup$-*T.*, wenn $\vee_A = \vee$ ist. Ein T., der zugleich $\cup$-T. und $\cap$-T. ist, d. h. eine

Untermenge A des Verbands V, die bezüglich der Verbandsoperationen von V selbst Verband ist, heißt ein *Teilverband* (= *Unterverband*) von V. Wenn V vollständiger Verband ist, heißt eine Teilmenge A ein *vollständiger* $\cap$-*T*. von V, wenn die in A gebildeten unteren Grenzen von Teilmengen von A mit den in V gebildeten unteren Grenzen übereinstimmen; vollständiger $\cup$-*T*., wenn die entsprechende Aussage für die oberen Grenzen gilt, und *vollständiger Teilverband*, wenn beide dieser Bedingungen erfüllt sind. Ein Teilverband V' von V heißt auch in *V eingebettet*; er heißt darüber hinaus *vollständig in V eingebettet*, wenn außerdem gilt: Ist M Untermenge von V', für die der in V' gebildete Durchschnitt d bzw. die in V' gebildete Vereinigung v existiert, so ist d auch der Durchschnitt von M in V bzw. v die Vereinigung von M in V.

Lit.: [V 8]

Teiler: R sei (nicht notwendig kommutativer) ›Ring mit Einselement e. b heißt *Rechtsteiler* von a und a *Rechtsvielfaches* von b ($a, b \in R$), wenn $a = gb$ mit $g \in R$ ist (entsprechend für *Linksteiler* und *Linksvielfache*; in kommutativen Ringen fällt Rechts- und Linksteilbarkeit zusammen, so daß man dann nur von *T*. und Vielfachen zu sprechen braucht). ε heißt *Einheit*, wenn ε sowohl Rechts- als auch Linksteiler von e ist. Wenn R nullteilerfrei ist, ist ein Rechtsteiler von e zugleich Linksteiler von e. Zu einer Einheit ε existiert ein eindeutig bestimmtes *Inverses* ε^{-1} in R. Ist $a = b\varepsilon$ mit einer Einheit ε, so heißen die Elemente a und b von R *rechtsassoziiert* (analog ist die Linksassoziiertheit definiert), im kommutativen Falle *assoziiert*; hierdurch wird jeweils eine ›Äquivalenzrelation in R definiert (z. B. kann man von assoziierten ganzen Zahlen sprechen). Ein Rechtsteiler von a, der nicht linksassoziiert zu a ist, heißt *echter Rechtsteiler* von a. Die Einheiten und Assoziierten heißen *uneigentliche* oder *triviale T*. Nichttriviale T. heißen *eigentliche T*. $a \in R$ heißt *zerlegbar* oder *reduzibel*, wenn es Produkt von mindestens zwei Nichteinheiten ist, anderenfalls *unzerlegbar* oder *irreduzibel*. In einem ›Integritätsbereich ist ein Element genau dann unzerlegbar, wenn es $\neq 0$ ist und keine eigentlichen T. besitzt. In einem Integritätsbereich R heißt ein Element $p \neq 0$ *Primelement*, wenn aus $p \mid ab$ (*p teilt ab*), $p \nmid a$ (*p teilt nicht a*) ($a, b \in R$) stets $p \mid b$ folgt. Im Falle von Polynomen spricht man dann auch von *Primpolynomen*. Ein Primelement ist stets unzerlegbar, und das von ihm erzeugte Hauptideal pR ist ›Primideal. Eine Darstellung eines Elements a als Produkt von Primelementen heißt *Primfaktorzerlegung* von a. In ZPE-Ringen (›ZPE-Satz) fallen unzerlegbare Elemente und Primelemente zusammen, und die Primfaktorzerlegung ist im wesentlichen eindeutig. Im Falle eines Integritätsbereichs R ist $R \setminus \{0\}$ reguläre multiplikative Halbgruppe mit Einselement. Obige Definitionen lassen sich auf Halbgruppen, insbesondere kommutative ›reguläre Halbgruppen, verallgemeinern.

In Verallgemeinerung des *größten gemeinsamen Teilers* (*g. g. T*. oder *GGT*) gegebener Elemente heißt im nichtkommutativen Fall ein Element $d \in R$ *größter gemeinsamer Rechtsteiler* (*GGRT*) nicht sämtlich verschwindender Elemente von R, wenn d gemeinsamer Rechtsteiler ist und jeder gemeinsame

Rechtsteiler Rechtsteiler von d ist; analog ist der *größte gemeinsame Linksteiler* (*GGLT*) definiert. Im kommutativen Fall fallen beide zusammen, der *GGT* von $a_1, a_2, \ldots$ wird dann auch mit $(a_1, a_2, \ldots)$ (ebenso wie das von den a_i erzeugte Ideal) bezeichnet. Elemente a_1, a_2 eines beliebigen Rings R heißen *teilerfremd*, wenn das von ihnen erzeugte Ideal gleich R ist.

Ein Element $f \in R$ heißt *kleinstes gemeinsames Rechtsvielfaches* (*KGRV*) endlich vieler Elemente $a_1, \ldots, a_n$ ungleich 0 von R, wenn f gemeinsames Rechtsvielfaches der a_i ist und jedes gemeinsame Rechtsvielfache der a_i Rechtsvielfaches von f ist; analog ist das *kleinste gemeinsame Linksvielfache* (*KGLV*) definiert. In kommutativen Ringen fallen beide zusammen und ergeben das *kleinste gemeinsame Vielfache* (*k. g. V.* oder *KGV*), das auch mit $[a_1, \ldots, a_n]$ bezeichnet wird.

Andere Bedeutungen: = ›Untergruppe, = Unterkörper ›Körpererweiterung, T. eines Ideals ›Unterideal, einer Matrix ›äquivalente Matrizen

Lit.: [A 16], [R 10]
GERST. I,, J. BRILLHART: On the prime divisors of polynomials. Amer. Math. Monthly 78 (1971), 250–266.
PICKERT, G.: Einführung in die Höhere Algebra. Vandenhoeck & Ruprecht, Göttingen 1951.
TEICHMÜLLER, O.: Der Elementarteilersatz für nichtkommutative Ringe. Sitzungsber. Preuß. Akad. Wiss., Phy.-math. Kl. 14 Berlin 1937.

teilerfrei (= *relativ prim* = **teilerfremd**) heißen Elemente a, b eines ›Integritätsbereichs mit Einselement oder einer abelschen ›regulären Halbgruppe mit Einselement, wenn sie außer Einheiten keine gemeinsamen ›Teiler haben.

teilerfremde Ideale heißen zwei Ideale $\mathfrak{a}$, $\mathfrak{b}$ eines kommutativen Rings mit Einselement, deren Summe $\mathfrak{a} + \mathfrak{b}$ das Einheitsideal (d. h. der Gesamtring) ist. Das bedeutet, daß $1 = a + b$ mit $a \in \mathfrak{a}$ und $b \in \mathfrak{b}$ ist. Dann ist $\mathfrak{a}$ zu $\mathfrak{b}$ und $\mathfrak{b}$ zu $\mathfrak{a}$ ›relativ prim (die Umkehrung gilt nicht). Für t. I. ist der Durchschnitt gleich dem Produkt.

Lit.: [A 17II]

Teilerinduktion, Teilerkettensatz ›Basissatz

teilerloses Ideal: 1. in einem ›Verband V ein maximales ›Ideal I ($\neq V$), das also in keinem echt größeren Ideal außer V enthalten ist.

2. in einem Ring ›maximales Ideal

Teilideal = ›Unterideal

Teilkategorie ›Kategorientheorie

Teilkomplex ›Kettenkomplex

Teilmodul einer ›additiven Gruppe, eines ›R-Moduls

Teiloperativ ›Gruppoid

Teilverband ›Teilbund, ›Verband

teilweise ›**geordnete [Halb]gruppe**

teilweise geordneter Körper bzw. **Ring** ›angeordneter Ring

Tensor: R sei kommutativer Ring mit Einselement, V unitärer R-Linksmodul (der wegen der Kommutativität von R in natürlicher Weise auch als R-Rechtsmodul aufgefaßt werden kann), im Falle eines Körpers R also ein ›Vektorraum. Jedes Element des ›Tensorprodukts $V_1 \otimes \cdots \otimes V_r$, wobei V_i für p Werte von i gleich V und für q Werte von i gleich dem dualen Modul V^* der ›Linearformen auf V mit Werten in R ist, heißt ein *T.* der *Stufe* (oder *Ordnung*) $p + q = r$, und zwar genauer *p-stufig kontravarianter* und *q-stufig kovarianter T.* Im Falle $q = 0$ erhält man (*rein*) *kovariante T.*, im Falle $p = 0$ (*rein*) *kontravariante T.*, bei $p \neq 0$, $q \neq 0$ *gemischte T.* Die T. aus demselben Tensorprodukt (zu denen also dieselbe Reihenfolge von R-Moduln [Vektorräumen V und V^*] gehört) heißen *gleichartig*; sie bilden einen R-Modul bzw. im Falle eines Körpers R einen Vektorraum über R. Da das Tensorprodukt jedoch bis auf natürliche Isomorphie (›Kategorientheorie) kommutativ ist, gehen die T. gleicher Stufenzahl p und q durch einen natürlichen Isomorphismus auseinander hervor. T. der Form $v_1 \otimes \cdots \otimes v_r$ mit $v_i \in V_i$ heißen *zerlegbar*. Das Tensorprodukt eines p-stufig kontravarianten und q-stufig kovarianten T. mit einem p'-stufig kontravarianten und q'-stufig kovarianten T. ergibt einen $(p + p')$-stufig kontravarianten und $(q + q')$-stufig kovarianten T.

Permutation der Reihenfolge der Vektorräume V und V^* bei der Bildung des Tensorprodukts bewirkt einen Isomorphismus des Tensorprodukts, bei dem die T. in sog. *isomere T.* übergehen. Ein T. der Stufe n, der rein kontravariant bzw. rein kovariant ist, heißt *symmetrisch*, wenn er bei der Permutation der V bzw. V^* invariant bleibt; er heißt *schiefsymmetrisch, antisymmetrisch* oder *Antitensor*, wenn er sich zusätzlich noch mit dem Charakter der ›Permutation multipliziert. Entsprechend soll eine ›*lineare Abbildung* g des R-Moduls der kontravarianten bzw. kovarianten T. der Stufe n *symmetrisch* oder *antisymmetrisch* heißen, wenn stets $g(x_{\pi(1)} \otimes \cdots \otimes x_{\pi(n)}) = g(x_1 \otimes \cdots \otimes x_n)$ bzw. $g(x_{\pi(1)} \otimes \cdots \otimes x_{\pi(n)}) = \chi(\pi)\, g(x_1 \otimes \cdots \otimes x_n)$ für alle Permutationen π gilt, und *alternierend*, wenn $g(x_1 \otimes \cdots \otimes x_n) = 0$ ist, sobald zwei der Faktoren x_i, x_j gleich sind. Jede alternierende lineare Abbildung ist antisymmetrisch, die Umkehrung gilt insbesondere im Falle eines Körpers R der Charakteristik $\neq 2$.

Diese Begriffe lassen sich mittels der sog. *Symmetrieoperatoren* noch verallgemeinern (wir betrachten o. B. d. A. etwa rein kontravariante T.). Jede Permutation π der Menge $(1, \ldots, n)$ induziert durch ihre Wirkung auf die zerlegbaren T. eine Abbildung $\lambda^\pi: x_1 \otimes \cdots \otimes x_n \mapsto x_{\pi^{-1}(1)} \otimes \cdots \otimes x_{\pi^{-1}(n)}$, die durch lineare Fortsetzung eine lineare Abbildung λ^π der n-ten *Tensorpotenz* $\overset{n}{\otimes} V$ (die gerade aus den kontravarianten T. n-ter Stufe besteht) bestimmt; ein T. T gehe hierbei in den T. ${}^\pi T$ über. Gemäß $\sum_{\pi \in S_n} \alpha_\pi \cdot \pi: T \mapsto \sum_\pi \alpha_\pi {}^\pi T$ läßt sich dies zu einer Operation der Elemente $\sum \alpha_\pi \pi$ des ›Gruppenrings der ›symmetrischen Gruppe $\mathfrak{S}_n$ über R ($\alpha_\pi \in R$) auf $\overset{n}{\otimes} V$ verallgemeinern; die Elemente des Gruppenrings heißen in diesem Zusammenhang auch *Symmetrieoperatoren* von $\overset{n}{\otimes} V$. Jede Gleichung $\sum \alpha_\pi {}^\pi T = 0$ (*Nulltensor*) (bzw. ein entsprechendes Gleichungssystem) definiert eine *Symmetrieeigenschaft* des T. T; zu allen Elementen der Form $\pi - \pi'$ des Gruppenrings gehören auf diese Weise gerade die symmetrischen T., zu allen der Form $\chi(\pi)\,\pi - \chi(\pi')\,\pi'$ die schiefsymmetrischen. Insbesondere heißt $\left(\sum \chi(\pi)\,\pi\right) T$ (gegebenenfalls noch durch $n!$ dividiert; es muß also $n!$ Einheit in R sein) die *Antisymmetrisierte* des T. T, sie ist stets schiefsymmetrisch. Gemäß den Festsetzungen $[(\sum \alpha_\pi \pi)\, g]\,(x_1 \otimes \cdots \otimes x_n) = \sum \alpha_\pi g(x_{\pi(1)} \otimes \cdots \otimes x_{\pi(n)})$ bzw. $[(\sum \alpha_\pi \pi)\, f]\,(x_1, \ldots, x_n) = \sum \alpha_\pi f(x_{\pi(1)}, \ldots, x_{\pi(n)})$ lassen sich diese Begriffe auf die linearen Abbildungen g von $\overset{n}{\otimes} V$ und die multilinearen Abbildungen f von V^n übertragen. Insbesondere ist eine lineare Abbildung genau dann *alternierend*, wenn sie die Antisymmetrisierte einer linearen Abbildung ist.

Analog kann man auch Symmetrieoperationen auf den kovarianten T. und deren Symmetrieeigenschaften betrachten; der durch Anwendung der Permutation π auf den T. T entstehende T. werde hierbei mit ${}_\pi T$ bezeichnet.

Auf dem R-Modul gleichartiger p-stufig kontravarianter und q-stufig kovarianter T. $V_q^p = \overset{p}{\otimes} V \otimes \overset{q}{\otimes} V^*$ induziert jeder Automorphismus σ von V einen Automorphismus σ_q^p gemäß $\sigma_q^p(x_1 \otimes \cdots \otimes x_p \otimes x_{p+1}^* \otimes \cdots \otimes x_{p+q}^*) = x_1^\sigma \otimes \cdots \otimes x_p^\sigma \otimes x_{p+1}^{*\sigma'} \otimes \cdots \otimes x_{p+q}^{*\sigma'}$, wo σ' die zu σ kontragrediente lineare Abbildung von V^* ist. (Statt σ_q^p kann ohne Zweideutigkeiten kurz σ geschrieben werden.) Ebenso kann man bei anderer Reihenfolge der Faktoren V und V^* schließen. *Tensorraum* heißt dann jeder gegenüber allen σ invariante lineare Unterraum von V_q^p. Eine lineare Abbildung f eines Tensorraums in einen Tensorraum heißt *tensoriell*, wenn sie mit den Automorphismen σ vertauschbar ist: $f(z^\sigma) = f(z)^\sigma$ (analog für multilineare Abbildungen). Zum Beispiel kann die *tensorielle Multiplikation*, die durch die Bildung des Tensorprodukts jedem p-fach kontravarianten und q-fach kovarianten T. T und p'-fach kontravarianten, q'-fach kovarianten T' einen $(p + p')$-fach kontravarianten, $(q + q')$-kovarianten T. $T \otimes T'$ zuordnet, als bilineare tensorielle Abbildung aufgefaßt werden.

Handelt es sich insbesondere bei V um einen n-dimensionalen Vektorraum über einem Körper K mit den Basiselementen $e_1, \ldots, e_n$ und $\{e^1, \ldots, e^n\}$ als hierzu dualer Basis von V^*, so bilden die n^{p+q} T. $e_{i_1} \otimes \cdots \otimes e_{i_p} \otimes e^{j_1} \otimes \cdots \otimes e^{j_q}$ eine Basis des Tensorraums V_q^p (entsprechend für Tensorräume, die sich durch eine andere Reihenfolge der V und V^* ergeben), und jeder p-fach kontravariante, q-fach kovariante T. T aus V_q^p läßt sich eindeutig in der Form $T = T^{i_1 \ldots i_p}{}_{j_1 \ldots j_q} e_{i_1} \otimes \cdots \otimes e_{i_p} \otimes \cdots \otimes e^{j_q}$ schreiben, wo über doppelt auftretende Indizes stets von 1 bis n zu summieren ist (*Einsteinsche Summationsvereinbarung*). (Bei einer anderen Reihenfolge der V und V^* sind auch die oberen und unteren Indizes in entsprechender Reihenfolge zu wählen.) Die Elemente $T^{i_1 \ldots i_p}{}_{j_1 \ldots j_q}$ aus K heißen die *Koordinaten* oder *Bestimmungszahlen* (auch *Komponenten*) des T. T; die oberen Indizes heißen *kontravariante*, die unteren *kovariante Indizes*. Der Addition gleichartiger T. und der Vielfachenbildung mit einem Element aus K entspricht die gleiche Operation mit den Koordinaten; dem *tensoriellen Produkt* (auch *allgemeines* oder *direktes Produkt* oder *allgemeines Tensorprodukt* genannt) die Multiplikation unter Beibehaltung der Reihenfolge aller Indizes; sind z. B. $T_{ij}{}^k$ die Koordinaten des T. T, $T'_{st}{}^{lr}$ die des T. T', so ist $(T \otimes T')_{ij}{}^{klr}{}_{st} = T_{ij}{}^k \cdot T'^{lr}{}_{st}$.

Geht man in V gemäß $\bar{e}_i = \sum C_i{}^j e_j$ mit der Transformationsmatrix C der $C_i{}^j$ zu einer neuen, überstrichenen Basis über und transformiert entsprechend $\bar{e}^i = \sum C^i{}_j e^j$ die duale Basis mit der kontragredienten (d. h. inversen transponierten) Matrix, so ergeben sich die neuen Tensorkoordinaten bezüglich der neuen Basis zu $\bar{T}^{r_1 \ldots r_p}{}_{s_1 \ldots s_q} = T^{i_1 \ldots i_p}{}_{j_1 \ldots j_q} C^{r_1}{}_{i_1} \ldots C^{r_p}{}_{i_p} C_{s_1}{}^{j_1} \ldots C_{s_q}{}^{j_q}$ (Summation über doppelt auftretende Indizes!). Jedes System von Größen, das sich in dieser Weise bei Koordinatentransformation transformiert, kann als System der Koordinaten eines T. angesehen werden.

Bezüglich der Wirkung einer Permutation auf einen kovarianten bzw. kontravarianten T. gilt hier: $({}_\pi T)_{i_1 \ldots i_p} = T_{\pi(1) \ldots \pi(p)}$ und analog für ${}^\pi T$. Ein rein kovarianter oder rein kontravarianter T. ist genau dann *symmetrisch*, wenn seine Koordinaten in sämtlichen Indizes symmetrisch sind; *schiefsymmetrisch*, wenn sie in sämtlichen Indizes schiefsymmetrisch sind, also bei Vertauschung zweier Indizes lediglich ihr Vorzeichen umkehren; und *alternierend*, wenn er schiefsymmetrisch ist und außerdem alle Koordinaten mit zwei gleichen Indizes verschwinden. Über Körpern der Charakteristik $\neq 2$ fallen die Begriffe schiefsymmetrischer T. und alternierender T. zusammen.

Setzt man in den Koordinaten eines T. einen oberen Index gleich einem unteren und summiert über diesen von 1 bis n (z. B. $T_{ij}{}^i$), so erhält man die Koordinaten eines sog. *verjüngten* T. von um 1 kleinerer Kovarianz- und Kontravarianzstufe (*Verjüngung*). In der zu Beginn eingeführten koordinatenfreien Schreibweise von T. läuft das gerade darauf hinaus, daß man in der Darstellung von T als Summe von Monomen $\ldots x \otimes \cdots \otimes y^* \ldots$ die an der Stelle der betreffenden Indizes stehenden Elemente x und y^* streicht und durch den Vorfaktor $y^*(x)$ ersetzt (die Elemente von V^* sind ja Homomorphismen von V in K).

Lit.: [EA 3], [Enz 1, 6], [M 16]

BOSECK, H.: Tensorräume. DVW, Berlin 1972.

EISENREICH, G.: Vorlesungen über Vektor- und Tensorrechnung. Teubner, Leipzig 1971.

REICHARDT, W.: Vorlesungen über Vektor- und Tensorrechnung. DVW, Berlin 1957.

Tensor einer Quaternion >Quaternionenalgebra

Tensoralgebra (= *tensorielle Algebra*) $\otimes V$ eines unitären R-Linksmoduls V über einem kommutativen Ring R mit Einselement heißt die direkte Summe der i-ten Tensorpotenzen $\overset{i}{\otimes} V$ von V (des >Tensorprodukts von i Exemplaren V) von $i = 0$ bis ∞, wobei die nullte Tensorpotenz von V mit R zu identifizieren ist. Ihre Elemente lassen sich als Folgen $z = (z_0, z_1, \ldots)$ mit $z_i \in \overset{i}{\otimes} V$ auffassen, die jeweils von einer bestimmten Stelle ab aus lauter Nullen bestehen und deren Addition sowie Multiplikation mit Elementen aus R komponentenweise erfolgt. Außerdem ist eine Multiplikation erklärt, für die $(zz')_n = \sum_{i+j=n} z_i \otimes z_j$ gilt. $\otimes V$ ist eine assoziative Algebra über R und im Falle eines Integritätsbereichs R nullteilerfrei. Ist R Körper und die Dimension des Vektorraums V größer als 1, so ist die T. nichtkommutativ, und die Einheiten von $\otimes V$ sind gerade die Elemente von $\overset{0}{\otimes} V = R$ (als R-Modul aufgefaßt).

Lit.: [EA 3], [R 11 I]

Tensordarstellungen der >linearen Gruppe GL(n, K) (und ihrer Untergruppen) werden dadurch erhalten, daß die Elemente T von GL(n, K) lineare Transformationen im Tensorraum der >Tensoren ν-ter Stufe über einem n-dimensionalen Vektorraum über K induzieren; wenn T durch die Matrix A vermittelt wird, so wird die zugeordnete lineare Transformation im Tensorraum gerade durch das ν-fache >Kronecker-Produkt von A mit sich vermittelt. Jede derartige homogene ganzrationale Darstellung von GL(n, K) ist vollständig reduzibel, jede ganzrationale Darstellung zerfällt in homogene ganzrationale Komponenten. Jede rationale Darstellung S einer linearen Gruppe hat die Form $S(A) = \frac{T(A)}{(\det A)^\nu}$, wo T eine ganzrationale Darstellung ist.

Lit.: [D 2]

tensorielle Abbildung bzw. **Multiplikation** >Tensor

tensorielles Produkt (= *direktes Algebrenprodukt* = *Kronecker-Produkt*) von assoziativen >R-Algebren A_1, A_2 über dem kommutativen Ring R mit Einselement heißt das >Tensorprodukt $A_1 \otimes_R A_2$ von A_1 und A_2 als R-Moduln, auf dem zunächst für die zerlegbaren Elemente gemäß $(x \otimes y) \cdot (x' \otimes y') = (xx' \otimes yy')$ eine Multiplikation eingeführt ist, die distributiv auf beliebige Elemente des Tensorprodukts ausgedehnt wird. Ist insbesondere R ein kommutativer Körper K und sind A_1 und A_2 K-Algebren mit Einselement, so enthält $A_1 \otimes_K A_2$ zu A_1 bzw. A_2 isomorphe Unteralgebren, die multiplikativ miteinander kommutieren und deren Tensorprodukt zu $A_1 \otimes_K A_2$ isomorph ist. Enthält umgekehrt eine K-Algebra A Teilalgebren A_1, A_2 mit $A_1 \otimes_K A_2 \cong K$, so heißt A t. P. von A_1 und A_2; im Falle $A_i \neq K$ für $i = 1, 2$ heißt dann A *direkt zerlegbar* (genauer: *multiplikativ direkt zerlegbar*) und $A_1 \otimes_K A_2$ eine Produktzerlegung von A. Ist die K-Algebra A t. P. über K der K-Algebren A_1 und A_2 und bilden die Elemente a_i eine Basis von A_1 und die Elemente b_j eine Basis von A_2, so ist das System der $a_i \otimes b_j$ eine Basis von A. Ist im obigen Sinne A t. P. der Unteralgebren A_1, A_2, so kann man auch gewöhnliche Produkte a_ib_j dafür schreiben. Haben insbesondere A_1 und A_2 den endlichen Rang n_1 bzw. n_2, so hat A den Rang n_1n_2.

Lit.: [R 6], [R 9]
WHITNEY, M.: Tensor products of abelian groups. Duke Math. J. 4 (1938), 495—528.

tensorielles Produkt von R-Moduln >Tensorprodukt, **von** >**Größen für eine Gruppe, von Matrizen** = >Kronecker-Produkt, **von** >**Tensoren**

Tensorpotenz >Tensorprodukt

Tensorprodukt (= *tensorielles Produkt*) $A \otimes_R B$ (kurz: $A \otimes B$) eines (unitären) R-Rechtsmoduls A mit einem (unitären) R-Linksmodul B heißt die abelsche Faktorgruppe $(A \circ B)/S$, wo $A \circ B$ die von allen Symbolen (Paaren) $a \circ b$ mit $a \in A$, $b \in B$ erzeugte >freie abelsche Gruppe und S die von allen Elementen der Form $(a + a') \circ b - a \circ b - a' \circ b$, $a \circ (b + b') - a \circ b - a \circ b'$, $ar \circ b - a \circ rb$ $(a, a' \in A,\ b, b' \in B,\ r \in R)$ erzeugte Untergruppe ist. $a \otimes b$ bezeichnet die Restklasse $(a \circ b) + S$ in $A \otimes_R B$. Man kann daher das T. auch als die von den Symbolen $a \otimes b$ mit den Relationen $(a + a') \otimes b = a \otimes b + a' \otimes b$, $a \otimes (b + b') = a \otimes b + a \otimes b'$, $ar \otimes b = a \otimes rb$ erzeugte abelsche Gruppe auffassen; es besteht also aus endlichen Summen der Form $\sum a_i \otimes b_i$.

Das T. läßt sich durch folgende *universelle Eigenschaft* charakterisieren: Eine Abbildung f von $A \times B$ in eine abelsche Gruppe M heiße *mittellinear*, wenn $f(a + a', b) = f(a, b) + f(a', b)$, $f(a, b + b') = f(a, b) + f(a, b')$, $f(ar, b) = f(a, rb)$ gilt (diese Eigenschaften besitzt gerade das T.). Dann gibt es zu jeder mittellinearen Abbildung $f: A \times B \to M$ einen eindeutig bestimmten Homomorphismus abelscher Gruppen $\omega: A \otimes_R B \to M$ mit $\omega(a \otimes b) = f(a, b)$.

Wenn A ein R-Links-Rechts->Bimodul ist, so wird das T. $A \otimes B$ durch die Festsetzung $r(a \otimes b) = (ra \otimes b)$ (und lineare Fortsetzung auf das ganze T.) ein R-Linksmodul; analog wird es ein R-Rechtsmodul, wenn B ein R-Bimodul ist. Mit R als Links- bzw. Rechtsmodul über sich selbst erhält man in diesem Sinne die Isomorphien von Moduln $R \otimes_R B \cong B$ und $A \otimes_R R \cong A$, die durch $r \otimes b \mapsto rb$ bzw. $a \otimes r \mapsto ar$ induziert werden (der Summe solcher Monome auf der linken Seite entspricht die Summe auf der rechten Seite). $R \otimes_R R$ ist natürlich-isomorph zu R.

Die Bildung des T. mit einem festen Modul stellt einen (rechtsexakten)

Funktor der Kategorie der Links- bzw. Rechtsmoduln über dem festen Ring R in die Kategorie der abelschen Gruppen (bzw. Links- bzw. Rechtsmoduln) dar (›Kategorientheorie). Zu einem Ringhomomorphismus $\varrho: S \to R$ gehört ein natürlicher Homomorphismus $\varrho: A \otimes_S B \to A \otimes_R B$. Wenn A R-Rechtsmodul, B R-Links-S-Rechtsmodul und C S-Rechtsmodul ist, so gibt es einen natürlichen Isomorphismus $\eta: \mathrm{Hom}_S(A \otimes_R B, C) \cong \mathrm{Hom}_R(A, \mathrm{Hom}_S(B, (C))$ abelscher Gruppen, der für jedes $f: A \otimes_R B \to C$ durch $[(\eta f)\, a]\,(b) = f(a \otimes b)$ definiert ist (›Hom-Funktor).

Im folgenden seien die Ringe kommutativ, so daß man jeden R-Modul sowohl als Rechts- als auch als Linksmodul ansehen kann. Das T. $A \otimes_R B$ der R-Moduln A und B kann dann gemäß $r(a \otimes b) = (ra) \otimes b = a \otimes (rb)$ wieder als R-Modul angesehen werden; es ist dann durch die universelle Eigenschaft charakterisiert, daß sich jede bilineare Abbildung von $A \times B$ in einen R-Modul C eindeutig über das T. faktorisieren läßt, d. h., es gibt einen eindeutig bestimmten R-Modulhomomorphismus $\omega: A \otimes_R B \to C$ mit $f(a, b) = \omega(a \otimes b)$. Das T. von Vektorräumen A und B der Dimension n bzw. m ist ein Vektorraum der Dimension mn, der eine Basis aus Elementen $a_i \otimes b_j$ besitzt, wo die a_i eine Basis von A und die b_j eine Basis von B durchlaufen.

Man kann die Bildung des T. iterieren. Bis auf natürliche Isomorphismen ist das T. kommutativ und assoziativ. Das m-fache T. von A mit sich selbst heißt auch *m-te Tensorpotenz* von A und wird mit $A^{\otimes m}$ bezeichnet.

Sind M, N Untermoduln der R-Moduln A bzw. B, so ist $(A/M) \otimes (B/N)$ zum Faktormodul $(A \otimes B)/\Gamma(M, N)$ isomorph, wo $\Gamma(M, N)$ der von den Elementen $x \otimes y$ mit $x \in M$ oder $y \in N$ erzeugte Untermodul ist. Die Bildung des T. ist mit ›direkten Summen vertauschbar.

Im Falle von R-Moduln A_i und B_i und R-Modulhomomorphismen $u_i: A_i \to B_i$ gibt es für die Moduln R-linearer Abbildungen Hom_R einen Homomorphismus $\mathrm{Hom}_R(A_1, B_1) \otimes_R \mathrm{Hom}_R(A_2, B_2) \to \mathrm{Hom}_R(A_1 \otimes_R A_2, B_1 \otimes_R B_2)$, der durch $u_1 \otimes u_2 \mapsto u$ mit $u(x_1 \otimes x_2) = u_1(x_1) \otimes u_2(x_2)$ bestimmt wird; im Falle unitärer R-Moduln A_i, B_i mit endlicher Basis (insbesondere also im Falle von Vektorräumen) ist das ein Isomorphismus. Werden in diesem Falle die ›linearen Abbildungen u_i durch Matrizen C_i gegeben, so wird die lineare Abbildung u durch eine Matrix C vermittelt, die das ›*Kronecker-Produkt* der Matrizen C_1 und C_2 ist.

Der R-Modul der R-Bilinearformen auf $A \times B$ (mit Werten in R) ist isomorph zum Modul der Linearformen auf dem T. $A \otimes B$, d. h. dem (durch * bezeichneten) Dual des T. Im Falle unitärer Moduln mit endlicher Basis besteht die Isomorphie $(A \otimes B)^* \cong A^* \otimes B^*$.

Da abelsche Gruppen als Moduln über $\mathbb{Z}$ angesehen werden können, kann man auch hierfür das T. bilden. Das T. $S \otimes T$ von Untergruppen S, T ›*torsionsfreier* ›abelscher Gruppen U und V kann in natürlicher Weise in das T. $U \otimes V$ eingebettet werden, das T. torsionsfreier Gruppen ist daher wieder torsionsfrei. Das T. beliebiger abelscher ›Torsionsgruppen ist direkte Summe von zyklischen Gruppen von Primzahlpotenzordnung. Wenn die abelschen Gruppen G ›p-Gruppe und H torsionsfrei sind, so ist $G \otimes H$ isomorph zur eingeschränkten direkten Summe von r Exemplaren G, wo r der Rang von H/pH ist. ›flacher Modul

Lit.: [EA 3], [Enz 1, 6], [G 13], [G 14I], [H 3]

Tensorprodukt von ›Darstellungen einer Gruppe

Tensorprodukt von ›Kettenkomplexen

Tensorraum ›Tensor

Term ›Varietät

terminales Objekt ›Kategorientheorie

Ternar ›Ternärkörper

Ternärkörper (= *Ternärring*) heißt eine universelle ›Algebra K mit einer ternären ›Operation $T(a, x, b)$ (andere Bezeichnungen: $\tau(a, x, b)$, $a \cdot x \circ b$, (a, x, b), axb) und insbesondere zwei verschiedenen Elementen 0, 1, die folgenden Bedingungen von M. Hall genügt: (i) $y = T(a, x, b)$ ist bei gegebenen a, x, y eindeutig nach b auflösbar; (ii) $T(a_1, x, b_1) = T(a_2, x, b_2)$ ist für $a_1 \neq a_2$ eindeutig nach x auflösbar; (iii) $y_i = T(a, x_i, b)$ $(i = 1, 2)$ ist für $x_1 \neq x_2$ und $y_1 \neq y_2$ eindeutig nach a und b auflösbar; (iv) $T(a, 0, b) = T(0, x, b) = b$ (0 ist „*Nullelement*"); (v) $T(a, 1, 0) = T(1, a, 0) = a$ (1 ist „*Einselement*").

Zu einem T. K gehört eine *affine Ebene*: Die Punkte sind die geordneten Paare (x, y) mit $x, y \in T$; die Geraden sind die Mengen aller Punkte (x, y), die den Gleichungen (*) $x = c$ oder (**) $y = T(a, x, b)$ genügen. Zwei Geraden des Typs (*) sind stets zueinander parallel; keine Gerade (*) ist zu einer Geraden des Typs (**) parallel; zwei Geraden $y = T(a, x, b)$ und $y = T(a', x, b')$ sind genau dann zueinander parallel, wenn $a = a'$ ist. Man kann umgekehrt auf diese Weise alle affinen Ebenen erhalten. Es gibt aber nichtisomorphe T., die isomorphe Ebenen erzeugen.

Durch $T(1, a, b) = a + b$ bzw. $T(a, b, 0) = ab$ wird in einem T. eine Addition bzw. Multiplikation erklärt. Die Elemente eines T. bilden hinsichtlich der Addition, die von 0 verschiedenen Elemente hinsichtlich der Multiplikation eine ›Loop. Ein T. heißt *linear* oder *zerlegbar*, wenn $R(a, x, b) = ax + b$ ist. Aus T. ergeben sich: planare ›Neokörper, ›kartesische Gruppen, ›Quasikörper (welche die ›Translationsebenen erzeugen), ›Alternativkörper (erzeugen die ›Moufang-Ebenen), ›Schiefkörper (erzeugen die desarguesschen Ebenen), ›Körper (erzeugen die papposschen Ebenen).

Ohne die Bedingung (v) erhält man nach Skornjakow ein sog. *Ternar*.

Ein T. heißt *angeordnet*, wenn die unterliegende Menge angeordnet ist und gilt: a) aus $a < b$ folgt $a + c < b + c$, b) aus $a < b$ und $0 < c$ folgt $ac < bc$. Entsprechend sind angeordnete Quasikörper, kartesische Gruppen und Alternativkörper erklärt.

›Neokörper.

Lit.: [B 5]
HALL, M.: Projective planes. Trans. Amer. Math. Soc. **54** (1943), 229—277.
SKORNJAKOW, L. A.: Natürliche Bereiche von Veblen-Wedderburnschen projektiven Ebenen (russ.), Izv. Akad. Nauk SSSR, Ser. Mat. **13** (1949), 447—472.

Ternärring = ›Ternärkörper

tertiäres Ideal eines linksnoetherschen (nichtkommutativen) Rings R heißt ein Linksideal I, für das aus $a, b \in R$, $b \notin I$, $aRb \subset I$ folgt, daß es zu beliebigem $c \in R \setminus I$ ein $d \in Rc \setminus I$ gibt mit $aRd \subset I$ (Verallgemeinerung des ›Primärideals in kommutativen Ringen). Ein t. I. eines noetherschen Rings R ist genau dann Primärideal, wenn in R der Satz von ›Artin-Rees gilt.

Lit.: [R 23]

Tetrade ›Dyade

Tetraederform, -gleichung bzw. **-gruppe** ›endliche Drehgruppen

Thompsonsche Untergruppe heißt eine ›charakteristische Untergruppe einer ›p-Gruppe, die von allen abelschen Untergruppen maximaler Ordnung erzeugt wird.

Lit.: [G 15]
THOMPSON, J. G.: A replacement theorem for p-groups and a conjecture. J. Algebra **13** (1969), 149—151.

Thue, Satz von, ›diophantische Gleichung

Tiefe ›M-Sequenz

Tietzesche Operation bzw. **Transformation** ›Erzeugende und Relationen

Tits-System heißt ein Quadrupel (G, B, N, S), wo G eine Gruppe, B und N Untergruppen von G und S Untermenge von $N/(B \cap N)$ ist, so daß gilt:

a) $B \cup N$ erzeugt G, und $B \cap N$ ist Normalteiler in N.

b) S erzeugt die Gruppe $W = N/(B \cap N)$ und besteht aus Elementen der Ordnung 2.

c) $sBw \subset BwB \cup BswB$ für $s \in S$ und $w \in W$.

d) $sBs \not\subset B$ für jedes $s \in S$.

Zu gegebenen G, B, N existiert immer ein (eindeutig bestimmtes) S, so daß (G, B, N, S) T. ist. Das Paar (W, S) ist dann ein ›Coxeter-System.

Eine Untermenge von G heißt *parabolisch*, wenn sie zu einer B enthaltenden Untergruppe konjugiert ist.

Lit.: [EL 4]

T-Körper >topologischer Ring

Topologie, m-, >m-Topologie

topologische Algebra ist eine >R-Algebra, die zugleich topologischer Raum ist, so daß die Abbildungen $(x, y) \mapsto x + y$, $(x, y) \mapsto xy$ und $(\lambda, x) \mapsto \lambda x$ mit $x, y \in A$, $\lambda \in R$ (topologischer Ring) stetig sind. Wird die Topologie durch eine Metrik gegeben, so spricht man von einer *metrischen Algebra*. Bei einer *Banach-Algebra* ist diese Metrik mittels einer Norm definiert, und A ist zugleich Banach-Raum.

Lit.: Beckenstein, E., L. Narici, Ch. Suffel: Topological Algebras. North-Holland, Amsterdam 1977.
Mallios, A.: Topological Algebras. North-Holland, Amsterdam 1986.

topologische Gruppe (gelegentlich auch als *kontinuierliche Gruppe* bezeichnet) heißt eine Gruppe G, die zugleich ein topologischer Raum ist (der *Gruppenraum*), so daß die durch $(x, y) \mapsto xy$ und $x \mapsto x^{-1}$ erklärten Abbildungen von $G \times G$ bzw. G in G stetig sind (statt dessen kann man auch die Stetigkeit der Abbildung $(x, y) \mapsto xy^{-1}$ fordern). Zur Vorgabe der Topologie auf G genügt es, ein *vollständiges System* $\mathfrak{U}$ *von Umgebungen* des Einselements e anzugeben, da sich hieraus durch Multiplikation mit einem Gruppenelement g ein Umgebungssystem von g ergibt. Ein solches System $\mathfrak{U}$ ist durch folgende Eigenschaften charakterisiert:

a) Der Durchschnitt aller Mengen aus $\mathfrak{U}$ enthält nur e.

b) Der Durchschnitt zweier Mengen von $\mathfrak{U}$ enthält eine Menge von $\mathfrak{U}$.

c) Zu jeder Menge U von $\mathfrak{U}$ gibt es eine Menge V aus $\mathfrak{U}$ mit $VV^{-1} \subset U$.

d) Zu jeder Menge $U \in \mathfrak{U}$ und jedem Element $a \in U$ gibt es eine Menge $V \in \mathfrak{U}$ mit $Va \subset U$.

e) Zu jeder Menge $U \in \mathfrak{U}$ und jedem Element $a \in G$ gibt es eine Menge $V \in \mathfrak{U}$ mit $a^{-1}Va \subset U$.

Hierzu gibt es stets eine eindeutig bestimmte Topologie auf G. Zum Nachweis lokaler topologischer Eigenschaften von G genügt es, diese Eigenschaften für die Umgebungen des Einselements nachzuweisen.

Die topologischen Begriffe wie kompakt, zusammenhängend usw. übertragen sich auf t. G. Der Gruppenraum ist homogen; genügt er dem T_0-Trennungsaxiom, so ist er hausdorffscher vollständig regulärer Raum. Ist er bogenweise zusammenhängend, so ist seine Fundamentalgruppe kommutativ. Meist verlangt man, daß der Gruppenraum ein hausdorffscher Raum ist. Jede abstrakte Gruppe kann auch als *diskrete t. G.* (auch *diskontinuierliche Gruppe* genannt) aufgefaßt werden (jede einelementige Menge und daher jede Menge ist dann offen [und zugleich abgeschlossen]). Eine t. G. ist als topologischer Raum stets regulär. Die [*Zusammenhangs-*] *Komponente* K des Einselements von G ist abgeschlossener Normalteiler; die Komponente eines beliebigen Elements $x \in G$ ist gerade die >Restklasse $xK = Kx$ von G nach K. Die Faktorgruppe G/K ist total unzusammenhängend. Ist G lokalkompakt, so ist K gleich dem Durchschnitt aller von je einer Umgebung des Einselements erzeugten Untergruppen von G.

Der Gruppenraum einer t. G. stellt sogar einen *uniformen Raum* dar. Dieser ist im Falle einer lokalkompakten Gruppe *vollständig*, läßt sich also nicht als dichter Teilraum eines umfassenderen uniformen Raums auffassen. Genügt G dem ersten Abzählbarkeitsaxiom, so ist G genau dann vollständig, wenn jede *Cauchy-Folge* konvergiert, d. h. jede Folge $\{x_n\}$, für die zu jeder Umgebung U des Einselements eine natürliche Zahl $N = N(U)$ mit $x_m x_n^{-1} \in U$ für $m, n \geqq N$ existiert. *Vollständige Hülle* G einer t. G. G heißt eine vollständige t. G. $\hat{G}$, die G als dichte Untergruppe enthält; wenn sie existiert (z. B. im Falle abelscher Gruppen), ist sie eindeutig bestimmt. Aus der additiven t. G. der rationalen Zahlen entsteht durch Vervollständigung die additive t. G. aller reellen Zahlen.

Die wichtigsten kommutativen t. G. sind die lokalkompakten, auf die sich die von L. Pontrjagin und E. van Kampen entwickelte *Dualitätstheorie* (>Charaktergruppe und dortige Lit.) bezieht. Die Struktur lokalkompakter Gruppen mit abzählbarer Basis wurde von Pontrjagin geklärt, wichtige Verallgemeinerungen stammen von E. van Kampen. Für die kommutativen lokalkompakten t. G. wurde das *V. Hilbertsche Problem* gelöst: Jede zusammenhängende, lokalzusammenhängende, lokalkompakte kommutative t. G. G ist Produkt einer Vektorgruppe und einer endlichdimensionalen Torusgruppe; ist G insbesondere endlichdimensional, so ist G >Liesche Gruppe.

Lit.: [D 27 I], [G 31], [L 4 I]
HILBERT, D.: Mathematische Probleme. Nachr. Akad. Wiss. Göttingen, math.-phys. Kl. math.-phys.-chem. Abt. (1900), 253–297; Die Hilbertschen Probleme. Akad. Verlagsges. Geest & Portig, Leipzig 1979.
LEJA, F.: Sur la notion du groupe abstrait topologique. Fundamenta Math. 9 (1927), 37–44.
SCHREIER, O.: Abstrakte kontinuierliche Gruppen. Abh. Math. Sem. Univ. Hamburg 4 (1925), 15–32.
WEIL, A.: L'intégration dans les groupes topologiques. Hermann, Paris 1940.

topologische Halbgruppe heißt eine >Halbgruppe, die zugleich hausdorffscher topologischer Raum ist, für die die Halbgruppenoperationen stetig sind.

Lit.: BERGLUND, J., K. HOFMANN: Compact semitopological semigroups and almost periodic functions. LNM 42. Springer, Berlin 1967.
HOFMANN, K., M. MISLOVE, A. STRALKA: The Pontryagin duality for compact 0-dimensional semilattices and its applications. LNM 396. Springer, Berlin 1974.

HOFMANN, K. H., P. S. MOSTERT: Elements of compact semigroups. Chas. E. Merrill Books, Columbus 1966.
PAALMANN-DE MIRANDA, A.: Topological semigroups. Mathematisch Centrum, Amsterdam 1964.

topologischer Körper >topologischer Ring

topologischer Modul (Links- bzw. Rechtsmodul) heißt ein Links- bzw. Rechtsmodul M über einem >topologischen Ring, der bezüglich der Addition zugleich >topologische Gruppe und für den die Multiplikation mit Elementen aus R eine stetige Abbildung von $R \times M$ in M darstellt. Der Faktormodul eines hausdorffschen t. M. nach einem abgeschlossenen Untermodul ist ein hausdorffscher t. M. Analog ist der Begriff eines *topologischen G-Moduls* erklärt, wo G eine topologische Gruppe ist.

Lit.: [EG 3], [R 4]

topologischer Ring (= *T-Ring*) heißt ein >Ring R, der zugleich topologischer Raum ist und in dem die Abbildungen $(x, y) \mapsto x - y$ und $(x, y) \mapsto xy$ von $R \times R$ in R stetig sind (die erste Bedingung kann auch durch die Stetigkeit der Addition und des Übergangs zum entgegengesetzten Element ersetzt werden). Die auf R definierte Topologie heißt *Ringtopologie*. In einem Ring R kann man z. B. dadurch eine Topologie definieren, daß man eine Folge ineinandergeschachtelter zweiseitiger Ideale $\mathfrak{g}_1 \supset \mathfrak{g}_2 \supset \cdots$ wählt und als Basisumgebungen der Null diese Ideale nimmt; auf diese Weise erhält man die sog. $\{\mathfrak{g}_\nu\}$*-adische Topologie*. Diese ist hausdorffsch, wenn der Durchschnitt aller $\mathfrak{g}_\nu$ nur aus der Null besteht. Wählt man insbesondere die Potenzen eines Primideals $\mathfrak{p}$, so erhält man auf diese Weise die sog. $\mathfrak{p}$*-adische Topologie* (>$\mathfrak{m}$-Torologie). Unterringe und Restklassenringe t. R. sind t. R.; der Restklassenping eines hausdorffschen t. R. nach einem abgeschlossenen Ideal ist hausporffsch.

Ein t. R. K, der zugleich Schiefkörper ist und in dem außerdem die Abbildung $x \mapsto x^{-1}$ auf $K \setminus \{0\}$ stetig ist, heißt *topologischer Schiefkörper* oder *T-Schiefkörper*; die unterliegende Topologie heißt dann auch *Körpertopologie*. Ein kommutativer topologischer Schiefkörper heißt *topologischer Körper* oder *T-Körper*. Beispiele hierzu sind alle bewerteten Körper, die Körper der reellen, der komplexen und der $\mathfrak{p}$-adischen Zahlen sowie ihre Unterkörper. Nach einem Satz von PONTRJAGIN ist jeder lokalkompakte zusammenhängende topologische Körper einem der folgenden drei topologischen Körper isomorph: dem Körper der reellen Zahlen mit der üblichen Topologie der Zahlengeraden, dem Körper der komplexen Zahlen mit der Topologie der Zahlenebene oder dem Quaternionenkörper mit der üblichen Topologie des vierdimensionalen Zahlenraums.

Lit.: [A 13], [A 17 II], [EG 3], [G 31 I]
ARNAUTOW, W. I., M. I. WODINTSCHAR, A. W. MICHALEW (В. И. Арнаутов, М. И. Водинчар, А. В. Михалев): Введение в теорию топологических колец и модулей. Ştiinca, Kischinew 1981.

KOWALSKY, H.-J.: Zur topologischen Kennzeichnung von Körpern. Math. Nachr. 9 (1953), 261–268.
KOWALSKY, H.-J., H. DÜRBAUM: Arithmetische Kennzeichnung von Körpertopologien. J. reine angew. Math. 191 (1953), 135–152.
PONTRJAGIN, L.: Über stetige algebraische Körper. Ann. of Math. (2) 33 (1932), 163–174.
SKORNJAKOW, L. A. (Л. А. Скорняков): Элементы общей алгебры. Nauka, Moskau 1983.
WIĘSŁAW, W.: Topological fields. Wrocław 1982.

topologischer Schiefkörper >topologischer Ring

Tor-Funktor >abgeleiteter Funktor

Toroid (*n-dimensionaler Torus*) heißt eine reelle kompakte zusammenhängende abelsche >Liesche Gruppe. Jedes n-dimensionale T. ist zu $\mathbb{R}^n \bmod \mathbb{Z}^n$ isomorph.

In einer kompakten Lieschen Gruppe G ist jede maximale abelsche Untergruppe ein T., ein sog. *maximales T.* Wenn G zusammenhängend ist, sind alle maximalen T. konjugiert, G ist die Vereinigung seiner maximalen T., und ihre Lieschen Algebren sind die Cartanschen Unteralgebren der Lieschen Algebra von G.

Lit.: [EL 9], [L 21]

torsionsfreie Gruppe (= *lokal unendliche Gruppe*) heißt eine Gruppe, die außer dem Einselement keine Elemente endlicher Ordnung enthält. Jede >abelsche t. G. vom >Rang 1 ist zu einer Untergruppe von $\mathbb{Z}$ isomorph, und alle Elemente $\neq 0$ haben denselben Typ (>Höhe). Zwei Gruppen vom Rang 1 sind genau dann isomorph, wenn ihre Elemente denselben Typ haben. Jeder Typ wird durch eine Untergruppe von $\mathbb{Z}$ realisiert.

Eine abelsche t. G. heißt *homogen*, wenn alle ihre Elemente $\neq 0$ denselben Typ haben. Eine homogene Gruppe G endlichen Rangs ist genau dann *vollständig zerlegbar* (d. h. direkte Summe von Gruppen vom Rang 1), wenn stets G/B endlich ist, falls jeweils die Untergruppe B von G direkte Summe von r >Servanzuntergruppen vom Rang 1 ist. Eine abelsche t. G. heißt *separabel*, wenn jede endliche Untergruppe von G in einen vollständig zerlegbaren direkten Summanden von G eingebettet werden kann. Eine abzählbare separable Gruppe ist vollständig zerlegbar.

Eine abelsche t. G. G heißt *schlank*, wenn jeder Homomorphismus η einer uneingeschränkten direkten Summe abzählbar vieler unendlicher zyklischer Gruppen in G fast alle Komponenten auf 0 abbildet. Eine t. G., deren Typ von der Form $(k_1, k_2, \ldots)$ ist, wobei $k_n = 0$ für unendlich viele Indizes n ist, ist schlank. Für zahlreiche weitere Aussagen >[G 13].

torsionsfreier Modul heißt ein Modul M über einem nullteilerfreien Ring R, für den aus $rm = 0$ mit $r \in R$ und $m \in M$ stets $r = 0$ oder $m = 0$ folgt. Untermoduln, ›direkte Summen und ›direkte Produkte t. M. sind t. M. Der *Torsionsmodul* $T(M)$ eines Moduls M über einem kommutativen Ring R besteht aus allen $m \in M$, zu denen ein $r \in R$ mit $rm = 0$ und $r \neq 0$ existiert; der Faktormodul $M/T(M)$ ist dann t. M. Im Falle eines nicht nullteilerfreien Rings R heißt M t. M., wenn aus $rm = 0$, $r \neq 0$, $m \neq 0$ folgt, daß r Nullteiler ist.

Lit.: [R 11], [R 17]

torsionsfreier Ring heißt ein Ring, dessen ›Additivgruppe ›torsionsfrei ist.

Torsionsgruppe = ›periodische Gruppe

Torsionsklasse ›periodische Halbgruppe

Torsionskoeffizienten ›Basis einer abelschen Gruppe

torsionsloser Modul ›Linearform

Torsionsmodul ›torsionsfreier Modul, ›periodische Gruppe

Torsionsprodukt $\mathrm{Tor}(A, G)$ der (additiven) abelschen Gruppen A und G heißt die von den Tripeln (a, m, g) mit $a \in A, g \in G, m \in \mathbb{Z}$ $(m > 0)$ mit $ma = mg = 0$ und den definierenden Relationen

$$(a_1 + a_2, m, g) = (a_1, m, g) + (a_2, m, g) \quad \text{für} \quad ma_1 = ma_2 = mg = 0,$$

$$(a, m, g_1 + g_2) = (a, m, g_1) + (a, m, g_2) \quad \text{für} \quad ma = mg_1 = mg_2 = 0,$$

$$(a, mn, g) = (na, m, g) \quad \text{für} \quad mna = mg = 0,$$

$$(a, mn, g) = (a, m, ng) \quad \text{für} \quad ma = mng = 0$$

erzeugte abelsche Gruppe. Vermöge des natürlichen Isomorphismus $(a, m, g) \mapsto (g, m, a)$ ist $\mathrm{Tor}(A, G) \cong \mathrm{Tor}(G, A)$.

$\mathrm{Tor}(?, G)$ ist der erste ›abgeleitete Funktor des Funktors (›Kategorientheorie) ›Tensorprodukt $? \otimes G$, und die höheren abgeleiteten Funktoren verschwinden. Daher gibt es zu jeder kurzen ›exakten Sequenz $E: 0 \to A \xrightarrow{\alpha} B \xrightarrow{\beta} C \to 0$ (additiver) abelscher Gruppen eine induzierte exakte Sequenz

$$0 \to \mathrm{Tor}(A, G) \xrightarrow{\alpha_*} \mathrm{Tor}(B, G) \xrightarrow{\beta_*} \mathrm{Tor}(C, G) \xrightarrow{E_*} A \otimes G \xrightarrow{\alpha \otimes 1} B \otimes G$$

$$\xrightarrow{\beta \otimes 1} C \otimes G \to 0$$

wobei der *Verbindungshomomorphismus* E_* der Erzeugenden (c, m, g) von $\mathrm{Tor}(C, G)$ mit $c \in C$, $mc = mg = 0$ das Element $a \otimes g$ zuordnet, wenn $a \overset{\alpha}{\longmapsto} mb$ und $b \overset{\beta}{\longmapsto} c$ gilt.

Tor(A, G) ist stets Torsionsgruppe; wenn A oder G ›p-Gruppe ist, so auch Tor(A, G). Bezeichnet T die Bildung der Torsionsuntergruppe, so ist Tor(A, G) $\cong$ Tor$(T(A), T(G))$; Tor(A, G) ist also genau dann $= 0$, wenn A oder G torsionsfrei ist. Aus $nA = 0$ folgt nTor$(A, G) = 0$ für alle G.

Lit.: [G 14 I], [H 1]

Torsionsring heißt ein Ring, dessen additive Gruppe Torsionsgruppe ist.

Torsionsuntergruppe ›periodische Gruppe

Torus (n-dimensionaler) = ›Toroid

total unzusammenhängende Gruppe (= *nulldimensionale Gruppe* = *vollständig unzusammenhängende Gruppe*) heißt eine ›topologische Gruppe, in der die Komponente des Einselements (und damit jede Komponente) nur aus einem Element besteht; ist sie zudem lokalkompakt mit abzählbarer Basis, so hat sie die Dimension 0. In einer lokalkompakten t. u. G. enthält jede Umgebung des Einselements eine kompakte offene Untergruppe.

Lit.: [G 31 I]

totaler ›**Endomorphismus einer Gruppe** ›partieller Endomorphismus einer Gruppe

totalisotrop ›quadratische Form

totalsenkrechter Raum ›Semibilinearform

Träger Supp(M) eines Moduls M über einem kommutativen Ring R heißt die Menge aller Primideale $\mathfrak{p}$ von R, für die die Lokalisierung (›Quotientenring) $M_{\mathfrak{p}}$ ungleich Null ist. ›assoziierte Primideale.

Lit.: [EC 2]

Trägermenge ›Algebra (universelle)

Trägheitsform ›Resultante

Trägheitsindex ›Sylvestersches Trägheitsgesetz

transformables System (= *Eigensystem*) für eine Gruppe G nichtsingulärer homogener linearer Transformationen $Y_i = \sum_{k=1}^{n} e_i^k X_k$ heißt ein System endlich vieler linear unabhängiger Funktionen $F_1, \ldots, F_r$ von $X_1, \ldots, X_n$ mit der Eigenschaft, daß sich die transformierten Funktionen als Linearkombinationen der alten Funktionen mit Koeffizienten aus einem Körper K darstellen lassen.

Die Schar aller Linearkombinationen dieser Funktionen kann als eine *lineare Schar von* ›*Größen für die Gruppe* G betrachtet werden, die F_i bilden dann eine Basis von ihr bezüglich K.

Ein t. S. heißt *charakteristisch*, wenn die Substitutionen von G die einzigen sind, bei denen das t. S. eine lineare Transformation erfährt. Zum Beispiel ist die Determinante der Matrix X in n^2 Unbestimmten x_{ij} eine charakteristische Invariante der durch die Substitutionen der Form (in Matrizengestalt) $Y = AXB$ oder $Y = A^{\mathsf{T}}XB$ gebildeten Gruppe G mit konstanten nichtsingulären Matrizen A, B.

Lit.: Schur, I.: Einige Bemerkungen zur Determinantentheorie. Sitzungsber. Preuß. Akad. Wiss. Berlin, phys.-math. Kl. **25** (1925), 454–463.

Transformation = ›Abbildung [in sich]

Transformation auf Hauptachsen = ›Hauptachsentransformation

Transformation mit x ›Automorphismus einer Gruppe

Transformationsdeterminante ›lineare Transformation

Transformationsgrößen ›Algebrenklasse

Transformationsgruppe heißt eine Gruppe G, die auf einer gewissen Menge M ›operiert. Die T. heißt *effektiv*, wenn verschiedene Gruppenelemente auch verschiedene Transformationen bewirken. Ist G eine ›topologische Gruppe und erfolgt das Operieren von G durch eine stetige Abbildung f des topologischen Produkts $G \times M$ auf M mit $(g, x) \mapsto f(g, x) = gx \in M$, so spricht man von einer *topologischen T.* Da $g_1(g_2x) = (g_1g_2)\,x$ und $ex = x$ gelten muß (e Einselement), bewirkt jedes Element aus G sogar eine topologische Abbildung von M auf sich. Ist M insbesondere Mannigfaltigkeit und G ›kontinuierliche Gruppe, so spricht man von einer *kontinuierlichen T.*, insbesondere von einer *differenzierbaren T.*, wenn die Abbildung $G \times M \to M$ differenzierbar ist, und von einer *Lieschen T.*, wenn G ›Liesche Gruppe und M analytische Mannigfaltigkeit ist und die Abbildung $G \times M \to M$ analytisch ist (die Analytizität wird nicht immer gefordert). Im Falle einer lediglich ›lokalen Gruppe G spricht man sinngemäß von einer *lokalen kontinuierlichen T.* (oder auch von einer *kontinuierlichen Familie von Transformationen* — früher bereits als T. bezeichnet) oder einer *lokalen Lieschen T.* Eine ›algebraische Gruppe, die auf einer algebraischen Mannigfaltigkeit regulär operiert, ist eine *algebraische T.*

Wenn G Liesche T. der Mannigfaltigkeit M und $x \in M$ ist, so ist die Menge der $g \in G$, die x auf sich abbilden, eine abgeschlossene Liesche Untergruppe von G, der *Stabilisator* oder die *Isotropieuntergruppe* von x. (Diese Bezeichnungen werden auch in allgemeineren Fällen gebraucht.)

Zwei Liesche T. G_1, G_2 (der Mannigfaltigkeiten M_1 bzw. M_2) heißen *ähnlich*, wenn ihre Wirkungen mit einem gewissen Diffeomorphismus $\varphi: M_1 \to M_2$ kommutieren: $f(g, x) \overset{\varphi}{\mapsto} f(g, \varphi(x))$.

Auf T. übertragen sich die Begriffsbildungen der ›Permutationsgruppen wie *Transitivität, Imprimitivitätssysteme* (= *Imprimitivitätsmannigfaltigkeiten*) usw. Ist die T. transitiv, so sind alle Stabilitätsgruppen konjugiert.

Eine T. G von Homöomorphismen eines hausdorffschen Raums X heißt *diskontinuierlich*, wenn es zu je zwei Punkten $x, y \in X$ Umgebungen U bzw. V gibt, so daß die Menge der $g \in G$ mit $g(U) \cap V \neq \emptyset$ endlich ist. Der *Stabilisator* $G_x = \{g \in G \mid g(x) = x\}$ eines Punktes $x \in X$ ist endlich, der Orbit eines beliebigen Punktes diskret. Beispiele: Gruppe der Parallelverschiebungen um ganzzahlige Vektoren; endliche Gruppen.

Eine abgeschlossene Untermenge D von X heißt *Fundamentalbereich* von G, wenn sie Abschluß einer offenen Untermenge ist und die Mengen $g(D)$ für $g \in G$ paarweise keine innere Punkte gemein haben und eine lokalendliche Überdeckung von X bilden.

Lit.: [G 31], [L 25]
ABELS, H.: Geometrische Erzeugung von diskontinuierlichen Gruppen. Schr. Math. Inst. Univ. Münster No. 33, 1966.
APANASOW, B. N. (Б. Н. Апанасов): Дискретные группы преобразований и структуры многообразий. Nauka, Nowosibirsk 1983.
DIECK, T. tom: Transformation Groups. De Gruyter, Berlin 1987.
LEHNER, J.: Discontinuous groups and automorphic functions. Amer. Math. Soc., Providence 1964.
PETRIE, T., J. D. RANDALL: Transformation Groups on Manifolds. Dekker, New York 1984.

Transformationshalbgruppe einer Menge X heißt eine ›Halbgruppe von Abbildungen von X in sich mit der Hintereinanderausführung als Verknüpfung; die Menge aller Abbildungen von X in sich bildet die *symmetrische Halbgruppe* T_X. T. P_i von X_i $(i = 1, 2)$ heißen *ähnlich*, wenn es Bijektionen $\sigma: X_1 \to X_2$ und $\tau: P_1 \to P_2$ gibt, so daß für alle $u \in P_1$ das Diagramm kommutativ ist. Ähnliche T. sind auch isomorph.

$$\begin{array}{ccc} X_1 & \xrightarrow{\sigma} & X_2 \\ {\scriptstyle u}\downarrow & & \downarrow{\scriptstyle u^\tau} \\ X_1 & \xrightarrow[\sigma]{} & X_2 \end{array}$$

Allgemeiner betrachtet man auch Halbgruppen von partiellen und mehrdeutigen Transformationen.

Lit.: [S 1], [S 3]
SCHEIN, B. M.: Relation algebra und function semigroups, Semigroup Forum 1 (1970), 1–62.

Transformationsmatrix ›lineare Transformation

Transformationsproblem ›Wortproblem

Transformator ›Lipschitzsche Algebra

transitiv >Permutationsgruppe, >transitive Transformationsgruppe

transitive >**Transformationsgruppe** heißt eine auf einer Menge M operierende Gruppe (z. B. >Permutationsgruppe, >Liesche Gruppe) G, in der es zu je zwei Elementen $x, y \in M$ ein Element $\sigma \in G$ gibt, das x in y überführt: $x^\sigma = y$. G >operiert *n-fach transitiv*, wenn es zu je zwei n-Tupeln $(x_1, \ldots, x_n)$ und $(y_1, \ldots, y_n)$ von jeweils paarweise verschiedenen Elementen aus M ein $\sigma \in G$ mit $x_i^\sigma = y_i$ für $i = 1, \ldots, n$ gibt; M heißt dann insbesondere (vornehmlich, wenn M eine Mannigfaltigkeit ist), *n-homogen* in bezug auf G.

Lit.: [G 25]

Transitivitätsformel >charakteristisches Polynom 4.

Transitivitätsgrad >Permutationsgruppe

Transitivitätsklasse >Permutationsgruppe, >Operieren

Transitivitätssystem >Permutationsgruppe

transjugierte Matrix >begleitende Matrix

Translation einer Funktion: Ist f Funktion auf einer Gruppe G, so gehen die durch ${}_af(x) = f(a^{-1}x)$ und $f_a(x) = f(xa^{-1})$ definierten Funktionen ${}_af$ bzw. f_a durch *links-* bzw. *rechtsseitige* T. mit dem festen Gruppenelement a aus f hervor.

Translation einer >**metrischen Gruppe**

Translation in einer Gruppe: Jedes Element a einer Gruppe G definiert zwei Abbildungen $x \mapsto ax$ bzw. $x \mapsto xa$, die *linke* bzw. *rechte T.* (*Homothetie* oder *Multiplikation*) mit dem Element a. Im Falle einer >topologischen Gruppe sind diese Abbildungen stetig.

Transmutationssystem = >Mischgruppe

transponierte Intervalle >modularer Verband

transponiert-konjugierte Matrix = >begleitende Matrix

Transposition >Permutation

Transpositionsprinzip >modularer Verband

transzendent >algebraisch abhängig

Transzendente >Polynom

Transzendenzbasis >Transzendenzgrad

Transzendenzgrad (= *Dimension*) einer >Körpererweiterung K/k heißt die Maximalzahl über k algebraisch unabhängiger Elemente von K (>algebraisch abhängig), genauer: die Kardinalzahl eines maximalen über k algebraisch unabhängigen Systems von Elementen von K, einer sog. *Transzendenzbasis* von K/k; diese Kardinalzahl ist von der Wahl der Transzendenzbasis unabhängig. Der T. von K/k heißt auch *Relativdimension* (*relative Dimension*) im Gegensatz zur *absoluten Dimension* von K, dem T. von K über seinem Primkörper. Adjungiert man die Elemente einer Transzendenzbasis von K/k zu k, so erhält man einen Zwischenkörper L, der rein transzendent über k und über dem K algebraisch ist; die Körperkette $k \subset L \subset K$ heißt auch eine *Steinitzsche Zerlegung* von K/k. Ist K_1/k Körpererweiterung vom T. d_1, K/K_1 Körpererweiterung vom T. d_2, so hat K/k den T. $d_1 + d_2$; ist K_2/k eine weitere Körpererweiterung vom T. d_2, so hat das >Kompositum K_1K_2 über k einen T. $\leqq d_1 + d_2$. Eine Körpererweiterung K/k ist genau dann *transzendent*, wenn sie einen T. $\geqq 1$ besitzt.

Diese Begriffsbildungen lassen sich sinngemäß auch auf >Integritätsbereiche übertragen, indem man deren Quotientenkörper betrachtet.
>Abhängigkeitsbeziehung.

Lit.: [A 14], [A 17 I], [A 18 I]

Trapezform >Gaußsches Eliminationsverfahren

treuer Funktor >Kategorientheorie

treuer Modul heißt ein R-Links- (bzw. R-Rechts-) Modul M, für den $rM \neq 0$ (bzw. $Mr \neq 0$) für alle $r \neq 0$ aus R ist.
>primitiver Ring.

Lit.: [R 21]

treuflacher Modul über einem Ring R heißt ein R-Modul P, der folgenden äquivalenten Bedingungen genügt:

a) Eine Sequenz $A \xrightarrow{\alpha} B \xrightarrow{\beta} C$ von Rechtsmoduln ist genau dann >exakt, wenn die Folge der >Tensorprodukte

$$A \otimes_R P \xrightarrow{\alpha\otimes 1} B \otimes_R P \xrightarrow{\beta\otimes 1} C \otimes_R P \quad \text{exakt ist.}$$

b) P ist >flach, und für jeden R-Rechtsmodul $M \neq (0)$ ist $M \otimes_R P \neq (0)$.

c) P ist flach, und für alle R-Rechtsmoduln M, N ist der kanonische Homomorphismus $\mathrm{Hom}_R(M, N) \to \mathrm{Hom}_Z(M \otimes_R P, N \otimes_R P)$ injektiv.

d) P ist flach, und für jedes maximale Rechtsideal $\mathfrak{m}$ von R ist $\mathfrak{m}P \neq P$.

Ein t. M. ist flach und treu, aber nicht umgekehrt.
Ein *Ring* heißt *treuflach*, wenn er als Modul über sich t. M. ist.

Lit.: [R 24]

treuflacher Ring >treuflacher Modul

Triade >Dyade

Tridiagonalmatrix = >Jacobische Matrix

trigonalisierbare Matrix >ähnliche Matrizen

T-Ring = >topologischer Ring

Tripel = >Monade

triviale Graduierung >graduierter Modul

triviale Identität heißt in der >Invariantentheorie eine ganze rationale Relation zwischen symbolisch dargestellten Invarianten (>symbolische Methode), die aus gewissen einfacheren Umformungen, wie Vertauschung äquivalenter Symbolreihen u. dgl., hervorgeht.

Lit.: [I 12]

triviale Lösung >lineares Gleichungssystem

trivialer Homomorphismus = >Nullhomomorphismus

T-Schiefkörper >topologischer Ring

Tschirnhaus[en]-Transformation: Bei der T. versucht man, durch Ersetzung der einzelnen Nullstellen α_i eines Polynoms f (in einem Zerfällungskörper von f) durch rationale Funktionen $\varphi(\alpha_i) = \beta_i$ zu einer einfacheren Gleichung für die β_i zu kommen, aus denen sich dann die α_i berechnen lassen. Das läuft darauf hinaus, den von dem >algebraischen Element x mit der >definierenden Gleichung $f(x) = 0$ (unter der Voraussetzung der Irreduzibilität von f über dem betrachteten Grundkörper k) über k erzeugten Oberkörper in anderer, einfacherer Weise zu erzeugen. Insbesondere versteht man speziell unter T. die Verwandlung der vorgelegten >algebraischen Gleichung in eine andere desselben Grades, in der mehrere Glieder fehlen. Zum Beispiel kann man in $f(x) = x^n + a_1x^{n-1} + \cdots + a_n$ den Koeffizienten von x^{n-1} durch die Substitution $x + \frac{a_1}{n} = z$ beseitigen:

$$f(x) = z^n + \left[a_2 - \frac{1}{2}\left(1 - \frac{1}{n}\right) a_1^2\right] z^{n-2} + \cdots.$$

Tschirnhaus zeigte, daß man in $f(x) = 0$ beliebig viele Glieder beseitigen kann, wenn man eine passende Transformation $y = \frac{g(x)}{h(x)}$ durchführt, wo g und h Polynome in x sind und h mit f keine Nullstelle gemein hat. Die Koeffizienten der Transformation sind so zu bestimmen, daß sie einem gewissen Gleichungssystem genügen. Hat man auf diese Weise eine Gleichung n-ten Grades in eine ebensolche verwandelt, bei der die Koeffizienten der $(n-1)$-ten und der $(n-2)$-ten Potenz der Unbekannten verschwinden, so wird die transformierte Gleichung vielfach eine *Hauptgleichung* genannt. Ist z. B. $z^3 = px + q = 0$ gegeben, so kann man $y = z^2 + rz + \frac{2p}{3}$ setzen und z aus beiden Gleichungen eliminieren. Die entstehende Gleichung ist in y vom dritten Grad und ist ebenfalls von der zweithöchsten Potenz der Unbekannten frei. Durch passende Wahl von r kann auch noch der Koeffizient von y zum Verschwinden gebracht werden, so daß sich eine *reine Gleichung* dritten Grades für y ergibt. Aus y läßt sich z gemäß $z = \dfrac{\frac{2}{3}pr + q - ry}{-r^2 - \frac{p}{3} - y}$ berechnen. Die allgemeine Gleichung fünften Grades läßt sich durch Auflösung von Hilfsgleichungen der Grade 1, 2 und 3 auf die *Bring-Jerrardsche Normalform* (= *Bring-Jerrardsche Gleichung*) $y^5 - y - A = 0$ reduzieren. Unter ausschließlicher Benutzung von Hilfsgleichungen vom Grad $\leqq 4$ kann man vier Glieder (nur) bei Gleichungen vom Grad $\geqq 10$ wegschaffen.

Lit.: [A 8 I], [A 16]
Bohlin, K.: Zur Theorie der algebraischen Gleichungen. Ark. för Mat., Astron. och Fys. **3**, Nr. 5 (1906).
Klein, F.: Vorlesungen über das Ikosaeder und die Auflösung der Gleichungen vom fünften Grade. Teubner, Leipzig 1884.

Typ >Ulmsche Folge, >Höhe eines Elements, einer >monogenen Halbgruppe, einer >Relation, einer universellen >Algebra

Typ quadratischer Formen: Zwei >quadratische Formen $f(x_1, \ldots, x_m)$ und $g(x_1, \ldots, x_n)$ mit Koeffizienten aus einem Körper gehören genau dann zum gleichen *Typ*, wenn

$$f(x_1, \ldots, x_m) + x_{m+1}x_{m+2} + \cdots + x_{m+2r-1}x_{m+2r}$$

und

$$g(x_1, \ldots, x_n) + x_{n+1}x_{n+2} + \cdots + x_{n+2s-1}x_{n+2s}$$

für geeignete natürliche Zahlen r, s >äquivalent im weiteren Sinne sind.

typische Darstellung (= Typik): Setzt man in eine Kovariante K einer binären Form f p-ten Grades in x_1, x_2 an Stelle von x_1 und x_2 lineare Kovarianten L_1 und L_2 ein, so wird f und damit jede Kovariante von f durch L_1 und L_2 rational darstellbar (*t. D.*). Hat f keine linearen Kovarianten, wie z. B. bei geradem p, so erhält man eine t. D. von f, indem man nicht x_1 und x_2, sondern x_1^2, x_1x_2 und x_2^2 durch drei quadratische Kovarianten ersetzt.

Lit.: Clebsch, A.: Binäre Formen. Teubner, Leipzig 1872.

Typus ›Basis einer abelschen Gruppe, ›Ulmsche Folge, einer universellen ›Algebra

U

überauflösbare Gruppe heißt eine Gruppe G, die eine endliche Normalreihe $G = A_0 \supset A_1 \supset A_2 \supset \cdots \supset A_r = E$ mit zyklischen Faktorgruppen A_i/A_{i+1} besitzt. Ü. G. sind ›polyzyklisch. Untergruppen und Faktorgruppen ü. G. sind ü. G., ü. G. genügen daher der ›Maximalbedingung. Eine ü. G. besitzt auch eine Normalreihe, deren Faktoren entweder unendlich zyklisch oder zyklisch von Primzahlpotenzordnung sind, wobei man voraussetzen kann, daß diese Ordnungen monoton wachsen. Die ›Kommutatorgruppe einer ü. G. ist ›nilpotent. In einer endlichen ü. G. haben alle maximalen Ketten von Untergruppen dieselbe Länge; endliche Gruppen sind genau dann ü. G., wenn sie diese Eigenschaft haben (Iwasawa). Eine endliche Gruppe, in der alle maximalen Untergruppen Primzahlindex haben, ist ü. G. (Huppert). Weitere Eigenschaften ›[G 23].

Vgl. p-überauflösbare Gruppe (›p-auflösbare Gruppe).

Lit.: [G 19], [G 23]

Überdeckungsgruppe ›polyadische Gruppe

überflüssiger Untermodul = ›kleiner Untermodul

Übergang a → a′ heißt in der ›Invariantentheorie die Ersetzung von Produkten aus $n - 1$ $(n - 1)$-fältigen Komplexsymbolen (›symbolische Methode) durch Glieder einer kontragredienten Größenreihe, z. B. $a_1' = a_2a_3 \ldots a_n$, $-a_2' = a_1a_3 \ldots a_n, \ldots$

Lit.: [I 12]

Übergang zu einer anderen Basis eines ›Vektorraumes

Übergangsmatrix bzw. **-substitution** ›lineare Transformation

Überlagerungsabbildung ›Überlagerungsgruppe

Überlagerungsgruppe einer ›topologischen Gruppe G, die (wegeweise) zusammenhängend und lokalzusammenhängend ist, heißt jeder *Überlagerungsraum* $\tilde{G}$ (d. h. ein topologischer Raum $\tilde{G}$ zusammen mit einer stetigen sog. *Überlagerungsabbildung* f von $\tilde{G}$ auf G mit der Eigenschaft, daß zu jedem Punkt $\tilde{x}$ von $\tilde{G}$ eine Umgebung existiert, die durch f homöomorph auf eine Umgebung von $f(\tilde{x})$ abgebildet wird), der zugleich topologische Gruppe ist und für den f einen Homomorphismus (*Überlagerungshomomorphismus*) von $\tilde{G}$ auf G bewirkt. Wenn $\tilde{G}$ einfachzusammenhängend ist, heißt $\tilde{G}$ *universelle Ü.* von G; diese ist bis auf einen topologischen Isomorphismus durch G eindeutig bestimmt, und der Kern des Überlagerungshomomorphismus f ist zur *Fundamentalgruppe* (= 1. *Homotopiegruppe*) von G isomorph. Diese Begriffsbildungen sind insbesondere auf ›Liesche Gruppen anwendbar.

Lit.: [G 31 II], [L 5]

Überlagerungshomomorphismus ›Überlagerungsgruppe

Überlagerungsraum ›Überlagerungsgruppe

Überschiebung ›symbolische Methode

überschlagene Determinante = schiefsymmetrische Determinante

U-Kettensatz = ›Vielfachenkettensatz

Ulm, Satz von, ›Ulmsche Folge

Ulmsche Folge: G sei eine (additiv geschriebene) abzählbare reduzierte (›divisionsvollständige Gruppe) ›primäre abelsche Gruppe, $G^0 = G$, G^1 die Untergruppe der Elemente unendlicher ›Höhe in G, einschließlich der Null, analog gehe G^2 aus G^1 hervor, usw. Ist dann die Untergruppe G^α bereits für alle Ordnungszahlen α erklärt, die kleiner als β sind, so sei G^β im Falle einer Nichtlimeszahl β die Menge aller Elemente von $G^{\beta-1}$, die in $G^{\beta-1}$ unendliche Höhe haben, einschließlich der Null; im Falle einer Limeszahl β sei dagegen $G^\beta = \bigcap_{\alpha<\beta} G^\alpha$. Auf diese Weise entsteht eine absteigende Folge $G = G^0 \supset G^1 \supset \cdots \supset G^\alpha \supset \cdots$ sog. *Ulmscher Untergruppen*, die bei einem gewissen τ abbrechen muß (d. h. $G^\tau = G^{\tau+1}$); G^τ muß somit ›divisionsvollständig sein, kann also wegen der vorausgesetzten Reduziertheit nur die Nulluntergruppe sein. τ heißt der *Typ* (*Ulm-Typ*) oder *Typus* von G. Gruppen ohne Elemente unendlicher Höhe haben den Typus 1. Die obige, für eine beliebige abelsche Gruppe bildbare Untergruppenfolge heißt im Falle einer reduzierten Gruppe die *U. F.*, ihre Faktorgruppen $\overline{G}^\alpha = G^\alpha/G^{\alpha+1}$ heißen die *Ulmschen Faktoren*; sie sind nach dem 2. Prüferschen Satze direkte Produkte zyklischer Gruppen. Der *Satz von Ulm* besagt: Haben zwei abzählbare reduzierte primäre Gruppen denselben Typus τ und sind für jedes α kleiner τ ihre Ulmschen Faktoren isomorph, so sind sie selbst isomorph, und umgekehrt.

Satz von Zippin: Es gibt genau dann eine abzählbare reduzierte ›p-Gruppe G vom Ulmschen Typ τ mit der U. F. G_α $(0 \leqq \alpha < \tau)$, wenn τ eine endliche oder abzählbar unendliche Kardinalzahl ist und die G_α abzählbare p-Gruppen ohne Elemente unendlicher Höhe sind, so daß kein G_α mit $\alpha + 1 < \tau$ ordnungsbeschränkt ist.

Lit.: [G 13], [G 14], [G 26I], [G 35]
Kaplansky, I.: Infinite abelian groups. Univ. of Michigan Press, Ann Arbor 1956.

Ulmsche Untergruppe, Ulmscher Faktor, Ulm-Typ ›Ulmsche Folge

Ultrafilter = Primfilter ›Primideal 2.

Ultragruppe ›Multigruppoid

Umgebungssystem des Einselements ›topologische Gruppe

UM-Gruppe ›Untergruppenverband

Umkehrabbildung ›Abbildung

umkehrbarer Modul ›Ordnung eines Ringes

Umkehrrelation ›Relation

Umkehrungsprinzip = ›Kommutativgesetz

Umordnung = ›Permutation

unabhängig bezüglich eines Ideals ›Primbasis

unabhängige Elemente ›unabhängige Menge

unabhängige Menge: 1. eines Verbands: Die Elemente $a_1, \ldots, a_n$ eines ›Verbands L mit Nullelement 0 heißen *unabhängig*, wenn der Durchschnitt eines Elements mit dem Durchschnitt der übrigen stets gleich 0 ist. Eine Untermenge M eines Verbands mit Nullelement, die nicht 0 enthält, heißt u. M., wenn für beliebige endliche Untermengen X, Y von M gilt: $\bigvee X \wedge \bigvee Y = \bigvee (X \wedge Y)$. Das ist genau dann der Fall, wenn die Abbildung $X \mapsto \bigvee X$ ein Isomorphismus zwischen dem von M erzeugten Unterverband und dem Verband der endlichen Untermengen von M herstellt. Im Falle eines ›modularen Verbands mit 0 ist eine n-elementige Menge $\{x_1, \ldots, x_n\}$ aus $L \setminus \{0\}$ genau dann u. M., wenn

$(x_1 \vee \cdots \vee x_k) \wedge x_{k+1} = 0$ für $k = 1, \ldots, n-1$ ist. Allgemeiner heißen $x_1, \ldots, x_n$ ***unabhängig über*** $a \in L$, wenn $(x_1 \vee \cdots \vee x_k) \wedge x_{k+1} = a$ für $k = 1, \ldots, n-1$ ist. Für eine Fassung des Unabhängigkeitsbegriffs mittels einer Dimensionsfunktion ›[V 2].

2. bei einer ›Abhängigkeitsbeziehung auch ›Matroid

Lit.: Zu **1.**: [V 2], [V 6]

Unar ›unäre Algebra

unäre Algebra oder Unoid heißt eine universelle ›Algebra mit nur unären Operationen. Sie kann in natürlicher Weise als ›Operand aufgefaßt werden.

Eine u. A. mit nur einer (unären) Operation heißt auch *Unar*. Beispiel: *Peano-Algebra* mit der Trägermenge $\{1, 2, \ldots\}$ und der Operation $n \mapsto n + 1$.

Lit.: [U 4], [U 6]

Unbekannte ›Gleichung, ›algebraische Gleichung

Unbestimmte ›Polynom

Unbestimmtheit ›additive Relation

uneigentlicher galoisscher Körper = ›galoissche Algebra

unendlich großes bzw. **kleines Element** ›archimedisch angeordneter Ring

unendlicher Abstieg = ›Descente infinie

ungemischtes Ideal heißt ein Ideal $\mathfrak{a}$ eines noetherschen kommutativen Rings R mit Einselement, dessen zugehörige Primideale (›Primärkomponentenzerlegung) alle dieselbe Dimension d (= Dimension von $\mathfrak{a}$; $\mathfrak{a}$ heißt dann auch *rein-d-dimensional*) haben, anderenfalls heißt $\mathfrak{a}$ *gemischtes Ideal*. U. I. sind insbesondere alle ›perfekten Ideale und die Potenzen von ›Hauptklassenidealen.

Lit.: [A 6]

ungerade quadratische Form ›primitive quadratische Form

ungerade Zahl ›gerade Zahl

ungerades Element ›Cliffordsche Algebra

uniforme Untergruppe einer lokalkompakten ›topologischen Gruppe G heißt eine abgeschlossene Untergruppe H, für die der Faktorraum G/H kompakt ist.

unimodulare Gruppe >lineare Gruppe

unimodulare [lineare] Transformation heißt eine homogene >lineare Transformation mit ganzzahligen Koeffizienten und der Koeffizientendeterminante ± 1 (wodurch gesichert ist, daß die Umkehrtransformation gleichfalls eine u. T. ist).

unipotente Gruppe >unipotente Matrix

unipotente Matrix heißt eine n-reihige quadratische >Matrix A mit $(A - E)^n = 0$ (E n-reihige Einheitsmatrix). Im Falle einer Matrix über einem Körper ist das genau dann der Fall, wenn ihr >charakteristisches Polynom die Form $(\lambda - 1)^n$ hat. Entsprechend heißt eine *Matrizengruppe unipotent*, wenn sie nur aus u. M. besteht. Analog sind *unipotente Gruppen* als Untergruppen linearer >algebraischer Gruppen aus lauter unipotenten Elementen erklärt.

Lit.: [G 3], [G 22]

unipotente Matrizengruppe >unipotente Matrix

Uniqueness-Basis >reguläre p-Gruppe

unitär ähnlich >Unitärkongruenz

unitär äquivalent heißen Matrizen A und B, wenn $B = VAU$ mit unitären Matrizen U, V gilt. Die unitäre Äquivalenz stellt eine Äquivalenzrelation dar. Gelegentlich wird unitäre Äquivalenz auch im Sinne von >Unitärkongruenz gebraucht.

unitäre Ähnlichkeit = >Unitärkongruenz

unitäre Äquivalenz >unitär äquivalent, auch: = >Unitärkongruenz

unitäre Gruppe: 1. U. G. in n Variablen heißt speziell die multiplikative Gruppe $U(n)$ der n-reihigen >unitären Matrizen, d. h. derjenigen linearen Transformationen des n-dimensionalen Vektorraums V über $\mathbb{C}$, die die hermitesche Form $f = \bar{x}_1 x_2 + \cdots + \bar{x}_n x_n$ invariant lassen. Versehen mit der Topologie des $\mathbb{C}^{n^2}$, stellt sie eine zusammenhängende kompakte >Liesche Gruppe dar. Ihre Untergruppe der Transformationen mit der Determinante 1 bildet die *spezielle u. G.* (= *unimodulare u. G.*) SU(n).

2. Allgemeiner sei V n-dimensionaler Vektorraum über einem Körper K und f eine nichtentartete hermitesche oder schiefhermitesche Form auf $V \times V$ bez. der Involution J von K (diese Voraussetzungen sind erfüllt, wenn K Oberkörper vom Grade 2 über einem Körper P, J der [auch durch Überstreichen bezeichnete] Übergang zum konjugierten Element und $f = \bar{x}_1 x_1 + \cdots + \bar{x}_n x_n$

ist). Die eineindeutigen ›linearen Abbildungen u von V auf sich mit $f(u(x), u(y)) = f(x, y)$ für alle $x, y \in V$ heißen *unitäre Transformationen* von V bez. f; sie bilden eine Untergruppe $U_n(K, f)$ (oder $U(n, P, K)$) der allgemeinen ›linearen Gruppe $GL_n(K)$, die *u. G.* oder *hyperorthogonale Gruppe* für n Variable über dem Körper K in bezug auf die Form f. Die unitären Transformationen mit der Determinante 1 bilden hierin einen Normalteiler, die *spezielle u. G.* $U_n^+(K, f)$ (oder $SU(n, P, K)$). Die Faktorgruppe der $SU(n, P, K)$ nach der Untergruppe der Substitutionen λ id mit $\lambda^n = 1$, $\lambda\bar{\lambda} = 1$ (die durch Skalarmatrizen mit den Diagonalelementen λ repräsentiert werden) ergibt eine ›projektive Gruppe, die mit $PSU(n, P, K)$ bezeichnet wird. Falls der Unterkörper P durch K eindeutig bestimmt ist (z. B. im Falle von Galois-Feldern), kann man auf seine Angabe verzichten.

Allgemeiner heißt eine *Kollineation* u von V bez. eines Antiautomorphismus σ_u von K (d. h. eine bijektive halblineare Abbildung von V auf sich) *halbähnlich unitär* (in bezug auf die Form f), wenn $f(u(x), u(y)) = r_u((f(x, y))^{\sigma_u}$ bzw. in Matrizenschreibweise $(U^T)^J AU = r_u A^{\sigma_u}$ gilt, wobei A die zu einer Basis von V gehörige Matrix von f, U die zu derselben Basis gehörige Matrix von u und der Multiplikator r_u ein von x und y unabhängiges Element aus K ist. Die halbähnlich unitären Kollineationen in bezug auf f bilden eine Untergruppe $\Gamma U_n(K, f)$ der Gruppe $\Gamma L_n(K)$ aller Kollineationen. Die Kollineationen aus $GU_n(K, f) = \Gamma U_n(K, f) \cap GL_n(K)$ heißen *unitär ähnlich*; ihnen ist der identische Automorphismus von K zugeordnet. $U_n(K, f)$ besteht aus allen *ähnlich unitären Kollineationen* hierin vom Multiplikator 1. Der zu einem $u \in GU_n(K, f)$ gehörige Multiplikator r_u liegt im Zentrum von K und ist bei J invariant. Die Homothetien bilden eine Untergruppe H_1 von $\Gamma L_n(K)$; $Z_n = H_n \cap GL_n(K)$ ist die der zentralen Homothetien.

Mit $P\Gamma U_n(K, f)$, $PGU_n(K, f)$, $PU_n(K, f)$ bezeichnet man die kanonischen Bilder der Gruppen $\Gamma U_n(K, f)$, $GU_n(K, f)$ und $U_n(K, f)$ in der Gruppe $P\Gamma L_n(K)$ der projektiven Kollineationen. Da jede Homothetie $x \mapsto x\lambda$ halbähnlich vom Multiplikator $\lambda^J\lambda$ ist, gilt $P\Gamma U_n \cong \Gamma U_n/H_n$. Jede zentrale Homothetie ist ähnlich unitär, also $PGU_n \cong GU_n/Z_n$. Der Durchschnitt $U_n \cap Z_n$ besteht aus den zentralen Homothetien $x \mapsto x\gamma$ mit $\gamma^J\gamma = 1$. Wenn U_n eine ›orthogonale Gruppe ist, so ist $U_n \cap Z_n$ das Zentrum von U_n und $PU_n \cong U_n/(U_n \cap Z_n)$. Für weitere Einzelheiten ›[G 11].

Lit.: [D 20], [G 10], [G 11]
HOLMAN, W. J., L. C. BIEDENHARN: The Representations and Tensor Operators of the Unitary Groups $U(n)$. In: E. M. Loebl (ed.): Groups Theory and Its Applications. Vol. II. Academic Press, New York 1971, 1–73.

unitäre Matrix heißt eine komplexe quadratische Matrix A mit $\bar{A}^T A = E$ (äquivalent dazu ist $A\bar{A}^T = E$). U. M. sind ›normal, ihre Eigenwerte haben den Betrag 1. Eine u. M. kann stets in der Form $A = A_1 e^{iS}$ mit einer reellen ›orthogonalen Matrix A_1 und einer reellen ›symmetrischen Matrix S dargestellt werden. Die n-reihigen u. M. bilden die ›unitäre Gruppe $U(n)$.

Lit.: [M 8], [M 26]

unitäre Transformation ›unitäre Gruppe

Unitärkongruenz (= *unitäre Ähnlichkeit*): Zwei quadratische Matrizen A und B gleicher Reihenzahl heißen unitär-kongruent (= *unitär ähnlich*, gelegentlich auch *unitär äquivalent* [das jedoch auch eine andere Bedeutung hat]), wenn es eine ›unitäre Matrix U mit $B = U^{-1}AU$ gibt. Die U. stellt eine Äquivalenzrelation dar. ›Hermitesche Matrizen sind genau dann unitär-kongruent, wenn sie dieselben Eigenwerte (mit ihren Vielfachheiten gezählt) besitzen. Unitär-kongruente Matrizen sind sowohl ähnlich als auch äquivalent. ›Normalformen von Matrizen.

Lit.: [M 8], [M 26]

universal minimal ›Zeroid

universales Produkt von ›Λ-Ringen

Universalrelation ›Relation

universell Japanischer Ring = ›pseudogeometrischer Ring

universelle ›**Algebra**, auch = ›universelle Hüllalgebra

[universelle] Hüllalgebra (= *universelle Algebra* = *Einhüllende*) einer ›Lieschen Algebra L über einem kommutativen Ring K mit Einselement (meist ein Körper) heißt eine assoziative K-Algebra $U(L)$ mit Einselement zusammen mit einer Abbildung $\sigma: L \to U(L)$ mit folgender universeller Eigenschaft: a) σ ist Homomorphismus von L in die durch $U(L)$ (mittels Kommutatorbildung) bestimmte Liesche Algebra, d. h., sie ist K-linear, und es gilt $[x, y]^\sigma = x^\sigma y^\sigma - y^\sigma x^\sigma$ für alle $x, y \in L$; b) ist U' eine weitere derartige assoziative K-Algebra mit entsprechender Algebra σ', so gibt es einen eindeutig bestimmten Homomorphismus zwischen assoziativen K-Algebren $\gamma: U(L) \to U'$, der das Einselement in das Einselement überführt, so daß σ' die Hintereinanderausführung von γ und σ ist. Hierdurch ist $U(L)$ bis auf Isomorphie bestimmt. Die Existenz der u. H. folgt aus folgender Konstruktion: I sei das von den Elementen der Form $[x, y] - x \otimes y + y \otimes x$ $(x, y \in L)$ erzeugte zweiseitige Ideal in der ›Tensoralgebra $T(L)$ (von L als K-Modul); dann ist die Faktoralgebra $T(L)/I$ u. H. von L und σ die Zusammensetzung der kanonischen Abbildungen $L \to T(L) \to T(L)/I$. Das direkte Produkt Liescher Algebren hat als u. H. das ›Tensorprodukt der u. H.

Lit.: [D 1], [EL 1], [L 6], [L 13], [L 17], [L 19I]
Dieudonné, J.: Grundzüge der modernen Analysis, Bd. 4. DVW, Berlin 1976.
Jantzen, J. C.: Einhüllende Algebren halbeinfacher Lie-Algebren. Springer, Berlin 1983.

universelle ›**Überlagerungsgruppe** ›kontinuierliche Gruppe

Unoid ›unäre Algebra

Unteralgebra: 1. (= *Teilalgebra* = *Subalgebra*) einer ›R-Algebra heißt eine Untermenge B von A, die bezüglich der Algebraoperationen von A selbst Algebra ist; B muß also R-Untermodul von A sein, und das Produkt zweier Elemente von B muß wieder in B liegen. B ist somit Unterring von A. B heißt ***eigentliche U.***, wenn sie echte Untermenge von A ist, und ***invariante*** U., wenn sie nicht nur aus dem Nullelement besteht und $AB \subset B$ und $BA \subset B$ gilt (d. h. im Falle einer assoziativen R-Algebra A, daß B zweiseitiges Ideal ist).

2. U. einer (universellen) ›Algebra

untere Zentralreihe ›nilpotente Gruppe

unteres Nilradikal ›m-System

Untergrad ›Polynom

Untergruppe (= *Teiler*, auch: ***Subgruppe*** = ***Divisor***) einer Gruppe G heißt eine Untermenge U von G, die bezüglich der Gruppenoperationen von G selbst Gruppe ist. Dafür ist notwendig und hinreichend, daß aus $a, b \in U$ stets $ab \in U$ und $a^{-1} \in U$ folgt, was sich in der Forderung $ab^{-1} \in U$ zusammenfassen läßt (bei endlichen Gruppen reicht die erstgenannte Bedingung). U heißt ***echte U.***, wenn $U \neq G$ gilt, ***eigentliche*** oder ***nichttriviale U.***, wenn sie außerdem von der nur aus dem Einselement bestehenden ***Einsuntergruppe*** (= ***Einheitsuntergruppe***, bei additiver Schreibweise auch ***Nulluntergruppe***) verschieden ist. Eine echte U. heißt ***maximale U.***, wenn sie in keiner echten Untergruppe echt enthalten ist; ***minimale U.***, wenn sie eigentlich ist und keine eigentliche U. echt enthält. Der (mengentheoretische) Durchschnitt beliebig vieler U. ist wieder U.

Mit der Relativtopologie versehen, bildet eine U. einer ›topologischen Gruppe wieder eine topologische Gruppe; die abgeschlossene Hülle einer U. ist dann wieder eine U. Manchmal werden nur abgeschlossene U. betrachtet. In einer hausdorffschen Gruppe ist jede lokalkompakte U. abgeschlossen.

Lit.: [G 31]

Φ-Untergruppe = ›Frattini-Gruppe

Untergruppenverband einer ›Gruppe G ist der ›Verband $L(G)$ der ›Untergruppen von G, wobei $\wedge$ den mengentheoretischen Durchschnitt und $\vee$ das Erzeugnis der betreffenden Untergruppen bezeichnet. Eine Gruppe G heißt ***D-Gruppe***, wenn ihr U. distributiv ist; das ist genau dann der Fall, wenn jede endliche Untermenge von G eine zyklische Untergruppe erzeugt, G also lokal zyklische Gruppe ist (***Satz von Ore***).

Der U. einer abelschen Gruppe ist genau dann komplementär, wenn G ›elementare Gruppe ist. $L(G)$ ist genau dann direktes Produkt von Verbänden

L_i, wenn G direktes Produkt von Gruppen G_i mit $L(G_i) \cong L_i$ und die Ordnung jedes Elements von G_i endlich und relativ prim zur Ordnung jedes Elements von G_j mit $i \neq j$ ist. *Vertauschbare Untergruppen* U, V (d. h. $U \vee V = UV = VU$) erfüllen die modulare Identität (>modularer Verband), die >Normalteiler einer Gruppe bilden also einen modularen Verband, insbesondere ist der U. einer >abelschen Gruppe modular.

Allgemein heißt G *modulare Gruppe* oder *M-Gruppe*, wenn ihr U. $L(G)$ modular ist. Die Menge der Elemente endlicher Ordnung in einer M-Gruppe ist eine >charakteristische Untergruppe E von G, die Faktorgruppe G/E ist abelsch. G heißt *UM-Gruppe*, wenn $L(G)$ $\cup$-semimodular ist, und *K-Gruppe*, wenn $L(G)$ komplementär ist. Eine endliche Gruppe G ist genau dann K-Gruppe, wenn der maximale nilpotente Normalteiler L von G direktes Produkt minimaler abelscher Normalteiler von G ist und L eine K-Gruppe als Komplement besitzt.

Ein Homomorphismus des U. $L(G)$ einer Gruppe G auf den U. $L(H)$ einer Gruppe H heißt *L-Homomorphismus, Strukturhomomorphismus* oder *Verbandshomomorphismus*, ein Verbandsisomorphismus von $L(G)$ auf $L(H)$ *Projektivität, Strukturisomorphismus, Verbandsisomorphismus* oder *L-Homomorphismus* von G auf H (ein verwandter Begriff: *Struktur-System-Isomorphismus* oder *Struktur-Halbgruppen-Isomorphismus* stammt von Petropawlowskaja). Ein dualer Isomorphismus von $L(G)$ auf $L(H)$ heißt ein *Dualismus* von G auf H. Jeder Isomorphismus von G auf H induziert eine Projektivität, aber nicht umgekehrt. Die Frage, wann die Umkehrung gilt, läßt sich auf endlich erzeugte Gruppen reduzieren. Jede lokalfreie Gruppe wird durch ihren U. bestimmt; wenn sie nicht lokal zyklisch ist, so wird jede Projektivität durch genau einen Isomorphismus induziert. Jede Projektivität einer primären >Hamiltonschen Gruppe wird von genau vier Isomorphismen induziert.

Eine Projektivität φ von G heißt *indexerhaltend*, wenn $(U : V) = (\varphi(U) : \varphi(V))$ für jede zyklische Untergruppe U von G und V von U gilt; *streng indexerhaltend*, wenn das für jede Untergruppe U gilt. Eine indexerhaltende Projektivität einer endlichen Gruppe bildet einen maximalen Normalteiler auf einen Normalteiler ab. Eine Projektivität φ heißt *situationserhaltend*, wenn sie streng indexerhaltend ist und Untergruppen U und V in einer Untergruppe W von G genau dann konjugiert sind, wenn $\varphi(U)$ und $\varphi(V)$ in $\varphi(W)$ konjugiert sind. Die indexerhaltenden *Autoprojektivitäten* (d. h. Projektivitäten auf sich) von G bilden eine Untergruppe $J(G)$ der Automorphismengruppe $A(G)$ des U. von G. Im allgemeinen ist diese nicht Normalteiler.

Wenn G endliche nichtabelsche einfache Gruppe und $L(G \times G) \cong L(H)$ ist, so ist $H \cong G \times G$. Für weitere Einzelheiten >[V 13].

Lit.: [G 13], [V 13]
PETROPAVLOVSKAJA, R. V.: On the determination of a group by the structure of its subsystems (Russ.), Mat. Sbornik **28** (1951), 63–78.

Unterideal (= *Teilideal*, in Ringen auch *Vielfaches*) eines >Ideals (in den verschiedenen Bedeutungen) $\mathfrak{a}$ heißt ein Ideal $\mathfrak{b}$, das als Menge in $\mathfrak{a}$ enthalten ist; $\mathfrak{a}$ heißt dann *Oberideal* (in Ringen auch *Teiler*) von $\mathfrak{b}$.

Unterkörper >Körpererweiterung

Untermodul >R-Modul, >additive Gruppe

Unterobjekt >Kategorientheorie

Unterverband >Teilbund

unverkürzbare Darstellung durch größte Primärkomponenten bzw. **-ideale** >Primärkomponentenzerlegung

unverkürzbare >**Primärkomponentenzerlegung**

unverkürzbare Vereinigung heißt eine Vereinigung von Verbandselementen $a = a_1 \vee a_2 \vee \cdots \vee a_r$, in der auf der rechten Seite kein Glied ohne Verletzung der Gleichheit weggelassen werden kann. Analog ist ein unverkürzbarer *Durchschnitt* erklärt.

unverkürzbarer Durchschnitt >unverkürzbare Vereinigung

unvollkommener Körper >vollkommener Körper

Unvollkommenheitsgrad >p-Abhängigkeit

unvollständige algebraische Struktur >Algebra

unvollständige Brigade = >Prüfersche Schar

unvollständiges Gruppoid = >Halbgruppoid

unzerlegbar >direktes Produkt, >Teiler, >Darstellung einer Gruppe, >Darstellung von Ringen und Algebren

unzerlegbare Matrix: Eine quadratische Matrix heißt *zerlegbar*, wenn sie durch Permutation ihrer Zeilen und Spalten (also durch rechts- und linksseitige Multiplikation mit je einer Permutationsmatrix) auf die Form $\begin{pmatrix} B & 0 \\ C & D \end{pmatrix}$ gebracht werden kann, anderenfalls *unzerlegbar*. Eine u. M., die außerdem >nichtnegative Matrix ist, heißt *primitiv*, wenn sie genau einen Eigenwert von maximalem Betrag besitzt, anderenfalls *imprimitiv*. Eine nichtnegative u. M. A ist genau dann primitiv, wenn A^p positive Matrix für ein $p \geqq 1$ ist. Jede positive Potenz einer primitiven Matrix ist u. M. und primitiv.

Lit.: [M 5II]

unzerlegbarer Modul heißt ein ›R-Modul, der sich nicht nichttrivial als ›direkte Summe von R-Moduln schreiben läßt, der also *direkt-u. M.* ist. Beispiel: ›einreihige Moduln. Jeder u. Links- und Rechtsmodul über einem verallgemeinert ›einreihigen Ring ist einreihig. Über sog. *Tachikawa-Algebren* ist jeder u. M. ›lokaler oder ›kolokaler Modul.

Lit.: Meltzer, H.: The Structure of Indecomposable Modules. Teubner, Leipzig 1986.

unzerlegbares Idempotent = ›primitives Idempotent

unzerlegbares Polynom = ›irreduzibles Polynom

Urbild ›Abbildung

Urbild in der ›Kategorientheorie: Ist $f: A \to B$ ein Morphismus in einer Kategorie und $g: B' \to B$ ein Unterobjekt (also ein Monomorphismus) von B, so wird das U. von B' durch das Pullbackdiagramm

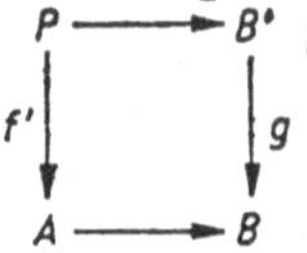

gegeben; es ist also ein Unterobjekt $f': P \to A$ von A, das dieses Diagramm kommutativ macht und die Eigenschaft hat, daß zu jedem anderen Unterobjekt P' mit dieser Eigenschaft ein eindeutig bestimmter Morphismus γ existiert, der das Diagramm

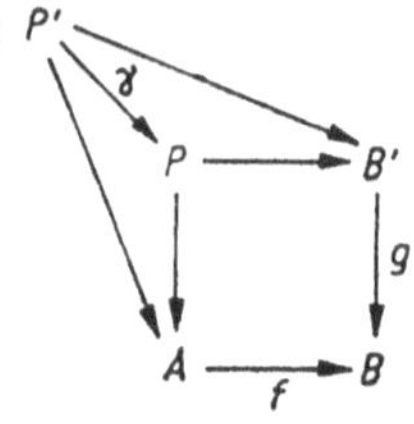

kommutativ macht.

Lit.: [C 10], [C 11]

u-Resultante ›Lösungsstrahl

U-Satz = ›Vielfachenkettensatz

V

Vandermondesche Determinante (= *Cauchysche Determinante*) heißt die Determinante Δ der sog. *Vandermondeschen Matrix*

$$\begin{pmatrix} 1 & a_1 & a_1^2 & \dots & a_1^{n-1} \\ 1 & a_2 & a_2^2 & \dots & a_2^{n-1} \\ \dots & \dots & \dots & \dots & \dots \\ 1 & a_n & a_n^2 & \dots & a_n^{n-1} \end{pmatrix},$$

(die a_i dürfen einem beliebigen kommutativen Ring angehören), von Muir als *Alternante*, von Cauchy als *alternierende Funktion* bezeichnet. Es ist $\Delta = \prod_{i<j} (a_j - a_i)$. In einem nullteilerfreien Ring ist Δ genau dann gleich 0, wenn nicht alle a_i verschieden sind.

Bezeichnet man mit X und Y die Vandermondesche Matrix für $x_1, \ldots, x_n$ bzw. $y_1, \ldots, y_n$ und mit Δ_x bzw. Δ_y ihre V. D. und ist A die Matrix mit den Elementen $a_{ik} = \lambda_0 + \lambda_1 x_i y_k + \lambda_2 x_i^2 y_k^2 + \cdots + \lambda_{n-1} x_i^{n-1} y_k^{n-1}$ $(i, k = 1, \ldots, n)$, so gilt $A = X \Lambda Y^{\mathrm{T}}$ mit einer Diagonalmatrix Λ mit den Diagonalelementen $\lambda_0, \ldots, \lambda_{n-1}$, also $\det A = \lambda_0 \ldots \lambda_{n-1} \Delta_x \Delta_y$.

Verallgemeinerte V. D. heißt die Determinante der *verallgemeinerten Vandermondeschen Matrix* $(a_i^{\alpha_k})$ $(0 < a_1 < a_2 < \cdots < a_n; \alpha_1 < \cdots < \alpha_n; i, k = 1, \ldots, n)$; letztere ist vollständig positiv (›nichtnegative Matrix). Determinanten von Matrizen (a_{ik}) mit $a_{ik} = a_i^{\alpha_k}$ heißen allgemein *Potenzdeterminanten* oder auch *V. D.*

Lit.: [M 5II], [M 8]

Vandermondesche Matrix ›Vandermondesche Determinante

van-der-Waerdensche Vermutung ›Permanente

Variabilitätsbereich ›Gleichung

Varietät (= *gleichungsdefinierte Klasse* = *primitive Klasse* = *primitive Algebrenklasse* = *Mannigfaltigkeit* = *Variety*) von Algebren heißt eine Klasse K von universellen ›Algebren, die gegenüber Übergang zu Unteralgebren (Operation S), zu homomorphen Bildern (Operation H) und Bildung von direkten Produkten (Operation P) abgeschlossen ist, für die also stets $H(K) \subset K$, $S(K) \subset K$ und $P(K) \subset K$ gilt. Die kleinste V., die eine gegebene Klasse K von Algebren enthält, ist $HSP(K)$. Sie wird auch bereits durch $HP_s(K)$ gegeben, wo P_s die Operation der Bildung ›subdirekter Produkte nichtleerer Familien von Algebren bezeichnet.

V. lassen sich durch *Identitäten* charakterisieren. Zu diesem Zweck sollen *n-äre Polynome* der Algebra $\mathfrak{A}$ diejenigen Abbildungen $A^n \to A$ heißen, die sich durch Superposition endlich vieler Operationen der folgenden Art gewinnen lassen: a) der *Projektionen* $e_i^n: (a_1, \ldots, a_n) \mapsto a_i$ und b) der Zusammensetzung n-ärer Polynome p_i mit Operationen f_γ der Algebra, erklärt durch

$$f_\gamma(p_1, \ldots, p_{n_\gamma})(x_1, \ldots, x_n) = f_\gamma\big(p_1(x_1, \ldots, x_n), \ldots, p_{n_\gamma}(x_1, \ldots, x_n)\big);$$

diese bilden eine Algebra $\mathfrak{P}^{(n)}(\mathfrak{A})$. Indem man statt der Projektionen „*Unbestimmte*" $\mathfrak{x}_1, \ldots, \mathfrak{x}_n$ schreibt, kann man einheitlich für alle Algebren vom gleichen Typ τ als sog. *Polynomsymbole* (›Wort) einführen: a) $\mathfrak{x}_1, \ldots, \mathfrak{x}_n$, b) die formalen Bildungen $\mathfrak{f}_\gamma(\mathfrak{p}_1, \ldots, \mathfrak{p}_{n_\gamma})$, wo $\mathfrak{p}_1, \ldots, \mathfrak{p}_{n_\gamma}$ bereits erklärte Polynomsymbole sind. (Wählt man die „Variablen" $\mathfrak{x}_i$ aus einer gegebenen Menge X, so spricht man auch von (n-ären) *Termen* über X.) Diese bilden eine Algebra $\mathfrak{P}^{(n)}(\tau)$ (*Poly-*

nomalgebra). Zu jeder konkreten Algebra $\mathfrak{A}$ vom Typ τ gehört dann zu jedem Polynomsymbol $\mathfrak{f}$ ein Polynom f, indem man die $\mathfrak{x}_i$ durch e_i^n und $\mathfrak{f}_\gamma(\mathfrak{p}_1, \ldots, \mathfrak{p}_{n_\gamma})$ durch $f_\gamma(p_1, \ldots, p_{n_\gamma})$ ersetzt. Diese Definitionen lassen sich für beliebige Ordnungszahlen α statt n erweitern.

Ist K eine Klasse von Algebren vom Typ τ, so ist auf $\mathfrak{P}^{(\alpha)}(\tau)$ eine Kongruenzrelation θ_k erklärt, indem $\mathfrak{p} \equiv \mathfrak{q}(\theta)$ genau dann gilt, wenn $p(a_1, \ldots, a_\gamma, \ldots) = q(a_1, \ldots, a_\gamma, \ldots)$ für beliebige $a_1, \ldots, a_\gamma, \ldots \in A$ mit $\mathfrak{A} \in K$ gilt. Man sagt dann auch, $\mathfrak{p} = \mathfrak{q}$ sei eine *Identität* in K (d. h., $\mathfrak{p}$ und $\mathfrak{q}$ induzieren in jeder Algebra in K dasselbe Polynom). Beispielsweise lassen sich Assoziativ-, Kommutativ- und Distributivgesetze in der Sprache derartiger Identitäten formulieren (>Malzewsche Bedingung 2.).

Eine Menge Σ von Identitäten heißt abgeschlossen, wenn sie a) alle $\mathfrak{x}_i = \mathfrak{x}_i$, b) mit $\mathfrak{p} = \mathfrak{q}$ auch $\mathfrak{q} = \mathfrak{p}$, c) mit $\mathfrak{p} = \mathfrak{q}$ und $\mathfrak{q} = \mathfrak{r}$ auch $\mathfrak{p} = \mathfrak{r}$ und d) mit $\mathfrak{p}_i = \mathfrak{q}_i$ auch $\mathfrak{f}_\gamma(\mathfrak{p}_1, \ldots, \mathfrak{p}_{n_\gamma}) = \mathfrak{f}_\gamma(\mathfrak{q}_1, \ldots, \mathfrak{q}_{n_\gamma})$ enthält und wenn e) gilt: ist $\mathfrak{p} = \mathfrak{q}$ in Σ und wird $\mathfrak{p}'$ und $\mathfrak{q}'$ dadurch aus $\mathfrak{p}$ und $\mathfrak{q}$ erhalten, indem man hierin stets $\mathfrak{x}_i$ durch ein beliebiges Polynomsymbol $\mathfrak{r}$ ersetzt, so ist auch $\mathfrak{p}' = \mathfrak{q}'$ in Σ. Dann gilt (*Satz von Birkhoff*): Eine Menge Σ von Identitäten ist genau dann die Menge aller Identitäten einer Klasse K, wenn Σ abgeschlossen ist. Eine Klasse K von Algebren läßt sich genau dann als Klasse aller Algebren darstellen, in der eine gegebene Menge Σ von Identitäten gilt, wenn K V. ist (daher der Name *gleichungsdefinierte Klasse*). Allgemein definieren die Zuordnungen: Klasse von Algebren $\mapsto$ Menge der hierin geltenden Identitäten und Menge von Identitäten $\mapsto$ Klasse aller Algebren, in denen diese Identitäten gelten, eine >*Galois-Verbindung*.

Eine Algebra $\mathfrak{A}$ aus einer Klasse K universeller Algebren heißt genau dann *freie Algebra* über K mit dem *freien Erzeugendensystem* $X = \{x_i \in A \mid i \in I\}$, wenn zu jeder Algebra $\mathfrak{B} \in K$ und Abbildung $\psi: I \to B$ ein Homomorphismus $\varphi: \mathfrak{A} \to \mathfrak{B}$ existiert mit $i^\psi = x_i^\varphi$ für alle $i \in I$, wenn es mit anderen Worten zu beliebigen Elementen $b_i \in B$ einen Homomorphismus $\varphi: \mathfrak{A} \to \mathfrak{B}$ mit $x_i^\varphi = b_i$ gibt. φ ist eindeutig bestimmt. Eine derartige freie Algebra ist bis auf Isomorphie eindeutig bestimmt; sie wird mit $\mathfrak{F}_K(\mathfrak{m})$ bezeichnet, wenn $\mathfrak{m}$ die Mächtigkeit von I ist. Jede freie Algebra ist über einer ganzen V. frei. Wenn $\mathfrak{F}_K(\alpha)$ existiert, so gilt die Isomorphie $\mathfrak{F}_K(\alpha) \cong P^{(\alpha)}(\tau)/\theta_K$. In jeder V. gibt es für jedes n eine freie Algebra. Eine freie Algebra der Klasse aller Algebren gegebener Signatur heißt *absolut frei*.

Bilden die Elemente g_i $(i \in I)$ ein *Erzeugendensystem* (>Algebra) einer universellen Algebra G, so heißt ein System von Relationen $p_j(g_{i_1}, \ldots, g_{i_n}) = q_j(g_{i_1}, \ldots, g_{i_n})$ zwischen den g_i ein *System definierender Relationen*, wenn alle zwischen den g_i bestehenden Relationen Folgerelationen davon und von den Identitäten der V. ist, der G angehört. Man kann dann G als Faktoralgebra der freien Algebra dieser V. mit diesen Erzeugenden nach der von allen Paaren (p_j, q_j) $(j \in I)$ erzeugten Kongruenzrelation darstellen.
>Erzeugende und Relationen von Gruppen.

Lit.: [B 4], [G 30], [U 2], [U 3], [U 5]

MALZEW, A. I. (А. И. Мальцев): Квазипримитивные классы абстрактных алгебр. Dokl. Akad. Nauk SSSR 108 (1956), 187–189.
SHODA, K.: Allgemeine Algebra. Osaka Math. J. 1 (1949), 182–225.

Varietät von Gruppen ›identische Relation

Variety = ›Varietät

Veblen-Wedderburn-System = ›Quasikörper

Vektor ›Vektorraum, ›Lipschitzsche Algebra, ›Quaternionenalgebra

***m*-Vektor** ›äußere Potenz

Vektoraddition › Vektorraum

Vektordarstellung ›Cliffordsche Algebra

Vektorgebilde = ›Vektorraum

Vektorglied ›Quaternionenalgebra

Vektorgruppe: 1. eine (halb-)›geordnete Gruppe G, die Untergruppe des (vollständigen) ›direkten Produkts linear geordneter Gruppen, also auch ›subdirektes Produkt linear geordneter Gruppen G_i ist. Es muß also für Elemente $a, b \in G$ genau dann $a \leqq b$ gelten, wenn für ihre Komponenten in G_i für alle i gilt $a_i \leqq b_i$. Eine halbgeordnete Gruppe G ist genau dann V., wenn ihre Halbordnung Durchschnitt von linearen Ordnungen ist. Das ist genau dann der Fall, wenn ihr Positivitätsbereich (Positivitätskegel) P für beliebige Elemente $a_1, \ldots, a_n$ gleich dem über alle $\varepsilon_i = \pm 1$ erstreckten Durchschnitt $\bigcap PS(a_1^{\varepsilon_1}, \ldots, a_n^{\varepsilon_n})$ ist, wo $S(\ )$ die kleinste alle $a_i^{\varepsilon_i}$ enthaltende invariante Unterhalbgruppe bezeichnet. ›normal geordnete Gruppe

2. V. heißt zuweilen der n-dimensionale reelle Zahlenraum $\mathbb{R}^n$, als ›direktes Produkt von n Exemplaren der additiven ›topologischen Gruppe $\mathbb{R}$ der reellen Zahlen aufgefaßt.

Lit.: Zu **1.**: [O 1]

vektorieller Bestandteil ›Quaternionenalgebra

Vektormannigfaltigkeit = ›Vektorraum

Vektormodul über einem Ring heißt jeder R-Untermodul der direkten Summe $R^n = R \oplus \cdots \oplus R$ von n Exemplaren R, aufgefaßt als (etwa linker) R-Modul über R, also jeder R-Modul von n-Tupeln $a = (a_1, \ldots, a_n)$ von Elementen a_i

aus R mit komponentenweiser Addition und Multiplikation mit Elementen $\alpha \in R$ gemäß $\alpha a = (\alpha a_1, \ldots, \alpha a_n)$; wenn R noethersch ist, ist er stets endlich erzeugt.

Vektorraum (= *linearer Raum* = *linearer Vektorraum,* auch: *lineares System* = *Linearsystem* = *Vektormannigfaltigkeit* = *Vektorgebilde*) V über einem (nicht notwendig kommutativen) Körper K (genauer *Linksvektorraum* über K) wird gebildet aus einer Menge V, auf der a) eine binäre >Operation (*Addition*) erklärt ist, die je zwei Elementen $x, y \in V$ ein eindeutig bestimmtes Element $x + y \in V$ als *Summe* zuordnet, so daß V bezüglich dieser Operation (*Vektoraddition*) eine additiv geschriebene >abelsche Gruppe bildet, und auf der b) eine Multiplikation mit Elementen aus K („*Skalaren*"), d. h. eine Abbildung $K \times V \to V$ erklärt ist, die jedem Paar (λ, x) mit $\lambda \in K$ und $x \in V$ ein Element $\lambda \cdot x \in V$ (der Malpunkt kann auch weggelassen werden) zuordnet, so daß für beliebige $\lambda, \mu \in K$, $x, y \in V$ gilt: $\lambda(x + y) = \lambda x + \lambda y$ (*Distributivität gegenüber Vektoraddition*), $(\lambda + \mu) x = \lambda x + \mu x$ (*Distributivität gegenüber Skalarenaddition*), $\lambda(\mu x) = (\lambda\mu) x$ (*Assoziativität*), $1x = x$. (Im Falle von Rechtsvektorräumen ist die Reihenfolge aller Faktoren in Produkten umzukehren.)

Ein Linksvektorraum V über K ist also in Wahrheit nichts anderes als ein unitärer K-Linksmodul (>R-Modul). Wenn K der Körper der reellen bzw. der komplexen Zahlen ist, spricht man auch von einem reellen bzw. komplexen V. Die Elemente von V heißen auch *Vektoren,* das neutrale Element (Nullelement) **0** oder 0 bezüglich der Vektoraddition *Nullvektor,* K *Skalarenbereich* oder *Grundkörper.*

Eine Untermenge W von V, die bezüglich der auf V erklärten Operationen selbst einen V. darstellt, heißt *Unter-* oder *Teilvektorraum* oder *linearer Unterraum* von V. Notwendig und hinreichend dafür ist, daß mit $x, y \in W$, $\lambda \in K$ stets $x + y \in W$ und $\lambda x \in W$ gilt. Der Durchschnitt linearer Unterräume ist wieder linearer Unterraum. Der kleinste Teilvektorraum, der eine gegebene Untermenge M von V enthält, heißt der von M (oder von den Vektoren aus M) *aufgespannte* (oder *erzeugte*) *Unterraum,* ihre *lineare Hülle* oder auch der *Verbindungsraum* der Vektoren aus M. Er besteht aus allen endlichen Linearkombinationen $\sum \alpha_i x_i$ von Elementen x_i aus M mit Koeffizienten α_i aus K. Zwei Vektorsysteme aus einem V. heißen *äquivalent,* wenn ihre linearen Hüllen übereinstimmen.

Auf einem V. läßt sich eine >Abhängigkeitsbeziehung (>*lineare Abhängigkeit*) einführen, indem man ein Element x als *linear abhängig* von einer Untermenge M von V erklärt, wenn es Linearkombination endlich vieler Elemente aus M mit Koeffizienten aus K ist. (Der von einer Menge M erzeugte Unterraum besteht dann gerade aus allen von M abhängigen Elementen von V.) Eine Menge M heißt *linear unabhängig,* wenn in jeder Darstellung des Nullvektors als endliche Linearkombination lauter verschiedener Elemente aus M sämtliche Koeffizienten notwendig 0 sind, anderenfalls *linear abhängig.* Eine maximale linear unabhängige Teilmenge B von V heißt eine Basis von B; jedes Element von V läßt sich dann in eindeutiger Weise als Linearkombination jeweils endlich vieler Elemente aus B darstellen (damit kann man auch den Basisbegriff definieren). Je zwei Basen von V sind gleichmächtig, ihre Kardinalzahl heißt die *Dimension* des V. V (dim V). Häufig beschränkt man sich auf endlichdimensionale V.; dann kann man einen n-dimensionalen V. V dadurch charakterisieren, daß je $n + 1$ Vektoren aus V linear abhängig sind, während es mindestens ein System aus n linear unabhängigen Vektoren gibt (das dann stets eine Basis bildet). Die Koeffizienten $X^1, \ldots, X^n$ in der Darstellung $x = \sum X^i e_i$ eines Vektors $x \in V$ durch eine Basis $\{e_1, \ldots, e_n\}$ heißen auch die *Koordinaten* von x bezüglich dieser Basis. Der Übergang zu einer neuen Basis $\{e'_1, \ldots, e'_n\}$ (*Basistransformation* = *Basiswechsel* = *Basisänderung* = *Basissubstitution*) erfolgt durch eine >lineare Transformation, er wird also durch ein >lineares Gleichungssystem $e_i = \sum_{j=1}^{n} c_i^j e'_j$ mit einer nichtsingulären Koeffizientenmatrix (*Übergangsmatrix*) C mit Elementen c_i^j aus K beschrieben; die Koordinaten $X'^1, \ldots, X'^n$ von x bezüglich der neuen Basis berechnen sich dann gemäß

$$X'^j = \sum_{i=1}^{n} X^i c_i^j$$

mit der transponierten Matrix von C (beachte die Reihenfolge der Faktoren im nichtkommutativen Fall!).

Ein *Homomorphismus* eines Vektorraums V_1 in einen Vektorraum V_2 ist nichts anderes als eine >lineare Abbildung f, d. h. eine Abbildung mit den Eigenschaften $f(x + y) = f(x) + f(y)$, $f(\lambda x) = \lambda f(x)$ für $x, y \in V$, $\lambda \in K$ (im Falle von Rechtsvektorräumen ist wiederum die Reihenfolge der Faktoren umzukehren). Ist außerdem f bijektiv, bildet f also V_1 eineindeutig auf V_2 ab, so heißt f ein *Isomorphismus*, und V_1 und V_2 heißen *isomorph*, in Zeichen: $V_1 \cong V_2$. Zwei V. über K sind genau dann isomorph, wenn ihre Dimensionen gleich sind. Prototyp eines n-dimensionalen V. über K ist der Raum der n-Tupel $(a_1, \ldots, a_n)$ von Elementen aus K mit komponentenweiser Verknüpfung: $(a_1, \ldots, a_n) + (b_1, \ldots, b_n) = (a_1 + b_1, \ldots, a_n + b_n)$, $\lambda(a_1, \ldots, a_n) = (\lambda a_1, \ldots, \lambda a_n)$. Man erhält einen Isomorphismus des oben betrachteten n-dimensionalen V. auf diesen V., indem man jedem Vektor x das n-Tupel seiner Koordinaten bezüglich einer festen Basis zuordnet: $x \mapsto (X^1, \ldots, X^n)$.

Ein V. V heißt *direkte Summe* seiner Untervektorräume V' und V'', wenn gilt: a) $V = V' + V''$, d. h., jedes Element x aus V ist Summe aus je einem $x' \in V'$ und einem $x'' \in V''$: $x = x' + x''$. b) In der Zerlegung $x = x' + x''$ sind die *Komponenten* $x' \in V'$ und $x'' \in V''$ durch x eindeutig bestimmt. (Man kann letztere Forderung durch $V' \cap V'' = \{0\}$ ersetzen.) Man schreibt dann $V = V' \oplus V''$. Wie im Falle von Gruppen kann man auch eine *„äußere" direkte Summe* vorgegebener Vektorräume V_1 und V_2 als Menge der Paare (x_1, x_2) mit $x_i \in V_i$ und komponentenweiser Verknüpfung einführen und kann diese Definition auf mehr als zwei Summanden verallgemeinern. Ist speziell V_r $(r < n)$ ein r-dimensionaler Unterraum eines n-dimensionalen V. V, so kann man stets einen (nicht eindeutig bestimmten) $(n - r)$-dimensionalen Unterraum V'_{n-r} finden, so daß $V = V_r \oplus V'_{n-r}$ wird; V_r und V'_{n-r} heißen dann *supplementär* zueinander oder (*algebraisch*) *komplementär*, und jeder von beiden *Supplementärraum*, [*algebraischer*] *Komplementärraum* oder *direktes Komplement* des anderen. Für endlichdimensionale lineare Unterräume V_1 und V_2 von V gilt $\dim (V_1 + V_2) + \dim (V_1 \cap V_2) = \dim V_1 + \dim V_2$, im Falle einer direkten Summe also $\dim (V_1 \oplus V_2) = \dim V_1 + \dim V_2$.

Führt man wie für (abelsche) Gruppen oder Moduln den Begriff des *Faktorraums* V/N des V. V nach einem linearen Unterraum N als Menge der >Restklassen $\bar{x} = x + N$ für $x \in V$ mit repräsentantenweiser Verknüpfung ein, so erhält man wieder einen V., dessen Dimension die *Kodimension* von N in V heißt: $\operatorname{codim} N = \dim V/N$. Im Falle endlichdimensionaler V. ist $\operatorname{codim} N = \dim V - \dim N$, daher gilt in diesem Falle auch $\operatorname{codim} (V_1 + V_2) + \operatorname{codim} (V_1 \cap V_2) = \operatorname{codim} V_1 + \operatorname{codim} V_2$.

Reellen V. kann man durch Auszeichnung einer Basis $e_1, \ldots, e_n$ eine *Orientierung* zuordnen; eine andere Basis definiert dann dieselbe Orientierung, wenn sie mit der vorigen durch eine lineare Transformation mit positiver Determinante zusammenhängt, anderenfalls die entgegengesetzte Orientierung. Entsprechend nennt man die Basen der ersten Art *positiv orientiert*, die der zweiten Art *negativ orientiert*.

Gelegentlich wird auch ein >freier R-Modul als V. über R bezeichnet.

Lit.: [A 17II], [EA 2], [Enz 1, 6], [M 4], [M 9], [M 13]
BOSECK, H.: Einführung in die Theorie der linearen Vektorräume. DVW, Berlin 1965.

Vektorring heißt ein halbgeordneter Ring, der subdirekte Summe linear geordneter Ringe ist (>Vektorgruppe).

Lit.: [O 1]

Vektorteil >Quaternionenalgebra

Vektorverband (= *Rieszscher Raum* = *K-Lineal*) heißt ein *halbgeordneter* reeller >*Vektorraum* V (d. h., V ist als Menge halbeordnet, aus $a \leqq b$ folgt $a + c \leqq b + c$ und $\lambda a \leqq \lambda b$ für $a, b, c \in V$, $0 \leqq \lambda \in \mathbb{R}$), für den die Halbordnung einen >Verband darstellt.

Lit.: CRISTESCU, R.: Ordered vector spaces and linear operators. Editura Academiei București, Abacus Press Turnbridge Wells 1976.
LUXEMBURG, W. A. J., A. C. ZAANEN: Riesz spaces I. North-Holland, Amsterdam 1971.
VULIKH, B. Z.: Introduction to the theory of partially ordered spaces. Wolters-Noordhoff, Groningen 1967.
WONG, YAU-CHUEN, KUNG-FU NG: Partially ordered topological vector spaces. Oxford University Press, Oxford 1973.
ZAANEN, A. C.: Ries Spaces II. North-Holland, Amsterdam 1983.

verallgemeinert einreihiger Ring >einreihige Algebra

verallgemeinerte Boolesche Algebra heißt ein relativ komplementärer >distributiver >Verband mit Einselement.

Lit.: [V 6]

verallgemeinerte Diagonalmatrix = >Quasidiagonalmatrix

verallgemeinerte Dreiecksmatrix = >halbzerfallende Matrix

verallgemeinerte Gruppe = >inverse Halbgruppe

verallgemeinerte inverse Matrix = **verallgemeinerte Inverse** = Pseudoinverse = *pseudoinverse Matrix*) zu einer (reellen oder komplexen) Matrix A heißt eine Matrix A^- mit den Eigenschaften: AA^- ist symmetrisch, A^-A ist symmetrisch, $AA^-A = A$, $A^-AA^- = A^-$. A^- ist also ein relatives Inverses zu A (>regulärer Ring im Sinne von von Neumann). Durch diese Eigenschaften ist A^- eindeutig bestimmt und fällt im Falle einer nichtsingulären Matrix mit der Inversen zusammen; v. i. M. gibt es jedoch auch zu jeder nichtquadratischen Matrix. AA^- wirkt als Einheitsoperator auf dem Spaltenraum von A, A^-A auf dem Zeilenraum von A. V. i. M. spielen u. a. in der Numerik eine Rolle.

Lit.: [M 15], [M 27]

Ben-Israel, A.: Generalized inverses: theory and application. Wiley, New York 1974.
Graybill, F. A.: Introduction to Matrices with Applications in Statistics. Wadsworth Publ. Comp., Belmont, Calif., 1969.
Rao, C. R., S. K. Mitra, Generalized inverse of matrices and its applications. Wiley, New York 1971.
Robinson, D. W.: On the generalized inverse of an arbitrary linear transformation. Amer. Math. Monthly 69 (1962), 412—416.
Wong, E. T.: Polygons, circulant matrices and Moore-Penrose inverses. Amer. Math. Monthly 88 (1981), 507—515.

verallgemeinerte Liesche Gruppe heißt nach Gleason eine >topologische Gruppe G, in der es zu jeder Umgebung U des Einselements eine offene Untergruppe G_1 und einen in U enthaltenen Normalteiler C von G_1 gibt, so daß die Faktorgruppe G_1/C >Liesche Gruppe ist. Jede v. L. G. ist lokalkompakt, jede lokalkompakte inverse >Grenzgruppe Liescher Gruppen ist v. L. G. Besitzt die topologische Gruppe G einen abgeschlossenen Normalteiler N, so daß N und G/N v. L. G. sind (ist also G >Erweiterung einer v. L. G. mit einer v. L. G.), so ist auch G v. L. G. Dies spielt bei der Lösung des V. Hilbertschen Problems (>Liesche Gruppe) eine Rolle.

Lit.: Gleason, A. M.: The structure of locally compact groups. Duke Math. J. 18 (1951), 85—104.

verallgemeinerte symmetrische Gruppe = volle ›monomiale Gruppe

verallgemeinerter Boolescher Verband = ›verallgemeinerte ›Boolesche Algebra

verallgemeinerter Charakter heißt eine ganzzahlige Linearkombination klassischer Charaktere einer Gruppe; dabei kann man sich auf irreduzible Charaktere beschränken.

Lit.: [G 23]

verallgemeinertes Radikal ›Nilradikal

verbale Kongruenz einer universellen ›Algebra A heißt der Durchschnitt aller Kongruenzen θ von A, für die die Faktoralgebra A/θ einer festen ›Varietät angehört.

Lit.: [U 6]

verbale Untergruppe (= *Wortuntergruppe*): Ersetzt man in einem System W von ›Wörtern in den Unbestimmten $x_1, \ldots, x_n, \ldots$ die Unbestimmten durch alle möglichen Elemente einer Gruppe G, so erhält man eine Menge von Gruppenelementen, die eine vollinvariante Untergruppe erzeugen, die *verbale W-Untergruppe* heißt und mit $W(G)$ bezeichnet wird. Von dieser Art sind die ›Kommutatorgruppe (die erhalten wird, wenn W nur aus dem einen Wort $[x_1, x_2]$ besteht), die Glieder der unteren Zentralkette und der Kommutatorkette mit natürlichen Indizes und die Potenzen der Gruppe. Das Erzeugnis von v. U. ist v. U., der Durchschnitt nicht unbedingt. Jede vollinvariante Untergruppe einer freien Gruppe ist. v. G.

Dual dazu bildet die Menge der Elemente a aus G, für die mit einem beliebigen Wort $w(x_1, \ldots, x_n) \in W$ stets die Gleichung $w(x_1a, x_2, \ldots, x_n) = w(x_1, x_2a, \ldots, x_n) = \cdots = w(x_1, \ldots, x_na) = w(x_1, \ldots, x_n)$ gilt, wenn man für die x_i beliebige Elemente aus G einsetzt, eine ›charakteristische Untergruppe von G, die *marginale W-Untergruppe* heißt. Hierzu gehören das Zentrum sowie alle Glieder der oberen Zentralreihe mit einem natürlichen Index.

Lit.: [G 26II], [G 30]
Hall, P.: Verbal and marginal subgroups. J. reine angew. Math. 182 (1940), 156–157.

verbales Produkt der Gruppen G_i heißt die Faktorgruppe des ›freien Produkts F der G_i nach dem Durchschnitt der ›verbalen W-Untergruppe $W(F)$ (W System von Wörtern) mit dem Kern C des natürlichen Epimorphismus von F auf das direkte Produkt der G_i.

Lit.: [G 26II]

Verband (veraltete Bezeichnung: *Dualgruppe*) heißt eine nichtleere Menge V, auf der zwei binäre ›Operationen, die (*verbandstheoretische*) *Vereinigung* $\vee$

(auch mit $\cup$ oder $+$ bezeichnet) und der (*verbandstheoretische*) ***Durchschnitt*** $\wedge$ (auch mit $\cap$ oder $\cdot$ bezeichnet) erklärt sind, so daß für beliebige $a, b, c \in V$ gilt:

$a \wedge b = b \wedge a$, $a \vee b = b \vee a$ (***Kommutativgesetze***),
$a \wedge (b \wedge c) = (a \wedge b) \wedge c$, $a \vee (b \vee c) = (a \vee b) \vee c$ (***Assoziativgesetze***),
$a \wedge (a \vee b) = a$, $a \vee (a \wedge b) = a$ (***Verschmelzungsgesetze***, auch: ***Absorptionsgesetze***).

Ein V. ist also eine universelle >Algebra. Da die Axiome in dem Sinne ***selbstdual*** sind, daß sie bei Vertauschung von $\vee$ und $\wedge$ in sich übergehen, erhält man bei dieser Vertauschung aus jeder allgemeingültigen Aussage wieder eine allgemeingültige ***duale Aussage*** (>***Dualitätsprinzip der Verbandstheorie***).

Beide Operationen sind ***idempotent***: $a \wedge a = a \vee a = a$. Es gilt genau dann $a \wedge b = b$, wenn $a \vee b = a$ ist. Daher ist $a \wedge b = a \vee b$ genau dann, wenn $a = b$ ist.

Durch die Festsetzung: $a \leqq b$ genau dann, wenn $a \wedge b = a$, wird V zu einer halbgeordneten Menge, in der jede endliche nichtleere Menge ein Infimum und ein Supremum besitzt. Umgekehrt kann man auf jeder halbgeordneten Menge, in der jede zweielementige Untermenge sowohl ein Infimum als auch ein Supremum besitzt, durch $a \wedge b = \inf \{a, b\}$ und $a \vee b = \sup \{a, b\}$ binäre Operationen $\wedge$ und $\vee$ einführen, durch die sie ein V. wird, die algebraische und die ordnungstheoretische Auffassung eines V. sind also äquivalent. Als halbgeordnete Menge kann man einen V. daher durch sein >***Hasse-Diagramm*** charakterisieren.

Beispiele für V.: die Untermengen einer festen Menge bezüglich der mengentheoretischen Vereinigung und des mengentheoretischen Durchschnitts; die Untergruppen bzw. Normalteiler einer festen Gruppe mit dem Erzeugnis als Vereinigung und dem mengentheoretischen Durchschnitt (>Untergruppenverband); analog die Ideale eines festen Rings; analog die Kongruenzrelationen in einer universellen >Algebra; die natürlichen Zahlen mit Bildung des größten gemeinsamen >Teilers und kleinsten gemeinsamen Vielfachen als Durchschnitt und Vereinigung; die reellen Funktionen auf einem festen Intervall mit punktweiser Infimum- und Supremumbildung als Durchschnitt und Vereinigung.

Zwei V. V und V' sind ***isomorph***, wenn sie als Algebren isomorph sind, wenn also eine bijektive Abbildung φ von L auf L' mit $\varphi(a \wedge b) = \varphi(a) \wedge \varphi(b)$ und $\varphi(a \vee b) = \varphi(a) \vee \varphi(b)$ (ein ***Verbandsisomorphismus*** φ) existiert. Das ist gleichbedeutend damit, daß φ ein ***Ordnungsisomorphismus*** von V auf V' ist, daß also $\varphi(a) \leqq \varphi(b)$ genau dann gilt, wenn $a \leqq b$ ist. Für >***Homomorphismen*** von V fallen jedoch diese Begriffe auseinander: Ein $\cup$- oder $\cap$-***Homomorphismus*** (Abbildung φ mit $\varphi(a \vee b) = \varphi(a) \vee \varphi(b)$ bzw. $\varphi(a \wedge b) = \varphi(a) \wedge \varphi(b)$), erst recht also ein ***Verbandshomomorphismus*** (gleichzeitiger $\cup$- und $\cap$-Homomorphismus) ist zwar stets ***Ordnungshomomorphismus*** (aus $a \leqq b$ folgt $\varphi(a) \leqq \varphi(b)$), aber die Umkehrung gilt nicht. ***Antihomomorphismus*** eines V. V in einen V. V' heißt eine Abbildung $\varphi\colon V \to V'$ mit $\varphi(a \vee b) = \varphi(a) \wedge \varphi(b)$, $\varphi(a \wedge b) = \varphi(a) \vee \varphi(b)$; ***Antiisomorphismus*** ist ein bijektiver Antihomomorphismus von V auf V' (V und V' heißen dann ***antiisomorph***).

Teilverband oder ***Unterverband*** (>Teilbund) eines V. V heißt eine Untermenge von V, die mit den Verbandsoperationen von V selbst ein V. ist, also mit a und b auch $a \wedge b$ und $a \vee b$ enthält.

Ein bezüglich der Halbordnung in V größtes Element heißt *Einselement* 1, ein kleinstes *Nullelement* 0 des V. V; beide sind, wenn sie existieren, eindeutig bestimmt. *Komplement* eines Elements $u \in V$ heißt dann jedes $x \in V$ mit $u \wedge x = 0$, $u \vee x = 1$. Besitzt jedes Element in V ein Komplement (bzw. ein eindeutig bestimmtes Komplement), so heißt V *komplementärer* (bzw. *eindeutig komplementärer*) *Verband.*

Einen Teilverband von V. bildet jedes ›*Intervall* $[a, b]$ (Menge der x mit $a \leqq x \leqq b$); ein Komplement eines $u \in [a, b]$ hierin heißt auch *relatives Komplement* in V und der V. V selbst *relativ komplementär* oder *abschnittskomplementär*, wenn jedes Intervall ein komplementärer Teilverband ist.

Besitzt jede nichtleere Untermenge eines V. V ein Infimum (bzw. Supremum) (das dann auch Durchschnitt bzw. Vereinigung der Untermenge heißt), so heißt V *durchschnitts-* bzw. *vereinigungsvollständig*. Ein zugleich durchschnitts- und vereinigungsvollständiger V. heißt *vollständig*; er ist notwendig *beschränkt* (als halbgeordnete Menge); umgekehrt ist ein durchschnitts- oder vereinigungsvollständiger beschränkter V. automatisch vollständig. Da ein V. eine universelle Algebra ist, lassen sich die dortigen Begriffe auf V. übertragen, es haben also z. B. die Begriffe Kongruenzrelationen, direktes Produkt von V., gleichungsdefinierte Klasse und freier V. einen Sinn.

Lit.: [Enz 1, 13], [V 1], [V 2], [V 3], [V 6], [V 8], [V 9], [V 11], [V 14]
GERICKE, H.: Theorie der Verbände. Bibl. Institut, Mannheim 1967.
GIERZ, G., K. H. HOFMANN, K. KEIMEL, J. D. LAWSON, M. MISLOVE, D. S. SCOTT: A Compendium of Continuous Lattices. Springer, Berlin 1980.

Verband mit Division ›multiplikativer Verband

verbandsgeordnete Gruppe = ›Verbandsgruppe

verbandsgeordneter Ring ›angeordneter Ring

verbandsgeordnetes Gruppoid = ›multiplikativer Verband

verbandsgeordnetes Ideal ›angeordneter Ring

Verbandsgruppe (= *verbandsgeordnete Gruppe* = *l-Gruppe*) heißt eine (gewöhnlich additiv geschriebene) ›geordnete Gruppe G, die bezüglich der Ordnungsrelation $\leqq$ zugleich ein ›Verband ist. Daher gilt $x + (a \vee b) + y = (x + a + y) \vee (x + b + y)$ und das duale Gesetz (mit $\wedge$ statt $\vee$) für alle $a, b, x, y \in G$. 0 bezeichne das ›neutrale Element der Gruppe (außer im Falle der trivialen Gruppe besitzt der unterliegende Verband weder ein Null- noch ein Einselement, so daß keine Verwechslungsgefahr besteht). Eine geordnete Gruppe G ist genau dann eine V., wenn für jedes $a \in G$ der sog. *positive Teil* $a^+ = \sup \{a, 0\}$ $(= a \vee 0)$ existiert; der *negative Teil* a^- ist durch $a \wedge 0$ definiert, und es gilt $a^+ + a^- = a^- + a^+ = a$. Der einer V. unterliegende Verband ist ›distributiv; G ist eine ›normal geordnete Gruppe.

Positive Elemente a, b heißen *disjunkt* (auch: *orthogonal*), $a \perp b$, wenn $a \wedge b = 0$ ist; solche Elemente sind stets vertauschbar.

Betrag von a heißt das Element $|a| = a \vee -a$; dann gilt $|a| \geqq 0$ und $= 0$ nur für $a = 0$, $|na| = |n|\,|a|$ für ganze n, $a^+ \wedge (-a)^+ = 0$, $|a| = a^+ - a^-$, $|(a \vee b) - (c \vee b)| \leqq |a - c|$ und die duale Ungleichung, $|(a \vee c) - (b \vee c)| + |(a \wedge c) - (b \wedge c)| = (a \vee b) - (a \wedge b)$ und im kommutativen Fall auch $|a + b| \leqq |a| + |b|$. Ein Normalteiler N von G heißt *l-Ideal*, wenn aus $|x| \leqq |a|$ mit $a \in N$ stets $x \in N$ folgt; das ist genau dann der Fall, wenn N gleichzeitig konvexer Normalteiler (›konvexe Untergruppe) als auch Unterverband ist. Die Kongruenzrelationen einer V. (d. h. die mit $+$, $\vee$, $\wedge$ verträglichen Äquivalenzrelationen) sind genau die durch l-Ideale definierten Äquivalenzrelationen.

Eine V. heißt *archimedisch*, wenn sie zugleich ›archimedisch geordnete Gruppe ist.

Lit.: [O 8], [O 9], [V 2], [V 3]
BIRKHOFF, G.: Lattice-ordered groups. Ann. of Math. **43** (1942), 298–331.
POWELL, W. B., C. TSINAKIS (ed.): Ordered Algebraic Structures. Dekker, New York 1985.

Verbandshalbgruppe ›geordnete Halbgruppe

Verbandshomomorphismus bzw. **-isomorphismus** ›Homomorphismus von ›Verbänden, von Gruppen ›Untergruppenverband

verbandstheoretische(r) Vereinigung bzw. **Durchschnitt** ›Verband

Verbindungselement ›Brandtsches Gruppoid

Verbindungshomomorphismus ›Kettenkomplex, ›abgeleiteter Funktor

Verbindungsraum ›Vektorraum

verdünnte Matrix = ›dünnbesetzte Matrix

Vereinigung 1. V. einer Familie von Unterobjekten $u_i : A_i \to B$ eines Objekts B heißt in der ›Kategorientheorie ein Unterobjekt $u: A_i \to B$, über das sich jedes u_i faktorisieren läßt (d. h., für das kommutative ›Diagramme

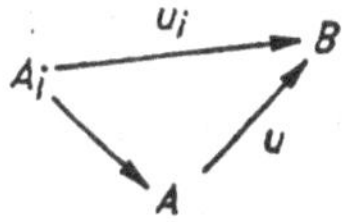

existieren) mit der Eigenschaft, daß für jedes Objekt C, jeden Morphismus $g: B \to C$ und jedes Unterobjekt $k: C' \to C$, durch das sich alle A bei g faktorisieren lassen:

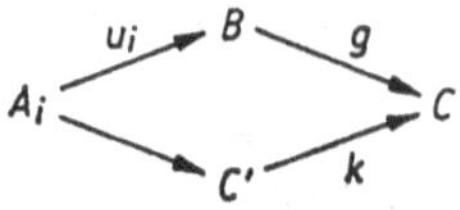

ist kommutativ, sich auch A' bei g faktorisieren läßt:

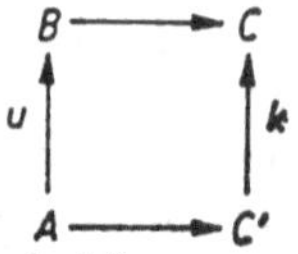

ist kommutativ. Die V. wird $\bigcup u_i$ oder leger auch $A = \bigcup A_i$ geschrieben.

Dual dazu ist der Begriff der *Kovereinigung* erklärt. Beachte, daß die V. nicht dual zum ›Durchschnitt von Unterobjekten ist.

2. V. von Untergruppen = ›Erzeugnis

Lit.: Zu **1.**: [C 10], [C 11]

vereinigungsvollständiger ›**Verband**

Verengungsideal ›Erweiterungsideal

Verfeinerung ›Ketten und Reihen, ›direktes Produkt, ›Normalsystem

Verfeinerungssatz für universelle Algebren: Zwei Normalreihen von E nach A in einer universellen Algebra, für die die zugehörigen Kongruenzrelationen miteinander vertauschbar sind (›Jordan-Hölderscher Satz für universelle Algebren), lassen sich durch Einschalten weiterer Glieder so verfeinern, daß die erhaltenen Verfeinerungen isomorph sind.

Für Gruppen ergibt sich der *Schreiersche Verfeinerungssatz* (›Ketten und Reihen).

Lit.: [U 3]

Verfeinerungssatz für v-Ideale ›'-Operation der Idealtheorie

Vergißfunktor ›Kategorientheorie

Verjüngung ›Tensor

Verknüpfung[soperation] ›Operation

verkürzte Darstellung ›Primärkomponentenzerlegung

Verlagerung: Ist $s_1, \ldots, s_n$ ein vollständiges Rechtsvertretersystem für die Restklassen Us_i der Gruppe G nach der Untergruppe U vom Index n, $g \in G$

und $\overline{s_i g}$ der Vertreter der Restklasse Us_ig, so gilt $s_ig(\overline{s_ig})^{-1} \in U$, und die Restklasse $V_{G\to U}(g) \overset{\text{def}}{=} U' \prod_{i=1}^{n} s_ig(\overline{s_ig})^{-1}$, wobei U' die ›Kommutatorgruppe von U ist, heißt die V. des Elements g von G nach U. Die V. hängt nicht von der Wahl des Vertretersystems ab. Die Abbildung $g \to V_{G\to U}(g)$ definiert einen Homomorphismus von G auf eine Untergruppe $V_{G\to U}(G)$ von U/U', die V. von G nach U mod U'. Für eine Untergruppe V von U von endlichem Index gilt $V_{G\to V}(g) = V_{U\to V}(V_{G\to U}(g))$. Für die V. in eine Sylow-Gruppe gilt der erste Satz von ›Grün.

Die V. einer Gruppe mit endlicher Faktorkommutatorgruppe in ihre Kommutatorgruppe ist gleich der zweiten Kommutatorgruppe, wenn die zweite Faktorkommutatorgruppe endlich erzeugbar ist (sog. [*gruppentheoretischer*] *Hauptidealsatz*).

Lit.: [G 19], [G 23], [G 42]

Verschmelzungsgesetz ›Verband

verschmolzene Summe = Pushout ›Kategorientheorie

verschränktes Produkt ›Algebrenklassen

Versor ›Quaternionenalgebra

vertauschbare Kongruenzrelationen ›Algebra (universelle)

vertauschbare Untergruppen sind Untergruppen U, V einer Gruppe G mit $UV = VU$ (im Sinne der Komplexmultiplikation, nicht elementweise); in diesem Falle ist UV gleich dem ›Erzeugnis von U und V. Das Komplexprodukt UV von Untergruppen U, V ist genau dann wieder eine Untergruppe, wenn U und V vertauschbar sind.
›Untergruppenverband

Lit.: [G 26 I]

Vertauschbarkeit der Operatorwirkungen ›Bimodul

Vertauschung = ›Permutation

Vertauschungsgesetz = ›Kommutativgesetz

Vertauschungsmatrix ›elementare Transformationen

Vertauschungsprinzip bzw. **-regel** = ›Kommutativgesetz

verträgliche Familie von ›**Halbgruppoiden**

verträgliche Topologie: Eine Topologie τ auf einer Menge M ist mit einer algebraischen Struktur (Gruppe, Ring usw.) auf M verträglich, wenn die algebraischen Operationen bezüglich der Topologie τ stetig sind. Auf diese Weise erhält man z. B. >topologische Gruppen und >topologische Ringe.

Verträglichkeitsbedingung >Operatorenbereich

Vertreter[system] einer >Äquivalenzrelation, der >Restklassen

vervollständigter lokaler Ring >$\mathfrak{m}$-Topologie

Vervollständigung >Filtrierung, >$\mathfrak{m}$-Topologie, >Bewertung

verwandte Gruppen bzw. **Körper** >Erweiterung von Gruppen

verwandte quadratische Formen heißen zwei >quadratische Formen f und g mit Koeffizienten aus einem algebraischen Zahl- oder Funktionenkörper K, die in allen $\mathfrak{p}$-adischen Erweiterungen $K_\mathfrak{p}$ äquivalent sind, in den zu nichtarchimedischen Primstellen $\mathfrak{p}$ gehörenden $K_\mathfrak{p}$ sogar im engeren Sinne. Das ist genau dann der Fall, wenn sie durch eine lineare Substitution mit Koeffizienten in K auseinander hervorgehen, deren Hauptnenner zu einem beliebig vorgeschriebenen Divisor von K teilerfremd ist. >Äquivalente quadratische Formen sind verwandt, die Umkehrung gilt nicht. Die Gesamtheiten v. q. F. heißen *Geschlechter*; diese lassen sich durch arithmetische Invarianten in eindeutiger Weise kennzeichnen. V. q. F. f und g heißen *spinorverwandt*, wenn für jedes $\mathfrak{p}$ Einheiten $E_\mathfrak{p}$ von f in $K_\mathfrak{p}$ und ein Automorphismus A von f in K existieren, so daß für alle $\mathfrak{p}$ die >Spinornormen $T(A_\mathfrak{p}E_\mathfrak{p}) = T(A)$ sind. Die Gesamtheiten spinorverwandter quadratischer Formen heißen *Spinorgeschlechter*. Ein Spinorgeschlecht besteht aus vollen Äquivalenzklassen und ein Geschlecht aus vollen Spinorgeschlechtern.

Lit.: [Q 1], [Q 7]

Verzweigungsordnung einer >Bewertung

v-Ideal >'-Operation der Idealtheorie

Vielfachenkettensatz: Bricht jede Kette $\mathfrak{a}_1 \supset \mathfrak{a}_2 \supset \cdots$ von Untermoduln bzw. links-, rechts- oder zweiseitigen Idealen eines Moduls bzw. Rings R nach endlich vielen Gliedern ab, so sagt man, in R gelte der V. (= *U-Satz* = *U-Kettensatz*) für Untermoduln bzw. links-, rechts- bzw. zweiseitige Ideale. Der V. ist äquivalent zur *Minimalbedingung* (>Maximalbedingung). Gilt in einem nullteilerfreien Ring R der V., so ist R ein Körper. Der *abgeschwächte V.* (= *abgeschwächte U-Satz*) besagt für einen kommutativen Ring R, daß für jedes Ideal $\mathfrak{a} \neq (0)$ im Restklassenring $R/\mathfrak{a}$ der V. gilt. Derartige Ringe („*Ringe* *mit V. modulo jedes Ideals* $\mathfrak{a} \neq 0$“) sind genau die ›einartigen noetherschen Ringe.

Lit.: [Enz 1, 11], [R 19]

Vielfaches ›äquivalente Matrizen, eines Ideals = ›Unterideal, in Ringen ›Teiler

Vielfachheit einer ›Nullstelle eines Polynoms

Vielfachheit eines Eigenwerts ›charakteristisches Polynom 2.

Vierergruppe (= *Kleinsche Vierergruppe*) heißt der in der ›symmetrischen Gruppe $\mathfrak{S}_4$ aus den Permutationen (12) (34), (13) (24), (14) (23) und (1) gebildete Normalteiler $\mathfrak{V}_4$ der Ordnung 4, der direktes Produkt zweier zyklischer Gruppen der Ordnung 2 ist; allgemeiner jede hierzu isomorphe Gruppe. Ihr ›Holomorph ist vierfach transitiv; durch diese Eigenschaft ist die V. charakterisiert.

Lit.: [G 42]

Vietàsche Wurzelsätze drücken den Zusammenhang zwischen den elementarsymmetrischen Funktionen σ_i (›symmetrisches Polynom) der Wurzeln α_j einer ›algebraischen Gleichung $f(x) = a_0x^n + a_1x^{n-1} + \cdots + a_n = 0$ und ihren Koeffizienten aus:

$$\sigma_1 = \alpha_1 + \alpha_2 + \cdots + \alpha_n = -a_1/a_0,$$
$$\sigma_2 = \alpha_1\alpha_2 + \alpha_1\alpha_3 + \cdots + \alpha_{n-1}\alpha_n = a_2/a_0,$$
$$\sigma_3 = \alpha_1\alpha_2\alpha_3 + \cdots + \alpha_{n-2}\alpha_{n-1}\alpha_n = -a_3/a_0,$$
$$\dots\dots\dots\dots$$
$$\sigma_n = \alpha_1\alpha_2 \dots \alpha_n = (-1)^n a_n/a_0.$$

Sie folgen sofort durch Ausmultiplikation einer Zerlegung des Polynoms $f(x)$ in Linearfaktoren.

Lit.: Tropfke, J.: Geschichte der Elementar-Mathematik III. De Gruyter, Berlin 1937.

vollcharakteristische Kongruenz heißt eine Kongruenzrelation θ einer universellen ›Algebra, die gegenüber jedem Endomorphismus σ invariant ist: aus $x \equiv y \bmod \theta$ folgt stets $x^\sigma \equiv y^\sigma \bmod \theta$.

Lit.: [U 3]

vollcharakteristische Untergruppe ›Operatorenbereich

volle Matrizenalgebra = ›voller Matrixring

voller Matrixring (= *voller Matrizenring* = *Matrizenring*) n-ten Grades über einem Ring R heißt der Ring $(R)_n$ aller n-reihigen quadratischen Matrizen über R. Er bildet eine ›R-Algebra, die *volle Matrizenalgebra* oder *einfaches System* heißt. Besitzt R ein Einselement, so bildet die Einheitsmatrix E das Einselement von $(R)_n$, seine Einheiten sind die invertierbaren Matrizen, die im Falle eines Körpers R mit den *regulären Matrizen* (Matrizen mit der Determinante $\neq 0$) zusammenfallen. Die Diagonalmatrizen, die oberen sowie die unteren Dreiecksmatrizen bilden je einen Unterring von $(R)_n$. Das Zentrum von $(R)_n$ besteht aus den ›Skalarmatrizen $c \cdot E$ mit c aus dem Zentrum von R. Vermöge des Zusammenhangs zwischen ›linearen Abbildungen von Vektorräumen und Matrizen ist der ›Endomorphismenring eines n-dimensionalen Vektorraums über R isomorph zu $(R)_n$.

Der v. M. über einem (nicht notwendig kommutativen) Körper k bildet eine Algebra (volle Matrizenalgebra) k_n über k vom Rang n^2, als deren über k linear unabhängige Basis gerade die Matrizen E_{ij} gewählt werden können, die im Schnittpunkt der i-ten Zeile und j-ten Spalte eine 1 und sonst überall Nullen haben (*Matrizeneinheiten*). k_n ist nach einem *Satz von Wedderburn* einfach. Jede Unteralgebra dieser vollen Matrizenalgebra heißt auch *Matrizenalgebra* über k. Eine irreduzible Matrizenalgebra ist einfach, eine absolut irreduzible ist gleich k_n.

Lit.: [D 22], [R 11 I], [R 12], [R 13]

volles Invariantensystem ›Invariantentheorie

volles Urbild ›Abbildung

völlig treuer Funktor ›Kategorientheorie

vollinvariante Folge bzw. **Reihe** ›Ketten und Reihen

vollinvariante Kongruenz[relation] ›Algebra (universelle)

vollinvariante Untergruppe ›Operatorenbereich

vollinvarianter Untermodul ›Operatorenbereich

vollinvariantes Ideal ›Operatorenbereich

vollisotroper Teilraum ›isotroper Vektor

vollkommen zerfallende Matrix = ›Quasidiagonalmatrix

vollkommene Form ›Minimum definiter quadratischer Formen

vollkommene Gruppe = >perfekte Gruppe, = >vollständige Gruppe

vollkommene Hülle >vollkommener Körper

vollkommene quadratische Form >Minimum definiter quadratischer Formen

vollkommener Körper heißt ein Körper k, für den jedes in $k[X]$ irreduzible Polynom >separabel ist, d. h., in keinem algebraischen Oberkörper eine mehrfache Nullstelle besitzt; anderenfalls heißt k ***unvollkommen***. Körper der Charakteristik 0 sind stets v., Körper der Charakteristik $p \neq 0$ genau dann, wenn es zu jedem Körperelement eine p-te Wurzel im Körper gibt. Daher sind >Galois-Felder und algebraisch abgeschlossene Körper stets v. K. Zu jedem unvollkommenen Körper k gibt es eine inseparable Erweiterung und einen kleinsten algebraischen und zugleich vollkommenen Erweiterungskörper, die *vollkommene Hülle* von k.

Lit.: [A 17 I]

vollständig Dedekindscher Verband heißt ein vollständiger >Verband, in dem für beliebige a_i, b_i $(i \in I)$ mit $a_i \geqq b_j$ für $i \neq j$ gilt $\left(\bigwedge_{i\in I} a_i\right) \wedge \left(\bigvee_{i\in I} b_i\right) = \bigvee_{i\in I} (a_i \wedge b_i)$. Ein v. D. V. ist ein >Dedekindscher Verband. Beispiel: Kongruenzenverband einer universellen >Algebra mit lauter vertauschbaren Kongruenzen.

Lit.: DWINGER, PH.: Some theorems on universal algebras, III. Indagationes Math. **20** (1958), 70–76.

vollständig einfache Halbgruppe heißt nach D. Rees eine multiplikativ geschriebene einfache >Halbgruppe S, in der jedes von Null verschiedene Idempotent ein >primitives Idempotent ist und zu jedem $x \in S$ zwei Idempotente e, f mit $ex = xf = x$ existieren. V. e. H. sind genau die zu regulären Matrizenhalbgruppen isomorphen Halbgruppen. Wenn jedes Element a einer einfachen Halbgruppe S eine Halbgruppe $\{a, a^2, a^3, \ldots\}$ endlicher Ordnung erzeugt, so ist S eine v. e. H. Eine v. e. H. mit Einselement ist entweder eine Gruppe oder eine Gruppe mit Null. Ist M ein von Null verschiedenes zweiseitiges Ideal einer Halbgruppe S mit Null, so ist M genau dann v. e. H., wenn es einfach ist und ein primitives Idempotent von S enthält. Unter gewissen Voraussetzungen ist die >Kerngruppe einer Halbgruppe eine v. e. H.

Lit.: [B 4]

vollständig eingebettet >Teilbund

vollständig ganz abgeschlossen: **1.** *v. g. a.* oder *vollständig normal* heißt ein >Integritätsbereich R (in seinem Quotientenkörper K), wenn alle von R >fast ganz-abhängigen Elemente aus K bereits zu R gehören; R ist dann auch >ganzabgeschlossen. In noetherschen Ringen fallen beide Begriffe zusammen.

2. *v. g. a.* heißt eine halbgeordnete Gruppe (›geordnete Gruppe), in der aus $na \leqq b$ $(n = 1, 2, \ldots)$ stets $a \leqq 0$ folgt; sie ist notwendigerweise archimedisch. In ›Verbandsgruppen gilt auch die Umkehrung.

Lit.: Zu **1.**: [A 18II], [R **24**]

vollständig normal = ›vollständig ganz abgeschlossen

vollständig prim ›Primideal

vollständig primärer Ring heißt ein Ring R mit Einselement, der ein ›Radikal (Summe der nilpotenten Linksideale) $\mathfrak{r}$ besitzt und für den der Radikalrestklassenring $R/\mathfrak{r}$ Schiefkörper ist. Ein Ring R ist genau dann v. p. R., wenn R ein Einselement enthält und jedes echte einseitige Ideal ›Nilideal ist; das ist genau dann der Fall, wenn R ein Radikal besitzt und R Vereinigungsmenge der Einheitengruppe und des Radikals von R ist. Ein Ring mit Minimalbedingung für Linksideale und mit Einselement e ist genau dann v. p. R., wenn e das einzige ›Idempotent von R ist.

Lit.: [R 5], [R 18]

vollständig reduzibel ›Größe für eine Gruppe, ›Darstellung

vollständig reduzible Matrizengruppe heißt eine Gruppe quadratischer Matrizen über einem Körper, die sich durch dieselbe Ähnlichkeitstransformation simultan auf die Form $\begin{pmatrix} D_1 & & 0 \\ & D_2 & \\ 0 & & \ddots \end{pmatrix}$ bringen lassen, wobei für jedes i die Matrizen D_i eine irreduzible Matrizengruppe bilden.

Lit.: [G 38]

vollständig reduzibler Modul = ›halbeinfacher Modul

vollständig reduzibler Ring = ›halbeinfacher Ring

vollständig reguläres Element ›reguläre Halbgruppe

vollständig unzusammenhängende Gruppe = ›total unzusammenhängende Gruppe

vollständig zerfallende Matrix = ›Quasidiagonalmatrix

vollständig zerlegbare Gruppe ›torsionsfreie Gruppe

vollständige Gruppe: 1. = ›divisionsvollständige Gruppe

2. ›topologische Gruppe

3. (= *abgeschlossene Gruppe* = *vollkommene Gruppe*) heißt eine Gruppe, deren Zentrum die Einsuntergruppe E ist und bei der jeder Automorphismus innerer Automorphismus ist. Die Automorphismengruppe einer einfachen nichtabelschen Gruppe ist v. G. Nach Wielandt gibt es für jede endliche Gruppe mit dem Zentrum E eine nur von der Ordnung abhängige Schranke N, so daß durch N-malige Bildung der Automorphismengruppe eine v. G. entsteht. Wenn eine v. G. G Normalteiler einer Gruppe T ist, so läßt sich T als ›direktes Produkt von G und dem ›Zentralisator von G in T darstellen. Insbesondere ist das ›Holomorph einer v. G. G direktes Produkt des Bilds von G bei der rechten und bei der linken regulären Darstellung: $x \mapsto xg$ bzw. $x \mapsto gx$ für $g \in G$.

Beispiele: ›symmetrische Gruppen $\mathfrak{S}_n$ mit $n \neq 2, 6$.

Lit.: Zu 3.: [G 19]
Wielandt, H.: Eine Verallgemeinerung der invarianten Untergruppen. Math. Z. 45 (1939), 209–244.

vollständige Hülle ›topologische Gruppe, ›Bewertung

vollständige Reduzibilität ›direkte Summe von Darstellungen

vollständige Unterkategorie heißt eine Unterkategorie $\mathcal{A}'$ einer Kategorie $\mathcal{A}$, für die der Inklusionsfunktor von $\mathcal{A}'$ in $\mathcal{A}$ Limiten erhält. Das ist gleichbedeutend damit, daß jedes ›Diagramm in $\mathcal{A}'$ einen Limes in $\mathcal{A}$ hat und dieser Limes in $\mathcal{A}'$ ist.

Lit.: [C 10]

vollständiger Körper ›Bewertung

vollständiger [lokaler] Ring ›$\mathfrak{m}$-Topologie

vollständiger Modul ›Filtrierung

vollständiger ›**Verband**

vollständiges Invariantensystem ›Invariantentheorie, einer Gruppe ›Invarianten einer Gruppe

v-Operation ›'-Operation der Idealtheorie

Vorbereich ›Abbildung ›Relation

vordere Reziproke einer unendlichen ›**Matrix**

Vorgänger = unterer ›Nachbar

V-W-System = ›Quasikörper

W

Wagner-Preston, Satz von, ›inverse Halbgruppe

Waringsche Formel ›Potenzsummen

Waringscher Satz: Sind α, β verschiedene reelle Nullstellen eines Polynoms $f(x)$ mit reellen Koeffizienten und liegen zwischen α und β keine weiteren Nullstellen von $f(x)$, so liegt im Inneren des Intervalls (α, β) eine ungerade Anzahl von Nullstellen des Polynoms $f'(x) + \gamma f(x)$ (γ beliebige reelle Zahl), also mindestens eine Nullstelle, wobei jede Nullstelle mit ihrer Vielfachheit gezählt ist. Folgerung: Ist γ eine reelle Zahl, $f'(x) + \gamma f(x)$ nicht konstant und sind die Nullstellen des Polynoms $f(x)$ alle reell, so auch die von $f'(x) + \gamma f(x)$. Sind die Nullstellen von $f(x)$ außerdem einfach, so auch die von $f'(x) + \gamma f(x)$. Durch Iteration folgt, daß die Nullstellen der Ableitungen $f'(x)$, $f''(x)$, ... sämtlich reell sind, sobald die Nullstellen des Polynoms $f(x)$ reell sind. Sind die Nullstellen von $f(x)$ außerdem alle einfach, so auch die der Ableitungen.
›Lucasscher Satz.

Lit.: Perron, O.: Algebra, Bd. II. De Gruyter, Berlin 1951.

Warningscher Satz ›algebraische Kongruenz

Wedderburn, Satz von, für ›einfache Algebren, für ›halbeinfache Algebren, für ›Schiefkörper

Wedderburn-Artin, Satz von, ›artinscher Ring

Wedderburn-Mal'cev, Satz von: Eine endlichdimensionale assoziative Algebra über einem Körper K mit dem Radikal N und separabler Faktoralgebra A/N ist (semi-) direkte Summe (›semidirektes Produkt) von N und einer halbeinfachen Unteralgebra S. Im Falle einer weiteren derartigen Zerlegung $A = N \oplus S_1$ gibt es einen Automorphismus σ von A mit $S^\sigma = S_1$, der innerer Automorphismus ist, d. h., es gibt $a, a' \in A$ mit $a \cdot a' = a' \cdot a = 0$ und $x^\sigma = a \cdot x \cdot a'$, wobei $x \cdot y = x + y + xy$ ist, oder, was auf dasselbe hinausläuft, $S_1 = (1 - n) S(1 - n)^{-1}$ mit $n \in N$.

Lit.: [D 5]

Weg ›Diagramm

Weierstraßscher Ring heißt ein ›pseudogeometrischer ›henselscher Ring, für den jeder Restklassenring nach einem Primideal endlich und ganz über einem ›regulären lokalen Ring ist. Beispiel: Ring der konvergenten Potenzreihen über einem ›vollkommenen Körper, für den der Weierstraßsche Vorbereitungssatz gilt. Jede endliche Erweiterung eines W. R. ist W. R. Ein W. R. ist ›analytisch irreduzibel.

Lit.: [R 25]

Wert einer ›Stelle, eines ›Worts

Wertebereich bzw. **-vorrat** ›Abbildung

Wertgruppe, wertisomorphe Körper ›Bewertung

wesentliche Erweiterung eines R-Moduls A heißt ein Obermodul B von A, wenn für einen beliebigen Untermodul S von B aus $S \cap A = 0$ stets $S = 0$ folgt. A heißt dann *großer* oder *wesentlicher Untermodul* von A. Dann heißt auch jeder Monomorphismus (allgemeiner ein Homomorphismus) $\varkappa: A' \to B$ mit dem Bild A *wesentlich* oder *groß*. Diese Begriffe übertragen sich auf Objekte in einer ›abelschen Kategorie. ›injektiver Modul.

Lit.: [C 10], [H 3], [R 17]

wesentlicher Homomorphismus, Monomorphismus bzw. **Untermodul** ›wesentliche Erweiterung

Weylsche Ebene bzw. **Gruppe** ›Gewicht

Weyr-Charakteristik ›Jordansche Normalform

Whitehead-Gruppe ›K-Theorie

Wilsonscher Satz: Für jede Primzahl p gilt $(p - 1)! \equiv -1 \bmod p$.

Lit.: [Z 3]

Witt, Satz von: Jede Isometrie zwischen zwei Unterräumen V_1 und V_2 eines endlichdimensionalen ›Vektorraums V über einem Körper der Charakteristik $\neq 2$ bezüglich einer nichtausgearteten symmetrischen oder alternierenden Bilinearform f läßt sich zu einem metrischen Automorphismus von V fortsetzen. Hieraus folgt der *Isomorphiesatz von Witt*: Sind zwei halbeinfache Teilräume eines halbeinfachen Raums isomorph, so auch die zu ihnen senkrechten Teilräume.
›isotroper Vektor

Lit.: [Q 1], [Z 18]
Witt, E.: Theorie der quadratischen Formen in beliebigen Körpern. J. reine angew. Math. **176** (1936), 31–44.

Wittsche Gruppe (= **Witt-Gruppe**): Die Typen ›quadratischer Formen über dem Körper k bilden hinsichtlich folgender Verknüpfung (Addition) eine abelsche Gruppe, die W. G.: Man wähle aus den zu verknüpfenden Typen je einen Vertreter $f(x_1, \ldots, x_n)$, $g(x_1, \ldots, x_m)$, dann ist $f(x_1, \ldots, x_n) + g(x_{n+1}, \ldots, x_{n+m})$ ein Vertreter des Summentyps. Eine analoge Bildung ist mit hermiteschen Formen möglich. Die W. G. ist ein Analogon zur R.-Brauerschen Algebrenklassengruppe (›Algebrenklassen). Nimmt man noch die durch die Tensorproduktbildung induzierte Multiplikation hinzu, so erhält man einen Ring, den *Wittschen Ring* (= *Witt-Ring*) des Körpers k. Die W. G. und der Wittsche Ring lassen sich auch über die bilinearen Räume einführen.

Lit.: [A 14], [EA 9], [Q 3]–[Q 6], [Q 10]

Lam, T.-Y.: Orderings, Valuations and Quadratic Forms. Amer. Math. Soc., Providence 1983.

Lorenz, F.: Quadratische Formen über Körpern. LNM 130, Springer, Berlin 1970.

Witt, E.: Theorie der quadratischen Formen in beliebigen Körpern. J. reine angew. Math. **176** (1936), 31–44.

Wittsche Kürzungsregel: Sind $f(x_1, \ldots, x_n)$ und $f'(x_1, \ldots, x_n)$ sowie $f(x_1, \ldots, x_n) + g(x_{n+1}, \ldots, x_m)$ und $f'(x_1, \ldots, x_n) + g'(x_{n+1}, \ldots, x_m)$ im weiteren Sinne ›äquivalente quadratische Formen, so sind auch $g(x_{n+1}, \ldots, x_m)$ und $g'(x_{n+1}, \ldots, x_m)$ äquivalent. Die Regel läßt sich sinngemäß auf gewisse hermitesche Formen (z. B. auf spurige Formen) übertragen.

Lit.: [Q 4], [Q 6], [Z 18]

Wittsche Zerlegung eines ›Vektorraums V über einem Körper der Charakteristik $\neq 2$ bezüglich einer symmetrischen oder alternierenden ›Bilinearform f heißt die Zerlegung $V = N_1 \oplus N_2 \oplus D$, wo N_1 und N_2 totalisotrope Unterräume sind und D anisotrop und bezüglich f zu $N_1 + N_2$ orthogonal ist

Lit.: [A 14], [EA 9], [G 1], [G 11], [Q 3]

Wittscher Isomorphiesatz ›Satz von Witt

Wittscher Ring ›Wittsche Gruppe

Wittscher Vektor ›Wittscher Vektorkalkül

Wittscher Vektorkalkül dient zur Beschreibung abelscher Oberkörper vom Grade p^n bei Charakteristik p. Die sog. *Hauptkomponenten* eines *Wittschen Vektors* x sind unendliche Folgen $(x_0, x_1, x_2, \ldots)$ von Elementen x_i aus dem Körper K oder allgemeiner aus einem assoziativen kommutativen Ring mit Einselement. Hieraus berechnen sich die sog. Nebenkomponenten gemäß $x^{(n)} = x_0^{p^n} + px_1^{p^{n-1}} + \cdots + p^n x_n^{p^0}$. Addition, Subtraktion und Multiplikation zweier Wittscher Vektoren erfolgen nebenkomponentenweise: $(x \pm y)^{(n)} = x^{(n)} \pm y^{(n)}$. Hieraus lassen sich die Hauptkomponenten von $x \dot{+} y$ berechnen und ergeben sich als ganzrationale Funktionen in den Hauptkomponenten von x und y. Diese Vektoren bilden auf diese Weise einen Ring, ebenso die Vektoren der Länge n, deren Hauptkomponenten ab x_n verschwinden. Separable abelsche Oberkörper K von k vom Exponenten p^n (*p-Erweiterungen*) lassen sich durch die Komponenten von Vektoren x der Länge n mit $\wp x = x^p - x = a \in k$ erzeugen. Der W. V. läßt sich auch zur Untersuchung algebraischer Mannigfaltigkeiten über einem Körper positiver Charakteristik und in der Theorie der kommutativen ›algebraischen Gruppen und formalen Gruppen anwenden.

Lit.: [A 9III], [A 14], [G 9], [G 34]
DIEUDONNÉ, J.: Groupes de Lie et hyperalgèbres de Lie sur un corps de caractéristique $p > 0$ (VII). Math. Ann. **134** (1957), 114–133.
WITT, E.: Zyklische Körper und Algebren der Charakteristik p vom Grade p^n. J. reine angew. Math. **176** (1936), 126–140.

Wort: 1. in der Gruppentheorie: W. der *Länge l* über einer nichtleeren Menge von Symbolen X_i heißt eine endliche Folge der Form $W(X_i) = X_{i_1}^{\varepsilon_1} \ldots X_{i_l}^{\varepsilon_l}$, wobei $\varepsilon_j = \pm 1$ ist und X_i^{+1} dasselbe wie X_i bedeutet, während jedem X_i ein weiteres verschiedenes mit X_i^{-1} bezeichnetes Symbol zugeordnet ist. Das *leere W.* bezeichne die leere Folge. $W(X_i) = X_{i_l}^{-\varepsilon_l} \ldots X_{i_1}^{-\varepsilon_1}$ heiße das zu $W(X_i)$ *inverse W.* Zwei W. heißen *äquivalent* (auch *identisch*), in Zeichen $\sim$, wenn sie sich durch *Elementartransformationen* (*elementare Umformungen*), d. h. durch Streichen oder Einfügen von Teilfolgen der Form $X_iX_i^{-1}$ oder $X_i^{-1}X_i$ ineinander überführen lassen; man kann dadurch jedes W. auf ein solches reduzieren, das keine derartigen Teilfolgen enthält (*reduziertes W.*). Hat $W(X_i)$ sogar unter allen W. $W_1(X_i)^{-1}\, W(X_i)\, W_1(X_i)$ minimale Länge, so heißt $W(X_i)$ *zyklisch reduziert* oder *Kurzwort*.

Führt man in der Menge der W. eine Multiplikation ein, indem die Multiplikation Hintereinanderschreiben bedeutet und modulo $\sim$ gerechnet wird, so erhält man eine Gruppe, die ›*freie Gruppe F* (die deshalb auch *Wortgruppe* heißt) mit den X_i als *freien Erzeugenden*; als Einselement fungiert hierbei das leere W.

Ordnet man jedem X_i ein Element g_i, dem leeren W. das Einselement einer Gruppe G zu, so heißt $W(g_i) = g_{i_1}^{\varepsilon_1} \ldots g_{i_l}^{\varepsilon_l}$ ein W. in den g_i und das entsprechende Element der Gruppe G der *Wert* von W in den g_i. Diese Zuordnung definiert einen Homomorphismus von F in G.

2. in der universellen Algebra vom Typ τ mit dem Operatorenbereich Ω über einer nichtleeren Menge X von sog. freien Elementen X_i: Jeder nullären ›Operation aus Ω wird ein sog. *nulläres Operationssymbol* zugeordnet. *W.* soll dann a) jedes X_i und jedes nulläre Operationssymbol sein; b) wenn $W_1, \ldots, W_n$ W. sind, soll bei einer beliebigen n-stelligen Operation $f \in \Omega$ auch der formale Ausdruck $f(W_1, \ldots, W_n)$ ein W. sein. Zwei W. sind genau dann gleich, wenn sie formal gleich sind. Dieser Begriff des W. deckt sich inhaltlich mit dem von Grätzer eingeführten Begriff des Polynomsymbols (›Varietät). Die W. bilden eine *freie Algebra* vom Typ τ mit dem Operatorenbereich Ω, die *Wörteralgebra* oder *Polynomalgebra* $S(\Omega, X)$.

Als Spezialfall hieraus ergibt sich der Begriff des W. unter 1.

Lit.: Zu **1.**: [A 13], [G 26]
Zu **2.**: [A 13]

Wörteralgebra ›Wort

Wortgruppe = ›freie Gruppe, ›Wort

Wortprobleme betreffen für durch ›Erzeugende und Relationen gegebene Gruppen die Frage, ob allgemeine Verfahren (*Algorithmen*) existieren, um in endlich vielen Schritten zu entscheiden:

a) ob zwei ›Worte in den Erzeugenden denselben Wert haben (*Identitätsproblem* oder eigentliches *W.*);

b) ob die Werte zweier Worte in der Gruppe konjugiert sind (*Transformationsproblem*);

c) ob zwei durch Erzeugende und Relationen gegebene Gruppen isomorph sind (*Isomorphieproblem*).

In keinem der drei Fälle gibt es allgemeine Lösungsverfahren, wohl aber für spezielle Klassen von Gruppen (z. B. abelsche und freie Gruppen). Das W. läßt sich für beliebige universelle ›Algebren formulieren, seine Unlösbarkeit für Gruppoide und Halbgruppen ist bereits vor dem Beweis der Unlösbarkeit für Gruppen bewiesen worden (A. A. Markow, Turing); die Unlösbarkeit des Isomorphieproblems für Gruppen ist von Adjan (1957) und Rabin (1958) bewiesen worden.

Lit.: [G 26]
Boone, W. W.: The word problem. Ann. of Math. **70** (1959), 207–265.
Fridman, A. A. (А. А. Фридман): Степени неразрешимости проблемы тождества для конечно-определенных групп. Nauka, Moskau 1967.
Nowikow, P. S. (П. С. Новиков): Об алгоритмической неразрешимости проблемы тождества. Dokl. Akad. Nauk SSSR **85** (1952), 709–712.
Nowikow, P. S. (П. С. Новиков): Неразрешимость проблемы сопряженности в теории групп. Izv. Akad. Nauk SSSR **18** (1954), 485–524.
Nowikow, P. S. (П. С. Новиков): Об алгоритмической неразрешимости проблемы тождества в теории групп. Trudy Mat. Inst. im. Steklova Nr. 44, Moskau 1955.
Schiek, H.: Ähnlichkeitsanalyse von Gruppenrelationen. Acta Math. **96** (1956), 157–252.
Schukow, A. I.: Reduzierte Systeme von definierenden Relationen in nichtassoziativen Algebren (Russ.), Mat. Sbornik 27 (1950), 267–280.
Stillwell, J.: The word problem and the isomorphism problem for groups. Bull. Amer. Math. Soc. **6** (1982), 33–56
Turing, A. M.: The word problem in semi-groups with cancellation. Ann. of Math. **52** (1950), 491–505.

Wortuntergruppe = >verbale Untergruppe

Würfelgruppe >endliche Drehgruppen

Wurzel >Gleichung, >Gewicht

Wurzelform >Gewicht

Wurzelgröße >nilpotentes Element

Wurzelkörper >algebraische Gleichung, >Zerfällungskörper

durch Wurzeln [auf]lösbare Gleichung >Radikal über einem Körper

Wurzelraum >Gewicht

Wurzelsymbolik heißt in der >Invariantentheorie binärer >Formen f die Methode, die Komitanten von $f = a_0 x_1^p + \cdots$ aus den (echten, nichtsymbolischen) Linearfaktoren $x_1\alpha_2^{(i)} - x_2\alpha_1^{(i)}$ von f aufzubauen. Bis auf einen Faktor $1/a_0^n$ ist jede ganze rationale Invariante von f >symmetrisches Polynom der Determinanten $\alpha_1^{(i)}\alpha_2^{(k)} - \alpha_2^{(i)}\alpha_1^{(k)}$, das homogen und isobar ist, und umgekehrt. Bei irrationalen Invarianten fällt die Forderung der Symmetrie weg.

Lit.: [Enc IB 2]

Y

Yoneda-Lemma >Kategorientheorie

Youngsches Tableau = **Young-Tableau** >Darstellungen der symmetrischen Gruppe, >Reihenentwicklung in der Invariantentheorie

Z

Zahlenwert einer Quaternion >Quaternionenalgebra

***n*-zählig** >endliche Drehgruppen

Zahlkörper >algebraischer Zahlkörper

Zariski-Ring heißt ein kommutativer noetherscher Ring R mit 1 bezüglich eines Ideals $\mathfrak{m}$ von R, wenn R folgenden äquivalenten Bedingungen genügt:

a) Jeder Untermodul F eines endlichen R-Moduls E ist abgeschlossen in der >$\mathfrak{m}$-Topologie, d. h. $F = \bigcap_{n=0}^{\infty} (F + \mathfrak{m}^n E)$.

b) R ist hausdorffscher Raum in seiner $\mathfrak{m}$-Topologie, und für jeden endlichen R-Modul E und Untermodul F von E ist $F = \hat{R}F \cap E$ ($\hat{R}$ ist die $\mathfrak{m}$-adische Vervollständigung von R).

c) Jeder endliche R-Modul E ist in seiner $\mathfrak{m}$-Topologie ein hausdorffscher Raum.

d) Jedes Ideal in R ist in der $\mathfrak{m}$-Topologie von R abgeschlossen.

e) Das Ideal $\mathfrak{m}$ liegt im Durchschnitt aller maximalen Ideale von R.

f) Jedes Element von $1 + \mathfrak{m}$ ist in R invertierbar.

g) Für jeden endlichen R-Modul E ist $E = \mathfrak{m}E$ gleichbedeutend mit $E = (0)$.

Wenn aus dem Zusammenhang klar ist, was $\mathfrak{m}$ sein soll, spricht man nur von Z. schlechthin. Statt $\mathfrak{m}$ kann man auch jedes Ideal mit demselben >Radikal wie $\mathfrak{m}$ wählen.

Beispiele für Z.: Jeder >lokale Ring bezüglich seines maximalen Ideals; jeder semilokale Ring bezüglich des Durchschnitts seiner maximalen Ideale; jeder noethersche Ring R, der in seiner $\mathfrak{m}$-Topologie vollständiger hausdorffscher Raum ist. Jeder Restklassenring $R/\mathfrak{a}$ eines Z. ist Z. bez. des Ideals $(\mathfrak{m} + \mathfrak{a})/\mathfrak{a}$.

Lit.: [EC 7], [R 18 II]

Zariski-Topologie >Spektrum eines Rings

Zassenhaus, Lemma bzw. **Satz von,** >Isomorphiesatz für Gruppen

Zassenhaus-Gruppe heißt eine >Permutationsgruppe auf einer Menge, die doppelttransitiv ist, in der kein Element $\neq e$ mehr als 2 Fixpunkte besitzt und die keinen regulären Normalteiler besitzt. Spezialfall: >Suzuki-Gruppen.

Die >projektiven Gruppen PSL$(2, q)$, aufgefaßt als Permutationsgruppen in ihrer natürlichen Darstellung vom Grade $q + 1$ auf der projektiven Geraden über dem Galois-Feld von q Elementen, sind Z.

Lit.: [D 17], [G 24 III]

Žegalkinsche Algebra heißt die aus zwei Elementen 0, 1 bestehende universelle >Algebra A mit den 4 Operationen: Multiplikation $\cdot$, Addition $+$ modulo 2 und den ausgezeichneten Elementen 0 und 1. Jede Operation aus dem Klon F des Operationsbereichs läßt sich als Polynom (*Žegalkinsches Polynom*) modulo 2 schreiben; F enthält jede endlichstellige Operation auf A.

Lit.: S. V. Jablonskij, G. P. Gavrilov, V. B. Kudrjavcev (С. В. Яблонский, Г. П. Гаврилов, В. Б. Кудравцев): Функции алгебры логики и классы Поста. Nauka, Moskva 1966.
Žegalkin, I. I. (И. И. Жегалкин): Über den Aussagenkalkül in der symbolischen Logik (russ. und franz. Zusammenfassung). Matem. Sborn. **34** (1927), 9–28.

Žegalkinsches Polynom ›Žegalkinsche Algebra

Zeichenregel ›kartesische Zeichenregel, ›Budan-Fouriersche Regel

zeilenabsolut, Zeilenbetragssume, zeilen[in]finit s. unendliche ›Matrix

Zeilenindex, -matrix, -raum bzw. **-vektor** ›Matrix

zentral isomorph heißen zwei Untergruppen U und V einer Gruppe G, wenn es einen Isomorphismus (sog. *Zentralisomorphismus*) σ von U auf V gibt, so daß $x^{-1}x^{\sigma}$ für alle $x \in U$ im Zentrum von G liegt.

Lit.: [G 35]

zentrale Algebra = ›normale Algebra

zentrale Aufspaltung ›Erweiterung von Gruppen

zentrale Funktion ›Charakter einer Gruppe

zentrales Produkt zweier Untergruppen A, B heißt eine Gruppe G, die von A und B erzeugt wird, wenn A und B elementweise vertauschbar sind und $A \cap B$ im ›Zentrum von G liegt. Spezialfall: ›direktes Produkt.

Lit.: [G 15]

Zentralfolge ›Zentrenreihen

Zentralisator 1. Z. $\mathrm{Cen}_R(A)$ einer Untermenge A eines Rings R heißt der Unterring der mit allen Elementen von A vertauschbaren Elemente von R; $\mathrm{Cen}_R(R)$ ist also das ›Zentrum von R. Ist M ein R-Linksmodul, so bilden die durch Linksmultiplikation mit den Elementen $r \in R$ induzierten Endomorphismen $x \mapsto rx$ der additiven Gruppe M^+ von M einen Unterring R_l des vollen ›Endomorphismenrings $T = \mathrm{End}\, M^+$ von M^+, und der Z. $R' = \mathrm{Cen}_T(R_l)$ von R_l in T ist identisch mit dem vollen Endomorphismenring des R-Moduls M. Da die identische Abbildung von M zu R' gehört, kann M (wenn man die ›Endomorphismen von M als Linksoperatoren schreibt) als unitärer R'-Linksmodul aufgefaßt werden; R' heißt auch der *Z. des Moduls M*. Der Z. eines (im Sinne von Jacobson) ›irreduziblen R-Moduls ist ein ›Schiefkörper. Der *doppelte Z.* $R'' = \mathrm{Cen}_T(\mathrm{Cen}_T(R_l))$ ist Oberring von R_l; der dreifache Z. $R''' = \mathrm{Cen}_T(\mathrm{Cen}_T(\mathrm{Cen}_T(R_l)))$ ist gleich R'. Im Falle eines ›treuen Moduls M kann R_l mit R identifiziert werden.

Analoge Aussagen gelten für Rechtsmoduln. Durch Übergang zum Gegenring kann man als Rechtsoperatoren geschriebene Endomorphismen als Linksoperatoren schreiben und umgekehrt.
›Dichtigkeitssatz.

2. Z. einer Gruppe ›Normalisator

3. Z. eines ›nichtassoziativen Rings

Lit.: Zu **1.**: [R 13], [R 17]

Zentralkette, Zentralreihe ›Zentrenreihen

Zentrenreihen: 1. Die aufsteigende Kette von Untergruppen $E = Z_0 \subset Z_1 \subset \cdots$ einer Gruppe G, für die allgemein $Z_{\alpha+1}/Z_\alpha$ das ›Zentrum von G/Z_α und für eine Limeszahl α: $Z_\alpha = \bigcup_{\beta<\alpha} Z_\beta$ ist, heißt *aufsteigende Zentralfolge* (oder *Zentrenfolge, Zentralkette, Zentralreihe, Zentrenreihe*) oder *oberste Zentralfolge* von G. Sie ist eine aufsteigende Normalfolge. Die erste Gruppe Z_λ mit $Z_{\lambda+1} = Z_\lambda$ heißt das *Hyperzentrum* von G (Baer).

2. Die absteigende Normalfolge der Untergruppen $G = G_0 \supset G_1 \supset \cdots$ einer Gruppe G, für die $G_{\alpha+1}$ die gegenseitige ›Kommutatorgruppe $[G_\alpha, G]$ und für eine Limeszahl α: $G_\alpha = \bigcap_{\beta<\alpha} G_\beta$ ist, heißt die *absteigende Zentralfolge* (oder *Zentrenfolge, Zentralkette, Zentralreihe, Zentrenreihe*) oder *unterste Zentralfolge* von G. Die erste Gruppe G_λ mit $G_\lambda = G_{\lambda+1}$ heißt *Potenz* oder *Hyperkommutator* von G (›Klasse einer Gruppe).

3. Eine Normalreihe $E = A_0 \subset A_1 \subset \cdots \subset A_n = G$ heißt *Zentralreihe* von G, wenn stets A_{i+1}/A_i zum Zentrum von G/A_i gehört (›nilpotente Gruppe).

Lit.: [G 26I], [G 35]

BAER, R.: The hypercenter of a group. Acta Math. 89 (1953), 165–208.
BAER, R.: Das Hyperzentrum einer Gruppe II, III, IV. Arch. Math. 4 (1953), 86–96; Math. Z. 59 (1953), 299–338; Arch. Math. 5 (1954), 56–59.

zentrierte ›**affine Gruppe**

zentro- ›**affine Gruppe**

zentrosymmetrische Determinante heißt die ›Determinante einer Matrix (a_{ij}) $(i, j = 1, \ldots, n)$ mit $a_{ik} = a_{n+1-i,n+1-k}$. Eine z. D. von geradem Grade $2m$ läßt sich als Produkt zweier Determinanten m-ten Grades darstellen. Z. D. entstehen aus ›zyklischen Determinanten durch Umstellung der Zeilen.

Lit.: [Enc IA 1]

Zentrum 1. Z. einer Algebra ist das Z. des unterliegenden Rings.

2. Z. einer Gruppe G ist die ›charakteristische Untergruppe aus den mit jedem Gruppenelement vertauschbaren Elementen von G; es ist gleich dem Durchschnitt der Zentralisatoren aller Untergruppen von G. Ihre Elemente heißen *invariante Elemente*. Die Gruppe aller $x \in G$, die mit jedem $y \in G$ die Gleichung $(xy)^m = x^m y^m$ erfüllen, heißt das *m-Zentrum* von G.

3. Z. einer Lieschen Algebra L ist die Menge aller $a \in L$ mit $[a, x] = 0$ für jedes $x \in L$; es ist ein Ideal von L. Es ist der Kern der adjungierten ›Darstellung der Lieschen Algebra.

4. Z. eines ›Alternativrings

5. Z. eines lokalen Oberrings ›beherrscht

6. Z. eines ›Quasikörpers

7. Z. eines Rings ist im Falle eines assoziativen Rings die Menge aller $x \in R$ mit $xy = yx$ für alle $y \in R$; es ist ein kommutativer Unterring von R und enthält das Einselement von R, falls vorhanden.

Im Falle eines ›nichtassoziativen Rings hat man zusätzlich noch $(xy)z = x(yz)$, $(yx)z = y(xz)$ und $(yz)x = y(zx)$ für alle $y, z \in R$ zu fordern (die erste Zusatzbedingung folgt aus den übrigen drei Bedingungen), d. h., daß x im ›Nukleus von R liegt. Das Z. ist dann kommutativer assoziativer Unterring von R.

Lit.: Zu **1.**: [R 1]
Zu **2.**: [G 26]
Zu **3.**: [L 13]
Zu **7.**: [R 7], [R 17], [R 29]

Zentrumsautomorphismus bzw. **-endomorphismus** ›Endomorphismus einer Gruppe

Zentrumsfunktion ›Charakter einer Gruppe

Zentrumsidempotente ›Idempotent

zerfallen ›direkte Summe von Darstellungen

zerfallende Gruppe ›zerlegbar, ›semidirektes Produkt

zerfallende Matrix = ›Quasidiagonalmatrix

Zerfällungskörper: **1.** einer ›R-Algebra ›Abspaltungskörper

2. einer (endlichen oder unendlichen) Menge von Polynomen über einem Körper k heißt ein minimaler Oberkörper von k, in dem diese Polynome vollständig in Linearfaktoren zerfallen. Er ist bis auf Isomorphie über k eindeutig bestimmt, wird durch Adjunktion sämtlicher Wurzeln dieser Polynome erhalten und ist galoissch über k. Im Falle eines ›algebraisch abgeschlossenen Körpers k (z. B. des Körpers $\mathbb{C}$ der komplexen Zahlen) fällt er mit k zusammen. Der Z. eines Polynoms $f(X)$ heißt auch *Wurzelkörper* der ›algebraischen Gleichung $f(x) = 0$.

Lit.: Zu **2.**: [A 7 I I], [A 17 I]

zerlegbar: 1. (= [*eigentlich*] *zerfallend*) heißt eine Gruppe, die Produkt zweier echter Untergruppen ist.

2. (= *direkt zerlegbar*) ›direktes Produkt

3. [*in Faktoren*] ›Teiler

zerlegbare Darstellung ›direkte Summe von ›Darstellungen von Gruppen oder von ›Darstellungen von Ringen und Algebren

zerlegbare Matrix: 1. ›unzerlegbare Matrix

2. = in ein Produkt z. M.

zerlegbare quadratische Form: 1. eine ›quadratische Form, die sich durch eine Variablentransformation als Summe zweier quadratischer Formen in disjunkten Mengen von Variablen schreiben läßt.

2. eine quadratische Form mit ganzzahligen (oder auch rationalen) Koeffizienten, die über einer Erweiterung von $\mathbb{Q}$ (und damit bereits über einem ›algebraischen Zahlkörper) in Linearfaktoren zerfällt. Ebenso ist die Zerlegbarkeit von Formen n-ten Grades erklärt. Im Gegensatz dazu bedeutet die Irreduzibilität, daß sich die Form nicht bereits über $\mathbb{Q}$ nichttrivial als Produkt schreiben läßt, daß sie also ein ›irreduzibles Polynom über $\mathbb{Q}$ darstellt. Jede irreduzible z. F. F n-ten Grades in $x_1, \ldots, x_m$ über $\mathbb{Q}$ hat bis auf Äquivalenz und bis auf einen konstanten Faktor die Gestalt

$$F(x_1, \ldots, x_m) = \prod_{i=1}^{n} (x_1 + \mu_2^{(i)} x_2 + \cdots + \mu_m^{(i)} x_m)$$

(und umgekehrt), worin die $\mu_j^{(i)}$ die Konjugierten von Elementen μ_j bezüglich des von $\mu_2, \ldots, \mu_m$ erzeugten algebraischen Zahlkörpers K bezeichnen. (Für q. F. ist also Grad $K = 2$.) Binäre q. F. sind stets z.

Lit.: Zu **2.**: [Q 8 II], [Z 1]

zerlegbares Element ›äußere Potenz

zerlegbares Polynom ›irreduzibles Polynom, ›Teiler

Zerlegung in Klassen ›Äquivalenzrelation, nach einem ›Doppelmodul

Zerlegungssatz [der Idealtheorie] ›Primärkomponentenzerlegung

Zerlegungssatz in der Verbandstheorie besagt, daß in einem ›distributiven Verband mit absteigender Kettenbedingung jedes Element bis auf die Reihenfolge eindeutig als ›unverkürzbare Vereinigung von $\cup$-irreduziblen Elementen darstellbar ist.

Lit.: [V 8]

Zerlegungssatz in Primideale ›Dedekindscher Ring

Zerlegungsverband: Die Menge aller Zerlegungen (von denen jede zu einer ›Äquivalenzrelation gehört) einer Menge M bildet in bezug auf die im Relationenverband erklärte Inklusion ($R \subset S$ bedeutet $R \cap S = R$) eine Halbordnung $Z(M)$, die zugleich vollständiger ∩-›Teilbund, also vollständiger ›Verband ist, den *Z.* von M; er ist außerdem relativ komplementär und atomar.

Lit.: [V 8]

Zerlegungszahlen ›modulare Darstellung

Zeroalgebra heißt eine ›R-Algebra, in der alle Produkte $= 0$ sind.

Zerohalbgruppe heißt eine ›Halbgruppe, in der alle Produkte $= 0$ sind. Spezialfall: ›Nullhalbgruppe

Zeroid: Ein Element r einer ›Halbgruppe S heißt *rechtsseitiges Zeroidelement* oder *Rechtszeroid* von S, wenn die einelementige Menge $\{r\}$ rechtsseitiger ›Nettokomplex ist. Analog ist ein *Linkszeroid* erklärt. *Z.* heißt ein Element, das sowohl Links- als auch Rechtszeroid ist. S ist genau dann Gruppe, wenn jedes Element von S ein Z. ist. Wenn S ein ›Nullelement besitzt, ist 0 das einzige Z. von S. Die Halbgruppe $\{a_1, a_2\}$ mit $a_i a_j = a_j$ enthält lauter Rechtszeroide, aber kein Linkszeroid. S enthält genau dann ein *kleinstes* (sog. *universal minimales*) Rechtsideal R bzw. Linksideal L, wenn S Rechtszeroide bzw. Linkszeroide enthält; R bzw. L besteht dann aus allen rechtsseitigen bzw. linksseitigen Zeroidelementen von S. Wenn R und L nicht leer sind, ist $R = L$ eine Gruppe U, die gleich der ›*Kerngruppe* von S ist. Das Einselement z von U ist mit jedem Element von S vertauschbar, und die Abbildung $a \mapsto za$ ($a \in S$) ist ein Homomorphismus von S auf U.

Lit.: Clifford, A. H.; D. D. Miller: Semigroups having zeroid elements. Amer. J. Math. 70 (1948), 117–125.

Zeroidelement ›Zeroid

Zeroring (= *trivialer Ring*) heißt ein ›Ring, in dem alle Produkte gleich 0 sind. Ein Modul läßt sich in trivialer Weise zu einem Z. machen.

Lit.: [A 16]

zerspaltende ›**Erweiterung von Gruppen**

Ziel ›Kategorientheorie

Zielbereich ›Abbildung

Zippin, Satz von, ›Ulmsche Folge

Zirkulante = ›zyklische Determinante

Zirkulardeterminante = ›zyklische Determinante

ZPE-Ring ›ZPE-Satz

ZPE-Satz (= *Satz von der [im wesentlichen] eindeutigen Primelementzerlegung* = *Satz von der eindeutigen Primfaktorzerlegung*) besagt, daß in dem betreffenden ›Integritätsbereich mit Einselement (oder in der betreffenden ›regulären Halbgruppe) jedes Element $\neq 0$ eine Primfaktorzerlegung besitzt, die bis auf die Reihenfolge der Faktoren und bis auf Übergang zu assoziierten Primelementen (›Teiler) eindeutig bestimmt ist. Ringe, in denen der ZPE-S. gilt, heißen *ZPE-Ringe, Ringe mit eindeutiger Primfaktorzerlegung, Gaußsche* oder *faktorielle Ringe.* Beispiele: Ring der ganzen Zahlen, Hauptidealringe, spezielle diskrete ›Bewertungsringe, Polynomringe über ZPE-Ringen (insbesondere über Körpern), Potenzreihenringe über Körpern, ›reguläre lokale Ringe. In ZPE-Ringen fällt der Begriff des Primelements mit dem eines unzerlegbaren Elements zusammen, jedes unzerlegbare Element erzeugt also ein ›Primideal. Ein noetherscher Integritätsbereich ist genau dann ZPE-Ring, wenn jedes Primideal der Höhe 1 Hauptideal ist.

Lit.: [A 13], [A 18 I], [EC 7], [R 24]
COHN, P. M.: Unique factorization domains. Amer. Math. Monthly **80** (1973), 1–18.
SAMUEL, P.: Unique factorization. Amer. Math. Monthly **75** (1968), 945–952.

ZPI-Ring bzw. **-Satz** ›Dedekindscher Ring

zulässige Unteralgebra bzw. **Gruppe** ›Operatorenbereich

zulässiger Unterring ›Operatorring

zulässiges Ideal ›Operatorring, ›Faktoralgebra

zulässiges Zentrum einer Operatorgruppe heißt die Vereinigung aller zulässigen Untergruppen des ›Zentrums; es kann echt im Zentrum enthalten sein.

Lit.: [G 26 I]

Zurückleitungsideal ›Erweiterungsideal

zusammengehörige Unterdeterminanten bzw. **-matrizen** ›Determinante

zusammenhängende Gruppe heißt eine ›topologische Gruppe mit zusammenhängendem Gruppenraum; sie wird von jeder Umgebung ihres Einselements erzeugt. Eine lokalkompakte Gruppe, die von jeder Umgebung ihres Einselements erzeugt wird, ist z. G.

Lit.: [G 31 I]

Zusammenhangskomponenten einer ›topologischen Gruppe

Zusammensetzung ›galoisscher Körper

Zusammensetzungskonstanten ›R-Algebra

zweideutige Darstellung ›Spindarstellung

zweigliedriger Ausdruck = ›Binom

zweiseitiges ›Ideal ›normaler Komplex

zweistufig auflösbare Gruppe = ›metabelsche Gruppe 1.

zweite hypoabelsche Gruppe ›orthogonale Gruppe

zweite Normalform ›Jordansche Normalform

zweite reguläre [Matrizen]darstellung ›regulärer Darstellungsmodul

zweiter ›Isomorphiesatz ›Algebra

Zwischenkörper ›Körpererweiterung

Zyklenschreibweise ›Permutation

zyklisch reduziertes ›Wort

zyklische Algebra ›Algebrenklassen

zyklische Determinante (= *Zirkulante* = *Zirkulardeterminante* = *negativ-orthosymmetrische Determinante*) heißt eine Determinante der Form

$$\Delta = \begin{vmatrix} a_1 & a_2 & \dots & a_n \\ a_2 & a_3 & \dots & a_1 \\ a_3 & a_4 & \dots & a_2 \\ \dots & \dots & \dots & \dots \\ a_n & a_1 & \dots & a_{n-1} \end{vmatrix} \quad \text{mit komplexen Zahlen } a_1, \dots, a_n.$$

Es ist $\Delta = (-1)^{(n-1)(n-2)/2}\varphi(\zeta_1)\,\varphi(\zeta_2)\dots\varphi(\zeta_n)$, wobei $\varphi(z) = a_1 + a_2z + \cdots + a_nz^{n-1}$ und ζ_i die n-ten Einheitswurzeln sind.

Lit.: [M 8], [M 15]
Wong, E. T.: Polygons, circulant matrices and Moore-Smith inverses. Amer. Math. Monthly 88 (1981), 509–515.

zyklische Erweiterung bzw. **Gleichung** ›Galois-Gruppe

zyklische Gruppe (= *monogene Gruppe*) ist eine Gruppe, die von einem Element erzeugbar ist; sie besteht dann (bei multiplikativer Schreibweise) aus allen ›Potenzen $a^0 = e$, $a^{\pm 1}, a^{\pm 2}, \ldots$ dieses *erzeugenden* oder *primitiven Elements* a und ist abelsch. Jedes Element a einer Gruppe G erzeugt eine zyklische Untergruppe, die *Periode* von a, deren Ordnung auch die *Ordnung* von a heißt. Im Falle einer endlichen Gruppe G der Ordnung n gilt stets $a^n = e$ (*Fermatscher Satz* der Gruppentheorie), die Ordnung m von a ist Teiler von n, und zwar gleich der kleinsten nichtnegativen ganzen Zahl m mit $a^m = e$. Eine unendliche z. G. ist isomorph zur additiven Gruppe $\mathbb{Z}$ der ganzen Zahlen; sie besitzt zwei primitive Elemente, die zueinander invers sind. Eine endliche z. G. der Ordnung n ist zur Faktorgruppe $\mathbb{Z}/n\mathbb{Z}$ isomorph; mit einem primitiven Element a ist dann auch jede Potenz a^m primitiv, für die m teilerfremd zu n ist; die Anzahl dieser primitiven Elemente wird durch die ›*Eulersche Funktion* $\varphi(n)$ gegeben.

Jede Untergruppe und jede Faktorgruppe einer z. G. ist z. G. Eine Gruppe G ist genau dann zyklisch, wenn der Index jeder von der Einsuntergruppe E verschiedenen Untergruppe endlich ist und zu jedem Teiler $d > 0$ der Gruppenordnung nur eine Untergruppe (nämlich die von der d-ten Potenz eines primitiven Elements erzeugte) vom Index d existiert. Nach G. A. Miller, H. F. Blichfeldt und L. E. Dickson gilt (vgl. auch T. Szele und J. Szép): Zu einer Ordnungszahl n gehört genau dann nur eine (und zwar die zyklische) Gruppe, wenn $\big(n, \varphi(n)\big) = 1$ ist (was offenbar nur für quadratfreie n erfüllt sein kann und dann gleichbedeutend damit ist, daß die Anzahl der zu n primen Zahlen von $1, \ldots, n$ selbst ein zu n primes Element dieser Menge ist. Von Dickson stammt eine Verallgemeinerung dieses Satzes auf abelsche Gruppen und von G. Pazderski Verallgemeinerungen auf nilpotente Gruppen, Gruppen mit geordnetem Sylow-Turm, überauflösbare Gruppen, Gruppen mit zyklischer Kommutatorgruppe und metazyklische Gruppen.
›Satz von Cauchy

Lit.: Miller, G. A., H. F. Blichfeldt, L. E. Dickson: Theory and applications of finite groups. Wiley, Chapman and Hill, New York 1918.
Pazderski, G.: Die Ordnungen, zu denen nur Gruppen mit gegebener Eigenschaft gehören. Arch. Math. 10 (1959), 331–343.
Szele, T.: Über die endlichen Ordnungszahlen, zu denen nur eine Gruppe gehört. Comm. Math. Helv. 20 (1947), 265–267.
Szép, J.: On finite groups which are necessarily commutative. Comm. Math. Helv. 20 (1947), 223–224.

zyklische ›Halbgruppe = ›monogene Halbgruppe

zyklische Körper[erweiterung] ›Galois-Gruppe

zyklischer *R*-Modul im engeren Sinne ›halbeinfacher Modul

zyklisches Polynom ›Galois-Gruppe

Zyklus ›Permutation, ›Kettenkomplex

Literaturverzeichnis

Das folgende Literaturverzeichnis enthält in lose gegliederter Form eine Übersicht über die im Lexikon häufiger zitierte Literatur. Dabei wurde nicht angestrebt, ein vollständiges Verzeichnis von Monographien und Lehrbüchern zu den einzelnen Gebieten zu geben. Weitere Literaturhinweise befinden sich gegebenenfalls am Schluß der einzelnen Artikel. Generell soll noch auf die russische Mathematische Enzyklopädie (Математическая энциклопедия, Изд. Советская Энциклопедия, Moskau 1977–1985) verwiesen werden, die nicht gesondert zitiert wird.

Die Codierungsbuchstaben sollen in suggestiver Weise auf folgende Gebiete hinweisen:

A allgemeine Werte über Algebra,
B vornehmlich binäre Systeme (außer Gruppen und Halbgruppen),
C Kategorientheorie,
D Darstellungstheorie,
E enzyklopädische Werte,
G Gruppentheorie,
H homologische Algebra,
I Invariantentheorie,
K Körpertheorie einschließlich Bewertungstheorie,
L Liesche Gruppen und Algebren,
M Matrizen und Determinanten, lineare Algebra,
O geordnete Strukturen,
Q quadratische Formen,
R Ringe und Algebren einschließlich Ideal- und Modultheorie,
S Halbgruppen,
U universale Algebra,
V Verbandstheorie,
Z Zahlentheorie.

Literaturverzeichnis

[A 1] ALBERT, A. A.: Fundamental Concepts of Higher Algebra. University of Chicago Press, Chicago 1961.
[A 2] COHN, P. M.: Algebra I, II. Wiley, London 1974, 1977.
[A 3] DUBREIL, P., M. L. DUBREIL-JACOTIN: Leçons d'algèbre moderne. Dunod, Paris 1964.
[A 4] FRIED, E.: Abstrakte Algebra. Akadémiai Kiadó, Budapest 1983.
[A 5] GODEMENT, R.: Cours d'algèbre. Hermann, Paris 1966.
[A 6] GRÖBNER, W.: Algebraische Geometrie I, II. Bibliographisches Institut, Mannheim 1968, 1970.
[A 7] HASSE, H.: Höhere Algebra I, II. De Gruyter, Berlin 1951.
[A 8] HAUPT, O.: Einführung in die Algebra I, II. Akad. Verlagsges. Geest & Portig, Leipzig 1952, 1954.
[A 9] JACOBSON, N.: Lectures in Abstract Algebra. Van Nostrand, Reinhold, New York
Vol. I: Basic Concepts, 1966, Springer, Berlin 1976.
Vol. II: Linear Algebra, 1953, Reprint, Springer, Berlin 1975.
Vol. III: Theory of Fields and Galois Theory, 1964, Springer, Berlin 1976.
[A 9a] JACOBSON, N.: Basic algebra I, II, Freeman, San Francisco 1974, 1980.

[A 10] Kalužnin, L. A. (Л. А. Калужнин): Введение в общую алгебру, Nauka, Moskau 1973.

[A 11] Kochendörffer, R.: Einführung in die Algebra. DVW, Berlin 1962.

[A 12] Krull, W.: Elementare und klassische Algebra vom klassischen Standpunkt I, II. De Gruyter, Berlin 1952, 1959.

[A 13] Kuroš, A. G.: Vorlesungen über allgemeine Algebra. Teubner, Leipzig 1964.

[A 14] Lang, S.: Algebra. Addison-Wesley, Reading 1965.

[A 14a] Lang, S.: Undergraduate Algebra. Springer, Berlin 1987.

[A 15] Lugowski, H., H. J. Weinert, Grundzüge der Algebra. Teubner, Leipzig.
I. Allgemeine Gruppentheorie, 1957.
II. Allgemeine Ring- und Körpertheorie, 1958.
III. Auflösungstheorie algebraischer Gleichungen, 1960.

[A 15a] Pickert, G.: Einführung in die höhere Algebra, Vandenhoeck & Ruprecht, Göttingen 1951.

[A 16] Rédei, L.: Algebra I. Akad. Verlagsges. Geest & Portig, Leipzig 1959.

[A 17] Waerden, B. L. van der: Algebra I, II. Springer, Berlin 1959 (Heidelberger Taschenbücher 1971); 1955 (Heidelberger Taschenbücher 1967).

[A 18] Zariski, O., P. Samuel: Commutative Algebra I, II.
Van Nostrand, Princeton 1967, Springer, Berlin 1975;
Van Nostrand, Princeton 1960, Springer, Berlin 1976.

[A 19] Birkhoff, G., S. MacLane: A Survey of Modern Algebra. MacMillan, New York 1953.

[A 20] Chow, Y.: Modern abstract algebra I, II. Gordon and Breach, New York 1976.

[A 21] Kostrikin, A. I.: Introduction to Algebra. Springer, Berlin 1982.

[A 22] Kuczkowski, J. E., J. L. Gersting: Abstract Algebra. A First Look. Dekker, New York 1977.

[A 23] Lidl, R., G. Pilz: Angewandte abstrakte Algebra I, II. Gordon and Breach, New York 1976; Applied Abstract Algebra. Springer, Berlin 1984.

[A 24] Marcus, M.: Introduction to Modern Algebra, Dekker, New York 1978.

[A 25] Mines, R., F. Richman, W. Ruitenburg: A Course in Constructive Algebra. Springer, Berlin 1987.

[A 26] Scheja, G., U. Storch: Lehrbuch der Algebra I, II, III. Teubner, Stuttgart 1980, 1988, 1981.

[A 27] Hungerford, T. W.: Algebra. Springer, Berlin 1980.

[B 1] Belousow, W. D. (В. Д. Белоусов): Основы теории квазигрупп и луп. Nauka, Moskau 1969.

[B 2] Belousow, W. D. (В. Д. Белоусов): Алгебраические сети и квазигруппы. Štiinca, Kischinew 1971.

[B 3] Belousow, W. D. (В. Д. Белоусов): n-арные квазигруппы. Štiinca, Kischinew 1972.

[B 4] Bruck, R. H.: A survey of binary systems. Springer, Berlin 1971.

[B 5] Pickert, G.: Projektive Ebenen. Springer, Berlin 1975.

[B 6] Pilz, G.: Near-Rings. North-Holland, Amsterdam 1977, 1983.

[B 7] Shewlakow, K. A., A. M. Slinko, I. P. Schestakow, A. I. Schirschow (К. А. Жевлаков, А. М. Слинько, И. П. Шестаков, А. И. Ширшов): Кольца, близкие к ассоциативным. Nauka, Moskau 1978.

[C 1] Brinkmann, H. B., D. Puppe: Kategorien und Funktoren. LNM 18. Springer, Berlin 1966.

[C 2] Bucur, I., A. Deleanu: Introduction to the theory of categories and functors. Wiley, London 1968.
[C 3] Zalenko, M. Sch., E. G. Schulgeifer (М. Ш. Цаленко, Е. Г. Шульгейфер): Основы теории категорий. Nauka, Moskau 1974.
[C 4] Ehresmann, L.: Catégories et structures. Dunod, Paris 1965.
[C 5] Ehrig, H., M. Pfender: Kategorien und Automaten. De Gruyter, Berlin 1972.
[C 6] Freyd, P.: Abelian categories. Harper and Row, New York 1964.
[C 7] Hasse, M., L. Michler: Theorie der Kategorien. DVW, Berlin 1966.
[C 8] Higgins, Ph. I.: Notes on categories and groupoids. Van Nostrand-Reinhold, London 1972.
[C 9] MacLane, S.: Categories for the working mathematician. Springer, New York 1971; Kategorien. Begriffssprache und mathematische Theorie. Springer, Berlin 1972.
[C 10] Mitchell, B.: Theory of categories. Academic Press, New York 1965.
[C 11] Pareigis, B.: Kategorien und Funktoren. Teubner, Stuttgart 1969.
[C 12] Popescu, D.: Abelian Categories with Applications to Rings and Modules. Academic Press, London 1973.
[C 13] Popescu, N., L. Popescu: Theory of categories. Editura Academiei, Bucureşti, Sijthoff and Noordhoff, Alphen aan den Rijn 1979.
[C 14] Richter, G.: Kategorielle Algebra. Akademie-Verl., Berlin 1979.
[C 15] Schubert, H.: Kategorien I, II. Akademie-Verl., Berlin 1970.
[C 16] Semadeni, Z., A. Wiweger: Einführung in die Theorie der Kategorien und Funktoren. Teubner, Leipzig 1979.
[C 17] Solian, A.: Theory of modules. Editura Academiei, Bucureşti 1977.

[D 1] Barut, A. O., R. Rączka: Theory of group representations and applications. PWN, Warszawa 1977.
[D 2] Boerner, H.: Darstellungen von Gruppen. Springer, Berlin 1967.
[D 3] Burrow, M.: Representation Theory of Finite Groups. Academic Press, New York 1965.
[D 4] Cartan, É.: The theory of spinors. Hermann, Paris 1966.
[D 5] Curtis, C. W., I. Reiner: Representation theory of finite groups and associative algebras. Interscience, New York 1966.
[D 6] Dieck, T. tom: Transformation groups and representation theory. LNM 766. Springer, Berlin 1979.
[D 7] Dornhoff, L.: Group Representation Theory. Dekker, New York.
Part A: Ordinary Representation Theory, 1971.
Part B: Modular Representation Theory, 1972.
[D 8] Feit, W.: The Representation Theory of Finite Groups. North-Holland, Amsterdam 1982.
[D 8a] Gelfand, I. M., M. A. Neumark: Unitäre Darstellungen der klassischen Gruppen. Akademie-Verl., Berlin 1957.
[D 9] Hill, V. E.: Groups, representations, and characters. Hafner Press, London 1975.
[D 10] James, G., A. Kerber: The Representation Theory of the Symmetric Group. Encycl. of Math. and Its Appl. Vol. 16, Addison-Wesley, Reading 1981.
[D 11] Kirillov, A. A.: Elements of the Theory of Representations. Springer, Berlin 1976.
[D 12] Littlewood, D. E.: The theory of group characters and matrix representations of groups. Oxford University Press, Oxford 1950.

[D 13] Ljubarski, G. J.: Anwendungen der Gruppentheorie in der Physik. DVW, Berlin 1962.
[D 14] Maak, W.: Fastperiodische Funktionen. Springer, Berlin 1967.
[D 15] Naimark, M. A. (М. А. Наймарк): Теория представлений групп. Nauka, Moskau 1976; Naimark, M. A., A. I. Stern: Theory of Group Representations. Springer, Berlin 1982.
[D 16] Neumark, M. A.: Lineare Darstellungen der Lorentzgruppe. DVW, Berlin 1963.
[D 17] Romanowski, A. W. (А. В. Романовский): Исключительные характеры конечных групп. Nauka i technika, Minsk 1985.
[D 18] Serre, J.-P.: Abelian l-Adic Representations and Elliptic Curves. Benjamin, New York 1968.
[D 19] Serre, J.-P.: Lineare Darstellungen endlicher Gruppen. Akademie-Verlag, Berlin 1972.
[D 20] Waerden, B. L. van der: Gruppen von linearen Transformationen. Springer, Berlin 1935.
[D 21] Wawrzyńczyk, A.: Group Representations and Special Functions. PWN Warszawa, Reidel Dordrecht 1984.
[D 22] Weyl, H.: The classical groups. Princeton University Press, Princeton 1939.
[D 23] Wigner, E. P.: Group theory and its applications to the quantum mechanics of atomic spectra. Academic Press, New York 1959.
[D 24] Waerden, B. L. van der: Die gruppentheoretische Methode in der Quantenmechanik. Springer, Berlin 1932.
[D 25] Zelevinsky, A. V.: Representations of Finite Classical Groups. A Hopf Algebra Approach. LNM 869. Springer, Berlin 1981.
[D 26] Lipsman, R. L.: Group Representations. LNM 388. Springer, Berlin 1974.
[D 27] Hewitt, E., K. A. Ross: Abstract Harmonic Analysis I, II. Springer, Berlin 1987, 1970.
[D 28] Loomis, L. H.: An Introduction to Abstract Harmonic Analysis. Van Nostrand, Toronto 1953.

[EA] Bourbaki, N.: Éléments de Mathématique. Livre II: Algèbre. Hermann, Paris, zitiert durch Hinzufügung der Kapitelnummer.
chap. 1: Structures algébriques, 1951.
chap. 2: Algèbre linéaire, 1962.
chap. 3: Algèbre multilinéaire, 1958.
Algèbre I, chap 1 à 3, 1970.
chap. 4—5, 1959.
chap. 4: Polynomes et fractions rationnelles.
chap. 5: Corps commutatifs.
chap. 6—7, 1964.
chap. 6: Groupes et corps ordonnés.
chap. 7: Modules sur les anneaux principaux.
chap. 8: Modules et anneaux semi-simples, 1958.
chap. 9: Formes sesquilinéaires et formes quadratiques, 1959.
chap. 10: Algèbre homologique, Masson 1980.

[EC] Bourbaki, N.: Éléments de Mathématique, Algèbre commutative. Hermann, Paris, zitiert durch Hinzufügung der Kapitelnummer.
chap. 1—2, 1961.
chap. 1: Modules plats.

chap. 2: Localisation.
chap. 3—4, 1961.
chap. 3: Graduations, filtrations et topologies.
chap. 4: Idéaux premiers associés et décomposition primaire.
chap. 5—6, 1964.
chap. 5: Entiers.
chap. 6: Valuations.
chap. 7: Diviseurs, 1965.
chap. 8—9, Masson 1983.

[EG] BOURBAKI, N.: Éléments de Mathématique, Livre III: Topologie générale. Hermann, Paris, zitiert durch Hinzufügung der Kapitelnummer.
chap. 1—4, 1971.
chap. 1: Structures topologiques.
chap. 2: Structures uniformes.
chap. 3: Groupes topologiques.
chap. 4: Nombres réels.
chap. 5—8, 1947.
chap. 5: Groupes à un paramètre.
chap. 6: Espaces numériques et espaces projectifs.
chap. 7: Les groupes additifs R^n.
chap. 8: Nombres complexes.
chap. 9: Utilisation des nombres réels en topologie générale, 1958.

[EL] BOURBAKI, N.: Éléments de Mathématique, Groupes et algèbres de Lie, zitiert durch Hinzufügung der Kapitelnummer.
chap. 1: Algèbres de Lie, Hermann, Paris 1971.
chap. 2—3, Hermann, Paris 1972.
chap. 2: Algèbres de Lie libres.
chap. 3: Groupes de Lie.
chap. 4—6, Masson, Paris 1981.
chap. 4: Groupes de Coxeter et systèmes de Tits.
chap. 5: Groupes engendrés par des réflexions.
chap. 6: Systèmes de racines.
chap. 7—8, Hermann, Paris 1975.
chap. 7: Sous-algèbres de Cartan, éléments réguliers.
chap. 8: Algèbres de Lie semi-simples déployées.
chap. 9: Groupes de Lie réels compacts, Masson, Paris 1982.

[Enc] Encyklopädie der Mathematischen Wissenschaften mit Einschluß ihrer Anwendungen. Teubner, Leipzig, zitiert durch Hinzufügung von Band und Beitragsnumerierung.
Bd. I: Arithmetik und Algebra, 1898—1904.
A 2: E. NETTO: Kombinatorik.
A 3: A. PRINGSHEIM: Irrationalzahlen und Konvergenz unendlicher Prozesse.
A 5: A. STUDY: Theorie der gemeinen und höheren komplexen Größen.
B 1a: E. NETTO: Rationale Funktionen einer Veränderlichen; ihre Nullstellen.
B 1c: G. LANDSBERG: Algebraische Gebilde, Arithmetische Theorie algebraischer Größen.
B 2: W. FR. MEYER: Invariantentheorie.
B 3a: C. RUNGE: Separation und Approximation der Wurzeln.

B 3c, d: O. Hölder: Galois'sche Theorie mit Anwendungen.
C 2: K. Th. Vahlen: Arithmetische Theorie der Formen.
C 4b: D. Hilbert: Theorie des Kreiskörpers.

[Enz] Enzyklopädie der Mathematischen Wissenschaften, 2. Aufl. Teubner, zitiert durch Hinzufügung der Artikelnummer.
1,6—7, Leipzig 1953.
1,6: G. Pickert: Lineare Algebra.
1,7: G. Pickert: Normalformen von Matrizen.
1,9: W. Magnus: Allgemeine Gruppentheorie, Leipzig 1939.
1,11—13, Leipzig 1939.
1,11: W. Krull: Allgemeine Modul-, Ring- und Idealtheorie.
1,12: W. Krull: Theorie der Polynomideale und Eliminationstheorie.
1,13: H. Hermes, G. Köthe: Die Theorie der Verbände.
1,16: W. Maak: Darstellungstheorie unendlicher Gruppen und fastperiodische Funktionen. Leipzig 1953.
2,5: H. Boerner: Darstellungstheorie der endlichen Gruppen. Stuttgart 1967.
2,13: Loo-Keng Hua: Die Abschätzung der Exponentialsummen und ihre Anwendung in der Zahlentheorie, Leipzig 1959.
2,19: Ph. Furtwängler: Allgemeine Theorie der algebraischen Zahlen, 1953.
2.27: O.-H. Keller: Geometrie der Zahlen. Leipzig 1954.

[G 1] Artin, E.: Geometric Algebra. Interscience, New York 1957, 1980.
[G 2] Baer, R.: Gruppen mit abzählbaren Automorphismengruppen. Vandenhoeck & Ruprecht, Göttingen 1970.
[G 3] Borel, A.: Linear algebraic groups. Benjamin, New York 1969.
[G 4] Borůvka, O.: Grundlagen der Gruppoid- und Gruppentheorie. DVW, Berlin 1960.
[G 5] Burnside, W.: Theory of groups of finite order. Cambridge University Press, Cambridge 1911.
[G 6] Cartan, É.: Sur la structure des groupes de transformations finis et continus. Librairie Nony, Paris 1894.
[G 7] Chunikhin, S. A.: Subgroups of finite groups. Wolters-Noordhoff, Groningen 1959.
[G 8] Coxeter, H. S. M., W. C. J. Moser: Generators and relations for discrete groups. Springer, Berlin 1965, 1984.
[G 9] Demazure, M., P. Gabriel: Groupes Algébriques, Tome I. Masson, Paris, North-Holland, Amsterdam 1970.
[G 10] Dickson, L. E.: Linear groups with an exposition of the Galois field theory. Teubner, Leipzig 1901.
[G 11] Dieudonné, J.: La géométrie des groupes classiques. Springer, Berlin 1963.
[G 12] Dubreil, P.: Théorie des groupes. Dunod, Paris 1972.
[G 13] Fuchs, L.: Abelian groups. Akadémiai Kiadó, Budapest 1958.
[G 14] Fuchs, L.: Infinite Abelian Groups I, II. Academic Press, New York 1970, 1973.
[G 15] Gorenstein, D.: Finite Simple Groups. Plenum Press, New York 1982.
[G 16] Grossmann, I., W. Magnus: Groups and their graphs. Random House 1964.
[G 17] Gruenberg, K. W.: Some Cohomological Topics in Group Theory. Queen Mary College, University of London 1967.
[G 18] Gruenberg, K. W.: Cohomological topics in group theory. LNM 143. Springer, Berlin 1970.

[G 19] Hall, M.: The theory of groups. MacMillan, New York 1959.
[G 20] Hochschild, G.: Introduction to Affine Algebraic Groups. Holden-Day, San Francisco 1971.
[G 21] Hofmann, K. H., P. S. Mostert: Cohomology theories for compact abelian groups. DVW, Berlin 1973.
[G 22] Humphrey, J. E.: Linear Algebraic Groups. Springer, New York 1975, Berlin 1981.
[G 23] Huppert, B.: Endliche Gruppen I. Springer, Berlin 1967, Nachdruck 1983.
[G 24] Huppert, B., N. Blackburn: Finite Groups II, III. Springer, Berlin 1982.
[G 25] Kowalewski, G.: Einführung in die Theorie der kontinuierlichen Gruppen. Akad. Verlagsges. Geest & Portig, Leipzig 1931.
[G 26] Kurosch, A. G.: Gruppentheorie I, II. Akademie-Verl., Berlin 1970, 1972.
[G 27] Lyndon, R. C., P. E. Schupp: Combinatorial group theory. Springer, Berlin 1977.
[G 28] Magnus, W., A. Karrass, D. Solitar: Combinatorial group theory: Presentation of Groups in Terms of Generators and Relations. Interscience, New York 1966.
[G 29] Mischina, A. P., L. A. Skornjakow (А. П. Мишина, Л. А. Скорняков): Абелевы группы и модули. Nauka, Moskau 1969.
[G 30] Neumann, H.: Varieties of Groups. Springer, Berlin 1967.
[G 31] Pontrjagin, L. S.: Topologische Gruppen I, II. Teubner, Leipzig 1957, 1958.
[G 32] Robinson, D. J. S.: Finiteness Conditions and Generalized Soluble Groups I, II. Springer, Berlin 1972.
[G 33] Schemetkow, L. A. (Л. А. Шеметков): Формации конечных групп. Nauka, Moskau 1978.
[G 34] Serre, J.-P.: Groupes algébriques et corps de classes. Hermann, Paris 1959.
[G 35] Specht, W.: Gruppentheorie. Springer, Berlin 1956.
[G 36] Speiser, A.: Die Theorie der Gruppen von endlicher Ordnung. Birkhäuser, Basel 1956.
[G 37] Springer, T. A.: Linear Algebraic Groups. Birkhäuser, Boston 1981.
[G 38] Suprunenko, D. A. (Д. А. Супруненко): Группы матриц. Nauka, Moskau 1972.
[G 39] Suzuki, M.: Group Theory I, II. Springer, Berlin 1982, 1986.
[G 40] Wehrfritz, B. A. F.: Infinite Linear Groups. Springer, Berlin 1973.
[G 41] Wielandt, H.: Finite Permutation Groups. Academic Press, New York 1968.
[G 42] Zassenhaus, H.: Lehrbuch der Gruppentheorie I. Teubner, Leipzig 1937; The theory of groups. Chelsea, New York; Vandenhoeck & Ruprecht, Göttingen 1958.

[H 1] Cartan, H., S. Eilenberg: Homological Algebra. Princeton University Press, Princeton 1956.
[H 2] Grothendieck, A.: Sur quelques points d'algèbre homologique. Tôhoku Math. J. 9 (1957), No. 2, 3, The Tôhoku University, Sendai.
[H 3] MacLane, S.: Homology. Springer, Berlin 1975.
[H 4] Hilton, P. J., U. Stammbach: A course in homological algebra. Springer, New York 1971.
[H 4a] Hilton, P.: Lectures in homological algebra. Amer. Math. Soc., Providence 1960.
[H 5] Poitou, G. (éd.): Cohomologie galoisienne des modules finis. Dunod, Paris 1967.
[H 6] Weiss, E.: Cohomology of groups. Academic Press, New York 1969.
[H 7] Rotman, J. J.: An Introduction to Homological Algebra. Academic Press, New York 1979.

[I 1] DIEUDONNÉ, J. A., J. B. CARRELL: Invariant Theory, Old and New. Academic Press, New York 1971.
[I 2] DICKSON, L. E.: On Invariants and the Theory of Numbers. Dover, New York 1913.
[I 3] GRACE, J. H., A. YOUNG: The algebra of invariants. Cambridge University Press, Cambridge 1903.
[I 4] GUREVICH, B. G.: Foundations of the theory of algebraic invariants. Noordhoff, Groningen 1964.
[I 5] KERSCHENSTEINER, G.: Dr. Paul Gordan's Vorlesungen über Invariantentheorie. Teubner, Leipzig. I. Determinaten, 1885. II. Binäre Formen, 1887.
[I 6] MEYER, W. FR.: Allgemeine Formen und Invariantentheorie I. Göschen, Leipzig 1909.
[I 7] MEYER, F.: Bericht über den gegenwärtigen Stand der Invariantentheorie. Jahresber. Deutsch. Math.-Verein. 1 (1882), Georg Reimer, Berlin.
[I 8] MUMFORD, D., J. FOGARTY: Geometric Invariant Theory. Springer, Berlin 1982.
[I 9] SALMON, G.: Vorlesungen über die Algebra der linearen Transformationen. Teubner, Leipzig 1877.
[I 10] SCHUR, I.: Vorlesungen über Invariantentheorie. Springer, Berlin 1968.
[I 11] SPRINGER, T. A.: Invariant theory. LNM 585. Springer, Berlin 1977.
[I 12] WEITZENBÖCK, R.: Invariantentheorie. Noordhoff, Groningen 1923.

[K 1] ARTIN, E.: Galoissche Theory. Teubner, Leipzig 1959.
[K 2] BURNSIDE, W. S., A. W. PANTON: The theory of equations with an introduction to the theory of binary algebraic forms I, II. Dover, New York 1960.
[K 3] CHEVALLEY, C.: Introduction to the theory of algebraic functions of one variable. Amer. Math. Soc., New York 1951.
[K 4] ENDLER, O.: Valuation Theory. Springer, Berlin 1972.
[K 5] SCHILLING, O. F. G.: The theory of valuations. Amer. Math. Soc., New York 1950, Providence 1982.
[K 6] STEINITZ, E.: Algebraische Theorie der Körper (hrsg. v. R. BAER und H. HASSE). De Gruyter, Berlin 1930.
[K 7] TSCHEBOTARÖW, N.: Grundzüge der Galois'schen Theorie. Noordhoff, Groningen 1950.
[K 8] KARDILOVSKY, G.: Field Theory. Dekker, New York 1988.

[L 1] ADAMS, J. F.: Lectures on Lie groups. Benjamin, New York 1969.
[L 2] AMAYO, R. K.: Infinite-dimensional Lie Algebras. Noordhoff, Leyden 1974.
[L 3] CARTER, R. W.: Simple groups of Lie type. Wiley, London 1972.
[L 4] CHEVALLEY, C.: Theory of Lie groups I. Princeton University Press, Princeton 1948.
Théorie des groupes de Lie, II Groupes algébriques, Hermann, Paris 1951; III Théorèmes généraux sur les algèbres de Lie, Hermann, Paris 1955.
[L 5] COHN, P. M.: Lie groups. Cambridge University Press, Cambridge 1957.
[L 6] DIXMIER, J.: Enveloping algebras. North-Holland, Amsterdam 1977.
[L 7] FREUDENTHAL, H., H. DE VRIES: Linear Lie Groups. Academic Press, New York 1969.
[L 8] FUKS, B. D. (Б. Д. Фукс): Когомологии бесконечномерных алгебр Ли, Nauka, Moskau 1984.
[L 9] GILMORE, R.: Lie Groups, Lie Algebras, and Some of Their Applications. Wiley, New York 1974.

[L 10] GOTO, M., F. D. GROSSHANS: Semisimple Lie algebras. Dekker, New York 1978.
[L 11] HAUSNER, M., J. T. SCHWARTZ: Lie Groups; Lie Algebras. Gordon and Breach, New York 1968.
[L 12] HELGASON, S.: Differential Geometry and Symmetric Spaces. Academic Press, New York 1962; Differential Geometry, Lie Groups, and Symmetric Spaces. Academic Press, New York 1978.
[L 13] JACOBSON, N.: Lie algebras. Interscience, New York 1962.
[L 14] KAPLANSKY, I.: Lie algebras and locally compact groups. University of Chicago Press, Chicago 1971.
[L 15] LIPKIN, M. L.: Lie groups for pedestrians. North-Holland, Amsterdam 1966.
[L 16] SELIGMAN, G. B.: Modular Lie Algebras. Springer, Berlin 1967.
[L 17] SERRE, J.-P.: Lie algebras and Lie groups. Benjamin, New York 1965.
[L 18] WAN, ZHE-XIAN: Lie algebras. Pergamon Press, Oxford 1975.
[L 19] WARNER, G.: Harmonic Analysis on Semi-Simple Lie Groups I, II. Springer, Berlin 1972.
[L 20] SHELOBENKO, D. P. (Д. П. Желобенко): Гармонический анализ на полупростых комплексных группах Ли. Nauka, Moskau 1974.
[L 21] SHELOBENKO, D. P. (Д. П. Желобенко): Компактные группы Ли и их представления. Nauka, Moskau 1970.
[L 22] BACHTURIN, I. A.: Lectures on Lie algebras. Akademie-Verlag, Berlin 1978.
[L 23] SELIGMAN, G. B.: Constructions of Lie Algebras and their Modules. LNM 1300. Springer, Berlin 1988.
[L 24] STEWART, I.: Lie Algebras. LNM 127. Springer, Berlin 1970.
[L 25] TONDEUR, P.: Introduction to Lie Groups and Transformation Groups. LNM 7. Springer, Berlin 1969.

[M 1] BELLMAN, R.: Introduction to matrix analysis. McGraw-Hill, New York 1960.
[M 2] BLYTH, T.: Module theory, an approach to linear algebra. Clarendon Press, Oxford 1977.
[M 3] BODEWIG, E.: Matrix calculus. North-Holland, Amsterdam 1959.
[M 4] EISENREICH, G.: Lineare Algebra und analytische Geometrie. Akademie-Verl., Berlin 1980, 1989.
[M 5] GANTMACHER, F. R.: Matrizenrechnung I, II. DVW, Berlin 1970, 1966.
[M 6] GREUB, W.: Lineare Algebra. Springer, Berlin 1958, Linear Algebra. Springer, Berlin 1981.
[M 7] GREUB, W. H.: Multilineare Algebra. Springer, Berlin 1967.
[M 8] GRÖBNER, W.: Matrizenrechnung. Bibliographisches Institut, Mannheim 1966.
[M 9] HALMOS, P. R.: Finite-Dimensional Vector Spaces. Springer, New York 1974.
[M 10] HOLMANN, M.: Lineare und multilineare Algebra. Bibliographisches Institut, Mannheim 1970.
[M 11] JUNG, H. W. E.: Matrizen und Determinanten. Fachbuchverlag, Leipzig 1953.
[M 12] KOCHENDÖRFFER, R.: Determinanten und Matrizen. Teubner, Leipzig 1957.
[M 13] KOWALEWSKI, G.: Einführung in die Determinantentheorie. Veit & Comp., Leipzig 1909.
[M 14] KOWALSKY, H. J.: Lineare Algebra. De Gruyter, Berlin 1975.
[M 15] LANCASTER, P.: Theory of matrices. Academic Press, New York 1969.
[M 16] LICHNEROWICZ, A.: Lineare Algebra und lineare Analysis. DVW, Berlin 1956.
[M 17] MACDUFFEE, C. C.: The theory of matrices. Springer, Berlin 1933.
[M 18] MALZEW, A. I. (А. И. Мальцев): Основы линейной алгебры. Nauka, Moskau 1970.

[M 19] Neiss, F.: Determinanten und Matrizen. Springer, Berlin 1948; Neiss, F., H. Liermann: Determinanten und Matrizen. Springer, Berlin 1975.
[M 20] Oeljeklaus, E., E. O. Remmert: Lineare Algebra I. Springer, Berlin 1974.
[M 20a] Pupke, H.: Einführung in die Matrizenrechnung. DVW, Berlin 1953.
[M 21] Schmeidler, W.: Vorträge über Matrizen und Determinanten mit Anwendungen in Physik und Technik. Akademie-Verlag, Berlin 1949.
[M 22] Schwerdtfeger, H.: Introduction to linear algebra and the theory of matrices. Noordhoff, Groningen 1950.
[M 23] Stammbach, U.: Lineare Algebra. Teubner, Stuttgart 1980.
[M 24] Turnbull, H. W., A. C. Aitken: An introduction to the theory of canonical matrices. London 1932.
[M 25] Wedderburn, J. H. M.: Lectures on matrices. Amer. Math. Soc., New York 1934.
[M 26] Zurmühl, R.: Matrizen und ihre technischen Anwendungen. Springer, Berlin 1961; R. Zurmühl, S. Falk: Matrizen und ihre Anwendungen für Angewandte Mathematiker, Physiker und Ingenieure. Bd. 1, 2. Springer, Berlin 1984, 1986.
[M 27] Usmani, R. A.: Applied Linear Algebra. Dekker, New York 1987.

[O 1] Fuchs, L.: Teilweise geordnete algebraische Strukturen. Vandenhoeck & Ruprecht, Göttingen 1966.
[O 2] Kokorin, A. I., W. M. Kopytow (А. И. Кокорин, В. М. Копытов): Линейно упорядоченные группы. Nauka, Moskau 1972.
[O 3] Priess-Crampe, S.: Angeordnete Strukturen: Gruppen, Körper, projektive Ebenen. Springer, Berlin 1983.
[O 4] Schwartz, N.: Verbandsgeordnete Körper. Diss. München 1978.
[O 5] Skornjakow, L. A.: Элементы общей алгебры. Nauka, Moskau 1983.
[O 6] Mura, R. B., A. Rhemtulla: Orderable groups. Dekker, New York 1977.
[O 7] Ribenboim, P.: Théorie des groupes ordonnés. Bahia Blanca 1964.
[O 8] Močkoř, J.: Groups of Divisibility. Reidel Dordrecht, SNTL Prag 1983.
[O 9] Bigard, A., K. Keimel, S. Wolfenstein: Groupes et Anneaux Réticulés. LNM 608. Springer, Berlin 1977.

[Q 1] Eichler, M.: Quadratische Formen und orthogonale Gruppen. Springer, Berlin 1974.
[Q 2] Knebusch, M., W. Scharlau: Algebraic Theory of Quadratic Forms. Birkhäuser, Boston 1980.
[Q 3] Knebusch, M., M. Kolster: Wittrings. Vieweg, Braunschweig 1982.
[Q 4] Lam, T. Y.: The algebraic theory of quadratic forms. Benjamin, New York 1973.
[Q 5] O'Meara, O. T.: Introduction to quadratic forms. Springer, Berlin 1973.
[Q 6] Milnor, J., D. Husemoller: Symmetric Bilinear Forms. Springer, Berlin 1973.
[Q 7] Waerden, B. L. van der, H. Gross: Studien zur Theorie der quadratischen Formen. Birkhäuser, Basel 1968.
[Q 8] Bachmann, P.: Die Arithmetik der quadratischen Formen (Zahlentheorie Bd. 4) I, II. Teubner, Leipzig 1898, 1923.
[Q 9] Jones, B. W.: The arithmetic theory of quadratic forms. New York 1950.
[Q 10] Scharlau, W.: Quadratic and hermitian forms. Springer, Berlin 1985.
[Q 11] Cassels, J. W. S.: Rational Quadratic Forms. Academic Press, London 1978.

[R 1] Albert, A. A.: Structure of algebras. Amer. Math. Soc., New York 1939, 1980.
[R 2] Anderson, F. W., K. R. Fuller: Rings and categories of modules. Springer, New York 1974.
[R 3] Andrunakijewitsch, W. A., Ju. M. Rjabuchin (В. А. Андрунакиевич, Ю. М. Рябухин): Радикалы алгебр и структурная теория, Nauka, Moskau 1979.
[R 4] Arnautow, W. I., M. I. Wodintschar, A. W. Michalew (В. И. Арнаутов, М. И. Водинчар, А. В. Михалев): Введение в теорию топологических колец и модулей. Štiinca, Kischinew 1981.
[R 5] Artin, E., C. J. Nesbitt, R. M. Thrall: Rings with minimum condition. University of Michigan Press, Ann Arbor 1952.
[R 6] Behrens, E.-A.: Algebren. Bibliographisches Institut, Mannheim 1975.
[R 7] Behrens, E.-A.: Ring theory. Academic Press, New York 1972.
[R 8] Braun, H., M. Koecher: Jordan-Algebren. Springer, Berlin 1966.
[R 9] Deuring, M.: Algebren. Springer, Berlin 1968.
[R 10] Cohn, P. M.: Free rings and their relations. Academic Press, London 1971.
[R 10a] Dickson, L. E.: Algebren und ihre Zahlentheorie, Orell Füssli, Zürich 1927.
[R 11] Faith, C.: Algebra I, II. Springer, Berlin 1981, 1976.
[R 12] Herstein, I. N.: Noncommutative rings. Math. Association of America, Wiley, New York 1968.
[R 13] Jacobson, N : Structure of rings. Amer. Math. Soc., Providence 1956, 1984.
[R 13a] Jacobson, N.: The theory of rings, Surveys 1, Amer. Math. Soc., New York 1943.
[R 14] Kaplansky, I.: Commutative Rings. Allyn and Bacon, Boston 1970.
[R 15] Kaplansky, I.: Notes on ring theory. University of Chicago, ca. 1965.
[R 16] Kaplansky, I.: Rings of operators. Benjamin, New York 1968.
[R 17] Kasch, F.: Moduln und Ringe. Teubner, Stuttgart 1977.
[R 18] Kertész, A.: Vorlesungen über artinsche Ringe. Teubner, Leipzig 1968.
[R 19] Krull, W.: Idealtheorie. Springer, Berlin 1968.
[R 20] Kunz, E.: Einführung in die kommutative Algebra und algebraische Geometrie. Vieweg, Braunschweig 1979.
[R 21] Lambek, J.: Lectures on rings and modules. Blaisdell Publ. Comp., Waltham 1966.
[R 22] Lambek, J.: Torsions theories, additive semantics, and rings of quotients. LNM 177. Springer, Berlin 1971.
[R 23] Lesieur, L., R. Croisot: Algèbre noethérienne non commutative. Gauthier-Villars, Paris 1963.
[R 24] Matsumura, H.: Commutative algebra. Benjamin, New York 1970.
[R 24a] Matsumura, H.: Commutative Ring Theory. Cambridge University Press, Cambridge 1987.
[R 25] Nagata, M.: Local rings. Interscience, New York 1962.
[R 26] Năstăsescu, C., P. van Oystaeyen: Graded Ring Theory. North-Holland, Amsterdam 1982.
[R 27] Northcott, D. G.: Lessons on rings, modules and multiplicities. Cambridge University Press, Cambridge 1968.
[R 28] Northcott, D. G.: Ideal theory. Cambridge University Press, Cambridge 1953.
[R 29] Schafer, R. D.: An Introduction to Nonassociative Algebras. Academic Press, New York 1966.
[R 30] Szász, F.: Radikale der Ringe. DVW, Berlin 1975.
[R 31] Vasconcelos, W. V.: Divisor Theory in Module Categories. North-Holland Amsterdam, American Elsevier, New York 1974.
[R 32] Pierce, R. S.: Associative Algebras. Springer, Berlin 1982.

[S 1] CLIFFORD, A. H., G. P. PRESTON: The algebraic theory of semigroups I, II. Amer. Math. Soc., Providence 1964, 1967; 1977, 1971.
[S 2] FOLLEY, K. W. (ed.): Semigroups. Academic Press, New York 1969.
[S 3] LJAPIN, E. S. (E. C. Ляпин): Полугруппы. Gosisdat, Moskau 1960.
[S 4] PETRICH, M.: Lectures in Semigroups. Akademie-Verlag, Berlin 1977.
[S 5] RÉDEI, L.: Theorie der endlich erzeugbaren kommutativen Halbgruppen. Teubner, Leipzig 1963.
[S 6] NAMBOORIPAD, K. S. S.: Strukture of regular semigroups. I. Amer. Math. Soc., Providence 1979, 1983.

[U 1] BURRIS, ST., H. P. SANKAPPANAVAR: A course in universal algebra. Springer, New York 1981.
[U 2] COHN, P. M.: Universal algebra. Harper & Row, New York 1965.
[U 3] GRÄTZER, G.: Universal Algebra. Van Nostrand, Princeton 1968, Springer, Berlin 1979.
[U 4] JÓNSSON, B.: Topics in universal algebra. LNM 250. Springer, Berlin 1972.
[U 5] LUGOWSKI, H.: Grundzüge der Universellen Algebra. Teubner, Leipzig 1976, 1982.
[U 6] MALCEV, A. I.: Algebraic Systems. Akademie-Verlag, Berlin 1973.
[U 7] HATCHER, W. S., ST. WHITNEY: Absolute Algebra. Teubner, Leipzig 1978.
[U 8] PLOTKIN, B. I. (Б. И. Плоткин): Группы автоморфизмов алгебраических систем. Nauka, Moskau 1966.
[U 9] PÖSCHEL, R., L. A. KALUŽNIN: Funktionen- und Relationenalgebren. DVW, Berlin 1979.
[U 10] SCHMIDT, E. T.: Kongruenzrelationen algebraischer Strukturen. DVW, Berlin 1969.
[U 11] WALUZE, I. I. (И. И. Валуцэ): Отображения. Алгебраические аспекты теории, Schtiinza, Kischinew 1976.
[U 12] WECHLER, W.: Universal Algebra for Computer Scientists. Teubner, Leipzig 1988.
[U 13] SZABÓ, L., Á. SZENDREI (ed.): Lectures in Universal Algebra. North-Holland, Amsterdam 1986.

[V 1] ABBOTT, J. C. (ed.): Trends in lattice theory. Van Nostrand, Reinhold, New York 1970.
[V 2] BIRKHOFF, V. G.: Lattice theory. Amer. Math. Soc., New York 1967, 1979.
[V 3] DUBREIL-JACOTIN, M. L., L. LESIEUR, R. CROISOT: Leçons sur la théorie des treillis, des structures algébriques ordonnées et des treillis géométriques. Gauthier-Villars, Paris 1953.
[V 4] DWINGER, PH.: Introduction to Boolean algebras. Physica-Verlag, Würzburg 1961.
[V 5] GOODSTEIN, R. L.: Boolean algebra. Pergamon Press, Oxford 1963.
[V 6] GRÄTZER, G.: General Lattice Theory. Akademie-Verlag, Berlin 1978.
[V 7] HALMOS, P. R.: Lectures on Boolean algebra. Van Nostrand, Princeton 1963; Springer, Berlin 1986.
[V 8] HERMES, H.: Einführung in die Verbandstheorie. Springer, Berlin 1967.
[V 9] MAEDA, F., S. MAEDA: Theory of symmetric lattices. Springer, Berlin 1970.
[V 10] SCHMIDT, E. T.: A survey of congruence lattice representations. Teubner, Leipzig 1982.

[V 11] SKORNJAKOW, L. A.: Elemente der Verbandstheorie. Akademie-Verlag, Berlin 1973.
[V 12] SKORNJAKOW, L. A. (Л. А. Скорняков): Дедекиндовы структуры с дополнениями и регулярные кольца. Gosizdat. Moskau 1961.
[V 13] SUZUKI, M.: Structure of a group and the structure of its lattice of subgroups. Springer, Berlin 1956.
[V 14] SZÁSZ, G.: Einführung in die Verbandstheorie. Teubner, Leipzig 1962.
[V 15] VLADIMIROV, D. A.: Boolesche Algebren. Akademie-Verlag, Berlin 1972.
[V 16] WHITESITT, J. F.: Boolean algebra and its applications. Addison-Wesley, Reading 1961.
[V 17] SIKORSKI, R.: Boolean Algebras. Springer, Berlin 1960, 1969.

[Z 1] BOREWICZ, S. I., I. R. ŠAFAREVIČ: Zahlentheorie. Birkhäuser, Basel 1966.
[Z 2] EICHLER, M.: Einführung in die Theorie der algebraischen Zahlen und Funktionen. Birkhäuser, Basel 1963.
[Z 3] HARDY, G. H., E. M. WRIGHT: Einführung in die Zahlentheorie. Oldenbourg 1958.
[Z 4] HABERLAND, K.: Galois Cohomology of Algebraic Number Fields. DVW, Berlin 1978.
[Z 5] HASSE, H.: Zahlentheorie. Akademie-Verl., Berlin 1963.
[Z 6] HECKE, E.: Vorlesungen über die Theorie der algebraischen Zahlen. Akad. Verlagsges. Geest & Portig, Leipzig 1954.
[Z 7] JANUSZ, G. J.: Algebraic Number Fields. Academic Press, New York 1973.
[Z 8] LANDAU, E.: Diophantische Gleichungen mit endlich vielen Lösungen. DVW, Berlin 1959.
[Z 9] LANG, S.: Algebraic numbers. Addison-Wesley, Reading 1964; Algebraic Number Theory. Springer, Berlin 1986.
[Z 10] MAHLER, K.: Introduction to p-adic numbers and their functions. Cambridge University Press, Cambridge 1973.
[Z 11] SERRE, J.-P.: Corps locaux. Hermann, Paris 1962.
[Z 12] SERRE, J.-P.: Cours d'arithmétique. Presses Universitaires de France, Paris 1970.
[Z 13] SKOLEM, TH.: Diophantische Gleichungen. Springer, Berlin 1938.
[Z 14] WEYL, H.: Algebraic theory of numbers. Princeton University Press, Princeton 1946.
[Z 15] EICHLER, M.: Einführung in die Theorie der algebraischen Zahlen und Funktionen. Birkhäuser, Basel 1963.
[Z 16] HILBERT, D.: Die Theorie der algebraischen Zahlkörper (= Zahlbericht), Jahresber. Deutsch. Math.-Verein. 4 (1897), 175—546.
[Z 17] IYANAGA, S. (ed.): The Theory of Numbers. North-Holland, Amsterdam, American Elsevier, New York 1975.
[Z 18] KOCH, H., H. PIEPER: Zahlentheorie. DVW, Berlin 1976.

Günther Eisenreich

Lineare Algebra und analytische Geometrie

2., berichtigte Auflage

Mathematische Lehrbücher und Monographien,
I. Abteilung, Band 33

1989. 312 Seiten — 107 Abbildungen — 2 Tabellen — 17 × 24 cm — Leinen
DDR 48,— M; Ausland 48,— DM
ISBN 3-05-500263-6
Bestell-Nr. 762 455 8
Bestellwort: Eisenreich, Algebra 6435

Vertriebsrechte für die BRD, Berlin (West) und die Schweiz wurden an Harri Deutsch Verlag, Frankfurt/M vergeben.

Das Buch enthält den Stoff einer zweisemestrigen Grundvorlesung. Der Autor wendet sich vor allem an Studenten der Mathematik und Physik der Anfangssemester. Angestrebt wurden ein möglichst enger Anschluß an das aus der Schule bekannte Wissen und gute Lesbarkeit mit möglichst vielen Motivierungen.
Inhaltlich wird stark das geometrische Denken betont und dabei insbesondere gezeigt, wie sich die analytische Geometrie an die synthetische Betrachtungsweise anschließt. Auf die Herausarbeitung des Orientierungsbegriffs legt der Autor besonderen Wert.
Die lineare Algebra wird zunächst weitgehend determinantenfrei dargelegt; die explizite Determinantendefinition schließt sich an die axiomatische Charakterisierung an. Behandelt werden auch Elementarteilertheorie und Jordansche Normalform.
Auch bei der Betrachtung von Koordinatentransformationen, affinen und linearen Abbildungen stehen geometrische Überlegungen im Vordergrund. Im Anschluß an die Einführung einer Metrik werden die wichtigsten Elemente aus der Theorie der quadratischen Formen — Definitheitskriterien, Trägheitsgesetz — erläutert. Den Abschluß bilden die Kurven und Flächen zweiter Ordnung einschließlich ihrer Klassifikation.
Nach jeweils mehreren Abschnitten sind Übungsaufgaben eingestreut, die einerseits der eigenen Kontrolle, andererseits aber auch der Vermittlung zusätzlicher Kenntnisse dienen.

Bestellungen richten Sie bitte an eine Buchhandlung.

AKADEMIE-VERLAG BERLIN
Deutsche Demokratische Republik
DDR-1086 Berlin, Leipziger Strasse 3-4 Postfach 1233

František Nožička, Libuše Grygarová, Klaus Lommatzsch

Geometrie konvexer Mengen und konvexe Analysis

1988. 423 Seiten — 37 Abbildungen — Leinen
DDR 68,— M; Ausland 85,— DM
ISBN 3-05-500335-7
Bestell-Nr. 763 720 1
Bestellwort: Nožička u. a., Geometrie 9045

Ausgehend von einem einheitlichen geometrischen Standpunkt, vermitteln die Autoren eine Einführung in die Theorie konvexer Mengen und in die konvexe Analysis endlichdimensionaler Räume. Die konvexen Mengen werden durch anschauliche Struktureigenschaften charakterisiert, durch ihnen zugeordnete Stützhyperebenen, sphärische Abbildungen, spezielle konvexe Kegel. Aufbauend auf allgemeinen Trennungsaussagen, wird eine originäre Theorie der Berührung abgeschlossener konvexer Mengen dargelegt. Ausführliche Betrachtung finden die konvexen Funktionen sowie die ihnen zugeordneten abgeschlossenen und konjugierten Funktionen. In Anwendung der vorgestellten Theorie werden schließlich allgemeine Dualitäts- und Sattelpunktsätze der konvexen Optimierung hergeleitet. Dem interessierten Leser bietet das Buch aufgrund seiner originellen Herangehensweise eine Vielzahl von Anregungen für eigene Arbeiten in dieser so aktuellen Disziplin der Mathematik.

Interessenten wenden sich bitte an eine Buchhandlung.

Lexikon der Optimierung

Optimierung und optimale Steuerung

Herausgegeben von A. Göpfert, L. Bittner, K.-H. Elster, F. Nožička, J. Piehler, R. Tichatschke

1986. VI, 388 Seiten — 14,5 × 21,5 cm — Lederin
DDR 38,— M; Ausland 48,— DM
ISBN 3-05-500031-5
Bestell-Nr. 763 534 5
Bestellwort: Lexikon Optimierung 6919

... Die Herausgeber eingeschlossen, haben insgesamt 44 Autoren an diesem Werk mitgearbeitet. Das Ergebnis dieser Gemeinschaftsarbeit ist erstaunlich: Trotz der Fülle von Stichwörtern, die in unterschiedlicher Länge miteinbezogen wurden (das Fachwörterbuch am Ende enthält über 900 Eintragungen), gewinnt man nirgends den Eindruck, daß die Darstellungen „auseinanderlaufen". Dem widerspricht nicht, daß verschiedene Gegenstände unterschiedlich ausführlich dargestellt werden, was einer Gewichtung der Herausgeber entsprechen mag, die man zwar nicht in jedem Falle teilen muß, aber immerhin nachvollziehen kann. Allen Einzeldarstellungen ist gemeinsam, daß sie sich auf das Wesentliche beschränken und damit zugleich angenehm knapp und klar sind. Die Darstellungen zu den einzelnen Stichwörtern schließen in der Regel mit gezielten Literaturhinweisen ab ... Alles in allem halte ich diesen Band ... für sehr gelungen und damit für ein sehr nützliches Werkzeug für jeden in der Optimierung Tätigen bei der immer wiederkehrenden Suche nach Einzelinformationen.

P. Kall, Zürich

Der „Zeitschrift für Operations Research" entnommen

Interessenten wenden sich bitte an eine Buchhandlung.

AKADEMIE-VERLAG BERLIN
Deutsche Demokratische Republik
DDR-1086 Berlin, Leipziger Strasse 3-4 Postfach 1233

FSC
www.fsc.org
MIX
Papier | Fördert
gute Waldnutzung
FSC® C083411

Kolibri 360 GmbH
Ferdinand-Jühlke-Straße 7
99095 Erfurt, Deutschland
produktsicherheit@kolibri360.de